노벨 Nobel

NOBEL
Den gåtfulle Alfred, hans värld och hans pris

노벨 Nobel

수수께끼의 알프레드, 그의 세계와 노벨상

잉그리드 칼베리 지음 | 이성종 옮김

전파과학사

차례

프롤로그 ······7

1부

수수께끼 ······15

1장 자신의 작은 자아에 대한 믿음 ······19
2장 옆에 있는 낯선 사람처럼 ······39
3장 낭만주의와 계몽주의의 교차점에서 ······60
4장 "나는 노벨의 시도에 대해 차르에게 말했다" ······91
5장 더 높은 의미를 찾아서 ······117

2부

비밀스러운 꿈 ······153

6장 러시아와의 느린 이별 ······158
7장 아버지의 반란 ······180
8장 노벨 폭발 ······202
9장 모든 곳에서 폭발음이 들린다 ······245
10장 뉴욕에서의 악몽 ······274
11장 새로운 폭발물의 개발 ······294

3부

의학의 암흑기 ······319

12장 "다이너마이트에 대한 욕구가 높아지다" ······324
13장 "알프레드에게 좋은 아내를 내려 주시길!" ······345

14장 창조주의 기쁨, 사랑, 그리고 의학적 혁신 ······372
15장 분쟁의 시대, 사랑의 위기와 평화의 꿈의 시대에 ······419
16장 가장 큰 실수, 가족을 잃다 ······459

4부

과학의 끝없는 과제 ······487

17장 계몽주의의 승리 ······493
18장 국가보안경찰의 개인 파일, 326호: 알프레드 노벨 ······513
19장 무기를 내려놓아라! ······531
20장 향수병을 앓는 "인류의 은인" ······568
21장 특허 스캔들, 열기구, 그리고 마지막 유언장 ······609

5부

노르웨이의 모든 빛, 그리고 평화 ······641

22장 위대한 인정 ······646
23장 수백만 크로나를 둘러싼 갈등 ······665
24장 시선이 스웨덴과 노르웨이로 향하다 ······687

에필로그-한 세기가 조금 지난 후 ······695
그 후, 무슨 일이 일어났을까? ······698
출처 및 메모 ······701
아카이브 목록 ······791
참고문헌 ······793
감사의 글 ······813
추천의 글 ······816
옮긴이의 말 ······818
인명 찾아보기 ······820

프롤로그

　1896년 12월 10일 아침, 한 통의 전보가 스웨덴에 도착했다. 알프레드 노벨(Alfred Nobel)이 목요일 새벽 2시에 이탈리아 산레모(San Remo)에 있는 별장에서 63세의 일기로 갑자기 세상을 떠났다는 것이었다. 『아프톤블라뎃(Aftonbladet)』 신문사는 그 소식을 접한 뒤, "교육받은 모든 스웨덴 사람은 가장 위대한 동포를 잃은 것을 애도한다"라고 보도했지만, 곧 모든 사람의 입에 오르내리게 될 질문은 피했다. "이제 누가 그의 부를 차지할 것인가?" 이 질문은 며칠 동안 기억의 어둠 속에서 탐욕의 등불처럼 번쩍였다. 재산은 "현시점에서 거대하다"고 알려졌으며 연간 수입만으로도 수백만 크로나에 이를 것으로 추산되었다.

　기자들은 재빨리 계산해 보았다. 유명한 발명가인 알프레드 노벨은 미혼으로 자녀가 없었다. 그의 유명한 형제 로베르트(Robert)와 루드빅(Ludvig)도 이미 세상을 떠났다. 일부 작가들은 헤아릴 수 없이 많은 유산이 로베르트와 루드빅의 자녀들에게 배분되어야 한다는 소식을 퍼뜨리며 다른 가능성은 일축했다. 그러나 엔지니어 살로몬 아우구스트 앙드레(Salomon August Andrée)는 바로 알프레드 노벨이 열기구를 타고 북극을 탐험하는 도전에 2만 6,000크로나를 지원하기로 약속했다고 주장했다. 앙드레는 그중 1만 크로나만 지불되었다고 강조했다.

알프레드 노벨의 조카는 열네 명이었다. 루드빅의 맏아들 엠마누엘 (Emanuel)과 로베르트의 아들 얄마르(Hjalmar)는 12월 8일 삼촌의 갑작스러운 뇌출혈 소식을 듣자마자 서둘러 이탈리아로 떠났다. 엠마누엘은 37세로 상트페테르부르크(Sankt Petersburg)에 살고 있었다. 그는 조카 중 알프레드와 가장 가까운 관계였다. 33세의 얄마르도 비교적 그와 가깝게 지냈다. 두 사람은 모두 개인적으로 삼촌의 관대함을 경험했다. 엠마누엘은 11월에 알프레드를 위해 혈액 순환을 촉진하고 심장 문제를 완화할 수 있는 좋은 물리 치료사를 찾는 데 도움을 주기도 했다.

불행히도 조카들은 아무도 제시간에 도착하지 못했다. 알프레드 노벨의 회사 직원인 26세의 라그나르 솔만(Ragnar Sohlman)도 충격적인 소식을 듣고 서둘러 남쪽으로 향했다.

세 사람은 12월 10일 저녁이 되어서야 고인의 침대 옆에 서서 슬픔과 절망에 휩싸였다. 그들은 알프레드가 여느 때처럼 하루를 마감했다는 말을 들었다.

홀로 외롭게.

*

유언장은 스톡홀름 엔스킬다 은행(Stockholms Enskilda Banken, SEB)에 보관되어 있었다. 알프레드 노벨은 약 1년 전인 1895년 11월 말에 증인 앞에서 서명했다. 조카들은 그 유언장에 대해 전혀 몰랐다.

12월 15일 화요일에 구시가지 릴라 니가탄(Lilla Nygatan)에 있는 은행 사무실에서 유언장의 봉인이 해제되었다. 유언장에 대한 소식이 산레모에 있던 엠마누엘과 얄마르에게 전해졌고, 그들은 그날 저녁 늦게 라그나르 솔만의 집 문을 두드렸다. 두 사람은 삼촌의 유언장에 대해 사전에 들은 적이 없다고 했다. 알프레드는 라그나르를 유언 집행인 중 한 명으로 임명했었다.

그들은 이탈리아 빌라의 종이 컬렉션에서 1893년에 서명된 또 다른 유언장을 발견했으나 그것은 분명히 취소된 것으로 보였다. 그렇다면 내용이 어떻게 바뀌었을까?

주말에 유언장의 전체 내용이 담긴 편지가 산레모에 도착했다. 방 안에는 눈에 띄게 우울한 분위기가 밀려들었다. 형제자매에게 배분되는 비율이 줄어든 것이다. 그들의 삼촌은 가족을 위해 자신의 전체 재산 중 일부만을 따로 떼어 놓았던 것이다. 유언장에는 알프레드 노벨의 모든 주식과 재산을 매각하고 공개된 거의 모든 자본을 특별 기금에 편입하라고 분명하게 명시되어 있었다. 알프레드의 마지막 소원은 그 기금에서 발생한 이자를 매년 세계 각지에서 "지난 1년 동안 인류에게 가장 큰 혜택을 준 사람들"에게 상금으로 분배하는 것이었다. 알프레드 노벨이 조카를 얼마나 소중하게 생각했는지와는 상관없었다.

그의 조카들도 삼촌이 계획한 배분 원칙을 정확히 알지 못했다. 하지만 알프레드가 만들고자 했던 상의 목적은 점차 명확해졌다. 하나는 물리학, 하나는 화학, 하나는 생리학 또는 의학, 하나는 문학, 하나는 민족의 형제애와 평화 회의의 구성을 위해 가장 큰 기여를 한 사람에게 주는 것이었다. 즉 세계 평화의 실현을 위한 상이었다.*

이후 4년간 분쟁이 계속되었다. 오스카(Oscar) 왕은 알프레드 노벨의 유언장에 대해 "그 노인이 평화운동가, 특히 숙녀들에게 유혹을 받았다"며 빈정거렸다. 언론은 그를 조국애가 없다고 비난했으며 차기 총리인 얄마르 브란팅(Hjalmar Branting)은 기부를 "엄청난 실수"라고 했다.

불쌍한 열네 명의 조카들은 길고 고통스러운 시간을 보내야 했다. 주식의 대부분이 사라지면 가족이 운영하는 러시아 석유 회사는 어떻게 될 것인가? 노벨의 조카들과 그들의 가족은 어떻게 될 것인가?

얄마르의 막내 여동생인 23세의 티라(Thyra)는 불과 몇 달 전에 아버지 로베르트를 잃었다. 그녀는 노르셰핑(Norrköping) 외곽의 게토(Getå) 가족 농장에

---

* 스웨덴 국립은행의 경제학상은 알프레드 노벨을 기리기 위해 1968년에 제정되었다. 1969년 첫 번째 상이 수여되었다.

서 지내고 있었는데, 월요일 아침에 메스꺼움을 호소했다. 몇 시간 후 크리스마스 빵을 굽는 동안 바닥에 쓰러져 사망했다. 신문은 그녀가 아마도 심장마비로 죽었을 거라고 보도했다.

*

알프레드 노벨에 대한 간단한 애도 의식은 지중해의 사랑스러운 전망이 보이는 산레모 빌라에서 웅장하게 거행되었다. 호기심 많은 사람들이 줄을 지어 빽빽이 늘어서 있었고, 그의 친척들과 도시의 고위 인사들이 관을 따라 기차역까지 나아갔다. 참나무 관이 영구차에서 기차로 옮겨질 때 시립 음악단은 쇼팽(Chopins)의 애도 행진곡을 연주했다. 행렬에는 수많은 화환이 따랐고 다이너마이트 회사의 깃발 뒤에 많은 사람으로 구성된 애도 밴드가 있었다. 당연히 이탈리아, 스페인, 스코틀랜드, 스웨덴, 프랑스의 국기도 뒤따랐다.

관은 스웨덴으로 직접 운송되어야 했다. 관에는 국경을 통과하는 데 필요한 모든 문서가 함께 들어 있었다. 화환으로 가득 채워진 객차에는 친척들의 작별 인사, 친구들의 마지막 인사, 그리고 엔지니어 앙드레가 전달한 꽃다발이 있었다. "감사합니다. 그리고 안녕히 가세요. 극지 탐험대원 일동"이라고 적혀 있었다.

관이 유럽을 통과하는 5일 동안 신문에는 추모의 글이 계속해서 실렸다. 누군가는 알프레드 노벨의 노고를 언급하며 바람둥이 기질에 대한 경멸을 함께 드러냈고, 다른 누군가는 그의 단정한 옷차림과 거지를 향한 인정 많은 태도를 언급했다. 파리의 스벤스크노르스카(Svensknorska) 클럽에서는 "그가 위선에 대해서는 가혹한 말도 했었지만 그 이면에는 항상 사람들에 대한 진정한 사랑이 있었다"고 했다.

노벨의 한 영국 친구는 사망한 그의 친구에 대해 14페이지 분량으로 소개했다. 그는 "강도와 마찬가지로 예측할 수 없었고 철학적인 대화를 강조했다. 광범위한 주제들을 매우 독창적으로 생각했으며 예민하면서도 무한한 에너지와 비할 데 없는 인내심을 타고났다. 그는 위험을 두려워하지 않았고 결코 역경에 굴복하지 않았다. 연약한 수줍음과 결합된 충동적인 용기가 그의 가장 독특한 특징이었다. 짙은 눈썹으로 가려진 작고 밝은 눈은 남다른 지성을 드러냈다"고 했다.

그는 또한 여러 면에서 알프레드의 길을 인도한 사람은 아버지 임마누엘(Immanuel)이었다고 소개했다.

오늘날 많은 작가들은 "당시 가장 위대한 공학 천재 중 한 명"인 임마누엘 노벨이 세기적 전환기에 스톡홀름으로 향하기 위해 싸운 이후, 그의 가족이 만들어 낸 매혹적인 여정에 주목하고 있다. 작가들은 알프레드와 그의 형제들이 임마누엘 노벨이 지녔던 위대함은 성취했지만, 그 위대함이 실현되는 모습을 보는 기쁨은 결코 누리지 못했다고 주장했다.

1896년 12월 22일 아침, 기차는 새하얀 도시를 천천히 달렸다. 기차는 스톡홀름 중앙역의 지붕 아래에서 속도를 늦추었다. 역의 화물 창고는 국영 철도가 개통된 이래 가장 많은 크리스마스 소포로 가득 차 있었다.

벨이 울리고, 말이 코를 킁킁거렸다. 알프레드 노벨이 집으로 돌아왔다.

NOBEL

1부

"이 모든 것은
내 마음속에 응어리져 있었다.
– 터지기 전까지"

알프레드 노벨, 1860년경

Alfred Bernhard Nobel

수수께끼

알프레드 노벨의 생애와 이미지는 오랫동안 많이 수정되었다. 그의 감정과 생활에 대해 부적절하게 표현된 부분이 있었다. 중요한 기간이 공백으로 남아 있었으며 중요한 사건과 사람들이 누락되기도 했다. 이 주제에 접근한 사람들은 모두 슬픈 현실을 직시해야 했다.

노벨상의 창시자는 수많은 편지와 중요한 문서를 남겼기에 자료는 충분했다. 하지만 그가 사망한 1896년 이후 50년 동안 그의 전기는 단 한 가지만 출판되었다. 이 책은 "기념 도서(Jubileumsskriften)"라고 불리며 1926년에 노벨 재단에서 출처나 저자 이름 없이 출판되었다. 재단의 회장인 헨릭 슈크(Henrik Schück)와 설립자인 라그나르 솔만(Ragnar Sohlman)이 제작한 것이었다.

슈크와 솔만은 조심스러웠다. 그들은 기록 보관소를 깊숙이 파고들며 위대한 기증자의 유산을 훼손할 수 있는 모든 것을 체계적으로 제거하려 했다. 그들의 의도는 좋았지만, 결과적으로 알프레드 노벨의 이미지는 왜곡되었다. 이들은 독립적인 연구자가 해당 기록 보관소에 접근할 수 없게 보안을 강화했다.

어느 해 노벨상 기념일을 앞두고 라그나르 솔만은 진실에 대해 골똘히 생각했다. 솔만은 용기를 내어 1948년 죽음을 앞두고 『유언(Ett testamente)』이라는 책을 썼다. 그는 1950년에 출판된 이 책에서 알프레드 노벨이 열여덟 살 연하의 여성과 오랜 관계를 유지했던 사실을 처음 공개했다.

외국 출판사들이 세계적으로 유명한 기증자에 관한 다른 책들을 궁금해하기 시작하면서, 1926년 발간되었던 책이 업데이트되고 "기념 도서"의 개정판 작업이 본격적으로 추진되었다. 이어 1954년에 노벨 재단의 닐스 스톨레(Nils Ståhle) 이사는 스웨덴계 미국인 저널리스트 나봇 헤딘(Naboth Hedin)과 계약을 맺고, 영어로 쓰인 새로운 노벨 전기를 공개하게 되었다. 이 계획은 전 영국 총리이자 노벨상 수상자인 윈스턴 처칠(Winston Churchill)이 서문을 작성할 정도로 대단한 일이었다. 처칠은 1957년 서문에서 "알프레드 노벨 전기의 새로운 영어판이 출판된다는 것은 매우 가치 있는 일이다"라고 썼다. 그리고 알프레드 노벨의 "훌륭한 아이디어"인 노벨상이 "많은 지식 영역에서 세상을 더 나은 곳으로 만들기 위한 인류의 문명화 투쟁에서 스칸디나비아 사람들이 탁월한 위치를 차지한 성공적 노력의 상징"이라고 했다.

그러나 이번에도 노벨 재단은 누구도 기록 보관소에 들어가는 것을 원하지 않았다. 닐스 스톨레는 그의 처남인 에릭 베르겐그렌(Erik Bergengren)에게 이 문제를 해결해 달라고 요청했다. 기록 보관소에 접근하려는 시도는 5년 동안 이어졌다. 결국 베르겐그렌은 기록 보관소를 개방하는 데 성공했다. 그렇게 헤딘은 책을 작성하고 베르겐그렌은 사실을 확인했으며, 다시 스톨레가 그것을 검열했다.

이러한 노력의 결실은 오늘날까지도 남아 있는 익명의 검은 바인더 16개 속에 고스란히 담겨 있다. 나는 몇 가지 조사 작업을 마친 후 노벨 재단 지하실에서 그 자료들을 찾을 수 있었다. 에릭 베르겐그렌의 작업은 훌륭하고 전문적이었다. 그는 실제로 14미터에 달하는 아카이브 전체를 전부 읽은 듯했다. 그러나 여전히 몇 가지 요구 사항은 남아 있었다. 1950년대의 검열 사항은 정말 재미있었다.

예를 들어, 1958년 1월에 스톨레는 작가 나봇 헤딘이 알프레드 노벨을 사민당과 연결 짓는 것을 용인하지 않았다. 미국 독자들이 알프레드 노벨에 대해 "완전히 잘못된 인상"을 받을 수 있기 때문이었다. 사민당은 생산 수단의 국유화를 원했으므로 그를 공산주의자라고 믿을 수 있었다. 하지만 스톨레는 그러한 추정이 이미 1926년의 노벨 재단의 첫 번째 전기에 실렸다는 사실을 모르고 있었던 것 같다.

이 스웨덴계 미국인 작가는 새 책을 집필할 때 알프레드 노벨의 성격, 사상, 감정적 삶에 대한 일부 내용을 다룰 수 없다고 반복적으로 통보를 받았다. 또한 알프레드 노벨이 펜으로 작성한 경솔한 글들을 관찰할 기회도 없었다. 하지만 에릭 베르겐그렌은 알프레드가 재능 있는 여성에 대한 선호를 언급한 편지를 발견해 흥미롭게 내용을 소개했다. 편지에는 "두뇌의 관심은 성적 욕구를 초월한다. 아멘!"이라고 적혀 있었다. 다만 알프레드가 성모 마리아에 대해 묘사한 것은 너무 외설적이라고 판단해 인용하지 않기로 결정했다.

이런 모든 것은 기증자의 이미지를 손상시킬 수 있었다. 베르겐그렌은 "그는 절대적으로 뇌물 수수에 타협하지 않는 정의로운 신사였으며 질투나 야망 같은 것은 전혀 없었다. 그는 머리, 마음, 정신이 훌륭하고 드물게 좋은 사람이었다"고 주장했다. 마치 알프레드 노벨은 평범한 인간으로 허용될 수 없다는 듯이.

5년 후 나봇 헤딘은 25장을 완성했다. 그때 역풍이 불어왔다. 미국 출판사는 그 책이 너무 건조하고 지루해서 출판할 수 없다고 판단했다. 대신 스톨레 이사는 자신의 처남에게 자료를 짧게 줄여 "소책자"로 만들어 달라고 요청했다. 에릭 베르겐그렌은 5년간 기록 보관소의 자료를 상세하게 연구한 작업이 헛된 일이 될까 봐 충격을 받았다. 그럼에도 그는 알프레드 노벨의 두 번째 스웨덴판 표준 전기를 간략하고 충실하게 제작하여 1960년에 발표했다. 이 전기 또한 출처를 명시하지 않았다.

그 이후에 알프레드 노벨의 생애를 다룬 작품들은 기본적으로 이 두 권의 책에서 영감을 받았다. 이는 노벨 재단이 수십 년 동안 모든 수정 의도를 포기했는데도 그렇다. 오늘날 알프레드 노벨의 기록 보관소는 출판물에 대해 통제 없이 열려 있다.

디지털화 덕분에 연구 작업이 더 이상 힘들지도 않다. 그래서 나는 연구를 해보기로 결심했다. 내 목표는 알프레드 노벨과 노벨상의 배경에 대한 첫 번째 독립적인 이야기를 쓰는 것이다. 이 책에서는 기록 보관소의 자료를 활용하고 출처를 명시하고자 한다. 그가 거주했던 국가의 기록 보관소를 조사하는 도전도 마다

하지 않겠다.

한 가지는 이미 알고 있다. 그 이야기는 알프레드 노벨이 태어난 해에 그의 아버지 임마누엘 노벨에게 일어난 드라마로 시작해야 한다는 것이다.

여기에 채워야 할 빈칸이 많이 있다.

1장
자신의 작은 자아에 대한 믿음

임마누엘이라는 이름은 "하나님이 우리와 함께 계시다"라는 뜻이지만, 1832 년 새해 전후로 31세의 건축가 임마누엘 노벨이 삶을 바라보는 방식은 그렇지 않았다. 지중해 인근에 살던 알프레드 노벨의 아버지는 교회의 이른바 "성스러운 책"에 따라 정착한 생활에 대해 의문을 품기 시작했다. 인간은 죽음 이후의 영원한 삶을 위해서만 존재할 수 있는 건 아니지 않는가? 신의 피조물, 놀라운 자연이 지금 여기 그들 주위에 존재했고, 이들은 인간의 진보를 위해 존재한다고 외쳤다. 또 다른 측면은 위선이었다. 임마누엘은 소년 시절, 술에 취한 가톨릭 수도사가 항구의 매춘 업소에서 길을 잃었던 것을 기억했다. 그는 어리석은 스웨덴 장교들이 술에 취해 난교를 벌인 자리를 청소할 때와 같은 경멸을 느꼈다. 그는 겨우 열여섯 살이었지만 때때로 인생의 좌우명을 다음과 같이 밝혔다.

"다른 사람이 아닌 나 자신의 작은 자아만을 신뢰하는 것."[1]

1832년 새해에 그러한 생활 방식이 시험을 받게 되었다. 임마누엘 노벨은 몇 년 동안 스톡홀름에서 건축업자, 건축가, 기계공 등으로 생활했다. 그는 스톡홀름 외곽의 롱홀멘(Långholmen) 섬에 있는 낡은 벽돌집을 임차했다. 그곳에서 29세인 아내 안드리에타(Andrietta)와 세 살인 아들 로베르트, 한 살인 아들 루드빅과 함께 살았다. 임마누엘과 안드리에타 노벨은 결혼 후 4년 동안 여러 번 이사하면서, 인생에는 봉우리와 깊은 계곡이 있다는 사실을 깨달았다. 임마누엘은 건물이 때로는 유명해지고 감탄을 받기도 했지만, 다른 때에는 재앙으로 끝나기도 한다는 사실에 익숙해졌다. 1832년은 한 살배기 맏아들 엠마누엘(Emanual)이 세상을 떠난 1829년 이후 가장 암울한 해로 기록될 것이 분명했다.

1832년 3월, 임마누엘은 대출에 대한 담보로 롱홀멘에 있던 토지 소유권을 지역 유지에게 양도해야 했다. 이후 부실은 계속 커졌고, 크리스마스 직전 일부 고객과 직원이 그를 시의 법원에 서면으로 고소하면서 파산을 초래했다. 심지어 멜라렌 호수의 다른 섬에 있는 채권자들은 노벨이 도피하기 위해 도시를 떠난다는 소문을 듣고 법관들에게 그를 데려오도록 촉구했다.

임마누엘은 계약에 대한 희망으로 마지막 한 달의 유예 기간을 얻었는데 그 기한은 13일 후인 1833년 1월 5일에 만료되었다.[2]

임마누엘 노벨은 근면, 영리함, 가족의 더 나은 삶을 위한 끊임없는 헌신을 바탕으로 재기에 성공했다. 접근이 어려운 롱홀멘의 숙박 시설은 그가 이룬 재기의 명확한 증거였다. 3년 전, 노벨은 한 미망인에게서 땅과 오래된 벽돌집의 임차권을 물려받았다. 그는 서명이 마르기도 전에 당국에 임대 계약을 40년 더 연장하겠다고 신청했다. 대신 40년 후 계약이 만료되면 발코니와 기둥을 갖춘 멋진 2층짜리 집을 지어 시에 기부 체납을 하겠다고 약속했다. 노벨은 깔끔한 색상의 도면을 첨부했다. 대답은 "예"였다. 시는 그 장소에 관심을 보이지 않았다.[3]

1832년 새해 전날 밤에 방 열 개짜리 웅장한 빌라가 거의 완성되었지만 불행하게도 많은 빚을 지고 있던 임마누엘 노벨은 입주할 수 없었다. 가족은 여전히 낡은 창고에 남아 있었다. 새해가 시작된 지 몇 주 되지 않아 안드리에타가 다시 임신하게 되어 상황은 더욱 안타깝게 되었다.

아들의 이름은 알프레드이며, 그는 적절한 정규 교육이나 교회에 대한 합당한 존경심 없이도 인생을 멀리 갈 수 있는 능력과 상상력, 창의성, 에너지, 수용성 등 아버지인 임마누엘의 자질을 대부분 물려받은 아들이 될 것이다.

한마디로 임마누엘은 자신의 작은 자아에 대한 믿음이 너무나 확고했던 사람이었기에, 임마누엘을 알지 않고서는 알프레드 노벨을 이해하는 것이 불가능하다.

당시 롱홀멘은 녹지가 매우 제한적인 바위투성이의 섬이었다. 이곳은 스톡홀름의 도시 건물에서 적당한 거리에 있었고 교각의 반대편에는 헬레네보리(Heleneborg)와 스키나르비켄(Skinnarviken)의 산이 둘러싸고 있었다.

이 섬은 여러 면에서 어린 자녀를 둔 가족이 사는 집이라기보다는 감옥에 더 적합한 곳이었다. 크나페르스타드(Knaperstad)에 있는 노벨 가족의 벽돌집에서 얼마 떨어지지 않은 곳에 남부 교도소가 있었는데 이곳에는 형을 선고받은 수감자들이 900명 이상 있었다. 임마누엘 노벨은 여러 차례 수감자들 중에서 건설 노동자를 모집하기도 했다. 한번은 노벨이 책임을 맡은 죄수가 옥스토리스가탄(Oxtorgsgatan)에 있는 카자 베르그렌(Cajsa Berggren)의 식당에서 담배를 훔쳐 달아나다가 붙잡힌 적도 있었다.

증기선이 리다르홀멘(Riddarholmen)의 항구를 오가는 길에 롱홀멘을 지나치기는 했지만, 여유가 없는 사람들을 위한 대중교통 수단은 드물었다. 임마누엘은 노 젓는 배를 소유하고 있었지만 말은 없었다. 그가 스토르토르옛(Stortorget)과 구스타프 아돌프 광장(Gustaf Adolf's torg) 주변의 도시로 들어가려면 슬루센(Slussen) 다리까지 걸어가거나 쇠데르 멜라르스트란드(Söder Mälarstrand)에서 이른바 여성이 노 젓는 보트 중 하나를 타야 했다.

보트에는 단점이 있었다. 노를 젓는 여성들은 매너 없고 무례하게 굴어 악명이 높았다. 또한 그들은 모든 종류의 쓰레기와 배설물을 버리는 곳인 뭉크브론(Munkbron) 옆의 역겨운 플루그뫼텟(Flugmötet)에 정박했다. 임마누엘 노벨도 거리의 청결함을 많이 해친 이유로 3릭스달러 16실링의 벌금을 부과받은 적이 있었다. 이곳의 지명은 1년 중 대부분 동안 그곳의 공기를 어둡게 만든 "수백만 마리의 커다란 청록색 파리"의 이름을 따서 붙여졌다. 가을 어둠이 가라앉으면 외부인들은 밤의 추위를 피하려고 쓰레기 더미로 기어들어 가곤 했다.

인간의 배설물은 또 다른 중요한 사회적 문제였다. 스톡홀름의 거리에서 '변소의 처녀'가 배설물 통을 운반해 비우러 갈 때마다 기둥 양쪽 끝의 가득 찬 배설물 통은 앞뒤로 흔들렸다. 그들은 가끔 갈증을 해결하기 위해 물 펌프 근처로 가다가 배설물 통을 엎지르기도 했다. 19세기 초 스톡홀름이 유럽에서 가장 더럽고 위험한 도시 중 하나로 여겨졌던 것은 놀라운 일이 아니었다. 그러나 악취가 나는 배설물과 죽음 사이의 연관성은 명확하지 않았다. 대신 당국은 스톡홀름의 기록적으로 높은 사망자 수가 "과도한 주류 소비"와 관련이 있다고 주장했다.

또한 스톡홀름은 겨울에 유럽에서 가장 어두운 도시 중 하나였다. 9월부터 3월까지는 완전히 석유 등불에 의존했다. 몇 번의 화재를 겪고 규칙이 강화되면서 집주인들은 양초를 관리하기 위해 특별한 등불을 빌려야 했다. 자정이 되면 모든 가로등이 꺼졌으며, 자정 이후에는 횃불 없이 거리를 이동하는 것이 허용되지 않았다.

1832년 12월 31일 월요일, 많은 사람이 저녁 축제를 위해 횃불을 들었다. 가장무도회는 클라라 스트란드가타(Klara Strandgata)에 있는 키르스타인스카 (Kirsteinska)의 집에서 열렸다. 신문 광고를 통해 손님들은 "교양 있는 친구들"처럼 행동하라는 권고를 받았다.[4]

여러 가지 이유로 임마누엘과 안드리에타 노벨은 그날 저녁 키르스타인스카의 집에 나타나지 않았다.

*

새해 전날 아침에 화재가 발생했다. 타일로 된 스토브 파이프에 금이 간 후 불이 헤드보드를 타고 올라가면서 첫 번째 폭발이 일어났다고 한다. 곧 크나페르스타드에 있는 노벨의 집 일부가 불에 탔다. 교회 종이 두 번 울렸고 쇠데르말름 (Södermalm)에서 화재 신호가 울리자 스톡홀름은 마비되었다. 이제 운명은 도시의 소방관들과 곤경에 처한 소방관 프레드릭 벡(Fredrik Bäck)에게 달려 있었다.

새해 축하 행사에 맞춰 스톡홀름에는 비교적 강한 남동풍과 함께 갑작스러운 추위가 찾아왔다. 소방관들에는 이뿐만이 아니라 여러 가지 문제가 있었다. 쇠데르말름 광장의 첫 번째 소화기는 불량이었고 호출된 마부들은 멀리 가려 하지 않았다. 특히 많은 사람이 이미 취해 있었기 때문에 더욱 그랬다. 벡(Bäck)은 물 주전자와 호스를 최대한 빨리 롱홀멘까지 운송하기 위해 사비를 털어 마부들을 고용했다.

심지어 그 집에 사는 가족은 다른 곳에 있는 것 같았다.

노벨의 집에서 발생한 화재는 너무 강력해서 곧 옆에 있는 감옥까지 위협할 정도가 되었다. 죄수들을 밖으로 대피시키도록 명령이 전해졌다. 일부 죄수는 호스를 가지고 열심히 소화 작업에 참여했다. 다른 사람들은 화염을 피해 집 안의 물건을 최대한 많이 밖으로 꺼내라는 명령을 받았다. 폭동과 폭력 행위로 잘 알려진 죄수들은 나중에 『아프톤블라뎃』에서 칭찬을 받기도 했다. 『아프톤블라뎃』은 "악의적인 행동은 조금도 일어나지 않았으며 보관된 지폐를 강탈하거나 도주하려는 시도는 단 한 건도 없었다"고 집주인들의 말을 기사로 실었다.

저녁이 되었는데도 불은 여전히 진압되지 않았다. 무도회와 새해맞이 행사를 보러 간 스톡홀름 사람들은 어두운 하늘을 배경으로 한 매우 붉은빛을 보게 되었다. 자정이 넘은 시간에도 계속되던 진화 작업은 눈이 내리면서 점점 수월해졌다.[5]

다음 날, 피해 규모가 산정되었다. 근처의 직물 창고와 건물 전체가 불에 타버렸다. 노벨 가족은 가재도구와 사용 가능한 도구의 상당 부분을 잃었다. 정확한 건물 도면이 있는 임마누엘의 대형 포트폴리오 세 개도 불길의 먹이가 되었다. 수감자들이 간신히 구할 수 있었던 것은 부서진 책상과 2인용 침대, 푹신한 참나무 소파, 서랍장뿐이었다.[6]

다행히 다친 사람은 아무도 없었다. 하지만 노벨 가족은 여전히 나타나지 않았다. 임마누엘은 경찰이 화재에 대해 심문을 요청한 다음 날에도 모습을 드러내지 않았다. 불에 대한 부주의는 심각한 범죄로 여겨졌기 때문이다. 블라시에홀멘(Blasieholmen)과 헬겐트스홀멘(Helgeandsholmen)의 주요 부분이 파괴되었던

1822년의 대화재는 아직도 생생하게 기억된다. 비록 아무런 손실이 없더라도 잘 못을 저지른 자들에게는 족쇄를 채운 채로 일요일을 보내게 하거나 며칠 동안 감옥에 구류하는 등의 실질적인 처벌이 있을 수 있었다.

경찰서에서는 경리와 건축업자를 포함한 노벨의 이웃들에 대한 심문이 열렸다. 새해 전날 소방관들에게 신고한 것으로 보이는 몇 명의 식료품 상인들이 불려 갔고, 이들은 화재의 "책임자"에 대해 질문을 받았다. 의사록에서 경찰은 "지휘자(건축가) 노벨을 수배했지만 만나지 못했다"라고 적었다.[7]

임마누엘 노벨이 마침내 도시에 모습을 드러낸 것은 화재 발생 후 나흘이 지나서였으나 경찰은 그를 찾을 수 없었다. 그는 증명서가 필요해 막달라 마리아 교회 본당에서 담임목사를 찾았다. 임마누엘은 목사에게 "노벨이 멜라렌 호수의 서쪽 끝에 있는 리된(Ridön)으로 이사했으며 훌륭한 기독교 지식과 품행, 적절한 교제를 보여준 의로운 사람임"을 서면으로 진술해 달라고 부탁했다.[8]

그다음 주에 임마누엘 노벨은 리다르후스 광장(Riddarhustorget)에 있는 시청 법원에 파산 신청을 했다. 그는 새해 전날 밤에 "부재중인 가운데 사소한 이유도 없이" 화재가 나서 재산 대부분을 잃었다고 주장했다. 그는 비스듬한 필체로 여러 예기치 못한 사건을 지적하며 파산을 신청했다. 모든 사건은 그의 건설 사업과 관련이 있었다. 스쿠루순뎃(Skurusundet) 위에 떠 있는 다리에서 작업하는 동안 다리 전체가 세 척의 건축 자재 바지선과 함께 가라앉았다. 뭉크브론에 있는 피터센의 집(Petersén House)을 개조하는 임무도 재정적 재앙으로 끝났다. 집의 기반이 너무 약해 모든 것을 재건해야 할 정도였기 때문이다.

노벨은 자신이 소유한 모든 재산을 포기하겠다고 약속했다. 그는 자신의 총 부채를 오늘날의 화폐 가치로 약 500만 크로나(약 7억 원)로 추산했다.

1833년 7월 22일 월요일, 임마누엘 노벨은 시청 법원에서 47명의 채권자 앞에 서게 되었다. 그들의 분노한 청구서에는 삶의 잔해가 담겨 있었다. 화가, 석공, 배관공에게는 미지급된 일당이 있었다. 이들 중에는 수공예품 제조공, 유리공, 타일공, 양철공, 양조업자, 도매업자 등에서 단순 기술자에 이르기까지 다양한 전문가들이 포함되어 있었다. 파일에는 벽난로와 울타리 기둥, 나사와 못, 브랜디와 청량음료, 버터, 청어, 정어리, 검은 이브닝드레스와 썰매, 마데이라 열두 병 등 수집된 물품 목록이 채워져 있었다.

화재가 발생하기 전 몇 달 동안 노벨은 상당한 규모의 대출을 받아야 했다.

최악은 고객의 요구를 충족시키지 못했다는 것이었다. 임마누엘 노벨은 스쿠루순드 다리(Skurusund Bridge), 피터센의 집, 그리고 스토르토르옛(Stortorget)에 있는 상인 앙주(Anjou)의 집 개조 공사를 완료하지 못했다.

이 화재는 시청 법원에서 해결하는 데 거의 1년이 걸린 재난 사고였다. 세관 책임자였던 임마누엘의 처남 루드빅 알셸(Ludvig Ahlsell)이 때때로 보석금을 내고 노벨의 빚을 일부 갚으면서 부채는 다소 줄어들었다.[9] 그러나 상황은 여전히 심각했는데 임마누엘의 아내 안드리에타가 출산을 앞두고 있었기에 가족은 새집이 절실히 필요했다.

임마누엘 노벨은 매우 낙관적인 태도를 가지고 있었다. 무엇보다 그에게는 창의력이 있었다. 이번에 그가 어떻게 곤경에서 벗어나느냐에 따라 그의 가족 전체와 신생아인 알프레드의 미래가 결정될 것이다.

*

노벨 가족은 신생아 여섯 명 중 한 명이 생후 첫해를 넘기지 못하는 도시에서 아이를 출산하는 것이 얼마나 위험한 일인지를 뼈저리게 인식하고 있었다. 나중에 아우구스트 스트린드베리(August Strindberg)가 표현했듯이 "유아실의 벽에는 항상 장례식용 캐러멜의 검은 봉지가 붙어 있었다."[10] 1833년 가을, 정부는 몇 년 동안 유럽 대륙을 휩쓴 콜레라 유행병이 스웨덴과 스톡홀름에 심각한 위협이 될 거라고 경고했다. 신문에서는 수도의 건강 상태에 대한 하루하루의 상세 보고서를 읽을 수 있었다.

임마누엘과 안드리에타 그리고 두 아들은 임시로 지낼 곳으로 노르란드가탄

(Norrlandsgatan) 9번지에 있는 석조집을 찾았다. 이 집은 안뜰을 향한 날개가 있는 구조로 3층으로 구성되어 있었으며 목공 작업장과 목재 보관실, 작업대, 마구간 등이 있는 별채도 있었다. 아파트는 작았지만 현관 다용도실, 벽난로, 스토브가 있는 주방이 있었다.[11]

그곳은 스톡홀름에서 가장 가난한 지역은 아니었지만 고급 환경과는 거리가 멀었다. 모퉁이를 돌면 오늘날의 노르말름 광장(Norrmalmstorg)에 해당하는 파카르토르옛(Packartorget)이 있었고, 도시의 또 다른 배설물 매립지가 있었다. 그 뒤에는 파카르 광장 호수(Packartorgsviken) 또는 '고양이 바다(Cat Sea)'가 펼쳐져 있었다. 이 역겨운 늪은 이웃의 쓰레기를 거두어들일 뿐만 아니라 고양이를 위한 일종의 공공 묘지이기도 했다. 같은 시대의 관찰자들에 따르면 파카르 광장 호수의 물은 "비정상적으로 나쁜 상태"였다고 전해진다.[12]

이듬해 이 지역의 첫 번째 콜레라 환자가 파카르 광장의 집에서 발견된 것은 어찌 보면 당연했다. 그 당시 전체 인구가 약 8만 명에 불과했던 스톡홀름에서 겨우 몇 달 만에 3,500명 이상의 사람들이 사망했다. 스웨덴의 첫 번째 콜레라 전염병은 총 1만 2,500명 이상의 목숨을 앗아갔다.

콜레라의 증상은 물 같은 설사, 갈증, 푸르스름하게 주름진 피부 등 놀라울 정도로 분명했다. 그러나 아무도 질병의 원인을 알 수 없었고 오염된 물에 대한 경고를 듣는 사람도 거의 없었다. 많은 의사들은 독침이 신경계를 손상시킨 것으로 추측했지만 그것이 어디서 왔는지는 알 수 없었다. 콜레라 발병이 붉은 달과 별똥별과 관련이 있다는 주장도 널리 퍼졌다. 처방된 치료법은 대부분 사혈과 거머리 요법이었다.

오염된 물이 감염을 퍼뜨리는 역할을 한다는 사실을 깨닫는 데는 20년이 더 걸렸다. 1883년에 독일의 의사 로베르트 코흐(Robert Koch)가 콜레라 박테리아의 존재를 증명할 수 있었다. 그는 1905년에 노벨 생리의학상을 수상했다.

*

1833년 10월 21일 월요일, 스톡홀름의 보건 상태는 아직 통제되고 있었다. 콜레라는 멀리 떨어져 있었고, 『포스트 오크 인리케스 티드닝가르(Post och Inrikes Tidningar, PolT)』신문은 주로 폐렴과 유행성 감기에 관해 경고했다.

『아프톤블라뎃』은 카를 14세 요한(Karl XIV Johan)의 평의회와 "국내 총기 제조 증진을 위한 특별 위원회"의 첫 번째 회의에 주목했다. 신형 보병 소총으로 첫 시험 사격을 한 것은 어떤 징조였을 것이다. 신문은 "시험에는 의도적으로 창고에 있는 오래되고 품질이 떨어지는 화약을 사용했다"라고 지적했다.

어느 월요일에 조산사 요한나 함마르슈테트(Johanna Hammarstedt)는 노르란드가탄에 있는 노벨 가족에게 부름을 받았다. 그녀는 미망인이었고 스톡홀름 반대편의 남부 지역(Söder)에서 살고 있었다. 너무 멀리 떨어져 있는 것처럼 보일 수도 있다. 신문의 발표에 따르면 근처에 자격증을 갖춘 조산사가 많이 있었다고 한다. 교회 기록 보관소의 세례 관련 책을 검색해 보면 임마누엘과 안드리에타가 안심하고 싶어 했다는 것을 알 수 있다. 요한나 함마르슈테트는 루드빅과 로베르트는 물론이고 태어난 지 1년도 안 돼 사망한 맏아들의 출산을 도왔었다.

이제 다시 시간이 되었다. 요한나가 참석한 가운데 30세의 안드리에타 노벨은 알프레드 베른하르트 노벨(Alfred Bernhard Nobel)이라는 작은 아들을 낳았다. 그는 이틀 후에 세례를 받았는데 이것은 일상적인 일이었으며 신생아에게 위험한 징후도 없었다. 적어도 그때는 아니었다. 안드리에타의 어머니인 54세의 카롤리나 빌헬미나 알셀(Carolina Wilhelmina Ahlsell)을 포함해 지명된 후원자를 부르기에도 이틀이면 충분했다.

그런데 얼마 지나지 않아 세 아이의 아버지인 임마누엘 노벨이 '빈곤자'로 분류되었다.[13]

*

임마누엘 노벨이 살던 스웨덴은 한때 강대국이었지만 이때는 북유럽의 한 구석에서 작은 민족 국가로서 새로운 정체성을 추구하던 가난한 나라였다. 1830년 대의 첫해는 건축가이자 기계공인 노벨에게 힘든 시기였다. 신문에는 파산 목록이 늘어났고 몇 년 동안 이어진 예상치 못한 한파로 인해 농작물 작황이 나빠졌다. 1830년대 가난한 사람들이 겪는 궁핍은 스웨덴 사회에서 논의의 중심 주제로 떠올랐다. 광범한 인민대중이 동요했고 유럽 대륙에서도 혁명의 기운이 퍼졌다. 파리 시민들은 독재적인 섭정이었던 샤를 10세(Charles X)에 대항해 1830년 7월까지 반란을 일으켰다. 샤를 10세는 같은 해에 언론의 자유와 투표권을 모두 제한했다. 몇몇 국가에서 급진적 자유주의자들이 왕실의 폭정에 반대하는 목소리를 높였으며 이는 스웨덴에서도 마찬가지였다.

스웨덴의 왕 카를 14세 요한은 15년 동안 왕위에 있었지만 여전히 프랑스어만을 구사했다. 그는 고국의 공포스러운 상황을 걱정했고 어디에서든 음모와 잠재적 암살자가 존재하지 않을지 의심했다. 의심이 많은 것은 카를 14세 요한의 뚜렷한 특징이었다. 그가 10년 동안 왕세자 자리를 지키면서 했던 첫 번째 일은 스웨덴 비밀 보안 경찰을 창설하는 것이었다. 또한 그는 통치에 의문을 제기하는 행위에 대해 기소하고 철회할 권리를 획득했다. 왕은 파리의 7월 혁명 이후 폭풍우가 치는 시기에 이러한 권력 도구를 광범위하게 사용했다. 1830년대의 스웨덴은 일종의 온화한 경찰 국가를 떠올리게 했다.

카를 14세 요한의 원래 이름은 장 바티스트 베르나도트(Jean Baptiste Bernadotte) 이며 직위는 야전 원수였다. 그는 1809년 구스타브 4세 아돌프(Gustav Ⅳ Adolf) 왕이 축출된 후 왕위를 계승하면서 나폴레옹(Napoleon)의 프랑스에서 왕위를 물려받았다. 왕은 프랑스와 러시아 간의 전쟁을 중재하려던 노력이 실패한 후 굴욕을 당하고 퇴위할 수밖에 없었다. 특히 1809년 러시아에 핀란드 전체를 잃은 것은 그의 큰 고통이었다. 많은 사람이 구스타브 4세 아돌프에게 모든 책임을 돌렸다.

화가 나고 좌절한 귀족들 사이에서 곧 프랑스에서 특별히 선발된 귀족을 왕으로 뽑으면 스웨덴이 잃어버린 것을 찾을 수 있겠다는 아이디어가 떠올랐다. 장바티스트 베르나도트와 같은 고위 장군은 나폴레옹을 달래고 숙적 러시아로부터 핀란드를 재탈환하는 도전을 충분히 해낼 수 있을 거라는 기대가 있었다.

하지만 상황은 급박했다. 폐위된 왕의 삼촌인 카를 13세(Karl XIII)가 1809년에 과도기적 해결책으로 즉위했다. 그는 자식이 없었고 이미 뇌졸중을 한 번 겪은 상태였다.

48세의 장 바티스트 베르나도트는 병든 카를 13세에게 입양되어 스웨덴 이름인 카를 요한(Karl Johan)을 부여받았고 1818년 즉위하기 훨씬 전에 권력을 이어받았다. 하지만 얼마 지나지 않아 그는 예상과 정반대의 일을 했다. 카를 요한은 나폴레옹과 전쟁을 벌였고 대신 스웨덴의 숙적인 러시아에게 손을 내밀었다. 이는 놀라운 전환이었으며 임마누엘 노벨과 그의 가족에게도 중요한 영향을 미쳤다.

스웨덴 귀족들은 물러났다. 그들은 프랑스인인 카를 요한이 스웨덴에 뿌리 깊게 자리 잡은 러시아에 대한 증오를 이해하지 못할 것으로는 예상 못했다. 또한 카를 요한과 나폴레옹 보나파르트(Napoleon Bonaparte) 사이의 감정이 결코 우호적이지 않았다는 점도 알지 못했다.

1812년 나폴레옹이 모스크바로 대규모 원정을 시작했을 때, 차르 알렉산더 1세(Tsar Alexander I)는 왕세자 카를 요한을 투르쿠(Åbo) 회담에 초대했다. 승계 전략가들의 계획에 따르면 당연히 거절해야 했지만, 카를 요한은 거기로 갔다. 그로 인해 러시아와 스웨덴 사이에 좀 더 우호적인 관계가 시작되었다. 심지어 스웨덴은 나폴레옹에 대항하는 전투에 참가했고, 카를 요한은 나폴레옹의 동맹인 덴마크가 노르웨이를 스웨덴으로 양도하기를 원했을 때 차르의 지원을 받았다. 스웨덴의 소원은 현실이 되었다. 1814년 킬 평화조약(Kielfreden) 이후 스웨덴과 노르웨이 사이에 연합이 수립되었다. 끊임없이 격렬하고 차가운 기침을 하던 카를 14세 요한은 노르웨이의 왕이자 스웨덴 왕이 되었다.

1815년 나폴레옹이 몰락한 이후 스웨덴의 외교정책은 대영제국과 러시아 간의 올바른 균형을 유지하는 데 중점을 두었다. 카를 14세 요한은 1830년대에 러시아와의 관계에서 알렉산더 1세의 형제이자 후계자인 새로운 러시아 차르 니콜라이 1세(Tsar Nikolaj I)와 여전히 비교적 가까운 관계를 유지했다.

노벨 가족은 차르 니콜라이 1세와 많은 관계가 있었다.

*

임마누엘 노벨은 실제로 나폴레옹 보나파르트의 모습을 직접 본 적이 있다고 주장했다. 이 사건은 청소년 시절 지중해를 항해하던 중 발생했다. 엘바섬 근처에서 며칠 동안 무풍 상태였을 때, 이 젊은 예블레(Gävle)의 소년은 당시 유배된 전 황제를 쌍안경으로 보고 그림을 그리는 데 성공했다. 그 경험이 너무 강렬해서 훗날 그는 자신의 자서전에 첨부하기 위해 그 그림을 남겨두었다.

임마누엘은 카를 14세 요한을 직접 만난 적도 있었다. 그는 아버지가 병원 의사로 일했던 예블레로 돌아가 건축과 건설 견습생으로 일을 시작했다. 1818년 새로 즉위한 왕이 에릭스가타(Eriksgata)를 따라 예블레를 지나갈 것이 확실해지자 임마누엘은 급하게 '개선문(äreporten)'을 스케치한 인물로 알려져 있다.

에너지 넘치는 임마누엘 노벨은 자유 예술 아카데미에서 건축과 역학을 공부하기 위해 스톡홀름으로 갔다. 임마누엘은 노벨 가문에서 이어져 온 많은 예술적 재능을 물려받았다. 조상 중 한 분은 미니어처 화가였으며 세계적으로 유명한 식물학자 칼 폰 린네(Carl von Linné)의 그림을 그리기 위해 선발되기도 했다. 임마누엘이 실제로 탁월함을 보여준 능력은 그의 외증조부이자 자연과학자이자 철학자인 올로프 루드벡(Olof Rudbeck)에게서 나왔다고 한다. 아마도 이 가족의 이름은 고상하고 약간 낯선 발음을 가지고 있어서 확실히 만들기가 쉬웠을 것이다. 그러나 사실 노벨은 스코네(skånska)의 지명인 뇌벨뢰프(Nöbbelöv)에서 점진적으로 변형된 것일 가능성이 크다.[14]

아카데미에서 젊은 임마누엘은 매년 메달 수상자 명단에 오르내리며 스타로 간주되었다. 또한 예블레에서 명예의 문을 이미 스케치한 바 있다. 그로 인해 당시의 중요한 건축가 중 한 명인 프레드릭 블롬(Fredrik Blom) 밑에서 견습생으로 일할 기회를 얻었다. 블롬이 예블레의 개선문 스케치에 깊은 인상을 받았기 때문이었다. 견습생이었던 임마누엘은 밤새도록 블롬을 유명하게 만든 이동식 주택을 스케치했다. 임마누엘의 말에 따르면 프레드릭 블롬의 지식은 자신의 지식에 비해 상당히 부족했다고 했다. 임마누엘은 이러한 생각을 자주 드러냈고, 그로 인해 스무 살 위인 스승 블롬과의 관계에서 갈등이 생기기도 했다.

견습 기간 동안 임마누엘은 수행원에 포함되어 카를 14세 요한과 함께 노르웨이로 여행을 가게 되었다. 새로운 성은 크리스티아니아(Kristiania)에 건설될 예정이었고 임마누엘의 역할은 제안서 도면 제작을 지원하는 것이었다. 그 여행은 말과 마차로 일주일이 걸렸고, 스톡홀름으로 돌아오는 길은 힘든 여정이었다. 그는 "가는 내내 날씨가 좋았으나 하루 만에 일행은 비에 흠뻑 젖었고, 비는 호른스툴(Hornstull)을 통과할 때까지 멈추지 않았다"라고 회고록에서 설명했다.[15]

창의적이었던 임마누엘 노벨의 미래는 유망해 보였다. 1828년 안드리에타와 결혼한 직후 그는 대패 기계와 다림질 기계 등 몇 가지 발명품에 대해 특허를 출원했다.[16] 또한 그는 건축 및 건설 작업에 전념하며 활동을 이어갔다. 무엇보다도 임마누엘 노벨은 1820년대 후반에 유르고덴(Djurgården)에 있는 웨이란츠카(Weylandtska) 빌라를 설계했다고 전해진다.[17]

*

1834년 7월 14일, 파산 사건에 대한 평결이 내려졌다. 임마누엘 노벨에게 이는 막대한 부담이었다. 일부 부채는 탕감되었지만 나머지 금액은 여전히 오늘날 화폐 가치로 거의 300만 크로나에 달하는 엄청난 수준이었다. 그는 이 금액을 상환할 방법을 찾을 수 없었다.[18] 그의 채권자 대부분이 건설업계에 있었던 탓에 사실상 모든 방법이 막혀 있었다. 임마누엘 노벨은 생계를 유지하기 위해 새로운 방안을 모색할 수밖에 없었다.

세 아이와 노벨 부부는 노르란드가탄에서 안드리에타의 어머니인 카롤리나 알셀이 임대하던 레예링스가탄(Regeringsgatan) 67번지의 아파트로 이사했다. 카롤리나는 결국 지금의 외스테르말름(Östermalm)에 해당하는 라두고르즈란뎃 (Ladugårdslandet)에서 다른 거처를 찾았고 젊은 가족이 아파트를 사용할 수 있도록 허락해 주었다.[19] 이후 몇 년 동안 이사는 모두에게, 특히 건강이 좋지 않았던 막내아들 알프레드에게 힘든 일이었다. 18세의 알프레드 노벨은 자전적 시에서 "나는 가슴을 맑게 할 힘을 얻을 수 없었고, 그래서 경련 발작을 일으키며 허무의 가장자리에서 서성거렸다"라고 묘사했다.[20]

안드리에타 알셀은 초기 전기 작가들에 의해 지적이고 부드러우며 침착하고 "사랑 충만한 에너지"와 뛰어난 유머를 부여받은 사람으로 묘사되었다.[21] 이러한 성품은 아마도 어려운 상황을 이겨내고 다소 성급한 성격의 임마누엘이 펼친 모든 무모한 생각과 계획을 견뎌내는 데 필요했을 것이다.

아이디어는 부족하지 않았다. 파산 후, 임마누엘은 자신의 발명가적 재능에 의존해야 했다. 그는 어린 시절 친구이자 은행 직원 겸 일러스트레이터인 페르디난드 톨린(Ferdinand Tollin)이 발명하고 특허를 낸 모델을 바탕으로 지폐용 기계식 번호 매기기 기계를 만들었다.[22] 또한 1834년 11월에는 직접 만든 고무 제품에 대해 특허 신청서를 제출했다. 제품은 고무를 응용한 것이었으며, 채권자들로부터 보호하기 위해 아들 로베르트 노벨의 이름으로 출원했다. 로베르트는 당시 겨우 다섯 살이었다. 1835년 4월 특허증이 도착했을 때 임마누엘은 "무지로 인해" 아들의 이름을 사용했다고 변명하며, 자신의 파산에 속임수가 없었다는 증명서를 첨부했다.[23]

임마누엘의 새로운 특허는 탄성 직물의 제조와 관련된 것이었다. 영국의 찰스 매킨토시(Charles Macintosh)는 몇 년 전에 비옷 제작에 사용되는 일종의 고무 직물을 개발했는데, 이는 스웨덴에서도 관심을 끌었다. 스웨덴에서는 개방형 객차를 타고 여행하는 동안 비를 맞는 경우가 잦아 방수 기능을 갖춘 의류의 수요가 높았다. 쿵스홀멘(Kungsholmen)에서 피에르(Pierre)와 레오폴드 램 (Leopold Lamm)은 영국을 연상시키는 일종의 비옷을 여러 해 동안 만들었다. 그러나 램 형제가 만든 재킷에는 냄새가 나는 문제가 있었다. 이를 해결하기 위해 노벨은 완전한 무취인 제품에 대한 특허를 출원했다. 또한 노벨은 고무의 다양한 용도를 떠올려 고무가 방수 기능뿐 아니라 부풀릴 수 있다는 점을 강조했다.

임마누엘의 처남은 리다르가탄(Riddargatan) 20번지에 새로운 고무 공장을 위한 공간을 제공했으며, 임마누엘은 신문에 광고를 냈다. 그는 고무로 만들 수 있는 여러 제품을 제시했다. 예를 들어 멜빵, 요실금 환자를 위한 소변 저장기, 비만인을 위한 복대, 서스펜더, 외투, 가방, "수영할 때나 항해 시 안전을 위해 사용할 수 있는" 수영 벨트, "환자의 욕창을 방지하기 위해 물로 채운 병상용 매트리스" 등이 포함되었다.[24]

임마누엘의 자서전에 따르면 카를 14세의 아들인 오스카(Oscar) 왕세자도 고무 제품에 관심이 있었다고 한다. 왕세자는 군용 방수 코트에 대해 문의했으나, 임마누엘은 군인들을 위한 고무로 만든 방수 배낭을 제안했다. 임마누엘은 이 배낭의 가장 큰 장점으로 여러 번 사용할 수 있고 밤에는 군인들을 위한 베개나 매트리스로 부풀려 사용할 수 있다는 점을 강조했다.

임마누엘의 광고는 그의 장대한 비전을 드러냈다. 안타깝게도 주요 고객층으로 삼으려 했던 이들은 여전히 관심을 보이지 않았고 왕세자의 관심도 점차 식어 갔다. 결국 고무는 임마누엘에게 새로운 기회의 문을 열어주었다.

알프레드 노벨의 아버지인 임마누엘은 예술적 재능이 뛰어났을 뿐만 아니라 친구이자 일러스트레이터인 페르디난드 톨린과도 공통점이 많았다. 두 사람은 모두 새로운 기술 발명에 대한 생각을 멈출 수 없었으며 한 번에 모든 경제 문제를 해결할 기발한 아이디어를 꿈꾸기도 했다. 한 현대 작가는 톨린을 "항상 기분이 좋고 기발한 아이디어로 가득 차 있으며 깡패와 멍청이를 향해 분노를 터뜨리는" 인물로 묘사했다. 그 특성은 임마누엘 노벨과도 일치했다.[25]

당시 인간의 지식과 과학을 발전시킨 인물들과 사회 권위자들에게는 공통적으로 교회에 대한 전반적인 불신과 무한한 자신감이 엿보였다.

*

알프레드 노벨은 과학 역사상 가장 흥미진진한 시대에 태어났다. 이 시대는 노벨상을 만드는 데 중요한 역할을 했다. 알프레드 노벨의 생애 동안 세상은 문자 그대로 어둠에서 빛으로 변화했다. 그를 과학자라고 부를 수는 없었지만 계몽 운동은 그의 사고와 행동에 엄청난 영향을 미쳤다.

18세기 말은 계몽주의 사상과 인간 이성에 대한 믿음으로 특징지어졌다. 볼테르(Voltaire)와 같은 계몽주의 철학자들은 교회에 대항하고 미신으로 간주되는 것과 존재 이유를 둘러싼 모호한 종교적 구분을 공격했다. 그들은 인간의 이성에 세상을 사실과 과학으로 분석하고 설명할 수 있는 능력이 있다고 믿었다. 물론 이러한 주장은 지상의 모든 생명체가 신성하다고 믿으며 존재에 대한 모든 지식이 하나님의 손에 맡겨졌다고 가르친 교회 대표자들에게 깊은 자극을 주었다.

역사의 기록을 살펴보면 과학적 설명을 제시하려는 사람들에게 교회가 얼마나 가혹하게 반응했는지 보여주는 사례가 있다. 16세기 초 코페르니쿠스(Copernicus)는 태양이 지구 주위를 도는 게 아니라 그 반대라고 주장했으며, 100년 후 이탈리아의 갈릴레오 갈릴레이(Galileo Galilei)는 코페르니쿠스 이론이 옳았음을 증명했다. 갈릴레이는 망원경을 사용해 우주를 관찰하고 명확한 천문학 데이터를 제시했다. 이들에 대한 가톨릭교회의 반격은 심상치 않았다. 코페르니쿠스의 저서가 널리 퍼지기 시작했을 때 교회는 그것을 검열했다. 갈릴레이는 종교 재판에 회부되어 평생 가택 연금 상태에 놓였다.

성인이 된 알프레드 노벨은 가톨릭교회를 비판하며 갈릴레이와 그의 영향을 받은 다른 과학자들을 "동료 인간을 불태우고 그들의 두뇌를 말리는 행위에 대항하며 고귀한 목표를 향했던 세계 최초의 길잡이"라고 칭찬하는 희곡을 썼다.[26] 그러나 신앙과 인간 지식 사이의 긴장 관계는 알프레드 노벨이 평생 고민한 문제였다.

아이작 뉴턴(Isaac Newton)은 1687년에 운동과 중력의 법칙에 대한 선구적 작업인 『프린키피아(Principia)』를 출판하면서 신중하게 처신했다. 뉴턴은 우주가 신성한 법칙이 아니라 수학 법칙에 의해 지배된다고 주장했다. 그럼에도 그는 자유로웠다. 아마도 신앙심이 깊은 뉴턴이 종교인과 함께 책을 완성했기 때문일 것이다. 뉴턴은 "신은 전능하며 자신의 피조물에 끊임없이 존재하며 우리는 자연 연구를 통해 그에 대한 지식을 얻는다"라고 말하며, 과학을 추구하는 사람조차도 종교적 의미를 가질 수 있다고 믿었다.[27]

알프레드 노벨이 태어날 무렵 몇 년 동안 이 줄다리기에서 상징적인 시대적 변화가 많이 일어났다. 어느 날 갑자기 가톨릭교회는 거의 300년 지난 후 코페르니쿠스의 저술 『천체의 회전운동에 대해서』를 금서 목록에서 삭제하기로 했다. 2,000년 역사의 가톨릭교회가 갈릴레이에 대한 종교 재판소의 판결을 뒤집은 것은 중요한 이정표가 되었다.

이는 적어도 독일 화학자 프리드리히 뵐러(Friedrich Wöhler)의 획기적인 실험만큼 중요한 사건이었다. 뵐러는 우연히 인공적인 방법으로 "살아 있는" 유기 물질을 생산하는 데 성공했는데, 이는 생명이 신성하고 특별하다는 확신을 뒤흔드는 도발적인 발견이었다. 뵐러는 모든 포유류의 소변에서 발견되는 것과 동일한 합성 요소를 만들어 냈다. 하지만 중요한 것은 주제가 아니라 그가 발견한 원리였다. 뵐러는 시험관에서 일어나는 살아 있는 유기체에서 일어나는 과정 사이의 경계를 연결했다. 이는 그동안 교회가 불가능하다고 주장했던, 즉 신이 생명체에 대한 배타적 권리를 가지고 있었다는 주장에 정면으로 도전하는 일이었다.

이 시기는 여러 부문에서 전환점이 되는 징조가 나타났다. 예를 들어, 지질학자들은 지구가 성경에서 주장하는 6,000년보다 훨씬 오래되었다는 설득력 있는 증거를 제시했다. 1837년에 찰스 다윈(Charles Darwin)은 진화에 관한 획기적인 연구의 첫 번째 메모를 작성했다. 이것은 한참 후에 『종의 기원』이라는 제목으로 출판된다. 생존 경쟁에서 가장 적합한 자가 살아남는다는 자연 선택 이론은 1839년에 이미 준비되어 있었다. 그러나 이는 성경적 창조 이야기에 대한 전복이자 도전이었다. 다윈은 이 이론을 발표하기 위해 20년을 기다린 후 1859년에 마침내 그의 저서를 출판했다.

세상이 19세기 초의 가장 위대한 화학적 돌파구를 흡수하는 데는 훨씬 더 오랜 시간이 걸렸다. 1803년에 화학자 존 돌턴(John Dalton)은 모든 물질이 매우 작은 구성 요소인 '원자'로 구성되어 있다는 원자 이론을 발표하며 2000년 전 아테네의 철학자인 데모크리토스(Democritus)의 생각을 되살렸다. 돌턴은 각 원소가 구별되고 나눌 수 없는 미세한 원자로 구성되어 있다고 주장했다. 또한 그는 화학 반응을 통해 여러 원자가 오늘날 우리가 분자라고 부르는 것을 형성할 수 있다고 믿었다. 당시 그를 믿는 사람은 많지 않았다. 원자의 존재를 증명하는 데에는 100년이 걸렸으며, 이 과정에는 노벨상 수상자인 알베르트 아인슈타인(Albert Einstein)도 큰 역할을 했다.

스웨덴의 유명한 화학자 옌스 야코브 베르셀리우스(Jöns Jacob Berzelius)는 돌턴의 원자론에 설득되어 그것을 발전시키려 했던 몇 안 되는 사람 중 하나였다. 1834년 스톡홀름에서 콜레라가 유행했을 때 55세였던 베르셀리우스는 이 문제가 나쁜 공기나 불길한 천문 조건이 아니라 전염병의 확산에 관한 것이라고 주장한 사람 중 한 명이었다.

더 큰 확신을 향한 열렬한 움직임이 세상을 휩쓸었다. 전문 과학자와 발명가들에게 존재의 가장 깊은 비밀은 마치 미지의 대륙처럼 다가왔으며, 수완이 뛰어난 혁신가조차 이를 풀기 위해 많은 맥락과 방향을 찾아야 했다.

*

임마누엘 노벨은 과학보다는 실용적인 기술에 더 많은 관심을 두었지만, 베르셀리우스를 알고 있었고 그를 통해 과학을 배우고자 했다.

1836년 9월에 임마누엘과 안드리에타는 딸을 낳았고 샤롯타 헨리에타 빌헬미나(Charlotta Henrietta Wilhelmina)라고 이름을 지었다.[28] 그는 여전히 낙관적인 태도를 지니고 있었다. 이러한 태도는 경제적 회복의 돌파구를 찾는 데 시간이 걸리게 했다.

1837년 봄, 창의적인 네 아이의 아버지는 왕과 그의 신하, 왕세자에게 편지를 썼다. 그는 옌스 야코브 베르셀리우스의 추천서를 첨부한 것에 대해 자랑스럽게 생각했다. 이미 세계적으로 유명한 과학자인 베르셀리우스는 노벨의 고무 제품이 외국 제품만큼 우수하다고 믿었다. 베르셀리우스의 개인적인 평가에 따르면 임마누엘의 생산 방법은 "독창성과 성능 모두"를 입증했으며 독점적으로 사용할 수 있는 "자격"이 충분하다고 평가했다.[29]

왕에게 보낸 편지에서 노벨은 고무를 사용할 수 있는 94개 분야를 제시하며, 화약의 방습 저장을 위한 가방과 소방 호스 등을 포함한 발명품 목록을 언급했다. 그는 고무 트레드밀, 교량용 철주, 치질 환자를 위한 쿠션도 만들고 싶어 했으며, 안장 스트랩, 버팀대, 서스펜더를 위한 여러 흥미로운 제품 등을 샘플로 만들어 보냈다. 이 샘플은 아직도 스톡홀름의 국립 기록 보관소에 보관되어 있다.

그러나 일은 순조롭지 않았다. 『아프톤블라뎃』에서 임마누엘의 광고는 점차 줄어들더니 결국 완전히 중단되었다. 왕세자는 병사용 자루 주문을 줄였고 다른 품목에도 관심이 없는 것 같았다.[30]

모든 것이 가장 어둡게 보였던 여름이 지나고 임마누엘은 스톡홀름 미국 공사인 휴즈(Hughes)에게 초대받았다. 휴즈의 관심은 바로 군용 방수 자루였다. 그래서 얼마 지나지 않아 임마누엘이 공사와의 만찬에 초대되었고, 저녁에는 노벨의 발명품에 대한 대화가 이어졌다. 저명한 손님 중 한 명인 라스 가브리엘 폰 하트만(Lars Gabriel von Haartman) 주지사는 군용 장비에 관심을 갖게 되었다. 하트만은 경제적 피해를 입은 핀란드(당시 러시아 대공국)에 대한 무역 협정을 진행하기 위해 연초부터 스톡홀름에 머물고 있었다.[31]

임마누엘 노벨의 자전적 기록에 따르면 하트만은 노벨이 러시아나 핀란드에서 사업을 확장하도록 도울 가능성에 관심을 보였다고 한다. 이 관심은 임마누엘이 1837년 크리스마스 직전에 서둘러 가족을 떠나 혼자 동쪽으로 가기로 결심하는 중요한 계기가 되었다고 전해진다.

하지만 진실은 달랐다. 1837년 11월 30일 스톡홀름 주지사 사무실에서 손으로 쓴 의정서에는 분명히 압류라는 단어가 여러 번 등장했다. 회의록에는 집행관이 노벨의 집에서 압류를 실행하는 방법이 설명되어 있다. 그들은 11월 중순 토요일에 예고 없이 도착했으나 자산을 찾을 수 없었다. 상급자에게 보고된 바에 따르면, 노벨이 사무실에 있는 물건들을 미리 팔았다는 것이다.

사실, 임마누엘은 압류 직전에 자신의 자산을 챙겨 떠난 상태였다. 니브로가탄의 재력가인 안톤 루드빅 파네옐름(Anton Ludvig Fahnehjelm) 시장이 그를 위해 경매장을 열었다. 파네옐름은 고무 산업의 경쟁자였으며 적어도 노벨만큼 아이디어를 잘 전달한 인물이었다. 무엇보다도 그는 자체적으로 대형 광산을 건설한 경험이 있었다. 파네옐름은 곧 노벨의 고무 특허와 공장을 모두 인수하게 되었다.[32]

1837년 11월 30일 사건이 발생했을 당시 임마누엘 노벨은 베스터롱가탄(Västerlånggatan)의 총독 사무실에 있었다. 그날은 스웨덴의 암울한 계절 중 아주 평범한 수요일이었다. 햇빛은 낮 동안 몇 시간만 비추고 있었다. 주지사는 여유롭고 간결한 스웨덴어로 "1834년 판결에 따라 임마누엘 노벨은 14일 이내에 모든 빚을 갚지 않으면 집행관 에클룬드(Eklund)와 엑스트룀(Ekström)에게 체포되어 모든 빚이 지불될 때까지 감옥에 갇히게 된다"라고 선언했다. 그리고 2주 후, 임마누엘 노벨은 해외여행을 위한 여권을 준비했다. 목적지는 핀란드였으며 삶의 모토는 변함없이 "다른 사람이 아닌 나 자신의 작은 자아만을 신뢰하는 것"이었다.

2장

옆에 있는 낯선 사람처럼

1837년 12월 16일 토요일은 다른 날과 마찬가지로 임마누엘 노벨의 삶처럼 어두운 날이었다. 임마누엘 노벨은 막대한 부채와 언제든지 체포될 수 있다는 사실에 압박을 느끼고 있었다.[33] 그뿐만 아니라 해결책으로 러시아나 핀란드 같은 동쪽 나라로 가기로 한 결정에 대해서도 걱정이 되었다. 또한 "노소를 막론하고 가족 모두에게 작별을 고해야 했던" 그날의 고통은 평생 잊지 못했다. 딸 헨리에타(Henrietta)는 겨우 한 살이었고 알프레드는 네 살이었으며 루드빅은 여섯 살이었다. 여덟 살의 로베르트는 곧 스톡홀름에 있는 야콥(Jacob) 초등학교에서 첫 학년을 시작할 때였다. 임마누엘이 없는데 가족은 어떻게 살아갈 수 있을까?

임마누엘은 출발 전날 여권을 받았다. 상급 행정관청의 공무원은 분명히 해외 체류를 일시적인 것으로 간주했다. "대상 노벨"이 "핀란드로 가서 다시 돌아오겠다"며 여권을 신청했다고 기록되어 있었다. 그러나 실제 상황에서 그 후 계획이 언제 이행될 수 있을지 아무도 알 수 없었다.

사실 노벨은 채무자였기에 스웨덴을 떠날 권리가 없었지만, 통제에는 허점이 있었다. 상급 행정관청의 관리가 임마누엘의 여권에 서명했을 때 상황을 충분히 이해하고 있었을까? 아니면 투르쿠(Åbo) 주지사로부터 도움의 손길을 약속받았던 걸까?[34]

새로 시작된 증기선 스톡홀름-투르쿠(Stockholm-Åbo) 라인은 10월 말부터 운행을 하지 않았다. 따라서 임마누엘은 그리슬레함(Grisslehamn)에서 출발하는 우편용 보트를 이용할 수밖에 없었다. 이 보트들은 허술한 개방형 소형 선박으로 항상 유빙을 뚫고 안전하게 항해하기 어려웠다.[35] 하지만 올란드(Ålands) 해를 건너는 여행은 예상외로 쉬워 보였다. 다만 뱃사공들과 승객들은 너무 약해서 부서질 듯한 얼음 위에서 보트를 잡아당겨야 했으며 배까지 들어찬 물 때문에 계속 난간에 매달려 있어야만 했다.

결국 임마누엘조차도 "우리의 운명을 기묘하게 주관하시고, 사랑하는 가족들을 위해 나를 구원해 주신 분에게 감사하는 마음을 드린다"고 기도했을 정도였다.[36]

*

임마누엘 노벨은 아마도 자신의 고무 가방에 여권을 잘 보관했을 것이다. 이 여권은 분실한 것으로 여겨졌으나 180년이 지난 2017년에 모스크바(Moskva)에 있는 러시아 보안국의 역사 기록 보관소에서 발견되었다. 거의 200년 된 여권은 놀랍게도 손상되지 않았다. 노랗게 변하고 가장자리가 약간 부식됐지만 러시아 스톡홀름 영사관의 붉은색 확인증도 온전했다. 뒷면에 손으로 쓴 메모에서 여정을 추적할 수 있었다. 1837년 12월 17일, 임마누엘 노벨은 올란드 엑케뢰(Eckerö)에 있는 러시아 세관에 여권을 보여주었고, 3일 후에는 투르쿠에 있는 경찰서에서도 여권을 보여주었다.

*

투르쿠시는 그 이면에 영광의 시절을 갖고 있었다. 한때 강력하고 문화적으로 번성했던 스웨덴의 동부 요새는 1809년 이후 러시아 통치하에서 그 중요성을 잃었다. 첫 번째 좌절은 1812년에 일어났다. 러시아 황제는 상트페테르부르크에서 더 가깝고 스웨덴에 영향을 덜 받은 헬싱키를 수도로 정하면서 투르쿠의 중요성을 상실하게 만들었다. 15년 후인 1827년, 투르쿠는 북유럽에서 가장 큰 도시 화재로 인해 면적의 4분의 3이 자갈과 재로 변했다.

투르쿠는 황폐화된 상태에서 복구를 시도하며 굴욕에서 벗어나려고 했지만, 1830년대 후반에도 상황은 크게 나아지지 않았다. 화재의 흔적은 여전히 그대로 남아 있었고, 재건은 완료되지 않았다. 하지만 핀란드인들은 러시아인들에게 특별히 화를 내지 않는 듯했다. 오히려 스웨덴과 결별한 후 더 많은 사람이 귀족과 관리로 살아갔다. 그들은 스웨덴의 무거운 세금을 피할 수 있었다. 임금은 인상 되었고 일자리는 더 많아졌으며, 스톡홀름의 세심한 통제가 상트페테르부르크의 느슨한 고삐로 대체되었다. 핀란드는 꽤 자치적인 러시아의 대공국으로, 당시 황제였던 알렉산더 1세가 1809년에 표현한 대로 "국가의 일원으로" 여겨졌다. 훨씬 더 독재적인 황제 니콜라이 1세의 통치하에서도 핀란드의 자치권은 거의 침해받지 않았다. 만약 카를 14세 요한이 스웨덴의 보복주의자들에게 굴복해 핀란드를 재탈환하려 했더라면, 아마도 많은 핀란드인이 반발하며 스웨덴 왕에게 본국으로 돌아가기를 요구했을 것이다.

차르 니콜라이 1세는 그의 절친한 친구인 알렉산더 세르게예비치 멘시코프 (Alexander Sergejevitj Mensjikov) 장군을 핀란드 총독으로 임명했다. 또한 멘시코프는 러시아 해군의 제독으로 진급했다. 그는 배를 조종한 적도 없고 새로운 대공국에 발을 들여놓은 적도 없다고 솔직하게 고백했기에 그의 승진은 미스터리로 여겨졌다. 그러나 그가 두 직위에 동시에 올랐다는 사실은 임마누엘 노벨과 그의 아들들에게 중요한 의미를 가지게 된다.

멘시코프에 의해 현지에서 선택된 충성스러운 관리들은 핀란드 통치를 도왔다.[37] 이들 중 한 명은 투르쿠의 총독으로 임마누엘 노벨이 스톡홀름의 만찬에서 만났던 라스 가브리엘 폰 하트만(Lars Gabriel von Haartman)이었다. 젊은 시절부터 러시아에 봉사하고자 했던 하트만은 핀란드가 공식적으로 러시아의 일부가 되기 전에도 상트페테르부르크에서 직책을 맡았던 인물이었다. 그는 당시 멘시코프의 경제 고문으로, 러시아와 스웨덴 사이의 무역 협상을 담당했다.

하트만은 다혈질적인 성격 때문에 투르쿠에서 "공포"라는 별명을 얻었다. 그러나 임마누엘 노벨이 1837년 크리스마스 전날 그의 집을 방문했을 때 큰 도움을 주었다. 임마누엘에 따르면 그들은 "긴 대화"를 나눴다. 하트만은 여행자들에게 자주 숙박을 제공하던 니란즈가탄(Nylandsgatan) 7번가의 한 상인을 통해 숙소를 마련해 주었다. 주말이 지나고 나서 노벨은 1년 체류 허가를 받을 수 있었다.[38]

니란즈가탄의 상인은 요한 샤를린(Johan Scharlin)으로, 그는 임마누엘 노벨과 친밀한 우정을 맺었으며, 이 우정은 오랫동안 지속되었다. 임마누엘은 이후 쿠르쿠에서의 한 해를 정리할 때, 샤를린과 그의 아내, 두 딸과의 관계에서 얻은 희망을 가장 큰 소득으로 꼽았다. 하트만은 투르쿠의 여러 지역에서 상인들과 방앗간 소유주들에게 임마누엘 노벨을 확실히 소개했다. 임마누엘은 계속해서 아이디어를 내며 관심을 끌었다. 어떤 사람들은 그의 창의력이 돈으로 계산할 수 없다는 사실을 깨닫고 귀를 기울였다. 하지만 노벨은 하트만이 투르쿠의 감옥에서 사용할 기계 설계를 의뢰했을 때 변덕스러움을 참지 못하고 감독과 말다툼을 벌였고, 그 프로젝트는 무산되었다.[39]

1838년 4월 어느 날, 투르쿠 사람들은 임마누엘이 쓴 고무에 대한 환상적이고 긴 신문 기사를 읽었다. 응용 가능한 분야는 훨씬 더 많아졌고, 군사용으로 빛을 발했던 수영 벨트는 "침몰로부터 완전히 안전하며 수영하는 사람이 물속에 있는 동안 직접 부풀릴 수 있다"라고 소개되었다. 기사의 마지막에는 임마누엘 노벨이 도시에 있으며, 스톡홀름의 공장에서 주문을 받고 있다는 정보도 포함되어 있었다.[40]

그때까지 많은 사람이 눈치채지 못했다. 사실, 임마누엘의 집주인인 요한 샤를린도 부분 개조와 신축 공사에 도움이 필요했다. 샤를린은 니란즈가탄에서 비스듬한 부지를 구입했고, 건축가 임마누엘 노벨은 그가 상상했던 우아한 흰색 석조 주택을 설계하도록 위임받았다. 완공되면 노벨 하우스는 절제되고 순수하며 고전적인 양식 덕분에 투르쿠의 화재 잔해 위에 세워진 제국 시대의 수많은 어느 주택 중에서도 눈에 띄었을 것이다. 아마도 이 이유로 노벨 하우스는 1842년 11

월, 핀란드 최초의 사진으로 영원히 기억되었을 것이다.[41]

*

임마누엘 노벨이 처음부터 상트페테르부르크를 생각했는지, 아니면 투르쿠에서 한 해 동안 지내면서 그 생각을 떠올렸는지는 알 수 없지만, 그는 러시아의 수도가 핀란드 기업가와 이민을 온 스웨덴인들에게 얼마나 매력적인 곳인지 깨달았다.

1838년 9월 23일 일요일, 임마누엘은 스웨덴의 증기선이 정박했을 때 투르쿠의 아우라강(Aura å) 부두를 따라 산책하고 있었다. 그때, 자신이 아는 사람이 내리는 것을 보았는데 그 사람은 바로 오스카 왕세자의 궁정 법관이었다. 두 사람은 몇 마디 이야기를 나누었고, 임마누엘은 그 법관에게 상트페테르부르크로 이사 갈 생각이라고 말했다. 바로 그 순간, 핀란드 출신의 러시아군 대령인 요한 뭉크(Johan Munck) 남작이 그들 곁에 나타났다.[42] 법관은 임마누엘을 소개하며 뭉크에게 스웨덴의 발명가가 상트페테르부르크에 가면 잘 돌봐달라고 부탁했다. 뭉크는 그렇게 하겠다고 약속했다.

임마누엘 노벨은 1838년 12월에 출발했다. 겨울 동안 다시 배들이 운항을 멈췄다. 임마누엘은 우울한 도로를 따라 덜컹거리는 우편 마차에서 며칠을 보내야 했다. 겨울이 되자 썰매 길이 열려 여정은 조금 더 견딜 만해졌지만, 동시대의 여행자에 따르면 "지칠 대로 지쳐 쓰러져 잠에 들었다가 강한 충격에 의해 깨는 고통의 연속이었다"라고 했다.[43]

마지막 구간에서는 상트페테르부르크로 이어지는 거대한 코로살 형식(Kolossalformat)의 화려한 풍경이 보상처럼 펼쳐졌다. 네바강, 대리석 궁전들, 금으로 장식된 첨탑들, 푸른 돔들, 이 모든 것이 끝없이 이어진 화강암 부두에 둘러싸여 있었다.

투르쿠에서 만난 뭉크 남작은 임마누엘을 만나기 위해 스웨덴어를 할 수 있는 장교를 보냈고, 덕분에 크리스마스이브 전날 상트페테르부르크의 경찰서에 등록할 수 있었다.

임마누엘은 새로운 삶을 잘 시작했다. 1838년 크리스마스이브에는 상트페테르부르크에서 뭉크와 여러 핀란드 고위 장교들과 함께 보냈다. 무엇보다도 그는 핀란드 총독인 멘시코프의 부관이자 황후의 가문과 결혼으로 연결된 하트만의 친척을 만났다. 이날 오후 파티에서 그는 곁에 없는 가족을 떠올리지 않도록 주위 사람들이 노력하는 것을 보고 감동을 받았다.[44] 그러나 임마누엘을 잘 알지 못하는 사람은 그의 마음을 읽지 못했기에 이러한 노력은 성공하지 못했다.

*

1838년은 스톡홀름의 가족에게 어려운 한 해였다. 36세의 안드리에타는 아이들과 함께 다른 블록으로 이사해 훔레고르즈가탄(Humlegårdsgatan)에 있는 방을 빌렸다. 그곳에서 그녀는 인생에서 두 번째로 아이를 잃는 고통을 겪었다. 10월 초 어느 목요일, 두 살배기 헨리에타가 사망했다. 죽음의 신호는 곧 더 많아졌다. 1839년 1월 말, 예블레(Gävle)에서 외과 의사였던 아버지 임마누엘 노벨리우스(Immanuel Nobelius)가 81세로 별세했다.[45] 노벨 기록 보관소에 이 시기 개인 편지가 보존되지 않은 것으로 보아 일련의 사건들이 임마누엘 노벨에게 얼마나 큰 충격을 주었는지 알 수 있다. 안드리에타는 아이들과 함께 훔레고르즈가탄을 떠나 오늘날 외스테르말름(Östermalm)에 해당하는 라유르고즈란넷(Ladugårdslandet) 시골 지역에 있는 어머니 카롤리나 알셸(Carolina Ahlsell)의 집에 정착하기로 결정했다.[46] 그 시절은 어려웠고 돈도 부족했다. 알프레드 노벨의 조카 마르타 노벨-올레이니코프(Marta Nobel-Oleinikoff)는 후일 가족사 기록에서 세 형제가 거리로 나가 황색 성냥을 팔아야 했던 상황을 묘사했다. 또한 그녀는 알프레드의 형 로베르트가 저녁을 사러 가다가 돈을 잃어버렸을 때 일어난 재앙에 대한 가족 일화를 다소 공포스럽게 전했다.[47] 다행히 형제들의 고난은 그 이상으로 확대되지는 않은 것으로 보인다. 스톡홀름의 다른 지역에서는 9세 이하의 아동 노동이 법으로 금지되어 있었다. 그럼에도 노벨 형제 또래의 가난한 아이들은 아침부터 밤까지 허름한 공장에서 노동을 해야만 했다.

일부 노벨 관련 문헌에서는 안드리에타가 생계를 위해 우유와 채소 가게를 열었다고 주장하지만, 이는 추측에 불과한 것 같다. 완전히 불가능한 일은 아니었으나, 안드리에타 노벨은 다른 모든 스웨덴 여성들과 마찬가지로 특별한 허가 없이는 사업을 운영할 수 없었다. 기혼 여성이었기 때문에 거의 동시대의 독신 작가인 프레드리카 브레머(Fredrika Bremer)처럼 왕에게 특명을 신청할 수는 없었다. 브레머는 더 높은 가정 출신이었고 꽤 부유했으며, 이는 그녀의 사업 활동에 확실히 영향을 미쳤을 것이다.[48] 수상 경력이 있는 작가이자 미래의 스웨덴 페미니스트 아이콘인 브레머는 이 시기에 두 권의 대단히 성공적인 소설인 『이웃들(Grannarna)』과 『집(Hemmet)』을 1837년과 1839년에 각각 출판했다. 그녀는 국제적인 돌파구를 맞이하고 있었다.

프레드리카 브레머는 일상생활, 관계, 그리고 여성의 권리에 대해 강한 어조로 글을 썼지만, 여성 문제에 있어 동시대 사람들에게 강한 도전을 제기하지는 않았다.[49] 다른 스웨덴 작가들은 더 강력하게 나섰다. 이 시기에 초등학교 교장으로 새로 부임한 칼 요나스 로베 알름크비스트(Carl Jonas Love Almqvist)는 마침내 결혼과 여성 권리 금지에 대해 공격적인 태도로 발표했다. 1839년의 단편소설 『가능한 일(Det går an)』에서 알름크비스트는 결혼하지 않고 동거하기로 결정한 유리공의 딸 사라(Sara)와 하사관 알베르트(Albert)를 묘사했다. 알름크비스트는 주인공 둘 다 성년이 되고 사라가 유리 가게를 자유롭게 열 수 있는 특별한 관계를 스케치했다. 그는 서문에 "여기서 우리 시대의 '접근금지(Noli-tangere)'를 만난다"고 썼다. 그가 옳았다. 이 책은 뜨거운 논쟁을 불러일으켰고 알름크비스트는 결국 교장 자리를 잃었다.[50]

알프레드 노벨의 어머니가 남편과 서로 떨어져 지낸 시절 동안 알름크비스트가 말하는 결혼의 구속을 경험했다는 증거는 없다. 오히려 가족들은 그들의 관계

를 "드물게 행복했다"고 묘사했다.[51]

*

안드리에타 노벨은 다른 길을 모색했다. 의무 교육이 법제화되기 전인 이 시절에는, 소규모 가정 학교를 운영할 수 있었다. 이러한 학교들은 허가가 필요 없었고 주로 여자아이들을 대상으로 했다. 그녀는 쉴 틈이 없었다. 그녀의 관심은 소녀들에게 향했다. 학생들에게는 대개 대수학이나 독일어 문법이 아니라 가사일, 춤, 자수를 가르쳤다. 일부 비판적인 언론은 이런 학교들이 "다른 방법으로 스스로를 부양할 수 없는" 여성들에 의해 운영된다고 주장했다.[52]

안드리에타는 어머니의 집에서 작은 학교를 열었다. 1840년 한 학생의 증언에 따르면, 안드리에타 노벨의 집에 모인 소녀들은 평범한 교육을 받았다. 그 학교에서는 어떤 지식도 제대로 습득할 수 없었을 것이다. 수업은 오로지 수공예에 중점을 두었다.

열한 살의 한 소녀는 안드리에타에게 자수를 배웠고, 알프레드의 맏형인 로베르트와 친한 친구가 되었다.[53] 그러나 로베르트와 그의 둘째 형인 루드빅은 어머니의 수업에 참석하지 않았다. 그들은 둘 다 야콥 학교에서 공부를 시작했다. 결국 1841년 가을에 막내 알프레드도 그들의 뒤를 따르게 되었다. 다만 그가 그이전에 어머니의 홈스쿨에서 무엇인가 배웠을 가능성은 배제할 수 없다.

야콥 학교는 오늘날 갤러리아(Gallerian)가 있는 노라 스메제가탄(Norra Smedjegatan)에 위치해 있었고, 노벨 형제의 집이 있는 라우르고즈란넷에서 도보로 약 15분 거리에 있었다. 학교로 가는 길에 소년들은 라유르고즈란드 광장(Ladugårdslandstorg)을 둘러싸고 있는 잔해를 따라 터벅터벅 걸으며 당시 실제 다리였던 니브론(Nybron)을 향해 계속 내려갔다. 그들은 '고양이 바다'라는 악취나는 늪을 메우는 작업을 목격하기도 했다. 마지막으로 그들은 오늘날 NK 백화점이 된 함느가탄(Hamngatan)의 엔케후셋(Enkehuset) 앞을 지나갔다. 그곳에서 할머니들은 아침부터 저녁까지 창가에 앉아 북적거리는 거리를 지켜보았다. 또한 그들은 당시 도시 한가운데의 모래사막과 흡사했던 왕의 정원을 가로지르기도 했다.

야콥 학교는 고등 교육을 받을 재능이 있으나 경제적 어려움이 있는 소년들이 다녔다. 이곳은 대부분 장인의 아들들이 다양한 실무 직업을 통해 기초 지식을 습득하는 곳이었다. 반면 부유한 부모를 둔 학생들은 옆에 있는 클라라(Klara) 학교에 다녔다.

클라라와 야콥의 학생들은 브룬케베리 광장(Brunkebergsstorg)에서 쉬는 시간에 만나곤 했다. 그곳, 물펌프 주변의 하인들과 하녀들 사이에서, "야콥 학교의 누더기를 입었지만 용감한 가난한 아이들"과 "고상한 클라라 학교의 잘난 체하는 부잣집 아이들"이 자주 충돌했다.[54]

야콥 학교의 교실은 노라 스메제가탄의 건물 2층에 있었다. 이 건물은 학교 교직원 모두에게 주거 공간도 제공했다. 교사들의 처지는 그리 넉넉하지 않았다. 빗물을 모을 수 있는 권리조차도 급여 혜택으로 간주되어, 야콥 교구의 본당 신부는 직원들 사이의 빗물 배분을 기록해야 했다. 아래층은 소란스러운 식료품 상인들에게 임대되어 있어, 수레와 드럼통 사이를 지나가기가 종종 어려웠다. 평균 130명의 학생들이 다닌 야콥 학교는 너무 비좁아서 다음 학년으로의 진급이 학생들의 성적이 아닌 공간 상황에 따라 결정되기도 했다.

로베르트는 노벨 형제 중 가장 야망이 없었고, 루드빅은 그보다 나았다. 다만, 어느 누구도 막내 알프레드의 성적에는 미치지 못했다. 1841년 9월 2일 알프레드가 학교에 등록했을 때, 열두 살의 로베르트는 이미 졸업을 포기하고 학교를 떠난 상태였다. 5월 말, 그는 리우데자네이루(Rio de Janeiro)행 범선의 보조 갑판원으로 등록했다. 안드리에타는 선장과 친분이 있었고, 세 아들을 동시에 학교에 보낼 수 없어 맏아들을 5개월간의 항해에 보내기로 결정한 것이었다. 학비는 그녀의 제한된 재정 상황에서 큰 부담이 되었다.

양철 촛대와 연기가 나는 기름 램프의 희미한 불빛 아래, 알프레드 노벨과 그의 반 친구들은 스웨덴어 문법, 성서 역사, 루터의 교리문답을 열심히 공부했다. 그들은 독일 산수 용어와 프랑스어 발음 규칙을 외우고 지구본, 사칙연산, 12세기와 13세기의 스웨덴 왕실에 대한 지식을 배웠다. 특히 매주 3시간씩 한 학급에 82명이 참여하는 수업에서 작문을 연습해야 했는데 이는 현대의 7세에서 15세 사이 소년들과 비슷한 수준이었다.

학생들은 8개의 긴 책상에 몰려 앉아 단 15개의 잉크병과 5개의 자를 나눠 써야 했다. 알프레드 노벨이 다닌 기간 동안 학교에는 그림 도구나 적절한 가구조차 없었다. 어린 알프레드 노벨뿐 아니라 모든 학생이 이러한 환경에서 공부하기 어려웠을 것임은 의심의 여지가 없다. 아우구스트 스트린드베리와 클라스 룬딘(Claës Lundin)이 공저한 『감라 스톡홀름(Gamla Stockholm)』(1882)에서는 1840년대 야콥 학교의 모습을 생생히 묘사하고 있다. 그들은 "모든 학생은 맞지 않은 날을 가장 특이한 날로 간주했다. 아침 기도 후에는 전날부터 벌칙을 미루던 사람이 벌을 받았고, 매 수업마다 빗발치는 매질이 이어졌다"[55]고 기록했다.

1841년 10월, 로베르트는 브라질에서 "어머니가 오랫동안 마시지 못했던" 커피 한 상자를 선물로 가지고 돌아왔다. 두 달 후, 라유르고즈란뎃의 삶에서 주목받은 이는 여덟 살의 알프레드였다. 12월 10일 금요일, 학교에서 졸업식이 열렸다. 아마도 알프레드 노벨은 자신의 이름을 딴 상이 수여될 미래를 알지 못한 채, 교장으로부터 받은 고대 역사 교과서와 성적표가 그에게 자부심을 안겨주었을 것이다. 성적표에는 근면, 사회, 관습 모든 부문에서 최고 등급인 A가 적혀 있었다. 학급의 82명 중 단 세 명만이 이 수준에 도달했으며, 나머지 두 명은 알프레드보다 두 살 더 많았다.[56]

알프레드는 사회적 관계에서 어려움을 겪었다. 이는 그가 다소 허약한 체질을 가졌기 때문이다. 새로 도입된 체육 수업은 별로 즐겁지 않았다. 그는 청소년기에 쓴 시에서 자신을 "생각에 잠긴 관찰자"인 학교 운동장의 솔리테어로 묘사했다. 친구들이 놀고 있을 때, 그는 낯선 사람처럼 옆에 서서 멀리 떨어진 꿈을 꾸곤 했다. 알프레드는 어렸을 때부터 "현기증이 날 정도로 높은 상상력"을 가졌다고 기록되어 있다. 그는 상상을 억누르는 데 어려움을 겪었다. 황금빛 가장자리일지라도 생각을 통해 미래에 대한 가장 부풀려진 희망을 향해 떠돌 수 있었다. 그는 이렇게 묘사했다. "모든 것이 완벽하게 구성된 공상 속 세계에서 나는 중심이었고, 주변에는 아름답고 재능 있으며 힘 있는 사람들이 모여 있었다. 나의 유치한 허영심은 그들이 나를 숭배하는 향기를 깊이 들이마시는 데 만족했다! 이것이 내 상상 속의 삶이었다."[57]

1841년 겨울은 노벨 형제들이 경험한 가장 이상한 겨울이었다. 스톡홀름에는 얼음도 없고 눈도 없었다. 너무 따뜻해서 몇몇 지역에서는 라일락 꽃봉오리가 피어날 정도였다.[58] 그들의 아버지가 발트해를 건너 떠난 지 4년이 지났다. 가족이 언제 다시 만날 수 있을지는 여전히 불분명했다.

1830년대 후반의 상트페테르부르크는 미래에 대한 낙관과 희망으로 가득 찬 도시였다. 도시 곳곳에서는 아직 완성되지 않은 성 이삭 대성당(Isaaks-katedralen)의 웅장한 코린트식 기둥이 건축 스케폴딩 뒤에 감춰져 있었다. 임마누엘 노벨은 대성당에서 서쪽으로 몇 블록 떨어진 곳에 임시 거처를 마련했다. 한편 네바 강변의 겨울 궁전에서는 1837년 12월의 대화재 이후 차르 니콜라이 1세의 호화로운 거처를 되살리기 위해 수천 명의 노동자들이 동원되어 분주히 일하고 있었다.

네브스키(Nevskij) 대로는 오후마다 산책자들로 북적이며 화려하거나 단순한 디자인의 마차가 거리를 메웠다. 동시대의 상트페테르부르크 주민이자 작가인 니콜라이 고골(Nikolaij Gogol)에 따르면 "봉주르 옷을 입고 주머니에 손을 집어넣은 남성"과 "분홍색, 흰색, 옅은 파란색 실크 재킷을 입고 우아한 모자를 쓴 여성"을 퍼레이드 거리에서 흔히 볼 수 있었다고 한다.[59] 고골은 이 광경을 "마치 온갖 색의 나비들이 꽃에서 날아올라 빛나는 구름처럼 검은 남성 벌레들 위를 펄럭이는 것 같다"고 묘사했다. 파란 카프타를 입은 마차꾼들은 고객을 부르며 소리쳤고, 거리는 항상 시끌벅적했다. 1830년대 후반의 한 여행자는 "거리가 가끔 음악을 연주하며 행진하는 연대나, 밝고 눈에 띄는 색으로 칠해진 관과 횃불을 든 장례 행렬로 가득 찼다"고 말했다. 가이드북에 따르면 해산하는 데만 하루 이상이 필요할 정도로 복잡한 파노라마를 이루었다고 한다.

상트페테르부르크는 1703년에 표트르 대제(Peter den store)가 세운 젊은 도시였다. 전설적인 차르 표트르는 고대 러시아 정교회 승려들이 "제3의 로마"로 승격시킨 민족주의적 도시 모스크바에 싫증을 느끼고 파리와 다른 유럽 대도시를 본떠 현대적이고 세속적인 유럽을 지향하는 새로운 러시아 수도를 건설하고자 했다. 1709년 폴타바(Poltava) 전투에서 스웨덴을 격파한 후, 그는 서쪽으로 계속 나아갔다. 러시아 귀족들은 수염을 밀고 파리의 미뉴에트를 춰야 했다.

몇십 년 후, 예카테리나(Katarina) 대제가 지휘봉을 인계받았다. 그녀는 서유럽의 미술품을 마치 진공청소기로 빨아들이듯 수집해 에르미타주(Eremitaget) 박물관을 유럽 문화의 보고로 만들었다. 또한 프랑스 계몽주의 철학자들의 영향을 강하게 받았으며, 유명한 스위스 계몽주의자에게 손자의 사교육을 맡기기도 했다.[60]

그녀의 맏손자 알렉산더(Alexander)는 1801년 차르로 즉위했는데 비범한 개혁주의자이며 자유주의적인 지도자로 여겨졌다. 이러한 인상은 적어도 그의 24년 체제의 전반기 동안 지속되었다. 무엇보다도 차르 알렉산더 1세는 검열을 완화해 상트페테르부르크에서 신문 발행의 붐을 일으켰다. 또한 농노제를 폐지하는 문제도 고려했다고 전해진다. 그러나 1838년 임마누엘 노벨이 도착했을 때도 2,000만 러시아 농민들은 여전히 시대착오적인 노예 제도에 얽매여 있었다.

1825년에 알렉산더 1세가 사망한 후, 그의 남동생 차르 니콜라이 1세는 이 모든 부드러운 서풍을 확실히 종식시켰다. 니콜라이의 강경한 태도는 그해 대관식 날 겪은 이른바 데카브리스트(Decabrist) 봉기와 관련이 있다. 이 사건은 대규모 체포와 많은 사람에 대한 사형 선고로 진압되었다. 예카테리나 대제가 계몽 교육을 위해 손자를 선택할 당시 태어나지 않았던 니콜라이 1세는 이 사건을 러시아 군주제와 정교회에 대항하는 유럽의 음모로 간주했다. 서쪽을 향한 문은 굳게 닫혔고, 검열은 다시 강화되었다. 새로운 차르는 모든 봉기와 반정부 시위를 억제하는 임무를 맡은 이른바 3사단이라는 악명 높은 비밀 경찰 조직을 설립했다.

차르 니콜라이는 러시아어를 유창하게 구사하지 못했음에도 궁정 내 공식 언어를 프랑스어에서 러시아어로 바꿨다. 궁녀들은 러시아 전통 의상을 입어야 했고, 장관들은 민족주의적 이념을 퍼뜨리라는 명령을 받았다. 우바로프(Uvarov) 교육부 장관은 러시아에서 가장 우선시되는 세 가지 핵심 개념을 "전제, 정통, 민족"으로 정의했다.

1838년, 임마누엘 노벨이 상트페테르부르크에 도착하면서 러시아 반체제 지식인들의 황금시대가 시작되었다. 3사단은 곧 해야 할 일이 많아졌다. 알프레드 노벨이 가장 좋아하는 작가 중 하나인 국민 시인 푸시킨(Pushkin)은 이미 1년 전 항거 중 총에 맞아 사망한 것이 분명했다.[61] 그러나 그의 발자취는 여전히 이어졌다. 그들은 지배자들이 만든 상트페테르부르크의 영광스러운 이미지에 감히 그림자를 드리웠다. 도시 외곽의 어두컴컴한 동네에는 가난과 기근과 매춘이 만연했다. 습지 위에 세워진 도시는 얼음으로 뒤덮였고, 축축한 바람이 사방에서 길을 찾고 있었다. 아마도 가장 날카로운 진실을 말하는 사람이자 절망하는 것으로 악명 높은 니콜라이 고골은 상트페테르부르크에서의 삶이 "습하고, 평평하며, 창백하고, 회색이며, 안개가 가득한" 죽음의 왕국을 연상시킨다고 말했다.

니콜라이 황제의 억압에 대한 풍자는 새로운 문학 작품에서 등장하기 시작했다. 결국, 이는 너무 과도하게 느껴지기 시작했다. 제3당 의장인 알렉산더 폰 벤켄도르프(Alexander von Benckendorff)는 러시아의 현실을 묘사하는 방법에 대한 새로운 지침을 제시하며 작가들을 놀라게 했다. 그는 "러시아의 과거는 놀라웠고, 현재는 더없이 웅장하며, 미래는 상상할 수 있는 그 어떤 것보다 더 위대합니다. 이러한 관점에서 러시아 역사를 연구하고 기록해야 합니다"[62]라고 말했다.

사실 차르의 강경 정권에 대한 또 다른 관점도 있었다. 코카서스(Kaukasus) 지역에서 반복적으로 군사적 대립이 일어났음에도 러시아는 평화롭고 상대적으로 안정된 시기를 누렸다. 니콜라이의 억압에도 불구하고, 이 시기에 러시아 문학, 발레, 음악은 꽃을 피웠다. 많은 사람들은 차르의 강력한 권위를 찬양하며 그를 매우 인상적이고 잘생긴 남자로 묘사했다. 그러나 키가 크고 가장 잘 훈련된 니콜라이 1세를 만났을 때 젊은 영국 빅토리아 여왕의 찬사는 그 정도에 머물렀다. 그녀는 나중에 "그는 거의 웃지 않았고, 웃을 때도 표정이 밝지 않았습니다. 나는 그가 특별히 영리하다고 생각하지 않습니다"라고 말했다.[63]

차르 니콜라이 또한 어느 시점에서 딜레마에 빠졌다. 그는 한편으로 러시아의 유산을 강조하고 싶었지만 다른 한편으로는 1825년 봉기 이후 국민을 완전히 신뢰하는 데 어려움을 겪었다. 그 때문에 그의 궁정에는 많은 외국인이 있었다. 독일, 스웨덴, 발트해 연안의 엔지니어와 건축가들이 도시로 몰려들었고, 특히 스웨덴 전문가들은 좋은 평판을 얻었다. 임마누엘 노벨이 이 도시에 정착했을 당시, 차르에게는 스웨덴인 궁정 재단사가 있었고 궁정 보석상이 될 칼 에드바드 볼린(Carl Edvard Bolin)도 있었다. 이처럼 스웨덴인 대장장이와 장인의 수요가 점점 더 늘어났다.

임마누엘 노벨은 새로 도착한 스웨덴인들을 찾았다. 곧 그들 중 엘브달렌(Älvdalen) 출신의 감독을 만나 함께 첫 번째 기계 작업장을 열었다. 이들은 핀란드의 부유한 벽돌 제조업자인 칼 렝그렌(Carl Lenngren)에게 자금을 지원받았지만, 첫 번째 공장은 결국 실패로 돌아갔다. 그러나 렝그렌과의 관계는 끝나지 않았다. 20년 후 로베르트 노벨은 이 핀란드계 스웨덴인의 귀여운 딸 폴린(Pauline)과 약혼하게 된다. 그의 남동생 알프레드도 그녀에게 구애를 하려고 했다.[64]

러시아 문서 기록 보관소에 있는 자료에 따르면, 임마누엘 노벨은 고무 쿠션을 사용해 부교를 빠르게 건설하는 아이디어를 러시아 군대에 판매하고자 했다.[65] 그러나 그에게 큰 기회가 찾아온 것은 1840년 가을이었다. 핀란드계 스웨덴인 인맥을 통해 중요한 만찬에 초대되었다. 그날 만찬의 주최자는 핀란드 총독이자 차르의 고문인 알렉산더 세르게예비치 멘시코프였다. 멘시코프는 종종 만찬을 열었으며, "모든 결혼식에는 신랑, 모든 장례식에는 고인"이라는 러시아 속담을 언급하며 영적인 생활과 사회생활을 강조했다.[66]

멘시코프 왕자는 당시 러시아 해군 사령관이었다. 그는 51세의 나이에 경력의 정점에 있었고 한 살 어린 차르와 때때로 점심과 저녁을 함께 먹는 특권을 누렸다. 또한 1818년 여름에 차르 니콜라이 1세가 은밀하고 번개같이 스톡홀름을 방문했을 때 동행했다. 예고 없이 방문하는 것을 좋아했던 차르는 갑자기 왕궁을 방문해 카를 왕을 놀라게 했다. 그 당시 카를 14세 요한은 아침에 신문을 읽고 있었다.[67]

차르 니콜라이는 충성스럽고 순종적인 고문들을 선호하는 것으로 유명했다. 그의 고문들이 지식과 전문성이 부족하더라도 신경을 쓰지 않았다. 멘시코프는 이러한 차르의 선호를 충족했다. 사실, 영국과 프랑스에서 산업 발전이 가속화될 때 러시아가 따라가지 못한 이유 중 하나로 차르 고문들의 전문성 부족이 종종 언급되었다. 니콜라이의 서구 발전에 대한 무관심은 상황을 악화시켰다. 나폴레옹에게 승리한 이후 기술적으로나 경제적으로나 군사적으로나 러시아는 더 이상 세계를 매료시킨 강대국이 되지 못했다.

이러한 후진성은 특히 러시아 군부에 불안을 일으켰다. 니콜라이는 종종 전문가 위원회를 구성해 자문을 구했지만, 그 위원회는 제대로 역할을 하지 못했다. 네바 강가에 위치한 멘시코프의 호화로운 궁전에서 열린 연회에서 임마누엘 노벨은 우연히 그 위원회의 일원인 칼 쉴더(Karl Schilder) 장군과 물리학 교수 모리츠 헤르만 폰 야코비(Moritz Hermann von Jacobi) 옆에 앉게 되었다. 그들은 차르의 명령으로 효율적인 해군 기뢰(Minan)를 개발하는 임무를 맡고 있었다.

임마누엘 노벨은 그때까지 폭발물과 관련된 일을 해 본 적이 없었다. 그래도 그는 자신의 고무가 이 기뢰에 사용될 수 있다고 언급했다. 그가 나중에 설명했듯이, "연회의 테이블에서는 전문가들의 대화를 듣지 않을 수 없었다"라고 했다. 쉴더 장군과 야코비 교수는 큰 압박을 받고 있었다. 그들은 곧 있을 중요한 실험에 대한 문제를 논의하고 있었다. 임마누엘은 그들의 아이디어가 화약으로 채워진 해저 기뢰를 육지에 있는 배터리에 연결하는 것임을 이해했다. 그들의 계획은 몇 명의 병사를 배터리 옆에 배치하고, 망보는 사람이 적의 함선이 기뢰 위를 지나갈 때 신호를 보내면 육지에서 기뢰를 폭발시키는 방식이었다.

노벨은 그 아이디어가 불가능하다고 생각했다. 그는 큰 소리로 말했다.

"그것은 500번에 한 번만 성공할 수 있습니다!"

이 말은 쉴더 장군을 자극했다.

"그래서, 스웨덴에는 더 나은 것이 있습니까?"라고 그가 거칠게 물었다.

노벨은 "스웨덴에 무엇이 있는지는 모르겠지만, 저는 훨씬 더 간단하고 안전한 방법으로 목표를 달성할 수 있다고 확신합니다. 망보는 사람이 필요하지 않습니다"라고 대답했다.

논쟁이 멘시코프 왕자의 귀에 들어갔다. 그는 토론이 무엇에 관한 것인지 물었고 쉴더는 임마누엘에게 그 방법을 설명하도록 요청했다.

노벨은 "선박이 자체 충격으로 기뢰에 불을 붙이도록 하는 것이 더 낫지 않겠습니까?"라고 제안했다.

쉴더는 미소를 지으며 대답했다. "그 아이디어는 좋은 것 같지만 구현하기가 까다롭지 않나요?" 노벨은 자신의 아이디어를 실험으로 증명할 수 있을까?

충동적인 성향의 임마누엘은 "우연이 종종 인간의 손을 이끌기 때문에" 도전을 받아들였다고 했다. 하지만 군사 무기는 그가 이전에 했던 일들과는 너무 거리가 멀었다. 임마누엘은 자신이 이 결정을 내리기 전에 많은 고민을 했다고 주장했지만, 결국 그 도전이 정당화될 수 있다고 결론지었다고 했다. 그가 상상한 해군 기뢰는 군사 공격을 위한 것이 아니라 단지 방어용이었다.[68]

*

임마누엘 노벨과 그의 기뢰 경쟁자들에게는 화약 외에 다른 폭발물이 없었다. 흑색화약(Svartkrutet)의 세계 독점은 천년이 넘도록 지속되었다. 이 모든 것은 8세기 중국의 일부 연금술사들이 사람을 불사신으로 만드는 치료법을 발명하려고 시도하면서 시작되었다. 그러나 불사신 대신 치명적인 무기가 남았다.

비밀로 유지된 화약의 제조법은 오랜 역사를 통해 많이 거래되고 개량되었지만 기본적인 구성은 여전히 동일했다. 16세기 영국의 한 작가는 그 폭발성 혼합물을 "초석은 영혼이고, 황은 생명이며, 목탄은 몸이다"라고 묘사했다.

지난 세기 동안 많은 세계적 화학자들이 화약에 깊은 관심을 보였다. 현대 화학의 아버지라 불리는 프랑스의 앙투안 로랑 라부아지에(Antoine-Laurent Lavoisier)도 화약을 본업으로 삼으며 생을 마감했다. 라부아지에는 18세기 후반에 살았다. 그는 산소와 수소 가스를 식별하고 명명했으며, 물이 이 두 요소의 조합임을 밝혀내어 역사에 남게 되었다. 체계적인 정량적 연구와 실험을 통해 화학을 과학적인 분야로 발전시켰다는 평가를 받았다. 그는 1770년대에 이 방법을 통해 "불의 본질"에 관한 오해를 풀었다. 오랫동안 타는 물질을 분리해 사라지는 특별한 물질인 플로지스톤(phlogiston)이 있다고 여겨졌으나, 라부아지에는 그것이 사실이 아니라 물질이 연소할 때 산소와 화학적으로 결합하면서 일어나는 현상임을 증명했다. 이 업적은 "화학적 혁명"이라고 불릴 만큼 큰 중요성을 지녔다.

라부아지에는 프랑스 과학 아카데미(French Academy of Sciences)에서 재직하며 매우 낙천적인 성격을 지닌 과학자로 알려졌고, 국가 화약 산업 국장으로도 임명되었다. 그러나 프랑스 혁명 기간 동안, 특히 그 뒤를 이은 공포의 통치 기간 동안 역경이 찾아왔다. 그는 화약 위원회와 세금 사건에서 사기 혐의로 기소되었고, 심지어 적국에 화약을 판매한 혐의도 받았다. 이 혐의는 100년 후 프랑스 정부에 의해 알프레드 노벨에게도 제기되었다.

라부아지에는 "인류의 이익을 위한 연구를 끝내기 위해" 집행유예를 신청하며 부당한 사형 선고에 맞서려 했으나, 판사는 냉정하게 "공화국은 과학자를 필요로 하지 않는다"라고 답했다.[69]

1794년 3월 8일 토요일, 오늘날 콩코드(Concorde) 광장으로 알려진 레볼리옹 광장(Place de la Revolution)에서 라부아지에는 단두대에서 생을 마감했다. 라부아지에가 사형 선고를 받은 후 과학 아카데미의 동료 중 한 명은 이렇게 말했다. "그들이 그 머리를 떨어뜨리는 데는 한순간도 걸리지 않았지만, 또 다른 그런 머리를 얻는 데에는 100년도 더 걸릴 것이다."[70]

*

해저 기뢰에는 근본적인 문제가 있었다. 화약과 물은 성공적인 조합이 아니었다. 임마누엘 노벨은 전기와 물도 마찬가지로 적합하지 않다고 지적했다. 쉴더 장군과 야코비의 아이디어는 이탈리아의 알레산드로 볼타(Allessandro Voltas)가 40년 전에 발명한 세계 최초의 전기화학적 전원인 갈바닉 배터리를 바탕으로 한 원격 제어 기뢰였다. 물론 쉴더와 야코비는 배터리를 육지의 안전하고 건조한 곳에 배치했지만, 물을 통해 전류를 전달하는 것은 간단한 문제가 아니었다.

1840년 10월 12일 월요일, 임마누엘 노벨은 대안적 아이디어를 시험할 준비를 마쳤다. 이날 오전 10시에 차르 위원회의 일부가 페트로프스키(Petrovsky) 호수 근처의 릴라 네바(Lilla Neva)강의 다리에서 모였다. 이곳은 쉴더 장군의 여름 별장에서 멀지 않았다.

노벨은 긴장감을 느꼈다. 그는 폭파될 배를 나타내기 위해 거친 목재로 만든 뗏목을 준비해 달라고 요청했다. 그는 화약과 세 개의 점화관을 넣은 나무 상자로 '기뢰(Minan)'를 만들었는데, 기뢰가 폭발할 위험이 크고 기뢰 설치 시 충격이 문제를 일으킬 수 있음을 잘 알고 있었다. 그러나 더욱 걱정스러운 것은 강에서 노를 저어 줄 선원들이 러시아어만 할 수 있어 그의 지시를 이해하지 못할 수 있다는 사실이었다. 그들은 생명의 위협을 받고 있었다. 노벨은 조심스럽게 선미에 해저 기뢰를 싣고 배에 올랐다. 기뢰가 물속에 놓이고 그들이 다리로 돌아올 때까지 그는 숨을 내쉴 수 없었다.

실험은 성공적이었다. 기뢰를 향해 떠내려간 뗏목이 점화관에 닿자마자 "즉시 폭발해 뗏목을 공중으로 날려 버렸다"고 공식 보고서에 기록되어 있다.

쉴더 장군은 기쁨에 들떠 노벨을 끌어안고 그의 얼굴에 키스한 뒤, 다리 위에서 여러 바퀴를 돌며 춤을 췄다. 차르에게 보낸 보고서에서 위원회는 아낌없는 찬사를 보냈다. 그들은 노벨의 발명품이 이전의 어떤 것보다 "훨씬 우수"하다고 했다. 노벨의 기뢰는 "큰 장점"이 있고 "바다에서 접근하는 적에 대한 무기"로 사

용될 수 있었다.[71]

상트페테르부르크의 해양 역사 기록 보관소에는 손으로 쓴 원본 문서가 잘 보존되어 있어, 이를 통해 당시 연속된 드라마를 살펴볼 수 있다. 노벨 기뢰에 대한 주요 보고서는 좀 더 구체적으로 작성되어 차르의 가족인 미카일 파블로비치(Michail Pavlovitj) 대공에게 보내졌다.

니콜라이는 군대와 포병에 대한 책임을 동생에게 맡겼다. 새로운 총기에 대한 대부분의 정보는 그의 책상을 거쳤다.

노벨 가족은 미카일 파블로비치 대공과 많은 관련이 있었다. 그는 이중적인 성격을 지닌 사람으로 묘사되었다. 그는 자신의 형인 차르처럼 퍼레이드를 사랑한 사나운 군인이었지만, 동시에 냉소적이며 시가를 손에 들고 아내의 목요일 문화 살롱에 나타날 만큼 장난기 많고 쾌활한 성격의 소유자였다.

미카일은 누구보다도 황제의 신임을 받고 있었다. 두 형제는 두 살밖에 차이가 나지 않았고, 서로 특별히 주문한 반지로 어린 시절의 기억을 봉인할 정도로 가까운 사이였다. 이제 그는 노벨 가문의 미래를 결정할 권한을 갖게 되었다.

대공은 긍정적인 반응을 보였다. 위원회의 전문가들은 스웨덴의 발명가가 협력하도록 설득하라는 명령을 받았다. 대공은 위원회가 채용 관련으로 일련의 의문을 제기했을 때도 흔들리지 않았다. 비싼 통역사를 통해 모든 논의를 진행해야 하는 상황에서 임마누엘 노벨이 자신의 업무를 비밀로 유지하겠다고 약속한 것이 무슨 가치가 있었을까? 노벨이 발명에 대한 보상으로 요구한 2만 5,000루블은 너무 무리한 것은 아니었을까?[72]

결국 미카일 파블로비치가 잘 알아듣지 못해 임마누엘은 실험을 위해 1,000루블을 받고, 아이디어를 개발하기 위해 하루에 25루블을 받기로 약속받았다. 마침내 어려운 상황이 풀렸다.[73]

임마누엘은 작업을 계속했다. 1841년 가을, 모두가 기대하는 가운데 새롭고 중요한 실험이 준비되었다. 그러나 상트페테르부르크에 갑작스러운 폭풍우가 일어나 겨울이 지날 때까지 모두 연기되었다.

이러한 차질에도 불구하고 겨울 왕궁(Vinterpalatset)에서도 임마누엘의 발명품에 대해 높은 관심을 보였다. 그가 잘못 제작된 소총을 바로잡기 위해 무기 위원회에 호출되었기 때문이었다. 그 결과 임마누엘은 미카일 대공을 개인적으로 접견했고, 대공은 그의 형제인 차르 니콜라스 1세에게 개조된 소총을 보여주었다.

차르는 이제 스웨덴의 노벨이 해저 기뢰 작업을 위해 겨우내 계속 일할 수 있도록 급여를 지불하기로 결정했다. 임마누엘이 자신의 실험을 위해 바지선과 두 개의 돛대를 가진 범선을 요청했을 때 차르는 이를 승인했다. 해군 관리들은 비명을 질렀지만 차르 니콜라이가 개입했기에 다른 방법으로 배를 조달할 수 없다면 배를 사겠다고 약속할 수밖에 없었다.[74]

이윽고 결전의 날이 왔다. 1842년 9월 2일 수요일에 옥타(Ochta)강 위의 푸른 다리(Blå bron)에서 실험이 열릴 예정이었다. 처음에는 차르 니콜라이 1세가 범선 폭파 실험에 직접 참석할 것으로 기대되었으나, 그는 참석하지 않았다. 대신 미카일 파블로비치 대공과 후에 차르 알렉산더 2세(tsar Alexander II)가 될 차르 니콜라이 1세의 아들 알렉산더가 옆의 언덕에 서서 성공적인 실험 과정을 지켜봤다.

차르 니콜라이의 메시지는 2주 후에 도착했다. 그는 "비밀" 해군 기뢰의 발명으로 외국인 임마누엘 노벨에게 은화 2만 5,000루블을 수여한다고 전했다. 노벨은 "이 비밀을 다른 국가에 누설하지 않아야 할" 의무가 있었다.[75]

이 금액은 노벨의 일당으로 환산하면 4년 치 연봉을 웃도는 액수였다. 비교하자면 니콜라이 고골의 1842년도 단편소설 『외투(Kappan)』에서 관리 아카키 아카키예비치(Akakij Akakijevitj)가 고급 외투를 사기 위해 6개월 동안 저축해야 했던 금액은 150루블이었다. 따라서 당시의 금전적 가치로 환산하면 임마누엘 노벨은 해저 기뢰 발명으로 수백만 크로나를 받은 셈이었다.

실험이 진행되는 동안 스웨덴으로 돌아가겠다고 고민하던 임마누엘은 결정을 내렸다. 그는 가족들이 상트페테르부르크에 있는 자신에게 올 수 있도록 모든 절차를 마련했다.[76]

안드리에타는 스톡홀름에서 떠날 준비를 했다. 열세 살 로베르트는 다시 선실 소년으로 승선했으며 1843년 여름까지 집을 떠날 예정이었다. 열한 살의 루드빅은 봄에 학교를 그만두고 시내에 있는 한 설탕 공장에서 일을 시작했다. 알프레드만이 야콥 학교에 남아 있었다. 아홉 번째 생일을 3일 앞두고, 그는 학교에서 2학기 반만에 최종 성적을 받아야 했다.

"모든 주제에 대한 통찰력: 최우수, 근면: 최우수, 행동: 최우수"

그것은 그 학기에 야콥스 아폴로지스트 스쿨(Jacob's Apologist School)에서 발행된 최고의 성적표였다.[77]

3장
낭만주의와 계몽주의의 교차점에서

안드리에타 노벨과 소년들에게는 삐걱거리는 우편배를 타고 얼음으로 뒤덮인 발트해를 건너는 일이 부담스러웠다. 겨울 방학 전에 고급 증기선 솔리데(Solide)호를 타고 투르쿠로 가는 기회가 몇 번 남아 있었다. 이 증기선은 승객들에게 "남성 또는 여성용 라운지"와 충분한 가족실을 제공했으며, 발트해를 이틀 동안 항해하며 "세 끼의 식사, 좋은 포도주와 음료"를 제공했다.

1842년 10월 21일 알프레드의 아홉 번째 생일에 안드리에타는 자신과 "미성년자 두 명"을 위해 상트페테르부르크로 가는 여권을 받았다. 그녀의 남동생 루드빅 알셀(Ludvig Ahlsell)은 횡단하는 그녀를 돕기 위해 세관에서 며칠 휴가를 받았다. 또한 안드리에타는 가족과 함께 상트페테르부르크에 오랫동안 머물기 위해 하녀 소피아 왈스트룀(Sophia Wahlström)을 데리고 갔다.

솔리데호의 다음 투르쿠행 출발은 10월 25일 화요일이었으며, 배는 푸루순드(Furusund)와 올란드(Åland)를 경유할 예정이었다. 안드리에타는 월요일 저녁 7시까지 슬롯브론(Slottsbron)에 있는 선사의 사무실에 가서 티켓을 수령할 수 있었다.[78] 며칠 동안 비가 내리고 안개가 끼고 바람도 많이 불었지만 솔리데호가 화요일 새벽에 스켑스브론(Skeppsbron)을 출발할 때는 바람이 진정되었다.

토요일에 안드리에타와 아들들의 대화 주제가 스톡홀름의 젊은 궁정 가수 제니 린드(Jenny Lind)로 바뀌었다. 그녀는 파리에서 돌아와 벨리니(Bellini)의 오페라 「노르마(Norma)」에서 역을 맡아 스톡홀름 청중을 사로잡았다. 알프레드 노벨은 성인이 된 후 세계적으로 유명한 "나이팅게일"인 린드의 열렬한 팬이 된다.

곧 80세가 될 카를 14세 요한은 왕궁의 타일로 된 벽난로 앞에서 깊은 고민에 빠졌다. 그는 겨울의 열악한 환경 속에서 스웨덴을 다스리고 있었다. 당시 스웨덴은 정치적으로 비교적 안정된 나라였다. 급진적 야당은 곧 왕위를 이어받을 오스카 왕세자가 개혁 성향이 강할 것이라고 예상하며 공격을 상당히 완화했다.

노벨 가족은 인구가 300만 명이 조금 넘고, 열 명 중 아홉 명이 시골에 살고 있는 나라에서 이주해 왔다. 당시 안드리에타는 39세였다. 그녀가 떠나온 나라에서 여성은 여전히 참정권이 없었고, 매년 500명의 어머니가 출산 중 사망했으며, 여성의 기대수명은 45세였다.

그러나 모든 것이 우울했던 건 아니었다. 1842년 10월, 스톡홀름에서는 신선한 굴을 구입할 수 있었다. 또한 총 열여덟 권으로 된 만화 소설 『재치 있는 남자의 불운(En fiffig karls misöden)』은 스웨덴 천재에 관한 작품으로 서점에서 주목을 끌었다.[79]

1840년대 초, 스웨덴의 수도 스톡홀름은 인구가 거의 50만 명에 달했지만, 상트페테르부르크는 스톡홀름의 여섯 배에 해당하는 크기로, 스웨덴의 수도보다 훨씬 큰 도시였다. 임마누엘 노벨은 네브스키 거리 건너편, 퍼레이드가 진행되는 유테리가탄(Gjuterigatan) 근처 리테이니 프로스펙트(Litejnyj Prospekt)에 새로 지어진 건물로 이사해 한동안 그곳에서 살았다. 이 아파트는 두 개의 호화로운 유럽풍 돌출형 창문을 갖추고 있었으며, 상트페테르부르크에서 가장 유명한 건축가 중 한 명이 설계한 곳이었다.[80] 여러 면에서 주거 수준이 향상된 곳이었다. 도시의 많은 유명인이 여기로 왔다. 국가적인 시인 푸시킨도 한동안 이웃으로 살았다. 1840년대 중반, 시인이자 작가인 표도르 도스토옙스키(Fyodor Dostoevsky)가 그의 데뷔 소설 『가난한 사람들(Arma människor)』을 출판하면서 출판사를 포함한 더 많은 작가가 이곳으로 몰려들었다.

곧 서점들이 리테이니 거리를 따라 들어섰다. 사람들은 최신 문학 작품을 구하기 위해 상트페테르부르크 전역에서 이곳으로 몰려들었다. 그러나 임마누엘이 이사왔을 때 이 거리는 주로 무기 공장과 무기고들이 있는 곳으로 알려져 있었다. 무기와 문학이 공존하는 리테이니는 노벨 가족에게 이상적인 장소였다.[81] 임마누엘은 초조하게 기다렸지만, 안드리에타와 아이들에게는 시간이 더 필요했다.

*

　모스크바에 있는 러시아 보안국의 역사적인 기록 보관소는 보물 창고와도 같다. 이곳에서 안드리에타, 루드빅과 알프레드 노벨의 가족 여권도 찾을 수 있었다. 문서에는 큰 노란색 얼룩이 있었다. 자료는 보안 서비스 또는 제3부서의 기록 보관소에 깔끔하게 정리되어 있었다. 여권 뒷면을 보니 안드리에타와 두 아들은 빨간 인장을 받았고 1842년 10월 27일 목요일날 투르쿠 경찰서에 등록되었음을 확인할 수 있었다. 그것이 목록의 마지막 부분이었다.

　같은 기록 보관소에는 상트페테르부르크에 도착한 모든 외국인의 방대한 등록부도 있었다. 그때도 러시아 정보원은 꼼꼼했다. 그러나 안드리에타와 아이들에 대한 기록은 1842년 11월이나 12월, 1843년 1월에도 없었다.

　1843년 2월 26일이 되어서야 안드리에타, 루드빅, 알프레드가 러시아 수도에 도착한 것으로 등록되었다. 그들은 얼마나 기다렸을까? 얼마나 많은 날을 헤아렸을까? 무슨 일이 있었던 걸까? 문서에는 아무런 단서가 나타나 있지 않다. 누군가가 아팠을 수도 있고, 안드리에타 노벨이 임마누엘의 친구들과 함께 투르쿠에 잠시 머물며 도로 상황이 안정되길 기다렸을 수도 있다.

　우리는 그저 추측할 수 있을 뿐이다. 그들은 마침내 도착했고, 안드리에타는 러시아 경찰이 요청한 정보만을 제공했다. 그녀는 자신이 공장 소유주인 임마누엘 노벨의 아내이며 자녀들과 함께 상트페테르부르크에 와서 리테이니 프로스펙트 34번가에 있는 그의 집에 정착할 것이라고 말했다.[82]

*

임마누엘은 몇 가지 좋은 소식을 가지고 가족을 맞이했다. 그는 러시아 공병인 니콜라이 알렉산드로비치 오가르요프(Nikolaj Aleksandrovitj Ogarjov) 대령을 알게 되었는데, 오가르요프는 몇 년 동안 차르의 동생인 미카일 파블로비치(Michail Pavlovitj) 대공의 부관으로 일했다. 오가르요프는 차르의 해저 기뢰 위원회에 새로 선출되었으며, 페테르부르크(Petersburg) 외곽에 공장 부지를 소유하고 있었다. 그들은 이제 기계 작업과 단조를 함께 시작하려고 계획했다. 회사는 선철 주조 공장에서 "오가르요프 대령과 미스터 노벨의 특허 기계 바퀴 공장과 고급 주철 주조소"로 이름을 바꾸었다.[83]

임마누엘의 재정적 문제를 해결한 해저 기뢰는 아직 실험 단계에 있었다. 생산에 이르기까지 많은 단계가 남아 있었다. 한편, 임마누엘과 그의 새로운 동료는 몇 가지 다른 아이디어를 실현하기 시작했다. 그들은 경화 목재로 마차 바퀴를 제조하는 기계를 설계했으며, 이 기계에 대해 러시아로부터 10년간 유효한 특허를 받았다. 곧 그들은 이러한 바퀴를 생산해 러시아 군대에 판매했다. 임마누엘은 해저 기뢰의 성공에 힘입어 러시아군이 지상에서 사용할 수 있는 지뢰 개발에도 도전했다.

미카일 파블로비치 대공은 필요할 때 기계를 손보고 윤활유도 공급하며 두 동료의 작업을 긴밀하게 챙겼다. 그는 자신의 부관 오가르요프가 동시에 두 가지 역할을 수행하는 것에 대해 전혀 걱정하지 않았다. 차르 니콜라이 1세의 러시아에서는 군대가 최우선이었다. 동일인이 국가를 대표하고 동시에 군수 산업에서 이익을 얻는 것은 드문 일이 아니었다.

니콜라이 알렉산드로비치 오가르요프는 귀족 혈통을 지닌 인물로, 기회가 주어지면 이를 잘 활용할 줄 아는 사람이었다. 그는 임마누엘보다 열 살 어렸지만 이미 오랜 군 경력을 자랑했다. 여러 가지 훈장을 받았으며, 사람들을 웃기거나 자신과 함께 웃게 만드는 재주가 있었다. 여가에는 시를 쓰기도 했다. 이 기간 동안 오가르요프는 자신의 개인 기록 보관소에 후손을 위해 보존할 만한 "극적인 이야기"인 『의심받는 순진한 자 또는 정당한 사냥꾼(Den misstänkliggjorda oskuldsfullheten eller den rättfärdigade jägaren)』을 위한 자료도 수집해 두었다.

거의 10년 동안 노벨과 오가르요프는 함께 사업을 운영했다. 동료들은 오가르요프를 "착하고 친절한 신사"로 묘사했지만, 동시에 그와 관련된 일에는 항상 주의가 필요하다고 경고했다. "곰과 함께 노는 것과 같아서 아무 일도 일어나지 않는 것처럼 보여도 갑자기 화를 내며 경고 없이 물어뜯을 수 있다."[84]

노벨 가족은 공교육이 도입된 해에 고향을 떠났다. 스웨덴은 가장 가난한 농부들조차 글을 읽을 수 있는 나라로 유명했지만, 러시아에서는 상황이 정반대였다. 1840년대 초 러시아에서는 성인 40명 중 단 한 명만이 국가적인 시인 푸시킨의 작품을 읽을 수 있을 정도로 교육을 받았다. 알프레드 노벨이 상트페테르부르크에 도착했을 당시, 인구 6,000만 명 중 학교에 다니는 어린이는 단 20만 명에 불과했다. 도시와 농촌 간의 교육 격차는 어마어마했다.

상트페테르부르크에는 스웨덴 교회 학교가 있었다. 이 학교는 전쟁 때문에 썰매로 이동해 온 핀란드인들이나 스웨덴인들을 위해 상트카타리나(St. Katarina)에 위치한 스웨덴 교구에서 운영했다. 이후 몇 년 동안 교육이 점차 확대되었다. 스웨덴 학교는 아이들에게 스웨덴어 외에 러시아어, 독일어, 서예, 산수, 종교 등을 가르친다는 조건으로 러시아 차르로부터 해마다 연간 보조금을 지원받기도 했다.

루드빅과 알프레드가 그 교회 학교에 배정되었는지는 확실하지 않다. 아마도 형을 기다리는 동안 임시로 다녔을 가능성이 있다. 당시 열세 살이었던 로베르트는 1843년 봄 내내 아스트레아(Astrea) 영선과 함께 북해를 항해했으며 6월이 되어서야 가족이 있는 페테르부르크에 도착했다. 10월 말, 노벨 세 아들은 오랫동안 기다려 온 남동생을 얻었다. 아이는 에밀 오스카(Emil Oscar)라는 이름을 받았다.[85]

그 시기 임마누엘 노벨은 큰 아들들을 위한 개인 가정 교사를 고용할 수 있을 만큼 충분한 재정적인 여유가 있었다. 그는 스웨덴에서 데려온 가족의 교육 문제를 해결한 것으로 보인다. 가장 일반적인 방법은 현지 대학생을 가정교사로 고용하는 것이었지만, 노벨 가족에게는 스웨덴어를 할 수 있는 교사가 필요했다. 그래서 선택된 인물이 바로 라스 베네딕트 산테손(Lars Benedikt Santesson)이었다. 그는 50대의 법률가로 스웨덴 궁정에서 일했지만, 도박으로 재산을 탕진하고 빚을 피해 러시아로 도피한 인물이었다.

산테손은 25년 동안 상트페테르부르크에서 살며 러시아 사관학교에서 언어 교사로 일했다. 그는 "밝은 머리와 공무적 책임감을 가진 남자"로 묘사되었다. 그의 개인 학생들은 러시아어를 매우 잘 배워 오랫동안 잊지 않았지만 강한 억양은 끝내 사라지지 않았다. 알프레드 노벨은 성인이 된 후 주로 스웨덴어, 영어, 프랑스어, 독일어 등으로 서신을 작성했던 것으로 보아, 러시아어를 선호하지 않았던 것 같다.[86]

산테손 선생은 지적 활동이 활발했던 1840년대 상트페테르부르크에서 교육받은 재치 있는 사람이었다. 그는 새로 이주한 스웨덴 학생들에게 문학과 철학적 사상을 전수했다.[87]

*

러시아-영국 사상가인 이사야 베를린(Isaiah Berlin)은 그의 책 『러시아인 사상가(Russian thinkers)』에서 1840년대 러시아, 특히 상트페테르부르크를 지배했던 사상적 세계를 묘사했다. 오랫동안 열정적이고 활기찬 문학평론가였던 비사리온 벨린스키(Vissarion Belinskiy)를 중심으로 지식인 무리가 영향을 미쳤다. 이들 중 일부는 독일로 유학을 떠나 학문을 연마한 후 귀국했는데, 이는 차르 니콜라이가 프랑스의 혁명적 사상들을 차단하려는 정책의 결과였다.

독일로 향했던 이들은 프리드리히 폰 셸링(Friedrich von Schelling)과 프리드리히 헤겔(Friedrich Hegel)과 같은 독일 철학자들의 형이상학적 사상에 매료되어 러시아로 돌아왔다. 이들은 존재의 심오한 비밀이 단순히 과학적 실험이나 기계적 법칙으로 해명될 수 없으며, 오직 깊은 사유의 영역에서만 이해될 수 있다고 주장했다. 모든 것을 이해하려는 야망을 품은 사람들에게는 생각, 감정, 시가 세상의 모든 시험관보다 더 중요한 것으로 여겨졌다.

당시 상트페테르부르크에서 유행했던 독일 철학자들의 사상에 따르면, 인간의 가장 중요한 임무는 일종의 "세계 영혼"의 본질을 찾는 것이었다. 이 세계 영혼은 진실과 절대적 아름다움을 표방한 것이다. 이 탐구에서 현미경은 아무런 도움이 되지 않았다. 대신, 각자는 자신의 내면에서 빛을 발견하고, 자신만의 "우주 조화의 메아리"를 찾아야 했다. 일상에서 접하는 피상적인 현실은 답과 이상을 제공하지 못했기 때문이다.

낭만주의 철학의 영적 이념 구조는 교양 있는 젊은 러시아인들에게 호소력이 있었다. 베를린은 다음과 같이 썼다. "1830년에서 1848년 사이에 러시아에서 젊고 이상주의적이었던 사람, 또는 무지와 빈곤이라는 터무니없는 러시아의 사회적 조건에 의해 우울해진 사람에게 서양 전문가들의 소식을 듣는 것은 위안이 되었다. 그들은 농노들의 무지와 빈곤, 성직자들의 무식과 위선, 지배 계급의 부패, 비효율성, 야만성과 독단, 상인들의 하찮은 일, 아첨과 비인간성 등 러시아 생활을 불쾌하게 만드는 모든 조건이 단지 삶의 표면에 떠오른 거품에 불과하다고 믿게 했다."[88]

사상에 대한 열정은 러시아 사회 전반에 퍼졌다. 그중 처음으로 컬트 지위를 얻은 철학자는 프리드리히 폰 셸링이었다. 셸링은 과학적 발견에 관심이 있었다. 그는 전기와 자기에 대한 새로운 연구 결과에 매료되었다. 이것이 영적 우주와 연결될 수 있는 자연의 힘이 있다는 확실한 증거라고 보았다. 자연은 계몽주의자들이 주장한 것처럼 결코 죽은 물질이 아니었다.

셸링은 과학적 방법으로 "세계 영혼"이라는 보편적 진리를 엿볼 수 있는 가능성을 배제하지 않았다. 중요한 것은 관점이었다. 개별 부분을 설명하는 것은 항상 영적인 전체에서 이루어져야 하며 그 반대는 성립할 수 없었다. 따라서 그는 과학이 결코 궁극적인 진리에 도달할 수 없다고 주장했다. 인간은 오직 예술과 철학, 상상력, 감정을 통해서만 좀 더 높은 영적 의식과 진정으로 접촉할 수 있다고 믿었다.

젊은 알프레드 노벨은 적어도 과학만큼 문학, 철학, 예술에도 관심이 있었을 것이다. 그는 결국 러시아의 낭만주의 물결에 끌렸던 것으로 보인다.[89]

*

오가르요프의 공장 건물은 두 개의 단층 석조 건물로 이루어져 있었으며, 겨울 궁전에서 네바강 건너편의 스토라(Stora) 네브카(Nevka) 지류까지 이어진 부두에 위치해 있었다. 오늘날 페테르부르크 쪽의 페트로그라드스카야(Petrogradskaja)에 해당하는 이 성벽은 페테르부르크스카야 스토로나(Peterburgskaja storona)라고 불린다. 이는 페테르 폴패스트닝겐(Peter Paulfästningen) 성벽 뒤쪽으로 수 킬로미터 떨어져 있다.

임마누엘 노벨과 그의 동료들은 한 건물에서 바퀴 공장을 운영했고, 다른 건물에서는 기계 작업장을 운영했다. 1844년 중반에는 총 28명의 직원이 근무했으며, 증기기관과 대장간을 모두 사용할 수 있었다.[90] 상트페테르부르크 근처 해역에서 기뢰 실험이 계속 성공을 거두면서 제국의 호의를 얻었고, 사업도 계속 확장되었다. 미카일 파블로비치 대공은 자주 현장을 방문했으며, 기뢰 기술에 대해 긍정적인 반응을 보였다. 오가르요프가 사업을 위해 더 큰 대출을 신청했을 때, 대공은 차르를 설득해 재무부의 반대에도 불구하고 이를 승인받도록 했다.

차르 니콜라이는 헬싱키 외곽의 수오멘린나(Suomenlinna) 주변 해역에서 노벨의 기뢰에 대한 더 큰 시험을 승인했다. 그러나 해군 참모총장 멘시코프는 이를 제지했다. 멘시코프는 몇 년 전 만찬에서 임마누엘 노벨의 기뢰 제안을 처음 수용한 사람이었지만, 동시에 핀란드의 주지사로서 신중하게 행동해야 했다. 그는 주저하면서 비밀리 이유를 밝혔다. 그들이 상대하고 있는 발명가가 결국 스웨덴 시민임을 잊지 말아야 한다고 주장했다. 멘시코프는 1845년 3월 미카일에게 보낸 개인 편지에서 "이 기뢰는 비밀로 유지될 수 없음을 유의해야 합니다. 왜냐하면 발명가 노벨이 수오멘린나에 도착한 사실이 이미 스웨덴 신문에 보도되었기 때문에 이 지역에서 그의 활동은 주목을 받을 수밖에 없습니다"라고 썼다. 그는 러시아 정부의 조치를 사전에 발표하기 위해 모든 기회를 이용하는 스웨덴의 언론에 대해 경고했다.[91]

동시에, 노벨의 지뢰에 대한 발상은 군대의 관심을 끌었다. 임마누엘이 50명 규모의 대대를 무너뜨릴 만큼 큰 면적의 땅을 폭파하는 것을 본 미카일 파블로비치 대공의 열정은 더욱 커졌다. 1846년 여름에 임마누엘은 계속해서 성공을 거두었고, 그해 가을 또 다른 실험에 참석한 차르 니콜라이 1세는 노벨에게 영예를 안겨주며 1만 루블을 추가로 포상했다.[92]

알프레드 노벨의 아버지는 강력한 무기로 돈을 벌려는 자신의 도덕성에 대해 내적으로 갈등하고 씨름한 것으로 보인다. 그는 나중에 프랑스어로 된 문서에서 이렇게 변명했다. "이 무기에 대한 아이디어가 나에게서 태어났을 때, 내 목표는 전쟁을 더 피비린내 나게 하거나 더 파괴적으로 만드는 것이 아니었다. 오히려 현재 차원에서 전쟁을 더 어렵게 만들고 아마도 불가능하게 만드는 게 목적이었다. 적의 진격을 엄청난 희생과 결합해 전쟁을 선포하는 게 곧 완전한 파멸임을 알리려는 것이다."[93] 이것은 알프레드 노벨이 몇 년 후에 되풀이할 생각이었다.

의심의 여지 없이, 노벨 가족은 꾸준히 성공을 거두며 결국 재정적으로 안정된 상태에 이르렀다. 1845년 말, 안드리에타와 임마누엘은 또 다른 아들 롤프(Rolf)를 낳았다. 이제 다섯 명의 아들을 둔 그들은 새집을 찾았다. 선택한 집은 한 미망인이 임대한 18세기 후반 신고전주의 양식의 회색 목조 빌라로, 스토라 네브카에 있는 오가르요프와 노벨의 공장 옆에 있었다. 가족에 따르면 세련된 단층집은 "주변의 초라한 단조로움과는 상당히 달랐다." 네 개의 거대한 흰색 기둥이 부두를 향해 있는 정면을 장식했다. 입구 양쪽에는 두 마리의 큰 사자가 서 있었다.[94]

알프레드 노벨은 러시아에서 보낸 20년 중 대부분을 이 빌라에서 살았다.

현재 상트페테르부르크에서 그 "회색의 집"은 어디에 있을까? 노벨 재단 웹 사이트와 대부분의 책에서는 "알프레드 노벨의 어린 시절 집" 주소가 페트로그 라드스카야 나베르예즈나야(Petrogradskaja naberezjnaja) 24번지의 목조 빌라로 기록하고 있다. 나는 2017년 1월 어느 추운 날, 스토라 네브카의 화강암 부두를 따라 걸었다. 공장 연기가 회색빛 겨울 하늘에 어두운 줄무늬를 그렸다. 한 택시가 "도스토옙스키 음식 서비스" 광고를 내걸고 지나갔다.

페트로그라드스카야 나베르예즈나야 24번지는 쉽게 찾을 수 있었다. 넓은 인도 앞쪽에는 알프레드 노벨을 기념하기 위한 청동 조각상이 세워져 있었다. 조각상은 "생명의 나무"를 상징한다고 하지만, 오히려 왜곡된 금속 디테일은 폭발 후 파편을 연상케 했다.

책에 나온 나무 오두막은 여전히 남아 있었다. 그 집은 전체적으로 노란색으로 칠해졌고, 흰색 장식이 더해진 모습이었다. 나는 길을 건너 문을 열었다. 주방 가구를 위한 쇼룸이었다. 스포트라이트와 반짝이는 새 타일 바닥. 나는 무엇을 기대했을까?

점원은 알프레드 노벨이 한때 그곳에 살았다고 들었지만 확실하지 않다고 말했다. 집의 외부는 적어도 19세기 이후 모습은 그대로 남아 있고 지하실도 온전하다고 했다. 그녀는 그것을 보여주겠다고 제안했다. 나는 철제 계단을 내려가면서 녹색으로 칠해진 돌담, 누렇게 변한 신문, 부서진 학용품 상자 등 보이는 모든 것을 적었다. 먼지가 목구멍에 달라붙고 심박수가 증가했다.

갑자기 점원이 멈췄다. 지하실 열쇠가 제자리에 없었다. 그녀는 나에게 다음에 다시 오라고 요구했다.

몇 주 후, 나는 그 지역에서 구할 수 있는 모든 역사적 자료를 샅샅이 조사했다. 그 집에 다시 갈 필요는 없었다. 상트페테르부르크에 있는 알프레드 노벨 기념 동상은 잘못된 위치에 있었다. 그는 주방 가구가 있는 그 집에서 살지 않았다.

이 길 모퉁이에 노벨 공장이 있던 것도 아니었다.

이 결론은 나중에 상트페테르부르크의 문화유산 검증에서 확인되었다. 노벨 가족의 주소는 알프레드 시대에 세 개의 큰 부지로 나뉘어 있던 1319번지였다. 그 가족이 살던 집은 가장 멀리 떨어져 있었다. 정확한 주소는 페트로그라드스카야 나베르예즈나야 20번지였다. 오늘날 그곳은 유리 외관이 있는 사무실 단지이다.[95]

전문가 보고서에 있는 사진에 따르면, 알프레드 노벨의 어린 시절 집은 제2차 세계대전 중 철거되었다. 이것이 슬픈 진실이다. 전쟁 중 땔감이 필요했기 때문이다. 레닌그라드(Leningrads) 포위전 당시, 그 집은 땔감으로 쓰였던 것이다.

*

페테르부르크스카야 스토로나 지역은 실제로 섬이었고 1840년대에는 도시 외곽으로 간주되었다. 노벨 가족이 이사한 동네는 채소 농장, 공장, 노동자 주택이 주를 이루었다. 도심은 분주하지 않았고 극장이나 레스토랑도 거의 없었다. 1844년의 한 에세이에서는 상트페테르부르크 부지가 가난한 관리들이 거의 무료로 습지를 사서 값싼 자재로 목조 주택을 짓고 살다가 마침내 백발 노인이 되어 연금을 받으면 이사를 가서 남은 여생을 보낼 수 있는 곳으로 묘사되었다. "이 특이한 도시 지역은 주로 정원과 마당에 경비견이 있고 초록색 창문이 있는 작은 단독 주택 중심으로 성장했다. 창문의 면 커튼 뒤에는 제라늄 화분, 선인장, 카나리아나 녹색 새가 있는 새장 등이 보였다. 한마디로 가부장제적이고 목가적이며 전원적인 세계였다."[96]

네바강 위에는 고정된 다리가 없었으므로 상트페테르부르크는 어두운 계절 동안 고립된 장소였다. 마침내 얼음이 녹으면 페트로파블롭스크 요새(Peter Paul fästningen)의 사령관이 배를 타고 네바강을 먼저 건너기를 모두 기다렸다. 전통에 따라 그는 겨울 궁전에 들어가 강물 한 잔을 차르에게 건네고, 그 대가로 받은 은화를 가지고 다시 부두로 돌아와야 했다. 이것은 해상 연결이 재개되었다는 신호였다.

즉시 강은 범선과 작은 배들로 가득 찼다. 이동식 부교(pontonbroar)가 놓여지며, 노점상, 음악가, 예술가들이 페테르부르크스카야의 미로 같은 거리와 골목을 가로질러 퍼지기 시작했다. 정원을 보고 시골 생활을 맛보고 싶어 하는 시내 주민들과 일이 없는 사람들이 거리에 쏟아졌다. 이들은 외곽에 별장이 없는 사람들이었다.

여름이면 이곳에서 풀을 뜯는 소를 볼 수 있었다. 노벨의 집 바로 북쪽의 카르포브카(Karpovka)강 근처의 거위 울타리는 인기 있는 명소였다. 시트니(Sytnyi) 근처의 시장에서는 흰살 생선과 꿀이 많이 팔렸다. 큰 통으로 판매되는 흑해산 캐비아(Kaviar)도 있었으며, 이 계절에는 러시아 건포도(tranbär)와 버섯도 함께 거래되었다. 러시아 캐비아 한 스푼을 얻기 위해 부자가 될 필요는 없었다.

상트페테르부르크의 여름에도 고난은 있었다. 성가신 모기 떼와 거리를 따라 소용돌이치는 먼지구름은 공포를 자아냈다. 여름의 마법 같은 백야도 지속되지 않았다. 빛이 천천히 가라앉기 시작하기 전에 나뭇잎은 조금씩 노랗게 변했다.

가을은 때때로 주택을 파괴하고 생명을 앗아가는 홍수와 함께 찾아왔다. 홍수가 지나가면 페테르부르크 쪽의 많은 지역은 통과하기 어려운 진흙 늪으로 변해 어둡고 으스스한 골목으로 가는 마차는 거의 없었다. 이 지역은 "절대 마르지 않는 두꺼운 진흙의 왕국"이라고 불리기도 했다.

다행히 노벨 가족이 살던 스토라 네브카 강변의 부두는 보호받는 지역에 속했다. 네브카강에 가까워질수록 귀족들이 많아졌고, 한물간 배우들, 야심 없는 관리들, 무시당하는 시인들, 불행하지만 부유한 미망인들은 적어졌다. 그 후 겨울이 찾아오고, 계절은 모든 사람에게 차별 없이 영향을 미쳤다. 겨울은 습기, 찬 동풍, 점점 깊어지는 어둠을 동반했다. 페테르부르크의 인내심 강한 주민들은 일종의 동면에 들어갔다. 그들은 횃불을 들고 까만 밤을 견뎌내며, 서로의 집에서 작은 무도회를 열어 시간을 보냈다.

이 시기에 알프레드 노벨이 자란 마을은 365일 중 162일은 계속해서 얼어붙었고, 59일은 아침과 저녁에만 얼었으며, 144일은 서리가 내리지 않는 곳으로 묘사됐다. 통계에 따르면 상트페테르부르크에서 햇빛을 볼 수 있는 날은 여름과 겨울을 합해 60일에 불과했다.[97] 이 도시는 차르의 군사 퍼레이드로 말발굽 소리가 끊임없이 들리는 곳이었다. 때로는 군사 퍼레이드가 도시의 분위기에 영향을 미쳤다. 1846년의 한 비판적 작가는 "화강암, 쇠사슬로 연결된 다리, 지속적인 북소리, 이 모든 것이 우울하고 압도적인 영향을 미친다"라고 한탄했다.[98]

*

알프레드의 성장기 동안 노벨 가족의 분위기에 대해 알려진 것은 많지 않다. 몇 년 후, 알프레드는 시에서 행복한 부모의 모습을 그렸다. "어머니는 남편의 품에 안겨 있다. 진심 어린 포옹은 남편의 사랑이 그 어느 때보다 활짝 꽃피고 있음을 보여준다." 또한 그는 "부드럽고 따뜻한 보살핌이 젊은이들의 마음에 다가올 미래를 위한 애정을 심어준다"고 부모에 대해 묘사했다. 그가 눈앞에 본 것은 임마누엘과 안드리에타임이 분명하다.

노벨 가족을 아는 사람들은 어머니 안드리에타가 아이들을 따뜻하게 맞이하고 항상 밝은 기분을 유지했다고 이야기했다. 안타깝게도 이 시기의 편지는 가족 생활의 단편적인 모습만을 전해줄 뿐이다. 1847년 여름, 안드리에타는 스톡홀름에서 온 시누이의 방문을 매우 기뻐했다. 곧 열네 살이 되는 알프레드와 그의 형제들은 드디어 이제 열다섯 살이 된 사촌 빌헬미나(Wilhelmina; Mina)를 다시 만나게 되었다. 친척들이 집으로 돌아간 후, 소년들의 기분은 급격하게 가라앉았다. 안드리에타는 편지에서 아들들이 여자 형제가 없는 것에 대해 "더 쓰라린 고통"을 느끼는 것 같다고 썼다. 그러나 그 감정은 단순히 그것만이 아니었다. 루드빅은 결국 미나와 결혼하게 되었다.[99]

임마누엘 노벨은 겨울철에도 삶의 속도를 늦추지 않는 상트페테르부르크 주민 중 하나였다. 1848년 새해, 임마누엘 노벨과 그의 파트너인 오가르요프의 공장은 크게 성장하며 호황을 누리고 있었다. 대공의 부관인 오가르요프는 보통 다른 일로 바빴다. 노벨의 동반자는 미카일 파블로비치와 함께 출장을 가곤 했으며, 다른 한편으로는 잘 조직된 자선 무도회와 황제의 여름 궁전 페테르호프(Peterhof)에서 열리는 여러 축제 행사에서 니콜라이 1세로부터 공로를 인정받았다. 오가르요프의 아내(전직 궁녀)는 일곱 명의 자녀를 낳았고, 이들은 모두 10세 미만이었다.[100]

오가르요프는 당시 스토라 네브카에서 광범위한 생산을 위한 여러 부동산을 소유하고 있었다.[101] 임마누엘은 당시 그의 처남 루드빅 알셀에게 보낸 편지에서 "일이 산더미처럼 쌓여 있다"고 썼다. 임마누엘이 무언가를 불평했다면 그것은 유능한 인력을 가능한 한 많이 찾는 문제였을 것이다. 그는 공장을 위한 압연기를 조달하고 스웨덴 제철소 노동자를 모집하기 위해 직원을 스웨덴으로 보냈다. 그는 처남에게 모집을 도와달라고 요청하며 선물로 "작은 캐비아 한 통"을 보냈다. 임마누엘은 이 섬세한 진미가 "온난한 날씨에 길에서 변질되지 않기를" 바랐다.

1848년 2월, 임마누엘은 스웨덴 친척들에게 다음과 같은 놀라운 소식을 전했다.

다음 달 우리는 이곳에서 황실 가족을 맞이할 겁니다. 니콜라우스 (Nikolaus), 알렉산더(Alexander), 미카엘(Michael), 막시밀란(Maximilian) 등을 공장에 초대했습니다. 이는 우리에게 중요한 기회이며, 좋은 결과를 기대하고 있습니다. 이들을 초대하는 데 상당한 비용이 들었습니다.[102]

그러나 차르 니콜라이 1세는 곧 다른 생각을 갖게 되었다.

*

1848년 2월 24일 목요일, 분노한 시위대가 파리의 프랑스 왕 루이 필리프 1세(Ludvig Filip Ⅰ)의 궁전인 튈르리(Palais des Tuileries)에 도착했다. 프랑스 봉기는 3일 동안 지속되었고, 이 과정에서 350명이 목숨을 잃었다. 봉기의 촉발 원인은 왕이 정치 연회를 금지하기로 한 결정이었지만, 그보다 더 큰 배경은 몇 달 동안 쌓인 대중의 불만이었다.

루이 필리프 왕은 상황의 심각성을 깨닫고 퇴위한 후 "스미스 씨"라는 가명으로 위장해 프랑스를 떠났다. 왕국은 전복되었고, 두 번째 프랑스 공화국이 탄생했다.

차르 니콜라이 1세는 파리에서 프랑스 공화국 선포 소식을 듣고, 진행 중이던 궁정 무도회에서 뛰어들어 외쳤다고 한다. "말에 안장을 얹으십시오! 신사 여러분! 프랑스에 공화국이 선포되었습니다!" 그의 아들은 일기에서 "모두가 벼락을 맞은 것처럼" 멍해졌다고 적었다. 이는 이후 니콜라이의 통치 기간 중 "7년간 암흑기(sju Mörka år)"로 불리게 될 사건의 시작이었다.[103]

혁명적인 2월의 한 주였다. 파리 혁명의 불길이 타오르기 며칠 전, 칼 마르크스(Karl Marx)와 프리드리히 엥겔스(Friedrich Engels)의 저서 『공산당 선언(Det kommunistiska manifestet)』이 런던에서 출판되었다. 마르크스와 엥겔스는 "유령이 유럽을 걷는다. 공산주의의 유령"이라는 문장으로 시작하며, "모든 나라의 프롤레타리아여, 단결하라"는 고전적인 구절로 마무리했다.[104]

프랑스에서 시작된 혁명적 정서는 유럽 전역에 퍼져 나갔다. 3월에는 헝가리인들이 오스트리아의 통치에 반대해 반란을 일으켰고, 같은 달에 스톡홀름까지 그 소요 사태가 번졌다. 그곳에는 새로운 왕 오스카 1세가 왕좌에 있었다. 그는 4년 전 아버지 카를 14세 요한이 사망한 후 즉위했다. 오스카는 어린 시절 11년간 프랑스에서 살았다. 그는 파리에서 벌어지는 드라마를 주의 깊게 지켜보았을 것이다.

스웨덴에서 야당은 좀 더 개혁적인 오스카 1세에게 많은 기대를 걸고 있었다. 처음에는 왕도 냉철한 태도를 유지하는 것 같았다. 그러나 1848년 3월 18일, 주말 저녁 성난 군중과 취한 노동자와 자유주의 시민들이 스톡홀름 성에 모였다. 그들의 슬로건은 "프랑스의 자유", "공화국", "보통선거"에 대한 요구에서 "귀족의 종말"에 이르기까지 다양했다.

오스카 1세는 그 토요일 저녁, 인기가 많은 제니 린드가 베버(Weber)의 「마탄의 사수(Friskytten)」에 출연하고 있던 오페라 극장에 있었다. 폭동 소식을 듣고 왕은 즉시 공연장을 떠나 궁전으로 향했다. 그는 놀라울 만큼 침착하게 대성당(Storkyrkan)에서 선동자들과 만났고, 대화가 시작되었다. 왕은 전날 체포된 시위대를 석방하라고 명령했다. 질서는 회복되었다.

그러나 다음 날, 새로운 소요가 발생했다. 인내심이 한계에 다다른 오스카 1세는 화를 내며 발포 명령을 내렸다. 제2경호(Andra livgardet) 사단의 한 부대는 장전된 소총을 들고 반군을 만났다. 뒤따른 혼란 속에서 20명에서 30명의 사람들이 목숨을 잃었다.[105]

상트페테르부르크에서도 정부의 대응은 더욱 강경해졌다. 차르 니콜라이 1세는 러시아에서도 프랑스식 폭동이 일어날까 두려워했다. 파리 혁명 이후, 제3부서(Tredje Avdelningen)의 보안 경찰은 반대파인 인텔리겐치아(intelligentians) 그룹에 스파이를 배치했다. 네트워크는 점점 조여졌고, 급진적 지식인들 사이에서 차르를 비판하는 인물들이 제거되었다. 그중에는 사회주의자 페트라셰프스키(Petrasjevskij)와 금요일 서클에 정기적으로 방문했던 작가 표도르 도스토옙스키도 포함되었다.

1849년 4월, 차르 니콜라이는 모든 공모자들을 체포하라고 명령했다. 도스토옙스키와 같은 생각을 가진 사람들은 체포되어 처형을 앞두고 페트로파블롭스크 요새에 8개월 동안 투옥되었다. 그들은 마지막 성찬을 받으며 얼굴에 두건을 쓰고 처형될 준비를 했다. 그러나 그들의 최후의 순간에 시베리아 수용소 형벌로 판결이 바뀌었다. 표도르 도스토옙스키는 시베리아 수용소에서 4년을 보냈다. 당시 그는 『죄와 벌』, 『백치』, 『카라마조프의 형제들』과 같은 걸작의 집필을 아직 시작하지 않았다.[106]

*

비교적 자유롭게 여행할 수 있었던 러시아인들은 대부분 반대 방향으로 이동하는 것을 선호했다. 그중에는 존경받는 화학 교수인 니콜라이 니콜라예비치 지닌(Nikolai Nikolayevich Zinin)도 포함되었다. 그는 1840년대 후반, 자신이 태어나고 자란 러시아 중부 도시 카잔(Kazan)의 혹독한 기후에 싫증을 느꼈다. 아마도 그가 교육부 장관인 우바로프(Uvarov)에게 상트페테르부르크로의 전근을 요청한 이유도 이 때문일 것이다. 우바로프는 이를 허락했고, 이 결정은 알프레드 노벨에게 중요한 영향을 미치게 되었다.

니콜라이 지닌은 40세가 되었고 1847년 12월 의학-외과학 아카데미(Medicinsk-kirurgiska akademien)의 화학 연구소 신임 소장으로 상트페테르부르크에 도착했다. 지닌은 러시아에서 이미 확고한 명성을 가진 연구자였다. 그는 러시아 교수들 사이에서는 드물게 화려한 국제적 경력과 겸손한 기질을 가진 인물이었다. 그는 학생들에게 "너(du)"라고 부르는 습관이 있었고, 화학 실험에는 매우 엄격해 "아무도 게으름을 피울 기회가 없었다"고 한다. 그는 까다롭다고 여겨졌지만 거대한 검은 고래 콧수염 뒤에는 많은 따뜻함과 유머가 숨겨져 있었다.

학생들에 대한 지닌의 여유로운 태도는 10년 전, 해외 유학 기간 동안 발전한 것이었다. 다른 많은 젊은 화학자들과 마찬가지로 그는 당시 신생 유기화학의 메카인 독일 도시 기센(Giessen)으로 가, 유스투스 폰 리비히(Justus von Liebig) 교수의 연구실에 갔다.

모든 것은 1828년 독일 화학자 뵐러(Wöhler)가 인공적으로 유기화합물을 만들면서 시작되었다. 이로써 유기화학이라는 완전히 새로운 연구 분야가 열렸고, 이는 주로 기센의 폰 리비히 교수에 의해 발전되었다. 리비히 교수는 다양한 화학 반응을 실험하며 유기화합물을 인공적으로 합성하는 연구를 했다. 니콜라이 지닌은 합성 연구와 리비히의 현대적인 교육 방식 모두에서 큰 영향을 받았다. 리비히는 외국 학생들을 실습생으로 받아들여 실험에 함께 참여하게 했다. 저녁에는 학생들을 집으로 초대해 다양한 도전 과제에 대해 논의했다.

1839년 가을, 젊은 지닌은 기센에서 폰 리비히와 협력한 화학 교수인 파리의 쥘 펠루즈(Jules Pelouze)를 계속 따라다녔다. 펠루즈는 에콜 폴리테크닉(Ecole Polytechnique)에서 활동하며 독일 동료의 교수법을 따랐다. 펠루즈는 개인 화학 실험실을 운명하며, 리비히와 마찬가지로 일과 여가의 경계가 유동적인 외국 연수생들과 함께 유기화학 그룹 수업을 진행했다. 이 이야기에서 중요한 점은 지닌이 파리에 도착한 시기가 프랑스인 펠루즈가 화약을 대체할 수 있는 폭발물을 실험하던 시기였다는 것이다. 펠루즈는 면화를 질산으로 처리하는 방식을 선택해 파이록실린(pyroxylin)이라고 불리는 폭발성 물질을 생산하는 데 성공했다. 이것은 후에 "면화 화약"으로 불렸다.

니콜라이 지닌은 1840년 여름까지 펠루즈와 함께 있었다. 그해 젊은 이탈리아 화학자 아스카니오 소브레로(Ascanio Sobrero)도 펠루즈의 창의적인 실험실에 등장했다. 당시 소브레로와 지닌은 모두 28세였다. 아마도 그들은 약 30년 후 알프레드 노벨이 다이너마이트를 발명하는 데 역할을 한 일련의 사건에서 첫 번째 연결고리를 형성했을 것이다. 이 화학적 드라마의 결정적인 장면은 1847년과 1848년경에 일어났다. 정확히 말하자면, 니콜라이 지닌이 상트페테르부르크를 방문했던 기간 동안이다.

*

1847년에서 1848년으로 이어지는 전환기에 아스카니오 소브레로는 파리를 떠나 이탈리아로 돌아왔다. 그는 토리노에 있는 실험실로 돌아가 주로 다양한 유기 물질이 질산과 어떻게 반응하는지 실험했다. 그 결과, 첫 번째 큰 돌파구를 마련했다.

소브레로는 펠루즈의 폭발 실험에서 면화를 점성 있는 글리세린으로 대체하면 어떤 결과가 나오는지를 조사했다. 또한 그는 질산과 황산을 혼합해 보앗다. 그 결과 새로운 폭발성 기름을 얻었으며, 펠루즈의 연구에서 영감을 받아 피로글리세린이라고 명명했다. 이 물질은 시간이 지나며 니트로글리세린(Nitroglycerin)으로 불리게 되었다.

소브레로는 자신이 만들어 낸 물질에 대해 완전히 긍정적이지 않았다. 그는 자신이 생산한 노란색의 기름진 액체가 매우 위험하다고 강조하며, 최대한 주의를 기울여 다루어야 한다고 경고했다. "시험관에 넣은 한 방울을 가열했더니 엄청난 힘으로 폭발해 유리 조각이 얼굴과 손을 상하게 하고, 방 안의 더 멀리 떨어져 있던 다른 사람들까지 다치게 했다"라고 설명했다.

소브레로는 이 기름이 날카로운 단맛을 가지고 있다고 언급했지만, 다른 사람들에게는 절대 맛을 보지 말라고 강력히 경고했다.

소량의 니트로글리세린을 혀에 바르면 삼키지 않더라도 극도로 강하고 욱신거리는 두통을 일으키며, 팔다리에 힘이 크게 빠진다. 한 시험견에게 몇 밀리리터의 니트로글리세린을 투여하자, 곧 입에서 거품을 물고 구토하기 시작했다. 몇 시간 후 그 시험견은 질식해서 죽었다. 소브레로는 안전상 이유로 이 연구를 자제했다. 또한 발표를 하거나 특허를 내는 것도 오랫동안 피했다. 니트로글리세린은 화학적으로 흥미로운 물질이었지만 더 이상 개발하기에는 너무 위험한 물질이었다. 소브레로는 몇 년 후 자신의 획기적인 과학적 기여에 대한 인정을 받기 위해 싸우던 중 다음과 같은 말로 자신의 심경을 결론지었다. "그것이 이미 초래했고, 앞으로도 초래할 피해를 생각하면 발견이란 단어를 사용하는 것조차 부끄럽다."[107]

결국, 러시아 화학 교수인 니콜라이 지닌은 소브레로의 니트로글리세린 연구에 큰 관심을 가지게 되었다. 그러나 1848년 새해에 지닌은 잠시 연구를 중단해야 했다. 그는 상트페테르부르크에 현대적인 화학 학교를 설립해야 했다. 가급적이면 리비히와 펠루즈의 연구실에 필적할 수 있는 기관이 되는 것을 목표로 삼았다. 하지만 당시 상트페테르부르크의 의학-외과 아카데미는 장비가 열악하고 예산이 거의 없었으므로 이 작업에는 엄청난 시간이 걸렸다. 지닌은 이를 해결하기 위해 자신의 아파트에 개인 실험실을 추가하기로 결심했다.

그는 이 "조직화된 혼돈" 속에서 종종 선발된 학생들에게 강의를 했다. 학생들은 가끔 그의 집에서 저녁 식사를 함께했다. 지닌은 이러한 수업을 "작은 화학 동아리"로 발전시켰고, 여기에서 "젊은 러시아 화학이 번성하고 열띤 토론이 이루어졌으며, 지닌 자신이 열정적으로 새로운 아이디어를 펼치고 설명했다. 칠판과 분필조차 없는 상황에서 그는 먼지 쌓인 책상 위에 화학 반응을 적어가며 강의를 이어갔다. 이렇게 기록된 화학 반응들은 이후 화학 문헌에서 명예로운 자리를 차지하게 되었다."[108]

곧 조숙하고 호기심 많은 알프레드 노벨이 "살아 있는 백과사전"이라고 불리던 니콜라이 지닌의 학생 중 하나가 되었다. 그의 형제들도 함께 지닌에게서 배운 것으로 보인다. 이 "화학 동아리"는 노벨 형제의 공동 개인 교습의 일부로 이루어졌을 가능성이 있으며, 1849년이 가장 이른 시기일 것이다. 당시 알프레드는 열여섯 살이었다. 1848년 가을, 알프레드와 로베르트는 루드빅이 스웨덴에 있는 친척들과 함께 몇 개월 체류하는 동안 학업을 중단했다. 임마누엘은 스웨덴에 있는 처남에게 보낸 편지에서 형제들이 다시 학업을 시작할 것이라며 기대감을 드러냈다. 루드빅은 더 오래 스웨덴에 머물기를 원했지만, 그렇게 할 수 없었다.[109]

임마누엘은 처남에게 보낸 편지에서 자신의 세 아들에 대해 기술했다. 그는 루드빅이 판단력과 취향 면에서 다른 두 형제를 능가한다고 보았지만, 사실 어느 누구도 비난할 수 없다고 했다. 임마누엘은 "그들이 나를 슬프게 만들지는 않을 것 같다. 한 아들이 어느 재능을 적게 나누어 받았다면, 다른 아들이 그것을 훨씬 더 많이 받는 식인 것 같다. 내가 관찰한 바에 따르면 루드빅은 가장 천재적이고 알프레드는 가장 부지런하며 로베르트는 가장 큰 도전 정신을 가지고 있고 나를 반복적으로 놀라게 할 만큼의 끈기를 보여준다"고 했다.[110]

루드빅은 마지못해 가을의 마지막 배 중 하나를 타고 스톡홀름을 떠나 투르쿠로 향했다. 1848년 크리스마스이브 전날에야 다시 상트페테르부르크로 돌아왔다. 루드빅이 떠나 있는 동안, 임마누엘과 안드리에타는 스토라 네브카에 있는 집을 개조했다. 루드빅은 새로 꾸며진 집에서 "아름다운 새 가구와 멋진 커튼"이 있는 방에 만족했다.

　루드빅의 형제들은 그를 얼마나 보고 싶어 했는지 분명히 드러냈다. "알프레드는 너무 자라서 거의 알아볼 수 없을 정도로 성장했다. 그는 거의 나만큼 키가 크고 목소리는 너무 거칠고 강해져서 그를 느낄 수 없을 정도였다."[111]

　임마누엘 노벨이 개발하는 기뢰는 해군과 육군 사이의 관료주의에 갇혀 있었다. 가족 역사에 따르면, 이 발명품은 너무 비밀스럽게 취급된 나머지 결국 몇 년 동안 잊히기도 했다. 하지만 가족은 어려움을 겪지 않았다. 스웨덴 엔지니어는 인기를 끌었기에 다른 계약과 특허를 얻었다. 임마누엘은 계단 난간과 철제 창틀을 만들기 시작했고 카잔 대성당의 개조와 상트페테르부르크 입구의 크론슈타트 (Kronstadt) 요새에 대한 건축을 맡았다. 가족이 거주하던 스토라 네브카의 집에는 새로운 종류의 난방 시스템을 설치했다. 각 방에 타일로 된 난로를 사용하는 대신 집 전체에 하나의 난로만 사용했다. 그 난로로 물을 데워 파이프를 통해 집 안 곳곳으로 보내는 방식이었다. 노벨이 설계한 난방 보일러는 성공적이었다. 차르 정부는 군사 건물과 병원에 사용할 보일러 여러 대를 주문했다. 페테르부르크의 부유층도 별장에 이 새로운 장치를 설치해 편리해졌다.[112]

　오가르요프는 스웨덴인 출신 임마누엘 노벨의 오랜 노력에 대한 감사의 표시로 자신의 공장 절반을 노벨에게 넘기기로 결정했다. 그는 회고록에서 임마누엘을 높이 평가하며 "그가 설립한 주철 공장과 기계식 휠 공장에서 여러 해 동안 설비와 물건 생산한 일은 나에게 끊임없이 큰 도움을 주었다"고 기록했다. 하지만 오가르요프는 공장에서 계속 개인 부채를 늘리고 있었고, 거액의 대부금을 빌리고 있었으므로 그의 제안은 관대하지 않았던 것으로 보인다.[113] 잘못하면 노벨에게도 오가르요프와 동일하게 모든 빚을 갚아야 하는 책임이 주어지는 조건이었기 때문에 장기적으로 큰 문제가 될 수 있었다. 그러나 당시로서는 가족이 당장 걱정할 필요는 없었다.

　임마누엘 노벨은 적소에 적임자를 배치하는 능력이 뛰어난 역동적인 사업가였다. 산업혁명은 영국에서 시작해 서유럽 전역으로 퍼져 나갔고, 19세기 중반에 이르러 니콜라이 1세의 러시아에도 본격적으로 확산되었다. 교류가 활발해지고 물리적 거리가 점점 줄어들었다. 스웨덴을 제외한 대부분의 국가에는 최소한 몇 개의 철도 노선이 놓였다. 러시아에서는 상트페테르부르크와 모스크바를 잇는 중요한 철도 노선이 곧 개통될 예정이었다.[114]

통신 방식도 크게 변화했다. 미국에서 새뮤얼 모스(Samuel Morse)는 몇 년 전에 워싱턴과 볼티모어 사이에 최초의 전신기를 설치했다. 처음 전기 전신은 대체로 호기심을 일으키는 정도에 불과했지만, 얼마 지나지 않아 신속하게 정보를 교환할 수 있는 혁명이 일어났다. 그러나 독일 태생의 영국인 폴 로이터(Paul Reuter)가 1850년에 도시 간 주식 시세를 전달하기 위해 뉴스 통신사를 설립했을 때도 그는 여전히 전령 비둘기 무리에 의존하고 있었다.[115]

증기기관은 점점 더 발전했다. 대서양 건너편에서는 스웨덴에서 이주한 엔지니어 존 에릭슨(John Ericsson)이 열풍 엔진을 개발해 증기기관에 도전하며 일부 성공을 거두었다. 에릭슨은 몇 년 전 미국에서 대중의 주목을 받았는데, 그의 프로펠러 구동 증기 호위함이 속도 경쟁에서 미국의 가장 빠른 외륜 증기선을 이겼기 때문이다.

임마누엘 노벨은 존 에릭슨을 알고 있었다. 두 사람은 거의 같은 나이였으며 존 에릭슨이 1820년대 말 스웨덴을 떠나기 전에 의사인 임마누엘의 아버지로부터 치료를 받았던 것으로 보인다. 15년의 시간이 지난 후 임마누엘은 신문에서 남북 전쟁 중에 미국의 국민 영웅이 된 성공적인 스웨덴인 에릭슨에 대한 기사를 많이 접하게 되었다.[116]

임마누엘 노벨은 곧 50세가 되었고, "머리가 희끗희끗"했고, "거칠게" 느껴졌다. 그는 자신의 성공을 고향 스웨덴에 알리며 마치 상트페테르부르크의 일등급 길드 상인으로 임명된 것처럼 행동했다. 물론 그의 회사는 잘 되어갔고 1849년 가을에는 마침내 어린 딸 베티 카롤리나 샤롯타(Betty Carolina Charlotta)가 태어나 식구가 늘었다는 사실에 기뻐할 수도 있었다. 그럼에도 그는 존 에릭슨과 그의 새로운 열풍 엔진을 생각하지 않을 수 없었다. 몇 년 후 알프레드 노벨의 절친한 친구이자 동료가 통찰력 있는 기사에서 말한 것처럼 "현재 임마누엘 노벨이 가장 좋아하는 아이디어는 가열된 공기가 증기를 능가할 수 있다는 것이었다."[117]

결국 여섯 아이의 아버지는 1850년 존 에릭슨이 스웨덴 왕립 과학 아카데미 회원으로 선출되었다는 소식을 듣고 서둘러 결정을 내렸다. 그는 정찰을 위해 자신의 아들 중 하나를 대서양 건너편으로 보내기로 했다. 장남 로베르트는 이미 노벨 상사에서 일을 시작했으며 "신의 축복으로(gudilov)" 잘하고 있었다. 아들들의 공동 학업이 끝나갈 무렵, 그는 루드빅 또한 같은 길을 걸으며 성장하기를 기대했다.

하지만 막상 위대한 스웨덴인의 발명품에 대한 최신 정보를 배우기 위해 미국으로 유학을 떠난 사람은 공부에 재능이 있는 알프레드였다. 또한 임마누엘은 알프레드가 유기화학에 대한 지식을 심화하도록 독려했다. 알프레드는 화학 교수인 니콜라이 지닌의 발자취를 따라 파리에서도 화학을 공부할 예정이었다.

*

알프레드 노벨은 사려 깊고 조숙한 청년으로 성장했다. 상트페테르부르크에서 보낸 이 중요한 형성기에 그는 낭만주의와 계몽주의 사이의 치열한 갈림길에 서 있었다. 한편으로는 영원한 이상에 대한 시인과 철학자의 영적 탐구에 강한 영향을 받았고, 다른 한편으로는 생명이 어떻게 연결되어 있는지를 시험관과 현미경을 통해 실증적으로 증명하려는 자연 과학자들의 노력에 큰 영향을 받았다.

알프레드는 두 세계에 깊이 몰두했다. 그는 몇 년 후 위인들의 역사적 업적에 대해 읽고 "오래전에 죽은 철학자들이 아직도 살아 있는 영혼에게 영감을 줄 수 있는 사상"을 오랫동안 숙고했다고 시로 묘사했다. 때때로 그는 그들의 길을 따르고자 하는 강한 충동을 느꼈던 것 같다. 삶의 소명 중 하나로 위대한 생각을 하고 명예를 얻기 위해 고귀하게 행동하여 최소한 그들만큼 존경받기를 열망했다.[118] 알프레드는 작가가 되기를 꿈꾸었고, 영국의 퍼시 비시 셸리(Percy Bysshe Shelley)와 바이런 경(Lord Byron)과 같은 낭만적 이상주의자이면서 고상한 시인들에게 끌렸다. 그들은 그의 우상이 되었다.

셸리와 바이런은 1830년대와 1840년대 독일에서 큰 성공을 거두었다. 이 시인들은 폰 셸링(von Schelling)과 헤겔과 같은 철학자로부터 지적 영감을 받은 러시아 독자들에게 다가갔다.[119]

화학 교수인 지닌의 눈에는 1,000년 동안 철학자들이 남긴 것이 별로 없는 듯 보였다. 특히 그들이 자연과학과 수학의 영역에 발을 들일 때 더욱 그러했다. 지닌은 수학 관련 연설에서 "이 사람들이 보수적인 과학에 대한 통찰도 없이 이를 이해할 뿐만 아니라 더 높은 수학 이론을 비판할 수 있다고 주장하는 것은 어떤 자신감인가?"라고 비판적으로 언급했다. 그러나 그는 친절한 사람이었기에 철학의 빛나는 별에 불리한 그림자를 드리우려는 의도는 아니었다고 강조했다. 그는 단지 "잘못된 연구 방법이 얼마나 위험한 결과를 초래할 수 있는지를 보여주고 싶었을 뿐"이라고 했다.[120]

알프레드 노벨은 지닌의 지도 아래 확실히 또 다른 생각의 영역으로 밀려났을 가능성이 크다.

*

이 중요한 젊음의 시기 동안의 노벨의 삶은 포착하기 어렵다. 이 시기의 개인적인 기록은 남아 있지 않으며, 후세를 위해 보존된 빈약한 가족 서신에도 그는 단지 언급될 뿐이다. 알프레드 노벨은 작가가 되고자 했으나 편지나 메모 몇 줄 이상의 흔적을 남기지 않고 미국으로 유학을 떠난 것으로 알려져 있다. 남아 있는 기록은 몇 개의 스케치와 짧은 메모, 그리고 청년기의 한 시에서 쓴 "이상하게도, 거대한 대양이 주변에 펼쳐져 있었지만, 그것은 나에게 새로운 것이 아니었다. 내 상상은 훨씬 더 광대한 세계의 바다를 그려왔기 때문이다"라는 두 줄뿐이다.

그 시는 「수수께끼(En gåta)」라는 매우 적절한 제목을 가지고 있으며, 이 시기의 알프레드 노벨의 생각과 감정을 엿볼 수 있는 유일한 자료이다. 나중에 그는 이것이 1851년에 자신이 쓴 시라고 프랑스어로 말했다. 이 시는 절대적으로 결정적인 자서전적 열쇠를 제공하지만, 알프레드 노벨의 1850년대 시절에 대해 쓰는 것은 여전히 봄철의 강에 떠 있는 얼음 위를 뛰는 것과 같다.

그는 오래 자리를 비운 동안 어디로 갔으며 무엇을 했을까? 이 시기에 대해 쓴 대부분 사람들은 상상력을 결합했다. 파리에서의 체류와 모험, 해외여행이 2년 동안 지속되었다는 주장도 있었으나, 일부는 그 기간을 4년으로 늘렸고, 또 다른 일부는 3년으로 늘렸다. 한 저자는 알프레드가 뉴욕에 머물렀던 정확한 주소를 알고 있다고 주장했으며, 다른 저자는 그가 존 에릭슨과 첫 만남 전에 스카프를 묶는 방법을 알고 있었다고 주장했다. 우리는 한 책에서 알프레드가 16세였던 1850년에 미국으로 갔다는 것을 알게 되었고, 다른 책에서는 모든 것이 그가 지닌 교수와 함께 파리로 동행하면서 시작되었음을 알게 되었다.

나는 퍼즐을 맞추고자 모스크바에 있는 러시아 정보국의 먼지투성이 기록을 새로 검토하도록 요청했다. 우리 연구원은 상트페테르부르크로의 외국인 입국자 명단을 훑어보는 데 오랜 시간을 투자했으며, 한동안 절망하기도 했다. 마침내 우리가 찾아낸 기록이 안개를 걷어냈다.

알프레드 노벨이 자신의 이름으로 처음 러시아에 입국한 날이 1851년 7월 3일이었다. 그때 그는 17세였으며, 형제들처럼 "엔지니어(ingenjör)"로 불렸다. 그가 같은 방식으로 두 번째로 등록된 날짜는 1852년 6월 26일이었다.[121]

같은 시기의 세 번째 연구 결과는 연대기를 더 명확하게 만들었다. 문서는 상트페테르부르크의 해군 역사 기록 보관소에 보관되어 있었다. 1851년 9월 5일에 작성된 위임장에는 여섯 자녀의 아버지인 임마누엘이 사랑하는 아들 알프레드 노벨에게 자신과 함께 무역 사무소에서 일할 것을 권하며, 협력자 및 재정과 관련된 계약서와 비용을 제안하고 교환하며 수령할 수 있는 권한을 주는 내용이 담겨 있었다.

결론적으로 알프레드는 1851년 가을에 페테르부르크에 있었다(임마누엘은 곧 18세가 될 아들에 대해 무한한 확신을 갖고 있었다). 알프레드 노벨은 2년, 3년 또는 4년 동안 떠나지 않았다. 그는 1851년 여름과 가을에 두 번의 여행을 했을 것으로 보인다.

그러면 그는 언제 미국에 있었는가? 미국의 한 도서관에서 일하는 친구가 19세기 대서양 노선의 승객 명단 데이터베이스를 검색했다. 처음 결과는 실망스러웠다. '노벨'이라는 이름의 스웨덴 사람은 당시 몇 년 동안 뉴욕에 온 것 같지 않았다. 그러나 결국 러시아인 명단에서 찾을 수 있었다. 1852년 3월 8일, 리버풀에서 뉴욕에 도착한 여객선 아틱호(Arctic)의 승객 목록에는 엔지니어 알프레드 노벨이 있었다. 그는 러시아인으로 등록되었고 선장에게 자신이 20세라고 말한 것으로 보였다. 수수께끼가 풀렸다. 알프레드는 먼저 파리로 여행을 갔다가 다시 집으로 돌아온 후 미국으로 갔을 것이다.

연대기를 어지럽히는 유일한 시기는 청년기이다. 생각에 잠긴 나는 연민으로 가득 차게 되었다. 알프레드 노벨이 나중에 자신의 시에 1851년이라는 연도를 적은 것은 당연한 일이었을 것이다. 알프레드는 그의 인생에 깊은 흔적을 남긴 비극을 기억하며 작품을 썼을 것이다. 시의 일부(예를 들어, 바다에 관한 구절)는 나중에 추가되었을 가능성이 있다.

나는 17세를 앞둔 알프레드 노벨이 1850년 겨울 추위가 오기 전에 파리로 갔을 가능성이 높다고 생각한다.

1848년 2월 혁명 이후, 프랑스는 여전히 공화국이었다. 현직 대통령인 루이 나폴레옹 보나파르트(Louis Napoléon Bonaparte)는 1848년 선거에서 전략적 좌파 유화 정책을 내세워 압도적인 승리를 거두었다. 그러나 여전히 그는 보나파르트라는 이름을 가지고 있었다. 그는 삼촌인 나폴레옹 1세의 권력 욕심을 닮아 은밀하게 비밀 계획을 세우고 있었으며, 그것은 1848년 혁명가들이 꿈꾸었던 자유주의적인 민주 정치와는 거리가 멀었다. 루이 나폴레옹 보나파르트는 프랑스 제국을 부활시키고자 했다. 그는 1852년까지 기다린 후, 쿠데타와 유사한 형태로 그 계획을 실행에 옮겼다. 제국주의적 야망을 가진 대통령은 런던에서 몇 년 동안 망명 생활을 하게 되었다. 그곳에서 도시의 녹지 공원과 많은 열린 공간, 풍족한 빛과 공기의 가치를 보았다. 곧 그는 파리가 그 방향으로 변했다는 것을 알게 되었다.

*

1850년 가을, 젊은 알프레드 노벨이 파리에 도착했을 때 이 도시는 비좁고 더럽고 매우 비참한 상태였다. 한 당대의 논평가는 파리의 구도심, 즉 궁전(Hallarna), 루브르 박물관(kvarteren kring Louvren), 개선문(île de la Cité), 생루이섬(île Saint-Louis)을 하수구와 같다고 묘사했다. 습기가 많은 반목조 집 사이에는 무작위로 그려진 구불구불한 조약돌 골목이 놓여 있었다. 중세의 집들 사이로 햇빛은 거의 들지 않았고, 하수도 물은 거리로 흘러나왔다. 도시는 건강에 좋지 않은 것들을 재앙처럼 스스로 재생산했고, 콜레라 발병이 빈번했다.

거리는 비좁았고, 때로는 집과 집 사이의 간격이 1미터도 되지 않아 교통 체증이 심각했다. 파리 중심부에 말의 수가 늘어나면서 정체가 더욱 심해졌다. 중심가 골목에서 정체가 발생하면 많은 분노가 폭발했다. 일찍이 1843년에 지식인들은 "1분 1초가 중요한 도시에" 더 넓은 거리가 필요함을 긴급히 경고한 바 있었다.[122]

파리의 귀청을 찢는 소음은 많은 방문객을 충격에 빠뜨렸다. 1850년대 프랑스 수도를 걷는 것은 심포니 교향곡에 발을 들여놓는 것과 같았다. 단지 소리가 음악보다 조금 더 거슬리고 부조화스러웠을 뿐이었다. 노점상과 장인의 호객하는 소리가 끊이지 않았고, 아코디언과 클라리넷의 소리는 고르지 않은 조약돌에 걸려 덜컹거리는 마차 바퀴 소리를 압도할 만큼 화려했다. 거리에는 곡예사, 마술사, 배달원, 오르간 연주가, 이동식 인형극장이 붐볐다. 그곳에는 어릿광대, 사기꾼, 그리고 각종 정체불명의 협잡꾼들이 있었다. 거리의 신문판매원들은 최신 스캔들 헤드라인을 외쳐대며 목소리를 높였다.

파리는 마치 무대와 같았고, 그곳의 시민은 어쩔 수 없이 관객이 되었다. 때로는 소음에 찡그리기도 했지만, 때로는 아름다운 테너의 노래에 매료되기도 했다.

알프레드 노벨은 라틴 지구의 에콜 폴리테크닉의 교수였던 쥘 펠루즈와 많은 시간을 보냈다. 펠루즈는 다방면에서 전문가였다. 프랑스 과학 아카데미의 회원이었던 그는 3년 전 자신이 가르쳤던 학생 소브레로가 새로 발견한 니트로글리세린에 관한 편지를 읽었다. 또한 그는 칼리지 드 프랑스(College de France)의 저명한 연구자 중 한 명이자 화폐 위원회(myntkommission)의 회장이었다. 그는 40년 후 에펠탑에 이름이 새겨진 72명의 프랑스 과학자 중 한 명이 되었다.[123]

펠루즈는 자신의 개인 실험실에서 알프레드 노벨과 함께 젊은 인재들의 화학 재능을 개발하는 데 주저하지 않았다. 그처럼 유명한 프랑스인이 수업 중에 니트로글리세린을 사용한 소브레로의 돌파구에 대해 언급하지 않았다면 오히려 이상했을 것이다.

*

파리에는 거리의 여성들과 매춘굴이 있었다. 수천 명의 창녀가 카페, 극장, 식당 등에서 활동하고 있었다. 그들은 인기 있는 산책로를 따라 떼를 지어 다녔다. 성매매는 밤낮을 가리지 않고 이루어졌다. 19세기의 파리는 "현대의 바빌론(det moderna Babylon)"과 "욕정의 수도(Lustans huvudstad)"라고 불리었으며, 이는 젊은 유학생들에게도 똑같이 다가갔을 것이다. 알프레드 노벨도 예외는 아니었다.[124]

젊은 시절의 시 「수수께끼」를 보면, 파리에서의 첫 체류는 알프레드에게 시련이었음을 알 수 있다. 그는 외롭고 버려진 느낌을 받았으며 새로 사귄 친구들을 위선적이고 신뢰할 수 없는 이들이라고 생각했던 것으로 보인다. 그가 관심을 보인 여성들은 그를 조롱했다. 마침내 전 세계적으로 유행한 가벼운 죄악에 직면하면서 그는 발을 헛디딘 듯하다. 또는 그가 쓴 것처럼 "열정이 불타오르기 시작하면, 우리는 평범한 과일을 맛보는 것에 매력을 느끼지 않는다. 그리고 죄악은 잠시 우리를 눈멀게 한다. 그리하여 나는 그 잔을 끝까지 마셨다. 하지만 나는 곧 그 꿀이 바닥의 찌꺼기로 인해 독이 든 것을 알게 되었다…."

첫 경험, 그의 성적 데뷔였을 수도 있는 경험은 순수의 나이인 시인 알프레드를 실망시키고 완고하게 만들었다. 그는 불안감에 사로잡혀 자기혐오에 빠졌다. 여인의 입맞춤에서 느낀 달콤함도 그것이 남기는 "오염의 뒷맛을 결코 지울 수 없다"고 시에서 표현했다.

17세의 알프레드는 아마도 예상치 못한 성병에 대한 좌절감에서 단순한 실망 이상의 감정으로 시를 썼을지 모른다. 그의 시적 이미지는 그가 가진 넓은 인생관을 드러내고 있었다. 시인 알프레드는 순수하고 "고귀한" 사랑을 강렬하게 꿈꾸었으며 낭만주의 시인들에게도 깊은 관심을 보였다. 그에게 진정한 사랑은 그가 읽었던 숭고한 이상이었고 법의 사소함을 초월한 아름답고 영원한 진리의 핵심이었다. 그러나 파리에서 그는 "죄의 소용돌이와 육체적 욕망"만을 발견하게 되었다. 그곳에서 "색욕의 여성 아이돌(idolen)"은 대부분의 구매자를 만족시키는 것 같았다. 그것은 그를 절망에 빠뜨렸다.

그럼에도 그의 젊은 시절의 시 속에는 여전히 그 꿈이 남아 있었다. 알프레드 노벨은 절망적인 자아를 안고 무도회에서 저녁을 보냈다. 그는 벽 옆에 서서 파리의 군중들을 바라보았다. 그때 한 젊은 여성이 갑자기 그의 시선을 사로잡았다. 그는 그녀의 눈에서 반짝이는 눈물을 보았다. 그는 그녀에게 춤을 청했다.

"방금 깊은 슬픔이 당신의 표정에 있는 것을 본 것 같아요"라고 젊은 여성이 말했다. "혹시 가까운 사람을 상실해서 그런가요?" 시인은 아니라고 대답하고 자신은 단지 잃어버린 우정에 대해 우울감을 느끼고 있다고 설명했다.

대화가 계속되는 동안 알프레드는 아마도 시에서 재현했던 것처럼 고상한 언어로 이야기하지는 않았을 것이다. 알프레드 노벨이 높이 평가한 낭만주의 시인들에게 중요한 것은 상상력이지 현실은 아니었다는 사실을 명심해야 한다. 또한 알프레드 노벨이 열광했던 낭만주의 시인들의 문학이 주로 부서진 마음과 고통받는 남성들을 소재로 삼았다는 점을 생각해 볼 수 있다. 괴테(Goethe)의 『젊은 베르테르(Werther)의 슬픔』은 허구와 현실 모두에서 많은 추종자를 낳았다. 알프레드의 우상인 영국 시인 셸리와 바이런은 모두 비극적인 상황으로 젊은 나이에 죽었으며, 그들의 삶은 낭만주의적인 시와 밀접하게 얽혀 있었다. 알프레드는 시에서 자신이 만났다고 말하는 젊은 여성에게 알렉산드라(Alexandra)라는 이름을 주었다. 이것이 그녀의 진짜 이름이었는지는 알 수 없다. 하지만 시의 다른 많은 부분이 알프레드의 삶과 일치하는 점을 고려할 때, 그는 자신의 삶을 바탕으로 하되 필요한 부분에서는 상상과 이상적인 과장을 덧붙인 것으로 보인다.

시에서 알프레드는 파리의 무도회에서 춤을 추는 파트너에게 "고귀한 감정에 대한 자신의 믿음이 큰 타격을 입었다"고 설명하며 "그저 주변의 이기심과 허영심을 보는 것 같다"고 덧붙였다.

"알렉산드라"는 그에게 남자는 "머리를 높이 들어야 한다"며 인생의 어려움을 "영혼을 가꾸며" 맞서야 한다고 말했다. 그녀는 그에게 남성적 창의성을 "다른 사람들의 이익을 위해" 개발하는 것이 거의 의무와 같다고 주장했다. 동시에 자신은 여성으로서 같은 야망을 가질 수 없음을 분명히 했다. "약한 성"의 역할은 "당신을 즐겁게 하고 슬픔과 기쁨을 함께 나누는 것"이었다.

상트페테르부르크에서 온 젊은 시적 자아는 그의 댄스 파트너에게 매료되었고, 오랜만에 "무한한 행복"을 느꼈다고 묘사했다. 또한 "나는 조소하는 냉소주의자로 왔지만 변화되었고 더 나은 사람으로 떠난다"라고 표현했다.

알프레드와 "알렉산드라"는 "반복해서" 만났다. 결국 그들은 서로에게 키스했다. 열일곱 살의 그는 사랑에 빠졌고 다시 사랑받고 있다고 느꼈다. 그는 결혼을 꿈꿨다.

얼마 후 "알렉산드라"는 병에 걸렸다. 그녀가 어떤 병에 걸렸고 얼마나 고통을 겪었는지 정확히 알 수는 없지만, 그녀는 결국 회복하지 못했다. 당시 거의 일에 매몰되어 있었던 알프레드는 작별 인사를 하기에 너무 늦었다는 것을 깨닫고 큰 슬픔에 빠졌다고 썼다. 그는 사랑하는 사람이 가족에 둘러싸인 침대에서 죽어 있는 것을 발견했다.

그는 충격을 받고 황폐해졌다. 이 러브스토리는 그의 내면에서 로맨스와 과학 사이의 균형을 이루려는 운동에 전환점을 만든 것 같았다. "그 순간부터 나는 대중의 즐거움에 참여하지 않았고, 자연의 책을 연구하고 그 페이지를 해석하는 법을 배웠으며 그 깊은 사랑의 가르침에서 나의 슬픔에 대한 위안을 찾았다."[125]

안 좋은 소식이 더 있었다. 1851년 7월 3일 목요일, 알프레드는 가족의 사망 소식을 듣고 파리에서 상트페테르부르크로 돌아왔다. 6월 중순, 그의 여동생 베티 카롤라이나 샤롯타가 생후 1년 7개월 만에 짧은 생을 마쳤다.

젊은 시인 알프레드 노벨이 일련의 암담한 사건을 환상적으로 쓰고 싶다는 욕구를 느꼈을 가능성도 배제할 수 없다. 어쩌면 진짜 이야기는 두 가지를 혼합한 것일 수도 있다. 결국 고도의 낭만주의에서 현실은 부차적이었고 과학에서는 정반대였다.

4장
"나는 노벨의 시도에 대해 차르에게 말했다"

러시아의 서쪽 국경은 당시 지도상에서 적어도 세 개의 강대국과 맞닿아 있었다. 남쪽으로는 중동, 터키, 거의 모든 발칸 반도(그리스 제외)에 걸쳐 오스만 제국이 폭넓게 펼쳐져 있었다. 중앙 유럽은 오스트리아 제국이 지배했으며, 당시에는 현재의 체코, 슬로바키아, 헝가리가 포함되어 있었다. 오늘날 폴란드 북부와 서부에서 발트해(Östersjön)까지 이어지는 구간에서는 러시아와 프로이센 왕국의 동쪽 부분이 국경을 맞대고 있었다. 프로이센은 발트해 연안을 통제하는 권한을 절대 포기하지 않았으며, 그 지역의 여러 작은 나라들은 1871년에 독일 제국으로 합병되었다.

그러나 유럽에서 독일 제국보다도 더 강력하고 경제적으로도 부유한 나라는 지리적으로 온화한 섬나라인 영국이었다. 이는 전쟁보다는 세계 무역이나 점점 더 급속하게 진행된 산업화와 관련이 있었다.[126]

유럽의 지도는 나폴레옹이 몰락한 후에도 여전히 비엔나 평화 회의의 야망에 영향을 받고 있었다. 20년간의 유혈 전투와 수백만 명의 사상자는 유럽 대륙을 평화와 고요함, 지속적인 안정이 절실히 필요한 상태로 만들었다. 유럽인들은 나폴레옹이 만들어 낸 황폐함에서 무언가를 배웠다. 어떤 국가도 지나치게 커져서는 안 된다는 것이었다. 특히 프랑스는 더욱 그러했다. 따라서 1815년 비엔나에 모인 강대국 대표들은 단지 영도 분할을 위해 다투는 것에 그치지 않고 좀 더 나은 권력 균형과 유럽 내 집단적 안전을 확보하고자 했다.

강대국은 무엇보다도 평화 유지 관리를 위해 정기적인 회의를 통해 위기와 갈등에 대응하기로 합의했다. 비엔나 의회는 "유럽 협조(europeiska konserten)"라는 초기 유럽의 안보 질서를 만들어 냈다.

심지어 일부 사상가들은 유럽 연합의 아이디어를 제시하기도 했다. 그러나 영국은 이미 유럽 정부를 떠올리게 하는 모든 것에 반대했다.[127]

비엔나 회의 이후 처음 수십 년 동안은 새로운 안보 시스템 덕분에 평화에 대한 야망이 어느 정도 성취되었다. 짧은 시간이지만 알프레드 노벨이 두 번째로 서방으로 이주했을 때 마주친 것은 평화로운 유럽이었다.

불안이 없지는 않았다. 모든 유럽인이 군주제를 반드시 지켜야 한다고 동의한 것은 아니었다. 혁명과 공화국에는 전쟁과 혼돈이 따르므로, 군주들은 방어하기 위해 마땅히 비용을 지불해야 한다는 주장도 있었다. 이러한 군주제의 생존은 1815년에 러시아, 프로이센, 오스트리아 왕국 사이에 결성된 "신성 동맹(Heliga alliansen)"의 여러 목적 중 하나였다. 이 국가들은 기독교적 가치를 보호한다고 동의했다. 이는 완고한 자유주의자와 개방주의자가 위협을 가할 경우 절대 군주들이 서로 돕겠다는 의미였다. 후에 이 동맹은 분노를 일으키는 시발점이 되었다.

얼마 지나지 않아 1848년 파리 혁명이 일어나 이곳저곳에서 반란의 불씨를 지폈다. 전쟁 같은 상태가 되었으나 다행히 대규모 전쟁으로 확전되지는 않았다. 필요에 따라 평화 회의가 소집되었고, 때로는 평화 회의 없이 잘 해결되기도 했다. 예를 들어 프로이센 왕은 슐레스비히-홀슈타인(Schleswig-Holstein) 지역의 독일인 봉기를 지원하기 위해 덴마크에 군대를 파견했다. 그러나 러시아 같은 다른 강대국들이 덴마크에 동조한다는 입장이 분명해지자 프로이센은 군대를 철수시켰다.

오랫동안 힘의 균형이라는 개념은 평화를 보장하는 중요한 요소처럼 여겨졌다. 유일한 불안 요소는 여러 국가들로부터 지속적인 소규모 공격을 받아 붕괴 직전에 놓여 있던 거대한 오스만 제국이었다. 이로 인해 토론이 정당화되었다.

1851년 늦가을, "유럽 협조"와 유럽 평화의 시대가 끝나가고 있었다. 새로운 대규모 전쟁이 불과 몇 년 앞으로 다가왔다. 그때 벌어질 무력 충돌 중 일부에서 임마누엘 노벨과 그의 아들 알프레드가 예기치 않게 중심적인 역할을 하게 된다. 그러나 그 전에 먼저 열일곱 살의 소년 알프레드는 미국 유학을 마쳐야 했다.

*

알프레드 노벨이 1851년 9월에 서쪽으로 떠났을 때 그의 형 루드빅이 그 길을 따라 일정 구간 동행한 것으로 보인다. 초기 사진을 보면 당시 젊은 알프레드 노벨은 어두운 양복에 목이 높은 흰색 셔츠, 검은색 나비 넥타이를 착용하고 있으며, 어깨를 루드빅 쪽으로 약간 기울인 채 앉아 있다. 이 사진은 일명 다게레오타이프(daguerrotypi, 은판사진)라는 초기의 사진 기법으로 촬영된 것으로, 이 기법은 이 시기부터 사용되기 시작했다. 이들의 사진은 형제들이 함께 떠나기 전에 화실에 보내졌을 것으로 짐작된다.[128]

가족에 따르면 알프레드는 어두운 상드르 색(cendréfägade, 청보랏빛 애쉬컬러) 짧은 머리카락을 옆으로 잘 빗어 넘겼다. 그를 아는 사람들은 그의 외모가 아버지보다 어머니를 더 닮았다고 주장했으며, 형제는 닮은 편이라고 말했다. 열아홉 살의 루드빅은 구레나룻이 짙었으나 알프레드가 여전히 남자라기보다는 엉성한 소년이라는 점만 빼면 서로 매우 비슷했다.

알프레드는 형과 달리 카메라를 직접 쳐다보지 않고, 방의 왼쪽 한 지점을 꿈꾸듯 바라보고 있었다. 그는 미소를 지으려 애썼으나, 중간에 머뭇거리며 성숙하고 시적인 진지함을 표현하려고 일부러 입술을 다문 듯 보였다. 그는 촘촘한 눈썹과 직선적이며 상당히 높은 코를 가지고 있었다. 눈은 밝은 청회색으로 묘사되었으나 짙은 색으로 보였다. 그는 아주 친절해 보였다.

알프레드를 미국으로 데려갈 배는 1852년 2월 말 리버풀에서 출발했다. 러시아 보안 기관에 따르면 루드빅은 1851년 12월 초 런던에서 상트페테르부르크로 돌아왔다. 런던은 그해 시끄러운 도시였다. 주요 세계 전시회가 그곳에서 최초로 개최되었기 때문이다. 자연스럽게 형제들은 그곳에 먼저 갔다.[129]

5월에는 만국 산업 대박람회(The Great Exhibition of works of Industry of All Nations)가 열렸으며, 약 40개국에서 1만 명의 전시자와 수백만 명의 관람객이 방문해 큰 성공을 거두었다.

박람회는 런던 하이드 파크 북쪽 끝에 위치한 거대한 강철과 유리로 된 복합 건물인 크리스털 팰리스(Crystal Palace)에서 개최되었다. 이 건물은 당시 빠르게 발전하던 과학과 기술을 잘 표현할 수 있도록 설계되었다.

이 박람회는 빅토리아(Victoria) 여왕의 남편인 앨버트(Albert) 왕자가 주도했다. 그는 기술에 대한 열정이 있을 뿐만 아니라 인류의 발전을 보여줄 수 있는 주요 국제 박람회를 오랫동안 꿈꿔 왔다. 자유주의적인 앨버트 왕자는 크리스털 팰리스에서 열린 행사를 더 큰 차원의 영국적 세계 선교로 보았다. 평화에 대한 아이디어도 이 박람회에서 언급되었다.

앨버트 왕자에 따르면 세계는 급속한 변혁을 겪고 있으며 궁극적인 목표는 "인류의 단결을 실현하는 것"이었다. 크리스털 팰리스에서는 모든 국적의 사람들이 모여 각자의 성과를 공유하고 함께 미래의 방향을 제안했다. 영국의 임무는 "문명의 확산과 자유의 획득에 앞장서는 것"이었다.

왕자는 이처럼 세속적인 행사를 종교적으로도 의미 있게 만들었다. 그는 한 연설에서, "사람은 신의 형상으로 창조되었으며, 따라서 인간도 지성을 통해 신성한 법칙을 발견하고 이를 실천해 인류에게 유익을 가져다주는 것이 의무"라고 주장했다. 또한 "발명가, 공학자, 과학자들은 신의 도구이며 결코 신성모독 선동자가 아니다"라고 강조했다.[130] 박람회가 개막되었을 때, 특별 윤리 및 종교 안내서도 함께 제공되었다.

빅토리아 여왕은 32세에 불과했지만 이미 14년 동안 영국을 통치했으며, 이후에도 50년 더 통치를 이어갔다. 크리스털 팰리스에서 열린 세계 전시회는 그녀가 이룩한 가장 큰 업적 중 하나였으며, 그녀는 박람회가 열리는 5개월 동안

40번이나 방문했다. 모든 사람이 그곳에 있었다. 진화론에 대한 자신의 생각을 아직 발표하지 않은 찰스 다윈(Charles Darwin)과 성공한 작가 샬럿 브론테(Charlotte Brontë)와 찰스 디킨스(Charles Dickens)도 방문객들 사이에 있었다.

10월의 마지막 주에는 매일 10만 명이 넘는 사람들이 밝은 전시장을 돌아다니며 증기기관의 소리를 듣고 방적기의 작동을 구경했다. 여왕이 "진정으로 놀랍다"고 표현한 전신기, 증기기관, 가스 램프, 현미경, 기압계, 기관차, 리볼버, 소총 등이 있었다. 초콜릿 기계, 향수 분수, 코끼리 상아, 접이식 피아노 등도 모두 볼 수 있었다. 피로에 지친 찰스 디킨스는 논평에서 "너무 많았다"고 썼다.[131]

스웨덴의 유명한 작가 프레드리카 브레머(Fredrika Bremer)는 박람회의 소란 속에서 등장한 사람 중 한 명이었다. 영국 언론에서도 찬사를 받은 브레머는 미국에서 2년을 보낸 뒤 귀국길에 올랐다. 흥분한 그녀는 자신이 떠난 짧은 시간 동안 영국이 어떻게 "창백할 정도로 비참한 가난"과 "공장의 어린 노동자들과 콜레라 희생자들의 고통"에서 벗어나 "새로운 활기찬 삶"과 "번영"으로 변화했는지에 대해 주목했다.

영국은 그 어느 때보다도 빠르게 변화하는 것처럼 보였다. 런던은 도시화의 압력에 짓눌려 있었다. 200만 명의 인구를 가진 런던은 파리의 두 배였고, 상트페테르부르크보다 네 배 더 컸다. 기차 교통은 유럽에서 가장 현대적이고 밀집되어 있었으며 세계 박람회 기간 동안 기관차는 런던 역에 줄을 서 있어야 했다. 4차선 도로에는 말이 끄는 마차가 방문객을 기다리고 있었고, 이를 프레드리카 브레머는 "꽃이 만발하고 번영의 장엄한 꽃이 싹트고 있는 크리스털 팰리스로 이동한다"고 표현했다.

브레머는 여행기에서 창조의 순간을 언급하고 런던 박람회를 지구상의 모든 민족에 대한 신의 새로운 부르심이라고 표현했다.[132] 스웨덴 전시관은 갤러리 중간에 있는 러시아 전시관 맞은편에 위치했다. 박람회 카탈로그에 따르면 알프레드 노벨의 작품은 어디에도 포함되지 않았지만 철광석 샘플, 금 도금된 종이 칼, 스톡홀름의 궁전이 그려진 접시 사이에 충분히 포함될 만한 것들이었다. 브레머는 스웨덴이 "간단한 양치기 복장"을 선택한 것에 대해 부끄러워했다고 전했다.

브레머는 대형 미국 전시관에서 "스웨덴제"라는 명성에 부합하는 유일한 제품을 발견했다. 그것은 스웨덴 태생으로 뉴욕에 거주하던 존 에릭슨이 개발한 열풍 엔진(caloric engine)이었다. 그녀는 뉴욕에서 에릭슨의 열풍 엔진에 대해 들어본 적이 있었다. 증기 대신 가열된 공기를 사용하는 아이디어가 독창적이라고 생각했다. 이 엔진은 기존 증기 엔진보다 훨씬 적은 연료로 동일한 성능을 내며, 폭발 위험이 없다는 점에서 유럽에 처음으로 선보인 혁신적인 기술이었다.

브레머는 존 에릭슨의 천재성을 150줄이 넘는 찬사로 극찬하고 증기에 대한 상세한 설명을 덧붙였다. 그녀는 에릭슨이 자신의 발명이 성공하면 스웨덴으로 돌아가겠다고 약속했고, 곧 증기의 시대가 끝날 것으로 전망했다고 전했다.[133] 당시 48세였던 존 에릭슨은 크리스털 팰리스에 직접 참석하지 않았기에 브레머와 다른 관심 있는 사람들은 전시 부스 146번에서 그의 대리인을 만나야 했다. 그곳 어딘가에서 알프레드 노벨도 있었을 것이다. 결국 존 에릭슨의 열풍 엔진은 18세 생일을 앞둔 알프레드 노벨에게 깊은 영감을 주었고, 이는 그가 대서양을 건너는 계기가 되었다.

존 에릭슨은 런던에서 열린 세계 박람회가 끝나고 얼마 후 궁극의 엔진 부문이 아닌 내장 경보기가 있는 기압계 부문에서 영광스러운 3등 상을 수상했다.

*

1852년 2월 25일 금요일, 알프레드 노벨은 리버풀 항을 떠나 미국으로 향했다. 그는 수십만 유럽 이민자들과 함께 대서양을 건너는 행렬에 포함되어 있었지만 조건은 완전히 달랐다. 대서양 건너편에서는 행복을 위해 평일을 비참하게 보내는 이민자들로 붐볐다. 대부분의 가난한 이민자들이 과밀한 선박에서 대서양을 건너 뉴욕까지 가는 데에는 5~6주, 경우에 따라 그 이상이 걸렸다. 이 과정에서 전염병이 퍼지고 상한 음식으로 인해 많은 이들이 목숨을 잃었다. 젊은 알프레드는 아틱호(s/s Arctic)에 승선했는데 이 배는 미국 해운 회사 콜린스 라인 (Collins Line)이 새로 건조한 휠 증기선 중 최고였다. 증기선은 대서양 횡단을 혁신적으로 변화시켰다. 같은 달에 유럽으로 건너가는 럭셔리 증기선 아틱호는 단 9일 17시간 만에 대서양을 횡단하는 놀라운 기록을 세워 찬사를 받았다.[134]

젊은 알프레드는 광택이 나는 견목으로 장식된 고급 객실에서 기분 좋게 여행할 수 있었다. 비수기였던 덕분에 배는 만석이 아니었다. 아침 식사로는 송아지 간 요리와 비둘기 요리가 제공되었으며, 아홉 명의 전담 요리사가 준비한 나머지 네 끼 식사도 뉴욕의 최고급 레스토랑 수준으로 제공되었다. 그동안 승객들은 편안한 안락의자에 앉아 카드 게임을 즐기거나 빈티지 와인, 샴페인 등을 마시며 시간을 보냈다.

아마도 이러한 편리한 여정 덕분에 시인이었던 알프레드는 "광대한 대양이 상상했던 것만큼 크지 않다는 사실에 놀랐다"고 말했을 것이다.[135] 당시 뉴욕에는 아직 자유의 여신상이 세워지지 않았고, 이민자 검역을 위한 출입국 관리소도 없었다.[136] 배는 맨해튼 부두를 따라 어느 곳에나 정박할 수 있었으며, 승객들은 뉴욕 최초의 주요 랜드마크인 캐슬 가든(Castle Garden) 놀이공원을 지나면 내릴 수 있었다. 캐슬 가든은 맨해튼 남쪽 끝에 있는 오래된 성에 있었다. "스웨덴의 나이팅게일(Swedish Nightingale)"인 제니 린드(Jenny Lind)가 1년 6개월 전에 수만 명의 청중 앞에서 황홀한 콘서트를 열었던 장소이기도 하다. 월드 스타였던 제니 린드는 여전히 미국에 머물고 있었으며, 그해 봄, 뉴욕 메트로폴리탄 홀에서 열리는 콘서트에서 다시 한번 열풍을 일으켰다. 린드 관련 출판물과 제니 린드 모자가 불티나게 팔려나갔고, 뉴욕에서 버려지는 제니 린드 광고지의 양은 소름이 돋을 정도였다.[137]

콜린스 라인의 부두는 맨해튼 서쪽, 허드슨 공원 근처에 위치해 있었다. 선장 루스(Luce)가 항만 당국에 승객 명단을 넘겼을 때, "여행 중 사망자"란은 비어 있었다. 알프레드 노벨은 다른 이름으로 쓰여 있었다. 선장이 잘못 들었거나 알프레드가 자신의 나이와 계획에 대해 일부러 사실을 다르게 말했을 가능성이 있다.

서류상 승객 "노벨"은 18세가 아니라 20세라고 기록되어 있었고, 거주지는 러시아로 기재되어 있었으며, 미국에 정착할 계획이라고 명시되어 있었다.

아침 6시, 뉴욕은 막 잠에서 깨어나고 있었다. 짐꾼들은 통로를 따라 승객들의 가방과 짐을 운반하고 있었으며, 유럽에서 도착한 최신 소식이 담긴 우편물은 뉴욕의 신문사로 전달되었다.[138]

*

19세기 동안 미국은 점차 서쪽으로 영토를 확장해 나갔다. 1845년 텍사스와 플로리다가 각각 미국의 26번째와 27번째 주로 편입된 것을 시작으로, 아이오와, 위스콘신, 캘리포니아가 연이어 합류했다. 새로운 주들이 연방에 편입되면서 노예제 문제는 점점 더 뜨거워졌다. 알프레드 노벨이 미국에서 보낸 몇 달 동안, 해리엇 비처 스토(Harriet Beecher-Stowe)의 소설 『톰 아저씨의 오두막(Onkel Toms stuga)』이 반노예제를 지지하는 주간지에 연재된 후, 책으로도 출판되었다. 노예 톰 아저씨의 이야기는 19세기에 가장 많이 팔린 소설로 기록되었다. 이 작품은 노예제를 둘러싼 논쟁을 폭발적으로 증폭시키는 계기가 되었다. 남북 전쟁이 끝난 몇 년 후 미국 대통령 에이브러햄 링컨(Abraham Lincoln)은 이 작가를 만나 이렇게 말했다고 전해진다. "당신이 이 위대한 전쟁을 일으킨 이른바 작은 여성이었군요. 잘 지내고 계시지요?"[139]

알프레드 노벨은 문학에 관심이 많았지만, 그가 해리엇 비처 스토의 소설을 읽고 그 정치적인 폭발성을 이해했는지는 확실히 알 수 없다. 미국의 도서관에 관련된 문헌도 남아 있지 않다. 알프레드는 스웨덴의 엔지니어이자 발명가인 존 에릭슨을 찾아갔다. 에릭슨은 "다른 사람의 수고에 의존해 살아가는 것보다 더 악의적인 것은 생각할 수 없다"는 확고하고 단호한 반노예제도주의자였다. 하지만 존 에릭슨은 전형적으로 괴상한 성격을 지닌 인물로, 대부분의 시간을 일에 몰두했다. 새로운 소설을 읽거나 추천하는 데 거의 시간을 할애하지 않았을 것이다.

1852년 봄, "캡틴 에릭슨"으로도 알려진 존 에릭슨에 관한 새로운 소설이 출간되었다.[140] 그는 뉴욕에서 13년 동안 살았으며 1848년에는 미국 시민이 되었다. 그의 집과 사무실은 로어 맨해튼(nedre Manhattan)의 프랭클린(Franklin)가 95번지에 있었다. 이곳은 한때 인기가 높았던 동네였으나, 많은 부유한 가족이 북쪽으로 이사 가면서 쇠락했다. 현재 로어 맨해튼에 사는 대부분의 사람은 최근에 이주한 아일랜드인 이민자들이었다.

꾸준히 증가하는 이민자 유입으로 뉴욕의 인구는 11만 명에서 불과 30년 만에 다섯 배 증가했다. 그러나 인구가 50만 명에 달했음에도 이 도시의 규모는 런던의 4분의 1에 불과했다. 건물이 하나둘씩 들어서기 시작했고, 34번가에서는 조명이 켜지기 시작했다.[141]

캡틴 에릭슨은 구레나룻과 높은 헤어라인, 크고 파란 눈을 가진 운동신경이 좋고 옷을 잘 차려입은 50대 남성이었다. 그의 성향은 알프레드 노벨에게 그의 아버지의 강렬하고 불타는 성격과 "빠른 결정과 행동력"을 떠올리게 했다. 그는 적어도 하루에 14시간을 드로잉 테이블에서 보냈다. 그는 자신이 결혼에 실패한 이유를 "증기기관에 질투심을 느낀 아내" 때문이라고 할 정도로 일에 집중하는 사람이었다. 존 에릭슨 부부에게는 자녀가 있었으나, 몇 년 전 스웨덴에 남겨둔 아들과 사별했다. 그러나 감정이 없는 발명가는 연락도 하지 않았다.[142]

18세의 알프레드 노벨은 어려운 일을 앞두고 있었다. 존 에릭슨은 확실히 무례한 사람은 아니라고 알려져 있었다. 가까운 동료들은 그의 친절한 태도와 배려를 칭찬했다. 그러나 핵심은 에릭슨이 새로운 사회적 접촉보다 일에 훨씬 더 많은 관심이 있었다는 것이다. 그는 경력에 굶주린 젊은 동포들에게 집을 거의 열어주지 않았으며 모든 접근을 피하려 했다. 그는 한 스웨덴 사람에게 편지를 써서 "세상의 어떤 젊은이도 여기에 보내지 마십시오. 스웨덴 엔지니어는 여기서 배울 것이 없습니다. 노동 족쇄, 무역 사기, 피상적인 과시가 이 나라가 제공할 수 있는 전부입니다"라고 말했다. 그럼에도 그는 단호하지 않았다. 새로 온 사람을 위해 샴페인을 제공하고 함께 식사를 하기도 했다.[143] 아마도 1852년 봄은 예외였을 것이다.

　존 에릭슨은 당시 미국에서 프로펠러 증기선 프린스턴의 성공으로 이름이 알려졌다. 불행히도 그는 일에 대한 보상을 받지 못했고, 그로 인해 경제적으로 힘든 몇 년을 보냈다. 1833년, 에릭슨은 영국에서 처음으로 출시한 열풍 엔진이라는 일생일대의 위대한 프로젝트에 자신의 희망을 걸었다. 에릭슨은 19세기의 위대한 과학 거물 중 하나로 열풍 엔진을 위한 싸움을 다시 시작하기 원했다.

　존 에릭슨은 증기 시대가 저물고 있으며, 미래의 엔진 기술에서 그의 열풍 기술이 최고의 솔루션이 될 거라고 오랫동안 확신했다. 그는 1840년대 동안 다양한 열풍 엔진의 변종을 개발했으나, 획기적인 발전이 실현된 것은 1851년이었다.

　모든 일이 한 번에 일어났다. 특허권은 런던 박람회 전에 여러 국가에 판매되었고, 1852년 1월에는 새로운 엔진의 성공에 대해 스웨덴의 왕 오스카 1세로부터 특별한 축하를 받았다. 얼마 후, 뉴욕의 일부 상인들은 이 새 엔진으로 작동하는 배를 주문하기에 이르렀다.

　존 에릭슨은 작업의 속도를 높였다. 그는 "에릭슨"이라는 이름의 배를 가능한 한 빨리 완성할 계획이었다. 4월에는 선체가 준비되었고, 9월에 진수될 예정이었다. 에릭슨은 하루 종일 드로잉 테이블에서 일했다.

　이러한 상황에서 젊은 알프레드 노벨이 연락을 취했지만 그 결과는 실망스러웠다. 알프레드가 방문을 통해 간신히 얻을 수 있었던 것은 스웨덴 발명가가 나중에 작업량이 줄어들면 열풍 엔진에 필요한 "도면과 정보"를 노벨 가족에게 보내겠다는 약속뿐이었다. 그는 이 자료를 스톡홀름에 있는 미국 영사를 통해 보내겠다고 약속했다.[144]

　알프레드는 분명히 더 많은 것을 기대했을 것이다. 그는 뉴욕에 "잠시" 머물렀지만, 에릭슨의 직원과 접촉했는지, 그 외에 무엇을 했는지는 알려지지 않았다. 실망한 알프레드는 콜린스 라인의 배를 타고 긴 여정을 다시 시작해야 했다.

　알프레드는 뉴욕에서 초여름인 1852년 5월 29일에 아틀란틱호(Atlantic)를 타고 떠났다. 같은 배에는 유명한 가수 제니 린드도 탑승해 있었다. 『뉴욕 타임스

(New York Times)』에 따르면 그날 부두에는 그녀를 보기 위해 엄청난 인파가 몰렸다고 한다. 제니 린드가 부두에 등장하자 환호성이 울려 퍼졌고, 그녀는 팬들을 향해 하얀 손수건을 흔들며 작별 인사를 건넸다.[145]

*

캡틴 에릭슨의 열풍 기계 도면은 결국 러시아에 전달되었다. 1853년 2월, 임마누엘과 알프레드 노벨은 에릭슨의 엔진을 개선한 자신들의 발명을 차르 니콜라이 1세의 차남인 콘스탄틴(Konstantin) 대공에게 선보일 준비를 마쳤다.

상트페테르부르크에서 언론은 이미 에릭슨의 부상에 주목하고 있었다. 지역 신문 『노르디스카 비엣(Det Nordiska Biet)』은 엔지니어 노벨이 콘스탄틴 대공을 방문해 유명한 열풍 엔진을 "현저히 개선한" 새로운 발명을 선보였다고 보도했다. 이 새로운 엔진은 지난 2월 실험에서 한 시간 이상 완벽하게 작동한 것으로 알려졌다. 페테르부르크 신문은 노벨이 에릭슨처럼 엔진의 두 실린더를 상하로 배치하는 대신 옆으로 배치한 점이 주요 개선점이라고 설명했다. 이 소식은 스웨덴을 비롯한 여러 나라에 퍼졌고, 미국에서는 특허권 침해 문제로 다뤄졌다. 미국 신문들은 러시아 정부가 에릭슨의 열풍 엔진에 일찍부터 관심을 보여 왔음을 지적했다. 『뉴욕 트리뷴(New York Tribune)』에서는 에릭슨의 경쟁자로 러시아 정부의 후원을 받을 가능성이 있는 미스터 노벨을 언급했다.[146]

임마누엘 노벨은 이러한 비난에 재빨리 대응했다. 1853년 4월, 그는 스웨덴의 『포스트 오크 인리케스 티드닝가르(Post och Inrikes Tidningar, PoIT)』 신문에 해명 기사를 실었다. 그는 『노르디스카 비엣』 신문이 에릭슨의 엔진을 향상시켰다고 잘못 보도한 것이 "불쾌한" 실수라고 설명했다. 실제로 그는 단지 몇 가지 작은 변경만 했을 뿐이고, 그 결과는 아직 명확하지 않다고 밝혔다. 임마누엘은 "나는 에릭슨과 같은 천재의 손으로 완벽하게 진행한 일을 크게 개선할 수 있다고 생각할 만큼 가식이 없다"고 썼으며, "전 세계가 에릭슨에게 빚지고 있는 감사

와 찬사를 박탈"할 의도가 없었음을 분명하게 강조했다.[147]

그동안 존 에릭슨은 미국에서 그의 열풍 함선 에릭슨호의 첫 시험 운항을 진행했다. 시범 운항은 큰 갈채를 받았다. 『뉴욕 타임스』는 이를 역사적인 사건이라고 평가하며, 증기가 원동기로 사용된 이후 세계에서 일어난 가장 중요한 사건이라고 불렀다. 존 에릭슨은 열풍 엔진으로 폭발 위험을 완전히 제거했다고 주장했다. 『뉴욕 타임스』에 따르면 이 새로운 선박은 "인류에게 주어진 가장 큰 축복 중 하나"였다. 어느 저명한 화학 교수는 "나는 과학의 시대가 두 번밖에 없었다고 믿는다. 하나는 뉴턴이 주도한 시대이고, 다른 하나는 에릭슨이 주도한 시대이다"라고 말했다.[148] 모두가 동의했다. 증기의 시대는 끝났다.

1년 후, 에릭슨은 배를 더 빠른 속도로 운항하기 위해 개조 작업을 진행했으나, 결국 뉴욕 항구에서 침몰시키고 말았다. 이어 여러 차례 좌절이 뒤따랐고, 냉철한 발명가는 결국 자신이 성취한 것 중 가장 뛰어난 열풍 엔진이 증기를 완전히 대체할 수 없음을 인정할 수밖에 없었다. 그러나 그는 미래의 기술 발전이 이 문제를 찾아 바로잡을 것이며, 결국 증기는 다른 더 나은 기술로 대체될 것이라고 믿었다.

*

19세기 기술 발전에 가장 큰 영향을 미친 현대 과학자는 영국의 물리학자이자 화학자인 마이클 패러데이(Michael Faraday)일 것이다. 그는 1833년에 존 에릭슨의 첫 번째 열풍 엔진 특허를 혹평했다. 패러데이에게 묻는다면 미래에 필요한 건 열풍이 아니라 전기라고 대답할 것이다. 그는 전기 모터의 발전을 이끌며, 전기의 잠재력을 확립한 선구적인 인물이었다.

패러데이는 비범한 과학자였다. 그는 종교의 한 종파에 속해 있었고 검소한 배경에서 태어났으며, 가장 기초적인 초등교육만 받았다. 유명한 영국의 화학자 험프리 데이비(Humphry Davy)의 연구실에서 시험관 세척일과 잡역부로 일을 하며 과학에 입문했다. 그는 곧 데이비의 실험을 직접 도왔고 자신의 실험도 시작했다.

알프레드 노벨의 화학 교사인 니콜라이 지닌이 마이클 패러데이와 만났을 때, 그는 과학자라기보다는 양조업자처럼 보였다고 했다. 알프레드 노벨과 마찬가지로 패러데이도 낭만적인 시를 좋아했으며 자신의 의붓딸들에게 큰 소리로 바이런(Byron) 경과 월터 스콧(Walter Scott)의 시를 읽어주곤 했다. 또한 그는 종교적 믿음과 과학 사이에 어떤 모순도 보지 못했다. 그는 "우리가 읽어야 하는 자연의 책은 신의 손가락으로 기록한 것"이라고 설명하면서 그러한 태도로 전기를 연구했다.

태고 때부터 인간은 전기 현상(하늘의 번개나 정전기적 반응)을 자연의 흥미롭고 매혹적인 힘으로 인식해 왔다. 그러나 1798년에 이탈리아의 알레산드로 볼타(Alessandro Volta)가 최초의 안정적인 전기 배터리를 개발하기 전까지, 그 실체와 활용 방법에 대해서는 알지 못했다. 데이비드 보더니스(David Bodanis)는 그의 저서 『전기(Elektricitet)』에서 "두 금속을 서로 가까이 배치하면 그것들을 연결하는 와이어에서 반짝이는 전류를 생성한다"는 볼타의 기본적인 발견이 오랫동안 지식의 한계였다고 설명했다.

1890년대에는 영국 과학자 톰슨(J. J. Thomson)이 전자를 발견하면서 전자의 세계에서 실제로 무슨 일이 일어나고 있는지 보여줄 수 있게 되었다. 이 업적으로 그는 1906년에 노벨상을 수상했다.

그때까지 과학자들은 전기의 가능한 사용 용도를 찾아내는 데 몰두했다. 1820년대 초, 또 다른 프랑스인 앙드레 앙페르(André Ampère)는 전기와 자기 사이의 연관성을 보여주는 새로운 발견을 발표했다. 하지만 그 이상은 밝혀내지 못했다. 전기와 자기가 어떻게 상호작용하는지에 대한 답은 창의적인 사고를 지닌 마이클 패러데이가 밝혀냈다. 그는 다양한 실험을 통해 전류가 흐르는 도선이 감겨 있는 코일이 자석처럼 행동한다는 것을 입증했다. 또한 자석을 전선 근처에서 움직이면 그 전선에 전류가 흐른다는 것도 발견했다. 패러데이는 자기장이 움직이면서 전류를 생성할 수 있다는 중요한 사실을 밝혀낸 것이다. 이로써 전기 모터의 토대가 마련되었다.

불행히도 패러데이는 동시대 사람들에게 자신의 전자기장 이론을 설득할 만큼 수학 실력이 뛰어나지 않았다. 일부 동료들은 "근본적으로 교육받지 못한 육체노동자의 아들이 그런 획기적인 일을 할 수는 없지 않습니까?"라며 그를 질투하고 비방했으며, 이는 그를 회의론에 직면하게 만드는 요인이 되었다.

1833년에 마이클 패러데이는 존 에릭슨의 열풍 엔진에 대한 비판적 기사를 작성하며 상대를 공격했지만, 어쩌면 그곳에서 자신의 불완전함을 보았을지도 모른다. 1850년대에 들어서 그는 자신의 생각을 수학적으로 더 발전시켜 다른 사람들을 설득하려 했으나 더는 진행되지 않았다. 패러데이는 훨씬 후에야 자신의 업적으로 정당한 인정을 받았다. 역사적으로 볼 때 뉴턴의 발견과 동일한 의미를 지녀야 할 것은 오히려 그의 발견이었다.[149]

알프레드 노벨은 열풍 엔진에 대한 관심을 끝까지 놓지 않았다. 그는 생애 말년에 직원에게 존 에릭슨의 오래된 아이디어를 더욱 발전시킬 것을 의뢰했다. 1896년 12월, 알프레드 노벨이 사망하기 3개월 전에 보포스(Bofors)에 있는 그의 연구실에서 완전히 새로운 열풍 엔진이 시험 운전되었다.[150]

*

1853년 초, 임마누엘 노벨은 개조된 에릭슨 엔진을 차르 가문에 선보였다. 당시 그는 새로운 회사인 "노벨과 아들들 회사 주조 공장과 기계 작업장(Fonderies et Ateliers Mécaniques Nobel et Fils)"의 소유주로서 작업을 수행하고 있었다. 저명하지만 다소 변덕스러운 동료였던 오가르요프 대령은 황제의 부관으로 승진하면서 자신이 소유한 공장의 절반을 노벨 가문에 매각했다. 구매 조건에는 오가르요프가 공장을 담보로 받은 모든 대출을 임마누엘이 인수하는 내용이 포함되었다. 그 당시에는 임마누엘도 그의 아들들도 이를 큰 문제로 여기지

않았던 것으로 보인다.[151]

그들은 이제 가족 사업을 함께 운영하게 되었다. 임마누엘은 알프레드가 미국에서 돌아온 후, 성인이 된 세 아들과 함께 사업을 이끌었다.

오가르요프와 노벨 가문의 위대한 후원자인 대공 미카일 파블로비치(Storfurst Michail Pavlovitj)는 몇 년 전 바르샤바(Warszawa)에서 군대 사열 중 뇌졸중으로 사망했다. 그러나 차르 니콜라이는 여전히 혁신적인 스웨덴인에 대해 좋은 인상을 가지고 있었다. 임마누엘의 중요성은 전쟁의 위협 속에서도 줄어들지 않았다. 위협은 한동안 유럽 전역에 짙은 안개처럼 드리워져 있었다.

알프레드는 겉으로는 온화한 표정을 지었지만, 속으로는 러시아 차르 가문에 대해 깊은 혐오감을 느꼈다. 그는 이를 시로 표현하기도 했다. "그중 최고는 살인자와 창녀로, 미치광이의 감옥과 매음굴에 잘 어울린다. 왕족의 일행에게 사기꾼과 창녀들이 박수갈채를 보낸다. 당신은 나라의 희망을 볼 수 있는가? 진실을 드러내라! 베일을 벗겨라!"[152]

알프레드만 회의적인 시각을 가진 것은 아니었다. 상트페테르부르크의 외교관들 또한 오만하고 과장된 독재자에 대해 본국에 보고했다. 그들은 차르가 짧은 시간에 10년은 늙어 보이며 도덕적으로나 육체적으로 모두 최저점에 도달한 것 같다고 말했다. 이사야 베를린(Isaiah Berlin)에 따르면 1848년부터 1853년까지는 19세기 러시아 반계몽주의의 암흑기 중에서도 가장 암울한 시기로 여겨졌다. 차르의 통치는 더 이상 특별히 평화롭지 않았다.[153] 유럽의 긴장 상태가 한계에 이르면서 문제는 더 이상 전쟁이 언제 발발할 것인지가 아니라, 전쟁이 발발할 수밖에 없는 상황이 되었다.

공식적으로 전쟁이 발발했을 때 베들레헴(Betlehem)에 있는 그리스도 탄생 교회와 수백 년 동안 오스만 제국의 일부였던 팔레스타인(Palestina)의 성지에 접근한 것은 모순적이었다. 갈등의 진원지는 무슬림 제국 내 수천 명의 정교회와 가톨릭 신자들을 보호한다고 자칭하는 러시아와 프랑스였다. 두 나라는 모두 모든 기독교의 이익을 대표한다고 주장했다. 1851년 12월, 파리에서 쿠데타가 발생한 이후 두 황제인 차르 니콜라이 1세와 자칭 나폴레옹 3세(전 프랑스 대통령 루이 나폴레옹 보나파르트) 사이에 갈등이 벌어졌다.

수년간 콘스탄티노플(Konstantinopel)의 술탄들은 양측 모두에게 성지의 보호를 약속하는 불행한 태도를 보였다. 마지막으로 일이 벌어진 것은 1852년이었다. 그해 2월, 오스만 통치자는 처음으로 나폴레옹 3세의 가톨릭 요구를 승인했지만 몇 달 후 러시아 정교회 차르의 위협에 굴복했다. 나폴레옹 3세는 대기 중인 전함을 보내며 대응했지만, 술탄은 다시 한번 주저했고 크리스마스에 맞춰 예수 탄생 교회의 열쇠를 프랑스인들에게 돌려주었다. 차르 니콜라이 1세는 격분했다. 1853년 봄, 그는 콘스탄티노플로 사절을 보내 술탄을 설득하거나 협박해 기독교 특권을 러시아에 넘기도록 하려 했다. 그 사절의 이름은 노벨 가족에게 친숙한 인물이었는데, 바로 알렉산더 멘시코프 왕자였다. 그는 핀란드의 총독이자 해군 사령관으로 임마누엘 노벨은 그의 궁전에서 열린 저녁 식사에서 해상 기뢰에 대한 아이디어를 발전시켜 보라는 격려를 받았었다.

아마도 25년 전에 터키의 대포에 의해 피해를 보았던 65세의 멘시코프가 가장 적합한 사절은 아니었을 것이다. 그는 콘스탄티노플을 방문하는 동안 거절하는 술탄에게 불필요한 최후통첩을 하면서 어조를 높였다. 니콜라이 1세는 군사적인 대응 외에는 다른 방법을 찾지 못했다. 그는 신중하게 선택해 러시아군이 두 개의 작은 오스만 공국인 몰도바(Moldavien)와 왈라키아(Valakiet)에 진입하는 것을 허용했다. 이때, 다른 강대국들의 반응도 신중하게 살펴야 했다.

두 황제의 기독교 이익 수호라는 아름다운 말 뒤에는 민족주의와 세력 팽창에 대한 꿈, 대담한 국제 정치 게임을 하려는 의도가 숨겨져 있었다. 이는 세계 최강국인 영국에도 영향을 미쳤다. 오스만 제국은 혼란에 빠졌고, 차르가 콘스탄티노플과 흑해 전체를 장악하려 한다는 사실은 비밀이 아니었다. 이러한 야망은 영국 식민지인 인도와의 무역 관계에 심각한 위협을 가한다고 여겨졌고, 영국을 분노하게 만들었다. 자국의 이익을 지키기 위해 런던 정부는 오스만 제국의 콘스탄티노플 수호자로 나서게 되었다.

차르 니콜라이 1세는 다른 유럽 강대국들이 몰도바와 왈라키아에서의 소규모 병력 이동을 허용할 것이라고 냉정하게 계산했다. 그는 1848년 봉기 당시, 프로이센과 오스트리아가 러시아의 지원을 받았으므로 이들 나라가 우호적일 것이라고 판단했다. 또한 영국과 프랑스는 서로를 더 적대시했기에, 두 나라가 러시아에 맞서 연합하지 않을 것이라고 기대했다.

그러나 차르 니콜라이 1세의 계산은 빗나갔다. 1853년 봄, 러시아의 침공 이후 영국은 여섯 척의 전함을 지중해로 보내 프랑스 군함과 함께 다르다넬스(Dardanellerna) 해협에 대기했다. 기대했던 프로이센과 오스트리아의 지원도 실현되지 않았다. 그는 너무 화가 나서 오스트리아 황제 프란츠 요제프(Franz Joseph)의 초상화를 뒤집어 놓고 뒷면에 "배은망덕한 놈(Du Otacksamme)"이라고 적었다고 전해진다.

1853년 10월 2일 일요일, 상트페테르부르크는 끔찍한 폭풍우에 휩싸였다. 이틀 뒤, 콘스탄티노플의 술탄은 최후통첩을 발표하고 러시아 침략자들에게 전쟁을 선포했다. 곧 러시아군과 오스만군 사이의 평화는 깨졌고, 11월 말 멘시코프 제독이 이끄는 러시아 함대는 오스만 제국의 흑해 연안에서 첫 번째 승리를 거두었다.

*

그 뒤로 러시아 군대의 전성기가 시작되었다. 그러나 훈련이 부족했던 군인들은 여전히 고대 부싯돌 소총을 휘두르고 있었다. 러시아의 기술 개발 수준은 거의 향상되지 않았다. 영국과 프랑스는 모두 17척의 최첨단 증기 동력 프로펠러를 갖춘 함선을 보유하고 있었지만, 러시아는 그러한 함선이 전혀 없었다. 러시아의 군사 역사가 블라디미르 라핀(Vladimir Lapin)에 따르면 당시 존재했던 러시아의 범선은 연합군에 의해 침몰당하기 위해 존재했다고 한다.

문제가 있다고 판단한 러시아 해군사령부는 서둘렀다. 그런 상황에서 임마누엘 노벨과 같은 수완이 뛰어난 혁신가는 귀중한 자산이었다. 술탄에게 최후통첩을 발표한 지 11주 후, 임마누엘 노벨은 러시아의 많은 국내 제조업체와 함께 러시아 정부로부터 긴급 편지를 받았다. 그들은 증기 동력 프로펠러 기계를 신속히 생산하라는 재촉을 받았다. 러시아 함대에 사용될 엔진은 영국 선박과 동등한 수준이었다. 러시아 해군은 이미 처음부터 지속적인 주문을 약속했기 때문에 이 제안은 매력적이었다. 제작에 빠르게 착수한 기업들은 러시아 전함을 위한 장기적이고 광범위한 생산 체계를 구축할 것으로 기대되었다.[154]

노벨과 아들들(Nobel & Söner) 회사는 기회를 놓치지 않았다. 1853년 12월, 84문 대형 선박용 증기기관 세 대에 대한 주문 계약을 체결했다. 어쩌면 노벨이 다른 사람들보다 한발 앞서 있었을지도 모른다. 임마누엘은 이미 아들들과 함께 군산복합체 안에서 활동하고 있었으며, 가업은 전쟁 준비에도 적극적으로 참여하고 있었다. 같은 해, 노벨과 아들들 회사는 상트페테르부르크 입구에 위치한 크론슈타트(Kronstadt) 러시아 해군 기지에 포병과 식량을 위한 세 개의 창고를 건축하는 계약을 체결했다.[155]

전쟁이 모든 사람에게 나쁜 시간은 아니었다. 임마누엘 노벨은 오래된 해상 기뢰 도면을 다시 살펴볼 기회를 얻었다. 그는 가능한 개선 사항을 구상하기 시작했고, 이 과정에서 아들의 화학 교사인 니콜라이 지닌의 도움을 받았다. 지닌은 동료 아스카니오 소브레로(Ascanio Sobrero)의 위험한 발명품인 니트로글리세린을 집어 들었다. 소브레로는 폭발물에 대해 강력히 경고했음에도 불구하고, 지닌은 이를 무시한 듯 보였다. 아마도 지닌은 파리에서 그들의 스승인 쥘 펠루즈 교수에게 정보를 얻었을 것이다. 펠루즈 교수는 최근 젊은 알프레드 노벨을 지도한 인물이기도 했다.[156]

지닌 교수와 임마누엘 노벨은 상트페테르부르크 외곽의 페테르호프(Peterhof)에서 나란히 여름 별장을 한동안 임대했다고 전해진다. 국방부로부터 새로운 위험물질 실험을 의뢰받은 지닌은 안전상의 이유로 별장 바로 옆에 있는 대장간에서 머물렀다. 그는 폭발성 니트로글리세린을 다룰 수 있다고 확신했다.[157]

문제는 통제된 조건에서 니트로글리세린을 폭발시키는 것이었다. 화약처럼 불을 붙여도 소용이 없었다. 폭발을 일으키려면 실제로 상당한 열이나 충격이 필요했다. 그러나 변덕스럽고 기름진 액체를 어떻게 안전하게 사용할 수 있는지에 대한 답은 여전히 없었다.

지닌은 쾌활하고 비교적 자유로운 성격을 가졌다. 어느 날 그는 이웃인 임마누엘 노벨과 그의 아들 알프레드를 대장간으로 초대했다. 노벨 기뢰에 대해 알고 있던 지닌은 그들에게 새로운 폭발 물질을 보여주고 싶었다. 수년 후의 특허 소송에서 알프레드 노벨은 "크림 전쟁이 시작될 때" 지닌이 보인 시연에 대해 말했다. 지닌은 모루에 니트로글리세린을 바르고 망치로 두드려 충격을 받은 부분만 폭발하는 모습을 보여주었다.

지닌 교수는 아버지와 아들 노벨에게 니트로글리세린을 안전하게 다룰 수 있는 방법이 발견된다면 군사적 목적으로 유용하게 활용될 수 있다고 설명했다. 알프레드 노벨은 "그때는 아주 어렸지만 관심이 많았다"라고 회고했다.[158]

임마누엘 노벨은 상황이 나쁘지 않았다. 러시아 해군 역사 기록 보관소에서 그와 러시아 군대 사이의 미공개 서신을 발견할 수 있었다. 1854년 3월 말, 임마누엘 노벨은 크론슈타트 방어 시설의 책임자인 공병 장군에게 편지를 썼다. 그는 증기기관과 창고 외에도 자신의 해상 기뢰를 제공하고 싶다고 제안했다. 그 기뢰는 러시아 방위군의 관료주의적 체계에서 잊혀져 있었다. 스웨덴인 임마누엘은 두 가지 종류의 기뢰를 제안했다. 하나는 화약을 사용한 기뢰였고, 다른 하나는 강력한 폭발 물질인 파이로글리세린(pyroglycerin, 이후 니트로글리세린으로 알려짐)을 사용한 기뢰였다.[159]

"새로운 폭발물이라니?" 크론슈타트의 한 공병 장군이 신임 해군장관이자 차르 니콜라이 1세의 아들인 젊은 콘스탄틴 대공에게 직접 문의했다. 1854년 3월 27일 자 편지에서 크론슈타트 사령관은 이렇게 썼다.

황제 폐하께서 크론슈타트를 떠나셨을 때, 저는 외국인 노벨로부터 크론슈타트 방어를 위한 부유식 기뢰를 제안받았습니다. 그리고 폐하께 이 정보를 보고드리는 것이 제 의무라고 생각합니다. 제 생각에는 이 제안은 고려해 볼 가치가 있습니다. 전하께서 노벨과 이 문제에 대해 논의하고 싶으시다면 상트 페테르부르크에서 전하를 찾아뵙도록 하겠습니다.[160]

러시아는 1815년 나폴레옹이 몰락한 이후 첫 번째 유럽 전쟁에 참가했다.

*

영국과 프랑스는 오랫동안 이른바 러시아-오스만 제국의 분쟁에서 벗어나 있었다. 그러나 1854년 1월, 영국과 프랑스의 연합 함대가 흑해로 진격해 크림반도에 주둔하여 러시아의 세바스토폴(Sevastopol) 본부를 지휘하는 멘시코프 사령관에게 압박을 가했다. 그러나 초기 몇 주 동안은 영국 하원에서 "전쟁도 평화도 아니다"라는 의견이 나올 정도로 서로 어중간한 상태에 빠졌고, 이 상황은 장기간 지속되었다.

2월과 3월이 지나면서 영국과 프랑스는 마침내 공식적으로 러시아에 최후통첩을 보냈다. "러시아는 즉시 오스만 제국에서 철수해야 한다. 거부나 침묵은 전쟁 선포를 의미한다." 차르 니콜라이 1세는 침묵을 선택했고, 3월 28일 영국과 프랑스는 러시아와의 전쟁에 공식적으로 가담하게 되었다.

많은 영국과 프랑스의 함대가 병사들을 태우고 크림반도로 향하는 험난한 여정을 시작했다. 동시에 북쪽에서는 두 번째 전선이 준비되었다. 사실, 영국 제독 찰스 네이피어(Charles Napier)는 이미 자신의 대함대를 이끌고 발트해로 항해하고 있었다. 오랫동안 전쟁에 반대했던 빅토리아 여왕은 앨버트 왕자와 함께 포츠머스 부두에 서서 네이피어의 함선인 '듀크 오브 웰링턴(Duke of Wellington)호'를 향해 손을 흔들었다.

전쟁에 열광한 영국 기자들은 네이피어 함대가 거두게 될 "엄청난 승리"를 예언했다. 프랑스 군함도 곧 19척으로 강화될 예정이었다. 영국에서는 많은 사람이 발트해 연안의 공세를 위해 스웨덴도 동맹에 합류하기를 희망했다. 그러나 스웨덴 왕 오스카 1세는 이러한 유혹에 굴복하지 않았다.

찰스 네이피어 사령관은 나폴레옹 전쟁을 포함하여 오랜 경력을 자랑하는 68세의 다혈질 스코틀랜드 사람이었다. 그는 모험심이 강하고 허풍이 심한 성격으로 알려져 있었으며, 자존심이 강하고 전투를 좋아했다. 트레버 로일(Trevor Royle)은 자신의 저서 『크리메아(Crimea)』에서 나이 든 네이피어를 제어할 수 없는 위스키 소비자이자 복잡한 이중인격자로 묘사했다. "표면적으로 그는 유명한 전사이자 대중의 영웅이었으나 내면적으로는 자신이 군인으로 적합한지 끊임없이 의심하며 거친 성격을 드러냈다. 네이피어에게는 중간 지점이란 없었다."

4월 중순 영국 함대는 발트해에 도착했다. 첫 번째 탐사에서 러시아 함대가 여전히 얼어붙은 핀란드만에 갇혀 있다는 사실이 밝혀졌다. 네이피어 제독은 스웨덴 엘브스나벤(Älvsnabben) 섬에서 해빙을 기다리기로 결정했다. 지나치게 극적인 지휘관은 영국을 떠나기 전에 "여름이 끝나기 전에 나는 크론슈타트 혹은 천국에 있을 것이다"라고 호언장담했다고 전해진다. 그러나 발트해에서 네이피어와 함께 있던 사람들은 그가 긴장한 상태에 있다는 경고 편지를 써서 본국에 보냈다.[161]

어찌 되었든 상트페테르부르크에서는 임마누엘 노벨의 제안이 최우선 순위로 채택되어 빠르게 진행되었다. 노벨 기뢰에 관한 제안이 담긴 크론슈타트의 편지는 영국과 프랑스가 전쟁을 선포한 시기에 차르 가문에 도착했다. 그 제안은 그보다 더 시의적절할 수 없었다. 4월 3일, 차르 니콜라이 1세는 편지를 읽고 기뢰가 얼마나 잘 작동하는지 아무도 확실히 알 수 없었지만 "기회를 무시"할 수 없다는 크론슈타트 지도부의 평가에 동의했다. 차르는 직접 "실행하라!"는 결정을 내리고 서명했다.

2주 후, 노벨과 아들들 회사는 러시아 국방부와 "핀란드만에서 대형 적함을 파괴하고 침몰시킬 목적으로" 400기의 해상 기뢰를 제조하고 배치하는 계약을 체결했다. 보상은 당시 금액으로 약 6만 루블까지 치솟았다.[162] 오늘날 가치로 약 400만 크로나에 달하는 엄청난 액수였다. 상황이 급박하게 돌아가자 노벨은 첫 100기의 기뢰를 5월 중순까지 준비하기로 약속했다.

동시에 증기기관에 대한 집중적인 작업이 진행되었다. 노벨과 아들들 회사는 일정을 맞추기 위해 전체 비즈니스를 재구성하고, 모든 건설 작업을 중단한 채 단조작업을 단순화해야 했다. 그럼에도 직원들은 하루 종일 노역을 해야 했다. 루드빅 노벨이 묘사했듯이 전쟁 기간 4년 동안은 모두 "끊임없는 열정적 작업"으로 특징지워졌다.[163] 이들은 곧 1,000명이 넘는 직원을 가지게 되었다. 하지만 이곳은 유능한 인재를 찾기가 어렵기로 악명이 높았다.

스웨덴 사람들에게는 특별한 혜택이 주어졌기에 러시아 행정부는 다소 심술궂게 굴었다. 하지만 해군사령부는 의외로 조건 없이 파격적으로 신속하게 기뢰 계약을 진행했고 전문가들이 지나치게 관대한 조건을 제시해서 노벨과 아들들 회사는 놀라움을 금치 못했다. 차르의 아들인 콘스탄틴 니콜라예비치 (Konstantin Nikolayevich)는 크론슈타트의 지도자에게 다음과 같은 편지를 보냈다. "나는 노벨이 매우 헌신적이라고 생각하지만 종종 자신의 발명품에 흥분하기 때문에 주의해야 한다. 노벨이 불합리한 지시를 내리면 강력하게 항의해 우리를 보호해야 한다."

크론슈타트에서는 모든 사람이 프로젝트를 전적으로 긍정적으로 평가했다. 콘스탄틴 대공의 총독 중 한 사람은 "지금까지 내가 들은 바로는 노벨의 고귀한 기뢰는 다른 사람들처럼 우리에게 해를 끼치지 않는 순전한 보물이다"라고 말했다.[164]

그러나 차르는 스웨덴과 이해관계가 있었다. 러시아군의 계속되는 특별 대우로 "노벨 공장 운영자(Brukspatron Nobel)"를 방해할 수 있는 것은 아무것도 없었다. 예를 들어, 1854년 5월 시에서는 임마누엘 노벨의 공장이 규모를 확장하는 걸 막기 위해 거리 확장을 결정했다. 그렇지만 차르 니콜라이 1세가 개입해 거리 확장을 폐지했다. 차르는 결정문에 "노벨 공장 운영자는 옆 건물을 건축할 것

이다"라고 적었다.[165]

노벨의 옛 동료이자 당시 부사령관이었던 오가르요프는 정계 인맥을 활용했다. 그는 이 상황에 감명을 받아 그 분위기를 시로 표현했다.

우리, 러시아의 아들들이 보여줄 것이다. / 서구의 마지막 아들들 / 러시아는 무서운 발로 / 끝을 짓밟을 것이다.[166]

1854년 전쟁의 봄, 임마누엘 노벨과 그의 아들들은 크론슈타트 요새를 자주 방문했다. 그들은 먼저 필요한 실험을 수행한 후 기뢰를 설치했지만, 초기에는 기폭에 실패해 니트로글리세린 사용 계획을 포기해야 했다. 짧은 시간에 400개의 화약을 확보하는 것도 쉽지 않아 큰 스트레스를 받았다.

새로운 기록 보관소에서는 알프레드 노벨이 처리한 가족 회사의 관청 공식 서신을 다룬 많은 자료가 발견되었다. 대부분 프랑스어로 작성되었지만, 일부는 러시아어로 쓰였다. 알프레드는 기뢰 프로젝트와 병행해 러시아에서 12만 3,000루블(현재 가치로 약 800만 크로나)의 자금을 러시아 밖으로 운반하는 일을 맡았다. 이는 전쟁 중에 매우 어려운 일이었다. 이 자금은 증기기관에 필요한 자재 수입을 위해 사용되었다. 알프레드는 허가 신청서를 제출했지만, 제시간에 응답받지 못할 뻔했다. 그는 러시아어로 이렇게 사정했다. "나는 크론슈타트에 있었습니다."[167]

루드빅은 주로 증기 엔진을 담당했고, 로베르트는 기뢰 설치라는 어려운 임무를 맡았다. 루드빅 노벨은 "기계 작업에서 이보다 더 큰 에너지와 더 다양한 개발이 이루어진 적이 없었다"고 당시를 묘사했다.[168]

새로운 노벨 기뢰는 아연으로 만들어진 원뿔 모양이었다. 임마누엘과 그의 아들들은 화약 4킬로그램을 채운 뒤 그 위에 가연성 화학물질이 담긴 유리관을 놓았다. 기뢰는 수면 바로 아래에 배치되고 쇠사슬로 제자리에 고정되었다. 적 군함이 충격을 주면 유리관이 깨지면서 화학물질이 혼합되어 화약을 점화하는 방식이었다.

생산은 지연되었다. 6월 초, 러시아 전쟁 당국 간의 서신에는 짜증이 묻어났다. 네이피어 제독은 함대를 핀란드만으로 이동시키기 시작했고, 프랑스 선박도 동행했다. 노벨 가족은 과연 무엇을 하고 있었던 걸까? 로베르트가 크론슈타트 외곽에 기뢰 설치를 시작한 것은 6월 19일이었다. 그때 섬 주민들과 페테르호프 여름 궁전의 차르 가문은 네이피어의 영국 함선을 완전히 볼 수 있었다. 트레버 로일은 『크림』에서 "지평선에 나타난 그들의 돛과 연기는 한여름의 호기심거리가 되었다"고 묘사했다. 안전상의 이유로 루드빅은 작업 중 창고 굴뚝에 올라가 망을 봐야 했다. 그들은 다음 날까지 작업을 완료하겠다고 맹세했다.[169]

*

군사 역사가 블라디미르 라핀은 체크무늬 셔츠와 검은색 가죽 조끼를 입고 항상 미소를 지었다. 그는 러시아 과학 아카데미의 교수이며 많은 상을 받았다. 나는 최근 몇 년간의 세부 사항을 정리하기 위해 상트페테르부르크의 한 호텔에서 그와 만나기로 약속했다.

라핀은 노벨의 폭발물이 오늘날에도 러시아인의 의식 속에 살아 있다고 말했다. 특히 매년 6월 20일의 "폭발물 설치 기념일(Minutläggarnas dag)"에는 더욱 그렇다. 이날에는 폭파 전문가들과 사람들이 영국 선박 폭파 장면을 시연하면서 건배를 한다.

축하 행사의 배경은 1854년 6월 20일에 발생한 사건에 있다. 영국의 탐사선이 로베르트 노벨이 새로 설치한 기뢰 중 하나를 포획했다. 기뢰는 느슨해져 물 위에서 흔들리고 있었다. 영국 기록에는 "노벨 기뢰가 제독이 검사를 시도하던 중 폭발해 그가 한쪽 눈을 잃었다"고 되어 있고, 러시아 기록에는 "영국 선박 전체가 폭발해 침몰했다"고 적혀 있다.

블라디미르 라핀은 미소를 지으며 "전쟁에서 첫 번째 희생자는 진실"이라며 오늘날의 선전과 같은 맥락에서 이 말을 지적했다. 그러나 애국적인 관점에서 볼 때 이것은 당시 대중매체에서도 부각될 만큼 매우 중요한 사건이 되었다. 기술적으로 우수한 영국에 맞서 러시아가 더 강하다는 것을 증명했을 뿐만 아니라, 도시를 성공적으로 방어하며 무엇보다 새로운 도전에 나섰기 때문이다.

라핀은 노벨 가문이 크림 전쟁 동안 발트해에 총 1,391개의 기뢰를 설치했다고 계산했다. 경쟁자인 모리츠 헤르만 폰 야코비(Moritz Hermann von Jacobi)사는 단지 474개만 설치했다. 야코비의 기뢰는 해변에 있는 볼타 배터리(Volta-batteri)에 전기 케이블을 연결해 제어하였으며, 주로 흑해에 배치하였다.

"하지만 야코비의 기뢰는 작동하지 않았다. 눌러야 하는 버튼에 문제가 있었다"라고 블라디미르 라핀이 말했다.

나는 호텔 방으로 돌아와 1854년 초여름 몇 주 동안의 프로젝트를 정리하기 위해 로베르트 노벨의 장부를 펼쳤다. 이 문서는 룬드 국립 기록 보관소에서 촬영한 것으로, 깔끔한 손글씨로 매일 4페이지씩 기록되어 있었다. 당시의 기록은 즐거운 나들이처럼 보였다. 로베르트 노벨이 사용한 비용은 다음과 같다.

사람들에게 나눠 준 빵과 브랜디 5.00루블. 나, 마부, 두 명의 인부를 위한 저녁 식사 비용 1.50루블. 크론슈타트의 마부수당(Hyrkusk) 2.50루블. 3일 동안 두 명의 노 젓는 사람 비용 8.50루블. 15명의 식비 3.00루블. 장교들과 아버지와 함께한 저녁 식사 8.00루블. 사람들을 위한 브랜디 4.00루블. 아버지를 위한 레모네이드 0.40루블. 나와 전문가들을 위한 임차료와 생활비 5.25루블. 장교들과의 아침 식사 4.70루블. 여름 정원에서의 숙박과 저녁 식사 2.60루블. 와인 5.00루블. 사람들을 위한 음식과 브랜디 4.00루블.

러시아의 기뢰 설치자들은 이미 그때도 꽤 많이 건배를 했다.

*

영국의 찰스 네이피어 제독은 고뇌에 빠져 있었다. 그의 함선 듀크 오브 웰링턴은 마침내 크론슈타트 앞바다에 도착했지만 이미 심하게 지체된 상태였고, 그는 극심한 스트레스로 고통받고 있었다. 런던에서는 영국 정부의 귀족들 사이에서 불만이 점점 커져만 갔다. 곧 7월인데 발트해 연안에서 아직 공격이 없었다는 것이었다. 네이피어는 설명하려 했지만 그가 열흘 넘게 스웨덴 동부 해안의 짙은 안개 속에 갇혀 있었던 것과 정치인들이 무슨 상관이었겠는가?

영국 정찰정은 크론슈타트에서 실망스러운 정보를 가져왔다. 얕은 물과 암초, 암벽이 가득해 접근조차 어려웠다. 중무장한 요새에는 작고 장비가 부족한 보트만이 가까이 다가갈 수 있었다.

네이피어는 자신의 호언장담을 후회했다. 포츠머스를 떠나기 전에 그는 무모한 행동을 삼가고 영국 함대를 불필요한 위험에 빠뜨리지 말라는 명령을 받았다. 그러나 지금은 오직 승리에 대한 요구만이 들려왔다.

그리고 "지옥 기계"도 있었다. 네이피어는 이미 부제독의 눈 부상 사건 이전부터 노벨의 기뢰에 대해 알고 있었다. 헬싱키에 거주하는 한 스웨덴인이 영국 해군에 연락해 놀라운 소문의 진실을 확인시켜 주었다. 그는 러시아인들이 물속에 일종의 폭발 장치를 설치했다는 사실을 폭로했다. 이 장치는 접촉하는 순간 폭발하여 공격용 선박을 침몰시킬 수 있는 장치였다. 그는 심지어 기뢰를 설치한 기술자를 알고 있다고 주장했다.

이 얕은 물에서 바다 기뢰라니? 이런 조건에서 전진하는 것은 순전히 자살 행위처럼 느껴졌다. 네이피어는 3일 동안 고심한 끝에, 크론슈타트를 공격하는 것이 "완전히 불가능"하다고 본국에 보고했다. 헬싱키 외곽의 최소한으로 무장된 수오멘린나에 대해서도 같은 결론을 내렸다. 풀이 죽은 그는 함대에 핀란드만에서 퇴각할 것을 명령했다.

연합군이 올란드에서 보마르순트(Bomarsund)를 일부 점령한 것은 도움이 되지 않았다. 위대한 찰스 네이피어는 실패했다. 제독으로서 그의 마지막 임무는 실패로 끝났고, 그는 조롱 속에서 영국으로 돌아가게 되었다. 실제로 그는 해변에 발을 디디자마자 직위에서 해임되었다.

반면 러시아 국방장관은 "노벨이 맡은 임무의 성공"을 "니콜라이 1세"에게 직접 보고하게 된 것을 자랑스럽고 기쁘게 생각했다.[170]

5장
더 높은 의미를 찾아서

임마누엘 노벨은 어린 알프레드의 재능에 깊은 인상을 받았다. 그의 아들은 겨우 스무 살이었지만 이미 놀라울 정도로 지식이 풍부하고 야망이 넘쳤다. 알프레드는 가족 중 누구도 따라 할 수 없는 방식으로 하루 종일 일할 수 있는 것처럼 보였다.

그러나 1854년 전쟁 당시의 노력은 눈에 띄지 않았다. 여름에 영국의 네이피어 제독이 닻을 내리고 잠시 숨을 고르고 있을 때 알프레드 노벨은 병에 걸렸다. 이는 그리 놀랄 일이 아니었다. 그는 성장하는 동안 병치레를 자주 했다. 형 루드빅도 건강이 좋지 않았고, 가을이 다가오면서 상트페테르부르크에 습한 공기가 휩쓸자마자 가쁜 기침으로 괴로워했다. 그러나 알프레드의 상황은 더욱 심각했다. 말년에 그는 자신이 스무 살이던 당시 죽음에 가까운 상태였으며, "빛과 열의 광선"으로 자신을 치료하지 않았다면 목숨을 잃었을 것이라고 주장했다.[171]

알프레드가 그해 여름에 걸린 병은 정확히 알려지지 않았다. 오래된 자료에는 과로를 암시하고 있을 뿐, 이후 발견된 편지에서 그가 종종 화를 내곤 했다는 추론을 할 수 있다. 몇 년 후 그는 변비와 지속적인 통증으로 고생했다고 전해진다. 아마도 성공한 마흔 살의 알프레드 노벨이 불평했던 류머티즘 질환이 이미 그때부터 나타났을 가능성도 있다. 또한 그는 평생 동안 소화 문제에 시달렸으며, 초기 병력으로 괴혈병이 언급되기도 했다.

노벨 형제들은 항상 병약했다. 알프레드의 경우 1854년 여름에 진단받은 병

명은 끝이 없을 정도였다.[172] 부모는 전쟁 사업 덕분에 재정적으로 여유가 있었으므로 알프레드가 유럽의 유명한 휴양지 중 한 곳에서 한 달간 머무를 수 있도록 비용을 지불하기로 결정했다. 선택된 장소는 보헤미아(오늘날의 체코 공화국)의 프란젠스바드(Franzensbad)였다. 이곳은 더 유명하고 자연경관이 아름다운 칼스바드(Karlsbad)와 마리엔바드(Marienbad)로 가는 길목에 위치해 있었다. 프란젠스바드의 특징은 평온한 분위기와 유럽 최초의 의료용 진흙탕(moorbad)을 보유하고 있다는 점이었다.

프란젠스바드 요양원의 의사인 로렌츠 쾨슬러 박사(Dr. Lorenz Köstler)는 거의 항상 그곳에 있었다. 그는 프란젠스바드만의 치료법 효능에 대한 논문을 출판하며 자신의 의학적 권위를 전부 쏟아부었다. 쾨슬러는 이곳의 독특한 진흙 치료가 피부병, 류머티즘, 빈혈, 괴혈병, 산부인과 질환, 치질, 통풍 등에 효과가 있다고 주장했다. 그는 프란젠스바드의 샘물이 화산과 전기적 힘으로 만들어진 특별한 농도를 가지고 있다고 말하며, 이를 하루에 한 잔씩 마시는 것만으로도 창백한 사람, 폐병 환자, 변비, 요실금 환자들에게 기적을 일으킨다고 주장했다. 또한 과로, 우울증, 자위행위, 건강염려증(hypokondri), 발기부전(impotens) 등 다양한 신경 질환에 지속적인 호전과 영구적인 회복을 약속할 수 있다고 언급했다.[173]

*

노벨은 처음으로 스톡홀름을 여행했다. 그는 8월 7일 월요일, 네이피어가 올란드 보마르순트 섬을 공격한 다음 날에 도착했다. 스톡홀름의 여름 날씨는 맑고 하늘에는 몇 줄기 흰 구름만 떠 있었다. 알프레드는 드로트닝가탄(Drottninggatan)에서 숙소를 빌린 후 할머니를 방문하고 증기선을 타고 달라뢰(Dalarö)로 이동해 여름 별장에 있는 알셀(Ahlsell) 가족을 찾았다. 그는 아홉 살 이후로 삼촌이자 세관원인 루드빅 알셀을 한 번도 만난 적이 없었다. 알프레드는 어머니 안드리에타가 그녀의 남동생을 매우 잘 따랐다는 사실과 루드빅이 벽에

세 살 연상의 사촌누이 초상화를 걸어두고 기리고 있다는 것을 알고 있었다. 알프레드와 루드빅은 이번 만남을 통해 서로를 잘 알게 되었다.

알프레드는 집으로 편지를 보내며 루드빅을 "훌륭하고 고귀한" 사람이라고 칭찬했다. 알프레드의 삼촌은 그해 여름에 힘든 시간을 보내고 있었다. 그의 아내 샬럿(Charlotte)은 중병에 걸렸고 딸 미나(Mina)도 폐에 문제가 있었다. 알프레드는 삼촌이 자주 눈물을 흘리는 모습을 보고 걱정했지만, 사촌들의 삶을 즐겁게 만들기 위해 노력하는 루드빅의 모습에 깊은 감동을 받았다. 한편, 알프레드 자신의 문제는 달라뢰에서 어느 정도 해결되었다.[174]

마을로 돌아온 알프레드는 할머니 카롤리나 빌헬미나를 방문했다. 그녀는 세관원인 아들 근처로 이사해 남부의 카타리나(Katarina) 교구에 살고 있었다. 알프레드는 할머니가 돈을 꽉 쥐고 있는 모습을 보고 파산을 두려워하는 것 같다고 느꼈다. 이 문제를 해결하기로 결심했다.

스무 살의 알프레드는 스톡홀름의 변화를 기대했지만, 별다른 변화가 없었고, 새로 지어진 건물도 많지 않아 실망했다. 그러나 일부 기술 혁신으로 도시 경관이 바뀌었다. 그 직전 겨울, 스톡홀름에 최초의 가스등이 설치되었고, 6개월 후에는 스톡홀름과 웁살라 사이에 최초의 전신선도 설치되었다. 아마도 알프레드 노벨은 스토르시르코브링켄(Storkyrkobrinken)의 새로운 전신국에서 이 장치의 시연을 보았을 것이다. 기적을 만든 사람은 17년 전 아버지 임마누엘이 나라를 떠났을 때 아버지의 고무 공장을 인수한 안톤 루드빅 파넬름 소령이었다.

그러나 알프레드의 고향은 유럽의 다른 지역에 비해 철도 건설이 뒤쳐져 있었다. 말이 끄는 마차만 있을 뿐 스웨덴에는 여전히 철도가 없었다. 당시 스웨덴 의회는 발명가 존 에릭슨의 유럽 대리인인 엔지니어 아돌프 유진 폰 로젠(Adolf Eugéne von Rosen)이 제안한 민간 주도의 철도 건설 계획을 겨우 수락했다.

의회의 결정은 엔지니어 폰 로젠에게 실망을 안겨 주었을 것이다. 그는 철도가 밀집된 영국에서 오랜 경험을 쌓은 후 스웨덴으로 돌아와 철도 프로젝트를 추진하기 위해 몇 년 동안 조사를 진행했다. 하지만 의원들은 비록 철도 자체에 대해서는 부정적이지 않았지만 철도를 민간이 건설하도록 하자는 폰 로젠의 제안에는 부정적이었던 것으로 보인다. 알프레드 노벨이 스웨덴을 방문한 지 몇 달 후, 주요 철도 노선을 국유화하여 건설하자는 결정이 내려졌다. 이 계획은 스톡홀름과 예테보리(Stockholm-Gothenburg)를 연결하는 노선으로 시작되었다.

폰 로젠은 성가신 일로 철도 건설을 이끄는 역할을 맡지 못하고, 대신 집에 있던 존 에릭슨의 형제 닐스 에릭슨(Nils Ericson)이 그 일을 맡았다.[175] 불행히도 폰 로젠은 계속해서 큰 이익을 얻지 못한 대리점 업무를 이어갔다. 10년 후, 아돌프 유진 폰 로젠은 알프레드 노벨과 그의 아버지가 해외에서 제품을 판매하는 데 도움을 줄 것이다.

1854년 8월 말, 알프레드는 고향 방문을 마친 후 프란젠스바드로 향했다. 그는 먼저 스톡홀름에서 예테보리까지 증기선으로 이동하고, 9월 초에 프란젠스바드에 도착해 "목욕과 진흙 요법"을 시작했다.[176]

스파는 호황을 누리고 있었고, 환자의 유입이 해마다 증가하면서 서비스 질이 떨어졌다. 심지어 고급 주택에서도 벽에 결로로 인한 얼룩이 생기기 시작했다.

정상적인 코스는 총 28일로 되어 있었다. 알프레드는 예정된 일정 외에 선택의 여지가 거의 없었다. 프란젠스바드에는 건강 증진 효과가 다른 다섯 개의 온천이 있었다. 그곳에서는 많은 사람들이 건강을 위해 샘물을 한 잔씩 마셨다.

대부분의 방문객은 아침 일찍 잘츠퀠레(Salzquelle)로 산책을 나갔고, 그곳에서 오케스트라 반주에 맞춰 첫 번째 아침 잔을 "맛있고 강한 탄산수"로 채웠다. 목욕은 그날의 하이라이트였다. 먼저 가벼운 기포가 있는 물에 몸을 담갔다. 그 물은 "목욕하는 사람의 몸에 풍부한 진주를 뿌리고 부드럽고 편안하게 감싸준다"고 알려져 있었다. 그다음에는 진흙 목욕이 기다리고 있었다. 많은 사람들은 진흙 목욕을 "스프링 매트리스에 앉는 것과 같다"고 생각했다. 『아프톤블라뎃』의 한 칼럼니스트는 "결국 가라앉은 당신은 바닥에 도달하기 전에 민요의 첫 구절을 부를 수도 있었다"라고 썼다. 검은 진흙이 팔을 타고 흘러내렸고, 다리를 들어 올리면 "마치 검은색 꼭 끼는 바지를 입고 누운 것처럼 보였다." 이 칼럼니스트는 식사가 최악이었다고 주장하며, 수프와 삶은 가금류로 구성된 빈약한 식단은 "모든 비만의 징후가 그 싹이 자라기도 전에 사라지게 했다"며 마치 "만찬의 유령이 테이블 위를 떠다니는" 듯했다고 표현했다. 그는 저녁 산책 중 도시를 가로질러 지나가는 화려한 보헤미안 황소들을 부러운 눈으로 바라보았다.

많은 사람에게 사람 구경은 유일한 즐거움이었다. 프란첸스바드는 부유한 오스트리아인과 러시아인뿐만 아니라 스칸디나비아인과 프로이센인도 끌어들였다. 다양한 국적과 사회 계층이 섞인 이곳에서 예상치 못한 새로운 인연이 형성되었다. 주로 이곳과 다른 건강 시설에서 이루어졌으며 "유럽 체스판"처럼 새로운 지인을 만날 수 있었다.[177]

알프레드 노벨은 곧 질려버렸다. 그는 물 마시기, 목욕하기, 사교적인 대화에서 아무 의미를 찾지 못했다. 프란첸스바드는 많은 여성을 끌어들였지만, 대부분의 여성은 그보다 훨씬 나이가 많았다. 지루한 알프레드는 스톡홀름과 달라뢰에 머무르는 것이 "프란첸스바드 전체"보다 건강에 더 이로웠다고 삼촌에게 편지했다. "친척이나 친구 대신 일시적으로 아는 사람들 사이에 있을 때 얼마나 큰 손실을 보았는지 깨닫기 쉽다. 낯선 사람과 즐거운 시간을 보낼 수는 있지만, 그와 나중에 슬프게 헤어진다면 많은 것을 잃게 된다는 것을 쉽게 알 수 있다." 그는 "말할 수 없을 정도로" 고향이 그리웠고, 부모님께 부담이 되는 것이 싫었기에 회복 여부와 관계없이 10월 말 스물한 번째 생일이 되기 전에 상트페테르부르크로 가고 싶어 했다.[178]

*

스파는 당시 주요 의학적 도전에 비해 큰 효과가 없었다. 18세기에는 천연두가 가장 큰 전염병이었고, 19세기에는 콜레라와 발진티푸스가 주요 경쟁 상대였으며, 매독과 결핵은 예측할 수 없는 도전자였다. 19세기 중반에는 콜레라가 확실한 승리를 향해 나아가는 듯 보였다. 세 번째 전염병이 짧은 시간에 전 세계를 강타했다. 1847년에서 1861년 사이에 러시아에서만 100만 명 이상이 콜레라로 사망했다.

천연두는 1796년 영국 의사 에드워드 제너(Edward Jenner)가 개발한 백신으로 어느 정도 통제되었다. 이 백신은 환자의 천연두에서 나온 소량의 분비물과 조직을 사용해 건강한 사람을 보호하는 수세기 전 아시아의 전통에 기반을 두고 있었다. 이 방법을 통해 건강한 사람은 대부분 경미한 증상만 겪었지만 일부는 사망하기도 했다. 이후 면역을 통해 전염병의 위험을 극복할 수 있다는 사실이 입증되었다. 제너의 아이디어는 우두를 접종해 동일한 면역을 생성하는 것이었다. 이는 성공을 거두었고 천연두 조직을 사용하는 것보다 훨씬 안전한 방법이었다. 이는 세계적인 성공을 거두었다.

19세기 초반 수십 년은 현대 의학이 탄생한 시기로 여겨진다. 방혈과 완하제 사용과 같은 전통적이고 인기 있는 치료법에 의문이 제기되기 시작했으며, 의학은 점차 실험실 중심으로 이동했다. 의학은 새로 설립된 대학에서 점점 더 높은 위치를 차지하게 되었다.

이제 사람들은 질병의 원인을 추측하는 단계를 넘어, 질병을 과학적으로 증명하고 설명하는 방향으로 나아갔다. 19세기 초 청진기가 발명되었고, 의사들은 이를 통해 환자의 호흡을 들으며 기관지염, 폐렴, 결핵 등을 놀라울 정도로 정확하게 진단하는 방법을 익혔다. 프로이센의 안경사 칼 자이스(Carl Zeiss)가 개발한 더 선명하고 저렴한 현미경은 의료 조직 연구에 대한 관심을 폭발적으로 증가시켰다.

알프레드의 화학 교사인 지닌과 펠루즈에게 큰 영향을 미친 유스투스 폰 리비히(Justus von Liebig) 교수는 그 변화의 중심에 있었다. 그는 뮌헨 대학교로 자리를 옮겨, 더 큰 실험실에서 동물의 간, 근육 조직, 소변, 눈물, 땀과 같은 분비물과 신체의 화학을 연구했다.

또한 리비히는 에테르와 함께 사용되기 시작한 마취제인 클로로포름의 생산에 성공한 최초의 연구자 중 하나로, 이를 통해 완전히 고통 없는 수술이라는 꿈을 실현하는 데 기여했다.

또 다른 의학 혁명은 세균과 오염에 관한 발견이었다. 1840년대 말에 헝가리 의사 이그나즈 제멜바이스(Ignaz Semmelweis)는 비엔나의 산부인과 진료소에서 흥미로운 발견을 했다. 그는 산욕열로 인한 높은 사망률에 충격을 받았고, 의사들이 종종 부검실에서 바로 출산을 보러 오는 관행에 주목했다. 제멜바이스는 의사들에게 염소화 석회 용액으로 손을 씻도록 의무화했고, 그 결과 출산 중 사망률이 급격히 감소했다.

또 다른 창의적인 의사인 영국인 존 스노우(John Snow)는 1854년 런던에서 진행 중인 콜레라 전염병의 감염원을 찾으려고 노력했다. 그는 알려진 질병 사례를 지도에 표시하기로 결정했고, 이는 큰 성공을 거두었다. 아픈 사람들에게는 공통된 원인이 있었는데, 바로 같은 우물을 사용했다는 점이었다. 스노우는 지도를 계속 작성하며 물이 감염의 원인이라는 점을 점점 더 확실히 입증해 나갔다.

스노우의 관찰은 청결에 대한 의식에 어느 정도 영향을 미쳤지만, 제멜바이스는 당국으로부터 인정받지 못했다. 그리고 10년 후 많은 사람은 의료 역사의 위대한 순교자가 정신병원에 수용되어 비참하게 생을 마감하는 모습을 목격했다.

크림 전쟁이 발발했을 때, 전염병이 싸우는 병사들에게 무기보다 더 큰 위협이 될 수 있다는 사실은 이미 오래전부터 알려져 있었다. 이 사실은 전쟁 중에도 곧 확인됐다. 1854년 9월 13일, 프랑스군과 영국군은 세바스토폴에서 북쪽으로 몇 마일 떨어진 크림반도에 상륙했다. 그들은 알마(Alma)강에서 러시아군과 첫 번째 주요 전투를 벌였고 일주일 후 승리를 거두었지만, 높은 대가를 치렀다. 최종 목표는 수천 명의 인명 손실로 인해 중단되었다.

그들 중 70퍼센트가 넘는 많은 병사들이 콜레라, 복부 감염 또는 기타 질병으로 사망했다.

알마에서의 승리 소식은 10월 1일까지 런던과 파리에 전해지지 않았다. 이러한 지연을 해결할 방법은 별로 없었다. 그때까지 전신선은 일부 구간에만 구축되어 있었고, 국제 뉴스 서비스를 위해서는 증기선과 말을 탄 전령이 모두 필요했다. 그럼에도 이미 기술은 혁명적이었다. 이번 전쟁은 역사상 처음으로 현장에서 언론이 취재하고, 사진으로 기록한 전쟁이 되었다. 영국 언론은 독립적인 입장을 유지한 반면, 나폴레옹 3세는 프랑스 언론에 대해 엄격한 검열을 시행했다.

언론 보도는 결정적인 영향을 미쳤다. 승리의 환호가 있은 지 2주 후, 『타임스(The Times)』의 특파원은 알마 전투 이후의 참상을 폭로해 4만 명의 독자들을 충격에 빠뜨렸다. 심각한 부상을 입은 영국 병사들은 배설물로 범벅된 지푸라기 위에 방치되었다. 수천 명이 혼잡하고 더러운 터키 의료 막사에서 콜레라에 감염되었다. 의사와 간호사는 부족했고, 절단 수술에 필요한 마취제도 준비되지 않았다. 붕대용 리넨조차 부족했다.

구조 기금 모금 캠페인이 시작되었다. 한 "부상당한 병사"는 10월 14일 『타임스』에서 "영국에는 자비로운 간호사들이 없는가?"라고 물었다.

당시 34세 영국 여성인 플로렌스 나이팅게일(Florence Nightingale)은 런던에서 노인 여성을 위한 요양원을 운영하고 있었다. 그녀는 부유한 가정에서 태어났으나 부모의 의지에 반해 안락한 삶을 추구하기보다는 힘든 직업을 선택했다. 고집이 세고 헌신적이었으며, 원하는 것을 얻는 데 익숙했다. 또한 국방부 장관과 개인적인 친분이 있었다.

플로렌스 나이팅게일은 3일 만에 임무와 예산을 모두 확보했다. 몇 주 후 그녀는 참혹한 위생 상태를 개선하기 위해 자비로운 수녀회 그룹과 함께 콘스탄티노플로 떠났다. 결국 그녀는 성공을 거두었고, 그녀의 엄격한 지도 아래, 임시 군 병원들의 사망률은 급격히 감소했다. 2년 6개월 후, 영웅으로 돌아온 그녀는 환호와 찬사를 받으며 영국의 잔 다르크로 칭송받았다. 이로써 영국 군대에 간호직이 창설되었다. 플로렌스 나이팅게일이 1854년 10월 21일 토요일, 크림 전쟁을 향해 영국을 떠날 때 그녀는 단지 업무량이 비정상적으로 많을 것이라고 예상했을 뿐이었다.[179]

*

10월 21일 안개 낀 토요일, 알프레드 노벨은 21세가 되었다. 그 당시 스웨덴에서 남성에게 스물한 번째 생일은 중요한 의미를 지녔다. 마침내 그는 성년이 되었다. 알프레드는 목욕과 진흙 요법을 끝내고 집에 돌아와 임마누엘, 안드리에타, 네 형제와 함께 스토라 네브카(Stora Nevka)의 부두에 있는 회색 목조 주택에서 중요한 날을 보냈다. 가족들은 축하할 일이 많았다. 다음 주에는 막내 롤프(Rolf)가 아홉 살이 되고, 일주일 후에는 넷째 동생 에밀(Emil)이 열한 살이 되기 때문이다.

알프레드는 상트페테르부르크로 돌아가자마자 외삼촌 루드빅에게 다시 편지를 썼다. 이번 편지는 외할머니인 카롤리나(Carolina)에 관한 것이었다. 알프레드는 할머니를 부양하기 위해 삼촌에게 돈을 맡겨두었다. 이제 그는 루드빅에게 카롤리나에게 즉시 전액을 제공하도록 요청했다. 그는 어머니의 인사를 전하며 할머니가 너무 절약하지 않도록 부탁했다. 필요하다면 더 많은 돈을 보낼 수 있으니, 할머니가 조금이라도 즐거움을 누리기를 바란다고 썼다.[180]

상트페테르부르크는 크림반도에서의 패배로 충격을 받았다. 총사령관 멘시코프는 기습 공격에 당황했다. 그는 모든 연합군의 공격이 봄에 있을 것으로 예상했지만, 그의 군대는 혼란 속에서 달아나야 했다. 러시아의 주요 기지인 세바스토폴이 함락되기까지 며칠밖에 걸리지 않을 것처럼 보였다.

멘시코프 왕자는 노벨 가족에게 중요한 인물이었지만, 무능하다는 평을 받았다. 그는 자신의 좌절에 대해 개인적인 책임을 져야 했다. 그러나 다른 사람들은 마지막 순간에 세바스토폴을 강화해 패배를 긴 포위전으로 바꾼 그의 공로를 인정했다.

차르 니콜라이 1세는 깊은 우울증에 빠졌다. 그는 잠을 자지도 음식을 먹지도 않았으며, 평소 남자가 나약한 모습을 보이는 걸 경멸하던 그가 어린아이처럼 우는 모습이 목격되었다. 한 궁녀는 "군주의 모습은 마음을 아프게 하기에 충분하다"라고 말했다. 그런데도 다른 사람들은 전투 의지를 보였다. 러시아는 나폴레옹과의 싸움에서 위협적인 패배를 승리로 바꾸지 않았던가?

러시아의 군비 확장은 계속되었고, 노벨 가족은 일에 투입되었다. 1855년 1월, 노벨과 아들들 회사는 투르쿠 주변과 헬싱키 외곽 수오멘린나 근처 해역에 1,160개의 기뢰를 추가로 제작하기 위해 러시아 국방부와 계약을 체결했다. 이 계약으로 얻은 이익은 11만 6,000루블로 어마어마했다. 동시에 그들은 세 척의 새로운 전함에 장착할 증기 엔진 문제로 어려움을 겪고 있었다. 벌써 1년이 흘렀고, 작업이 완료되려면 가을이 되어야 할 것 같았다.

알프레드 노벨은 해군에 편지를 써서 엔진 제작의 어려움을 설명하면서도 이를 성공적으로 보이도록 해야 하는 부담스러운 임무를 받았다. 회사는 이제 직원 수가 1,000명에 이르렀으며, 그중 상당수가 프로이센에서 채용되었다. 그들은 공장을 확장하고 모든 작은 단조작업을 수행했으며 남은 거친 작업을 위해 대형 증기 해머에 투자했다. 해머 작동 시 요란한 소음으로 주변 집들이 흔들렸고, 이웃들은 항의 편지를 보냈다.

알프레드의 편지는 낙관적인 전망을 제시했다. 러시아 군대는 일시적으로 약화되었으나 확실히 회복 중이었다.

그러나 니콜라이 1세는 그러지 못했다. 영하 20도의 날씨에서 병사들을 점검한 후, 우울한 섭정은 심한 폐렴에 걸렸다. 1855년 3월 3일, 그는 장남 알렉산더에게 "러시아를 섬기라!"는 유언을 남기고 겨울 궁전에서 생을 마감했다.

차르 니콜라이 1세가 서명한 가장 마지막 문서 중 하나는 노벨 가문의 후원자인 크림반도의 세바스토폴 사령관 알렉산더 세르게예비치 멘시코프 왕자를 해임하기로 한 결정이 포함되어 있었다.[181]

*

차르 알렉산더 2세 즉위로 더 밝은 시대가 열렸다. 알프레드 노벨은 한 시에서 "현재의 차르 만세!"라고 외치며, 알렉산더를 "양심을 부여받은 정직한 사람"으로 묘사했다.[182] 새로 즉위한 차르는 제철공장 주인인 임마누엘 노벨에게 "근면함과 예술적 기술"을 인정하는 황제의 메달을 수여하고, 그를 "황제와 차르의 성스타니슬라우스 3등급 기사"로 임명했다.[183]

1855년은 노벨 가문에 희망찬 한 해였다. 루드빅은 마침내 용기를 내어 루드빅 알셀 삼촌에게 연락해 사촌 미나와의 결혼을 요청했다. 알프레드는 삼촌에게 "어머니는 마치 열여덟 살이 되어 자신의 결혼식을 축하하려는 것처럼 매우 만족스럽고 행복해 보입니다. 아버지도 마찬가지입니다"[184]라고 썼다. 임마누엘과 안드리에타는 새로운 딸을 가족으로 맞이할 생각에 기뻐하며, 곧 평화가 찾아오고, 미나의 폐가 더 강해져 건강해지기를 바랐다. 결혼식은 그녀의 건강이 회복된 후에야 가능했기 때문이다.[185]

겨울은 추웠다. 로베르트와 직원들은 3월 말에 헬싱키 외곽의 투르쿠와 수오멘린나 요새에 수천 개의 기뢰를 설치하기 위해 얼음에 구멍을 뚫어야 했다. 이 임무는 곧 늘어날 예정이었다. 알렉산더 차르는 얼마 후 크론슈타트를 방문했고 300개의 노벨 기뢰를 추가로 설치해 요새를 강화하기로 결정했다.[186]

당시 영국과 프랑스는 크론슈타트와 수오멘린나를 주요 목표로 삼아 발트해에서 두 번째 공격을 계획하고 있었다. 영국의 선박은 이미 목표를 향해 움직이고 있었다.

이번에는 알프레드가 긴장을 풀었다. 그는 러시아 내륙의 공급업체를 방문하기 위해 몇 주간 여행을 떠났다. 그러나 그 여정은 고된 경험이었다. 알프레드가 나중에 설명했듯이 그는 "모든 것이 멈춘" 장소를 방문해야 했다. 그곳에서는 "잉크, 펜, 종이"조차 찾아볼 수 없었다고 그는 묘사했다.[187]

5월 말 상트페테르부르크로 돌아왔을 때, 노벨과 아들들 회사는 위기를 맞고 있었다. 작년에 설치한 기뢰 중 일부가 크론슈타트 주변 해역에 남아 있었다. 얼음이 녹으면서 줄이 느슨해져 기뢰가 떠올라 해상에 떠다니기 시작한 것이다. 러시아의 한 야전 상사가 해안에 밀려온 기뢰를 주워 오는 실수를 저질렀고, 기뢰가 그의 손에서 갑자기 폭발하면서 첫 번째 사고가 발생했다. 그 결과 야전 상사는 생사의 갈림길에 놓였으며, 근처에 있던 열 명의 병사는 시력을 잃었고, 또 다른 열 명은 부상을 입거나 화상을 입었다.

떠다니는 기뢰에 대한 보고가 계속 이어졌다. 잠시 후 보고의 내용이 바뀌었다. 많은 수의 기뢰가 파괴되어 적에게 아무런 위협이 되지 않는 상태가 되었지만, 남아 있는 기뢰는 오히려 아군에게 큰 위협이 되었다. 떠다니던 부서진 기뢰가 수오멘린나 근처에서 폭발하자, 러시아 장군은 안타까워하며 알프레드 노벨에게 이 기뢰들을 직접 조사하도록 요구했다.[188]

그 시점에 영국-프랑스 연합 함대는 다시 한번 크론슈타트 외곽에 정박했다. 상트페테르부르크의 주민들은 연합 함대의 돛대를 직접 볼 수 있었다. 수도에서는 연합군 함선을 반복되는 여름 오락거리로 여기기 시작했다. 한 러시아 선장은 적이 가장 잘 볼 수 있는 위치에서 무도회를 열기도 했다.

알프레드 노벨의 눈에 비친 크론슈타트 요새는 "어떤 영혼도 살 수 없는 곳"처럼 보였다. 그는 그곳에 가는 것을 싫어하며, "사실 나는 이보다 더 황량하고 지루한 곳은 모르지만 여기 러시아에서는 신보다 왕관을 섬기는 것이 먼저라는 속담을 항상 따라야 한다"[189]라고 말했다.

연합군은 망설였다. 영국군은 러시아군이 증기선과 거의 1,000개의 기뢰로 방어를 강화했다는 정보를 입수했다. 영국군은 본국에 보낸 보고서에 이러한 기뢰가 단순한 접촉만으로도 화학적으로 폭발할 수 있다고 설명했다. 그들은 이러한 기뢰를 제거하려는 시도가 너무 위험하다고 판단했다. 새로운 지휘관 둔다스(Dundas)는 본국에 보낸 보고서에서 현재 상황을 감안할 때 더 이상 공격을 권장할 수 없다고 밝혔다. 이에 따라 함대는 이의 없이 신중하게 다시 방향을 틀었다.

영국 함선 두 척이 각각 기뢰에 부딪혔으나, 다행히 폭발로 인한 큰 피해는 발생하지 않았다. 몇 주 후, 연합군은 헬싱키 외곽의 수오멘린나에 위치한 러시아 해군 기지 전체를 포격해 상당한 피해를 입혔다.

*

상트페테르부르크에서는 크림반도의 주요 전선 소식이 부족했다. 종군기자가 없었고, 검열된 뉴스는 보통 2~3주 지난 후에야 전달되었으며, 겨울 궁전에서 미화되어 표현되었다. 언어는 철저히 세탁되어 명백한 손실마저도 "전술적 후퇴"라는 표현으로 전달되었다.

마침내 상트페테르부르크와 세바스토폴을 잇는 군용 전신이 개통되었다. 그러나 영국은 항상 한발 앞서 있었다. 그해 봄, 영국은 흑해에 해저 케이블을 설치해 전황을 몇 시간 만에 런던 전쟁 지도부에 전달할 수 있었다.

포위된 세바스토폴에 주둔한 러시아 군인들 중 한 젊은 작가가 전쟁 이야기를 기록하며 정보 격차를 메우려 했다. 그는 스물여덟 살의 레프 톨스토이(Lev Tolstoy)였다. 수년 후 그는 1901년 최초의 노벨 문학상 후보로 거론되었다.

1855년 6월 톨스토이의 첫 번째 전쟁 단편소설 『12월의 세바스토폴』이 출판되었고, 큰 주목을 받았다. 러시아 독자들은 이를 통해 전쟁의 참상을 더 가까이 접할 수 있었다. 차르조차도 이 작품에 만족했다. 그러나 톨스토이가 다음 소설에서 전장의 참혹한 현실을 더욱 생생하게 묘사하면서 분위기는 더욱 어두워졌다.

수백 명의 피투성이 시신이, 몇 시간 전만 해도 희망과 욕망으로 가득했던 이들이, 이제는 세바스토폴의 묘지 예배당 바닥과 참호를 방어하는 보루를 가로지르는 이슬 맺힌 꽃이 만발한 계곡에 누워 있다. 수백 명의 사람이 말라붙은 입술로 저주나 기도를 중얼거리며, 일부는 꽃이 만발한 계곡의 시신들 사이에서, 다른 이들은 들것이나 침상, 붕대의 피로 얼룩진 응급 처치소 바닥에서 신음하고 있다. 여느 때와 같이 사푼산(Sapunberget) 위로 번개가 쳤고, 반짝이던 별들은 희미해졌다. 어두운 바다에서 하얀 안개가 피어오르고, 동쪽 하늘에 여명이 밝아오며, 하늘색 지평선 위로 자주색 구름이 퍼져갔다. 이전의 모든 날과 마찬가지로 강력하고 찬란한 태양이 떠올라, 부활한 온 세상에 기쁨과 사랑과 행복을 약속했다.

새로운 단편소설에서 톨스토이는 전쟁을 광기라고 규정하며 비난했다. 그는 사망자를 줄이고 평화적 해결책을 모색하기 위한 대안을 과감히 제안했다. "왜 각 군대는 한 명씩 줄여 마지막에 한 명의 수비수와 한 명의 공격자만 남겨두지 않는가? 그리고 만약 이성적 대표자들 사이의 복잡한 문제가 반드시 싸움으로 해결되어야 한다면, 이 두 군인이 싸우도록 하라." 톨스토이는 이야기 속 용감한 병사들 중 누가 진정한 영웅인지에 대한 질문을 던지며 결론을 내렸다. 그는 자신에게 이렇게 대답했다. "내 이야기의 영웅, 내가 온 영혼을 다해 사랑하고, 그의 모든 아름다움을 재현하려고 노력한 사람, 그리고 항상 그러했으며, 현재도 있고, 앞으로도 훌륭하게 남을 사람, 그것은 바로 진실입니다."[190]

*

러시아는 전기 전신망을 개선할 계획이 없었다. 차르 니콜라스 1세는 그가 죽기 몇 달 전인 1844년의 어느날 한 미국 기업가를 만났다. 이 기업가는 새뮤얼 모스(Samuel Morse)가 미국에서 첫 실험을 한 이후 전신망 사업에 관여했다고 주장하며 러시아를 세계와 연결하고자 했다. 그의 이름은 탈리아페로 프레스톤 샤프너(Taliaferro Preston Shaffner)였으며, 진실을 자주 왜곡하는 태도로 악명이 높았다. 샤프너는 욕설이 인상적인 켄터키주 출신의 40대 검은 머리 변호사였다. 그는 문제의 초점을 바꾸는 놀라운 능력이 있어 예상치 못한 상황에서도 조커처럼 등장할 수 있었다. 알프레드 노벨은 그에 대해 훗날 더 많은 것을 알게 될 것이다.

전신은 새로운 센세이션을 불러일으켰고, 기회를 노리는 사람들이 많았다. 최근 몇 년 동안 무서운 속도로 확장되어 국가 경계를 넘어 연결된 통신망이 세계 곳곳에 퍼져 있었다. 가장 최근에는 대서양 아래에 케이블을 설치하려는 획기적인 프로젝트가 진행 중이었다. 북미와 유럽을 전기 전신선으로 연결하는 꿈은 오랫동안 기술적으로 비현실적이라는 비난을 받았지만, 1854년 두 명의 개척자가 힘을 합쳐 이것을 실현하기 위한 진지한 시도를 했다. 탈리아페로 샤프너는 이익을 잘 감지하는 능력이 있었다. 그는 이미 다른 이들이 전신 사업을 시작했음에도 불구하고 단념하지 않았다. 1854년과 1855년에 유럽을 여행하는 동안 대서양 케이블에 대한 보완 제품인 유럽 링크를 제안했다. 이는 대서양 전신 회사(Atlantic Telegraph Company)가 정식으로 설립되기 훨씬 전이었다.

샤프너는 부끄러움이 없는 인물이었다. 그는 그린란드와 아이슬란드를 거쳐 덴마크와 노르웨이를 지나 스웨덴과 핀란드를 거쳐 러시아로 이어지는 전신선을 계획했다. 여행 중 그는 스웨덴 왕 오스카 1세를 만나 스웨덴을 통해 대서양 케이블을 설치할 수 있는 권한을 확보했다.

이 위대한 사업은 인간의 상상을 초월하는 결과를 가져왔다. 1855년 스웨덴의 『아프톤블라뎃』 신문은 미국의 『보스턴 포스트(Boston Post)』지에서 발췌한 내용을 보도했다. "이것은 우리를 지구상의 모든 문명국가와 일상적으로 교류할 수 있게 해줍니다."[191]

하지만 이 프로젝트는 당시까지 실질적인 성과를 내지 못했다. 누군가는 대륙 간 전신 연결이 실제로 작동하기까지 10년 이상의 시간이 걸릴 것이라고 주장했다.

기업가 샤프너는 상트페테르부르크에 6개월 동안 머물면서 차르에게 매료되었다. 그는 "부하들로부터 아버지처럼 존경받는" 황제를 "신처럼" 숭배한다고 말했다. 특히 샤프너는 크론슈타트 요새를 방문해 무기와 기뢰에 깊은 인상을 받았다.[192] 또한 노벨 가문의 공장도 방문했다고 전해진다. 샤프너는 나중에 법정 소송에서 자신이 니트로글리세린에 대해 처음 알게 된 것은 그 방문 당시였다고 주장했지만, "그들 중 누구도 그것을 폭발시키는 방법을 몰랐다"고 했다. 그러나 다른 증언들은 그가 이 점에 대해 거짓말을 했음을 시사했다.[193]

샤프너는 미국으로 돌아가 기자들에게 러시아 차르와 2,600만 달러 상당의 전신 계약을 체결했다고 자랑했다. 그 주장은 많은 주목을 받았다. 그러나 일부 미국 지역 신문은 "우린 우연히 샤프너 씨가 그 이야기의 창시자였다는 것을 알앞다. 확실히 하려면 러시아 쪽으로부터 정보를 기다려야 할 것이다. 2,600만 달러라는 그의 주장이 순전히 가짜라고 장담한다"라는 글을 실었다.[194]

10년 후, 탈리아페로 프레스톤 샤프너는 해상 기뢰와 니트로글리세린에 관한 "전문가"로서 다시 노벨 가족을 찾아왔다.

*

1855년 가을, 전쟁과 노벨 가족 모두에게 좌절이 찾아왔다. 갑자기 하나의 역경이 찾아오더니 또 다른 역경이 뒤를 따랐다. 사건은 9월 8일 점심시간에 시작되었다. 1년간의 포위 끝에 프랑스군 10개 사단은 크림의 러시아 전초 기지인 세바스토폴 외곽의 말라코프 요새를 향해 진격했다. 군악대가 「마르세예즈(Marseljäsen)」를 연주하는 동안 9,000명의 군인이 요새를 향해 돌진해 러시아군을 놀라게 했고, 러시아군은 겁에 질려 달아났다. 몇 분 후 프랑스 국기가 요새 탑에 게양되었다. 포격 후 이미 지진이 난 것처럼 보였던 세바스토폴시는 다음 날 함락됐다. 크림 전쟁이 막바지에 이르렀고, 세계의 어떤 새로운 언어도 러시아의 굴욕을 덮을 수 없었다.

파리에서는 이 위대한 승리의 이름을 따서 세바스토폴 대로(boulevard de Sébastopol)와 알프레드 노벨이 20년 후 집을 구입한 말라코프 대로(Avenue de Malakoff)라는 두 개의 거리를 명명했다.

1855년 9월, 상트페테르부르크의 노벨과 아들들 회사 공장에서도 불행이 시작되었다. 러시아군은 노벨 기뢰에 대한 불만을 계속 제기했다. 일부만 망가진 것이 아니었다. 기뢰 안의 화약이 젖으면서 온전한 기뢰조차 제대로 작동하지 않았다. 조사된 260개의 기뢰 중 231개의 기뢰에서 화약이 완전히 젖어 있었다.[195]

동시에, 노벨이 매우 어렵게 프로이센에서 모집한 주조공과 구리 세공사들 사이에서 작은 반란이 일어났다. 프로이센 직원들은 출근하지 않았고 거친 말을 사용하며 모든 규칙에 반대했다. 어느 날 임마누엘 노벨이 가장 난폭한 사람 중

한 명을 쫓아내기 위해 경찰을 불러야 했다.

이러한 이유만으로도 증기기관의 최종 생산이 위태로워졌고, 노벨이 최근 다섯 척의 코르벳함(korvetter)에 엔진을 공급하기로 약속한 상황에서 문제는 더욱 심각해졌다. 10월 중순 어느 날 밤, 노벨과 아들들 회사의 주철 작업장에 큰 화재가 발생했다. 새로운 증기 해머가 부분적으로 파괴되면서 모든 작업이 중단되었고, 복구하는 데 최소 3개월이 걸릴 것으로 예상되었다.[196]

루드빅 노벨은 새로운 것을 개척하는 아버지의 노력에 대해 장점보다 단점이 더 크다고 생각했다. 그는 당시 편지에서 "새로운 발명품은 확실히 국가에 유용하지만, 그로부터 무엇인가를 얻을 수 있는 사람은 거의 없다"고 적었다. "돈을 벌고 싶다면 이미 유통되고 있는 것을 생산해야 한다. 많은 사람이 사용하는 물건을 생산해야 하고, 그 판매가 확실해야 한다."[197]

알프레드는 속도를 유지하려고 노력했다. 그는 최소한 크론슈타트에서 추위를 피하기 위해 군대가 주문한 신형 난방 기구의 납품이 지연되는 일은 피하려 했다. 그는 속도를 높이는 데 방해가 된다고 판단해 이른 시간과 늦은 시간에만 가족을 만난 듯했다. 그의 주변 사람들은 대부분 그의 속도를 따라가는 것을 어려워했다. 형제들은 그의 극단적인 작업 속도에 대해 걱정했다. 알프레드의 건강이 나빠지고 있는 것은 분명했다.[198]

그러나 11월 28일 수요일에 모든 것이 멈췄다. 칠흑 같은 겨울 어둠이 그들 모두를 덮었다. 특히 이 어둠은 어머니 안드리에타에게는 아마 다시는 사라지지 않을 것이다. 1855년 11월 28일 수요일, 열 살의 막내아들 롤프 노벨(Rolf Nobel)이 사망했다. 그것이 우리가 아는 전부다. 그의 질병에 대한 언급은 편지에 없었고, 갑작스런 사고도 아니었다. 단지 끝없는 슬픔만이 있었다. 당시 임마누엘 노벨은 55세가 되었고, 그는 "비둘기처럼 머리가 희어졌다"고 표현했다. 크리스마스에는 사랑하는 안드리에타의 깊은 절망에 대해 처남에게 편지를 썼다. 그녀는 조금씩 회복되기 시작했지만, 한 아이의 죽음은 거의 극복 불가능한 일이었다. 그럼에도 임마누엘은 그녀가 그 어느 때보다 아름다웠다고 그녀의 남동생

을 안심시켰다.[199]

상트페테르부르크로 이민 온 노벨 가족의 여생에는 희망이 거의 없었다. 러시아의 항복과 1856년 3월 파리 평화 조약은 가족 회사의 관점에서 볼 때 단순한 문제가 아니었다. 차르 알렉산더 2세는 거대한 군사 관료제를 재정비했고, 노벨 가족은 과거의 어떤 약속도 모르는 새로운 무명의 관리들과 마주하게 되었다.

2막이 시작되었다. 평화로 외국과의 무역이 다시 가능해졌으니 상트페테르부르크에 있는 회사에서 왜 값비싼 증기기관을 주문할 필요가 있었겠는가? 동시에 당국은 노벨 공장에서 나는 큰 해머 소리에 대해 이웃들의 불만을 접수했다. 이들은 새로운 증기 해머로 인해 동네가 흔들리고 집과 건강이 모두 위협을 받고 있다고 주장했다.

이전에는 정부의 주문을 처리하는 데 어려움을 겪었던 노벨 가족이 이제는 주문이 완전히 사라진 상황에 놓였다. 그들은 충격을 받았다. 가족은 모든 것을 걸었다. 그들은 긴급 상황에서 황제를 위해 지원했고, 유일한 보장으로는 지속적인 공급에 대한 약속뿐이었다. 그들은 공장을 확장하고 1,000명의 직원을 고용하며 값비싼 기계를 구입했다. 그들이 코르벳함과 러시아 전함 렛비산(Retvisan), 강굿(Gangut), 볼야(Volja)에 납품한 엔진은 최고 평가를 받았다.[200]

그러나 이러한 상황이 그들에게 도움이 되었을까? 해군부는 여전히 침묵을 지켰다.

돈은 노벨과 아들들 회사의 금고에서 빠져나갔고 오래된 담보와 대출 문제도 곧 드러났다. 특히 예전 동업자였던 오가르요프와의 문제도 여전히 남아 있었다. 문제는 계속 쌓여 갔다. 1856년 8월, 임마누엘, 안드리에타, 막내아들 에밀은 도움을 구하기 위해 스웨덴에 있는 루드빅 알셀의 집으로 갔다. 그들은 그곳에 몇 주 동안 머물렀고 임마누엘은 비상 해결책으로 러시아산 송아지 고기, 칠면조, 메추라기, 방목닭 등과 같은 수출품으로 금고의 구멍을 채우는 방법에 대해 생각할 시간을 가졌다.

그들은 힘든 여행을 마치고 9월에 폭풍우가 몰아치는 발트해를 가로질러 떨리는 발걸음으로 돌아왔다. 상황은 좀처럼 나아지지 않았다. 노벨과 아들들 회사는 재무부에 긴급 자금 대출을 신청했지만 승인된 금액은 3분의 1에 불과했다. 새로운 주문은 여전히 보이지 않았고, 기존 주문은 곧 완료될 예정이었다. 10월에는 거대한 공장이 작업을 거의 멈췄다. 동시에 그들은 정부가 해외에 대량 주문을 했다는 소문을 들었다.

노벨은 해군부에 보낸 편지에서 상황의 심각성을 강조했다. 약속이 깨지면 노벨 가족은 빈털터리가 될 위험이 있었다. 임마누엘은 전쟁 초기에 발송된 소책자에 있었던 약속을 상기시켰다. 대출도 나오지 않고 약속된 주문도 없으면 정부의 요청에 따라 건설한 70만 루블 상당의 대규모 공장에는 유일한 해결책만 남았다. 파산이었다!

임마누엘 노벨은 개인적인 편지에서 "완전히 새로운 산업을 구축하기 위한 노력은 최소한 희생 수준에 맞는 특혜로 보상받아야 하는 것이 당연하다"고 신랄하면서도 절박하게 지적했다. "지금 공장은 매달 3만 루블의 손실을 입고 운영되고 있다. 나는 곧 모든 직원을 해고하고 어떤 대가를 치르더라도 회사 전체를 매각해야 하는 상황에 직면하게 될 것이다."[201]

임마누엘은 모든 방법을 동원했다. 그는 알렉산더 2세의 남동생인 콘스탄티누스 대공에게 두 번이나 직접 편지를 써서 차르와 이야기해 달라고 요청했다. 이제 노벨은 이 상황에 대처하려면 30만 루블의 대출이 절실히 필요했다. 대공의 대답은 빠르고 간결했다. "이미 비할 데 없는 호의가 베풀어졌으며 나는 더 이상의 요구를 수용할 수 없다."

대공의 거절은 마치 관료주의에 갇힌 것처럼 느껴졌다. 1857년 1월에도 임마누엘 노벨은 여전히 명확한 답변을 받지 못했다.[202] 그는 서한에서 정부의 지속적인 주문 약속이 구속력이 있는 것으로 간주되어야 한다고 명시했다. 따라서 문제는 보상 여부가 아니라 주문이 언제, 어느 정도로 주어질 것인지에 대한 것이라고 주장했다. 그는 "공장을 계속 운영해야 할지, 아니면 스스로 폐업해야 할지 결정하려면 알아야 한다"고 썼다.

마침내 메시지가 왔다. 해군은 특혜를 주장하는 그의 주장이 사실과 다르다고 반박했으며, 러시아 정부는 가장 좋고 가장 저렴한 것을 구입하겠다는 약속 외에는 아무 약속도 하지 않았다고 답했다. 노벨과 아들들 회사는 더 이상 최고도 아니었고, 가장 저렴하지도 않았다.

그러나 해군부는 우호적인 제스처를 보내며 덧붙였다. "1853년 전쟁 선언 후 노벨이 정부의 요청에 가장 먼저 응답한 것은 사실이었다. 이제 공장을 폐쇄해야 한다면, 해군부는 모든 설비를 인수하여 다른 공급업체가 유용하게 사용하도록 하겠다."[203]

이 메시지는 임마누엘 노벨에게 큰 충격을 주었다. 나중에 그는 이에 대해 "내 남은 생명력을 거의 앗아갈 뻔했다"라고 말했다. 그 충격은 그를 완전히 무기력한 상태로 만들었고, 무기력증은 3개월 동안 "유익한 휴식 상태"로 지속되었다.[204]

*

현대식으로 말하면 임마누엘 노벨은 극도의 스트레스와 피로로 소진 상태에 빠진 것이었다. 이는 이해할 수 있는 상황이었지만, 시기는 결코 좋지 않았다. 위기는 절박했다. 노벨과 아들들 회사가 살아남기 위해서는 남다른 노력과 투지가 필요했다.

나는 가족들이 어떻게 생각했을지 궁금했다. 회사의 대표자가 탈진 상태에 빠진 상황에서 그들은 어떻게 이 위기에서 벗어나려 했을까? 노벨 가문은 쉽게 포기하지 않는 사람들이었다.

힌트는 상트페테르부르크 해군 역사 기록 보관소의 몇몇 문서에서 찾을 수 있었다. 그 문서들은 크론슈타트의 철문 개조와 관련된 것들이었다. 임마누엘은 정신을 차리고 1857년 2월 12일 세 번째 아들 알프레드 노벨에게 위임장을 작성했다. 그 위임장은 러시아어로 작성되었고, 다음과 같았다.

내 사랑하는 아들 알프레드 엠마누일로비치(Alfred Emanuilovitj)! 내 사업이 너무 방대하므로 내가 부재중이거나 상트페테르부르크에 머무는 동안, 네가 법적 권한이 있는 곳이라면 어디에서든 사업을 관리하고 결정할 수 있는 권한을 위임한다. 이는 모기지와 수금에도 적용된다. 국가와 민간의 주문을 받고 이에 관한 조건과 계약을 내 이름으로 준수하며, 구매와 기타 비즈니스를 통해 동산과 부동산을 취득하고 판매할 수 있다. 내 공장을 관리하려면 새 공장을 마련할 수 있고, 나 대신 다른 방식으로 행동할 수 있다. 내 이름으로 차용증과 모든 종류의 의무를 주고받으며, 부동산을 구매하고 어디에서든 내 이름으로 거래 관련 문서에 서명할 수 있다. 네가 대리인을 임명하고 위임장을 부여할 수 있으며 이를 취소할 수도 있다. 1858년 2월까지 내 이익에 유용하다고 판단되는 대로 행동할 수 있다. 오늘 날짜부터 1858년 2월까지 네가 법적으로 수행하는 모든 일은 내가 한 것으로 인정하며, 이의를 제기하거나 반대하지 않겠다.

항상 너에게 자비로운
너의 아버지
엠마누일 노벨(Emanuil Nobel), 상트페테르부르크의 일등급 길드 상인[205]

이 문서는 루드빅이 아버지를 도와 작성한 것으로 보인다. 기록에 따르면, 그해 봄 형제들은 각지에 흩어져 있었다. 이는 23세의 알프레드 노벨이 가족 사업의 가장 중요한 시기에 결속력 있는 연결고리가 되었으며, 사실상 회사의 CEO 역할을 맡았음을 의미한다. 젊은 나이에 이런 막중한 책임을 짊어진 것은 결코 쉬운 일이 아니었다.

*

루드빅 노벨은 어린 동생이 스트레스로 인해 고통받는 모습을 보고 매우 걱정했다. 그는 떠나기 전에 로베르트에게 편지를 보내 가능한 한 빨리 집으로 돌아오라고 요청했다. "알프레드는 과로로 인해 심각한 영향을 받고 있어 매우 걱정스럽다. 그의 오래된 지병이 자주 재발해 그를 극도로 약화시키고 있습니다. 게다가 위장 문제로 인해 변비와 불안정한 상태가 계속되고 있습니다."[206]

알프레드의 도전 과제는 아버지 임마누엘의 끊임없는 비난과 논란으로 여러 곳에서 자신을 불편한 존재로 만들면서 전혀 완화되지 않았다. 정부의 고위 관리들은 임마누엘의 지속적인 공격과 비난에 대해 여러 차례 불만을 제기했다. 한 국무장관은 임마누엘의 태도와 발언이 지나치게 불편해 해당 부처가 "품위를 지키며 선의로 거래하는 것이 불가능했다"고 토로할 정도였다.[207]

1857년 5월 낙담한 알프레드는 로베르트에게 여러 차례 편지를 보내며 아버지가 또 다른 유망한 정부 계약을 반대해 "망쳤다"라고 불평했다. 그는 이제 새로운 주문을 받는 것이 "구운 참새가 입으로 날아드는 것만큼 불가능하다"고 여겼다. 알프레드는 맏형에게 자리를 너무 오래 비우지 말라고 거듭 요청했으며, 작은형 루드빅에 대해서는 신뢰가 부족하다고 느꼈다. 그는 루드빅의 건강도 좋지 않고 "사람들을 독려하는 능력이 부족하다"고 판단했다.[208]

그해 봄 로베르트의 편지는 보존되지 않은 것으로 알려져 있다. 알프레드의 끊임없는 부탁에 대해 로베르트는 짧고 사무적으로 답하거나 아예 답하지 않았던 것으로 보인다. 이 편지들에는 형제간의 경쟁심도 드러난다. 형들은 어린 알프레드가 회사의 지휘권을 잡고 있는 상황을 불편하게 여겼을 가능성도 있다.

다행히 임마누엘은 건강을 회복했으나, 이전처럼 활기를 찾지는 못했다. 노벨과 아들들 회사는 민간 부문으로 방향을 전환하며 문제를 해결하려 했고, 몇몇 계약을 따내 일시적으로 상황을 개선했다. 그중에는 볼가강과 카스피해를 운행하는 스무 척의 증기선에 증기 엔진을 공급하는 계약도 포함되었다. 상트페테르부르크가 네바(Neva)와 네프카(Nevka)에서 정기 증기선 운항을 시작했을 때, 그 선박을 건조한 것도 노벨 가족 회사였다.[209]

알프레드는 자신의 발명품으로 운을 시험하기 시작했다. 1857년 9월, 그는 "가스 측정 장치"에 대한 첫 번째 특허를 받았으나, 시장에서나 개인적으로 큰 성과를 거두지 못했다. 이후 그는 유체 측정 장치를 개발하는 데 집중했으며, 1851년 런던에서 존 에릭슨이 수상한 3등 상에서 영감을 받아 휴대용 기압계를 제작하기도 했다. 그러나 그는 노벨과 아들들 회사에 투자자를 유치하기 위해 파리와 런던을 방문했음에도, 어떤 은행도 관심을 보이지 않았다. 결국 어떤 프로젝트도 제대로 성과를 내지 못했다.[210]

1858년 10월 7일, 루드빅 노벨과 미나는 스톡홀름에서 결혼했다. 그러나 그때쯤 노벨과 아들들 회사의 종말이 확실히 다가오고 있었다. 다음 해 가족 사업은 청산 절차에 들어갔고, 임마누엘과 안드리에타는 스웨덴으로 돌아갈 계획을 세울 수밖에 없었다.

그들은 여름 동안 상트페테르부르크에 머물면서 첫 손자의 탄생을 경험했다. 상트페테르부르크에 정착한 루드빅과 미나는 아버지를 공경하는 마음으로 아들의 이름을 엠마누엘이라고 지었다. 갓 태어난 아기는 마치 연약한 도자기 인형처럼 소중히 여겨졌다. 루드빅은 건강을 위협하는 늪지대 도시의 기후에서 아이들을 키우는 어려움을 잘 알고 있었다. 가족 이야기에 따르면 어린 엠마누엘은 면으로 감싸고 육수로 목욕시키며, '타일 난로 위의 시가 상자에' 넣어 보호했다고 한다.[211]

청산 절차 동안 공장을 관리할 책임은 이제 막 아버지가 된 28세의 루드빅 노벨에게 맡겨졌다. 로베르트가 그를 도왔으며, 알프레드도 1859년 여름 심각한 병을 앓으면서도 힘을 보탰다. 임마누엘 노벨의 러시아 생활 20년은 이제 서서히 끝나 가고 있었다. 떠나기로 한 결정은 다소 갑작스러웠던 것으로 보인다. 이제 곧 죽음을 앞두고 있다는 이야기를 들은 26세의 알프레드는 병상에서 배신감을 느끼고 반응했다. 아버지의 사랑은 그 정도밖에 안 되는 걸까? 아버지의 두려움은 그렇게 빨리 극복된 걸까?[212]

임마누엘, 안드리에타, 그리고 이제 열여섯 살인 에밀은 상트페테르부르크를 영원히 떠났다. 그들은 무거운 마음으로 이사를 했다. 여덟 명의 자녀 중 절반만이 살아남았고, 상트페테르부르크에서 태어난 아이들 중에는 에밀만이 남아 있었다.

임마누엘 노벨은 슬프게도 경쟁에서 밀리고 기만당하며 다시 파산한 채, 1859년 가을 스웨덴으로 돌아왔다. 당시 그는 58세였고, 안드리에타는 56세였다. 새해 전날, 루드빅은 상트페테르부르크에서 청산 절차와 관련된 첫 번째 서류에 서명했다. 이후 세 형제는 슬픔에 잠겨 스토라 네브카 해안에 있는 부모의 집에 모여 죽을 먹고 샴페인 한 잔을 마시며 떠난 이들을 기렸다.[213]

비록 그들은 실패했지만 이 불행을 생존 경쟁에서 약자의 당연한 패배로 받아들이기를 완고하게 거부했다. 당시 유행하던 주제에 대한 새로운 책을 읽을 시간도 없었지만, 그들은 다시 일어설 계획을 세우고 있었다.

*

당시 모든 이들의 입에 오르내리던 책은 1859년 늦가을에 출판된 영국 생물학자 찰스 다윈(Charles Darwin)의 『종의 기원(On the Origin of Species)』이었다. 이 책은 동물의 왕국에 관한 내용이었지만 그보다 훨씬 더 많은 영역에서의 진화와 "자연 선택"에 대한 다윈의 이론을 다루고 있었다. 19세기 후반 가장 중요한 과학적 저작으로 평가받게 될 이 베스트셀러는 교회의 격렬한 반발을 불러일으켰다. 이 이론은 머지않아 인간의 발전, 사회생활, 심지어 국제 분쟁 해결 방식까지 혁신시킬 것이다. 심지어 상트페테르부르크의 군사 산업 진화에도 영향을 미칠지 누가 예측할 수 있었겠는가?

찰스 다윈은 수십 년을 기다려 왔다. 1859년 늦가을, 그는 마침내 자신의 이론을 출판하지 않을 수 없었는데, 아이러니하게도 경쟁에서 뒤처지지 않기 위해서였다. 또 다른 연구자 알프레드 월리스(Alfred Wallace)가 진화의 이면에 있는 원리에 대해 다윈과 같은 결론에 도달하기 시작했기 때문이다.

월리스는 다윈의 명예를 앗아갈 만큼 가까이 다가갔다. 1858년 7월, 그는 논평을 위해 자신의 원고를 다윈에게 보냈다. 다윈은 자신이 평생 연구해 온 결과를 다른 사람의 이름으로 읽고 충격을 받았다. 그는 이 원고를 두 명의 동료에게 전달했다. 자신이 설명한 자연 선택 과정의 사례가 되고 싶지 않았기 때문이다. 동료들은 훌륭한 해결책을 찾았다. 그들은 월리스의 최근 원고와 다윈의 1840년대 원고를 결합해 런던의 린네 학회에 함께 발표했다. 이로써 역사상 가장 중요한 과학적 업적 중 하나인 찰스 다윈의 명성이 구제되었다. 월리스는 기꺼이 이 이론을 "다윈주의"라고 불렀다.

1859년에 출판된 『종의 기원』의 성공은 다윈을 놀라게 했다. 그는 책이 너무 건조하다고 생각했지만, 판이 계속 매진되었다. 이 책은 시간이 지나면서 모든 유럽 언어로 번역되었다.

다윈의 진화론에서 중심이 된 자연 선택에 따르면 자연 선택은 종의 진화에 결정적인 원동력이다. 다윈은 이를 생존을 위한 경쟁으로 묘사하며, 가장 적합한 자만이 살아남는다고 보았다. 이런 방식으로 약한 특성은 점차 사라지고 종은 발전한다고 설명했다.

다윈은 인간에 대해 직접 언급하지 않았지만, 그의 이론은 성경의 창조 이야기에 대한 명백한 도전이었다. 그는 동물의 왕국에 대해서만 썼고, 인간에 대해서는 자신의 이론이 "인간의 기원과 역사를 밝히는 데 도움이 될 것"이라고만 언급했다. 첫 번째 스웨덴어 번역본의 끝에 그는 이렇게 썼다. "이러한 견해에는 위대함이 있다. 생명은 처음 몇 가지 형태 또는 하나의 형태로 창조주에 의해 주입되었다. 그 뒤로 이 행성이 중력의 법칙에 따라 계속 돌아가는 동안, 그 단순한 시작에서 가장 아름답고 놀라운 형태들이 무수히 발전하고 계속 형성되어 오고 있다."[214] 성경에 따르면 하나님은 자신의 형상대로 사람을 창조하셨다. 인간은 애초부터 완성된 채로 존재했기 때문에 점진적으로 발전하지 않았다고 설명된다. 그러나 여전히 한 가지 질문이 남는다. 그것은 아마도 "원숭이의 진화 마지막에 무엇이 있는가?"라는 질문일 것이다.

다윈은 인간이 원숭이로부터 진화했다고 언급하지 않았다. 그럼에도 그의 이론은 사람들의 생각을 자극하기에 충분했다. 초기 평론가 중 한 명은 이렇게 썼다. "원숭이가 인간이 될 수 있다면, 인간은 무엇이 될 수 있을까요?"

1860년 4월, 다윈의 이론은 스웨덴 왕립 과학 아카데미의 연례행사에서 과학적 승리로 발표되었다. 아카데미 회원인 로벤(Lovén)은 다윈의 위대한 노력과 용기에 감동받아 눈물을 흘릴 뻔했다고 전해진다.

교회에서는 다윈의 이론에 대해 정죄를 내리지 않았다. 다윈은 신이 태초부터 창조한 것은 진화 그 자체라는 해석으로 주장을 보완함으로써 그러한 관용을 이끌어 냈다. 개인적으로 그가 20년을 기다린 것이 옳았다고 느꼈다. 마침내 그 시기가 왔다고 생각했다. 진화는 인간의 사고에도 영향을 미친 듯 보였다. 생존을 위한 투쟁은 다윈이 지적했듯이 종들 사이뿐 아니라 같은 환경에서 사는 생물들 사이에서 훨씬 더 치열하게 나타났다. 그는 자연 선택이 항상 같은 조건에서 살아가는 생물들 사이에서 더 강하게 작용한다고 지적했다.[215]

*

임마누엘과 안드리에타는 페테르부르크를 떠났고, 루드빅은 회사를 인수했다. 미나의 언니 로텐(Lotten)과 1년 전 스톡홀름에서 온 열한 명도 함께 살았다. 하지만 30세의 로베르트와 26세의 알프레드는 지인에게서 한 개의 거실과 네 개의 방, 부엌이 있는 집을 임대해 가족의 첫 거주지에서 멀지 않은 곳에 살게 되었다. 이 동거에는 장단점이 있었다.

형제들은 그리 가난하지 않아 하인을 둘 수 있었다. 처음에는 정기적으로 함께 양털로 목욕을 하고, "미웨드(mjöd, 약한 맥주인 크바스)"를 마셨다. 로베르트의 현금 장부 기록에 따르면, 쾌락을 위한 공간은 제한적이었던 것으로 보인다. 로베르트는 러시아 담배(Paperosser)와 하바나 시가 등을 피웠다. 가끔 굴을 먹거나 무도회에 참석하고, 음악 카페(caffé chantant)를 방문하기도 했다. 알프레드는 음악 카페 방문을 중요하게 여겼다. 알프레드는 주로 의사 방문, 치료, 식단에 돈을 쓴 것으로 보인다. 그는 인후통에 의료용 거머리를 사용하거나 엘더베리차, 대황 뿌리의 쓴 물을 마셨다. 가정의 바르취(Bartsch) 박사가 방문을 담당했으며,[216] 25번의 방문에 대해 비용을 청구했다.

두 형제 사이에는 일찍부터 긴장감이 감돌았다. 헬싱키에서 폴린 렝그렌(Pauline Lenngren)이라는 귀여운 19세 소녀가 찾아왔다. 그녀는 임마누엘 노벨의 첫 러시아 모험에 자금을 댄 부유한 벽돌공이자 부동산 소유주인 칼 렝그렌의 딸이었다.

상황은 명확하지 않다. 폴린은 어쨌든 1859년 8월에 상트페테르부르크를 방문했다. 아마도 드라마는 그녀가 임마누엘과 안드리에타를 방문해 고별하는 동안 일어났을 가능성이 있다. 장소는 루드빅과 미나의 집이었을 것이며, 그곳은 로베르트와 알프레드에게도 열려 있었을 것이다.

8월 29일 월요일, 로베르트는 새벽 4시까지 앉아 폴린에게 편지를 썼다. 그 편지는 알프레드가 폴린에게 대화를 요청한 일에 대한 것이었다. 대화는 화요일에 하기로 했다. 편지를 통해 폴린이 알프레드의 접근을 거부하지 않으며 오히려 그녀가 그를 격려하기까지 했다는 걸 알 수 있었다(또는 그녀의 행동이 그런 식으로 해석되었다). 또한 그들이 이미 서로 사랑을 속삭였음을 알 수 있었다.

로베르트는 사실을 깨닫고 절망에 빠졌다. 그는 폴린에게 고백할 계획이 있었다. 마지막 순간에 그는 핀란드에서 온 19세 스웨덴인에게 알프레드만 그녀에게 관심 있는 것이 아니라고 고백했다. 이 고백은 젊은 폴린을 감동과 혼란에 빠뜨렸다. 로베르트는 폴린이 화요일 대화에서 알프레드를 거절하도록 돕고 싶어했다. 그날 밤 로베르트는 편지에서 그녀에게 어떤 말을 말하고, 어떻게 감정을 표현해야 할지 지시하기까지 했다. 폴린은 행복한 표정을 지으며 알프레드에게 이 대화가 마지막이 될 것이라고 말하고, 그동안 그에게 솔직하지 못하고 잘못행동했다고 고백해야 했다. 로베르트는 그녀에게 이렇게 말을 하라고 조언했다. "나는 당신의 형이나 다른 사람을 사랑한다고 말하고 싶었지만, 당신이 우울해하고 건강에 좋지 않을까 봐 두려워 진실을 말할 용기가 부족했어요."

로베르트의 계획에 따르면, 폴린은 알프레드에게 무언가가 일어났음을 설명해야 했다. 그녀는 이제 진실을 말할 용기를 얻었다며, "내 인생을 불행하게 만들지 않기 위해"라는 말을 덧붙여야 했다.

로베르트는 글을 쓰는 동안 적당히 화도 냈다. 그런 다음 폴린에게 이어질 이야기를 제안했다. 물론 그는 동생을 단호히 물리쳐야 한다는 것을 알고 있었다. 그녀는 이렇게 말하도록 요구받았다. "나는 당신을 조금도 사랑한 적이 없으며, 당신은 나에게서 마음을 얻을 수 없을 겁니다. 왜냐하면 우리는 서로 동정하지 않기 때문입니다. 나는 당신을 알기 전부터 로베르트를 사랑했고, 그도 나를 사랑한다는 것을 알고 있었습니다."

여기서 로베르트는 잠시 멈췄다. 그는 알프레드에게 대안을 제시해야 한다고 생각했다. 그래서 폴린에게 이렇게 말하도록 추가했다. "우리가 불행해지기 전에, 나는 알프레드 씨에게 가능한 한 빨리 결혼하라고 조언하고 싶습니다. 예를 들어, 밝은 성격의 아름다운 소녀인 로텐과 같은 사람과요. 그녀는 당신을 행복하게 할 것입니다."

로베르트는 편지를 마무리하며, 폴린에게 대화가 어떻게 진행되었는지 몇 줄 적어 저녁 식사 자리에서 자신에게 전해 달라고 요청했다. 추신으로 만일 자신의 지시를 따르기 어렵다면 알프레드와 대화하지 않는 것이 가장 좋겠다고 덧붙였다.

폴린은 겨우 열아홉의 어린 나이에 고향에서 멀리 떨어져 있었다. 그녀는 더 안전한 방법을 선택했을 가능성이 크다. 그녀의 감정과 상황이 얼마나 빠르게 전개되었는지는 불분명하지만, 로베르트는 결국 그녀의 승낙을 받았다.

닷새 후 로베르트는 폴린의 아버지 칼 렝그렌의 승인을 받았고 같은 용건으로 폴린의 어머니에게도 편지를 보냈다. 그는 폴린에게 아직 알프레드에게 청혼 사실에 대해 말하지 말고, 단지 "그에게 가능한 한 차가운 태도를 보여주라"며 "그것이 그를 이성적으로 만들 수 있는 가장 좋은 방법"이라고 조언했다.[217]

*

알프레드는 독서에 몰두했다. 당시 유럽 문학은 화려한 고전 낭만주의에서 현실주의와 사회 비판으로 뚜렷이 전환되고 있었다. 대영제국에서는 찰스 디킨스(Charles Dickens)의 초기 작품들이 사회의 비참함을 묘사했다. 디킨스는 메리 앤 에번스(Mary Ann Evans), 즉 남성 필명 조지 엘리엇(George Eliot)으로 활동한 작가에게도 급진적인 영향을 미쳤다.

프랑스에서는 섬세하고 예리한 시선으로 현실을 묘사한 오노레 드 발자크(Honoré de Balzac)가 1835년 『고리오 영감(Père Goriot)』을 발표하며 큰 성공을 거두었다. 거의 같은 시기에 현실주의를 추구한 또 다른 작가로는 남성 필명 조르주 상드(George Sand)로 활동한 오로르 뒤팽(Aurore Dupin)이 있었다. 1850년대 후반에 귀스타브 플로베르(Gustave Flaubert)는 논란의 여지가 있는 소설 『마담 보바리(Madame Bovary)』를 발표하며 문학적 돌파구를 마련했다. 심지어 프랑스의 고전 낭만주의를 대표하는 대문호인 빅토르 위고(Victor Hugo)조차도 이 새로운 흐름에 발맞추고 있었다.

알프레드 노벨은 이 작가들의 거의 모든 책을 자신의 도서관에 소장했지만, 당시 26세였던 그는 여전히 고전 로맨스를 좋아하는 젊은이였다. 2000년대 초, 스웨덴 아카데미의 사서 오케 에를란손(Åke Erlandsson)은 알프레드 노벨이 소장한 약 2,000권에 달하는 책을 모두 검토했다. 그는 알프레드가 러시아에서 마지막 몇 년 동안 읽은 것을 알아내려고 노력했다. 에를란손에 따르면 알프레드는 상트페테르부르크에서 입수한 영국 작가들의 작품은 물론, 셰익스피어, 바이런, 셸리 등 자신이 가장 좋아하는 시인들의 작품도 열정적으로 읽었다. 이 목록에는 『아이반호(Ivanhoe)』와 월터 스콧(Walter Scott)의 작품 14권도 포함되어 있었다. 에를란손에 따르면 알프레드는 "사고의 재료, 예술적 표현, 시적 광채"에 따라 책을 선택했다고 설명했다.

알프레드가 열심히 공부한 흔적은 러시아 책들 곳곳에 남아 있다. 밑줄이 그어진 부분과 옆에 적힌 번역 단어들이 이를 잘 보여준다. 그는 푸시킨의 전집 여섯 권을 소장하고 있었으며, 『예브게니 오네긴(Eugene Onegin)』도 읽었다. 1849년 러시아 시인 주코프스키(Zukovskijs)의 『애가와 발라드』의 사본과 러시아어-프랑스어-독일어-영어 사전은 잦은 사용으로 거의 해체될 정도였다(그는 프랑스어를 배울 때 볼테르(Voltaire)의 작품을 스웨덴어로 번역했다가 다시 프랑스어로 번역했다고 전해진다).

알렉산더 2세의 통치는 특히 러시아 작가들에게 자유로운 환경을 제공했다. 반란자들은 사면되었고 검열이 완화되었다. 더 많은 사람이 사회를 비판할 자신감을 얻었다. 1854년에 시베리아의 감옥에서 풀려난 표도르 도스토옙스키는 1859년에 상트페테르부르크로 돌아와 다시 글을 쓰기 시작했다. 이듬해 그는 연재물의 첫 번째 부분을 발표했으며, 이 작품은 후에 소설 『죄와 벌(Brott och straff)』로 완성되었다. 크림 전쟁 이후 몇 년 동안 레프 톨스토이는 수도의 거리를 거닐며 다음 대작을 구상했다. 하지만 그의 소설 『전쟁과 평화(Krig och fred)』가 서점에 나오기까지는 10년이 걸렸다.

1859년 러시아에서 두 권의 주목할 만한 소설이 출간되었다. 하나는 침대에 누워 아무 일도 하지 않고 공상만 하는 부유한 청년의 이야기를 다룬 이반 곤차로프(Ivan Goncharov)의 『오블로모프(Oblomov)』였고, 다른 하나는 기만당한 귀족의 슬픈 사랑 이야기를 다뤄 국제적으로 찬사를 받은 이반 투르게네프(Ivan Turgenev)의 『고귀한 재산(Ett adelsbo)』이었다. 알프레드 노벨은 투르게네프의 책을 구입했다.

큰형 로베르트는 문학과 언어에 관심이 많았던 알프레드를 자주 놀렸다. 특히 동생이 오후에 영어 수업을 듣기 위해 실험 시간을 빠지기 시작하자 더욱 그랬다. 그는 알프레드가 "가족 중 유일하게 부유한 결혼을 할 사람"이라고 농담하기도 했다. 그러다 영어 수업에 여성들이 참석한다는 사실을 알고 나서 모든 상황을 이해하게 되었다. 로베르트가 물었을 때, 알프레드는 여성들이 자신의 진보와 그녀들을 기리기 위해 쓴 모든 시에 깊은 인상을 받았다고 자랑스럽게 대답했다.

　"불쌍한 알프레드!" 로베르트는 1859년 크리스마스 직전에 헬싱키로 돌아온 약혼자 폴린에게 편지를 썼다. "그는 자신의 허영심을 채우기 위한 몇 마디 달콤한 문구 때문에 밤낮으로 일할 준비가 되어 있습니다. […] 하지만 최근에는 부유한 결혼에 대해 이야기하는 것을 들어본 적이 없습니다. 이는 아마도 소녀들이 그의 허영심만큼이나 천박한 매력에 쉽게 사로잡히지 않는다는 것을 깨달았기 때문이라고 생각합니다."[218]

　로베르트가 다른 편지에서도 폴린에게 동생의 영어 공부와 문학적 재능을 언급하자, 폴린은 알프레드가 "언젠가 시를 통해 유명해질 것"이라고 말했다. 알프레드는 로베르트와 폴린의 약혼 후 시를 쓰는 데 더 많은 시간을 할애했다. 그 무렵 형은 집 아래층으로 이사해 결혼식을 준비했고, 미래의 아내를 위해 실크 담요와 모피 코트를 구입했다.[219]

　알프레드는 혼자 외롭게 상트페테르부르크를 돌아다니며 영시 「캄마레(kammare)」를 지었다. 그의 작품 중 수치심을 넘어서 남겨진 창조물 중 하나는 「칸토(Canto)」라는 제목의 시였다. 이 시는 총 51페이지에 이르는 거의 천 줄의 구절로 이루어져 있다. 이때부터 알프레드는 「칸토」를 집필하기 시작하여 여러 해 동안 이를 확장해 나갔다. 장편 서사시로서 이 작품은 셸리, 바이런 등 그가 존경했던 시인들의 스타일을 따랐다.

　이 시기 동안, 시인 알프레드는 상트페테르부르크의 다리에서 난간에 기대어 거대한 네바강의 어두운 물을 내려다보곤 했다. 그는 밤에 그곳에 가는 것을 선호했다. 도시의 고요함이 상처받은 그의 영혼에 향유처럼 퍼지는 듯한 느낌을 받았다. "페테르의 성채는 엄숙하고 위협적으로 서 있다. 달의 은빛 광채는 화강암 벽에 유령같이 으스스한 색조를 더해 가장 강한 마음도 전율하게 만든다. […] 일정하게 들려오는 보초의 떨리는 발걸음 소리, 멀리서 들려오는 죽어가는 목소리, 바람이 휘몰아치며 갈리는 소리." 알프레드는 주위를 둘러보며 권력자들의 숙소를 혐오스러운 표정으로 바라보았다. "내 앞에는 차르의 궁전이 우뚝 솟아 있고,

그 앞에는 부두가 펼쳐져 있다. 겨울 궁전은 마치 궁녀라고 불리는 매춘부들을 위한 학교 같다."

알프레드는 확실히 알렉산더 2세의 온건한 통치를 높이 평가했지만, 시를 보면 차르 가문이 자신의 아버지와 가업을 대하는 방식에 절망감을 느꼈다는 걸 알 수 있다. 그는 자신의 "연로한 아버지"를 그토록 세게 때린 엄청난 불의를 생각할 때마다 속으로 분노했다. "더 나쁜 것은 명예로운 이름에 낙인이 찍혔다는 사실이다. 그러나 시간이 지나면 이름의 오점은 씻겨질 것이고, 권리도 복구될 것이며, 죄인은 얼굴을 붉히게 될 것이다."

로맨스와 철학적 이상주의로 가득 찬 알프레드는 더 높은 삶의 의미를 추구했다. 그는 사람들의 피상적인 속임수와 무의미한 명예나 재물 추구에 지쳐 있었다. "우정으로 위장된 이기심, 장신구와 화장 뒤에 숨겨진 부패, 위선적인 순결 뒤에 숨겨진 음행, 칭찬받는 삶의 뒤에 있는 저속함의 가면을 벗길 수 있다."

진실과 절대적 아름다움은 아이디어의 차원에 존재했지만, 알프레드의 경우에는 상상과 꿈, 생각과 감정 속에 존재했다. 그 빌어먹을 사랑, 그가 그렇게 슬프고 마음이 불타는 상처를 받지 않았다면 분명히 글쓰기에 몰두했을 것이다. "그러면 나에게 동정이 어디 있습니까? 나는 마음의 방을 닫을 수 없고 굴욕적인 쾌락에 내 감각을 익사시킬 수 없습니다. 나는 내 투시력을 숨기고 모든 창녀에게서 처녀를 보는 것을 상상할 수 없습니다. 아니, 비록 내 마음이 연약하고 굶주린 자가 음식을 갈망하듯 사랑을 갈망하지만, 그런 것을 숭배하기 위해 내 자신을 낮출 수는 없습니다."

알프레드는 매춘이 만연한 상트페테르부르크의 거리를 눈여겨보았다. 그곳은 그를 역겹게 만들었다. 시에서 그는 어머니의 빚을 몸으로 갚아야 했던 한 소녀에 대해 썼다. 길에서 만난 그녀는 그에게 구걸했다. 그녀는 농노 농부의 딸이었다. 백작은 그녀의 아버지에게 그 귀여운 소녀와 함께 며칠 밤을 보내게 해달라고 요청했다. 그렇게 임신하게 된 그녀는 이제는 길거리에서 굶주리는 생활을 하게 되었다.

시에 묘사된 바에 따르면 알프레드는 그녀에게 음식을 주고 그녀의 이야기를 들었다. 그는 책상에서 그 여성의 고통과 부르주아 부부의 행복을 대조하며 글을 썼다. 그는 인간의 연민과 사랑은 어디에 있는지 자신에게 물었다. "모든 도시는 연민으로 완화될 수 있는 비참함으로 가득 차 있습니다. 최근에 우리가 자선을 하는 것에 반대하는 여러 주장이 등장했지만, 아직 연민으로 변할 수 있음을 대변하는 것이 하나 있습니다. 바로 마음입니다."

29세의 아마추어 시인은 자신에게 사랑이 존재한다는 믿음을 잃어버렸다. 깊은 슬픔에 잠긴 그의 시에서 로베르트의 행동을 어렵지 않게 읽을 수 있었다. 글을 쓰며 알프레드는 자신도 모르게 눈물이 뺨을 타고 흘러내렸는데, 그런 일이 그에게는 매우 드물었다. 하지만 그의 감정은 자신의 자기중심적인 성향에 따라 금세 희미해졌다.

삶의 더 높은 의미를 찾기 위해 알프레드는 시로 눈을 돌렸다. 그의 숭고한 시에서는 시가 거의 종교처럼 표현되었다. "당신[시]은 우리 내면 세계를 비추는 별입니다. 인생의 가장 아름다운 기쁨을 주셔서 감사합니다. 당신은 이 땅의 모든 것을 아름답게 만듭니다. 당신의 프리즘을 통해 그날 그 자체가 명확해집니다."

알프레드는 에로틱한 꿈("무료 키스"와 여성들에게서 "옷과 처녀성"을 박탈하는 것)과 좀 더 현실적이고 실제적인 자신의 비밀 꿈을 쓰는 것을 좋아했다고 고백했다. 그는 자신이 창조한 환상 중 하나를 언급했다. 그가 꿈꾸던 미래의 이야기였다. 알프레드는 단순한 집("나는 도시의 탐욕스러운 풍요가 마음에 들지 않았습니다")에서 자신의 나이 든 모습을 보았다. 꿈에서 그에게는 "소수이지만 믿을 만한 친구"가 있었고, "천사" 같은 아내와 "엄마에게 애교를 부리고 싹트는 장미처럼 다정한" 아이가 있었다. 그뿐만이 아니다. 이 환상에서 알프레드 노벨은 자신만의 이름을 가졌다. 그것은 상속받은 직위나 지위의 문제가 아니었다. 알프레드는 그런 공허한 자랑거리가 싫었다.

엄밀히 말하면 그는 – 이것이 중요한 부분이었다 – "재능 인정"을 통해 자신의 이름을 얻었다.

알프레드는 거기서 멈추지 않았다. 그는 자신이 꿈꾸던 고귀한 지위를 더욱 명확히 하고자 했다. 시에서 그는 명예란 "고귀한 영혼보다 앞선 찬사", 즉 "인류의 이익을 위해 인간의 마음에 새겨질 만큼 큰 찬사"라고 덧붙였다.*

하지만 어느 순간, 알프레드 노벨은 잠시 망설이기 시작했다. "인류의 이익을 위해(Till nytta för mänskligheten)?"

그런 다음 그는 네 단어를 지우고 계속해서 글을 써 나갔다.

"이 모든 것은 내 마음속에 응어리져 있었다. 터지기 전까지."[220]

---

* 알프레드 노벨의 유언장에는 그가 제정하려는 상이 "지난 1년 동안 인류에게 가장 큰 혜택을 준 사람들"에게 수여되어야 한다고 명시되어 있다.

NOBEL

2부

"나는 충분히 알고 있어,
착한 로베르트.
내가 너무 높은 게임을 한다는 것을"

알프레드 노벨, 1865년

Alfred Bernhard Nobel

비밀스러운 꿈

알프레드 노벨은 시집을 출판한 적이 없다. 그가 비밀리에 정리한 어떤 소설도 독자를 찾지 못했다. 그가 인쇄한 유일한 소설 작품(죽기 몇 주 전에 쓴 희곡)은 자비로 진행되었다. 그 책들은 모두 사라졌다. 친척들은 그 모든 판본을 파쇄했다.(사본 3부는 제외) 그들에게는 "그런 형편없는 극 작품"이 위대한 노벨의 명성을 더럽혀서는 안 된다고 생각되었기 때문이다.

어려운 시기에 알프레드 노벨은 상황을 다르게 보았다. 그는 문학적으로 인정받기를 꿈꾸었지만, 부끄러워서 자신의 작품을 숨겼다. 마침내 용기를 낸 때는 이미 너무 늦었다.

그의 숨겨진 작품 중 최고로 여겨지는 작품이 공개되기까지는 거의 60년이 걸렸다. 2017년 10월 초 어느 목요일 아침, 나는 그곳으로 가고 있었다. 그날은 특별한 목요일이었다. 베팅 회사는 몇 주 동안 분주하게 운영되었다. 소셜미디어에서는 최근 몇 년간의 유력 후보들이 빙고 공처럼 튀어나왔다. 아침 방송에서 전문가들은 여느 때처럼 하늘의 징조를 해석하려고 애썼다. 서사시 작가일까? 시인일까? 충격적일까? 아니면 하품이 나올까?

내가 스톡홀름의 노르 맬라르스트란드(Norr Mälarstrand)를 따라 걸을 때, 스웨덴 아카데미의 상임 비서가 뵈르살렌(Börssalen)의 로코코 양식의 문을 열고 저널리스트의 바다를 내려다보면서 간단히 말했다. "세계에서 가장 큰 문학상인 노벨 문학상 수상자를 발표하기까지 몇 시간밖에 남지 않았습니다."

강한 태양 아래서 리다르퍄르덴(Riddarfjärden)이 반짝였다. 나는 물 건너 롱홀멘(Långholmen)을 향해 시선을 돌렸다. 1830년대 노벨 가족이 살았던 바위섬은 이제 울창한 야외 목가로 변모했다. 교도소는 자연 친화적인 컨퍼런스 호텔로 재탄생했다.

베스터브론(Västerbron)의 남쪽 거점 바로 옆에 있는 롱홀멘의 녹지 뒤에는 헬레네보리(Heleneborg)가 있다. 내가 아는 한, 이 이름은 주로 거리를 가리켰다. 1860년대, 헬레네보리는 노벨 가족에게 물가에 있는 시골의 저택이었다. 당시에는 다리가 없었기에 리다르홀멘(Riddarholmen)에서 30분마다 한 번씩 증기선이 출발했다.

임마누엘과 안드리에타는 스웨덴으로 돌아온 지 몇 년 후 그곳으로 이사했다.[221] 그들은 교외 저택의 본관에 있는 아파트를 임차했고, 나중에 따라온 알프레드에게도 방을 마련해 주었다. 그 집은 여전히 남아 있었으며, 도로와 1920년대에 지어진 긴 회반죽 마감의 6층 건물 사이에 자리하고 있었다.

나는 물길을 따라 계속 걸어갔다. 내가 찾는 자료는 베스터브론의 두 번째 요새 옆에 있는 국립 기록 보관소 지하 금고에 있을 것이다. 초자연적으로 아름다운 스톡홀름의 풍경이 다리 위로 펼쳐졌다. 태양은 리다르홀멘과 쇠데르(Söder)의 고지대 위로 부드럽게 흘렀다. 오래된 범선의 돛대 너머로 금빛 첨탑이 있는 벽돌색 시청사가 보였다. 이곳은 1878년 유명한 화재가 발생하기 전까지 밀을 가공하던 엘드크반(Eldkvarn)이 있던 자리였다. 매년 12월에 노벨 파티가 열리는 이 시청은 1923년에야 완공되었다.

*

국립 기록 보관소는 언덕을 따라 조금 올라간 곳에 있다. 나는 1950년대 에릭 베르겐그렌이 수집한 방대한 자료 중에서 발견한 편지와 알프레드의 은신처에 대한 정보를 가지고 있었다. 이 자료는 노벨 재단 지하에서 발견된 이후 내 호기심을 자극했다. 베르겐그렌은 이 놀라운 정보를 노벨 재단에 알리고 싶어 했다. 그가 발견한 것은 "알프레드 자신이 문서를 기록한 이후, 한 번은 젊었을 때, 또 다른 한 번은 초기 중년에 다시 꺼내 쓴 이후로 아무도 본 적이 없었다."[222]

나는 기록 보관소 엘리베이터에서 기록관을 만나 그 편지의 사본을 건네받았다.

"이전의 기록 보관인과 노벨 전기 작가조차 손에 넣지 못한 자료를 발견했다는 사실에 기록 보관인은 의문스러운 표정을 지었다."

우리는 암석 방으로 내려갔다. 알프레드 노벨의 자료는 발견된 지 20년이 지난 1970년대에야 국립 기록 보관소로 옮겨졌다. 14개의 문서와 편지 선반은 번호 순서에 따라 다시 정렬되었다. 잘못된 상자에 들어 있는 문서들의 행방은 아무도 알지 못했다.

알프레드 노벨의 17x20센티미터 크기의 검은색 왁스 천으로 된 노트에는 그의 화학 실험에 대한 기록이 담겨 있다. 이 노트는 수십 년 동안 노벨 재단의 축축한 지하실에 보관되어 있었으며, 처음에는 대부분의 페이지가 빈 것으로 여겨졌다. 그러나 에릭 베르겐그렌이 마지막 페이지들을 조심스럽게 분리해 보니 그곳에는 중요한 내용이 담겨 있었다.

흥분한 베르겐그렌은 노벨 재단에 이렇게 썼다. "알프레드는 아마도 과학 연구 부분과 구분하기 위해 노트를 거꾸로 사용해 마지막 페이지의 뒷면에 어두운 잉크나 연필로 시의 초안, 생각, 철학적 고찰 등을 기록했다. 이러한 내용은 노벨의 문학적 관심과 철학적 사유를 엿볼 수 있는 중요한 자료로 평가된다."[223]

처음 그 구절을 읽었을 때부터 나는 이 검은 왁스 천으로 된 책을 원본으로 보고 싶었다. 국립 기록 보관소는 암석실에서 적정 온도를 잘 유지하고 있었다. 우리는 18세기의 지도 두루마기가 놓인 벽을 지나갔다. 탐험가 스벤 헤딘(Sven Hedin)의 여러 탐험 기록도 기록 보관소에서 확인할 수 있었다. 탁자 위에는 오래된 스웨덴-노르웨이 연합 국기가 새겨진 두 개의 잘 디자인된 도자기 컵이 놓여 있었다. 그들은 분명히 어떤 아카이브 상자에도 들어가지 않은 유물들이었다.

노벨의 파일은 잠겨 있었다. 기록 보관인은 상자를 집어 들고 내가 볼 수 있는 위치로 가져갔다. 불행히도 거의 모든 상자에서 검은색 왁스 천으로 된 책이 발견되었다. 나는 두 편의 소설과 희곡, 먹물 자국이 온전한 손으로 쓴 초안 같은 책을 찾았다. 그 책들은 줄이 그어져 있고 잉크 얼룩도 그대로 남아 있었다. 이 작품은 최초의 노벨 전기 작가들에게도 알려진 바 있다. 원본은 필사적으로 복구된 상태였다. 여기저기 부주의하게 페이지가 찢어진 흔적이 있었다. 나는 적어도 그 부분들에 무언가 조밀하게 쓰여 있음을 알 수 있었다. 그것은 화학 실험에 관한 것이 아니었다.

나는 상자 중 하나에서 1860년대 니트로글리세린에 관한 알프레드와 임마누엘의 격렬한 논쟁 초안을 우연히 발견했다. 편지 초안은 원본 그대로 있었다. 심술궂은 그림과 필체에서는 전혀 다른 방식으로 강렬한 감정이 솟아오르는 걸 느낄 수 있었다.

어느 쪽도 비하하지 않도록 심하게 검열된 버전이 노벨 재단에서 공식적으로 출판된 적이 있다.

1991년이 되어서야 더 민감한 부분이 재현되었다.[224] 마지막으로 내 앞에는 앞서 말한 설명과 일치하는 왁스 천으로 된 책이 몇 권 놓여 있었다. 나는 그들 중 하나를 살펴보았다. 정확히 사실이었다. 연구 노트 뒤편에서 연필로 적힌 낭만적인 12행 시를 찾았다. 시는 다음과 같이 시작된다.

"밤이 날아가고 새벽이 흩어지면 / 잠자는 환상의 거친 상상은 / 사라진다 아름다운 비너스의 모습은 / 때로는 잠 못 이루는 만취에 한숨을 쉬는…."

상자 안에는 메모 중 하나가 들어 있었는데, 그것은 찢어진 종이에 수학적 계산이 적혀 있는 것이었다. 그 위에 연필로 추가된 문장이 있었다. "그러면 삶은 현실이 되고 행복한 꿈은 단지 기억의 유령처럼 떠난다."

이 모든 날은 계속되었다. 수년 동안 알프레드 노벨은 특허 출원을 제외하고는 문학 작품처럼 기교적인 글을 많이 쓰지 못했다. 그의 펜으로 작성한 과학적 저술은 거의 존재하지 않을 것이다.[225]

*

시계가 1시를 가리키고, 휴대전화에서는 전 세계 뉴스가 깜박였다. 2017년 노벨 문학상은 영국 작가 가즈오 이시구로(Kazuo Ishiguro)에게 돌아갔다. 우리는 운이 좋게도 이시구로가 일본에서 태어났지만 여섯 살 때 영국으로 이주했다는 사실을 빠르게 알게 되었다.

수많은 마이크 앞에서 스웨덴 아카데미의 변함없는 시선은 이시구로의 집필이 "개인과 사회가 생존하기 위해 잊어야 할 것"에 대해 현재와 과거의 관계를 중심으로 진행되었다는 것을 알려주었다.

일본에 뿌리를 둔 문화 저널리스트는 이시구로가 자신이 "낭비한 삶"이라고 부르는 것을 포착하는 데 얼마나 잘 성공했는지에 대해 오랫동안 따뜻하게 이야기했다.

"예를 들어, 어렸을 때 떠난 나라에 대해 무엇을 기억합니까?" 그녀는 질문을 던졌다.

6장
러시아와의 느린 이별

알프레드 노벨은 러시아에 머무를 계획이었다. 1860년대 초반에 쓴 편지들에서 그는 부모님을 따라 스웨덴으로 돌아갈 생각이 전혀 없었다. 오히려 핀란드로 이주하는 것이 더 나은 선택이라 여겼다. 그는 아버지의 무기와 폭발물 사업을 돕는 일보다는 철강 산업에 종사하는 일에 더 관심이 있었다.

마지막 순간까지도 그의 형제들은 상트페테르부르크에 위치한 노벨과 아들들 회사의 대공장을 구하기 위해 노력했다. 1860년 1월 초, 루드빅은 재정 지원 신청서를 들고 콘스탄틴 대공을 찾아갔다. 로베르트와 알프레드는 그를 도와 손익 계산을 준비했다. 형제들에 따르면 해군부의 배신으로 인해 90만 루블 이상의 손실이 발생했다고 주장하며, 러시아 정부에 이를 보상해 줄 것을 요구했다. 현금이든 새로운 주문이든 상관없이 노벨과 아들들 회사를 청산 위기에서 구하고 사업을 지속할 수 있게 지원해 달라는 요청이었다.

처음에 콘스탄틴 대공은 일부 긍정적인 신호를 보냈다. 그는 각료들에게 노벨의 요청이 "승인할 가치가 있다"라고 말했지만, 불행히도 그의 발언은 공식적으로 기록되지 않았다. 노벨의 문제는 당시 차르 러시아의 거대한 관료주의 체계에 휘말리면서 상황이 악화되었다. 서신이 오갈수록 반대 의견이 늘어났고, 논의는 점차 조롱에 가까운 태도로 바뀌었다. 임마누엘과의 과거 다툼과 채무 문제가 다시 거론되었고, 결국 노벨의 요구는 "상상의 권리"라는 이유로 기각되었다. 이때 콘스탄틴 대공은 더 이상 이의를 제기하지 않았다.[226]

형제들은 희망을 잃지 않으려 애썼지만, 분위기가 점차 변하고 있음을 느낄 수밖에 없었다. 주된 책임을 맡고 있던 루드빅은 점점 무거운 부담을 견디기 어려워했다. 역경은 끊임없이 이어졌다. 1861년 3월, 루드빅과 미나의 석 달 된 딸이 사망했고, 얼마 후 미나는 "희귀 중증 류머티즘열"에 걸려 시달렸다. 로베르트에 따르면 루드빅은 때때로 너무 낙담해 "그를 바라보는 것조차 고통스러울 정도로" 우울한 모습을 보였다고 한다.[227]

로베르트와 알프레드는 로베르트와 폴린이 약혼한 후 화해했다. 알프레드는 형의 행복한 가정 소식을 들으니 반가운 일이라고 말했다. 그는 폴린의 마음을 사로잡은 사람이 로베르트라는 사실을 받아들여야만 했다. 형제들은 서로에게 의지할 수밖에 없는 상황이었다. 특히 로베르트는 결혼을 위해 돈을 벌어야 했다.[228]

그 과정은 험난했다. 로베르트는 예인선을 여객선으로 개조하는 일부터 시작했다. 그러나 그 보트는 일반 교통에 투입되거나 판매되지 못해 결국 "집안의 십자가" 같은 존재가 되었다. 또한 그는 아버지를 이어 가정용 온수 시스템 설치 사업을 시도했으나, 루드빅은 아버지의 배관 관련 문제를 상기시키며 그 기술이 결코 "일반적으로 사용되지 않을 것"이라고 단언했다. 로베르트는 경제적으로 어려움을 겪고, 자주 병으로 고생했으며, 결혼은 계속 연기될 수밖에 없었다.[229]

그들 사이의 관계는 점점 어색해졌다. 또한 상트페테르부르크의 습기로 인해 심한 고통을 겪었다. 인후통과 류머티즘에 대한 불만이 끊임없이 제기되었다. 타일 스토브만으로 집 안이 충분히 따뜻하지 않았고, 알프레드와 로베르트가 함께 임차한 아파트 벽에는 버섯과 곰팡이가 자랐다. 그들은 추운 날씨 속에서 얼어붙은 너덜너덜한 수레를 타고 울퉁불퉁한 길을 돌아다녀야 했다.

돈은 끊임없이 부족했다. 특히 로베르트는 심각한 빈곤 상황이 계속될까 봐 두려워했다. 그럼에도 여름에 의사가 공기 교환을 처방했을 때 상황은 알프레드와 함께 별장을 빌릴 수 있을 정도로 호전되었다.

그들은 간절하게 해군부의 구원 조치를 기다렸다. 로베르트는 전쟁 준비의 징후를 보았다고 상상하기도 했다. 형제들에게 필요한 것은 새로운 전쟁이었다.

그러면 다시 한번 노벨과 아들들 회사에 주문이 쇄도할 것이라고 생각했다.

하지만 그런 일은 일어나지 않았다. 1861년 10월, 루드빅 노벨은 러시아 정부로부터 냉정하게 거절당했다. 그는 이를 "비열하고, 저급하며, 교활하고, 모든 가능한 방식으로 왜곡된 진정한 러시아 관료주의의 결정체"라고 표현했다.[230]

그들은 항소를 시도했다. 임마누엘 노벨은 결국 스웨덴 외무부를 설득해 자신의 주장을 호소했지만, 아무런 도움이 되지 않았다. 알프레드는 "우리가 이제 각자 새 출발을 해야 한다"는 냉혹한 현실을 받아들였다.

편지의 행간에서, 형제들 간의 묵시적인 합의가 느껴졌다. 먼저 성공한 사람이 다른 사람들을 도와주고, 실패한 사람은 절대로 버림받지 않겠다는 약속이었다.

러시아 정부가 파산을 선언했을 때, 형제들 중 가장 잘 준비되어 있던 사람은 28세의 알프레드 노벨이었다. 루드빅의 괴로움은 더 커졌다. 그는 새 주인이 나타날 때까지 파산한 공장의 주요 책임을 맡아야 했으며, 이를 "발목을 잡는 족쇄"로 여겼다. 다른 제안들이 있었지만, 쇠사슬에 묶여 "예"라고 대답할 수 없었다.[231]

1861년 크리스마스에 맏형 로베르트는 마침내 폴린과 결혼했다. 몇 달 후, 부부는 폴린의 가족이 있는 핀란드로 이사했다. 그곳에서 로베르트는 잠깐 장인의 벽돌 생산을 도왔지만, 폴린의 아버지는 사위가 사업에 실패한 것에 대한 실망감을 숨기지 않았다. 점점 더 좌절하던 로베르트는 다시 도전하기로 결심했다. 그의 새로운 아이디어는 양조장을 시작하는 것이었다.

반면 알프레드는 건강을 회복해 매우 좋은 상태가 되었다. 루드빅은 알프레드가 기운을 차린 것을 기뻐하며 편지에서 그의 건강이 점점 더 안정되고 있다고 썼다. 또한 얼굴 전체에 수염이 난 알프레드가 매우 듬직해 보인다고 덧붙였다. 이제 세 형제 모두 수염이 있었다.[232]

알프레드는 핀란드에서 흥미로운 프로젝트를 맡게 되었다. 그것은 라도가(Ladoga) 호수에서 멀지 않은 카렐리안(Karelian) 지역의 작은 용광로가 딸린 주조 공장과 기계 작업장이었다. 숨풀라(Sumpula) 공장은 늪지에서 채굴한 광석으로 주철과 철 제품을 생산했지만, 기술적으로 뒤쳐져 몇 년 동안 어려움을 겪고 있었다. 공장의 소유주인 40대 선장 알렉산더 포크(Alexander Fock)는 생산 시설을 개조하고 현대화하려고 고군분투하고 있었다. 그는 현대화를 위한 노력의 하나로 알프레드 노벨을 파트너로 데려오기로 했다. 알렉산더 포크는 자본을 책임지고, 알프레드 노벨은 운영을 담당하기로 결정했다. 그들은 이익을 동등하게 나누기로 합의했다.

숨풀라 제철소는 수도관용 파이프, 화로 격자, 철 기둥 등을 생산했다. 기운을 회복한 알프레드는 근면함을 발휘해 6개월 만에 생산량을 두 배로 늘렸다. 그는 자랑스럽게 말했다. "이제 우리 제품의 품질이 상트페테르부르크의 주조품에 근접하고 있다." 루드빅은 자신의 형제가 무언가 유의미한 일을 찾은 것에 감사했다.

1862년 봄, 알프레드 노벨은 작은 제철소에서 자립할 수 있게 되었다. 불과 몇 킬로미터 떨어진 곳에는 원하면 살 수 있는 아름다운 저택이 있었다. 알프레드는 이곳을 선택해 상트페테르부르크에서 부분적으로 이사했다. 그는 숨풀라 공장과 상트페테르부르크 사이에서 약 67마일을 끊임없이 오가며 바쁘게 지냈다. 돛에서 바람을 느끼듯 그는 성공을 향해 순항 중이었지만, 그렇다고 시 쓰기를 완전히 포기한 것은 아니었다.

어느 날, 알프레드는 카렐리안에서 자신에 대한 나쁜 소문이 떠돌고 있다는 이야기를 들었다. 누군가는 그가 평생 시를 쓰며 시간을 낭비한 사람이라고 주장하고 있었다. 이 비난은 성실하게 살아가던 알프레드에게 큰 충격을 주었다. 게다가 그 소문이 알렉산더 포크의 24세 여동생이 보낸 편지에서도 반복되면서 상황은 더욱 악화되었다. 털털하지 않다고 자칭한 올가 드 포크(Olga de Fock)는 숨풀라 공장에서 태어나고 자랐다. 당시 그녀는 몇 킬로미터 떨어진 마안셀캐(Maanselkä) 농장에 있는 또 다른 포크의 가족의 카렐리안 사유지에서 살고 있었다. 나쁜 편지와 관련해 올가는 적어도 모든 사람이 글을 쓰는 데 낭비할 시간이 있는 것은 아니라고 비꼬는 반응을 보였다.

알프레드는 즉시 프랑스어로 답장을 보냈다. 약간 분노한 알프레드는 평범한 작가보다 더 개탄스러운 것은 생각할 수 없다고 설명했다. 그는 "20세 이후로는 작품을 한 줄도 쓰지 않았다. 모든 것이 오해다"라고 말했다. "펜으로 표현하는 것이 더 쉽다"라고 말한 적이 있었는데, 그 말이 자랑으로 해석된 것 같다고 했다. 알프레드 노벨은 "내 분야는 물리학이지, 글쓰기가 아니다"라고 강조했다.

덧붙여서 그는 다른 언어로 글을 쓰는 것이 매우 어렵다고 언급했다. 예를 들어, 올가에게 자신을 "수수께끼"라고 부른 적이 있지 않느냐고 묻고, 몇 줄의 영어 시를 읽어 보겠냐고 물었다.

알프레드는 8년 전에 시작한 그의 시 「수수께끼(En gåta)」의 최신 개정판을 함께 보냈다. 자신이 무척 좋아하는 소설 『란소르페(Ranthorpe)』도 보냈다. 이 소설은 영국 작가 루이스(G. H. Lewes)가 1845년에 쓴 것으로, 인생을 매우 진지하게 받아들이고 "로맨틱한 작가의 이상에서 영감을 받은" 멜랑콜리하고 열정적인 청년을 다루고 있다.[233]

알프레드는 이중적인 전략을 사용해 해명한 것으로 보인다. 한편으로는 자신이 글을 쓰는 데 시간을 낭비하지 않는다고 강력하게 주장하며, 자신을 "다른 누구보다 더 시인이 아니다"라고 강조했다. 다른 한편으로는 자신의 글쓰기 결과물로 올가에게 감동을 주려 했으나 이 전략은 그다지 성공적이지 못한 것 같다. 마드모아젤 드 포크(Mademoiselle de Fock)는 결국 그의 삶에서 사라졌다.

알프레드는 게으른 시인으로 비난받는 것을 매우 싫어했다. 그는 이상에 따라 모든 의무를 다하는 사람으로 자신을 보았고, 그 비난의 출처가 리조굽 부인(Mademoiselle Lizogub)이라고 생각했다.

34년 후, 알프레드 노벨이 파리에서 부유한 사람이 되었을 때, 나이 든 리조굽 부인으로부터 연락을 받았다. 그녀는 1860년대 초 카렐리안 지협에서 함께 보낸 시간을 회상했다. 리조굽 부인의 편지에는 숨은 동기가 있었다. 편지는 가족의 여러 사고에 대해 오랫동안 한탄한 후, 결국 알프레드에게 돈을 요구하는 내용으로 끝을 맺었다. 그녀는 달콤한 말로 알프레드 노벨에 대한 밝은 기억을 회상하며 글을 썼다. 그녀는 1860년대 숨풀라에서 그가 친절과 연민을 어떤 식으로 표현했는지 기억했다. "저는 여전히 핀란드에서 시와 웅대한 아이디어로 가득 차 있고 훌륭한 지성으로 빛났던 당신을 기억합니다." 그리고 34년 전에 자신이 험담으로 그에게 상처를 입힌 것에 대해 사과했다.

위선을 경멸했던 62세의 알프레드 노벨은 화난 어조로 리조귭 부인에게 대답했다. 그는 자신이 그 일을 잊지 않았으며, 돈을 지불할 생각이 없음을 분명히 했다.[234]

노벨 형제의 상호 책임감에는 부모도 포함되었다. 그들은 아버지가 스톡홀름에서 재기를 시도하는 모습을 멀리서 지켜봤다. 임마누엘은 무기에 투자했고, 그의 이름이 스웨덴 신문에 다시 등장한 것은 소총 총열에 대한 광고에서였다. 임마누엘은 여덟 개의 배럴을 가진 새로운 "기관총"을 만들고자 했다. 한 번의 덜거덕거리는 사격으로 100개가 넘는 총알을 발사할 수 있었다. 그 시도는 곧 신문 기사로 다뤄졌다. 얼마 지나지 않아 그의 해상 기뢰도 신문에 등장했다. 임마누엘은 기뢰와 기관총 둘 다 스웨덴 국방군에 판매하려 시도했으며, 동시에 영국과 프랑스에도 접근했다. 그는 가족의 생계를 위해 열심히 싸웠다.

스웨덴 신문들은 1862년 여름 유르고즈브룬스비켄(Djurgårdsbrunnsviken)에서 임마누엘 노벨이 시연한 폭발 실험에 주목했다. 6,000명의 관객이 두 시간 동안 비를 맞으며 기다린 끝에 시험 보트가 마침내 기뢰에 닿아 폭발했다. 기자들은 실험이 성공적이었다고 평가했다. 헬레네보리에서 엔지니어 노벨에 대한 존경심이 커졌다.

동시에 임마누엘은 크림 전쟁 중에 지닌 교수가 그와 알프레드에게 보여줬던 발파유 니트로글리세린에 대한 생각을 잊지 못했다.[235] 니트로글리세린 문제는 여전히 해결되지 않았다. 그것은 불안정하고 통제된 형태로 폭발시키는 것이 불가능해 보였다. 소브레로의 발명품은 이미 15년이 지났지만, 여전히 흥미롭고 호기심을 유발하는 작품이었다. 그러나 실용성은 전혀 없었다. 임마누엘은 니트로글리세린과 일반 화약을 혼합하는 것이 해결책이 될 수 있지 않을까 고민했다.

훗날 알프레드 노벨은 1854년에 있었던 지닌의 시연에 영감을 받아 니트로글리세린의 수수께끼를 풀기로 결정했다고 주장했다. 그는 폭발물 연구에 일생을 바친 것이 처음부터 자연스러운 일이라고 말했다. 그에게는 해상 기뢰를 발명한 아버지가 있었기 때문이다. 그러나 이는 사후에 꾸며낸 이야기였다. 당시 알프레드는 로베르트에게 아버지의 새로운 "화약 사업"에 대해 회의적이라고 편지를 썼다.[236]

형제들은 상트페테르부르크에서 노벨과 아들들 회사의 최종 파산이 어떻게 받아들여질지 걱정했다. 그러나 상황은 그리 나쁘지 않았다. "이 재앙에 관한 한, 시골과 도시 모두에서 사람들이 우리에게 매우 신사적으로 행동하고 있다는 것을 인정해야 한다." 알프레드 노벨은 1862년 봄에 로베르트에게 이렇게 편지를 썼다.

루드빅조차도 상황을 완전히 비관하지는 않았다. 전쟁이 끝난 상트페테르부르크에서는 많은 산업이 멈춰 있었다. 돈 부족은 노벨 가족만이 아니라 러시아 대부분의 지역에서 심각한 문제였다. 루드빅은 상황이 곧 바뀔 것이라고 보았다. "미래에 대해서는 걱정하지 않는다. 역풍이 불어 역전되기 시작하는 시기가 그리 멀지 않았다. 그리고 어쩌면 다시 한번 돛이 가득 차는 것을 볼 수 있을 것이다. 러시아의 위기가 절정에 이르렀으니 더 행복한 시기가 반드시 찾아올 것이며, 그때는 사람과 지성이 모두 활용될 수 있을 것이다. 그러나 현재의 기술은 어려운 시기를 버텨내고 생존하는 것에 달려 있다."[237]

노벨과 아들들 회사의 공장은 결국 엔지니어 골루브예프(Golubjev)에게 매각되었고, 루드빅은 마침내 고질병에서 해방되었다. 그는 저축한 자금으로 스토라 네브카강 건너편의 뷔보리스카야 스토로나(Vyborgskaja storona)에 있는 철강 및 주철 주조 공장을 임차했다. 그는 곧 경제가 회복될 것이라고 예측했다.[238]

알렉산더 2세는 러시아의 문제를 외면하지 않았다. 크림 전쟁 이후의 평화 협정에서 차르는 수용하기 힘든 요구들만 받았다. 우선 러시아는 성지에서 기독교 수호자의 역할을 포기해야 했다. 동시에 터키에게 영토를 잃고, 러시아 함대는 흑해 출입이 금지되었다.[239]

차르는 전쟁에서 좌절한 주된 이유가 농노로 구성된 군대의 낮은 도덕 수준에서 비롯되었음을 깨달았다. 또한 이 나라에서 만연한 경제 위기가 농노와 밀접하게 연결되어 있음을 인식했다. 도시의 공장들은 노동력을 필요로 했으나, 수백만 명의 러시아인들이 구식 노예 제도에 갇혀 있어 고용할 노동자가 부족했다.

1861년이 되자 마침내 결정이 내려졌다. 2,000만 명의 러시아 농노가 자유를 되찾으면서 그 후 몇 년 동안 노동력이 상트페테르부르크로 쏟아져 들어왔다. 이 노동력은 특히 루드빅 노벨의 새로 시작한 기계 작업장에 큰 도움이 되었다. 동시에 새로 임명된 국방장관은 개탄스러운 러시아군 전체를 해체하고 재정비하기 시작했다. 로베르트 노벨은 이를 전쟁 준비로 해석했다. 그의 눈에는 가족을 위한 새로운 황금시대가 시작될 것처럼 보였으나 그것은 오판이었다. 러시아와 관련된 유럽의 새로운 전쟁은 아직 의제에 없었다.

노벨 형제는 부모에 대한 지원에 점점 더 큰 책임감을 느꼈다. 아버지의 기뢰를 포함한 사업의 두 번째로 큰 시장은 어디였을까? 알프레드와 로베르트가 서로 독립적으로 대서양 건너편을 보기 시작한 것은 우연이 아니었다.

*

미국 남북 전쟁이 시작된 지 약 1년이 지난 1862년 4월, 로베르트 노벨이 처음으로 자신의 형제들에게 아이디어를 언급했다. 1861년 초, 미국의 34개 주 중 7개 주가 노예제 폐지를 반대하고 새로 선출된 공화당의 대통령인 에이브러햄 링컨에 반대해 연합 탈퇴를 요청했다. 4월 12일 금요일, 새로 형성된 남부 연합이 사우스캐롤라이나주 찰스턴(Charleston) 외곽의 북부 요새를 공격하며 내전이 시작되었다. 그 후 얼마 지나지 않아 다른 4개 주가 추가로 연방에서 탈퇴했다.

북부의 주들은 강력한 장비를 갖추고 있었지만, 첫해의 피비린내 나는 전투는 링컨에게 몇 차례 고통스러운 패배를 안겨주었다. 1861에서 1862년 사이, 스웨덴계 미국인 존 에릭슨이 북부 주에 새로 건조된 장갑선 모니토르(Monitor)를 제안했을 때, 연방의 상황은 그다지 밝지 않았다. 모니토르를 통해 마침내 오랫동안 기다려 온 바다에서의 승리를 이루었다. 1862년 3월 8일 햄프턴 로드

(Hamplon Roads) 해전에서 에릭슨의 함선은 남부의 무시무시한 철갑선 버지니아 호(CSS Virginia; Merrimac)를 강제로 퇴각시키는 데 성공했으며, 이는 링컨에게 중요한 승리로 작용했다.

전투는 몇 년 동안 계속되었지만, 햄프턴 로드 전투는 여러 가지 이유로 중요한 전환점으로 남았다. 새로운 기갑 보트는 큰 성공을 거두었고, 나무로 만든 군함은 역사 속으로 사라지게 되었다.[240]

이 획기적인 변화는 전쟁 산업의 개척자들에게 무엇을 의미하는가?

모니토르가 승리한 지 몇 주 후, 로베르트는 루드빅에게 편지를 써서 아버지의 기뢰가 장갑선에서 어떻게 작동하는지 알고 있느냐고 물었다. 그리고 그는 제안했다. 임마누엘과 알프레드가 이 흥미진진한 새로운 시장에서 무기를 팔기 위해 남북 전쟁 중인 미국으로 가야 한다고 제안했다.

시인 알프레드 노벨은 그 생각에 회의적이었다. 그는 자신에 대한 인식이 명확했다. 상트페테르부르크 왕가에 대한 생각과 함께 알프레드는 모든 전쟁에서 확고하게 거리를 두었다. "오늘날 우리는 대서양 건너편에 있는 우리 형제들이 어떻게 학살당하는지 보지 못합니까? 무엇을 위해?" 그는 이때 시를 썼다. "링컨이 그 이유를 설명할 수 있습니까? 나라의 피와 재산을 낭비하고 자유의 손에 족쇄를 채우다니. 당신과 모든 사람이 하나 되어 일어나 이 악행이 중단되기를 요구하지 않는 한 계속 그렇게 될 것입니다."[241]

그러나 실제 알프레드 노벨의 태도는 그렇게 명확하지 않았다. 그는 로베르트에게 자신도 오랫동안 미국의 전쟁 당사자들에게 임마누엘의 기뢰에 관심을 가지게 해야 할지 고민해 왔다고 썼다. 하지만 그는 동시에 많은 어려움을 보았다. 성공 가능성은 '달의 포위 작전' 같은 공상 프로젝트에 가까워 보인다고 판단했다.

알프레드는 재정 부족을 첫 번째 문제라고 지적했다. 임마누엘과 알프레드 모두 스톡홀름(임마누엘)과 숨풀라(알프레드)의 제철소를 넘어설 여력이 없었다. 그는 "상상으로 우리는 미국인 대신 시리우스[별]로 여행해 공중에 있는 천사를 날려버릴 수 있지만, 현실에서는 꼼짝없이 앉아 있다. 부족한 돈, 통풍과 같은 병이 사람을 집에 붙들어 놓고 미래에 대한 계획을 세우도록 만든다"고 썼다.

하지만 필요한 5,000~6,000루블을 마련할 수 있다고 해도, 미국 프로젝트의 실행 가능성은 확실하지 않다고 알프레드는 주장했다. "남부 주들에 접근하기는 어렵다. 북부 주에서는 기뢰를 판매하기 어려운데, 대통령 링컨이 '예'나 '아니오'를 답하는 데 몇 년이 걸리는, 마치 두더지 같은 행동을 보이기 때문이다."

게다가 알프레드는 기뢰가 장갑 보트 간의 전투에서 장기적으로 중요한 카드가 아닐 수 있다고 주장했다. 그는 기뢰 제작이 "간단한 일"이라며, 첫 번째 기뢰가 폭발하면 적군도 곧 비슷한 것을 만들 것이라고 예측했다. "그럼 어느 쪽이 유리할까?" 알프레드는 자신에게 물었다.

친애하는 로베르트 형, 이 문제를 어떻게 생각하는지 말해주세요. 내가 이 일에서 어느 정도 타당한 주장을 하고 있는지 궁금합니다. 우리의 노력이 헛되지 않도록 떠나기 전에 잘 생각해 봐야 합니다. 다른 세계에서 우리의 동료들을 도와 성공할 수 있을지 불확실한 상태에서 시작하기 전에 숙고해야 합니다. 나로서는 이러한 종류의 기뢰에 대해 큰 희망이 없지만, 아버지의 지뢰는 이야기가 다릅니다. 그것은 배선과 점화 측면에서 장점이 있으므로 남부 주들에게는 엄청나게 중요한 무기가 될 것입니다. 국경 방어의 유용성을 인식하게 되면 엄청난 대가를 치러서라도 구매할 것입니다 - 왜 그렇지 않겠습니까? 기뢰는 공격용으로는 적합하지 않은데, 그 이유는 상대방이 비밀을 알아내면 쓸모없게 되기 때문입니다. 그러나 방어용으로는 최고의 무기입니다.[242]

알프레드 노벨은 전쟁에 대한 입장만큼이나 임마누엘 기뢰의 수출 계획에 대해서도 모호한 태도를 보였다. 임마누엘이 영국으로 가서 영국 정부에 기뢰를 제안하고자 했을 때, 알프레드는 이를 거절하며 러시아 군대에 새로운 기회를 주는 것이 더 나을 것이라고 주장했다.

알프레드는 러시아 장군 에두아르트 토틀레벤(Eduard Totleben)에게 깊은 인상을 받았다. 토틀레벤은 크림 전쟁 동안 세바스토폴 기지를 오랫동안 방어한 러시아군의 뛰어난 엔지니어로, 전쟁이 끝난 후 장군으로 진급해 국방부 공병부서를 책임지고 있었다. 그는 "현명한 사람"으로 기뢰를 최고의 방어 수단으로 여겼다고 전해졌다. 노벨의 기뢰가 도움이 될 수 있을지도 모른다.[243]

임마누엘 노벨과 그의 아들들은 노벨 기뢰의 "비밀"을 여러 나라에 동시에 제공하는 것이 군사적으로 민감한 문제가 될 수 있다는 점을 간과한 것으로 보인다. 아버지에게 평생의 안정된 수입을 보장해 주고자 했던 아들의 바람은 특정 국가에 대한 충성심보다 더 강했다. 스웨덴 시민이었던 그들은 과연 애국심과 관련해 자신들이 속한 국가를 어떻게 바라보았을까?

20년간 해외에 머문 그들에게 스웨덴은 어떤 의미였을까? 그들이 떠난 조국은 여전히 스톡홀름의 섬 사이를 오가는 증기선도 없었고, 위생 문제와 높은 사망률을 해결할 수도관도 없었다.

그들은 러시아에 대해 어떤 감정을 가지고 있었을까? 20년 동안 살고 일했던 나라에서 명예를 되찾고자 하는 열망은 과연 얼마나 컸을까?

*

1860년대 초 스웨덴은 한때 러시아 차르를 위협하던 강대국의 희미한 그림자에 불과했다. 이 나라는 오랫동안 유럽에서 가장 가난한 국가 중 하나로 여겨졌으나 변화의 바람이 늦게나마 불기 시작했다. 1862년 가을, 스톡홀름과 예테보리를 잇는 스웨덴 최초의 철도 노선이 개통되었고, 대륙의 에너지 위기가 예상치 못한 호황을 가져왔다. 이 변화는 도시화와 밀접하게 연결되어 있었다. 철도망이 중요한 역할을 했지만, 여전히 유럽의 도시에서는 말과 마차가 필수적이었다. 도시로의 이주가 증가하며 거리마다 말이 넘쳐났고, 이에 따른 사료, 즉 말의 먹이 부족이 심각해졌다. 스웨덴은 불과 몇 년 만에 귀리 수출량을 세 배로 늘렸다.

산업화도 시작되면서 기계 공장의 수요가 증가했다. 전통적인 철강 산업은 기술 혁명에 직면했고, 노를란드(Norrland) 해안을 따라 증기 동력 제재소가 점점 더 많이 세워졌다. 스웨덴은 새로운 면직 공장과 최초의 현대식 펄프 공장으로 단기간에 풍요로움을 누리게 되었다. 비록 산업화가 늦게 시작되었지만, 그 속도와 변화는 많은 이들을 놀라게 했다.

모국에서 기업가로서 성공을 꿈꾸던 해외의 창의적인 스웨덴인들에게 이 시기는 최적의 기회였다. 그러나 경제 상황은 여전히 불안정했고, 몇 년 뒤 심각한 기근과 흉작으로 수십만 명의 스웨덴인이 대서양 건너편의 미국으로 이주하게 되었다.

정치적으로도 스웨덴은 격변의 시기였다. 새 왕 카를 15세(Karl XV)는 1859년에 병으로 사망한 아버지 오스카 1세보다 할아버지 카를 14세 요한으로부터 더 많은 권위를 물려받았다. 그러나 많은 사람들은 새 왕의 운명이 노련한 정부 관료들, 특히 루이스 데예르(Louis de Geer) 법무장관과 요한 아우구스트 그리펜스테트(Johan August Gripenstedt) 재무장관의 손에 달려 있다고 보았다. 카를 15세는 대중적인 스타일과 따뜻한 태도로 인기를 얻었지만, 사실 그는 진지한 업무보다는 파티와 사치스러운 생활에 더 관심이 많았다. 자유주의적 개혁 사상이 제시되었을 때도 왕으로서 강력히 반대하지 않았다.

흥미로운 권력 공백이 생기자, 자유주의적 성향의 장관들은 이를 악용했다. 그들은 향후 몇 년간 자유 무역과 무역 자유화를 추진하며, 낡은 정치 체제를 개혁해야 할 시점이 왔다고 판단했다. 특히 자유주의자들은 오랫동안 스웨덴의 구 귀족제를 폐지하려고 노력해 왔다. 그들은 귀족들의 과도한 영향력을 줄이기 위해 의회의 폐지를 목표로 삼았다.

짧은 시간 동안 많은 일이 일어났다. 1860년 말, 시민 계급과 농민 계급이 연합해 정부(왕과 고문)에게 계급제 폐지를 요구했다. 루이스 데예르는 왕이 거부하면 사임하겠다고 위협했고, 결국 왕을 설득하는 데 성공했다. 1863년 1월, 왕궁에서 열린 신년 연회 직후, 새로운 양원제를 도입하는 법안이 의회를 통과했다.

의회 테이블에 있는 개혁 성향의 하원의원들은 연회에서 승리를 축하하며 연설하고 건배를 했다. 그럼에도 이는 스웨덴 민주주의를 향한 큰 진전이라기보다는 오히려 2년을 더 끌게 하려는 데예르의 전략적 속임수에 불과했다. 이는 당국이 나라의 분위기를 진정시키면서도 민주주의에 대한 급진적인 요구와 새로운 유혈 폭동, 혁명, 심지어 진화론과 같은 더 나쁜 상황을 막으려는 시도로, 늑대들에게 한 입 던지기를 하는 것과 같았다.

문제는 계속해서 해결되지 않았다. 선거제도는 달라졌지만 대신 투표권과 자격에 대한 소득 기준이 너무 높아져 실제로는 부유한 스웨덴 지주와 기업가들이 권력을 독점하게 되었다. 스웨덴 성인 인구의 10퍼센트만 의회 선거에서 투표할 수 있었으며, 두 번째 의회에서도 노동자와 가난한 사람들은 여전히 투표할 수 없었다. 여성? 그들은 토론조차 할 수 없었다.

1863년 초, 폭풍이 스톡홀름을 강타했다. 바람은 지붕을 들어 올리고, 크리놀린(krinolin)을 입은 모든 여성을 노르브로(Norrbro) 거리에서 넘어뜨렸다 뒤집어엎었다. 폭풍이 지나간 후, 모든 것이 다시 평소와 같아졌다. 이틀 후, 온화해진 날씨에 수천 명의 스톡홀름 사람들이 인기 있는 왕 카를 15세의 생일을 축하하려고 거리에 쏟아져 나왔다.[244]

*

1862년 늦가을에 로베르트 노벨은 임신 중인 아내를 핀란드에 남겨두고 일정 기간 스웨덴으로 이주했다. 그는 맥주 양조장을 시작하려는 계획을 추진했다. 알프레드의 도움을 받아 러시아에 있는 공장 부지를 조사하고 보리 수입 시장을 조사했다. 로베르트는 스톡홀름에서 가장 유명한 양조장 중 한 곳에서 양조 기술을 배웠다.

양조장은 쿵스홀멘(Kungsholmen)에 위치했으며, 스톡홀름에서 가장 부유한 인물 중 하나로 알려진 39세의 요한 빌헬름 스미트(Johan Wilhelm Smitt)가 소유하고 운영했다. 노벨 형제의 이모인 베티 엘드(Betty Elde)는 부유한 양조장 주인의 사촌과 알고 지냈다. 아마도 이를 통해 연락이 이루어진 것으로 보인다. 어쩌면 로베르트 노벨은 1840년대 초 바다에서 선원으로 일할 때부터 일곱 살의 스미트를 알았을지도 모른다.

로베르트 노벨과 달리 선원의 제자였던 스미트는 첫 근무 후 바다 생활을 포기하고 15년 동안 남아메리카에 머물렀다. 그는 그곳에서 자산을 모은 후 스웨덴으로 돌아와 다양한 금융 및 산업 프로젝트에 투자하며 부를 축적했다. 1856년에는 친구 앙드레 오스카 발렌베리(André Oscar Wallenberg)와 함께 스톡홀름의 엔스킬다(Enskilda) 은행을 설립했다.

로베르트 노벨은 쿵스홀름의 양조장에서 근무하며 자신의 역할을 충실히 했지만, 그곳에서의 시간에 대해 개인적으로 만족하지 못했다. 어쨌든 스미트는 노벨 가문에 대해 좋은 인상을 받았고, 곧 이 백만장자는 끊임없는 부정적 여론에도 불구하고 알프레드 노벨의 첫 번째 폭발물 회사에 절대적으로 중요한 재정적 지원을 하게 될 것이다.[245] 노벨에게 요한 빌헬름 스미트의 중요성은 결코 과소평가될 수 없다. 노벨 가문에서는 그를 빌헬름이라고 불렀다.

스톡홀름에 있는 동안, 부모님의 재정 상황에 대해 맏형 로베르트의 걱정은 더 커졌다. 18세의 동생 에밀은 의지할 수 없었고, 로베르트 자신도 스톡홀름에 오래 머물 수 없다는 것을 깨달았다. 그는 폴린에게 "가난한 부모님이 하루 끼니를 빼먹을 수도 있다는 생각에 몸서리가 친다"고 썼다.

로베르트는 양조장에서 방을 빌렸지만, 일요일마다 헬레네보리로 가서 부모님과 저녁을 함께했다. 그때마다 부모님이 에밀을 얼마나 걱정하는지 들을 수 있었다. 에밀은 "똑똑한 머리"를 가졌지만 게으르고 부주의해 종종 빚을 지고 갚지 않는 성격이었다. 로베르트는 에밀의 제멋대로 자란 구레나룻을 보고 그를 건방지게 여겼고, 동생의 수다스러움에 금방 싫증을 느꼈다. 또한 그는 에밀이 때때로 스톡홀름의 시가 가판대를 방문한다는 것도 알고 있었다. 그는 아내에게 "경박한 망나니"라고 썼다. 그러나 이 모든 건 로베르트가 에밀이 자신의 아내 폴린과 비밀리에 교제하고 있다고 의심한 배경을 고려할 때 더욱 이해할 수 있는 맥락이었다.

가족들은 에밀이 웁살라(Uppsala)에서 학업을 마치면 훌륭한 인물이 될 거라고 생각했다.[246]

해가 바뀌면서 긍정적인 일이 일어났다. 참모 장교가 임마누엘 노벨에게 군사과학 전문가들을 대상으로 해군 기뢰에 대한 강의를 해달라고 요청했다.[247] 강의는 훌륭했다. 회생의 희망을 느낀 로베르트는 자신의 아버지를 돕는 데 많은 시간을 보냈다. 스톡홀름의 신문들(Stockholmstidningarna)은 이벤트를 광고했다. 1863년 2월 27일 저녁에 100명이 넘는 사람들이 브룬케베리 광장(Brunkebergstorg)에 있는 군사 협회(Militärsällskapets)건물로 몰려들었다. 왕의 동생인 오스카 왕세자와 주요 장관들도 참석했다.

임마누엘은 크림 전쟁 중 기뢰가 성공적으로 사용된 사례를 이야기하며, 스웨덴으로 돌아온 이후 기뢰 개발에 얼마나 많은 시간과 자금을 투자했는지를 강조했다. 마침내 그는 자신이 개발한 새롭고 더 강력한 폭발물을 공개했다. 그는 신형 장갑함을 공격할 수 있을 만큼 강력하다고 설명했다.

임마누엘은 청중을 실험에 초대했다. 그는 니트로글리세린과 약간의 화약을 섞어 눈을 크게 뜬 청중 앞에서 나무판자를 폭파시켰다. 관객들은 놀라움과 함께 환호했다. 그 폭발의 힘은 완전히 새로운 것이었다.

이후 『아프톤블라뎃』은 이 시연이 독창적이고 매우 성공적이었다고 보도했다. 해군장관은 스웨덴 해안 방어에 노벨 기뢰를 사용할 계획임을 밝혔다. 몇 달 후, 왕은 이를 연구하기 위해 특별 전문가 위원회를 구성했다. 이후 임마누엘의 기뢰에 대한 소식은 거의 모든 신문에 실렸다.

로베르트는 폴린에게 임마누엘이 만든 돌파구의 효과를 설명했다. "우리 이름은 노벨, 그의 발명품을 통해 너무 유명해져서 모든 사람이 [⋯] 우리를 알게 되었다."[248]

그러나 그 명성에도 불구하고 4월에도 여전히 수익을 올리지 못했다.

아마도 이것이 임마누엘이 상트페테르부르크의 알프레드에게 러시아군 공병부대의 토틀레벤 장군에게 즉시 연락할 것을 요청하는 편지를 보낸 이유였을 것이다. 알프레드는 임마누엘의 새로운 폭발물에 대해 이야기하고 그것이 일반 화약보다 20배 더 강력하다는 놀라운 사실을 밝히도록 위임받았다. 그 정보가 정확하지 않더라도 그들이 조금이라도 돈을 벌 수 있기를 바랐다.

알프레드는 임마누엘의 지시대로 행동했지만, 아버지를 잘 알고 있었다. 20배 강하다? 그것은 아버지의 흔한 과장처럼 들렸다. 토틀레벤을 방문할 때 그는 안전을 위해 기대치를 낮췄다.

그는 러시아 장군에게 여덟 배 더 강력한 폭발력을 약속하는 데 만족했다.

5월 5일, 토틀레벤 장군은 알프레드 노벨에게 러시아 정부의 비용으로 시험용 기뢰 네 개를 제작해 달라고 요청했다. 러시아 정부의 비용으로! 좋은 소식이었다고 알프레드는 생각했다. 그는 네 개의 기뢰에 대해 높은 가격을 책정했지만, 합리적인 가격은 1,000루블(현재 가치로 약 20만 크로나)이었다.[249] 그는 바로 다음 날 장군에게 연락해 서면으로 금액을 확인하고, 배송 준비를 위해 서둘러 스웨덴으로 떠났다.

토틀레벤은 참석하지 않았지만, 장군의 가장 가까운 참모 중 한 명은 1,000루블이 문제없다고 확신했다. 요청이 어떤 이유로든 거부될 경우, 그는 알프레드가 제공한 헬싱키, 투르쿠, 스톡홀름의 주소로 전보를 보내 가능한 한 빨리 알려주겠다고 약속했다.[250]

알프레드 노벨은 안도의 한숨을 내쉬며 짐을 꾸리고 떠났다.[251]

*

5월 중순이 되자 스톡홀름 시민들은 마침내 기대에 부응하는 봄 기온을 즐길 수 있었다. 도시의 소리 풍경은 알프레드 노벨이 자랐을 때와 달랐는데, 이는 말이 끄는 마차 노선이 늘어났기 때문만은 아니었다. 멀리서, 라두고르즈란뎃

(Ladugårdslandet)의 티스크바가르베르겐(Tyskbagarbergen)에서 둔탁한 폭발 소리가 끊임없이 들렸다. 사람들은 오늘날의 칼라베겐(Karlavägen)과 발할라베겐(Vallhallavägen) 사이에 있는 바위에 통로를 열기 위해 열심히 일했다. 이곳은 카를 15세의 터널이라고 불렸다.

작업은 끝없이 오래 걸렸다. 그들은 작은 구멍을 뚫고 화약을 넣은 뒤 그루터기에 불을 붙였다. "팡" 소리와 함께 폭발이 일어나 일부 돌 조각이 조금씩 운반되었다. 시추공은 점점 깊어졌고, 화약 비용은 엄청났으며, 작업 시간은 끝이 없었다. 공사는 어디에나 있었고, 알프스 터널 공사에서는 끔찍한 이야기도 전해졌다. 특정 시기에는 하루에 25센티미터밖에 전진하지 못했다고 한다.

티스크바가르베르겐에서는 작업 환경이 그렇게 나쁘지 않았음에도 폭발 작업은 2년 동안 계속되었고, 아직도 갈 길이 멀었다. 폭파 작업자의 사망 소식은 종종 신문에 실리곤 했다. 알프레드 노벨이 스톡홀름에 도착했을 때, 의회는 쇠데르말름(Södermalm) 아래에 계획된 터널에 대해서도 논의했다. 이 작업은 훨씬 더 많은 비용과 시간이 필요했으며, 위험한 발파 작업을 포함했다. 임마누엘은 자신의 새로운 폭발물이 그곳에서도 사용될 수 있을 것이라고 생각했다.

알프레드는 처음으로 웁살라에 갔다. 그는 이제 입학시험에 합격한 19세의 동생 에밀을 만날 예정이었다. 알프레드는 로베르트보다 남동생에 대해 훨씬 긍정적인 인상을 받았다. 에밀은 수염과 경험과 부드러움이 아직 부족했지만 현명한 소년이었다. 시간이 지나면 자연히 해결될 일이었다. 에밀은 스웨덴에 잘 적응한 듯 보였고, 알프레드는 그를 칭찬하며 편지를 썼다.[252]

헬레네보리(Heleneborg)에서는 임마누엘과 안드리에타가 알프레드를 기다리고 있었다. 감격스러운 재회 후, 알프레드는 자신이 급히 방문하게 된 이유인 새 폭발물에 대해 논의했다. 그러나 임마누엘의 시연은 실망스러웠다. 알프레드는 아버지가 평소처럼 충동적으로 행동하며 대충 준비한 것을 깨닫고 한숨을 쉬었다. 임마누엘이 만든 폭발물이 단지 대충 만든 납 파이프 조작에 기초한 속임수라는 것을 깨달았을 때 알프레드는 분노를 억누를 수 없었다. 그의 실망은 더욱 커졌고, 곧이어 실패를 인식했다. 몇 시간 후, 화약은 모든 니트로글리세린 오일을 흡수해 폭발력이 사라졌다. 그건 애초에 성공할 수 없는 시도였다.

로베르트는 핀란드로 돌아가 만삭인 아내 곁에 있었다. 월말이 되자 헬싱키로부터 기쁜 소식이 전해지면서 노벨 가족의 분위기가 한층 좋아졌다. 폴린은 얄마르 노벨(Hjalmar Nobel)이라는 아들을 낳았다. 알프레드는 "우리는 그 소식을 애타게 기다렸습니다. 아들을 얻은 당신은 정말 행운아입니다. 노벨 가족은 딸들과는 인연이 없었으니까요."라며 로베르트에게 축하 편지를 보냈다.[253]

알프레드는 스톡홀름에 계획보다 몇 주 더 머물며 아버지가 새로운 화약을 정리하는 작업을 도왔다. 이 시기에 진행된 첫 공동 실험은 헬레네보리에서 이루어졌으며, 이는 스웨덴-러시아 관계가 긴박하게 전개되던 시기와 일치했다. 연초에 폴란드인들은 러시아의 통치에 맞서 반란을 일으켰고, 많은 스웨덴 국민이 그들의 용기에 동조했다. 봄에는 폴란드 문제를 집중적으로 논의하며 최고위층에서 긴장이 조성되었다. 카를 15세는 폴란드 민족주의자들에게 강한 동정심을 보였으나, 이는 러시아와의 외교 관계에 불리하게 작용할 수 있었다. 왕실과 정계에 긴장이 조성되었고, 루이스 데예르 법무장관은 왕의 감정을 제지하려 애썼다.

이후 무정부주의의 창시자로 알려진 러시아 출신 망명 공산주의자이자 전문 혁명가인 미카일 바쿠닌(Mikhail Bakunin)이 스톡홀름에 도착하면서 상황은 더욱 복잡해졌다. 바쿠닌은 고국에서 반란에 가담한 혐의로 두 번 사형을 선고받았지만, 사면을 받았다. 러시아에서의 사면은 보통 시베리아의 강제 수용소 노역을 의미했으나, 바쿠닌은 탈출에 성공해 반란을 일으키는 순회 선동자가 되었다.

루이스 데예르는 『아프톤블라뎃』의 설립자 라스 요한 히에르타(Lars Johan Hierta)와 스타 작가 아우구스트 블랑쉬(August Blanche)와 같은 선도적인 스웨덴 자유주의자들이 바쿠닌을 환영하고 그와 관련된 이야기를 출판하고 그의 자유에 대한 열정을 칭찬하는 모습을 보고 안타까움을 느꼈다고 회고록에 썼다. 그는 "내 눈에는 단지 최악의 산적처럼 보였다"라고 말했다.[254]

1863년 5월 28일 목요일 스톡홀름의 피닉스 호텔에서 바쿠닌을 위한 환영

만찬이 열렸다. 알프레드 노벨과 그의 아버지가 그 자리에 있었는지는 알려지지 않았지만, 그들은 적어도 신문에서 드로트닝가탄(Drottninggatan) 사건에 대해 읽었을 가능성이 크다. 만찬에는 200명이 참석했는데 "관료와 서기, 신부, 군인, 상인, 제조업자, 예술가, 작가" 등 다양했다. 작가 아우구스트 블랑쉬는 망명 중인 러시아인 바쿠닌을 "순교자의 가시관"을 착용한 "빛과 자유의 사도"라고 불렀다.

"러시아라는 이름은 우리 귀에 불쾌하게 들립니다. 이는 우리 자신에게 끼친 손실 때문만이 아니라, 새로운 유럽 문화 전체에 가한 모든 악덕 때문입니다. 러시아는 문명의 품에서 민족을 빼앗아 자신의 품에 가두었습니다. 우리는 러시아를 거대한 요새로 상상합니다. 흑해와 발트해를 참호로 삼고, 6,000만 명의 종신형 수감자들을 그 안에 가둬둔 요새로 말입니다"라고 아우구스트 블랑쉬는 이렇게 주장했다.[255]

알프레드 노벨은 몇 주 후에 그 거대한 요새로 돌아왔다. 출장 중에 그는 잘 나가는 러시아 장군 에두아르트 토틀레벤을 위해 철병에 새 가루를 가지고 갔다. 알프레드는 임마누엘의 쓸모없는 니트로글리세린 분말 대신 칼륨 염소산염을 기반으로 한 별로 자랑스럽지 않은 폭발물을 준비했다. 알프레드는 토틀레벤과 같은 거인에게 이런 사소한 폭발물을 선물해야 하는 사실이 창피하게 느꼈다. 그래도 어쨌든 폭발물은 폭발물이었다. 그의 여정과 관련된 소문이 점차 퍼져 몇몇 스웨덴 지역 신문에 실렸다. "새로운 유형의 해상 기뢰를 발명한 뛰어난 엔지니어 노벨 씨가 러시아로 갔다고 한다. 그가 새로운 발명을 러시아 정부에 제공하려고 한다는 소문이 있다. 이것이 사실이라면 정말 한탄스럽다!"라고 기사가 실렸다.[256]

*

토틀레벤을 다시 방문하는 일은 없었다. 일단 알프레드는 상트페테르부르크에 도착하자마자 루드빅과 이 문제를 논의했다. 루드빅은 러시아 장군에게 그런 형편없는 제품을 제공하는 것이 창피하다는 알프레드의 의견에 동의했다. 대신 알프레드는 혼자서 니트로글리세린 문제를 해결하려고 마음먹었다.

알프레드에게는 한 가지 아이디어가 있었다. 그는 니트로글리세린이 약 180도로 가열될 때에만 폭발한다는 점을 주목했다. 선박을 폭파하려면 몇 킬로그램의 니트로글리세린이 필요할 텐데, 알프레드의 판단으로는 이 모든 양을 한꺼번에 높은 온도로 가열하는 것은 불가능했다. 그는 니트로글리세린을 가열하려고 몇 번 시도했지만 실패했다. 발연점을 초과한 오일의 첫 번째 부분은 폭발했지만 그뿐이었다. 나머지는 큰 효과 없이 바람을 타고 퍼졌다. 그러나 만약 밀폐된 유리병 안에 니트로글리세린을 넣는다면 어떻게 될까?

1863년 6월의 어느 날, 알프레드는 루드빅의 새로운 실험실 부지에서 실험을 하기로 결정했다. 그 장소는 스토라 네브카의 반대편, 어린 시절 집 맞은편에 있었다. 여름 동안 가족과 함께 마을에 있던 로베르트는 알프레드의 요청을 받아 함께 실험에 참여했다. 그들은 새로운 아이디어를 수중에서 테스트하기 위해 공장 부지의 도랑을 선택했다. 알프레드는 유리관에 니트로글리세린을 채우고 막았다. 그런 다음 유리관을 화약으로 채운 주석 용기에 넣었다. 그는 화약에 심지를 넣고 튀어나오게 한 다음 그 용기도 봉인했다.

그 후, 알프레드는 심지에 불을 붙여 백랍 그릇을 도랑의 물에 떨어뜨렸다. 폭발이 일어나 땅이 흔들리고, 도랑에서 물기둥이 솟아올랐다. 형제는 알프레드가 문제를 해결한 것을 깨달았다. 그는 폭발물인 화약을 사용해 또 다른 폭발을 일으켰다. 바로 다루기 어려운 니트로글리세린을 안전하게 다루는 방법을 찾은 것이었다. 그 해결책은 토틀레벤에게 제시할 가치가 있었다. 그러나 토틀레벤이 먼저 움직였다. 6월 말, 알프레드 노벨은 러시아 정부로부터 더 이상 도움을 요청할 필요 없다는 통보를 받았다. 그들은 이미 해군 기뢰를 위한 더 강력한 화약을 보유하고 있었다. 그 물질은 니트로글리세린이었다.

알프레드는 속았다고 느꼈다. 그는 주문을 받았고 보상금 1,000루블을 구두로 약속받았다. 그는 자신이 비용을 지불받을 것이라고 기대하고 있었으며, 자신의 실험에서 확인된 니트로글리세린의 많은 문제를 해결해야 한다는 강한 필요성을 느꼈다. 알프레드는 토틀레벤 장군의 가장 가까운 사람에게 편지를 쓰기 시작했다. 어려운 상황에서 다소 신랄한 어조로 글을 썼다. 또한 그는 자신이 발견한 문제에 대해 러시아 정부에 해법을 제시하는 것은 합리적이지 않다고 판단했으면서도 약속된 보상을 받을 자격이 있다고 생각했다.

그는 "각하의 대단히 겸손한 봉사자 노벨"이라는 편지에 서명했다.[257]

스톡홀름에서 임마누엘 노벨은 여느 때처럼 서두르고 있었다. 그는 7월 초 알프레드에게 보낸 편지에서 지난번과 같은 열정으로 감동적인 소식을 전했다. 임마누엘과 에밀은 헬레네보리에서 계속 실험을 진행했으며, 임마누엘은 이 소총과 대포용 "화약"이 일반 소총용 화약보다 두 배 효과적이라고 주장했다. 또한 이 화약은 무기를 더럽히지 않으며 다른 화약보다 훨씬 적은 양으로도 효과를 낸다고 했다. 임마누엘은 러시아 정부가 이미 존재하는 수십만 개의 러시아 무기의 위력을 증가시킬 이 발명에 대해 "거대한 금액"을 지불할 준비가 되어 있을 거라고 의기양양하게 썼다.

아버지는 알프레드에게 긴급한 메시지를 보냈다. 그들은 신속하게 조치를 취하고 업무를 분담해야 했다. 임마누엘은 로베르트에게 이 새로운 화약을 러시아 정부에 판매하도록 지시할 계획이었고, 알프레드가 가능한 한 빨리 "그의 늙은 아버지를 돕기 위해" 스웨덴으로 돌아올 수 있기를 바랐다. 7월 중순에 그들은 스톡홀름에서 몇 가지 중요한 실험을 수행할 예정이었다.

또한 임마누엘은 알프레드에게 안톤 루드빅 파네엘름 소령이 해군 기뢰 전문가 위원회 위원으로 임명되었다는 기쁜 소식을 전했다. 소령은 이전에 스웨덴에 전신을 도입하고 임마누엘의 고무 공장을 인수한 인물이었다. 소령은 토요일에 자리를 비웠지만 곧 집에 돌아와 속도를 높일 것이라고 임마누엘은 확신했다.

전체 상황은 곧 스웨덴 왕이 그의 실험을 위해 6,000릭스달러(riksdaler)를 승인할 거라는 기쁜 소식으로 요약되었다. 이제 모든 것이 해결된다는 메시지였다.[258]

알프레드는 이 편지를 약간의 회의감을 가지고 읽었을 것이다. 그러나 6,000 릭스달러는 거액(오늘날의 가치로 거의 40만 크로나)이었기 때문에 아버지에 맞서지 않았다. 그는 1863년 7월 13일 월요일에 다시 스톡홀름에 도착했다.[259]

스웨덴 수도 스톡홀름은 삶과 활력을 찾았다. 쿵스홀멘의 카롤린스카 의대 (Karolinska Institutet)는 스웨덴, 덴마크, 핀란드, 노르웨이 등에서 300명이 넘는 과학자들을 모아 대규모 스칸디나비아 자연 과학 회의를 개최했다. 회의의 주요 주제는 몇몇 나라가 도입하기 시작한 미터법에 관한 논의와 빙산의 기원을 새롭게 밝힐 해양 얼음 형성에 관한 강의였다. 그날은 흐리고 바람이 없었지만 비교적 시원한 한여름 날이었다. 알프레드 노벨은 리다르홀멘에서 증기선을 타고 헬레네보리로 가서 부모님 댁에 머물렀다. 그는 상트페테르부르크에 거주하는 임시 방문자로 등록되었다.

7월에 벌어질 일들에 대해 알프레드가 얼마나 알고 있었는지는 불분명하다. 그러나 가까운 장래에 너무 많은 일이 일어날 것으로 예상되며 이번에는 빨리 돌아가지 못할 것이 분명했다. 그 후 얼마 지나지 않아 30세에 가까운 알프레드 노벨은 상트페테르부르크와 러시아를 영원히 떠났다는 사실이 확실해졌다.[260]

7장
아버지의 반란

헬레네보리에는 스톡홀름의 교외 저택이 많이 있었다. 한때는 수도의 부유한 엘리트들이 여름 별장을 많이 지으며, 도심의 악취와 혼잡함을 피해 쉴 수 있는 녹지 휴양지로 인기를 끌었던 곳이었다. 그러나 시간이 흐르면서 휴양지로서의 분위기는 줄어들고 대신 공장이 늘어났다. 이제는 덜 부유한 사람들도 저렴한 가격에 이곳에 있는 집을 빌릴 수 있게 되었다.

임마누엘과 안드리에타는 헬레네보리에 있는 건물의 1층을 사용했다. 알프레드는 그곳으로 이사했다. 저택 같은 2층 석조 집에서는 롱홀멘(Långholmen)이 내다보였다. 테라스는 해협을 향해 뻗어 있었고, 그 주변의 아름다운 부지에는 과일과 채소 농장이 있었다. 경사면의 바닥에는 두 채의 반목조 집과 여러 헛간과 창고가 있었다.

농장은 부유한 도매상인 빌헬름 부르메스테르(Wilhelm Burmester)가 소유하고 있었다. 그는 3년 전에 방직 공장을 운영하던 제조업자의 유산으로 헬레네보리의 땅을 구입했다. 그 이전에는 그곳에서 담배를 재배하고 파이프를 만들었다.[261] 공장의 전통은 이제 노벨 가문으로 이어지고 있었다.

임마누엘과 알프레드는 즉시 화약 실험을 시작했다. 안전상의 이유로 그들은 물가에 있는 헛간 근처의 야외에서 실험을 진행했다. 그들은 주거 지역과 작업장을 분리하려고 높은 울타리를 세웠다. 그 울타리 뒤에서 그들은 니트로글리세린을 제조하기 시작했다. 임마누엘과 알프레드는 소브레로의 제조법에 따라 황산과 질산을 혼합한 후 릴예홀멘(Liljeholmen)의 양초 공장에서 얻은 글리세린을 천천히 부었다.

점차 작업이 확장되고 사업이 성장하면서 창고와 실험실의 필요성이 커지자, 부르메스테르는 일부 자재 창고와 골조 주택 중 하나를 노벨에게 임대해 주기로 했다. 임마누엘 노벨은 자신들이 하려고 했던 간단한 화학 실험이 "조금도 위험하지 않다"고 주변 주민에게 확신시켰다. 이에 따라 부르메스테르는 작업에 대한 특별 허가를 요청할 필요가 없다고 판단했으며, 자신의 화재 보험을 조정할 필요성조차 느끼지 않았다.[262]

알프레드 노벨에게 헬레네보리에서의 첫 번째 여름은 일의 관점에서 고통스러운 시간으로 기억되었다. 임마누엘은 자신의 새로운 니트로글리세린으로 강화된 총알 화약 실험을 이끌었지만, 실험은 하나에서 다른 실험으로 이어졌을 뿐, 별다른 성과는 없었다. 알프레드는 자신들이 유능한 사람이 하루면 할 일을 몇 주나 허비하고 있다고 판단하며 실망했다.

이러한 상황에서 임마누엘의 개량형 해양 기뢰가 정부 전문가 위원회의 시험 대상으로 선정되었다. 해군의 구식 스쿠너 중 하나인 라글호(L'Aigle)는 존 에릭슨의 모니토르함이나 현대 전함을 연상시키기 위해 추가 장갑판이 장착되었다. 보도에 따르면 임마누엘의 기뢰 중 하나가 이 장갑판에 묶여 있었으며, 내부에는 10킬로그램의 노벨 화약이 가득 차 있었다. 이 모든 장비는 유르고덴(Djurgården)에서 베르탄(Värtan)으로 예인되었다.

실험은 신문에 예고되었다. 날이 밝자 국방장관과 해군장관은 임마누엘과 알프레드를 따라 증기선을 타고 시험장으로 향했다. 반쯤 무장한 전함은 리딩외(Lidingö) 남쪽에 정박했다. 바람이 불고 비가 내리는 가운데, 임마누엘이 노를 저어 기뢰에 불을 붙였다. 기뢰는 곧 둔탁한 소리와 함께 폭발했다. 해변에서는 갑판 해치와 빈 배럴이 공중으로 날아오르는 모습이 보였다. 그러나 그게 전부였다. 드문드문 모인 실망한 관중들은 낡은 배가 살짝 들썩이는 것을 보고, "외관상 아무 변화도 없었다"고 적었다. 배는 가라앉지 않았다. 도시 신문 기자들은 리딩

외다리(Lidingöbro) 여관으로 가서 이후의 술잔치를 즐겼다.

알프레드는 아버지의 폭발물을 개선하기로 결심했다. 가족의 평화를 위해 그는 상트페테르부르크에서 자신이 했던 방식이 아니라 임마누엘이 원하는 방식으로 일을 진행하기로 했다. 작업을 하는 동안 임마누엘과 에밀의 많은 조롱을 견뎌야 했다. 알프레드는 그들을 무시하고 계속해서 분말의 농도를 변경하고 니트로글리세린의 비율을 늘리는 등 개선을 시도했다. 9월에는 로베르트에게 속도가 느리다고 불평하는 편지를 썼지만, 결국 그는 성공을 거두었다. 니트로글리세린과 일반 화약보다 훨씬 강력하고 총기류에 적합한 화약 혼합물을 개발한 것이다. 그다음 스웨덴 무역 위원회에 자신의 이름으로 특허를 출원했다. 10월에 서른 번째 생일을 얼마 앞두고 특허가 승인되었다. 알프레드 노벨은 손에 아름다운 인장이 있는 10년짜리 특허 편지를 들고 있었다. 그것은 그의 첫 번째 스웨덴 특허였고, 좋은 순간이었을 것이다.

알프레드는 나중에 아버지가 사망한 후 이 이야기를 되풀이했다. 발명에 대한 모든 공로를 아들이 인정받아야 한다고 겸손하게 믿었던 임마누엘이 알프레드 자신의 이름으로 분말 혼합물에 대한 특허를 획득하도록 밀어붙였다는 것이다.[263] 그러나 임마누엘의 이러한 갑작스러운 태도 변화는 의문을 자아내며, 이후의 사건들을 고려하면 이 기록은 실제와 상당한 차이가 있을 가능성이 있다.

*

알프레드는 저녁 시간에 종이와 연필을 들고 물러났다. 그는 글쓰기의 꿈을 놓지 않고, 상트페테르부르크에서 시작한 긴 서사시를 계속 집필했다. 「칸토 I」은 1,000행에 달하는 자유시로, 롤 모델인 바이런과 셸리의 이름을 언급하며 그들을 칭송하고 모방하려 했다.

알프레드는 영국 시인들의 작품을 영어로 읽었으며, 이전 판과 최신 판을 모두 소장하고 있었다. 바이런 경의 작품은 일찍부터 스웨덴어로 번역되었다. 바이런의 작품이 스웨덴에 본격적으로 소개되기 시작한 것은 1824년 그가 사망한 이후였다. 풍자시 「돈 후안(Don Juan)」은 미완성 상태로 발견되었다. 셸리의 시집은 당시 스톡홀름의 서점에서 거의 찾아볼 수 없었다.[264]

알프레드는 스톡홀름에서 가장 아름다운 쇼핑 거리인 노르브로의 바자렌(Bazaren)에 있는 상점을 놓치지 않았을 것이다. 성 아래 모퉁이, 델 몬트(Del Monte)의 시가 가게 옆에는 색 유리창으로 유명한 아돌프 보니에르(Adolf Bonnier) 서점이 있었다. 그곳에서는 최신 책을 살펴보고 책의 줄거리를 읽고 책장 사이에서 학자들 간의 끊임없는 자발적 토론을 들을 수 있었다. 레예링스가탄(Regeringsgatan)에는 훌드베리(Huldberg)의 대형 서점과 종이 가게가 있었으며, 거위 펜, 잉크 뿔, 막대자, 자개로 된 펜 칼 등을 팔았다. 낙엽송이나 몰스킨(moleskine) 제본에 단추가 있는 노트도 있었다. 알프레드는 면 소재 원단의 몰스킨을 선호했다.

알프레드는 훌드베리의 상점에서 편지를 쓰기 위해 인기 있는 카피북을 샀다. 이 책은 하드커버와 얇은 종이를 포함해 편지 내용의 복사본을 만들 수 있었다. 알프레드는 이러한 편지 책을 평생 사용하며, 하루에 30통에서 50통의 편지를 썼다.

1860년대 초, 스웨덴 작가들은 일상생활을 사실적으로 묘사한 작품을 통해 사회적 참여를 했다. 알프레드는 에릭 요한 스타그넬리우스(Erik Johan Stagnelius)나 에사이아스 테그네르(Esaias Tegnér)와 같은 후기 낭만주의 작가들의 작품을 즐겨 읽었다. 성인이 된 후에도 그는 테그네르의 시 프리티오프(Frithiof)의 무용담 중 상당 부분을 암기하고 있었다.

1860년대 초 스웨덴에서 가장 큰 문학적 충격은 빅토르 리드베리(Viktor Rydberg)의 『그리스도에 대한 성경의 가르침』(1862)이었다. 문학 학자 고란 해그(Göran Hägg)는 이를 "스웨덴어로 출판된 책 중 가장 충격적인 책"이라고 평가했다. 이 책은 기독교에 치명적인 타격을 입히고 스웨덴 안에서 격렬한 종교 논쟁을 촉발시켰다. 논쟁은 알프레드 노벨이 고국에 머무는 동안 계속되었다. 그가 이 책을 구매(그의 도서관에 있는 사본은 이후 판임)했는지 알 수 없지만, 그는 이 논쟁을 놓치지 않았을 것이다. 빅토르 리드베리는 "스웨덴의 마지막 위대한 이상주의자"라는 칭호를 받을 만큼, 알프레드 노벨의 인생에서 특별한 의미를 가진 작가였다. 알프레드는 리드베리의 작품으로 책장을 가득 채웠다. 특히 불멸의 스웨덴 크리스마스 시인 「산타(Tomten)」와 「호수와 호숫가의 광채(Gläns över sjö och strand)」를 포함한 여러 작품을 소장했다. 그는 리드베리의 "매혹적인 언어", "고귀한 영혼", "형식의 아름다움"을 높이 평가했다.

1863년 알프레드가 스웨덴으로 돌아왔을 때 리드베리는 35세였으며 예테보리의 『한델과 쇠파르트 신문(GHT: Göteborgs Handels och Sjöfartstidning)』에서 저널리스트로 활동하고 있었다. 그는 도덕주의적 연민을 지닌 좌파 자유주의자로 알려졌으며, 신문에 역사 소설을 연재했다. 첫 번째 작품은 『뱀파이어』라는 이름으로 발표되었다. 이 연재물은 종종 성공적인 소설로 평가되었다. 반면 『그리스도에 대한 성경의 가르침』은 완전히 다른 성격의 신학적 논쟁서였다. 무엇보다도 리드베리는 예수가 신성하다고 주장하는 교회의 견해가 잘못되었다고 주장했다. GHT 저널리스트는 성경을 읽고 예수가 비정상적으로 모범적인 인간, 즉 이상적인 인간이긴 하지만 인간 이외의 다른 존재로 묘사된 적이 없음을 발견했다.

전 노벨 도서관장 오케 에를란손(Åke Erlandsson)은 리드베리가 알프레드 노벨에게 깊은 인상을 준 이유를 아마도 "견고한 교육, 국제적 견해, 현대적 자유주의, 자유에 대한 강한 갈망"으로 설명했다. 에를란손은 빅토르 리드베리가 이상주의자라는 가설을 제시한 유일한 사람이 아니었다. 그는 알프레드가 유언장에서 문학상 수여 대상에 대해 "이상적인 방향으로 최고를 생산한" 사람에게 돌아갈 것이라고 썼을 때 그가 염두에 두었던 이상주의자였다.

알프레드 노벨이 빅토르 리드베리에 열광한 이유는 이해하기 어렵지 않다. 노벨은 내면의 이성과 감정 사이에서 흔들리고 있었고, 리드베리는 이 두 가지를 모두 포용했다. 이성적 사고와 합리주의를 신뢰하면서도 종교와 교회를 공격하지 않았고, 삶에서 영적이고 고차원적인 진실을 믿을 수 있음을 보여주었다. 이는 알프레드에게 잘 맞았다. 그는 다른 사람들처럼 '리드베리의 역설'에 혼란스러워하지 않았다. 리드베리는 시에서 '베들레헴의 별을 그 모든 신비로움으로 찬란하게 빛나게' 했지만, 동시에 '그것이 주님에 의해 켜진 것이 아니라 단지 평범한 별에 불과하다'고 스웨덴 국민을 설득하는 데 중요한 역할을 했다.[265]

알프레드 노벨은 교훈적인 아이디어를 전달하는 작가와, 현실보다는 삶이 어떻게 되어야 하는지를 다룬 소설을 선호했다. 그는 물질주의를 벗어나 더 높은 삶의 가치를 추구하는 사람들의 이야기를 좋아했다. 허영심, 탐욕, 위선은 알프레드가 가장 혐오하는 특성이었으며, 이러한 특성을 다른 사람에게서든 자신에게서든 발견하면 매우 불편해했다. 그는 문학이 그러한 부정적인 특성을 폭로하고, 교육적인 요소를 포함하기를 바랐다. 현대 사실주의 문학은 종종 잘못된 삶의 방식을 미화하고 더 나은 삶으로 가는 길을 제시하지 않는다고 생각했다.

서른 살의 알프레드 노벨은 빅토르 리드베리처럼 좌파 자유주의적 성향을 지녔다. 두 사람은 모두 상류층의 사치와 특권을 경멸하며, 군주제와 귀족의 지위를 무너뜨리기를 원했다. 빅토르 리드베리가 성직자와 교회를 공격한 것도 전적으로 알프레드 노벨의 취향에 맞았다. 당시 헬레네보리에서 쓴 그의 시도 이러한 생각을 반영하고 있다.

알프레드 노벨은 "교회에서 목사가 무의미한 설교를 하는 동안 하품하거나 졸고 있는 사람들 속에서 신앙을 찾고자 하는 이들은 드물다"라고 말했다. 그는 또 "지혜로운 사람은 하늘에서 신의 증명을 찾지 않고 인간에게 눈을 돌린다. 생각의 세계에서는 무한히 작은 것이 무한히 큰 것을 보유한다"[266]고 했다.

*

새로운 분말 혼합물에 대한 특허는 알프레드 노벨의 명의로 등록되었으며, 이로 인해 임마누엘은 6,000릭스달러를 받아 "이중 가루" 실험을 계속할 수 있게 되었다. 11월 초, 카를 15세는 칼스보리(Karlsborg) 요새에서 열린 대규모 군사 시범에 직접 참석할 예정이었다.

왕과 왕위 계승자인 오스카는 부관들, 시종들과 함께 급행열차를 타고 퇴레보다(Töreboda)에 도착했다. 그들은 미소를 지으며 말과 마차를 타고 칼스보리로 향했다. 모든 준비가 완료된 듯 보였다. 그러나 임마누엘과 알프레드가 대포에서 화약을 시연할 차례에 문제가 발생했다. 혼합물이 너무 오래 방치되어 전혀 폭발하지 않았다. 실패의 기운이 감돌았다.

알프레드는 상황을 수습하기 위해 현장에서 주철 통으로 폭탄을 만들었고, 화약 분말에 니트로글리세린의 비율을 높였다. 그는 고위 관객들에게 더 멀리 이동할 것을 당부했다. 폭발은 매우 강력해 대부분의 사람들이 감당할 수 있는 한계를 넘어섰다. 알프레드의 폭탄은 최소 80미터나 날아갔다. 참석한 군사 전문가들은 이 위험한 실험에 겁을 먹거나 충격을 받았다. 스웨덴 방위군은 알프레드 노벨과 앞으로 다시는 협력하지 않기로 결심했다.[267]

그들은 다른 용도를 찾아야 했다. 임마누엘은 여름 동안 계속된 터널 건설로 인해 더 효과적인 폭발물이 절실히 필요한 광산 작업자들에게 접근했다. 광산은 또 다른 가능성을 품은 시장이었다. 그러나 몇몇 광산 소유자들은 노벨의 실험에 초대되는 것을 주저했다. 한 벨기에인은 예외였는데, 그는 베테른(Vättern) 호수에 있는 옴메베리(Åmmeberg)의 아연 광산 소유주로 경제적 위기에 처해 있었다.[268]

12월에 임마누엘과 알프레드 노벨은 옴메베리의 현장에서 실험을 진행했다. 그 모습을 지켜보던 스무 명의 광부들은 매우 기뻐했다. 노벨은 한 번 충전으로 그들이 할 수 있는 것보다 훨씬 더 많은 암석을 날려 버렸다. 그러나 이는 큰 성공으로 이어지지 않았고, 알프레드는 실망감을 느꼈다. 더 이상 아버지가 결정을 내리도록 두지 않을 생각이었다. 그는 상트페테르부르크에서의 시도를 회상했다. 그곳에서의 가능성은 훨씬 더 컸다.

1863년이 저물어 갔다. 알프레드는 아버지의 지도하에 몇 달을 허비했고, 가족들이 안정적인 생계를 얻는 데에는 한 발짝도 나가지 못했다. 이제 그는 참을 수 없었다. 서른 살이 된 알프레드는 아버지가 자신을 학생처럼 대하는 것을 더 이상 받아들일 수 없었다. 그는 결심했다. 이제부터는 자신의 생각대로 살겠다고.[269]

사실 그리 극적인 일은 아니었다. 임마누엘은 유망한 기뢰를 가지고 있었고, 스톡홀름에서 이미 자신의 이름을 떨쳤다. 좋든 나쁘든 그들은 그것을 깨닫고 있었다.

12월 말, 이탈리아로 여행을 떠난 인기 작가 아우구스트 블랑쉬를 위한 송별회가 열렸다. 250명이 베른의 콘서트홀에서 열린 연회에 참석했다. 블랑쉬는 비오르네보리의 행진곡에 맞춰 낭송을 했고, 왕립극장의 가수들은 작가의 여행 이유를 농담으로 삼아 극시를 연기했다. 그중 한 구절은 다음과 같았다.

> 몬 박스홀멘(Månn Waxholmen) 또는 칼스보리(Carlsborg)가 그에게 겁을 주었을까? 노벨과 그의 기뢰는 단지 농담에 불과했네. 이제 그는 북유럽 밖의 어떤 지점을 찾아가 사랑하는 조국을 구하려 하네.[270]

*

임마누엘 노벨의 기뢰에 대한 보고서는 언제든 발표될 수 있었다. 모든 징후는 정부의 전문가 위원회가 그의 제안을 승인할 것임을 시사하고 있었다. 해군장관은 크리스마스 직전 리다르후세트에서 국가가 노벨 기뢰의 비밀을 평생 연금과 맞바꿀 수 있다는 제안을 했다. 또한 정부는 스톡홀름 입구 방어를 위해 기뢰를 대량으로 주문하려 했다.

이 소식은 아들들이 바라던 바였다. 부모님의 경제가 안정되기만 하면, 형제들은 안심하고 천천히 자신들의 삶을 구축할 수 있을 것이었다.

그들은 불안한 기미를 눈치채지 못했다. 리다르후스(Riddarhus) 토론에서 평생 연금에 반대하는 목소리를 낸 사람 중 한 명이 바로 안톤 루드빅 파네옐름 소령이었다. 그는 귀족들에게 급하게 움직이지 말고 기뢰 위원회의 최종 보고서를 기다리라고 촉구했다.

노벨의 오랜 협력자이자 전신의 선구자였던 파네옐름 소령에 대해 임마누엘은 불편함을 느꼈을 것이다. 안톤 루드빅 파네옐름은 여러 직책을 맡고 있었으며, 1837년 노벨이 핀란드로 이전했을 때 그의 고무 공장을 인수했다. 그는 훨씬 전부터 그곳에 있었다. 안톤 루드빅 파네옐름은 이미 1830년대 초에 자동 점화 기뢰를 설계해 당시 왕에게 보여준 적이 있었다. 그 기뢰는 실현되지 않았지만, 파네옐름이 처음 아이디어를 냈다는 사실은 부인할 수 없다. 그 기뢰는 아마도 1838년 상트페테르부르크에서 메시니코프 공작에게 영감을 받은 임마누엘의 머릿속에 떠올랐을 가능성이 크다. 어쨌든 파네옐름은 이 사건을 잊지 않았을 것이다.

1월 초, 헬레네보리에서 메시지가 압축되었다. 아직 공식적이지 않았지만, 기뢰 전문가 위원회는 임마누엘 노벨의 제안을 거부하는 놀라운 결정을 내렸다. 그 이유는 위원회 위원 중 한 명이 직접 기뢰를 만들어 왕에게 바치고 계속 진행했기 때문이다. 위로 차원에서 노벨은 어느 정도 비용에 대한 보상을 받을 수 있었다.

임마누엘은 격분했다. "파네옐름, 그 교활한 자! 모든 비밀을 신뢰하며 제공했는데 그 대답이 이런 배신이라니."

위원회의 결정이 알려지자, 노벨은 일부 언론의 지지를 받았다. 위원회는 임마누엘의 발명품을 훔쳐 자신의 것으로 만들고 노벨에게는 약간의 푼돈만을 던져 주었다는 비난을 받았다. 『아프톤블라뎃』은 "주목할 만한 법적 분쟁"이 시작될 것이라고 보도했다. 그리고 "특정 발명품에 대한 조사를 위임받은 위원회가 같은 종류의 발명에 대해 경쟁자로 행동하는 것은 다소 이상하다"라고 전했다. 신문은 임마누엘이 자신의 발명품을 도난당한 대가로 배상금과 최소 2만 릭스달러의 연금(현재 가치로 약 150만 크로나)을 요구한 것은 합리적이라고 주장했다.[271]

카를 15세는 같은 신문을 통해 답변했다. 기사에는 "CARL"이라는 서명이 있었다. 왕은 자신이 선택한 기뢰가 임마누엘 노벨이 제시한 것과 완전히 다르다고 단언했다. 노벨의 주장은 객관적인 근거가 없었고, 요청은 거절되었다.

왕은 아마도 결정에 대한 모든 이유를 밝히지는 않았을 것이다. 동시에 언론에서는 러시아군이 스톡홀름에 와서 스웨덴의 기뢰 개발 상황을 파악하려 했다는 정보가 퍼졌다. 러시아 군대는 스웨덴이 얼마나 많은 기뢰를 만들 계획인지, 어디에 설치할 예정인지, 무엇보다 "러시아가 노벨 기술자를 통해 개발한 이후로 기뢰의 구조가 변경되었는지"를 알고 싶어 했다.[272]

*

기뢰 위원회의 부정적인 결정 후, 루드빅 노벨은 급히 스톡홀름을 방문했다. 그는 미래를 걱정했다. 그가 상황을 인식했을 때는 이미 많은 것이 그에게 달려 있었다. 그는 로베르트의 양조장 계획에 대한 러시아 금융가들의 관심이 서서히 사그라지던 가을에 이미 그런 느낌을 받았다.[273]

로베르트는 완전히 새로운 길을 걷기 시작했다. 그는 등유, 즉 석유로 만든 새로운 기름을 판매하기 시작했다. 등유는 10년 전에 발명되었지만, 미국에서 대규모 유전이 발견된 이후 판매가 급증했다. 램프용 등유는 갑자기 대중을 위한 제품이 되었고, 이제 많은 양의 석유가 유럽으로 운송되어 대륙 전역에 판매되었다.

로베르트의 새로운 램프 회사인 "오로라"는 자본이 필요했다. 루드빅은 형제를 도왔고, 로베르트가 수입하기 시작한 미국 등유와 버너, 램프 등에 상당 부분을 지불했다. 그러나 관대함에는 대가가 있었다. 대규모 지출로 인해 루드빅은 어려운 상황에 처했다. 그는 돈이 많지 않기에 자신의 작업장에 필요한 선철 구매를 감당하기 어려워졌다. 결국 그는 어쩔 수 없이 로베르트에 대한 지원을 중단해야 했다. 이는 이기심 때문이 아니라고 로베르트에게 보낸 편지에서 강조했다. 로베르트는 오히려 루드빅이 가족 전체의 이익을 위해 집을 돌보는 것이 중요하다고 생각했다. "아버지와 알프레드의 모든 전망이 어떻게 되든 간에 확실한 것은 제가 가진 작은 사업분이며 그것을 무시하거나 운영 자본을 잃어 사업이 멈추게 되면 우리 모두의 운명은 상당히 비참해질 것입니다."[274] 로베르트는 자신의 램프 오일 사업이 "빛나는" 사업이라고 농담할 수 있었지만, 아버지의 기뢰 실패와 함께 경제적으로는 여전히 어려움을 겪고 있었다. 경쟁은 그가 생각했던 것보다 더 치열했다. "아무리 의지가 좋다 해도 빈손으로 거친 바다에서 오래 버틸 수는 없다. 옛날에 우리의 별이 그렇게 밝게 빛났을 때, 누가 이러한 비참한 전망과 불가능성을 상상할 수 있었겠는가? 분명히 나는 항상 좋지는 않을 것이라고 마음의 준비는 했지만, 지금처럼 나빠질 것이라고는 꿈에도 생각하지 못했다"라고 이 시기에 알프레드에게 보낸 편지에 썼다.[275]

루드빅은 로베르트를 격려하려 했다. 그는 최근 러시아 내륙에 있는 코카서스(Kaukasiska) 도시인 바쿠(Baku)에서 암석유가 팔린다는 소식을 들었다. 러시아산 석유는 여전히 너무 비쌌지만, 적어도 미국만큼의 공급이 있었기에 유망해 보였다. "일반적으로 석유의 미래는 밝다"라고 루드빅이 말했다.[276]

루드빅 자신은 아버지의 발자취를 따라 전쟁 산업에 투자할 계획이었다. 그는 주로 소총, 대포, 대포거치대 등의 생산에 중점을 둘 생각이었다. 스톡홀름을 급작스럽게 방문하는 동안, 그는 아버지 임마누엘이 처음 제안했던 발명품을 보강하는 아이디어에 대해 특허를 출원했다. 루드빅은 그 세부 사항을 언급하지 않았고, 임마누엘이 "가족의 공동 이익을 위해" 오래된 아이디어를 활용하는 것을 받아들일 것이라고 확신했다.[277]

하지만 당시 임마누엘은 "도둑질"로 여겼고, 결국 관계는 더 나빠졌다.

*

얼마 후 알프레드는 부모님과 떨어져 마을 한가운데 위치한 드로트닝가탄에 있는 카르두안스마카르가탄(Karduansmakargatan) 7번지에 방을 빌렸다. 그러나 그는 여전히 헬레네보리에서 실험을 계속했다. 1864년 봄, 그는 종종 부르메

스테르(Burmester)에게 빌린 물가의 골조 집을 실험실로 사용하면서 지냈다.[278]

30세의 알프레드와 62세의 아버지 사이의 관계는 점차 악화되었다. 기뢰와 연금 문제로 정신적으로 불안정해진 임마누엘의 기분은 거의 나아지지 않았다. 화끈한 성격으로 유명한 임마누엘은 쓰라린 굴욕 속에서 불안정한 수류탄처럼 굴러다녔다. 기뢰 위원회는 그가 어떤 인물인지 이해하지 못했을까? 그들은 임마누엘 노벨이 미국의 "자유 동포"인 존 에릭슨보다 우월하다는 것을 알지 못했을까? "에릭슨이 노벨 기뢰의 원리와 효과를 알았더라면 어떤 모니토르도 제안하지 않았을 것이다." 임마누엘 노벨은 그해 봄에 신문과 총리에게 쓴 여러 편지 중 하나에서 이렇게 주장했다. 얼마나 많은 편지가 발송되었는지는 불분명하다.

무엇보다도 알프레드는 더 이상 그의 말을 듣지 않았다. 그는 임마누엘을 미치도록 자극했다. 아들은 더 이상 화약과 니트로글리세린을 섞는 임마누엘의 아이디어를 믿지 않았다. 대신 1년 전 상트페테르부르크에서 루드빅과 로베르트와 함께 실험했던 것처럼 물질을 분리하는 쪽으로 돌아가겠다고 주장했다.

알프레드는 동생 에밀의 도움을 받아 아버지를 멀리했다. 그는 여러 가지 방법을 시도했다. 예를 들어, 작은 유리관에 화약을 넣고 니트로글리세린 오일에 담갔다. 그런 다음 도화선에 불을 붙이면, 화약이 폭발하면서 유리관이 깨져 주변의 모든 니트로글리세린도 폭발하는 방식이었다.

드디어 성공했다. 알프레드는 1850년대에 지닌 교수가 상트페테르부르크에서 보여준 수수께끼의 답을 자신이 찾았다는 사실을 깨달았다. 지닌은 망치로 몇 방울의 니트로글리세린을 쳐서 맞은 오일의 일부만 폭발한다는 역설을 보여주었다. 알프레드는 강력한 화약으로 모든 니트로글리세린을 한 번에 폭발시킬 수 있었다.

그는 폭발물을 기폭 장치로 사용해 다른 하나를 폭발시켰다. 그것은 완전히 새롭고 획기적인 발견이었다.

그러나 임마누엘은 알프레드를 괴롭혔다. 그는 유리관을 점화장치로 사용하는 것은 이미 시도해 봤으며, 그것은 순전히 어리석은 짓이라고 비웃었다. 불행히도 그는 집 안에서뿐만 아니라 여러 사람 앞에서도 그렇게 말했다. 임마누엘은 아들이 헬레네보리에서 하는 "유치한 짓"에 대해 떠들었다. 결국 알프레드는 아버지가 도시에서 자신을 모욕했다는 소식을 들었다.

그는 스스로를 다잡았다. 임마누엘 삶의 가치관은 그의 내면에 깊이 새겨져 있었다. 알프레드는 "자신의 작은 자아를 믿으며" 아버지가 자신을 조롱하고 있다는 사실을 무시하기로 결심했다. 그는 자신의 주장을 굳게 믿고 새로운 발견에 대한 특허 신청서를 작성하기 시작했다. 이 사실을 알게 된 임마누엘은 분노를 억누르지 못했다. 그는 폭언을 퍼붓고 알프레드가 회복하기 어려울 정도로 끔찍한 소동을 일으켰다. 임마누엘은 소리치며 화를 내고 아들이 자신이 발명한 것으로 특허를 신청하려 한다고 비난했다. 알프레드는 아버지의 분노에 놀라면서도 아버지가 초기 실험에 대해 사실을 왜곡하며 이야기를 꾸며낸 것을 듣고 충격을 받았다. 그는 그것을 "노골적인 사기"로 보았다.

1864년 발푸르기스의 밤(valborgsmässoafton) 이 절정에 이르렀을 때 충돌이 일어났다. 사건에 대한 기록은 오직 관점만 남아 있다. 화가 난 알프레드가 뒤돌아 문을 쾅 닫고 증기 기관차를 타고 마을로 떠나는 모습이 눈에 선하다. 다음날, 그는 여전히 화가 난 채 긴 편지를 쓰기 시작했다. 그 편지에서 그는 아버지의 모든 불공정하고 거짓된 비난에 대해 격렬한 어조로 반박했다.

알프레드는 임마누엘의 맹렬한 비난에 깊은 상처를 받았다. 그는 아버지에게 보낸 편지에서 1859년 상트페테르부르크에서 중병에 걸렸을 당시의 기억을 떠올렸다. 그때 아버지가 자신을 배신했던 기억은 여전히 고통스럽게 남아 있었다. 당시 알프레드는 아버지가 "네가 죽음의 문턱에 있는 것처럼 보이는구나"라고 말한 뒤 병든 아들을 남겨두고 즉시 다른 나라로 떠났다는 결론을 내렸다. 그는 그런 행동에서 아버지의 사랑을 느낄 수 없었다. 알프레드는 편지에서 이 사실을 기억하며 단념한 어조로 글을 이어갔다. "제가 아버지를 따르는 유일한 이유는 아들로서의 사랑이 있기 때문입니다. 그러나 그것이 유지되려면 상호적이어야 합니다. 아버지의 부성애는 자아도취나 허영의 작은 압력에도 쉽게 무너집니다."

그는 자신이 쓴 내용을 다시 읽으며 지나쳤다는 생각이 들었다. 가장 가혹한 비난과 감정을 여과 없이 드러낸 부분은 삭제하기로 결정했다. 그럼에도 편지 초안은 보존되었다. 오랫동안 너무 민감한 내용으로 여겨져 공개되지 않았다. 노벨 재단은 알프레드 노벨에 관한 초기 책에서 이를 엄격하게 검열했다. 어떤 경우든 알프레드를 깎아내리는 발췌문은 출판될 수 없었다.

알프레드의 솔직한 글들이 아버지와 아들 사이의 복잡한 관계를 잘 보여준다는 주장도 있지만, 이 편지가 실제로 아버지에게 보내졌거나 전달되었다는 증거는 없다. 두 사람 사이의 분위기가 갑자기 개선되었다는 흔적도 없다. 오히려 갈등은 상당히 오랫동안 지속되었던 것으로 보인다.[279]

*

알프레드와 아버지의 충돌 소식은 상트페테르부르크와 헬싱키에 있던 형제들에게 큰 충격을 주었다. 로베르트는 알프레드에게 위로와 조언의 편지를 보냈다.

"알프레드, 저주받은 발명의 길에서 가능한 한 빨리 떠나라. 그것은 불행을 가져올 뿐이다. 너는 많은 지식과 뛰어난 자질이 있으니 더 중요한 길을 가야 한다. 만약 나에게도 너처럼 지식과 능력이 있었다면, 여기 이 형편없는 핀란드에서도 높이 날아오를 수 있었을 것이다. 하지만 지금 나는 간신히 날개를 퍼덕이고 있을 뿐이다." 로베르트는 아내 폴린이 한 고무적인 말을 전했을 것이다. 알프레드가 다음과 같이 대답했기 때문이다.

친애하는 로베르트, 형님의 편지에서 여성은 우리보다 현명하다는 생각을 다시 한번 확인했습니다. 희망이라는 자본에서 위로라는 이자를 받을 수 있는 반면, 우리의 세속적인 분주함은 종종 비눗방울 같은 환상과 불쾌감만 남기기 때문입니다. 나는 차라리 무너질 집을 짓는 대신 공중에 떠 있을 성을 짓고 싶습니다. 그래서 종종 아름다운 5월 저녁이면 벽난로 옆에 앉아 미래를 상상하곤 합니다. 사랑스러운 형수님께 키스를 전하며, 사랑이야말로 최고의 이성임을 전해주세요.[280]

5월 날씨는 강한 바람과 겨울 추위로 참으로 비참했다. 6월이 얼마 남지 않았는데도 북부 고틀란드는 눈으로 덮여 있었다. 스톡홀름 지역에서는 매일 밤 물길이 얼어붙었다. 알프레드는 추운 저녁 시간에 벽난로 옆에서 독서와 글쓰기에 몰두하며 많은 시간을 보냈다.

알프레드는 로베르트에게 보낸 5월의 편지에서 영감을 받아 자신의 긴 시에 몇 줄을 덧붙였다. 그것은 미래를 둘러싼 위험한 환상과 거품 대신, "상상 속의 땅 위에 공중의 성을 세우는" 아름다움에 관한 것이었다.[281]

알프레드 노벨의 재능 있는 여성에 대한 관심은 단순한 립서비스에 그치지 않았다. 그가 스웨덴에서 짧은 시간 동안 구입한 책에 대한 정확한 기록은 없지만, 그의 도서관에는 1860년대에 출판된 스웨덴 소설 아홉 권이 남아 있다. 그중 네 권은 여성 작가인 프레드리카 브레머(Fredrika Bremer), 안나 마리아 렝그렌(Anna Maria Lenngren), 에밀리에 플리야레-셰를렌(Emilie Flygare-Carlén), 마리 소피 슈바르츠(Marie Sophie Schwartz)의 작품들이다.

마리 소피 슈바르츠의 소설 『탄생과 교육(Börd och bildning)』은 아마도 1863년 또는 1864년에 스톡홀름에서 구입했을 것이다. 슈바르츠는 대중적인 아이디어를 저술한 작가로, 당시 스웨덴에서 가장 널리 읽히고 번역된 작가 중 한 명이었다. 그녀는 여성 문제를 제기한 것으로 유명하며, 나이 든 프레드리카 브레머와 함께 스웨덴에서 자유주의적 바람을 일으키는 데 중요한 역할을 했다. 이들의 영향으로 당시 보수적인 신분제 의회는 25세 이상의 미혼 여성을 자동적으로 성년으로 인정하는 결정을 내렸고, 1864년 6월 스웨덴은 성인 여성과 남성 모두에게 완전한 이동의 자유를 보장했다.[282]

알프레드 노벨은 환상 속에서 높이 날 수 있었지만, 여전히 현실에 뿌리를 두고 있었다. 그는 사회에서 일어나는 일에 관심을 가지고 당시의 사상과 아이디어를 적극 받아들였다. 자신의 계획과 희망을 떠올릴 때도 현실을 외면하지 않았다. 예를 들어, 로베르트는 알프레드가 곧 상트페테르부르크로 돌아갈 것이라고 믿었지만, 알프레드는 "먼저 공중의 성 몇 개를 실현해야 한다"라고 말했다.[283]

여기서 언급된 성은 단순히 허황된 상상이 아니었다. 그것들은 매우 현실적이었으며, 발파유와 새로운 점화장치에 대한 특허와 관련이 있었다. 1864년 6월 초, 발명품에 대한 특허를 출원하면서 이 발명의 주된 용도가 암석 폭파에 있음을 분명히 했다. 그는 새로운 발파유가 스웨덴의 방어용 대포와 소총에 쓰기에는 너무 강력하다고 했다.[284]

*

오토 슈바르츠만(Otto Schwarzmann)은 베테른(Vättern) 호수 북쪽 기슭의 옴메베리에 있는 아연 광산의 책임자였다. 독일 출신인 슈바르츠만은 녹색 수트를 즐겨 입는 열정적인 사람으로 유명했다. 그는 1850년대 후반 벨기에 회사인 비에유 몬타그네(Vieille Montagne)를 인수한 이후로 이 스웨덴 광산을 운영해 왔다. 그러나 최근 몇 년 동안 위기가 지속되었고, 스웨덴 광물이 실제로 쓸모없다는 소문이 돌았다.

실제로 효율성 문제는 작업 방법에 있었다. 이곳의 채굴은 다른 곳과 마찬가지로 지루하고 느렸다. 광부들은 핸드 드릴과 큰 망치로 화약을 넣을 구멍을 뚫어야 했다. 1시간에 10센티미터 정도 진행하면 좋은 편이었다. 구멍을 80센티미터 정도 뚫어야 화약을 채우고 암벽을 작은 조각으로 날려 버릴 수 있었다.

오토 슈바르츠만은 12월에 알프레드의 니트로글리세린 화약 실험에 참석하지 않았다. 그러나 그의 광부들은 깊은 인상을 받았다. 낙관적인 슈바르츠만은 위기 상황에서 그러한 기회를 시도하지 않고 지나칠 사람이 아니었다. 그는 알프레드 노벨에게 연락해 향상된 폭발물을 시험해 보기 위해 다시 오라고 요청했고,

알프레드는 즉시 동의했다. 그들은 함께 그곳에 있었다.

알프레드는 2주 동안 머물 수 있도록 허락해 달라고 요청했다. 슈바르츠만이 6월에 그를 광산에 들여보내면서 마침내 알프레드가 바라던 대로 일이 진행되었다. 점화장치는 거품이 아니었다. 스웨덴으로 돌아온 후 그는 처음으로 성공이라는 단어를 입에 담을 수 있었다. 나중에 『아프톤블라뎃』은 "거의 전체 암석 덩어리가 한 번의 폭발로 산산조각 나는 놀라운 광경을 목격했다"고 썼다. 몇몇 신문은 노벨의 새로운 발파유가 분말을 능가할 것이라고 예측했다. 광부와 터널 건설자는 더 이상 폭발 전에 그렇게 많은 구멍을 뚫을 필요가 없어, 비용 또한 엄청나게 절감될 것이라고 전망했다. 또한, 이는 생명을 구할 수도 있다는 기대를 낳았다. 노벨의 액체와 가루 형태의 발파유는 광부들이 다루기에 전혀 위험하지 않다는 점이 언론의 주목을 받았다.[285]

7월 7일 알프레드가 스톡홀름으로 돌아왔을 때 그의 성공은 이미 현실이 되어 있었다. 일주일 후 그는 새로운 발명품에 대한 특허를 받았다. "이 물질을 과학에서 산업 영역으로 가져온 최초의 인물"이라는 표현은 더 이상 과도하게 느껴지지 않았다. 그는 지난이 제기한 문제를 해결하고, 소브레로의 흥미로운 발명품을 인류에게 유용하게 만들었다.

하지만 알프레드가 "사고가 거의 나지 않을 것"이라고 확신한 것은 다소 성급했던 것으로 드러났다.

많은 광산 소유자들이 그에게 연락을 해왔다. 알프레드와 에밀은 헬레네보리에서 니트로글리세린 생산량을 늘리고 추가로 직원을 고용해야 했다. 에밀은 기술을 공부하고 화학 실험에 관심이 있던 동료 칼 에릭 헤르츠만(Carl Eric Hertzman)을 데려왔다. 헤르츠만은 알프레드와 함께 열심히 일하는 기쁨을 누렸으며 때로는 그의 유일한 조수로 일했다.

알프레드는 단네모라(Dannemora) 광산과 비겔스보(Vigelsbo)와 헤르랭(Herräng)을 방문했다. 여름 동안 그는 소규모 시연 투어로 바쁜 일정을 보냈고, 에밀은 샴페인 병에 담긴 흥미진진한 발파유를 가지고 말이 끄는 마차를 타고 동

분서주했다.[286]

임마누엘이 어떻게 반응했는지는 분명하지 않다. 그러나 당시 도매상 부르메스테르는 헬레네보리에 대해 화재 보험에 가입해야 했었다.

*

알프레드 노벨은 그의 직감을 따라 시도한 것으로 보인다. 그는 1864년 발파유와 점화장치에 대한 특허 출원에서 "이론적 기초"라는 단어를 사용했지만, 그 이후 남아 있는 그의 논문에는 화학식이나 과학적 추론의 흔적이 없다. 체계적인 관찰을 한 결과도 기록되지 않았다. 알프레드는 그릇 옆에 서서 니트로글리세린을 휘젓고, 에밀과 함께 샴페인 병에 발파유를 담아 보냈다. 전체 프로젝트는 과학보다는 도박에 더 가까웠다.

과학의 큰 후원자가 실은 다른 사람들보다 비과학적이었을까?

나는 웁살라 대학의 사상 및 과학 역사 명예 교수이자 『19세기 스웨덴의 지식과 화학 산업』이라는 책의 저자인 안더스 룬드그렌(Anders Lundgren)과 이 질문에 대해 토론했다. 2017년 말 스톡홀름에서 커피 한 잔을 마시며 만났다. 그날은 달콤한 12월의 어느 날로, 루시아(Lucia)와 새로 수상한 노벨상 수상자들이 스웨덴을 밝히고 있었다. 룬드그렌 교수는 "알프레드 노벨이 실험에서 어떻게 생각했는지에 대해 아는 것이 거의 없습니다. 그는 최고의 결과를 얻기 위해 최선을 다하는 장인이었습니다. 현실적으로는 종종 더 나은 방법이 있다는 것을 알아야 했습니다. 과학적 이론은 복잡한 실제 현실을 설명하기에 충분하지 않았습니다. 당시 스웨덴 화학자들 사이에서는 '사실은 남아 있고 이론은 지나간다'는 말이 있었습니다. 알프레드 노벨은 지식이 풍부해 많은 도움이 되었을 것으로 회자되었습니다. 즉, 알프레드 노벨은 매우 유능했고 그것으로 충분했습니다!"라고 했다.

나는 1803년에 원자를 이론적으로 설명했지만, 그 존재를 과학적으로 증명하는 데 결코 성공하지 못한 영국 과학자 존 돌턴(John Dalton)을 떠올린다. 증거가 나오기까지는 또 100년이 더 걸렸다. 알프레드 노벨이 1896년에 사망했을 때 원자와 분자의 존재는 여전히 가설에 불과했다.

안더스 룬드그렌은 19세기 화학 산업의 성공에 대해 주저하지 않고 장인과 혁신가에게 가장 큰 공을 돌렸다. 그는 알프레드 노벨처럼 불안정한 학창 시절을 보낸 사람들 중에도 훌륭한 과학자가 나올 수 있다고 강조했다. 몇 개월의 실험실 실습으로는 과학자가 될 수 없다. 알프레드 노벨처럼 파리와 상트페테르부르크에서 실습을 했다고 해도 마찬가지다. 한 폭발 전문가는 이렇게 지적했다. "특허 설명에 포함된 화학적 성질 관련 정보를 검토해 보면, 이러한 문서에서 상당한 수준의 화학 지식을 찾는 것은 매우 어렵습니다."[287]

"중요한 것은 실질적인 기술이었습니다. 그러나 그것은 종종 정복하기가 어렵고, 적어도 과학적 지식만큼이나 가치가 있습니다"라고 안더스 룬드그렌 교수는 말했다.

"알프레드 노벨이 너무 큰 위험을 감수했습니까?" 내가 물었다. "당시의 그들이 더 대담했다고 말할 수 있습니다."

*

알프레드 노벨은 당시 아버지의 무기에 대한 야망을 내려놓고, 새로운 폭발물을 광산과 터널에 판매하는 데 모든 것을 걸었다. 아이러니하게도, 그의 방향 전환은 스웨덴이 전투에 참여하기 직전의 인근 지역에서 일어난 극적인 전쟁과 맞물렸다. 임마누엘 노벨은 상트페테르부르크에서 기웃거리던 미국인이 반대 방향으로 이동했다는 소식을 듣고 시장 기회를 놓친 것에 불만을 가졌을 것이다. 그렇게 그 난공불락의 전신 기업가 탈리아페로 프레스톤 샤프너(Taliaferro Preston Shaffner)가 갑자기 전쟁 중인 이웃 국가 덴마크에서 해상 기뢰의 발명가로 등장했다.

덴마크와 프로이센의 전쟁은 1864년 1월에 발발했다. 독일 주민의 수가 덴마크인과 비슷한 국경 지역인 슐레스비히(Schleswig)와 홀슈타인(Holstein)을 누가 통치할 것인지에 관한 문제에서 시작되었다. 프로이센군은 전투에서 덴마크군과 격렬히 싸웠고, 스웨덴군은 구조를 위해 군대를 보내기를 원했다. 카를 15세는 덴마크 왕 프레데리크 7세(Frederik Ⅶ)에게 군사 지원을 약속했는데 이는 모두 덴마크 왕관을 빼앗기 위한 야망에서 비롯되었다. 카를 15세는 1860년에 존경받는 가리발디(Garibaldis)의 업적을 모방해 코펜하겐을 점령하고, 이탈리아의 통일이 아닌 스칸디나비아의 통일을 환호 속에 실현하려고 했다.

많은 강력한 사람들이 스칸디나비아주의를 지지했지만, 스웨덴 정부는 반발했고 카를 15세는 물러나야 했다. 따라서 덴마크는 압도적인 프로이센 군대와 단독으로 싸워야 했다. 이런 상황에서 탈리아페로 프레스톤 샤프너가 다시 등장했다. 1864년 7월 초, 옴메베리에서 알프레드의 시험 폭발이 절정에 달했을 때 덴마크군과 프로이센군은 알스(Als)섬에서 결정적인 전투를 벌였다. 그때, 샤프너는 자칭 덴마크 국방부의 "기뢰 부문" 책임자였다. 샤프너는 덴마크인을 위해 알스의 남쪽 해상에 해상 기뢰를 설치했고, 그것을 자신이 발명했다고 주장했다.[288]

1855년, 샤프너 대령은 스칸디나비아를 여행하며 유럽과 미국을 연결하는 수중 전신기 구축 프로젝트에서 자신의 역할을 과장했다. 그는 신문에 등장하고 왕실의 허가를 받아 노르웨이, 덴마크, 스웨덴을 연결하는 케이블을 설치했다. 같은 목적으로 상트페테르부르크에 와서 임마누엘 노벨을 포함한 사람들을 만난 그는 그곳에서 당시 인기 있던 노벨의 해상 기뢰에 대해 듣게 되었다.

샤프너는 아틀란틱 텔레그래프(Atlanttelegrafen)에 대해 상당히 과장된 말을 했으나, 사실 이미 그 프로젝트에서 퇴출된 상태였다. 미국으로 돌아간 후, 그는 대서양 케이블을 비난하기 시작했다. 그 케이블을 건설한 사람들은 적어도 샤프너만큼이나 비전문가임이 드러났기 때문이다.[289]

1858년 8월에 최초의 대서양 케이블이 설치되었다. 영국 여왕의 축하 전보가 바닷속을 지나 미국 대통령에게 도달했을 때 축하의 물결이 이어졌다. 폭죽이 터지고 교회 종소리가 울렸다. 콜럼버스가 아메리카를 발견한 이후, 대서양 케이블은 세계 역사상 가장 중요한 사건으로 여겨졌고, 국제 평화가 영원히 확보될 것이라는 희망을 불러일으켰다.

그러나 문제가 발생했다. 99단어에 불과한 여왕의 전보는 전송하는 데 16시간 이상 걸렸고, 신호 인식이 어려워 끊임없이 중단되었다. 문제는 점차 커졌고, 한 달 후에는 더 이상 연결이 되지 않았다.

최초의 대서양 케이블은 실질적인 경험과 이론적 지식에 대한 존중이 부족했던 결과, 실패의 고전적인 사례가 되었다. 전기와 자기에 대한 마이클 패러데이(Michael Faraday)의 실험은 충분히 고려되지 않았다. 그는 전기가 단순히 전선으로 입자를 보내는 것에 그치지 않고, 보이지 않는 전자기장이 가속에 관여할 수 있다는 중요한 관찰을 제시했다. 대서양 케이블의 절연만으로는 부족했고, 전기가 사방으로 퍼져 합선을 일으켰다.

패러데이는 자신의 이론을 공식화하는 일이 외부 세계의 주목을 받는 것만큼 어렵다는 것을 깨달았다. 1850년대 후반, 그는 스코틀랜드 물리학자 제임스 클러크 맥스웰(James Clerk Maxwell)에게 도움을 요청했다. 맥스웰은 1864년 전자기학을 위한 필수 방정식을 공식화하는 데 성공했다. 이 전자기장의 개념은 이후 대서양 케이블 설계에 영향을 주었고, 1866년 초부터 케이블은 안정적으로 작동하기 시작했다.

그러나 1867년 사망한 마이클 패러데이와 1879년 사망한 제임스 클러크 맥스웰은 생전에 그들의 공로를 충분히 인정받지 못했다. 그들의 업적은 1902년에 이르러서야 진정으로 평가받았다. 전자기학 연구로 두 번째 노벨 물리학상의 수상자는 따로 선정되었으나, 대부분의 추모 연설은 고(故) 패러데이와 맥스웰에게 헌정되었다.

근면한 노동자의 아들로 태어난 마이클 패러데이는 동료 연구원들에게 종종 과소평가되었지만, 결국 "현대 전기 과학의 위대한 창시자"로 인정받았다.[290]

탈리아페로 프레스톤 샤프너 대령은 전신 케이블의 신호 전송 원리에 대한 연구에 아무런 기여를 하지 않았다. 1864년 출판된 여러 자료는 샤프너의 뛰어난 경험, 천재성, 그리고 부지런한 학문 탐구라는 그의 주장에 의문을 제기했다. 샤프너가 홍보 자료의 대부분을 스스로 작성했다는 사실은 그의 성격을 단적으로 보여준다. 그가 주장한 군사 계급(대령)과 말년에 사용한 교수라는 직함에는 모두 사실적 근거가 부족했다. 게다가 그는 자신을 "미국에서 가장 잘 알려진 전기 전문가"라고 소개하기도 했다.[291]

샤프너는 켄터키에 거주하며 법학을 공부하고, 저널리스트로 활동했으며, 지역 전신을 운영하면서 여러 신문과 잡지, 책을 출판했다. 1864년 여름, 50대였던 그는 해상 기뢰 전문가로 다시 유럽을 여행 중이었다. 덴마크 군대의 마지막 알스섬 전투가 어떻게 끝났는지에 대한 상세한 기록은 없지만, 8월 중순에 덴마크군의 슈타인만(Steinmann) 장군은 항복을 선언할 수밖에 없었고, 덴마크는 패배를 인정했다. 스웨덴 신문 『슐레스비그와 홀스타인(Schleswig and Holstein)』에는 흥미로운 기사가 실렸다. "슈타인만 장군은 6월 29일 알스섬에서의 철수 작전을 능숙하게 지휘한 공로를 인정받아 북미 출신 샤프너 대령에게 정교하게 제작된 검을 수여받았다. 이 철수 작전 당시, 샤프너 대령 또한 현장에 있었다."

9월 2일 금요일, 스톡홀름 신문에 등록된 여행자 명단에서 한 미국인 기뢰 전문가의 이름이 발견되었다. "미국에서 온 샤프너 대령"은 낮 동안 구스타프 아돌프 광장에 있는 호텔 리드베리에 들어갔다. 이는 그가 헬레네보리의 대참사를 목격하기 위해 제시간에 스톡홀름에 도착했음을 의미했다. 불행은 결코 혼자 오지 않는다는 속담처럼 말이다.[292]

8장
노벨 폭발

1864년 9월 3일 토요일, 스톡홀름은 평화로워 보였다. 그날 아침 카스텔홀멘(Kastellholmen)에서는 여왕과 루이스(Louise) 공주가 참석한 가운데 수영 학교의 공연이 열렸다. 여느 때와 같이 하셀바켄(Hasselbacken) 정원의 레스토랑에서는 스트라우스(Strauss)의 음악이 흘렀고, 저녁 식사를 위한 테이블이 준비되었다. 한편, 베스터롱가탄의 리요나이스(Lyonnais) 창고에서는 여유 있는 사람들을 위한 실크 판매가 이루어졌다. 언론은 덴마크와 프로이센 간의 평화 협상에 대해 보도했다. 스웨덴 왕립극장은 일요일 공연을 앞두고 「세비야의 이발사(Barberaren i Sevilla)」와 「과도한 조심(Den fruktlösa försiktigheten)」을 광고했다.

롱홀멘(Långholmen)의 엔지니어 블룸(Blom)은 이날 아침 일찍 헬레네룬드로 출발해 알프레드 노벨을 방문했다. 그들은 아파트 본관의 맨 아래층에 앉아 대화를 나눴고, 안드리에타는 조금 떨어진 곳에서 일하고 있었다. 에밀과 그의 친구이자 화학과 학생 칼 에릭 헤르츠만은 이미 알프레드의 아버지 임마누엘과 함께 실험실에 있었다.

주민들 사이에서는 이런저런 얘기가 오갔다. 얼마 전 화요일, 또 한차례 산더미 같은 산성 물질이 담긴 병이 노벨의 집에 도착하자 대장장이의 아내 헬레나 안데르손(Helena Andersson)은 많은 이들이 속으로만 생각하던 말을 꺼냈다. "지금 노벨 씨가 또 지옥의 기계를 가져오고 있군요. 신만이 이것이 어떻게 끝날지 아실 겁니다!" 몇몇 이웃은 헬레네보리의 소유주인 도매상 부르메스테르에게 실험에 대해 불평하며 말했다. "노벨이 집 아래에 기뢰를 두지 않기를 바란다!" 부르메스테르는 그들을 안심시켰다. 노벨은 걱정할 필요가 없다고 확신을 주었다.

10시 30분이 조금 지난 후, 믿기 힘든 폭발이 일어났다. 그 위력은 "대포 발사보다 훨씬 강력했다." 멀리 떨어진 쿵스홀멘에서도 유리창이 산산조각 났고, 뭉크다리(Munkbron)의 상인 가판대에서는 물건들이 날아갔다. 붉은빛이 하늘로 솟구치며 노란색의 거대한 불꽃과 함께 거대한 연기 기둥이 나타났다.

알프레드 노벨과 엔지니어 블롬은 폭발 충격으로 땅에 내동댕이쳐졌다. 부서진 창문의 유리 조각이 그들을 덮쳤고, 두 사람 모두 머리에 부상을 입었다. 특히 블롬의 부상은 심각했다. 안드리에타는 가벼운 뇌진탕만 입은 채 무사히 탈출했고, 임마누엘은 기적적으로 다치지 않았다. 그는 실험실과 집 사이를 오가며 편지를 받으러 가던 중이었는데, 돌과 잔해가 쏟아지는 가운데에서도 전혀 피해를 입지 않았다.[293]

다른 사람들은 어떻게 되었을까?

기자들은 빠르게 현장에 도착했다. 그곳에서 그들은 끔찍한 광경을 목격했다. 실험실은 검게 그을린 잔해로 변해 있었고, 잘려 나간 인간의 사체가 여기저기 흩어져 있었다. "사람들은 옷이 벗겨졌을 뿐만 아니라, 뼈와 살이 분리된 상태였다. 일부는 머리조차 남아 있지 않았고, 인간의 형체를 찾아보기 힘든 살점과 뼛조각들로 변해 있었다"라고 한 기자가 보도했다.

대장장이의 아내 안데르손은 석조로 된 옆집에서 요리하던 중 갑자기 벽에 금이 가는 것을 보았다. 그녀는 머리의 일부가 부서지고 한쪽 팔이 잘린 채 소파에 쓰러졌다. 배에 실려 세라핌 병원으로 이송되었지만, 당시 이미 사망한 상태였다고 전해졌다.

롱홀멘에 있는 많은 집들의 지붕이 부서지고 창문이 날아가며 가구가 파괴되었다. 폭발이 일어난 시점에서 다행히 증기선은 이미 아래 해협을 지나갔다.

『아프톤블라뎃』은 초판이 인쇄되기 전에 사망자 몇 명의 이름을 보도했다. 신문은 "지금까지 발견된 시신의 잔해에서 젊은 기술자 헤르츠만, 13세 소년, 베르순드의 야간 경비원의 19세 딸, 노벨의 별채에서 일하던 목수를 확인했다"고 전했다. 또한 "폭발 당시 공장에 있던 노벨의 막내아들에 대한 흔적은 아직 발견되지 않았지만, 일부는 한 시신에서 막내 노벨을 알아봤다고 주장했다"고 보도했다.

몇몇 신문은 노벨의 부주의에 분노하며 주택가에서 어떻게 그런 위험한 제조가 일어날 수 있었는지 의문을 제기했다. 『아프톤블라뎃』은 "이 일을 승인한 사람에게 무거운 책임이 있다"고 썼다.[294] 『니아 다글릭트 알레한다(Nya Dagligt Allehanda)』 신문은 미망인과 아버지를 잃은 사람들에게 생계비를 지급해야 한다고 지적했다.

호른스가탄(Hornsgatan)에는 무슨 일이 있었는지 직접 보기 위해 헬레네보리에 가려는 사람들로 가득했다. 리다르홀멘(Riddarholmen)에서 재난 현장으로 매시간 출발하는 증기선에도 많은 사람이 탑승했다. 수백 명이 재난 현장으로 몰려들자 추가 운행이 필요했다. 호기심 많은 사람은 부서진 건물과 찢어진 옷가지들을 목격했다. 너덜너덜해진 커튼과 나무에서 떨어진 잎들이 마치 종잇조각처럼 땅에 흩어져 있었다. 강렬한 질산의 냄새가 코를 찔렀다.

오후가 되자 모든 시신이 수습되었다. 처음의 우려는 결국 현실이 되었다. 헬레네보리 사고로 사망한 사람들 중에는 20세의 에밀 노벨도 포함되어 있었다. 그는 임마누엘, 안드리에타의 막내아들이었다. 그의 절단된 시신은 폭발 후 몇 시간 뒤에 폐허 속에서 발견되었다.

대장장이의 아내 안데르손은 아직 살아 있었다.

하지만 "노벨 폭발"에 대한 신문 보도는 불행히도 알프레드 노벨이 새롭게 개발한 발파유와 기폭장치에 대한 공식 특허 발표와 시기적으로 겹쳤다. 사고 당일 『아프톤블라뎃』은 우연히 새로운 "전혀 위험하지 않은" 폭발물에 대한 긴 기사를 게시했다. 기사는 이 폭발물이 앞으로 "일반 암석 채굴에서 자주 발생하는 대형 사고"를 완전히 방지할 수 있을 거라고 주장했다. 그러나 사고 소식이 알려지자 신문은 전날 그 기사를 사과문과 함께 발표했다.

＊

경찰은 9월 5일 월요일에 바로 조사를 시작했다. 임마누엘 노벨과 도매상인 빌헬름 부르메스테르(Wilhelm Burmester)는 모두 민트가탄(Myntgatan) 4번지에 위치한 경찰서에 출두해야 했다. 심문은 스톡홀름 경찰서장이 주재했다. 경찰서장은 부르메스테르에게 헬레네보리에서 폭발 활동을 수행할 수 있는 허가를 받았는지 물었다. 부르메스테르는 "아니오"라고 대답했다. 그는 노벨이 자신에게 작업이 위험하지 않다고 확신시켰다고 변명했다. 그 도매상은 최소한 화재 보험에 가입했으니 보상을 받을 수 있기를 바란다고 했다.

경찰서장은 훼손된 재산이 폭발에 대비한 보험에 포함되는지, 그리고 부르메스테르가 보험사에 니트로글리세린 생산에 대해 알렸는지 물었다. 부르메스테르는 당황하며 그렇지 않았음을 인정했다.

사망자는 다섯 명으로 집계되었다. 그들 중 네 명은 실험실에서 일하던 사람들이었다. 희생자에는 에밀과 그의 친구 칼 에릭(Carl Eric), 롱홀멘에 살았던 13세의 택배 소년 플레르만 노르드(Flerman Nord), 그리고 실험실 조교인 19세 마리아 노르드크비스트(Maria Nordqvist)가 포함되었다. 45세의 목수 요한 피터 니만(Johan Peter Nyman)은 병원으로 이송되던 중 사망했다.

13세 헤르츠만의 아버지, 마리아의 아버지, 남편의 갑작스러운 죽음 이후 "특히 걱정스러운 상황에 처한" 미망인 니만을 포함한 여러 유가족이 경찰 심문에 참석했다.

경찰서장이 임마누엘 노벨에게 시선을 돌리자 심문실 안은 한층 긴장감이 감돌았다. 덥수룩한 흰머리, 뱃사람 같은 수염, 코에 걸쳐진 돋보기 너머로 다람쥐 같은 눈빛을 가진 60세가 조금 넘은 임마누엘은 자리에서 일어나야 했다. 그의 말투와 신경질적인 태도에서 당시 상황의 긴장감을 쉽게 상상할 수 있다.

임마누엘은 심문 초반부터 모순된 진술을 했다. 그는 처음에는 절대 실내에서 니트로글리세린을 제조하지 않았으며, 항상 야외에서 작업했다고 주장했다.

그러나 곧 에밀과 그의 친구가 그날 아침 실험실에서 니트로글리세린 제조 실험을 했다고 분명히 말했다. 그는 자신들과 관련된 과정을 간소화하려 애썼다. 경찰서장이 폭발이 어떻게 일어났는지 묻자, 임마누엘은 에밀과 칼 에릭이 너무 많은 질산을 첨가했거나 온도계를 부주의하게 다뤄 니트로글리세린을 폭발 온도 이상으로 가열했을 가능성이 있다고 답했다.

임마누엘은 심각한 사고의 책임이 아들 에밀의 부주의 때문이라고 공개적으로 말했다. 그는 폭발 몇 분 전에 실험실을 떠났다.

그 후 임마누엘은 미리 준비한 종이를 큰 소리로 읽었다. 임마누엘은 헬레네보리에서 진흙 항아리에 130킬로그램의 완성된 니트로글리세린을 보관했으며, 그것을 실험실과 야외 모두에서 보관했다고 밝혔다. 그들은 이 작업이 단지 실험의 일환이라 생각해 생산 사실을 보고할 이유를 찾지 못했다고 주장했다. 그들은 신문에 광고조차 하지 않았다.

임마누엘은 집이나 실험실 같은 개인 재산에는 보험을 들지 않았다고 말했다.

그러자 경찰서장이 심문을 중단했다. 참석자들은 헬레네보리로 이동해 사고 현장을 직접 조사하기로 했다.

*

후일 임마누엘은 아들 에밀을 잃은 슬픔으로 힘들어했지만, 사고 직후 처음 며칠간은 알프레드와 함께 모든 감정을 억누른 듯 보였다. 상황은 절망적이었으나, 두 사람은 냉정을 유지해야 했다. 이 비극 속에서도 한때 찬란해 보였던 미래로부터 기대하던 것들을 구할 수 있도록 노력해야 했다. 그들은 이번 사고가 단발성 사건에 불과하다는 점을 세상에 알릴 필요가 있었다. 그들은 비난과 불안을 잠재우기 위해 끊임없이 상황을 설명하고 사람들을 진정시켜야 했다.

심문 동안 임마누엘의 주장은 전혀 설득력을 얻지 못했다. 알프레드는 신문들이 사실을 왜곡하는 것을 보며 짜증을 냈다. 그는 『아프톤블라뎃』에 기고한 기사로 직접 대응했다. "신문 보도에 일부 오류가 있어서 폭발 원인에 대해 내가 알고 있는 사실을 설명하고자 합니다"라는 문장으로 글을 시작했다. 물론 주거지 한가운데에서 그런 강력한 폭발물을 제조하는 것이 부주의하다고 여겨질 수 있음을 인정하면서도 니트로글리세린은 특별하다고 설명했다. 화약고는 불이 붙으면 모두 폭발하지만, 니트로글리세린은 전혀 불에 타지 않는다고 주장했다. 니트로글리세린은 불로 폭발시키거나 연소를 시작하는 것이 불가능하다고 주장했다. 그래서 자신들은 그것이 위험하지 않다고 생각한다고 전했다. 그 물질은 섭씨 180도에서만 폭발하며, 헬레네보리에서는 60도 이상으로 가열한 적이 없다고 덧붙였다.

무슨 일이 있었던 걸까? 알프레드도 에밀을 비난했다. 그는 온도계를 잊어버린 것이 아니라, 약액이 서로 반응할 때 강한 발열을 일으킬 수 있다는 점을 간과하고 있었다고 주장했다. 이 발열은 온도를 180도 이상까지 충분히 끌어올릴 수 있었다. 에밀은 언제나처럼 혼합물을 찬물로 즉시 식히는 것을 소홀히 했던 것이다.

알프레드는 "나는 새로운 폭발물의 도입이, 광산업의 희생자 목록에 새로운 사람이 추가되는 것을 끝낼 것이라고 기대했다. 이는 여러 이점 중 가장 큰 것이다. 그것은 가까운 미래에 입증될 것이다. 이는 공공의 이익을 위해서지만, 가족과 친구들의 슬픔을 지울 수는 없다"라고 발표했다.

"인도주의와 국가 경제의 관점에서 볼 때, 생명을 구하고 노동력을 절약하는 면에서 발파유는 모든 이점을 지닌다." 그는 기사에 "A. Nobel"이라고 서명했다.[295]

이틀 후, 『아프톤블라뎃』 신문에 에밀의 사망에 관한 기사가 다음과 같이 실렸다.

학생
OSCAR EMIL NOBEL

불의의 사고로

1864년 9월 3일 헬레네보리에서 사망했다.

향년 20세, 10개월, 4일

부모와 형제자매, 친지들과 친구들의 깊은 그리움 속에

이와 같이 부고를 전합니다.

가족이 지인들에게 보낸 개인 통지 카드에는 전통적인 약어 SBÖS(Sorgens Beklagande Ökar Saknaden)가 추가되었다. 슬픔을 나눌수록 그리움이 더욱 깊어졌다.[296]

사고 당시 루드빅과 로베르트 노벨이 어디에 있었는지, 그리고 일주일 뒤 막냇동생의 장례식에 참석했는지는 확실히 알 수 없다. 로베르트, 루드빅, 미나, 아이들에게 보낸 보존된 편지에 따르면 그들은 적어도 8월 초에는 스웨덴의 달라뢰(Dalarö)에 있는 알셀 가족의 여름 휴양지에 모였다고 한다. 『아프톤블라뎃』의 여행 기록에 따르면 다른 노벨 엔지니어가 1864년 8월 24일 상트페테르부르크에서 스톡홀름에 도착했다. 상트페테르부르크에 주로 거주했던 로베르트는 알프레드의 새로운 성공적인 특허가 자신에게 도움이 될 수 있는지 알아보기 위해 1864년 가을에 스톡홀름을 방문했다고 전해진다.[297]

어떤 사람들은 일가족에게 비극이 일어났을 때 노벨 가족 모두 스웨덴과 스톡홀름에 모여 있었다고 주장한다. 이는 폭발 사고와 에밀을 잃은 일에 대한 가족 간의 편지가 없는 이유를 설명할 수 있다. 그들은 편지를 굳이 쓸 필요가 없었을 것이다. 그들은 그 끔찍한 일에 대해 직접 이야기하고, 서로를 위로했을 가능성이 높다.

재난이 발생한 지 일주일 후인 9월 10일 토요일, 에밀 노벨과 그의 친구 칼 에릭 헤르츠만은 마지막 안식처로 옮겨졌다. 바람이 많이 불던 어느 가을의 슬픈 하루였다. 공동 장례식은 정오에 마리아 묘지에서 거행되었으며, 두 친구는 같은 무덤에 나란히 안장되었다.[298]

*

얼마 지나지 않아 탈리아페로 프레스톤 샤프너 대령은 스스로를 "당대 최고의 군사 기뢰 전문가"라고 칭하며 스웨덴에 부임한 첫날 스웨덴 주재 미국 사절인 제임스 캠벨(James Campbell)을 찾았다. 캠벨은 샤프너의 기뢰가 프로이센 군인 1만 5,000명이 덴마크인을 공격하는 것을 막았다는 이야기를 들었다. 얼마 지나지 않아 미군 대령은 스웨덴 수도에서 모든 적절한 연락을 취했다.

물론 샤프너 대령은 헬레네보리에서 발생한 폭발 사고에도 관심을 가졌다. 그는 부임 초기, 폭발물에 대해 질문을 했고, 캠벨 특사에게 답변을 부탁한 것으로 전해진다. 노벨이라는 이름은 미국인 방문객에게도 친숙했다. 샤프너는 1850년대에 상트페테르부르크에서 임마누엘 노벨을 만난 적이 있었다. 당시 그 미국인 샤프너는 전신선을 제안하고 있었고, 노벨은 수중 기뢰를 러시아 정부에 제안했다.

샤프너 대령은 흐트러진 검은 머리와 단정한 수염, 강렬하지만 친근한 눈을 가지고 있었다. 그는 잘 재단된 검은 양복과 반짝이는 모자를 쓰고 있었으며, 당연하게도 구스타프 아돌프 광장(Gustav Adolf's square)에 있는 스톡홀름의 유일한 호텔 리드베리(Rydbergs)에서 묵었다.

첫 주에 샤프너 대령은 스웨덴 국방부 장관을 만난 뒤, 자신이 발명한 수중 기뢰를 무료로 시연하겠다고 제안했다. 그는 에밀의 장례식이 끝난 화요일에 연초 임마누엘 노벨의 제안을 거절했던 기뢰 위원회의 전문가들로부터 승인을 받았다. 샤프너는 요청한 양만큼 화약을 받고, 퇴역한 스웨덴 해군의 작은 범선 두 척을 받았다. 샤프너의 모델을 이용한 전기 원격 제어 기뢰의 폭발 실험은 직후 멜라렌(Mälaren) 호수에서 진행되었다.

샤프너의 시연은 성공적이었다고 말하기 어려웠다. 그 후 워싱턴의 국무장관에게 보낸 보고서에서 캠벨 특사는 샤프너의 기뢰에 대해 온화한 태도를 보였고, 자신이 성급하게 낙관적인 기대를 했음을 곧 깨달았다. 워싱턴에서 보내온 답장에는 날카로운 질책이 담겨 있었다. 미국 남북 전쟁은 너무 격렬했던 상황에서 샤프너에게 문제가 명확하게 있었다. 몇 년 전, 샤프너는 런던에서 남부 주들의 입장을 옹호하는 책을 출판했는데, 그 책에서 자신을 미국 대법원의 구성원으로 잘못 소개한 일이 있었다. 이에 따라 워싱턴에서 그의 입지가 크게 약해졌다.

이 소식을 처음 접한 캠벨은 샤프너가 자신의 걱정거리가 될 것이라는 사실을 곧 깨닫기 시작했다.[299]

기뢰 위원회의 성명을 기다리는 동안, 샤프너는 노벨의 새로운 발파유에 대한 추가 정보를 얻으려고 스스로 노력했다. 운 좋게도 로베르트 노벨이 같은 호텔에 머물 수 있었고, 스톡홀름은 샤프너 대령의 생각보다 크지 않았기에 어느 저녁 리드베리의 유명한 레스토랑에서 임마누엘 노벨을 우연히 만날 수 있었다. 이 레스토랑은 1850년대에 상트페테르부르크에서 몇 년 동안 일했던 프랑스 요리사 레지스 카디에(Régis Cadier)가 운영하고 있었다.[300]

어느 날 오후, 샤프너는 증기선을 타고 헬레네보리로 갔다. 그 방문은 이상했다. 임마누엘은 영어를 몰랐고 샤프너는 스웨덴어를 몰랐다. 그 당시 알프레드나 로베르트도 주변에 없었다. 존 에릭슨의 에이전트였던 전 철도 계약자 아돌프 유진 폰 로젠(Adolf Eugéne von Rosen)은 잠시 후 출입구에 나타났다. 그는 우연히 임마누엘과 마주쳤고, 그들이 서로를 이해할 수 있도록 도왔다.

폰 로젠 백작에 따르면 샤프너는 노벨의 발파유에 대한 권리를 사고 싶어 헬레네보리에 왔다고 말했다. 임마누엘은 당장 이 자리에서 그 질문에 답할 수 없다고 대답했다. 건강이 좋지 않았고, 일에 압도당한 상태였으며, 무엇보다 슬픔과 근심에 사로잡혀 있었다. 그러자 샤프너는 임마누엘의 아들인 알프레드 노벨과 이야기하고 싶다고 말했다.

그 후 폰 로젠 백작과 샤프너 대령은 함께 배를 타고 스톡홀름으로 갔다. 샤프너는 알프레드와의 만남에서 자신이 얼마나 시급한 상황에 처해 있는지, 그리고 "모든 면에서 노벨의 관심을 증진"할 용의가 있음을 반복해서 피력했다. 1년 후, 재판에서 폰 로젠은 증인으로서 그날의 사건을 회상하며 증언했다. 백작은 샤프너가 "니트로글리세린 사용에 대한 사전 지식이 없었기에 모든 것이 그에게 완전히 새로운 것"이었다고 명확하게 말했다.[301]

기뢰 위원회의 전문가들은 결국 노벨보다 샤프너의 해상 기뢰에 더 열광하는 것으로 판명되었다. 10월 4일 화요일, 스웨덴 왕 카를 15세는 발명에 대한 공로로 탈리아페로 프레스톤 샤프너 대령에게 1,000릭스달러(riksdaler)의 보상을 수여하기로 결정했다. 같은 날 이 미국인은 스웨덴 검 부대의 사령관으로 임명되어 직접 왕으로부터 표창을 받았다. 그 후 샤프너는 나라를 떠나기 전에 왕궁에서 카를 15세와 함께 저녁 식사를 하게 되었다.

그런데도 샤프너의 기뢰는 등장하자마자 사라졌다. 샤프너가 갑작스럽게 주목받은 이유는 장기간에 걸친 미국 내전에서 중재 역할을 하려는 스웨덴 왕의 열망 때문인 것으로 보인다. 전쟁 초기부터 스웨덴은 북부 주들에 대해 동정적인 태도를 취했다. 에이브러햄 링컨 대통령은 지원에 대한 감사의 표시로 개인 비문이 새겨진 호화롭게 장식된 두 대의 콜트레볼버(Coltrevolvrar)를 카를 15세에게 기증했다. 카를 15세가 무기를 수집하는 것으로 알려진 것을 고려해 의도적으로 선택한 선물이었다. 카를 15세는 어린 시절에 행복을 느꼈다. 그는 링컨 대통령에게 자신의 무기 컬렉션 카탈로그를 기부하는 것으로 응답했다.

1864년 가을, 스웨덴 일부 지역에서 미국 내전에 대한 태도가 변화하기 시작했다. 특히 스웨덴 귀족계에서는 북부 주들이 싸움을 끝낼 수 없을 것이라는 우려가 커졌다. 남부 연합군도 강하지 않았습니까? 북부 주들의 구호는 너무 자유분방하지 않나요?

충동적인 성향의 카를 15세는 외교 정책에서 독자적인 행동을 자주 했다. 왕은 전쟁의 원인에 대한 미국인 손님의 남부 주 묘사에 깊은 인상을 받았다고 전해진다. 샤프너의 말에 따르면, 두 사람은 저녁 식사 후 왕의 서재에서 단둘이 대화를 나눴다. 그런 다음 왕은 미국 지도를 검색하고 샤프너에게 여러 주의 역사를 차례로 설명하게 했다.

몇 년 후 샤프너 대령은 스웨덴 왕에게 보낸 편지에서 미국 내전의 원인이 모두가 믿는 것처럼 노예제도 때문이 아니라 북부 연합군이 남부 연합군의 부를 빼앗으려고 벌인 것이라고 주장했다. 카를 15세는 독립 국가의 대통령인 제퍼슨 데이비스(Jefferson Davis)에게 선물로 줄 사진에 서명해 주기로 했다. 그는 샤프너에게 그 사진을 데이비스에게 직접 전달하라고 요청했다. 샤프너에 따르면 카를 15세는 "이 일은 나에게 중요하니 언제든지 행동에 나설 준비가 되어 있다고 그에게 전하라"고 말했다.

6개월 후, 남부 연합은 항복했다. 제퍼슨 데이비스는 8년 후 카를 15세가 사망할 때까지 샤프너로부터 사진과 편지를 받지 못했다.

그해 10월 말 미국으로 돌아오는 동안 왕실 훈장을 받은 샤프너 대령은 스톡홀름 특사 제임스 캠벨에게 편지를 썼다. 그는 기뢰 위원회의 전문가들에게 연락해 노벨의 발파유 뒤에 숨겨진 비밀에 접근할 수 있도록 해달라고 요청했다.

캠벨은 날카로운 대답으로 그 제안을 무시했다. 그는 그런 산업 스파이 활동에 가담할 의향이 없었다.[302]

*

니트로글리세린에 대한 알프레드 노벨의 변호 기사는 모두에게 좋은 평가를 받지 못했다. 『니아 다글릭트 알레한다(Nya Dagligt Allehanda)』에 실린 익명의 기사에서는 그가 "진실을 희생시키면서" 자신의 "글리세린 가루의 많은 우수한 특성"을 홍보한다고 비난했다. 익명의 기고자는 알프레드가 니트로글리세린이 유독하다는 사실을 은폐했다고 주장했다. 안전성 분석에 따르면 글리세린에는 가장 강력한 독소 중 하나가 포함되어 있으며, 단 몇 방울만으로도 현기증을 유발할 수 있다고 했다. 또한 그는 노벨의 니트로글리세린이 지금까지의 화약보다 훨씬 더 많은 노동자를 죽일 것이라고 예측했다.

답장에서 알프레드는 "퍼핑 또는 마케팅"을 포함한 모든 것을 부인했다. 그는 이렇게 시작했다. "제출자는 나에 대해 많은 불만을 가진 것 같습니다. 그리고 진실이 밝혀지는 일에 대해서는 훨씬 더 부정적인 견해를 갖고 있는 것 같습니다. 그러나 대중은 이미 그의 행동이 정당하다고 판단했다고 확신합니다. 그래서 저는 단지 그가 저지른 심각한 실수에 대해 간단히 지적하고자 합니다." 알프레드는 두통과 관련된 문제는 충분히 해결할 수 있다고 주장했다.[303]

2주 후인 10월 10일, 임마누엘 노벨과 도매상인 부르메스테르에 대한 재판이 시청에서 시작되었다. 원고는 사망자의 친척과 부서진 집의 거주자들이었고, 그들은 법정에 참석했다. 그들은 기자들과 함께 대장장이의 아내 안데르손이 죽었다는 슬픈 소식도 전했다.

검사 실프베르스파레(Silfversparre)는 노벨과 부르메스테르가 사고를 일으켜 총 여섯 명이 사망한 혐의로 유죄 판결을 요구하며 재판을 시작했다. 이와 함께 상당한 금액의 손해배상 청구가 낭독되었다.

임마누엘 노벨은 사고에 대해 무죄를 주장하며, 자신이 법적인 책임은 없고 희생자들에게 보상해야 할 도덕적 의무만 있다고 생각했다. 그는 사람들을 실망시키고 싶지 않았지만, 불행히도 당시 자신도 너무 많은 것을 잃어 금전적으로 여유가 없었다. 부유한 도매상이며 헬레네보리의 소유주인 부르메스테르는 법적으로나 도덕적으로나 모든 책임을 부인하면서 임마누엘과는 다른 입장을 취했다. 그는 자신의 세입자인 노벨이 니트로글리세린을 생산한다는 사실을 전혀 알지 못했으므로 어떠한 손해배상도 할 의사가 없다고 주장했다.[304]

재판은 1년이 조금 넘게 지속되었고, 그동안 스톡홀름의 언론인은 점차 관심을 잃어갔다. 불과 몇 주 만에 사건은 미디어의 그림자 속으로 사라졌지만, 검찰은 포기하지 않았다. 법정에서는 여전히 격렬한 감정이 오갔고, 분노와 슬픔이 끊임없이 이어졌다. 대부분의 일은 대중의 눈에 띄지 않게 일어났다.

*

과연 시청에서 무슨 일이 있었던 걸까? 지금까지 알프레드 노벨에 관한 책 중에서 스톡홀름 폭발에 대한 재판을 다룬 것을 본 적이 없다. 임마누엘이 다른 사람을 죽게 한 죄로 유죄 판결을 받은 적이 있는가? 알프레드는 최소한 공동 고발을 당했어야 하지 않았는가?

노벨 문헌에서는 경찰 심문에서 나온 몇 가지 인용문 외에는 스톡홀름 폭발 사건에 대한 정보가 거의 없다. 마치 정의의 여신(Justitia)이 이에 만족하고 모든 것을 덮어버린 듯한 인상을 준다. 물론 실제로 그런 일이 있었을 가능성은 희박하다. 하지만 내 안의 기자 본능이 끊임없이 의문을 제기한다. 그래서 나는 스톡홀름 도시 기록 보관소로 직접 가기로 결심했다.

1864년 시청 법원 제3 재판부에서 발행해 제본한 형사사건 기록은 중세 성서만큼 두껍다. 단단한 덮개는 150년 정도 된 낡은 끈으로 서로 연결되어 있다. 파일의 날짜 순서는 약간 인상적이다. 나는 장갑을 끼고 무작위로 둘러보며 자신의 밤 가방을 도둑맞은 방앗간 주인의 사연을 읽고, 스토라 니가탄의 강도 사건에도 잠시 머문다.

노벨 사건에 대한 판결은 쉽게 지나칠 수 없었다. 부록을 포함해 100페이지에 달하는 몇 안 되는 판결 중 하나였기 때문이다. 나는 이를 복사해 집으로 가져와, 토요일 오후 차를 마시며 탐정 소설처럼 읽었다. 처음에는 오래된 스웨덴어의 복잡한 표현을 해독하기 어려웠지만, 곧 그 내용에 매료되었다.

재판은 새해를 앞두고 9일간 진행되었으며, 사건의 몇 가지 사실은 점차적으로 수정되었다. 에밀은 실험실이 아니라 야외 테이블에서 글리세린을 정제하려 했다. 임마누엘은 실험의 일관성을 높이기 위해 캔을 땅에 쳐보라고 지시했다. 이 과정에서 캔이 폭발했고, 에밀은 두 손과 얼굴에 심각한 부상을 입었으며, 폭발 충격으로 10미터 이상 날아간 것으로 드러났다. 이는 사고의 결정적인 증거로 제시되었다.

임마누엘은 이 과정에서 부적절한 행동을 보였다. 그는 친구인 엔지니어 블롬을 증인으로 불러냈다. 블롬은 병든 상태로 롱홀멘에서 법정에 나와 임마누엘이 듣고 싶어 하는 말을 반복했다. 블롬은 임마누엘이 여러 차례 아들 에밀에게 실험을 중단하라고 엄격히 지시하는 것을 들었다고 주장했다. 그러나 상황을 고려했을 때 설득력 있는 증언은 아니었다.

검사가 날카롭게 질문을 던졌다.

"노벨은 폭발물이 독성이 있고 스스로 발화한다는 사실을 인정합니까?"

임마누엘은 이렇게 답했다.

"글리세린이 유독한지 아닌지는 모르겠습니다. 저는 메스꺼움을 느낀 적이 없고, 발파유를 먹어본 적도 있지만 여전히 살아 있습니다. 또한 1854년부터 병에 발파유를 넣어 두었는데 그것은 아직 점화되지 않았습니다."

가장 슬픈 것은 유족들이 제출한 진술서였다. 아내를 잃은 클렌스메덴 안데르손(Klensmeden Andersson)은 조용히 말했다. "모든 과학적 사실이 폭발이 일어날 수 없다고 증명할지라도, 현실은 폭발이 발생했고, 그로 인해 나와 다른 이들이 막대한 손실과 회복할 수 없는 피해를 입었습니다." 안데르손은 세라핌 병원의 영구차, 관, 포장지, 장례 카드에 대한 보상도 요청했다. 또한 파손된 마호가니 책상, 금박 찻주전자, 74개의 도자기, 찢어진 낙엽송 시트 두 장에 대해서도 보상을 원했다. 총 요구액은 563릭스달러였다.

다른 보상 청구도 이어졌다. 롱홀멘 교도소는 깨진 유리창 260개에 대해 보상을 요청했고, 목수는 600릭스달러를 요구했다. 희생자인 헤르츠만의 아버지와 마리아의 아버지는 각각 175릭스달러와 250릭스달러를 필요로 했다. 파괴된 피아노와 사라진 은그릇, 손실된 수입도 보상 대상이었다. 지금까지의 피해 총액은 4,368릭스달러로 헬레네보리에 있는 아파트의 7년 임대료에 해당하는 금액이었다.

그러던 중, 헤르츠만의 아버지가 보낸 편지를 읽고 눈이 뜨이고 가슴이 뭉클해졌다. 장래가 촉망되던 25세의 아들 칼 에릭을 잃은 모탈라(Motala)의 시계공은 이렇게 적었다.

"존경하는 시 재정관님(Välborne Herr Stadsfiskal)! 귀하의 명예로운 서신에 답하여 말씀드립니다. 이 가슴 아픈 사건에 대해 저는 어떤 보상도, 어떠한 책임도 요구하지 않겠습니다. 이 모든 것은 세상의 섭리에 의해 보상될 것이라 믿습니다."

나머지 문서를 검토한 결과, 나는 두 가지 결론에 도달했다. 첫째, 1865년 1월에 극적인 일이 발생해 평결이 계속 지연되었다는 것이다. 둘째, 비록 특허와 생산 아이디어가 알프레드 노벨의 것이었음에도 전체 재판에서 그의 이름이 간접적으로조차 언급되지 않았다는 점이다.

임마누엘 노벨이 아들을 대신해 희생된 것일까?

알프레드의 흔적은 죽은 마리아 노르드퀴비스트의 아버지와의 예상치 못한 충돌에서 드러났다. 기록을 읽는 동안 임마누엘은 자신이 한 배상 약속을 지키기 위해 노력하는 듯 보였다. 두 명의 원고는 임마누엘 노벨이 이미 배상했으므로 청구를 철회했다. 하지만 열아홉 살 마리아 노르드퀴비스트의 아버지는 그들과 달랐다. 노벨은 보상금으로 그의 분노를 잠재우지 못했다. 결국 인내심이 바닥난 그는 공식적으로 임마누엘을 비난했다. 그러나 실질적인 사과는 알프레드가 했을 가능성이 크다. 나는 훑어보다 반쯤 작성된 편지를 발견했다. 그 편지에서 알프레드는 노르드퀴비스트가 "배은망덕한 태도로 나를 대하며, 내가 베푼 자비에도 불구하고 나를 박해하고 무자비하다고 비난하며 근거 없는 청구를 주장하고 있다"고 적었다. 판결이 내려지면 이 점에 대해 매우 명확해야 할 필요가 있었다. 노벨은 노르드퀴비스트가 요구한 모든 금액을 지불해야 했다.

일부 사람들은 여전히 공개적으로라도 임마누엘 노벨의 반복되는 역경에 대해 동정을 표현했다. 그러나 그보다 더 많은 사람은 그와 그의 가족에게 계속 압력을 가하려는 의도를 분명히 드러냈다. 노벨은 위협 편지를 받았고, 어느 날에는 공격을 받아 계단에서 떨어지기까지 했다.

우려는 여전히 남아 있었다. 알프레드의 새로운 발파유가 어떻게 상황을 극복하며 살아남을 수 있을까?

상트페테르부르크에서 루드빅은 괴로운 시간을 보내고 있었다. 다른 형제들처럼 그는 부모님의 건강, 특히 슬픔을 이겨내기 힘들어하는 어머니 안드리에타를 걱정했다. 그리고 재정 문제도 그를 괴롭혔다. 이 어려운 시기를 극복하고 발파유가 다시 시장에 나가더라도, 모든 수익이 손해배상금으로 사용될 위험이 컸다. 루드빅은 자신이 별다른 도움을 주지 못했다고 자책했다. 그는 상트페테르부르크에서 실패를 경험했고, 주문도 없었던 터라 겨울 동안 일거리가 없었다. 게다가 로베르트의 등유 램프도 여전히 수익을 내지 못하고 있었다.

루드빅이 제안을 했다. "폭풍우가 가라앉으면 아버지는 자금이 고갈되지 않는 유한 회사를 설립해야 합니다."[305]

여론은 분명히 부정적이지 않았다. 광부들과 철도 관계자들 사이에서도 헬레네보리 사고 이후 니트로글리세린 사용이 중단되면 심각한 문제가 발생할 것이라는 의견이 많았다. 알프레드가 고안한 점화장치를 활용한 해결책은 이들 눈에는 천재적인 발상으로 여겨졌다. 노벨의 발명품 덕분에 폭파 작업은 일반적인 화약보다 두 배 빠르게 진행되었다. 화약과 니트로글리세린의 성능 차이는 비교 불가능한 수준이었다. 폭발력의 차이는 조지 브라운(George Brown)이 그의 책『폭발의 역사(History with Bang)』(2010)에서 폭발성에 대해 썼듯이 "자전거 타는 사람에게 치인 것과 급행열차에 치인 것의 차이"[306]라고 설명한 것처럼 이해할 수 있다. 이로 인해 주문이 계속 들어왔다.

결정적인 전환은 1864년 10월에 일어났다. 당시 국영 철도 위원회는 헬레네보리 사고에도 불구하고 알프레드 노벨의 발명품을 사용해 쇠데르말름 아래의 긴 철도 터널을 폭파하기로 결정했다. 다른 사람들도 이를 따랐다. 외스터말름(Östermalm)의 티스크바가르베르겐(Tyskbagarbergen)에서는 몇 달간 진행된 기존의 발파 작업을 노벨 발파유로 거의 완전히 전환했다. 작업을 주도한 한 사람은『포스트 오크 인리케스 티드닝가르』신문에 니트로글리세린의 우수성을 칭찬하는 기사를 실었다. 노동자들이 두통을 겪는다는 소문은 사실이었지만, 그 부작용은 과장되었고, 작업의 효율성을 고려할 때 충분히 감당할 만하다는 의견이 지배적이었다. 그럼에도 임마누엘과 알프레드는 루드빅의 노선을 따라 회사를 준비하기 시작했으며, 이는 상대적으로 역풍을 적게 맞았다. 자본은 처음부터 외부에서 조달해야 한다는 점이 분명했다. 임마누엘은 릴예홀멘(Liljeholmen)의 왁스 공장을 소유한 『아프톤블라뎃』의 설립자 라스 요한 히에르타(Lars Johan Hierta)에게 소유주로 합류할 것을 제안하고자 했다. 그러나 알프레드는 무분별한 관대함을 피해야 한다는 입장이었고, 또 다른 이해당사자인 선장 칼 베네르스트룀(Carl Wennerström) 대위에게 접근했다. 그는 그해 여름 우플란드(Uppland)에서 폭파 시험을 주도한 경험이 있었다. 8월에 알프레드 노벨은 노르웨이 특허를 확보하기 위해 대위를 노르웨이로 파견했다.[307]

베네르스트룀 선장은 해협 건너 롱홀멘에 있었다. 그는 교도소에서 소규모 공예품 산업을 운영하며 300명의 죄수를 제화, 재봉, 목공 작업에 활용했다. 새로운 사업을 찾고 있던 그는 발파유에 관심을 보였다. 그러나 더 많은 투자자가 필요했다. 이전에 자산이 바닥났을 때 도움을 줬던 안드리에타의 남동생 루드빅 알셀에게는 그 정도의 재산이 없었다. 그러나 임마누엘의 누이 베티 엘드(Betty Elde)는 자선모금 활동으로 스톡홀름에서 가장 부유한 사람 중 한 명인 쿵스홀름의 왕(Kungsholmskungen) 요한 빌헬름 스미트의 사촌을 알게 되었다. 노벨 가족은 그를 빌헬름이라고 불렀다. 로베르트 노벨이 몇 년 전에 스미트의 맥주 양조장에서 견습을 받았다.

쿵스홀름 왕의 사촌이며 베티의 친구인 훌다 솔만(Hulda Sohlman)은 『아프톤블라뎃』의 편집장 아우구스트 솔만(August Sohlman)과 결혼했다. 아우구스트와 훌다는 몇 년 후 아들을 낳고 그 이름을 라그나르(Ragnar)라고 지었다. 라그나르 솔만(Ragnar Sohlman)은 스물세 살이 되어 부유한 고령의 알프레드 노벨과 함께 일하게 되며, 1896년 알프레드가 사망한 후 재단 관리인으로서 노벨상의 실행을 맡게 된다.

훌다 솔만과 임마누엘의 누이 베티는 빌헬름 스미트에게 논란이 될 수 있는 니트로글리세린을 소개하고 투자에 관심을 가지도록 했다. 스미트는 우리 시대의 가장 위대한 스웨덴 벤처 자본가 중 한 사람으로, 스톡홀름에서 독특한 인물로 알려져 있었다. 그는 당시 쿵스홀멘의 절반을 소유하고 있었으며, 스웨덴 주재 아르헨티나 총영사로 임명되었다. 또한, 버섯을 그의 큰 취미로 여겼다. 스미트의 컬러판 기획 서적인 『스칸디나비아 최고의 식용 및 독성 곰팡이』는 1864년 서점에서 인기를 끌었다.

후원자 스미트와 열두 살 어린 알프레드 노벨은 공통점이 많았다. 둘 다 어린 시절 열악한 환경에서 자랐으며, 기질은 단순하고 겸손했다. 적어도 외적으로는 메달과 상에 관심이 없었다. 스웨덴 인물 사전에 기록된 빌헬름 스미트에 관한 묘사는 시간이 지나 알프레드 노벨에게도 딱 들어맞았을 것이다. 거칠고 내성적인 표면 뒤에는 따뜻한 마음과 깊은 배려심이 숨겨져 있었다. 침묵 속에서 그는 상당한 자선 활동을 했다.[308]

스미트와 베네르스트룀의 투자로 자금이 마련되었고, 10월 말 이전에 새로운 니트로글리세린 유한 회사가 공식적으로 설립되었다. 자본이 부족했던 알프레드 노벨은 자신의 특허를 기부했으며, 그 가치는 10만 릭스달러(오늘날 약 700만 크로나)로 평가되었다. 이 중 스미트와 베네르스트룀은 결국 3만 8,000릭스달러를 현금으로 지불하기로 약속했다. 알프레드는 나머지 금액을 62개의 주식으로 받았다. 스미트와 베네르스트룀은 추가로 2만 5,000릭스달러로 기부해 주식을 희석시키고 대부분을 함께 확보했다. 알프레드는 자신의 주식 절반을 아버지 임마누엘에게 기부하기로 결정했다. 이로 인해 스미트는 베네르스트룀보다 한 주 더 많이 보유하게 되어 새로운 회사의 최대 개인 주주가 되었다.

회사가 설립되기 전, 알프레드는 금과 녹색의 숲을 약속하는 사업 계획서를 작성했다. 그는 현재 스웨덴 암석 관리에 사용되는 모든 화약이 자신의 발파유로 완전히 대체될 것이라고 확신했다. 그의 이윤 예측은 비현실적이었고, 실제로 불과 몇 년 만에 30만 릭스달러에 달했다.[309] 노벨 가문의 모든 구성원은 아마도 자신이 연루된 이 큰일이 모두 재정 문제 해결의 기회일 수 있다고 생각했을 것이다. 아니면 단순히 투혼이었을까? 어쨌든 상황은 그렇게 간단하지 않았다.

11월 초, 로베르트 노벨은 함부르크 출장을 마친 후 스톡홀름으로 돌아와 램프유 수입에 관한 몇 가지 문제를 정리하려 했다.[310] 그는 갈라 의상을 입고 수도에 도착했다. 스웨덴-노르웨이 연합 50주년을 맞아 스톡홀름은 가스등으로 아름답게 장식되었다. 왕은 두 나라의 권위자들과 함께 리다르홀멘에서 잔치를 벌이고 있었다. 벵골의 불꽃이 타오르는 가운데 그들은 로스트 비프, 구스베리 페이스트리, 펀치를 각각 세 잔씩 제공받았다.[311]

며칠 전, 덴마크와 프로이센 간의 최종 평화 협정이 체결되었으며, 슐레스비히-홀슈타인은 마침내 덴마크에서 제외되었다. 전쟁에서 스웨덴의 지원이 없었던 것은 스칸디나비아 통일의 꿈이 좌절되었음을 알리는 신호였다. 스웨덴과 노르웨이의 연합만이 남았고, 이 연합은 반복되는 마찰로 인해 100주년을 넘기지 못했지만, 알프레드 노벨이 생애 동안 다른 국가 체제를 경험하지 못할 정도로는 오래 지속되었다.

이 모든 상황은 알프레드의 가족이 처한 상황과도 비슷했다. 니트로글리세린 회사의 첫 번째 연례 총회를 앞두고 임마누엘과 알프레드 사이에 격렬한 권력 다툼이 있었다. 이로 인해 로베르트는 갑작스럽게 새로운 지옥이 펼쳐진 상황으로 돌아간 듯했다. 형 로베르트는 화해하지 않으려는 전투원 사이에 끼어들어 중재를 시도해야 했다. 그 후 로베르트는 동생 루드빅에게 다음과 같은 편지를 보냈다.

나는 그 노인이 이사직에서 물러나도록 설득하기 위해 모든 능력을 다 바쳤다. 그의 문장력과 연설력이 부족하다는 점을 지적했고, 화학자로서의 무능함도 강조했다. 결국 그는 내가 옳았다는 것을 인정했고, 그 자리를 알프레드에게 양보하겠다고 약속했다.

아버지는 사직하면서 온몸을 떨고 계셨다. 그는 한 번 화를 내면 바위조차 춤추게 만들 수 있는 사람이었지만, 자신이 알프레드만큼 오래 버틸 자신은 없다고 느낀 듯했다. 그럼에도 나는 알프레드의 행동 방식을 별로 좋아하지 않는다. 그는 너무 화끈하고 독재적인 면이 있어, 언젠가 우리가 서로 원수가 될지도 모른다. 그렇다고 아버지에게 완전히 양보할 수도 없었다. 재정적인 면에서 그는 모든 좋은 것을 망쳐 버릴 위험이 있기 때문이다. 알프레드의 상황도 매우 어려운 것은 사실이지만, 가장 딱한 사람은 어머니였다. 그녀는 정의를 위해 알프레드를 변호해야 했고 그로 인해 아버지로부터 가능한 모든 불편을 감수해야 했기 때문이다.[312]

상황을 개선하려는 로베르트의 노력은 많은 주목을 받았다. 그의 램프 사업은 별로 신통치 않았다. 이제 계획은 헬싱키로 돌아가자마자 핀란드에서 점화 플러그가 있는 발파유에 대한 특허를 신청하고, 그곳에서 니트로글리세린 회사를 운영하는 것이었다. 한편 로베르트는 가족 간의 다툼을 조심스럽게 타협으로 이끌었다. 베네르스트룀 대위가 CEO로 임명되었고, 빌헬름 스미트가 이사회 의장을 맡게 되었으며, 알프레드 노벨은 이사회 정회원으로 이름을 올렸다. 임마누엘은 대의원 자리에 정착하게 되었다.

물론 이 모든 투자는 큰 도박이었다. 임마누엘 노벨은 여전히 다른 사람의 사망에 대한 책임을 묻는 혐의로 법적 논란에 휘말려 있었다. 반복되는 재판 과정에서 니트로글리세린에 대한 의혹은 점점 더 커졌다. 이러한 상황에서 니트로글리세린이 향후 전면 금지될 가능성도 배제할 수 없었다. 스톡홀름 경찰청은 이미 도시 안에서 모든 폭발물 생산을 중단하라는 명령을 내린 상태였다.

동시에 남쪽의 터널 발파 작업장, 티스크바가르베르겐의 샤프트, 전국 여러 광산으로부터 주문이 들어오고 있었다. 경찰청의 개입으로 인해 생산을 계속하려면 도시에서 멀어져야 했다. 노벨의 실험실에 남아 있던 장비들은 이제 동부 멜라렌 호수의 복홀름스운뎃(Bockholmssundet)에 정박된 바지선으로 옮겨졌다.[313]

모든 것은 여전히 불안정했고, 해결되지 않은 질문들이 많았다. 니트로글리세린은 실제로 얼마나 위험한 물질인가? 과학은 이에 대해 무엇을 말하고, 무엇을 증명할 수 있을까? 크리스마스 이전에 열린 마지막 법원 청문회에서 임마누엘 노벨은 발파유에 대한 과학적인 의견을 기술 연구소에 요청하자는 아이디어를 제시했다. 그는 그것이 모든 것을 결정할 거라고 생각했을 것이다. 하지만 결과가 어떻게 될지는 알 수 없었다.[314]

2018년 봄, 은퇴한 폭발물 화학자 라스-에릭 폴슨(Lars-Erik Paulsson)은 "알프레드 노벨이 몰랐던 니트로글리세린"이라는 흥미로운 주제로 강연을 진행했다. 나는 이 강연을 놓친 것을 뒤늦게 알게 되어 아쉬움을 느꼈다. 정말로 이 주제에 대한 궁금을 해소하고 싶었다.

우리는 몇 주 후, 칼스코가(Katlskoga) 외곽에 있는 보포스(Bofors)의 오래된 폭발물 공장 본사에서 만났다. 멋진 초여름 날, 맑고 푸른 하늘 아래 자작나무에서 가벼운 산들바람이 불어 역사적인 산업 풍경을 지나갔다. 이곳은 알프레드 노벨이 생애 마지막 2년 동안 머물렀던 곳이다. 그는 막대한 투자를 위해 대포 공장을 샀지만 그 과정에서 죽음을 맞이했다. 라스-에릭 폴슨에 따르면 알프레드는 니트로글리세린의 실제 문제를 이해하지 못한 채 무덤으로 갔다. 그 문제들은 최근 몇십 년이 지나서야 비로소 밝혀졌다.

오늘날 스웨덴에서 유일한 니트로글리세린 공장을 보유한 화약 제조업체인 유렌코 보포스(Eurenco Bofors)가 이 지역에 있다. 공장 관리자인 샤롯타 보스트롬(Charlotta Bostrom)은 현재 순수한 니트로글리세린은 철조망 안에서도 이동시킬 수 없다고 설명했다. 니트로글리세린은 그 위험성 때문에 수 킬로미터 떨어진 강화된 벙커에서 제조되며, 모든 작업은 두꺼운 철문과 콘크리트 벽 뒤에서 원격 조정된다. 1864년 당시 그들은 이 물질에 대해 너무 많은 것을 몰랐다.

갑자기 큰 폭발음이 들렸다. 심장이 두근거렸지만, 그것이 강가의 실험실에서 진행된 폭발물 시험 발사였다는 설명을 듣고 안도했다.

라스-에릭 폴슨 35년 동안 이 분야에서 일했다. 니트로글리세린은 그가 '폭발성 오일'의 비밀을 파악할 수 있게 해준 새로운 화학 측정 기기 덕분에 특별한 관심사가 되었다. 그는 알프레드 노벨의 무의식적인 오판을 설명해야 할 때 팔을 수평으로 유지하며 말했다. "실온에서는 1년 내내 아무 일 없이 니트로글리세린을 보관할 수 있다. 그러나 갑자기…" 라스-에릭이 팔을 급격히 위쪽으로 올리며 이어 말했다. "가속 분해과정이 한계를 넘고 곧 자발적인 발화가 일어날 수 있다."

그는 "알프레드 노벨의 시대에는 그것을 몰랐다. 70도의 더위에서는 단 며칠만에 폭발이 일어날 수 있다"고 설명했다.

이 갑작스러운 급속 분해는 니트로글리세린에 항상 존재하는 수분에 의해 점진적으로 축적된다. 수분이 천천히 분자를 분해해 반응하고 산화하면 열을 상승시키는 산이 방출된다. 그런 다음 아질산 가스가 형성되어 열을 증가시키고 새로운 가스를 생성하며, 마지막으로 자체 점화 폭발이 일어날 수 있다.

"니트로글리세린이 연기나 거품을 일으키기 시작하면, 그때는 위험하다. 발파유가 갇혀 있다면, 그것은 자유를 갈망할 것이다"라고 라스-에릭은 설명했다.

"양처럼 온순한 것이 늑대처럼 위험하게 변한다."

그러나 당시 알프레드 노벨은 니트로글리세린에 대해 알지 못했고, 알 수도 없었다.

*

임마누엘 노벨은 전문 지식을 얻고 싶었지만 1860년대 중반, 과학은 니트로글리세린의 폭발 위험과 관련해 제공할 수 있는 정보가 많지 않았다. 물론 이탈리아인 아스카니오 소브레로(Ascanio Sobrero)의 발견에 대한 구성 요소는 설명할 수 있었지만, 노벨은 이 물질을 유용한 폭발물로 변형하려는 개척자였다. 기술 연구소(Teknologiska institutet)가 결국 니트로글리세린의 특성에 대한 법적 의견을 모으기 위해 모였을 때 그 문서는 "아직 거의 연구되지 않은" 그리고 "지금까지 알려진 바에 따르면"이라는 표현으로 가득 차 있었다.

1860년대에 니트로글리세린에 관심을 두게 된 것은 폭발 기술자만이 아니었다. 일부 의사와 동종요법사(homeopater)들도 격렬한 두통을 유발하는 이 물질에 눈을 떴다. 원인도 치료할 수 있다는 논리를 따른 동종요법사들은 일찍이 두통 치료에 니트로글리세린을 이용했다. 일부 영국 의사와 약리학자도 가슴 통증에 니트로글리세린을 사용해 보았지만, 소브레로의 발파유가 항경련제로서 획기적인 발전을 이루기까지는 몇 년이 더 걸렸다.[315]

알프레드 노벨은 생애 마지막 몇 주 동안 심장 문제로 니트로글리세린 치료를 받았다. 그는 이를 두고 "운명의 아이러니"라고 말했다.[316]

1860년대 중반, 의학 연구는 많은 진전을 이루었다. 유기화학의 탄생, 즉 죽은 물질과 살아 있는 유기체를 화학적으로 연구하는 데 큰 차이가 없다는 인식은 그 발전에 크게 이바지했다. 인간의 화학적 과정을 진지하게 연구하려는 관심이 높아지면서, 추상적인 자연철학은 점차 구체적인 자연과학 실험으로 대체되었다. 새로 개발된 현미경이 큰 역할을 했다. 연구자들은 인간의 조직을 슬라이드 위에 올려놓고 그것을 꿰뚫어 볼 수 있을 정도로 얇게 자르는 법을 배웠다. 1830년대 현미경 덕분에 두 명의 독일 연구원은 모든 살아 있는 유기체가 생명의 가장 작은 구성 요소인 세포로 구성되어 있다는 사실을 확인할 수 있었다.

생리학자들, 즉, 인체의 작동 원리를 연구하는 과학자들의 수가 점점 늘어났다. 측정할 수 있는 모든 것이 측정되었고, 목표는 분명했다. 과학이 인간의 생리학을 더 잘 설명하면 비정상적인 질병을 치료하는 것도 더 쉬워질 것이다. 스웨덴은 노벨 가족에게 매우 극적인 해였던 1864년에 첫 생리학 교수를 배출했다. 19세기 후반, 이 학문이 높은 지위를 얻게 되면서 알프레드 노벨이 생리학 또는 의학 분야에서 가장 중요한 발견을 위해 상을 만든 이유를 설명할 수 있게 된다.

노벨상은 대부분의 사람이 생각하는 것처럼 의학 분야에만 한정되지 않는다. 알프레드 노벨은 생리학의 중요성을 처음으로 언급했다. 생리학자와 해부학자는 마치 푸른 목초지에서 활기차게 움직이는 소처럼 열정적으로 연구했다. 인간의 신체는 어떻게 작동하는가? 자세히 보니 어땠는가? 이들은 새로운 세포 이론에서 영감을 받아 이전에는 감히 접근할 수 없었던 영역으로 모험을 떠나 인간 뇌 조직을 현미경으로 정밀하게 조사하는 데 성공했다. 그러나 1865년 1월 임마누엘 노벨에게 일어난 일을 설명하기까지는 여전히 많은 단계가 남아 있었다. 무작위 임상 관찰이 진행되어 올바른 방향으로 생각이 이끌리기 시작했지만, 갈 길은 멀었다. 이러한 역사는 신화적인 사건들을 통해 서서히 발전했다. 1848년 9월, 미국의 철도 공사장에서 폭파 전문가 피니어스 게이지(Phineas Gage)는 작업 도중 사고로 쇠꼬챙이가 왼쪽 전두엽을 관통하는 중상을 입었다. 그는 살아남았지만, 의사들은 뇌 손상으로 인해 그의 성격이 바뀌었다고 기록했다. 게이지는 모든 억제력을 잃고, 거친 말을 사용하며, 돈을 낭비하고, 계획에 따라 행동하지 못하는 모습을 보였다. 이 사건은 당시 사람들에게 뇌의 전두엽 손상이 인간의 행동에 어떤 영향을 미칠 수 있는지에 대한 힌트를 주었다.

1860년대 초, 프랑스의 신경학자 폴 브로카(Paul Broca)는 중요한 통찰력을 제공했다. 그는 심각한 언어 장애를 겪는 환자를 만났는데, 그 환자는 "탄(tan)"이라는 단어만 반복할 수 있었다. 환자는 얼마 지나지 않아 사망했고, 브로카는 부검을 통해 환자의 왼쪽 전두엽에 뇌 손상이 있다는 것을 발견했다. 그는 여러 사례를 수집해 이 부위가 언어를 담당하는 뇌의 중심 영역임을 밝혀냈다. 오늘날 이 부위를 브로카 영역이라고 부른다.[317]

알프레드 노벨은 뇌의 다른 부분과 신체 기능 간의 연결이 얼마나 명확한지 곧 목격할 수 있었다.

*

1864년 크리스마스 무렵, 임마누엘과 알프레드 노벨은 다시 꽤 좋은 관계를 유지했다. 연례 총회가 완료되었고, 임마누엘은 자신의 대리인과 화해했다. 알프레드는 로베르트에게 보낸 크리스마스 편지에서 "노인은 정말 친절하고 오래된 것을 수리하기 위해 모든 것을 다합니다. 앞으로 더 이상의 충돌이 일어날 이유가 없다고 생각합니다"라고 썼다.

그런 다음 그는 안드리에타를 걱정하며 이렇게 말했다. "어머니는 약간 쇠약해지셨지만, 이 시기에 헬레네보리에서 지내는 것은 정말 끔찍하고, 그 외에도 여러 가지로 지루한 상황입니다."

알프레드 자신도 병에 걸려 지쳐 있었다. 당국은 계속해서 말다툼을 벌였다. 그들이 마련한 바지선은 니트로글리세린 생산의 영구적인 해결책으로 적합하지 않았고, 결국 도시에서 반 마일 떨어진 다른 장소를 찾아야 했다. 이에 대해 알프레드는 로베르트에게 다른 말로 하면 "친구들이여, 지옥으로 가라"라는 의미라고 하며 불만을 털어놓았다.[318]

크리스마스가 며칠 남지 않았다. 로베르트와 루드빅에게는 걱정할 가족이 있었다. 루드빅의 두 아들 엠마누엘과 칼(Carl)은 각각 다섯 살과 세 살이었고, 미나는 출산을 앞두고 있었다. 로베르트의 작은 아들 얄마르는 두 살 반이 되었고, 임신 중인 폴린은 다가올 봄에 출산을 앞두고 있었다.[319]

알프레드는 카르두안스마카르가탄(Karduansmakargatan)의 아파트에서 "영혼과 몸 모두에 건강을 주는 따뜻함" 속에 혼자 크리스마스를 보낼 생각이었다. 그에게는 건강을 걱정할 만한 일이 있었다. 얼마 동안 그는 염증이 생긴 눈으로 고통받았고, 그로 인해 일을 소홀히 할 수밖에 없었다. 그리고 그는 그것을 검사한 의사로부터 충격적인 결과를 통보받았다. 의사에 따르면 그를 괴롭히는 눈의 부종은 매독(den gamla Venus)의 재발로 인한 것이었다. "그는 나에게 수은과 친해져야 한다고 권했다. 이 모든 것이 매우 슬프다." 알프레드는 로베르트에게 편지를 썼다.[320]

안전을 위해 알프레드는 그 문장을 러시아어로 암호화했다. 그의 비밀스러운 암호를 해독한 결과 의사들이 그의 병을 매독으로 진단했음을 알 수 있었다. 당시 매독과 같은 만성 임질 등의 성병은 수은으로 치료했다. "사랑의 여신 비너스와의 하룻밤은 생명을 앗아갈 수도 있다"는 말이 유행하게 된 배경이기도 하다.

알프레드 노벨이 실제로 앓았는지는 아무도 모른다. 아마도 알프레드는 1854년 여름에 상트페테르부르크에서 죽을 뻔했다. 그가 "빛과 열선"으로 치료했다고 말한 것은 아마 성병과 관련이 있을 가능성이 있다. 매독은 공개적으로 이야기하기 힘든 수치스러운 질병이었다. 또한 조기 사망으로 이어지는 경우가 많았다. 그러나 이 질병은 이후 수십 년 동안 나타나지 않았다. 알려진 증상도 명확하지 않다. 알프레드는 곧 비극적인 사건의 중심에 서게 되었고, 그 때문에 다른 불안은 부수적인 문제로 여겨졌을 것이다.

그럼에도 그는 크리스마스 주말에도 자신을 괴롭히는 고민에서 벗어나지 못했다. 이는 의학 역사학자 닐스 우덴베리(Nils Uddenberg)가 "의사를 찾는 것이 가지 않는 것보다 더 위험했던 시기"라고 말한 시대적 맥락 속에서 일어난 일이었다.

모든 것이 어둡기만 한 것은 아니었다. 알프레드는 형제 로베르트에게 말하듯이, 삶의 걱정을 "곧 맑아질 하늘에 떠 있는 작은 구름"으로 보았다. 결국, 일이 사업과 함께 밝아지기 시작했다. 많은 사람이 관심을 가졌고, 주문도 들어왔다. 새해 이후에는 티스크바가르베르겐에서 새로운 테스트 폭발이 진행되었고, 로베르트는 핀란드에서 특허를 받았다. 알프레드는 다른 여러 국가에 회사를 설립하는 방안을 고려 중이었다. 특히, 노르웨이는 이미 준비를 마친 상태였다.[321]

미래에 대한 희망은 스웨덴 언론이 더 이상 부정적이지 않다는 사실에 힘을 받았다. 12월 중순, 『예테보리-포스텐(Göteborgs-Postens)』의 스톡홀름 특파원은 노벨과 관련된 당국의 움직임을 비판하는 기사를 썼다. 그는 다음과 같은 문장으로 글을 시작했다. "다른 무엇보다도 인류의 진보에 공헌한 새로운 발명품들, 심지어 아마도 대부분의 발명품이 고군분투하는 데 어려움을 겪고 있다는 사실, 그것은 이제 인간 경작 그 자체만큼이나 오래된 경험이다. 그리고 새로운 발견이 인정을 받기 위해 극복해야 하는 저항과 어려움이 전체 발견의 미래 가치를 올바르게 측정할 수 있는 척도라면 니트로글리세린의 발명은 역사상 실용적 인간 생활의 승리 중 가장 중요한 것이다."[322]

그 신문은 다른 많은 사람들처럼 니트로글리세린을 발명한 사람이 알프레드 노벨이 아니라 아스카니오 소브레로라는 작은 사실을 간과했다. 그러나 새로운 파트너에게 중요한 것은 그런 세부 사항이 아니었다. 중요한 것은 그 기사 어조가 증오가 아닌 찬사였다는 점이다.

빌헬름 스미트는 마침내 스톡홀름 서쪽의 빈터비켄(Vinterviken)에서 공장을 위한 훌륭하고 안전한 장소를 찾았다. 1865년 어느 날 그는 멜라렌 호수의 깊은 만 바닥에 위치하고 높은 산으로 둘러싸인 부지를 구입했다. 그는 이웃 사람들에게 논쟁의 여지가 있는 니트로글리세린 생산을 해당 부지에서 진행하는 것에 반대하지 않는다는 서약서를 작성하게 했다.[323]

사업을 시작하려면 시간이 좀 걸리겠지만, 구매는 여전히 새로운 시작처럼 느껴졌다. 새해 첫날, 티스크바가르베르겐에서 폭발이 발생했다. 이에 대한 신문의 보도는 뜻밖에도 긍정적이었다. 『아프톤블라뎃』은 암석 블래스터가 단 한 발의 발파유 효과에 얼마나 놀랐는지를 다뤘다. "엄청난 암석 덩어리가 몇 개의 큰 블록으로 나누어지며 부서지는 것을 보았다. 그러한 효과를 얻으려면 상당한 양의 화약이 필요할 것이다."

하지만 당시 임마누엘 노벨의 "손해배상에 대한 유혈 사태"에서 시작된 도매상 부르메스테르와의 해결 과정이 없었다면 모든 것은 다시 밝아 보였을 것이다. 부르메스테르는 알프레드에게 호의적인 도매업체가 아니었고, 알프레드는 그로 인해 걱정이 많았다. 그는 새로운 재정적 재난의 위협이 아버지를 얼마나 괴롭히는지 볼 수밖에 없었다.

알프레드 노벨은 아버지가 뇌졸중에 걸렸을 때 부르메스테르를 비난하기까지 했다. 의사는 동의하지 않았지만, 알프레드는 1865년 1월 6일 임마누엘 노벨의 뇌졸중이 부르메스테르의 무리한 보상 요구로 인한 스트레스와 관련이 있다고 확신했다.

알프레드에 따르면 임마누엘 노벨의 뇌졸중은 우반구의 출혈이나 폐색으로 "가벼운" 정도였지만, 왼쪽 몸 전체가 마비되었고 그 부분의 감각을 완전히 잃었다. 그는 침대에 묶여 있었고, 의사의 진단서에 따르면 오랜 시간 깨어 있는 데 어려움이 있었고, 복잡한 토론을 따라가는 데 문제가 있었다.

이후 합병증이 지속되어 피고인 임마누엘 노벨은 다시는 법정에 나타나지 못했다.[324]

알프레드 노벨은 1833년 10월 21일, 스톡홀름 노르란즈가탄(Norrlandsgatan) 9번지에 위치한 집에서 태어났다. 출생 및 세례 기록에 따르면 그는 태어난 지 이틀 만에 세례를 받았다. 이 집의 사진은 20세기 초에 촬영되었으며, 건물은 1937년에 철거되었다.

상트페테르부르크의 노벨 가족.
위: 1850년대 초에 그려진 임마누엘과 안드리에타의 초상화.
아래: 아들들의 스튜디오 사진은 1850년 가을에 촬영된 것으로 추정된다. 위쪽이 로베르트,
아래쪽이 루드빅, 왼쪽에는 아기 여동생 베티를 무릎에 앉힌 알프레드, 오른쪽은 에밀이다.

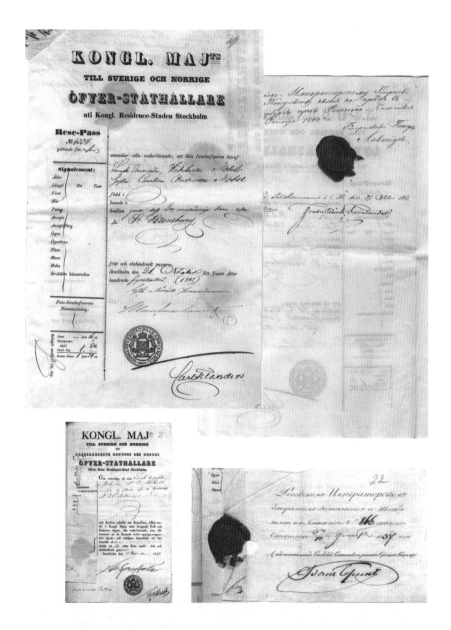

이 책을 집필하는 과정에서 두 가지 중요한 역사적 자료를 발견했다. 모스크바 러시아 보안국 역사 기록 보관소에서 노벨 가족의 스웨덴 여권이 놀라울 정도로 양호한 상태로 보존되어 있었다.
위: 1842년의 안드리에타, 루드빅, 알프레드의 여권.
아래: 1837년의 임마누엘 노벨의 여권.

위: 1842년 9월 2일, 상트페테르부르크 옥타(Ochta)강에서 기뢰 폭파 시연을 그린 임마누엘 노벨의 수채화. 미카일 파블로비치 대공과 차르 니콜라이 1세의 아들인 24세 알렉산더(후에 차르 알렉산더 2세)가 시연을 지켜보고 있다.
아래: 1850년대 초, 알프레드 노벨과 그의 형 루드빅.

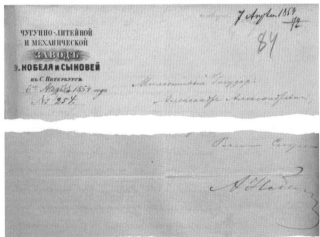

위: 알프레드 노벨은 상트페테르부르크에서 보낸 20년 동안 대부분을 스토라 네브카의 부두의 이 집에서 살았다. 현재 주소는 페트로그라드스카야 나베르예즈나야(Petrogradskaja naberezjnaja) 20번지이지만, 이 건물은 제2차 세계대전 중에 철거되었다.
아래: 러시아 기록 보관소에는 1854년 크림 전쟁 당시 알프레드 노벨이 러시아 당국에 보낸 편지가 보관되어 있다.

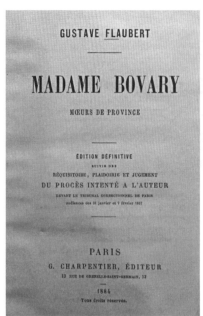

알프레드 노벨은 젊은 시절 이미 많은 책을 읽었으며, 푸시킨 작품을 러시아어로 읽고 여백에 스웨덴어로 번역해 두었다. 그는 귀스타브 플로베르의 논란이 된 소설 『마담 보바리』를 출판된 지 30년이 지난 1880년대에야 읽었다. 책을 읽을 때는 특히 마음에 드는 부분을 표시해 두었다.

18세 알프레드 노벨.

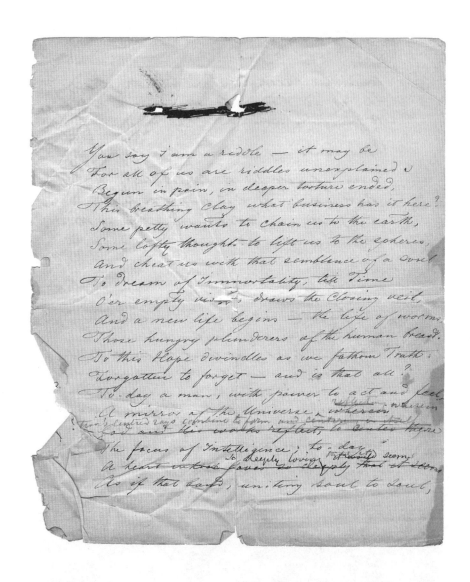

You say I am a riddle — it may be
For all of us are riddles unexplained.
Begun in pain, in deeper torture ended,
This breathing Clay what business has it here?
Some petty wants to chain us to the earth,
Some lofty thought to lift us to the spheres,
And cheat us with that semblance of a soul
To dream of Immortality, till Time
O'er empty visions draws the Closing veil,
And a new life begins — the life of worms,
Those hungry plunderers of the human breast.
To this Hope dwindles as we fathom Truth:
Forgotten to forget — and is that all?
To-day a man, with power to act and feel,
A mirror of the Universe, wherein
two centred rays combine to form and centre in itself
God and His works reflect, to centre there
The focus of Intelligence; to-day,
A heart so deeply loving it would seem
As if that hand, uniting soul to Soul,

알프레드 노벨은 작가의 꿈을 꾸었으며, 10대 때 이미 집에서 시를 썼다. 그의 시 「수수께끼」는 스톡홀름의 국립 기록 보관소에서 여러 가지 버전으로 확인할 수 있다. 한 원고에서 그는 프랑스어로 "1851년에 내가 쓴 시"라고 언급했다.

알프레드 노벨은 만화 드라마 「특허 세균(The Patent Bacillus)」에서 1890년대의 어려운 특허 과정을 소재로 글을 쓰기 시작했다.

위: 임마누엘 노벨은 상트페테르부르크에서 생애 마지막 몇 년을 동료들과 함께 보냈다. 왼쪽 아래에는 아들 루드빅과 알프레드 노벨이 있으며, 로베르트는 뒷줄 오른쪽 끝에서 두 번째에 자리 하고 있다.
아래: 알프레드 노벨의 여행 상자.

알프레드 노벨의 열 살 아래 남동생 에밀은 1864년의 헬레네보리 폭발 사고로 20세의 나이에 사망했다. 헬레네보리 광석장은 1900년경에 등장했다.

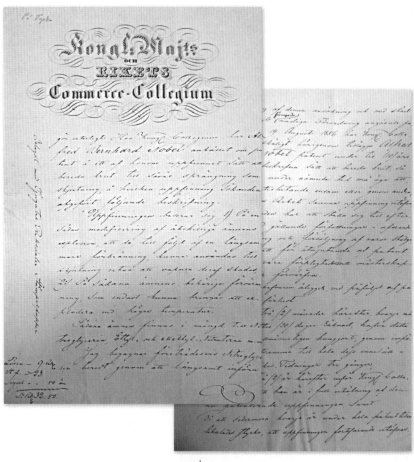

위: 1863년 10월, 알프레드 노벨은 니트로글리세린과 화약 혼합물에 대한 특허를 획득했다. 이는 그가 막 30세가 되던 해였으며, 그의 첫 번째 스웨덴 특허였다.
아래: 당시 니트로글리세린 생산 개요.

19세기에는 니트로글리세린의 특성이 충분히 밝혀지지 않아, 그 위험성을 예측하는 것이 거의
불가능했다. 헬레네보리 폭발 사고로 총 6명이 목숨을 잃었으며, 이 사건은 알프레드 노벨의 미국
진출에도 큰 타격을 주었다. 1866년 가을, 그는 함부르크 외곽 크륌멜에서 보다 안전한 다이너
마이트를 발명하고, 실험과 관련된 내용을 로베르트에게 편지로 전했다.

다양한 분야에서 활동한 미국인 발명가 탈리아페로 프레스톤 샤프너는 알프레드 노벨이 꾸준히 관심을 가졌던 인물이었다.

1860년대 말, 알프레드 노벨은 프랑스 공학자 폴 바르베(Paul Barbe)를 알게 되었다. 바르베의 열정과 뛰어난 사업 감각은 다이너마이트 개발에 크게 기여했으며, 두 사람은 1890년 바르베가 사망할 때까지 긴밀한 협력을 이어갔다.

알프레드 노벨이 1860년대에 니트로글리세린 공장을 건설한 크륌멜의 감독 별장(왼쪽)과, 수년 동안 알프레드 노벨과 함께 일하며 그의 가장 가까운 친구 중 한 명이었던 화학자이자 폭발물 엔지니어인 알라릭 리드벡(오른쪽). 또한 리드벡이 건설한 아르디어(Ardeer)의 공장(아래).

9장
모든 곳에서 폭발음이 들린다

알프레드는 형들에게 임마누엘의 뇌졸중 소식을 알리기 전, 일주일을 기다렸다. 그는 임마누엘이 마비에서 회복되어 모든 것이 다시 좋아졌다고 형들에게 확신시키고 싶었다. 그러나 임마누엘은 일어나지 못했다. 정신 능력은 점차 회복되었지만, 그는 침대에서 벗어나지 못했고, 도움 없이는 움직일 수 없었다. 뇌졸중 발생 한 달 후, 그는 설사와 심한 장출혈 등 새로운 위기를 겪었다. 안드리에타는 임마누엘이 너무 약해져 최악의 상황이 올까 두려워했으며, 부부는 상호 유언장을 작성했다.

임마누엘의 24시간 진료에 드는 막대한 비용은 끝없는 손해배상 청구에 더해졌다. 임마누엘은 일할 능력을 상실했고, 스웨덴과 러시아에서 모두 연금 신청을 거절당했다. 그는 가진 것이 하나도 없었고, 여전히 재판을 받고 있었다. 그 후 몇 달 동안, 노벨 가족의 절망은 커져만 갔다.

상트페테르부르크에서 루드빅은 여전히 할 일이 없었다. 그는 부모를 돕기 위해 이미 한 번 빚을 졌기에 새로운 주문이 없다면 더 이상 할 수 있는 일이 없었다. 그가 쓴 것처럼 그는 "눈먼자들의 풍요로움"을 가지고 있었다. 로베르트는 핀란드에 니트로글리세린 공장을 건설할 계획을 세우고 있었지만 더는 진행할 수 없었다. 모든 희망은 알프레드에게 달려 있었다.

스톡홀름에 있는 가족들은 1월 말에 루드빅과 미나가 딸을 낳았다는 사실을 거의 알지 못했다. 그 정도로 위기가 심각한 상황이었다.[325]

불행히도 알프레드는 발파유 생산 관련 문제를 겪었다. 혼란은 멜라렌 동부의 바지선에서 발생했다. 일상적인 작업은 스미트가 고용한 엔지니어 라츠만(TH Rathsman)이 관리했으며, 26세의 라츠만은 바지선에서 최선을 다했다. 그러나 새해가 시작된 지 몇 주 만에 스톡홀름 지역 전체가 심한 감기로 마비되었고, 라츠만은 일일 보고서에서 산이 얼어 얼음으로 변했으며, 글리세린이 "죽처럼 걸쭉"해졌다고 설명했다. 알프레드는 물건이 제대로 작동하지 않는다는 것을 깨달았다. 니트로글리세린에 대한 수요는 여전히 많았고, 고객들은 참을성이 없었다. 성공하려면 빈터비켄(Vinterviken)에서 새로 구입한 부지에 공장을 빨리 건설해야 했다.[326]

그 시점에서 알프레드는 완전히 금융가의 손에 맡겨져 있었다. 그러나 그 상황은 결코 편하지 않았다. 그는 돈이 부족했고 자신의 회사에 대한 통제력도 부족했다. 스웨덴 특허의 대가로 니트로글리세린 회사로부터 거액의 현금을 약속받았지만, 본격적인 판매가 시작될 때까지 그 돈을 지불받지 못하는 조건이었다. 그래야만 재고가 쌓이는 위험을 피할 수 있었기 때문이다.

베네르스트룀과 스미트는 회사에 대한 그들의 기여가 노벨 가족보다 더 크다고 생각한다는 사실을 숨기지 않았다. 그런 태도는 결국 주주들 사이에서 갈등을 일으켰다. 특히, 1865년 초 알프레드의 실질적인 수입원인 노르웨이에 대한 특허 판매를 주선한 사람은 베네르스트룀 대위였다. 이 사실은 알프레드가 자신의 발명으로 시작된 회사에서 주식이나 영향력을 전혀 신경 쓰지 않고 행사한 유일한 사건이라는 점에서 당시 상황을 말해준다. 그는 오랫동안 기다려 온 1만 릭스달러를 모두 현금으로 받았다.

해결해야 할 문제가 많았다. 가장 시급한 일은 임마누엘의 일부 부채를 해결하는 것이었다. 최소한 몇 달 동안 부모의 생계를 보장해야 했다. 안도한 알프레드는 형제들에게 아버지가 마침내 다소 차분해졌다는 편지를 보낼 수 있었다.

알프레드는 노르웨이에서 받은 돈의 거의 절반을 자신을 위해 보관했다. 계획은 점차 확고해졌고, 그는 해외로 떠날 준비를 했다. 그는 더 많은 국가에 특허를 신청하고, 돈과 소유권이나 영향력에 관심 있는 회사에 이를 판매할 계획이었다. 그가 옳다면 대륙의 철도 확장이 급속히 진행됨에 따라 가족이 필요로 했던 자금이 금고로 꾸준히 유입될 것이다. 기회는 그 이상이었다. 해외 광산 소유주들도 그의 새로운 폭발 기술에 대해 최소한 스웨덴 동료들만큼이나 열광할 것임이 분명했다.

빨리 가야 했지만 쉽지는 않을 것이다. 그에게는 몇천 릭스달러가 있었지만, 계획대로 대륙에 공장을 짓게 되면 돈은 금방 소진될 것이었다. 게다가 신용도는 의심스러웠다. 그가 로베르트에게 편지를 썼듯이 스웨덴에서 돈을 빌리는 것은 일반적인 상황에서 "북두칠성을 따기보다 어렵다"[327]고 느꼈다. 알프레드는 한 가지를 분명히 했다. 이번에는 수염을 만지작거리며 중얼거리지 않을 생각이었다. 그는 기본적으로 모든 마케팅이 "사기"라고 생각했지만, 이번에는 발명품을 위해 열심히 노력할 것이다.

알프레드는 스웨덴에서 발파유를 가지고 여행하는 동안 테오도르(Theodor)와 빌헬름 윙클러(Wilhelm Winckler) 형제를 만났다. 이 형제들은 오랫동안 함부르크에 살았으며 서부 해안에 채석장을 소유한 건축 자재 거래 회사를 운영하고 있었다. 윙클러 형제는 알프레드에게 그곳에서 자신의 행운을 시험해 보라고 제안하며 도와주겠다고 약속했다. 임마누엘은 윙클러를 피상적으로 알고 있었고, 그들을 좋은 사람들로 생각했다고 말했다.

함부르크는 유럽에서 가장 활기찬 무역 도시 중 하나로, 전 세계 수백 개 나라와의 무역을 위해 개방되어 있었다. 중부 유럽 전역으로 수로와 철도가 운행되었다. 알프레드는 국제적 확장을 고려할 때 함부르크가 스톡홀름보다 훨씬 더 완벽한 장소라고 생각했다.[328]

*

유럽 대륙은 1815년 비엔나 회의에서 창설된 국제 안보 질서에 의해 여전히 비교적 평화로운 상태를 유지하고 있었다. 크림 전쟁이 질서를 상당히 뒤흔들었지만, 다행히도 대륙의 모든 강대국이 전투에 참여하지는 않았다. 대부분의 사람은 최근에 체결된 덴마크-프로이센 간의 전력 증강이 기본적인 질서를 심각하게 뒤흔들기에는 너무 미미하다고 여겼을 것이다.

그들은 오토 폰 비스마르크(Otto von Bismarck)를 알지 못했다.

나폴레옹 이후 평화 회담은 유럽에서 새로운 전쟁 세력의 출현을 방지하려는 야심에 의해 주도되었다. 그 방법은 권력 균형과 집단 안전을 중심으로 했으며, 비엔나의 협상가들은 패자인 프랑스를 너무 가혹하게 처벌하지 않기로 했다. 이는 복수심으로 모든 나라를 패자로 만드는 상황을 피하려는 의도였다. 국경은 원칙적으로 정복 전쟁 이전의 상태를 인정했다. 프랑크 왕국 주변에서 중립적인 국가에 대한 보호 고리가 형성되고 강화되었다.

독일 국가들은 또 다른 딜레마였다. 독일은 너무 강해지거나 너무 약해져서는 안 되었다. 1815년 비엔나의 해결책은 우아했다. 많은 사람이 기대했던 것처럼 독일은 새로운 통합 국가로 탄생하지 않았다. 대신에 독일 연방이라는 느슨한 독립적 독일 국가 연합이 형성되었다. 이 연합에는 프로이센과 오스트리아 외에도 함부르크와 같이 작은 30개의 "독립적 한자 도시"가 포함되었다. 이 아이디어로 오스트리아와 프로이센이라는 두 대국은 공통의 관심 영역에서 균형을 이루게 되었다. 그러나 공통된 군대와 같이 국가 형성을 특징짓는 대부분의 요소가 존재하지 않았다.

이 구조는 성공적이었다. 헨리 키신저(Henry Kissinger)는 그의 책 『외교(Diplomacy)』(1994)에서 독일 연방이 "프랑스의 공격을 받기에는 너무 강했지만, 이웃을 위협하기에는 너무 약하고 분권화되어 있었다"고 서술했다. 키신저는 비엔나 회담에서의 외교적 섬세함에 큰 감탄을 표했다. 그는 승전국이 1918년 베르사유 조약에서처럼 지혜롭게 행동했다면 아마도 제2차 세계대전은 일어나지 않았을 것이라고 지적했다.

프로이센과 오스트리아는 오랫동안 협력적인 관계를 유지했으나, 지난 10년 동안 그들의 관계는 불안정해지기 시작했다. 프로이센의 경제는 오스트리아에서는 볼 수 없을 만큼 빠르게 성장하며 힘의 균형을 변화시켰다. 오스트리아의 지도력은 흔들리기 시작했고, 프로이센군은 점점 더 강력한 주장을 펼쳤다.

프로이센의 수상 오토 폰 비스마르크도 그들 중 하나였다. 그는 1850년대에 젊은 외교관으로서 이미 자신의 위치를 확고히 했다. 비스마르크는 독일 연방 평의회의 첫 임기 동안 오스트리아의 의장만이 심의 중에 시가를 피울 권리가 있다는 불문율을 깨면서 프로이센의 지위를 오스트리아와 동등하게 만들었다. 이 시가 사건은 결국 결투로 끝났다.

1865년 봄, 오토 폰 비스마르크는 50세가 되었다. 그는 3년 전에 프로이센 왕 빌헬름 1세의 총리로 임명되었으며 이미 전설적인 인물이 되었다. 비스마르크는 얼굴에 바다코끼리 콧수염을 길렀고 높은 헤어라인을 가진 키가 큰 남자였다. 그는 에너지가 넘쳤고, 낮은 자리에 앉지 않았다. 때로는 사람들이 숨을 쉴 수 없을 정도로 엄격했으나, 일부는 그의 유머 감각을 칭찬하기도 했다. 그러나 그는 차갑고 무자비한 태도로 더욱 유명했다.

처음부터 비스마르크는 자신과 프로이센의 목표를 분명히 했다. 그는 다른 많은 사람들처럼 통일된 독일 왕국을 원했지만, 오스트리아는 제외하고자 했다. 비스마르크는 1853년 편지에서 "오스트리아가 자신의 주장을 유지하는 한 우리 모두를 위한 자리는 없다. 장기적으로 보면 우리는 공존할 수 없다"고 썼다.[329]

프로이센 총리에게 국제정치는 정치적 가치나 원칙과는 거리가 먼 권력과 이기심의 게임이었다. 그는 종종 자신의 행동이 가져올 결과를 게임의 관점에서 분석했다. "내가 이 카드를 사용하면 어떤 일이 벌어질까? 그러면 상대방은 어떻게 대응할까?"

비스마르크의 세계에서 전쟁은 여러 가지 가능한 게임 중 하나였으며, 동시에 최고의 게임이었다. 그는 비엔나 조약의 평화 정신을 조롱하는 듯한 태도에 신경 쓰지 않았다. 수상으로서의 유명한 첫 연설에서 그는 이렇게 말했다. "프로이센은 이미 여러 번 왔다가 사라진 유리한 기회를 위해 힘을 길러야 하고 이를 유지해야 합니다. 비엔나 조약에 따른 국경은 국가의 건전한 존재를 촉진하지 못했습니다. 오늘날 중요한 문제는 연설과 다수결로 해결되지 않습니다. […] 그것들은 피와 철로 결정될 것입니다."[330]

덴마크에 대한 선전포고는 전형적인 비스마르크식 전략으로 평가된다. 일부 역사가들은 처음부터 지나치게 대담한 첫 번째 단계로 보았지만, 이 움직임은 비스마르크의 3단계 계획의 시작점이었다. 비스마르크는 기회가 왔을 때 과감히 행동하고, 이후 결과가 유리하게 흐르기를 기대하는 스타일로 유명했다. 덴마크 전쟁을 통해 그는 오스트리아와의 분쟁을 유발하고, 이를 바탕으로 두 번째 단계의 행동을 정당화하려 했다. 그의 궁극적인 목표는 오스트리아의 개입 없이 통일된 독일 국가를 건설하는 것이었다.

비스마르크의 게임 계획에서 문제가 된 부분은 덴마크에서 획득한 슐레스비히(Schleswig), 홀슈타인(Holstein), 라우엔부르크(Lauenburg) 공국의 권력 분배 문제였다. 1865년 봄, 알프레드 노벨이 스톡홀름을 떠났을 때, 프로이센과 오스트리아 사이의 긴장은 이미 극에 달했다. 비스마르크는 자신이 계획하고 있던 전쟁을 정당화하기 위해 오스트리아가 명백히 실수하기를 기다리고 있었다.

알프레드 노벨은 이 소용돌이 속에서 처음에는 프로이센에서 독립된 함부르크의 방관자 자격으로 자리하게 되었다. 그동안 그는 발명가이자 기업가로서 비스마르크의 전쟁 계획에 큰 관심을 두지 않았다. 발파유가 무기를 파괴하는 성질이 있어 전쟁 산업에 적합하지 않다고 판단했기 때문이다. 그의 주요 관심사는 암석 폭파자들, 즉 건설업자와 광산업자들만을 고객으로 삼는 것이었다.

하지만 비스마르크의 세 번째 단계가 진행되면서, 프로이센 군대는 자연스럽게 스웨덴의 창의적인 폭발물 발명품에 관심을 갖게 되었다. 전쟁이 끝날 때쯤, 유럽에는 균형을 위한 세력이 거의 남지 않았다.

1865년 3월 초, 알프레드는 "철마(järnhästen)"라는 기차를 타고 얼어붙은 스웨덴을 가로질렀다. 그는 오스카 왕자가 참석한 티스크바가르베르겐에서의 폭발 시연에서 특히 성공적인 순간을 놓쳤다. 한 신문은 "산이 솟아오르는 듯한 엄청난 돌무더기가 풀려나와 극적인 효과를 만들어 내며 주위를 휩쓸었다. 수많은 관중으로부터 경악의 외침이 터져 나왔다"고 보도했다. 이 신문은 "거대한 돌덩이가 깃털처럼 가볍게 튀어 올랐다"고 묘사하며 "발명가와 독일 제조 회사에 이 놀랍도록 강력한 기술 개발을 축하한다"고 썼다.[331]

스웨덴을 통과하는 여정은 알프레드 노벨에게 큰 시련이었다. 알프레드 노벨은 기차 멀미로 객차가 흔들릴 때마다 메스꺼움을 느끼곤 했다. 게다가 코펜하겐에서 4일 동안 이어진 눈보라는 얼어붙은 그레이트 벨트를 가로지르는 배를 찾는 것을 거의 불가능하게 만들었다. "일곱 번의 슬픔과 여덟 번의 고통"끝에 그는 마침내 함부르크에 도착했다. 노벨은 빈넨-알스테르(Binnen-alster) 호수를 볼 수 있는 비교적 새로 지어진 빅토리아 호텔(Hotel Victoria)에 투숙했다.[332]

함부르크는 겉보기에는 국제적인 대도시처럼 보이지 않았을 수도 있다. 인구도 빈약한 스톡홀름의 두 배에 불과했지만, 노벨에게 이곳으로의 이사는 세계로 도약하는 계기가 되었다. 함부르크는 유럽에서 두 번째로 큰 항구 도시로, 대부분 사람이 꿈꾸기만 했던 먼 목적지에서 온 무역선들이 몰려들었다. 하루는 호주에서, 다음 날은 희망봉, 콜카타, 중국에서 배가 도착했다. 다양한 무역 식민지에서 온 이국적인 상품들이 하역되었는데, 코코넛, 목화, 코코아, 열대 과일 등이 포함되었다.

알프레드는 유럽의 비정상적으로 현대적인 도시에 도착했다. 1842년의 대규모 화재로 시청과 여러 교회를 포함해 함부르크 중심부의 많은 부분이 폐허가 되었고, 그중 일부는 재건이 필요했다. 사실상 새로운 중심지를 건설해야 하는 상황이었다. 건축가들은 이를 기회로 삼아 함부르크의 좁고 구불구불한 중세 골목을 넓고 밝은 현대적인 거리와 열린 공간으로 대체했다.

가장 눈에 띄는 변화는 현재 함부르크의 산책로로 유명한 빈넨-알스테르 주변 부두의 모습이었다. 이곳에는 아름다운 베네치아풍 아치가 돋보이는 새로운 알스터 아케이드(Alster-arkaden)가 들어섰다. 퍼레이드 거리인 융페른스티에그(Jungfernstieg)도 신고전주의 양식의 우아한 궁전이 늘어서면서 달라졌다. 이곳에는 호텔, 레스토랑, 고급 상점들이 자리 잡았다. 이 시기에 함부르크를 자주 방문했던 스웨덴 작가 클라스 룬딘(Claës Lundin)은 "중요한 부인들은 두꺼운 금목걸이를 하고 자랑스런 얼굴로 그곳을 걸었다"라고 말했다.

룬딘은 함부르크의 "활기찬 상인 생활"에도 깊은 인상을 받았다. "당신은 증권 거래소에 가본 적이 있습니까?" 이것이 1920년대 중반, 햄버거가 낯설었던 사람에게 던진 첫 번째 질문이었다. 또 다른 사람은 "우리 하수도 시스템에 대해 알고 있습니까?"라고 묻기도 했다.[333]

빌헬름(Wilhelm)과 테오도르 윙클러(Theodor Winckler) 형제는 융페른스티에그에서 도보로 불과 몇 분 거리에 사무실을 두고 있었다. 그들은 대화재 이후에도 보존된 몇 안 되는 건물 중 하나인 베리스트라세(Bergstrasse) 10번지의 5층 석조 건물에서 살았다. 알프레드는 "윙클러 회사(Winckler & Co)"에 사무실을 얻었고 그곳에서 본격적으로 업무를 시작했다. 형제들이 그가 회사를 등록하기 전에 화학물질을 주문해야 하는 경우가 생기면 그를 도와주겠다고 약속하면서 작업은 빠른 속도로 진행되었다. 이 시기에 오스트리아, 벨기에, 스페인, 프랑스, 영국, 심지어 미국까지 여러 국가로 특허 출원서가 발송되었다.[334]

알프레드 노벨은 4월에 함부르크에서 외국인을 위한 무역 허가를 받아 독일에서 암석 발파기의 제작을 시작할 수 있었다. 삭소니(Saxony)의 구리 광산에서 첫 번째 시험 폭발을 성공적으로 마친 후, 만족한 알프레드는 스미트에게 편지를 보내 발파유가 모든 기대치를 초과했다고 말했다. 그는 편지에서 "독일 신사들은 처음에는 군인처럼 뻣뻣했지만 나중에는 왁스처럼 부드러웠다"라고 말했다.[335] 그다음에는 함부르크 외곽의 벽돌 공장에 대한 호평이 신문에 실렸다. 『함부르거 나흐리츠텐(Hamburger Nachrichten)』은 미스터 노벨의 "무해한" 발파유의 뛰어난 효과를 소개하며, 그것이 "위대한 미래"를 가질 잠재력을 지녔다고 밝혔다.[336]

주문은 들어왔으나 입금이 지연되면서 재정 상황은 점점 악화되었다. 호텔 요금이 부담스러워지자, 알프레드는 좀 더 저렴한 숙소를 찾아 봄에 그로세 테아트레스트라세(Grosse Theatrestrasse)에 있는 한 피아노 제조업자 집에서 방을 빌렸다.

알프레드는 윙클러 형제, 특히 테오도르와의 협업을 좋아했다. 그는 형 로베르트에게 편지를 보내 이렇게 말했다. "훌륭한 녀석입니다. 아버지가 첫눈에 얼마나 옳게 판단했는지 정말 놀랍습니다." 그러나 문제는 윙클러도 자금 부족에 시달리고 있었다는 점이었다. 알프레드가 적극적으로 마케팅을 시작했지만, 상황은 점점 더 급박해졌다. 그는 스웨덴 니트로글리세린 유한 회사의 모든 지분을 담보로 제공해야 했고 예산 범위 안에서 안전하고 좋은 공장 부지를 찾는 데 어려움을 겪었다.[337] 베리스트라세 10번지는 너무 도심에 위치해 공장 부지로는 적합하지 않았다.

윙클러는 임시 해결책을 제시했다. 항구 주변에 몇 개의 창고가 있었고, 근처에 주택이 없어 상대적으로 적합한 장소였다. 알프레드는 나무 창고 중 하나를 임대했다. 또한 윙클러는 그의 일꾼 몇 명을 제공했다. 첫 번째 재료가 도착하자마자 그는 비밀리에 니트로글리세린 생산을 시작했다. 비록 허가 신청은 거절당했지만, 알프레드는 이미 생산을 한창 진행 중이었다. 곧 그는 하루에 거의 100킬로그램의 발파유를 제조할 수 있게 되었다. 그러나 낙관적이었던 테오도르 윙클러의 주장과 달리 매출은 예상보다 부진했다.[338]

스톡홀름에서 들려오는 소식은 재정적으로 전혀 안심할 만한 내용이 아니었다. 낡은 마구간을 개조한 빈터비켄의 공장은 가구가 비치되고 준비가 끝난 상태였지만, 생산은 매우 느리게 진행되고 있었다. 임마누엘의 상태는 어느 정도 나아졌지만 여전히 혼자 서거나 걷지는 못했으며, 다른 사람의 도움 없이는 침대에서 움직일 수도 없었다. 허리 통증으로 몸을 웅크리고 있던 안드리에타는 그해 봄, 함부르크에 보낸 편지에서 자신의 불안을 전했다. "오스트리아에서는 어떻게 지내고 있니? 할 일이 끝났니? 질문해서 미안하지만, 나는 곧 고갈될 돈이 걱정된다. 아직 미국에서 특허를 안 받았니?"[339]

알프레드는 스트레스를 받고 있었다. 안드리에타의 재촉하는 듯한 태도는 그를 실망스럽게 만들었다. 그는 스톡홀름에 있는 로베르트에게 편지를 보내 부모님의 재정 상황이 매우 어려우니 자신의 주식을 담보로 스미트 영사에게 대출을 요청해 줄 수 있는지 물었다. 로베르트는 동생이 윙클러와 함께 폭발 실험에 열중하고 있다고 전하며 부모를 안심시켰다. "독일이 마침내 관심을 가지려는 것 같다." 시간이 조금 걸렸다. 알프레드는 수치스럽게도 만약의 사고에 대비해 자신의 임시 '공장'에 대해 30만 릭스달러의 보상 보증을 제출해야 했다고 고백했다. 공장을 지을 여력이 없었고, 독일에서는 공간과 건물이 비싸서 많은 자금이 필요했다. 그러나 나는 아버지가 나를 무능력한 사람으로 여기거나, 그가 필요할 때 돈 없이 곤경에 처하게 되는 것을 원하지 않는다.[340]

필사적인 상황에 처한 알프레드는 로베르트에게 높은 이율로 1만 릭스달러를 빌려줄 수 있는 사람을 알고 있는지 물어봤다(그는 당시 흔히 쓰이던 반유대적 표현인 "유대인 이율"이란 단어를 사용했다). 또한 자신의 발명품 지분을 공개하고 아버지의 권리를 실현하는 방안을 고려했지만, 그 자산이 아버지의 채권자들에게만 돌아갈까 두려워 주저하고 있음을 형에게 털어놓았다. "잠시 후 그의 편지를 읽는 것은 거의 고통스럽다." 당시 32세였던 알프레드 노벨은 인정받고자 하는 갈망으로 가득 차 있었으며, 고향에서의 따뜻한 격려와 함께 "알프레드, 우리는 네가 최선을 다하고 있다는 것을 알고 있어"라는 사랑 어린 말을 간절히 바라고 있었다.

2주 후, 어머니 안드리에타에게서 편지가 도착했다. "나는 할 말이 없다. 돈, 즉 내 마지막 돈이 곧 바닥이 난다."[341]

예상치 못한 공격으로 가정은 최악의 상황에 처했고, 이후 상황은 더 이상 나아지지 않았다. 스톡홀름의 건축업자인 아우구스트 엠마누엘 루드베리(August Emanuel Rudberg)는 니트로글리세린을 폭발시키는 새로운 방식으로 특허를 신청했다. 그의 아이디어는 시추공 입구에서 니트로글리세린을 충전한 발사체를 쏘는 것이었다.

알프레드는 처음에 그의 특허를 인정하지 않았다. 물론 빈말이었지만, 그는 편지에서 "그럼에도 그 아이디어는 매우 독창적이며 나는 그것에 대해 존경심을 가지고 있습니다"라고 적었다. 알프레드는 자신의 특허가 폭발 충격을 발생시켜 니트로글리세린을 폭발시키는 거의 모든 방법에 적용된다는 사실을 알고 있었다. 그때까지 알프레드는 화약을 채운 특별한 점화장치 또는 총모자(knallhatt)를 사용하고 있었지만, 특허에서는 다른 해결책도 다루고 있었다.

알프레드는 루드베리가 자신의 아이디어를 도용하려는 건방진 시도를 비꼬았다. "내가 외국 소설의 구두점을 '개선'한 후 내 이름으로, 내 이익을 위해 출판하면 사람들은 어떻게 생각할까요? 그것이 칭찬받을 만한 일일까요?"[342]

얼마 후 스웨덴 상공회의소가 예상치 못하게 루드베리의 특허를 승인하자 상황은 달라졌다. 알프레드는 당황했고, 결국 상담을 받은 후 함부르크에서 판매를 시작하기 전까지 스웨덴으로 돌아가지 않기로 결정했다. 그의 어깨에는 가족의 미래가 걸려 있었고, 그는 "현재 사업이 자금을 마련해 주지 않으면 우리는 내일 어디서 자금을 구할 수 있을까요?"라고 말할 정도로 절박한 상황에 처해 있었다. 이제 그들은 특허 침해로 루드베리를 고소할 수밖에 없었다.

알프레드는 우편으로 경쟁사의 특허 사본을 받았다. 이를 검토한 후, 그는 무지한 판사가 이 사안을 쉽게 간과할 수도 있다는 사실을 깨달았다. 그는 고민에 빠졌다. 집에 머물며 특허를 방어할 것인지, 아니면 여행하면서 해결할 것인지. 함부르크의 상황을 보면, 몇 달 안에 가족의 재정적 어려움은 해결될 것 같았다. 하지만 그때까지 특허 소송은 계속될 가능성이 컸다. "집에 가고 싶지만, 그럴 수 없다. 그러면 모두 파산할 것이다. 정의로운 판사가 없고, 사람들은 비웃을 것이다."

그는 당나귀라도 자신이 옳았다는 것을 알아차릴 수 있다고 생각했다. 그러나 스톡홀름에서는 어떤 일이든지 일어날 수 있다는 불안감이 그를 사로잡았다. 분노가 치밀어 오른 그는 이렇게 썼다. "만약 그 소송에서 패소한다면, 그것은 우리 소중한 스웨덴에서만 일어날 수 있는 부당한 일이다. 변호사들은 건초를 먹어야 하고, 특허 관청은 ABC부터 배워야 할 것이다." 그는 형 로베르트에게 "일류 변호사"를 선택하라고 조언했다.

알프레드의 직감은 정확했다. 루드베리를 상대로 한 소송은 거의 1년 동안 지속되었고, 알프레드 니트로글리세린 주식회사(Nitroglycerinaktiebolaget)가 패소하면서 마무리되었다. 다만, 루드베리가 얼마 지나지 않아 파산했다는 사실은 어느 정도 위안을 줄 수 있었다.[343] 어쨌든, 이 재판은 앞으로 서구에서 일어날 일에 대한 서막일 뿐이었다.

*

그해 여름 알프레드 노벨은 예상치 못한 경쟁자들과의 싸움뿐만 아니라 왼쪽 머리의 지속적인 통증에도 시달렸다. 좌절과 스트레스가 급증하면 증상이 악화되는 듯 보였다. 그는 폭발성 두통이 니트로글리세린을 다룰 때 나타나는 이미 알려진 부작용과 관련이 있다고 생각하지 않았던 것 같다.

사실 그는 건강을 위해 스파에 가야 했지만, 그럴 시간도 돈도 없었다. 반면 알프레드는 노르웨이 특허 판매권을 포기한 대가로 얻은 자금을 오랫동안 보관하고 있었다. 모든 것이 불확실한 상황에서 그는 그 돈을 아껴야 했지만, 부모가 절박하게 필요로 했고, 결국 그 부담은 알프레드가 떠안게 되었다. 아직 형제들로부터 긍정적인 재정적 신호는 없었고 가족이 늘어난다는 소식만 자주 들려왔다. 그해 봄, 로베르트의 아내 폴린이 딸을 낳았다. 아이의 이름은 잉게보리(Ingeborg)였다. 알프레드는 "꼬마 아이"가 귀엽고 착해 보인다고 생각했다.[344]

스톡홀름 북쪽의 작은 마을 노르텔리에(Norrtälje)에는 류머티즘과 약한 신경을 치료하는 데 효과가 있다고 알려진 진흙 목욕탕이 있었다. 그해 여름, 새로운 대형 온천탕이 문을 열었고, 안드리에타와 임마누엘은 1865년 여름 한 달 이상 그곳에서 시간을 보냈다. "맙소사, 우리가 여기에서 수영할 수 있게 해준 막내 알프레드에게 고마움을 전한다. 아빠는 아직 한 발짝도 못 가지만 스스로는 벌써 조금 더 강해진 것 같다고 말한다. 나 역시 기분이 좋아졌다. 너무 큰 빚을 지고 있다는 사실이 슬프지만 점차 무언가가 해결되기를 바란다." 안드리에타는 며칠 후 알프레드에게 편지를 썼다.

그녀는 알프레드를 많이 걱정했지만, 그의 침묵이 단지 잦은 출장 때문이라는 사실을 깨닫고는 한시름 놓았다고 한다. "불쌍한 내 알프레드, 너무 열심히 일하고 노력하고 있는데도 수고의 결과가 보이지 않는구나. 온통 네 앞길을 방해하는 미친 사람들뿐이니 말이다."[345]

한여름에, 파리에 머물던 알프레드의 부모는 노르텔리에에서 깊은 인상을 받을 만한 뉴스를 전해 들었다. 그 소식은 마침내 『포스트 오크 인리케스(Post och Inrikes)』 신문에도 나왔다.

알프레드 노벨은 1862년 6월 초에 벨기에 비에이유 몽타뉴(Vieille Montagne) 회사의 광산에서 자신의 폭발물인 '스프랭올리아'를 시연했다. 이 실험은 스웨덴 옴메베리(Åmmeberg)에 있는 광산의 이사인 슈바르츠만(Schwarzmann)은 자신의 벨기에 상사에게 노벨의 발파유에 대해 열광적으로 추천하면서 이루어진 것이다. 이 행사에는 독일과 벨기에의 저명한 과학자들과 호기심 많은 엔지니어들이 참석해 노벨의 폭발물에 깊은 관심을 보였다. 그들은 1톤 무게의 주철 더미가 네 개의 큰 조각과 여러 개의 작은 조각으로 폭파되는 것을 보고 놀랐다.[346] 알프레드는 부서진 주철 블록 두 조각을 자신의 여행 가방에 넣고 파리로 돌아갔다.

*

나는 알프레드가 형 로베르트에게 보낸 편지에서 그가 파리에서 보낸 여름에 관한 중요한 단서를 발견했다. 1865년 당시 신문에는 프랑스 과학 아카데미(L'Académie des Sciences)가 그해 여름에 노벨의 발파유에 대한 위원회를 설립했다는 기사가 실렸다.

프랑스 과학 아카데미는 당시 최고 수준의 권위를 가졌다. 알프레드 노벨은 평생 이 정도의 수준에서 인정을 받지는 못했다. 그는 분명히 그러한 세속적인 것에는 신경 쓰지 않는다고 주장했지만, 내 직감으로는 그가 마음속으로는 관심이 있었던 것 같다. 알프레드 노벨의 세계에서 명예와 수상이 무의미한 일이라면, 그는 왜 그런 것을 이루기 위해 자신의 모든 재산을 쏟아부었겠는가?

오늘날과 마찬가지로 프랑스 과학 아카데미는 파리의 센 강변에 있는 아름다운 17세기 궁전에 자리 잡고 있었다. 나는 루브르 박물관 맞은편에 있는 이 장엄한 건물을 방문하며 아카데미의 옛 시간을 상상해 본다. 하지만 1865년 여름의 알프레드 노벨을 찾지 못했다. 더욱 놀라운 점은 알프레드 노벨이 거의 20년 동안 파리에서 살았음에도 불구하고 그의 이름이 기록에는 거의 나오지 않는다는 사실이다.

1865년 여름에 대한 설명은 단순한 철자 오류에서 비롯되었다. 알프레드는 실수로 자신의 이름을 나벨(NABEL)로 표기했고, 이로 인해 첫 번째로 크게 인정받을 기회를 놓칠 뻔했다. "위대한 업적이 몇 분 만에 나를 지나칠 뻔했다." 나는 알프레드가 말하고자 했던 바를 이해했고, 그가 파리 아카데미의 학자들에게 가져온 증거에 경탄했다. 어떻게 이런 일이 일어났을까?

내가 더 깊이 탐구할 수 있었던 것은 순전히 우연이었다. 한 열성적인 연구원이 나에게 노벨의 발파유에 대한 미국 판매 브로슈어의 디지털 사본을 보내주었기 때문이다. 이 브로슈어는 1865년에 만들어진 것이었다. 지친 상태에서 정신을 가다듬고 브로슈어를 살펴보다가 이어지는 찬사의 기록을 발견했다. 31페이지에는 사람들이 프랑스에서의 성공을 자랑하는 구절이 있었다. 그곳에는 알프레드 노벨에게 보낸 짧은 편지의 번역본이 숨겨져 있었다. 이 편지는 황제 나폴레옹 3세의 부관이 작성한 것으로, 1865년 7월로 날짜가 적혀 있었다. 이 편지를 아무도 본 적이 없다고 상상해 보라. 그의 역사는 나폴레옹 3세와 함께 시작되었던 것이다.[347]

*

발파유에 대한 소문이 프랑스 전역에 퍼지자, 알프레드 노벨은 파리로 향했다. 그는 튈르리(Tuilerierna) 황궁에서 황제 나폴레옹 3세의 부관인 이델퐁스 파브(Idelphonse Favé)를 만났다. 파브는 군 경력이 있었지만, 나폴레옹 3세와 함께 국가에 이익이 될 만한 과학자들과의 소통을 책임지고 있었다.

알프레드는 파브에게 주철 조각을 건네며 발파유의 성공 사례를 소개했다. 7월 14일, 알프레드가 아직 파리에 머물고 있던 프랑스의 국경일에 파브로부터 서면 답변이 도착했다. 파브 부관은 나폴레옹 3세와 직접 이야기한 내용을 전하며, 황제가 긍정적인 반응을 보였다고 했다. 황제는 알프레드가 화약을 대체할 수 있다고 주장한 물질에 대해 조사하기 위한 위원회를 구성하도록 지시했다. 부관은 노벨에게 철 조각을 돌려주고 동시에 프랑스 과학 아카데미에도 연락할 것을 권고했다.

프랑스 과학 아카데미는 알프레드 노벨과 같은 평범한 개인들은 쉽게 접근할 수 없는 권위적인 기관이었다. 오직 선정된 과학자들만이 매주 월요일 열리는 세션에서 그곳의 천재적인 회원들에게 무언가를 발표할 기회를 얻을 수 있었다. 부관은 알프레드에게 아카데미의 회원이자 동료인 거의 80세의 매우 존경받는 화학자 미셸 쉐브뢸(Michel Chevreul)을 만나보라고 조언했다.[348]

알프레드는 조언을 따랐던 것으로 보인다. 그는 바로 실마리를 찾아 나가기 시작했다. 이미 7월 17일 프랑스 과학 아카데미 회의에서 쉐브뢸 교수는 "나벨(Nabel)" 씨의 편지를 회원들에게 큰 소리로 낭독했다. 동시에 홀에서 노벨의 철 조각을 시연할 수 있다는 점이 참석자들의 관심을 끌었다.

프레젠테이션이 끝난 후, 선출된 또 다른 화학자 쥘 펠루즈가 연설했다. 그는 니트로글리세린을 발명한 사람이 결코 스웨덴인 "나벨"이 아님을 아카데미에서 강조했다. 펠루즈는 젊은 이탈리아 화학자 아스카니오 소브레로가 이미 1847년에 니트로글리세린을 발명했다고 설명하며, 방금 낭독된 편지에서는 이 사실이 전혀 언급되지 않았다고 지적했다. 또한 소브레로가 한때 파리에서 자신의 연구실에서 일한 적이 있다고 덧붙였다. 비록 니트로글리세린이 지금까지 실용화되지는 않았지만, 니트로글리세린에 대한 크레디트는 전적으로 소브레로에게 돌아가야 한다고 펠루즈는 강조했다. 노벨의 이름이 '나벨'로 잘못 표기된 탓에, 펠루즈는 이 '나벨'이 한때 자신의 연구실에서 일했던 바로 그 사람이라는 사실을 알아채지 못했다.

알프레드 자신은 니트로글리세린을 발명했다고 주장한 적이 없었다. 그는 단지 점화장치로 "과학 분야에서 산업으로" 물질을 실용화한 최초의 사람일 뿐이라고 말했다. 그러나 신문에서는 그 구분이 사라졌다. 토리노에 거주하던 소브레로는 유럽 전역을 여행하며 자신의 니트로글리세린을 판매하는 스웨덴 사람에 대한 소문을 듣고 화가 났다. 확실히 소브레로의 강한 반응은 펠루즈 교수에게까지 전해졌을 것이다.

반면에 프랑스 과학자들은 성과를 구별하는 데 언론인과 같은 문제가 없었다. 그들은 발명가인 소브레로의 공로를 인정하면서도, 알프레드 노벨이 니트로글리세린의 실용적 사용에 중요한 지식을 전파한 것에 대해 찬사를 보냈다.

프랑스 과학 아카데미는 노벨 발파유의 가치를 조사하기 위해 위원회를 구성하고 임명했다. 나폴레옹 3세와 협의했는지는 불분명하지만 펠루즈와 쉐브륄을 포함해 여러 분야의 전문가들로 구성된 6명의 과학자가 참여한 점을 보면, 당시 아카데미가 이 사안을 매우 중요하게 여겼음을 알 수 있다.

32세의 아마추어 화학자 알프레드 노벨은 자랑스러워할 만한 충분한 이유가 있었지만, 겉으로는 냉철함을 유지하고 주변 사람들의 기대를 누그러뜨렸다. 알프레드에 따르면 프랑스는 일반적으로 "행정 침체의 본고장"이었다. 이곳은 국가가 화약에 대한 독점권도 가지고 있었고 확실히 어떤 도전적인 혁신에도 관심이 없었다. 그는 로베르트에게 너무 많은 것을 바라지 말라고 편지를 썼다. "이 암 같은 성질의 프랑스 위원회는 1년에 반 단계씩만 게걸음하듯이 나아갈 것입니다. 더 이상은 아닙니다"라고 했다.[349]

알프레드 노벨과 그의 폭발물에 관한 프랑스군의 관심은, 오토 폰 비스마르크가 3단계 계획에서 마지막 게임을 준비할 때까지 추진력을 얻지 못했다. 이는 그의 분석이 옳았음을 보여준다.

*

프랑스 과학 아카데미는 매주 월요일 오후 3시, 프랑스 연구원(Institut de France)의 황금 돔 아래 있는 어두운 궁전 회의실에서 회의를 열었다. 66명의 회원들은 녹색 자수가 놓인 검은 정장을 입고, 라부아지에, 몽테스키외, 볼테르, 루소와 같은 역사적 거물들의 초상화가 있는 벽을 따라 앉았다. 이들은 11개 섹션으로 나뉘어 수학, 기계학, 천문학, 지리학, 물리학, 화학, 광물학, 식물학, 농업, 해부학 및 동물학, 의학 및 외과학 등 거의 모든 학문 분야를 논의했다.

프랑스 과학 아카데미 회원은 과학자로서 최고의 영예를 추구하는 이들이라면 누구나 탐낼 자리였다. 희미한 촛불 아래, 회원들은 최신 정보를 발표하고, 업적을 논의하며, 이를 기존의 지식과 비교해 토론과 피드백을 주고받았다. 아카데미에서 보고서를 받고 주목하는 것만으로도 젊은 연구원에게는 큰 성공이었다. 알프레드 노벨처럼 아카데미 출판물 『콤프테 렌듀스(Compte Rendues)』에 수록된다는 것은 더욱 큰 성과였다. 보상의 정점에는 화려한 연례상이 자리 잡고 있었다.

지금까지 프랑스 과학 아카데미는 오로지 남성에 관한, 남성을 위한, 남성 중심의 지적 운동이었다. 심지어 1903년 마리 퀴리의 노벨상 수상조차 가부장적 구조를 뒤엎는 데 성공하지 못했다. 이러한 명백한 제약에도 불구하고 센 강에 있는 궁전에서 열리는 월요일 세션은 과학적 발견을 평가하기 위해 현대 유럽이 제공할 수 있는 가장 가장 권위 있는 자리 중 하나로 여겨졌다.[350]

시간이 지남에 따라 과학적 과제는 더욱 어려워졌다. 새롭고 흥미진진한 과학적 진보가 이루어질 때마다 세상에는 수천 명의 새로운 과학자들이 등장하는 것처럼 보였다. 같은 분야에 종사한 많은 사람은 독립적으로 거의 동시에 새로운 통찰력에 도달했다. 누가 무엇을 했는지 추적하는 것이 거의 불가능해지기 시작했다.

많은 화학자들은 각 물질의 가장 작은 구성 요소인 원자의 존재에 대한 돌턴의 가설을 계속 시험해 왔다. 비록 확실한 증거는 부족했지만, 점점 더 많은 사람이 원자의 존재를 확신하게 되었다. 사람들은 이 분야에서 원자들이 어떻게 결합하는지에 대해 관심을 갖기 시작했다. 화학 결합의 개념이 등장했고, 1850년대 말에는 한 이탈리아 연구원이 원자와 분자의 차이를 바로잡았다. 1865년 독일의 한 화학자는 벤젠이라는 물질을 분석하면서 탄소 원자가 고리를 형성하고 있음을 발견했다. 거의 매년 새로운 원소가 발견되었으며 이미 발견된 원소만 해도 50개가 넘었다. 많은 화학자들은 각 원소의 속성과 논리를 먼저 이해한 후 이를 체계적으로 배열한 표를 만드는 데 노력했다.

물리학자들은 방향이 다르긴 했지만, 원자에도 관심이 있었다. 그들은 에너지에 대한 집중적인 연구를 통해 원자를 더 잘 이해하고자 했다. 증기기관은 이 문제에 대해 새로운 빛을 비추었다.

영국 양조업자의 아들 제임스 줄(James Joule)은 이미 1840년대에 그 방향을 지적했다. 줄의 친구이자 동료였던 윌리엄 톰슨(William Thompson), 후에 켈빈 경(Lord Kelvin)이란 이름으로 알려지게 된 인물은 이들이 연구하는 분야를 열역학이라는 용어로 정의했다. 그들의 결론은 열을 물질의 원자와 분자가 움직이는 속도의 척도로 이해해야 한다는 것이었다. 켈빈 경은 이 아이디어를 바탕으로 온도계 눈금을 개발했다. 1860년대에는 여러 연구자들이 몇 가지 기본적인 열역학 법칙을 정립하고 있었다. 켈빈 경은 나아가 이러한 새로운 발견으로 지구의 정확한 나이를 계산할 수 있다고 주장했다.

너무 많은 일이 일어났다. 과학은 거의 매년 7마일을 달리는 듯 빠르게 발전하는 것처럼 느껴졌다. 발파유에 대한 노벨의 실험이 의제로 올라갔던 7월의 어느 날, 프랑스 과학 아카데미는 바닷물의 색과 투명도, 데카르트의 수학 방정식 재해석, 유럽의 값비싼 스파로 몰려드는 현상을 설명할 수 있는 전기적 요소가 존재하는지에 대한 흥미로운 질문에 대해 논의했다. 스파는 화학적 성분이 아니라 미네랄 워터의 건강 증진 효과로 사람들을 유인한다는 해석이 더 관심을 끌었다.

알프레드 노벨은 아마도 파리의 옛 화학 교수인 쥘 펠루즈뿐만 아니라 여러 회원의 이름을 알고 있었을 것이다. 동료 외국 과학자들 중에는 독일의 유기화학계 거장인 유스투스 폰 리비히(Justus von Liebig)와 창의적인 물리학자 마이클 패러데이(Michael Farraday) 같은 전설적인 인물들이 있었다. 이들은 전자기장에 대해 선구적인 발견을 했으며, 그들의 업적에 대한 과학적 인정을 기다리고 있었다. 패러데이가 도움을 청한 동료인 스코틀랜드의 물리학자 제임스 맥스웰(James Maxwell)은 최근 그가 주장한 자연의 보이지 않는 전기 및 자기 파동 운동을 수학적 방정식으로 표현해 발표했다. 프랑스 과학 아카데미는 이미 맥스웰의 방정식에 대해 몇 번 논의했지만 그 이상의 진전은 없었다.

"뉴턴 이후 가장 위대한 물리학자"라는 칭호를 놓고 패러데이와 경쟁하게 된 맥스웰은 여기서 멈추지 않았다. 그는 마음의 준비를 하고 자신의 최근 논문 중 하나에서 자신의 방정식은 빛이 실제로 무엇인지 설명했다고 주장했다. "우리는 빛이 전기와 자기 현상을 일으키는 동일한 매질의 횡파 운동으로 구성되어 있다는 결론을 거의 피할 수 없다."[351] 그의 주장은 사실이었다.

1865년 프랑스 과학 아카데미에서 새로 선출된 흥미로운 회원 중에는 물리학자 레옹 푸코(Léon Foucault)가 있었다. 그는 빛의 속도를 연구한 많은 이들 중 한 사람으로, 놀랍게도 실제에 가까운 결과를 도출해 맥스웰의 빛 이론을 강화하는 데 도움이 되었다. 14년 전, 푸코는 파리 영묘 팡테옹(Panthéon)의 돔 아래에 진자를 매달아 지구의 자전을 증명하기도 했다.

프랑스 과학 아카데미의 1865년 신규 회원 중에는 알프레드 노벨이 후에 깊이 존경하게 될 인물들도 있었다. 그중 한 명이 43세의 루이 파스퇴르(Louis Pasteur)이다. 화학자로 알려진 파스퇴르는 1862년에 광물학 전공자로 아카데미에 입성했다. 1865년 여름, 파스퇴르는 나폴레옹 3세를 위한 중요한 임무를 막 마친 직후에 알프레드 노벨이 접촉했던 이델퐁스 파브 부관과도 연락을 주고받았다.

파스퇴르의 임무는 질병에 감염된 프랑스 포도원 문제를 해결하는 것이었다. 그는 주석산을 연구하던 중 와인의 수출이 급감하자, 황제로부터 이 문제를 조사하라는 지시를 받았다. 파스퇴르는 포도주 양조자들이 발효 과정에서 공기와 박테리아의 영향을 매우 부정적으로 여긴다고 결론지었다. 그는 와인을 50~60도로 가열하면 유해한 미생물이 제거된다고 보고하며, "저온살균법"을 탄생시켰다. 봄이 되자 파스퇴르는 황제의 궁에 초대를 받았고, 나폴레옹 3세에게 감염된 포도주 속 미생물을 현미경으로 보여주는 걸 허락받았다.

성장하는 국제 연구 커뮤니티는 경쟁을 증가시켰고, 이에 따른 요구도 커졌다. 그러나 더 중요한 것은 시간과 노력을 투자하는 것이었다. 지갑이 얇더라도 과학자로서 체계적인 검증을 타협할 필요는 없었다. 파스퇴르는 조수들에게 자신의 가설을 밝히지 않고 광범위한 실험을 하도록 지시했다. 이는 결과가 기대치에 의해 왜곡되는 위험을 방지하기 위해서였다. 그는 모든 의심이 해소될 때까지 결과를 공개하지 않았다. 몇 년이 걸리더라도 성실히 연구에 임했다. 이러한 방식으로 그는 비판적인 경쟁자들의 주장을 단숨에 무력화할 수 있음을 잘 알고 있었다.[352]

알프레드 노벨은 자신을 과학자가 아니라 엔지니어이자 발명가로 여겼다. 창의력은 뛰어났지만, 철저함과 체계적인 검토에서는 충분히 시간을 갖는 법을 몰랐다.

*

함부르크 항구 지역에 있는 윙클러 형제의 창고는 니트로글리세린 생산에 적합한 장소가 아니었다. 여름이 끝날 무렵, 알프레드는 불안해지기 시작했다. 윙클러의 창고는 톱밥을 태우는 제재소 바로 옆에 있었다. 그는 기름이 그런 식으로 폭발하지 않을 것이라고 믿었지만, 스톡홀름에서 발생한 사고처럼 언제든지 예기치 못한 일이 일어날 수 있었다. 알프레드와 윙클러 형제는 늘 하늘의 섭리를 바라며 조심스럽게 움직였다.

그들은 더 이상 비밀리에 계속할 수 없었다. 하지만 함부르크에서는 허가를 받는 것이 불가능해 보였다. 알프레드는 몇 번이나 시도했지만 계속 거절당했다.

결국 그는 한탄하며 편지에 이렇게 썼다. "사하라 사막이나 다른 황무지에서는 어떨지 궁금하다."

알프레드는 윙클러 형제를 통해 함부르크에서 가장 존경받는 변호사 중 한 명인 크리스티안 에두아르트 반트만 박사(Dr. Christian Eduard Bandmann)와 접촉했다. 여름 초, 반트만은 "알프레드 노벨 회사(Alfred Nobel & Co)"를 등록하는 데 도움을 주었다. 알프레드는 이제 회사 명함을 만들고 회사 이름이 인쇄된 광고 브로슈어를 제작했다. 모든 것이 훨씬 더 전문적으로 보였다.

그 변호사에게는 샌프란시스코에 사는 형제가 있었다. 율리우스 반트만(Julius Bandmann)은 미국 특허 출원과 출시를 도왔다. 파리 황궁과의 서신과 프랑스 과학 아카데미 회의록은 영어로 번역되어, 다른 증언들과 함께 미국 서부 해안에 배포될 자랑스러운 브로슈어에 포함되었다. "과학의 진정한 승리"와 "사고는 발생할 수 없다"는 표어는 알프레드가 과장된 홍보에 대한 두려움을 훌륭하게 극복했음을 시사했다. 하지만 광산에서의 사망자 중 발파유로 인한 사망자가 화약에 의한 수보다 훨씬 적을 것이라는 현실적인 희망을 표현했어도 충분했을 것이다.

함부르크에서 존경받는 변호사 반트만의 헌신은 많은 새로운 기회를 열어주었다. 공동 소유주가 된 반트만이 상당한 금액을 투자해 알프레드 노벨 회사는 공장을 찾을 여유를 가지게 되었다. 한편, 복잡한 허가 절차에서 그의 법적 손재주는 놀라운 성과를 거두었다.[353]

그들이 함부르크 넘어 다른 지역으로 눈을 돌리기 시작한 것은 정치적으로 큰 의미를 지녔다. 한자 동맹의 자유 도시인 함부르크에서는 프로이센과 총리 오토 폰 비스마르크에 대한 여론이 그다지 긍정적이지 않았다. 최근에 전쟁(오스트리아도 프로이센의 편에서 참여)에서 함부르크 사람들은 덴마크를 지지하지 않았지만, 프로이센의 승리를 축하하지도 않았다. 함부르크 언론에서는 정기적으로 비스마르크를 적으로 묘사했으며, 덴마크와의 전쟁이 그의 입지를 강화했다는 우려를 제기했다.

독일 연방의 가장 큰 국가인 프로이센과 오스트리아 사이의 긴장이 고조되는 가운데 독립적인 함부르크는 실제로 오스트리아 편을 선택했다. 1857년 경제 위기 동안 프로이센이 어떻게 배신했는지 잊지 않았다. 당시 미국에서 발생한 은행 붕괴로 인해 무역도시에서 수천 개의 회사가 파산에 이르렀다. 함부르크는 파멸 직전에 더 큰 주에 재정 지원을 호소했다. 프로이센은 차갑고 단호하게 거절했다. 반면 오스트리아는 즉시 요청한 크레디트를 은괴로 보내어 함부르크는 다시 일어설 수 있었다.

이러한 정치적 갈등은 여러 방식으로 알프레드 노벨에게 유리하게 작용했다.

이들 공국은 함부르크 주변 지역에 위치해 있어 오스트리아에 대한 동경심이 강했다. 8월 중순 협상이 완료되었을 때, 프로이센은 슐레스비히를, 오스트리아는 홀슈타인을 각각 차지하게 되었다. 하지만 라우엔부르크 공국은 분할이 제안되며 다소 애매한 상태로 남아 있었다. 이후 오스트리아는 자신이 소유한 라우엔부르크를 프로이센에 팔았다. 프로이센은 지역의 평화를 위해 해당 지역을 병합하지 않고 대신 느슨한 "개인 연합"을 수립했다.[354]

몇 주 후, 알프레드 노벨은 라우엔부르크에 니트로글리세린 공장을 설립하기 위한 허가를 신청했다. 오래된 가죽 공장이 있었는데, 1860년에 문을 닫은 이후로 계속 매물로 나와 있었다. 그곳은 크륌멜(Krümmel)이라고 불리며 한때 가죽 공장에서 일했던 다섯 가족만이 거주하고 있었다. 크륌멜은 국경과 매우 가까워 함부르크에 속한 기스타트(Geesthacht) 마을에서 불과 몇 킬로미터 떨어져 있었다.

공장은 엘베(Elbe)강으로 내려가는 경사면에 세워졌으며, 한적하고 높은 모래 언덕으로 보호받고 있었다. 그러나 보트로 조금만 가면 함부르크의 세계적인 항구에 닿을 수 있었다. 이점은 여기서 끝나지 않았다. 알프레드의 공장 설립 신청서는 덴마크 관할 지역에 제출되었으므로, 관료적 공백 상태에 있는 국가에 의해 처리될 수밖에 없었다. 이는 그가 함부르크의 통치자들과의 논쟁을 피할 수 있다는 의미였다. 크륌멜에서 폭발 사고가 일어난다 해도 함부르크 당국은 국경을 가리키며 "이 불행이 함부르크가 아닌 프로이센에서 벌어진 일"이라고 말할 수 있었기에 한층 마음을 놓을 수 있었다.

예상대로 라우엔부르크 정부는 훨씬 더 우호적이었다. 이들은 해당 지역에 일자리가 필요하다는 점을 강조했으며, 폭발 위험이 해소되지 않더라도 "대규모 폭발"은 없을 것이라는 결론을 내렸다. 전문가 보고서는 "명망 있는 변호사"인 반트만이 정보에 동의했다고 강조했다. 알프레드는 공장 주변에 흙으로 된 보호벽을 쌓는 조건으로 허가를 받았다.

크륌멜의 다섯 가족은 환호했다. 가죽 공장의 열일곱 명의 직원은 공장 폐쇄 이후 실업 상태였다. 그들은 그렇게 알프레드 노벨의 새 공장에서 일자리를 얻게 되었다. 또 그는 숙련된 노동력을 확보하기 위해 평균 임금을 인상했고, 이는 지역 주민들 사이에서 큰 인기를 끌었다.[355]

*

알프레드의 판매 투어는 상당한 관심을 끌었지만, 함부르크나 스웨덴에서 현금 흐름에 큰 영향을 미치지 않았다. 주문이 얼마 되지 않아 물건을 시험하는 수준에 불과했다. 테스트 폭발이 비용 증가를 의미하는 것처럼 보였고, 알프레드는 낙담한 결론을 내렸다. 그리고 곧 예상하지 못한 빈약한 스웨덴 재무제표가 그의 최악의 두려움을 확인시켜 주었다.

노벨 가족이라는 이름이 붙은 흔들리는 비즈니스 건물에서 일시적으로 긍정적인 경제 소식을 전한 사람은 상트페테르부르크의 루드빅이었다. 여름이 끝날 무렵, 알프레드의 형제는 오랫동안 기다려 온 무기 작업장에서 수백 개의 수류탄 샘플 주문을 받았다. 마침내 그는 스톡홀름의 집으로 돌아가 임마누엘과 안드리에타를 볼 수 있었다. 그 후 그는 함부르크에 있는 알프레드에게 향했다.[356]

알프레드는 루드빅의 방문을 고대했다. 그들은 할 이야기가 많았다. 여름 동안 임마누엘은 도움을 받아 루드베리(Rudberg)와의 특허 분쟁에 관한 기사를 작성했다. 그 기사에서 그는 다툼의 원인이 자신의 발명품이며, 그로 인해 "상처를 입었다"고 주장했다. 임마누엘의 갑작스러운 주장은 알프레드를 힘들게 했다. 그는 루드빅에게 "노친네(Gubben)"가 자신에게 갖고 있는 불만이 무엇인지 듣고 싶어 했다. 또 그는 "가족과의 사업은 항상 어렵습니다. 가족 상담을 간절히 원합니다"라고 37세의 로베르트에게 편지를 보냈다.[357]

루드빅은 봄에 열병을 앓았다. 그리고 9월 말에 오스텐드(Ostend)의 온천으로 가던 길에 알프레드를 잠시 만났다. 따뜻한 인사를 받은 그는 임마누엘이 팔과 다리에서 약간의 움직임을 회복했지만 여전히 침대에 묶여 있다고 말했다. 노르텔리에의 치료법은 아버지에게 효과가 있었다. 그는 몇 킬로그램쯤 살이 쪘고, 얼굴에 좋은 색을 띠며 기분도 좋았다. 어머니 안드리에타도 비슷하다고 생각했다. 루드빅은 어머니가 허리가 좋지 않아 힘들어하면서도 "무한한 친절과 인내를 베푸시고, 모든 것을 생각하고 모든 것에 시간을 쏟으셨다"고 했다.[358]

루드빅은 함부르크에 있는 알프레드의 목조 창고에서 깊은 인상을 받지는 않았지만, 알프레드가 새로 구입한 장비를 보고 크륌멜에 있는 공장에 관한 계획을 들었을 때는 동생의 낙관주의에 감동을 받았다. 미국에서의 특허 판매는 유망해 보였다. 예상치 못한 고통스러운 늦여름 더위가 대륙을 덮쳤다. 루드빅은 9월 말에 떠나기 전 알프레드에게 스파에 함께 가자고 설득했지만, 알프레드는 이탈리아와 오스트리아로의 출장 일정이 있었다.

이탈리아에서 알프레드는 아스카니오 소브레로 교수의 대학이 있는 토리노(Turin)를 방문했다. 그가 오해를 풀기 위해 소브레로를 찾았는지는 확실하지 않지만, 그런 가능성도 있어 보인다. 일이 순조롭게 진행되었을 때 알프레드는 소브레로에게 회사에서의 직위를 제안했다. 아마도 아스카니오 소브레로는 기꺼이 제안을 수락했을 가능성이 크다.[359]

미국에서의 탐색은 매우 유망해 보였다. 10월 말경, 알프레드는 미국 특허를 승인받았고, 뉴욕의 "일부 부유한 미국인"으로부터 발파유와 점화장치에 대한 그의 특허를 현금 2만 달러(오늘날 300만 크로나)와 25만 달러 상당의 주식으로 구매하겠다는 제안을 받았다. 알프레드는 곧 뉴욕으로 가서 마지막 협상을 했다.

변호사 반트만의 형제는 캘리포니아에서 상황을 지켜보고 있었다. 미국 동부에서는 반트만 변호사가 소개해 준 뉴욕의 사업가 오토 뷔르스텐바인더(Otto Bürstenbinder) 대령을 채용해 협상에 참여하게 했다. 알프레드는 5월에 함부르크 외곽에서의 성공적인 폭파 시연을 진행하던 중 그를 만났다. 이는 불행히도 후에 후회하게 될 만남이었다.[360]

알프레드는 그다음 단계를 잘 준비했다. 곧 크륌멜의 공장이 가동될 예정이었고, 발파유는 함부르크를 통해 대서양을 가로질러 쉽게 수송될 수 있었다. 미국 진출 이전, 그는 발파유의 과학적 기반을 다져 판매 확률을 높이려 했다. 그는 스미트의 도움으로 스톡홀름에서 다섯 명의 교수를 모집하고 급여를 지급하며 니트로글리세린의 "무해함"을 증명하는 데 시간을 보냈다.

다섯 명의 교수는 니트로글리세린이 든 유리병을 석판에 던지고 기름에 불을 붙이려 했지만 실패했다. 그들은 노벨의 배달 루틴을 시뮬레이션하고 발파유가 담긴 주석병을 나무 상자에 넣은 후, 포장된 폭탄 깡통을 몇 미터 높이에서 던졌다. 그러나 아무 일도 일어나지 않았다. 그들은 이어서 "제대로 된 실험"을 진행했다. 폭파 구멍을 기름으로 채운 뒤 심지를 꽂고, 구멍 위에 한 줌의 화약을 붓고 모래로 덮었다. 그런 다음 불을 붙였을 때 "놀랍게도 큰" 효과를 보았다고 『아프톤블라뎃』이 발행한 인증서에 교수들이 썼다.[361]

알프레드는 과학자들이 서명한 보고서를 보고 매우 기뻐했다. 그는 견고한 실험이 "비판적인 사람들에게 매우 효과적일 것"이라고 칭찬했다.

알프레드 노벨에게 다섯 명의 교수 중 가장 중요한 인물은 극지 연구원이자 광물학 교수인 아돌프 에리크 노르덴스키월드(Adolf Erik Nordenskiöld)인 것 같다. 그는 알프레드와 나이가 거의 비슷했지만 이미 유명한 인물이었고, 그 뒤로도 수십 년 동안 프랑스 과학 아카데미에서 언급되었다. 그러나 그들 사이에 있었던 1865년 합의는 프랑스 천재들의 연대기에서 거의 기록되지 않았다. 실험은 독립적인 연구라기보다는 상호 간의 도움과 보답에 가까웠다. 알프레드는

노르덴스키욀드에게 감사의 의미로 니트로글리세린 주식회사의 주식 몇 주를 선사했다.[362]

현실은 통제하기 어려웠다. 몇몇 사고 보고가 알프레드의 계획을 방해하기 시작했다. 먼저 폴란드에서 술에 취해 니트로글리세린을 마신 후 4시간 만에 사망한 사고가 일어났다. 그다음 독일에서는 현장 감독이 얼어붙은 니트로글리세린 블록을 뾰족한 괭이로 부수려 했다는 소식이 들려왔다. 광부는 폭발로 인해 몇 미터 공중으로 날아가 사망했고 다른 사람들은 불구가 되었다. 그에게는 아내와 다섯 명의 자녀가 있었다. "저도 많이 놀랐습니다. 나는 이런 사고를 예상하지 못했습니다." 알프레드 노벨은 그의 회사 주요 주식 소유자인 스미트에게 이렇게 썼다.[363]

알프레드에게 사고는 대부분 불운과 불필요한 부주의에서 비롯된 문제였으므로, 그에 따른 논쟁은 비이성적이라고 생각했다. "모든 곳에서 문제가 생긴다"라고 한탄하며, 독일 철도 관리자들이 발파유에 대한 기차 운송을 금지한 것에 대해 불평했다.

알프레드는 같은 맥락으로 미국에서 불길한 편지를 받았다. 모든 준비가 끝났다고 생각하고 큰 거래를 추진하려던 차에 한 미국인이 그의 특허에 대해 항의서를 제출했다는 소식을 듣게 되었다. 이 대령은 이전에 수중 기뢰를 다뤘으며, 자신이 알프레드 노벨보다 더 오래전에 니트로글리세린을 사용한 폭파 방법을 발명했다고 주장했다. 특허 검토 절차가 예상되었고, 모든 유망한 미국 계획은 분쟁이 해결될 때까지 보류될 가능성이 컸다.

그 미국인의 이름은 알프레드를 격분하게 만들었다. 그 사람은 탈리아페로 프레스톤 샤프너 대령이었다. "그 남자는 거짓 맹세를 한 사기꾼입니다." 그는 스미트에게 분개하며 설명했으며, 샤프너가 1년 전 스톡홀름을 방문한 사실도 언급했다.[364]

당시 알프레드 노벨은 너무 많은 급한 문제를 안고 있어 그 시기에 스톡홀름시 법원이 발표한 아버지 임마누엘에 대한 판결에 크게 신경 쓸 수 없었다. 스톡홀름에서는 12월 의회 개혁에 대한 결정적인 투표를 앞두고 분위기가 고조되고 있었다. 많은 스톡홀름 사람들은 임마누엘 노벨이 헬레네보리에서 발생한 비극적인 사고로 벌금과 손해배상을 선고받았다는 사실을 놓쳤다.

그럼에도 판결은 알프레드에게 안도감을 주었다. 법원은 그가 사고를 일으켰다는 혐의를 인정하지 않았다. 공과대학의 전문가들조차 니트로글리세린이 스스로 폭발하는지 여부를 확실하게 결정하지 못했다. 헬레네보리의 소유주인 부르메스테르와 임마누엘 노벨은 부주의로 인해 여섯 명을 죽음에 이르게 한 사건에서 유죄 판결을 받았다. 그들은 헬레네보리의 별채가 몇몇 일반 주거용 건물과 가까웠음에도 불구하고 허가 없이 별채를 폭발물 생산을 위해 사용하거나 임대한 것으로 밝혀졌다. 임마누엘은 손해배상에 대한 책임을 지고 벌금형을 받았다.[365]

*

그해 가을 초, 알프레드의 니트로글리세린 병 중 하나가 그보다 먼저 대서양을 횡단했다. 이민을 가게 된 한 젊은 독일인은 함부르크의 상인이 "필요하면 팔아도 된다"며 선물로 준 그것을 봉인된 나무 상자에 넣어 가지고 갔다.

이민자의 이름은 테오도르 뤼어스(Theodor Lührs)였다. 그는 다공성 모래로 된 폴리송들을 가지고 있었다. 그는 뉴욕으로 여행하는 동안 상자에 머리를 기대고 잤다. 1865년 8월 31일, 그는 그리니치(Greenwich) 스트리트에 있는 와이오밍(Wyoming) 호텔에 투숙해 6주 동안 머물렀다. 나무 상자는 호텔 바 옆의 트렁크에 넣어졌고, 가끔 호텔 구두닦이의 발판으로 사용되기도 했다. 뤼어스는 상자 안에 무엇이 들어 있는지 전혀 모른 듯했다고 어느 상인은 말했다. 뤼어스는 체크아웃할 때 상자를 잊어버렸다.

몇 달 후인 1865년 11월 5일 일요일, 동네 남자들이 여느 때와 같이 와이오밍에 모여 일찍부터 술을 마셨다. 그들은 밤이 되어 퍼지는 악취의 근원지를 찾아냈다. 악취가 점점 심해지자, 그들은 결국 뤼어스의 상자를 발견했다. 포터는 상자에서 붉은 불꽃이 솟아오르는 것을 목격하고 우선 상자에 물을 부었다. 그런 다음 그 상자를 하수구로 던졌다.

1초 후, 맨해튼 남부 전체가 격렬한 폭발로 뒤흔들렸다. 호텔의 창문과 문이 날아가고 모든 유리가 박살 났으며 하중을 지탱하는 대리석 기둥은 산산조각이 났다. 가구는 갈기갈기 찢어졌고, 거리의 보도에 큰 구멍이 뚫렸다. 폭발이 잠잠해졌을 때, 블록 안의 모든 건물에는 창문이 하나도 남아 있지 않았다.

호텔 안팎에서 24명이 부상을 입었고, 근처에 있던 모든 사람이 공기의 압력에 의해 넘어졌다. 그러나 기적처럼 모두가 살아서 탈출할 수 있었다. 나중에 알프레드 노벨은 당시 호텔에 있었던 한 나이 든 여성의 이야기를 들었다. 그녀는 폭발 직후, 뉴욕 전체가 지구상에서 날아가 버렸다고 생각했다고 말했다.

상자에는 무엇이 들어 있었을까? 뉴욕 경찰은 며칠 동안 이 미스터리를 풀지 못했다. 사건을 알고 있는 몇몇 사람들, 샤프너와 알프레드의 연락책인 오토 뷔르스텐바인더는 모습을 드러내지 않았다. 화학자가 수수께끼를 풀기까지는 며칠이 걸렸고, 그때까지도 이 폭발이 함부르크 출신의 스웨덴인 알프레드 노벨과 직접적으로 연관되었다는 사실은 밝혀지지 않았다.[366]

대서양 해저의 유명한 전신 케이블이 아직 설치되지 않아 이 소식이 독일 신문에 전달되기까지 시간이 좀 걸렸다. 크리스마스가 되기 전에야 프로이센의 경찰 당국이 그 연관성을 확인했다. 그들은 함부르크에 있는 동료들에게 "소문에 따르면 노벨이라는 사람이 함부르크에 거주하며 니트로글리세린과 관련된 폭발물을 제조하고 있다고 한다"고 썼다. 함부르크 경찰이 이 사실을 알고 있었는지, 그리고 그들이 어떤 예방 조치를 취했는지는 불분명하다.[367]

알프레드는 절망했다. 그는 크리스마스에 "친구들과 며칠을 보내기 위해 스톡홀름으로 여행할 시간이 있기를 바랍니다. 스톡홀름으로의 여행은 노인들을 기쁘게 할 것입니다"라고 말했지만, 이제 그것은 불가능한 일이었다.

신문은 폭발 사고와 관련된 기사로 가득했다. 알프레드는 충격에 휩싸였다. 어쩌다 일이 이렇게까지 잘못될 수 있었을까? 그가 폭발 방법을 개발한 이유가 더 많은 생명을 구하기 위해서였지, 더 많은 생명을 앗아가기 위해서가 아니었다. 운송 과정에서 자꾸 발생하는 사고를 그는 자신의 길을 가로막는 불가피한 장애물 정도로만 여겼다. 그러나 어떤 일도 그에게 큰일이 벌어지고 있다는 확신을 꺾을 수 없었다. 물론 수익은 여전히 출장, 폭발 시험, 광고와 공장 부지 등 비용의 3분의 1을 충당하지 못하고 있었다. 그러나 그는 머지않아 "더 많은 수익을 거두고 더 적은 고통을 받게 될 것"이라고 말했다. 알프레드는 곧 지출은 크지만 자산은 부족하다고 지적하는 안드리에타의 경고 서한이 불러온 불안을 떨쳐낼 수 있을 거라고 믿었다.

그는 로베르트에게 보낸 크리스마스 편지에서 괴로움을 느끼며, "크리스마스는 기쁨, 소동, 그리고 지출과 함께 문 앞에 있습니다"라고 썼다. 니트로글리세린 회사의 주요 소유자인 빌헬름 스미트(Wilhelm Smitt)는 "미스터리한 사고"를 논리적으로 설명하려고 수없이 시도했다. 모든 분석과 해명 끝에, 그는 이러한 좌절이 필연적인 것이 아니라 예외적인 사건이라는 결론에 도달했다. 자연 발화가능성에 대해서는 의문의 여지가 없었다. 알프레드는 니트로글리세린이 이처럼 서투르고 잘못된 취급에서 완전히 안전할 수 있도록 보호하는 것은 본질적으로 불가능하다고 지적했다. 그는 이렇게 덧붙였다. "이런 사건들은 정말 불운한 일입니다. 가장 이상한 점은 스웨덴에서와 마찬가지로 여기에서도 모든 사고가 한 번에 발생했다는 것입니다."[368]

10장
뉴욕에서의 악몽

알프레드에게는 가능성 있는 또 다른 직업이 있었다. 그는 그 꿈을 비밀리에 간직한 채, 마치 숨겨진 백만 달러의 자산처럼 마음속에 품고 있었다. 항상 펜을 지니고 다녔고, 글쓰기에 대한 거부할 수 없는 열망이 있었다. 재능을 타고났다는 뜻일까? 때때로 그는 확신을 느꼈다. 알프레드 베른하르트 노벨이 무엇이든 할 운명이었다면, 그것은 시인이 되는 것이었다.

다음 순간 의심이 밀려왔다. 그는 자만심에 얼굴을 붉히며 다른 사람들이 쓴 글을 탐독했다. 그러다 다시 시도할 용기를 냈다.[369]

독일어를 사용하는 작가들은 알프레드가 상트페테르부르크에서 사랑한 낭만주의의 폭풍과 열정 속에 오랫동안 머물러 있었다고 전한다. 1860년대에는 시인이자 철학자인 "딕터와 덴커(Dichter und Denker)"가 독일 문학계를 지배했다. 사실주의적 소설은 번역된 외국 작가의 작품에서 찾아볼 수 있었다. 당시 독일에는 발자크 같은 작가가 아직 등장하지 않았다.

알프레드는 함부르크에 머무는 동안 낭만적인 시와 열정적인 발라드를 많이 구입했다. 그가 접한 책 중 일부는 몇 년 전에 출간된 것이었다. 예를 들어, 프리드리히 실러(Friedrich Schiller)의 전집을 구입했으며, 18세기의 시인인 실러의 대표적인 시 「환희의 송가(Ode an die Freude)」는 루트비히 판 베토벤(Ludwig van Beethoven)이 작곡한 「교향곡 제9번(1824)」의 가사로 사용되었다. 읽을거리에 갈증을 느끼던 아마추어 화학자인 알프레드는 문학에서 새로운 영감을 찾기 위해 노력했다.

이 시기에 그가 흥미를 느낀 독일 작가 중 한 명은 장 파울(Jean Paul)이었다. 장 파울은 낭만주의에 뿌리를 두면서도 날카로운 반어법으로 유명했고, 인생을 애도의 계곡으로 묘사하는 독특한 관점을 가지고 있었다. 그는 삶의 비참함을 과감하고 효과적으로 표현하며, 현실 도피를 위해 낭만주의의 필요성을 강조한 듯 보였다. 또한 "벨트슈메르츠(Weltschmerz; mal du siècle, 세계의 고통)"라는 개념의 창시자로 알려져 있다.

1860년대 초반, 장 파울은 여러 개정본을 통해 다시 주목받기 시작했다. 그의 벨트슈메르츠는 단순히 우울한 시인의 개인적인 심리 상태를 넘어서 독일 사회 전반에 걸친 새로운 시대 정신을 상징하는 개념으로 자리 잡았다. 알프레드 노벨도 이러한 문학적 흐름을 놓치지 않았다.

철학 교수인 프레데릭 바이저(Frederick C. Beiser)는 그의 저서 『벨트슈메르츠(Weltschmerz)』(2016)에서 알프레드 노벨이 함부르크와 기스타트(Geesthacht)에서 보낸 몇 년 동안 "비관주의의 어두운 구름이 독일 전역에 무겁게 드리웠다"고 묘사했다. 이 암울한 분위기는 단지 퇴폐적인 귀족 계층에만 국한되지 않았다. 중산층, 대학생, 공장 노동자, 심지어 어린 학생들 사이에서도 염세주의가 퍼졌다. 염세주의는 유행처럼 자리 잡으며 대화와 문학 살롱의 주요 화제가 되었다.[370]

이 시대의 중심에는 철학자 아르투어 쇼펜하우어(Arthur Schopenhauer)가 있었다. 그는 수십 년 역경과 동료 철학자들의 경멸을 견뎌내며, 강력한 인간 혐오의 왕으로 불리게 되었다. 그러나 그의 사상은 독일 독자들 사이에서 예상치 못한 큰 성공을 거두었다. 쇼펜하우어는 1860년 서재에서 숨진 채 발견되기 전까지 칭송받는 철학자로 명성을 누렸다. 그의 철학적 염세주의는 19세기 동안 시대정신으로 남아 있었다.

이 철학적 돌파구는 부분적으로 철학계에서 종교적 회의론의 확산과 관련이 있었다. 합리주의 사상가들은 신의 존재를 증명하려는 논리를 지속적으로 의심했을 뿐만 아니라, 성경의 신성한 권위, 지구의 연대, 그리고 인간 영혼의 영적 차원까지 의심하기 시작했다. 종교 비판의 물결에서 새로운 세계의 악과 삶의 의미에 대한 낯선 시각이 등장했고, 그 결과 염세주의가 형성되었다. 바이저는 그의 책 『벨트슈메르츠』에서 "신이 없다면 이 세상의 악과 고통에서 구원받을 수 없다. 그러나 악과 고통이 없다면 왜 우리가 살아야 하는가? 그래서 햄릿의 오래된 질문은 그 어느 때보다 강력해졌다. '존재할 것인가 말 것인가?'"[371] 점점 더 많은 사람이 "살 가치가 없다"고 답하기 시작했다.

이런 상황 속에서 쇼펜하우어의 날카로운 격언은 많은 우울한 사람들의 마음을 사로잡았다. 아마도 그의 아이러니한 어조가 한 줄기 희망을 남겼기 때문일 것이다. 쇼펜하우어는 미소를 지으며 인류를 비난하는 독특한 능력을 지니고 있었다. 알프레드 노벨이 나중에 구입한 책에서 쇼펜하우어는 우정에 대해 이렇게 썼다. "진실하고 진정한 우정은 강하고 순수하며 다른 사람의 선과 악에 대해 순전히 객관적이고 완전히 무관심한 참여를 전제로 한다. 이는 결국 한 사람이 진정으로 친구와 동일시된다는 것이다. 그러나 이것은 인간 본성인 이기심과 정반대이므로 진정한 우정은 큰 바다뱀과 같아진다. 그것이 신화인지, 실제로 존재하는지는 알 수 없다." 쇼펜하우어가 지적한 대로 인생은 "비용을 감당할 수 없는 사업"이다.[372]

알프레드는 점차 극단적인 염세주의에 사로잡히게 되었다. 시간이 지나면서 그는 편지에서 기꺼이 자신의 염세적인 격언을 언급하기 시작했다. 그의 친구들은 그를 투덜거림을 동반한 극심한 염세주의자로 보게 되었다. 새롭고 찬란한 어조는 그가 마음속에서만 품었던 허구적 실험에도 영향을 미쳤다. 32세의 알프레드 노벨은 곧 소설을 스케치하기 시작했다. 그는 할 일이 너무 많았다.

*

샤프너 대령은 진지한 태도를 보였다. 알프레드는 미국에서 특허 침해로 소송을 당했다. 1월 말, 노벨은 함부르크에 있는 미국 영사에게 소환되어 반대 심문을 받았다. "니트로글리세린을 폭발시키는 아이디어를 어디서, 언제, 어떻게 생각해 냈습니까? 누가 참석했습니까?"

알프레드는 미국 특허에서 명시된 방식을 그대로 설명했다. 그는 자신의 발명에서 중요한 역할을 한 지닌 교수의 결정을 언급하며, 1863년에 상트페테르부르크의 도랑에서 진행한 실험을 설명했다. 이 실험이 바로 그가 처음으로 니트로글리세린을 폭발시킨 순간이었다. 알프레드의 니트로글리세린 회사에 자금을 지원한 사람 중 한 명인 칼 베네르스트룀 대위도 옴메베리(Åmmeberg)의 일부 광부와 함께 증언했다.[373]

알프레드는 편지에서 이렇게 썼다. "그가 사기꾼이라는 것을 전 세계가 알고 있습니다. 하지만 이 과정이 가장 모호한 결과를 초래하는 것을 막지는 못합니다." 그는 깊은 한숨을 쉬며, 4월 말 사건이 뉴욕에서 다루어질 예정임을 알게 되었다. 알프레드는 결국 그곳에 가야만 한다는 것을 깨달았다.[374]

불행히도 스웨덴에서도 상황은 더 악화되었다. 11월에 캡틴 베네르스트룀은 니트로글리세린 주식회사의 CEO에서 사임하고, 그 자리는 미스터 베른데스(Mr Berndes)로 교체되었다. 그러나 베른데스는 크리스마스 직전에 갑자기 사망했고, 그가 사망한 후 불과 몇 주 뒤, 회사에서 거의 연봉에 해당하는 금액을 횡령한 사실이 밝혀졌다. 이미 문제가 많던 상황에서 이 사건은 회사에 큰 차질을 불러왔다.

함부르크에서 심문을 받기 직전에 알프레드는 어머니 안드리에타로부터 걱정 어린 편지를 받았다. 겉으로는 활기찬 어조였지만 그 속에는 불안한 마음이 드러나고 있었다. 그녀는 알프레드에게 임마누엘의 건강 상태를 전하며 그의 컨디션이 저조하고 회복이 더디다는 사실을 알려주었다. 임마누엘은 지루함을 달래기 위해 침대에서 미친 듯하고 무익한 프로젝트들을 시작했다. 병원비는 여전히 엄청난 액수였고, 그로 인해 루드빅 알셀에게 큰 빚을 지게 되었다. 어머니는 "아직 심각한 위험은 없다"라고 재빨리 이야기했다. "루드빅이 2월에 약속한 금액을 이행했다면 이 부모는 아들의 돈으로 두 달 동안 더 머물 수 있을 텐데…. 그

동안 내 어린 알프레드가 운이 좋아 뭔가 좋은 일을 해결할 수 있기를 바란다."

이 편지는 결국 안심할 수 없다는 내용이었다. 안드리에타는 많은 사람을 흥분시킨 폭발 사고를 한탄하며, 알프레드가 그에 대한 비난을 거부하는 데 있어 올바르게 행동했다고 생각했다. "무엇보다도 너의 많은 수고와 걱정에 진심으로 고마움을 표한다. 네가 그것을 돌보지 않았다면 문제는 여전히 해결되지 않았을 것이다. 너무 많은 문제와 역경을 가진 불쌍한 내 아들."

안드리에타는 알프레드의 미국행 계획이 마음에 들지 않았다. "예상치 못한 일이 일어났을 때, 너는 할 수만 있다면 우리가 필요할 때 우리를 도울 것이라는 것을 안다. 아니면 운이 좋아 특허를 판매하게 된다면 우리는 행복한 날들을 보낼 수 있을 것이다." 안드리에타는 아들에게 용서의 중요성을 강조했다. "우리 아들 알프레드는 아버지 병의 가장 큰 원인이 화를 잘 내는 성질 때문이란 것을 알아야 한다."[375]

"행복한 날들"은 아직 멀게만 느껴졌다. 스톡홀름에서 쇠데르 터널 (Södertunneln)은 니트로글리세린 덕분에 기록적인 시간 안에 완성되었다. 하지만 그 성공은 1865년 12월에 터널이 개통된 후 수입이 사라지면서 차질을 빚었다. 동시에 루드빅은 상트페테르부르크가 24년 만에 가장 따뜻한 겨울을 맞이했다고 보고했다. 이는 타일 스토브 판매에 극도로 부정적인 영향을 미쳤다. 상트페테르부르크에서 아무것도 얼지 않았기 때문이다. 이 상황은 그가 2월에 부모님을 돕는 것이 어렵다는 것을 의미했다.

처리해야 할 문제가 많았다. 니트로글리세린 주식회사의 경영 위기는 더 이상 미룰 수 없는 사안이었다. 알프레드와 루드빅은 이전에 로베르트에게 방문한 적이 있었다. 이미 스웨덴에 있는 회사의 관리직 자리가 공고되었고, 루드빅은 자신의 형이 헬싱키에서 떠나도록 설득했다. 루드빅은 "핀란드는 믿을 수 없다고 생각한다. 핀란드는 가난하고 앞으로도 그럴 것이다. 그러나 영원히 가난하다는 것은 노벨 가족의 소망과 희망에 부합하지 않는다"고 편지를 썼다.[376]

마침내 로베르트는 승낙을 했다. 그는 가족, 폴린, 곧 세 살이 될 얄마르와 봄에 한 살이 되는 어린 잉게보리(Ingeborg)와 함께 스웨덴으로 이주할 준비를 했다.

근면한 알프레드 노벨은 1866년 4월 초에 사우스햄프턴에서 뉴욕으로 출장을 갔다. 가는 길에 스웨덴을 지나면서 안드리에타와 임마누엘을 보기를 희망했지만, 그 계획은 잘 이루어지지 않은 듯했다. 그는 샤프너 대령과 충돌하기 전에 스웨덴에서 고무적인 소식을 들을 수 있었다. 전 철도 계약자였던 아돌프 유진 폰 로젠(Adolf Eugéne von Rosen) 백작이 임마누엘을 찾아 프랑스에서 발파유를 출시할 때 알프레드의 대리인이 될 것을 제안했다는 소식이었다. 그러나 그것만이 아니었다. 크리스마스 직전에 백작은 샤프너와의 분쟁에서 알프레드에게 유리하게 증언했다. 폰 로젠은 스톡홀름의 공증인 앞에서 1864년 가을 헬레네보리에서 열린 노벨 대회에서 샤프너를 어떻게 만났는지, 그 후 자신이 어떤 질문을 했는지를 자세히 설명했다. 폰 로젠에 따르면 그는 이전에 니트로글리세린에 대해 전혀 알지 못했다.

백작은 더욱 유리한 소식을 가지고 있었다. 그는 최근 스톡홀름에서 미국 특사를 만났고, 샤프너가 1864년 스웨덴을 방문한 후 특사에게 편지를 보내 노벨의 발파유에 대해 알아내도록 요청했다고 밝혔다. 특사에게 보낸 편지는 샤프너가 스톡홀름에서 알프레드의 발명품을 보기 전까지 니트로글리세린에 대한 지식이 없었음을 증명했다. 폰 로젠은 샤프너의 편지를 "촬영"해 "악당이 자신의 서명으로 물러날 수 있도록" 제안했다.

거의 70세인 폰 로젠은 알프레드 대신 미국으로 여행을 가겠다고 제안했다. 그는 그것이 자신의 건강에도 좋을 것이며, 뉴욕에서 오랜 친구이자 지금은 미국의 국가적 영웅인 존 에릭슨을 다시 만나는 기쁨을 누릴 것이라고 말했다.[377] 그러나 알프레드는 자신이 직접 가야 한다는 것을 알고 있었다.

미국은 4년에 걸친 내전으로 100만 명이 넘는 사망자와 부상자를 낳았다. 로베르트 리(Robert E. Lee) 장군과 남부 주들이 1865년 4월 초 항복한 지 1년이 지났다. 항복 직후인 4월 13일, 북부 주들의 율리시스 그랜트(Ulysses S. Grant) 장군과 그의 승리한 군대는 환호하는 군중 앞에서 워싱턴의 거리를 행진했다. 곳곳에 성조기가 휘날렸다. 승리의 불꽃이 타올랐으며, 값싼 위스키가 셀 수 없이 많이 소비되었다.

그 당시 재선된 에이브러햄 링컨 대통령에게는 더할 수 없는 승리였다. 노동조합은 살아남았고, 400만 노예가 해방될 예정이었다.

1865년 성금요일에 대통령은 코미디 연극 「우리의 미국인 사촌(Our American Cousin)」을 보려고 포드 극장(Ford Theatre)을 찾았다. 26세의 배우 존 윌크스 부스(John Wilkes Booth)는 이 연극에 출연하지 않았지만, 광적인 남부 후원자로서 역사에 이름을 남기게 되었다. 웃음소리가 들리기 시작하자 그는 대통령석으로 잠입했다. 그러고는 링컨의 머리에 총을 쏘고 난간을 넘어 무대 위로 사라졌다. 처음에는 그 장면이 연극의 일부로 생각된 청중은 부스가 라틴어로 "독재자는 이렇게 된다!"라고 외치는 것을 들었다.

피를 흘리던 링컨은 의식을 잃은 채 길 건너편 하숙집으로 옮겨졌고, 다음 날 아침 그곳에서 사망했다.

그해 봄, 미국의 국민 시인 월트 휘트먼(Walt Whitman)은 남북 전쟁에 관한 시집을 막 완성했다. 링컨의 암살은 그로 하여금 모든 것을 내려놓게 했다. 휘트먼은 그가 존경했던 고(故) 링컨 대통령을 위해 몇 편의 새로운 시를 썼다.[378]

그중 하나는 다음과 같이 시작된다.

> 오 캡틴! 나의 캡틴! 우리의 두려운 여정은 끝났습니다.
> 배는 모든 고난을 이겨냈고 우리가 추구했던 상을 얻었습니다.
> 항구가 가까워지고, 종소리가 들리며, 사람들이 모두 환호합니다.
> 그들의 눈이 엄숙하고 대담한 배의 용골을 따라갑니다.
> 그러나 오 마음이여! 마음! 마음!
> 오, 붉은 피의 방울이여,
> 갑판 위에 누워 있는 이는 나의 캡틴이요.
> 죽은 채 차갑게 얼어붙은 자.

*

1866년 4월 15일, 링컨의 서거 1주기에 알프레드 노벨이 뉴욕에 도착했다. 그 주말, 모든 미국 정부 기관은 문을 닫고 사망한 대통령을 추모했으며, 링컨의 후계자인 앤드류 존슨(Andrew Johnson)은 어떠한 방문도 허락하지 않았다.[379]

많은 북부 사람들은 남부 주의 반군에 대해 가혹한 처벌을 바랐지만, 앤드류 존슨은 패배자들에게 사면을 베풀어 모두를 놀라게 했다. 특히 재판에서 알프레드의 상대인 남부 정치가 탈리아페로 샤프너 대령은 별다른 준비 없이 전쟁의 흐름에 발맞춰 편을 바꾸었고, 북부 연합군에 수중 기뢰를 제공하기도 했다.

남부에서의 전후 재건 작업은 엄청난 도전이었다. 마을과 농장 전체가 불타고 도로와 철도가 파괴되었다. 반면, 뉴욕시는 전쟁 중 수많은 폭력적 봉기가 있었지만 실제 전쟁터가 되지는 않았다. 그러나 전쟁이 끝난 지 1년이 지난 후에도 인종 차별적 학대는 여전히 뉴욕 시민들의 일상 속에 자리 잡고 있었다. 빈민가인 "클라인도이칠란트(Kleindeutschland)"나 리틀 이탈리아(Little Italy)에 거주하던 가난한 이민자들은 노예 제도에서 해방된 아프리카계 미국인들의 유입을 두려워했다.

1866년 봄, 콜레라 순찰대는 맨해튼의 지저분한 지역을 돌아다니며 대규모 전염병 확산을 막기 위해 청소 작업을 진행했다. 뉴욕의 화려한 금융 지구는 건강을 위협하는 슬럼가와 한 걸음밖에 떨어져 있지 않았다. 전쟁 이후 은행과 법률 회사들이 봄꽃처럼 여기저기서 생겨났고, 월스트리트는 주중 근무 시간 동안 많은 인파로 붐볐다. 많은 사람이 서로 힘들게 밀치며 지나갔고, 브로드웨이 모퉁이마다 수천 대의 마차가 붐볐다. 당시 뉴욕에서 가장 높은 건물이었던 트리니티 교회를 보려는 사람은 누구든지 목숨을 걸어야 했을 것이다.

알프레드 노벨은 월스트리트와 평행한 거리인 파인스트리트(Pine Street) 20번가로 향했다. 그는 이미 함부르크에서 약속한 뉴욕 요원인 오토 뷔르스텐바인더(Otto Bürstenbinder)와 만날 예정이었다. 뷔르스텐바인더는 알프레드가 사용

할 수 있는 집에서 멀지 않은 곳에 사무실을 두고 있었다.[380]

월스트리트 주변에서 새로운 행운을 찾으려는 사람들이 모두 훌륭한 계획을 가지고 있었던 것은 아니었다. 새로운 세대가 비즈니스 세계를 장악했고, 이들은 큰돈을 걸고 위험한 도박을 즐겼다. 전후 몇 년 동안 월스트리트의 음지에서는 규제 없는 환경과 부패한 정치 체제 속에서 부당한 거래가 만연했다. 이러한 열광적인 성장 분위기, 규제 부재, 음울한 비즈니스의 길을 닦은 뉴욕시의 정치 체제에 대해 에드윈 버로우스(Edwin Burrows)와 루크 월리스(Luke Wallace)는 그들의 걸작 『고담(Gotham)』에서 상세히 다루고 있다. 이 책은 뉴욕시의 역사를 깊이 있게 조명한다.[381]

알프레드 노벨의 대리인 뷔르스텐바인더는 월스트리트 음지 인물들 중 하나로 보였다. 그는 알프레드도 모르게 일부 미국 사업가와 발파유에 대한 예비 계약을 체결했으며, 이 거래에서 뷔르스텐바인더는 알프레드의 미래 수익의 4분의 1을 확보했다. 알프레드는 곧 뷔르스텐바인더가 자신에게 먼저 말하지 않고 회사 이름을 결정하고 주권을 인쇄했다는 사실을 알게 되었다.[382]

그러나 그날은 일요일이었기에 금융가는 텅 비어 있었고 조용했다. 알프레드는 『뉴욕 타임스』에서 빅토르 위고(Victor Hugo)의 새 소설 『바다의 노동자(Havets arbetare)』에 대한 전면 리뷰를 읽으며 하루를 보냈다. 그는 앞으로 펼쳐질 위대한 드라마를 전혀 알지 못한 채 행복한 시간을 보냈다. 신문은 빅토르 위고를 "현재 살아 있는 사람 중 가장 인기 있는 작가"라고 칭찬했다.

*

4월 16일 월요일 점심 직후, 샌프란시스코의 한 운송 회사 뒤뜰에서 화물 운송업자들이 새로 도착한 두 개의 상자를 검사했다. 상자는 뉴욕에서 배로 운송하는 동안 손상된 상태였다. 이제 이 손상의 책임이 누구에게 있는지 밝혀야 했다. 두 상자에는 단순히 "상품"이라는 설명만 적혀 있었다.

그러나 오후 1시 15분, 갑자기 큰 폭발이 일어났다. 강력한 폭발로 땅이 지진처럼 흔들렸다. 반경 15미터 이내의 모든 것은 산산이 부서졌고, 사고 현장에서 1킬로미터 떨어진 곳의 유리창조차 깨졌다. 신문은 "두 블록 떨어진 곳에서도 인간 유해의 파편이 발견됐다"고 보도했다. 이 사고로 열일곱 명이 사망하고 많은 사람이 중상을 입었다.

첫날부터 니트로글리세린이 비극의 주요 원인으로 의심받았다. 잔해와 사람의 유해가 모두 정리된 후 미스터리가 풀렸다. 폭발한 상자에는 실제로 노벨의 발파유가 들어 있었으며, 이는 캘리포니아의 광산 기술자에게 전달되던 중이었다. 이 발파유는 뉴욕에 있는 오토 뷔르스텐바인더의 도움으로 독일에서 배달된 것이었다.

곧 뉴욕에도 비상이 걸렸다. 뉴욕에도 위험한 물질이 있는 걸까? 존 호프만(John T. Hoffman) 시장은 소방서장에게 도시 전역을 수색하도록 명령했다. 며칠 후, 충격적인 결과가 발표되었다. 많은 양의 니트로글리세린이 도시 곳곳에서 발견되었다. 특히 세관 창고에는 발파유 상자 12개가 보관되어 있었다.

다음 날 아침, 오토 뷔르스텐바인더는 화물에 표시도 하지 않고 선장에게 상자 내용물을 알리지도 않은 채 니트로글리세린을 캘리포니아로 배달한 혐의로 체포되었다. 호프만 시장은 소방서장을 회의에 불러 뉴욕에 있는 물질에 책임이 있는 사람들을 데려오라고 명령했다.

소방서장은 급하게 알프레드 또는 앨버트 노벨(Albert Nobel)이라는 사람을 찾아냈다. 두 사람은 그날 늦게 시장 앞에 나타났다. 알프레드는 세관 창고에 보관된 12개의 상자가 자신과 그의 에이전트 뷔르스텐바인더가 지금까지 수입한 전부라고 확신했다. 시장은 소방서장에게 이 상자들을 시 경계 밖으로 즉시 옮기라고 명령했다.

다음 날, 신문에는 「니트로글리세린 패닉」이라는 제목의 기사가 실렸다. 샌프란시스코에서는 모든 니트로글리세린의 운송에 대해 긴급 금지령이 내려졌고, 워싱턴에서는 이미 한 의원이 니트로글리세린의 생산과 운송을 범죄로 규정하는 법안을 제안했다.

알프레드 노벨에게 이 모든 일은 악몽과도 같았다. 그에게 닥친 재난은 여기서 끝이 아니었다. 뉴욕 시장과의 회의가 있던 다음 날, 『뉴욕 타임스』의 1면은 또 다른 대형 니트로글리세린 참사 소식으로 장식되었다.[383]

파나마에서의 폭발은 이미 4월 초에 발생했지만, 그 소식이 뉴욕에 도착한 시점은 뷔르스텐바인더의 체포와 뉴욕의 니트로글리세린 패닉이 한창인 때였다. 당시 아스핀월(Aspinwall)로 불리던 파나마의 항구 도시 콜론(Colón)의 부두에 정박 중이던 화물선 유러피언호(European)가 아무런 경고도 없이 폭파된 것이다. 『뉴욕 타임스』에 따르면 선장과 많은 승무원, 그리고 항구에서 일하던 하역 작업자를 포함해 60명 이상이 사망한 것으로 추정되었다. 끔찍한 장면이 보도되었다. 불기둥과 흰 연기가 공중에 솟아올랐고 화물선 갑판 위에 있던 20~30명의 사람들이 공중으로 날아갔다. 돛대, 화물, 상부 데크의 일부가 붉은 불꽃 속으로 휩싸였다가 바다로 가라앉았다. 파나마 항구에서 충분히 떨어져 있어 폭발의 파장을 느낄 수 있었던 목격자들은 이 사건을 두고 "지금까지 목격한 가장 끔찍하면서도 장엄한 광경 중 하나"라고 증언했다.[384]

유러피언 증기선에 70상자의 니트로글리세린이 실려 있었다는 사실이 곧 밝혀졌다. 이 충격적인 소식으로 인해 알프레드 노벨에게는 샤프너와의 특허 분쟁조차 사소한 문제로 보일 지경이 되었다. 갑작스러운 상황에 당황한 그는 『뉴욕 타임스』의 편집자에게 편지를 보냈고, 1866년 4월 21일 자 신문에 전문이 실렸다.

이 도시에 도착한 이후, 최근에 니트로글리세린으로 인해 발생한 두 건의 사고에 대해 깊이 유감스럽게 생각합니다. 이 폭발의 원인은 아직 밝혀지지 않았습니다. 그러나 나는 니트로글리세린이 화약보다 덜 위험한 물질이라는 점을 관련 과학 기관이 확인해 주기를 진심으로 희망합니다. 이를 증명하기 위해 나는 며칠에 걸쳐 일련의 실험을 수행할 계획이며, 실험의 시간과 장소는 신문에 발표할 것입니다. 그때까지는 독자 여러분께서 성급한 판단을 미뤄 주시기를 정중히 요청드립니다. 이 실험을 통해 니트로글리세린의 안정성에 대한 공정하고 객관적인 판단이 가능할 것이라 믿습니다.

당신의 겸손한 A. 노벨

1866년 4월 20일 뉴욕

오토 뷔르스텐바인더의 심문은 몇 주 동안 이어졌다. 그는 법원이 요구한 2,500달러의 보석금을 낼 수 없었으므로 계속 구금된 상태였다. 4월 25일 수요일, 알프레드 노벨이 뷔르스텐바인더를 상대로 한 소송에서 증언할 차례가 되었다. 압박과 긴장 속에서 진행된 그의 증언은 세부 사항이 엇갈리고 발언들이 모순되어 혼란스러웠다. 그의 증언 중에 "나는 화학자이지만 그것이 제 직업은 아닙니다. 직업은 토목 기사입니다"라고 강조하며 자신의 입장을 설명했다. 그는 니트로글리세린이 특정 조건, 360도 이상의 고열이나 그가 발명한 점화 장치를 통해서만 폭발한다고 주장했다. 그는 샌프란시스코에서 발생한 사고는 부주의한 포장 때문이라고 추측하며, 나무 상자 속 톱밥이 발화했을 가능성을 제기했다. 그러나 법정에서는 "(니트로글리세린이) 어떤 조건에서 폭발하는지 모두 알지는 못한다"고 인정했다. 그의 증언은 기대했던 결과를 가져오지 못했다. "니트로글리세린은 일반적으로 취급하기에 안전하지만, 증인인 노벨은 그것이 어떠한 상황에서 폭발하는지 몰랐다"고 『뉴욕 타임스』는 냉소적으로 요약했다.[385]

샌프란시스코의 서부 해안 요원인 율리우스 반트만(Julius Bandmann)은 분노와 실망을 감추지 못했다. 그는 대량으로 수입한 발파유를 샴페인 병에 담았지만 이제는 도시 외곽의 섬에서도 이를 보관해 줄 사람을 찾을 수 없었다. 그들은 모든 병을 작은 배에 실어 멀리 샌프란시스코만 한가운데에 닻을 내릴 수밖에 없었다. 의문과 문제는 점점 쌓여 갔지만 노벨에게서는 아무런 답변도 들을 수 없었다.

반트만은 자신이 몇 가지 중요한 사실을 발견했다고 생각했다. 그는 동료들과 함께 발파유가 든 화물의 일부에서 유황 냄새를 맡았고, 이 샴페인 병 중 하나를 열었을 때 표면에 갈색 거품이 떠 있는 것을 확인했다. "기름 붕괴의 시작이 아니라면 이게 무엇입니까? 왜 뚜껑을 열었을 때 기름에서 지글지글 소리가 나는 걸까요? 이건 중요한 사안이니 당신이 답해야 하지 않겠습니까?" 그는 이러한 의문을 담아 뉴욕의 알프레드 노벨에게 편지를 보냈다. 서부 해안 요원은 알프레드가 자신들이 보유한 것만큼 오래된 발파유로 실험한 경험이 있는지, 그러한 상황에서 위험을 겪은 적이 있었는지 궁금해했다.

알프레드는 괴로워했다. 그는 밤에 잠을 거의 자지 못했고 "앞머리에서 쾅쾅거리는 천둥소리와 불편함, 특히 불운에 대한 생각"으로 정신적 한계에 부딪혔다. 어떻게 모든 일이 이렇게까지 불리하게 전개될 수 있을까? 샌프란시스코와 멕시코로 향하는 다른 모든 선적물은 손상 없이 도착했으나, 그는 "이 두 번의 폭발은 내가 미국에 도착한 직후에 일어났습니다. 우리는 니트로글리세린이 불운을 몰고 다닌다는 것을 인정해야 합니다"라고 스톡홀름의 집에 편지를 썼다.[386]

*

구원은 예상치 못한 곳에서 찾아왔다. 찰스 실리(Charles Seely)는 뉴욕 의과대학의 분석화학 교수였다. 그는 6개월 전 와이오밍 호텔 밖에서 발생한 폭발 사고 현장에 있었으며, 재난을 화학적으로 분석하는 데에 호기심을 갖고 있었다. 실리는 자신의 연구 결과를 확신하고 있었고, 5월 초에는 권위 있는 학술지인 『사이언티픽 아메리칸(Scientific American)』에 연구 결과를 발표했다. 그는 니트로글리세린이 결코 안전한 물질이 아니며, 알프레드 노벨의 주장은 틀렸다고 주장했다. 실리는 특정 상황에서 발파유가 스스로 발화할 수 있다고 경고하며, 이는 그가 다루었던 면화 화약과 유사하다고 설명했다.

그렇다면 결론은 무엇이었을까? 실리는 이렇게 말했다. "많은 사람이 놀란 나머지 니트로글리세린이 위험한 물질로 판명되었기 때문에 더 이상 사용할 수 없다고 생각하는 것 같다. 그러나 일시적인 공황에 긴장한 국민과 의회는 착각하고 있다. 우리는 니트로글리세린같이 유용한 물질을 사용하지 않은 채 방치할 여유가 없다. 우리는 우리의 과학과 독창성이 그것을 안전하게 만드는 방법을 찾을 수 있을 것이라고 믿어야 한다. 나는 감히 니트로글리세린을 화약보다 훨씬 덜 위험한 물질로 간주하며, 몇 년 안에 미국에서 니트로글리세린의 연간 소비량이 백만 파운드에 달할 것으로 예측한다."

실리 교수는 이제 중요한 것은 현재의 위험을 관리하는 것이며, 아마도 한동안 운송과 생산을 조정해야 할 것이라고 주장했다. 그러나 금지? 그는 금지에는 동의하지 않았다. "세상에 존재하는 무지와 부주의를 이유로 예리한 도구, 증기, 화약을 다 금지해야 하는가? 오히려 우리가 사고라고 부르는 사건들을 통해 배울 것이 있고, 발명할 것이 있음을 깨달아야 한다." 교수의 글은 알프레드 노벨에게 감미로운 음악처럼 들렸을 것이다.[387]

그가 뉴욕 주민들에게 약속했던 니트로글리세린에 대한 "설득력 있는 실험"은 5월 초 어느 금요일 오후에 이루어졌다. 주로 언론인, 엔지니어, 과학자로 구성된 약 스무 명의 청중이 83번가와 센트럴 파크의 모퉁이에 있는 어느 한 채석장으로 "약간의 두려움"을 안고 모였다. 맨해튼의 주거 지역에서 안전한 거리에 있는 그곳에서 알프레드 노벨은 한 신문에서 기술한 바와 같이 매우 강력한 발파유에 대해 "이러한 힘이 인류에게 혜택을 줄 수 있도록 통제되고 지시될 수 있다"라고 말하며, 그 효과를 증명할 것을 단호하게 다짐했다.[388]

묘사된 바에 따르면 알프레드는 "성냥, 시가 … 그리고 상당한 용기"를 갖추고 있었다. 그는 니트로글리세린 한 병을 바위에 던져 실험을 시작했는데, 유리병은 1,000개의 조각으로 부서졌지만 그 외에는 아무런 효과가 없었다. 그러자 그는 폭발물의 진정한 잠재력에 대한 의심을 없애기 위해 점화장치를 사용해 대규모 폭발을 시연했다. 그는 샌프란시스코에서의 사고에 대한 자신의 이론을 설명하며, 톱밥이 든 상자에 니트로글리세린 통을 놓고 시가로 톱밥을 불태워 관객에게 그 결과를 보여주었다. 톱밥이 강하게 타오르자 발파유는 폭발했다. "발파유가 모래에 포장되었더라면 폭발하지 않았을 것이다"라고 노벨은 확신하며 설명했다.

그 후 알프레드는 비장의 카드를 꺼냈다. 그는 운송 과정에서 발파유를 완전히 안전하게 만드는 새로운 방법을 발명했다고 주장했다. 알프레드는 발파유와 목재 알코올을 섞으면 폭발의 위험을 완전히 없앨 수 있다고 설명했다.[389] 이 순간은 마치 교수대 아래에서 개종한 것과 같은 전환을 의미했다. 이는 순수한 니트로글리세린이 자신이 주장한 것만큼 안전하지 않을 수 있음을 처음으로 인정하는 것이었다.

알프레드가 채석장에서 두 시간 동안 실험을 진행한 후, 참석자들의 의견은 분분했다. 『사이언티픽 아메리칸』은 참석자들의 대부분이 실험에 설득되었다고 썼다. "실험이 완료되었을 때는 기름 근처에 접근하는 것에 대한 두려움이 사라졌고 처음에는 매우 안전하게 거리를 유지하려 했던 일부 사람들도 소포를 쉽게 처리했다. 이는 마치 여우와 사자에 관한 고대 우화를 떠올리게 했다." 그러나 일부 사람들은 여전히 의심을 품었다. 예를 들어 필라델피아 인콰이어러(Philadelphia Inquirer)는 이렇게 지적했다. "노벨 씨는 자신이 발명한 무서운 액체의 특성을 완전히 이해하지 못한 것이 분명하다. 신선한 발파유의 특성에 관한 그의 이론은 정확할 수 있지만, 제조된 후 일정 시간이 지나면 분명히 화학적 변화를 겪어 보관이나 운송이 더 이상 안전하지 않게 되는 것 같다."[390]

모든 것이 불확실한 상태였다. 하지만 알프레드 노벨은 희망을 품었다. 연이은 사고가 대중을 놀라게 한 것은 분명했지만, 맨해튼에서의 실험이 불안해하는 사람들을 어느 정도 진정시켰다고 생각했다.[391] 이제 남은 문제는 워싱턴의 히스테리적인 정치인들을 진정시키는 일이었다.

*

누가 처음으로 금지와 사형을 요구했는지는 확실하지 않다. 한 소식통에 따르면 알프레드 노벨의 경쟁자인 화약왕 헨리 듀퐁(Du Pont)이 틀림없다고 한다. 어쨌든 그 의견은 당시 의회에서 지지를 받았다.

　나는 디지털 미국 신문 아카이브에서 검색해 보았다. 1866년 봄에 니트로글리세린에 대한 듀퐁의 성명은 찾을 수 없었지만, 미시간의 챈들러(Chandler) 상원의원이 운송 금지를 제안했다는 사실은 확인할 수 있었다. 몇 분 만에 온라인으로 올바른 상원 기록 보관소를 찾았다. 나는 워싱턴의 국립 기록 보관소에 무작위로 이메일을 보낸 후 몇 개월 동안 대기해야 할 것으로 예상했지만, 입법 기록 보관소는 그렇게 작동하지 않았다. 그날 오후, 1866년 5월 9일 챈들러의 손으로 쓴 원본의 스캔이 내 받은 편지함으로 전송되었다. 필체는 부드럽고 둥글었으나, 내용은 혁명적이었다.

*

　챈들러 상원의원은 법안을 철회하지 않았다. 그는 니트로글리세린 금지령을 무시하고 다른 사람들을 죽음에 이르게 한 것은 중대한 범죄라고 주장했다. 제안된 범죄 분류는 "고의적 살인"이었고, 처벌로 제시된 것은 "교수형 처형"이었다. 알프레드 노벨은 공포에 시달렸을 것이다.[392]

　챈들러는 의회에서 니트로글리세린의 유일한 반대자가 아니었다. 많은 사람이 그의 제안에 동조했고, 상원 상무 위원회에서 이를 논의했다. 물론 이 상황은 알프레드 노벨에게 재앙이었다. 그는 워싱턴에서 열린 로비 회의와 뷔르스텐바인더의 샌프란시스코 사건에 대한 뉴욕 청문회 사이를 오가야 했다. 그 와중에 노벨은 로베르트에게 편지를 썼다. "내가 뉴욕 대신 샌프란시스코에 있었다면 그들은 나를 갈기갈기 찢어 놓았을 겁니다. 워싱턴 의회는 분노했고 오일의 제조와 판매를 전면 금지하기를 원하며 살인죄로 교수형에 처해야 한다고 투표했습니다."[393]

　이 극적인 상황에서 교활한 샤프너 대령이 예상을 깨고 노벨을 변호했다. 5월 11일 수요일, 샤프너는 오토 뷔르스텐바인더에 대한 샌프란시스코 사건의 전문가 증인으로 소환되었다. 샤프너는 수년 동안 니트로글리세린을 사용했다고 주장하며, 율리시스 그랜트 장군을 포함한 스타가 많은 북부 국가 영웅들을 참고인으로 삼았다. 그의 증언은 노벨을 옹호하는 내용이었다. 샤프너는 결론적으로 "니트로글리세린은 확실히 화약보다 덜 위험하다"고 주장했다. 그는 사고가 일어난 원인은 물질 자체가 아니라 그것의 부적절한 취급에 있다는 점을 강조했다.

알프레드는 복도에 앉아 귀를 기울였다. 그는 회중에게 화약과 니트로글리세린의 차이를 들개와 길들인 코끼리의 차이와 같다고 설명했다. "화약은 더 위험하지만, 길들인 코끼리가 놀림을 받으면 더 무섭다."[394]

여기 어딘가에서 당사자 간의 관계가 눈에 띄게 변화했다. 알프레드는 기회를 포착했다. 샤프너 대령은 당시 워싱턴에 거주하며 의회에 폭넓은 인맥을 보유하고 있었고, 무엇보다도 니트로글리세린의 가치를 신뢰했다. 샤프너가 아무리 교활한 인물이라 하더라도, 상황이 이렇다면 그를 적대하기보다는 함께하는 것이 훨씬 유리하다고 알프레드는 판단했다. 또한 샤프너는 상원에 니트로글리세린을 더 안전하게 운송하기 위해 고안된 방안을 제출했다. 그의 제안은 석고로 둘러싸인 주석 깡통을 사용하여 폭발 위험을 줄이자는 것이었다. 그는 이 설계로 특허를 신청하기도 했다. 알프레드는 자신의 나무 알코올 혼합물이 석고 캔과 결합된다면, 정치인들이 운송 금지 조치를 재고할 충분한 이유가 될 거라고 생각했다.

5월 16일, 알프레드 노벨과 샤프너 대령은 극적인 화해를 이루었다. 샤프너는 1달러에 군사적 폭파 방법을 사용할 수 있는 권리를 사는 대가로 노벨이 미국 특허를 유지하도록 했다. 이렇게 적대적인 관계에 있던 두 사람은 순식간에 협력자로 변했다. 이후 두 사람은 함께 워싱턴에서 폭탄 실험을 진행하며 대중과 정치인을 안심시키려 노력했다.

분명히 로비 활동은 결실을 맺었다. 상원 상무 위원회는 협상을 마무리한 후에도 범죄화의 위협이 여전히 남아 있다고 판단했으나, 제안된 범죄 분류를 "과실치사"로 완화하고 형량은 "최소 10년의 징역형"으로 축소했다. 일주일 후 뷔르스텐바인더도 감옥에서 풀려났다. 법원은 그가 여행 중이었기 때문에 샌프란시

스코에서 운송 중 발생한 사고에 대해 책임이 없다고 판단했다.[395]

압력은 점차 완화되기 시작했지만, 알프레드 노벨은 여전히 뷔르스텐바인더의 불쾌한 행동을 충분히 목격했다. 그는 특허를 확보하고 미합중국 발파유 회사(United States Blasting Oil Company)를 설립할 때 다른 파트너를 선택하기로 했다. 이에 상트페테르부르크 시절 가족과 알고 지냈던 사업가 이스라엘 홀(Israel Hall)에게 연락했다. 몇 년간 알고 지내온 신뢰할 만한 인물과의 협력을 모색한 것이다. 그는 6월에 뉴욕에서 로베르트에게 보낸 편지에서 "훌륭한 능력을 가진 사람이며, 여기서는 거의 믿기지 않을 만큼 정직해서 그가 여기에 있다는 사실이 놀랍고 환상적입니다"라고 썼다.

여름이 찾아오면서 극심한 더위가 미국 동부 해안을 강타했다. 어느 날, 뉴욕에서만 161명이 사망했다. 알프레드도 이러한 환경 속에서 고통을 겪었다. 그는 뉴욕과 워싱턴을 오가며 긴장을 풀 수 없었다. 6월 말까지도 미국에서 니트로글리세린을 사용하는 모든 행위가 불법화될 거라는 위협을 생생히 느꼈다.[396]

이후 샤프너는 자신의 신용을 회복하며 주목받기 시작했다. 그는 자신이 아니었다면 알프레드 노벨이 미국 체류 중 감옥에 갇혔을 거라고 주장했다. 대령이 알프레드가 깨달은 것보다 더 큰 영향력을 행사했다는 사실은 6월 28일 의회가 마침내 새로운 니트로글리세린 법안을 통과시키며 분명해졌다. 샤프너는 법안에 결정적인 조건을 포함시켰다. 니트로글리세린은 그가 특허를 출원한 회반죽 깡통에 담겨야만 계속 운송이 허용되도록 규정한 것이다.[397] 샤프너는 오래지 않아 이 특권을 이용해 스웨덴 출신인 알프레드 노벨을 괴롭혔다.

판결이 내려지자, 알프레드는 자신이 속았음을 깨달았다. 그는 샤프너가 뒤에서 최대한 큰 몫을 챙기려 한다는 사실을 알게 되었고, "신세계"라고 불리는 미국에서 정직함이 오래 지속되지는 않는다는 점을 뼈저리게 느꼈다. 알프레드의 눈에 미국은 "사람들이 기업가 정신을 가지고 있지만, 사기가 너무 많아 모든 사람을 겁먹게 만드는" 나라로 떠올랐다. 그는 발명품에 대해 현금으로 대가를 받는 것이 불가능하다고 집으로 편지를 썼다. 뉴욕에서 사기꾼의 수가 "지금처럼 풍부하게 번성한 적이 없었다."[398] 몇 달 후 그가 말했듯이 "현재 뉴욕주의 법률에서 가장 놀라운 점은 도시의 한쪽 절반이 다른 절반을 체포하고 허위로 벌금을 부과할 수 있는 것"이라고 표현했다.[399]

8월 초, 대서양을 가로지르는 여행 중 폭풍우가 몰아쳤다. 증기선이 심하게 흔들렸고 유리창이 깨졌다. 알프레드는 몸과 마음이 지쳐 있었다. 극심한 무더위 속에서 온갖 노력을 기울였지만 그의 건강은 쇠약해졌다. 그간의 수고는 아무 소용이 없었다. 그의 회사가 발행한 화려한 미국 주식 증서는 쓸모없었다. 그는 그것들을 오버코트 안감으로나 쓸 만하다고 생각했다. 타인의 이익을 착취하는 사람들에 대한 그의 경멸은 점점 더 깊어졌다. 그는 다시는 미국 땅을 밟지 않겠다고 결심했다.

그러나 알프레드는 모든 것이 사기만은 아니었다는 사실도 인정해야 했다. 많은 극적인 폭발 사고는 가혹한 현실이 벌인 증거 검증처럼 보이기 시작했다. 최소한 75명이 목숨을 잃었고, 비슷한 수의 사람들이 심각한 부상을 입었다. 알프레드는 더 이상 니트로글리세린이 안전하다고 주장할 수 없었다. 반대되는 증거가 너무도 명백했기 때문이다. 그는 피할 수 없는 결론에 도달했다. 발파유를 더 안전하게 만들어야 했다.[400]

알프레드는 이미 목재 알코올에 대한 아이디어를 연구하고 있었다. 5월에 그는 로베르트에게 특허를 출원해 달라고 요청하며, 서명은 알프레드 자신의 손글씨를 따라 해 달라고 지시했다. 이는 명백한 부정행위로 보일 수 있는 일이었지만, 경쟁자를 따라잡기 위해서는 어쩔 수 없었다. 알프레드의 요청에 따라 로베르트는 6월에 함부르크와 크륌멜을 방문해 몇 가지 실험을 진행했다.[401]

목재 알코올은 알프레드가 고민하던 유일한 대안이 아니었다. 그는 오랫동안 잊고 지냈던 또 다른 아이디어를 떠올리기 시작했다. 실험 중 뉴욕에서 언론인과 과학자들 앞에서 발파유를 직접 만졌다. 채석장에서 그는 만약 발파유가 톱밥 대신 모래에 포장되었더라면 샌프란시스코에서의 재앙은 일어나지 않았을 것이라고 주장했다.

알프레드 노벨은 초기 특허 출원에서 니트로글리세린을 다공성 물질, 예를 들어 탄소나 모래에 흡수시키는 방법을 언급한 바 있었다. 하지만 당시에는 그 작업을 진행하지 않았을 뿐이었다. 이제는 그 방법이 목재 알코올보다 더 나은 대안처럼 느껴졌다.[402]

그가 함부르크에서 직면하게 된 현실에도 새로운 해결책을 찾아야 할 필요성은 여전히 절박했다.

11장
새로운 폭발물의 개발

　알프레드 노벨은 유럽으로 항해하는 동안, 세계적으로 큰 화제를 일으킨 소식을 접했다. 10년간의 좌절과 슬픔 끝에 마침내 유럽과 미국을 연결하는 신화적인 전신 케이블이 설치되었고, 그것은 제대로 작동하는 것처럼 보였다. 1866년 8월 4일 토요일, 『뉴욕 타임스』는 런던에서 빅토리아 여왕의 전보가 11분 만에 뉴펀들랜드와 캐나다 정부에 도달했다는 충격적인 뉴스를 실었다. 알프레드는 모든 내용을 읽을 수 있었다.

　이번에는 모퉁이를 돌 때 충돌이 일어나지 않았다. 배를 통해 전해진 "구세계"의 일주일 전 뉴스는 곧 역사가 되었다. 죽어가던 마이클 패러데이는 그의 전자기장 이론을 간접적으로 확인시켜 준 좋은 소식을 접했다. 그러나 이 사실이 모든 사람에게 명확해지기까지는 수십 년이 더 걸렸다.[403]

　알프레드는 유럽에서 지연된 뉴스를 접한 마지막 시기에 뉴욕을 방문했다. 당시 그는 집에서 무슨 일이 일어났는지 알고 있었을까? 그는 고향에서 일어난 전쟁에 대해 들은 적이 없으므로 알지 못했을 것이다. 우리는 그가 부대의 움직임에 대해 알고 있었을 가능성은 있지만, 통신이 느렸던 관계로 전투가 이미 끝난 사실을 몰랐을 것이라고 추측할 수 있다. 또한 그는 크룀멜에서 일어난 사건에 대해서도 전혀 몰랐던 것 같다.

　6월이 되자 프로이센군은 홀슈타인 공국을 침공했다. 뉴욕 신문들은 이를 보도했다. 홀슈타인은 마지막 전쟁 이후 평화롭게 오스트리아의 영향 아래 있던 지역이었고, 이는 오토 폰 비스마르크(Otto von Bismarck)가 오랫동안 갈망했던 동맹국들과의 전쟁 명분을 제공했다. 비스마르크는 오랫동안 프로이센이 주도하는 새로운 독일 연방을 꿈꿔 왔으며, 이 연방에서 라이벌 오스트리아는 완전히 제외될 운명이었다. 비스마르크는 단 7주 만에 그 목표를 이뤘다.

1866년 8월 1일, 알프레드 노벨이 함부르크에 상륙했을 때 교전국들은 이미 예비 평화 조약에 서명한 상태였다. 프로이센은 오스트리아를 독일 공동체에서 몰아내고 약 20개의 훨씬 작은 국가와 함께 북독일 연방을 구성했다.

따라서 비스마르크의 유럽 권력 게임에서 마지막 단계만 남았다. 다음 전쟁은 훨씬 더 극적일 것이다. 역사 교수인 데이비드 블랙번(David Blackbourn)에 따르면 오스트리아와의 짧은 충돌은 "우리가 독일 통일이라고 부르는 결정적인 순간"이었다.[404]

여름 전쟁은 자유 도시인 함부르크에 고뇌를 불러일으켰다. 비록 거리가 있었음에도 함부르크는 오스트리아편에 서게 되었다. 비스마르크의 거듭된 위협과 유혹 끝에 함부르크는 결국 굴복했다. 독립을 보장받는 조건하에 한자 도시(Hansastaden)도 새로운 노동조합에 합류하게 되었다.[405]

알프레드가 자리를 비운 동안 많은 변화가 일어났다. 프로이센 정권은 폭발성이 강하고 흥미로운 니트로글리세린에 관심을 갖기 시작했으며, 이에 관한 글이 점점 더 많이 작성되었다. 여름 초, 전쟁이 발발하면서 이 물질에 대한 관심은 더욱 증폭되었다. 분명히 이 물질은 함부르크에 사무실을 두고, 프로이센의 라우엔부르크에 공장이 있는 스웨덴 출신의 노벨이 제조한 것으로 보였다. "전투에서 사용할 수 있습니까?" 군대가 물었다. "그 도시에 위험한 폭발물이 있었다고 들었는데 노벨은 정말로 이에 대한 허가를 받았습니까?" 그들은 베를린과 함부르크의 경찰과 소방 당국에 이를 물었다.

크룀멜에서 폭발이 일어나기 전까지는 거의 문제가 제기되지 않았다. 그러나 7월 12일 임시 목조 창고에 불이 나면서 그곳에 보관된 발파유가 꽝음과 함께 폭발했다. 이 폭발로 노동자 한 명이 사망하자, 분노는 커졌다. 그 결과 규칙이 강화되었고, 이제부터 도시에서 니트로글리세린을 수송할 때 군의 호위를 받아야 하며, 화물선에는 검은색 경고 깃발을 세워야 한다는 규정이 만들어졌다. 개인 보관은 모두 금지되었다.

프로이센 군대는 발파유로 여러 차례 실험을 했지만, 결국 이를 전투 중에 사용하기에는 너무 불안정하다고 판단하고 자제하기로 결정했다.

알프레드 노벨은 부재 중에 크륌멜에 있는 공장 지역에서 니트로글리세린을 즉시 비우라는 명령을 받았다. 그는 허가 규칙을 어기고 약속된 새 공장 건물이 완공되기 전에 생산을 시작했다는 혐의를 받았다. 게다가 초가 지붕이 있는 임시 목조 창고에서 사고가 발생했다. 당국은 노벨이 신뢰를 남용했다고 판단하며, "가장 엄격하게 처벌해야 한다"고 주장했다. 그러나 이 사실은 미국의 알프레드에게 전달되지 않았다.[406]

유럽으로 돌아온 알프레드 노벨은 지쳐 있었다. 그는 몇 주 동안 스파에서 지내는 꿈을 꾸었지만, 곧 그 계획을 접어야 했다.

*

로베르트 노벨은 크륌멜에서 목재 알코올 실험을 마친 후 스톡홀름으로 돌아왔다. 그 대신 함부르크에서 그의 형제 루드빅이 알프레드가 집으로 돌아오기를 기다리며 이리저리 돌아다녔다. 루드빅은 다른 무엇보다도 "노인"을 보기 위해 스톡홀름으로 가는 중이었다. 그는 아버지의 상황에 대해 걱정하고 있었다. 임마누엘은 계속해서 새로운 아이디어를 내놓았고, 이를 실현하기 위해 아들들에게 돈을 빌리려 했지만, 결국 아들들이 거절하자 화를 냈다. 그러나 루드빅과 알프레드 모두 말도 안 되는 소리에 돈을 낭비할 수는 없었다. 아버지는 로베르트에게는 아예 돈을 빌릴 생각도 하지 않았다.

임마누엘의 최근 아이디어는 새로운 스웨덴 해군에 대한 것이었다. 그는 이를 통해 충분한 보상을 받을 것이라 생각했다. 그러나 이번에는 아버지가 그 어느 때보다도 기상천외한 아이디어를 제시했다. 그는 물개들이 기뢰를 놓을 수 있도록 훈련시킬 것을 제안했다. 루드빅은 그 제안에 한숨을 쉬며, 동시에 갈등을 느꼈다. 그는 가을에 로베르트에게 이렇게 썼다. "이제 우리 세 형제가 어느 정도 자립하게 되었으니, 부모님이 더 이상 생계 걱정을 하지 않으셔도 될 것입니다. 아버지가 독자적으로 자본을 조달할 수 없었던 것은 사실이지만 우리 셋을 모두 키워 주셨으니, 이 이자의 일부는 당연히 아버지에게 돌아가야 할 것입니다."[407]

아마도 그렇게 해야 했을 것이다. 그러나 문제는 자본이 아직 이자를 벌 정도에 이르지 못했다는 점이었다.

부모는 알프레드가 수천 달러를 가지고 뉴욕에서 돌아올 것이라고 기대하며 희망을 더 키웠다. 같은 기대를 품은 사람들이 더 있었다. 알프레드가 없는 동안 함부르크에 있는 윙클러 형제의 회사는 파산했다. 크륌멜에서 발생한 폭발과 그로 인한 규제 강화는 알프레드의 파트너인 테오도르 윙클러를 절망적인 상황으로 만들었다. 알프레드 노벨 회사도 심각한 자본 부족을 겪었고, 독일에서는 니트로글리세린이 거의 욕설처럼 취급되었다. 윙클러는 큰 빚을 지게 되었고, 그의 동업자는 미국에서 빈손으로 집에 돌아왔다.[408]

알프레드는 새로운 긴급 구조 작업에 뛰어들어야 했다. 크륌멜의 공장 지역에 있던 모든 니트로글리세린을 즉시 제거해야 했기 때문이다. 헬레네보리에서 사고가 난 후와 마찬가지로 그는 엘베강에 정박한 바지선을 빌려 폭발물 재고를 옮기고 임시 실험실을 세웠다. 이후 라우엔부르크 공국 정부에 사과 편지를 보내, 자신이 예기치 않게 미국 체류를 연장하지 않았다면 7월의 사고는 일어나지 않았을 거라고 설명했다. 안타깝게도 그가 없는 동안 공장 건설이 중단되었고, 크륌멜의 노동자들은 그의 명시적 명령에도 불구하고 임시 창고에서 발파유를 생산하기 시작했다.

그러나 알프레드는 편지에서 이제 모든 것이 통제되고 있다고 밝혔다. 더 이상 발파유가 공장을 떠나는 일은 없을 테니, 자신을 가혹한 처벌로 위협할 필요는 없다고 덧붙였다. 그는 "단 한 번의 일탈이 모든 신뢰를 무너뜨릴 것"이라는 점을 인정하며, 당국이 그의 말을 신뢰할 수 있도록 노력했다. 알프레드는 폭발 위험을 제거하는 데 모든 에너지를 바칠 것을 약속하며, 이미 그러한 방법을 찾아냈다고 알렸다. 그 방법은 기름을 화학적으로 변형시켜 안전성을 강화하는 것이었다. 이를 보완하기 위해 그는 훈련된 화학자를 고용했다. 그 화학자는 공장 관리를 맡을 프로이센 포병대의 칼 디트마르(Carl Dittmar) 중위였다.

알프레드는 새 공장이 완공되면 정부에 검사를 신청하기로 결정했다. 그는 검사관이 신제품의 안전성을 확신할 수 있도록 몇 가지 실험을 수행할 허가를 요청했다.[409]

알프레드 노벨은 지치고 건강이 좋지 않았으며, 컨디션도 매우 저조했지만, 이를 극복하기 위한 철저한 전략을 준비해 놓았다. 이제 그는 그 전략을 행동으로 옮기기 시작했다. 목재 알코올 솔루션은 이미 확보되어 있었으며, 추가 작업이나 큰 비용이 들지 않았다. 그러나 알프레드는 자신의 체면을 지키고 미래의 생산을 보호하기 위해 이미 다른 계획을 세워두었다. 이를 통해 그는 자신이 진정으로 믿었던 발명을 진행할 소중한 시간을 확보할 수 있었다. 그것은 니트로글리세린을 일부 다공성 물질에 흡수시키는 방식이었다. 알프레드는 더 이상 액체 상태로 폭발물을 운반하지 않기를 원했으며, 이를 더욱 단단하고 안전하게 만들고자 했다.

이 사건은 훗날 법정에서 철저히 검토되었다. 알프레드는 증거로 오래된 편지를 제출해야 했으며, 선서 아래에서 다이너마이트라는 혁신적 발명을 어떻게 이루었는지를 상세히 설명해야 했다. 그가 고용한 "믿을 수 있는" 프로이센 장교가 다음 해에 강제로 해임된 뒤 그를 고소하며, 다이너마이트가 사실은 자신의 발명품이라고 주장했기 때문이다.

반대 증거는 충분했지만, 디트마르라는 인물의 공격은 알프레드에게 큰 타격을 주었다. 또 다른 사기꾼이라니, 아직 끝나지 않았나? 알프레드는 바보 같은 완고함으로 유죄가 입증되기 전까지는 선한 사람을 믿는다는 원칙을 고수했다. 그러나 그가 배신당할 때마다 내면의 고통은 점점 더 깊어져만 갔다.

칼 디트마르에 대한 소송 기록은 스톡홀름의 국립 기록 보관소에 보관되어 있다. 이 문서들과 약간의 인내심만 있으면 다이너마이트 발명으로 이어지는 복잡한 경로를 비교적 명확하게 이해할 수 있다. 증언, 편지에서 인용된 내용, 알프레드의 메모 등을 종합해 보면 1866년 여름 동안 테오도르 윙클러가 다공성 물질에 흡수된 발파유가 운송 중에 안전성을 테스트하도록 위임받았음을 알 수 있다. 이 아이디어의 핵심은 흡수된 발파유를 필요할 때 다시 녹여 사용하는 것이었다.

알프레드 노벨이 크룀멜에 있는 공장을 매입했을 때, 윙클러는 스웨덴 동료에게 그 지역에서 풍부하게 발견되는 특수한 회백색 모래인 규조토를 소개했다. 규조토는 규조류에 의해 형성된 비정상적으로 다공성인 암석 가루로, 거의 모든 액체를 흡수할 수 있는 특성을 가지고 있었다. 그해 동안, 알프레드 노벨 회사는 니트로글리세린이 담긴 주석 병을 포장한 상자의 충전재로 규조토를 사용했다. 그들은 실험을 위해 다락방에 건조된 규조토를 대량으로 보관해 두었다. 이후 이 규조토는 윙클러가 여름 실험에 사용하는 주요 재료가 되었다.

윙클러는 운송이 완료된 후 규조토에서 니트로글리세린을 다시 분리해 회수한다는 아이디어에 반대했다. 그는 이 과정이 불필요하게 복잡하고 자원 낭비가 심하다고 결론지었다.

그러나 그들이 니트로글리세린을 다시 회수하지 않는다면 어떻게 될까?[410]

알프레드 노벨이 진술서에서 밝혔듯이, 1866년 가을 그는 다양한 다공성 물질을 실험하는 데 거의 모든 시간을 할애했다. 그는 크룀멜에서 많은 시간을 보낸 후, 함부르크에서 기차를 타고 베리도르프(Bergdorf)로 이동한 뒤 말과 마차를 타고 공장 지역까지 약 두 시간 거리를 이동했다. 알프레드는 보통 크룀멜에서 며칠씩 머물며, 디트마르와 그의 아내와 함께 마을에 있는 별장에서 지냈다. 필요할 때는 함부르크에 있는 사무실에서 시간을 보내기 위해 호텔에 체크인하기도 했다.

처음에는 바지선에서 실험을 진행했다. 알프레드는 규조토의 대안으로 톱밥("가장 작은 돌풍에도 폭발"), 면 가루, 목탄, 종이 등 가능한 모든 물질을 하나씩 테스트하고 기각했다. 그러나 어떤 것도 규조토만큼 효과적이지 않았다. 그래서 규조토를 대량으로 보관하고 있었다.

알프레드는 규조토와 니트로글리세린을 다양한 비율로 혼합하기로 결심했다. 모래의 4분의 1과 나머지 부분에 기름이 하얗게 흐를 때까지 반죽하면 거의 건조한 상태가 되었다. 그다음 단계는 점화 캡의 적절한 강도를 실험하는 것이었다. 그는 새로운 반죽이 "지옥에서도 발화하기 어렵다"는 사실을 발견했지만, 문제는 해결할 수 있었다.[411]

윙클러는 뒤에서 끊임없이 조급하게 움직이고 있었다. 그는 신제품이 빨리 시장에 나와야 한다고 강조했다. 디트마르도 같은 목소리를 냈다. 회사는 절실히 수익이 필요했고, 알프레드의 새로운 폭약 반죽이 이들을 구원할 수 있다고 믿었다. 그는 무엇을 기다리고 있는가? 그러나 알프레드 노벨은 이번에는 서두르지 않기로 결심했다. 사고 후에 고통스러운 증거 테스트를 하고 싶지 않았다. 더 이상 불필요한 죽음은 없어야 했다. 완전히 확신이 들 때까지 아무것도 팔지 않겠다고 다짐했다.

10월 중순, 알프레드의 33번째 생일 직전에 로렌부르크(Lauenburg) 정부 위원회가 조사를 위해 크륌멜에 나타났다. 그때 그는 오일이 목재 알코올과 혼합될 경우 얼마나 더 안전한지, 또한 규조토에 흡수되어 반죽으로 만들어졌을 때의 안전성도 입증할 수 있었다.[412]

알프레드는 11월에 허가를 받았고, 새로운 공장이 승인되어 이제 사용할 수 있게 되었다. 그러나 단 한 가지 조건이 있었다. 즉 모든 발파유는 운송되기 전에 비폭발성으로 만들어져야 한다는 것이었다. 위원회는 그 방법에 대해 언급하지 않았지만, 그때쯤 목재 알코올에 대한 비판이 커지기 시작했다. 냄새가 불쾌하고, 사람들은 두통과 메스꺼움, 구토에 시달렸다.[413] 이제 앞날에는 단 하나의 길만이 남았다.

알프레드 노벨은 신중하게 행동하기로 결심했다. 부모님에게 보낼 돈이 아직 부족했기에 시간이 필요했다. 그러나 일이 미국에서 해결된다면 한 달 안에 1만 달러가 들어올 수 있다는 희망을 품고, 스톡홀름에 있는 로베르트를 진정시키기 위해 편지를 썼다.[414]

*

스웨덴에서는 운송 금지 규제가 없었다. 로베르트 노벨은 지금까지 아무 사고 없이 발파유를 병에 담아 운반했다. 때때로 그의 상자는 역마차에서 땅으로 세게 던져졌다. 한 번은 작업자가 실수로 니트로글리세린을 윤활유로 사용해 마차의 안전벨트와 신발에 바르는 일도 있었다. 그러나 기적처럼 아무 일도 일어나지 않았다.

빈터비켄(Vinterviken)에서 로베르트는 새로 화약 엔지니어를 고용했는데, 그는 로베르트를 거의 형제처럼 아꼈다. 32세의 알라릭 리드벡은 전에 폭발물을 다뤄본 경험이 있었고, 뛰어난 재능을 지닌 인물로, 알프레드 노벨의 오랜 친구이기도 했다. 알프레드는 그의 밝은 머리와 밝은 마음 때문에 그를 "금발(Blondin)"이라고 부르기도 했다.

12월, 프로이센 광산에서의 시연에서 큰 관심을 받은 알프레드는 두 사람 모두에게 자신의 새로운 아이디어를 제안했다. 스웨덴에서는 규조토를 구할 수 없었으므로 빈터비켄에서는 그것을 숯으로 대신해 시험해 보라고 촉구했다. 이후 로베르트의 열정을 보였고, 그는 "이 아이디어는 큰 미래가 있을 것이라 확신하며, 가능한 빨리 도입하도록 최선을 다하겠다"고 답했다.[415]

알프레드는 동시에 또 다른 충격적인 선박 폭발 사고에 대해 로베르트에게 알려야 했다. 그럼에도 형의 지원과 결코 끊임없는 열정에 감동을 받았다. "나는 스무 번의 사고를 감수하더라도 한 명의 친구를 얻고 싶다. 우리는 형제 그 이상이다. 우리는 친구다."[416]

알프레드는 크륌멜에서 점점 더 외롭고 고립된 느낌을 받았다. 그는 스톡홀름에 있는 자신의 가족에게 가서 함께 명절을 보내고 싶었지만, 결국 다시 낯선 사람들과 함께 크리스마스를 보내야 했다. 그는 우연히 마주친 소수의 사람들이 자신에게 냉담하고 불친절하다고 느꼈다.

니트로글리세린. 알프레드 노벨은 이 단어를 들을 때 사람들의 불안감을 이해했다. 그래서 그는 이름을 바꿔야 한다고 생각했다. 중요한 점은 더 단단하고 건조한 새로운 폭발물을 만드는 것이었다. 과거를 만회할 새로운 이름이 필요했다. 로베르트와 리드벡(Liedbeck)에게 그는 폭발물을 "신선한 가루, 자이언트 가루, 뻐꾸기 가루, 허큘린, 또는 원하는 무엇이든"이라고 부를 수 있다고 썼지만, 니트로글리세린은 안 된다고 강조했다. 알프레드의 새로운 발명품에 대해 적어도 로베르트만큼 열광하게 된 루드빅은 나중에 "노벨린(Nobelin)"을 제안했다.[417]

1867년 2월 독일 발명가인 베르너 폰 지멘스(Werner von Siemens)는 영국 왕립 과학 아카데미에 새로운 종류의 발전기를 선보였다. 그는 그것을 그리스어 '힘'을 뜻하는 '다이나미(dynami)'에서 따서 "다이나모(dynamo)"라고 불렀다. 이 소식은 전 세계의 신문에 소개되었고, 그해 봄 파리에서 열린 세계 박람회에서 최초의 "다이나몬(dynamon)"이 대중에게 공개되었다. 알프레드 노벨은 다이너마이트라는 이름을 어떻게 지었는지 말하지 않았지만, 그는 신문을 읽었다. 또한 그해 봄, 형 루드빅과 함께 파리에서 열린 세계 박람회에 참석했다. 많은 증거가 알프레드 노벨이 새로운 발전기에서 이름에 대한 영감을 얻었음을 시사한다.[418]

알프레드는 1867년 4월, 자신의 신제품에 대해 영국 특허를 신청할 때 그것을 다이너마이트라고 불렀다. 그때까지 그는 폭발물을 더욱 발전시켰다. 다이너마이트를 사용하기 쉽게 만들기 위해 그는 반죽을 가장 일반적인 시추공 크기에 맞게 둥근 카트리지 모양으로 만들기 시작했다. 또한 다이너마이트 막대를 양피지로 싸서 더 깔끔하게 만들었다.

영국에서 받은 다이너마이트 특허는 그의 첫 번째 특허였다. 1867년 5월 초에 그것을 손에 넣은 후, 스웨덴에서 발명을 계속 진행했다. 여름이 끝날 무렵, 로베르트가 스웨덴 상공회의소에서 강력한 매력 공세를 펼친 결과 "노인들은 활력을 되찾았고 긴 특허 기간을 약속받았다." 알프레드는 1867년 9월 19일 스웨덴에서 "다이너마이트 또는 노벨 가루(Nobels krut)"에 대한 특허를 받았으며, 이 특허는 13년 동안 유효했다.[419]

과학사에서 가장 중요한 발명품을 요약할 때 1867년의 다이너마이트를 무시하는 사람은 거의 없다. 34세의 알프레드 노벨은 젊은 시절 꿈꿨던 자리에 도달했다. 그는 다이너마이트의 발명으로 앞으로 영원히 기억될 것이다. 이 발명은 그가 위대한 일을 성취했음을 증명한다. 대부분의 사람들은 적어도 본질적으로 그의 발명품을 "인류에게 유익한 것"이라고 생각했다.

하지만 알프레드 노벨은 그때 그것을 실감하지 못했다. 그는 마침내 다이너마이트라는 올바른 발명품을 찾았다고 느꼈지만, 곳곳에서 끊임없이 주의, 회의, 운송 금지, 엄격한 규칙 등 장애물에 직면했다. 해외로 샘플을 보내려고 하면 "다이너마이트 곤충 가루"라고 부르며 "진짜 페르시아산(äkta persiskt)"이라는 문구를 라벨에 인쇄하라는 빈정거림이 따랐다. 향상된 안전성을 높이 평가한 광부들은 다이너마이트가 발파유만큼 강력하지 않다고 불평했다. 스톡홀름에서는 임마누엘이 다이너마이트를 완전히 비난하며, 알프레드가 발파유를 너무 쉽게 버렸다고 분노했다. 알프레드는 아버지를 속이려 했던 걸까?[420]

알프레드는 계속해서 특허를 신청하고 여러 국가에서 생산 회사를 시작하려 했지만, 윙클러와 반트만은 화를 냈다. 다이너마이트가 운반하는 데 안전하다면 모든 제품을 크뤼멜 공장에서 수출해야 하지 않겠냐고 말했다. 성과에 대한 환호는 들리지 않았고, 돈은 들어오지 않았으며, 그의 독일 회사의 상황은 그 어느 때보다 나빴다. 알프레드는 1867년 8월에 로베르트에게 편지를 썼다. "알프레드 노벨 회사가 9월과 10월에 어려움을 극복한다면 그것은 세계적인 불가사의 중 하나가 될 것입니다." 이번에 실패하면 알프레드 노벨 회사는 그의 스웨덴 특허와 스웨덴 주식을 포함한 다른 모든 것을 잃게 될 것이라고 알프레드는 경고했다.

9월에 테오도르 윙클러가 캘리포니아로 출장을 갔다가 장티푸스로 갑자기 사망했다는 비극적인 소식이 전해졌다. 알프레드 노벨은 더 이상 참을 수 없었다. 그가 원했던 것은 사업을 빠르게 성장시켜 필요한 모든 사람에게 돈을 지급하는 것이었다. 그렇게 해야만 인생에서 의미 있는 일에 헌신할 수 있을 것이라고 느꼈다. 그러나 그 과정은 끝이 없어 보였다. 그는 한탄하며 말했다. "내가 바라는 것은 이 지긋지긋한 걱정 없이 내가 원하는 일을 할 수 있는 독립적인 위치를 얻는 것이다."[421]

*

2016년 여름, 나는 파란색 스코다를 몰고 엘베강을 따라 알프레드 노벨이 다이너마이트를 발명한 장소로 가고 있었다. 박물관 교육자 울리케 나이드회퍼(Ulrike Neidhöfer)가 운전대를 잡고 있었다. 그녀는 기스타트(Geesthacht) 산업 역사를 설명하며 이 지역의 역사적인 의미를 이야기했다.

"주위를 둘러보세요. 거의 모든 것이 모래뿐이에요." 그녀가 강 풍경을 바라보며 고개를 끄덕이더니 말했다. 규조토(Kiselguren)는 이제 맥주 여과에 유용한 제품이 되었지만, 다이너마이트는 여전히 이 지역에서 악명 높은 존재로 남아 있었다. 알프레드 노벨은 많은 이들에게 재앙을 불러온 인물로 기억되고 있었다.

울리케 나이드회퍼는 이 지역의 부정적인 이미지를 바꾸기 위해 열심히 노력한 사람들 중 한 명이었다.

"아무도 이 이야기를 떠올리고 싶어 하지 않았어요. 자존심이 없었죠"라고 그녀가 말했다.

우리는 오늘날 인기 있는 생선 레스토랑인 크륌멜의 페리 하우스에 주차했다. 이곳에서 발파유가 함부르크로 운송되기 위해 바지선에 적재되었다. 다이너마이트 회사의 오래된 본사는 지금도 그때와 마찬가지로 도보 거리에 있었다. 나는 그곳에서 압축된 이야기를 들었다. 강한 감정은 이해할 수 있었지만, 그 감정들은 사실 알프레드 노벨과는 큰 관련이 없었다.

그 사이에 두 차례의 세계대전이 있었다. 두 번의 전쟁 모두에서 크륌멜의 다이너마이트 공장은 군용 생산시설로 전환되었다. 히틀러(Hitler)는 그의 주요 탄약 공장 중 하나를 이곳에 배치했으며, 그 시설은 숲이 우거진 모래 언덕에 넓게 펼쳐져 있었다. 최대 1만 9,000명이 근무했으며, 그중 많은 사람이 강제 노동에 동원되었다. 전쟁이 끝날 무렵 영국 폭격기가 공장 전체에 800개의 폭탄을 투하했다.

본사에는 알프레드 노벨의 청동 흉상이 남아 있었다.

전쟁 후에 슬픔이 뒤따랐다. 사람들은 크륌멜에서 발생한 폭발물로 인해 수많은 인명이 희생된 사실에 수치심을 느꼈다. 적어도 두려움은 쉽게 다루기 어려웠다. 수십 년 동안 위험하고 폭발적인 화학 물질을 처리한 후 폭격을 받은 이 장소를 어떻게 해야 할까?

그러나 또 다른 논란의 여지가 있는 투자가 해결책으로 떠오르며, 독일은 크륌멜에서 원자력 선박인 오토 한(Otto Hahn)을 건조했다. 이는 원자 분열을 세계에 소개한 노벨상 수상자의 이름을 딴 것이었다.* 이후, 한때 니트로글리세린 공장이 있던 자리에 대륙에서 가장 큰 원자력 발전소 중 하나가 세워졌다. 그러나 원자력 발전소는 두 차례의 심각한 사고로 지역 주민들과 스웨덴 소유주인 바텐폴(Vattenfall)을 위협했고, 결국 2009년에 폐쇄되었다.

"오랫동안 부정적인 점, 희생자, 문제점만 보았다"라고 울리케 나이드회퍼는 말했다.

긍정적이고 중요한 것은 잊혀졌다. 바로 여기 크륌멜과 기스타트에서 노벨상을 위한 토대가 마련되었다는 것이다. 그곳에서 나는 그 임무를 느꼈다.

우리는 오늘날 작은 아파트로 개조된 오래된 본사 앞에서 멈췄다. 외관은 여전히 붉은 벽돌로 되어 있었다. 나는 새소리와 아이들의 웃음소리를 들으며 "주소: 노벨 플라츠(Nobel platz)"를 메모했다.

"그런데 청동 흉상은 어디에 있죠?"

우리는 다시 차를 몰고 떠났다. 폭격에서 살아남은 동상이 다이너마이트 노벨의 본부와 함께 노르드레인-베스트팔렌(Nordrhein-Westfalen)으로 옮겨졌다는 사실을 알게 되었다. 청동 흉상은 도시 한가운데에 있는 시립 박물관 앞에 서 있었다. "알프레드 노벨-노벨상의 창시자, 크륌멜의 다이너마이트 공장 설립자,

---

* 그분만 아니었다. 1944년 노벨 위원회는 오토 한과 함께 핵분열을 발견한 물리학자 리제 마이트너 (Lise Meitner)의 결정적인 역할을 간과했다.

1866년 기스타트에서 다이너마이트를 발명한 인물"

몇 년 전 기스타트의 시립 학교는 알프레드 노벨 슐레(Schule)로 개명되었다.

"학교 신문 이름이 뭔지 아세요?" 울리케가 물었다.

"다이너마이트!"

*

결국 다이너마이트는 알프레드 노벨에게 구원의 열쇠가 되었다. 자금이 유입되기 시작하면서 그는 재정적인 걱정을 완전히 덜 수 있었다. 그러나 처음에는 어려움이 있었다. 조급했던 알프레드는 모든 기회를 잡으려 했고, 형 루드빅이 새로운 다이너마이트를 러시아 정부에 군수품으로 비밀리에 판매하자고 제안했을 때 알프레드는 망설이지 않았다. 루드빅은 상트페테르부르크의 포병 장교 앞에서 다이너마이트로 큰 철 조각을 폭파했다. 노벨 가문의 오랜 친구였던 포병 장교는 상트페테르부르크의 장군에게 다이너마이트의 성공적인 실험을 전했고, 그 장군은 국방장관에게 이 소식을 전할 수 있었다. 공은 이미 굴러가기 시작한 듯했다.

알프레드는 자신의 열정을 숨기기 어려워했다. 그는 러시아에서 마침내 일이 성사될 것임을 직감했다. 그는 로베르트에게 이렇게 썼다. "무엇보다도 나는 러시아를 매우 좋아합니다. 유럽의 모든 나라를 한쪽 저울에 올리고 러시아를 다른 쪽에 올린다면 후자가 더 큰 비중을 차지할 것이라 생각합니다."

로베르트는 이제 군사 목적으로 다이너마이트와 관련된 모든 일을 맡게 되었다. 알프레드는 덧붙였다. "형은 언제 상트페테르부르크로 여행을 갈 계획인가요? 이 문제를 해결할 수 있는 자금력을 가진 유일한 나라는 러시아입니다." 또한 그는 농담도 곁들였다. "프랑스에서는 맛을 보기 전까지는 결코 결정을 내리지 않습니다. 러시아에서는 모든 가능한 호의를 베풀고 이성적인 사람들을 만나게 될 것입니다."[422]

알프레드는 금속이나 아스팔트로 코팅된 다양한 폭탄을 구상하기도 했다. 아니면 내부에 니트로글리세린 고무병이 들어 있는 폭탄은 어떨까? 그는 "폭탄은 배에서 발사되어 물속에서 폭발해야 한다"고 제안하며,[423] 다시 열정과 에너지를 되찾았다.

그러나 상황은 급변했다. 12월에 코펜하겐에 머물던 로베르트는 러시아 정부로부터 즉시 상트페테르부르크로 출두하라는 전보를 받았다. 전보는 루드빅의 편지를 통해 전달되었으며, 코펜하겐의 러시아 영사는 이를 심각하게 받아들였다. "오래된 친구로서 말하건대, 형이 빨리 가지 않으면 동생이 위험에 처할 수 있다는 신호입니다. 이런 상황을 이전에도 본 적이 있습니다"라고 영사가 말했다.

로베르트는 비밀리에 상트페테르부르크로 향했으며, 그 이후 스톡홀름의 동료들조차 알프레드의 행방을 알지 못했다. 상트페테르부르크에서 로베르트는 영하 30도의 혹독한 겨울과 집요한 러시아 산업 스파이들의 위협 속에서 규조토 통을 숨기며 비밀을 지키려 애썼다. 그러나 그곳에서 어떤 거래도 성사되지 않았다.[424]

알프레드는 어려움에 부닥칠 때면 자주 그랬듯이 이번에도 위장병에 걸렸다고 설명했다. "내부에 있는 손상된 보일러"라고 묘사했다. 그는 차가운 복부 벨트로 메스꺼움을 진정시키려 했으나, 오랫동안 거의 일을 할 수 없었다. 여기에 영국에서 쏟아지는 나쁜 소식이 병을 더 악화시켰다. 신문 보도에 따르면 미지의 오일이 든 30개의 주석 용기가 뉴캐슬의 맥주 저장고에 6개월 동안 방치되어 있었다고 했다. 니트로글리세린이 함유된 것이 발견되자 경찰에 신고되었지만 압수 과정에서 몇 개의 용기가 폭발해 다섯 명이 숨졌다. "원인 – 어리 석음. 결과 – 비명." 영국 언론은 이 사건을 크게 다루며 소란을 일으켰다. 알프레드는 성탄절을 맞아 『타임스』에 자세하고 신중한 편지를 썼다. 그는 사고가 무엇보다도 잘못된 취급에 비롯된 것이라고 설명했다.[425]

일부에서는 알프레드의 입장을 이해했다. 영국의 한 신문은 "노벨이 살아 있지 않으면 하는 사람이 많을지 모르지만, 그렇다면 최초로 흑색 화약을 발견한 수도사도 똑같이 비난받아야 한다. 그러나 아무도 화약 없는 세상을 원하지 않는

다"라고 썼다. 알프레드 노벨은 1868년이 더 나은 해가 되기를 바랐다.[426]

처음에 그는 자신의 기도가 응답받았다고 생각했다. 2월 12일 스웨덴 과학 아카데미는 임마누엘과 알프레드 노벨 부자에게 연례 레터스테드(Letterstedska) 상을 수여하기로 결정했다. 이 상은 과학, 문학, 예술의 독창적 업적이나 실용적인 가치를 지닌 중요한 발견에 수여되는 것이었다. 임마누엘은 "니트로글리세린 활용에 대한 전반적인 공로"로, 알프레드는 "다이너마이트 발명으로" 찬사를 받았다. 상금은 약 1,000릭스달러(오늘날 약 6만 크로나)에 달했으며, 상금과 동일한 금액에 해당하는 메달을 선택할 수 있었다. 임마누엘과 알프레드는 재정난을 겪고 있으면서도 메달을 선택했다.[427]

알프레드는 이 인정을 높이 평가했으나 동시에 죄책감을 느꼈다. 그는 자신이 상을 받은 것이 아카데미 회원이자 극지 연구원인 노르덴스키월드(Nordenskiöld)의 공로 덕분이라고 추측했다. 노르덴스키월드는 과거에도 도움을 준 적이 있었다. 알프레드는 스톡홀름에 있는 동료 스미트에게 편지를 보내며 이렇게 말했다. "당신은 훌륭합니다. 그리고 아카데미 측의 선의의 보상에 대해 노르덴스키월드에게 감사드린다고 전해 주십시오."

알프레드는 아버지가 상을 받은 데 대해 때때로 불만을 드러냈다. 이에 스미트는 알프레드의 태도를 비판했고, 알프레드는 화가 난 답변을 보냈다. "어떻게 나나 아버지가 대중이나 작가의 관심 목록에 아무렇게나 올라가도 된다고 생각할 수 있습니까? 당신은 나를 완전히 오해하고 있습니다."

알프레드는 자신의 불만이 다이너마이트 특허와 관련된 공식적인 문제들 때문이라고 해명하며, 로베르트에게 이렇게 썼다. "아버지가 아카데미로부터 모든 보상을 받도록 주선할 수는 있지만, 그것은 결코 다이너마이트에 대한 보상이 아닙니다. 그 사이에는 품위가 있어야 합니다. 다이너마이트가 포함된다면, 제 발명품에 대한 특허를 신청할 권리를 잃을 위험이 있습니다. 그것은 저의 발명품입니다."[428]

*

뉴캐슬의 사고는 영국에 대한 알프레드 노벨의 계획에 영향을 미치지 않았다. 그의 눈에 영국 제도는 "전 세계만큼 가치가 있는 보석"이었다. 1868년 늦봄, 그는 용기를 되찾고 새로운 특허와 상품 샘플을 가지고 영국으로 출장길에 올랐다. 하지만 그는 경계를 늦추지 않았다. "다이너마이트 50개를 배낭에 넣고 호텔에서 묵고 여행을 하는 것은 매우 위험하다. 경찰이 알게 되면 500파운드의 벌금을 물거나 2년형에 처할 수 있다. 그런 경우 차라리 땅속 감옥을 택하겠다." 그는 여행 중 한 편지에서 이렇게 적었다.[429]

알프레드는 스코틀랜드, 웨일스, 잉글랜드 남서쪽 끝에 있는 아름다운 데본셔(DeVonshire) 카운티 등에서 폭발 시연을 선보였다. 그는 강렬한 인상을 주는 방법을 알고 있었다. 알프레드는 "채석장에는 많은 소음, 쇠 파편, 신문 기자, 큰 바위의 폭발, 무엇보다도 맛있는 점심이 있어야 할 것"이라고 주장했다. 그러면 "스코틀랜드 사람의 나른한 마음조차도 칭찬하고 싶어 하는 미소로 변할 수 있다"라고 했다. 그러나 이러한 노력에도 비즈니스 협상은 기대만큼 성과를 내지 못했다.

역경과 비판은 알프레드가 예상하지 못한 일이었지만, 이제 그의 일상이 되었다. 그는 새로운 다이너마이트와 관련된 문제들로 끊임없이 어려움을 겪었다. 하지만 곧 세계는 알프레드가 니트로글리세린을 제어하고, 이를 "인류의 이익을 위해 사용하는" 데 성공한 최초의 인물임을 알게 될 것이다.

그에게 닥친 큰 좌절은 회복을 어렵게 만들었다. 여름 몇 주 동안 세 번의 심각한 폭발이 추가로 발생했다. 벨기에에서는 그의 절친한 친구이자 현지 에이전트가 폭발로 목숨을 잃었다. 알프레드는 사망 소식을 듣고 정신을 잃었고 슬픔으로 인해 마음이 찢어지는 것을 느꼈다. "지금까지 헬레네보리에서 있었던 일을 제외하고는 그 어떤 사건도 나를 이렇게 흔들지 못했다."[430]

그의 개인적인 손실은 훨씬 더 컸다. 6월 11일 목요일 오후 2시 30분에 빈터비켄의 실험실이 폭발했다. 열두 살, 열세 살 두 소녀를 포함한 열네 명이 즉사했다. 짙은 연기가 걷히자 연구실은 흔적도 없이 사라졌고, 폐허만이 남았다. 벽돌은 먼지처럼 흩어졌고, 찢어진 나무에는 옷 조각과 머리카락이 걸려 있었다.

작업반장이자 알프레드의 친구였던 알라릭 리드벡은 간발의 차이로 목숨을 건졌다. 그는 집에서 실험실로 돌아오는 길에 현관문을 막 열었을 때 굉음과 함께 폭발이 일어났다. 그 후, 그는 불을 끄고 직원과 아이들의 유해를 수습해야 했다.

로베르트 노벨에게도 운이 따랐다. 그는 빈터비켄에서 일할 때 실험실 건물에 있는 두 개의 방에서 살았다. 원래라면 폭발 당시 그곳에 있어야 했지만, 폴린과 아이들이 백스홀름(Vaxholm)에서 돌아오는 일정이 지연되면서 그는 마을을 떠나지 못했다.

한 달 후 빈터비켄에서 또다시 폭발이 발생했다. 이번에는 인명 피해는 없었지만, 새 공장 건물 전체가 파괴되었다. 신문은 니트로글리세린 주식회사 소유자의 막대한 손실을 보도했다.

알프레드는 스웨덴이 운송 금지와 처벌에 대해 관대한 몇 안 되는 국가 중 하나라고 칭찬하곤 했다. 이러한 환경 덕분에 로베르트는 발파유와 다이너마이트의 판매로 큰 이익을 얻을 수 있었다. 그러나 이제 상황이 달라졌다. 1868년 7월 24일, 국왕은 니트로글리세린 판매와 운송을 금지하는 첫 번째 칙령을 발표했다. 다만, 상대적으로 안전하다고 여겨지는 다이너마이트에 대해선 일부 예외를 허용했다.

이번에는 알프레드가 홀로 싸울 필요가 없었다. 스웨덴 광산 관리자와 철도 이사들이 금지령에 반대하고 나섰다. 그들은 금지 조치로 인해 사업에 심각한 타격을 입었으며, 노벨의 폭발물이 없으면 큰 어려움을 겪는다고 주장했다. 새로운 다이너마이트의 성능이 절반도 되지 않으므로 이들은 발파유의 사용을 원했다. 만족한 사용자와 문제를 제기하는 당국 간의 줄다리기가 계속되었다.

그러나 알프레드는 점점 더 깊은 절망에 빠졌다. 그는 자신이 인생에서 올바른 길을 선택했는지 진지하게 고민하기 시작했다. 가장 암울한 순간에는 인생이 더 오래 살 가치가 있는지 질문했다. "영원한 기쁨보다 영원한 안식을 신뢰하는 것이 더 큰 위로과 위안이 된다"고 그는 자신의 노트에 사색을 적었다.[431]

그는 인생의 방향을 바꿔야 할지 고민하기 시작했다.

*

초여름의 대영제국 출장 중 우울한 알프레드 노벨은 나이 든 목사와 대화를 나누게 되었다. 알프레드가 데본셔 카운티를 방문 중 우연히 만난 사람이었다. 철학 석사인 찰스 레싱엄 스미스(Charles Lesingham Smith)는 에섹스(Essex) 외곽의 작은 교구에서 목사 활동을 하고 있었다. 그는 기독교 대학에서 수학을 가르쳤으며, 문학에도 깊은 열정을 가지고 있었다. 레싱엄 스미스는 낭만주의 시집을 출간했으며, 중세 이탈리아 시인 타소(Tasso)의 작품인 『해방된 예루살렘(Det befriade Jerusalem)』을 영어로 번역하기도 했다.

알프레드 노벨과 찰스 레싱엄 스미스는 두세 시간을 함께 보냈다. 그 시간 동안 목사는 우울한 스웨덴 엔지니어에게서 "취향과 학문에 있어 놀라운 일치를" 발견하고 깊은 감동을 받았다.[432]

여름이 지나고 레싱엄 스미스는 자신의 시 모음집을 함부르크에 있는 알프레드에게 보냈다. 그 시집 중 하나의 소네트는 이렇게 시작되었다. "내 영혼은 종종 강렬한 열망으로 불타오른다. / 빨리 죽지 않을 무언가를 창조하고자 한다." 이 작품은 성공에 대한 갈망을 다루고 있었다. 시인은 물었다. "차가운 무덤 속에서는 환호가 닿지 않는데 왜 명성을 갈망하는가?"[433]

알프레드는 회신 편지에서 레싱엄 스미스의 시를 칭찬했다. 그는 용기를 내어 「수수께끼(En gåta)」의 영어 버전을 봉투에 넣어 보냈다. 이 시는 상트페테르부르크에서 어렸을 때부터 보관해 온 것이었다. 알프레드는 그 시에 대한 평론을 요청하며, 레싱엄 스미스에게 칭찬뿐 아니라 비판도 높이 평가할 거라고 확신을 전했다.

그 목사와의 접촉은 알프레드에게 영감을 주었다. 모든 정황을 고려할 때, 그는 다시 소설 아이디어를 꺼내어 발전시키기 시작했다. 주제는 시와는 다르지만, 여전히 진정한 사랑과 가벼운 사랑의 차이를 탐구하는 내용을 다루고 있었다. 알프레드는 익살스러운 냉소를 시도하며, 한 도시에 거주하는 여성들에 대한 가상의 통계를 제시하는 것으로 작품을 시작했다. "수도 X에는 16~25세의 3만 228명의 젊은 여성이 있다. 그중에는 정신적으로나 육체적으로 모두 아름다운 2명, 정신적으로만 아름다운 10명, 육체적으로만 아름다운 60명, 커버할 만한 650명, 못생긴 2만 6,186명, 비정상적으로 못생겨 매우 추한 3,320명이 있다"고 적었다.

상트페테르부르크에서와 마찬가지로 여기에서도 알프레드 노벨이 자신의 생각과 관념을 가득 담아 글을 쓴 느낌을 준다. 그가 묘사한 3만 228명의 여성들 중에서 가난한 남자가 어떻게 "인생의 역경과 군중의 그릇된 판단에 저항할 용기"를 줄 수 있는 사람을 찾을 수 있을까? 그는 "사랑을 속삭이고 포용해 줄 여자는 많지만, 우리의 영혼을 읽을 수 있는 여자는 드물다"라고 표현했다.

알프레드는 가상으로 아름다움의 등급이 가장 높은 세 자매를 소개했다. 첫 번째로 육체적으로 아름다운 아말리아(Amalia)는 "지능은 발달하지 않았으며, 오직 다른 사람을 기쁘게 하는 것에만 신경 썼다." 알프레드에 따르면 아말리아는 남자 없이는 한 발짝도 내디딜 수 없는 미모의 여성으로, 남자들이 옷을 벗겨보고 싶어 하는 그런 아름다움을 지닌 여성이었다. "비가 와서 그녀가 치마를 조금이라도 들어 올리면, 모든 남자의 가슴에 전기 충격처럼 쾌락의 파도가 지나갔다." 하지만 그 이상은 없었다고 알프레드는 경고했다. 아말리아는 책을 읽지 않았고 사유하지 않았다. "겉이 아름답다면, 깊이 들여다보는 사람은 드물다."

자매 소피(Sophie)는 미인이라고 할 수 없었지만, 알프레드는 그녀를 "정신적으로 아름다운 사람"으로 묘사했다. 소피는 교육을 받았고 지식이 풍부한 여성이었다. 그러나 그녀는 내면의 가치관을 교환하기에는 너무 자기희생적이고 소심해서 진정한 정신적 교류를 이루지 못했다고 설명했다.

마지막으로 알프레드는 "진정한 진주(äkta pärlan)", 즉 이상적인 여성인 알렉산드라(Alexandra)를 소개했다. 그녀는 아말리아처럼 아름다운 외모와 우아함을 지녔지만, 그녀의 아름다움은 무엇보다도 그녀의 눈에서 발산되는 더 높은 곳으로의 탐구심과 열정 속에서 우러나왔다. 이러한 아름다움은 그녀의 "영혼의 희생", 즉 그녀의 이해심, 교양, 감정, 지적 호기심 등으로 인해 고귀해졌고 알프레드는 묘사했다.

알프레드는 이 메시지를 통해, 아름다운 얼굴은 금세 단조로움을 느낄 수 있지만, 부유한 영혼은 결코 실망시키지 않는다고 강조했다. 그는 "책을 읽으면 읽을수록 살아 있는 책에 대한 관심은 더 커져서 인생에서 그 언어만큼 소중한 것은 없다. 그리고 알렉산드라처럼 풍부한 독서를 제공하는 얼굴은 거의 없다"[434]고 말했다.

알프레드 노벨은 곧 35세가 되었다. 알렉산드라는 그가 갈망하고 추구한 여성상이 분명했다.

1868년 10월에 레싱엄 스미스 목사로부터 새로운 편지가 왔다. 목사는 알프레드의 긴 시 「수수께끼(A Riddle)」를 읽고 매우 감동받았다고 말했다. 목사는 "당신의 훌륭한 재능은 더 이상 회의주의의 차가운 그늘에 머물지 않을 것입니다"라고 썼다.

당신이 지금 후회하고 있는 몇 가지 구절을 제외하면, 당신이 묘사한 지옥의 모습에 그것들이 포함되지 않은 것이 기쁩니다. 항상 진리는 아니겠지만 생각이 너무 확고하고 훌륭해서 독자는 잠시라도 지루해하거나 불평할 수 없을 것이며, 「실낙원(Det förlorade paradiset)」[18세기 시인 존 밀턴(John Milton)의 서사시]처럼 운율을 놓칠 수 없을 것입니다. 나는 이 시를 영국인의 훌륭한 업적이라고 생각했을 것입니다. 그러나 저자가 외국인이라니 더욱 존경할 만합니다.

레싱엄 스미스 목사는 총 425개의 시 중 평범한 시를 여섯 개조차 찾을 수 없었다고 주장했다. 알프레드가 영어로 그런 시를 쓸 수 있었다면, 스웨덴어로는 무엇을 성취할 수 없었겠는가? 그는 알프레드에게 다시 만나고 싶다고 하며 언제든 원할 때마다 데본셔에 방문하는 것을 환영한다고 덧붙였다.[435]

이 편지는 알프레드 노벨에게 어둠 속에서 빛을 비춰 주었다. 여름에 일어난 끔찍한 사고 이후, 알프레드는 더욱 가파르게 느껴지는 오르막을 올라야만 했고, 모든 것을 포기하고 싶어졌다. 빈터비켄에서 발생한 사고는 부주의한 공장 노동자에게 책임이 있다고 주장했지만, 그 노동자는 이미 사망한 상태였다.

11월 말에 또 다른 좌절이 찾아왔다. 로베르트는 에이전트를 통해 프랑스 정부를 대상으로 다이너마이트에 대한 관심을 끌기 위해 새롭게 시도했다. 알프레드는 이 상황을 두고 "프랑스인들에게 입에 넣을 준비가 된 참새를 주었다"라고 표현했지만, 그들의 대답은 여전히 "아니오"였다. 알프레드는 자신이 모든 면에서 운이 따르지 않는다고 느꼈다. 쇼펜하우어의 말처럼 그의 삶과 경력은 여전히 "비용을 감당할 수 없는 사업"이었다.

알프레드는 목사님의 격려를 떠올렸다. 레싱엄 스미스는 학자로서 이탈리아어로 단테를 인용하고 밀턴과 바이런에 대해서도 잘 알고 있었다. 그는 알프레드의 시를 주의 깊게 읽고 특별한 종이에 메모와 코멘트를 적었다. 그의 칭찬은 큰 의미가 있었다.

알프레드는 자신이 구상한 소설의 시작 부분을 복사해 표지와 함께 봉투에 넣었다. 그는 로베르트에게 이렇게 썼다.

친애하는 형 로베르트,

사업과 그로 인한 모든 번거로움에 지쳐, 나는 내 능력을 다른 방향으로 발전시키기로 결심했습니다. 지금처럼 판매량이 적은 상황에서는 안전한 미래를 기대할 수 없으므로, 아마도 펜을 생계 수단으로 삼아야 할 것입니다. 다만, 최근 강하게 나타나기 시작한 명예욕을 완전히 억제하지 않는 한 말입니다. 그래서 이 작은 글을 유능한 사람에게 평가받고 싶습니다. 두 가지 질문을 드립니다.

1) 스웨덴어가 흠잡을 데 없습니까? 2) 메스꺼움 없이 읽을 수 있습니까?

로젠 백작이 스톡홀름에 있다면 그가 가장 적합한 사람일 것입니다. 그는 그런 면에서 매우 교육을 잘 받은 사람입니다. 아니면 알셸 삼촌이나 베르스트룀의 지인에게 부탁해도 괜찮을 것입니다. 나는 무능력하지 않다고 변명할 여지가 있습니다. 왜냐하면 최근 영국의 학자이자 작가로부터 영어로 쓴 몇 편의 작은 시에 대해 가장 좋은 평가를 받았기 때문입니다.

친구 알프레드[436]

알프레드는 계속해서 25세의 부유한 헨릭 오스발트(Henrik Oswald)가 세 자매 아말리아, 소피, 알렉산드라에게 다양한 방식으로 구애하는 이야기를 써 나갔다. 그의 주인공들은 "악수, 시선, 한숨, 향기로운 연애편지, 붉어지는 뺨의 색, 따스함 없이는 1시간도 흐르지 않는" 세상에서 움직였다.

알프레드는 특히 젊은 시절에 쓴 시에서 사랑했던 사람의 이름을 붙인, 도달할 수 없는 아름다운 영혼인 알렉산드라의 초상화를 좋아했다. 그는 키스와 결합의 맛을 잘 알고 있다고 생각하며, 그 느낌을 자세히 묘사하려고 노력했다. 그 글은 자신의 영혼을 이해하고 사랑해 줄 독립적인 성향의 인생 동반자를 만나고자 하는 갈망으로 가득했다.

때때로 알프레드는 자신의 영광을 너무 멀리했다. 그는 쇼펜하우어의 몇 가지 대사를 인용해 그들에게 이렇게 제안했다. "알렉산드라는 시적인 영혼이었다. 그녀는 문학의 걸작을 읽고 감탄했다. 평범한 사람들은 이것으로부터 기껏해야 인용하고 모방하는 법을 배우는 반면, 사유하는 사람은 자신의 취향을 다듬고 자신만의 학교를 만드는 법을 배운다."

알프레드는 과연 현실에서 그런 여자를 만날 수 있을까?

이 소설의 제목은 『자매들(Systrarna)』이었다.[437]

NOBEL

3부

"어느 구석에 정착해서
큰 가식 없이 살 수 있다면
정말 행복할 것 같다."

알프레드 노벨, 1880년

Alfred Bernhard Nobel

의학의 암흑기

알프레드 노벨은 의사를 신뢰하지 않았다. 이는 그에게 문제가 되었다. 왜냐하면 그는 자주 병에 걸렸기 때문이다. 그러나 지금까지의 연구를 통해 나는 알프레드 노벨이 과장된 건강염려증(hypochondriac) 환자처럼 자주 묘사되지만, 실제로는 그렇지 않다는 것을 깨달았다. 다른 사람들은 훨씬 더 자주 불평을 했다. 예를 들어, 오토 폰 비스마르크는 19세기나 20세기의 어떤 정치가보다 강력한 프로이센 수상만큼 병가를 자주 내고 불평을 많이 한 인물이었다. 알프레드 노벨은 가족과 비교해도 건강에 대해 지나치게 걱정하는 편이 아니었다. 열이나 구토가 시작되면 그들은 모두 불안해하며 해결책을 찾기 위해 고군분투했다. 그때 불안감을 느끼지 않을 사람이 어디 있을까?

시간이 흐르면서 알프레드 노벨이 의학에 점점 더 관심을 가지게 된 이유는 아마도 그가 경험한 고통스러운 무지에서 비롯되었을 것이다.

1870년 봄과 겨울에 상트페테르부르크에서 일어난 루드빅 노벨의 중이염 사건에서 나는 큰 충격을 받았다. 그 현장에는 의사가 몇 명이 있었고, 그들은 귀 뒤에 혈액 거머리를 붙이는 치료법을 처방했다. 루드빅은 거머리에게 빨린 상처에서 장미 열병을 앓게 되었다. 그 후 치료는 완하제, 허브 연고, 약용 식물의 알코올 땜질로 이어졌다. 마지막으로 그는 목에 말린 딱정벌레인 "큰 스페인 파리"를 붙이는 치료를 받았다.

알프레드는 상트페테르부르크에서 거머리를 많이 구입했다. 류머티즘, 발열, 기관지염, 변비와 같은 중년의 고통까지 이 습관이 지속되었는지는 불확실하다.

그는 류머티즘, 열, 기관지염, 변비로 끊임없이 고통받았다. 건강이 좋지 않을 때, 그는 "신경질적"이었고, 특히 구토할 때는 "울릭(Ullrik)"이라고 외치며 특유의 기분에 빠졌다.

한 번은 작은 실험실 폭발로 심하게 다쳐 눈과 여러 부위에 화상을 입었다. 손가락의 힘줄이 끊어지고 뼈가 노출되었다. 이후에 알프레드는 의사가 유리나 다른 물질을 뽑아내려 할 때의 불편함을 묘사하며, 그것들이 다리에 박혀 있다고 생각했지만 실제로는 없었다고 했다. 나는 그가 단지 비명소리를 내지 않고 얼마나 버틸 수 있는지만 확인했다고 생각한다.[438]

빨리 새로운 멸균 도구의 연구가 이루어지기를 바란다.

알프레드는 로베르트를 불평이 많은 형제로 여긴 듯하다. 로베르트는 어느 날 아침에는 심장 결함을, 오후에는 폐렴을, 저녁에는 패혈증을, 그리고 취침 시간에는 위장(또는 혀, 신장 또는 흉부에) 문제를 주장했다.

1860년대 후반의 어느 여름, 로베르트는 당시 아무도 원인을 밝히지 못했으며, 19세기를 통틀어 다른 어떤 질병보다 많은 생명을 앗아간 무서운 질병인 폐렴(결핵)에 걸렸다고 확신했다. 알프레드는 이를 허위 진단으로 보고 형이 돌팔이 의사의 희생양이 되었다고 생각했다. "기침이 폐를 공격했다고 해도, 이 정도는 남부 기후로의 짧은 여행만으로도 치료될 수 있습니다"라고 알프레드는 자신 있게 주장했다. "심각한 편견일 수 있지만 100명의 의사 중 적어도 99명은 돌팔이일 것"이라며 비판했다. 차라리 "증기 목욕을 시도해 보지 않겠습니까?"라고 권유하기도 했다.[439]

로베르트가 증기 목욕을 했는지는 알 수 없지만, 그는 결국 살아남았다. 당시 의학적 통찰력이 그렇게 잘못된 것이었을까?

*

브룬스비켄(Brunnsviken)의 오래된 법원에는 카롤린스카 의학원(Karolinska

Institutet)의 역사적 자부심인 핵스트뢰머(Hagströmer) 도서관이 있다. 도서관에 들어서면 오래된 가죽 냄새가 나며, 이곳에는 칼 폰 린네의 『자연의 체계(Systema Naturae)』 개인 사본(1735)과 윌리엄 하베이(William Harvey)의 『혈액순환에 대한 선구적인 작품』(1628)의 원본 같은 희귀한 책들이 있다. 이 도서관의 대부분의 책은 1870년 이전에 인쇄된 4만 개의 독특한 의학 역사 작품이다. 이날 수상 경력이 빛나는 교수이자 작가인 닐스 우덴베리(Nils Uddenberg)도 있었다. 그는 최근 의학 역사에 관한 두 권짜리 책을 출판했다.

나는 1870년 루드빅의 거머리 치료에 대해 이야기하고자 했다. 우덴베리는 고개를 흔들며 씁쓸한 미소를 지었다. "거머리는 가장 오래 살아남은 정맥 치료의 한 형태입니다. 많은 마법적인 효능이 있다고 믿어졌고, 강렬한 감정을 불러일으킬 만큼 역겨웠습니다. 작가 에사이아스 테그네르(Esaias Tegnér)는 1840년에 조증에 시달릴 때 내장 주변에 거머리를 붙이는 치료를 받았습니다. 이유는 묻지 마세요."

그러나 때로 의학에서 호커스 포커스(hocus pocus)는 과소평가되기도 한다. 어쩌면 오늘날의 플라시보 효과와 같은 것이 있었을지도 모른다.

닐스 우덴베리는 1870년 이후 의학이 역사상 가장 위대한 발전을 이루었다고 말했다. 고대 체액 병리학, 즉 질병이 체액 간의 불균형에서 비롯된다는 이론은 마침내 폐기되었고, 인체의 여러 기관이 신의 힘으로 지배된다는 개념도 사라졌다. 알프레드 노벨은 생애의 마지막 수십 년 동안 의학이 마침내 과학이 되는 숨 막히는 시기를 경험했다.

우덴베리는 "의학의 발전은 번개 같은 속도로 진행되어 믿을 수 없을 정도로 극적인 변화를 일으켰고, 그러한 변화는 아마도 그를 감동시켰을 것입니다"라고 추론했다.

이 획기적인 발전의 중심에는 미생물학이 있었다. 박테리아가 수많은 치명적인 질병의 원인이라는 사실이 발견되었다. 우덴베리는 이를 의학 역사상 최고의 발견으로 평가했다. 박테리아를 발견한 영웅은 프랑스인 루이 파스퇴르였지만 그는 획기적인 이론을 곧바로 제시하지 않고 1878년까지 기다렸다. 우덴베리는 의학 역사에서 알프레드 노벨이 경험했다면 혁명으로 여겼을 유일한 사건은 1953년 DNA의 발견이라고 단언했다.

미생물학은 위생과 생활 조건을 포함해 질병의 전반적인 양상까지 변화시켰다. 이전에는 주로 전염병으로 사망하던 사람들이 이제는 암으로 죽기 시작했다. 이 시기에 수술 기술도 크게 발전했으며, 마취제가 개발되어 복잡한 수술이 가능해졌지만, 손 씻기의 중요성이 아직 인식되지 않아 초기에는 성공적이지 못했다. 우덴베리는 생리학이 발전하면서 인체가 제어 장치가 있는 기계와 유사하게 보는 관점이 적용되었고, 그때부터 의사를 무시하기보다는 병원에 가는 것이 현명하다는 인식이 확산되었다고 설명했다. 그는 웃으며 "이제는 병원에 가는 것이 더 나은 선택이 되었습니다"라고 말했다.

하지만 당시 실제 상황에 대해서는 아직 잘 알지 못하고 있다.

*

어떤 이들은 알프레드 노벨에게 전환점이 될 전쟁이, 만약 통치자들의 건강이 달랐더라면 적어도 그때는 일어나지 않았을 것이라고 주장했다. 전장에서 곧 만날 거인인 오토 폰 비스마르크와 프랑스 황제 나폴레옹 3세는 모두 허약했다. 비스마르크는 담즙 문제로 고통받으며 대개 밤에 잠을 이루지 못했다. 그는 샴페인과 브랜디 몇 병으로 불면을 해소하려 했지만, 매일 음식(햄 전체, 칠면조 반쪽)을 소화하는 데 어려움을 겪었다. 그 결과 그는 병적으로 짜증을 내고 사소한 일에도 신경질적으로 반응했으며 인내심도 부족했다.

나폴레옹은 신장 결석으로 더욱 악화된 상태였다. 1870년 운명의 시간이 다가왔을 때 그는 이미 죽은 사람처럼 보였다. 왼팔은 마비되었고, 눈은 흐릿했다. 그는 천천히, 그러나 서둘러 걸었으며, 약물의 복용량을 늘려야만 몸을 지탱할 수 있었다. 하반신의 격렬한 고통은 그를 더 이상 말을 탈 수 없는 황제로 만들었다.[440]

1870년 6월 말, 즉 전쟁이 발발하기 직전에 프랑스의 주치의들이 소집되었다. 한 교수는 감히 나폴레옹 황제의 항문에 손가락을 대고 만져보았다. 그의 요로에 있는 돌의 크기는 교수에게 큰 충격을 주었다. 교수는 즉각적인 수술을 지시했지만 외과 의사는 반발했다. 1년 전, 그는 나중에 패혈증으로 사망한 전 프랑스 국방장관을 수술한 경험이 있었다. 외과 의사는 다른 의사들에게 "황제를 평범한 환자처럼 대할 수 없다"는 말을 하며, 그들의 동의를 이끌었다.[441]

결국 그들은 기다리기로 결정했다.

12장
"다이너마이트에 대한 욕구가 높아지다"

1870년까지 프로이센과 프랑스 사이의 강한 긴장감은 몇 년 동안 대화의 주제가 되었다. 한 저명한 프랑스 저널리스트는 두 나라를 같은 철로에서 서로를 향해 달리는 두 급행열차에 비유하기도 했다. 그러나 비스마르크와 달리 나폴레옹 3세는 근본적으로 평화로운 성향을 지닌 인물이었다. 아이러니하게도 모든 일은 1866년 여름 프로이센이 오스트리아를 공격한 것에 대해 나폴레옹이 우호적인 태도를 보인 것에서 시작되었다. 그 당시 비스마르크는 적절한 시기에 프랑스 황제를 찾아갔다. 그는 전쟁이 일어날 경우 프랑스가 중립을 지키기를 원한다고 요청했다. 나폴레옹은 대가를 요구하지 않고 관대한 태도로 이를 약속했다.

그러나 얼마 후 프로이센이 오스트리아를 짓밟았을 때 프랑스 황제는 후회했다. 그는 비스마르크가 프랑스의 요청을 무시한 것처럼 느꼈고, 최소한 벨기에와 룩셈부르크의 합병을 허용받아야 한다고 생각했다. 그러나 비스마르크는 콧방귀를 뀌었다. 그는 나폴레옹 3세가 "팁을 원하는 웨이터"처럼 행동하고 있다고 지적했다.[442]

이러한 굴욕감은 많은 프랑스인들이 군사적 공격을 촉구하게 만들었다. 나폴레옹 3세의 아내인 외제니(Eugénie) 황후는 전쟁을 더 크게 부추긴 사람 중 하나였다. 결국 비스마르크는 프랑스를 적어도 오스트리아만큼 큰 패배자로 보이게 만들었다. 그러나 나폴레옹은 침착하게 상황을 지켜보았다.

비스마르크의 행보는 최근 몇 년 동안 유럽의 지도를 크게 변화시켰다. 세심하게 조각된 오래된 힘의 균형은 이제 모두 역사가 되었다. 패배한 오스트리아는 합스부르크 제국의 지위를 유지하기 위해 헝가리 왕국과의 연합을 결성하기로 결정했다.

비스마르크의 목표는 프로이센의 지도 아래 통일된 독일 제국을 건설하는 것이었다. 이제 그 퍼즐의 중요한 부분이 남았다. 비스마르크는 전쟁에서 오스트리아 편을 든 남부 독일 국가들을 통일하고자 했다. 이들 국가들은 신중한 태도를 유지했었다. 1870년 봄 비스마르크의 전쟁 계획이 얼마나 구체적이었는지에 대해서는 역사학자들의 의견이 엇갈린다. 그러나 프랑스와의 전쟁이 남독일 국가들의 태도를 바꾸는 데 어떤 의미를 가지는지에 대해선 다른 의견이 없다.

그해 봄, 나폴레옹 3세는 신장 결석과 요로 문제, 그리고 제국의 평화를 위협하는 여러 문제로 인해 초기의 명성과 권위를 잃었다. 프랑스 공화주의자들은 새로운 혁명을 예고하며 파업과 폭동을 일으켰고, 1869년 선거에서는 자유주의 야당이 압승을 거두었다. 황제는 심하게 흔들렸다.

게다가 외교 정책의 굴욕은 새로운 튈르리(Tuilerierna) 궁전 위로 구름처럼 드리워졌다. 표면적으로는 스페인과 스페인의 빈 왕좌에 관한 문제였지만, 그 속에서 전략의 천재인 오토 폰 비스마르크의 흔적을 쉽게 찾아볼 수 있었다.

1868년 스페인의 이사벨라 여왕이 군사 쿠데타로 물러난 이후, 나폴레옹 3세는 프랑스의 친구를 스페인 왕위에 앉히려 했다. 프랑스의 지위나 황제의 명예는 스페인 왕좌가 프로이센과 비스마르크의 지지 세력 중 한 사람에게 넘어가는 것을 견뎌낼 수 없었을 것이다. 그러나 무대 뒤에서는 이런 일이 실제로 벌어지고 있었다. 1870년 봄, 프로이센 왕가의 한 왕자는 비밀리에 그 제안을 받았다.

비스마르크는 기뻐했다. 그것은 그가 원하는 게임이었다. 1870년 7월 초, 파리에 충격적인 소식이 전해졌다. 프로이센 왕자가 스페인 왕위를 계승했다는 소식이었다. 그 소식은 받아들일 수 없는 것으로 간주되었다. 파리 언론은 전쟁을 요구하며 폭발했다.

위기는 나폴레옹 3세가 건강 검진에서 요로에 이상이 있음을 진단받은 7월에 발생했다. 프랑스에서 황제는 일반적으로 지속적인 평화와 외교를 위해 노력하는 사람이었지만, 이제 그는 제정신이 아니었다. 복잡한 외교적 게임이 시작되었고, 프랑스의 외교 사절은 프로이센 왕 빌헬름 1세가 여름을 보내고 있는 온천 마을로 파견되면서 상황은 더욱 긴박해졌다. 프랑스 사절은 왕에게 스페인 왕자에 대한 프로이센의 지지를 철회하지 않으면 전쟁을 선포하겠다고 위협했다. 당시 비스마르크가 근처에 없었으므로 빌헬름 1세는 프랑스의 제안을 진지하게 검토했다. 그는 분노한 프랑스인들을 직접 만나기로 했지만, 그 사이 문제의 왕자가 스페인 왕위 계승에 대한 수락을 철회했다.

나폴레옹 3세의 외교적 승리로 위기가 해소된 듯 보였으나, 전쟁을 열망하는 파리 여론은 이를 즉시 부정했다. 갑작스러운 프로이센의 태도 변화가 과연 무엇을 보장한다는 말인가? 이로 인해 빌헬름 1세는 더욱 강한 압박을 받았고, 프랑스 측에 스페인 왕위 계승 문제를 영원히 포기하겠다는 확실한 약속을 요구받게 되었다.

이 새로운 폭풍이 몰아쳤을 때 나폴레옹 3세는 다시 극심한 고통에 빠져 더 이상 저항하지 못했다. 튈르리에서 지휘봉을 인계받은 것은 훨씬 더 전투적인 외제니 황후였다. 프로이센 주재 프랑스 사절은 신속하게 온천으로 돌아가라는 명령을 받았다. 긴급한 상황으로 외교관은 아침 산책 중에 프로이센 왕을 붙잡아야 했다. 빌헬름은 타이밍과 자신을 대하는 태도에 불쾌해하며, 새로운 프랑스의 요구를 거부하고 즉시 비스마르크에게 사건과 자신의 결정을 전보로 알렸다. 왕의 행동에 실망한 비스마르크는 기회를 포착했다. 그는 빌헬름 1세의 전보를 수정해 프랑스인들에게 더 단호하고 모욕적으로 보이도록 만들었다. 비스마르크는 회고록에서 전보를 편집하고 게시하기로 결정한 것에 대해 "갈리아 황소 앞에 붉은 깃발처럼 작용할 것"을 깨달았다고 묘사했다.[443]

국경일인 7월 14일에 프랑스 신문에 모욕적인 전보가 실렸다. 다음 날, 프랑스군의 동원이 결정되었다. 사람들은 "오 베를린!"을 외쳤으며, 거리에서 프랑스 국가인 「라 마르세예즈(Marseljäsen)」를 불렀다. 7월 19일 프랑스는 프로이센에 전쟁을 선포했다. 책임 문제는 오늘날까지도 역사가들을 괴롭히는 주제이다.

*

1870년 7월 첫째 날, 알프레드 노벨은 스파에서 몇 주를 보낸 후 프로이센 크륌멜에 있는 공장으로 돌아왔다. 그는 휴식이 필요했다. 지난 한 해 동안 끊임없이 좌절을 겪었고, 좌절에 익숙해지기 시작했지만 여전히 힘든 상황이었다.

최악의 상황은 5월 말 크륌멜에서 발생한 새로운 사고로 시작되었다. 공장 건물이 산산이 부서지고 다섯 명의 직원이 사망했다. 그들 중 한 명은 1864년 헬레네보리 폭발 직후 스웨덴 회사에 고용되었다가 최근 크륌멜로 전근 온 젊은 스웨덴 화학자 라츠만(Rathsman)이었다.

알프레드 노벨은 그의 사망 소식을 접하고 슬픔에 잠겼다. 그는 폭발의 원인을 이해하려 했지만, 사고 당시 자리에 있던 사람들 중 아무도 살아남지 않아 원인을 파악하는 것이 어려웠다. 그러나 현지 당국은 사건을 꼼꼼히 조사했다. 크륌멜에서 총 세 번의 치명적인 폭발이 발생한 것을 단지 운이 나빴다고만 할 수는 없었다. 신중한 조사가 시작되었고, 당분간 모든 추가 생산이 금지되었다.[444]

알프레드의 어머니 안드리에타는 아들이 무사하다는 소식을 접하기 전까지 스톡홀름의 집에서 큰 고통을 겪었다. 그녀는 아들의 위험한 활동에 대해 끊임없이 불안해했다. 폭발 사고가 일어날 때마다 "이번에도 내 아들을 살려주셔서 감사합니다"라고 기도했다.[445]

동시에, 미국에서의 투자 문제도 계속해서 알프레드를 괴롭혔다. 동해안과 서해안의 회사들은 새로운 다이너마이트 특허에 대한 권리를 둘러싸고 오랜 싸움을 벌였다. 샤프너 대령은 다시 등장하여 자신이 다이너마이트를 발명했다고 주장하며, 알프레드와 특허 침해 소송을 벌이고 있다고 편지를 보냈다.[446]

알프레드 노벨은 이제 36세였다. 다이너마이트로 한계를 돌파한 지 몇 년이 지났지만 여전히 그의 성공 가능성에 대한 전망은 밝지 않았다. 유럽에서는 니트로글리세린 선적 금지가 나라마다 퍼졌다. 그의 새 제품이 사용과 운송에서 훨씬 더 안전하다는 사실을 인정하는 사람은 거의 없었다. 한편 많은 광부들은 다른 이유로 주저했다. 알프레드의 새 다이너마이트가 너무 약하고 희석된 니트로글리세린에 지나지 않는다고 불평하기 시작했다.[447] 1869년 봄까지 그는 여전히 재정적으로 어려웠다. 3월 말, 그는 로베르트에게 보낸 편지에서 "부모님을 돕지 못해 너무 마음이 아프다"라고 말했다.[448]

그 무렵, 루드빅 형의 삶은 가족의 비극으로 파탄에 이르렀다. 1869년 5월 아내 미나가 딸을 낳았으나 산욕열로 고통받았고, 2주도 채 되지 않아 소녀와 루드빅의 사랑하는 아내(37세)가 모두 사망했다. 상트페테르부르크의 한 교사는 로베르트에게 보낸 편지에서 "남편의 슬픈 기억과, 어머니 없는 아이들의 상처는 결코 지울 수 없다"라고 말했다.[449] 루드빅은 깊은 슬픔에 빠졌고, 동시에 큰 걱정에 사로잡혔다. 그는 미나의 갑작스러운 죽음으로 열 살의 엠마누엘, 일곱 살의 칼, 세 살의 어린 안나를 홀로 책임지게 되었다. 그는 어떻게 행동했을까? 아이들은 어떻게 자라났을까?

이 상황은 알프레드에게 어린 시절 형제들과 겪었던 어려운 시절을 떠올리게 했다. 그들은 때때로 매우 어려운 시간을 보냈고, 학업은 부실했으며, 각자 교육적 결핍을 안고 있었다. 만약 그들이 인생을 평온하게 활공하고 일반 학교와 대학을 둘 다 다닐 수 있었다면 좋았을까? 루드빅은 그렇게 생각하지 않았다. 그는 로베르트에게 보낸 편지에서 이렇게 썼다. "불완전한 교육 환경이 우리의 호기심이나 판단력을 약화시키지는 않았다고 생각한다. 내가 지닌 도덕적, 지적 가치는 어린 시절 우리 사랑하는 어머니가 겪는 고통을 목격하며 느낀 것과 이후 내가 직접 겪은 역경에서 비롯되었다고 확신한다. 이런 경험을 우리 아이들에게 어떻게 적용할 수 있을까?"[450]

노벨 가문에서 물려받은 것은 좌절을 견디는 능력만이 아니었다. 루드빅은 아버지 임마누엘의 상상력과 창의성도 언급했다. 그중 세 형제는 모두 공평한 몫을 받았다. 아들들은 틀림없이 별 활동 없이 지루하게 있던 아버지가 새로운 미친 프로젝트를 시작할 때면 종종 가슴이 두근거렸을 것이다. 최근 임마누엘(아마도 수에즈 운하 건설에서 영감을 받은 것으로 추정됨)이 걸프 스트림을 발트해로 전환하고 "스칸디나비아와 핀란드를 더 따뜻한 나라로 만들기" 위해 스웨덴과 노르웨이를 통해 운하를 파야 한다고 진지하게 제안했다. 그때 알프레드는 "그 노인과 다투지 않아도 된다. 그에게는 휴식이 더 필요하기 때문이다. 그렇지 않으면 그의 마음이 미쳐버릴 것이다"라고 한탄했다.[451]

그러나 노쇠한 임마누엘의 주장이 모두 터무니없는 것으로 치부될 수는 없었다. 당시 스웨덴은 힘든 시기를 겪고 있었다. 나라의 여러 지역에서 큰 기근이 일어나 몇 년 동안의 농사가 망쳤고, 이로 인해 많은 사람들이 절망적으로 미국으로 이주하는 현상이 가속화되었다. 임마누엘 노벨은 실업을 극복하고 계속되는 "이주 열병"을 멈추는 방법을 생각하며 시간을 보냈다. 그는 수천 개의 일자리를 창출할 완전히 새로운 산업을 구상했다. 그의 아이디어는 목재를 절단한 뒤 남는 폐기물, 즉 목재 부스러기와 얇은 나무판자를 활용하는 것이었다. 폐기물은 서로 접착되어 더 저렴하면서도 더 강력한 건축 자재로 활용될 수 있었다. 나중에 합판이라고 불리게 될 이 자재에 대해 임마누엘이 구상한 활용 방안은 매우 다양했다. 그의 목록은 모자 상자와 시가 상자에서부터 욕조와 소형 용기에 이르기까지, 여러 페이지에 걸쳐 상세히 기록되어 있었다.

그의 비전 있는 제안이 좌절된 것은 아마도 관 때문이었을 것이다. 임마누엘은 아들 알프레드처럼 산 채로 매장되는 것에 대해 거의 강박적인 두려움을 가지고 있었다. 따라서 그는 제작 가능한 제품으로 "내부에서 뚜껑을 들어 올릴 수 있도록" 공기구멍이 있는 합판 관을 언급했다. 임마누엘은 안전을 위해 관 안에 "신호 벨 용 고리 끈"이 장착되어야 한다고 제안했다.

알려진 바에 따르면 그의 독창적인 합판 관은 아직 시장에서 성공을 거두지 못했다. 그러나 불행히도 합판은 임마누엘이 사망한 이후에 결국 세계적인 주요 산업으로 자리 잡게 되었다.[452]

*

두 노벨 형제에게 전환점이 찾아온 시기는 거의 같은 시기였다. 그 시작은 상트페테르부르크에서 비롯되었다. 그곳에서 큰 슬픔에 잠겨 있던 루드빅은 러시아 정부와 새롭고 중대한 계약을 체결했다. 비스마르크의 진격은 전 대륙을 무기 열풍에 빠뜨렸고, 러시아는 휩쓸려 갔다. 루드빅의 기계 작업장은 러시아 군대를 위해 10만 개의 소총을 제작하도록 위임받았다. 이는 회사의 급격한 성장을 가져왔다. 1869년 늦가을, 루드빅은 과중한 업무에 시달리며 형 로베르트에게 의지했다. 로베르트는 스톡홀름을 떠나 가족과 함께 상트페테르부르크로 이사하는 것을 상상할 수 있었을까? 이제 루드빅은 "우리 둘 다를 위한 자리가 있다"며 그를 설득했다.

로베르트는 이미 열린 문을 두드린 셈이었다. 한동안 그는 니트로글리세린 주식회사에 만족하지 못했다. 가혹한 주인 스미트를 따르기 어려웠고, 빈터비켄 공장에서 가족과 함께 사는 것은 "화산에서 사는 것"과 같다고 표현했다. 그의 급여는 겨우 생활비를 감당할 정도였고, 다이너마이트 공장의 직원들의 상황은 나아질 기미가 보이지 않았다. 1년 만에 로베르트는 한 형제의 인생 프로젝트에서 다른 형제의 인생 프로젝트를 위해 상트페테르부르크로 이사했다.[453]

알프레드가 로베르트의 움직임에 어떻게 반응했는지는 분명하지 않다. 아마도 그는 그 결정을 이해했을 것이다. 로베르트는 빈터비켄에서 하는 일이 자신의 신체적, 정신적 건강에 영향을 미친다고 오랫동안 불평해 왔다. 알프레드에게도 극적인 변화는 없었다. 스웨덴 공장은 더 이상 그의 사업의 중심이 아니었다. 좌절에도 불구하고 그는 계속해서 국제적 돌파구를 찾으려고 노력했기에 스웨덴 공장은 그에게 그다지 중요한 곳이 아니었다. 알프레드 노벨은 그 아버지의 그 아들이었다. 그는 포기하지 않았다. 그는 대륙을 정복하고, 다이너마이트로 전 세계를 정복하고 싶었다. 그가 편지에서 말한 것처럼 "불가능"은 결코 자신에게 어울리지 않는 단어였다.[454]

그는 단지 파트너들이 조금 더 버텨주기를 바랐다. 그러나 알프레드가 본 것처럼 근본적인 문제는 명확했다. 그는 손에 잡히지 않는 망설임과 거짓말에 지쳐 있었고, 황금과 초록의 숲을 약속했지만 등을 돌리자마자 배신당한 것에 실망했다. 크륌멜의 파트너들조차 신뢰할 수 없다고 느꼈다.

알프레드에게 전환점이 된 것은 전쟁과 폴 바르베(Paul Barbe)였다. 바르베는 확실히 또 다른 다양성을 가진 회오리바람 같았다. 알프레드조차도 처음에는 그의 속도를 따라잡기 어려웠다. 폴 바르베는 주저하지 않았다.

*

폴 바르베는 알프레드 노벨의 삶에 중요한 영향을 미친 독특한 인물이었다. 20년 동안 알고 지낸 동안, 바르베는 알프레드에게 1년에 100편이 넘는 편지를 보냈다. 랑느힐드 룬드스트룀(Ragnhild Lundström)의 1974년 박사 학위 논문에 따르면, 바르베와 노벨 사이의 서신은 전체 노벨 기록 보관소에서 가장 큰 부분을 차지한다고 주장한다.

나는 광범위하게 자료를 읽는 데 집중했지만, 연구팀은 가능한 모든 파일을 검색하고 전문가와 상의하며, 잘못 분류된 자료를 정정하고 그 의미를 해석하는 작업을 진행했다. 한때 읽고 인용했던 폴 바르베의 편지가 오늘날 어디에 있는지 모르는 87세의 논문 저자에게 전화를 걸기도 했다.[455]

불행히도 바르베의 편지는 알프레드 노벨에 대한 연구에서 유일한 주제가 아니어서 별도로 찾을 수 없었다.

그러나 바르베와 관련된 다른 트랙이 발견되어 위로가 되었다. 이 이야기는 유명한 영화 감독 빌고트 쇠만(Vilgot Sjöman)이 노벨에 관한 장편 영화 「알프레드」(1995) 작업을 시작하면서 전개된다. 제작진은 일찍부터 폴 바르베의 영화적 가치를 인식하고, 그 역할을 맡을 프랑스 배우를 찾고 있었다. 파리 캐스팅에서 배우이자 작가인 마누엘 보네(Manuel Bonnet)는 이 역할을 원했으며, 자신이 직접 폴 바르베를 연구하여 준비했다. 그 결과 영화 감독 쇠만은 파리의 경찰 기록 보관소와 군사 기록 보관소에서 수백 개의 고유한 문서가 포함된 전체 문서(최종

2개)를 받았다.

보네의 방대한 문서 컬렉션은 노벨 재단의 기록 보관소에 있다고 알려졌지만, 이는 사실이 아니었다. 빌고트 쇠만은 사망했으며, 그의 개인 기록 보관소는 여전히 사용할 수 없었다.

19세기 기록 보관소에 문의하기 위해 파리의 친구에게 이메일을 보냈다. "보네를 추적할 수 있습니까?"라는 질문에 거의 즉시 답장이 왔다. "지금 전화로 마누엘 보네와 이야기 중입니다. 그의 집에 모든 것이 남아 있습니다!" 그리고 그다음 이메일에는 큰 소리로 외칠 만큼 놀라운 소식이 전해졌다. "오늘 밤 그를 볼 수 있습니다!"[456]

3년 후, 빌고트 쇠만의 개인 기록 보관소에 접근할 수 있었고, 그곳에서 보네와 그의 환상적인 연구에 대한 회고록을 발견했다.

"그가 이 일을 스스로 할 수 없었을까요?"라고 빌고트 쇠만은 썼다. "그는 정보가 많은 기록 보관소에 돈을 지불해야 했습니다."

그렇다면 쇠만이 마누엘 보네를 알지 못했다면, 그가 역할을 맡을 수 있었을까? 묻는다면 대답은 '아니오'였다.

*

폴 바르베와 알프레드 노벨이 처음 만난 시점은 확실하지 않지만, 아마도 1868년 라인 계곡의 폭발 실험에서였을 것이다. 바르베는 노벨보다 세 살 어렸으며, 젊은 나이에 뚜렷한 이목구비와 검은 머리, 날카로운 눈을 가지고 있었다. 바르베는 에콜 드 폴리테크닉(École Polytechnique)에서 대학 학위를 받았고, 부유한 아내와 세 딸이 있었으며, 이는 알프레드 노벨이 갖지 못한 것들이었다. 그의 초기 경력에는 프랑스 포병에서 몇 년간 전문 장교로 복무한 경험이 포함되어 있었다.

그의 본명은 프랑수아(Franqoi)였으나, 모두가 그를 폴(Paul)이라고 불렀던 이유는 미스터리로 남아 있다. 그는 화려한 장교 경력을 쌓을 수 있었지만 1860년대 초 가족이 운영하는 제철소에서 감독을 맡아야 했으므로 군 복무를 포기했다. 메종 바르베(Maison Barbe), 페레 엣 필스 엣 시에(Pére et Fils et Cie) 철강 공장(Maitres de Forges)은 로렌(Lorraine)의 프로이센 국경 근처에 있는 작은 마을 리베르당(Liverdun)에 위치해 있었다. 폴 바르베와 그의 아버지는 여러 광산을 소유하고 있었고 기계 작업장도 운영했다.

그의 성적표에는 지능과 과학적 능력이 우수하다고 기록되어 있다. 그러나 성격과 관련해서는 몇 가지 유보 사항이 있었다. 바르베는 군대에서 세세한 부분까지 신경을 쓰지 않았다는 비판을 받았다. 포병 시절에는 많은 경미한 위반을 저질러 비판을 받고 총 40일의 수감 생활을 하게 되었다. 알프레드는 자신의 진취적인 프랑스 친구가 "고무 탄성보다 더 신축성 있는 양심"을 가지고 있음을 발견했다. 오랫동안 알프레드는 이런 바르베의 특징을 단지 주변의 언급으로만 보았다.

바르베는 문학이나 시에는 전혀 관심이 없었다.[457]

1870년 4월, 알프레드 노벨과 폴 바르베는 협력 협정에 서명했다. 그때까지 그들은 1년 넘게 협상을 이어왔으며, 프랑스에서 다이너마이트를 제조하고 판매 허가를 받기 위한 공식 신청서를 제출했다. 바르베는 주요 대의원의 표를 얻기 위해 국회에 출마했으며, 나폴레옹 3세의 국방장관에게 접견을 요청했다.

그들에게는 계획이 있었다. 프랑스 화약 시장을 독점할 수 있다면 바르베는 알프레드에게 그의 특허를 양도받는 조건으로 공장 건설에 필요한 자본을 제공하기로 했다. 이후 이익은 두 사람이 나누기로 합의했다.[458]

초창기 바르베의 에너지 넘치는 다이너마이트 로비 활동에 영향을 받은 선출직 공무원 중 한 명은 32세 급진 변호사이자, 새로운 공화당 소속의 레옹 강베타(Léon Gambetta)였다. 그는 1년 전 법정에서 감동적인 변론을 펼친 뒤 대중의 주목을 받으며 인기를 얻었다. 강베타는 공식적으로 정계에 입문해 나폴레옹 3세에 반대하는 공화당 안에서 가장 강력하고 날카로운 목소리를 내는 인물로 활동했다. 1870년 봄, 그는 의회에서 "자석처럼 사람을 끌어당기는" 연설을 했고, 이후 찬사의 물결 속에 휩싸였다고 전해진다. 일부 신문은 그의 연설을 당시 대회에서 등장한 연설 중 가장 위대한 것으로 평가하며 극찬했다.

레옹 강베타는 열정적으로 외쳤다. 그는 정치계에 다소 기이한 모습으로 등장했지만, 외모와 태도 모두 흐트러짐이 없었다. 실제 나이보다 더 성숙해 보였고 한쪽 눈을 가늘게 뜨고 있는 것이 그의 특징이었다. 연설을 시작할 때의 표정은 오페라 테너를 연상시켰지만, 시간이 지날수록 그의 웅변은 따뜻함과 타고난 재능을 드러냈다. 군중과 여성들은 그를 열렬히 숭배했다. 역사가는 이탈리아 식료품 가게의 아들 강베타가 프랑스의 역사를 다시 썼다고 했다.

강베타는 1870년 7월 선거에 출마하며 승리를 확신했다. 그는 열성적인 로비스트였던 바르베와 그의 다이너마이트를 잊지 않았다.[459]

*

폴 바르베는 기회가 오면 주저하지 않고 행동하는 사람이었다. 그는 프랑스가 프로이센에 선전포고한 후 자신의 주장을 분명히 드러냈다. 바르베는 일시적으로 자신과 알프레드 노벨이 가장 바라던 광산과 철도 건설에서 시선을 돌렸다. 그는 이렇게 말했다. "외세에 맞서 성공적으로 싸울 수 있으려면 우리 군대와 산업계는 사용할 수 있는 모든 수단에 접근할 수 있어야 한다. 스스로 무장해야 한다. 이는 다이너마이트에도 적용된다."[460] 그는 프랑스 정부에 다이너마이트 생산을 3주 이내에 할 수 있다고 약속했다.

전쟁이 발발하기 이틀 전, 바르베는 프로이센에 있는 알프레드 노벨에게 편지를 보냈다. 그는 크륌멜 공장의 관리자에게 필요한 기계를 준비해 보낼 것을 요청했다. 알프레드는 자신의 답장을 가리고, 편지를 여분의 봉투에 넣어 런던에 있는 프랑스 대사관으로 보내라는 지시를 받았다. 결국, 그들은 전쟁을 향해 가고 있었다.

그러나 폴 바르베는 그 단계에서 멈추었다. 몇 주 후 그는 프랑스 포병대에 징집되었고 다이너마이트 계획은 보류되었다. 바르베는 프랑스군이 프로이센군에게 굴복할 것으로 예상된 로렌(Lorraine) 전투에 예비군 장교로 참가했다. 그러나 8월 초에 바르베는 포로로 잡혔다. 그는 참전을 완전히 중단하겠다는 약속을 하고 조건부 석방을 받았다. 이후 리버풀에 있는 공장으로 돌아가 알프레드 노벨에게 다시 편지를 보냈다. 그때부터 그는 프로이센의 알프레드에게서 글리세린과 산을 구입해 프랑스에서 다이너마이트를 생산하기 시작했다.[461]

프로이센에서? 불타는 전쟁의 한가운데? 그 남자는 어떻게 생각했을까?

프로이센에서도 알프레드 노벨의 다이너마이트에 대한 태도의 변화가 감지되었다. 새로운 공장은 당국의 새로운 안전 요구 사항에 맞춰 기록적인 시간 안에 건설되었다. 전쟁이 발발하자 승인 절차가 가속화되었다. 그는 공식 서신에 이렇게 기재했다. "전쟁을 목적으로, 특히 교량과 말뚝의 폭파에서 다이너마이트는 유용하기에 프랑스와의 전쟁이 임박한 지금 가능한 한 빨리 크륌멜에 있는 다이너마이트 공장 가동을 재개할 필요가 있다."[462]

일주일 후, 크륌멜에서 다이너마이트 생산이 다시 본격적으로 시작되었다. 알프레드 노벨은 사망한 노동자의 미망인과 자녀에게 고인이 생전에 받았던 연봉의 절반 이상을 보장한다는 조건으로 혐의에서 풀려났다.

알프레드는 필요할 때는 주요 정치적 관계를 무시하는 데 전혀 문제가 없었던 것 같다. 프랑스에서의 생산을 가속화하기 위해 비밀리에 바르베에게 가려 했지만, 동시에 크륌멜에서 다시 생산을 시작하며 행복한 시간을 보냈다. 그러나 로렌이 프로이센의 손에 넘어갔을 때, 떠날 시간이 부족해 계획은 보류되었다.

영국 정부는 다이너마이트에 집요하게 저항했지만 전쟁 발발 이후 그 입장이 흔들리기 시작했다. 런던에 있는 알프레드의 대리인은 영국에서의 다이너마이트 운송과 제조에 대한 규제로부터 조건부 면제를 받기 위해 오랫동안 싸워왔다. 그가 현재 진행 중인 전쟁과 다른 나라의 다이너마이트에 대한 관심을 언급하자 정부로부터 라이센스와 함께 회신이 왔다.

노벨과 바르베의 정치적 곡예는 다이너마이트가 대포와 소총의 탄약으로 사용될 계획이었다면 더 민감한 문제가 되었을 것이다. 전쟁에서 알프레드의 제품이 주목받을 때, 그것은 주로 적의 다리와 철도를 효과적으로 폭파하는 데 사용되는 것으로 한정되었다. 그것은 전쟁 행위이기도 했지만 결정적인 의미를 가진 것은 아니었다.

알프레드의 새로운 폭발물에 대한 관심은 급격히 증가했다. 8월에 파리 언론은 다이너마이트를 "적의 화약"이라며 언급했다.[463]

*

프랑스는 프로이센 군대에게 예상외로 쉽게 패배했으며, 이는 다이너마이트의 공급과는 거의 관련이 없었다. 비스마르크의 군대는 장비와 조직에서 우위에 있었다. 프로이센군은 2주 만에 30만 명의 전문 군인을 배치하고 세 개의 군대에서 훈련을 마쳐 전투 준비를 완료했다. 반면, 프랑스군은 제복과 무기, 관련 지도를 찾기 위해 이리저리 뛰어다녀야 했다. 직접 지휘하며 말을 타고 병사들을 이끌겠다고 했던 나폴레옹 3세는 군용 마차에 실려 다닐 수 없을 정도로 심한 고통을 겪고 있었다.

6주 후, 황제의 모든 것이 끝났다. 1870년 9월 2일 금요일, 프랑스군은 세단 전투에서 패배했다. 프로이센군은 나폴레옹 3세와 그의 병사 10만 명을 포로로 잡았다. 알자스(Alsace)와 로렌의 관료는 더 이상 프랑스인이 아니었다.

며칠 후 이 소식이 파리에 도착하자 황후 외제니는 실성했다. "나폴레옹은 굴복하지 않는다"고 그녀는 실망감에 으르렁거렸다.[464]

야당인 공화당은 다른 반응을 보였다. 제국은 멸망했고 휴전에 동의했지만, 프랑스는 이를 받아들이지 않았다. 수만 명의 파리지앵이 거리로 나왔다. 레옹 강베타는 주도권을 잡고 항구에서 유혈 사태 없이 혁명을 이끌었다. 두 번째이자 마지막 프랑스 황제는 폐위되었고, 임시 연립 정부가 구성되었다. 노장 장군이 총리로 임명되었지만, 실질적인 지도자는 내무장관 강베타였다.

1870년 9월 4일 저녁, 수많은 군중이 호텔 드 빌(Hotel de Ville) 앞에 모여 레옹 강베타가 제3공화국의 탄생을 선포하는 모습을 지켜봤다. 몇 블록 떨어진 곳에서는 외제니 황후가 지하통로를 통해 황궁을 탈출해 영국으로 향했다. 그녀는 6개월 후 나폴레옹 3세와 재회했다.

유명한 망명 작가 빅토르 위고(Victor Hugo)는 나폴레옹 3세가 1852년에 스스로를 황제로 선포했을 때 정치적 망명 생활을 시작했다. 그는 몇 주 동안 벨기에 국경에서 신호를 기다렸고, 18년 만에 해외에서 돌아온 후 파리 거리에서 공화당 영웅으로 환영받았다.

68세의 빅토르 위고는 레옹 강베타보다 두 배 이상 나이가 많았고, 망명 중에도 젊은 좌파 정치인보다 이름이 더 잘 알려져 있었다. 강베타의 급부상한 경력은 부분적으로 그의 아들들이 운영하는 야당 신문인 『르 라펠(Le Rappel)』에서 집중적으로 지원한 덕분에 구축되었다. 위고와 카리스마 넘치는 강베타 사이의 연결은 중요한 의미를 가졌다. 두 사람이 활동하던 공화주의자들의 파리 사회에서 알프레드 노벨이라는 이름은 곧 친숙하게 들릴 것이다. 그들은 모두 창의적인 스웨덴 엔지니어를 알게 될 것이다.

공화국이 선포되었고 파리는 방어해야 했으며, 프로이센군은 프랑스에서 추방되어야 했다. 문제는 수도의 재앙적인 대비 태세였다. 인력, 규율, 식량, 무기와 같은 자원들이 부족했다. 연립 정부의 첫 번째 결정 중 하나는 모든 무기 생산 및 판매 금지를 해제하는 것이었다.[465]

그렇다면 다이너마이트는 어떻게 되었을까? 폴 바르베는 어디에 있었을까?

알프레드 노벨은 걱정했다. 폴 바르베는 한 달 넘게 그의 전보에 응답하지 않았다. 한편, 프로이센군은 파리까지 진군했으며, 9월 중순부터 프랑스 수도와 200만 주민이 포위되었다. 알프레드는 프로이센 당국이 전쟁 중에 모든 편지를 열어 읽었고, 프랑스도 아마 마찬가지일 것이라고 예상했다. 그러나 그는 여전히 상황의 위험성을 인식하지 못했다. 무슨 일이 있었던 걸까?

10월이 되어 그는 다시 바르베와 연락이 닿았다. 그때 알프레드는 프로이센 경찰에게 조사를 받았다. 상황은 하루아침에 급변했다. 갑자기 그는 크륍멜에서의 사고로 과실치사 혐의를 받으며 2년의 징역형을 받을 위기에 처했다. 또한 일시적으로 여행 금지 명령을 받았다.

결국 단순한 행정상의 오해로 여겨지면서 모든 일이 해결되었다. 그러나 알프레드는 이러한 조치를 "영광과 즐거움이 있는 채찍 지배 국가"로부터 받은 굴욕적인 괴롭힘으로 느꼈다. 그는 로베르트에게 보낸 편지에서 이렇게 썼다.[466] "독일의 성공은 어떻습니까? 언젠가 오스트리아와 러시아가 힘을 합쳐 이 위험한 이웃을 제압하려고 하면서 막대한 비용이 많이 들 것이라고 생각합니다."

프랑스에서는 흥미로운 일이 일어나고 있었다. 알프레드는 폴 바르베로부터 소식을 듣고 이를 알게 되었다. 포위된 파리에서 연립 정부는 투르(Tours)로 대표단을 보냈다. 포위가 심화되고 전보 통신이 끊기자, 내무장관 겸 국방장관으로 임명된 레옹 강베타는 군비를 조정하기 위해 투르로 가기로 결심했다. 그는 10월 7일 점심 직전, 몽마르트르 정상에서 기구를 타고 파리를 떠나 적진을 넘어 투르에 무사히 도착했다. 기구를 이용한 탈출은 당시로서는 혁신적이고 영웅적인 일이었다. 강베타를 아는 사람들은 그가 모든 것을 구할 것이라 믿었다. "신이 그들의 말을 들어주기를!" 급진적 프랑스 작가 조르주 상드(George Sand, Aurore Dupin의 가명)도 그를 응원했다.[467]

혼란 속에서 강베타는 폴 바르베와 접촉했을 것이다. 10월 중순이 되자 파리 언론은 대포와 소총 생산에 대한 보도와 함께 프랑스가 곧 다이너마이트 생산을 시작할 것이라는 뉴스를 발표했다.

폴 바르베는 강베타를 만나기 위해 투르로 갔다. 분명히 알프레드 노벨의 동료였던 바르베는 압박감 속에서도 개인적인 배상을 요구할 만큼 영리했다. 1870년 10월 31일, 강베타와 바르베는 다이너마이트 공장을 신속히 건설하기 위해 프랑스 정부가 오늘날의 돈으로 수억 크로나에 달하는 대출을 제공하는 데 합의했다. 같은 날 강베타는 34세의 폴 바르베가 프랑스 군단으로부터 기사 작위를 받는 것을 확인했다.[468]

다이너마이트의 생산이 본격적으로 시작되었다. 파리의 주요 신문 중 하나는 스웨덴 엔지니어 알프레드 노벨이 발명한 다이너마이트의 장점을 상세히 소개하며 1면을 할애했다. "이것은 인간의 두뇌가 창조한 가장 놀랍고도 무서운 파괴 수단 중 하나이다. 프랑스가 역사상 가장 화해할 수 없는 적에게 대항하는 바로 그 순간에 이러한 강력한 지원을 얻게 된 것은 프랑스의 행운이라 할 수 있다."[469]

*

파리 포위전은 몇 달 동안 이어졌다. 알프레드 노벨은 프로이센에 머물면서도 비밀리에 프랑스 재무장에 참여했다. 임시 다이너마이트 생산은 파리와 리버둔에 있는 바르베 가족 공장에서 시작되었다. 그러나 파리에는 더 크고 튼튼한 다이너마이트 공장을 지을 적합한 장소가 부족했다. 결국 전선에서 멀리 떨어진 스페인 국경 근처의 작은 마을 파울리(Paulilles)가 새로운 공장 부지로 선택되었다.[470]

12월에는 파울리에 공장 건설이 시작되었다. 알프레드는 파울리와 파리의 다이너마이트 제조업체를 모두 방문하고 싶어 했다. 전쟁이 계속되는 동안에는 매우 민감한 회사들이었다. 그는 크림멜에서 5년을 보낸 후라 프랑스인들에게 프로이센인이라는 낙인이 찍힐 위험이 있었다. 따라서 그의 친구 알라릭 리드벡에게 새로운 스웨덴 신분증을 요청했다. 알프레드는 12월 10일 토요일에 출발하며 리드벡(Liedbeck)에게 이렇게 편지를 남겼다. "여권 고맙소. 오늘 밤 떠납니다. 목적지는 알겠지요." 로베르트에게 보낸 크리스마스 편지에는 그의 걱정이 묻어났다. "나는 길고 불편한 여행을 떠나야 합니다. 위험이 없지는 않겠지만 피할 수 없는 일입니다. 형을 만나고 싶지만 서쪽 대신 동쪽으로 길을 돌리는 수밖에 없을 것 같습니다."[471]

알프레드는 크리스마스 휴가 동안 온천에 머무르며 작은 모험을 계획한 것으로 보인다. 1871년 1월 초, 그는 스웨덴에 있는 친구 리드벡에게 소식을 전했다. 당시 그는 니더작센(Lower Saxony)에 있었고 스트레스를 받은 상태에서 곧 출발하는 파리행 기차를 기다리고 있었다. 알프레드는 서둘러 파리의 주소를 적었다. 미스터 브륄, 드 라 로슈푸코 거리 58번지(Mr Brüll, 58, Rue de la Rochefoucauld).[472]

주소는 엄청나게 민감한 정보였다. 알프레드 노벨이 위험을 무릅쓰고 사자의 심장부로 향하고 있다는 사실이 드러난 것이다. 아킬레 브륄(Achille Brüll)은 포위된 파리에서 다이너마이트의 임시 생산을 처리하기 위해 프랑스 정부에 의해 선발된 엔지니어였다. 브륄은 폴 바르베의 오랜 동창이었으며, 파리에서 "다이너마이튀어(dynamiteurs)" 특수 부대를 이끌고 있었다.[473]

폭설과 영하 20도의 기온이 파리를 에워싸며 마치 무자비한 늑대와 같은 겨울이 찾아왔다. 얼어붙고 굶주린 인간은 생존을 위해 말, 고양이, 쥐를 도살해야 했다. 파리 동물원에서 만난 낙타와 코끼리 두 마리도 같은 운명을 피할 수 없었고, 그로 인해 사망자 수는 네 배로 증가했다. 새해가 시작되고 며칠 후 알프레드 노벨이 니더작센을 떠나는 절정기에 비스마르크는 도시를 향해 집중적인 포격을 시작했다. 현대식 크룹(Krupp) 대포는 몇 주 만에 파리를 향해 1만 개 이상의 포탄을 발사했으며, 이는 3분마다 한 발씩 발사된 셈이었다. 피해는 제한적이었지만 파리 시민들에게는 가혹한 공포의 시간이 되었다. "발사체의 앞머리가 망치처럼 천둥처럼 내 불쌍한 머리를 때린다. 잠을 잘 수 없고, 잠시도 쉴 수 없다"고 레옹 강베타의 절친한 친구이자 작가인 줄리엣 아담(Juliette Adam)은 불평했다. 알프레드 노벨은 곧 그녀의 문학 살롱에 단골손님이 될 것이다.[474]

알프레드가 포위 공격 중에 파리에 도착했는지는 확실히 확인되지 않는다. 그러나 그는 결국 파울리에 있는 프랑스 공장 건물에 갔고, 1871년 2월까지 그곳에 머물렀다.[475]

현지에서 생산된 프랑스 다이너마이트는 1월 19일 파리의 마지막 전투인 부젠발(Buzenbal) 전투에서 사용되었다. 당시 『르 골루아(Le Gaulois)』는 "프로이센의 강력한 방어에도 불구하고, 국립 방위군은 부젠발 공원의 벽에 접근해 다이너

마이트로 큰 구멍을 뚫었다"고 보도했다.[476]

성공한 비스마르크는 전쟁을 통해 이미 주요 목표를 달성했다. 남부 독일 국가들을 자신의 편으로 끌어들였고, 1월 18일, 베르사유 궁전의 거울의 방에서 열린 의식에서 빌헬름 1세 왕이 황제로, 오토 폰 비스마르크가 총리로 임명되며 독일 통일 제국이 선포되었다. 프랑스에 굴욕을 안기려는 의도에서 이 의식은 베르사유 궁전에서 열렸다. 비스마르크의 승리는 완전했다.

10일 후, 연합 정부는 국방 및 내무부 장관인 레옹 강베타의 반대에도 불구하고 항복을 결정했다. 이에 강베타는 항의하며 사임했다.

항복 소식은 파리를 혼란에 빠뜨렸다. 수만 명의 훈련된 방위군이 수도(그리고 프랑스)를 위해 마지막 피 한 방울까지 싸울 준비가 되어 있었으나, 그들은 배신감을 느꼈다. 분노한 작가 줄리엣 아담은 그녀의 일기장에 "안개를 핑계로 후퇴를 명하고, 죽은 자와 부상자를 핑계로 전투를 끝낸다! 지금 파리가 그들을 저주하듯이 역사가 그들을 저주하기를!"이라고 적었다.[477] 프랑스는 분열되었다. 독일과 계속 싸우려는 사람들과 빠른 평화를 원하는 사람들, 파리와 지방, 공화주의자와 보수주의 왕당파 사이의 갈등이 더욱 심화되었다.

빠르게 치러진 새 선거에서 평화 옹호자들이 압도적인 지지를 받았다. 그러나 파리의 방위군은 무기를 손에서 놓기를 거부했다. 새 정부가 독일에 대한 막대한 전쟁 배상금(50억 프랑)에 동의하지 않고 알자스와 로렌의 일부를 희생시켰을 때, 내전이 현실화되었다. 베르사유 정부는 파리에 새로 구성된 "파리 코뮌(Paris Commune)"에 맞서 싸우게 되었다.

이제 파리는 폐허가 되었다. 1871년 5월의 마지막 한 주 동안 수천 명이 수도의 거리에서 쓰러졌다. 파리 코뮌은 절망 속에서 튈르리 궁, 시청사, 호텔 드 빌, 팔레 루아얄(Palais Royal), 루브르 박물관의 일부와 같은 중요한 파리 건물에 불을 질렀다. 가끔 다이너마이트 돌격도 있었다. 피비린내 나는 승리 후, 정부 측은 파리 코뮌이 사용한 것으로 확인된 다이너마이트를 파리의 파괴와 연결 지으려 했다. "이 저명한 불량배들, 그들의 이름은 이제 끔찍한 역사에 결합되어 있으며,

그들의 명성은 니트로글리세린, 다이너마이트, 휘발유의 후광으로 둘러싸여 있습니다"라고 한 장교가 말했다.[478]

파울리의 다이너마이트 공장은 두 달 만에 완공되었다. 5월 초, 폴 바르베는 베르사유를 방문해 새 정부에 노벨의 제품이 어떻게 작동하는지 시연했다. 그러나 그 결과는 미미했다. 6월에는 총기법이 강화되고 프랑스에서 다이너마이트 및 기타 유형의 폭발물 생산이 금지되었다.

바르베와 노벨은 1년 동안 계속해서 파울리에서 다이너마이트 작업을 진행했다. 강베타와의 계약 때문인지, 폴 바르베의 효과적인 언변력 때문인지, 아니면 전쟁 후 엉망진창인 사회 때문인지는 말하지 않았다. 그러나 새로운 시작이 찾아왔다. 프랑스-프로이센 전쟁은 이전에 간과되었던 다이너마이트의 위상을 짧은 시간에 국제적으로 끌어올렸다. 평화가 찾아오자 알프레드가 쓴 것처럼 광산 및 철도 건설을 위한 가장 중요한 시장에서 "다이너마이트에 대한 수요 증가"가 분명해졌다. 전쟁 전에는 엎드려 잔소리를 들어야 했던 사람이 알프레드 노벨이었다. 하지만 이제 아첨을 받을 수 있는 사람이 되었다.[479]

영국 시장조차도 더 이상 불가능한 일이 아니었다. 일곱 가지 애통함과 여덟 가지 슬픔 끝에 알프레드는 마침내 그의 영국 에이전트인 존 다우니(John Downie)와 계약을 맺었다. 그들은 많은 스코틀랜드 사업가들과 함께 영국 다이너마이트 유한 회사(British Dynamite Company Limited)를 설립하고, 스코틀랜드에 다이너마이트 공장을 지을 부지를 찾았다.[480] 또한 전쟁 직전에 오스트리아-헝가리는 프라하 외곽에 임시 공장 건설을 승인했다. 바르베가 파울리의 공장을 신속하게 지은 건 아쉬운 부분을 남겼지만, 알프레드는 곧 유럽 내 다섯 개의 다이너마이트 공장을 운영하게 되었다.

알프스를 관통하는 철도 터널 건설에 대한 역사적인 결정은 사업에 더 큰 기회를 가져왔다. 이전까지는 겨울에 스위스에서 이탈리아로 알프스를 넘어가는 일이 굉장히 어려웠다. 그러나 이제 세계에서 가장 긴 15킬로미터 길이의 터널이 북유럽과 남유럽 사이의 장벽을 허물게 될 것이다. 입찰에서 승리한 스위스인은 손에 비장의 트럼프 카드를 들고 있었는데, 그것은 바로 새로운 발명품 다이너 마이트였다.

갑자기 알프레드 노벨의 앞날이 밝아졌다. 이번에는 그 밝음이 오래 지속될 것처럼 보였다. 이후 몇 년간 사업은 번창했고, 다이너마이트 회사가 추가로 설립되었다. 알프레드는 오늘날의 가치로 수백만 크로나에 달하는 수익을 올리는 데 익숙해졌다.[481]

*

1871년에도 임마누엘과 안드리에타 노벨은 여전히 스톡홀름의 헬레네보리에 있는 집에 살고 있었다. 전쟁 중 알프레드의 긴 침묵은 그들에게 큰 걱정거리였다. 침대와 휠체어에 의존하던 임마누엘의 건강은 점점 악화되었고, 최근에는 심한 경련으로 인해 더 이상 직접 편지를 쓸 수 없게 되었다.

"곧 집에 오겠다고 약속해 줘서 대단히 반갑다. 하지만 빈말이 아니길 바란다. 엄마는 이제 너와 내가 만날 시간을 계산하고 있구나. 너는 무슨 뜻인지 이해할 거다." 1871년 가을, 임마누엘은 조수를 통해 알프레드에게 편지를 보냈다.[482]

알프레드는 니트로글리세린 사업이 본격화되던 시기에 아버지 임마누엘과 수익의 절반을 보장하는 계약을 맺었다. 이후 새로운 협업을 공식적으로 관리하기 위해 그는 아버지에게 계약 취소를 요청했다. 병든 아버지는 "네 엄마의 미래가 보장되는 것을 보는 한 행복하다"라고 대답했다. 알프레드는 부모에게 오늘날의 가치로 수십만 크로나에 해당하는 연간 연금을 제공했다. 이 금액은 과거 임마누엘이 스웨덴 왕 카를 15세에게 요청했었지만 거절당했던 평생 연금과 정확히 일치했다.[483]

알프레드는 부모를 부양하는 데만 그치지 않았다. 그는 상트페테르부르크에 있는 루드빅 형과 다른 형제들도 재정적으로 지원했다. 전쟁 중에도 알프레드는 친구이자 파트너인 알라릭 리드벡에게 크리스마스에 과자를 들고 헬레네보리에

가자고 요청할 여유가 있었다. 1872년 3월, 아버지 임마누엘의 70세 생일을 맞아 알프레드는 집으로 돌아왔다. 그는 아버지가 건강을 회복한 모습을 보고 기뻐했다. 임마누엘은 여느 때와 같이 "창조주 자신이 부러워할 수 있는" 새로운 아이디어(이번에는 연료 공급)를 떠올렸다고 하고 미소를 지었다.[484]

그러나 여름이 되자 임마누엘의 상태는 악화되었다. 1872년 9월 3일 화요일, 1864년 헬레네보리에서 열린 "노벨 폭파" 기념일에 그는 영원히 잠들었다. 그다음 주 어느 날 오후, 스톡홀름 시민들은 임마누엘의 유해를 헬레네보리에서 북부 공동묘지까지 운반하는 마차를 따라갔다. 알프레드는 제시간에 도착해 아버지의 마지막 길을 배웅했다. 임마누엘은 루드빅이 마련한 노라 쉬르고고덴(Norra kyrkogården)에 있는 새로운 가족 묘지에서 에밀 옆에 묻혔다.[485]

임마누엘의 사망 기사는 노벨 가족의 가까운 지인이면서 스발란(Svalan)의 편집장 요세피나 베테르그룬드(Josefina Wettergrund)가 작성했다. 그녀는 필명 레아(Lea)로 "임마누엘 노벨은 여러 번 '유레카!'를 외치며 많은 유용한 발명을 다른 발명에 추가했다"고 묘사했다. 그녀는 시대에 큰 공헌을 한 천재의 영웅적인 초상을 그리며 "우리나라의 자랑"이라고 표현했다.

레아는 개인 초상화와 단편소설을 위해 젊고 가난한 작가를 고용했다. 그는 스발란에서 무기명(unsigned) 또는 에스(S)라는 필명으로 서명했다. 7년 후, 이 작가는 『빨간 방(The Red Room)』을 출간하며 본명을 사용하기 시작했는데, 그의 이름은 아우구스트 스트린드베리(August Strindberg)였다.[486]

13장
"알프레드에게 좋은 아내를 내려 주시길!"

알프레드 노벨의 마흔 번째 생일이 다가오면서 주변의 압박이 점점 더 강해졌다. 그는 이제 아버지가 없고 아직 미혼이었다. 그의 사생활에 대해 형들이 걱정하기 시작했다. 젊었을 때는 병약해서 힘들었다 하더라도, 이제는 인생을 함께할 누군가를 만나야 할 때였다. 다이너마이트 사업이 번창하면 알프레드도 정착할 수 있는 기회가 생길 수 있을 거라고 생각했다.

그러나 그는 여전히 한 곳에 자리 잡지 못하고 끊임없이 움직이는 것처럼 보였다. 쾰른, 비엔나, 글래스고, 프라하 등지에서 전보를 보내왔고, 그사이에는 주로 파리에 머물렀다. 그의 인생에서 그나마 가장 고정된 장소는 함부르크 외곽의 크륌멜에 있는 공장장 숙소였다. 루드빅은 크리스마스이브에 알프레드를 집으로 초대했고 이에 대해 알프레드가 "잠깐 들러서 인사할 수 있기를 바란다"라고 답장을 했었다. 그런 다음 그는 충격적이게도 철도 칸에서 혼자 보냈다. 알프레드는 여행을 할 때 이런 일이 종종 있었는데 "멍청이처럼" 보였다.

루드빅은 동생의 우선순위를 이해하기 어려웠다. 여성들이 알프레드를 행복한 남편이 될 좋은 사람이라고 말하는 것을 들으며, 그 자신이 무엇을 놓치고 있는지 의아해했다. 39세의 루드빅은 넓은 어깨, 밝은 눈, 낙관적인 분위기를 지닌 매력적인 남자로 여겨졌다. 아내 미나와의 이별로 겪은 슬픔이 가라앉은 뒤, 그는 외로움을 달래려는 생각으로 많은 여성을 만났다. 그래서 그의 형 로베르트는 홀아비이자 공장의 소유인인 그에게 경고했던 것 같다. 그는 결혼 시장에서 행운을 찾는 이들에게 탐나는 먹잇감이었다. 이에 루드빅은 "그들이 저를 가두려 해도 해가 되지 않습니다. 완전히 무관심을 받으니 차라리 그것이 더 낫습니다. 나이 많은 남자가 주는 위엄과 사회적 지위에서 비롯된 사랑도 아름다운 외모와 젊음이 불러일으키는 사랑만큼 따뜻할 수 있습니다"라고 대답했다.[487]

미나가 사망한 지 1년 6개월 후 루드빅은 상트페테르부르크에 있는 스웨덴 학교의 교사인 에들라 콜린(Edla Collin)과 재혼했다. 17세 연하인 에들라는 풍성한 머리카락이 그를 원숭이처럼 보이게 했음에도 불구하고 루드빅에게 첫눈에 반해 사랑에 빠졌다고 한다.[488]

루드빅은 로베르트에게 상트페테르부르크에 있는 공장을 맡아 달라고 부탁한 뒤 새 아내와 함께 지중해 주변에서 9개월 동안 신혼여행을 즐겼다. 건강을 위해 돈을 아끼지 않은 그는 알프레드에게도 같은 방식을 권하고자 했다. 그는 동생이 형편이 많이 나아졌음에도 왜 그렇게 열심히 일하고 더플백 속에서 사는지 이해할 수 없었다.

알프레드는 점점 커져 가는 부담을 느끼며, 마음속에 항상 갈망을 짊어진 채 살아갔다. 그는 나중에 몇 년 동안 "나와 마음이 하나가 될 수 있는" 여자를 찾고 있었다고 회상했다.[489] 알프레드는 아름다운 외모뿐만 아니라 책을 읽고 흥미로운 생각을 나눌 수 있으며, 자신의 의식을 들여다보며 비슷한 교육 수준에서 그의 철학을 이해할 수 있는 여성을 찾았다. 그는 단순히 외모에 흔들리지 않았고, 욕망에 사로잡힐 때는 있었지만 사랑은 언제나 이상주의적이고 빛나는 무언가로 여겨졌다. 그는 육체적, 정신적 결합이 동시에 이루어지는 궁극적인 황홀경에 대해 썼다. 그런데 왜 평생 그 대상을 찾지 못했을까?

시와 산문에서는 그의 이런 생각이 드러났다. 그러나 형제들에게 보낸 편지에서는 자신의 이런 생각은 단 한 마디도 표현하지 않았다.[490]

그렇다고 해서 그가 승려처럼 금욕적인 삶을 산 것은 아니었다. 그는 한때 로베르트에게 이렇게 고백했다. "함부르크의 가을 저녁, 호텔 방이 없을 때 한 거리의 여성이 요구한 화대를 지불했었습니다. 수백 명의 사람들이 같은 일을 겪었다고 합니다. 그것을 나쁘게 생각하는 사람들에게 부끄럽습니다." 또한 그는 파리의 그랜드 호텔에 머무는 동안 알라릭 리드벡에게 "헨리에테(Henriette)에게 느끼는 진심에서 우러난 감정"에 대해 편지를 썼다. 그러나 그 이름은 이후 그의 기록에서 더 이상 등장하지 않았다. 그의 편지에서는 삶의 사랑에 대한 사색을 더 이상 찾을 수 없었다.[491]

140년이 지난 지금, 알프레드 노벨의 마음속 깊은 절망을 이해하려면 탐정처럼 생각해 보는 노력이 필요하다. 루드빅의 새 아내 에들라는 알프레드를 처음 만나는 자리에서 그의 외로움에 연민을 느꼈다. 그녀는 남편의 남동생이 혐오스럽거나 비열하지 않고 오히려 "사랑스럽고 매력적이다"라고 표현했다. 베를린에서 신혼부부를 만난 알프레드는 에들라에게 아름다운 선물이 담긴 가방을 건넸다. 그 선물이 무엇이었는지는 알려지지 않았다. 루드빅에 따르면 에들라는 "고급 가방"을 열 때마다 "알프레드가 착한 아내와 함께 있게 되기를 기원합니다!"라고 말했다고 한다.[492] 알프레드는 약간 마음을 열고 이렇게 답했다. "에들라에게 감사드리고, 신이 나에게 에들라만큼 좋은 아내를 주시기를 간절히 기대하고 있다고 전해 주세요."

그를 잘 모르는 대부분의 사람들은 점점 더 위상이 높아져 가는 발명가이자 기업가인 알프레드 노벨에게 당연히 가족이 있을 거라고 여겼다. 1872년 새해가 끝난 후 미국 변호사 앨프리드 릭스(Alfred Rix)는 크리스마스 파트너에게 가족사진을 보내며 알프레드에게 그와 아내의 사진을 요청했는데 이에 대한 알프레드의 답장에서 그의 우울한 마음 상태를 엿볼 수 있다. 그는 이렇게 썼다. "릭스 부인과 사진을 교환하게 되어 기쁩니다. 그러나 저는 지금까지는 마지못해 총각입니다."[493]

*

알프레드 노벨과 그의 독일 동료들 간의 분위기는 냉랭했다. 여러 이유가 있었다. 알프레드는 사기꾼 샤프너와의 미국 특허 분쟁 과정에서 파트너인 반트만이 함부르크에서 그 모든 일을 뒤에서 조종하고 있었다는 사실을 깨달았다. 반트만은 캘리포니아에 있는 형제에게 미국 특허를 비밀리에 약속하기도 했다. 또한 알프레드는 함부르크에 있는 동료들이 합동 회사 재정의 투명성에서 자신을 멀어지게 하려고 한다고 느꼈다. 서로 거의 말을 하지 않은 채 시간만 지나갔다. 알프레드는 편지에서 그들의 교활한 음모에 대해 한탄했다.[494]

그는 다른 일에 집중하고 있었다. 진취적인 프랑스인 폴 바르베와의 새로운 협업은 그의 관점을 바꾸고 업무 속도를 높였다. 또한 그는 새로운 습관을 갖게 되었다. 알프레드는 출장 중 파리의 카푸시네 거리(Boulevard des Capucines)에 있는 그랜드 호텔에 점점 더 자주 머물기 시작했다. 크륌멜과 함부르크는 가끔 방문하는 곳이 되었고, 그는 미국의 혼란을 피하는 것을 선호했다.

독일인들은 경쟁에 대해 걱정할 만한 이유가 있었다. 1873년 1월, 최초의 영국 다이너마이트가 글래스고(Glasgow) 외곽의 아르디어(Ardeer)에 있는 스코틀랜드 새 공장에서 생산되었다. 노벨의 영국 동료인 존 다우니(John Downie)는 대서양 연안에서 "토끼조차 먹을 것이 거의 없는" 황량하고 잘 보호된 장소를 찾았다. 알프레드는 공장 건설과 생산 개시를 위해 알라릭 리드벡을 그곳에 파견했다. 현지에서 모집된 몇몇 여성들은 붉은 양피지로 다이너마이트 탄약통을 만드는 기술을 배웠다.

동시에 이탈리아(Avigliana), 스페인(Bilbao), 스위스(Isleten)에서 특허를 취득하고 공장을 이미 건설했거나 건설 중이었다. 이는 유럽에서 모든 제품을 크륌멜에서만 생산하길 원했던 독일인을 불쾌하게 했다. 대륙 확장에 대한 폴 바르베의 열정은 처음에 알프레드 노벨의 신중한 태도와 대립했으나, 이탈리아와 스페인의 높은 기온으로 인해 위험이 따를 수 있다는 우려에도 불구하고 그는 결국 동의했다.

알프레드 노벨에게 중요한 것은 폴 바르베의 창의적인 계획이었다. 이는 관련된 모든 사람들이 깨달았다. 바르베는 점점 더 자유로워졌다. 원래 알프레드는 특허에 기여하고 폴 바르베는 자본을 고정한 후 이익을 나누는 구조였으나,

이제는 그런 방식이 아니었다. 1873년 말경, 재정적으로 부유해진 알프레드 노벨은 총 15개 다이너마이트 공장의 파트너가 되었으며, 헝가리의 브라티슬라바(Bratislava), 독일의 쾰른(Köln), 포르투갈의 트라파리아(Trafaria)를 새로 목록에 추가했다.[495]

이탈리아에 공장을 건설하는 일은 민감한 사업이 되었다. 아비글리아나(Avigliana)는 토리노(Turin)에서 서쪽으로 30킬로미터 떨어져 있으며, 니트로글리세린의 발명가인 아스카니오 소브레로가 여전히 거주하고 일하는 곳이었다. 자신이 발견한 위험한 물질에 대한 소브레로의 수치심은, 니트로글리세린의 공로가 알프레드 노벨에게 돌아간다는 사실에 대한 분노로 바뀌었다. 그러나 다이너마이트 발명 이후 비판은 누그러졌다. 오히려 그는 호기심을 느꼈다. 최근 몇 년간 그는 투스카니산(Toscana) 모래로 블라스팅 반죽을 만들려고 시도했으나 큰 성공을 거두지 못했다.

대립할 준비가 되어 있었지만 알프레드 노벨은 외교적인 접근을 취했다. 그는 아스카니오 소브레로에게 제안을 해 긴장을 해소했다.

소브레로는 아비글리아나의 다이너마이트 공장에서 평생 후한 보수를 받으며 컨설턴트로 일했다. 몇 년 후 이탈리아 공장에 그의 흉상이 세워졌다. 알프레드 노벨은 그에게 편지를 보내 "세상에 기여한 위대한 발견과 그의 발명가적 성격"을 칭찬했다.[496]

이제 대륙의 국가들 중 오직 프랑스만이 다이너마이트에 반대했다. 그러나 폴 바르베와 같은 인맥을 가진, 도덕적으로 유연한 사람에게는 어떤 도전도 감수할 만한 일이었다.

*

프랑스는 아직 모든 헌법적 절차가 마련되지 않았지만, 다시 공화국으로 돌아갔다. 대통령은 아돌프 티에르(Adolphe Thiers)였으며, 1873년 봄과 겨울에는 국회가 있는 파리 외곽의 베르사유에서 지냈다. 티에르는 전쟁 패배 이후, 애국심과 도덕성을 바탕으로 국가를 부흥시키려는 단호한 방법으로 인기를 얻었다. 심지어 피비린내 나는 파리 코뮌 해산을 받아들이기 어려워했던 주요 공화당원 레옹 강베타까지 대통령을 지지했다.

티에르는 권위적인 성향의 군주주의자였지만, 공화국에 투표했다. 강베타는 국회에 복귀한 뒤 실용주의적 입장을 취하며 좌파 선동가로서 놀라운 변화를 보였다. 전후 프랑스 정권은 이 두 사람의 타협을 지지하는 신사들을 중심으로 움직였다. 그러나 이는 곧 바뀔 것이었다. 그 전에 폴 바르베는 자신의 가장 대담한 계획을 실행에 옮겼다.

파울리의 다이너마이트 공장은 파리 코뮌 이후 재도입된 폭발물 독점 문제로 중단되었다. 처음에는 바르베와 노벨이 어떻게 해서든지 사업을 이어가려 했지만, 상황은 악화되어 그들이 생산하고 판매한 다이너마이트가 압수되었다. 유일한 탈출구는 독점과 싸우는 것이었다.

로비스트 폴 바르베는 권력과 직접 연결될 수 있는 통로를 가지고 있었다. 그는 레옹 강베타와 그의 온건한 공화당원들과의 관계를 활용했다. 알프레드는 국회에 자신과 바르베의 다양한 제안을 제출하기 위해 "우호적인 의원"을 얻는 방법에 대해 여러 번 편지를 주고받았다. 물론 바르베는 1870년 전쟁 중에 강베타와 맺은 계약을 여전히 유지하고 있었다. 그는 강베타의 지원을 받아 프랑스 국가에 손해배상을 요구했다. 알프레드는 로베르트에게 "엊그제 하원에서 장관이 우리와 합의하지 않으면 장관을 질책하겠다고 위협하는 대리인이 있었습니다. 그러나 티에르는 매우 단단한 인물입니다"라고 편지를 썼다.

1873년 3월 초, 알프레드는 베르사유에서 티에르 대통령과 개인 접견을 했고, 정부는 다이너마이트를 다르게 취급할지 여부를 논의하기로 했다. 독점에서 면제될 가능성을 조사하기 위한 의회 위원회가 구성되었다. 바로 바르베가 필요로 했던 기회였다. 새로 임명된 위원회 위원장은 곧 거부할 수 없는 제안을 받았다. 노벨과 바르베가 허락을 받으면 위원장은 그들이 설립한 유한 회사의 10만 프랑에 해당하는 무료 주식을 받게 된다는 제안이었다. 이 계약은 1873년에 체결되었으며, 숨겨진 부분에 대해서는 짐작만 할 수 있었다.[497]

알프레드는 러시아보다 1,000배나 더 나쁜 프랑스 관료제가 앞으로 몇 년 동안 더 지속될 것이라고 했다. 그러나 바르베는 그 보상을 가지고 프랑스 정부를 설득했다. 알프레드 노벨은 인생을 결정짓는 중요한 결정을 내렸다. 그는 이때 내린 결정에 대해 특별히 언급하지 않았다. 당시 상황에서는 자연스러운 선택처럼 보였을 것이다. 1873년 여름, 그는 파리에 있는 집을 사기로 결정했다.

*

파리는 1850년대 초 알프레드 노벨이 화학을 공부했던 때와 비교해 역사적으로 큰 변화를 겪은 도시였다. 자주 방문하면서 그는 도시 계획자인 조르주 외젠 오스만(Georges-Eugéne Haussmann)의 손길로 변화된 현대적인 파리에 점차 익숙해졌다. 좁고 더러운 골목은 넓고 곧은 대로로 바뀌었고, 어둡고 악취 나는 배수로는 밝고 현대적인 배수 시스템으로 대체되었다. 새롭게 바뀐 파리에는 더 넓은 인도와 나무, 카페, 군중을 위한 공간이 마련되었고, 거리에서도 하늘이 보였다. 오스만의 조화로운 석회암 건물 외벽은 햇빛에 반사되어 파리지앵의 눈을 사로잡았다.

그 변화는 인상적이었으나, 많은 이들은 오스만이 "진짜" 파리의 전통을 너무 많이 훼손했다고 분개했다. 공사는 20년 동안 진행되었고, 파리 사람들은 먼지와 끊임없는 소음으로 심한 고통을 받았다. 알프레드 노벨이 집을 찾기 시작한 시점에는, 파리 코뮌 기간 동안 불타버린 주요 건물들을 복구하는 작업이 한창이었다. 새롭고 웅장한 드 리볼리 거리(Rue de Rivoli)의 호텔 드 빌레(Hotel de Ville)는 1882년까지 완공되지 않았다. 그러나 부아 드 불로뉴(Bois de Boulogne) 공원은 전쟁 후 빠르게 복원되었다. 그 이듬해 유모차에 아이들을 태워 새로운 동물들과 농장을 구경할 수 있었다.

알프레드 노벨이 피난처로 선택한 곳은 부아 드 불로뉴 공원 근처의 서부 교외였다. 도심의 혼잡이 극에 달했을 때, 한때 귀족들이 피난처로 삼았던 지역이었으며, 도시가 변화하면서 이 우아한 지역은 파리에 합병되어 16번째 구역을 형성했다. 이곳은 통풍이 잘되는 거리와 타운하우스 또는 "도시 빌라"로 유명했다. 개인 소유의 호텔 빠티큘리(hotel particulier)는 성공과 "중산층의 존엄성"을 상징하는 중요한 표식으로 여겨졌다.[498]

1873년 여름 동안 이러한 개인 호텔들은 개선문과 새로운 에투알 원형 교차로에서 도보로 15분 거리에 있는 파시(Passy)에서 판매되었다. 이 거리는 오늘날 레이몬드 포앙카레(Raymond Poincaré) 대로에 해당하며, 과거 말라코프(Malakoff) 대로라고 불렸다. 아이러니하게도 그 이름은 1850년대 크림 전쟁의 결정적 전투에서 유래했다. 해당 석조 건물은 오스만의 미학을 따랐다. 4층 높이(다락방 같은 꼭대기 층 포함)와 네 개의 프랑스식 발코니가 있었다. 아치형 대문은 큰 마차가 지나갈 수 있을 정도로 넓었고, 뒷마당에는 말 네 마리를 기를 수 있는 마구간도 있었다. 전체 부지 면적은 400제곱미터가 넘었고, 마차 창고와 마구간 위에는 바람을 공급하는 시스템이 갖추어져 있었다. 가격은 10만 7,600프랑이었다.[499]

1873년 8월 1일, 알프레드 노벨은 계약서에 서명하고 성인이 된 후 처음으로 변하지 않는 주소인 "파리 말라코프 거리 53번지(53, avenue Malakoff, Paris)"를 얻었다. 그는 건물을 인수한 것에 만족하며 즉시 필요한 보수 공사를 주문했다. 석공은 온실에 이탈리아 대리석 바닥을 깔았고, 파리 부유층을 위한 실내 장식가이자 인테리어 디자이너 헨리 페논(Henry Penon)이 내부 디자인을 맡았다. 페논은 파리 최고의 디자이너였고 알프레드는 자신의 새집에 많은 돈과 시간을 투자했다.

입구는 아치형 문의 왼쪽에 있었고, 방문객은 어두운 오크 패널로 덮인 현관을 지나게 되었다. 알프레드는 서재를 만들기 위해 큰 책상과 유리문이 있는 넉넉한 책장을 주문했다. 넓은 대리석 계단은 1층의 사교 공간으로 이어졌다. 그곳에 놓기 위해 새로 구입한 흑단목과 도금한 청동으로 그랜드 피아노를 제작했다.

편지에 따르면 알프레드 노벨은 꼼꼼히 살피며 직물과 색상에 대해 논의하는 것을 즐겼다. 살롱을 위해 그는 검은 나무와 금 장식이 많은 최신 양식인 네오 로코코(루이 15세 스타일)를 선택했다. 페논은 전체를 덮는 양탄자, 실크 브로케이드의 빨간 커튼, 벽과 천장을 따라 금색 디테일이 있는 천을 제안했다. 소파와 안락의자도 짙은 색 목재로 된 최신 모델이었고, 조명과 실내 장식은 아늑함을 더했다. 식당에는 열 명이 앉을 수 있는 무거운 테이블이 놓여 있었다.

우아하고 화려한 장식의 인테리어는 알프레드의 절제된 성격과 정말 대조적이었다. 그러나 일반적인 파리 부르주아 계급의 인테리어를 원했다면 페논을 선택한 것은 옳은 선택이었다. 알프레드는 인테리어 디자이너의 과한 취향에 오히려 열광적으로 끌린 것 같다. 곧 그는 대리석과 금박 청동으로 만든 여러 조각상을 완성했다. 그중 적어도 두 개는 사랑과 여성의 아름다움을 상징하는 여신인 비너스를 형상화한 작품이었다.

2층의 침실은 캐시미어와 파란색 리넨으로 덮인 벽과 4주식 침대로 아늑한 분위기를 자아냈다. 알프레드는 가장 큰 방을 "신사의 방(Chambre de Monsieur)"이라고 불렀다. 그는 4주식 침대를 선택했으며 넉넉한 옷장과 긴급한 업무를 위한 작업 테이블을 방에 추가했다. 헨리 페논은 "부인의 침실(Chambre à Coucher de Madame)"에 특히 관심을 기울였고, 알프레드는 부인과의 파리 생활을 상상하며 커튼과 침대보에 리본과 꽃 테두리를 주문했다. 덮개를 씌운 긴 의자는 바닥에 주름 장식으로 꾸며졌다.

부인의 침실에 대한 두 페이지의 인테리어 디자인 목록에는 알프레드의 향후 계획을 암시하는 항목이 포함되어 있었다. 그것은 오늘날에도 여전히 감동을 준다. 알프레드는 220프랑을 들여 "아기 의자(chaise bébé)"를 주문했다.[500]

*

알프레드는 방황하는 동안 인간의 기본적인 욕구 중 많은 부분을 포기했다.

친구 관계와 소셜 네트워크도 그중 하나였다. 그는 끊임없이 출장을 다녔지만, 때로는 자신의 집에서 손님을 맞이하기도 했다. 그는 집 3층에 여러 개의 객실을 마련하고 편지에 초대장을 조심스럽게 동봉해 손님을 초대하기 시작했다.

마흔이 되면서 알프레드는 가장 친한 친구를 부르기 어려워졌다. 사실 그는 부를 만한 사람이 많지 않았다. 주로 형제들이나 사업 파트너들과의 관계를 유지했는데 화학자 알라릭 리드벡은 예외적인 존재였다. 그는 파티광이자 이성을 매료시키는 사람으로 알려져 있었지만, 다른 면도 가지고 있었다. 알프레드는 "나는 리드벡이 점점 더 좋아집니다. 더 정직하고 진실하며 현명한 사람을 찾으려면 낮에 등불을 들고 찾아야 할 것입니다"라고 로베르트에게 편지를 썼다.[501]

세 형제는 서로의 삶을 계속 주시했다. 임마누엘이 사망한 후 루드빅은 편지에서 종종 교육적인 어조를 취했는데, 이는 특히 로베르트를 짜증나게 했을 가능성이 크다. 루드빅은 진정으로 알프레드가 가정을 꾸려야 한다고 생각했다. 그리고 맏형 로베르트가 진행하고 있는 모든 호화로운 프로젝트에 싫증을 느꼈으며 그가 재정적으로 다시 일어설 수 없다는 현실에 대해 눈치채지 못한 사람은 거의 없었다. 최근 몇 년 동안 세 형제 사이의 관계는 다소 삐걱거리는 모습을 보였다. 이러한 상황에서 루드빅이 로베르트에게 보낸 편지는 상황을 진정시키려는 시도로 이해된다. "내 행동과 욕망에 대한 유일한 지침은 다음과 같습니다. 그 무엇도 우리 가족 사이에 형제애와 조화를 유지하기 위해 우리를 하나로 묶는 감정을 흔들 수는 없습니다. 우리가 같은 감정을 느낀다면, 힘과 성공을 얻을 수 있을 것입니다." 1873년 1월에 루드빅은 또 다른 편지에서 다음과 같이 말했다. "가족의 안녕과 노벨 가문이 마땅히 받아야 할 좋은 평판을 유지하기 위해 단합을 해야 합니다."[502]

이러한 화해의 제스처는 필요했다. 루드빅의 진짜 목적은 새로운 비즈니스 제안을 하기 위함이었다. 러시아 군대로부터 새로운 종류의 소총에 대한 대규모 주문을 받은 루드빅은 러시아 국가의 소총 제조업체와 협력해 우랄산맥 북쪽에 공장을 건설했다. 이제 그들은 소총에 사용할 호두나무를 확보해야 했다. 루드빅은 코카서스 지역에 견과나무가 풍부하다는 것을 알고 있었다. 로베르트는 루드빅의 자금을 기반으로 그곳에서 사업을 운영하는 자신을 상상해 본 적이 있었을까? 어쩌면 이 제안은 형 로베르트에게 "자립과 미래의 만족"으로 이어질 수 있는 유혹적인 기회였을 것이다.

로베르트는 루드빅의 제안에 동의했고, 바쿠시에 목재 공장을 세우기로 계획했다. 그에게는 나름의 이유가 있었다. 당시 바쿠에서는 기업 붐에 대한 소문이 퍼지고 있었다. 이는 그 지역에서 석유를 찾으려는 시도와 밀접하게 관련이 있었다. 러시아 정부는 세계 시장에서 등유를 독점하고 있는 미국에 대한 의존도를 줄이기를 희망하며, 석유 시추를 촉진하기 위해 독점법을 폐지하기로 결정했다. 로베르트는 이러한 환경에서 루드빅이 제안한 프로젝트가 가져다줄 이점을 활용하려 했다.

그러나 1873년 말 로베르트는 실망스러운 소식을 들고 상트페테르부르크로 돌아왔다. 그가 발견한 호두나무는 썩었거나 너무 오래되어 프로젝트는 실패할 운명이었다. 이에 대한 보상으로 그는 루드빅에게서 2만 5,000루블을 받았다. 놀랍게도 로베르트는 다시 바쿠로 돌아가는 험난한 길을 선택했다. 그곳에서는 민간 석유 사업가들이 미국 모델을 따라 시추 기술을 발전시키고 있었다. 1873년 7월, 첫 번째 대형 유정이 발견되었고, 갑자기 석유가 흘러나오기 시작했다. 모두가 이곳에 더 많은 유전이 숨겨져 있다는 사실을 확신하고 있었다.

로베르트는 노벨 형제의 삶을 바꿀 중대한 결정을 내렸다. 그는 바쿠에서 즉시 작은 정유소를 매입했다.

*

다이너마이트 문제는 프랑스 관료 체계를 통과했다. 이 기간 동안 알프레드 노벨은 파리의 집에 머물고 있었다. 1873년 11월, 프랑스 국회에서 다이너마이트와 관련된 격렬한 토론이 열렸을 때 그는 앉아 있었다. 토론 중 박수와 야유, 사퇴 요구가 뒤섞이며, 거의 무정부주의적 분위기에 가까웠다. 다이너마이트 사업은 국가기구를 통해 여유로운 여정을 계속하는 것으로 결정났다. 당시 공화당을 이끌던 레옹 강베타는 비교적 차분한 태도를 유지했다. 군 복무를 마친 한 차관이 가장 큰 환호를 받았다. 그는 다이너마이트가 생명을 위협할 수 있다는 주장에 강력히 반대하며, 다음 회의에 직접 폭발성이 있는 반죽을 가져와 불을 붙이는 실험을 하자고 제안했다.

"내각을 폭파하기 위해서?" 누군가가 외쳤다.

그 말에 웃음이 퍼졌다.

"여러분은 걱정하지 마세요, 신사 여러분, 나는 자살이나 살인에 관심이 없습니다"라고 어느 직업 장교가 대답했다. 그는 다이너마이트에 불을 붙여도 "아주 불쾌한 냄새만 날 것"이라고 덧붙였다.

그 직업 장교는 유명한 알프레드 노벨을 가장 존경한다고 언급하며, 폴 바르베의 역할에 대해서도 칭찬했다.[503]

폴 바르베는 파리의 절반을 알고 있었다. 알프레드 노벨은 이 시기에 레옹 강베타 주변의 공화당원들에게 소개되었다. 이 당시 파리는 미용실, 문학, 정치, 귀족 행사 등이 활발히 열리는 도시로 사람들이 정기적으로 모여 토론을 벌이는 문화가 있었다. 가장 영향력 있는 살롱 중 하나는 파리의 공화당 여왕인 줄리엣 아담이 푸아시에르(Poissonière) 대로에 있는 그녀의 집에서 매주 개최한 살롱이었다. 유명한 작가인 귀스타브 플로베르(Gustave Flaubert)는 "아담 여사(Ms. Adam)는 모든 장관보다 더 강력하다"라고 말했다. 만약 레옹 강베타를 만나고 싶다면 먼저 줄리엣 아담과 그녀보다 20세 연상의 남편 에드몽 아담(Edmond Adam)을 찾아가는 것이 가장 안전하다고도 했다.[504]

줄리엣 아담은 강베타의 성공에 중요한 역할을 했다. 그의 부주의한 이미지를 씻어 내고, 그럴듯한 옷을 입혀 주었으며, 그와 가난한 동네에서 자란 다른 젊은 공화당원들에게 세련된 사교 방법을 가르쳤다고 전해진다. 줄리엣 아담은 강베타에게 "우리는 당신들이 호텐토드(식인종)라는 생각을 부술 겁니다"라고 경고했다. "벨레빌레(Belleville)에서는 스스로 반대하고 혁명을 일으키고 살롱(salongerna)에서는 정부를 구성합니다."[505]

전쟁이 끝난 후, 줄리엣 아담의 문학 살롱은 파리에서 가장 중요한 공화당 회의 장소로 바뀌었다. 그녀는 강베타와 다른 젊은 공화당원들과 빅토르 위고(Victor Hugo)나 그녀의 남편 에드몽 아담이 포함된 구세대 사이의 세대 격차를 메우는 데 자부심을 느꼈다.

줄리엣 아담은 문학과 정치에서뿐 아니라 과학적 진보에도 열정적으로 관심을 가진 현대 파리의 중요한 지적 세력 중 한 명이었다. 그녀는 알프레드 노벨보다 세 살 어린 나이였으며, 긴 애쉬 금발 머리와 파란 눈, 활기찬 태도로 숨이 멎을 정도로 아름다웠다는 평판을 받았다. 20세에 줄리엣 아담은 이미 성공적인 소설을 썼고, 파리의 가장 유명한 미용실에서 환영을 받았다. 작가 조르주 상드는 그녀를 마음에 새기고 이 젊은 줄리엣을 기 드 모파상(Guy de Maupassant), 귀스타브 플로베르, 러시아인 이반 투르게네프(Ivan Turgenev; 파리로 이주), 그리고 마지막으로 빅토르 위고와 같은 당대의 위대한 작가들에게 소개했다. 위고는 줄리엣 아담에게 파리 포위 공격에 대한 일기를 출판하도록 격려한 인물이었다.

줄리엣 아담의 초대는 주요 이슈였다. 알프레드 노벨에게 그 초대는 매우 소중했을 것이다. 그가 그녀의 명문 살롱을 처음 방문한 시점은 정확히 알 수 없지만 그리 오래 걸리지 않았을 것이다. 그녀가 쓴 『파리 공성전(Belägringen av Paris)』은 알프레드 노벨이 말라코프(Avenue Malakoff)로 이사한 후 구입한 첫 번째 책 중 하나였다. 여기에 그녀의 초기 작품 몇 권도 함께 구입했다. 사실, 알프레드 노벨이 남긴 큰 도서관에는 줄리엣 아담의 결혼 전 이름인 랑베르(Lamber)로 출판된 책만큼 많은 저서를 가진 작가는 거의 없다. 프랑스 작가들 중에서는 빅토르 위고만이 그녀를 능가했다.

알프레드 노벨이 빅토르 위고를 알게 된 것도 아마도 이 서클에서였을 것이다. 그는 몇 년 동안 위대한 스승을 점심 식사에 초대했다. 결국, 빅토르 위고는 말라코프 대로의 노벨 집에서 모퉁이만 돌면 되는 딜라우 가(avenue d'Eylau)로

이사했다.[506]

줄리엣 아담은 매주 금요일 푸아시에르 대로(Boulevard Poissoniére)에 나타났다. 파리지앵은 현대화된 살롱을 찾았고, 줄리엣은 네 개의 계단을 올라가서 팔꿈치를 뻗은 채 빨간 벨벳 옷을 입고 화분에 심은 야자수로 장식된 입구로 들어갔다. 손님들은 안주인이 나타날 때까지 도미노나 카드 게임으로 시간을 보냈다. 줄리엣 아담은 낮은 목소리를 유지하려고 노력하며, 자신이 프랑스에서 크리놀린(속치마)을 착용한 적이 없는 유일한 여성이라고 자랑하곤 했다. 그녀의 겸손에도 불구하고 모든 것은 여전히 그녀를 중심으로 돌고 있었다. 앤 호겐휘스-셀리버스토프(Anne Hogenhuis-Seliverstoff)는 줄리엣 아담의 전기에서 "자연스럽고 열정적인 카리스마로 주변 환경을 유혹했다"라고 적었다.[507]

알프레드 노벨에게는 문학적 갈망이 있었다. 그는 완벽한 여성에 대한 낭만적인 꿈을 품고 계속해서 소설 『자매들』을 만지작거렸다. 줄리엣 아담은 알프레드가 상상한 많은 것을 가지고 있었다. 우리는 그녀에 대해 그가 어떻게 생각했는지는 물론 그가 어떻게 느꼈는지에 대해 아무것도 알지 못한다. 하지만 결국, 그 관계에는 많은 장애물이 있었다. 첫째, 줄리엣 아담은 이미 결혼한 상태였다. 둘째, 그녀는 매력적인 레옹 강베타와 바람을 피웠다는 소문이 돌았다. 알프레드 노벨은 여전히 파리에서 남은 20년 동안 줄리엣 아담의 친구 그룹에 속할 수 있는 특권이 있었다.[508]

1870년대 중반에 파리로 이주한 사람들은 현장에서 중요한 문화적·역사적 사건들을 경험하게 되었다. 이 시기는 얼어붙은 프랑스 미술계의 일부 젊은 반군들이 일어나기 시작한 때였다. 이 그룹을 이끌었던 것은 오귀스트 르누아르(Auguste Renoir), 폴 세잔(Paul Cezanne), 에드가르 드가(Edgar Dégas), 클로드 모네(Claude Monet)였다. 그들은 사실적인 정밀 회화에 등을 돌리고 움직임, 느낌 및 순간적인 인상을 이끌어 내기 위해 보다 바쁜 붓놀림을 선호했다. 예술가들은 오랫동안 몽마르트르의 한 카페에서 정기적으로 만났고, 1874년 4월에는 카퓌신 대로(Boulevard des Capucines)에 있는 오래된 사진 스튜디오에서 자신들의 전시회를 열었다. 파리 비평가들의 판단은 호의적이지 않았다. 어느 비평가는 단순한 "인상파"를 무너뜨리기 위해 모네의 그림 중 하나인 「해돋이(Soleil levant)」(1872)를 선택해 "페인트 상자를 든 원숭이"가 그림을 그렸을 수도 있다는 인상(Impression)을 받았다고 비평했다.[509]

앞으로 더 많은 "인상파" 전시회가 열릴 것이었다. 그러나 1878년에 클로드 모네의 그림은 여전히 미술품 경매에서 184프랑에 낙찰되었다. 오늘날 잊혀진 많은 예술가들은 공식적으로 1만~2만 프랑에 팔렸다. 알프레드 노벨은 새집을 위해 많은 그림을 샀지만 그의 벽에는 인상파 화가들의 작품은 없었다. 그는 미술에 대해 문학만큼은 관심이 없었다. 그는 그림 판매상과 계약해 작품에 싫증이 나면 바꿀 수 있게 했다.

1874년 4월은 에밀 졸라(Émile Zola), 귀스타브 플로베르, 이반 투르게네프, 에드몽 드 공쿠르(Edmond de Goncourt), 알퐁스 도데(Alphonse Daudet) 등 다섯 명의 유명 작가가 카페 리셰(Café Riche)에서 정기적으로 만나기 시작한 달이기도 하다. 그들은 모두 얼어붙은 문학 세계를 위해 뭔가를 하고 싶었다. 폴 세잔의 소꿉친구인 에밀 졸라는 일찍부터 신인 예술가들을 지원했고 몽마르트(Montmartre)의 카페에서 그들을 만났다. 그러나 작가들은 좌절감을 느꼈다. 상류층의 영웅담은 아직 프랑스 문학계를 장악하지 못한 상태였다. 이들 다섯 사람은 서민들이 마주한 현실에 대한 세세한 묘사를 위해 글을 쓰기로 했다. 그들은 플로베르가 이미 성공한 소설 『마담 보바리(Madame Bovary)』(1857)와 함께 시작한 길을 계속 가고 싶어 했다.

에밀 졸라는 그것을 가장 강하게 밀어붙인 사람으로, 결국 이 운동을 위해 자연주의라는 용어를 만들었다. 그는 1860년대 후반 소설 『테레즈 라퀸(Thérèse Raquin)』으로 돌파구를 마련했고, 프랑스 현실의 더 많은 부분을 기록적으로 정확하게 묘사하기 위해 패드와 연필을 들고 백화점, 광산, 유흥업소 등을 돌아다니기 시작했다. 졸라는 도덕적 타락을 중심으로 더럽고 해로운 삶을 다루었다. 결국 그는 자신의 글쓰기를 "과학적 실험"이라고 부를 정도로 발전시켰다. 알프레드 노벨은 과학이라는 용어가 부정확하게 사용되었다고 했으며 그가 그 단어를 사용하는 것을 반기지 않았다. 알프레드는 문학이 사람들에게 어떻게 살아야 하는지를 가르쳐야 한다고 생각했지, 일상 생활의 극단적인 부분에 대한 자세한 묘사를 통해 이익을 추구해서는 안 된다고 생각했다.

알프레드가 플로베르, 발자크, 스탕달(Stendhal) 등의 책을 구입하는 데는 10년이 걸렸다. 그 이후 알프레드는 어떤 경우에도 에밀 졸라의 리얼리즘에 대해 언급하지 않았으며 그들에 대한 아무런 이의도 제기하지 않았다. 또한 졸라의 여러 작품을 사려고 했으나 거기서 멈췄다. 알프레드는 졸라의 소설에서 "오늘날 종파의 타락을 이상화하고 사회의 쓰레기 사이에서 여주인공을 모집하는 악의적 경향"을 보며 혐오감을 느꼈다.[510]

알프레드 노벨에게 시는 여전히 최고의 예술 형식으로 여겨졌으나, 그는 자신이 만족할 만한 작품을 창작하는 데 매우 어려움을 겪었다. 그는 운문을 좋아하지 않았으며 운문은 단지 "음유시인의 터무니없는 말을 감추기"에 지나지 않는다고 생각했다. 그러나 그는 자신의 재능이 그 이상을 만들 수 있을지 고민했다. 그는 셰익스피어의 산문처럼 눈부신 작품을 창작하고 싶었지만, 자신이 쓴 것은 읽을 만한 수준에 미치지 못한다고 생각했다. 어느 날, 영국인 지인의 아내가 그의 시에 관심을 보이자, 그는 용기를 내어 그녀에게 그의 시 「수수께끼(A Riddle)」의 수정 및 확장판을 보냈다. 하지만 그는 수많은 변명을 덧붙였다. "아마도 나는 터무니없는 말과 산문을 혼합하여 유난히 지루한 혼란을 만들었을 것입니다. 그렇다면 원고를 즉시 불에 태워 주십시오. 그러면 수고를 덜 수 있고 나의 부끄러움을 덜어줄 것입니다. 나는 내 구절을 시라고 부르지 않습니다. 가끔 우울함을 달래거나 영어 실력을 향상시키기 위해 글을 씁니다"라고 썼다. 영국인이 뭐라고 대답했는지는 알려져 있지 않다.[511]

*

1874년 봄의 인상파 운동에도 정치적인 이유가 있었다고 한다. 예술가들은 국가기구에 예속된 새로운 보수 권력 엘리트가 반응하기를 원했다. 분열된 군주주의자들은 새로운 공화국을 뒤집기 위해 힘을 합쳤고 마침내 단결했다. 그들은 여전히 미래의 왕에 대해 합의할 수 없었지만, 공통의 대선후보를 중심으로 힘을 합치면 과반을 차지할 수 있었다. 당시 헌법적 공백 상태였기에 티에르 대통령은 사임해야 했다. 그리고 크림 전쟁에서 결정적으로 말라코프 요새를 습격한 공로를 인정받는 군주제 측 장군인 파트리스 드 마크마옹(Patrice de Mac-Mahon)이 등장했다.

권력의 변화는 모든 수준에서 변화를 의미했다. 새 대통령은 베르사유를 통치하는 대신 파리의 엘리제 궁전 살롱을 차지했다. 티에르는 아내가 음식을 직접 구입할 정도로 절제된 생활을 하여 파리의 사회 생활을 바꾸고 살롱들과 견줄 수 없는 경쟁을 제공했으나 결국 왕족의 과시로 바뀌었다. 마크마옹 부부는 매주 여러 번 사람들을 초대해 금박이 된 도자기에서 호화로운 저녁 식사를 대접하고 수천 명을 위한 무도회를 열었다.

이 새로운 분위기는 거의 왕당파 쿠데타로 이어질 뻔했다. 그러나 1875년 초에 새로운 제3공화국의 헌법이 마침내 채택되어 바르베와 노벨이 오랫동안 기다려 온 다이너마이트에 대한 면제 법안이 결국 통과되었다. 국회에서 마크마옹 대통령의 주요 적수는 여전히 레옹 강베타였다.

알프레드 노벨은 확실히 왕당파가 아니었다. 그는 아마도 공화당 헌법을 확립한 것에 대해 프랑스의 다이너마이트 시장이 마침내 착취에서 자유로워졌다는 사실과 비슷한 기쁨을 느꼈을 것이다. 알프레드에게 1875년은 사소한 일과 함께 시작되었다. 1월에 스코틀랜드 공장의 책임자인 존 다우니(John Downie)는 한 묶음의 다이너마이트를 버리려고 했다. 아일랜드의 항구도시에 있던 다우니는 부두에 나가 불을 피우고 탄약통을 던졌는데 안타깝게도 탄약통에 화약이 너무 많았다. 그 폭발로 다우니는 심한 화상을 입고 바다에 빠졌다. 다우니는 판단력 부족으로 인한 폭발로 심각한 부상을 입었다. 알프레드 노벨은 책임을 피하고

자 알라릭 리드벡에게 편지를 썼다.

불과 6개월 전, 리드벡은 빈터비켄에서 더 큰 폭발로 경미한 부상을 입었었다. 또한 1864년 헬레네보리 폭발은 스웨덴 니트로글리세린 주식회사에게 가장 큰 재앙이었다. 기자실이 폭발했으며, 열두 명이 목숨을 잃었다. 스웨덴 신문은 "다이너마이트는 인간의 의지에 순종하고 특정한 목적에만 봉사하도록 가르쳐야 할 두려운 물질이다"라고 상기시켰다. 이제 빈터비켄의 비극으로 "복종은 아직 신뢰할 수 없다"는 것이 입증되었다. 공장 재고를 구하려다가 손에 화상을 입은 리드벡은 평생을 반 귀머거리로 지냈다. 존 다우니는 이 부상으로 나중에 결국 사망했다.[512]

알프레드 노벨은 다우니의 비극적인 죽음에 대한 소식이 도착했을 때 파리에 있었다. 말라코프 대로의 집이 완성되었지만, 라운지는 텅 비어 있었다. 알프레드는 아직 무거운 마음을 가볍게 해줄 사람을 만나지 못했고, 새로 장식된 "챔버드 마담(Chambre de Madame)"을 보여줄 사람도 없었다.

외로움이 그를 집어삼켰다. 그는 누군가와 인생에서 중요한 것에 대해 이야기할 수 있기를 바랐지만 그 소망은 이루어지지 않았다. 일상을 함께할 여자를 만날 수 없다면 최소한 가정을 꾸려줄 누군가가 필요했다. 그리고 비즈니스 때문에 끝없는 밀려드는 서신에 혼자 대처하기가 점점 어려워졌다. 그는 프랑스어를 포함해 많은 언어를 구사했지만, 자신을 도울 수 있는 사람이 필요했다. 말라코프 대로에는 충분한 공간이 있었다.

인생의 동반자인가 직원인가? 그는 광고를 게재하기로 결정했다.

*

세계 역사에서 알프레드 노벨이 파리로 이주한 후 오스트리아 신문에 게재한 광고만큼 주목받고 자주 인용된 신문 광고는 거의 없다. 이는 당연히 그 광고에 응답한 인물과 관련이 있다. 당시 베르타 킨스키(Bertha Kinsky)로 알려졌던 그녀는 후에 베르타 폰 주트너(Bertha von Suttner)라는 이름으로 평화운동의 대표적인 인물로 기억되며, 소설 『무기를 내려놓아라!(Ned med vapnen)』로 유명해졌다. 그녀는 1905년에 노벨 평화상을 수상했다. 1875년에는 비엔나의 한 상류층 가정의 가정교사로 일하고 있던 30대 여성이었다.

이 신문 광고가 역사적으로 중요한 이유에 대해 의문을 제기하는 사람은 거의 없다. 100년이 넘도록 반복되어 온 인용문은 베르타 폰 주트너의 회고록(1909)에서 비롯된 것으로, 그녀는 광고 내용을 정확히 기억한다고 주장했다. 광고는 "부유하고 교양 있는 중년의 남성이 성숙한 나이의 다언어 구사 가능한 여성을 비서 겸 가정 관리인으로 찾고 있었다"는 내용이었다.

베르타 폰 주트너는 광고가 언제, 어느 신문에 실렸는지 언급하지 않았다. 노벨 재단의 첫 번째 알프레드 노벨 전기(1926)에서는 1876년이라는 날짜가 불분명한 이유로 사실이라고 언급되었다. 시간이 지남에 따라 문제의 신문은 비엔나의 대표적인 신문인 『신자유언론(Neue Freie Presse)』일 가능성이 높다고 여겨졌다.

1990년대 후반, 스웨덴 아카데미의 사서인 오케 에를란손(Åke Erlandson)은 이 중요한 구인 광고를 찾으려고 노력했다. 그는 오스트리아 국립 도서관에 1875년 11월부터 1876년 6월까지의 모든 신자유언론 기사를 조사해 달라고 요청했다. 그러나 결과적으로, 그러한 광고는 발견되지 않았다는 답변을 받았다.[513]

그 이후로 다른 많은 국가와 마찬가지로 오스트리아에서도 오래된 신문이 디지털화되어 검색이 가능해졌다. 베르타 폰 주트너가 인용한 광고의 모든 단어를 별도로 검색해 새로운 조합을 만들었다. 그러나 검색 범위를 1875년과 1876년 전체로 확장하더라도 베르타 폰 주트너와 관련된 광고를 찾는 것은 불가능했다.

검색 결과는 부족하지 않았다. 여러 유사한 광고는 있었으나 찾을 수 없었다. 예를 들어 당시 "비서(sekreterare)"라는 단어는 드물게 사용되어 그해에는 열한 번만 등장했으며, 그마저도 구직 광고가 아닌 일상적인 텍스트에서만 사용되었다. "고학력"은 일반적인 표현이었지만 이 기간 동안의 광고에는 없었다. 또한 언어가 능숙한 여성이란 의미의 "스프로쿠닉담(språkkunnig dam)"이란 단어는 전혀 유행하지 않았다.

광고가 존재하지 않는다는 것을 입증할 수 있을까? 아니다. 데이터 로딩이 문제를 일으켰을 수 있으며, 오스트리아 국립 도서관에서 대부분의 소장품을 스캔했음에도 광고가 실린 신문이 누락되었을 가능성도 있다.

다른 단서가 나타났다. 베르타 폰 주트너 자신은 몇십 년 후의 편지에서 첫 만남을 1875년 가을로 언급했다. 나는 1875년 말에 루드빅이 알프레드의 광고를 언급한 편지를 발견했다.[514] 그는 "모두들 네 집안일과 네가 찾는 비엔나의 집사에 관심이 많다. 여전히 편지를 주고받고 있니?"라고 썼고, 다음번에는 "알프레드의 '비엔나 광고'가 그의 가족 사이에서 끊임없는 대화 주제다"라고 덧붙였다. 따라서 연도는 1875년이었다.

루드빅이 얼마 지나지 않아 자신의 아내 에들라를 언급하면서 "주부(husmor)"라는 단어를 사용한 것도 주목할 만하다. 나는 베르타 폰 주트너가 1909년에 자신의 회고록을 썼을 때, 아마도 광고를 직접 보지 않고, 의도적이든 아니든 수정된 상태로 기술했을 것이라고 생각한다. 만약 광고의 정확한 문구가 달랐다면 어떻게 되었을까?

그래도 몇 마디는 사실이어야 했다. 베르타 폰 주트너는 알프레드 노벨이 겨우 42세였음에도 광고에서 자신을 "나이 든 신사(älterer Herr)"라고 불렀다는 사실에 자신이 특히 반응했다고 언급했다. 그러면 합리적으로 두 단어가 포함되어야 한다. 신문 기록 보관소에서 1875년에 "노신사"라는 조합에 대해 62개의 검색 결과를 얻었다.[515] 그러나 그 단어는 구인 광고에서 거의 등장하지 않았다. 기사의 절반은 신문 기사나 아파트 광고였고, 나머지는 개인적인 광고였다. 예를 들어, 한 중년 남성은 "예의 바른 서신"을 위한 빨간 머리 여성을 찾고, 다른 남성은 "아름답고 이기적이지 않은 여성"을 찾았다. 일부 광고는 "결혼광고(Hierathsantrag)"라는 제목으로 직설적으로 표현되었다.

흥미롭지만 대부분의 광고는 다른 분류에 속한다. 교육을 받은 여성에 대한 수요는 그렇게 크지 않았던 것으로 보인다. 검색 결과로만 판단하면 1875년에

게재된 광고는 단 두 개뿐이었다. 그 광고에는 "나이 든 신사"라는 표현이 포함되어 있는데 이는 베르타 폰 주트너가 대답했다고 주장한 내용을 떠올리게 한다. 그러나 비엔나에서 20마일 떨어진 그라츠(Graz)에서 인쇄되었고, "비엔나의 광고(Wienerannons)"라고 부르기엔 너무 멀다는 결론을 내릴 수 있다.

다른 하나는 1875년 2월 11일 삽화가 그려진 『비엔너 엑스트라블랏(Wiener Extrablatt)』에 실린 7줄짜리 광고로, 그 광고는 다음 날까지 두 번 반복되었다. 제목은 "신청(Antrag)"이었다.

"내면의 자극이 필요한 부유한 중년의 남성이 교육받은 아름다운 여성이나 미망인과의 만남을 원하며, 조언과 도움을 제공할 준비가 되어 있습니다. 결혼 가능성도 배제하지 않습니다. '행운'으로 답장하세요."[516]

이 광고일 가능성이 높다. "교육된" 및 "내면의 자극"이라는 표현은 매우 이례적이며, "나이 든 신사"라는 단어가 포함되어 있다. 루드빅의 편지와 베르타의 회고록을 통해 그녀가 알프레드와 만나기 훨씬 전에 이미 편지를 교환했음을 알 수 있으므로 시기는 합리적으로 보인다.

따라서 이 광고는 베르타 폰 주트너가 언급한 것보다 더 가능성이 높다. 또한 알프레드가 그녀에게 던진 예상치 못한 대담한 질문을 더 잘 이해할 수 있게 만든다. 따라서 비판적 검토를 통해, 나는 1875년 2월 11일 광고가 실제로 옳은 것일 수도 있다는 주장을 제기한다.[517]

*

1875년 초, 오스트리아의 베르타 킨스키는 위태로운 상황에 처해 있었다. 그녀는 곧 서른두 살이었지만 아직 미혼이었다. 그녀는 돈이 없었고, 출생도 복잡했지만 찬란한 아름다움을 가졌기에 그것이 큰 문제가 되지 않았다. 구혼자도 부족하지 않았지만, 그녀는 대부분의 오스트리아 귀족들이 매력적이지 못하다고 생각하는 특성을 갖고 있었다.

그녀는 너무 박식했다.

베르타는 자신을 "킨스키 백작부인"이라고 부르는 데 익숙해져 있었고 아마도 귀족 집단에 섞이기 위해서였을 것이다. 그것은 형식적으로는 사실이었지만 실제로는 거리가 멀었다. 그녀의 고귀하고 연로한 아버지는 그녀가 태어나기 몇 달 전에 돌아가셨다. 베르타의 어머니는 고귀한 혈통 출신이 아니었으므로 가족의 판단은 가혹했다. 임신한 미망인은 문밖으로 쫓겨났고 백작의 집에 머무를 권리를 박탈당했다. 베르타가 태어났을 때 그녀 아버지의 친척들은 그녀에 대해 알고 싶어 하지 않았다.

그녀는 어머니와 후견인과 함께 다소 외로운 아이로 자랐다. 약간 나이가 많은 사촌이면서 유일한 진정한 친구에게는 큰 도서관을 가진 아버지가 있었다. 소녀들은 함께 책의 세계로 사라졌다. 베르타는 회고록에서 "빅토르 위고, 실러(Schiller), 제인에어(Jane Eyre), 톰 아저씨의 오두막(Onkel Toms stuga)"을 이미 어렸을 때 읽었다고 주장했다. 그녀는 대화형 사전에 몰두하는 것을 좋아했다. 그녀는 여러 외국인 유모를 거쳤기 때문에 비교적 일찍 프랑스어와 영어를 구사했다.

그러나 전기작가인 브리짓 하만(Brigitte Hamann)이 지적했듯이 그 당시 비엔나에서 여성에게 인정된 직업은 결혼뿐이었다. 베르타는 그 규칙에서 예외가 되기를 거의 기대할 수 없었다. 그녀의 첫 사회 진출은 사회의 피상적인 선호와의 충격적인 만남이 되었다. 그때 아니면 그 이전에, 그녀는 여성에게 있어 출신과 돈을 제외하고 중요한 것은 옷, 예절, 그리고 화장실뿐이라는 것을 깨달았다. 하만은 "연약"하고 "아름다운" 여성이 매력적이고, "순응"하고 "남자를 우러러보는" 여성이 매력적이라고 했다. 무지와 어리석음은 경멸받지 않았고, 오히려 매력적이고 여성적이며 덕스럽고 순수하다고 여겨졌다고 언급했다.[518]

베르타는 어쨌든 책을 계속 읽었다. 1873년 서른 살이 되었을 때 셰익스피어(Shakespeare), 괴테(Goethe), 위고의 모든 작품과 알프레드 노벨이 가장 좋아하는 바이런과 셸리의 흩어진 작품을 모두 샅샅이 뒤졌다. 그리고 얼마 지나지 않아 그녀는 시간이 흐르면서 유리언덕(glasberget)이 다가오고 있음을 깨달았다. 그녀는 여전히 복잡한 출생 배경을 지녔으며 돈이 없었고, 교육을 받았다는 이유로 좋은 결혼 기회를 얻지 못했다. 그녀의 어머니가 더 이상 그녀를 부양할 수 없었으므로 베르타 킨스키는 가정교사 일자리를 신청해야 했다. 그녀는 부유한 남작인 칼 폰 주트너(Karl von Suttner)에게 고용되어 가족 중 네 명의 미성년 소녀를 돌보는 일을 맡았다.

법학을 공부하던 23세 아들 아더(Arthur)도 빈에 있는 폰 주트너의 대궁에서 살았다. 여름 동안 그는 가족의 집에서 여동생들과 가정교사랑 많은 시간을 보냈다. 베르타는 학생들의 오빠와 완전히 사랑에 빠졌다. 베르타는 "남녀노소 신분을 막론하고 모두를 사로잡는 사람이 있다. 그처럼 거부할 수 없는 매력을 발산하는 존재는 드물다. 아더는 그러한 사람 중 하나였다. 그의 매력은 설명할 수 없고 저항할 수 없는 자기력과 전기력으로 작용한다. 방 안은 그가 들어서자 즉시 너무 밝고 따뜻해졌다"라고 회고록에 썼다.

감정이 오가는 듯했다. 아더와 베르타는 비밀리에 관계를 시작했으며 놀랍게도 비밀은 오랫동안 유지되었다. 어머니 폰 주트너가 그들의 관계를 눈치채기까지 몇 년이 걸렸다. 그녀는 기절할 정도로 충격을 받았다. 아들 아서는 돈 없는 여성과 결혼해서는 안 된다고 생각했다. 어떤 경우에도 그녀는 그의 아들 아더가 일곱 살 연상의 고귀한 혈통도 아닌 중년 여성과 결혼하는 것을 허락하지 않겠다고 결심했다.

베르타는 폰 주트너의 가문을 떠나기로 약속했다. 도중에 그녀를 돕기 위해 폰 주트너 부인은 자신이 신문에서 본 광고를 건네주었다. 베르타가 기억하듯이 그녀는 "너에게 적합할 것이다. 거기에 신청해 보겠니?"라고 말했다.[519]

*

파리에서 알프레드 노벨은 평화를 찾았고 다시 실험을 시작했다. 준비해야 할 실험실이 아직 완성되지 않았는데도 집에서 조금씩 작업을 시작했다. 아마도 폴 바르베와 마찬가지로 전쟁 중 파리에서 다이너마이트를 생산한 파트너 아킬레 브륄과 함께 지냈을 것이다.[520]

알프레드는 새로운 생각을 했다. 모래인 규조토를 폭약으로 대체해 다이너마이트의 효과를 높일 수 있다면 어떨까? 1875년 봄, 그는 런던의 권위 있는 왕립 예술 학회에 초대되어 현대 발파제에 대해 강의했다. 그 강연에서 그는 이러한 생각을 언급했다. 원고 44페이지의 긴 강연은 영국 학회에서 은메달을 수여받았고, 출판된 유일한 알프레드 노벨의 강연이 되었다.[521]

평탄한 시간이 흐르고 있었다. 물건의 판매 수치가 급등하면서 알프레드는 22세의 프랑스 화학자 조르쥬 페렌바흐(Georges Fehrenbach)를 고용했는데 그는 몹시 유망해 보였다. 또한 활기 넘치는 바르베는 프랑스에서 빠르게 유한회사를 설립했으며 동시에 다른 국가의 회사를 합병하거나 유한회사로 구조 조정하는 데 도움을 주었다.[522]

이와 함께 알프레드는 광고 덕분에 오스트리아 여성과도 깊은 서신을 주고받기 시작했다. 모든 것이 제자리에 들어가는 것 같았다. 현실이라고 하기에는 너무 좋았다.

베르타 킨스키와 알프레드 노벨 사이의 초기 서신은 보존되어 있지 않다.[523] 베르타가 30여 년 후 자신들의 이야기를 말할 때, 그녀는 그들이 만나기 전에 그들 사이에 "몇 통의" 편지가 있었다고 기록했다. 그녀는 광고를 게재한 사람이 다이너마이트의 발명자라는 것을 일찍부터 알았다. 그녀는 그가 분명히 스웨덴 사람이며 러시아에서 자랐음에도 불구하고 영어, 독일어, 프랑스어로 그렇게 우아하게 글을 쓰는 것에 놀랐다. 회고록에서 그녀는 그의 첫 번째 편지가 철학적이고 재치있었지만 우울한 느낌이 있었다고 회상했다. 그는 불행한 사람이었는가?[524]

8월 말에 알프레드는 건강을 위해 몇 주 동안 바이에른의 스파를 방문했다. 이후 비엔나를 방문해 친구와 함께 좋은 시간을 보냈다. 특히 베르타 킨스키와의 만남은 그의 모든 기대를 뛰어넘는 경험이었다. 이 만남 후 그는 알라릭 리드벡에게 보낸 편지에서 베르타가 자신에게 남긴 강렬한 인상을 기록했다. 알프레드는 비엔나에서 본 가장 사랑스럽고 작은 가정교사에 대한 이야기를 들려주었다. "그녀의 모습을 보면 모든 남자의 입에 침이 고일 것이다. 평가하자면 그녀는 절대적으로 최고로 우수하다. 플러스 울트라. 이 주제에서 떠나기는 힘들지만, 여기서 멈추겠다."[525]

리드벡은 비엔나 광고에 대해 전혀 알지 못했다. 그러나 상트페테르부르크에 있는 루드빅은 그 여성에 대한 호기심을 억누를 수 없었다. 그는 물었다. "아직도 연락하고 있니?"[526]

베르타 폰 주트너는 회고록에서 비엔나에서의 만남에 대해 언급하지 않았다. 물론 알프레드가 당시 또 다른 매력적인 비엔나 가정교사를 만났을 가능성도 있지만, 이후 베르타가 사랑하는 사람과 헤어지고 파리의 알프레드를 찾아간 점을 고려하면 그럴 가능성은 없어 보인다.

베르타의 여행 시기를 유추할 수 있는 단서가 있다. 그녀는 1875년 10월 26일(알프레드가 리드벡에게 비엔나에서의 만남에 관해 편지를 쓴 날)과 같은 해 크리스마스 전날(알프레드가 루드빅에게 "기쁘지 않은 크리스마스"에 대한 슬픈 편지를 보낸 날) 사이에 파리에 도착했어야 한다.

베르타는 회고록에서 방문 당시를 이렇게 설명했다. 알프레드 노벨은 파리의 역에서 그녀를 만나 카퓌신 대로(boulevard des Capucines)에 있는 그랜드 호텔로 안내했다. 이후 곧 그녀가 말라코프 대로에 있는 자신의 방으로 이사하는 것을 허락했지만 먼저 정리가 필요하다고 말했다.

베르타는 알프레드가 매우 호감 가는 인상을 남겼다고 회상했다. 늙은 백발의 남자를 상상했던 그녀는 42세의 다이너마이트 발명가가 예상보다 너무 젊다는 점에 유쾌하게 놀랐다. 그녀는 그 가을에 만난 알프레드 노벨을 평균 키에 짙은 수염을 가진 "흉하거나 아름답지 않은 평범한 얼굴"의 남자로 묘사했다. 그는 수줍어 보였으며, "부드러운 푸른 눈에 다소 우울한 표정"을 띠고 있었다고 했다.[527]

베르타 킨스키는 호텔에서 잠시 휴식을 취한 뒤, 1시간 후에 돌아온 알프레드와 함께 호텔 식당에서 점심을 먹었다. 이후 알프레드는 자신의 마차로 그녀에게 파리를 구경시켜 주었다. 마차는 샹젤리제(Champs Elysées) 거리를 따라 달렸고, 그렇게 베르타는 말라코프 대로에서 그가 이야기한 방을 보게 되었다. 이전에 주고받은 편지 덕분에, 알프레드는 그녀에게 낯선 사람이 아니었다. 대화는 곧 활기차고 적극적으로 변했고, 그녀는 회고록에 그들이 매일 몇 시간씩 계속 만났다고 기록했다. 때로는 알프레드가 그녀의 마음의 고통을 잠시나마 잊게 해주기도 했다고 회상했다.

며칠 동안 알프레드는 베르타에게 자신의 장편 시 「수수께끼」를 보여주었다. 이러한 신뢰는 단순히 비서를 구하려는 계획과는 다른 깊이를 보여준다. 베르타는 알프레드를 "사상가이자 시인!"이라고 감탄했고, 그의 지적 활력에 감명을 받았다. 그녀는 알프레드가 "대화를 통해 철학하며 영감을 주는 방식으로 완전히 사람을 사로잡았다"고 했다.[528]

그러나 호텔 방에서 베르타는 외로움에 눈물을 흘렸다. 고통 속에 몸부림치며, 비엔나에 있는 아더에게 셀 수 없이 많은 편지를 썼고, 그에게 많은 편지를 받았다.

어느 날 알프레드 노벨은 용기를 내어 대담한 질문을 던졌다. 비서와 가사 도우미만 구하던 수줍은 남자의 입장에서는 그의 질문은 꽤 대담한 것이었다.

"당신의 마음은 자유롭습니까?"

알베르트는 그 후 베르타에게 고백했다. 그녀의 지난 모든 이야기가 모두 흘러나왔고, 알프레드는 최대한 그녀를 위로했다. 그는 그녀의 용감한 행동을 칭찬하며 그녀에게 이제 아더 폰 주트너(Arthur von Suttner)와의 모든 접촉을 끊을 것을 강력히 권유했다. 그녀에게 필요한 것은 시간을 보내는 것이었다.

"새로운 삶, 새로운 인상을 받으면 둘 다 잊게 될 것입니다. 그는 아마도 당신보다 더 빨리 잊을 것입니다"라고 알프레드는 말했다.

그러나 그런 일은 일어나지 않았다. 일주일 후, 비엔나에서 온 새로운 전보가 상황을 결정지었다. 아더 폰 주트너는 베르타 없이는 살 수 없다는 것을 깨달았고 메시지를 보냈다. 베르타 킨스키는 알프레드 노벨에게 편지를 남긴 후, 그가 돌아오기 전에 파리를 떠났다.[529]

6개월 후, 베르타와 아더는 비밀리에 결혼하고 코카서스(Kaukasus)로 도망쳤다.

그해 크리스마스, 루드빅은 평소처럼 알프레드를 상트페테르부르크로 초대하고자 했다. 경제적으로 힘든 시절, 모든 시간을 일에 쏟아부어야 했던 그는 그동안 알프레드에게 상트페테르부르크에 방문하도록 권유하는 것을 망설였다고 했다. "그러나 이제 알프레드가 성공했으니 조금의 여유를 가질 수 있을 것이고 동시에 그를 초대하는 것이 나와 내 가족에게 잠시 동안 누군가를 돌볼 수 있는 기쁨을 줄 것이다. 또한 내가 얼마나 잘 살고 있는지, 집이 사람들과 아이들로 가득 차 있는 것이 얼마나 즐거운지 보여주고 싶다."

루드빅은 다시 "비엔나의 광고"를 언급하면서 상트페테르부르크에도 "집안일을 맡을 수 있는 부인들"이 있다고 조언했다. 하지만 "그들에게 교양, 언어 능력, 재능은 필수적인 요소이지만 젊음과 아름다움은 요구되지 않는다"라고 했다.

알프레드의 대답은 보존되지 않았지만, 며칠 후 그는 새로운 편지를 쓰며 형제가 전한 "즐거운 크리스마스에 대한 슬픈 어조"에 대해 논평했다. 그는 이렇게 적었다. "내 마음을 슬프게 하는 음색이 울려 퍼진다. 나는 내 아이들과 함께 행복하다. 하지만 내가 '불쌍한 삼촌 알프레드'가 혼자 앉아 있다고 말하면, 아이들은 왜 삼촌이 여기 오지 않는지 묻는다. 나는 대답할 수 없다. 왜냐하면 내 마음속으로는 네가 이곳으로 오는 중이라는 소식을 기다리고 있기 때문이다."

루드빅은 그가 오면 자신의 자녀들이 삼촌을 즐겁게 하려고 경쟁할 것이라고 말했다. 아이들은 크리스마스 서프라이즈 콘서트를 위해 피아노 연습을 하며 "다가올 주말을 생각하면 눈이 번쩍" 한다고 말하면서 다시 손을 뻗었다.

그러나 알프레드 노벨은 그해 크리스마스에 파리에서 혼자 지냈다. 루드빅의 아이들에게는 크리스마스 선물로 기계 장난감과 태엽을 감으면 춤을 추는 인형을 보냈다.[530]

14장
창조주의 기쁨, 사랑, 그리고 의학적 혁신

베르타 킨스키가 갑자기 집으로 돌아간 후, 알프레드 노벨은 일에 몰두했다. 그는 즐겁다고 생각하는 일에 더 많은 시간을 할애했다. 그의 삶에는 출장을 다니며 다이너마이트 회사의 운영 상황을 점검하고, 비즈니스에 대해 논의하고, 불만스러운 재무제표를 작성하는 것과 같은 고통스러운 일들이 많았다. 알프레드는 바로 그것이 지루했다. 이러한 임무들이 자신이 진정으로 하고 싶었던 일에서 시간을 빼앗자 그는 질식하고 피곤해하며 쉽게 짜증을 냈다.

알프레드에게는 약속된 일이 있었다. 그는 꽤 오랫동안 그 일을 해왔다. 문제는 일부 채광업자들이 다이너마이트가 오래된 화약류에 비해 너무 약하다고 불평을 멈추지 않았다는 것이다. 그 약화는 더 안전한 제품을 위해 지불해야 하는 대가였다. 니트로글리세린이 다공성 모래(규조토)에 흡수되면 효과가 약화된다.

그러나 예를 들어 면 가루와 같은 다공성 폭발물도 있었다. 모래를 면 가루로 대체해서 폭발력을 높일 수 있을까? 이론상으로는 좋게 들렸지만 알프레드가 새로 고용한 화학자 조르쥬 페렌바흐와 실험했을 때 면 가루는 니트로글리세린을 전혀 흡수하지 않았다.

어느 날 알프레드는 손가락을 베였다. 그는 하던 대로 그 당시의 액체 석고인 콜로디움(kollodium)을 상처에 끈적한 필름처럼 발랐다. 그때 그는 콜로디움이 에테르와 알코올에 용해된 면 가루로 구성되어 있다는 사실을 알게 되었다. 갑자기 무언가 번뜩이는 아이디어가 떠올랐다. 집 실험실로 달려가 유리 그릇을 꺼내

콜로디움과 니트로글리세린을 섞었다. 아침에 페렌바흐가 도착하자 알프레드는 자신이 새로 발견한 폭발성 젤라틴의 단서를 보여주었다.[531]

정확한 비율을 찾기 위해 엄청난 양의 노력이 필요했지만, 알프레드는 곧 고무 같은 새로운 물질의 첫 번째 샘플을 상트페테르부르크에 있는 루드빅에게 보낼 수 있었다. 운송 방법이 다소 부적절했을 수도 있다. 그것을 감싸고 있던 종이가 흠뻑 젖어 있었다. 루드빅은 아무것도 모르고 기름진 손가락을 핥았다가 놀라서 급히 손을 씻었다.

1876년, 알프레드 노벨은 자신의 주장을 확신했다. 그는 모든 기존의 경쟁 제품을 능가할 새로운 폭약을 만들었다. 얼마 후, 그는 젤라틴(종종 다이너마이트라고도 함)에 대한 첫 번째 특허를 확보했다. 알프레드는 그것을 노벨릿이라고 불렀다. 루드빅은 이 소식에 기뻐했다. 얼마 전부터 루드빅은 러시아에서도 다이너마이트 공장 허가를 받을 수 있도록 도왔다. 힘든 작업이었다. 알프레드는 그 반대를 주장했지만 러시아 관료 집단은 프랑스인들보다 훨씬 더 강한 관성을 가지고 있었다.[532]

알프레드의 창의적 충동은 이제 폭발물뿐만 아니라 생각할 수 있는 모든 영역을 장난스럽게 넘나들었다. 그는 살아 있는 동물의 혈액에 화학물질 도입해 고기를 보존하는 방법에 대해 독일에서 특허를 출원했으며, 기차의 "자동 제동 장치"에 대해서는 프랑스에서 특허를 신청했다. 로베르트가 바쿠의 찬란한 석유 시장에 대해 이야기했을 때 그는 "가솔린 엔진"에 대한 아이디어를 구상하기 시작했다. 루드빅은 그것을 타보고 싶을 뿐만 아니라 "기관사와 마부가 되고 싶다"고 열정적으로 말했다.[533]

창조의 기쁨은 아버지를 떠올리게 했지만, 능력과 상관없이 모든 것을 품고자 하는 열망은 시대의 흐름이었다. 기술과 자연과학의 진보에 대한 열광은 과학자뿐만 아니라 모든 사람에게 영향을 미쳤다. 전문 지식의 부족은 장애물이 아니었고 엔지니어는 학위 유무에 관계없이 자격을 얻을 수 있었다.

예를 들어, 미국의 알렉산더 그레이엄 벨(Alexander Graham Bell)은 곧 29세가 되는 청각 장애인 교사였다. 그는 학교를 떠난 적이 없었다. 그는 인생의 열정을 소리를 실험하는 데에 쏟아부었다. 1876년 2월 벨(Bell)은 전신과 같은 클릭이 아닌 유선을 통해 소리를 전송할 수 있는 장치에 대한 특허를 출원했다. 그는 이를 전화라고 불렀다. 몇 년 후 토머스 앨바 에디슨(Thomas Alva Edison)이 세계 최초로 안정적으로 작동하는 전구를 발명했다. 그는 독학한 건방진 혁신가였다. 에디슨 자신은 빛나는 전선에서 일어난 일을 설명할 만큼 전기에 대해 충분히 이해하지 못했다고 말했다.[534]

보다 자격이 충분한 이들은 분야와 경계를 여유롭게 넘나들었다. 예를 들어, 프랑스인 루이 파스퇴르(Louis Pasteur)는 화학에 대한 과학적 전문 지식을 바탕으로 의학 연구에서 혁신을 이뤄 많은 의사를 성가시게 했다.

알프레드 노벨은 자신을 과학자라고 부르지 않았다. 이는 진지한 연구와 길을 제시한 위대한 천재들에 대한 그의 경외심에서 비롯된 것이었다. 그는 "뉴턴 당신은 놀라운 사람입니다! 그 누구도 당신처럼 불멸을 주장할 수 없습니다"라고 말했다. 그는 이 시기의 한 시에서 뉴턴을 찬양하며, "많은 사람들이 뉴턴의 천재성에 대해 이야기하지만, 그의 천재성이 얼마나 많은 것을 남겼는지 아는 사람은 거의 없습니다"라고 썼다.[535]

어느 날, 알프레드 노벨은 친구이자 북극 탐험가인 아돌프 에리크 노르덴스키월드로부터 연락을 받았다. 그는 위대한 스웨덴 화학자 칼 폰 쉴레(Carl von Scheele)의 동상을 세우기 위해 기금을 모으고 있었다. 노르덴스키월드는 1860년대 중반에 발파유로 인한 좌절이 시작되었을 때 알프레드의 실험에 과학적 무게를 더해주었던 인물이었다. 그들은 또한 일부 사업을 함께 진행하기도 했다. 이후 이 극지 연구원은 스피츠베르겐(Spetsbergen)을 포함한 여러 곳으로 성공적인 연구 여행을 다니며, 국제적인 명성을 얻기 시작했다.

알프레드는 몇 년 전에 사망한 칼 폰 쉴레에게 경의를 표하고 싶었다.

"어린 시절부터 저는 스웨덴의 위대한 과학자 중 쉴레를 린네(Linnés)와 가장 가까운 위치에 두었습니다. 사상의 정복자를 위한 조각상을 생각한 여러분 모두에게 경의를 표합니다."[536]

발견의 기쁨은 알프레드의 형제들에게도 있었다. 로베르트 노벨은 바쿠에서의 두 번째 장기 체류를 마치고 좋은 소식을 가지고 상트페테르부르크로 돌아왔다. 물론 그는 떠나온 곳을 별로 소중하게 여기지 않았다. 바쿠는 페르시아인, 아르메니아인, 타타르인들이 모여 사는 지역으로 카스피해의 바람이 많이 부는 동양의 구석이었다. 의사소통도 어려웠다.

도시는 동쪽과 서쪽 사이의 살아 있는 교차로라고 알려졌지만 먼지 속에서는 식물이나 자연환경을 통해 서양 세계와 구별하는 것이 불가능했다. 반면에 그곳의 기름은 로베르트의 눈을 빛나게 했다.

10년 전 그는 핀란드에서 등유 램프를 판매하려 했었다. 그 프로젝트로 많은 돈은 벌지는 못했지만 정제에 대한 약간의 지식을 쌓을 수 있었다. 로베르트는 바쿠에서의 원시적인 작업 방식을 보고, 바쿠의 오일을 현대적인 방법으로 채굴하고 정제한다면 큰 성공을 거둘 수 있을 것이라 생각했다. 그는 정유소를 구입해 자신의 기술을 시험하기 시작했다. 그의 정제 기술은 경쟁사를 압도하는 품질의 기름을 생산했다. 로베르트 노벨은 석유의 역사에 관한 저서인 『상(The Prize)』에서 "바쿠에서 가장 유능한 정유업체로 자신을 확립했다"고 썼다.

곧 겨울이 다가왔다. 러시아의 모든 램프에 노벨의 정제유가 보급되면 미국으로부터의 등유 수입은 중단될 것이다. 당시 세계 석유 시장은 대부분 등유 램프의 원료로 의존하고 있었다. 인간은 21세기의 기후 위기를 초래한 화석 시대에 조심스럽게 첫발을 내디뎠다.[537]

루드빅은 경험을 통해 로베르트의 사업 아이디어를 받아들여야 한다는 것을 알고 있었다. 하지만 이번에는 로베르트가 우수한 오일을 찾았다고 말한 시기가 적절하지 않았다. 1875년 새해 전날, 루드빅은 알프레드에게 다음과 같이 썼다.

"나는 우리가 어떤 식으로든 형을 도울 수 있는지 알아보기 위해 함께 그곳으로 출장을 가야 한다고 생각해. 형의 도움 덕분에 독립할 수 있었으니 로베르트 형도 같은 입장에 설 수 있도록 도와야 할 것 같아. 그러니 바쿠로의 여행을 한번 생각해 보는 게 어때?"[538]

루드빅은 로베르트의 석유가 중앙 러시아로 운송되는 방법을 숙고하는 데 1년 중 많은 시간을 할애했다. 다음 문제는 재정이었다. 그는 "석유 사업을 시작하려면 몇 백만 루블이 필요할 것이다. 혹시 외국 자본가를 알고 있을까? 네게 부담을 주고 싶지는 않다"고 말했다.[539]

루드빅은 그해에 코카서스로 두 차례 출장을 갔지만 동생을 끌어들이지는 못했다. 그는 고민에 빠졌다.[540]

알프레드가 상트페테르부르크를 방문하기를 꺼리는 것은 형제들에게 점점 더 큰 상처가 되었다. 루드빅은 동생이 이사한 이후로 한 번만 이 마을에 돌아왔고, 돌아올 계획조차 없는 것 같다는 사실에 상처가 찢어지는 듯한 아픔을 느꼈다.[541] 그는 동생이 파리에 집을 얻은 이후로 적어도 1년에 한 번은 방문했다. 루드빅은 알프레드가 상트페테르부르크에 있는 동안 겪었던 쓴 기억들 때문에 그곳을 피한다고 생각했다. 그는 알프레드에게 "상트페테르부르크에서 행복하고 즐거운 시간을 보낼 수 있게 방문해 달라"고 부탁했다.[542]

스웨덴에서 루드빅 노벨은 한동안 형제들 중 가장 유명했다. 스웨덴 신문은 상트페테르부르크에 있는 큰 무기 공장과 수천 명의 직원을 둔 유쾌한 공장 주인에 대해 장문의 기사를 썼다. 로베르트와 알프레드는 스웨덴 대중에게 루드빅의 형제 또는 임마누엘 노벨의 "다른" 아들로 언급되었다.[543]

이러한 인식은 천천히 변화하기 시작했지만 루드빅은 이에 영향을 받지 않았다. 그는 자신의 기름으로 "진정으로 훌륭한 결과를 얻은" 로베르트에게 얼마나 감명을 받았는지 숨기지 않았다. 그럼에도 루드빅은 석유에 대한 재정적 헌신을 일종의 자선으로, 로베르트의 삶을 이전의 상태로 회복시키기 위한 형제적 희생으로 여겼다.[544]

알프레드의 마음도 판매 성공률이 상승하면서 함께 발전했다. 루드빅이 우연히 자신과 알프레드의 이익률을 비교하며 경쟁의식을 느끼기 시작했고, 그 감정은 편지 속에 묻어났다. 1877년 1월, 알프레드 노벨은 프랑스 대통령 마크마옹으로부터 프랑스 명예 훈장을 받았다. 그는 상을 받으며 만감이 교차했다. 여전히 전쟁에 사용될 폭발물을 다루고 있었고 그 일은 여전히 더 유용하다고 생각했다. 그는 스웨덴 파트너인 스미트에게 보낸 편지에서 "정부가 이미 상을 받을 가치가 있는 문제로 고려했으므로 그 조건은 더 쉽게 달성될 것입니다"라고 썼다.[545]

1877년 봄에 세 형제가 석유 위기를 해결하기 위해 베를린에 모였을 때, 그들 사이의 세력 균형은 확실히 변화했다. 알프레드는 루드빅과 로베르트가 제시한 내용을 듣고 어떤 식으로든 그들의 석유 사업에 참여하기로 결정했다.[546] 그후 루드빅과 그의 온 가족은 알프레드와 함께 파리로 갔다. 1877년 봄 루드빅의 가족은 아내 에들라와 18세의 엠마누엘, 그리고 한 살이 될 쌍둥이 알렉산더와 베드로(둘 다 몇 개월 후 사망) 등 일곱 명의 자녀로 구성되었다. 그들은 알프레드가 새로운 여성 지인을 만들었다는 사실을 알 수 있을 만큼 충분히 오래 머물렀다. 루드빅은 그 일에 최소한 간접적으로 영향을 미쳤다.[547]

*

알프레드 노벨의 인생에서 18세 연하의 오스트리아인 소피 헤스(Sofie Hess)와의 만남만큼 비밀스러운 사건은 없었다. 1896년 그가 사망한 후, 가족들은 그녀의 존재를 완전히 없애려고 많은 노력을 기울였다. 알프레드 노벨의 유산을 관리하도록 지정된 사람들은 그녀가 그의 명예를 더럽혔다고 생각했다. 하지만 그건 사실 왜곡된 정보였다. 50년이 넘는 기간 동안 18년간의 관계에 대한 진실은 극비리에 가려져 있었다. 알프레드 노벨의 곁에는 여자가 없었다. 이게 전부였다.

물론 그의 친구와 친척은 폭풍우 같은 관계에 대해 알고 있었다. 소피는 연금을 받지 않고 알프레드 노벨이 보낸 모든 편지를 공개하겠다고 위협했다. 1926년 노벨 재단의 첫 번째 전기에는 일부 편지가 익명으로 인용되었고, 독자들은 알프레드 노벨이 "친구"에게 쓴 것으로 믿었다.

결국 거짓말은 골칫거리가 되었다. 유언장을 보관했던 라그나르 솔만은 후회하며 갈등을 겪었다. 소피 헤스와의 진실을 자신과 함께 묻어야 할지 아니면 세상에 밝혀야 할지. 결국 그는 1948년 사망한 지 2년 후에 출간된 자신의 책 『유언(Testamentet)』에서 진실을 공개했다. 그러나 1990년대 중반이 되어서야 그들의 관계를 이해할 수 있을 만큼 많은 편지가 공개되었다.

그들이 처음 만난 시점은 여전히 불분명하다. 자주 반복되는 "진실"에는 명확한 증거보다는 추측이 더 많다. 기존 문서를 통해 확실히 알 수 있는 것은 베르타 킨스키가 떠난 1875년 말과 1877년 늦여름 사이에 두 사람이 만났다는 점뿐이다. 1877년 9월 초에 소피 헤스와 알프레드 노벨은 이미 단순한 친구 이상의 관계로 서로를 잘 알고 있었다.[548]

*

알프레드 노벨은 베르타 킨스키와의 관계가 실패하기 오래전부터 여성과의 관계에서 낮은 자존감으로 어려움을 겪었다. 베르타 폰 주트너는 나중에 어떤 이유에서인지 그가 여성이 자신을 혐오한다고 생각하는 것 같았다고 회고했다. 노벨은 자신을 대부분의 여성이 공감하기 어려운 사람으로 여겼다.[549] 그러나 이제 곧 44세가 될 발명가는 비엔나에서 온 스물여섯 살 여성에게 매료되었고, 이는 그의 주변 사람들에게 고통을 안겼다.

소피 헤스는 쾌활하지만 재정적으로 어려움을 겪는 목재 상인인 하인리히 헤스(Heinrich Hess)의 장녀로 비엔나의 유대인 구역에서 자랐다. 소피가 다섯 살 때 젊은 어머니는 산후합병증으로 세상을 떠났고, 아버지는 재혼했다. 새 가족은 중세 도시 칠리(Cilli, 오늘날 슬로베니아 첼예)로 이사했다. 아이들이 더 많아지면서 소피는 점차 불편함을 느꼈고, 하인리히 헤스는 나중에 계모가 "예전만큼 사랑스럽고 친절하지는 않았다"고 인정했다. 의붓자식들은 그녀가 잔인하다고 공개적으로 비난했다.

하인리히는 부유하지 않았고, 가족이 많아 소피는 주식 시장에서 운을 시험해 보았다. 그러나 실패로 끝나면서 소피는 집을 떠나 홀로 생계를 이어가야 했다. 그녀가 집을 떠난 나이는 정확히 알려지지 않았지만 학교에 다닐 기회가 거의 없었다는 사실만 전해진다. 가족들의 증언에 따르면 소피는 제과점에 취직했다.

그녀는 큰 실망에 사로잡힌 채 세월을 보냈다. 그래서 소피는 나이보다 어린 척하기 시작했다. 알프레드 노벨이 그녀를 만났을 때 그녀는 25세 또는 26세였지만 스무 살인 척했다. 거기서 그녀는 실수를 범했다. 알프레드 노벨은 진실을 중요시했다. 나이 차이는 항상 그를 불편하게 만들었을 것이다.

그들은 어떻게 그리고 어디서 만났을까? 라그나르 솔만은 자신의 책에서 이러한 만남의 불확실성을 강조하면서도 시간이 지나며 사실처럼 된 한 이론을 제시했다. 이 이론에 따르면 알프레드 노벨은 1876년 늦여름이나 가을에 온천 마을 바덴-베이-비엔(Baden-bei-Wien)의 가게(솔만은 꽃집을 제안함)에서 쇼핑을 하다가 소피 헤스와 번개와 같이 사랑에 빠졌다고 한다.[550] 문제는 1876년 가을, 알프레드 노벨은 치료를 위해 비엔나가 아닌 40마일 떨어진 칼즈바드(Karlsbad)에 있었다는 점이다. 물론 가능성을 배제할 수는 없지만 그가 갑자기 이름 모를 점원을 데려갔을 것 같지는 않다.

알프레드와 소피 사이에 보존된 첫 번째 편지는 날짜가 표시되지 않았지만 1877년 상반기에 비즈니스 협상이 진행되던 시기에 작성된 것으로 보인다.[551] 당시 43세였던 알프레드 노벨이 26세인(그는 그녀를 스무 살로 알았음) 소피 헤스에게 무슨 말을 썼을까?

> 내 사랑스러운 작은 아이,
> 자정이 넘어서야 이사들이 세 번째 회의를 끝냈어. 우리가 논의한 건 당신도 잘 아는 오래된 평범한 이야기들이었지. 내일 나는 나를 필요로 하는 프레스부르크(오늘날 브라티슬라바)로 떠나. 내가 만일 여기의 모든 것이 엉망으로 관리되고 있다는 사실을 알지 못했거나 그것이 나를 역겹게 하지 않았다면 더

오래 머물렀을 거야. 하지만 나는 이 신사들과 함께 있는 건 매우 불편해. 이 곳도, 고향도 그리울 거야. 가능한 한 빨리 우리가 만날 수 있는 장소와 시간을 전보나 편지로 보낼게.

그때까지 진심으로 무사히 잘 지내기를 바라며,

다정한 친구 알프레드.

*

이 편지로부터 무엇을 추론할 수 있을까? 문제의 편지가 실제로 두 번째인지, 세 번째인지와는 관계없이 내용에는 새롭고 조심스러운 관계의 흔적이 드러난다. 편지의 내용을 보면 알프레드가 이를 함부르크에서 썼음을 알 수 있다. 그는 분명히 독일 파트너에 대한 불만을 표현하고 있다. 1877년 상반기, 구체적으로는 3월 말이나 4월 초에 노벨 형제들은 석유 문제를 해결하기 위해 베를린에서 만났다.[552]

이 연구에서 흩어져 있는 사실 하나가 연결된다. 무엇보다 마음을 사로잡는 것은 성씨다. 소피와 알프레드의 서신을 보면 소피에게는 올가 뵈트거(Olga Böttger)라는 절친한 친구가 있던 것으로 보인다. 1860년대 편지에서 루드빅 노벨에게도 뵈트거라는 친한 친구이자 비즈니스 지인이 있었다는 내용을 기억해 보면 이 연결 고리는 더욱 흥미롭다. 무엇보다도 이는 루드빅이 아내와 함께 여행했던 시기의 일이다.[553]

이름의 일치는 루드빅이 알프레드에게 보낸 다른 편지에서 소피 헤스를 "안다"고 언급했을 때 훨씬 더 흥미로워진다. 소피는 때때로 올가 뵈트거를 다른 사람들에게 알프레드의 "조카딸"로 소개하기도 했다. 이는 문자 그대로 받아들일 수는 없지만, 올가 뵈트거가 루드빅 노벨과 친분이 있을 가능성을 암시한다. 이러한 점들은 충분히 주목할 만한 힌트가 될 수 있다.[554]

알프레드의 편지 카피북에 있는 중단된 부분(그가 여행용 편지 쓰기 세트를 구입하기 전)을 통해 추측해 보면 1877년 5월 13일에서 28일 사이에 소피에게 보냈을 거라고 결론 내렸다.[555]

이 추측에 용기를 얻은 나는, 소피 헤스가 낯선 사람이 아니었음을 알게 되었다. 알프레드 노벨은 형제 루드빅과 그의 가족을 통해 직간접적으로 소피에게 소개되었을 가능성이 크다. 아마도 형제들이 1877년 봄에 만나 석유에 대해 토론했던 일과 관련되었을 것이다. 그러나 이보다 더 이른 시점이었을 수도 있다. 그러나 이 추측은 왜 올가 뵈트거가 소피 헤스와 함께 세계적으로 유명한 알프레드 노벨의 유언장에 따라 상당한 금액을 받은 소수의 개인 중 하나가 된 것인지를 설명하지 못한다.

1877년 봄과 여름 동안, 젊은 소피 헤스와 알프레드 노벨 사이에 무언가가 싹트기 시작했다. 우리는 그들 사이에 많은 일이 있었음을 확실히 알 수 있다. 소피의 나이가 어리다는 점이 알프레드를 불편하게 만들었음은 분명했다. 1877년 9월 그들은 비엔나에서 만났지만 사실상 첫 만남이라고 보기 어려웠다. 루드빅은 이미 상당히 잘 알고 있었고, 같은 시기에 쓴 편지에서 그는 "아기 아가씨 소피(enfant mamsell Sofie)"가 알프레드의 러시아 방문을 방해한다고 불평하기도 했다.

알프레드는 자신이 소피를 유혹했다는 혐의를 공식적으로 피해야 할 필요성을 느꼈던 것 같다. 9월 회의에서 그녀가 다음과 같은 성명서를 썼을 때 아마도 누군가 말한 대로 받아 적었을 가능성이 있다.

> 노벨 씨는 나를 설득해 칠리에 있는 아버지에게 돌아가도록 했으며, 내가
> 그렇게 하지 않는 것은 그의 잘못이 아님을 증명합니다.
>
> 10.9.77의 비엔나.
> 소피 헤스.[556]

*

향후 몇 년 동안 노벨 형제의 공동 석유 프로젝트는 루드빅과 로베르트에게 중요한 문제가 될 것이다. 알프레드는 조언자로서 그곳에 있었고, 로베르트가 영국에서 증기 펌프를 얻는 것을 도왔지만 그 외에는 대부분 거리를 둔 이해관계자로서 존재했다. 반면에 루드빅은 석유에 온 힘을 쏟았다. 그는 펌프, 운송, 저장 등에 관한 긴 회고록을 작성하고 연구했다. 그는 펜실베니아의 미국인들이 파이프라인을 통해 원유를 운반하는 방식에 대해 읽고, 바쿠에서 말이 끄는 수레로 기름 배럴을 운반하는 것이 얼마나 시대에 뒤떨어졌는지 깨달았다. 루드빅은 알프레드를 통해 글래스고에 있는 미국 석유 생산업체의 파이프 공급업체와 접촉하게 되었다. 그 결과 노벨의 새로운 파이프라인은 바쿠에서 성공을 거두었다.

불행히도 새로운 전쟁으로 인해 작업이 지연되었다. 세르비아인과 불가리아인들이 오스만 제국의 통치에 대해 몇 차례 반란을 일으킨 후, 러시아는 반란군 편에 섰고, 1877년 4월 말, 오스만 제국에 선전포고를 했다. 전투는 대부분 발칸반도와 흑해에서 벌어졌지만 상트페테르부르크도 마비되었다.

바쿠는 전투의 격전지는 아니었지만 신혼부부 베르타 폰 주트너가 피아노와 프랑스어 교사로 생계를 유지하려 했던 조지아에서는 전면전이 벌어졌다. 베르타는 남편과 함께 부상당한 군인을 위한 자선 기금을 마련하기 위해 오스트리아 신문에 기사를 기고했다. 이러한 경험이 평화운동의 시작이었다고 할 수 있지만, 그녀 자신에 따르면 당시 전쟁에 대한 반감은 전혀 없었고, 오히려 슬라브족의 대의를 위한 러시아인의 투지를 지지했다고 했다.

상트페테르부르크에서 루드빅은 "상처를 위한 붕대와 리넨"을 제조하기 위해 공장을 차리고 많은 재봉사를 채용하며 대량의 천을 구입했다. "하지만, 하루에 1만 5,000명이 전쟁으로 희생된다는 것이 얼마나 안타까운 일인가?" 그는 알프레드에게 슬프게 한탄했다.[557]

로베르트는 바쿠에서 열심히 일했다. 편지에서 그는 매일 등유와 윤활유에 파묻혀 지내다 보니 완전히 백발이 되었으며 더 뚱뚱해졌다고 묘사했다. 그는 알프레드에게 편지를 썼다. 그의 아내 폴린과 네 명의 자녀 얄마르(15세), 잉게보리

(13세), 루드빅(10세), 티라(5세)는 코카서스에 가지 않았다고 전했다. 로베르트는 외로움과 향수병에 시달렸다. 1878년 초, 회사 설립이 다가오자 그는 낙담했다.

"이 빌어먹을 바쿠에서 나를 지탱해 주는 것은 오직 이 주제에 대한 과학적, 경제적 관심사뿐이다"라고 로베르트는 알프레드에게 불평했다. "루드빅은 결코 만족하지 않았으며, 나 또한 이 나라, 즉 신성 러시아에서 가치 있는 일을 성취할 수 있다고 기대하지 않는다." 로베르트는 괴로움을 숨기지 않았다. "내가 스톡홀름에 남아 있었다면, 내 몫의 빵을 벌 수 있었을 것이고, 내 아이들에게도 확실히 더 유익했을 것이다. 그들은 지금 천사만큼 훌륭하지만 자녀 양육에 필요한 자질을 갖추지 못한 어머니에 의해 양육되고 있다."[558]

알프레드는 이 "비열한 아시아인 둥지"에서 괴로움을 당하는 로베르트를 불쌍히 여겼다. 그를 격려하기 위해 바쿠에 많은 양의 와인을 보낼 수 있는지 조사했다. 그는 돈이 생기면 나눠 주고 물건을 보내 격려하는 것을 좋아했다. 그렇게 하면서 조카들에게도 기쁨을 주고 독일 다이너마이트 회사의 주식을 조금씩 나눠 주기도 했다.

어머니 안드리에타에게 돈을 보내는 것은 더 어려웠다. 지금까지 그녀는 받은 돈을 은행에 내버려둬 곰팡이가 피어나게 만들었다. 알프레드는 대신 말과 마차를 사드리고 싶어 했지만, 루드빅은 그것이 그녀에게 더 많은 문제를 안겨줄까 두려워했다.

조카들은 갑작스럽게 도착한 와인 선물에 큰 놀라움을 느꼈다. 그들은 알프레드를 그리 잘 알지 못했기에, 선물이 루드빅으로부터 온 것이라고 생각했다. 알프레드가 장남 엠마누엘에게 또 다른 소중한 선물을 주었을 때 루드빅은 알프레드의 친절을 칭찬했다. "엠마누엘은 아직 그런 선물을 받을 자격이 거의 없었지만, 나는 동생의 관대한 마음을 인정하고 이해한다."[559]

루드빅도 관대함으로 유명했다. 1878년, 그는 상트페테르부르크 공장에서 이익 분배제를 도입하고 진심 어린 축하로 모든 직원을 기쁘게 했다. 루드빅이 명성 있는 소총 제조업체인 페테르 빌데를링(Peter Bilderling)과 함께 운영한 이

제브스크(Izjevsk)의 소총 공장에서는 노동자를 위한 주택과 그들의 자녀를 위한 학교를 건설해 이름을 알렸다. 로베르트가 생각한 것과는 달리 루드빅은 사랑하는 러시아에서 다른 사람들의 성공에 기뻐할 줄도 알았다. 1878년 봄, 루드빅은 로베르트가 바쿠에서 4만 루블(오늘날 400만 크로나)의 엄청난 수익을 올린 것을 기뻐했다. 루드빅은 알프레드에게 이렇게 썼다. "나도 매우 기쁘다. 그러나 이 기쁨의 대부분은 그를 위한 것이다. 왜냐하면 나 자신은 이제 돈에 대해 너무 무관심해져서 4만 루블 정도는 내 기분에 영향을 미치지 않기 때문이다."[560]

그러나 로베르트가 바쿠에서의 희생에 대한 보상으로 석유 회사의 지분을 더 많이 원했을 때 루드빅은 거절했다. 형제는 연회비를 지불해야 했다.

그때까지 루드빅은 석유 사업에 아낌없이 투자했다. 그리고 이번에는 바쿠에서 러시아 중부까지의 어려운 운송 문제를 해결했다. 그는 세계 최초의 유조선인 조로아스터(Zoroaster)를 설계했고, 스웨덴 모탈라(Motala)의 작업장에서 값비싼 돈을 주고 제작을 주문했다. 루드빅은 알프레드에게 형과 이야기할 수 있도록 도와달라고 호소했다. "우리는 로베르트의 노력에 대한 보상에 관해 그와 합의해야 하지만 로베르트는 성격이 너무 까다롭고 고집이 세서 그와 화해하려면 다른 사람들의 도움이 필요하다. 동생의 도움이 큰 가치를 지닐 것이다. 로베르트는 본인이 한 노동에 대한 보상으로 주식의 일부를 나에게 예탁하길 원하지 않으며 그것이 회사 설립에서 불리하다는 점도 알고 있을 것이다. 그러나 그는 그것을 너무 남용하는 일이 법으로 금지되어 있다는 점을 고려하지 않는다." 루드빅은 1878년 6월에 이렇게 편지를 썼다.[561]

알프레드는 로베르트의 태도를 어느 정도 이해하고 있었다. 알프레드는 자신과 폴 바르베가 대략적으로 적용한 솔루션에 떠올리며 생각했다. 한 명은 지식을 책임졌고 다른 한 명은 자본을 책임졌다. 이익은 절반으로 나누었다. 그러나 로베르트에게는 미래의 노벨 형제가 설립한 나프타회사(Naftabolaget Bröderna Nobel)로 특허를 이전할 권리가 없었다.

결국 루드빅이 질문을 한 것 같지만, 알프레드는 어느 편도 선택하지 않았다.

석유 투자가 어떻게 될지 아무도 알 수 없었다. 바쿠 회사는 눈부신 성공을 거둘 수도 있었고, "일상적인 규모"에서 그칠 수도 있었다. 만약 사업이 잘 진행된다면 로베르트의 노력은 당연히 많은 보상을 받을 것이라고 알프레드는 말했다. "반면, 로베르트가 혼자 움직였다면 회사가 결코 성숙하지 못했을 거라는 주장은 정당화될 수 있지만, 이 결론은 수학적 증명에 근거한 것이 아니기에 이의를 제기할 수 있다."[562]

로베르트는 불평했다. 그의 주장에 따르면 낮은 연봉으로 바쿠에서 큰 회사의 대표로서 제대로 생활하는 것이 불가능하다고 호소했다. 특히 스톡홀름에 자녀 양육비를 지불해야 하는 상황에서는 더욱 그러했다.[563]

*

회사에 대한 논의는 평소처럼 형제들의 건강이 악화되었다는 이야기로 마무리되었다. 로베르트는 걷는 데 어려움을 겪고 있었고 눈에 문제가 있었다. 루드빅은 아픈 폐 때문에 남쪽으로 갔고 알프레드는 재발한 기관지염으로 고통을 받았다. 알프레드는 자신의 상태에 대해 새로운 진단을 내렸다. 그는 자신이 겪었던 두통이 류머티즘 때문이라고 생각했다. 발파유 시대부터 부작용이 알려졌음에도 불구하고 이상하게도 자신의 문제를 매일 니트로글리세린을 다루는 것과 연관 지은 적은 없었던 것 같다.

1878년 봄, 형제들은 여느 때와 같이 일상적인 질병과 씨름하고 있었다. 그들은 대부분 다른 사람들과 마찬가지로 당시 파리의 프랑스 과학 아카데미에서 발표한 놀라운 의학적 발견을 전혀 알지 못했을 것이다.

프랑스 화학 교수인 루이 파스퇴르는 1850년대 병포도주의 성공 이후 미생물에 대한 연구를 계속했다. 56세의 파스퇴르는 소르본 대학의 화학 교수였다. 1860년대 후반 뇌졸중으로 신체의 운동 능력을 상실했지만, 그의 두뇌와 작업 능력은 손상되지 않았다. 그는 오랫동안 미생물이 전염병과 관련이 있을 수 있는지에 대해 고민해 왔고, 그의 동료들과 함께 치명적인 질병인 탄저병의 세균을 배양하고 실험했다. 이제 그들은 자신들의 주장을 확신하며 처음으로 '박테리아 이론과 의학 및 외과에서의 응용(La théorie des Germes et ses applications à la Médicine et à la Chirurgie)'을 세상에 발표했다.

1878년 4월 29일 월요일, 파스퇴르는 프랑스 과학 아카데미에서 강의를 했다. 화학자의 주장을 받아들이지 않으려는 비판적인 의사들이 많이 있었다. 그들은 질병이 혈액 속의 어떤 물질, 영양실조 또는 하수구와 도축장에서 퍼지는 나쁜 공기에 의해 발생한다고 주장했다. 그러나 파스퇴르는 주저하지 않았다. 그의 실험은 완전히 새로운 세계를 열었다. 그는 모인 회원들 앞에서 다음과 같이 주장했다. "이것은 전염성과 전염병의 존재에 대한 결정적인 증거이며, 그 자연적 원인은 미시적인 유기체적 존재에게서만 독점적으로 발견될 수 있다"라고 골든 돔(Golden Dome)에서 설명했다.[564]

파스퇴르의 말은 옳았다. 그러나 당시 그의 연구는 큰 신문의 헤드라인에 오르지 않았다. 그의 연구는 탄저병과 광견병에 대한 백신을 개발하는 데 사용되었고, 그제야 전 세계적으로 영웅적인 위업으로 인정받았다.

그러나 독일에서는 파스퇴르의 제안을 받아들이지 않으려는 연구원이 있었다. 경쟁자인 로베르트 코흐(Robert Koch)는 자신이 탄저균을 처음으로 발견했으며 파스퇴르가 전혀 새로운 것을 제시하지 않았다고 주장했다. 이들 사이의 경쟁은 애국적인 색채를 띠기도 했다. 그것은 프랑스-독일 전쟁의 학문적 연장선으로 전개되었다. 루이 파스퇴르와 로베르트 코흐는 아마도 역사상 가장 위대한 의학적 돌파구인 미생물학에 대한 공로를 나누게 되었지만, 그들의 결투에서 승리를 거둔 것은 의심할 여지없이 프랑스인이었다.

*

1878년 여름, 세계는 프랑스-독일 전쟁의 승리자로서 호전적인 독일 수상 오토 폰 비스마르크가 평화 중개인이라는 새롭고 예상치 못한 역할을 맡는 모습을 보았다.

먼저 발칸 반도의 불안정한 상황을 해결해야 했다. 러시아는 오스만 제국과의 1년 전쟁에서 승리하고 평화 조약에서 중요한 영향을 미쳤다. 그러나 다른 유럽 강대국들, 특히 오스트리아-헝가리와 영국은 러시아의 지나친 영향력에 우려를 표명했다. 그들은 재건된 광대한 불가리아에 반대하며 신속한 수정 조치를 요구했다. 비스마르크는 마지못해 평화 중재자의 역할을 받아들였다. 그는 베를린에서 정상 회담을 주최했다.

오토 폰 비스마르크는 정치인으로서 전성기를 보냈다. 그는 목표를 달성하며 유럽에서 가장 강력한 인물로 자리 잡았고, 초기에는 고국에서 숭배받았다. 그러나 그는 여러 곳에서 위협을 느꼈다. 가장 큰 위협은 복수심에 불타는 프랑스였다. 이제 그는 외교 정책 체스판에서 자신의 말을 어떻게 옮겼을까?

그는 수비 전략을 택했다. 비스마르크는 유럽의 중요한 국가들을 동맹으로 묶으면 적들의 추격을 막을 수 있다는 사실을 깨달았다. 그 덕분에 신생 독일은 새로운 동맹에 의해 조기 파괴의 위협으로부터 보호받았다. 따라서 비스마르크는 프랑스와 평화협정을 맺은 지 얼마 지나지 않아 오스트리아-헝가리 제국의 프란츠 요제프 황제와 러시아의 알렉산더 2세를 베를린으로 초청했다. 그곳에서 그들은 새로운 "삼황제 연합"을 출범시켰다. 그러나 두 동맹국은 서로 다투기 시작했다.

1878년 6월 13일 수요일 점심 직후 강대국과 교전국의 외무장관들이 새로 단장한 비스마르크의 베를린 궁전에 도착했다. 베를린 회의는 나폴레옹 전쟁 이후 유럽의 지도자들이 비엔나에 모인 이래 가장 빛나는 평화 회의로 불리게 될 것이다.

회의는 한 달 동안 지속되었다. 다정한 목소리와 날카로운 말투는 직접 협상을 주도한 비스마르크에 대한 평가였다. 그 결과로 러시아는 후퇴할 수밖에 없었고, 불가리아는 축소되었으며 슬라브 민족주의에 대한 우려를 표명한 오스트리아-헝가리는 보스니아-헤르체고비나를 보호령으로 승인했다.

러시아의 차르는 비스마르크의 베를린 의회의 최종 결과를 친구라고 생각했던 사람에게서 받은 모욕적인 공격으로 받아들였다. 그렇게 삼황제 연합은 역사 속으로 사라졌지만, 그 뒤로도 몇 번 더 부활하며 다른 연합으로 대체되었다. 향후 수년 동안 유럽 외교는 비스마르크의 복잡한 방어 동맹에 의해 지배되었다. 사실, 이 동맹은 유럽 대륙에 예상치 못한 긴 평화를 제공했다. 그러나 그 밑에서는 강한 감정이 끓고 있었고, 이는 결국 1914년, 유럽에서 가장 크고 피비린내 나는 전쟁으로 폭발했다.

이것이 바로 베르타 폰 주트너의 평화를 위한 투쟁과 알프레드 노벨의 평화상 계획이 등장할 시기의 정치적 분위기였다. 그러나 그 시기까지는 몇 년이 더 걸렸다.

*

젊은 소피 헤스와 알프레드 노벨의 관계는 일시적인 열정이 아니었다. 알프레드가 출장다니는 동안 소피에게 쓴 편지 속 어조는 점점 더 친밀해졌다. 1878년 늦봄, 소피는 파리를 방문했고 알프레드가 비즈니스 협상을 위해 런던에 갔을 때에도 계속 머물렀다. 둘의 관계가 너무 가까운 나머지 소피는 그의 칫솔을 사용했고, 알프레드는 그녀의 생리 주기까지 체크할 정도였다.

알프레드는 1878년 5월 런던 웨스트민스터 팰리스 호텔에서 고독을 느끼며 하루를 어떻게 보낼지, 어디에서 놀이기구를 탈지, 무엇을 살지 고민했다. 그때 아르디어(Ardeer) 공장에서 갑작스런 폭발 사고가 발생해 다음 날 급히 스코틀랜드로 떠나야 했다. 도착한 그는 방에 들어가 창밖에서 바람이 윙윙대는 소리를 들으며 꿈을 꾸었다. "친애하는 소피 소녀(Sofiechen), 파리에서 보낸 즐거운 시간을 생각한다. 나의 사랑스러운 아이, 나의 부재 동안 어떻게 지내고 있나? 당신의 상상력은 미래를 향해 황금 실을 엮고 있나, 아니면 추억의 작은 보물 창고를 거닐고 있나?" 그는 "당신이 잘 지내기를 진심으로 바라"라는 인사와 함께 편지를 마무리했다.

알프레드의 포용은 끝이 없었다. 소피는 때때로 우울하고 기분이 나빠지기도 했다. 8월 알프레드는 파리에서 일에 압도된 상태에서 소피가 비스바덴 외곽의 슈발바흐에서 몇 주간의 요양 치료를 받을 수 있도록 비용을 지불했다. 그녀에게는 고용된 유급 동반자(소피가 두 번 바꿈)와 개인 요리사도 있었다. 심지어 알프레드는 파리에서 의사를 보내 그녀를 돌보게 하기도 했다. 시간이 날 때마다 그는 파리 부티크를 돌아다니며 그녀가 산 외투를 교환하고, 그녀가 주문한 드레스를 찾아주었다.

그런데 갑자기 소피에게서 프랑스어로 된 전보를 받았다. 알프레드는 의심과 질투에 사로잡혔다. "누가 도와줬어?" 알프레드는 빠르게 답장을 보냈다. 누가 프랑스어 전보를 만들었는지 알아내는 데는 많은 통찰력이 필요하지 않았다. "글을 잘 쓰려고 했지만 여전히 약간의 실수를 합니다." 소피가 질문을 피하자 그는 날카롭게 반복했다. "가능하다면 누가 프랑스어 전보를 작성했는지 알려줘. 이건 우리 관계에서 중요한 문제이며, 나의 자존심을 강하게 흔드는 아픈 지점이야."

알프레드는 소피가 자정 이후에만 편지를 쓸 시간이 있다는 것을 눈치챘다. 3일 동안 편지가 오지 않을 때도 있었다. 그녀는 그곳에서 대체 무엇을 하고 있는 걸까? 곧 그는 그녀의 편지에서 후회하는 듯한 표현을 찾아낼 수 있었다. 그녀에게 말할 수 없는 무언가가 있던 걸까? 그녀는 그녀의 곰돌이(Brumbjörn)를 잊었을까?

그는 "기쁨 속에서도 여성의 품위와 인간의 존엄성을 잊지 말아. 이는 진정한 아내나 어머니가 되기 위한 필수 조건이야"라고 쓴소리를 했다. 마침내 답장이 왔다. 그녀의 유급 동반자가 그 전보를 작성한 것이었다. 알프레드는 비로소 안심했고, 매일 편지를 쓰기 시작했다. 그는 갈망했다. "내 생각이 당신에게로 날아가는 것처럼 나도 당신에게 가고 싶다."

그는 자신의 사진을 보냈다. 그것은 유명 사진 갤러리에서 의뢰한 초상화였다. 어머니 안드리에타는 9월에 75세가 된다. 루드빅은 형제들에게 그녀를 위한 앨범을 만들자고 제안했다. 그리고 그는 알프레드에게 그 문제를 해결해 달라고 요청했다. 앨범에는 네 명의 자녀를 둔 로베르트와 폴린, 그리고 다섯 명의 자녀를 둔 그와 에들라를 위한 공간이 있었다. 루드빅은 "총 13개의 자리를 만들었으며 몇 자리가 더 필요한지" 알프레드에게 맡겼다.

몇 자리가 더 필요하다니? 알프레드는 그 점을 지적했다. 드디어 루드빅이 직접 결정을 내렸다. 앨범에는 알프레드를 포함해 14개의 자리가 마련되었다.

소피? 그가 감히 그녀를 가족에게 소개할까? 그는 새끼손가락을 뻗으며 말했다. "당신은 좋은 여자야. 그러니 곧 건강해지면 스톡홀름 여행에 동행할 수 있도록 준비할 거야."[565]

알프레드는 소피가 자신의 건강 문제를 과장하고 있다는 것을 느꼈다. 그녀는 대개 낙담과 피로 속에서 한 주를 보냈다. 그는 그녀에게 그것을 상기시키려 노력했다. "여기 지구상에는 당신보다 더 아프고 세상 어느 누구의 지원도 받지 못하는 사람들이 많다는 것을 늘 기억해야 한다"고 적었다.

다음 날 그는 슈발바흐(Schwalbach)에서 그녀의 건강에 더 좋다는 이유로 프란젠스쿠엘레(Franzensquelle)의 특별한 물 한 병을 찾는 데 몇 시간을 소모했다. 파리에서 적합한 물을 찾지 못하자 독일에서 특급 우편으로 주문해 보냈다.

알프레드가 스파에서 개선되기를 바랐던 것은 소피의 건강뿐 아니라 그녀의 교양도 있었다. 유급 동반자를 붙여준 데에는 소피를 가르치려는 의도가 숨어 있었다. 알프레드는 "당신(Monsieur)"이라는 단어도 제대로 쓰지 못한 편지를 받고 괴로워했다. 그는 책과 수업을 처방하고 상황을 계속 묻곤 했다. "열심히 읽고 있어?" 그는 그녀에게 발자크의 소설을 사라고 권했다. 이해하기 쉬운 작품이어야 했다. 책의 제목은 『두 젊은 아내의 회고록』이었다.

그러나 곧 원망이 돌아왔다. 1878년 9월 2일, 소피는 "내가 투덜거리고 싶어서가 아니라 그가 영국인인지 아니면 영어를 구사하는 독일인인지 알고 싶다. 아름다운 표현 '달링' 등을 배웠다"라고 답장했다.

알프레드는 괴로워했다. 어떻게 생각해야 할까? 그는 슈발바흐에서 소피에게 구애하는 모든 남자들을 상상했다. 그것은 아마도 그가 모르는 사이에 오랫동안 진행되었을 것이다. 그녀는 그것에 대해 침묵할 만큼 어리석지는 않았다. 소피의 스톡홀름 여행은 아직 고려할 수 없었다.

그는 그렇게 외롭고 버림받았다고 느낀 적이 없었다. 알프레드는 소피를 위해 파리 사회 생활에서 자신의 모든 것을 걸었다. 그런데 이게 보답인가? 마침내 그는 슈발바흐로 여행을 갔고 소피가 동반자와 함께 대서양 연안의 다른 스파로 이사하는 것을 도왔다.

그러나 마음은 파괴된 것 같았다. 파리로 돌아온 그는 다시 감정의 롤러코스터를 타고 돌아다녔다. 그녀가 이미 자신을 잊었다고 확신했다. 물론 그녀는 다른 사람들과 즐거운 시간을 보내고 있었다. 삶의 의욕이 추락했다. 당시 그의 집에는 사람들이 가득 차 있었다. 루드빅의 가족이 파리에서 긴 봄을 보낸 후 집으로 돌아가자마자 형의 처남이 문을 두드렸다. 물론 그에게는 가정부 엘리스가 있었다. 나머지 하우스메이트들도 해야 할 일을 했지만 손님들은 여전히 보살핌을 필요로 했고 격조에 맞는 식사를 제공받고 싶어 했다. 그는 "낮에는 사람들이 마치 내 집이 호텔인 것처럼 뛰어 들어왔다. 그들은 절대 나를 혼자 두지 않는다"고 불평했다. 일이 필요할 때는 "비정상적인 시간"에 해야 했다.

알프레드는 제시간에 퇴근하는 법을 전혀 몰랐기 때문에 자신이 직접 고용한 화학자 조르쥬 페렌바흐에게 짜증을 내기도 했다. 그가 좋아하는 친구이자 동료인 알라릭 리드벡의 방문조차도 더 이상 활기를 주지 못했다. 리드벡은 이후 한동안 파리에서 지내며, 발파용 젤라틴을 위한 새로운 기계의 설계도를 준비할 예정이었다. 그는 귀가 너무 어두워 알프레드는 소리를 지를 수밖에 없었고, 그것이 그를 괴롭게 했다. 바람둥이 리드벡은 스물일곱 살의 사촌과 행복한 가정 생활을 하게 되었고, 이것도 알프레드의 기분을 변화시키는 데 한몫했을 것이다.

알프레드 노벨은 균형을 잃었다. 그는 평화와 고요가 필요했다. 도시 생활조차 더 이상 끌리지 않는다고 소피에게 말했다. "인간이 어떻게 이렇게 변할 수 있는가? 예전에는 세계적인 도시에서 사람들과 함께하길 바랐지만 지금은 영원한 것을 미리 맛보기 위해 달콤한 지상의 휴식을 점점 더 많이 갈망한다."[566]

*

알프레드 노벨의 비즈니스는 여전히 순조롭게 진행되었다. 폭발성 젤라틴에 대한 특허는 몇 개의 다이너마이트 특허가 만료된 시점과 우연히 일치하며 여러 국가에서 독점권을 계속 유지할 수 있었다. 그로 인해 수입에는 부정적인 영향은 거의 없었다. 그러나 이러한 기발한 움직임이 마냥 좋게 받아들여진 것은 아니었으며, 모든 곳에서 새로운 폭발물을 환호하는 것도 아니었다. 영국의 폭발물 검사국은 1,000번의 새로운 테스트를 요구했다.[567]

하지만 대부분 신제품에 대한 반응은 열광적이었다. 다이너마이트가 폭발성 젤라틴으로 대체되면서 알프스를 통과하는 상트 고트하르트 터널(Sankt-Gotthards-tunneln) 작업 속도는 하루 20미터에서 거의 30미터로 증가했다.[568]

폴 바르베와 알프레드 노벨은 파리에 종합 기술 위원회인 "신디케이트"를 설립해 여러 다이너마이트 회사들의 통제권을 완화하려 했다. 아이디어는 다른 나라의 회사들이 이곳으로 향하게 만들어 알프레드 노벨이 대륙을 가로질러 출장을 갈 필요가 없도록 하는 것이었다. 알라릭 리드벡은 그를 돕기 위해 파리에 있었다. 알프레드는 그를 노동조합의 기술 컨설턴트로 초빙했다.

하지만 이 계획은 큰 성공을 거두지 못했다. 다양한 다이너마이트 회사들이 서로 협력보다는 경쟁에 더 집중했기 때문이었다. 그들은 시장을 놓고 싸웠고, 가격을 내리며 특허를 놓고 서로를 속였다. 호주를 둘러싼 독일과 영국 기업 간 분쟁도 발생했다.

아마도 알프레드는 1878년 파리에서 열린 역사상 가장 큰 규모의 신세계 박람회를 통해 다이너마이트 관리자들의 국제적 소속감이 강화되기를 바랐을 것이다. 독일은 출품하지 않았고, 프랑스가 파빌리온의 절반을 차지한 점은 그리 좋은 생각이 아니었지만, 샹 드 마르스의 혼잡 속에서도 여전히 공동의 발전을 위한 국제적인 정신이 존재했다. 프랑스의 조각가 오귀스트 바르톨디(Auguste Bartholdi)는 미국 독립 100주년을 기념해 프랑스 국민이 기증한 자유의 여신상의 머리를 선보였다. 스웨덴관은 아돌프 노르덴스키월드가 극지 탐험에서 발견한 유물을 전시했다. 미국관은 알렉산더 그레이엄 벨의 새로운 전화기를 전시해 행운의 금메달을 획득했다. 한 러시아 엔지니어가 증기 동력 전등으로 박람회장을 밝히며 1시간 넘게 불을 밝힌 뒤 주목을 받았다.

알프레드 노벨은 박람회장과 도보 거리에 있는 곳에 머물렀다. 그는 출품자 목록에도 이름을 올렸고, 원하는 곳에 갈 수 있었지만 출품작들에 큰 감동을 받지 못했으며 스팀 램프에도 마찬가지였다. "밖에서도 나에게서도 형식적인 빛의 바다가 당신을 향해 흐른다. 내부에서 건물을 밝히는 것 외에 다른 목적이 없는 증기 엔진과 기타 기계로 가득 찬 낮은 홀 전체를 상상해 보라. 그것은 아름답지만 일반 조명에 비하면 현실적으로는 실용적이지 않을 것 같다." 그는 스톡홀름으로 떠나기 전에 소피 헤스에게 편지를 썼다.[569]

안드리에타 노벨은 헬레네보리에서 슬루센(Slussen) 근처의 아파트로 이사했다. 불행히도 집에 가려면 몇 층이나 되는 계단을 올라가야 했다. 아들들은 그녀를 위해 다른 집을 찾으려고 노력했지만 그녀의 75번째 생일 축하 행사가 코앞에 다가왔을 때까지도 찾지 못했다.

어머니는 최근까지 혼자 살았다. 도시 외곽으로 이사한 후, 때때로 식당에서 저녁을 먹거나 다과회에 갔다. 집은 가족이 있는 세 아들을 모두 수용할 수 없었고, 그들을 위한 공간도 없어 아들들은 블라시에홀름스카옌(Blasieholmskajen)의 새로운 그랜드 호텔에 머물렀다. 알프레드에 따르면 "그곳의 가구는 도금되었고 음식은 상했었다." 알프레드는 스톡홀름의 개울이 내려다보이는 자신만의 방을 얻었다. 그러나 얼마 지나지 않아 조카들이 모여들어서 방은 시끌벅적했다. 그에게는 혼자 쓸 책상조차도 허락되지 않았다.[570]

노벨 형제의 고향 방문은 큰 화제를 모았다. 특히 스톡홀름 사람들은 루드빅에게 사업 제안을 활발하게 했다. 스웨덴에는 창의적인 혁신가들이 있었다. 이 해는 구스타프 드 라발(Gustaf de Laval)이 대기업 알파 라발(Alfa Laval)의 토대를 마련한 우유 분리기를 발명한 해였다. 스톡홀름 드로트닝가탄(Drottninggatan) 의 작업장에서 바름란드(Värmland) 출신의 22세 라스 마그누스 에릭슨(Lars Magnus Ericsson)은 벨의 전화기를 변형해 제조하기 시작했으며, 이에 다국적 그룹인 에릭슨(LM Ericsson)이 투자할 예정이었다.

안드리에타는 아들들과 손주들이 주변에 있는 것을 좋아했다. 친척이 사는 "휍스라스텐(Skeppslasten)"에는 다양한 프로그램이 있었고 마을의 고용된 마차 운전기사들은 광범위한 운송 예약에 만족했다. 스톡홀름에는 파리처럼 말이 끄는 트램이 있었지만 노벨은 자신의 마차 운전기사에게 비용을 지불하기로 결정했다. 그는 조카들에게 저녁, 아침, 점심을 번갈아 제공하며, 빈터비켄에 있는 다이너마이트 공장도 견학시켜 주었다.

9월 30일 안드리에타의 생일은 맑고 화창한 날씨 속에서 진행되었다. 노벨 가족은 안드리에타를 위해 대규모 축하 파티를 마련했다. 그녀를 위해 앨범과 큰 꽃다발을 선물로 준비했다. 온 가족과 많은 친구들이 참석할 성대한 생일 만찬을 위해 유르고덴(Djurgården)에 있는 우아한 레스토랑인 하셀 힐렌(Hassel Hillen)을 예약했다. 만찬에 참석하고자 하는 사람들은 스트룀파르테렌(Strömparterren)의 증기 기관차로 이동할 수 있었다. 루드빅과 알프레드는 오늘날의 가치로 거의 6만 스웨덴 크로나에 달하는 비용을 분담했다.[571]

친구이자 필명 이카(Ica)로 알려진 작가 요세피나 베테르그룬드(Josefina Wettergrund)는 안드리에타의 생일을 기념하는 글을 기고했다. 그 글은 그녀 삶에서 큰 기쁨인 아들들에 관한 이야기였다.

> 이제 그들은 세상을 시험해 보았고,
> 그 학교에서 여러 교훈을 얻었으며
> 그리고 당신은 그들의 긴 여정을

어머니의 사랑과 기도로 함께했습니다.
몇 가닥의 머리카락이 하얗게 세었지만
아! 그들은 여전히 당신의 소년들
그들이 어렸을 때처럼 당신의 마음의 아이들.[572]

알프레드는 행복해하는 안드리에타의 모습에 마음이 따뜻해졌다. 형제들에 따르면 그는 그녀의 "귀염둥이"였다. 그러나 그는 축제 기간 동안 온전히 집중하지 못했다. 그는 분주함을 싫어했고, 음식 때문에 기분이 나빴으며, 담배를 피우지 않고 술도 마시지 않았지만 두통에 시달렸다. 소피와의 관계도 평화를 주지 못했다. 그녀는 그를 잊었을까? 그는 그녀가 자신을 잊기를 바랐을까? 최근 몇 주 동안 소피는 알프레드에게 다른 여성들을 쫓아다닌다고 비난하기 시작했다. 알프레드는 이것이 터무니없다고 생각했다.

그는 어젯밤 소피에게 편지를 쓸 때 코피를 흘렸다. 편지지에 떨어진 피 한 방울을 본 그녀는 그 얼룩이 "슬픔의 아이"에 대한 그의 관심의 증거라고 주장했다. 100년 후, 작가 순드만(P. O. Sundman)은 법의학 기술자에게 편지를 조사하게 했다. 결론은 실제로 핏자국은 있었지만 알프레드가 억지로 흘렸다는 것이었다. 코에서 피 한 방울이 떨어졌다면 얼룩이 훨씬 더 컸을 것이다. 알프레드 노벨이 펜촉이나 피펫을 이용해 거기에 피를 흘렸을 가능성이 높았다.

알프레드는 이성과 감정 사이에서 내적 투쟁을 한 것으로 보였다. 그는 곧 마흔다섯 살이 되었다. 그와 그녀는 어울리지 않는 커플이었다. 그는 소피에게 그것을 설명하려고 노력했다. "나는 내 마음속에 자리한 누군가를 찾고 있었지만, 그것이 나와 거의 또는 전혀 공통점이 없는 세계관과 영혼을 가진 스물한 살이 되어서는 안 된다."

그런 다음 그는 다시 회개하고 사랑의 입맞춤을 보내며, 그녀를 그리워한다고 선언했다.[573]

*

1878년 10월, 소피 헤스는 알프레드 노벨이 그녀를 위해 임대해 준 파리의 아파트에서 살았다. 아파트는 그에게서 그리 멀지 않은 샹젤리제 거리에 있는 루이 뉴튼(rue Newton)에 있었다. 그녀가 봄에 이미 그곳으로 이사했을 가능성도 있지만 적어도 늦가을 전에는 이사한 것이 확실하다.

그녀의 아파트는 스캔들의 현장이었다.

스톡홀름에서의 축하 행사가 끝난 후, 알프레드의 형제들은 세계 전시회를 보기 위해 스톡홀름에서 파리로 여행했다. 현장에는 로베르트가 먼저 도착했으며, 루드빅의 아들인 19세의 엠마누엘이 합류했다. 알프레드는 그들에게 소피를 소개하고 런던으로 함께 여행했다.

엠마누엘 노벨은 귀국 전날 예의상 삼촌의 "동반자"를 방문했다. 엠마누엘은 아버지의 밝은 이목구비와 깔끔하게 빗은 뒷머리, 보송보송한 구레나룻을 가진 잘생긴 청년이었다. 그가 작별인사를 하려고 했을 때 놀랍게도 소피는 그에게 잠을 자고 가라고 권했다. 그것은 명백한 성적 초대였다. 엠마누엘은 그녀가 이렇게 말한 것을 나중에 기억했다. "아, 밖에 비가 많이 오네요. 오늘 밤 여기서 묵으셔야겠어요." 그는 난처해하며 작별인사를 했다.[574]

알프레드의 집으로 돌아온 엠마누엘은 파리에 막 도착한 자신의 아버지에게 소피에 대해 험담했다. 루드빅은 당황했다. 알프레드 곁에 그런 여자가 있는 것을 용납할 수 없었다. 루드빅은 예의에 어긋나는 행동을 하기로 결심했다. 그는 파리에 머무는 동안 소피를 절대 방문하지 않기로 했고, 그렇게 하면 그녀가 정신을 차릴 거라고 생각했다. 그는 정확히 무슨 일이 일어났는지 밝히지 않고 알프레드에게 경고의 말을 하기로 결정했다.

형제들이 아직 자리를 비운 상태여서 루드빅은 편지를 썼다. 그는 알프레드의 환대에 대해 칭찬하며 시작하면서 평소와 같이 사업에 덜 전념하고 체조로 몸을 돌보는 데 더 많이 전념할 것을 권고했다. 그렇게 하면 삶에서 더 많은 "편안함과 건강"을 얻을 수 있다고 말했다. 그러나 루드빅은 계속해서 "편안함은 현재 찾고 있는 곳에서는 찾을 수 없다. 진정한 아늑함은 좋은 가정의 존경받는 여성들에게만 존재한다. 연민은 불행을 정당화하지만, 우리가 여성들에게 간절히 바라고 우리로 하여금 존경심을 불러일으키는 것은 오직 여성의 미덕과 존엄성뿐이다. 친애하는 알프레드, 상의하지 않은 주제에 대해 언급해서 미안하다"라고 썼다. 루드빅은 의도적으로 소피를 방문하지 않았다고 설명했다. "그녀는 평생 동안 너의 희망과 열망을 강하게 묶어둘 수 없다. 비판해서 미안하지만 형은 좋은 뜻으로 이 말을 전한다."575

알프레드 노벨의 반응은 문서로 기록되지 않았지만, 그의 감정을 짐작하는 것은 그리 어렵지 않다. 최근 몇 달 동안 겪은 심적 고통을 고려할 때 그는 사건의 전말을 어느 정도 파악했을 가능성이 크다. 또한 자신이 모든 사실을 알고 있음을 소피에게 숨기지 못했을 것이다. 그가 매우 화가 났다는 것은 상황을 통해 쉽게 추측할 수 있다. 소피 헤스는 엠마누엘에게 두 통의 편지를 보내 자신에 대한 비판을 철회해 줄 것을 요청했다. 그녀의 편지는 남아 있지 않지만 엠마누엘의 답장은 보존되어 있다. 열아홉 살의 엠마누엘은 이번 일을 물러설 기회로 삼은 듯 보였다. 그는 단지 비 때문에 밤을 지내고 가라 했을 뿐이라는 소피의 반박을 받아들였다. 그러나 동시에, 만약 그녀의 해명이 오해로 밝혀진다면 언제든 다시 그녀를 비난할 수 있음을 분명히 밝혔다.

알프레드에게는 그 상처가 여전히 남아 있었고, 그 고통은 쉽게 사라지지 않았을 것이다. 결국 둘 다 심각한 위기를 극복할 수 있었고 루드빅조차도 장기적으로는 소피와의 거리를 유지하지 못했다.

스톡홀름 국립 기록 보관소에는 소피 헤스가 알프레드 노벨에게 보낸 날짜 없는 편지가 보관되어 있다. 이 편지는 이 문제와 관련이 있을 수 있다. 소피는 알프레드에게 자신에 대한 비난이 거짓임을 증명할 수 있다고 편지를 썼다. 그러나 알프레드가 이대로 그녀를 버린다면 그녀는 자신이 무엇을 해야 할지 몰라 방황할 것이라고 했다. 그녀는 세상에 홀로 남았으며, 의지할 이가 아무도 없었다. 한

때 그녀가 그토록 사랑했고 없이는 살 수 없었던 알프레드처럼 말이다. 소피는 알프레드가 그렇게 행동할 거라고는 결코 생각하지 못했다고 토로했다(불행히도 그가 어떻게 반응했는지 알 수 없다). 만약 알프레드가 원한다면 그녀는 기꺼이 그를 모든 의무에서 해방시킬 거라고 말했다. 이후 그녀는 작은 방을 구해 어떤 집에서 일을 하며 지낼 것이고, 그동안 받았던 선물은 즉시 반환할 거라고 했다. 소피는 알프레드가 왜 자신을 이렇게 힘들게 하는지 이해할 수 없다면서 자신의 불행을 고백했다. 그녀는 알프레드를 위해 파리로 이사했다고 설명했다. "내가 이 발걸음을 내디딘 이유는 즐거운 여행을 떠나기 위해서가 아니었습니다. 내가 당신에게 끌리는 것을 느꼈고, 그때 이미 당신을 사랑하게 되어 버렸기 때문입니다." 이 말은 알프레드를 흔들리게 했을 것이다. 알프레드 노벨은 자신이 좋아했고 자신에게 많은 시간을 준 젊은 여성에 대해 무책임하게 행동하는 사람이 아니었다. 특히 그녀의 결백이 사실이라면 더욱 그러했을 것이다.[576]

*

1879년 봄, 러시아 차르가 승인한 "노벨 형제 나프타회사"의 정관에 따르면 주요 주주는 루드빅 노벨과 그의 파트너 페테르 빌데를링이었다. 루드빅은 160만 루블(오늘날 1억 6,000만 크로나 이상)을 소유했으며, 빌데를링은 93만 루블을 보유했다. 알프레드는 좀 더 신중하게 11만 5,000루블을 투자하며 시작했다. 또한 루드빅은 로베르트를 주주로 받아들였다.

"로베르트와 함께 마침내 모든 문제가 해결되었어. 내 생각에는 그도 이제 만족하고 있으며 규정을 더 준수하게 될 거야." 루드빅은 알프레드에게 편지를 썼다. "이제 15만 루블의 회사 지분을 가지고 있으니 가족의 미래도 보장된 셈이지."[577]

동시에 맏형 로베르트의 목숨이 위태롭다는 소식이 바쿠에서 전해졌다. 그는 단순한 건강염려증으로 넘길 수 없는 심각한 급성 감기에 걸렸으며, 의료 진단서에 따르면 고열과 함께 목과 비장이 부었다고 했다. 바쿠의 직원들조차 그가 살아남지 못할 것이라 여겼지만, 다행히도 그는 약 일주일 정도 후에 회복되었다. 피곤하고 쇠약해진 상태에서도 로베르트는 다시 일을 시작하려 했다. 그러나 건강이 너무 악화된 탓에 형제들은 그가 스웨덴으로 가서 치료를 받아야 한다고 결정했다.

루드빅은 가족의 건강 문제로 정신없이 바빴다. 그들은 다섯 살 난 딸 미나의 치료를 위해 겨울 동안 스톡홀름에 머물기로 결정했다. 미나는 "척추 만곡을 동반한" 만성 결핵을 앓고 있었다. 설상가상으로 생후 6개월에 불과한 딸 셀마(Selma)는 스웨덴에 머무는 동안 홍역을 앓다가 사망했다.

루드빅은 이런 상황 속에서 자신의 건강에 더욱 신경 썼다. 그는 가급적이면 마사지와 함께 매일 물리 치료를 받으려 노력했다. 루드빅은 형제들에게도 이 비법을 적극 추천했다. 그는 물리 치료 창시자인 스웨덴의 페르 헨릭 링(Pehr Henrik Ling)과는 친척 관계가 아니었다. 알프레드는 친구 알라릭 리드벡이 링(Ling)의 외손자라는 사실을 끊임없이 상기시켰다.

"책상에 너무 오래 앉아 있지 마라!" 루드빅은 충고했다. "움직여야 해! 안마사가 없었다면 그 세세한 부분은 스스로 해결해야 하고." 그는 알프레드에게 구체적인 방법도 제안했다. "먼저 둥글고 매끄러운 지팡이를 가지고 다녀. 손가락 굵기 정도의 지팡이를 두 손으로 끝을 잡고 목 뒤에 둔 다음 약간의 압력으로 막대기를 위에서 아래로 굴리면 혈액을 아래쪽으로 밀어낼 수 있어."[578]

*

알프레드 노벨은 말라코프 대로에 자신의 실험실을 마침내 완성했다. 그는 그곳에서 폭발물의 성능을 개선하기 위한 첫 실험을 시작했다.[579] 알프레드는 전쟁 산업에 진출하기를 원했다. 기존의 다이너마이트는 군사 무기로 적합하지 않았지만, 폭발성 젤라틴은 이 방향으로 발전 가능성이 있어 보였다.

당시 많은 발명가와 화학자들은 소총과 기타 군사 무기에서 흑색 화약을 사용하는 문제를 해결하려고 노력 중이었다. 병사들이 사격을 가하면 연기 구름이 생겨 전방 시야가 방해받고 동시에 사수의 위치가 적에게 명확히 알려졌다. 알프레드 노벨은 이 문제를 가장 먼저 해결하고자 했다.

영국에서 프레드릭 아벨 이스트(Fredrick Abel East) 교수는 알프레드가 영국 특허를 받을 당시 폭발성 젤라틴을 "완벽한 폭발물"이라며 칭찬했다. 그러나 아벨은 이중적인 태도를 보였다. 그는 자신도 면화 가루를 이용한 변형된 폭발물 개발에 나서 특허를 획득했다. 겉으로는 알프레드를 응원하는 척하면서도 비밀리에 영국 폭발물 검사국에 압력을 가해 폭발성 젤라틴의 시장 승인을 지연시켰다. 그는 다이너마이트에 관해서도 같은 방식으로 행동했다.

그러나 알프레드 노벨은 아벨 교수가 자신의 편이라고 믿었다. 두 사람은 폭발성 젤라틴을 기반으로 군용 소총과 수류탄에 사용한 연기 없는 분말을 생산하기 위해 협력을 시작했다. 알프레드는 알라릭 리드벡과 조르쥬 페렌바흐와 함께 영국과 스코틀랜드로 출장을 많이 갔는데 가끔은 혼자 움직이기도 했다. 리드벡이 설계한 외딴 곳의 아르디어(Ardeer) 공장은 이런 실험에 이상적인 장소였다. 알프레드는 공장 근처의 작은 2층 석조 주택을 사용할 수 있었지만, 그곳의 기후에 적응하지 못했다. 그는 런던으로 돌아갈 때마다 다시는 아르디어로 돌아가지 않겠다고 말하곤 했다. 시간이 지남에 따라 그곳에서 머무는 일이 점점 줄어들었다.[580]

알프레드는 1879년 6월에 소피에게 보낸 편지에서 이렇게 썼다. "관리할 사람도 없고, 아무도 살지 않는 모래 언덕을 상상해 봐. 항상 바람이 불고 때로는 울부짖는 소리가 들리며, 모래가 귀를 막고 비처럼 방 안을 날아다니는 기이한 모래사막 같은 곳이야. 시설은 마치 큰 마을처럼 어느 정도 정비되어 있지만 대부분의 건물은 모래 언덕 뒤에 숨어 있어. 몇 걸음만 더 가면 바다가 있지. 우리와 미국 사이에는 때때로 거친 파도가 치솟고 장엄하게 포효하는 물밖에 없어."[581]

아르디어는 글래스고(Glasgow) 외곽에 있었고, 이는 런던에서 기차로 10시간 거리였다. 알프레드가 탑승한 일등석은 보통 10시간 동안 조용했다. 철도는 모든 면에서 사람들을 분리시켰다. 물론 유럽에서는 서로 간의 거리가 줄어들었지만 승객 간, 특히 제한된 일등석에서는 그렇지 않았다. 예상치 못한 침묵이 흘렀다. 볼프강 쉬벨부쉬(Wolfgang Schivelbusch)는 그의 저서 『철도여행의 역사(Järnvägsresandets historia)』에서 "옴니버스, 철도, 트램이 등장하기 전인 19세기에는 사람들은 대화 없이 몇 분 또는 몇 시간 동안 서로를 쳐다볼 수 있는 능력이 전혀 없었다"고 말했다.

그들은 이제 그것을 익혀야 했다. 기차가 "객실"의 형태로 변해 가면서 역마차의 유쾌한 분위기는 연기에 휩싸인 듯 사라졌다. 쉬벨부쉬는 지루해하던 어느 승객의 말을 인용한다. "일반적인 대화도 없고, 함께 웃는 웃음도 없고, 그저 누군가 가끔 시계를 집어 들고 내는 조급한 소리 말고는 죽은 침묵만이 있을 뿐이다." 승객들에게조차 시간은 공통적이지 않았다. 같은 나라의 도시들 사이에서도 여전히 15분, 때로는 그 이상 차이가 날 수 있었으며, 이는 모든 시간표를 불확실하게 만들었다.[582]

알프레드는 여행하는 동안 평화와 고독을 즐기는 법을 배웠다. 그는 책 속으로 빠져들며 시간을 보냈다. 1879년 초여름에 아르디에로 가는 기차에서 빅토르 위고가 1852년 나폴레옹 3세의 쿠데타에 대해 통렬하게 쓴 소책자를 샅샅이 읽었다. 알프레드는 책을 읽는 동안 종종 눈을 날카롭게 떠야 했다. 객실은 짙은 나무로 꾸며져 있었고, 열차 안에서는 깜박이는 등불의 불확실한 빛만 사용할 수 있었기 때문이다.[583]

이런 침침한 불빛들은 곧 바뀌게 된다. 머지않아 세상은 문자 그대로 어둠에서 빛으로 바뀌고 다시는 예전과 같지 않게 될 것이다. 1879년 새해 전야에 미국 발명가 토머스 앨바 에디슨은 그의 혁명적인 전구를 처음으로 대중에게 공개했다. 그는 뉴저지에 있는 실험실 전체와 주변 건물을 새 전구로 장식했다. 이를 보기 위해 대중이 모여들었으며, 추가 열차를 배치해야 할 정도였다. 모두가 마법처럼 빛나는 집의 광경을 보고 싶어 했다.

역사상 최초의 전등은 아니었지만 밤새도록 빛을 발할 수 있는 최초의 전등이었다. 머지않아 그 시간이 늘어나게 되었다. 그 비밀은 에디슨이 지구상의 거의 모든 지역에 전등을 퍼뜨렸기 때문이었다. 또한 그는 더 나은 필라멘트를 개발하고, 이를 통해 전구의 대량 생산이 가능해졌다.

뉴저지에서 신년 행사가 끝난 후 폭풍이 잠잠해졌을 때 에디슨은 날개 달린 말을 탄 것 같았다고 했다.[584] "우리는 전기를 매우 저렴하게 만들어서 부자들만이 비싼 촛불을 사용할 수 있게 만들 것입니다."

40세 알프레드 노벨.

알프레드 노벨이 1873년 여름에 구입한 파리의 말라코프 거리 53번지의 집. 이 집의 오른쪽으로는 돔이 있는 확장 부분이 없었다. 1891년에는 주소가 말라코프 거리 59번지로 변경되었으며, 현재는 레이몬드 포앙카레 거리로 이름이 바뀌었다.

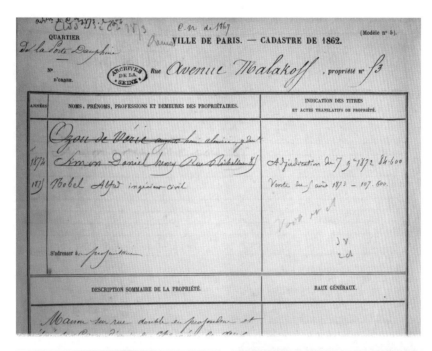

알프레드 노벨은 파리에 있는 타운 빌라를 10만 7,600프랑에 구입했으며, 이 내역은 공식 등록부에 기록되었다. 그는 당시 가장 인기 있는 실내 디자이너인 헨리 페논(Henry Penon)을 고용해 오른쪽의 빈 공간을 채우도록 요청했다.

위: 말라코프 거리의 알프레드 노벨 저택에 있는 겨울 정원.
아래: 파리에 보존된 헨리 페논의 인테리어 디자인 스케치. 여기에 알프레드 노벨이 서명한 것으로, 그가 식당과 대형 살롱을 위해 주문한 화려한 벽 장식이다. 이 스케치는 이 책 집필 과정에서 헬레나 회옌베리(Helena Höjenberg)에 의해 발견되었다.

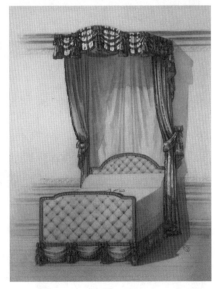

알프레드 노벨의 기록 보관소에 남아 있는 청구서를 통해, 그가 헨리 페논에게 주문한 네오로코코 양식의 인테리어를 유추할 수 있다. 대리석과 청동으로 만든 조각상도 여러 개 있었다. 아래는 청구서에 명시된 커튼 배치와 객실 중 하나에 비치할 침대에 대한 제안이다.

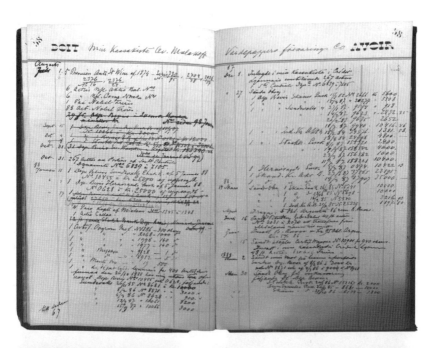

알프레드 노벨은 여러 권의 현금 장부를 보관했다. 그중 하나에는 말라코프 거리의 집에 있는 금고에 보관된 증권 목록이 기록되어 있다. 그의 통장과 수표 케이스는 현재 스톡홀름 국립 문서 보관소에 보관되어 있다.

알프레드 노벨은 1878년 가을, 새로 촬영한 이 스튜디오 사진을 소피 헤스에게 보냈다.

위: 왼쪽은 알프레드 노벨을 처음 만나기 2년 전인 1873년의 베르타 폰 주트너이며, 오른쪽은 20세 미만이었던 소피 헤스.
아래: 구입한 러시아 말에 대한 종마 농장의 증명서와 1878년 파리 만국 박람회 참가자인 알프레드 노벨의 입장권.

알프레드의 네 살 위 형인 로베르트 얄마르 노벨(위 왼쪽)은 1870년대 중반에 바쿠(아래 사진)에서 작은 정유소를 인수했다. 이 정유소는 이후 러시아 최대의 석유 회사인 노벨 형제 나프타회사(Naftabolaget Bröderna Nobel)로 성장했다. 알프레드 노벨은 이 회사의 주요 주주였으며, 위의 사진은 그의 주식 증서 중 일부이다.

소피 헤스는 알프레드 노벨의 재정적 지원으로 호화로운 삶을 살았다. 알프레드는 그녀가 스스로를 '노벨 부인'이라 칭하자 꾸짖었지만, 정작 편지에서는 직접 그렇게 부르기도 했다.

위: 알프레드 노벨이 단골로 찾았던 지식인 살롱의 안주인이자 홍보 담당자였던 줄리엣 아담(Juliette Adam).

아래: 1880년, 극지 연구자인 아돌프 에리크 노르덴스키욀드가 파리를 방문하는 동안, 알프레드 노벨도 프랑스 대통령의 초대를 받아 함께 참석했다.

알프레드 노벨은 1881년 봄, 파리 동쪽 외곽의 기차로 접근할 수 있는 세브란(Sevran) 지역에 저택을 매입하고 더 큰 실험실을 세웠다. 주거용 건물은 오늘날 세브란 시청으로 사용되고 있으며(왼쪽), 실험실은 현재 파손된 상태이다(오른쪽).

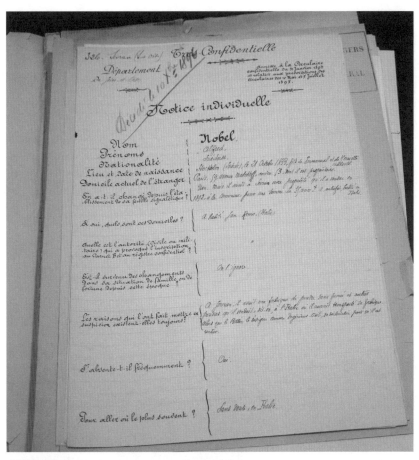

1890년대 알프레드 노벨에 대한 프랑스 보안 경찰의 파일은 이 책의 역사적 발견 중 하나이다. 이 정보는 제2차 세계대전 이후 모스크바에 보관된 수천 개의 프랑스 정보 파일 중에서 발견되었다.

알프레드보다 두 살 많은 형으로 생애에 걸쳐 러시아에 남아 있던 유일한 형제인 루드빅 임마누엘 노벨(Ludvig Immanuel Nobel).

위: 『르 피가로』지는 1888년 4월, 알프레드 노벨의 형 루드빅이 사망했을 때 실수로 알프레드 노벨이 사망한 것으로 잘못 보도했다. 신문에는 "인류의 은인으로 여겨질 한 남자가 큰 어려움을 겪고 어제 칸(Cannes)에서 사망했다"고 실렸다.
아래: 루드빅의 사망으로 가업을 이어받게 된 29세의 장남 엠마누엘 노벨(Emanuel Nobel).

1886년에 알프레드 노벨의 어머니인 안드리에타 노벨을 그린 안더스 조른(Anders Zorn)의 초상화.

15장
분쟁의 시대, 사랑의 위기와 평화의 꿈의 시대에

1880년 새해에 프랑스 수도는 눈으로 덮인 듯했다. 겨울의 추위는 일상을 마비시켰지만 얼어붙은 센 강에서의 스케이팅은 오랫동안 서정적으로 이야기될 것이다. 파리에서 물 위를 걸을 수 있었던 해를 기념하기 위해 메달이 만들어졌다.

그 후 온화한 날씨와 함께 얼음이 녹기 시작했다. 당국은 이 과정을 가속화하기로 결정했다. 당시 다이너마이트의 발명가인 알프레드 노벨은 파리에 없었고, 다이너마이트를 사용한 폭파 명령이 내려져 일부 다이너마이트가 발사되었다. 그 결과 몇 블록에 걸친 거대한 아파트 기둥 아래쪽이 헐거워지기 시작했다. 곧 재난은 현실이 되었다. 빙하가 증기선을 부두로 끌고 가고, 석탄 공급이 마비되었으며 파리의 다리가 무너질지도 모른다는 두려움에 사로잡혔다. 파리 사람들은 베르시(Bercy)의 많은 양의 포도주가 소실될 위험이 있다는 소문에 충격을 받았다.[585]

러시아에서는 다이너마이트가 더 큰 불명예를 안게 되었다. 당시 62세인 알렉산더 2세에 항의하는 일련의 폭탄 테러가 전국을 휩쓸었다. 차르는 더 이상 알프레드 노벨이 청소년기에 시에서 칭송했던 자유주의적이고 개혁적인 섭정이 아니었다. 1860년대 중반 암살 시도 이후 그가 구축한 억압적인 경찰 국가는 점점 더 그의 아버지 니콜라이 1세 치하의 공포 정치를 닮아갔다. 자유주의자들 사이에서는 이미 불만이 끓어올랐다. 1878년 평화 협상가 비스마르크가 투르크에 대한 러시아의 승리를 무시했을 때 슬라브 사람들은 미쳐 날뛰었다.

특히 1879년 여름 리페츠크(Lipetsk) 온천 마을에 모인 테러 조직 활동가들의 열정은 대단히 뜨거웠다. 그들 열한 명은 알렉산더 2세를 암살하고 제국을 무너뜨리기로 결의했다. 이들은 군대에 속해 있지는 않았지만 국가 쿠데타가 이보다 더 쉬운 경우는 없을 것임을 알고 있었다. 차르의 위대한 경호원도 막을 수 없는 살인 무기인 다이너마이트가 등장했기 때문이다. 러시아 역사가 에드바르트 라드진스키(Edvard Radzinsky)는 알렉산더 2세의 전기에서 최신 기술과 현대적 방법으로 러시아 차르에 대한 첫 번째 암살 시도와 관련해 다음 해인 1867년에 그 무기가 스웨덴의 노벨이 발명한 새로운 강력한 폭발물이라고 썼다.[586]

다이너마이트는 해결책이었다. 그것은 혁명의 길을 열어줄 무기였다. 러시아 테러 조직은 "민중의 뜻(Folkviljan)"이라는 이름을 채택하기로 결정했다. 이들은 폭탄을 사서 러시아로 밀수하기 위해 특사를 스위스로 보냈다. 이러한 우회 작업은 아마도 루드빅 노벨의 명성과 자유를 모두 보호했을 것이다. 그는 동생 알프레드의 지역 다이너마이트 대리인이었으며, 여러 해 동안 러시아 당국에 다이너마이트 공장을 설립할 수 있는 허가를 요구해 왔다.

*

테러리스트의 첫 번째 암살 시도는 불행히도 실패했다. 차르가 마지막 순간에 기차를 바꾸면서 대신 과일이 실린 화물 마차가 폭파되었다. 이제 두 번째 시도가 기다리고 있었다. 이번에 테러리스트들이 준비를 더 철저히 했다. "민중의 뜻"은 겨울 궁전에서 일하는 반대파 목수와 연락을 취했다. 그는 차르의 식당 바로 아래층 지하실을 거처로 삼고 있었고, 그 사이에는 경호원이 방만하게 운영되고 있었다. 이보다 더 유리한 상황은 없었다.

목수는 매일 아침 소량의 다이너마이트를 배달받기 시작했다. 그는 이를 몰래 자신의 방으로 들여놓았다. 테러리스트들은 화강암 금고를 부수고 차르 가문을 파괴하는 데 100킬로그램 이상의 다이너마이트가 필요하다고 계산했다. 목수는 큰 상자를 마련한 뒤, 다이너마이트를 겉옷 아래에 숨겨 옮겼다. 1880년 새해가 될 때까지 그는 관에 110킬로그램의 다이너마이트를 확보했다.

1880년 2월 5일 목요일, 때가 되었다. 오후 6시에 차르와 그의 아들들은 식당에 모이기로 되어 있었다. 목수는 테러리스트의 집에서 만든 수제 기폭장치로 폭탄을 준비했다. 다이너마이트가 터질 때까지 15분의 시간이 필요했다. 그는 팔랏츠토르옛(Palatstorget) 광장에 멈춰 섰다. 저녁 어둠이 깔리고, 두꺼운 눈이 내리는 가운데 긴장 속에서 순간을 기다렸다.

폭발은 끔찍했지만 결과는 테러리스트의 기대에 미치지 못했다. 그날 차르 가문은 예상보다 늦게 도착했다. 그들이 식당에 들어가려 할 때 바닥이 지진처럼 솟아오르고 가스등이 꺼지고 방 안에 연기가 가득하고 역겨운 유황 냄새로 가득 찼다. 알렉산더 2세와 그의 아들들은 큰 피해 없이 탈출했다. 한편, 지하 1층에 있는 경호원의 사무실은 피와 흩어진 신체 일부로 뒤덮인 혼돈의 공간이 되었다. 공황은 도시 전체에 퍼졌다. 곧 도심 전체에 다이너마이트가 있다는 소문이 돌았다. 상트페테르부르크는 공포의 도시로 탈바꿈했다.

겨울 궁전에서 도보 30분 거리에는 작가 표도르 도스토옙스키(Fyodor Dostoevsky)가 소박한 단층집에 살고 있었다. 시대를 역행했던 그는 당시 오히려 정통 차르주의자였다. 그는 많은 사람이 암살당하던 1879년에서 1880년 사이에 마지막 소설을 집필했는데 이것이 도스토옙스키의 가장 위대한 걸작으로 평가받는 『카라마조프의 형제』시리즈이다. 1880년 겨울 궁전 폭발 사건 후, 그는 친구에게 자신이 사랑하는 캐릭터인 알요샤 카라마조프(Alyosha Karamazov)를 혁명적 테러리스트로 변신시키는 아이디어를 제안했다고 한다. "그리고 나의 순수한 알요샤가 차르를 죽였다"라고 도스토옙스키는 말했다.[587]

루드빅 노벨은 암살 시도 소식에 충격을 받았다. 그의 호화로운 개인 별장은 확실히 권력의 중심부에서 안전한 거리에 있었지만 상트페테르부르크에서 누군가가 다이너마이트와 연관되어 있다면 그것은 바로 그였다. 그래서 그는 아마도 지금 러시아에 다이너마이트 공장을 짓는 계획은 있을 수 없는 일일 것이라고 동생 알프레드에게 말했다. 혁명가들이 사용한 다이너마이트가 몰래 제조된 것을 모두가 알고 있었음에도 불구하고… 최악의 적은 바로 어리석음이다.[588]

1년 후인 1881년 3월 1일 테러는 결국 성공을 거두었다. 차르의 마차가 상트페테르부르크를 통과할 때 폭탄이 던져졌다. 알렉산더 2세는 다리가 부러진 채로 겨울 궁전으로 옮겨졌지만, 그곳에서 사망했다. 그의 아들인 차르 알렉산더 3세(Tsar Alexander III)가 뒤를 이었다.

상트페테르부르크의 분위기는 점점 더 암울한 흐름을 반복하고 있었다. 알프레드 노벨은 자신의 혁신이 칭찬보다는 조롱받는 경우가 더 많다는 사실에 익숙해지고 있었다. 오랜 세월 그의 친구였던 극지방 연구원 아돌프 에리크 노르덴스키월드는 거의 같은 나이였지만, 전혀 다른 길을 걸었다. 특히 1880년 봄에는 더욱 그러했다. 1879년 가을 동안 많은 우여곡절 끝에 노르덴스키월드는 북동 항로를 통한 항해를 완료하는 데 성공했다. 그는 베가(Vega) 호를 타고 노르웨이의 트롬쇠(Tromsø)를 떠나 아시아 전역을 거쳐 베링(Berings)해협에 입성했다. 스웨덴의 극지 탐험가는 수에즈 운하(Suezkanalen)를 통해 유럽으로 돌아오는 여정 동안 여러 나라에서 영웅으로 칭송되었다.

런던에서 왕실 축하 행사를 마친 후, 노르덴스키월드와 그의 부관인 루이스 팔란데르(Louis Palander) 중위는 4월에 파리에 도착할 예정이었다. 그들이 도착하기 전, 『르 피가로(Le Figaro)』 신문은 긴 글을 끝내며 이렇게 썼다. "오늘날의 영웅이자 과학의 기치인 노르덴스키월드에게 경의를 표하도록 합시다."

알프레드 노벨은 급히 편지를 보냈다. "세계적인 선원들은 지루한 호텔보다 말라코프 대로에 있는 개인 집을 선호하지 않을까요? 당신도 알다시피, 나는 아직 총각입니다. 당신들은 세계적으로 유명한 베가호를 타고 있는 것처럼 자유로울 것입니다. 작은 방과 큰 진심이 내가 제공할 수 있는 전부이지만, 문화와 지식의 선구자는 항상 소박한 법입니다. 당신이 특히 그렇다는 것을 나는 경험으로 알고 있습니다."[589]

노르덴스키월드는 1880년 4월 2일 아침 7시가 되기 직전 파리 북역(Gare du

Nord)에서 내렸다. 그는 쌍안경을 어깨에 메고 모자를 손에 들고 있었다. 기자들은 단추를 풀지 않은 재킷, 묶이지 않은 넥타이, 금박을 입힌 쌍안경 뒤의 생기 있는 눈빛을 주목했다. "그의 모든 것이 활기차고 에너지가 넘친다"고 『르 피가로』는 전했다.

알프레드 노벨을 비롯해 많은 과학자와 일반 유력자들이 환영회에 참석했다. 기자들은 그에게 질문했다. "북극해로 돌아갈 생각입니까?" 노르덴스키월드는 "아니요, 북극까지 갈 수 있다고 생각하지 않습니다. 그것은 비현실적인 꿈입니다"라고 대답하며, 앞으로의 계획에 대해 신중한 태도를 보였다.

노르덴스키월드, 팔란데르, 그리고 노벨이 파리에 도착했을 때 밖에 있던 군중들은 큰 함성을 지르며 환호했다. 평온한 말라코프 거리에 도착한 알프레드는 광범위한 축하 프로그램이 시작되기 전에 그들에게 초콜릿 한 잔과 잠시의 휴식을 제공했다. 그들은 대부분 시간을 밖에서 보냈다. 극지 탐험가가 그날 저녁 겨울 서커스(Cirque d'Hiver)에서 과학 금메달을 받았을 때 4,000명의 파리 시민들이 "스웨덴 만세, 노르덴스키월드 만세"라고 외쳤다. 다음 날, 1년 전 대통령이었던 마크마옹의 뒤를 이은 공화당의 쥘 그레비(Jules Grévy) 대통령은 스웨덴 영웅과 선장 팔란데르, 그의 친구 노벨과의 대화를 위해 한 시간 내내 시간을 할애했다.

노르덴스키월드에게 영예(Hederslegionen)는 당연한 일이었다. 이를 기리기 위해 대통령은 그를 엘리제궁에서의 공식 만찬에 초대했다. 알프레드 노벨이 처음이자 마지막으로 참석한 공식 만찬이었다. 알프레드는 대통령의 오른쪽에 세 개의 의자만 있는 탁자에 앉는 명예를 받았다. 그레비는 전 대통령보다 훨씬 겸손한 태도를 보였고, 이는 행사에도 반영되었다. 농담을 즐기는 사람들은 대통령이 일관되게 그의 명예 손님들을 굶어 죽게 한다고 주장했다.[590]

그 후 노르덴스키월드는 고급 컨티넨탈(Continental) 호텔에서 열리는 스칸디나비아 이주민 연회에서 공식 축하 행사의 하이라이트로 다뤄졌다. 알프레드 노벨은 그날 저녁 주최자 중 한 명이었다. 스웨덴-노르웨이의 젊은 오스카 왕자를 포함해 특별히 선정된 100명의 손님은 화려하게 장식된 아이스크림 폭탄 베가(Vega)를 포함한 17코스 만찬을 대접받았다. 홀은 스웨덴과 노르웨이 국기로 장식되었고 긴 벽에는 베가호를 그린 대형 그림이 걸려 있었으며 두 마리의 돌고래 조각이 그 그림을 지지하고 있었다. 새로 조각된 노르덴스키월드의 흉상은 맞은편에 있는 거대한 받침대에 위에 올려져 있었다. 제2의 제니 린드(Jenny Lind)로 불리는 월드클래스 소프라노 크리스티나 닐슨(Kristina Nilsson)이 엔터테인먼트를 담당했다. 이 행사는 알프레드 노벨이 선호한 절제된 삶보다는 오늘날의 거창한 노벨상 축하 행사에 더 가까운 분위기를 자아냈다.

크리스티나 닐슨은 호텔에서 지내며, 창문에 10미터 길이의 스웨덴 국기를 내걸었다. 며칠 후, 세계적 스타는 자신의 스위트룸에 노르덴스키월드, 팔란데르, 노벨을 초대해 개인적으로 노래를 부르며 대화를 나누었다. 세 사람에게 정말 좋은 순간이었다. 이 감미로운 나이팅게일의 국제적 명성은 15년간의 세계 여행을 마친 노르덴스키월드의 명성을 거의 능가했다. 무엇보다도 작곡가 표트르 차이콥스키(Pyotr Chaikovskii)가 그녀의 목소리와 그녀가 부른 "이상적인 유형의 여성적 쾌락"을 칭찬했다고 자랑했다. 방문 후 알프레드는 그녀에게 꽃바구니를 보냈고, 스타는 부드러운 감사 인사와 함께 저녁 식사에 초대했다.

알프레드 노벨은 파리 체류 마지막 날 북극 영웅인 노르덴스키월드를 자신의 사적 모임에 소개했다. 노르덴스키월드는 알프레드의 친구인 줄리엣 아담의 공화당 살롱에서 리셉션을 빛냈다. 또한 작가 빅토르 위고가 노벨과 그의 유명한 손님을 저녁 식사에 초대하자, 노르덴스키월드는 하루 더 머물기로 결정했다. 줄리엣 아담과 유명한 화학자 마르셀랭 베르틀로(Marcellin Berthelot)가 자리에 합류했으며 위고의 부인과 그의 손녀도 참석했다. 딜라우(d'Eylau)가의 저녁이 깊어졌다. 디저트로 빅토르 위고는 인류를 이롭게 하는 다양한 방법에 대해 이야기했다. 그는 가장 위대한 것은 노르덴스키월드와 같은 일이 여러 민족을 더 가깝게 만들고 "문명과 진보"를 촉진한다고 강조했다.[591]

노르덴스키월드는 압도되었다. 그는 베가호와 함께 스웨덴으로 돌아가는 여행 중, 두 개의 바다코끼리 이빨과 비문을 준비해 알프레드 노벨에게 보내며 아름다운 크리스티나 닐슨과 빅토르 위고의 손녀 잔 로크루아(Jeanne Lockroy)에게 선물로 전달해 달라고 요청했다. 베가호의 용골 조각을 받은 알프레드는 아시아의 북쪽 끝을 기억하겠다고 약속했다.

그 후 극지 탐험가는 프랑스에서의 환영식을 긴 메모로 작성하여 오스카 2세 왕에게 보고했다. 1월에 노르덴스키욀드는 북극성 기사단의 사령관으로 임명되었다. 그는 이제 왕이 "우리 광업에 매우 중요하고 장엄한 니트로글리세린 산업의 창시자"인 알프레드 노벨도 기억할 것이라고 생각했다. 그는 알프레드 노벨이 자신의 집에서 하인들과 선원들이 자유롭게 지낼 수 있도록 허락하고, 손님을 점심 식사에 초대할 수 있도록 허용했다고 말했다. 그는 노벨이 "천재성와 인내를 통해" 세계적인 산업을 구축하고 500만~600만 크로나(오늘날 약 3억 크로나)의 재산을 형성했다고 언급했다. 그는 "알프레드가 조국으로부터 어떤 인정도 받지 못한 것이 분명히 아쉽다"고 덧붙였다.

한 달 후, 알프레드 노벨은 북극성 기사단으로부터 기사 작위를 받았다. 알프레드는 배후가 누구인지 알고 있었다. 그는 노르덴스키욀드에게 보낸 편지에서 "당신이 이곳을 떠난 이후로 저에게 베풀어 주신 모든 친절에 대해 대단히 감사합니다"라고 적었다. "아시아 최북단의 단순함을 장식한 귀중한 선물인 베가 호의 용골도 감사드립니다. 베가 호의 바닥은 그물망처럼 보이지만 역사적으로 중요한 의미를 지니고 있습니다."[592]

*

일상은 곧 형제간의 불화와 특허 소송으로 돌아갔다. 로베르트 노벨은 루드빅이 노벨 오일의 창시자인 자신을 빼고 유한회사를 설립했다는 사실을 여전히 받아들이지 못했다. 루드빅의 새로운 기술 해결책도 마음에 들지 않았다. 그는 스파에서 몇 달간 휴식을 취한 후 바쿠로 돌아왔지만 심술궂은 기분은 그대로였다. 1880년 봄, 형제들 사이의 신뢰는 완전히 무너졌다. 둘 다 각기 다른 정도의 절망 속에서 파리의 알프레드에게로 향했다.

루드빅은 "로베르트와 다시 함께한다면 미친 짓이다. 그는 불같은 성질로 물어뜯고 발로 차는 사람이다. 형이 나와 직원들을 대하는 방식을 보면 그다지 과장된 표현이 아니다. 형이 나에게 보낸 편지는 정말 비열함과 괴로움, 경멸, 증오로 가득 차 있다"라고 썼다. 반면 로베르트는 루드빅이 자신을 착취했다고 주장하며, 자신이 "관대하고 고상하게 모든 것을 참은" 것을 후회했다고 했다.[593]

로베르트가 알프레드에게 보낸 편지는 성격이 약간 달랐다. 분명히 1년 전 심하게 열병을 앓은 경험이 그를 떠올리게 만들었다. 로베르트는 "좋은 형제 알프레드"라고 시작하며 말했다. "생의 많은 변화 속에서 나는 너에게 가장 깊은 형제애를 느꼈고, 비록 멀리 떨어져 있어도 그 마음은 변함없었다. 너는 언제나 내 가장 사랑하는 형제였기에, 나는 최근 여기에 작성한 유언장에 따라 너를 외베리(Öberg)와 알셀(Ahlsell)과 함께 내 아이들의 후견인으로 임명하려 한다."

로베르트는 자신의 상황을 설명했다. 그는 바쿠에서 7년 동안 석유 생산에 헌신했지만, 회사는 그가 희생할 수 있는 것보다 더 많은 에너지를 요구했다. 그는 항상 불편하고 창자와 비장이 잘 작동하지 않아 끊임없이 깊은 불행을 느꼈다. 로베르트는 자신이 모든 것을 다 주지 않았다고 생각하는 직원들에 대한 분노로 인해 너무 자주 고통을 겪었고, 그 원인이 자신이 석유 회사에 지나치게 관여했기 때문이라고 했다. 그는 "이 오해로 인해 나는 적대시되었고, 종종 죽음을 바랐다. 하지만 죽음은 내 삶의 기쁨을 빼앗고 싶어 하지 않는 것 같다. 너도 노력하고 있겠지만 깊은 애정이 있는 형 로베르트를 생각해 봐라"라고 편지를 끝맺었다.[594]

그해 말 로베르트 노벨은 바쿠를 영원히 떠나 스웨덴으로 이사했다. "우리 주님"이라고 부르던 직원은 이듬해 재방문 때 똑같이 위험했지만 환상적인 불꽃놀이로 로베르트에게 감사 인사를 전했다.[595]

루드빅은 노벨 형제 나프타회사에 대한 원대한 계획을 구상하기 시작했다. 유조선 조로아스터(Zoroaster)의 성공 이후 그는 네 개의 새로운 증기선을 주문했다. 몇 달 후 직원이 열 명으로 늘었다. 그는 알프레드에게 보낸 편지에서 "철이 뜨거울 때 단조하고 경쟁을 방지하기를 원했다"라고 썼다. 모든 것이 매우 유망해 보였다. 그들은 이미 이익을 보고 있었기에 다음 해에는 새로운 주식을 발행해 대규모 투자 자금을 조달할 계획이었다. 알프레드는 참여하길 원했다. 그렇다면 얼마를 투자할 생각인지 루드빅은 궁금해했다.

그러나 알프레드에게는 다른 고민거리가 있었다. 1866년 가을 크륌멜에서 그의 동료인 칼 디트마르 중위가 미국으로 이주했다. 그곳에서 그는 다이너마이트가 자신의 발명품이라고 주장하며 갑자기 알프레드를 고소했다. 이 공격은 알프레드에게 큰 충격을 주었고, 일련의 거짓말 속에서 자신의 권리를 증명하는 것이 얼마나 어려운지 뼈저리게 느끼게 했다. 가장 중요한 증인이자 당시 동반자였던 테오도르 윙클러(Theodor Winckler)가 몇 년 전에 이미 세상을 떠난 것도 큰 어려움이었다. 알프레드는 1880년 7월 함부르크에서 열린 협상 중 소피 헤스에게 이렇게 편지를 썼다. "정직한 사람의 이름이 얼마나 쉽게 낙인 찍힐 수 있고 그의 재산을 박탈당하는 것이 얼마나 쉬운지를 생각하면 몸이 떨린다."

상황은 오랫동안 그에게 불리한 것처럼 보였다. 공황 상태에 빠진 알프레드는 리드벡에게 편지를 써서 세부 사항과 흩어진 논평, 서신을 기억해 달라고 요청했다. "나는 로베르트에게 새로운 화약을 보여주었고 우리는 실험을 했어. 그때 너도 있었지?" 불안은 그의 위장을 뒤엎었고 그는 거의 먹을 수 없었다. 한동안 그는 끝이 가까웠다고 확신했다. 그러다 결국 모든 것이 역전되었다. 발굴된 일부 편지 사본과 1864년 그의 오래된 스웨덴 특허를 바탕으로 반박할 수 있었다.

배신은 알프레드 노벨에게 깊은 상처를 주었다. 함부르크에서 증인들에게 굴욕적인 심문을 하는 동안 그가 느꼈던 좌절감은 고통의 한계를 훨씬 넘어섰다. 디트마르(Dittmar) 재판은 그에게 마지막 지푸라기였다. 그는 더 이상 잘못된 일에 에너지를 낭비할 수 없었다. 소피 헤스에게 보낸 편지에서 그는 "이 과정이 해결되면 나는 사업에서 완전히 철수하기로 결정했다"고 말했다. "세상의 소란과 소음은 누구보다 나에게 적합하지 않다. 나는 어떤 구석에 정착해 자리를 잡고 그곳에서 큰 허식 없이, 걱정과 고뇌 없이 살 수 있다면 너무 행복할 것이다."[596]

*

알프레드 노벨과 젊은 소피 헤스는 1878년 가을 알프레드의 조카 엠마누엘과 관련된 파국 이후 위기를 해결했다. 소피는 파리에서 계속 살았다. 1880년 여름, 알프레드는 빅토르 위고와 거의 50년 동안 함께한 그의 파트너 줄리엣 드루에(Juliette Drouet)의 집에서 멀지 않은 딜라우 거리에 있는 새 아파트를 그녀에게 임대해 주었다. 소피는 불평할 수 없었다. 건물에는 두 개의 라운지, 별도의 주방, 세 개의 침실과 서재가 있었다. 마당에는 마구간이 있었고 지붕 아래에는 하인들을 위한 방이 세 개 있었다. 그리고 알프레드는 이사하기 전에 아파트를 개조했다.[597]

그들의 관계는 여전히 명확하지 않았다. 알프레드는 출장 중 소피에게 보낸 편지에서 즉각적으로 태도를 바꿀 수 있었다. 한편으로 그는 그녀를 동경했고 진심 어린 키스를 보냈고, 그녀의 "곰돌이(Brumbjörn)"가 되기를 원했지만 다른 한편으로는 그녀의 교양이 부족한 것을 부끄러워했다. 그는 디트마르 재판에서 그녀가 자신을 "사랑하는 알프레드"라고 불렀고 그녀가 자신을 얼마나 사랑하는지 그 어느 때보다 더 많이 느꼈다고 썼다. 그러나 몇 달 후, 그는 그녀가 "자신의 사유 능력을 약화시킨다"고 비난하며 교육받은 사람들과의 대화에서 그를 어리석고 어색하고 세속적인 사람으로 만들었다고 했다. 소피는 알프레드를 이해하지 못해서 도저히 참을 수 없었고, 그에 대한 감정도 견딜 수 없었다. 알프레드는 씁쓸하게 말을 이어갔다. "당신은 자신에게 맞는 것만 이해한다. 당신은 내가 그동안 나 자신, 즉 나의 시간, 나의 의무, 나의 철학적인 삶, 사람들과의 관계, 교육받은 세계와의 모든 연결, 그리고 마지막으로 나의 사업에 의존하는 나의 명성을 희생했다는 것을 깨닫지 못한다. 내면에 귀족적 품위는커녕 현명하지 않고 이기적인 아이를 위해서 말이다."[598]

기본적으로 알프레드는 장기적으로 양 당사자에게 가장 좋은 것은 소피가 다른 사람을 만나 진실하고 지속적인 애정을 받는 것이라고 확신했다. 그녀가 슬픔에 잠긴 노인에게 자신의 젊은 삶을 낭비하는 것은 그 노인이 자신의 지적 수준 보다 훨씬 낮은 수준으로 교제하도록 강요받는 것과 마찬가지로 잘못된 일이었다. 그는 자신을 이해해 주는 누군가와 "친밀한 동거"를 갈망하고 있었지만, 그대상이 소피가 아니라고 솔직하게 쓸 수 있었다.

그러나 비난 글에는 언제나 애정이 있었고, 부드러운 입맞춤과 달콤한 인사가 담겨 있었다. "친애하는 소피첸, 내 마음의 작은 아이." 그는 여름 동안 스파에 보낸 편지에서 "잘 태어난 부인 소피 노벨(Wohlgeboren Frau Sophie Nobel)"이라고 적었다. 마치 소피가 언젠가는 변화되어 결국 그의 옆에서 내적으로 동등한 존재가 되기를 바라는 마음을 결코 멈추지 않은 것처럼 보였다.[599]

관계에 대한 알프레드의 고뇌는 형제들의 반응에도 불구하고 완화되지 않았다. 1878년 가을, 루드빅이 소피와 관련해 힘든 소동을 벌인 후 알프레드는 용기를 내서 로베르트에게 조언을 구했다. 그러나 맏형은 그의 "작은 불꽃"에 특별한 감명을 받지 않았다. 로베르트는 소피를 다음에 만났을 때 그녀의 장점을 더 많이 볼 수 있도록 두 번째 기회를 주겠다고 약속했지만, 알프레드에게는 감정을 그냥 흘려보내지 말고 남자의 기분을 상하게 하지 않도록 경고했다. 로베르트는 모든 사람은 "자신이 원한다면 최선을 다해야 하지만, 성숙한 나이에는 오직 이해만이 유일한 결정 요인이 될 수도 있다. 그렇지 않으면 후회가 찾아온다"고 했다. 로베르트는 헤어지는 것이 최선이라고 생각했다. 인생의 함정 중 하나는 자연이 필요로 하는 번식을 제외하면 나머지는 모두 기괴하다는 것이다.[600]

최근 두 형제는 최악의 회의를 벗어난 것처럼 보였다. 알프레드는 이제 칼스바드(Karlsbad)나 프란젠스바드(Franzensbad)에서 로베르트나 루드빅이 소피와 만날 때 즐겁게 여름 인사를 해 준다는 것을 느꼈다. 그는 종종 가장 좋아하는 엑스레뱅(Aixles-Bains)과 같은 다른 스파로 여행하는 것을 선호했다. 소피가 왜 그곳에 자신을 초대하지 않았는지 의아해하자 그는 가십을 피하기 위해서라고 대답했다. 때때로 그곳에 오는 스코틀랜드의 청교도 감독들을 비난하기도 했다. 알프레드는 자신이 "매우 변명의 여지가 없는 관계"를 가진 영국 동료를 어떻게 비방했는지 회상했다. 그는 그 위험을 감수할 수 없었다. "사람은 많은 금화를 가지고 있거나 얻을 수 있지만, 이름은 하나뿐이며 그것을 가능한 한 흠 없이 지켜야 할 의무가 있다."[601]

형제의 태도가 알프레드의 어깨에서 돌을 들어 올린 듯했다. 특히 소피에 대한 루드빅의 변화된 태도는 안도감을 주었다. 1882년 여름, 그들의 관계는 매우 개선되어 루드빅은 알프레드에게 자신의 아내 에들라를 위해 특이한 거북이 껍질 빗을 선물한 소피를 "좋다고" 칭찬하는 편지를 썼다. 칼스바드에서 건강 치료를 받는 동안 소피는 생일 선물로 루드빅의 마음을 사로잡아 그를 놀라게 했다. 루드빅은 같은 해 크리스마스 선물로 소피에게 강아지 벨라(Bella)를 주었다. 알프레드도 소피만큼 열정적이었다. 그는 형에게 편지를 썼다. "고백하건대, 그 작은 생물이 나를 기쁘게 합니다. 왜냐하면 강아지는 내게 큰 즐거움을 주고 내 주변에서 그것이 주는 기쁨만큼 행복한 것을 본 적이 없기 때문입니다."[602] 루드빅과 소피는 편지를 교환하기 시작했지만 알프레드는 깨지기 쉬운 거품이 터지지 않을까 걱정했다. "그에게 편지를 쓰라고 재촉한 것은 루드빅에 대한 예의였어. 하지만 당신의 교양 수준이 많이 부족해서 편지를 정말로 짧게 쓰고 있다는 것을 잊지 말아줘. 그가 사려 깊은 것을 인정해야 해"라고 소피에게 권고했다.

동시에 알프레드는 소피가 스스로 공부하며 더 훌륭하고 부지런한 편지 작가가 되었다는 것을 알아차렸다. 작문 실력은 여전히 좋지 않았지만 이제 실수가 훨씬 줄어들었다. 그는 그녀가 커뮤니티 참여를 보여주고 이제 막 시작된 남아메리카의 파나마 운하 건설에 관한 기사를 잘라 보낼 때 특히 기뻐했다. "전에 들어본 적 있어. 정말 대단한 일이야"라고 그는 답장을 보냈다.[603]

파나마의 운하 건설은 세계적으로 유명한 프랑스 기업가 페르디난드 드 레셉스(Ferdinand de Lesseps)가 주도한 사업이다. 그는 수에즈 운하 건설에도 10년을 쏟아부어 1860년대 후반 샴페인으로 축하받으며 개통식을 진행했다. 알프레드 노벨은 레셉스(Lesseps)의 새로운 프로젝트가 미래에 자신에게 어떤 의미가 있는지 거의 예상하지 못했다.

*

알프레드 노벨은 말라코프 거리의 별장에 있는 작은 실험실을 오랫동안 떠나고 싶어 했다. 인구 밀도가 높은 지역에서 니트로글리세린을 실험하는 것은 안전하지 않았기 때문이다. 그는 이제 군사 무기에 사용될 수 있는 폭발물을 생산하는 데 몰입했다. 이를 위해서는 사격장에 접근할 수 있는 권한이 필요했다.

알프레드는 주변을 둘러보았다. 세브란(Sevran) 교외와 파리 동쪽 리브리(Livry) 사이의 경계에는 발사대가 딸린 프랑스 국영 화약 공장이 있었다. 세브란은 중세 시대로 거슬러 올라가는 역사적 배경을 가진 한적한 마을로, 인구 300명에 교회, 광장, 농장 몇 개가 있었다. 파리에서 기차가 자주 오갔고 역 옆에 운하가 있어서 배를 타고 중앙 수도까지 바로 갈 수 있었다.

1881년 봄, 세브란 외곽에 18세기의 저택이 매물로 나왔다. 그 저택은 당구장, 여러 개의 라운지, 총 10개의 침실 등으로 구성되어 있었다. 부지에는 정원사의 집, 온실, 주방 공간, 마구간과 최소 1헥타르의 땅도 포함되어 있었다. 알프레드 노벨은 3월에 구매 문서에 서명하고 뒤뜰에 더 큰 벽돌 실험실을 짓기로 결정했다.

주립 화약 공장에서 불과 1마일 떨어진 그곳에서 알프레드는 폭파 실험실이 완성되기 전에도 그의 조수 조르쥬 페렌바흐와 함께 실험을 수행했다. 알프레드 노벨이 그 장소를 선택한 데에는 숨은 동기가 있었다. 근처에 있는 화약 공장에서는 여전히 연기가 자욱한 오래된 흑화약만 생산되고 있었다. 알프레드 노벨의 계획은 세계 최초로 소총과 대포를 위한 연기 없는 화약을 발명하는 것이었으며, 이 방법이 성공한다면 프랑스 정부는 기꺼이 이를 최초로 도입할 거라고 예상했다.[604]

알프레드에게는 새로운 실험 습관이 생겼다. 그는 도시락을 싸서 서류가방에 넣고 이른 아침 기차를 타고 파리에서 출발했다. 그렇게 저녁이 될 때까지 집에 돌아오지 않았다. 때때로 밤을 새우기도 했다. 당시의 편지에서는 그가 매우 행복했음을 알 수 있다. 그는 새 연구실에서 모든 시간을 보내고 싶어 했지만 불행히도 끊임없이 다른 문제에 직면해야 했다.

프랑스 파트너인 폴 바르베는 독일의 유한 회사를 정리하기 위해 알프레드 노벨이 지냈던 함부르크에서 오랜 시간을 보냈다. 이때 그의 비즈니스 파트너인 반트만(Bandmann) 박사와 카르스텐스(C. F. Carstens)가 회사 자금을 개인적으로 사용했다는 명확한 증거를 받았다. 바르베가 1881년 초 프랑스로 돌아왔을 때, 반트만과 카르스텐스는 모두 회사에서 배제된 상태였다.[605]

프랑스에서는 다이너마이트 판매가 크게 늘었다. 파울리의 개조된 공장은 최첨단 시설로, 노벨의 공장들 중에서도 최고로 여겨졌다. 알프레드 노벨도 루드빅의 투자에서 영감을 받아 직원들에게 적절한 보상 조건을 정한 것으로 보인다. 질병으로 황폐해진 바쿠에서 루드빅 노벨은 노동자와 그 가족을 위해 위생적이고 현대적인 주택이 있는 주거 도시 빌라 페트롤레아(Villa Petrolea)를 건설하기 시작했다. 그 아이디어는 파울리에도 적용되어 방 3개짜리의 깨끗한 아파트가 있는 주거 단지를 건설하고 직원들에게 무료로 제공했다. 그들은 루드빅의 계획에 따라 해당 지역에 학교를 열 수 있는 허가를 받았다. 두통, 심장 문제, 폭발 위험 등이 있었지만 적어도 파울리에서는 니트로글리세린을 사용하는 것이 사회적으로 환영받았다.[606]

바르베와 노벨의 프랑스 다이너마이트 회사는 폭발물에 대한 독점권을 오랫동안 유지했다. 그러나 점점 더 강력한 경쟁자가 나타나더니 1870년대 말이 되자 다이너마이트 시장에 민간 도전자가 나타났다. 이 경쟁 회사는 엔지니어이자 폴 바르베의 오랜 친구인 지오 비안(Geo Vian)이 소유하고 있었다. 얼마 지나지 않아 바르베와 비안은 비밀리에 계획을 세우기 시작했다. 그들은 많은 돈을 벌 수 있는 합병 조건에 합의하고 알프레드 노벨과 나머지 다이너마이트 회사 경영진을 속이기 위한 연극을 벌였다. 이 폭로는 알프레드에게 깊은 상처를 주었고, 바르베는 그것으로 만족하지 않고 비밀리에 영국에 자회사를 설립해 스위스산 다이너마이트를 수입하고 노벨 스코틀랜드 공장과 경쟁을 벌였다.[607]

알프레드는 이미 바르베가 자신의 양심을 쉽게 바꿀 수 있다는 것과 그가 함께 일하는 사람이 똑똑하지만 대담한 인물이라는 사실을 알고 있었다. 오랫동안 참아 왔지만 파렴치한 지오 비안과 파트너가 동맹을 맺은 후 모든 인내가 한계를 넘은 것 같았다. 알프레드는 여러 면에서 자신의 성격이 변화했다고 언급했다.

홀아비가 된 바르베는 1882년에 부모를 연달아 잃고, 그로 인해 "삶의 권태"에 사로잡혔다고 말했다.[608] 그러나 알프레드는 그것이 도덕적 타락을 정당화하지 못한다고 생각했다. 알프레드는 로베르트에게 보낸 편지에서 최근의 수치심과 충격을 언급하며 자신이 설립한 회사와 경쟁을 벌인 바르베에 대해 한탄하는 글을 썼다. "그에 대한 나의 적대감이 드러나기를 고대합니다. 나는 바르베에게 생각한 것을 숨기지 않았습니다. 정직이 더 이상 받아들여지지 않는다면 좋은 관계는 없을 것입니다. 대신 극단으로의 투쟁만 있을 것입니다."[609]

그러나 이 사태는 기적적으로 위협에서 멈췄다. 알프레드 노벨이 폴 바르베의 사업적 감각을 따라가는 데 어려움을 겪었으므로 두 사람은 계속 협력할 수 있었다. 그렇지 않았더라면 실험실에서의 자유 시간은 거의 완전히 사라졌을 것이다. 알프레드는 그것을 잘 알고 있었다. 그리고 이 이상 그를 놀라게 한 일은 거의 없었다.

하지만 아마도 프랑스 보안 경찰이 바르베와 비안에 관심이 있다는 사실을 알았다면 다르게 생각했을 것이다. 1882년 정보국의 요청으로 작성된 보고서에 따르면 그 당시에는 특별히 우려할 만한 수준이 아니었지만, 이후 두 사람은 특별 감시를 받게 될 것이다. 비안은 심지어 거주지에서도 보안 요원의 환영을 받았다.[610]

*

레옹 강베타는 여전히 프랑스 정치에서 선두를 달리고 있었다. 많은 사람들은 그가 마크마옹 이후 대선에 출마하지 않았다는 사실에 놀랐다. 결국 전 대통령을 사실상 축출한 것은 강베타였다. 대신 그는 국회의장이 되었고 매우 단명한 (66일) 정부에서 총리(의회 의장)를 역임했다.

이 시기에 프랑스는 부르주아지(borgerlighten)가 셔츠를 갈아입는 듯 정부를 자주 바꿨다. 그러나 모든 사람들은 이른바 기회주의자라고 불리는 강베타의 실용적인 공화당 진영 안팎으로 이동했다. 그들은 나폴레옹 3세 치하에서 프랑스를 특징짓는 모든 것을 근절하는 것이 자신들의 임무라고 여겼다. 언론의 자유와 집회의 자유가 도입되었다. 가톨릭 교회의 영향력에 맞서 싸웠다. "성직주의(Klerikalismen) - 거기에 적군이 있다!" 강베타가 외쳤다. 1882년에 프랑스 학교가 개혁되었을 때, 의무화되고 무상 제공되었을 뿐만 아니라 세속적인 것이라고 선언되었다. 교육에서 모든 종교적 요소가 퇴출되었다.[611]

프랑스에서 시작된 세속화 물결은 점점 거세졌고, 증가하는 반교회 정서는 다른 나라에도 영향을 미쳤다. 자연과학의 발전은 근본적인 문제를 정면으로 제기했다. 다윈 이후 종교의 역할은 무엇인가? 과학자들이 존재를 아주 작은 요소까지 설명할 수 있게 된다면, 창조주는 과연 필요한 존재인가? 곧 독일 철학자 프리드리히 니체(Friedrich Nietzsche)는 세계를 충격에 빠뜨리며 그의 저서에서 "신은 죽었다"고 선언했다.[612]

알프레드 노벨은 자신의 방에서 이 질문에 대해 깊이 고민했다. 그런 철학적 사고는 그에게 흥미로운 주제였다. 무신론이 과연 적합한 대안이었을까? 이 기간 동안 그는 「밤의 생각」이라는 시에서 이렇게 썼다. "시작이 없었습니까? 창조적인 기원 없이 끊임없이 움직이는 세계의 미래와 과거가 무한할까요?" 알프레드 노벨은 과학적 꿈이 아무리 위대하더라도 낭만주의의 아이였다. 그는 무신론자들의 "차갑고 황량한 신조"에 공감할 수 없었다. 그가 바라본 세상에는 신비한 힘이 존재했다. 예를 들어 원자를 결합시키고 철을 자석으로 끌어당기는 힘을 식별할 수 있다고 보았다. 알프레드는 "이 힘이야말로 먼 곳에 있는 태양을 그들의 궤도에서 조용히 움직이게 하며 이 모든 것을 지배하는 자연이라는 손의 고삐를 형성한다"라고 썼다.

그 힘을 이해하고 해석하는 일은 더 어려웠다. 알프레드는 인간의 질문이 "이성이 양보해야 할 한계"를 초과한다고 보았다. 그는 자신이 상상한 힘 또는 "보편적인 영혼"을 신과 동일시하는 것에 대해 스스로를 변호했다. 알프레드 노벨은 분명히 교회의 신앙인과는 거리가 멀었다. 알프레드는 그의 시에서 "불행한 사제의 비참한 유산"은 사물의 기원에 대한 안개를 결코 걷어내지 못할 거라고 지적했다.[613]

알프레드 노벨은 줄리엣 아담과 그녀의 살롱을 둘러싼 공화당원 중 비슷한 생각을 가진 많은 동지를 만났다. 그들 중 많은 사람은 그와 마찬가지로 확고한 반교회주의자였다. 알프레드는 파리에 머무는 동안 수요일마다 줄리엣 아담의 살롱을 찾는 것을 좋아했다. 최근 몇 년 동안 살롱은 변화를 겪었는데 가장 눈에 띄는 변화는 그녀의 후원자였던 레옹 강베타가 더 이상 그곳에 나타나지 않는다는 점이었다.

레이더 커플(Radarparet)은 1870년대 후반 줄리엣 아담의 남편이 사망한 직후 헤어졌다. 미망인이 된 줄리엣 아담은 강베타의 옆자리가 되기를 원했지만, 그러한 관계는 강베타의 계획에 없었다. 두 사람은 외교 정책에서도 완전히 다른 입장을 취하게 되었다. 놀랍게도, 강베타는 최근 독일에서 가톨릭 교회의 영향력에 맞서 힘든 캠페인을 벌인 대적 비스마르크에게서 동질감을 느끼기 시작했다. 줄리엣 아담은 강베타가 역사를 배신했다고 생각했다. 그녀는 "세계의 어떤 교회도 전쟁광 비스마르크에 대한 복수를 포기하도록 설득할 수 없을 것이다"라고 말했다. 이들 사이의 균열은 1882년 새해 전야에 강베타가 갑작스럽게 세상을 떠날 때까지 이어졌다.

러시아는 줄리엣 아담에게 대안이었다. 1878년 베를린에서의 끔찍한 평화 협상 이후 러시아에서는 비스마르크에 대한 반감이 넘쳤다. 줄리엣 아담은 프랑스가 비스마르크와의 싸움에서 러시아와 동맹을 맺도록 열심히 밀어붙였다. 그녀는 외교 정책 참여를 강화하기 위해 『라 노블레 레뷰(La Nouvelle Revue)』라는 잡지를 창간했으며, 이를 통해 프랑스에 대한 보수적 입장의 필요성을 주요 주제로 다루었다. 무엇보다도 그녀는 차르의 동생에게 러시아-터키 전쟁과 비스마르크의 배신에 관한 기사를 쓰게 했다. 줄리엣 아담은 동방에 대한 매혹을 너무 대놓고 노골적으로 드러냈고, 이로 인해 프랑스 보안 경찰은 그녀의 움직임을 주시하기 시작했다. 1882년 2월에 그녀는 상트페테르부르크로 여행을 떠났다. 경찰 기록에는 그녀가 "러시아 사회에서 가장 아첨한다는 평가를 받았다"는 문구가 삭제되었다.[614]

점점 더 많은 러시아인이 아담의 문학 살롱을 찾았고, 공화당 정치인의 발길은 점점 줄어들었다. 여성이 환영받기 시작했으며, 줄리엣 아담은 살롱의 범위를 의식적으로 확장해 과학자, 기업가, 군인 등을 포함시켰다. 알프레드 노벨은 점점 더 편안함을 느꼈을 것이다. 이 기간 동안 그와 안주인 사이의 접촉이 강화되었음을 알 수 있다. 유명한 프랑스 화학자 마르셀랭 베르틀로가 줄리엣 아담의 잡지 이사회를 떠났을 때, 줄리엣 아담은 알프레드 노벨에게 그 자리를 제안했으나, 그는 참여하지 않았다. 1882년 봄, 노벨 형제의 유조선 노르덴스키월드가 바쿠에서 폭발로 완전히 파괴되었다. 줄리엣 아담은 알프레드에게 이렇게 썼다. "나는 당신에게 매우 강한 동정을 느끼며 당신에게 도움이 될 수 있다고 생각할 때마다 기꺼이 당신이 안심할 수 있도록 노력할 것입니다. 당신의 기쁨과 어려움 모두에 따뜻한 관심을 기울이고 있다는 증거입니다."[615]

*

노르덴스키월드의 비극이 당시 바쿠에서의 유일한 좌절이 아니었다. 유가는 하락하고 루드빅 노벨의 신주 발행에 대한 관심도 미미했다. 수입은 장기적으로 비용을 충당할 수 없는 수준이었다. 1883년 1월, 알프레드 노벨은 심각한 위기를 예감하기 시작했다. 루드빅은 한 금융 기관에 진 큰 빚을 빨리 갚으려고 도움을 요청했다. 이는 알프레드가 지난 몇 년 동안 100만 프랑 이상을 지원했는데도 벌어진 일이었다. 알프레드는 회계 장부를 볼 수 있도록 요청했다.

루드빅의 보고서는 알프레드에게 큰 충격을 주었다. 어떻게 석유 회사가 1882년 한 해 동안에만 거의 1,300만 루블을 지출할 수 있었던 걸까? 그것을 프랑으로 환산하면 3,400만 프랑, 즉 그의 프랑스 회사의 전체 시가총액에 해당했다. 1년 동안, 그리고 확실한 수입 없이? "형의 상태는 내가 보기에도 매우 심각한 것 같습니다"라고 알프레드가 답장을 보냈다. 그는 즉시 상트페테르부르크로 출장을 가기로 결정했다.

루드빅은 더욱 겁에 질렸다. 석유 회사인 노벨 형제 나프타회사의 존재가 위협받고 경제 상황도 엉망이 되어 있었다. 알프레드는 형제와 그의 이사들이 너무 많이, 너무 빠르게 투자했다고 생각했지만 루드빅은 동의하지 않았다. 알프레드가 그곳을 떠날 때쯤 그들은 모두 두려움에 떨고 있었다.[616]

*

1883년 봄, 루드빅과 알프레드 노벨 사이의 깊은 감정적 위기를 파헤치는 데는 인내가 필요하다. 최악의 편지는 스톡홀름의 국립 기록 보관소 금고 깊숙이 있는 끈으로 묶인 판지 상자에서 발견되었다. 어떤 이유에서인지 이 편지들은 일반적으로 배포되는 스캔한 편지 사본에서 생략되었다. 기록 보관소가 투명성을 제한하기로 결정한 이유는 어느 정도 이해할 수 있다. 1883년 몇 달 동안 루드빅 노벨은 106통의 긴 편지와 끝없이 많은 전보를 자신의 동생 알프레드에게 보냈다. 이는 이전 3년간의 편지를 합친 것보다 두 배나 많았다.

누렇게 변색된 얇은 시트는 여전히 형제의 기질을 증언하고 있었다. 루드빅은 절망감을 느낄 때면 종이에 펜을 너무 세게 눌러쓰는 경향이 있었다. 반면 알프레드는 시간 부족으로 무너지고 있음에도 불구하고 여백에 긴 낙서를 했다.

나는 두려움, 수치심, 분노, 감사, 상처받은 자존심 같은 감정적 폭풍의 중요한 구성 요소를 노트에 기록하려고 노력했다. 이를 통해 형제간의 따뜻한 배려의 기본 화음을 식별하고 설명할 수 있을 것이다.

나는 스웨덴 신문에서 가족 관련 보도를 추적했기 때문에 루드빅 노벨이 여전히 두 사람 중 더 중요한 인물로 묘사된다는 사실을 알고 있었다. 그해 노벨 가족의 기사는 루드빅과 그의 성공적인 바쿠 석유 회사에 관한 것이었다. 루드빅 노벨은 러시아 석유 시장 전체를 장악하고 있었다. 회사 이름에 포함된 형제들은 여전히 부차적인 인물로 취급되었고, 로베르트가 알프레드보다 더 자주 언급되었다. 당시 그토록 존경받았던 루드빅 노벨이 어려움에 처했을 때 갑자기 그의 남동생에게 가르침을 받았다는 것은 분명 일종의 자존심을 꺾는 일이었을 것이다. 특히 그는 자신의 의지와 달리 알프레드의 돈에 의존하게 되었으므로 더욱 그러했을 것이다.

당시 알프레드 노벨은 얼마나 부자였을까? 국립 기록 보관소에서 나는 1883년 봄 기준으로 주택을 포함한 그의 개인 월별 자산을 계산할 수 있었다. 총액은 약 1,800만 프랑(오늘날 약 8억 크로나)이었으며, 이 경우 3년 전 노르덴스키월드가 방문한 이후 두 배 이상 증가한 금액이었다.

1,800만 프랑은 당시 약 700만 러시아 루블에 해당했다. 이 사실을 염두에 두고 앞으로 일어날 일을 고려하는 것이 중요하다.

*

알프레드 노벨은 의도적으로 "위험한 문제에 대해 건전한 두려움을 심어주기" 위해 많은 노력을 기울였다. 그는 화를 내지 않았다. 루드빅은 이를 이해하지 못했지만 알프레드는 은행 부채로 비상 자금을 마련할 생각이 전혀 없었다. 파리에 도착하자마자 그는 부족한 수백만 프랑을 조달하려고 시도했다. 알프레드는 여전히 그 부주의함에 화가 났지만, 루드빅은 그의 형제였다.[617]

알프레드의 방문 후 루드빅은 상처를 입었다. 날카로운 말들이 그를 아프게 했고, 형제의 분명한 불신을 받아들이기가 어려웠다. 정말 상황이 그렇게 나빴던 걸까? 그 후 노벨 형제의 석유 회사는 불과 몇 년 만에 탁월한 위치에 도달했는데, 이는 상당 부분 알프레드 덕분이었다. 루드빅은 용기를 되찾고 상처받은 어조로 알프레드에게 자신이 변했다고 썼다. 그는 동생이 스스로 믿지 않는 회사에 더 많은 돈을 투자하는 것을 정말로 원하지 않았다.

루드빅은 알프레드로부터 놀라운 전보를 받았다. 동생이 갑자기 400만 프랑을 빌려주겠다고 제안한 것이다. 알프레드는 다이너마이트 주식을 담보로 파리에서 사적으로 돈을 빌릴 수 있었다고 말했다. 이제 석유 회사는 모든 폭풍우를 헤쳐 나갈 수 있어야 한다며, 알프레드는 의기양양하게 커버 레터에 썼다. 시련은 연대해 받아들여야 한다는 것이 기본 메시지였다. "투자금을 모두 날리는 건 감자와 청어를 먹는 것과 같습니다. 훌륭한 캐비아를 위한 투자입니다. 이것은 입에서는 녹지만 전자가 오히려 장기적으로 위장 건강에 좋다고 생각합니다."[618]

루드빅은 잠자리에 들었다. 그는 알프레드가 순수한 우정과 형제애의 감정으로 "많은 어려움과 희생에 대비"했다는 사실에 감사하면서 놀랐다. 루드빅은 자신감을 회복했다. 사실 뜻밖의 대출은 회사 상황에 대한 인식을 바꾼 것 외에는 아무 의미가 없었다. 그럼에도 그는 감사해하면서 동생의 제안은 평화와 안전을 제공함으로써 측량할 수 없는 가치를 갖고 있다고 말했다.[619]

인식이 달라졌나? 알프레드는 화를 냈다. 절대 아니라고 그는 답변에서 신랄하게 지적했다. 과도한 신용과 예비 자본의 완전한 결여로 인해 전체 석유 회사가 약한 실에 매달려 있었다. 루드빅은 그것을 이해하지 못했는가? 만약 재난이 발생하면 어떻게 될까? 그는 다시 한번 상황의 심각성을 강조할 필요성을 느꼈고, 어떤 관리직도 맡고 싶지 않았다고 말했다.

얼마 지나지 않아 루드빅의 딸 안나의 생일날에 알프레드로부터 루드빅의 모든 아이들을 위한 선물과 함께 큰 소포가 도착했다. 그리고 4월 말, 루드빅 자신도 파리에서 손으로 짠 코트를 받고 놀랐다. 위기 속에서도 침묵은 끈질긴 형제애의 신호였다.

알프레드 노벨은 자신의 단편소설을 알고 있었다. "나는 폭발성 물질을 충분히 갖고 있기 때문에 내가 폭발성 물질로 작업하는 것은 매우 합리적이다. 그것이 반짝거려서 너무 화가 났지만 그 반짝임은 단지 30분 동안만 지속되었다." 그는 나중에 루드빅에게 편지를 썼다.[620] "영국 당국과 계속되는 문제의 위험을 처리해야 했기에 모든 신경을 폭발시킨 것 같습니다." 실제로 재산의 거의 3분의 1을 소유하고 있던 영국 기업도 파산 위기에 놓였다고 그는 주장했다.

이번에는 말다툼을 벌인 형 로베르트가 세 사람 모두에게 바쿠로 가자고 제안했다. 알프레드는 이렇게 대답했다. "저를 그곳으로 유인할 수 있는 것은 아마도 형과 루드빅의 회사일 것입니다. 그러나 물이 없고 먼지가 많고 기름에 젖어 있는 사막 자체는 매력적이지 않습니다. 저는 숲과 덤불과 함께 살고 싶습니다."[621] 그는 몸이 좋지 않았다.

5월 말이 되자 석유 회사의 경제는 안정되었다. 대출 기관이 갑자기 다시 미소를 지었을 때 루드빅은 극적인 몇 달을 되돌아보았다. 그는 정직하게 반응하려 노력했다. 그리고 알프레드에게 이렇게 썼다. "불행히도 모든 메달에는 뒷면이 있다. 아우가 품은 불안, 영혼을 사로잡은 불신은 우리의 태양이 지평선 위로 높이 올라갈 때까지 사라지지 않을 긴 그림자를 드리우고 있다."[622]

알프레드의 신경은 그 반발에 대처할 여유가 없었다. "내가 수용하는 것은 사업에 대한 신뢰 문제는 아닙니다. 오히려 형이 몇 달 동안 여전히 꽤 힘든 시간을 보낼 거라고 믿습니다. 형의 재정은 보면 볼수록 더 불안해집니다. 1년 내내 다모클레스의 검(damoklessvärd)이 형을 덮쳤습니다. 그런데 형은 곤경에서 벗어나기도 전에 이미 난이도를 높일 생각을 하고 있습니다!"[623]

알프레드는 몇 주 동안 시간을 가졌다가 다시 차분한 어조로 자신의 의견을 설명하려고 했다. 그의 가혹한 비판은 러시아에서의 거대한 작업이 불러일으키는 감탄을 어떤 식으로든 감소시키려는 의도가 아니었다. 그들의 논쟁은 먼저 건설하고 자금을 조달하는가 아니면 자금을 먼저 조달한 다음 확대할 것인가의 문제로 요약된다.[624]

*

형제간의 불화가 지속되는 가운데 알프레드 노벨은 조지아로부터 일시적으로 기분을 고양시키는 화물을 받았다. 베르타 폰 주트너는 여전히 그녀의 남편 아더와 함께 코카서스에서 살고 있었다. 그들은 스스로 선택한 망명 생활에서 많은 시련을 겪었음에도 함께 행복을 찾았다. 부부는 서구 신문에 기사를 쓰거나 언어 교육과 피아노 레슨을 하며 생계를 이어갔지만 벌이가 좋지 않아 간신히 버티는 중이었다. 베르타 폰 주트너는 회고록에서 "저녁을 먹지 못한 날은 몇 번 있었지만 농담을 안 하거나 서로를 쓰다듬지 않거나 웃지 않은 날은 없었다"라고 썼다.

폰 주트너 부부는 단란하게 살았지만, 여전히 거의 집세를 낼 형편이 되지 않았다. 돈이 남으면 책과 잡지를 사서 함께 읽었다. 그들은 서로의 철학적 성장을 돕는다는 목표를 가지고 함께 읽었다. "우리는 두 가지 기쁨을 알게 되었다. 함께하는 기쁨과 지적인 노력의 기쁨."

그들은 알프레드 노벨의 꿈을 살아갔다.

베르타 폰 주트너는 성공적인 연재소설에 이어 야심찬 철학적 에세이를 익명으로 출판했다. 1883년 4월, '영혼의 목록(Inventarium einer Seele)'이 파리에 있는 알프레드 노벨에게 전달되었고, 처음으로 연락이 재개되었다. 알프레드는 압도되었다. 그는 답장에서 "나는 당신만의 스타일과 심오하고 생생한 철학적 생각이 포함된 당신의 절묘한 책에 아직도 놀라고 있다"라고 적었다. 그는 1875년 파리에서의 시절을 회상하며, 평소처럼 정중한 말을 끝으로 자신이 느꼈던 깊은 애정이 "지울 수 없는 기억과 감탄"으로 일깨워졌다고 덧붙였다.[625]

그가 책에서 만난 것은 변화된 베르타 폰 주트너였다. 그녀는 고전적인 로맨스를 뒤로하고 대신 현대적인 모든 것에 자신을 던졌다. 베르타는 알프레드 노벨이 경멸했던 졸라(Zola)의 자연주의가 보여주는 정직한 초라함을 사랑했다. 어떤 대가를 치르더라도 진실은 그녀의 새로운 도덕적 이상이었다. 교회와 과학 사이의 싸움에서 그녀는 분명히 형이상학에 반대하고 증명 가능한 것과 참된 것을 지지하는 쪽이었다.

찰스 다윈은 베르타 폰 주트너의 새로운 신 중 하나였다. 다른 많은 사람과 마찬가지로, 그녀는 진화론을 사회에 대한 전체 관점의 기초로 삼았다. 자연의 법칙이 모든 것을 더 나은 방향으로 끊임없이 진화시킬 것이라고 확신하며, 진보적이고 낙관적인 철학자가 되었다. 진화는 인간의 창조만을 설명하지 않았다. 베르타 폰 주트너는 그것이 야수에서 인간으로, 증오에서 사랑으로, 그 어느 때보다도 더 높은 수준의 세련미로 끊임없이 인류를 몰아붙였다고 보았다.

베르타 폰 주트너는 그녀의 책에서 이러한 자연법칙은 국가 간의 존재에도 적용된다고 말했다. 그녀는 평화의 진화 과정이 존재하며, 그 과정에서 "전쟁을 좋아하는 부족은 평화로운 국가에 의해 점차적으로 근절"되고 "국가 간의 증오는 국제적 사상의 확산으로 근절"된다고 주장했다. 그녀에 따르면 이 모든 것은 영원한 평화를 향한 지속적인 자연적 발전의 일부였다.

저자는 몇 년 전 투르크와의 전쟁에서 러시아 군인들의 용기를 칭찬했던 베르타 폰 주트너와 확실히 달랐다.

그녀는 개인적으로 알프레드 노벨에게 한 구절을 지시하는 것처럼 보였다. 베르타는 평화로 이어질 수 있는 다른 과정을 설명하며 "파괴 도구가 점점 더 강력하게 발전한다 하더라도, 일부 전기 역학 또는 자기 폭발 장치를 통해 즉시 제거될 수 있을 것"이라는 희망을 언급했다. 모든 군대를 제거하면 전쟁이 시작되는 것 자체가 불가능해질 거라고 주장했다.[626]

베르타 폰 주트너는 그녀의 위대한 삶의 사명인 평화 사업을 찾았다.

*

알프레드 노벨에 관한 많은 책과 기사에서 반복되는 "진실"이 있다. 그것은 베르타 폰 주트너에 관한 것으로 1926년 노벨 재단의 첫 번째 전기에 기록되어 있다. 그 내용은 다음과 같다. 베르타 폰 주트너를 통해 노벨 평화상의 영감을 얻었다는 주장은 잘못되었다. "어느 경우든 매우 큰 과장"으로, 오직 그녀 자신에 의해 강조되었다.

미소를 지을 수밖에 없다. 어떻게 베르타 폰 주트너는 자신의 단순한 생각이 위대한 알프레드 노벨에게 영향을 미쳤다고 믿을 수 있었을까? "민족들 간의 영원한 평화에 대한 노벨의 열정은 그의 어린 시절부터 시작되었다"고 하며, 노벨은 상트페테르부르크에서 평화를 지지하는 시인 셸리의 시를 탐독한 이후로 평화주의자였다고 주장했다. 그 이후 노벨의 편지에서 "이 미래상이 지속적으로 맴돈다"고 했다.[627]

얇은 표준 저작인 『알프레드 노벨(1960)』에서 에릭 베르겐그렌(Erik Bergengren)은 한 걸음 더 멀리 나아간다. 그에 따르면 평화의 아이디어는 노벨상 창시자의 타고난 특성이다. 베르겐그렌은 알프레드 노벨이 다툼과 공격적인 사람들을 경멸하는 사람이었다고 주장한다. 따라서 결론적으로 그는 모든 전쟁에 대해 혐오를 견지했다고 한다. 이 의견에 따르면 평화에 대한 사랑은 태어날 때부터 알프레드 노벨의 본질과 하나였을 것으로 보인다.

난 동의하지 않는다.

물론 젊은 알프레드 노벨의 펜에서 날카로운 평화주의적 공식을 찾는 것도 가능하다. 1865년 미국 남북 전쟁 중 그는 시를 통해 링컨 대통령의 대규모 학살을 비판했다(동시에 그는 교전국에게 광물을 팔고 싶어 했다.). 효과적인 무기의 궁극적인 목표가 전쟁을 불가능하게 만드는 것이라는 생각은 알프레드가 베르타 폰 주트너의 책을 받았을 때 새로 떠오른 것이 아니었다. 그것은 이미 1840년대에 임마누엘의 폭발 기뢰에 대한 도덕적 방어로 공식화되었다. 수다스러운 임마누엘이 아들을 위해 그 주장을 반복하지 않았다면 이상할 것이다. 베르타 폰 주트너가 훨씬 후에 회고록에서 쓴 것처럼 알프레드가 1875년 파리에서 짧게 체류할 당시 이 아이디어를 언급했을 수도 있다. 어쩌면 그것이 그녀가 그에게 책을 보낸 이유가 아닐까?

그러나 나는 1883년 봄에야 비로소 알프레드 노벨의 평화에 대한 진지한 사상 작업이 추진력을 얻기 시작했다고 주장하고 싶다. 또한 가장 중요한 발단은 의심할 여지없이 베르타 폰 주트너의 새로 출판된 책이라고 말할 수 있다. 그녀의 『영혼의 목록』에서 처음으로 평화에 대한 철학을 제시했다. 알프레드 노벨이 평화 문제에 대해 생각하는 모든 편지는 그 책을 읽은 후 작성된 것으로 알려졌다. 나는 수십 년 동안 작성된 그의 거의 모든 서신을 살펴보았다. 내가 아는 한 가지는 이 기간 동안 알프레드 노벨이 꿈꾸던 그 평화는 오지 않았다는 것이다. 역설적이게도 폭발물을 군사적으로 사용하는 방법을 찾는 일이 더 중요해졌다.

1883년 봄에도 여전히 그 문제는 해결되지 않았다. 다이너마이트나 발파 젤라틴도 군사적 의미를 지니지 못했다. 그러나 이제 그의 목표에 한 걸음 더 가까워졌다. 모든 것이 순조롭게 진행된다면 세계 군대는 곧 알프레드 노벨의 연기 없는 화약을 갖추게 될 것이었다. 그는 몇 번의 실험을 더 거쳐 제품을 개선하면 되었다.

베르타 폰 주트너와 알프레드 노벨은 평화 문제와 관련해 수단이나 대가의 필요성에 대해 항상 의견이 일치하지는 않았다. 그러나 1883년 봄에 알프레드의 내적 진화 과정을 가속화하여 궁극적으로 "형제애와 상비군 폐지 또는 축소를 위해 최선을 다하고 평화의 형성과 확산에 기여한 사람"에 대한 평화상을 만들도록 이끈 사람은 베르타였다.

나는 알프레드 노벨이 이 문제에서 베르타 폰 주트너의 역할을 축소할 생각을 한 적이 없다고 확신한다. 그는 어려서부터 지적인 여성에 대한 무한한 동경을 키웠다. 이러한 성향은 타고난 것으로 절대적이라고 할 수 있다.

*

알프레드 노벨의 사생활은 베르타 폰 주트너가 트블리시(Tblisi)에서 누렸던 영적으로 고무된 동반자 관계와는 크게 달랐다. 1883년 여름, 알프레드는 소피 헤스와의 서신에서 점점 더 짜증을 느꼈다. 그녀는 칼스바드에서 몇 주, 프란젠스바드에서 몇 주를 보내며 온천을 다니고 여왕처럼 생활했지만 외롭다고 불평했다. 알프레드는 그녀를 위해 약을 주문하고, 그녀가 원하는 토카이(Tokaj) 와인 12병을 소포로 보내준 뒤 직접 방문하려고 했다. 소피는 오스트리아 바트 이슐(Bad Ischl)에서 거처를 찾고자 조사를 시작했다.

알프레드는 그녀를 위해 지출한 비용을 현금 장부에 기록했다.

알프레드는 부드럽고 이해심이 많았으며 특히 그녀의 "불편한" 날이 다가오고 있음을 알았을 때 더욱 배려 깊게 행동했다. 하지만 가끔 문제가 생기곤 했다. "겨울을 보내기 위해 왜 몽트뢰(Montreux)로 여행을 가야 하는지 논의할 필요가 있어. 어쨌든 파리는 아직 추위가 오지 않았고 앞으로도 그런 일이 없을 테니까. 당신은 거기에 머물고 싶어 하는 것이 꽤 우스꽝스럽다고 생각하지 않아? 여름 내내 떠나 있었으면서 이제는 겨울에도 여기에 오지 않으려 하는군."

알프레드는 그녀의 유모처럼 유럽 전역을 여행해야 하는 상황이 슬프다고 표현했다. "정말 끔찍한 상황이었어. 불과 몇 년 만에 스무 살은 더 늙은 기분이야." 소피는 원한다면 어디서든 정착해서 살 수 있었다. "나는 강제 여행을 충분히 했는데, 당신과 끝없는 여행까지 시작해야 한다고 생각하지 않나요?"[628]

기차 여행 중 알프레드 노벨은 자신이 소울메이트로 여겼던 작가 빅토르 리드베리(Viktor Rydberg)의 시집을 크리스마스 선물로 받았다. 그러나 스웨덴에서 가장 최근에 주목받으며 "스웨덴의 졸라"로 불리던 현재 34세 작가 아우구스트 스트린드베리(August Strindberg)는 여전히 그의 책장에 없었다.

스트린드베리는 3년 전 사회를 풍자한 『붉은 방(The Red Room)』으로 소설가로서 돌파구를 마련했고, 그 후 좀 더 저널리즘적인 형식으로 풍자를 계속 이어갔다. 『새로운 왕국(Det nya riket)』(1882)에서는 교활한 인신공격으로 스웨덴 현실을 날카롭게 비판했다. 그 결과 희생자와 가까웠던 사람들에게 쫓기게 되었다. 1883년 가을, 스트린드베리는 마음의 평화를 얻기 위해 아내인 시리 폰 에센(Siri von Essen)과 두 자녀와 함께 조용히 스웨덴을 떠났다. 10월에는 파리에 도착해 3개월간 머물렀다. 가족은 알프레드 노벨의 집에서 도보로 15분 거리에 있는 패시(Passy)의 한 허름한 하숙집에 머물며 임시 연금을 받았다.

아우구스트 스트린드베리는 사회 비판적인 시집의 작업을 막 끝냈고, 이는 1883년 11월 중순 서점에 출간될 예정이었다. 일부는 그가 스웨덴을 떠나기로 선택한 이유가 다가올 반응에 대한 두려움 때문이었다고 추측했다.

우연히도 알프레드 노벨은 그 시집의 한 작품인 「공개판(Folkupplagan)」에서 중요한 소재로 등장했다. 스트린드베리는 알렉산더 2세에 대한 테러 공격에서 영감을 받아 반항적인 시를 썼으며, 노벨의 다이너마이트를 억압받는 사람들의 구세주로 묘사했다.

> 왕이 사람들을 쏠 때는
>
> 총알과 대포를 사용합니다.
>
> 그러나 권력을 수호하는 대포는
>
> 수백만 달러에 달합니다.
>
> 사람들은 왕을 쏘려고 하지만,
>
> 그들에게는 다이너마이트만 있습니다.
>
> 대포는 지갑을 비우고,
>
> 불쌍한 영웅은 도적이 됩니다.
>
> [중략]
>
> 노벨, 당신의 이름은 거의 칭찬을 듣지 않습니다!
>
> 당신의 발명품은 때때로 비난과 함께 떠오르지만
>
> 정치적 이유로 추방당했기 때문입니다.
>
> 당신의 하얀 연고는 이미 많은 지팡이와 매듭의 상처를 치료했고,
>
> 관세 금지령의 위협 속에서도 결국 왕의 화약처럼 자유를 얻었습니다.
>
> 그것은 곧 옛 러시아를 해방시켰고, 관에 못을 박았습니다.
>
> 세계가 비참한 피투성이의 거대한 요새로 변하지 않았고,
>
> 지구가 여전히 불평등 속에서 완전히 무너지지 않은 것은
>
> 바로 당신 때문입니다.

눈처럼 희고 다이너마이트처럼 순수하고 비소처럼 강렬합니다!

[생략]

아우구스트 스트린드베리가 자신이 알프레드 노벨과 그렇게 가까이 살았다는 것을 알았는지는 불분명하다. 그나마 확실한 것은 스웨덴 왕 오스카 2세가 자신에 대한 여러 공격 중 하나인 「공개판」을 읽었다는 것이다. "역겹다"는 그의 논평이었다. 전문가들은 왕의 강한 반응이 스트린드베리의 다음 책인 『기프타스(Giftas)』가 기소되는 데 영향을 미쳤으며, "따라서 1880년대의 나머지 기간 동안 문학 시장에서 스트린드베리의 좌절"에 기여했다고 믿고 있다.[629]

흥미로운 사실 중 하나는 아우구스트 스트린드베리가 몇 년 후에 줄리엣 아담의 잡지 『라 누벨 레뷔』에서 필명을 사용해 기고를 시작했다는 것이다.[630]

*

모든 사람이 아우구스트 스트린드베리처럼 다이너마이트의 장점을 긍정적으로 본 것은 아니다. 영국에서는 상황이 더디게 진행되었다. 폭발물 검사관 마장디(Majendie)가 영국에서 폭발성 젤라틴 생산을 중단시키면서 스코틀랜드의 다이너마이트 회사인 노벨 익스플로시브스(Nobel Explosives)는 심각한 재정 문제를 직면했다. 1883년 가을, 알프레드는 급히 자금을 마련해야 했다. 그는 봄의 혼란 이후 한숨 돌린 형 루드빅에게 도움을 요청했다. 그러나 루드빅은 '안타깝게도 어렵다'고 대답했다.

알프레드는 자신의 재산 중 상당 부분이 석유 회사의 지분으로 이루어졌음을 깨닫고, 이를 제대로 이해해야 한다고 생각했다. 그 결과 조언과 팁을 포함한 노벨 형제 나프타회사의 재무 상태에 관한 28페이지 분량의 메모를 작성해 12월 초 상트페테르부르크로 보냈다.

이에 대한 루드빅의 답장은 분노로 가득 차 있었다.

"이런 쓸데없는 설명이 나를 얼마나 아프게 하는지 네가 알았다면 나를 불쌍히 여기고 내버려두었을 것이다. 너는 내가 너보다 몇 가지는 더 잘 알고 있다는 작은 사실을 잊고 있는 것 같다. 나는 회사에 대해 항상 확신을 가져왔다. 그 법은 항상 동일한 책임을 지우고 있다. 네가 정말 과거를 다시 반성하고 싶다면 이것만은 기억해라. 사업가와 회계원 앞에는 마음과 명예와 의무를 다하려는 확고한 의지를 가진 사람이 서 있다는 것을 말이다. 나는 지금 겪고 있는 모든 불쾌한 일들로 인해 너무 화가 나서 완전히 병이 들 것 같다."[631]

루드빅은 알프레드의 열성적인 검토를 "비열함의 발작"으로 받아들였다. 그는 얼마 지나지 않아 알프레드가 사업을 위해 실제로 자금이 필요하다는 것을 깨달았다. "다시 한번 더 진심을 담아!" 루드빅은 문제를 정리한 다음 두 사람이 곧 "형제애의 사랑이 항상 심어준 자연스러운 감정"으로 돌아가기를 바란다고 적었다. 그는 자신이 기울인 모든 노력과 석유 회사에 제공한 모든 도움을 언급하며 이렇게 썼다. "나는 네가 불쾌한 감정을 계속 품지 않기를 바란다"라고 썼다. "승리는 우리의 것이요, 노벨의 이름을 명예롭게 하는 것이 나의 목표이자 동생의 목표다."[632]

스톡홀름에서 80세의 안드리에타 노벨은 형제 사이에 무슨 일이 일어나고 있는지 이해하려고 노력했다. 그들이 사업 문제로 다투고 있다는 사실 외에는 더 많은 것을 찾지 못했다. 알프레드는 평소처럼 9월 생신에 어머니를 방문했다. 안드리에타는 그저 앉아서 따뜻한 눈빛으로 그를 평화롭고 조용히 바라보는 순간을 소중히 여겼다. 그녀는 알프레드가 준 은화병을 사랑스럽게 바라보며 몇 주 뒤 도착한 3,000크로나의 선적물에 대해 감사하는 마음을 가졌다. 알프레드 덕분에 그녀는 풍요로운 삶을 즐겼고, 친구들과 함께 극장에 가고 마차 투어를 하며 여유로운 시간을 보낼 수 있었다. "내가 가장 사랑하는 사람으로부터 몇 줄의 소식을 받을 수 있다면 참으로 큰 기쁨이 될 것이다"라고 그녀는 알프레드에게 편지를 썼다. 알프레드로부터 크리스마스를 맞아 더 많은 선물이 도착했다. 그 선물에는 조카와 사촌을 위한 것도 포함되어 있었다. 안드리에타는 아들들을 괴

롭히는 사업상의 다툼을 떠올리며 막내아들에게 편지를 썼다.[633]

한편, 10월 알프레드의 50번째 생일은 소란 속에서 잊힌 듯 지나갔다.

루드빅 노벨은 곧 오랫동안 기다려 온 정당한 명예를 다시 누릴 수 있었다. 1884년 영국 작가이자 러시아 특파원인 찰스 마빈(Charles Marvin)은 러시아 석유 산업에 대한 야심찬 책을 출판했다. 그는 "두 명의 비범한 스웨덴인" 로베르트와 루드빅 노벨을 하늘로 끌어올렸다. 그는 그들이 천재성으로 러시아 석유 산업에 혁명을 일으켰고 산업과 기술에서 위대한 위업을 달성했다고 했다.

1884년 가을, 루드빅은 바쿠로 여행을 떠났다. 그곳에서 직원들은 빌라 타운 "빌라 페트롤리아(Villa Petrolea)"가 완공된 것을 축하하며 그에게 경의를 표했다. 클럽하우스에서는 "노벨 오케스트라"가 소유자(Björneborgarnas)의 행진곡을 연주했고 감사한 마음을 지닌 직원들은 루드빅을 왕좌에 태우고 홀을 통과했다.[634]

알프레드 노벨도 명예를 잃지 않았다. 1884년 4월 중순, 그는 아돌프 노르덴스키월드로부터 "스웨덴 왕립 과학 아카데미(Royal Swedish Academy of Sciences) 회원에 선출된 것을 축하합니다"라는 전보를 받았다. 알프레드는 놀랐다. 그는 답장에 이렇게 적었다. "당신의 자애로우신 영향력 덕분에 받은 이 상은 저를 부끄럽게 만듭니다. 저는 이 상을 제가 이룬 사소한 성과에 대한 보상으로 여기지 않고, 앞으로의 활동에 대한 격려로 생각합니다. 자극에도 불구하고 제가 진보의 영역에서 어떤 유익도 제공하지 못한다면, 제 정신적 비참함을 세상의 한 구석에 산 채로 묻어두고 싶을 것입니다."[635]

알프레드는 당대의 많은 일반적인 상에 회의적이었다. 그는 메달 분배가 너무 자의적이라고 생각했다. 전직 프랑스 장관과의 개인적인 친분을 통해 프랑스 군단 명예 훈장을 받았으며 그의 요리사는 스웨덴 북극성 훈장을 받았다. 바쿠 회사가 그를 기리고 유조선 중 한 척을 알프레드 노벨이라고 이름을 붙이려 했을 때 그는 그냥 코웃음을 쳤다. 그는 이에 대해 심각하게 반대했다. 배가 여성이었기 때문에 잘 손질된 배가 오래된 난파선의 이름을 따서 이름을 지으면 좋은 징조가 될 거라고 생각했다. 어느 날 알프레드는 자신의 초상화(그리고 그의 아버지와 형제들의 초상화)가 스웨덴의 저명한 기업가들에 대한 출판물에 포함된 것을 알게 되었다. 그는 출판인에게 자신을 제외해 달라고 요청했다. 왜냐하면 그는 "그 소문에 대해 어떤 명성도 느끼지 못했기" 때문이다.[636]

대중 사이에서의 명성은 한 가지였지만, 과학적 증거에서는 상황이 달랐다. 알프레드 노벨은 자신이 받은 상 중 어느 것도 자신의 개별 발명품의 가치를 증명할 수 없다는 사실에 화가 났다. 그래서 자신의 작업이 과소평가되었을 때 그는 강력하게 반응했다. 한 번은 오스트리아 다이너마이트 회사의 이사가 정보 브로슈어에서 알프레드 노벨이 우연히 다이너마이트를 발명했다고 말한 적이 있었다. 발명가는 자신의 업적에 대한 이러한 모욕을 간과하지 않았다.[637] 또한 알프레드는 고타드터널(Gotthardstunneln 1882, 그의 발명 다이너마이트가 건설을 가능하게 한 것)의 개통식 초대장을 받지 못했을 때 씁쓸해했다. 인류를 이롭게 하기 위한 그의 노력을 본 사람이 정말 아무도 없었을까?[638]

1885년에 프랑스 전역은 함께 화학자 루이 파스퇴르를 찬양했다. 이는 과학적 성취와 직접적으로 관련이 있었기에 알프레드 노벨에게 큰 영향을 미쳤을 것이다. 루이 파스퇴르는 1878년 전염병의 확산에서 미생물의 역할을 발견하면서 의학사에 새로운 역사를 쓴 과학자였다. 그는 광견병 백신을 개발했고 감염된 두 명의 프랑스 소년의 생명을 구했다. 파스퇴르는 프랑스 과학 아카데미에서 백신을 발표했을 때 멈추지 않는 박수를 받았다. 스웨덴 과학 아카데미 회장은 "의학에서 이루어진 가장 위대한 발전 중 하나"라고 평가했다. 닐스 우덴베리는 의학의 역사에 관한 그의 책에서 "파스퇴르는 마치 마술사처럼 보였고 생의 마지막 몇 년 동안 세계에서 가장 찬사를 받은 과학자였다"라고 기록했다.[639]

1885년 5월 말, 83세의 국가적 아이콘 빅토르 위고가 세상을 떠났다. 그의 장례식은 프랑스 국장으로 치러졌다. 화려한 관이 있는 카타팔크(Katafalken)는 개선문(Arc de Triomphe) 조명 아래에서 퍼레이드를 했으며, 황실 경례를 받았다. 그의 마지막 휴식이 이루어지는 동안 200만 명의 사람들이 행렬을 따랐다. 당시 파리 전체 인구에 해당하는 수치였다.

알프레드 노벨은 "아무것도 모르는" 죽은 사람들에게 호의를 베푸는 것에 회의적이었다. 그는 명예와 돈은 인류에 도움이 될 수 있는 사람들에게 돌아가야 한다고 말했다. 그는 같은 해 2월 자신의 생일에 빅토르 위고에게 전보로 인사를 건넸다. 작가가 아직 살아 있을 시기였다. 알프레드는 전보에서 "그레이트 마스터는 살아 있고 앞으로 수년 동안 세상을 사로잡고 보편적인 사랑에 대한 그의 장엄한 생각을 가까이에 퍼뜨릴 것"이라고 썼다.

출장으로 알프레드 노벨은 빅토르 위고의 장엄한 장례식에 참석하지 못했다. 그는 위고의 파트너인 줄리엣 드루에에게 조의를 표하는 편지를 썼다. 그는 추모식에 참석하지 못한 것을 깊이 유감스럽게 생각했다. "그러나 외로움 속에서 나는 가족의 슬픔, 특히 줄리엣과 미스 잔느 위고(Mllc Jeanne Hugo; Hugo의 손녀)의 슬픔을 이해하고 공유한다." 여성의 마음에는 두 배의 슬픔이 담겨 있기 때문이다.[640]

*

알프레드 노벨은 50세였지만 여전히 발견에 대한 젊은 열정을 유지했다. 그는 더 많은 것을 원하고 더 나은 것을 추구했지만 회사와 얽힌 많은 비즈니스와 관료주의가 그의 시간을 빼앗았다. 연구실에서 연기 없는 화약 연구를 계속할 시간이 부족해지자 그는 긴장감과 메스꺼움을 느꼈다. 또한 다루고 싶은 다른 아이디어들이 많았다. 가장 최근에는 새로운 강력한 소독제에 대해 자세히 생각하며 "에테르와 클로로포름을 사용해 기절시키는 장치"를 스케치했다.[641]

동료 폴 바르베는 노벨 기업들의 합병을 추진했다. 관계가 최근 몇 년 동안 악화되었지만 다국적 그룹인 노벨 트러스트를 만들려는 바르베의 아이디어는 점점 더 알프레드 노벨에게 매력적으로 느껴졌다. 그래야만 그는 자신의 실험에 더 많은 시간을 할애할 수 있었고, 노벨 기업들이 서로 경쟁하며 동시에 파산하는 상황을 피할 수 있었다.

1884년 봄, 알프레드는 다이너마이트 회사의 경영진을 애비뉴 말라코프에 초대해 협상했다. 공동 지주 회사를 설립하기 위한 논의가 천천히 진행되었다. 알프레드는 "주주 총회와 다른 말썽"에서 벗어나고, 모든 이사 직무에서 해방되기를 간절히 원했다. "나는 상업적 능력이 전혀 없으며, 그런 능력이 있다고 꾸며내지도 않았다"고 그는 영국 회사의 협상자 중 한 명에게 썼다. 트러스트의 회장이 될 생각도 없다고 이미 예비 계약이 체결될 때부터 밝혔으며, "연합이 완료되면 모든 종류의 상업적 고려에서 완전히 자유로운 1년을 요구할 것이며, 그 시간은 기술적이고 과학적인 문제에 전념할 것입니다. 그런 상황에서 나는 햄릿의 아버지가 '존재하지 않는 것'의 장로로서 그 자리를 맡는 것이 훨씬 더 현명하다고 생각합니다."[642]라고 했다.

오랫동안 신기루처럼 보였던 창조적 자유가 손에 닿을 수 있는 거리에 있었다. 알프레드는 누군가가 그 문제를 잘못 해석할 수 있다는 것을 깨달았다. 그는 스톡홀름의 한 친구에게 이렇게 썼다. "나는 '노년의 여성들처럼 이자로 살겠다'고 말하지만, 나는 계속 쉬지 않고, 과학적 영역을 선택할 것입니다."

하나의 장애물이 있었다. 그는 노벨 형제의 석유 회사를 구하기 위한 구조 작업에서 큰 액수의 다이너마이트 주식을 담보로 제공하고 판매했다. 이제 그 돈이 필요했지만, 여전히 확보하기 어려웠다. 그는 이제 석유 주식에 다이너마이트 주식보다 두 배 많은 돈을 투자했다. 일부 다이너마이트 회사에서는 주식의 2~3퍼센트만을 소유하고 있었다.[643]

*

알프레드 노벨은 직업적으로 꿈을 이루어가고 있었지만, 사생활은 정반대 방향으로 흘러갔다. 소피 헤스와의 원거리 관계는 지난 해에 궤도를 벗어난 듯했다. 적어도 알프레드가 보기에는 그랬다. 소피가 요양지에서 사치스러운 생활을 한다는 소문이 돌았고, 알프레드는 사람들이 뒤에서 자신을 비웃고 있다고 느꼈다. 그는 그녀에게 자신의 이름을 사용하도록 도운 것을 후회했다. 소피는 절대로 "노벨 부인"이 되지 않을 것이었다. 그녀는 그를 타락시키고 그의 이름을 더럽혔다.

1884년 여름, 알프레드는 더 이상 자신을 그녀의 "곰돌이"라고 부르지 않았다. "사랑하는(älskande)"이라는 단어는 편지에서 사라졌고, 다음 봄에는 그녀의 파리 아파트 계약을 해지했다. 그녀는 어차피 거기 없었기 때문이다. 그렇다고 그가 책임을 피한 것은 아니었다. 밝은 순간에는 여전히 다정하고 사려 깊었으며 그녀를 "사랑하는 작은 비둘기"라고 부르기도 했다. 소피가 산의 공기를 원했을 때, 그는 남티롤(South Tyrol)에 집을 빌려주었고, 나중에는 오스트리아의 바트 이슐에 집을 사주었다. 그는 그녀의 건강을 걱정했다.

그러나 알프레드는 이제 쓸쓸하고 냉소적이 되었으며 때로는 완전히 비열해졌다. 1884년 가을에 온 편지에서 그가 무언가를 듣고 기분이 상했다는 것이 분명했다. 이전까지는 암시만 하던 의혹이 드러났다. 다양한 남성과의 어울림 이후, 그녀는 내리막길에 접어들었다. 그는 1884년 9월 편지에서 "당신이 깨닫지 못해서 유감이지만 당신의 두뇌는 할 일이 별로 없다. 그리고 당신 문제에 대해 나 스스로 타협할 새로운 기회가 생겼어"라며 실망스럽게 꾸짖었다. 그는 파리에서 그녀의 사치품들(와인, 코트, 드레스, 장갑, 프릴, 플로어)을 사는 것에 굴욕감을 느꼈다. 그녀가 다니는 리조트 중 어느 곳으로 소포를 보내야 할지 항상 알지 못했다. 아니면 가끔 1,500굴덴, 때로는 2,500프랑의 수표를 보내야 할지조차 몰랐다.

낭비는 그를 역겹게 했다. 그들은 그녀가 자신의 시간과 그의 돈을 교육하는 데 사용할 거라고 합의했다. 하지만 7년이 지나도 소피는 여전히 같은 자리에 있었다. 그녀는 일도 하지 않고, 읽지도, 쓰지도, 생각하지도 않았다. 알프레드는 독설을 편지에 담았다. 심지어 기르고 있는 강아지 벨라가 더 똑똑하고, 그녀보다 프랑스어를 더 빨리 배운다고 썼다. 그는 소피를 "성인 아이"라고 부르며, 센스와 지능이 부족하다고 말했다. 그는 그녀의 무지와 저렴함이 자신을 모욕한다고 적어 넣었다.

"내 주위의 모든 사람은 내가 함께 살고 사랑할 수 있는 누군가를 필요로 한다고 느낀다. 그런 사람이 되는 것은 당신에게 달렸지만 당신은 그것을 불가능하게 만들기 위해 상상할 수 있는 모든 일을 했다"라고 분노한 성명을 남겼다.[644]

우리는 소피가 뭐라고 대답했는지 알 수 없다. 그녀가 알프레드에게 보낸 다음 편지는 몇 년 후인 1891년에 작성되었다.

*

처음 13년 동안 소피 헤스가 알프레드 노벨에게 보낸 편지는 언제 어떻게 사라졌을까? 나는 오랫동안 알프레드가 죽기 전에 그 편지를 없앴다고 믿었다. 하지만 1950년대 에릭 베르겐그렌이 수집한 방대한 사실 자료에서 다른 방향을 가리키는 논거를 찾았다. 베르겐그렌은 노벨 재단에 보낸 편지에서 소피의 모든 편지에 대한 자신의 전반적인 평가를 제공했다. "편지들은 처음 몇 년 동안은 참으로 달콤하고 부드럽고 칭찬하는 어조로 쓰였지만, 마지막 10년 동안은 모두 다양한 사치품을 위한 돈을 부탁하는 글들뿐입니다."

"지난 10년?" "첫 해"는 순조롭게 지나갔기 때문에 그녀의 보존된 편지 모음은 따라서 적어도 12년을 커버해야 했다. 그러나 소피가 알프레드에게 보낸 편지들 중 잘 보존되어 출판된 것은 5년 치를 넘지 않는다.

빌고트 쇠만(Vilgot Sjöman) 감독은 알프레드 노벨에 관한 영화(1995)를 작업하면서 편지의 운명을 파헤쳤다. 작가 순드만(P.O. Sundman)은 1970년대 후반에 알프레드 노벨에 관한 책을 쓰려고 할 때 특이한 특권을 얻었다. 그는 소피와 알프레드 사이의 원본 편지가 있는 국립 기록 보관소의 상자를 집으로 가져갈 수 있는 허가를 받았다.

순드만에게는 경쟁자인 시그바드 스트란드(Sigvard Strandh)가 있었는데 그는 역사적 관점에서 알프레드에 대해 병렬로 글을 썼다. 스트란드도 편지에 관심이 있어 국립 기록 보관소에 순드만으로부터 반환해 달라고 요청했지만, 아무런 결과도 얻지 못했다. 아마도 일정 기간 동안 원본 편지는 순드만에 의해 배포되어 여러 번역자에게 분할되었을 것이다.

순드만과 달리 스트란드는 4년 만에 책을 완성했다. 그 후 순드만은 친구에게 보낸 편지에서 이렇게 썼다. "소피 헤스에게 보낸 편지는 스트란드에게 도착하지 않았다. 왜냐하면 내가 가지고 있었기 때문이다!"

이후 그는 상자를 국립 기록 보관소에 반환했다. 13년에 걸쳐 편지를 수거했기에 빠진 것이 없다면 거의 기적일 것이다.[645]

*

알프레드는 소피 헤스와의 실패를 참을 수 없었다. 그는 시누이 에들라에게 보낸 편지에서 좌절감을 이렇게 표현했다. "당신은 사랑, 기쁨, 소음, 고동치는 삶, 보살핌과 양육, 애정으로 둘러싸여 있으며 만족에 뿌리를 두고 있습니다. 반면 나는 쓸모없고 운명적인 인생의 잔해처럼 무력하고 제멋대로인 나, 과거의 밝은 기억도 없고, 환상의 거짓이지만 아름다운 조명도 없으며, 우리의 유일한 추가 삶인 가족도 없이 방황합니다."[646]

1885년 7월 말에 알프레드는 또 다른 충격을 받았다. 그의 진술에 따르면 그는 펜을 잡기 전에 진정하기 위해 몇 시간 동안 수행원과 함께 여행해야 할 정도로 힘든 상태였다. 그 후 소피에게 "나에게 진심을 담아 당신이 새 삶을 어떻게 형성할지 자세히 설명해 달라"는 메시지를 보냈다.

1990년대 영화를 준비하던 감독 빌고트 쇠만은 비엔나로 여행을 떠나 소피 헤스의 손녀인 올가 뵘(Olga Böhm)을 만났다. 그녀는 그에게 이전에 알려지지 않았던 날짜가 없는 편지에 대해 이야기했다. 익명의 남성이 기차에서 알프레드 노벨과 예상치 못한, 매우 당황스러운 만남을 가졌고, 그에 대해 소피 헤스에게 편지를 썼던 것이다. 알프레드 노벨은 그와 소피 헤스에 대한 소문을 듣고 편지 작성자와 대면했다. 분명히, 연인은 사실을 인정해야 했다. 불안정한 만남 끝에 그 남성은 즉시 소피 헤스와의 관계를 종료했다.[647]

그런데 이러한 일이 실제로 발생한 걸까?

동시에 빌고트 쇠만 감독은 소피 헤스의 누이가 "소피가 모든 웨이터와 함께 알프레드 노벨을 속였다"고 했다는 가족 서한의 내용도 입수했다. 그 차가운 충격의 원인이 무엇이었든, 결국 알프레드 노벨이 사설 탐정을 고용하게 되었다. 그는 소피가 스파와 비엔나에서처럼 파리에서도 느슨하게 살고 있는지 알고 싶었다.[648]

값싼 모욕은 알프레드 노벨의 내적 자극에 대한 갈망을 더욱 키운 듯하다. 그는 얼마 전 베르타 폰 주트너에게서 받은 편지를 기억했다. 베르타와 그녀의 남편 아더 폰 주트너는 아더 부모의 자비로 칸 카서스(Kan kasus)에서 오스트리아로 돌아왔다. 1885년 8월 중순, 알프레드 노벨은 비엔나에 있었고 여전히 소피에게 일어난 일에 대해 괴로워했다. 그는 베르타 폰 주트너를 찾았지만 그녀가 하르만스도르프(Harmannsdorf) 가족의 집에 있다는 말만 들었다. 감히 그곳에는 가지 않았고, 대신 그녀의 책 『영혼의 목록』을 떠올리며 다음과 같은 편지를 썼다.

"마침내 귀국하게 되어 기쁘고, 전쟁을 마치고 휴식을 취하게 되어 너무나 기쁩니다. 무한한 동정심을 느낍니다! 나에 대해 무엇을 말할 수 있습니까? 젊음, 기쁨 및 희망을 박탈당한 난파선? 텅 비거나 회색인 '영혼'."[649]

평화 문제는 매우 큰 화제였다. 1885년까지 발칸 반도의 새로운 긴장이 전쟁의 공포를 유럽 전역으로 퍼뜨렸다. 종전처럼 단결을 염원하는 노예들의 열망이 그 중심에 있었고, 강대국들이 예상되는 충돌을 대비하고 있었다. 가장 뜨거운 감정은 러시아와 영국 사이에 흐르고 있었으며, 유럽의 복잡한 정치적 균형 상태에서는 비스마르크의 3국 동맹(독일, 오스트리아-헝가리, 이탈리아)도 개입할 위험이 컸다.

알프레드 노벨은 루드빅에게 보낸 편지에서 전쟁의 위협을 언급하며, 선전포고를 두려워했다고 밝혔다. 그는 다가오는 유럽 전쟁이 직접 경험한 프랑스-독일 전쟁보다 더 길고 더 심각한 결과를 초래할 거라고 예견했다. 알프레드는 "우리의 작은 이익은 그것으로 인해 어려움을 겪게 될 것입니다. 그러나 세계의 심장이 피를 흘리고 있을 때 누가 주식시장을 생각할 수 있겠습니까?"라고 말했다.

알프레드 노벨의 추론에 새로운 어조가 담겨 있었다. 같은 날 그는 비지니스 담당자에게 자신의 미래 꿈이 주로 휴식과 평화에 관한 것이라고 썼다. "나는 점점 더 철학적이 되어가고 있다. 총소리가 더 많이 들릴수록, 피가 흐르고 약탈이 합법화되며, 리볼버가 승인되는 것을 볼수록 내 꿈은 더욱 뚜렷하고 강해진다." 몇 달 후 그는 그 어느 때보다 우리의 작은 폭발적인 세계가 평화 가운데 번영하는 모습을 보고 싶다고 외교적 비전을 제시했다.[650]

알프레드 노벨은 자신의 새로운 발명품을 존재의 맥락에서 어떻게 보았는지에 대해 언급하지 않았다. 그의 첫 번째 군사용 폭발물인 연기 없는 화약은 여전히 영업 비밀이었다. 세브란에서 화학자 페렌바흐는 마지막 세부 사항을 연구하고 있었다. 알프레드 노벨은 1879년부터 이 아이디어에 대한 작업을 시작했다. 그렇다. 1863년에 본격적으로 폭발물을 다루기 시작한 이후로 그는 니트로글리세린과의 혼합물인 안타시아(antasia)에 대한 아이디어를 항상 가지고 있었다. 그러나 이 작업은 시간이 걸렸다. 무엇보다 이번에는 정말 철저하게 작업을 수행하고 싶었다. 미세 조정과 특허 출원 모두에 주의를 기울였다. 그러나 1885년 7월, 알프레드는 소수의 동료 중 한 명인 영국의 화학 교수 프레드릭 아벨에게 기대를 더 할 수밖에 없었다. "나는 곧 당신에게 놀라운 힘과 안전성을 가진 수류탄용 폭발 물질을 제공할 수 있을 거라고 자신 있게 말할 수 있다. 액체는 아니다."[651]

아마도 알프레드 노벨은 베르타 폰 주트너나 다윈의 철학에 영감을 받아 연기 없는 화약을 모든 전쟁을 종식시킬 올바른 방향으로 가는 한 걸음이라고 여겼을지도 모른다. 그러나 그는 이상적인 상태와 가혹한 현실 사이에서 차이를 느꼈을 수도 있다. 아니면 단지 일관성이 없었을 가능성도 있다. 어쨌든 유럽에서 대규모 전쟁은 일어나지 않았고, 세상은 안도의 한숨을 쉬었다. 알프레드 노벨은 계속해서 새로운 탄약을 정제했지만 하늘에는 여전히 불안의 구름이 드리워져 있었다. 그리고 1885년 여름, 프랑스의 폭발물 엔지니어가 경쟁 제품을 개발했다.[652]

폴 비에유(Paul Vieille)는 프랑스 국영 화약 회사의 분말 및 질산염 부서(Service des Poudres et Salpétres)에 고용되었으며, 이 부서는 세브란에 있는 알프레드 노벨의 연구실에서 1킬로미터 떨어진 곳에 공장과 사격장을 두고 있었다. 비에유는 1년 동안 파리에 있는 회사 실험실에서 다양한 화약을 실험해 왔다. 그중 일부 시설은 무연화약을 위한 것이었다. 그는 알프레드 노벨처럼 면 가루로 작업했지만 니트로글리세린을 추가하지는 않았다.

1884년 말, 폴 비에유는 첫 실용적인 성과를 거두었고, 그의 무연화약은 이제 소총 테스트를 위한 준비가 되었다. 이에 따라 1885년, 비에유는 자신의 작품을 매우 비밀리에 세브란으로 옮겼다. 그곳에는 새로운 연구소가 완공되어 있었다.[653] 이 연구소는 세계 최초의 무연화약이라는 새로운 군사 혁신을 탄생시켰다. 알프레드 노벨은 서둘러 자신의 연구를 진행하기 시작했다. 그러나 그가 이러한 상황을 인지하고 있었는지는 확실하지 않다.

그가 꿈꾸던 보다 자유로운 연구 생활에 한 걸음 더 다가섰다. 곧 항구에서 다이너마이트 회사의 합병이 예정되어 있었다. 이제 그에게 필요한 것은 거래 완료에 필요한 자금을 상트페테르부르크의 석유 회사로부터 받는 것뿐이었다. 알프레드는 루드빅을 계속 도우며, 자신의 재산 중 절반 이상인 950만 프랑을 바쿠에 투자했다.

그러나 1885년 말까지 세계 석유 시장 가격은 과잉 생산 이후 다시 한번 급락했다. 석유 산업의 위기에 대한 이야기가 있었다. 노벨 형제의 나프타회사는 지불을 중단했다. 회사가 경제적 파산에 이를 것이라는 우려가 생기기 시작했다.

16장
가장 큰 실수, 가족을 잃다

알프레드 노벨은 많은 모순을 지닌 사람이었는가? 그는 다이너마이트와 같은 군수품을 발명해 군수 산업에 기여하면서도, 동시에 "빛나는 평화"를 꿈꾸었다. 또한 교회와 "불행한" 사제들을 비판하면서도 파리의 스웨덴-노르웨이 소피아 교구에 거액을 기부하는 등 종교와 관련된 활동에도 참여했다.[654] 얼마 후, 화가 난 그는 소피 헤스가 자신의 이름을 사용하는 것을 금지했지만 그는 편지에 행복하게 계속해서 "마담 소피 노벨(Madame Sophie Nobel)"이라고 적었다.

알프레드 노벨은 인류의 이익을 추구했지만 자신이 무능하다고 선언할 기회를 거의 놓치지 않은 사람이었다.

친구들은 이제 53세인 알프레드 노벨이 지쳐 거의 기절할 것처럼 보였다고 말했다. 백발의 수염과 약간 굽은 등을 가진 상대적으로 작은 체구로, 일하는 동안 관찰을 위해 콧대 위로 핀셋을 집어 들어야 했다. 그의 조카는 그에게 맞는 지팡이를 이미 준비했으며, 그는 평범한 검은색 정장 차림으로 단정하게 걸었다. 많은 사람이 그를 회사를 소유한 거물이라기보다는 잘생긴 노동자로 여겼다.

그의 존재에 대한 우울함과 밝고 관통하는 시선에는 분명히 진지함이 있었다. 중년의 알프레드 노벨은 카리스마 넘치는 살롱의 중심인물이 아니었다. 오히려 그는 무뚝뚝하고 긴장한 모습으로 소심해 보였다. 그러나 그 겉모습 뒤에는 열정과 헌신이 진동하고 있었으므로 늘 불안해하고 신경질적인 사람으로 인식되었다. 그는 비꼬는 유머나 재치 있는 풍자를 하는 날카롭고 독특한 영성을 소유했다.

알프레드 노벨은 편하게 느끼고 긴장을 푼 자리에서는 쉽게 중심인물이 되며, 스웨덴어, 프랑스어, 영어, 독일어를 자유롭게 구사했다. 때로는 드물게 러시아어도 사용했다. "그와 한 시간 동안 이야기를 나누는 것은 흔치 않은 즐거움이면서도 다른 한편으로는 고된 노력이었다. 그의 예상치 못한 주제 전환과 돌발적인 역설에 대비해 항상 경계하고 빠르게 따라가야 했기 때문이다." 탐험가 스벤 헤딘(Sven Hedin)은 "알프레드 노벨의 생각은 빠르게 비행하므로 지구는 축소되고 거리가 무의미해진다. 바람에 쫓기는 제비처럼 한 주제에서 다른 주제로 날아갔다"고 기술했다. 베르타 폰 주트너는 "그와 함께 세상과 사람들, 예술과 삶, 시간과 영원의 문제에 대해 이야기하는 것은 진정한 영적 기쁨이었다"고 회상했다.[655]

알프레드 노벨은 그의 독특한 성격과 기이한 아이디어로 주변 사람들을 당황하게 만들었다. 특허 엔지니어 위고 해밀턴(Hugo Hamilton)은 알프레드 노벨이 "기괴하게 독창적"일 뿐만 아니라 "작고 비정상적으로 못생겼다"고 생각했다. 해밀턴은 때때로 노벨과 노르덴스키월드와 함께 하셀바켄(Hasselbacken) 레스토랑에서 저녁 식사를 했다. 그의 회고록에 따르면, 노벨은 자살을 원하는 사람들을 위한 특별한 집을 지어야 한다고 상상하며, 그곳에서 자살을 원하는 사람들이 "불쾌한 장소에서 목을 자르는" 대신 친절한 도움을 받을 수 있도록 해야 한다고 말했다. 해밀턴은 노벨에게서 일반적인 대화와는 거리가 먼 기이한 아이디어들을 들었다고 회상했다.[656]

말라코프 대로에 초대된 손님들은 알프레드의 세심함과 풍요로움에 놀랐다. 그들은 노벨의 호화로운 만찬, 고급 빈티지 와인, 그리고 대부분의 사람이 이름조차 들어본 적이 없는 아프리카의 신선하고 이국적인 과일들을 오랫동안 기억했다. 그러나 노벨 자신은 소박한 삶을 살았으며 종종 다이어트를 했다. 그는 너무 많은 포도주로 인해 위염에 걸려 종종 물잔에 몇 방울만 떨어뜨리는 것으로 만족해야 했다. 회계 장부를 통해 판단하건대, 이전에 자주 피우던 시가는 거의 끊은 것으로 보이지만, 계속 담배와 담배 홀더를 구매한 것으로 보아 완전히 금

연하지는 않았던 것 같다.[657]

알프레드 노벨은 삶의 기원과 의미에 대해 많은 생각을 했다. 어느 날, 스웨덴 소피아 교구의 에밀 플리야레(Emil Flygare) 목사로부터 파리의 취약한 동포들을 위한 재정적 지원 요청을 받았다. 알프레드는 플리야레 목사를 높이 평가하며 요청된 금액을 두 배로 늘려 기부했다. 이러한 기부를 통해 그는 답장에서 자신의 신념과 가치를 실천하며, 자신의 생각을 시험할 기회를 가졌다.

우리의 종교적 견해는 형식적으로는 다를 수 있지만, 우리는 모두 자신이 대접받고 싶은 대로 이웃을 대해야 한다는 점에 동의합니다. 저는 분명 한 발 더 나아갑니다. 저 자신에게 혐오감을 느끼는 반면, 이웃에게는 그렇지 않기 때문입니다. 그러나 제 이론적인 종교관은 정도에서 크게 벗어난다고 인정합니다. 이는 바로 '질문들이 우리를 훨씬 넘어선 곳에 있다'는 이유로 인간의 이성으로 그 해답을 인정하기를 거부하기 때문입니다. 종교적으로 무엇을 믿어야 하는지 아는 것은 원을 정사각형으로 만드는 것만큼 불가능하지만, 무엇을 믿을 수 없는지 아는 것은 가능성의 범위를 벗어나지 않습니다. 이 한계를 넘지 않습니다. 생각하는 사람이라면 누구나 우리를 둘러싸고 있는 영원한 수수께끼를 인식해야 합니다. 그것이 모든 진정한 종교의 기초입니다. 우리가 전능자의 베일 너머로 볼 수 있는 것은 아무것도 없고, 우리가 보는 것이라고 생각하는 것은 개인의 상상력에 의존하므로 개인적인 견해로 제한되어야 합니다. 그러나 나는 형이상학의 영역으로 벗어나 진심 어린 편지에 감사드리고, 진심 어린 애정과 높은 존경을 다시 한번 확신시켜 드립니다.[658]

겨울 동안 알프레드는 추위와 호흡기 감염으로 고생했다. 그는 이른 아침에 기차를 타거나 두 겹의 모피 코트를 입고 날렵한 검정색 러시아 종마가 끄는 마차를 타고 세브란 연구소로 달려갔다. 저녁 늦게 그는 같은 길로 돌아왔다. 조르쥬 페렌바흐와 함께 무연화약을 시험해 보았다. 노력했다는 말이 맞았다. 이는 과학적인 활동이라기보다는 끝없는 "장인의 노력"이었다. 노벨과 페렌바흐의 실험을 면밀히 연구한 과학사가인 세이무어 마우스코프(Seymour Mauskopf)는 이를 "창조적인 장인"의 작업으로 보았으며, 노벨의 "비범한 직관"에 근거한 성공이라고 믿었다.[659]

알프레드 노벨은 인내심이 부족하지 않았다. 그는 가치 있는 결과를 달성하는 데 1년이 더 걸렸다. 그 사이 경쟁 상대인 프랑스인 폴 비에유는 이미 무연화약 파우더 B(Poudre B)를 프랑스군에 도입한 상태였다. 그러나 세계 시장의 주도권이 누구에게 돌아갈지는 여전히 알 수 없었다. 알프레드 노벨은 영국의 프레드릭 아벨 교수와 제임스 듀어(James Dewar) 교수의 관심을 크게 기대했다. 그들은 노벨의 풍부한 지식과 재능을 활용한 연구를 환영하며, 중요한 시장을 개척하는 데 도움을 주었다.[660] 알프레드는 그들에게 정보를 제공하는 데 세심한 주의를 기울였다.

하루 종일 비커 소리와 분젠 불꽃 소리가 가득한 날들이 이어졌다. 알프레드는 니트로글리세린으로 인한 지속적인 두통에 시달렸고, 때때로 머리에 차가운 붕대를 감고 일했다. 파리로 돌아왔을 때는 23통의 편지가 회신을 기다리고 있었다. 이른바 그의 여가 시간은 건강에 해로운 비즈니스 싸움으로 가득 찼으며, 알프레드는 이를 순수한 고문으로 여겼다. 다이너마이트 회사는 자신들과 함께 신뢰를 형성해야 할 이들과의 논쟁을 멈출 수 없었다.[661]

그 후에는 소피의 문제가 기다리고 있었다. 그는 그녀에 대해 책임감을 느꼈고, 희망을 버리지 않았다. 무엇이 사실이고, 무엇이 단지 악의적인 비방일까? 그는 누워서 생각했다. "다시는 나를 속이지 말기 바란다." 그는 소피가 하인들을 무례하게 대하는 태도를 꾸짖으며, "너의 대화 사전에서 인간의 존엄성이라는 단어를 찾아봐!"라고 말했다. 그럼에도 불구하고 그녀에게 고액권 지폐를 계속 보냈다. 그는 파리의 부티크에서 그녀의 주문을 계속 처리했다. 회계 장부에는 다음과 같이 채워졌다. "임차료(Rent Trollet), 1,400", "편지지(Trollet in letter), 3,000", "와인(wine bill Trollet), 930", "콘탄트(Trollet Contant), 2,600", "3개의 모자, 302", "사파이어와 브릴리언트 귀걸이, 2,000", 때때로 대비가 두드러지는 항목들도 있었다. "장갑(Gloves Trollet), 114", "내 장갑(gloves me in), 1.75".

소피 헤스에 대한 지출은 알프레드 노벨의 회계 장부에서 가장 빈번한 항목 중 하나로, 이는 개인 경비의 약 3분의 1을 차지했다.

"나는 아직 찾지 못했고, 아마도 결코 찾지 못할 것을 그리워한다. 가정생활이 교양 있고 품위 있으며, 나에게 편안한 남성 신발 같은 것이 되길 기대한다." 그는 기분이 상한 듯 체념 어린 한숨을 쉬었다. 그러나 얼마 지나지 않아, 소피에게 보내는 편지에서 부드러운 태도와 "곰돌이"라는 표현이 다시 나타났다. 일관성은 알프레드 노벨의 강점이 아니었다.[662]

이러한 상황에 더해, 루드빅의 사업에 대한 걱정이 생겼다. 1886년 초, 노벨 형제 나프타회사의 지불 문제에 대한 소문이 외국 신문에까지 퍼졌다. 사람들은 알프레드가 석유 회사에 관여하고 있다는 점을 들어 신용을 제공하라는 경고를 했다. 알프레드는 다시 루드빅의 계좌를 확인해 볼 수 있도록 요청했고, 이번에는 안심할 수 있었다. 루드빅은 그것을 아마도 석유 경쟁자인 로스차일드(Rotschild)가 주도한 비정상적으로 악의적인 중상 캠페인이라고 주장했는데, 이는 사실로 보인다.[663]

알프레드가 꿈꾸던 창작의 자유는 아직 흔적이 많이 보이지 않았다. 그는 여전히 일주일 동안 베를린, 다음 런던, 그다음 토리노를 오가며 바쁜 일정을 소화해야 했다. 어느 순간, 적어도 그의 마음은 안개가 자욱한 폭발물 연구 구획을 떠나 완전히 다른 영역에서 프로젝트를 계획할 수 있을 거라고 기대했다. 그는 의학에 매우 큰 흥미를 느꼈다. 요즘 화학과 의학이 자주 융합되는 게 놀랍지 않은가?

알프레드는 폐결핵 연구를 위해 의사들과 협력하려 했다. 루이 파스퇴르의 주요 경쟁자였던 독일의 세균학자 로베르트 코흐(Robert Koch)는 4년 전에 결핵균을 식별하는 데 성공했다. 하지만 당시 결핵은 생명을 위협하는 질병이었지만, 효과적인 치료법이 없었다. 코흐는 파스퇴르의 광견병 백신 성공에 자극을 받아 최선을 다했지만, 결국 성공하지 못했다. 결핵 백신이 처음으로 인간에게 시험된 것은 1921년이 되어서였다.

알프레드 노벨은 일산화탄소 가스가 결핵에 영향을 미칠 수 있는지 테스트해야 한다고 생각했다. 그러나 의사들은 그렇게 열성적이지 않았다.[664] 알프레드는 신뢰할 수 있고 연기가 없는 화약이 곧 성공적으로 마무리되기를 기대하며, 세브란 연구소에서 하루 종일 자극적인 기술 융합(korsbefruktningar)에 전념할 수 있기를 바랐다.

*

파리 중심부에서 세브란 교외까지는 RER 통근 열차로 20분이 소요된다. 2015년 11월 중순, 안개 낀 날씨 속에 나는 그곳을 여행했다. 알프레드 노벨이 가장 사랑하고 그토록 자랑스러워했던 실험실은 그대로 남아 있었다. 창밖으로는 그래피티로 뒤덮인 벽돌이 스쳐 지나갔고, 때때로 불에 탄 자동차 잔해도 보였다. 기차는 노벨 시대의 몇 안 되는 건물 중 하나인 세브란의 아름다운 기차역에 멈췄다.

교외의 인구는 당시 300명에서 오늘날 5만 명으로 늘어났다.

실업률은 19퍼센트에 이르며, 폭력 범죄의 발생률은 국가 전체 평균의 세 배에 달한다. 빈곤과 소외가 너무 만연해 몇 년 전 세브란 시장은 프랑스의 문제 지역에 대한 국가 보조금 인상을 요구하며 국회 밖에 천막을 치고 단식 투쟁을 벌이기도 했다.

또한 세브란은 프랑스에서 이슬람주의자들의 적극적인 모집 활동에 대한 경고가 있었던 지역 중 하나이다. 지난 1년 동안 프랑스 보안 경찰은 이러한 이유로 감시를 강화했다. 내가 이곳을 방문한 다음 날, 파리는 이슬람과 연계된 테러 조직으로부터 여섯 건의 공격을 받아 130명이 목숨을 잃었다.

알프레드 노벨의 자산은 세브란 중심부에 남아 있다. 그의 집은 지방자치단체의 소유로, 벽에는 전 주인을 기리는 명판이 부착되어 있었다. 나는 노벨이 당구장으로 사용했던, 현재는 세브란 시에서 결혼식장으로 활용하고 있는 둥근 연회장을 지나갔다. 녹색 울타리 뒤에는 알프레드 노벨이 사랑했던 실험실이 자리하고 있었다.

건물은 허름해 보였다. 정면의 벽돌은 느슨해졌고, 깨진 창문은 다양한 색조의 합판으로 대체되어 있었다. 나는 뒤쪽에 반쯤 열린 철문을 통해 몰래 들어가 보았다. 금이 간 시멘트 바닥은 깨진 유리 조각과 많은 목재로 덮여 있었다. 깨진 나무 의자, 구불구불한 의자, 먼지투성이의 오래된 탄산음료 캔, 찢어진 판지 상자 등의 잔해들이 널려 있었다. 오목한 천장에는 녹슨 형광등이 매달려 있었다.

세브란시의 정보 책임자는 노벨 연구소가 가까운 시일 내에 개조될 것이라고 확신했다. "알프레드는 아마 나처럼 당신이 다른 것들을 생각해야 할 거라고 여길 것이다." 나는 대답하고 싶은 충동을 느꼈다.

이곳에서 알프레드 노벨은 자신의 모든 꿈을 실현하고자 했다. 그러나 그런 일은 일어나지 않았다. 나는 낡은 PC의 녹슨 뼈대를 발견했다. 짙은 색 나무로 된 부서진 찬장은 19세기를 연상시켰다. 쉽게 감상에 젖어 들었다. 방금 무슨 일이 일어났는가? 전체적인 상황을 파악하려면 시간이 좀 걸릴 것이다.[665]

*

알프레드 노벨은 석유 회사에 닥친 심각한 위기로 인해 침대에 누워 있었다. 충격은 너무나 갑자기 찾아왔다. 루드빅은 자금이 충분하다고 주장했다. 1886년 여름, 알프레드는 이러한 상황에서 루드빅에게 그가 빌려준 돈의 일부를 갚아달라고 요청할 용기를 냈다. 이는 부채의 일부를 상환하기 위해서였다. 영국 다이너마이트 회사와의 협상이 마침내 이루어졌고, 알프레드는 필요한 주식 구매를 위해 자금이 필요했다.[666] 그는 현금화할 수 있는 다른 모든 자산을 파악했고, 스웨덴의 다이너마이트 재고를 무작위로 처분했다. 그러나 그것으로도 충분하지 않았기에 시급했다.

루드빅은 다리를 꼬고 앉아 생각했다. 왜 하필 지금인가? 여름은 석유 회사에게 최악의 시기였다. 시장은 과잉 생산과 가격 하락으로 새로운 침체에 빠져 있었다. 그는 알프레드에게 편지를 썼다. 산업 활동은 단순한 자본 투자가 아니며, 다음 세대에서 살아남기 위해서는 인내심이 필요하다고 신랄하게 지적했다. 민감해진 루드빅은 "긴급 상황에 대해 아이가 없는 사람은 나처럼 가족이 많은 사람과는 전혀 다른 인식을 갖고 있을 것이다"라고 했다.[667]

알프레드는 아무것도 이해하지 못했다. 그는 노벨 형제 회사를 파산에서 구하기 위해 여러 번 자신을 혹사시켰다. 물론 급히 돈이 필요하지 않았다면 돈을 돌려달라고 하지 않았을 것이다. 루드빅은 무슨 생각을 했을까?

석유 회사에서 알프레드의 주식은 이제 약 700만 프랑의 가치가 있었다. 그는 이를 팔 계획이 없었고, 추가로 빌려준 130만 프랑만 필요했다. 좌절한 그는 로베르트에게 편지를 써서 루드빅에게 경고했다. 알프레드는 루드빅을 지금까지 기업 활동에 참여한 사람 중 "가장 정신 나간" 사람이라고 불렀다. 알프레드는 "나는 오랫동안 그 [러시아 사업]이 빠른 속도로 쇠퇴하고 있다고 예감해 왔다"라고 썼다. 알프레드는 로베르트에게 진심을 숨기지 않았다. 혼자 살았기에 재산을 모두 잃어도 충분히 생존할 수 있었다. 그러나 그는 "하지만 형에게는 이 문제가 매우 심각합니다"라고 썼다. 얼마 후 로베르트는 석유 회사에 15만 프랑을 요구했다.[668]

루드빅은 알프레드와 로베르트가 자신을 배신했다고 느끼며 깊은 절망에 빠졌다. 그는 형제들이 자신에 대해 음모를 꾸미며 회사의 적인 '로스차일드'의 손에 넘어갔다고 결론지었다. 이에 따라 루드빅은 알프레드에게 화난 어조로 10페이지 분량의 편지를 썼다. 그는 "나와 함께 회사를 설립하고 같은 이름을 가진 두 사람에게 회사를 포기하지 말고 시대가 개선될 때까지 침착하게 인내해 달라는 내 요청보다 더 자연스러운 일이 어디 있겠는가?"라고 말하며, 자신이 형제들에게 빚을 갚고 싶어 했음을 강조했다. 그러나 그는 "페테르부르크에는 이제 무언가를 살 사람이 아무도 없다"라고 확신하며, "모든 산업 활동이 불황에 있다는 것을 이해하지 못했는가? 슬기로운 사람은 절망하지 말고 버텨야 하며, 일시적으로 자신을 구할 생각만 해서는 안 된다"라고 덧붙였다.[669]

루드빅에게 로베르트의 배신은 경제적 재앙이 아니었다. 그가 보유한 지분이 적었기에 회사에 큰 위협이 되지 않았다. 그러나 알프레드의 경우는 달랐다. 루드빅은 무릎을 꿇고 자신의 주장을 그대로 유지하며, 상트페테르부르크에 있는 자신의 집을 담보로 제공할 것을 약속했다. 하락하는 시장에도 불구하고, 이는 나쁜 보상은 아니었다. 네바(Nevka) 강가에 위치한 루드빅의 궁전 같은 저택은 거의 900제곱미터의 생활 공간과 사무실, 2층짜리 온실, 도시에서 가장 웅장한 응접실 중 하나를 갖추고 있었다.

알프레드 노벨은 루드빅의 제안을 차갑게 거절하며, 석유 회사의 파산이 시간 문제라고 분명히 했다. 그는 "회사 전체가 망가지는 것을 조금 더 늦추기 위해 다른 방법을 사용할 수는 없었는가? 지금 대출금을 상환하기를 원하는가? 그러면 어떤 대가를 치르더라도 즉시 내 집을 팔겠다. 바로 알려 달라!"라고 말하며, 상황의 심각성을 강조했다. 이로 인해 두 형제 간의 대화는 냉담해졌고, 루드빅은 반박할 수밖에 없었다.

알프레드는 대답하지 않았다. 아버지 사업의 일부를 이어받은 루드빅의 장남 엠마누엘은 부드러운 어조로 서신에 끼어들었다. 부채는 당연히 해결될 것이라고 그는 말했다. 문제는 알프레드와 루드빅이 동시에 돈이 필요했다는 것이었다. "삼촌과 아버지가 모두 어려운 상황에 있음을 분명히 알고 있습니다."[670]

몇 주 후, 루드빅과 알프레드는 런던에서 만났다. 그러나 그들의 만남은 불행히도 재앙으로 끝났다. 알프레드는 로베르트에게 보낸 편지에서 분노를 터뜨리며, 이 문제에 감정을 섞은 사람은 자신이 아니라고 강조했다. 그는 앞으로는 루드빅과 직접적으로 일하지 않기를 원한다고 했다. 형은 런던에서 "극도로 모욕적이고 무례하게" 행동했으며, 알프레드는 많은 비즈니스 분쟁에 연루되어 있었지만 "전이나 이후로 나는 그런 무자비한 대우를 받은 적이 없습니다. 형에게 도움이 되는 것을 방해하려는 것은 아니지만 이제부터는 다른 사람을 통해 진행하려

합니다"라고 말했다.[671]

형제들은 구출되었다. 1886년 10월, 노벨-다이너마이트 트러스트 컴퍼니가 런던에 설립되어 즉각적인 성공을 거두었다. 알프레드는 루드빅에 대한 자신의 주장을 철회했다. 우려했던 것만큼 자본이 필요하지 않았기 때문이었다. 그 신뢰의 빛은 러시아의 노벨 형제 회사에도 흘러갔다. 루드빅에 따르면 알프레드의 성공은 하나의 계기로 작용했다. 러시아 금융가에 대한 아일랜드의 위협으로 노벨 형제는 모든 크레디트가 정지되었다. 그때 그들은 갑자기 다른 제안을 받았다.

한 달 후, 루드빅이 파리의 알프레드를 방문했을 때, 그들의 관계는 이전의 형제적 신뢰를 완전히 회복한 듯 보였다. 루드빅은 감사 편지에 이렇게 썼다. "편지는 차가웠지만 입으로 말하는 대화는 내면을 무조건 반영하는 것이므로 이것이 따뜻하고 좋은 것이다." 알프레드도 화답했다. "형의 편지는 형이 생각하는 것보다 나를 더 기쁘게 했습니다. 우리는 둘 다 인생의 경사면에 서 있으며, 논쟁의 기초가 되는 사소한 사안에 대한 의견이 절대적이지 않습니다." 또한 "나는 내 내면의 자아와 어둠과 고통을 지배하는 니펠하임(Nifelheim)의 영혼 사이의 갈등을 제외하고는 모든 것과 모든 사람과 절대적으로 평화롭게 살고 있습니다. 최소한, 나는 형과 함께 가는 것을 원합니다. 그리고 우리 사이에 그림자가 있었더라도 그것은 이미 오래전에 마음의 빛 앞에서 사라졌습니다"라고 덧붙였다.[672]

마지막 부분은 진실을 약간 과장한 것 같지만, 그게 무슨 상관이었겠는가?

*

베르타와 아더 폰 주트너는 파리로 가는 길에 있었다. 그들은 도시의 공기를 마시고 싶었다. 2년 동안 외로운 사람들의 지루함을 견뎌냈다. 1887년 초, 가족의 성인 하르만스도르프(Harmannsdorf)에도 눈이 내렸다. 아더의 친척들은 극도로 보수적이었다. 그들은 베르타가 치료의 목적으로 글을 쓰기 시작했던 오스트리아 귀족 계급에 대한 모든 풍자적인 이미지에 부합하는 삶을 살고 있었다.

하르만스도르프에서는 자유주의나 문학에 관심을 두지 않았으며, 특히 베르타와 아더에게 닥친 현대 평화와 사회 철학에 대한 개념에도 관심을 두지 않았다. 아더의 어머니가 베르타의 에밀 졸라 책을 발견했을 때, 그녀는 항의의 표시로 그것들을 불태웠다.[673]

파리에 있던 베르타는 알프레드 노벨에게 연락했다. 그는 말라코프 대로에 있는 자신의 "귀여운 작은 집"으로 그들을 친절하게 초대했다. 베르타는 알프레드의 머리가 회색이 된 것 같다고 느꼈지만, 그가 전혀 변하지 않았다고 생각했다. 여전히 베르타의 취향에 맞게 간소하게 가구가 배치된 서재에는 큰 책상이 놓여 있었고, 도서가 전시되어 있었다. 알프레드는 아더에게 자신의 집 연구실을 보여주었다. 만족한 베르타는 알프레드에게 지난번 이후로 독서를 심화한 것 같다고 말했다. 책꽂이에는 철학과 시가 가득했고, 영예로운 자리에는 "가장 좋아하는 시인"인 바이런 경의 작품이 수집되어 있었다. 그리고 그녀는 알프레드가 소파 위에 걸어두었던 헝가리 출신 미카엘 폰 문카치(Michael von Munkacsy)의 그림에 감탄했다. 그는 그들을 위해 예술가의 파리 주소를 알아내겠다고 약속했다.

저녁 식사는 인상적이었다. 특히 베르타와 아더는 알프레드가 저장고에서 꺼낸 뛰어난 와인, 샤토 이켐(Chateau d'Yquem)과 요하네스버그(Johannisberger)의 희귀 빈티지에 주목했다. 그 사치는 그가 평소 겸손하지 않았다면 나쁘게 여겨졌을지도 모른다.

식사 후 바로 인근 작은 온실에서 커피가 제공되었다. 베르타 폰 주트너는 나중에 이렇게 회상했다. "이 작은 궁전에서는 모든 것이 작았다. 심지어 공작석 가구로 장식된 초록색 리셉션 홀과 희미한 붉은 조명이 켜진 음악실도 아주 작았다." 그곳에는 아름다운 그랜드 피아노도 있었다.[674]

그들은 할 이야기가 많았다. 베르타는『기계시대(Das Maschinenzeitalter)』집필을 막 끝냈다. 9편의 철학서에서 그녀는 "애국심"이라는 이름으로 유럽 전역에 전염병처럼 퍼지고 있는 편협한 민족주의를 공격했다. 베르타는 "'인종적 이타주의'가 인간 발전의 더 높은 단계임이 명백할 때 어떻게 국가적 이기주의를 이상화할 수 있을까?"라고 추론했다. "인간의 이웃에 대한 사랑이 자기 이익만을 추구하는 것보다 훨씬 우월한 특성인 것처럼"이라고 논리적으로 말했다.[675] 이 질문은 매우 시사적이었다.

유럽 강대국들 사이의 긴장은 마지막 접촉 이후 전혀 줄어들지 않았다. 비스마르크의 현실주의적 연합 정책이 균형을 유지하는 힘을 점점 잃어가고 있음이 더욱 분명해졌다. 특히 새로운 러시아 차르 알렉산더 3세는 암살된 아버지보다 독일 총리의 제안을 훨씬 더 싫어했다. 비스마르크는 러시아가 프랑스에 접근하는 것이 시간문제라고 생각하며, 그 동맹을 지연시키기 위해 할 수 있는 모든 조치를 취했다. 그러나 이제 새로운 시대가 도래하고 있었다. 시끄러운 민족주의자들은 각국에서 여론을 자신들의 편으로 돌렸고, 대부분의 지역에서 전쟁 관련 수사(修辭)가 독일을 향하고 있다는 사실은 누구도, 특히 비스마르크조차도 부인할 수 없었다. 최악의 상황은 프랑스에서 벌어지고 있었다.

알프레드는 베르타와 아더 폰 주트너를 말레셰르브(Malesherbes) 대로에 새롭게 살롱을 연 친구이며 작가인 줄리엣 아담에게 데려갔다. 여주인은 긴 머리에 다이아몬드가 박힌 벨벳 레드 드레스를 입고 있었다. 여전히 젊은 영혼을 지닌 51세의 그녀에게는 장엄한 면모가 더해져 있었다. 베르타 폰 주트너는 이를 인상 깊게 생각했다.

작가, 예술가, 사업가, 정치인들이 작은 공간에 빽빽이 모여 있었다. 줄리엣 아담은 애국심이 강한 인물로, 독일에 맞서는 가장 강한 언론인 중 하나로 떠오르고 있었다. 그녀의 잡지 『라 노블레 레뷰』에서 러시아와 프랑스 간의 동맹을 촉구했으며, 많은 손님이 동의하는 듯했다고 베르타는 회상했다. 사람들은 오랫동안 기다려 온 전쟁이 곧 다가올 것이라고 말했다. "이 무슨 정치적으로 말도 안되는 소리인가!" 그녀는 나중에 한탄했다. "너무나도 부도덕하고 무분별했다."[676]

며칠 후, 폰 주트너 부부는 시인 알퐁스 도데(Alphonse Daudet)를 방문했다. 베르타는 전쟁을 선동하는 사람들 외에도 다른 견해가 존재한다는 것을 알게 되었다. 파리의 평화 조직과 유사한 평화주의 단체들이 영국, 이탈리아, 그리고 여러 다른 국가에서도 나타나고 있었다. "그 소식은 저를 감동시켰습니다." 베르타 폰 주트너는 회고록에 이렇게 썼다.

그녀와 아더는 봄에 오스트리아 하르만스도르프로 돌아갔다. 그녀는 집필 중인 책 원고를 다시 꺼내 국제 평화 활동에 대한 장을 추가했다. 나중에 그녀는 자신이 알지 못했던 이 새로운 현상에 대해 독자들도 무지했을 거라고 가정했다고 설명했다.

베르타 폰 주트너는 군비 경쟁이 국가의 전투 의지를 억제한다고 더 이상 믿지 않았다. 오히려 그것이 인류를 멸망으로 이끌 위험이 있다고 경고했다. 그녀는 "인류의 가장 큰 이익을 위해 전쟁을 계속한다"는 인기 있는 문구가, 전쟁 후 모든 것이 부족해지고 인구마저 감소하면 의미를 잃을 거라고 지적했다. 이러한 생각을 그녀는 저서 『기계시대』에 추가했다.[677]

인류 최대의 이익을 위해. 끊임없는 이 문장!

1887년 4월 20일 수요일, 프랑스 경찰청장이 독일 국경에서 간첩 혐의로 체포되었다. 프랑스 대통령 쥘 그레비(Jules Grévy)는 그의 석방을 간신히 이끌어 냈지만, 이 사건은 민족주의적 항의의 폭풍을 촉발시켜 결국 프랑스 정부의 사임으로 이어졌다. 5월 말에 발표된 새 정부 명단에서, 알프레드 노벨의 20년 지기 동료 폴 바르베는 농업장관으로 임명되었다.

폴 바르베는 1885년 급진 공화당원으로서 하원의원에 선출되었다. 장관직 제안은 그를 순식간에 중도우파 기회주의자로 만들었고, 이는 급진적인 태도로 여겨졌다. 알프레드는 루드빅에게 "그가 선출되어 매우 기뻤습니다. 내가 그의 의원 선출을 예견했기 때문입니다. 그는 눈먼 사람도 알아볼 수 있는 지도력이 있습니다. 내 생각에 그는 곧 총리, 외무장관, 국방장관이 될 것입니다. 그가 나라를 준비되지 않은 전쟁에 빠뜨릴 거라고 생각하지 마십시오. 그는 전혀 긴장하거나 서두르지 않으며, 상대방의 강점을 판단하는 방법을 매우 잘 알고 있습니다. 관료들의 악의와 어리석음에도 불구하고 여기서도 많은 일을 해낼 것입니다." 알프레드 노벨은 바르베의 새로운 권력에서 긍정적인 면만을 보았다.[678]

알프레드는 이전에 알지 못했던 사람들이 정치적 호의를 얻기 위해 자신에게 연락하는 경험을 하게 되었다. 그 자신도 이러한 상황을 비슷하게 받아들였다. 동료들 중 누구도 바르베의 장관직을 자신의 사업에 활용하는 것을 비윤리적이라고 생각하지 않았다. 알프레드는 거의 매일 바르베 장관에게 편지를 보내며, 무연화약 실험에 관련한 정보를 지속적으로 제공했다.[679] 그는 이 새로운 폭약을 "발리스타이트(Ballistite)"라고 명명했다.

알프레드는 프랑스 시장뿐 아니라 러시아 시장도 염두에 두고 있었다. 폴 바르베는 러시아의 다이너마이트 공장 설립 계획에도 참여하고 있었다. 알프레드는 루드빅과 엠마누엘을 통해 러시아 정부가 무연화약에 관심을 갖도록 노력했다. 세브란에서는 페렌바흐가 러시아 소총으로 화약 실험을 시작했다. 루드빅, 알프레드, 폴 바르베 세 사람이 러시아와의 협력을 모색한 것이다. 이는 프랑스 정부의 장관인 폴 바르베가 다른 나라인 러시아에 독특한 군용 탄약을 판매하여 이익을 얻으려 했음을 의미한다. 동시에 그는 알프레드로부터 세브란에서의 사격 훈련에 프랑스 국방장관인 자신의 동료를 초대해도 된다는 신호를 기다리고 있었다. 그와 알프레드 노벨 모두 그러한 이중적 행위가 안보 정책적으로 적절한지에 대해 전혀 고민하지 않은 듯하다.[680]

루드빅의 장남인 28세의 엠마누엘은 정직하다는 명목으로 대부분의 석유 회사와 다이너마이트 및 화약 회사를 운영하고 있었다.

상트페테르부르크의 기계 공장은 그의 남동생 칼(Carl)이 관리했다. 최근의 비즈니스 위기는 루드빅의 가족에게 큰 타격을 주었다. 당시 루드빅은 스파에서 휴식을 취하며 시간을 보내고 있었다. 혈관 경련이 악화되어 신체 기능이 정상적이지 않았고, 그는 목욕과 광천수 요법을 처방받았다. 알프레드가 루드빅에게 장래에 아들들이 사업상의 다툼을 일으키지 않게 해달라고 요청한 말에는 약간의 날카로움이 담겨 있었다.[681]

루드빅의 재활 기간 동안, 그는 자신과 가족의 삶을 되돌아보고 반성할 시간을 가졌다. 이러한 자기 성철을 통해 그는 아버지인 임마누엘 노벨의 전기를 집필하자는 아이디어를 떠올렸다. 그러나 알프레드는 이에 반대하며 다음과 같이 말했다. "전기를 읽을 시간이 있는 사람은 누구입니까? 누가 그런 쓰레기에 진지하게 관심을 가질 수 있습니까?" 알프레드는 자신은 할 일이 너무 많아 불가능하다고 주장했다. 그는 루드빅에게 다음과 같은 예를 들었다.

"알프레드 노벨 - 불쌍한 반쪽 인생: 인간적인 의사에 의해 질식사했어야 했던 그는 울부짖으며 생명에 들어갔다. 최고의 장점: 손톱을 깨끗하게 유지하고 누구에게도 부담을 주지 않도록 했던 것. 가장 큰 실수: 가족, 명랑한 유머, 그리고 건강한 위장을 가지지 못한 것. 가장 크고 유일한 주장: 생매장되지 않는 것. 가장 큰 죄: 돈을 숭배하지 않는 것. 인생에서 중요한 사건: 없음."

"이 정도면 충분한가요?" 알프레드는 화약 관리가 강화되는지가 궁금해졌다.[682]

알프레드 노벨은 프랑스 장관을 회사에 두게 되어 기뻐했지만, 1887년 10월에 발생한 부패 스캔들로 인해 두 달 후 새 프랑스 정부가 일괄 사임하게 되었다. 쥘 그레비 대통령의 사위는 엘리제 궁전(Elysee Palace)에서 값비싼 돈을 받고 지역 명예상(Hederslegionen)과 기타 상을 비밀리에 판매한 사실이 드러났다. 이 위기로 대통령은 물러났고, 1887년 12월에는 또 다른 공화당원인 도로 엔지니어 사디 카르노(Sadi Carnot)가 새로운 프랑스 대통령으로 선출되었다. 그는 이후 7년 동안 그 직책을 맡았다.[683]

야당 언론에서 대통령의 사위만큼 부패한 것으로 묘사되었던 퇴임 농림부 장관인 폴 바르베는 국회의원직을 되찾았다.[684] 그는 국회에서 자신의 권력을 이용해 새로운 방법으로 이익을 취하기 시작했다. 이러한 상황에서 알프레드 노벨은 자신이 했던 말에 대해 후회할 많은 이유를 가지게 되었다.

*

"가장 큰 실수: 가족이 없다는 것." 알프레드가 루드빅에게 자신에 대해 쓴 것이다. 말라코프 대로에서의 외로운 삶은 그 어느 때보다 그를 괴롭혔다. 그는 자신을 진정으로 신경 써주는 유일한 사람이 가정을 돌봐주는 유급 하인들이라는 고통스러운 사실을 깨달았다. 그의 집에는 채울 수 없는 공허함이 있었고, 그는 그것을 고뇌로만 채울 수 있을 것 같다고 생각했다. 이보다 더 비참한 운명이 존재할 수 있을까? 이것이 그가 모든 수고와 사람들에게 보여준 모든 인애에 대해 받은 인정이었는가?[685]

그해에 발생한 두 가지 사건은 다른 사건들보다 그의 기분을 낮추는 데 기여했다. 둘 다 소피 헤스와 관련된 일이었다. 두 사건 모두 알프레드를 충격에 빠뜨렸고, 폭로를 우려한 나머지 타협하게 만들었다. 사건은 5월부터 시작되었다. 알프레드는 오랫동안 소피의 극단적인 지출 수준에 대해 의문을 제기해 왔다. 그녀의 일상 생활에서 이렇게 많은 비용이 드는 이유를 이해할 수 없었다. 사치스러운 습관조차도 설명이 되지 않았다. 1886년 3월, 편지에 날카롭게 적었듯이 "이제 3개월도 되지 않았는데 당신은 이미 2만 9,810프랑(오늘날 100만 크로나를 조금 넘는)을 써버렸다. 내가 아는 한, 당신은 확실히 한 푼도 아끼지 않는 것 같다. 마치 이슐 전체가 내 비용으로 이자를 벌어들이는 것처럼 보인다. 이것은 정말 착취이다."[686]

그로부터 1년 후, 소피가 지난 10년 동안 알프레드의 돈으로 그녀의 아버지와 가족 전체를 부양해 왔다는 사실이 밝혀졌다. 이 사실을 폭로한 사람은 그녀의 친구 올가 뵈트거(Olga Böttger)였다. 알프레드는 젊은 올가를 점점 더 높이 평가하기 시작했다. 편지에서 그는 그 이유를 이렇게 설명했다. "그녀를 더 잘 알게 된 이후로 나는 그녀에게서 뛰어난 재치와 섬세한 감수성이 결합된 남다른 이해력을 발견했다. 시간이 지나면서 그녀는 매우 흥미롭고 재능 있는 인물이 되었으며, 그녀가 동행하는 '거위'와는 묘한 대조를 이뤘다."[687]

"거위" - 물론 소피였다.

소피의 아버지 하인리히 헤스(Heinrich Hess)는 상황을 호전시키려고 노력했다. 당황스러웠던 일을 사과하고, 소피의 동기가 고귀했음을 강조하며, 알프레드의 기사도 정신을 칭찬한 뒤 올가를 비방했다. 지불에 대한 설명은 감동적일 정도로 간단했다. 그는 돈이 없었다. "소피의 도움이 없었다면 나는 더 이상 살아 있을 수 없었을 것입니다." 그는 소피와 "H 박사(Dr. Hebentanz)"와의 불륜설에 대해 소피는 단지 외로움을 느꼈을 뿐, 확실히 친밀한 관계는 없었다고 주장했다. 하지만 알프레드는 가차 없었다. 전보를 통해 가능한 한 빨리 그녀를 위해 샀던 빌라를 비울 것이라고 통보했다. 그녀는 자신이 알프레드의 미래 유언장에서 자리를 박탈당했다는 사실을 알게 되었다. 이는 주변 사람들이 알프레드의 냉정함을 비판하게 만들었다. 하인리히 헤스는 알프레드에게 적어도 퇴거 명령만은 취소해 달라고 간절히 기도했다.

"10년간 친밀한 관계를 맺은 사람이 그토록 큰 충격을 받고 문 앞에 쓰러지는 것이 여기에서 얼마나 큰 스캔들을 일으킬지 생각해 보십시오." 그녀의 아버지는 간청했다. "당신은 내 가족을 망치고, 비엔나에서 나를 재기 불가능하게 만들며, 나를 절망에 빠뜨릴 수 있습니다."[688]

이에 누그러진 알프레드는 퇴거 기한을 9월로 연장했다. 10월에 소피가 호텔로 이사갔을 때 또 다른 충격이 찾아왔다. 알프레드는 그녀의 "숭배자(아마도 H 박사)"로부터 익명의 전보를 받았다. 문제의 편지에서 전보에 포함된 내용을 읽기는 어려웠지만, 그는 소피의 또 다른 거짓말들을 드러낼 수 있었다. "당신은 너무 멀리 가고 있으며 내 의지력에 너무 많이 의존하고 있다. 중심을 잃었을 때 인생의 지원을 다른 데에서 찾고자 하는 것은 어리석은 짓이다." 알프레드는 1887년 10월 소피에게 편지를 썼다.

슬프게도 그는 자신이 한때 그녀에게서 "진정한 여성스러움"을 본 적이 있었다는 것을 기억했다. 그는 내면 깊은 곳에서 자신이 소피의 친절하고 따뜻한 여성성에 끌렸음을 깨달았고, 누구도 아닌 바로 그 자신이 그녀를 계속 용납하고 용서하게 만든 사람이라는 사실을 알았다. 그녀는 비록 재능과 이해력이 부족했지만, 그의 이름을 "더럽게" 하지 않았다면 아마 서로 잘 지낼 수 있었을 것이다. 그러나 불행하게도 그녀는 비합리적이고 판단력이 없는 행동으로 주변에 사막을 만들었다. 알프레드는 이렇게 썼다.

"당신의 삶은 지원도 없이, 진정한 사랑과 애정도 없이, 주름진 뺨과 어리석은 장신구, 마음과 영혼의 공허함과 함께 지나갈 것이다."[689]

그는 이제 회계 장부의 합계란에 "트롤 x 가족(Trollet x släkt)"이라고 썼다. 1888년 비용은 9만 9,830프랑에 이르렀으며, 이는 알프레드가 지출한 총 비용의 3분의 1에 해당한다. 알프레드 덕분에 풍족하게 살았다고 주장하는 어머니에게 지급한 돈은 1만 프랑도 되지 않았다.[690]

*

여기서 강제로 멈춰야 했다. 알프레드 노벨과 소피 헤스의 관계를 따라가는 것이 점점 더 스트레스를 주었다. 이상한 행동들을 어떻게 해석해야 할 것인가? 나는 편지에서 감정의 폭풍을 분류하고 상황을 살폈다.

일부 정황은 알프레드 노벨이 무모하거나 자기 부정적이라기보다는 책임감 있는 사람이었음을 시사한다. 그는 소피가 도덕의 회색 지대에 있는 것에 대해 부분적으로 자신에게 책임이 있음을 알고 있었다. 19세기 후반 부르주아 사회에서는 도덕적 외관을 중요시했다. 품위 있고 명예로운 삶에는 혼외 성관계가 포함되지 않았다. 특히 여성의 경우에는 더욱 그러했다. 미혼의 젊은 여성은 감독 없이 혼자서 많은 행동을 할 수 없었으며, 단지 발목을 노출시키는 것조차 부적절하다고 여겨졌다. 결혼 후에는 남편이 여성의 후견인 역할을 맡아 생계를 책임지고, 평판을 보증하는 역할을 하게 되었다.

이와 같은 화려한 외관은 상당한 정도의 이중적 도덕관으로 유지되었다. 심지어 가장 훌륭한 가정에서도 젊은 미혼 남성들이 결혼 전에 매춘부들과 함께 야생성을 심도록 권유받는 일이 있을 정도였다.

소피 헤스와 알프레드 노벨이 성관계를 가졌다는 것을 결정적으로 입증할 수 있는 사람은 아무도 없다. "친밀한" 동거는 내가 그렇게 생각하지 않더라도 확실히 다른 무엇을 나타낼 수도 있다. 노벨 재단은 그들 사이의 물리적 근접성에 대한 암시에 고통을 받았다. 1950년대에 에릭 베르겐그렌이 사실을 수집하는 동안 추론한 바와 같이 "물론, 약간의 스킨십이 있었고 아마도 더 큰 친밀감을 완성하려는 시도가 있었을 것이다." 당시 노벨 재단 최고경영자(CEO)는 "작은 거위에 대한 알프레드의 이성적 반응이 그의 남성적 본능과 충돌했다는 것은 거의 명예로운 일이며 반드시 그 관계가 '완성'되었는지 여부에 대한 논의로 이어질 필요는 없다"고 했다.

에로티시즘이 어떻게 표현되었든 간에, 알프레드 노벨은 그녀에 대한 감정이나 흥미가 떨어졌을 때에도 소피 헤스에 대한 도덕적 책임을 느꼈음이 분명하다. 그는 초기부터 소피가 다른 사람과 결혼해도 좋다는 신호를 보냈다. 하지만 그렇게 하기 전에 그녀를 방치하는 것은 부도덕하다고 생각했을 것이다. 그는 분명히 그 태도가 자신에게 금전적이든 시련이든 어떤 대가를 치르게 하든 상관하지 않았을 것이다.

*

1887년 10월 말, 알프레드는 말라코프 대로에 있는 자신의 집에서 일주일 넘게 앓았다. 폐에 있는 병은 사라지지 않았고, 마음까지 아프기 시작하면서 그는 소피에게 불평했다. 54세의 나이로 세상에서 완전히 혼자인 채로 유급 하인에게서만 가장 친절한 대우를 받는 건 대부분의 사람이 생각하는 것보다 더 슬픈 생각을 불러일으킨다. "나는 하인의 눈에서 그가 나를 얼마나 애처롭게 생각하는지 읽었다. 그러나 물론 그가 그것을 알아차리게 할 수는 없었다."[691]

그의 책장에는 성공한 신예 작가 기 드 모파상(Guy de Maupassants)의 최신 단편 모음집 중 하나가 있었다. 그는 손에 펜을 들고 그것을 읽었다. 단편 '행복'의 한 구절이 정말로 심금을 울렸다. "사람은 갑자기 인생의 끔찍한 비참함, 모든 사람이 느끼는 고립감, 모든 것의 무의미함, 그리고 죽을 때까지 꿈을 꾸고 자신을 속이는 마음의 검은 외로움을 인식한다."[692]

알프레드는 책의 여백에 선을 긋고 메모를 했다.

그때부터 세브란에 있는 그의 연구실에서는 매일 총격 테스트의 폭발음이 울려 퍼졌다. 1887년 11월 초, 영국의 화학 교수인 프레드릭 아벨은 알프레드와 함께 그 결과에 감탄했다. 그가 같은 이슈로 파리를 방문한 것은 이번이 처음은 아니었다. 알프레드는 저명한 교수의 관심을 자랑스러워하며 그를 "국방부 최고의 인물"이라고 불렀다. 그는 아벨의 도움으로 영국 시장에서도 자신의 새로운 화약을 판매하기를 바랐다. 그 전망은 분명히 유망해 보였다.

아벨은 기사 작위를 받아 현재 프레드릭 경(Sir Fredrick)으로 불린다. 알프레드 노벨보다 몇 살 연상인 그는 장난기 어린 따뜻한 표정과 동그란 볼, 커튼처럼 드리워진 회색 구레나룻으로 선한 인상을 주었다. 10년 전, 프레드릭 경은 부정직한 행동으로 영국에서의 다이너마이트 출시를 지연시켰지만, 그 갈등은 과거의 일이었다. 알프레드는 자신 있게 그들과 함께 일하고 있다고 느꼈다. 그렇지 않았다면 교수를 비밀스러운 세브란 실험에 데려가지 않았을 것이다.

그러나 몇 주 후, 알프레드는 프레드릭 경이 런던에서 연 공개 강연에서 새로운 화약에 대해 이야기했다는 소식을 들었다. 물론 그가 세브란에서 아벨과 논의한 내용은 기밀이었다. 교수가 어떻게 그런 일을 할 수 있었을까? 알프레드는 프레드릭 경이 자신을 속일 만큼 충분히 알지 못한다 생각하며 스스로를 안심시키려 애썼다. 교수는 분말 혼합물조차 정확히 알지 못했다. 그러나 알프레드는 글래스고에 있는 노벨 화약의 수장인 토머스 존스턴(Thomas Johnston)에게 경고했다. 그는 새로운 화약에 대한 모든 것이 "극도의 기밀"이므로 조심해야 한다고 강조했다. 빨리 영국에서 특허를 신청해야 하지 않을까?[693]

알프레드는 특허 관료제를 싫어했다. 그는 특허가 많은 문제를 일으키며, 이를 통해 충분한 보호를 받는 게 거의 불가능하다는 것을 알고 있었다. 너무 일찍 특허를 신청하는 것은 너무 늦게 신청하는 것보다 거의 항상 나쁘다고 생각했다. 특허로 보호를 받으려면 일반적으로 한 국가에서 최소 12개의 특허를 신청해야 했지만, 이는 거의 불가능하다고 비판했다. 아이러니하게도 그는 특허 시스템을

478

"기생충을 장려하기 위한 발명가에 대한 과세"로 이름을 바꿔야 한다고 제안했다.[694] 프랑스는 실험이 수행된 곳이자 비밀이 알려질 위험이 가장 큰 곳이었다.

그러나 이제 다시 고려해야 하지 않을까? 그들은 영국에서도 무연화약에 대해 특허를 받을 계획이었다. 또한 전쟁의 위험도 고려해야 했다.[695] "나는 러시아와 독일/오스트리아 간의 즉각적인 전쟁을 믿지 않습니다. 그러나 미리 대비하는 것이 옳은 일입니다. 비스마르크는 러시아를 약화시키고 싶어 합니다. 황제 빌헬름 1세가 그의 견해를 절대적으로 공유함에 따라 유럽에서 화약 냄새를 맡을 위험이 있습니다." 그는 12월 중순 바르베에게 썼다.[696]

이러한 분석만으로는 알프레드의 사상 세계를 지배한 것이 평화에 대한 관심인지 회사 이익인지는 알 수 없다.

*

금세기 동안 과학은 엄청난 발전을 이루어, 일부는 연구가 포화 상태에 이르렀다고 생각했다. 많은 중요한 질문에 이미 답이 나온 것처럼 보였다. 과학자들은 원자와 분자의 차이점을 설명했고, 점점 더 많은 사람이 자연의 가장 작은 구성 요소인 원자를 더 이상 나눌 수 없다고 확신했다. 세계는 여전히 원자의 존재에 대한 과학적으로 확실한 증거를 기다리고 있었지만, 의심은 사라졌다. 1860년대에 러시아인 드미트리 멘델레예프(Dmitry Mendeleev)는 원자량에 따라 알려진 모든 원소를 분류한 주기율표를 만들었다. 그 이후로 연구자들은 새로 발견된 원소들을 그가 남겨둔 틈으로 계속 채워 넣었다. 모든 것이 준비되어 있고, 주기율표가 완성된 느낌이었다.

박테리아에 대한 연구도 비슷한 상황이었다. 루이 파스퇴르(Louis Pasteur)는 1878년에 박테리아가 질병 확산에 어떤 역할을 하는지 확인했다. 그의 동료들은 1879년 임질균, 1880년 나병균, 1882년 결핵균, 1883년 디프테리아균, 1884년 콜레라균과 파상풍균 등 새로 발견된 감염원을 추가하며 연구를 이어갔다. 곧 감염을 종식시킬 수 있을 것처럼 보였다.

한편 물리학에서는 제임스 맥스웰(James Maxwell)의 전자기파 이론이 수십 년 동안 유지되어 왔지만, 전선 없이 전기가 전달될 수 있다고 진지하게 믿는 사람은 거의 없었다. 맥스웰이 설명한 것은 일종의 전력선 누출에 대한 것 정도로 생각되었다.

그러나 다음 몇십 년 동안 이러한 관점은 완전히 뒤집히며 새로운 세계가 열렸다. "가장 작은"것으로 여겨졌던 원자는 내부에 더 작은 입자들이 존재하는 것으로 밝혀졌다. 또한 박테리아보다 작지만 전염병을 일으키는 바이러스가 발견되었다. 그리고 전자기학에 대한 연구는 물리학의 근본적인 변화를 가져왔다. 과학의 분야는 끝이 없어 보였다. 하나의 문이 열리면 그 뒤에 수천 개의 새로운 문이 나타나는 것 같았다.

더 많은 미래의 노벨상 수상자들이 입장했다. 1906년 노벨상을 수상한 해부학자 카밀로 골지(Camillo Golgi)와 라몬 이 카잘(Ramón y Cajal)은 뇌 신경 세포 구조와 기능에 대한 연구를 통해 신경 과학의 토대를 마련했다. 그리고 1904년에 노벨상을 수상한 러시아 출신의 생리학자 이반 파블로프(Ivan Pavlov)는 개의 먹이 반응 실험을 통해 조건반사를 입증했다. 그는 먹이를 주기 전에 종을 울리는 실험을 통해, 시간이 지나면서 개가 종 소리만으로도 위액을 분비하도록 학습된다는 사실을 밝혔다.

노벨상 수상과는 관련이 없는 대안적 접근 방식도 등장했다. 이 시기, 파리 시민들은 신경과 전문의 장마르탱 샤르코(Jean-Martin Charcot)가 공개 강연에서 최면으로 히스테리를 치료하는 것을 보려고 정신 병원 살페트리에르(Salpetriére)를 순례했다. 몇 년 전, 오스트리아의 지그문트 프로이트(Sigmund Freud)는 오라클에서 샤르코의 인턴으로 6개월간 근무한 후, 비엔나로 돌아와 정신 분석이라는 대체 치료법을 개발하기 시작했다. 한편, 알프레드 노벨은 최면을 신뢰하지 않았다. 그는 철학적 고찰에서 "점과 점쟁이의 미래 독서는 아마도 기만의 영역에 있을 것"이라고 썼다.[697]

루드빅 노벨은 주기율표의 창시자인 드미트리 멘델레예프(Dmitij Mendelejev)와 개인적으로 친분이 있었다. 멘델레예프는 일찍이 석유 생산에 관심을 갖고 바쿠에 있는 석유 거물 노벨을 여러 번 방문했다. 루드빅은 유명한 화학자의 참여로 인해 자연스럽게 따라오는 "홍보" 덕분에 만족할 만한 큰 이익을 얻었다.[698]

그러나 이제 56세의 루드빅은 더 이상 석유 산업의 연구 분야에 머무를 힘이 없었다. 정유회사의 경제가 안정되었다는 사실에 온전히 기뻐할 여유도 없었다. 그는 건강이 급격히 악화되면서 내리막길을 걷고 있었다. 1888년 초, 칸(Cannes)에 머무르는 동안 그는 중병에 걸렸다. 루드빅은 3월 10일 알프레드에게 "지난 두 주 동안 말라리아 열병에 걸렸었고, 다행히 어제부터 열이 전혀 나지는 않았고 모든 증상이 마음을 진정시켰다"고 전했다. 그러나 그의 상태는 급격히 변했다. 곧 불안한 소식이 로베르트로부터 알프레드에게 전해졌다. 거동이 힘든 루드빅을 방문한 로베르트는 루드빅이 알프레드도 보고 싶어 한다는 말을 전했다. "결과가 불명확하니 서두르라"는 로베르트의 메시지였다. 루드빅의 아내 에들라는 알프레드에게 분명한 메시지를 보냈다. "형이 다시 보고 싶다면 가능한 한 빨리 칸으로 가세요."

알프레드는 1888년 4월 6일 조카 안나(Anna)와 함께 칸에 도착했다. 그때 루드빅은 다시 회복 중인 것처럼 보였고, 알프레드는 집으로 돌아가기 전에 로베르트를 안심시킬 수 있었다. 그러나 루드빅의 심장의 관상 동맥은 심하게 협착되어 있었고, 현대 의학으로는 이를 해결할 수 없었다. 루드빅의 힘은 고갈되었고, 상태는 다시 악화되었다. 며칠 후, 알프레드는 파리에서 사망 통지서를 받았다. 4월 12일 그의 아들 칼(Carl)이 "아버지는 오늘 2시에 평화롭고 조용히 잠이 들었습니다"라고 전했다.[699]

루드빅의 죽음은 언론에 보도되었다. 스톡홀름 신문은 "루드빅 노벨과 함께 스웨덴은 해외에서 스웨덴 이름을 존경할 만하고 영예롭게 만든 가장 고귀한 아들 중 한 명을 잃었다"고 전했다. 그러나 프랑스에서는 『르 피가로(Le Figaro)』를 비롯한 여러 신문이 알프레드 노벨이 사망한 것으로 추정하며 치명적인 혼란이 발생했다.

"인류의 은인으로 여겨질 수 있는 한 남자가 어제 칸에서 세상을 떠났다. 다이너마이트를 발명한 노벨이다"라고 신문 1면에 보도되었다.[700]

알프레드 노벨은 『르 피가로』를 구독하고 있었다. 그가 이 보도에 어떻게 반응했는지는 알려져 있지 않다. 일요일에는 많은 애도자들이 그의 집에 모여들었다. 다음 날, 수정 기사가 실렸다. "신문이 다이너마이트의 발명가인 노벨 씨의 사망을 발표한 것은 실수였다. 장기간의 질병에 막 굴복한 것은 그의 형이었다. 파리에서 오랜 세월을 살아온 다이너마이트 발명가는 매우 건강하며 어제 말라코프 거리에 있는 자신의 궁전에서 암울한 소식을 직접 접했다."[701]

작가이자 살롱 안주인 줄리엣 아담은 마르세유에 있었다. 그녀는 안도의 한숨을 쉬고 알프레드에게 편지를 썼다. "나는 매우 무서웠습니다. 그러나 오늘 아침 당신의 사망 소식이 거짓이라는 것을 알게 되어 정말 기쁩니다."[702]

루드빅 노벨은 1888년 4월 말, 상트페테르부르크에 묻혔다. 미망인 에들라와 열 명의 자녀들을 비롯해 2,000명이 넘는 사람들이 애도 행렬에 참여했다. 미나와의 사이에서 낳은 엠마누엘(29세), 칼(26세), 안나(22세), 에들라와의 사이에서 낳은 미나(Mina, 15세), 루드빅 A(14세), 잉그리드(9세), 마르타(8세), 롤프(6세), 에밀(3세), 괴스타(Gösta, 2세)가 있었다. 성 카타리나 교회는 완전히 검은색으로 뒤덮였다. 루드빅 노벨의 운구는 도시를 가로질러 항구 옆에 있는 스몰렌스키(Smolenskijs)의 묘지까지 이어졌다.

장례식장에 가는 길에 칼은 알프레드에게 잘못된 날짜를 알려 주었다. 알프레드는 함부르크에서 자신이 결코 시간을 맞출 수 없다는 것을 깨닫고 돌아섰다. 그는 엠마누엘에게 루드빅의 관에 "큰 치수의" 화환을 놓아달라고 요청했다. 로베르트는 건강상의 이유로 장례식에 참석하지 못했다. 그는 남겨진 슬픔 속에서 "몇 시간 동안 지속되는 긴장된 울음 속에" 묻힌 채 플로렌스(Florens)에서 자신을 치료했다.[703]

에들라는 애도하는 사람들 사이에서 루드빅의 형제들을 그리워했지만, 그 자리에는 아무도 없었다. 나중에 그녀는 알프레드에게 가장자리에 검은 애도 표시가 되어 있는 종이에 따뜻한 편지를 썼다.

"저에게 개인적으로 친절을 베풀어 주신 것도 감사하지만, 돌아가신 남편의 마지막 소원을 들어주셔서 정말 감사합니다. 저는 대화의 본질을 모르지만, 두 사람 사이에 끼어든 오해가 그의 순수한 마음을 짓누르고 있었음을 알고 있습니다. 그러나 아마도 당신을 보고 이해하지 못했던 부분을 해결하면서 안도감을 느꼈을 겁니다."[704]

NOBEL

4부

"지금 멈추면 정말 안타까울 것 같아.
왜냐하면 나에게는 매우 흥미로운
일들이 벌어지고 있기 때문이지."

알프레드 노벨, 1894년

Alfred Bernhard Nobel

과학의 끝없는 과제

알프레드 노벨은 원자에 깊은 관심을 가졌지만, 입자 물리학이 탄생하기 전에 세상을 떠났다. 그는 획기적인 양자 물리학과 알베르트 아인슈타인의 상대성이론을 접하지 못했다. 알프레드가 원자 간의 인력을 형이상학적 성질을 지닌 "신비한 힘(mystisk kraft)"으로 이해한 것은 아마도 그의 생애 동안 전자나 화학 결합이 알려지지 않았기 때문일 것이다. 1953년의 DNA 분자 구조 발견은 원자 분열과 마찬가지로 그를 놀라게 했을 것이다. 2012년 노벨상을 수상하며 센세이션을 일으킨 힉스 입자(Higgspartikeln)의 발견은 그의 상상조차 넘는 일이었을 것이다.

19세기 말, 과학자들은 물질의 궁극적인 구성 요소를 찾는 작업이 끝났다고 믿었다. 그러나 그들의 믿음은 틀렸다.

사라 스트란드베리(Sara Strandberg)는 41세의 스톡홀름 대학교 입자 물리학 연구원으로, 스위스 CERN 연구소에서 힉스 입자를 찾는 데 참여한 수많은 연구원 중 한 명이다. 그녀는 "거의 6,000번째 노벨상을 받았다"고 자랑할 수 있다. 2019년 5월, 우리는 스톡홀름의 피지쿰(Fysikum) 건물에서 둥근 지붕 아래에 위치한 광학 망원경을 함께 보았다. 게시판에는 최근 세계를 뒤흔든 우주 블랙홀의 장엄한 이미지가 걸려 있었다.

"알프레드 노벨은 아마도 그의 사후에 일어난 모든 일에 압도되었을 것이다"라고 사라 스트란드베리는 말한다.

나는 사라에게 19세기 후반부터 CERN이 힉스 입자를 발견해 노벨 물리학상을 수상하기까지의 여정을 간단하게 설명해 달라고 요청했다. 사라는 모든 것이 시작되기 1년 전에 알프레드 노벨이 세상을 떠났다는 슬픈 사실을 언급하며 이야기를 시작했다. 노벨은 "더 이상 쪼개지지 않는" 원자 내부에 더 작은 입자들이 존재한다는 개념을 들어본 적이 없었다. 그는 1897년에 놀라운 전자가 발견된 것을 놓쳤고, 10년 후 원자핵이 발견되는 과정을 경험하지 못했다.

1930년대 초, 물리학자들은 원자핵이 가장 작은 입자가 아님을 깨달았다. 원자핵 내부에는 더 작은 입자인 양성자와 중성자가 존재한다는 사실이 밝혀졌다.

"30년대로 시간여행을 하면 그들은 자신들이 꽤 완벽하다고 느꼈을 것이다. 그들은 완벽한 모델을 만들었다고 생각했다. 원자는 전자, 양성자, 중성자로 되어 있다. 끝." 그러나 그것은 틀린 생각이었다. 몇 년 후, 모든 것이 다시 뒤집혔다. 물리학자들은 우주선을 연구하면서 뮤온을 발견했다. 미래의 노벨상 수상자인 아이작 라비(Isaac Rabi)는 "누가 그것을 만들었습니까?"라고 외쳤다.

"뮤온은 기존의 패턴에 전혀 맞지 않았다. 그 입자는 충격적으로 다가왔으며, 입자 물리학의 완전히 새로운 분야를 열었다"라고 사라 스트란드베리는 말했다.

뮤온의 발견을 통해 연구자들은 원자와 일반 물질을 구성하는 기본 입자 외에도 더 많은 기본 입자들이 존재한다는 것을 깨달았다. 이러한 입자들 중 대부분은 매우 짧은 시간 동안 존재하며, 100만분의 1초 안에 붕괴될 수 있었다. 따라서 과학자들은 이러한 입자들을 연구하기 위해 새로운 방법을 모색해야 했다. 1950년대와 60년대에 물리학자들은 이른바 입자가속기라는 거대한 장치를 개발했다. 이곳에서 그들은 서로 다른 입자들을 서로 충돌시키기 시작했고, 그 결과 이전에는 알지 못했던 훨씬 더 많은 입자를 식별하게 되었다.

"그들은 많은 것을 발견했고, 이른바 전체 입자 동물원을 구축했다. 갑자기 모든 것이 너무 복잡해져서, 자연을 더 쉽게 설명하고자 하는 물리학자에게 좌절감을 주었다"라고 사라는 말했다.

연구자들이 새로운 입자 무리(partikelröran)를 소수의 더 작은 구성 요소의 조합으로 설명할 수 있게 되면서, 물리학에 특정 질서가 생겼다. 거의 측량할 수 없을 정도로 미세한 이 입자는 제임스 조이스(James Joyce)의 소설 『피네간의 기상(Finnegans wake)』에 나오는 표현을 따서 쿼크(Kvarkar)라고 명명되었다. 쿼크는 너무 작아서, 현재의 기술로는 쿼크가 더 작은 구성 요소로 이루어져 있는지 여부를 확인하는 것은 불가능하다.

사라는 내가 나머지를 이해할 수 있도록 신용카드 크기의 입자 도표를 꺼내어 물리학의 "표준 모형"을 보여줬다. 이 도표는 과학자들이 수년에 걸쳐 밝혀낸 기본 입자들을 세 개의 격자 패턴으로 정리한 것이다. 현재로서는 우리가 물질과 우주의 구조를 완전히 설명할 수 없다고 생각한다. 원자의 가장 작은 내부를 구성하는 양성자와 중성자는 위(up) 쿼크와 아래(down) 쿼크로 이루어져 있다. 과학자들은 차례로 맵시(charm) 쿼크, 기묘(strange) 쿼크, 꼭대기(top) 쿼크, 바닥(bottom) 쿼크를 추가로 발견했다. 사라는 또 다른 기본 입자 그룹을 가리키며, 이 입자들이 서로 다른 입자들 사이에서 자연의 힘을 매개한다고 설명했다.

누가 물리학자들이 단순화에 끌린다고 말했는가?

그녀는 특히 전자기의 메신저인 광자를 언급한다.

광자가 발견되기 전까지 빛은 파동으로 이해되었으나, 빛 또한 입자라는 사실을 강조했다. 두 전하를 가진 입자가 서로 감지할 때, 그들은 광자를 교환한다는 개념이 그 이후에 제시되었다.

나는 멈췄다. 그렇다면 19세기 후반 전자기학에 대해 이해하려고 했던 과학자들이 이 사실을 몰랐던 걸까? 사라는 이미 일정의 맨 오른쪽에 있었다. 중요한 힉스 입자가 있었다. 수십 년 동안 이 입자를 추적하고 발견할 기회를 얻기 위해 새롭고 훨씬 더 강력한 가속기를 만들어야 했다. 힉스 입자는 입자에 질량을 부여하는 역할을 했고, 그것으로 표준 모델이 완성되었다.

그러면 30년대처럼 말하고 싶은가? 이제 끝났다. 우리는 이 모델이 우주 에너지의 5퍼센트만 설명한다는 사실을 오랫동안 알고 있었다. 나머지는 이른바 암흑 물질과 암흑 에너지이다. 우리는 지금 그 분야에서 더듬고 있는 장님과 같다고 할 수 있다. 95퍼센트가 아직 설명되지 않았다는 사실은 아슬아슬하지만,

사라 스트란드베리는 진정으로 열정적이다. CERN에서 그녀가 참여하는 실험은 2030년까지 지속될 예정이다. 사라는 새로운 입자를 찾기 위해 심혈을 기울이고 있으며, 미지의 세계를 열 수 있는 힉스 입자의 특성에서 편차를 찾으려고 노력하고 있다. 그녀의 열정은 영감을 받은 순간의 알프레드 노벨이나 그녀의 훌륭한 롤모델 중 한 명인 마리 퀴리와 같은 인물들이 느꼈을 영감을 떠올리게 한다. 나가는 길에 나는 사라의 다섯 살배기 아들이 다채로운 진주와 털실로 만든 미래 지향적인 예술 작품을 감상하는 모습을 보았다.

"이게 무엇을 의미하니?"

"입자 충돌이요!"

*

알프레드 노벨이 살아 있다면 자연과학의 발전에 놀랄 것처럼, 21세기에도 여전히 뒤처져 있는 이 영역의 성평등에 똑같이 충격을 받을 것이다. 여성 물리학자로서 사라 스트란드베리는 여전히 소수에 속한다. 물리학과 화학 분야의 노벨상 수상자 명단은 술 취한 신사 클럽의 회원 등록부처럼 보인다. 총 389명의 노벨상 수상자 중 단 여덟 명만이 여성이었다. 1903년과 1911년 두 차례 노벨상을 수상한 마리 퀴리는 여전히 예외적인 인물이다. 그녀의 딸도 1935년에 수상했다.

2018년, 도나 스트리크란드(Donna Strickland)가 짧은 레이저 펄스에 관한 연구로 노벨 물리학상을 수상했는데, 그녀는 55년 만의 여성 노벨 물리학상 수상자가 되었다.

물리학상과 화학상은 스톡홀름에 있는 스웨덴 왕립 과학 아카데미에서 수여된다.* 크리스티나 모베리(Christina Moberg)는 유기화학 명예 교수이

---

* 스웨덴 왕립 과학 아카데미는 1969년부터 알프레드 노벨을 기념해 스웨덴 국립은행의 경제학상을 수여하고 있다. 경제학상은 알프레드 노벨의 유언장에는 명시되어 있지 않다.

자 사라 스트란드베리보다 서른 살 위인 인물로, 1년 전에는 과학 아카데미(Vetenskapsakademiens)의 의장이었다. 2015년에 취임한 그녀는 거의 300년의 아카데미 역사상 세 번째 여성 의장이었다. 그러나 이 추세의 돌파는 이미 가시화되었다. 세 사람 모두 1994년부터 임명되었다.

"보시다시피, 남성 지배적입니다." 크리스티나가 금박 프레임에 있는 홀의 모든 초상화를 손으로 쓸며 말했다.

약 1년 전, 크리스티나 모베리는 균형을 조정하는 데 도움을 주었다. 그들은 역사를 파헤쳐 1748년 칼 폰 린네 시대에 선출된 아카데미 최초의 여성을 찾아냈다. 감자로 브랜디를 만드는 법을 세상에 가르친 에바 에케블라드(Eva Ekeblad)의 초상화는 이제 갤러리에서 아카데미 설립자 옆에 그려져 있다.

과학 아카데미의 회장은 매년 노벨상 결정을 내리게 하는 사람이지만, 수상자를 준비하고 제안하는 것은 노벨 위원회와 분과 위원들이다. 그곳에서도 새로운 바람이 불었다. 최근 몇 년 동안 물리학 및 화학 위원회에는 모두 여성 분과 위원장이 있었다.

스웨덴 왕립 과학 아카데미는 1969년부터 '알프레드 노벨을 기념하는 스웨덴 국립은행 경제학상'을 수여하고 있다. 그러나 경제학상은 알프레드 노벨의 유언장에 포함되어 있지 않았다.

3년 동안 위원장으로 있었던 크리스티나 모베리는 정직 등의 명목으로 또 다른 문제에 대해 걱정했다. 그녀는 과학과 사실 체계에 대한 경멸이 사회에서 얼마나 깊이 뿌리내리고 있는지를 목격했다. 2016년 미국 대통령 선거에서 가짜 뉴스와 반과학적 행동이 퍼진 이후 상황은 더욱 악화되었다. 그녀는 자신의 연구 분야인 유기화학의 사례를 보여주었다. 지난 100년 동안 화학자들은 화합물을 합성하고 시험관에서 자연의 물질을 만드는 데 점점 더 능숙해졌다. 크리스티나 모베리는 그들이 여전히 많은 무지에 직면해 있다고 했다. 천연 물질을 합성으로 생산하는 것에 대해 많은 사람들은 그것이 같은 분자로 구성되어 있음에도 불구하고 위험하다고 생각했다. 사람들은 독성 물질도 자연에서 만들어졌다는 사실을 잊었다.

크리스티나 모베리는 진실과 사실에 대한 존중이 부족해지는 상황은 반작용을 필요로 한다고 주장했다. 올해 그녀는 스웨덴 왕립 과학 아카데미에서 열린 기념 연설에서 새로운 계몽을 촉구했다. 그녀는 회원들에게 과학이 입지를 잃어가는 것을 묵과하지 말고 싸울 것을 촉구했다. 그녀는 과학이 민주주의와 마찬가지로, 지속되기 위해서는 세대마다 쟁취되어야 한다고 믿었다. 크리스티나 모베리는 "노벨상이 그 싸움에서 매우 중요하다. 그것은 과학과 계몽주의에 대해 위대한 연례적 찬사가 되었다"고 말하며 헤어졌다.

17장
계몽주의의 승리

1888년 여름, 파리는 이듬해에 100주년을 맞이할 1789년 혁명을 기념하기 위해 프랑스가 주최할 승리의 세계 전시회를 준비하고 있었다. 파리 사람들은 무엇보다도 명성 높은 프로젝트인 귀스타브 에펠(Gustave Eiffel)의 타워 건설에 헌신적으로 참여했다. 마르스 광장(Marsfältet)에 세워질 300미터 높이의 타워는 세계에서 가장 높은 타워가 될 거라고 약속했다. 그러나 여론이 급변했다. 에펠의 회사가 건축 공모전에서 승리하고 그의 현대적인 철골 구조물의 건설이 1887년에 시작되었을 때, 신문 지면은 문화 엘리트들의 비웃음 섞인 항의로 가득 찼다. 많은 이들은 에펠의 작품이 파리에 대한 모욕이며, 그저 괴상하고 천박한 고철 더미에 불과하다고 여겼다. 그러나 1888년 6월이 되자 우아함과 완벽함에 매료된 사람들이 늘어났고, 심지어 '아름다움'이라는 단어까지 입에 오르내리기 시작했다.

호기심 많은 사람들은 한여름 무더위에 마르스 광장을 순례하면서 그 경이로움이 자라는 모습을 보고, 철의 "거미줄"을 사용한 세심한 작업에 감탄했다. 알프레드 노벨은 에펠탑 건설에 대해 직접 언급하지는 않았지만, 수행원들과 함께 그곳을 지나갔을 가능성이 있다. 그는 파리에서 마차를 타거나 산책하는 것을 좋아했으며, 에펠탑의 위치는 말라코프 대로에서 차로 불과 몇 분 거리에 있었다. 6월에 모퉁이 기둥은 이미 첫 번째 판에 연결되었고, 여름이 끝나기 전에 두 번째 판도 완성될 예정이었다. "오직" 185미터 높이의 우아하게 가늘어지는 탑만이 남았다.

9개월 후 타워가 완공되면 그것은 우리 시대의 가장 놀라운 건물로 승격될 것이다. 에펠탑은 계몽주의, 인본주의, 공화국, 민주주의, 그리고 물론 과학의 승리로 묘사될 것이다.[705]

또한 귀스타브 에펠은 대서양과 태평양을 연결하는 파나마 운하의 건설에도 참여했다. 파나마 프로젝트에서 동료 엔지니어인 노벨과 에펠의 길은 교차했다. 알프레드 노벨과 그의 프랑스 다이너마이트 회사도 이 복잡한 프로젝트에 막 합류했다.

파나마 운하의 배후 기업가는 페르디난드 드 레셉스였다. 그는 1860년대 후반 수에즈 운하 공사 때 프랑스에서 영웅의 지위를 얻었지만, 파나마에서는 완전한 좌절을 겪었다. 노동자들은 말라리아와 황열병으로 연이어 쓰러졌다. 나이가 든 레셉스는 복잡한 토양 조건을 크게 잘못 판단했다. 끝없이 많은 양의 흙과 암석을 파내고 폭파해야 했다. 시간과 함께 돈도 흘러갔다. 투자자들에게 1888년에 완성된 운하를 약속한 레셉스는 곤경에 빠졌다.

존경받는 에펠의 헌신이 하나의 생명줄이 되었고, 다이너마이트는 또 다른 구원책이 되었다. 사실, 파나마 사람들은 미국에서 필요한 강력한 폭발물을 구입할 수 있었다. 그럼에도 그 비극이 알프레드 노벨에게 그렇게 가까이 다가온 것은 그의 동료 폴 바르베 때문이었다. 1888년 여름, 알프레드는 그의 동료 폴 바르베가 사회적, 도덕적 변방으로 사건을 얼마나 멀리 끌고 갔는지 전혀 알지 못했다. 그는 완전히 다른 불행으로 바빴다.

*

사건이 일어난 시간은 밤 2시였다. 무더위가 기승을 부리던 7월 중순, 비엔나의 한 호텔 방에서 땀을 흘리고 있던 알프레드 노벨은 처음에는 자신에게 무슨 일이 일어났는지 전혀 이해하지 못했다.

그는 아름답고 웅장한 바로크 양식의 외관과 꽃 향기로 가득한 링-스트라세

(Ring-Strasse)의 산책로가 있는 비엔나를 좋아했다. 그가 더 이상 비엔나를 방문하지 않는 이유는 단지 소문 때문이었다. 알프레드는 추악한 소문이 더 퍼졌는지 알아보기 위해 사립 탐정을 고용했다는 사실에 대해 더 이상 침묵하지 않았다. "파리에서는 아무도 당신에 대해 나쁘게 말하지 않는다고 말할 수 있어서 기쁘다." 그는 소피 헤스에게 썼다.

1888년 7월, 소피는 작은 집을 잃고 소문이 좋지 못한 이슐(Ischl)의 해변 휴양지에 있었다. 알프레드는 그녀가 새집을 찾는 것을 돕기 위해 오스트리아의 수도에 왔다. 이때의 호텔 생활은 그와 그녀 모두의 평판을 훼손했다.

알프레드는 신문 광고를 통해 고용한 운전자와 함께 도시와 교외를 돌아다녔다.

불과 며칠 만에 그는 소피의 집보다 더 좋고 저렴한 숙소를 찾았다. 그녀의 남동생과 그녀의 아버지는 1년 동안 운이 좋았다. 어떤 집들은 도심에서 말과 마차로 20분 거리에 있었지만, 그는 그들이 이야기한 것보다 훨씬 더 합리적인 가격으로 훌륭한 도시 아파트를 구할 수 있었다.

알프레드는 비엔나에서 가장 호화로운 숙박 시설 중 하나인 도심의 궁전 같은 임페리얼(Imperial) 호텔에서 지냈다. 어느 날 한밤중에 갑자기 몸이 아팠던 그는 실제보다 훨씬 무력감을 느끼며 일어났다. 그는 종을 울릴 힘이 없었고 움직이기가 힘들어 문까지 도착할 수 있을지도 확신할 수 없었다. 다시 일어섰을 때, 그는 "나는 그것이 내 마지막이 될지도 모른다는 생각을 하며 몇 시간을 혼자, 완전히 홀로 보내야 했다"라고 설명했다.

마침내 알프레드는 자신에게 닥칠 뻔했던 것이 무엇인지 깨달았다. 심장마비, 루드빅 형의 생명을 앗아간 것과 같은 질병이다. 이것은 그에게 "다정한 손으로 언젠가 눈을 감겨 주고 귓가에 부드럽고 진실한 목소리를 속삭일 수 있는 사람이 단 한 명도 없다는 것이 얼마나 불행한 일인지"를 상기시켰다. 그는 그런 사람을 "스스로 찾아야 하고 안 되면 스톡홀름에 있는 어머니께로 이사를 갈 것"이라고 소피에게 편지를 보냈다.

저승사자(Liemannen)도 그를 데리러 올 준비를 시작한 것 같았다. 그는 그것을 이해했어야 했다. 이미 가을에 의사는 그의 건강 상태에 대해 경고하고 완전히 휴식을 취하라고 명령했지만, 그는 그것을 따랐는가? 아니다.[706]

*

상트페테르부르크에서 알프레드의 스물아홉 살 된 조카 엠마누엘 노벨은 생각보다 깊은 슬픔에 빠져 있었다. 그에게 루드빅은 다정한 아버지 그 이상이었다. 엠마누엘은 비밀이 전혀 없는 소중한 친구를 잃었다. 부모가 자녀와 우정을 나누며 친구와 같은 관계를 형성하는 경우는 흔치 않지만, 그의 아버지는 그 방법을 알고 있었고, 형제자매 모두를 위해 젊은 마음을 유지하고 있었다. 루드빅이 사망한 직후, 그는 알프레드에게 그것을 설명했다.[707] 이제 아버지의 자리를 차지할 사람은 바로 알프레드였다. 그것은 무거운 책임이었다.

겉으로 보기에도 그렇고 그의 이름에서도 엠마누엘은 루드빅이나 할아버지 임마누엘을 연상케 했다. 심지어 잘생기고 밝은 외모도 똑같았다. 그러나 담담한 기질은 덜 물려받았고 기술적인 재능은 전혀 물려받지 못했다. 엠마누엘은 너무 착하고 재정과 행정에 재능이 있는 것으로 알려졌다.

엠마누엘 노벨은 혼자 살았다. 그는 알프레드 삼촌처럼 평생 독신으로 남을 생각이었다. 말 그대로 그는 더 젊고 더 미친 재능을 가진 동생 칼의 지원을 받아 상트페테르부르크의 기계 공장 책임자로 승진했다. 또한 로베르트의 아들인 25세의 사촌 얄마르에게 의지했다. 얄마르는 바쿠에서 공부하며 루드빅 노벨에게 깊은 인상을 주었다.[708] 그러나 엠마누엘이 가장 크게 의지한 사람은 파리에 있는 그의 삼촌 알프레드였다. 엠마누엘은 어렸을 때부터 그와 형제들에게 파리에서 온 모든 깜짝 패키지와 계속해서 쏟아지던 사려 깊은 크리스마스 선물을 모두 기억했다. 시간이 흘러 기차 수도꼭지와 인형은 보석과 시계로 대체되었지만, 적어도 그들은 항상 알프레드의 울타리 속에 있었던 것 같았다.

루드빅은 임종 시에 죄책감으로부터 알프레드를 해방시켜 달라고 엠마누엘에게 요청했다. 루드빅은 석유 회사가 아직 갚지 못한 100만 달러에 대한 담보로 주식의 일부를 동생에게 양도하기를 원했다. 불행하게도 엠마누엘에게는 새롭고 충격적인 문제가 생겼다. 러시아 릭스방크(Riksbank)에서 석유 회사의 신용이 위협을 받게 된 것이다. 루드빅 노벨의 사망 후, 은행은 그들 간의 신뢰가 개인적 지위와 연결되어 있음을 분명히 했다. 그들은 엠마누엘에 대해 아무것도 몰랐다. 신용을 그대로 유지하려면 새로운 담보가 필요했다. 엠마누엘은 회사의 두 번째로 큰 소유주인 알프레드 노벨이 자신의 전체 지분을 약속하면 문제가 해결될 수 있다고 제안했다.

엠마누엘은 그 질문이 얼마나 민감한 것인지 알고 있었다. 그러나 그는 여전히 알프레드가 자신들이 처한 슬픈 상황에 대해 이해심을 보일 거라고 믿었다. 그렇지 않았다면 감히 삼촌에게 그 문제를 논의할 수 없었을 것이다.[709]

'아, 아니야, 또다시는 안 돼.' 알프레드의 반응이었다. 루드빅과의 다툼에서 비롯된 분노가 다시 솟아올랐다. '나에게 엄청난 손실만을 가져다준 회사를 위해 내가 왜 내 주식을 고정시켜야 하는지 이해할 수 없다'고 그는 답변에 적었다. 엠마누엘은 거기에 그의 재산의 절반이 걸려 있다는 것을 이해하지 못한 걸까? 아니, 그는 먼저 위험에 대한 더 나은 정보를 받지 않으면 어떤 결정도 내릴 수 없었다. "하지만 한 가지는 분명히 말할 수 있었다. 회사와의 거래에서 결코 감정적 사업 분야로 돌아가고 싶지 않다. 그 분야는 지금까지 나에게 너무 많은 다툼, 지루함, 그리고 손실을 초래했기 때문이다."

알프레드는 앞으로 "친구들 사이"에 구두 합의가 없을 것임을 분명히 했다. 모든 것은 서면으로 첨부될 것이다. "심각한 문제를 일으키는 거미줄 위에 집을 지어서는 안 된다."[710]

엠마누엘은 다시 접근했다. 그는 알프레드의 주식은 가을에만 담보로 하면 된다고 약속했다.

알프레드는 "같은 일이 내가 회사를 떠날 때도 일어났다. 160만 루블을 떠나 보냈는데, 아마도 1882년이었을 것이다. 하지만 나는 그것을 다시 돌려받지 못했다"라고 대답했다. 그는 조카에게 자신이 석유 회사에 관여할 때는 회사를 몇 차례 폐허에서 구하고 위험한 상처를 메우고 끔찍한 구멍을 막을 때뿐이었다고 말했다. 그는 사업을 설립하지도, 관리하지도, 잘못 관리하지도 않았다고 덧붙였다. 엠마누엘은 사과해야 했지만 바쿠 회사에 투자한 것은 순수한 알프레드의 복권이었다.

어려운 말을 주고받았지만, 여느 때와 다름없이 끝났다. 마침내 알프레드가 선점했다. 그는 그해 안에 돌려받는 조건으로 모든 주식을 매입하기로 약속했다. 엠마누엘은 "삼촌이 진실로 저에게 무거운 짐을 지우고 있습니다"라고 안도하며 대답했다.[711]

스물아홉 살의 청년은 곧 익숙해졌다. 1888년 여름, 석유 회사의 주주 총회에서 엠마누엘은 아버지 이름으로 과학상을 제정하기로 결정했다. "루드빅 노벨 상"은 러시아 석유 산업과 금속 산업에서 가장 뛰어난 연구나 발명을 한 사람에게 수여되는 상으로 5년마다 아버지의 기일에 수여했다. 세계 최초의 노벨상이 실현되기까지는 몇 년이 걸렸지만, 그에 대한 아이디어는 존중받고 관심을 끌었다.

가을 동안 차르 알렉산더 3세와 마리아 표도로브나(Maria Fyodorovna)는 바쿠에 있는 노벨 형제 나프타회사를 방문했다. 엠마누엘은 호스트였다. 제국의 영광이 개인과 회사에 쏟아졌다. 엠마누엘은 차르에게 러시아 시민이 될 것을 약속했고, 차르는 29세 청년에게 첫 러시아 메달을 수여함으로써 이에 응했다.[712]

*

이후 국제적인 호황이 시작되면서 알프레드 노벨의 재산이 크게 증가했다. 향후 2년 동안 그의 자산 가치는 2,000만 프랑에서 거의 3,000만 프랑으로 증가했으며, 이는 오늘날의 가치로 환산하면 10억 프랑이 넘는 액수에 해당한다.[713] 알프레드 노벨은 그 이전에도 스웨덴과 프랑스에 뿌리를 두고 무한한 부를 이룩한 사람으로 널리 알려져 있었다. 말라코프 거리에는 구걸 편지가 쌓여 있었고, 이들의 요청을 처리하기가 점점 더 어려워졌다. 그는 요청한 금액을 모두 더하면 총 자산을 훨씬 초과한다고 말했다. 대부분의 자산이 회사에 묶여 있었기 때문에 이 편지들에 대해 예라고 말할 수가 없었다. 동시에 그는 자신의 거절이 어떻게 받아들여지는지, 멸시받는 사람들이 자신을 냉담하고 하찮은 사람으로 여길 거라는 것도 알고 있었다. 그는 선물로 다른 사람을 기쁘게 하는 것을 좋아했기 때문에 마음이 아팠다.[714]

그는 자신의 도움이 자주 남용된다는 것을 깨달았다. 때때로 그는 자신을 변명해야 할 필요를 느꼈다. 그는 "파리에 오는 세 명의 스웨덴인 중 평균적으로 두 명은 자신이나 다른 사람을 위해 나를 뜯어내지 못하면 자신의 시간을 낭비했다고 생각하는 것 같다. 내가 내린 결론은, 그들이 나를 위선자로 간주하거나 나의 선의를 어리석음의 표식이라고 믿는다는 것이다. 후자의 가정은 아마도 근거가 없겠지만, 너무 남용되어 나 자신에게 위협이 될 때는 이를 막아야 한다. 나는 어중간한 조치를 혐오하므로 그때는 진지하게 멈추고 내 친절을 중단한다. 얼마간의 시간이 지나 내 지갑이 다시 채워지고 내 분노가 해소되면, 나는 다시 온화해져 진정한 상처와 위선적인 상처 모두를 치료하려고 노력할 것이다"라고 1888년에 한 "구걸자"에게 썼다.[715]

알프레드는 재정적 기부에 특정한 책임이 따른다는 것을 알고 있었다. 많은 구걸 편지가 스웨덴에서 온 조각가나 가수와 같이 예술적 재능을 가진 사람들이 보낸 것이었다. 그들은 파리에서의 성공을 꿈꾸다가 이제 자신을 부양할 수 없는 상태에 이르자 지원 요청을 하기 시작했다. 그가 급여를 지급하면 그것은 그들이 선택한 삶이 옳았다는 확인으로 인식될 수 있었다. 그는 몇 년 전에 미스 백맨(Miss Backman)에게 한 푼으로 "예술의 고귀함"을 격려하는 실수를 저질렀다. 뒤늦게 그녀의 목소리가 전혀 좋지 않았고, 그녀의 가족이 그녀를 다시 집으로 데려오기 위해 오랫동안 많은 노력을 기울였다는 것을 깨달았다. 이 백맨 양은 파리에서 시간을 낭비했으며, 그는 그 일에 기여했다.

그는 이러한 경험으로 절제하게 되었다. 더 이상 "재능 없는 자들을 잘못된 길로 이끄는" 일을 하지 않기를 원했다. 그래서 그는 독특한 자질에 대한 주장이 다른 사람들에게도 그렇게 여겨지는지를 먼저 조사하는 습관을 들였다. 어두운 순간에는 고통스럽도록 솔직하게 말하곤 했다. "자신의 재능을 자기애라는 확대경을 통해 보는 이 황금 탐욕자들로부터 나를 지켜주소서."[716]

그러나 그는 종종 요청을 받아들였다. 그의 관대함을 느낀 것은 직계 가족뿐만이 아니었다. 트로사(Trosa)에 있는 한 미망인, 스톡홀름의 어린이 병원, 비엔나의 여성 요양원 등에서 수많은 감사 편지가 도착했다. 자선금으로 3,000프랑(오늘날 약 13만 크로나)을 받은 파리의 한 단체는 "가난한 사람들과 그들 자신을 대신해 진심 어린 감사를 표합니다"라고 적었다. 1888년 6월, 스웨덴 역사상 최대 규모의 맹렬한 화재가 순스발을 집어삼켰을 때 부유한 발명가는 파리에서 구애를 받았다. 알프레드 노벨은 이렇게 대답했다. "저는 도시 전체를 대상으로 하는 그런 종류의 자선을 하지 않습니다. 분명히 국가가 그러한 손실을 메꾸는 것이 더 간단하고 더 편리할 것이기 때문입니다. 저는 국가의 역할을 대신하기 위해 1,000프랑의 수표를 첨부하고 싶지는 않습니다."[717]

*

파리에서 폴 바르베는 자신의 활동 무대를 마련했다. 마침내 영국과 독일 다이너마이트 회사 간의 신뢰가 확립되자, 그는 알프레드 노벨의 허락을 받아 프랑스, 이탈리아, 스위스의 다이너마이트 회사들을 포함하는 두 번째 컨소시엄을 설립했다. 이 지주 회사는 공식적으로 소시에떼 센트랄레 드 다이너마이트(Société Centrale de Dynamite)로 알려졌으며, 흔히 "바르베 회사" 또는 "라틴 그룹"으로 불렸다. 그중에는 상원의원 알프레드 나케(Alfred Naquet)과 그의 오랜 친구이자 폭발물 엔지니어인 지오 비안(Géo Vian)이 있었다. 이들은 1882년 합병 당시 바르베와 함께 알프레드 노벨을 속이려고 했던 인물들이었다.[718]

나케 상원의원은 비교적 좋은 평판을 받았다. 반면, 바르베가 자신의 새로운 다이너마이트 신디케이트의 대리인으로 추천한 사업가 에밀 아르통(Émile Arton)은 그렇지 않았다. 그는 열여덟 살 때까지 다른 사람의 신분을 사용하며 생활했다.

스트라스부르(Strasbourg) 출신인 그는 브라질에서 20년을 보냈으며, 그곳에서 로비와 협박을 통해 국회의원과 사업가를 조종하는 놀라운 재능을 발휘했다. 무엇보다도 아르통 주위에 사치스러운 여배우들을 많이 두었는데, 이들을 이용해 권력자들을 유혹하고, 그들과의 타협적인 서신을 빌미로 협박하곤 했다.

사기 혐의로 브라질에서 도피한 아르통은 파리에 새로운 터전을 마련했다. 1886년, 그의 여배우 중 한 명이 나케 상원의원에게 아르통을 다이너마이트 회사에 취직시켜 달라고 압력을 가했다. 나케는 바르베가 운하 건설에 관심이 있음을 알고 있었고, 파나마에서는 "라틴" 다이너마이트에 대한 판매를 희망하고 있었다. 이에 나케는 "우리는 아르통을 파나마로 보낼 수 있습니다"라고 제안했고, 실제로 그렇게 되었다. 아르통의 평판을 고려하면 이해하기 어려운 결정이었지만, 어쩌면 그 점이 오히려 매력적이었을지도 모른다.

에밀 아르통이 라틴 다이너마이트 트러스트(Latinska dynamittrusten)에 대한 파나마 계약을 어떻게 확보했는지는 명확하지 않다. 그러나 그의 성공은 위기에 처한 파나마 회사의 경영진뿐만 아니라 폴 바르베에게도 깊은 인상을 남겼다. 운하 건설업체의 상황은 점차 심각해졌고, 수백만 달러 대출은 오래 지속되지 않았다. 프로젝트를 완료하는 데 6억 프랑이 필요했으며, 이를 위해 새로운 자금 조달 방법을 모색해야 했다. 파나마 회사는 프랑스의 소액 저축자를 대상으로 200만 개의 프리미엄 채권을 발행하려 했지만, 함정이 있었다. 이러한 형태의 자금조달을 위해서는 국회에서 특별법이 통과되어야 했다. 하지만 정치적인 관점에서 파나마의 불완전한 계획은 부정적인 반응을 불러일으켰다. 파리에 있는 파나마 회사의 재무 관리자는 상황을 전환해야 한다고 생각했다. 이에 따라 업무를 성사시키는 방법을 알고 있음을 입증한 다이너마이트 회사의 능숙한 에이전트를 고용하기로 결정했다. 에밀 아르통은 이러한 역할을 맡았으며, 이를 위해 상당한 금액의 자금을 제공받았다.

1888년 봄, 무려 104명의 의원들이 파나마 관련 법안에 찬성표를 던지도록 설득당했다는 사실이 나중에 밝혀졌다. 알프레드 노벨의 파트너인 폴 바르베는 가장 열성적으로 뇌물을 제공하며, 자신과 주변의 많은 의결권을 회사의 이익을 위해 사용했다. 법안이 통과된 것은 놀라운 일이 아니었다. 그해 여름, 200만 개의 파나마 채권이 프랑스 국민에게 제공되었다. 운하 회사는 소규모 저축자들에게 곧 역사적인 순간이 올 거라며, 빠르면 1890년 7월에 파나마 운하가 개통될 예정이라고 보증했다. 이로 인해 채권을 구매한 사람들은 비교적 짧은 시간에 많은 돈을 벌 수 있을 것 같다는 인상을 받았다.

회사는 뇌물을 받은 의원들이 이미 상당한 금액을 챙겼다는 사실을 공개하지 않았다. 폴 바르베는 그중에서도 가장 많은 이득을 취한 인물 중 하나였다. 1888년 7월 17일 화요일, 그는 다이너마이트 회사의 직원 중 한 명에게 파리의 방크 드 프랑스(Banque de France)에 함께 가자고 요청하며, 가장 큰 서류 가방을 가져오라고 지시했다. 그 자리에서 바르베는 파나마 회사(Panamabolaget)의 재무 관리자가 발행한 총 55만 프랑(오늘날 2,500만 크로나가 조금 넘는 금액)에 해당하는 수표 다섯 장을 받았다. 그는 직원에게 수표에 서명하도록 요청했으며, 몇 년 후 그 직원은 법정에서 "수표를 손에 쥐고 있는 동안 그는 계속 내 발꿈치 가까이에 있었다"라고 진술했다.[719]

지폐 묶음이 서류 가방을 가득 채웠고, 바르베의 수행원들이 밖에서 기다리고 있었다. 그들은 범죄 자금의 대부분이 예치된 다른 은행으로 계속 움직였다.

7개월 후, 파나마 회사는 파산했고, 수십만 명의 소액 예금자들이 몰락했다. 은행창구에서는 절망적인 장면이 펼쳐졌다. 그러나 당시에는 이 재난이 단순히 회사가 운이 없어서 겪은 평범한 파산으로 묘사되었다. 몇 년 동안 배후의 추악한 음모에 대해서는 내부자만이 알고 있었다.[720]

파나마 스캔들이 마침내 터졌을 때, 알프레드 노벨은 가장 충격을 받은 사람 중 하나였다.

*

1888년 무더운 여름이 끝나갈 무렵, 에펠탑은 아직 절반만 완성되었음에도 불구하고 노트르담(Notre Dame), 팡테옹(Panthéon), 앵발리드(Invaliddomen) 등을 넘어 파리에서 가장 높은 건물이 되었다. 몇 블록 떨어진 곳에서 알프레드 노벨도 자신의 건설 프로젝트를 시작했다. 그는 자신의 집과 이웃 부동산 사이의 빈 땅에 별관을 짓기 위해 허가를 신청했다. 알프레드는 확장된 건물을 아름다운 돔으로 장식하고 싶었기에 샹젤리제 거리의 건축가를 고용했다. 또한 온실과 화랑으로 1층의 온실을 확장하려는 계획을 세웠다. 이를 위해 하우스만 대로(Boulevard Haussman)의 꽃집에서 코코넛 야자수, 관목 야자수, 양치류 등을 주문했다.[721]

8월에는 노동자들이 공사에 착수했다. 가을이 되자 알프레드는 우기를 피해 세브란으로 이동해, 페렌바흐와 함께 소총과 대포를 이용한 탄도 실험을 계속했다. 그해, 그는 벨기에, 영국, 이탈리아에서 특허를 취득했다. 어느 나라가 첫 주문을 했을까?

여름 동안 영국 정부는 시장 최고의 무연화약을 선정하기 위해 특별 폭발물 위원회를 구성했다. 10월, 알프레드는 기다리던 승인을 받았다. 영국 정부 위원회(brittiska regeringskommittén)는 그에게 탄도 샘플을 제출하도록 요청했다. 그는 기뻐하며 상트페테르부르크에 있는 자신의 조카들에게 "연기 없는 화약이 문명 세계 전역에서 받아들여지고 있다"고 알렸다.[722]

그들이 곧 생산 및 판매를 시작할 수 있기를! 알프레드는 당시 매우 많은 비용을 지출하고 있었다. 말라코프 대로의 확장 공사는 알프레드가 예상했던 것보다 훨씬 더 큰 규모가 될 것처럼 보였다. 그는 1888년 10월, 소피 헤스에게 보낸 편지에서 "가능한 한 최소한으로 개조하려는 원칙이 현명한 것"이라고 설득했다. 당시 소피는 마침내 아버지와 알프레드가 모두 선호했던 집들 중 하나를 선택하기로 결정했다.

빈에서의 부동산 거래는 알프레드와 소피 사이의 복잡한 관계에서 우연히 만난 온화한 날씨와 같았다. 이것이 알프레드의 생사의 갈림길 경험과 관련이 있었는지, 아니면 그가 소피를 위해 새집을 사주기로 한 친절한 제스처 때문이었는지는 분명하지 않다. 알프레드는 등 뒤에서 조롱을 받을까 두려워하면서도 며칠 동안 감히 이슐에 가기까지 했다. 더 놀라운 일은 그가 실제로 돌아가고 싶어 한다는 것을 깨달았다는 점이었다. 소피는 방문하는 동안 "거의 항상 정말 친절"했다. 알프레드는 몇 가지 긍정적인 변화의 징후를 발견했다. 여기에는 "이제 소문자를 점점 더 자주 쓰고 괜찮은 프랑스어도 썼다"는 내용이 포함되었다. "조금만 녹으면 보석이 될 것"이라며 "생각만 하기 시작하면 변덕이 사라진다"고 적었다. "거의 불가능한 일"에 가까운 발전을 축복했다.

소피의 새집은 비엔나 북부 외곽의 되블링(Döbling)에 있었다. 그녀는 모든 도면과 구매 계약서를 파리에 있는 알프레드에게 보냈다. 그는 눈치를 보며 지시를 내렸다. 모든 준비가 끝났을 때 그는 "집주인"에게 꽃다발을 보내 축하해 주었던 것 같다. "솔직히 귀여운 꼬마를 다시 보고 싶다."[723]

베르타와 아더 폰 주트너는 비엔나를 자주 방문하지 않았다. 외딴 성 하르만스도르프에서 비엔나로 가는 것은 쉽지 않았다. 그러나 1888년 10월, 베르타는 그곳에 있었다. 그녀는 꽃집에서 파리의 노벨 씨가 결혼했고, 이제 "노벨 부인"이 있다는 말을 들었다. 적어도 그녀는 그렇게 해석했다.

베르타는 알프레드에게 축하해도 되는지 묻는 편지를 썼다. 알프레드는 "절대 아닙니다. 정말 내가 알리지도 않고 결혼했을 거라고 생각했습니까?"라고 진지하게 대답했다. 그는 자신의 인생에는 "연인"조차도 없다고 장담했다. 모든 것이 오해였다. 그는 꽃집에서 자신에 대한 잘못된 논평이 있었음에 틀림없다고 말했다.

그래서 여기에 비밀스럽고 불가사의한 결혼에 대한 설명이 있다. "이 속세의 모든 것은 결국 설명이 가능하지만, 이 세계가 존재하고 지속될 수 있는 이유인 마음의 자력은 예외다. 하지만 나는 바로 그 자력이 부족한 것 같다. 왜냐하면 내게는 마담 노벨이 없고, 내 경우 큐피드의 화살이 형편없이 대포로 대체되었기 때문이다."[724]

*

이 "마음의 자기"는 알프레드 노벨의 생각과 꿈에서 계속 반복되었다. 적어도 그가 여생 동안 세상에 숨겨놓았던 소설 『자매들(Systrarna)』의 초안을 믿는다면 말이다. 그곳에서 그는 에로틱한 상황에 자신의 캐릭터를 행복하게 포함시켰다. 펄럭이는 치마, 살짝 드러난 발목, 벗겨지는 헐렁한 신발, 실크 스타킹을 신은 정강이, 그리고 입술…. 알프레드의 매듭지어진 텍스트 라인에 있는 "스스로 빛나는 입술, 말 없는 긍정은 점점 더 선명해지고, 더 명확하게는 하품이 얕아지고, 입과 입 사이의 거리가 점점 짧아지고, 뺨이 점점 더 붉어지고, 가슴은 점점 더 높아지고, 어머니의 훈계는 점점 더 약해져 완전히 잊혀지고, 소녀는 무방비 상태로 애무하며 연인의 팔에 누워 있습니다." 알프레드 노벨은 기록했다.

그는 생각을 가득 채운 그리움을 쓴 것 같다. 현실에서 이루지 못한 것을 펜으로 경험하고 싶었던 듯했다. 글을 통해 완전한 인간이 되고, 깊은 사랑을 느끼고, 자신의 매력을 나타냈다. 알프레드 노벨은 여성의 욕망을 묘사하는 데 주저하지 않았다. 그가 여성이 꿈속에서 간통을 완성하게 하는 계략을 생각해낸 것은 아마도 품위를 지키기 위해서였을 것이다. "그녀는 장미 꽃잎 침대 위에 천천히 눕혀지는 느낌을 받았다. 그녀가 아도니스(Adonis)의 팔에 안긴 느낌을 받는 동안, 그의 입술이 그녀의 입술에 닿았다. 그녀는 깊고 깊은 한숨을 내쉬며 너무나도 행복해져서 그 순간 깨어났다." 다소 당황스러운 상황이었다. 그러나 알프레드는 해결책을 생각해 냈다. 그는 여성의 잠꼬대로 깨어난 혼란스러운 남편에게 발언권을 주었다.

"나에게 말해봐, 아도니스와 얼마나 멀리까지 갔어?"

"지금까지 우리가 한 것처럼."

그녀는 그의 가슴에 얼굴을 묻고 속삭였다.

"저항했어?"[725]

그녀는 키스로 답했다.

알프레드 노벨은 작가로서 자신의 이름을 남기는 것이 꿈이었지만 그의 삶이 구체화되면서 그 목표에 도달하는 데 필요한 시간을 따로 떼어놓을 방법이 없었다. 때때로 실험 노트의 마지막 페이지에 몇 글자를 적을 수 있을 뿐이었다. 그 이상은 되지 않았다. 초안 소설『자매들』은 그가 적어도 15년 동안 작업한 것으로 보이지만 불과 83페이지 만에 주요 인물들과 작별했다.

베르타 폰 주트너는 그해 초 파리에 편지를 썼고, 알프레드 노벨은 환호하며 받았다. 그녀의 편지는 루드빅 형이 힘들어하던 마지막 주 중간에 도착했다. 당시 그가 무엇을 쓰더라도, 그는 너무나도 압박받고 억눌린 상태였기에 그것은 결국 쓰레기에 불과했을 것이다.[726]

그러나 그녀의 생각은 그를 매료시켰다. 결국 그는 실험 노트에 몇 가지 철학적 "편지"를 스케치하기 시작했지만 이름이 지정된 수취인은 없었다. "철학을 원합니다." 철학자는 첫 편지를 통해 사과를 시작했다. 독특한 생각을 낳을 거라고 기대할 수 없었다. 그 대부분은 아마도 그가 읽은 철학자들의 개인적인 반영으로 간주될 수 있을 것이다.

그의 도서관에는 임마누엘 칸트(Immanuel Kant)와 아르투어 쇼펜하우어(Arthur Schopenhauer), 존 스튜어트 밀(John Stuart Mill), 바뤼흐 스피노자(Baruch Spinoza), 허버트 스펜서(Herbert Spencer), 오귀스트 콩트(August Comte) 등의 철학자들이 있었다. 알프레드는 임마누엘 칸트와 함께 두 번째 편지를 시작하기로 결정했다. 그의 스타일은 너무 무겁고 어려워서 "그의 순수한 이성을 따라" 독자는 비합리성을 갈망하게 되었다. 그러나 칸트에게는 중요한 점이 있다고 알프레드는 생각했다. 알프레드는 철학적 스케치에서 모든 세계관은 개별적이며, 절대적인 진리는 존재하지 않으므로 그것을 전달할 수 없다고 지적했다. 무엇이 이성이고 무엇이 광기인가? 그조차도 절대적인 답을 가지고 있지는 않았다.

그는 최근 몇 년 동안 이용자가 증가하고 있는 알렉산더 그레이엄 벨의 발명품에 고무되었다. 알프레드 자신은 독점적인 개인 장치를 구입하지는 않았지만, 파리에는 점점 더 많은 전화 부스가 생겨났고, 4,000만 명의 주민이 있는 프랑스에서 1만 2,000명에 가까운 가입자가 생겼다. "지난 세기에 누군가가 1,000킬로미터 떨어진 거리에서 대화할 가능성을 표현했다면, 그는 당시 상식적인 사람들에게 미치광이로 간주되었을 것이다."[727]

그는 개인의 기준과 인상의 가치를 평가하는 것이 어렵다는 것을 발견했다. 알프레드가 보았듯이 생각은 뇌의 혈액 흐름과 관련이 있었다. 그는 사람들이 "해시시(Haschisch)"와 알코올을 섭취했을 때 평소 그 시스템을 얼마나 쉽게 조작했는지가 분명해진다고 지적했다. 따라서 추상적 사고에 관해서는 "보편적인 의심"의 건전한 척도가 항상 권장되어야 한다고 생각했다.

알프레드는 우리가 세상에 대해 안다고 생각하는 것의 대부분이 논리적 추론과 확률 계산에만 기초한다고 지적했다. "지구가 계속해서 태양과 그 축을 중심으로 돌고 있다는 사실을 감히 의심하는 사람은 아무도 없다. 하지만 인간과 동물은 태어나고 죽도록 정해져 있다는 것, 중력은 사라지지 않는다는 것, 바다는 증발하거나 폭발하지 않는다는 것, 철은 액체 및 수은 고체가 되지 않는 것, 달이 땅에 떨어지지 않는 것과 같은 가정에 대한 절대적인 증거는 없다."

이러한 주장 후, 알프레드는 세 번째 편지에서 자신의 세계관의 핵심을 기록했다. 그는 모든 종교와 인간이 만든 신들과 거리를 두기 시작했다. 역사는 대부분의 종교가 사람들이 복종하도록 겁을 주기 위해 발명되었다는 것을 보여주었다고 했다.

반면에 그는 생명의 근원적인 힘인 "매력 현상"의 존재를 믿었다.

그가 가장 좋아하는 예는 원자였다. 현대 화학은 이 "나눌 수 있는 가장 작은 단위"가 특별한 활력을 가지고 있음을 보여주었다. 분자는 서로 끌어당기거나 밀쳐낸다. 그는 이것이 사람들 사이에서 발생할 수 있는 매력과 유사하다고 생각했다. "우리는 공감뿐만 아니라 일종의 삶의 현상을 요소들과 결합시키는 데 전념하고 있지 않은가? 그리고 전기 극성과 자기 극성은 우리가 사랑과 증오라고 부르는 것의 또 다른 형태가 아닌가? 이 이상한 비유조차도 생각하는 사람에게는 육체적 삶과 정신적 삶이 얼마나 밀접하게 관련되어 있는지에 대한 질문을 제기한다."

그는 자신의 소설에서 스스로를 조금 더 낭만적으로 표현했다. "사랑 놀이가 우리를 사랑하는 가슴으로 끌어들이는 것처럼 자석도 반대 극을 위해 노력한다."

그는 매력 속에서 창조의 경이로움 뒤에 숨은 비밀을 확인했다. 알프레드 노벨에 따르면 화합물을 형성하는 능력은 원자가 창조의 발전에 기여하는 독립적인 "창의적 성향"을 갖추고 있음을 의미했다. 그의 내면에 있는 철학자는 그 힘을 지칭하는 데 있어 "신성"보다 더 나은 단어를 찾지 못했으므로 자신도 놀랐을 것이다. 또는 "우리가 원자라고 부르는 생명의 가장 작은 단위의 수는 무한하며, 그것들이 모두 함께 작용해 결코 시작도 중단도 없는 신성한 전체를 형성한다고 가정하면, 우리의 앞에는 다음과 같은 문제가 있게 된다. 인간의 이성이 이해할 수 있는 것보다 더 큰 신성이 나타난다면, 그것에 비하면 작은 독단적인 신들은 우리에게 생각의 괴물로 나타난다"라고 썼다.[728]

자신에게 "마음의 자성"이 부족하다고 생각한 사람은 바로 이를 발전시켜 인간과 자연의 요소 사이에서 매력을 생명의 근원적인 힘으로 간주했다. 인간이 발명한 모든 신을 경멸하던 그가 바로 그런 신을 창조한 인물이다. 그러나 알프레드 노벨은 베르타 폰 주트너가 그에게 편지를 썼을 때 염두에 두었던 평화 철학은 당시 단계에서는 우선시하지 않았던 것으로 보인다.

*

말라코프 대로에 위치한 알프레드의 도서관은 매년 성장했다. 그는 프랑스와 독일의 화학 핸드북, 전기(elektricitet)에 관한 24권의 국제 저서, 귀스타브 도레(Gustave Doré)의 포스터와 함께 한스 매그너스 멜린(Hans Magnus Melin)의 성경 번역을 구입했다. 또한 뇌에 관한 책, 새로 발견된 미생물에 관한 책, 편두통 치료를 위한 마사지에 관한 책들을 구입했다. 그리고 무엇보다도 소설과 시집을 많이 샀다. 소설은 책꽂이 공간의 절반 이상을 차지했다. 그 당시에는 프랑스와 북유럽 작가들에게 가장 큰 관심을 보였던 것 같다. 그는 바이런, 셸리, 셰익스피어와 경쟁할 새로운 영국 작가를 찾지 못한 것으로 보인다.

마침내 알프레드 노벨은 프랑스 현실주의자들에게 다가갔다. 그는 집필된 지 수십 년이 지난 발자크와 스탕달(Stendhal)의 고전을 새 판본으로 구입했다. 최근에는 1857년 "외설" 혐의로 저자가 재판(이후 무죄를 선고받음)에 회부되었으나 이후 무죄판결을 받은 불륜 소설인 귀스타브 플로베르의 『마담 보바리』를 자세히 읽었다. 알프레드는 플로베르가 엠마 보바리(Emma Bovary)로 하여금 간통에 대한 후회와 더 많은 것에 대한 갈망 사이를 오가도록 했을 때처럼 끌림의 힘을 간결하게 공식화했다. 그는 이를 "사랑의 끈이 아니라 끊이지 않는 유혹 같았다"라고 표현했다.[729]

알프레드 노벨의 서재에는 남편을 떠나는 노라 헬머(Nora Helmer)를 주인공으로 한 헨리크 입센(Henrik Ibsen)의 유명한 결혼 드라마 『인형의 집(Ett dukkehjem)』세 번째 판이 있었다. 그 외에도 노르웨이 극작가의 주목할 만한 희곡이 여러 편 있었다. 그러나 스웨덴의 위대한 자연주의자인 아우구스트 스트린드베리는 여전히 알프레드 노벨에게 크게 매력적이지 않았다. 스트린드베리의 모든 주목할 만한 작품들 중에서 노벨은 이때까지 단 하나의 작품만을 구매했다. 그는 스트린드베리의 베스트셀러 데뷔작인 『빨간 방(Röda rummet, 1879)』과 『헴쇠보르나(Hemsöborna; 1887)』에도 관심이 없었다. 아마도 스웨덴 작가들 사이에서 "마지막 낭만파"로 불리는 빅토르 리드베리(Viktor Rydberg)와 시인 칼 스노일스키(Carl Snoilsky)를 선호했을 것이다. 알프레드는 1888년에 리볼리 거리(rue de Rivoli)에 있는 스웨덴 서점 "라이브러리 닐슨(Librairie Nilsson)"에서 두 작가의 시 모음집을 구입했다.

파리에서 러시아 문학이 폭발적으로 인기를 끌었던 시기였다. 1886년『보그(Vogue)』지는 러시아 소설을 "올해의 문학적 사건"으로 선정했다. 1888년에는 레프 톨스토이(Lev Tolstoy)와 표도르 도스토옙스키(Fyodor Dostoevsky)의 프랑스어 번역본이 기록적인 판매를 보였다. 톨스토이는 곧 세계 무대에서 가장 유명한 작가 중 한 명이 되었다. 알프레드 노벨은 이미 그를 알고 있었다. 몇 년 전, 노벨은 조카 엠마누엘에게 톨스토이의 걸작『전쟁과 평화(1869)』와『안나 카레니나(1876)』를 포함한 러시아어 작품들을 구해 달라고 부탁했다. 그러나 그는 톨스토이의 소설에 대한 자기 생각을 밝히지 않았다.[730]

*

12월은 항상 알프레드 노벨의 회계 장부에서 긴 지출 목록이 나열되는 달이었으며, 1888년도 예외는 아니었다. 그는 파리의 친척, 지인, 석탄 회사 직원의 부인들에게 "트롤(Trollets)", 쏜 부인(Fru Thorne)에게는 "크리스마스 선물(일본판)", 루 부인(fru Roux)에게는 "연필과 납 광석 연필", 그리고 프랑스 역사서인『브륄의 아들(Brülls gosse)』등을 보냈다. 특히 그해에는 줄리엣 아담에게 크리스마스 인사와 함께 최소한 7개의 꽃다발을 보냈다.[731]

여느 때와 같이 스톡홀름에 사는 어머니 안드리에타는 크리스마스 축하를 위해 큰 금액을 받았으며, 친구와 하인을 위한 크리스마스 선물을 위한 별도의 자금도 받았다. 알프레드는 양심의 가책을 느꼈다. 어머니가 자신을 얼마나 사랑하며, 자신의 방문이 어머니에게 얼마나 큰 의미를 지니는지 알고 있었기 때문이다. 그러나 그는 건강상의 이유로 스웨덴의 한겨울 추위를 견디기 힘들어 크리스마스에 올 수는 없었다. 그는 "정맥에 흰 서리를 느끼는" 고통을 되도록 피하고 싶었다. 따라서 어머니가 85세가 된 9월에 가능한 한 빨리 스웨덴에 도착했다.

알프레드는 자신의 부족함을 보완하려고 다른 방법을 모색했다. 그는 자신을 대신해 좀 더 이른 시기에 활동을 시작한 젊고 재능 있는 스웨덴인 화가의 초상화를 주문했다. 안더스 조른(Anders Zorn)은 고아체그림(gouachemålning) 형식으로 안드리에타의 풍부하면서도 온화한 시선을 완벽하게 포착해 냈다. 이 작품은 현재 스톡홀름의 함느가탄(Hamngatan)에 위치한 그녀의 아파트 벽 중 하나를 장식하고 있다.

특히 안드리에타는 그해 크리스마스, 알프레드가 모노그램이 새겨진 귀한 도자기 화분을 선물했을 때 매우 기뻐했다. 그 화분은 리드벡이 꽃을 담아 전달한 것이었다. 1888년 크리스마스에는 알프레드가 어머니에게 자신의 두 개의 작은 초상화가 들어간 팔찌를 선물했다.

"상상할 수 있는 가장 달콤한 아이디어는 알프레드의 가치에 맞는 것이다." 안드리에타는 감사 편지에서 환호성을 질렀다. "젊음과 장년 모두 아름답고, 거기에는 노인의 흔적도, 고집도 없다. 이 사랑스러운 사진들을 보는 것이 내 일상의 즐거움이 될 것이다. 그것은 노인의 마음을 따뜻하게 하고, 본질적으로 달콤한 느낌이다. 당신의 어머니를 평생 동안 훌륭하고 행복한 시간으로 만들어준 나의 막내이자 소중한 아들인 당신에게 감사한다. 모든 기쁨에 감사한다. 그런 아들은 어머니의 자랑이다."[732]

알라릭 리드벡은 크리스마스가 되면 항상 안드리에타를 살펴보곤 했다. 크리스마스 전날, 리드벡은 알프레드에게 안심할 수 있는 메시지를 보냈다. "당신의 어머니는 아직 정정하시며 나이에 비해 건강하십니다."[733]

그러나 알프레드는 어머니보다 임박한 자신의 죽음에 대해 더 걱정했다. 형의 죽음은 그의 마지막에 대한 고통을 어느 정도 덜어주었다. "나는 때때로 매우 약해진 기분이 들고, 인생의 저녁에 가까워지고 있다는 강한 예감을 느끼게 돼. 그러니 내가 가장 짧으면서도 가장 긴 여정을 떠나기 전에 시간을 소중히 여기길 바란다." 그는 1889년 1월 소피 헤스에게 이렇게 편지를 썼다.[734]

생각은 실행에 옮겨졌다. 그는 더 이상 기다릴 수 없었다. 알프레드는 유언장을 작성해야 했다. 1889년 3월 3일 그는 스톡홀름에 있는 재정 고문인 칼 외베리

(Carl Öberg)에게 연락해 적합한 유언장 양식에 대해 변호사와 상의하도록 요청했다. 그는 외베리에게 "나는 백발이고 내면이 닳아 있어 죽음을 앞두고 준비를 해야 합니다"라고 설명했다.

분명히 그의 발언은 친구에게 약간의 걱정을 불러일으켰다. 다음 편지에서 알프레드는 자신의 친구를 진정시키려고 노력했다. "유언장에 관해서는, 되도록 미리 이루어져야 한다는 생각 때문입니다. 우리는 언제 혼란에 빠질지 모르며, 예견된 일과 예견되지 않은 일을 준비하는 것이 우리의 의무라고 느낍니다."[735]

18장
국가보안경찰의 개인 파일, 326호: 알프레드 노벨

알프레드 노벨은 자신의 친구 칼 외베리에게 편지를 썼다. "당신은 혼란 속으로 들어갈 때 그 순간을 알지 못합니다." 사실 그는 조금 다른 종류이긴 하지만 이미 혼돈 속으로 빠져들고 있었다. 의문의 남자들이 움직였다.

세브란에 있는 회사의 높은 벽 밖에 헌병대가 나타났다. 그들은 질문을 했다. 그것은 순전히 일상적인 일처럼 보였다. 최근 프랑스는 외국인에 대한 엄격한 통제에 관한 법령을 채택했으며, 의심스러운 사항은 현지 관청에 보고해야 했다. 1888년 섣달 그믐날, 몇몇 헌병들이 세브란을 방문했다. 그들의 보고서는 너무나 충격적이어서 부서장이 파리의 내무장관에게 사본을 보냈다. 헌병들은 세브란에서 비밀리에 폭발물을 제조한 스웨덴 국적의 미스터 노벨에 대해 알렸다. 과거의 폭발은 우려를 낳았다. 6개월 전 폭발로 인해 이웃의 여러 창문이 부서졌다. 노벨은 곧바로 피해액을 배상했지만, 프랑스 한복판에서 외국인이 이런 일을 처리해야 한다는 것이 이상하지 않았을까?

헌병은 노벨을 비밀스러운 사람이라고 보고했다. 그는 이웃들과 교류하지 않았고, 지역 정원사를 제외하고는 아무도 담장 안으로 들어가게 하지 않았다. 이 스웨덴인은 세브란에 매우 불규칙적으로 나타났다. 그 와중에 노벨이 "엔지니어"라고 부르는 페렌바흐라는 직원이 매일 일하는 것처럼 보였다. 최근, 노벨은 더 자주 세브란에 왔고, 이 지역에 알려지지 않은 몇몇 신사들을 자주 데려왔다. 그들은 자주 사격을 했다.

내무부 장관은 이 보고서를 프랑스 보안 경찰인 안전 경관(Sûreté générale)에게 전달했다. 1889년 1월 말, 다음과 같은 명령이 내려졌다. "더 많은 정보를 얻으십시오! 문제의 개인이 위험한 활동에 대한 허가증을 갖고 있습니까? 그렇지 않다면 이 낯선 사람의 추방을 추진하기 위한 서류를 준비하세요!"[736]

*

프랑스 보안 경찰이 보낸 문서는 125년 된 것으로, 가장자리가 약간 손상되어 있다. 모든 내용은 손으로 작성되었으며, "326호 노벨, 알프레드"라는 제목이 붙은 오래된 개인 파일로 보안이 유지되고 있다. 키워드는 심볼을 통해 깔끔하게 분리된다. "기밀", "스파이 활동?", "신호!"

정보 보고서는 지금까지 알려지지 않았다.

2015년 11월의 흐린 날이었다. 나는 파리 교외 생드니(Saint-Denis)에 있는 프랑스 국립 문서 보관소에 있었다. 역사적인 발견물은 눈에 띄지 않는 짙은 회색 보관 상자에 담겨 열람실로 방금 옮겨졌다. 나는 조심스럽게 개인 파일을 하나씩 꺼냈다. 알프레드 노벨의 이름이 묶음 중앙에 나타났다. 그의 파일은 가장 오래된 파일 중 하나였다. 총 75페이지에 33개의 문서로 구성되어 있었다.

알프레드의 서류가 이전에 발견되지 않았던 이유에 대한 설명이 있다. 제2차 세계대전 중 독일군이 파리를 침공했을 때 그들은 프랑스 보안 경찰의 기밀 인사 파일을 모두 가져갔다. 1945년 봄, 독일의 전리품은 러시아의 것이 되었고, 그 후 50년 동안 수천 개의 프랑스 문서가 모스크바에 숨겨졌다. 소련이 붕괴된 후, 비로소 그 문서들은 파리로 돌아왔다. 그래서 지금은 러시아 기록 보관 우표가 찍혀 있다.

러시아어를 해독하고 필요한 재분류를 수행하는 데 시간이 걸렸다. 그래서 오랫동안 프랑스에서는 알프레드 노벨에 관한 경찰 문서가 없다고 여겨졌다. 나는 파리에서 새로 만난 친구이자 배우(한때 스웨덴의 노벨 영화에서 폴 바르베 역을 맡았던 사람)이자 연구자인 마누엘 보네(Manuel Bonnet)에게 연락을 받았을 때 느낀 마음속 환희를 아직도 기억한다. 마누엘은 나에게 그 문제를 조사해 보겠다고 약속했다. 이제 그는 축하의 말을 전했다. "저기 있어요! 모스크바 문서 (Moskvaakterna)에."

노벨 문서는 날짜순으로 깔끔하게 정리되어 있었다. 종이 시트는 고르지 않게 노란색으로 변해 있었고, 크기도 다양하며 우표도 많았다. 왼쪽 상단에는 헌병여단의 신년 보고라고 표시되어 있었다. 19세기의 먼지가 나를 덮쳤다.

*

알프레드 노벨에 관한 정보 임무가 "특별 위원" 모랭(Morin)의 무릎에 전달되었다. 모랭은 파리 동역(Gare de l'Est)의 철도 경찰로 근무했으며, 당시 프랑스 보안 경찰의 비밀 정보 요원 네트워크에서 중요한 역할을 했다. 모랭 국장은 재량에 따라 세브란에 직접 가서 이웃과 노벨 직원들로부터 더 많은 정보를 얻기 위해 행동했다. 그는 동시에 사복 경찰 수사관을 말라코프 대로로 보냈다.

모랭은 1889년 2월 5일 알프레드 노벨에 대한 최초의 정보 보고서를 제출했다. 요약: 독신. 스웨덴인. 파리에 비교적 새로 지어진 집 거주. 매우 부유하며 해외에 여러 채의 집을 소유하고 있음. 고급스러운 양동이 두 개. 여러 명의 남녀 하인. 그가 사는 동네에서 평판이 좋음. 다이너마이트의 발명가로 알려져 있음. 이자율에 크게 의존하며 많은 수익을 얻음. 많은 사람들을 만남. 세브란에서는 항상 페렌바흐와 함께 다님. 페렌바흐는 37세, 파리 태생, "훌륭한 애국자"로 알려짐. 페렌바흐는 노벨과 같은 화학 엔지니어임. 세브란의 부동산은 총기 실험에 사용됨.[737]

2월 초, 모랭은 현재 프랑스 국방부로부터 새로운 정보를 받았다. 스웨덴의 노벨이 세브란에 있는 국영 화약 공장에서 입수한 폴 비에유의 무연화약 Poudre B 관련 국가기밀을 탈취하려 했다는 주장이 파리의 군 총독에게서 나왔다. 정보 요원 모랭은 몇 주 더 정찰 작업을 한 후, 경쟁사 직원으로부터 그것이 정확히 사실임을 확신했다. 세브란에서 갑자기 떠나거나 며칠 동안 불가피하게 불참한 노벨 회사 직원은 경고를 받았다. "이것은 가택 수색이 있을 경우 위태로울 수 있는 모든 증거를 제거하려는 시도로 보일 수 있다."[738]

두 번째 정보 보고서는 "노벨 사건"이라는 제목으로 2월 23일에 전달되었다. 모랭의 정보는 이제 더 포괄적이었다. 그는 노벨이 매일 아침 기차로 세브란에 갔다가 저녁 6시까지 집에 돌아가지 않았다고 말했다. 지난 7~8개월 동안 회사에서 총격 실험이 계속되었다고도 전했다. 어제 2월 22일 저녁 만찬을 하는 동안, 마치 한 대대 전체가 사격 연습을 하는 것 같은 소리를 들었다고도 보고했다. 요원들은 노벨이 대형 폭탄 발사기를 가지고 있으며, 발사된 대형 탄환이 하늘에서 매우 잘 보인다고 말했다. 총기 실험은 일요일과 공휴일을 포함해 계속되었다.

지시에 따라 직원들을 심문했지만 결과는 거의 없었다. 실험실에서 일하던 20세 청년은 아무 말도 하지 않고 도망쳤다. 그의 아버지는 국영 화약 공장에서 일하고 있었는데, 이는 "노벨을 향한 중대한 의혹을 감안할 때 주목할 만한 일치점"이었다. 정원사(55세)로부터도 아무것도 얻지 못했다. 모랭은 그녀가 이유를 이해했다고 생각했다. "명령이 내려졌다. 침묵과 은폐!" 그러나 화약을 자르기 위해 임시로 고용된 네 명의 여성들은 훨씬 더 수다스러웠다. 에이전트는 그들 중 두 명의 실험실 청년과 국영 분말 공장에 고용된 몇 명이 가까운 친척이거나 가족 관계가 있다고 보고했다.

마지막 최종 판결문을 작성하기 위해 정보 요원들이 동역(Gare de Est)에 모였다. 그들은 내무부의 보안 경찰에게 다음과 같이 썼다.

"세심하고 주의 깊은 분석을 통해 노벨이 개인적으로 전쟁용 폭발 물질을 발명하고 있다고 확신합니다. 그의 끊임없는 시도가 이를 말해줍니다. 하지만 우리는 그가 세브란-리브리(Sevran-Livry)에 정착한 이유가 '레벨 화약(Lebel-krutet)' [비에유의 화약, Poudre B]을 손에 넣기 위해서였다고 믿고 있습니다. 국영 화약 공장과의 근접성, 직원들의 선택, 최근의 비밀 여행들-그들이 감시를 받고 있다고 느끼면서도-이 모든 것이 우리를 그 입장에 확신하게 만듭니다"라고 그들은 내무부 국가 보안 경찰에 제출한 보고서에서 썼다.

모랭 특검은 별도의 서한에서 "국방에 큰 위협을 줄 만한 상황을 종식시키기 위해" 세부 사항을 국방부에 통보할 것을 권고했다.[739]

반면에 알프레드 노벨은 끔찍한 하루를 보냈다. 그러다 몇 주 후 그는 뭔가 이상하다는 것을 이해하기 시작했다. 1889년 3월, 그는 자신이 "박해를 받고 괴롭힘을 당한다"고 느꼈다고 썼다. 영국의 프레드릭 아벨 교수에게 보낸 편지에서 그 상황은 좀 더 명확해졌다. "며칠 전, 탐정 경찰에 속한 척하는 한 남자가 세브란에 있는 내 연구실에 와서 아주 이상한 질문을 했습니다."[740]

상황은 터무니없었다. 이 단계에서 알프레드는 특허 설명을 요청하는 데 만족했다. 실제로 프랑스의 국방장관 샤를 드 프레이시네(Charles de Freycinet)는 알프레드 노벨의 화약 실험에 대해 무지하지도, 실험을 의심하지도 않았다. 오히려 호기심도 많고 관심도 많았다. 이스라엘의 과학 역사가인 요엘 버그만(Yoel Bergman)이 2017년 연구에서 밝혔듯이 프레이시네은 1888년 12월에 노벨에게 편지를 보내 샘플을 보내달라고 요청했다.[741] 프랑스는 다른 모든 국가와 마찬가지로 최고의 화약을 원했다. 노벨도 판매하고 싶어 했다. 그는 특히 폴 바르베가 장관으로 재임하는 동안, 프랑스 정부에 자신의 제품에 대해 알리기 위해 노력했다.

알프레드는 1889년 2월에 기술적 요청과 관련된 몇 가지 답변 서신을 보낸 후, 요청받은 화약 샘플을 프랑스 국방부에 보냈다. 그는 이제 화약 연기를 전혀 방출하지 않는다고 커버 레터에 자랑스럽게 썼다.[742]

상황은 완전히 혼란스러웠다. 한편으로는, 국가보안경찰의 사복 요원들이 노벨의 집과 연구소 주변을 배회하며 프랑스 국가에 대한 위험한 음모를 밝히려 하고 있었고, 동시에 국방부는 이른바 산업 스파이가 개발한 비밀 폭발물로 시험 발사를 준비하고 있었다. 실험을 하게 된 사람은 바로 알프레드 노벨을 염탐하던 폴 비에유였다. 국방부는 알프레드에게 총격 시험이 있을 시간과 장소를 알려주기까지 했다. 아마도 그가 직접 참석할 수 있도록 하기 위함이었을 것이다.[743] 알 수 없는 이유로 그 정보는 내무부의 보안 경찰에 전달되지 않았다. 아마도 외국인에 대한 사법적 감시에 관한 부처 간의 경쟁과 의견 불일치와 관련이 있었을 것이다.

프레이시네 국방장관은 알프레드 노벨에게 탄도 시험을 결정했다고 해서 구매가 보장되는 것은 아니라는 점을 분명히 했다. 그해 봄 이뤄진 슈팅 테스트는 성공적이지 못했다. 노벨 화약은 강력했지만, 프랑스인이 생각하기에 총기 배럴을 너무 많이 부식시켰다. 프랑스 국방부는 때를 기다리겠다는 입장을 밝혔다. 대포에서는 노벨의 화약이 더 잘 작동할 수 있을까?[744]

*

당시 세브란에서 사격 시범을 본 "이웃에 알려지지 않은" 수수께끼의 신사 두 명은 영국인 교수 프레드릭 아벨과 제임스 듀어(James Dewar)였다. 알프레드 노벨은 영국에 화약 샘플을 보내달라는 요청을 받았고, 세 사람은 이 시기에 파리와 런던에서 자주 만났다.

알프레드는 저명한 학자들과의 협력에 분명히 기뻐했으며, 영국이 화약 샘플을 주문하자 완전히 안심했다. 아벨과 듀어는 남은 문제를 해결하기 위해 화약을 다듬는 방법을 자세히 배웠다. 알프레드는 몸을 웅크리고 자신을 낮추며 영국인들이 원하면 자신은 언제 어디서나 영국인의 처분을 받을 수 있다고 말했다. 그리고 1889년 2월 프레드릭 아벨 경에게 감사의 마음을 전하는 편지를 썼다. 그 다음으로 알프레드는 제임스 듀어를 칭찬하며 그를 "친절 그 자체"라고 부르며 그와 협력하는 것이 "영광과 기쁨"이라고 강조했다. 이렇게 유능한 동료들 사이에서, 자신이 가졌을지 모를 작은 개인적 허영심은 사라진 것 같다고 알프레드는 강조했다.[745]

5월 초 어느 날, 알프레드는 프레드릭 경이 자신에게 알리지 않고 파리를 방문했다는 사실을 알고 불안을 느꼈다. 며칠 후 런던에 있는 그의 법률 고문은 프레드릭 아벨 경과 제임스 듀어가 탄도 개선을 위해 영국 특허를 신청했다고 발표했다. "이게 뭐였더라? 왜 그들은 나에게 묻지도 않았을까?" 알프레드는 그들이 개선 사항에 대해 함께 논의했다는 사실에 혼란스러워했다. 그는 듀어에게 보낸 편지에서 그들과 영국 폭발물 위원회가 서로를 완전히 신뢰하고 정직하게 행동했는지 의문을 제기했다. 만약 그들이 계획을 미리 알려줬더라면, 알프레드는 작은 개선 사항에 대해 특허를 내고 영업 비밀을 공개하는 것이 얼마나 어리석은 일인지 설명할 수 있었을 것이다.[746]

알프레드 노벨은 흔들렸다. 그래도 마음을 가라앉히고 친구들의 행동을 실수로 보기로 한 것 같다. 특허는 아직 없었고, 아벨과 듀어는 아마도 선의로 행동했을 것이며, 알프레드는 자신의 명성과 부를 다른 무엇보다 우선시한 사람은 아니었다. 몇 달 후, 그는 듀어에게 이렇게 썼다. "저는 동료 경쟁자들보다 두 가지 장점이 있습니다. 돈을 벌고 칭찬을 받고자 하는 욕망은 나와는 매우 관련이 없다는 것입니다. 저는 환상을 좋아합니다. 때로는 거품이 휴대하기 쉬워 물질보다 더 가치가 있기 때문입니다."[747]

이 시점에서 알프레드는 특허 설명을 요청하는 데 만족했다.

그런 다음 그는 일반적인 사교 잡담으로 주제를 전환해 듀어에게 류머티즘에 대해 어떻게 생각하는지 물었다. 그는 자신의 건강이 이제 너무 나빠져서 "폭발 소리를 다시는 듣지 못하는" 무인도로 물러나는 것을 고려했다고 고백했다.

또한 알프레드는 친구에게 파리의 마르스 광장(Marsfältet)에서 세계 박람회가 막 개최되었음을 알렸다. "매우 성대하다고 합니다. 모든 것을 볼 시간이 있기를 바랍니다."[748]

*

귀스타브 에펠(Gustave Eiffel)은 제시간에 준비했다. 1889년 4월 오후, 그는 약 10여 명의 명예 인사와 언론인과 함께 자신의 탑 꼭대기에 섰다. 취임식 파티에 참여한 150명의 손님 중 바람이 부는 나선형 계단을 끝까지 걸어 올라간 유일한 사람들이었다. 의기양양하게 에펠은 R.F.라고 프랑스 공화국(République Franfaise)의 이니셜이 새겨진 5미터 길이의 프랑스 국기를 펼쳤다. 작은 포효와 함께 사람들이 「라 마르세예즈(Marseljäsen)」를 부르기 시작하는 동안 그는 천천히 탑의 깃대에 그것을 놓고 들어 올렸다. 에펠의 수석 엔지니어는 "우리는 1789년의 깃발에 경례합니다. 우리 조상들이 그 깃발을 자랑스럽게 들고 수많은 승리를 거두었으며, 과학과 인류애의 위대한 진보를 목격한 깃발입니다. 우리는 1789년의 위대한 날을 기리기 위해 적절한 기념비를 세우려고 노력했습니다. 그 결과로 탑의 거대한 비율이 형성되었습니다"라고 했다. 그러자 샴페인 코르크가 "팡" 하고 터졌다.[749]

파티 분위기는 5월 5일 세계 박람회 개막식까지 이어졌다. 파리는 황홀경에 빠져 있었다. 거리에서 에펠탑은 봉제 손잡이, 커프스 단추, 시계로 판매되었다. "이 타워는 전 세계가 궁금해하는 불가사의 중 가장 성공적인 것으로서 인류가 꿈꿔왔던 진보의 강력한 상징이 되었다"라고 하며 뉴욕 『트리뷴』은 환호했다. 국내외 언론인들은 에펠의 창조물을 공학적 위업보다 훨씬 더 위대한 것으로 만들기 위해 경쟁했다. 에펠탑의 위층 프리즈에 새겨진 금박을 입힌 이름은 통치자가 아니라 세계를 발전시킨 지식을 가진 프랑스 과학자들이었다. 타워는 우아하고 강력하며 장난기 많았지만, 저널리스트이자 작가인 질 존스(Jill Jonnes)가 자신의 책 『에펠의 탑(Eiffel's tower)』에서 말했듯이 왕과 여왕이 여전히 넓은 지역을 지배하는 세상에서 그것이 지닌 궁극적인 메시지는 정치적이었다.[750]

귀스타브 에펠 자신은 타워의 상징적인 의미뿐만 아니라 과학적인 면에서의 실질적인 중요성도 강조하고 싶어 했다. 고도 300미터에 있는 독특한 연구소에서는 기상 및 천문 관측, 모든 종류의 물리적 실험, 그리고 바람 조건에 대한 연구를 수행할 수 있었다. 인류를 위한 탑의 유용성은 아마도 계획대로 20년 후에 전체 건축물을 허물지 않아야 하는 강력한 근거가 될 것이다.[751]

알프레드 노벨은 현대의 과학적 진보를 선호했다. 그해 봄, 그는 평소보다 더 좌절감을 느꼈다. 그는 친구인 알라릭 리드벡에게 "이 저주받은 폭발성 물질은 기껏해야 살인적인 도구로 간주되어, 내가 산업적이고 과학적으로 중요한 많은 다른 일을 수행하는 데 방해가 된다"고 말했다. 세계 박람회가 절정에 달하자, 더 많은 사람들이 그에게 실망감을 토로했다.[752] "나는 완전히 회복해 오직 즐거움을 위해 과학에 몰두할 수 있는 한 해 동안의 휴식을 원한다. 이 황금시대가 언제 올 지는 신들만이 알 것이다."

10월 말까지 3,000만 명이 넘는 사람들이 세계 박람회를 방문했다. 에펠탑만큼 중요한 볼거리가 있었다면 바로 미국의 토머스 앨바 에디슨(Thomas Alva Edison)이 발명한 포노그래퍼(Phonographer, 턴테이블의 전신)를 전시한 전시관이었다. 에디슨의 스탠드는 찾기 쉬웠다. 그것은 거대한 조명 설비, 다양한 크기와 색상의 전기 램프의 형태를 취했다. 전기 조명은 여전히 소수에게 주어진 사치였다. 알프레드 노벨은 개척자 중 한 명으로 1889년 말라코프 대로에 있는 그의 집에 최초의 전기 램프를 설치했다.

에디슨이 만든 이 빛의 바다 한가운데에는 소리를 녹음할 수 있는 왁스 실린더가 놓인 나무 상자와, 이 미국 발명가의 새로운 25가지 불가사의 발명품의 사본이 있었다. 늦은 가을, 에디슨이 그것을 시연하기 위해 파리에 왔다. 이 발명품은 만들어지기까지 몇 년이 걸렸지만 세계 박람회를 위해 다듬는 데 성공했다.

방문객들은 재생되는 자신의 짧은 목소리를 듣기 위해 줄을 섰다.

알프레드 노벨은 그것에 주목하고 숙고했다. 그는 몇 년 후, 마지막 주요 프로젝트로 에디슨의 축음기 구조를 연구하고, 에디슨의 것과는 달리 "완벽하고 깨끗한 소리를 재생하도록" 개조된 축음기를 스케치했다.[753]

*

마흔두 살의 토머스 앨바 에디슨은 세계적인 스타였다. 그보다 열 살 연하인 독일 물리학 교수 하인리히 헤르츠(Heinrich Hertz)는 더 비밀리에 일했다. 그러나 그의 최신 연구 결과는 세계적으로 센세이션을 일으켰다. 헤르츠는 전자파 이론의 옛 거장인 "제임스 맥스웰(James Maxwell)"에 집착했다. 그는 몇 년 동안 이 이론을 실험적으로 시연하기 위해 노력했다. 헤르츠의 돌파구는 전파에서 신호를 얻기 위해 송신기와 수신기의 두 가지 장치를 만들어야 한다는 것을 깨달았을 때 나타났다. "송신기(Sändaren)"는 전기 스파크가 앞뒤로 보내지는 두 개의 금속 볼과 그 사이에 연결된 와이어로 구성된다. "수신기"는 헤르츠가 두 개로 자른 사각형이나 원형으로 만든 철사였다. 송신기의 전자파가 수신기에 도달하면 일정 간격으로 반짝거렸다. 그런 경우에는 기기 사이에 전선이 없어도 전기가 완전히 흐를 것이다.

하인리히 헤르츠가 성공했다. 그는 1889년 하이델베르그 연설에서 "수신기에서 발견되는 스파크는 현미경으로 볼 때 짧고 길이가 겨우 100분의 1밀리미터에 불과하다. 그것들은 약 100만분의 1초만 지속된다. 그것들을 육안으로 확인하는 것은 거의 불합리하고 불가능해 보이지만, 아주 어두운 방 안에서 어둠에 익숙해진 눈에는 그것들이 보인다. 이 가느다란 실에 실험의 성공이 달려 있다"고 설명했다.[754]

헤르츠는 이러한 전자기파가 빛과 같은 속도로 움직인다는 맥스웰의 이론을 확인할 수 있었다. 그는 송신기와 수신기를 점점 더 멀리 떼어 놓았고 장치 사이의 거리가 15미터를 넘는 큰 홀에서도 전자파가 도달할 수 있음을 확인했다. 이 발견이 세상을 바꿀 수 있음을 깨달았지만, 정작 그 자신은 경험하지 못했다. 불과 몇 년 후, 당시 36세였던 물리학 교수는 패혈증으로 목숨을 잃었다.

그가 사망한 다음 해, 아일랜드 시민권을 가진 이탈리아 물리학자가 굴리엘모 마르코니(Guglielmo Marconi)는 헤르츠가 떠난 자리를 인수했다. 마르코니는 전파를 사용해 선 없이 전신 메시지를 전송할 수 있는지 여부를 테스트했고, 800미터 떨어진 곳에서 처음으로 성공했다. 몇 년 후에는 무선 전신기를 1.5마일 떨어진 곳에서도 작동하게 만들었다. 헤르츠파는 전파라는 이름으로 알려지게 되었고, 몇십 년 후에는 전 세계로 신호를 보낼 수 있었다.

굴리엘모 마르코니는 아이슬란드 물리학자 칼 페르디난드 브라운(Karl Ferdinand Braun)과 함께 1909년 노벨 물리학상을 수상했다. 그들은 "무선 전신 개발에 대한 공헌"으로 찬사를 받았다.[755]

*

한편 프랑스 보안 경찰 요원으로부터는 아직 어떤 드라마도 촉발되지 않았다. 이는 "노벨 사건"에 대한 국방부의 이중적 이해 때문이었을 것이다. 어쩌면 세계 박람회가 수도의 모든 산소를 삼켰기 때문일 수도 있다.

그러나 모랭 특검은 사건을 취하하지 않았다. 1889년 여름, 그는 동역(Gare de l'Est)에서 부지런히 조사를 계속했다. 그는 흥미로운 메모를 잘라내어 종이에 붙여 상사에게 보냈다. 7월 3일, 그는 깜짝 놀랐다. 파리의 한 신문에서 독일 정부가 알프레드 노벨의 무연화약을 채택했다는 기사를 읽었기 때문이다.

모랭은 가위를 내려놓고, 보안 경찰서장에게 스웨덴 화학자 노벨과 프랑스 엔지니어 페렌바흐에 관한 커버 레터를 보냈다.

"이 정보가 정확하다면 독일군이 장비한 새로운 화약은 우리 주 화약 공장에서 불과 몇 걸음 거리에 있는 세브란 리브리에서 스웨덴 화학자 노벨이 프랑스 엔지니어 페렌바흐 씨의 도움을 받아 연구하고 준비하며 실험한 것입니다." 모랭은 상사가 해당 정보의 심각성을 놓칠 경우를 대비하여 2월에 보낸 정보 보고서를 언급했다. 일주일 후, 같은 방식으로 그는 상트페테르부르크에서 러시아 정부가 곧 노벨 가루를 채택할 것으로 예상된다는 짧은 전보를 잘라냈다.[756]

사실은 그다지 놀랄 만한 정보는 아니었다. 두 경우 모두 알프레드 노벨에 대한 관심의 징후가 유망했지만, 지금까지 그 이상 일어난 적은 없었다. 6월 초, 엠마누엘 노벨은 상트페테르부르크에 있는 러시아 장군에게 급히 소환되었다. 차르 알렉산더 3세로부터 러시아군에게 가능한 한 빨리 연기 없는 탄약을 공급하라는 명령이 내려졌다. 그의 즉각적인 요청에 따라 알프레드는 페렌바흐를 통해 2킬로그램의 탄환(ballistit)을 파리에 있는 러시아 군부로 보냈다. 독일에서는 더욱 확산되었다.[757]

반면 모랭 특검에게는 외국 두 나라가 너무 많았다. 그리고 그들은 더 많아질 것이다. 1889년 8월 초, 알프레드 노벨은 마침내 탄환에 관한 최초의 판매 계약을 체결하는 데 성공했다. 독일이나 러시아가 아니라 이탈리아와 체결했다. 이탈리아는 비스마르크의 동맹국인 적대 국가였기 때문에, 많은 프랑스인의 눈에는 최소한 같은 정도로 적대적인 국가였다. 하지만 그는 특허도 팔았다.

그러다 지옥이 터졌다. 프랑스 회사가 최대의 적에게 탄약을 공급한 게 사실인가? 언론에서는 알프레드 노벨 개인뿐만 아니라 파리에 기반을 둔 라틴 다이너마이트 신탁에 대한 비난도 함께했다. 폴 배를리에(Paul Bärlie)는 거부서를 작성해야 했다. 이사회는 일부 신문이 사실을 확인하지 않고 무연화약에 대한 극악무도한 혐의에 대해 보도한 것을 지적했다. 진실은 소시에떼 센트랄레 드 다이너마이트(Société Centrale de Dynamite)사가 연기 없는 화약에 대한 노벨 특허를 소유하고 있지 않으며, 회사는 이 화약을 판매하기 위해 어떤 정부와도 관련되거나 협상에 참여한 적이 없다는 것이었다.[758]

특허를 받은 것은 회사가 아니라 알프레드 노벨이었다.

*

사업 차원에서 알프레드는 조카 엠마누엘과 관계를 계속 유지했다. 그 배경에는 고인이 된 형 루드빅의 존재가 그림자처럼 드리워져 있었다. 알프레드는 형과 죽음의 침대에서 따뜻한 애정을 나누며 헤어졌지만, 사실 루드빅의 말년은 그에게 힘든 시간이기도 했다. 루드빅이 사망한 지 1년 후, 그는 한 석유 회사 이사에게 솔직한 마음을 털어놓았다. 그가 입을 열어야 했던 이유는 루드빅의 공백을 메우기 위해 더 많은 참여를 요구받았기 때문이었다.

이 편지는 너무 민감해서 1950년대까지도 노벨 재단에서 "인용하는 것이 바람직하다"고 생각하지 않았다. 1889년에 작성된 알프레드 노벨의 무수정 편지에 이렇게 써 있다.

고인이 된 나의 형은 자신이 좋아하는 사람과만 친척 관계를 맺었다고 말하곤 했습니다. 그렇게 멀리 가지는 않더라도, 나는 장기간 교류가 없는 친척 관계는 상당히 가상적이고 관습적인 개념이라고 말하고 싶습니다. 나와 고인이 된 형과의 친분은 매우 얕았습니다. 아마 부끄러운 일이겠지만, 나는 그가 내가 가깝게 지낸 대부분의 사람보다 더 낯설다고 고백합니다. 이 고백을 통해 여러분은 내가 더없이 위협적인 상황에 빠진 형의 회사를 구하기 위해 엄청난 희생을 하고 나 자신을 상당한 곤경에 처하게 한 것이 사실상 오직 나의 관대함 때문이었다는 결론을 내릴 수 있습니다. 벨리아민(Beliamin) 이사는 내가 그로 인해 입은 손실을 150만 루블로 추정했습니다. 모든 것을 고려하면 그가 크게 틀리지 않았을 것입니다.

단순히 배은망덕으로 대우받았다면, 나는 그것을 자연스러운 일로 여기고 자연 법칙의 안정성에 대해 심지어 기뻐했을 것입니다. 그러나 내가 경험한 것은 배은망덕을 훨씬 넘어섰고, 나의 권리에 대한 침해가 이루어졌습니다. 이는 믿기 어려울까 두려워 거의 언급할 수도 없는 일들입니다. 모든 것은 용서되고 잊혀질 수 있는 한 잊혀졌지만, 기억에는 석판을 닦아내는 스펀지가 없습니다. 인상은 남아 있기에, 모든 종류의 친척과의 사업 관계를 최소화하도록 촉구합니다.[759]

엠마누엘이 필요할 때마다 재정적 지원을 항상 받을 수 없다고 불평했다는 것을 알프레드는 알고 있었다. 그러나 그가 계속해서 모든 요청을 거절했던 이유가 있었다. 그는 단호히 발을 내려야 했다.

그러나 상트페테르부르크에 있는 조카들에 대한 그의 따뜻한 마음은 변함이 없었다. 알프레드는 파리에서 엠마누엘의 도움을 받았고, 시간이 지나면서 조카의 능력에 점점 더 깊은 인상을 받았다. 매출은 두 배로 늘었고 이익도 증가했으며, 1889년 11월 러시아 릭스방크(Riksbank)는 엠마누엘 노벨이라는 이름이 한때 루드빅 노벨과 같은 신용 등급을 받아야 한다고 결정했다. 그것은 환상적인 인정이었다. 그렇게 엠마누엘은 결국 알프레드 삼촌을 담보로 잡은 주식 자본을 해제했다.

알프레드는 아버지로서의 자부심을 갖게 되었다. 그는 스웨덴 중앙은행의 행동이 "회사에 주어지는 신뢰뿐만아니라 너에게 주어지는 신뢰를 더욱 잘 증명한다. 너는 남자답게 어려움 속에서 회사를 잘 이끌었고, 여기에서 사람들이 말하는 것처럼 '존경받아야 할 사람에게 존경을'이란 말이 잘 어울린다"고 작은 엠마누엘에게 썼다.[760]

기본적으로 그 자신도 같은 확신을 갖고 있었다. 알프레드는 결코 석유 회사를 포기하지 않을 생각이었다. 그리고 알프레드는 엠마누엘과 그의 많은 형제자매와 그들의 사촌인 로베르트의 아이들을 결코 마음에서 떠나보내지 않았다. 그들은 곧 그가 가진 가장 소중한 사람들이 되었다.

*

알프레드 노벨은 배신당하고, 오해받고, 실망하고, 사랑받지 못한다고 느꼈다. 이탈리아 화약 사건에 대한 언론의 태도는 그에게 큰 타격을 주었다. 한편 그와 소피 헤스 사이에 잠시 다시 싹텄던 감미로운 관계는 점차 사라졌다. 새집에 대한 그녀의 기쁨은 그리 오래가지 않았고, 곧 더 나은 것을 바라기 시작했다. 알프레드는 그녀의 "궁전 환상"에 대해 격분하며 편지에서 이렇게 쏘아붙였다. "어떻게 이렇게 의존적이고, 재능 없으며, 겨우 평범한 교육을 받은 작은 불쌍한 아이가 궁전에 있을 수 있겠는가? 작은 새는 작은 새장에 있어야 한다. 만약 세상을 모두 사들이는 일이 대가를 치르지 않아도 되는 일이라면, 아무런 어려움이 없겠지." 그는 대신 소피가 삶의 지침으로 삼았던 단순함을 조금 배워야 한다고 말했다. "내 말을 믿어봐. 단순한 환경에서 행복할 수 없다면, 화려한 집의 도움으로도 행복을 얻을 수 없을 거야."

알프레드는 그녀를 조롱하며 유대인의 자격이 있느냐는 비아냥 섞인 말을 던졌다. "이스라엘인들은 내가 항상 인정하는 매우 좋은 자질을 가지고 있지만, 그들은 모든 유용하고 무자비한 사람들 중에서도 가장 이기적이고 냉혹한 사람들이다." 이러한 발언은 자주 일어난 것은 아니었지만, 이후 몇 년간 알프레드의 분노 속에서 반유대주의적 뉘앙스가 몇 번 나타났다. 그는 이렇게도 말했다. "이스라엘 사람들은 결코 선의로 아무것도 하지 않고, 오직 이기심과 자랑으로만 한다." 화가 났을 때 그는 소피에게 편지를 썼다. 그녀는 정말로 그가 "큰 유대인 공동체와 더불어 젊은이들까지 지원하려고 생각했다"고 믿었을까?[761]

알프레드는 일상생활에서도 "유대인 이익"과 "유대인 은행가"와 같은 개념을 거론한 일이 한두 번이 아니었다.

*

계몽된 알프레드 노벨이 반유대주의자였는지에 대한 문제는 반드시 다루어져야 한다. 이는 특히 형제들 간의 편지에서 나온 몇 가지 진술 때문인데, 나는 이를 인쇄본으로 재현하는 데 주저했다. 그 편지에는 석유 산업과 관련해 루드빅이 "유대인" 로스차일드(Rotschild) 가문을 공격한 발언들이 포함되어 있으며, 1886년에는 로베르트가 그의 아들 얄마르(Hjalmar)에게 보낸 편지에서 "유대인들을 알면 알수록 그들과 멀리 있고 싶어진다. 그들이 해충으로 여겨지는 것은 헛된 것이 아니다"라고 썼다. 또한 알프레드는 소피를 "이스라엘" 자질이 표준 이하인 사람으로 치부하면서 "우리 주님이 유대인을 택하신 이유는 아마도 그들이 동물에 가장 가깝기 때문"이라고 쓴 편지를 발견했다. 이는 전적으로 내 의견이 아닐수 있지만, "반유대주의 성향의 로베르트를 기쁘게 하기 위해" 편지를 쓴 것으로

보인다.[762]

　반유대주의적 발언은 많지 않다. 알프레드 노벨의 보존된 편지 사본 1만 건 중 대부분을 살펴보았지만, 그중 20건 이상을 찾을 수 없었다. 그중 하나는 지나치게 문제적이지만, 이를 어떻게 해석해야 할지에 대한 논란은 여전히 남는다.

　나는 반유대주의적 고정관념에 관한 박사 학위를 소지한 웁살라 대학교의 역사학자 라스 안데르손(Lars Andersson)을 만났다. 내가 그에게 인용문을 읽어주었을 때, 라스 안데르손은 그다지 충격을 받지 않았다. 그는 오늘날의 반유대주의적 발언이 1890년대에는 지금과 같은 혐의를 받지 않았다는 점을 설명했다.

　"그것은 당시 사회에서 일반적인 규범의 일부였다. 논란의 여지가 없이 많은 말을 할 수 있는 살롱 반유대주의가 존재했다. 자유주의자들과 사회민주주의자들조차도 1920년대까지 심한 반유대주의적 발언을 꺼낼 수 있었다. 이러한 분위기가 불가능해진 것은 나치즘이 퍼지기 시작하면서였다."

　라스 안데르손에 따르면 당시 주요 유대인들은 대개 침묵하며 고통을 견디는 전략을 선택했다. 그들은 친구와 동료로부터 반유대주의적 발언이 있는 편지를 받을 수도 있었지만, 이를 이상하게 여기거나 연락을 끊을 이유로 간주하지 않았다.

　"다른 모든 면에서 독창적이고 독립적이었던 당시의 저명한 사람들이 적의 이미지를 선택하는 데 있어 매우 인습적이고 무례했다는 것은 확실히 매우 이상한 일입니다."

　알프레드는 소피의 또 다른 연인을 알게 되는 묘한 즐거움을 누렸다. 그는 그를 전자의 이름을 따서 헤벤탄츠(Hebentanz) 2세라고 불렀다. 이번에는 소피가 이를 인정했다. 알프레드는 서면으로 화를 냈다. "당신은 나에게 모든 것을 설명하기 위해 대체로 거짓말에 의지할 것이다. 나는 이 사악한 거짓말과 항상 정교한 악의로 나를 조롱하고 공공의 웃음거리로 만들려 했던 것 이외에는 아무것도 비난하지 않는다. 게다가 애인을 나에게 소개한 것은 당신의 마음가짐이 얼마나 낮은 수준인지를 보여준다. 내가 가끔 당신을 위해 한 일에 대해 슬픈 감정을 느끼게 한다."[763]

나는 이 영원히 비열한 거짓말과 당신이 항상 정교한 악의로 나를 공공의 웃음거리로 만들려고 시도했던 것 외에는 아무것도 비난하지 않습니다.

가을이 되자 알프레드 노벨의 기분은 칠흑 같은 어둠 속으로 가라앉았다. 그의 친절과 관용은 여러 차례 악용되었다. 사람들은 마치 그의 삶을 "독살시키려" 경쟁하는 것처럼 보였다. 알프레드는 미래에 대해 생각할 때 점점 무관심해지는 자신을 느꼈다. 앞으로 그에게 닥칠 일은 이미 일어난 일보다 더 나쁠 수 없다고 여겼다. 1889년 9월 그는 소피에게 편지를 썼다. "마지막 잠이 들어서야 나는 나를 둘러싼 모든 오명으로부터 해방될 것이다. 나는 너무나도 결백하다."[764]

그는 유언장을 잊지 않았다. 변호사는 이제 막 설립된 지 10년 된 스톡홀름 대학교를 기억할 것을 권유했다. 알프레드는 이를 고려하기로 약속했지만, 그 외에는 아무것도 분명하지 않았다. 알프레드는 자신을 진정으로 사랑하는 사람은 단 한 명뿐이라고 느꼈다. 그를 보면 눈을 반짝이며 빛내기까지 했던 사람, 바로 어머니 안드리에타였다. 그녀는 그를 진심으로 그리워할 것이었다. 반면에 다른 사람들은 대부분 "남겨진 금화를 찾으려 할" 뿐이라고 생각했다.

가장 슬픈 순간에 알프레드는 "내가 자신에게 무언가를 시험해 보았는지 궁금해하는 나이 든 하인"과 함께 자신의 죽음을 상상했다.[765]

그는 건강이 나빠졌음에도 불구하고 스톡홀름으로 여행을 가서 어머니 안드리에타의 생일을 다시 축하할 수 있음에 기뻐했다. 그는 그것이 자신의 빛이 영원히 꺼지기 전 할 수 있는 마지막 축하일 거라고 생각했다. 11월에는 침대에 누워 있었지만 여전히 일상적인 활동의 대부분을 반복했다. 스톡홀름에서 안드리에타가 병에 걸렸다는 소식을 들었으나, 곧 그녀가 여행 준비를 막 시작했다는 사실을 알게 되었다. 이어 "완전히 회복되었다"는 소식을 접하고 안심했다. 알프레드는 불필요하게 목숨을 걸지 않기로 결정하고 파리에 머물렀다.

연초에 쓴 유언장에서 파격적인 해결책을 택했는데, 그는 이를 편지에서 다음과 같이 설명했다. "선한 사람들은 드물게 실망을 경험하게 될 것이며, 나는 그들이 놀라 눈을 크게 뜨고, 돈이 없다는 것을 알게 되었을 때 할 많은 추한 말들을 미리 즐기고 있다."

　그들이 무슨 말을 했고, 어떻게 반응했는지는 세상이 결코 알지 못했다. 또한, 그가 모든 돈에서 "선한 사람들"을 박탈하려는 의도를 계속 가졌던 것도 아니었다. 그러나 1889년이 끝나기 전에 알프레드는 자신의 첫 번째 유언장이 더 이상 존재하지 않는다고 밝힐 계획이었다. 결국 그는 유언장을 찢어버렸다.[766]

19장
무기를 내려놓아라!

1889년 11월 말, 알프레드 노벨은 베르타 폰 주트너의 책 『무기를 내려놓아라!(Ned med vapnen)』를 우편으로 받았다. 베르타 폰 주트너는 작가 이름이 여성일 경우 독자들이 주저할 것이라는 우려에도 불구하고 익명에서 벗어나기로 결정했다. 알프레드는 그녀의 이러한 결정에 기뻐하면서도 지난 해 동안 베르타에게 받은 여러 편지에 답장하지 못한 것을 부끄러워했다. 이는 혼란스러운 일상과 하루에 50통 이상의 편지를 받는 상황에서 불가피한 결과였다.

이번에는 그가 즉시 눈에 띄는 답장을 보냈다. "'무기를 내려놓아라!' 이것이 당신의 새 소설 제목이군요. 매우 궁금해서 읽고 싶습니다. 그러나 당신은 저에게 그것을 홍보해 달라고 부탁하시네요. 그런데 그건 약간 잔인하지 않나요? 보편적인 평화의 세계에서 제가 제 화약을 어디에 써야 할지 생각해 보셨나요?"

그는 농담조로 베르타가 적절히 참여할 수 있을 만한 다른 필수적인 정화 작업을 계속 제안했다. 빈곤을 없애라, 낡은 편견을 없애라, 낡은 종교를 없애라, 불공정과 수치를 없애라!

알프레드 노벨은 베르타 폰 주트너를 깊이 존경했다. 이러한 존경은 상호적이었다. 베르타는 남편 아더와 함께 거주하던 하르만스도르프 성으로 노벨을 여러 차례 초대했지만, 노벨은 한 번도 그곳을 방문하지 못했다. 그는 의지가 부족해서가 아니라, 그녀와 직접 만나 악수하고자 하는 마음이 있었는데도, 방문이 어려웠다고 설명했다. 노벨은 여전히 자신을 기억해 주는 그녀에게 감사의 마음을 전하며, "그러나 자유는 나에게 있어서 에펠탑만큼이나 도달할 수 없는 것이다. 나는 둘 다 볼 수 있지만 거기에 도달하려면 시간과 날개가 모두 필요하다"고 표현했다.[767]

불행히도, 알프레드가 베르타 폰 주트너의 책을 읽을 여유를 갖기까지는 시간이 좀 걸렸다. 그는 몇 주 전 어머니를 방문하지 않기로 했던 결정이 잘못된 판단이었다는 것을 깨달았다. 86세의 중환자에게 "완전히 회복된"이라는 표현은 불확실한 의미를 지닌다는 사실을 이해했어야 했다.

1889년 12월 7일 토요일, 알프레드 노벨의 어머니 안드리에타는 스톡홀름의 함느가탄(Hamngatan)에 위치한 집에서 마지막까지 다가오는 죽음을 기다리다가 세상을 떠났다. 알프레드는 겨울의 어둠을 뚫고 스웨덴으로 급히 달려갔다. 신문들은 유명한 애도자들과 함께 그녀의 죽음을 보도했으며, 『다겐스 뉘헤테르(Dagens Nyheter)』에서는 "이들처럼 어머니와 아들 사이가 더 좋은 경우는 거의 없다"고 평가했다.[768]

스톡홀름은 안개와 진눈깨비로 고통받고 있었다. 장례식 날 로베르트와 알프레드는 꽃으로 장식된 어머니의 관을 어린 시절 다니던 학교에서 아주 가까운 야콥(Jacob) 교회로 옮겼다. 아이러니하게도 언론은 형제 중 누가 살아 있는지에 대해 또다시 오해했다. 이번에는 사망한 루드빅이 수많은 조문객 행렬에서 로베르트의 옆을 걸었다고 보도했다. 정정 기사는 끝내 나오지 않았다.[769]

알프레드 노벨은 슬픔에 잠겨 돌아오는 길에 베르타 폰 주트너에게 편지를 썼다. "나는 스톡홀름에서 왔는데, 그곳에서 나의 가엾고 사랑하는 어머니와 마지막 작별을 했습니다. 어머니는 오늘날에는 존재하지 않는 방식으로 나를 사랑해 주셨습니다." 알프레드는 베를린의 한 호텔에 체크인한 뒤 크리스마스를 보냈다. 그는 벽난로를 관리하는 직원과 호텔 직원들의 시선을 피해 자신의 방에 틀어박힌 채 홀로 크리스마스를 맞았다.

파리에서는 우편물이 계속 쌓여 갔다. 그중에는 알프레드가 소피의 조카들에게 보낸 아름다운 크리스마스 선물에 대해 감사하는 소피 헤스의 아버지의 편지도 포함되어 있었다. 또한, 알프레드의 친구 알라릭 리드벡은 아들 페르(Pehr)가 알프레드가 준 증기선 외에는 아무 말도 하지 않는다고 전하며 이렇게 썼다.

"내 소중한 친구! 그 선물은 평범한 소년에게는 너무 훌륭합니다. … 아이에게 준 당신의 풍부한 친절에 감사드립니다!"

작가이자 살롱 여주인인 줄리엣 아담은 평소와 다른 깔끔한 손글씨로 애도의 편지를 보냈다. "사랑하는 선생님, 비슷한 시련을 겪은 또 다른 슬픔이 있습니다. 저 또한 모든 가족을 잃었습니다. 제 아이들 외에는 아무도 없고 친척도 한 명 없어 슬픔의 의미를 잘 알고 있습니다. 당신의 큰 비탄에 대해 깊은 위로의 마음을 전합니다."[770]

안드리에타의 유품을 분배해야 했다. 알프레드가 원했던 것은 안더스 조른(Anders Zorn)이 그린 초상화와 그가 파리에서 보낸 몇 가지 선물이었다. 그 선물에는 시계, 은 바구니, 그의 초상이 있는 팔찌, 모노그램이 새겨진 도자기 항아리 등이 포함되어 있었다. 또한 그는 아버지와 공유해야 했던 스웨덴 왕립 과학 아카데미의 레터스테트 메달을 떠올렸다. 어머니가 그 메달에 "알프레드 노벨의 것"이라고 표시해 둔 이유를 그는 충분히 이해했다. 그는 "어머니가 바깥세상에 알려지지 않은 것들에 대해 많이 알고 있었다"고 상속 절차를 관리하는 사촌 아돌프 알셀(Adolf Ahlsell)에게 편지를 통해 전했다.

알프레드는 어머니의 재산 대부분이 자신에게서 나온 것임에도 불구하고 돈을 갖고 싶어 하지 않았다. 그는 상속 재산의 3분의 1을 어떻게 사용할지 고민했다. 무엇보다도 안드리에타 노벨의 이름으로 자선기금을 구상하고 싶어 했다. 알프레드는 도움을 필요로 하는 친척과 친구들이 많다는 사실을 알고 있었다. 루드빅의 아버지 없는 자녀들은 이미 유산을 상속받게 되어 있었지만, 로베르트의 자녀들은 아무것도 받을 수 없는 상황이었다. 게다가 로베르트의 가족은 경제적으로 더 어려운 상태에 있었다. 알프레드는 얄마르(26세), 잉게보리(24세), 루드빅(21세), 티라(17세) 등 네 명 모두에게 상당한 금액을 기부하기를 원했다. 먼저 그는 형과 상의해야 했는데, 이는 항상 위험을 동반했다. 상속 재산 목록에 관한 첫

회의에서 다혈질적인 로베르트는 다소 싸움을 거는 듯한 태도를 보였다. 하지만 알프레드는 여전히 그를 좋아했다.[771]

로베르트는 이제 61세였다. 몇 년 동안 노르셰핑(Norrköping) 외곽에 있는 브로비켄(Bråviken)가의 게토(Getå)에 농장을 소유하고 있다가 그곳에서 은퇴했다. 그는 자신의 특허와 관련된 일에도 어느 정도 관여했지만, 무엇보다도 그의 소유지를 관리하는 데 집중했다. 새로운 도로를 건설하고 무려 일곱 개의 온실과 환상적인 전망을 갖춘 파빌리온을 지었다. 지역 역사 자료에 따르면 그곳은 "중앙 스웨덴에서 아름다운 곳 중 하나"로 여겨졌다. 그는 시골에서 살며 수줍음을 많이 타는 것으로 여겨져 "가난한 노벨"이라는 이름으로 불렸다.[772]

형제들은 예전처럼 긴밀하게 연락하지 않았다. 알프레드는 시간이 없었고, 로베르트는 건강 문제가 악화되면서 장거리 여행을 자제했다. 그의 시력도 나빠졌다. 그러나 알프레드는 형에게 방문하기 위해 게토행 배를 탔다. 두 사람은 때때로 편지를 주고받으며, 러시아의 석유 회사와 관련된 공통된 우려를 논의하곤 했다. 이 문제에 대해 로베르트는 더 화가 난 듯 보였지만, 그의 남은 지분은 알프레드의 지분에 비해 매우 미미한 수준이었다. 알프레드가 제안한 어머니의 유산 상속 계획은 로베르트로부터 좋은 반응을 얻었다. 로베르트는 사랑하는 형제 알프레드에게 감사했다.[773]

그는 "내 아이들에게 기부해 주어 고맙다. 덕분에 아이들이 정말 행복해할 것 같다"라고 썼으나 알프레드의 기부에는 한 가지 난점이 있었다고 덧붙였다. "나는 아이들에게 검소함과 소박함에 익숙해지도록 모든 방법을 동원해 가르치고 있네. 그것만이 인간을 독립적으로 만들 수 있는 유일한 길이거든. 적어도 자기 자신의 경제적 습관에 덜 얽매인 채 살아갈 수 있도록 말이야." 로베르트는 아이들이 연이율로 지급받을 수 있도록 어딘가에 돈을 예치해야 한다고 제안했다.

그들은 가족 무덤에 대해 어떻게 할지 고민했다. 알프레드는 아름다우면서도 가식적이거나 화려하지 않은 기념비를 세우고, 불가사의한 기호를 넣고 싶어 했다. "어머니, 아버지, 형제 에밀의 초상화가 작은 메달에 삽입되어야 하며 대칭을 위해 하나는 다음에 올 사람, 즉, 늙은 가면을 쓴 나를 위해 자리를 비워둬야 합니다. 지구 발사체를 타고 여행 다니는 14억 4,000만 마리의 꼬리 없는 원숭이 잡종 컬렉션 중 무언가 또는 누군가가 되고 싶어 하는 것은 거의 한심한 일이기 때문입니다. 아멘."[774]

결국 초상화를 넣으려던 계획은 폐기되었다.

로베르트는 안드리에타의 동산을 가장 높은 가격을 제시한 입찰자에게 판매하기로 했다. 알프레드는 그 생각에 완전히 동의하지는 않았지만, 곧 함느가탄 20번지에서 경매가 발표되었다. 설탕 집게부터 페르시아 양탄자, 내실 거울, 마호가니로 만든 2인용 황실 침대에 이르기까지 모든 것이 망치 아래에 있었다.[775]

유산 배분에 대한 소문이 퍼졌다. 현재의 스톡홀름 대학교에 해당하는 스톡홀름 고등학교(Stockholms högskola)의 수학 교수가 알프레드 노벨에게 연락을 취했다. 그의 이름은 괴스타 미탁-레플러(Gösta Mittag-Leffler)였으며 알프레드의 "기계, 수학, 과학에 대한 관심"에 호소했다. 물론, 그의 지갑에 더 많이 호소한 셈이었다. 문제는 대학이 힘들게 영입한 상트페테르부르크 출신의 뛰어난 수학자 소냐 코발레프스카야(Sonja Kovalevsky)가 고향에서 받은 좋은 제안을 받아들이려 한다는 것이었다. 미탁-레플러는 "그녀가 지금 우리를 떠난다면 스웨덴에게 매우 큰 손실이 될 것이다"라고 썼다. 노벨이 스톡홀름 대학교의 위엄 있는 교수직에 기여하는 것을 고려할 수 있다면 그녀는 분명히 남아 있을 거라고 생각했다.

알프레드는 파리에서 답장을 보냈고 어머니의 이름을 딴 자선기금 계획을 언급했다. 그러나 그 기금은 그의 어머니의 이름을 따랐기 때문에 그녀의 우선순위에 맞춰야 했다. 거기에는 수학 교수직이 포함되지 않았다. 알프레드는 다른 반론도 제기했다. "나는 코발레프스카야 여사를 믿습니다. 개인적으로 알게 되어 영광입니다. 스톡홀름보다 상트페테르부르크에 더 적합했습니다. 러시아의 여성들은 더 넓은 지평을 발견합니다. 코발레프스카야 여사는 뛰어난 물리학자일 뿐만 아니라 매우 재능 있고 동정심이 많은 사람입니다. 그러니 그녀는 제한된 새장에 날개가 달린 채로 앉아 있고 싶지 않을 겁니다"라고 썼다. 얼마 후 미탁-레플러와 노벨이 소냐 코발레프스카야의 마음을 놓고 싸웠다는 소문이 퍼졌다. 이 싸움은 노벨이 스톡홀름 대학교의 수학에 그토록 인색했던 이유, 그리고 나중에 수학이 노벨상을 받지 못하는 이유를 설명하는 것으로 알려져 있다. 그러나 미탁-레플러의 전기인 『노르웨이인 아릴드 스투브하우그(Norrmannen Arild Stubhaug)』에 따르면 이것은 사실이 아니다. 미탁-레플러와 노벨은 코발레프스카야의 직업 선택에 대해 서로 다른 견해를 가지고 있었지만, 삼각관계 같은 것은 없었다. 그들은 당시에 여성의 지적 능력에 대해 비정상적으로 높은 인식을 가지고 있던 두 명의 남성이었다.[776]

그들이 말하는 여성이 모든 여성은 아닐 수도 있겠지만.

*

새 애인과의 사건 이후, 알프레드 노벨은 소피 헤스에게 자신들의 관계가 "충분히" 끝났다는 것을 분명히 했다. 그는 가혹한 조건을 설정했다. 만약 그들이 만난다면, 앞으로는 비엔나가 아닌 중립적인 장소에서 이루어질 것이라고 했다. 그러나 알프레드의 우유부단함은 본질적으로 거의 병적이었다. 몇 달 후 그는 결국 그곳으로 여행을 떠났고, 방문을 즐긴 것으로 보이며 그녀에게 진정으로 휴식을 취할 수 있었던 것에 대해 감사를 전했다. 소피는 알프레드가 지불한 아파트를 임차했다. 아파트는 엄청나게 넓었지만, 알프레드는 그녀가 그곳을 얼마나 실용적이고 멋지게 가꾸었는지에 대해 계속 칭찬했다. "지금 당신에게 가장 부족한 것은 두 명의 진짜 남자야. 한 명은 당신을 위한 사람이고 다른 한 명은 벨라(개)를 위한 사람이야"라고 나중에 거리를 유지하려는 듯한 편지를 썼다.

알프레드는 베르타 폰 주트너의 소설 『무기를 내려놓아라!』를 가지고 왔다. 파리로 돌아가는 오리엔트 특급에서 그는 마침내 그것을 방해받지 않고 읽을 수 있었다. 그는 덴마크-독일 전쟁과 프랑스-독일 전쟁의 강렬하고 감동적인 장면을 통해 전쟁의 공포와 고통을 그린 주트너의 상세한 묘사에 끌렸다. 그는 아마도 위대한 힘의 노래에 대한 그녀의 시에 미소를 지었을 것이다.

> 내 갑옷은 방어용일 뿐이지만
> 당신의 갑옷은 공격용입니다.
> 나도 갑옷을 입어야 합니다.
> 당신이 갑옷을 입으면
> 나도 갑옷을 입습니다.
> 그러므로 우리는 둘 다
> 평화가 지속되도록 준비합니다.

주인공 마사(Marthas)의 마지막 간청에, 답하는 것은 베르사(Bertha)의 목소리였다. 그 호소는 "야만의 긴 잠에서 인류를 깨우고 토요일에 함께 힘을 합쳐 백기를 꽂는 평화운동가의 필요성에 관한 것이었다. 그들의 구호는 전쟁에 맞서는 전쟁이며, 그들의 슬로건은 - 그것이 파멸을 향해 돌진하는 것을 막을 수 있는 유일한 말 - '무기를 내려놓아라!'입니다."[777]

알프레드는 집에 돌아와서도 책을 읽으며 계속 들떠 있었다. 1890년 4월 초, 책에 대한 그의 반응은 우편을 통해 오스트리아의 하르만스도르프 성으로 보내졌다.

친애하는 남작 부인이자 친구!

나는 당신의 훌륭한 작품을 막 읽었습니다. 2,000개의 언어가 있다고 주장되며 - 많은 사람에게는 1,999개가 될 것입니다. 확실한 것은 당신의 훌륭한 작품이 번역되고 읽히며 숙고되지 않을 언어는 존재하지 않습니다. 이 기적을 만드는 데 얼마나 걸릴 것 같습니까? 내가 당신과 악수할 수 있는 영광과 행복이 있을 때 당신은 나에게 말할 수 있습니다. 이 용감한 아마존의 손은 전쟁에 맞서 아주 용감하게 싸우는 것입니다.

그러나 당신은 '무기를 내려놓아라'고 외치는 결점을 가지고 있습니다. 왜냐하면 당신이 직접 무기를 사용하기 때문입니다. 당신 스타일의 매력과 당신의 아이디어의 웅장함은 소총과 다른 모든 것보다 훨씬 더 멀리 갈 것입니다.

당신의 영원히 그리고 그 어느 때보다도

A 노벨.[778]

*

알프레드 노벨이 비엔나를 방문하는 동안 프랑스 내무부는 파리 외곽에서 벌어진 총격 시도와 화약 생산으로 인해 많은 의혹을 불러일으켰던 이상한 스웨덴인에게 다시 무기를 주문했다. 최근 전보에 따르면 이탈리아의 노벨 공장(Avigliana)은 이탈리아 정부로부터 45만 킬로그램의 탄도석 주문을 받았다. 알프레드의 파트너인 폴 바르베는 새로운 질문으로 압박을 받았다. "당신의 다이너마이트 컨소시엄인 소시에떼 센트랄레 드 다이너마이트(Société Centrale de Dynamite)는 프랑스에 적대적인 삼중 동맹(독일, 오스트리아-헝가리, 이탈리아)을 위해 무연화약을 생산했습니까?" 이탈리아 노벨 공장은 그의 신탁에 속해 있었다.

바르베는 고개를 숙였다. 언론의 감시는 더욱 날카로워졌다. 격분한 기자가 "알프레드 노벨, 외국 화학자 - 적대적인 손님 - 우리가 소중히 여기는 배려와 동정으로 12년의 계약 기간 동안 세브란에 있는 우리 벽돌의 그늘에서 자신의 연기 없는 화약을 조용히 연구했다. 과연 그는 우리에게 소총을 겨냥할 것인가?"라고 공화당의 『르 라디칼(Le Radial)』지에 기고했다.[779]

며칠 후, 세브란 역으로 대량의 탄약을 배송했다는 정보가 나왔다.

수신자: 알프레드 노벨.

내무부 보안부에서는 그에 대한 개인 파일을 꺼내 전년도 정보 보고서를 살살이 살펴보았다. 노벨은 시험 사격의 사거리를 늘렸으나 여전히 허가 없이 더 큰 사격장을 가지고 있는 듯 보였다. 이제 일이 빠르게 진행되었다. 내무장관은 이 지역의 지사에게 즉시 개입해 노벨에게 폭발물과 무기 사용 중단을 명령하도록 촉구했다. 장관은 "범죄자에 대한 공식 보고서 작성"을 주저하지 말라고 했다.

지사는 명령을 따랐다. 등록된 편지에서 그는 활동을 즉시 중단하지 않으면 법적 조치를 취하겠다고 노벨을 위협했다.[780]

프랑스 국방부에 새로운 분말 샘플을 막 보낸 알프레드 노벨은 충격을 받았고 당혹스러워했다. 그는 마음을 가다듬고 답을 썼다. 세브란에서는 화약류를 전혀 생산하지 않고 극소량만 사용하는 연구소를 운영하고 있다고 정중하게 설명했다. 그의 연구가 갑자기 허용되지 않는다고 한 이유는 무엇일까? 국방부 장관이 직접 샘플을 주문했고 국방부도 친절하게 일부 원자재를 전달했다. 그는 파리의 상점에서 자신이 소유한 무기를 샀고, 그것이 금지되었다면 아마 그렇게 할 수 없었을 것이라고 아이러니하게 말을 계속했다.

그러나 알프레드 노벨은 당연히 지사의 명령에 복종하고 즉시 과학 연구를 중단할 거라고 대답했다. 한편 허가를 신청했는데 거절되면 모든 장비를 해외로 옮기게 해달라고 요청했다.[781]

알프레드 마음의 공황은 가장 가까운 사람들에게만 노출되었다. 고통스러운 사실은 그가 징역 2년을 선고받았다는 것이었다. 주택 수색도 거론됐다. 경찰은 언제든지 세브란과 파리에 있는 그의 집에 출동할 수 있었다. 그곳에서 그들은 무엇을 찾을 수 있었을까? 알프레드는 스톡홀름에 있는 친구 알라릭 리드벡에게 자신 있게 편지를 썼다. 예를 들어, 소총 선적에 대한 영국 정부의 메시지와 같이 경찰의 손에 들어갈 경우 민감한 문서를 가지고 있었다. 알라릭에게 맡길 수 있는가?

그 후 며칠 동안 알프레드는 "모든 폭발 물질의 흔적을 파괴하고 무기, 심지어 다이너마이트 테스트를 위한 박격포까지 파괴하는 데 전념했다."[782]

샤를 드 프레이시네(Charles de Freycinet) 국방장관이 마침내 세브란에 개입했다. 그는 노벨에게 주장된 범죄의 심각성을 낮추려고 노력했다. 프레이시네는 그들을 잘 알고 있었기에, 노벨의 연구에 "전혀 문제가 없다"고 내무부에 썼다. 그러나 규모가 워낙 커져서 스웨덴 사람이 필요한 허가를 받아야 한다고 프레이시네는 생각했다. 이는 사실상 암묵적으로 "그냥 진행하라!"는 의미였다. 세브란에 있는 노벨의 소유지에서는 생산 허가 요건을 충족하는 것이 사실상 불가능했다.[783]

5월 13일 화요일, 아비글리아나(Avigliana)의 다이너마이트 공장에서 화재가 발생했다. 스물두 명이 사망했고 이후 소란이 일자 프랑스 언론은 세브란의 드라마에 대해 보도했다. 프랑스 정부가 노벨의 무연화약 생산을 금지했다는 소식은 들불처럼 퍼졌고, 알프레드는 프랑스 다이너마이트 회사 본부에 더 이상 기사를 보내지 말라고 요청해야 했다. 그는 이미 충분히 기분이 나빴다. 신문 보도는 최악의 해충이었다고 나중에 말했다. "이들은 벼룩보다 더 축복받은 존재들이다. 이 두 발로 걷는 전염병 세균을 박멸할 수 있는 분말을 구할 수 있다면 큰 은혜가 될 것이다." 사고에 비해 비교적 손실은 적었다.[784]

알프레드에 대한 외국인 혐오 공격도 있었다. "노벨에 관한 한 그것이 우리에게 무슨 의미가 있나요? 스웨덴인, 프로이센인, 바이에른인…. 우리는 우리의 자유를 이용하고 남용하는 외국인들에게 아무런 차별을 하지 않습니다!"라고 한 작가는 주장했다. 폴 바르베가 긴 반박 기사를 통해 폭발물 생산이 금지될 수 없다고 설명하려 했지만, 실제로 생산한 적이 없어서 아무 소용이 없었다.[785]

알프레드는 감기로 인해 말라코프 거리의 집에서 며칠 동안 침대에 누워 있어야 했다. 그는 바다와 녹음이 덮인 창밖으로 그리운 시선을 던졌다. 그는 신문의 모든 "커뮤니티"를 피하고 싶었다. 국방장관이나 세브란의 화약총국장처럼 진실을 알고 있는 사람들조차도 그의 말을 듣고 싶어 하는 사람은 아무도 없었다. 알프레드는 스웨덴 특사 칼 르벤하웁트(Carl Lewenhaupt)를 통해 장관에게 연락해 자신에 대한 비난에 대응해 줄 것을 촉구했다. 그러나 국방부 장관은 거부하며, 언론 토론에 간섭하지 않겠다는 입장을 분명히 했다.

알프레드는 멀고 먼 소원을 빌었다. 그는 가능한 한 빨리 떠날 것이라고 하며,

"파리에게 등을 돌리는 사람은 나다. 여기서 나에게 닥친 일을 고려하면 아주 많은 일들이 다르게 나타날 것이다"라고 소피 헤스에게 썼다.[786]

마침내 그는 겉보기에는 목적 없는 여행을 떠났다. 처음에는 토리노(Turin)로, 그다음에는 비엔나로, 그곳에서 다시 드레스덴(Dresden)으로 도주했다. 희망찬 이른 새벽은 금세 적막하고 으스스한 가을로 바뀌었다. 얇은 여름옷을 입은 알프레드는 추위를 타면서도 드레스덴을 자신이 가장 좋아하는 도시라고 했다. 여기에는 프랑스 언론인도 없었고, 윙윙거리는 오스트리아 말벌도 없었다. "드레스덴은 나를 아는 사람이 아무도 없는 조용한 베니스와 같고, 마침내 어려움에서 회복할 수 있었던 곳"이라고 소피에게 썼다.

그는 스웨덴으로 향하려 했지만, 불행히도 도중에 방향을 틀고 다음 위기를 넘기기 위해 런던으로 달려가야 했다. "나에게 많은 불행을 안겨주는 것은 믿을 수 없을 정도로 대담하고 악랄한 기사이다. 나는 무덤에서나 평화와 고요함을 얻을 것이다. 그리고 그때조차 아닐 수도 있다. 왜냐하면 그들이 나를 산 채로 묻을 것이라는 느낌이 있기 때문이다."[787]

*

알프레드는 오랫동안 프레드릭 아벨 경과 제임스 듀어(James Dewar)가 자신들의 무연화약에 대한 특허를 신청하려고 노력하는 것에 대해 점점 더 우려하게 되었다. 그들의 "새" 제품은 여러 면에서 알프레드 탄약(Ballistit, 발리스타이트)의 복제품이었다. 그런데 이 상황에는 뭔가 이상한 점이 있었다. 그들은 몇 년 동안 좋은 협력 관계를 유지해 왔기 때문이다.

알프레드는 처음에는 그들의 제품이 어떻게 성공할 수 있는지 알지 못했기 때문에, 그 문제를 떨쳐 버리려고 했다. 동시에 그는 특허 세계의 모든 함정에 대해 알고 있었다. 이것은 진지하게 우려할 만한 상황이었다. 혹시 자신이 무언가 중요한 점을 놓쳤을 수도 있겠다는 걱정이 들었다. 결국, 영국 교수들은 앞으로의 모든 비즈니스 협력이 자신들의 방식으로 진행되어야 한다고 분명히 밝혔다. 그때부터 분위기는 차가워졌다.

1890년 6월에 알프레드 노벨을 런던으로 불렀던 "악의 행보"가 무엇인지를 정확히 판단하기는 어렵다. 아마도 이는 현재 승인된 최초의 폭발물 특허와 관련이 있었을 가능성이 크다. 그의 영국인 "친구"는 무엇보다도 알프레드가 작은 "마카로니"로 만드는 것과는 달리 "끈"으로 밀어내는 화약에 대해 특허를 받았다고 생각했을 것이다. 아니면 월섬 애비(Waltham Abbey)의 공장에서 시작된 생산 자체와 관련이 있었을 수도 있다. 알프레드에 따르면, 그의 영국인 친구도 미국에서 그를 특허 침해 혐의로 기소했다.[788]

그럼에도 알프레드 노벨은 인생에서 가장 가혹하고 순전히 "악명 높은" 특허 절차를 밟고 있었다. 완료되기까지는 5년이 걸렸다.

상황은 알프레드를 한없이 슬프게 만들었다. 그는 찬사를 받은 미국 에드워드 벨라미(Edward Bellamy)의 공상과학 소설 『100년 후』(1888)에서 위안을 찾았다. 소설은 100년이 지난 미래에 일어날 일을 다루고 있었다. "벨라미를 읽어라!" 알프레드는 상트페테르부르크에 있는 엠마누엘에게 편지를 썼다. 그러면 "2000년에는 돈도 없고 슬픔도 없고 모든 두 발 달린 동물이 장미 위에 누워 있음을 보게 될 것"[789]이라고 말했다.

그러나 알프레드 노벨은 단련된 사람이었다. 그는 밑바닥 없는 배신과 좌절에도 불구하고 몇 번이고 다시 일어설 수 있는 거의 초자연적인 능력을 지니고 있었다. 이런 성향은 그가 유럽에서 가장 부유한 사람 중 한 명이 되는 것을 더 쉽게 만들었다. 그가 내뱉는 비꼬는 말들은 외부 세계로부터 그를 효과적으로 지켜주었다. 그러나 마음속 깊은 곳은 항상 극도로 예민했다.

알프레드 노벨의 인생이라는 10만 조각 퍼즐을 맞추어 보면, 1890년 봄과 여름에 받은 두 번의 타격이 하나의 전환점이었음이 분명해진다. 그는 무너지고 포기한 것이 아니라, 오히려 그 반대였다. 그러나 그 당시 그는 더 이상 가만히 기다리지 않기로 결심한 듯 보였다. 그는 걱정 없는 "황금기"는 결코 오지 않을 으로 생각한 듯했다. 그의 꿈을 이루기 위해서는 비열한 사업 싸움과 정치적 음모에 굴복해서는 안 된다고 결심했다. 이를 위해서는 자신의 시간과 돈에 대한 권한을 장악해야 한다고 생각했다. 알프레드는 스스로가 진지하게 발전을 이루고 인류에 큰 유익을 준 사람으로 회자되기를 갈망했다. 그는 자신의 재산과 두뇌를 과학에 바치기를 원했다.

첫 번째 계획의 하나로 프로그램 선언문과 유사한 것을 구성했다. 1890년 7월에 작성된 그 편지는 알프레드 노벨이 이전에 폐결핵에 대한 연구 협력에 관심을 가졌을 때 알게 된 의료 분야의 친구에게 보내졌다. 그의 이름은 악셀 윈클러(Axel Winckler)로 바드가슈타인(Badgastein) 온천의 의사였으며, 알프레드가 25년 전에 함부르크에서 함께 일했던 윈클러 형제 중 한 명의 아들이었다. 알프레드 노벨은 이렇게 썼다.

당신은 시간적으로 여유롭고 순수한 과학 분야, 즉 생리학 및 의학 분야의 연구에 흥미를 느끼고 있습니까? 그렇다면 우리는 작은 협회를 시작할 수 있습니다. 오늘날 의학과 화학은 의사와 화학자가 공통적으로 무언가를 해야 하는 방식으로 서로 연결되어 있습니다. 또한 저는 생리학과 세균학에도 엄청난 관심이 있어 비록 일반인이더라도 몇 가지 혁신을 제안할 수 있기를 바랍니다. 제가 보기에는 돈은 연구자의 독립성을 확보할 수 있는 한, 연구 업무를 혁신하고 촉진하는 데 사용될 때만 가치가 있습니다.[790]

악셀 윈클러 박사와 그의 아내는 알프레드 노벨로부터 호화로운 크리스마스 선물을 받았던 사람들 중 하나였다. 그는 "나와 아버지의 은인"이라고 부르는 사람이 실망하게 될 것이라는 사실에 괴로웠을 것이다. 그러나 그는 알프레드가 목표로 삼은 위대한 연구 과제가 부적절하다고 느꼈다. 그는 대학 학위를 받았지만, 세균학과 생리학을 전혀 전공하지 못했다. 그는 문학 연구를 도울 수는 있겠지만 그 이상은 어렵다고 답장에 썼다.[791]

한편, 알프레드는 어머니 안드리에타의 유산으로 계획했던 자비로운 기부를 실현하기 위해 스톡홀름으로 여행을 갔다. 그는 10만 크로나(오늘날 600만 크로나)의 절반은 새 어린이 병원 사마리텐(Samariten)에, 나머지 절반은 카롤린스카 연구소(Karolinska Institutet)에 "장학금이나 실험 의학 또는 생리학과의 보조금"으로 할당되기를 바라며 기부했다. 로베르트에게 보낸 편지에서 그는 그 이유를 이렇게 설명했다. "'질병을 치료하는 것보다 예방하는 것이 더 낫기 때문에' 생리학에 투자해야 합니다."[792]

스톡홀름에서 알프레드 노벨은 파리에서 온 뜻밖의 사망 기사를 접했다. 동료들은 당시 폴 바르베가 하루 종일 기분이 좋았다고 말했다. 그는 평소와 같이 우편물을 손에 들고 3시 30분에 도말레 거리(rue d'Aumale)에 있는 다이너마이트 회사 사무실에 나타났다. 갑자기 그는 안락의자에 털썩 주저앉고 메스꺼움을 호소하며 얼굴에 물 한 잔을 쏟으라고 요청했다. 직원들은 서둘러 의사를 찾았지만, 그들이 돌아왔을 때 바르베는 이미 의식을 잃은 상태였다. 응급처치는 모두 도움이 되지 않았다.

1890년 7월 29일 화요일 저녁, 54세의 폴 바르베는 마지막 숨을 거두었다.

국회 추도식에서 의장은 "바르베 씨는 항상 살고 싶었던 삶을 살다가 원하던 대로 직장에서 세상을 떠났다"고 말했다. 스톡홀름에서 소식을 접한 알프레드는 로베르트에게 "그는 삶의 촛불을 사방에서 불태웠다"고 말했다.

알프레드는 파리로 돌아가기에 충분한 시간이 없었으므로 성직자와 군인, 음악단, 팬 밴드와 눈물과 함께 노틀담 드 로레트(Notre Dame de Lorette) 교회에서 열린 장엄한 장례식에 참석하지 못했다. 화환의 산에 둘러싸여 500명의 사람들이 바르베의 관을 따라 페레 라세즈(Pére Lachaise) 공동묘지로 갔고 행인들은 인도에서 경의를 표했다. 보안 경찰국의 여러 요원도 비밀리에 그곳으로 이동했다. "보고할 사건이 없다"고 경찰 보고서 중 하나에 기재되어 있었다.[793]

며칠 뒤 신문에는 흔들리는 회사 경영진이 등장했다. 길버트 르 과이(Gilbert Le Guay), 알프레드 나케(Alfred Naquet), 지오 비안(Geo Vian)의 트리오가 함께 다이너마이트 회사를 인수했다. 그들은 모두 매우 존경받는 프랑스 시민으로 간주되었다. 길버트 르 과이와 알프레드 나케는 모두 상원의원이었다. 지오 비안은 곧 국회에서 바르베의 후임으로 선출될 예정이었다. 알프레드 노벨은 이사회에 남아 있었지만 소시에떼 센트랄레 드 다이너마이트의 경영직은 사양했다. 그는 영국-독일 트러스트에 집중하는 데 바르베와 동의했고, 약속은 그대로 유지되었다. 그러나 프랑스인 모두에게 필요할 때 계속 도움을 주겠다고 약속했다.[794]

르 과이, 나케, 비안은 대표자 알프레드 노벨의 충성스러운 프랑스 총사로서 역사에 기록될 기회를 얻었다. 알프레드의 편지 중 일부의 어조는 그가 그러한 맥락에서 무엇인가를 바랐음을 암시했다.

*

알프레드의 선물이 알려지자 로베르트의 네 자녀는 예상대로 삼촌이 문제를 기발하게 해결해 주었다고 여겼다. 조카들은 각각 2만 크로나(오늘날 약 130만 크로나)의 유산을 받았는데, 이 돈은 알프레드가 개인적으로 예치해야 했다. 이자율 6퍼센트에 해당하는 금액으로는 연간 1,200크로나 정도 되었는데 이는 당시 산업 노동자의 연봉을 초과하는 금액이었다. 알프레드는 이자율을 때때로 두 배 이상으로 "반올림"하기도 했다.[795]

알프레드는 그 이상을 했다. 그는 조카들, 특히 나약하고 불안해하는 로베르트의 딸 잉게보리(Ingeborg)를 위해 특별한 책임을 맡았다. 모든 성인 조카들에게 자신의 집을 개방하며, 앞으로 몇 년 동안 그들을 위해 아버지 역할을 할 생각이었다. 조카들은 알프레드와 함께 파리로 이사를 갔고, 도시를 "산책"하고, "삼촌의 사업"을 쫓고, 프랑스어를 배우려고 노력했다. 그해 가을, 알프레드는 공과대학을 막 졸업한 루드빅이 취리히에서 화학 교육을 받는 것을 도왔다. 얄마르와 루드빅은 알프레드의 직장에서 장단기적으로 고용되었으며, 잉게보리는 아르카숑(Arcachon)의 온천지에서 오랫동안 건강 치료를 받을 수 있었다. 알프레드는

루드빅이 취리히에서 공부하기 전에 금시계와 같은 멋진 선물을 주었다.[796]

가끔 루드빅과 첫 번째 부인 사이에서 태어난 자녀들인 상트페테르부르크의 엠마누엘, 칼(Carl), 안나(Anna)도 합류했다. 그들은 오랫동안 긴밀한 관계를 유지했으며 성인이 되어서도 알프레드와 시간을 보냈다. 로베르트의 아이들은 뒤늦게 자신들의 삼촌이 누군지 알게 되었다. 조카들은 알프레드의 에너지, 재능, 온화함, 질서 감각, 뛰어난 기질 등을 좋아했고, 사소한 장난으로 웃으며 부드러워진 시간을 즐겼다. 알프레드가 병으로 누워 있을 때는 지나치게 날카롭고 권위적으로 보일 수 있었다. 그러나 넘치는 관대함 속에는 틀림없이 느껴지는 따뜻함이 있었다.[797]

카롤린스카 연구소와 사마리탄 어린이 병원에 대한 알프레드의 기부도 효과가 있었다. 한 연구교수가 스톡홀름에서 파리로 위대한 기부자를 만나러 갔다. 그는 알프레드가 시작하려고 했던 다양한 의학 연구 프로젝트에 대한 설명을 듣고 놀랐다. 그는 그렇게 많은 "독창적이고 천재적인 생리학 분야 연구 아이디어를 가진 사람을 만난 적이 없다"고 했다.

무엇보다도 기증자는 자신의 출판 작업에 참여할 수 있는 젊은 생리학자를 모집하고 싶어 했다. 연구교수는 옌스 요한슨(Jöns Johansson)을 떠올리곤 그에게 조언을 했다. 알프레드 노벨은 이후 28세의 요한슨에게 열정적으로 편지를 썼다. 요한슨은 노벨이 파리 외곽에 실험실 전체를 가지고 있다는 말을 들었다. 이 실험실은 비어 있었기에 그가 허락하면 마음대로 사용할 수 있었다.[798]

1890년 10월, 옌스 요한슨은 파리에 도착해 다섯 달 동안 머무르며, 수혈에 관한 과제를 진행했다. 의약계는 오랫동안 동물에서 인간으로, 그리고 인간 간에 혈액을 전달하려고 시도했으나, 신체 외부에서 혈액응고가 생겨 당시에는 성공하지 못했다. 알프레드 노벨의 아이디어는 "혈구"가 응고되지 않도록 보호하기 위해 특수 튜브를 통해 혈액을 보관하는 것이었다.

옌스 요한슨은 필요한 의료 기기를 구입해야 했다. 그는 세브란 연구소에서 알프레드 노벨에 대해 별로 말하지 않았지만, 더 이상 할 일이 많지 않은 화학자 조르쥬 페렌바흐와 협력했다. 그러나 그 실험은 성공을 거두지 못했고, 요한슨은 봄에 카롤린스카 연구소에서 일자리를 제안받았을 때 스톡홀름으로 돌아갔다.

1901년이 되어서야 소피 헤스의 사촌인 오스트리아의 카를 란트슈타이너 (Karl Landsteiner)가 수혈 문제의 원인이 혈액형 차이에 있다는 사실을 발견했다. 그 공로로 1930년, 란트슈타이너는 노벨 생리의학상을 수상했다.

또한 옌스 요한슨은 결국 카롤린스카 연구소의 교수이자 노벨 생리의학상을 수여하는 위원회 위원장이 되었다.[799]

*

알프레드 노벨은 어린 시절 이후 처음으로 가족과 함께 파리에서 크리스마스를 보냈다. 얄마르, 루드빅, 잉게보리는 회사를 계속 운영하며, 말라코프 대로에 양초와 반짝이로 장식된 웅장한 가문비나무에 스웨덴 국기를 달았다.

빌라는 완전히 개조되었고, 박해에도 불구하고 알프레드는 그곳을 떠날 생각이 전혀 없었다. 그는 파리에서 계속 지낼 수 있기를 원했다. 그러나 폭발물을 사용하려면 연구실을 해외로 옮겨야 했다. 그는 잠시 스웨덴의 핀스퐁(Finspång)으로 가는 것을 고려했으나, 그의 생각은 다른 방향으로 흘러갔다. 새해가 시작된 후, 알프레드 노벨은 남쪽으로 여행을 떠났다.

알프레드가 열정을 쏟은 또 다른 프로젝트는 알루미늄이었다. 그는 알루미늄의 가격이 저렴해졌음을 인식하고, 소피 헤스의 제부인 앨버트 브루너(Albert Brunner)와 편지를 주고받았다. 앨버트 브루너는 알프레드에게 취리히 외곽의 알루미늄 재활용 공장에 대해 알려주었고, 알프레드는 직접 알루미늄 소총을 만들 수 있을지 고민했다. 그는 소피의 여동생 아말리에(Amalie)와 결혼한 앨버트 브루너를 좋아했기에, 이탈리아로 가는 기차 여행 중 부부를 방문하는 것을 즐겼다.[800]

알프레드는 다이너마이트 덕분에 상트 고타드(Sankt Gotthards) 터널을 통해 쉽게 취리히에서 이탈리아로 이동할 수 있었다. 그는 자신이 화약을 구입한 나라에 새 연구소를 두는 것이 논리적이라고 생각하고, 이탈리아 다이너마이트 공장이 위치한 아비글리아나(Avigliana)를 정찰했다. 그곳에서 남쪽으로 직선을 그으면 이탈리아 리비에라의 진주인 산레모(San Remo)가 있었다. 알프레드 노벨은 큰 위기가 닥쳤을 때 그곳에 있었다. 그 소식은 믿기 어려운 것이었다.[801] 소피 헤스가 임신했다는 소식이었다. 아버지는 분명하지 않았다.

소문은 새해 직전에 알프레드에게 전해졌고, 소피는 소문의 진위를 확인시켜 주었다. 아이의 아버지는 새해 직전에 전염병이 자신에게 찾아온 것을 알지 못했다. 알프레드가 소피의 남편이 되기를 바랐다는 건 분명한 사실이었다. 하지만 그녀의 옆에는 다른 사람이 있었고, 알프레드는 그들의 관계가 나빠지기를 기다리고 있었다. 그러나 알프레드와 소피의 관계에는 여전히 한계가 있었다. 그녀는 그의 돈으로 살았고, 그의 아내인 척했으며, 이제 다른 남자의 아기와 함께 출산을 기다리고 있었다.[802]

그는 몇 번이나 분노했을까? 몇 번이나 실망과 분노를 표출했을까? 하지만 굴욕은 계속되었다. "당신은 나에게 극도로 무자비하고 경멸적인 행동을 했으며, 이는 결코 정당화될 수 없다. 이는 오직 매우 낮은 교양을 가진 사람들만이 할 수 있는 일이다." 그는 소피에게 "H"라는 연인에게 보내는 인사말과 함께 이렇게 썼다.

쓰라린 절망이 그를 덮쳤다. 새해에 알프레드는 소피가 "완전히 미친 길에 빠졌다"고 말하며 그녀에게 명예심이 부족하다고 한탄했다. "아이를 기쁘게 맞이할 수 있는 유일한 경우는 아이의 아버지를 사랑하거나 적어도 그를 경멸하지 않을 때뿐이다."[803]

그 후 그는 침묵했다. 침묵은 비정상적으로 길었다. 수년 만에 먼저 편지를 쓴 사람은 소피였다. 그녀의 마지막 손편지들 중 일부가 남아 있다. "아이를 갖고 싶다는 나의 가장 큰 소원이 수많은 비난과 모욕으로 완전히 망가졌습니다. 나는 삶에 아무런 기쁨이 없으며, 당신의 냉정함은 나를 완전히 병들게 합니다." 알프레드는 대답하지 않았다. 소피는 그녀의 여동생 아밀리에와 제부인 앨버트 브루너에게 호소했다. 알프레드와 사이가 좋은 사람들이 편지를 써서 알프레드에게 그녀의 실수를 용서해 달라고 요청할 수 있었을까? 그들은 소피의 부탁을 거절했다. 아밀리에와 브루너는 훗날 알프레드에게 보낸 편지에서 "나는 당신의 고귀하고 선한 마음에 호소하는 일을 할 수 없었습니다. 왜냐하면 그녀의 행동은 너무 심각해서 용서할 수 없었기 때문입니다"라고 말했다.

알프레드는 계속해서 산레모로 향했다. 소피가 심각한 빚을 지고 있다는 긴급 요청이 왔을 때, 그는 그저 짧은 편지만 보냈다. "동봉된 돈은 이탈리아 리라이다."[804]

*

알프레드 노벨이 연구실을 이전하기로 선택한 이유는 아직 명확하지 않다.

이탈리아를 고려한 것은 이해할 수 있지만, 왜 산레모였을까? 나는 그의 편지 사본을 읽었지만, 그가 1891년에 그곳으로 여행하기 전에 친구나 비즈니스 파트너에게 산레모를 한 번이라도 언급한 적이 없었다.

알프레드 노벨은 그의 궁전 같은 별장을 구입하기 몇 년 전, 스웨덴 신문에서 산레모를 검색했다. 리비에라에 있는 귀족들의 겨울 휴양지로서 이 도시는 유럽 궁정에서 손님들이 방문하는 곳으로 가장 유명했던 것 같다. 1890년, 스웨덴 사람의 눈에 산레모는 1888년 독일의 프리드리히 3세 황제가 병에 걸려 사망한 곳이었다. 나폴레옹 3세의 미망인 외제니가 알프레드 노벨과 거의 같은 시기에 그곳에 보나파르트 왕자 몇 명을 태우고 여행했다고 한다. 1891년 4월, 알프레드가 구매 계약에 서명했을 때 그녀는 지팡이를 짚고 몸을 구부린 채 해변에서 천천히 걷고 있는 그의 모습을 보았을지도 모른다.

스웨덴 신문 구독자들은 산레모의 의사들이 겨울에 결핵의 침입을 막기 위해 긴급 감염 관련 회의를 소집했다는 소식을 들었다. 「도박 열정의 희생자」라는 제목 아래, 1891년 1월 산레모 해변에서 잘 차려입은 러시아 귀족이 총을 쏘았다는 이야기도 나왔다. 이별 편지에는 그 남자가 80만 루블을 잃었고, 그의 이름이 영원히 잊혀지기를 원한다고 적혀 있었다. 몬테카를로 근처였던 걸까? 산레모에는 알프레드 노벨이 곧 회원이 될 카지노가 있었다.

한 동시대의 여행 작가는 산레모의 분위기에 대해 "상업적으로 무겁고 붐비는" 무언가가 있다고 불평했다. 이곳의 특징은 대부분의 사람이 도시의 멋진 상점에 대해 이야기하지만, 그 아름다움에 대해서는 거의 이야기하지 않는다는 것이다. 프리드리히 황제의 별장이 자리를 차지하고 있는 경사면에는 온화하고 깨끗한 바람이 불었지만, 해상 철도 옆의 넓은 산책로 위로는 철도의 그을음이 있었다.

사업과 혼잡 - 그것은 알프레드 노벨에게 낙원처럼 들리지 않았다. 그럼에도 1891년 봄, 그는 "철도 그을음"이 있는 해변에 정착했다.

2015년 4월, 나는 그곳으로 여행을 갔다. 빌라(Villa) 노벨은 철문 뒤에 남아있지만 시골길은 코르소 펠리체 카발로티(Corso Felice Cavallotti)라는 이름으로 변경되었다. 그 집은 당시처럼 시골 변두리가 아닌 도시 한가운데에 있었다. 나는 노벨 시대의 사진과 현재를 비교했다. 오늘날 박물관이 된 건물은 거의 변하지 않은 것처럼 보였다. 같은 둥근 탑, 여전히 아름다운 아랍어-로마 양식이 이러한 감상에 영향을 미쳤다. 섬세하게 개조된 외관에 감탄하게 되었다.

살롱이 장엄하게 메아리쳤다. 일부 가구는 노벨 시대의 것이라고 하지만, 어느 가구인지는 알 수 없다. 나는 우아한 계단을 오르내리며 견적을 내보았다. 그 빌라는 분명히 파리에서 지금 철거된 집보다 더 컸을 것이다.

나는 정원으로 통하는 문을 찾기 전까지는 이곳이 얼마나 아름다운지 이해하지 못했다. 산레모의 야자수를 잊은 1890년대 여행 작가를 처음으로 저주했다. 푸른 물, 이국적인 식물, 오렌지, 레몬, 바나나를 잊어버린 사람, 동백나무와 사실 꽃도 잊어버린 사람, 그는 어떻게 꽃을 잊을 수 있었을까?

*

아마도 그 부지가 결정적이었을 것이다. 바다로 바로 뻗어 있는 6,000제곱미터의 녹지. 알프레드 노벨이 이 건물을 구입했을 때는 철도가 개통되고 겨울 관광이 폭발하기 시작하던 때였으며 빌라 패트로네(Villa Patrone)는 산레모 지역의 공원이 인접해 있는 많은 호화 빌라 중 하나였다.

알프레드는 집 이름을 미오 니도(Mio Nido), 즉 내 둥지라고 지었지만 누군가가 이미 사용하고 있다는 이유로 빌라 노벨로 이름을 바꾸었다.

그다음으로는 큰 건물과 인테리어 디자인 프로젝트가 진행 중이었다. 그는 세부 사항에 관여하지 않을 수 없었고, 이는 앞으로 오랫동안 그의 시간을 채울 일이었다. 몇 가지 주요 변경 사항이 필요했다. 알프레드는 건물의 하부를 가로지르는 철로 위에 두 개의 고가교를 건설할 수 있는 허가를 받았다. 이런 식으로 그는 해변을 따라 이어진 땅을 이용할 수 있었다. 물속으로 미끄러지는 긴 경사로를 보면 내면을 보게 될 것이었다. 아마 목욕탕도 마찬가지였을 것이다. 둘 다 이탈리아 정부의 특별 허가를 받아 신속하게 실현될 예정이었다. 그는 철도 위의 공원에 꿈꾸던 모든 꽃밭 외에도 실험실과 커다란 유리창이 있는 온실을 만들고 싶었다. 그는 서둘러 설계를 주문했다.

알프레드는 1층에 있는 당구대를 포함해 집 안의 가구를 필요한 경우 개조했으며, 새 바닥과 "제트 욕조(샤워 시설)"를 주문했다. 그는 일본 램프, 일본 목화, 일본 청동 조각상, 그리고 흑단과 자개 소파를 구입했다. 중국식 꽃병과 박제 동물도 있었다. 알프레드는 자신의 이탈리아 살롱에서 아시아적인 느낌을 추구한 듯 보였다.

칼 라르손(Carl Larsson)과 안더스 조른의 안드리에타 초상화를 포함해 28개의 그림이 파리에서 운송되었다. 가스등이 전기로 바뀌었고, 와인 저장고에는 수백 병이 채워졌다. 결국 파리에 있던 알프레드의 집사 오귀스트 오스발트(Auguste Oswald)도 이사를 왔다.[805]

7월에 소피 헤스는 마르그레테(Margrethe)라는 이름의 딸을 낳았다. 알프레드는 잠정적으로 일부 서신을 재개했다. 그는 심지어 자신은 며칠 동안만이라도 그녀를 방문하지 않겠다고 썼다.

산레모에서의 인테리어 준비는 프랑스에서 알프레드 노벨의 무연화약과 관련된 드라마틱한 사건이 뚜렷하게 줄어드는 시기와 우연히 겹쳤다. 독일은 아직 발리스타이트(ballistiten)를 채택하지 않았고, 러시아도 여전히 주저했으며, 영국에서는 계속 골칫거리였고, 심지어 스웨덴조차도 발리스타이트를 군대에 도입하지 않았다.[806]

그러나 이것이 강대국이 무장을 중단했다는 의미는 아니었다.

*

독일 수상 오토 폰 비스마르크(Otto von Bismarck)가 전쟁 도발자에서 외교 정책 동맹자로 바뀌면서 거의 20년 동안 유럽에서 대전쟁을 막을 수 있었다. 이전까지 국내에서 사회주의자들을 탄압해 온 그는 독일 권력에서 물러났다. 이것은 프리드리히 3세 황제와 그가 산레모에서 앓은 심각한 병환과 간접적으로 관련이 있었다. 프리드리히 3세는 인후암으로 사망하기까지 겨우 99일 동안 통치했다. 그의 아들 빌헬름이 스물아홉에 왕위를 계승했으며, 황제 빌헬름 2세는 그의 아버지, 할아버지, 오토 폰 비스마르크와 완전히 다른 의제를 갖고 있었다. 그리고 그는 끔찍하게 불안정한 성격을 지녔다.

빌헬름 2세는 비스마르크의 신중한 동맹에 지쳤다. 1880년대 후반 러시아와 맺은 비밀 조약의 내용은 국가가 서로 공격을 삼가야 한다는 것이었다. 그는 그 약속을 전혀 믿지 않았다. 빌헬름 2세는 강력하고, 위협적이며, 무장한 독일을 보고 싶어 했다. 전투적이고 공격적인 그는 차르 알렉산더 3세와의 협정을 깨고 1890년 3월에 비스마르크를 사임하게 만들었다.

이로 인한 결과는 이미 느껴지기 시작했다. 비스마르크가 무엇보다 두려워했던 것은 러시아와 프랑스의 동맹이었다. 1891년 7월, 프랑스 해군은 상트페테르부르크의 크론슈타트 요새를 방문했다. 프랑스인들은 러시아인들에게 형제로 받아들여졌으며 보수적인 차르 알렉산더 3세가 "머리를 숙이고 프랑스 국가 라 마르세예즈(Marseljäsen)를 경청"하여 모든 사람을 놀라게 했다. 8월에는 평화를 위협할 수 있는 모든 문제에 대해 상호 협의하는 예비 협정이 체결되었다.[807]

이 소식에 알프레드 노벨의 친구이자 작가이자 살롱 주인인 줄리엣 아담은 찬사를 쏟았다. 그녀는 파리에서 가장 유명한 친러시아 로비스트 중 한 명이었다. 아담은 새로 형성된 대러시아 우정의 원동력이었다. 러시아 해군의 복귀를 맞아 그녀는 프랑스 여성들에게 러시아 해군 병사들을 위한 꽃다발을 준비하라고 요청했다.[808]

줄리엣 아담과 알프레드 노벨은 계속 연락을 유지했다. 그녀는 다양한 공연 티켓을 보내주곤 했다. 그는 그녀의 몇몇 이니셔티브, 특히 최근에 결성된 친목 과학 협회인 라 소시에떼 데스 아미스 드 사이엔스(La Société des amis de Science) 등에 일부 자금을 지원했다. 러시아 친목 협회에 대한 알프레드의 관심이 어땠는지는 불분명하다. 그는 자신의 지인인 두 지적 친구들, 개량주의자 줄리엣 아담과 평화주의자 베르타 폰 주트너 사이에서 십자가를 질 위험을 감수할 수 없었다. 그중에서 굳이 따지자면 베르타가 그에게 훨씬 더 가까웠다.

두 여성은 서로 개인적으로 친분이 있었지만, 두 사람 사이에는 위험한 균열이 있었다. 줄리엣 아담은 베르타 폰 주트너가 보낸 평화 기사를 읽기를 거부했고 그녀의 잡지인 『라 노블레 레뷰』는 오스트리아 작가의 걸작인 『무기를 내려놓아라!』를 오랫동안 무시했다. 10년 만에 마침내 책에 관한 기사가 실렸을 때, 베르타 폰 주트너는 명함 뒷면에 다음과 같은 문장으로 답했다. "사람은 더 충성스러운 반대자가 될 수 없습니다. 감사합니다." 그녀는 줄리엣 아담에게 편지를 썼다.[809]

베르타 폰 주트너는 싸울 의지로 불타올랐다. 『무기를 내려놓아라!』는 엄청난 성공을 거두었고 지속적인 행동을 촉구했다. 그녀는 고통 속에서 호소문을 썼고, 대의를 위해 유력한 사람들의 호응을 얻는 데 능숙했다. 알프레드 노벨은 "모든 공포 중의 공포, 즉 전쟁"이 프랑스 신문에 등장했을 때 그녀의 설득력 있는 탄원을 칭찬했다.[810]

1891년 10월, 베르타는 세계적으로 유명한 러시아 작가 레프 톨스토이(Lev Tolstoy)로부터 잊지 못할 반응을 받았다. 그녀는 러시아어판을 톨스토이에게 보냈고 그에게 평화를 지지하는 "두 줄"을 써달라고 요청했다. 그의 반응은 그녀의 모든 기대를 뛰어넘었다. "나는 당신의 작품에 감탄하고 있으며 당신의 소설이 출판되는 것은 좋은 징조라고 믿는다. 노예 제도의 금지는 한 여성, 미세스 비처 스토(Mrs. Beecher-Stowe)가 쓴 유명한 책 『톰 아저씨의 오두막』에서 비롯되었다. 신께서 당신의 책에 있는 전쟁 금지 조항을 따르도록 허락하소서."[811]

톨스토이만 이 책의 중요성을 이해한 것은 아니다. 베르타 폰 주트너의 전기 작가 브리짓 하만(Brigitte Hamann)에 따르면, 『무기를 내려놓아라!』는 19세기 가장 성공적인 소설 중 하나가 되었다. 그것은 많은 다양한 언어로 번역되었고, 그 결과 국제적인 평화운동이 정치적 의제에서 높은 위치를 차지하게 되었다.

또한 베르타는 알프레드 노벨에게 지원을 요청했다. 그녀는 오스트리아 평화 단체인 외스터레이쉐 프리에덴스게쉘샤프트(Österreichische Friedensgesellschaft)를 만들고 싶어 했고, 11월에 로마에서 열리는 대규모 평화 회의에서 성공을 거두고 싶어 했다. 알프레드는 관대하게 2,000프랑을 보냈다. 그는 평화를 추구하는 친구들이 많은 돈을 가지고 무엇을 하는지 이해할 수 없었다. "돈이 아니라 프로그램이 빠진 것 같습니다. 아무도 이기지 못한 상태에서 군축을 요구하는 것은 거의 터무니없습니다. 그리고 즉각적으로 중재 재판소를 요구하는 것은 수천 가지의 선입견에 부딪히고 모든 일에 걸림돌이 될 것입니다"라고 베르타에게 편지를 썼다.

대신 그는 베르타와 그녀의 평화적인 친구들이 더 온화하게 접근해야 한다고 제안했다. 예를 들어 유럽 정부에 1년 동안 적대 행위를 자제할 것을 약속하도록 요청하는 등 좀 더 차분하게 행동할 것을 제안했다. 이러한 단기 평화 협정은 누구나 동의할 수 있을 것이고, 이후 협정의 기간을 조금씩 연장하면서 장기적인 평화가 이루어 낼 수 있을 거라고 노벨은 생각했다. 그는 곧 여행, 홍보, 광고 및 작업 시간과 관련된 비용을 나열한 답장을 받았다. 베르타는 그녀의 평화 조직이 지금까지 얼마나 성공적이었는지 자랑스럽게 설명했다. "로마에 오세요, 멋진 날들이 될 것입니다!"[812]

알프레드는 망설였다. 그는 파리에 있었다. 그는 "오늘 로마에서 열리는 평화 대회에 참석하고 싶었지만, 불행히도 시간이 허락되지 않는다. 나는 물론 회원이고 나의 오랜 친구인 주트너는 오스트리아 지부의 회장으로 선출될 것이다"라고 했다. 그는 취리히에서 공부하고 있는 로베르트의 아들 루드빅에게 11월에 편지를 썼다.[813]

*

산레모의 큰 빌라는 입주할 준비가 되기까지 시간이 좀 걸렸다. 알프레드 노벨은 크리스마스에 형제들을 초대할 수 있기를 희망했지만, 새해가 되어야 새 러시아 말을 타고 역에서 그들을 만날 수 있었다. 밖은 맑은 여름 날씨 같았다. 1892년 새해 첫날 잉게보리와 여동생 티라(Thyra)가 산타 모자를 쓰고 크리스마스 선물을 나누어 주었다. 알프레드는 안드리에타의 초상화를 위한 아름답게 재단된 프레임을 선물로 받았다. 그는 그들에게 매우 진심 어린 태도로 대해, 그들을 정말로 매료시켰다. "알아? 나는 삼촌이 축제 분위기를 높이는 장난스러운 일들을 하는 젊은이들을 좋아한다고 생각해." 루드빅은 나중에 엄마 폴린에게 편지를 썼다.

알프레드는 로베르트에게 보낸 편지에서 차례로 조카들을 칭찬했다. "그들은 잘하고 있습니다. 특히 루드빅과 잉게보리는 소박함이 매력적입니다. 나는 평생 과도한 감정과 싸워 왔기에, 생각과 감정이 인간의 신경계와 동등한 표현이라는 것을 알고 있습니다. 나는 감정 과잉을 변호해야 한다고 생각합니다." 그는 잉게보리의 "허약함"이 그녀에게 어려운 도전이었음을 인정했다. 한동안 조카가 히스테리를 앓고 있는 것이 아닌가 걱정했다. 최면 치료에 회의적이었던 알프레드는 파리의 살페트리에(Salpetriere) 병원에서 유명한 차르코트(Charcot)와 상담을 했고, 그곳에서도 잉게보리에게서 히스테리의 흔적은 전혀 발견되지 않았다. 로베르트는 그의 딸이 더 경계심이 많아 보였고 눈 밑의 다크 서클도 사라졌다고 들었지만, 그녀가 자신을 안정화하는 데 1년의 평화 시간이 더 필요하다고 했다.[814]

24세의 화학자 루드빅은 알프레드의 여러 프로젝트에 참여했다. 그는 산레모에 연구실을 꾸미는 임무를 맡았다. 알프레드는 그에게 몇 가지 화학 테스트, 특히 알루미늄을 다루는 실험을 맡겼다. 엠마누엘의 조언에 따라 알프레드는 알루미늄으로 만든 보트를 주문하는 대담한 시도를 했다. 루드빅은 그것을 책임지고 관리해야 했다.

충실한 프랑스 화학자 조르쥬 페렌바흐는 이탈리아로 따라가고 싶지 않았다. 그를 대신해 알프레드는 영국인 휴 베킷(Hugh Beckett)을 영입했지만 모든 것이 초기 단계에 있었다. 그는 조카 루드빅에게 그가 "확실히 용감하다"고 말하며, 단기적으로 레모에서 일할 수 있도록 했다. "나는 원칙적으로 가까운 친척을 나 또는 다른 사람에게 종속시키고 싶지 않으므로 더 영구적인 고용은 약속할 수 없다."[815]

알프레드가 특허 분쟁의 격화로 다시 런던으로 불려 갔을 때, 그는 다른 조카인 33세의 엠마누엘 노벨을 곁에 두었다. 이른바 코르다이트(Cordite) 사건에 대한 논의는 교착 상태에 빠졌고, 그들은 특허 침해에 대한 소송을 준비했다. 영국 정부가 깊이 관여한 사건에서 이는 쉽지 않은 일이었다. 그러나 교수 아벨과 듀어는 자신들은 직접 만든 무연화약에 대해 해외에서 특허를 받았으므로 다른 방법은 없을 거라고 보았다.

알프레드는 모든 소송, 특허 분쟁, 변호사를 증오했다. 그는 경험상 진실과 거짓은 승산이 비슷하며 그러한 복잡한 충돌에서 유일한 승자는 변호사들뿐임을 알고 있었다. 아벨과 듀어에게서 받은 타격으로 그는 스스로에게 물었다. "햄릿을 모방하고 자신에게 물어보게 되었다. 저주받은 발명가로서 존재할 것인가, 존재하지 않을 것인가? 저주받은 발명가로서."[816]

동시에 그는 소피 헤스 사건에 변호사를 개입시켜야 했다. 그녀는 알프레드의 지속적인 지원에도 불구하고 빚이 너무 많다고 주장했다. 1892년 1월에 그녀는 "마지막 남은 브로치를 담보로 삼았고 2월에는 스스로 목숨을 끊을 생각입니다. 사랑하는 알프레드, 당신은 나를 절망에 빠뜨릴 뿐만 아니라 나로 하여금 스스로 목숨을 끊게 만들고 있습니다. 그러면 내 불쌍한 아이는 어떻게 되겠습니까? 그 아이에게는 너무나도 슬픈 미래가 기다리고 있을 뿐입니다"라고 그녀는 썼다.

상황은 너무 심각해져서 소피의 여동생과 제부인 브루너 부부가 알프레드에게 그녀를 후견인 아래 두자고 제안했다. 알프레드는 소피가 미지급 청구서를 모두 자신에게 보낸 것에 소름이 돋았다고 했다. 그는 샴페인(Champagner), 버건디(Burgunder), 셰리(Sherry), 샤토(Chartreuse), 베네딕틴(Benedictin), 큐라이자오(Curaijao), 캐비아(Caviar) (49일 동안 와인, 리큐르 57병) 등 매우 깔끔한 지출 목록을 발견하고 "매우 교훈적"이라고 표현했다. 알프레드는 소피 헤스가 지난 4년 동안 45만 프랑(오늘날 약 2,000만 크로나) 이상을 소모했다고 계산했다. 변호사에게 보낸 편지에서 "그녀는 30년이 넘은 몸에 다섯 살짜리 두뇌를 갖고 있다"고 적었다.[817]

곧 59세가 되는 알프레드 노벨은 두 세계에 살고 있는 것 같았다. 한편으로는 현실의 많은 비참함, 다른 한편으로는 꿈, 그에게 욕망과 희망을 준 프로젝트, 그는 더 기다리겠다고 자신에게 약속한 것 같다. 그 꿈은 단지 화학과 의학에 관한 것만이 아니었다. 그는 문학에 대해 매우 많이 생각했다.

*

알프레드는 실험실 책의 빈 페이지에 시와 산문을 포함하여 15개 이상의 소설 목록을 작성했다. 그는 숨어서 준비했다. 세 자매에 관한 소설, 시, 「수수께끼」가 있었지만 믿음과 불신앙, 그을음과 치료, 목숨과 죽음같이 아직 기록되지 않은 내용도 있었다.

이 목록에는 「내가 사랑했을까?」라는 시도 포함되어 있었다. 인상적인 문구는 "내가 사랑했을까? 아, 당신의 질문은 / 내 기억 속에 수많은 희미한 그림을 깨웁니다 / 삶이 허락하지 않았던 행복의 꿈에서 / 싹트기도 전에 시들어 버린 사랑에서 / 당신은 모릅니다, 현실이 어떻게 속이는지 / 젊은 가슴 속의 이상적인 세계에서 / 좌절과 깨진 희망, 음울한 생각이 / 지식의 빛을 어떻게 흐리게 하는지; 당신의 젊은 영혼은 / 세계를 순수한 환상의 거울 속에서 봅니다 / 오, 당신이 결코 그것의 벌거벗은 모습을 보지 않기를 […]"[818]

알프레드 노벨은 파리의 거주지도 유지했었는데, 아마도 그에게 문학적 희망을 준 것은 북유럽 문학에 대한 프랑스의 새로운 열광이었을 것이다. 1880년대 후반에 이국적인 러시아 소설이 성공하면서 프랑스인들은 외국 문학계에 대한 호기심을 일깨웠고, 스칸디나비아인들에게도 길을 열었다.

첫 번째는 헨리크 입센(Henrik Ibsen)이었다. 에밀 졸라(Emile Zola)는 1890년의 『유령(Ghosts)』과 1891년의 『야생 오리, 내가 이끈 게블러(The Wild Duck and I led Gabler)』의 초연 이후 파리 하늘에 떠오른 스타로 노르웨이 극작가의 무대를 이끌게 되었다. 입센의 돌파구는 프랑스에 스칸디나비아 물결을 일으켰다. 1880년대 대부분을 파리에서 살았던 노르웨이인 비요른스테르네 비요른손(Bjornstjerne Bjornson)은 단지 농민 이야기를 보다 애국적이며 낭만적으로 그린 것뿐임에도 갑자기 유명해졌다.

스웨덴에서는 질투심 많은 아우구스트 스트린드베리(August Strindberg)가 뒤를 따랐다. 수년 동안 그는 자신의 연극과 소설로 "파리 정복"을 꿈꿨고 여전히 그 대의를 위해 열심히 싸우고 있었다. 1891년 여름, 시리 폰 에센(Siri von Essen)과 이혼하던 중, 스트린드베리는 프랑스어로 된 프랑스와 스웨덴의 관계에 관한 책을 출판했고, 1880년대 초 파리 생활을 하면서 접촉했던 줄리엣 아담에게도 영향을 주었다.[819] 그러나 스트린드베리의 프랑스에서의 진정한 돌파구는 그의 「자연주의적 비극 프뢰켄 쥘리(Fröken Julie)」가 프랑스 수도에서 초연을 하여 찬사를 받은 1893년 1월까지 미뤄졌다.

알프레드 노벨은 산레모와 파리를 오갔지만 가장 문학적으로 영향을 많이 받은 곳은 여전히 프랑스와 프랑스 신문이었다. 프랑스의 저명한 비평가인 폴 지니스트리(Paul Ginistry)는 흥미로운 스칸디나비아 문학을 탐구하기 위해 북유럽 국가로 여행을 떠났다. 그는 크리스티아니아(Oslo)와 스톡홀름을 방문했고, 노르웨이어로 입센의 희곡을 보았으며 1891년 11월에 출판된 기사에서는 스트린드베리에 대해 많은 공간을 할애했다.

지니스트리는 스웨덴 문학을 두 가지 흐름으로 나누었다. 빅토르 리드베리(Viktor Rydberg)와 칼 스노일스키를 예로 들 수 있는 "이상주의 학파(l'école idealiste)"와 아우구스트 스트린드베리와 빅토리아 베네딕트손(Viktoria Benedictsson)을 필두로 하는 "현실주의 학파(l'école réaliste)"로 구분했다.[820] 알프레드 노벨의 선호는 분명했다. 마침내 노벨 문학상을 공식화했을 때, 그는 "이상적인 방향으로 최고를 생산한" 사람들에게 상이 돌아갈 것임을 분명히 했다.

노르웨이 작가 비요른스테르네 비요른손은 1903년에 노벨상을 받았다. 입센과 스트린드베리는 모두 노벨상을 받지 못했다.

*

알프레드 노벨의 현실은 그의 꿈과 이상에서 점점 멀어져만 갔다. 1892년 여름, 그는 더 이상 걱정할 필요가 없었지만, 역사는 반복되었다. 그해에도 스웨덴으로 가는 길에 전보를 받고 몸을 돌릴 수밖에 없었다. 이번에는 파리에서 왔다.

"라틴 트러스트"인 소시에떼 센트랄레 드 다이나마이트는 고액 사기의 피해자였다. 금고에서 거의 500만 프랑(오늘날 약 2억 크로나)이 빠져 있었다. 회사 전체 자본의 4분의 1에 해당하는 금액이었다. 알프레드 노벨은 당황했다. 잠시 그는 자신이 파산했다고 생각하며 농담 반, 진심 반으로 독일 회사에 화학자로 고용해 달라고 요청했다.

즉시 국회의원 선거에서 파나마 회사가 뇌물을 줄 수 있도록 도운 에밀 아르통에게 의심이 향했다. 파나마 회사가 파산한 후 폴 바르베는 그를 다이너마이트 컨소시엄의 이사로 임명했다. 그런데 아르통은 수백만 프랑과 함께 흔적도 없이 사라졌다. 그러면 최고경영자인 길버트 르 과이(Gilbert le Guay)는 어디에 있었을까?

며칠 후 과이는 경찰에 연락해 결백을 주장했다. 그는 아르톤이 배후를 이끌었다고 주장했지만 체포되어 구금되었다. 얼마 후, 회사의 재무이사도 체포되었다. 전말이 밝혀진 이 스캔들은 『아르나(arna)』 신문에 "다이너마이트 스캔들(Dynamitaffären)"이라는 이름으로 실렸다.

알프레드 노벨은 곧 상황을 파악했다. 르 과이는 오랫동안 아르통의 이름으로 가짜 수표를 썼고, 아르통은 그 돈을 현금화해 자기 돈으로 사용했다. 그들은 이 횡령 사실을 회사의 회계 담당자를 매수해 감췄다. 알프레드는 첫 며칠 동안 인터뷰에서 이 모든 것을 이야기했다. 르 과이는 결코 무죄가 아니었다고 확신하며, "이 횡령된 돈은 소시에떼 센트랄레 드 다이나마이트의 회계 장부에 전혀 나타나지 않는다"고 말했다.

알프레드는 르 과이를 매우 신뢰하고 있었다. 그는 친구에게 다음과 같이 썼다. "상원의원과 도지사였고, 레종 도뇌르 훈장을 받았으며, 대부분의 장관과 친밀하게 지내던 사람 – 누가 그를 나쁘게 생각할 수 있었겠는가?"

공범자 에밀 아르통이 마지막 주요 수표를 공백으로 인쇄한 후 해외로 도피했다는 사실이 곧 밝혀졌다. 가을 동안 그는 추적당하게 될 것이다. 그러다가 마침내 19세기 프랑스 최대의 스캔들 중 하나인 파나마 회사의 뇌물도 폭로됐다. 조커 에밀 아르통은 그곳에서도 중심적인 역할을 했다. 그가 파나마 회사의 돈으로 표를 샀다고 말한 국회의원들로는 다이너마이트 회사의 경영진 전체가 언급되었다. 고 폴 바르베, 조지 비안, 알프레드 나케(Alfred Naquet)가 포함되었고 물론 최고경영자인 르 과이도 마찬가지였다.

알프레드 노벨에게는 즐거운 시간이 아니었다. 그의 "프랑스 사총사(musketörer)"가 모두 범죄자로 드러났기 때문만은 아니었다. 그는 수백만 프랑의 손실을 상환해야 했지만, 회사 금고의 구멍을 채권 대출로 대신할 수 있어 위험을 피할 수 있었다.

에밀 아르통은 몇 년 동안 프랑스 경찰을 피해 다녔다. 그는 칼레(Calais), 로마(Rom), 몬테네그로(Montenegro)에서 탕헤르(Tanger)까지 나타났다. 한동안 그는 부다페스트(Budapest)의 기차 칸에서 살해된 채 발견되었다고 알려졌다. 에밀 아르통은 전설로 성장했다. "아르통은 어디 있습니까? 어디에도 없습니다!"

수배가 내려진 지 9개월 후, 파리에서 재판이 열렸다. 최고경영자 길버트 르 과이는 징역 5년, 재무이사는 3년을 선고받았다. 아르통은 자리에 없었지만 20년형을 선고받았다. 그는 1895년 말 런던에서 발견된 후 체포되어 파리로 이송되었다.[821]

*

상트페테르부르크에서 엠마누엘 노벨은 1892년 여름 파리에서 벌어진 드라마에 특별한 관심을 가지고 추적했다. 그는 도움이 필요했지만, 삼촌이 부담을 너무 많이 짊어지고 있었으므로 알프레드를 귀찮게 하는 것을 주저했다. 석유 회사는 몇 년 동안 수익성이 좋은 해를 보냈다. 그러나 지금은 사업이 거의 멈춰 있었다. 심각한 콜레라 전염병이 바쿠에서 발생했고 그의 직원들은 공포에 휩싸였다. 마을의 절반은 이미 달아났다.

엠마누엘은 상트페테르부르크에 있는 세균 연구소로 눈을 돌렸고, 그의 직원들에게 소독제를 가진 세 의료팀을 보냈다. 병자들을 격리했고 모든 물을 끓여서 먹도록 했으며 아무도 생과일을 먹지 못하게 했다. 노력이 결실을 거둔 듯했다. 한동안 바쿠에서는 노벨의 직원들만이 시추장에서 계속 일할 수 있었다.

사촌 얄마르 노벨(Hjalmar Nobel)은 처음에 콜레라를 피했지만 자신의 책임을 깨닫고 코카서스로 돌아갔다. 엠마누엘은 오랫동안 얄마르에게 짜증을 냈다. 그는 사촌이 비전문적이고, 경박하고, 돈에 대해 부주의하다고 생각했다. 그는 여러 번 알프레드에게 그와 진지하게 이야기할 것을 권했다. 반면 얄마르는 엠마누엘을 "훌륭한 소년"이라고 생각하지만 "그와 사업을 하고 싶지는 않다"고 분명히 밝혔다.

알프레드는 사촌들 사이의 나쁜 분위기를 눈치채고 나서는 친족을 고용해서는 안 된다는 논리의 또 다른 근거로 삼았다. 알프레드는 엠마누엘과 얄마르 둘 다 좋아했다. 그는 얄마르를 "가장 행복한 노벨 수혜자"라고 불렀다.[822]

바쿠에서 석유 회사와 조카들의 도전은 연구원 알프레드 노벨에게 생명을 불어넣었다. 그는 폐결핵증에 콜렉시드(koloxid)를 사용한다는 오래된 아이디어를 회상하고 엠마누엘에게 여러 가지 실험을 제안했다. 알프레드는 일산화탄소를 이용해 감자 조각에 깔린 작은 세균 배양물을 처리하고 콜레라에 대해 테스트해야 한다고 생각했다. 엠마누엘은 이전과 동일한 세균 연구소인 상트페테르부르크의 실험 의학 연구소로 눈을 돌렸다. 알프레드는 실험에 대한 정기적인 보고를 받았다. "대신 염산을 사용해 보세요." 그는 일산화탄소가 효과가 없는 것 같았던 8월에 이렇게 썼다.

그는 아이디어를 얻었다. 아마도 그는 연구 기관에 돈을 기부해야겠다고 생각했을 것이다.

알프레드는 엠마누엘에게 전보를 보냈다. 그가 1만 루블(오늘날 약 100만 크로나)을 세균 실험에 기부하고 싶다는 전보가 엠마누엘이 연구소의 회장이자 후원자인 올덴부르크 공작을 저녁 식사에서 만나기로 했던 바로 그날 도착했다. 이후 엠마누엘은 삼촌에게 공작이 단순히 친절한 사람이 아니라 "오랜 시간 동안 모은 큰 재산을 인류의 복지에 사용하는 놀라운 현대의 군주"라고 이야기했다.[823]

알프레드는 곧 콜레라 퇴치를 위한 새로운 아이디어를 떠올렸다. 그는 그것을 익명의 대사에게 보낸 편지 초안에 기록했다. 그해의 콜레라 전염병은 1890년대 문명화된 사회조차 국경을 넘는 전염병의 확산을 막을 준비가 되어 있지 않다는 것을 증명했다고 알프레드는 지적했다. 그는 논리적인 태도로 위험하고 치명적인 전염병을 화재처럼 생각해야 한다고 계속해서 주장했다. 성공하려면 초기 단계에서 이를 퇴치해야 했다. 전염병의 경우 첫 감염이 발견되었을 때 즉시 진압해야 했다.

알프레드는 국제적 보상을 제안했다. 보상은 프로세스 초기에 위험한 감염을 식별해 신속하게 퇴치하거나 격리할 수 있는 사람들에게 전달될 것이었다. 알프레드 노벨은 그 목적을 위해 아무리 많은 돈을 투자하더라도 인간의 위대한 이익에 비하면 미미할 것이라고 주장했다.

그의 제안은 국제적 합의를 전제로 했다. 그러나 알프레드는 "계몽된 국가가 그러한 시스템을 위해 목소리를 낸다면, 모든 문명국은 사리사욕에서 벗어나 이 관대한 모범을 따르기 위해 서두를 것"이라고 확신했다.[824]

알프레드 노벨은 처음으로 상이라는 아이디어를 접했다. 콜레라 상이 실현되었다면 아마도 그의 이름을 따서 불렸을지도 모른다.

*

1892년 여름, 비참한 보고가 한창이던 가운데 마침내 좋은 소식이 전해졌다. 취리히 공장은 알프레드 노벨이 주문한 알루미늄 보트를 완성했다. 그는 보트에 미뇽(Mignon)이라는 이름을 붙였다. 미뇽은 모터가 달린 12미터 높이의 시가(cigar) 모양의 요트로 다소 이상한 창조물이었다. 그는 그것을 산레모로 가져갈 수 있기를 바랐다.[825]

평화운동은 취리히에서 불과 12마일 떨어진 스위스 수도 베른에서 8월 말에 새로운 세계 회의로 개최될 예정이었다. 알프레드는 베르타 폰 주트너를 놀라게 하려고 그녀를 보트 여행에 초대하기로 결정했다. 그녀는 작지만 평화를 향한 노력에 대해 자주 그리고 많은 것을 계속해서 썼고, 그에게 오스트리아를 방문하도록 촉구했다. 그녀는 일의 기쁨에 벅차올라 "최근 전쟁 폐지 문제가 엄청나게 진전됐다"고 생각했다. 그들에게 필요한 것은 400~500년과 같은 인내와 시간이었다. "그때가 되면 다이너마이트는 단지 바위를 부수는 데에만 사용될 것이다"라고 그녀는 친구에게 알렸다.[826]

알프레드는 베른으로 여행을 갔다. 의회는 시청의 대강당에서 열렸고 군중 속에서 적어도 네 명의 미래 노벨상 수상자들이 나타났다. 남작 부인 폰 주트너(1905), 장 앙리 뒤낭(Jean-Henry Dunant, 1901), 프레데리크 파시(Fréderic Passy, 1911), 엘리 뒤코망(Élie Ducommun, 1902) 등이었다. 알프레드는 호텔에서 잠시 쉬는 동안 남작 부인을 보고 웨이터에게 카드를 보냈다. 베르타 폰 주트너는 기분 좋게 놀라서 알프레드가 기다리고 있는 살롱으로 달려갔다.

"당신이 나를 불렀군요." 이에 그가 말했다. "저는 여기 있습니다. 하지만 저는 회의에 참가하거나 사람들과 교류하고 싶지 않습니다. 단지 상황에 대해 조금 더 알고 싶습니다. 무슨 일이 있었나요?"

그는 그날 저녁 취리히로 돌아왔다. 대회가 끝난 후, 그는 베르타와 아더 폰 주트너를 도시로 초대해 자신의 비용으로 그들이 도시에 머물 수 있도록 했다. 그는 자신이 살았던 아름다운 호텔 호수 바우어(Bauer au lac)와 취리히 호수의 보트 여행에 매료되었다. 반짝이는 은색 장난감처럼 우아하게 만들어진 물건이 은빛 수면 위로 미끄러졌다. 돛도 없고, 증기기관도 없고, 작은 석유 엔진만 있었으며 단 한 명의 엔진 기사가 운전했다. 베르타 폰 주트너는 몇 년 후 기사에서 회상했다.

그들은 담요로 덮인 갑판 의자에 편안하게 기대어 마법의 파노라마를 감상하고 전쟁과 평화, 그리고 "하늘과 땅 사이의 모든 것"에 대해 이야기했다. "함께 책을 써야 하지 않겠습니까?" 알프레드와 베르타는 그렇게 하기로 결정했다. 그들은 현명한 머리를 맞대고 모든 악과 세상이 비참하고 어리석다고 느끼는 모든 것에 대항하는 전투적인 책을 썼다. 베르타 폰 주트너는 같은 기사에서 "그러나 많은 프로젝트와 마찬가지로 이 역시 아직 달성되지 않았다"라고 썼다.[827]

취리히에서의 날들이 그들이 서로를 본 마지막 날이었다.

남작 부인의 오스트리아 평화 단체는 알프레드 노벨로부터 2,000프랑의 또 다른 기부금을 받았다. 그러자 몇몇 신문이 "전쟁 기계의 발명가"가 평화운동을 지원했다는 사실에 특별한 관심을 기울였다. 그 관심은 알프레드를 조금 불편하게 만들었을 것이다. 그는 베르타 폰 주트너의 투쟁에 열정적으로 동참했지만 그녀가 목표에 도달하기 위해 선택한 전략에 대해 완전히 확신하지 못했다는 점을 분명히 했다. 알프레드는 베르타 폰 주트너의 회고록을 믿을 수만 있다면 "내 다이너마이트 공장은 아마도 당신의 회의보다 전쟁을 더 빨리 종식시킬 것이다"라고 지적했다. 이어 "두 개의 군대가 한순간에 서로를 파괴할 수 있는 날이 오면, 모든 문명화된 국가가 전쟁을 두려워하고 군대를 해산할 것이다"라고 말했다. 그러나 그것이 알프레드의 유일한 발견은 아니었다. 취리히에서 누군가를 만난 그는 평화운동의 경로를 검토하기로 결정했다.[828]

1892년 여름, 알프레드 노벨은 세 명 이상의 스웨덴 고위 외교관으로부터 도와달라는 요청을 받았다. 그들은 모두 해고되어 현재 파리에서 실직 상태에 있는 한 터키 외교관을 안타깝게 여겼다. 알프레드 노벨에게 그의 회사 중 한 곳에서 일자리를 제공할 수 있는지 물어보았다.

알프레드 노벨은 그것에 대해 생각해 보겠다고 약속했다. 그는 스위스에서 보낸 후 아리스타르키 베이(Aristarchi Bey)에게 편지를 썼다. 알프레드는 베른에서 열린 평화 회의에 대해 이야기했는데, 자신의 의견으로는 다소 터무니없는 제안을 한 유능한 사람들의 대규모 모임에 관한 것이었다. 즉각적인 군비 축소와 무조건적인 중재 법원은 목적에 맞지 않다고 그는 생각했다.

그는 실직한 터키 외교관에게 임시 일자리를 제공했다. 아리스타르키 베이의 임무는 유럽 평화 활동에 대한 정보를 제공하고 해당 주제에 대한 기사를 직접 작성하는 것이었다. 알프레드 노벨은 "평화 회의의 일을 촉진할 수 있다면 매우 행복할 것"이며 그러한 목표를 위해 자신은 어떤 비용도 아끼지 않을 것이라고 말했다. 베이는 즉시 작업에 착수해 몇 가지 분석 메모를 작성했다.[829]

베르타 폰 주트너는 호기심 많은 알프레드에게 독서 팁을 제공하겠다고 약속했다. 그녀는 벨기에 변호사 앙리 라퐁텐(Henri La Fontaine, 1913년 평화상)에게 도움을 요청했다. 라퐁텐은 평화 문제를 다루는 책 목록을 알프레드 노벨에게 보냈다. 그리고 벨기에인은 다소 무언의 외침을 덧붙였다. "나는 상업 및 산업 분야에서 성공한 사람들이 군국주의적 악몽에서 인민을 해방시키는 데 성공하지 못하는 이유가 항상 궁금했습니다."[830]

알프레드는 그 말에 자극받았음이 틀림없다. 그는 라퐁텐에게 보낸 답장에서 방어적인 태도를 취했다. "전쟁 기계의 발명가"라도 평화를 위해 봉사할 수 있었다. 라퐁텐은 알프레드 노벨이 "지능형 외교관"의 도움으로 무엇보다도 평화 문제에 대해 진지하게 고민하기 시작했다고 들었다. 그는 군축 요구 사항과 의장의 중재가 통과하기 어려울 거라는 결론에 도달했다. 그들은 정부의 이익에 반했다. 대신 또 다른 제안을 내놓았다. 알프레드 노벨은 "저는 이제 유일한 실질적인 해결책은 모든 정부가 공격받는 나라를 집단적으로 방어하기로 약속하는 협약을 맺는 것이라고 생각합니다"라고 라퐁텐에게 썼다.[831]

몇 주 후, 그는 이 생각을 베르타 폰 주트너에게 보낸 편지에서 발전시켰다. 알프레드는 전쟁보다 모든 것이 더 낫다는 가정에서 출발해 자신의 해결책을 제시했다.

기존 국경을 수용하고, 누구든 공격하는 자는 연합된 유럽을 적으로 돌린다고 선언해야 합니다. 이는 군비 축소를 의미하지 않으며, 실제로 그것이 바람직한지도 모르겠습니다. 새로운 폭정이 어둠 속에서 움직이고 있으며, 멀리서 그 우르릉거림을 들을 수 있습니다. 그러나 연합된 군대의 힘이 침략자에게 주는 존경심으로 보장된 평화는 곧 긴장을 완화시킬 것입니다. 해마다 각 군대의 힘이 서서히 줄어들 것입니다. 왜냐하면 그들은 희생자 반, 살인자 반으로 이루어진 나라들에서만 존재의 정당성을 가질 것이기 때문입니다.[832]

하지만 베르타 폰 주트너는 감명을 받지 않았다. 1892년 크리스마스이브에 그녀는 시간을 내어 답변을 작성했다. 그녀는 알프레드의 의견에 코웃음을 치며 군축과 중재에 대한 비판은 평화운동을 하는 "우리 전문가들" 사이에서 이미 잘 알려져 있다고 말했다. 또한 그들은 베른에서 열린 대회에서 그것을 반박했다고

도 했다. 베르타는 알프레드가 직접 읽을 수 있도록 회의 보고서를 보내겠다고 약속했다.

개인적으로 그녀는 평화운동의 지속적인 진전에 기뻐했다. 이는 단지 작은 씨앗에 불과했던 전쟁의 소음이 도처에서 커지는 시대였다. 베르타 폰 주트너는 새로운 독일의 분노, 커지는 반유대주의, 다양한 반동적 음모를 예로 들었다. 싸워야 할 악에 맞서 싸우는 것은 진정한 고난이었다. 그녀는 당시 최고의, 가장 선하고 가장 명석한 인물들이 자신과 함께 있음을 아는 것이 얼마나 환상적인 일인지 말했다. 그들에게 힘이 남아 있는 한, 그들은 용을 죽이기 위해 열심히 일할 것이라고 했다. "어쩌면 우리가 승리의 날을 보게 될지도 모릅니다."[833]

베르타 폰 주트너가 알프레드 노벨에게 보낸 크리스마스 편지는 정말 투지로 빛났다. 사실 그는 변하지 않았다. 그러나 베르타의 열정에 감염되어 그녀에게 어필할 수 있는 새로운 아이디어를 떠올렸다. 그것은 그가 최근에 콜레라 퇴치를 위해 제안한 보상을 연상하게 했다. 그는 1893년 새해에 남작 부인을 위해 이것을 발표했다.

유언장에는 5년마다 수여되는 상을 위해 내 재산의 일부를 적립하고 싶다 (총 여섯 번이라고 할 수 있다. 30년 동안 현 체제를 개혁하지 못하면 필연적으로 다시 야만으로 돌아간다). 유럽에 평화를 가져오기 위해 가장 많은 일을 한 남성 또는 여성에게 상을 주고자 한다.[834]

베르타 폰 주트너는 어떻게 대답했을까? 그녀는 반대했다. 상은 평화 투쟁에서 효과적인 무기가 아니라고 그녀는 알프레드에게 편지를 썼다. "평화를 위해 일하는 사람들에게는 보상이 필요하지 않습니다. 그들은 지원이 필요합니다."[835]

20장
향수병을 앓는 "인류의 은인"

1892년 말, 세계적으로 유명한 과학자 루이 파스퇴르(Louis Pasteur)가 70세 생일을 맞이하자, 여러 국가에서 세균학의 왕관 없는 왕에게 경의를 표했다. 알프레드 노벨은 스웨덴 의사협회(Svenska Läkaresällskapet)의 주목을 받았다. 그는 '인류의 가장 위대한 은인'에 대한 스웨덴의 공식적인 찬사를 위해 기부할 의향이 있었을까?

그 계획은 스웨덴산 금으로 된 파스퇴르 메달을 제작하는 것이었다. 첫 번째 메달은 연구자의 생일에 직접 전달될 예정이었다. 이후 메달은 "세균학 및 위생학 분야에서의 뛰어난 연구와 업적"을 보상하기 위해 수여될 계획이었으나, 노벨의 반응은 의사협회의 예상과 달랐다. 알프레드 노벨은 이렇게 썼다. "저는 파스퇴르 본인이 모든 축하 행사를 원치 않을 거라고 확신합니다. 그런 관심은 프랑스인을 지치게 할 뿐입니다." 그는 파스퇴르가 이미 "전 세계의 상과 훈장을 가슴, 배, 등에 착용할 만큼 많이 가지고 있다"고 덧붙였다. 노벨은 프랑스인을 기리기 위해서는 의사협회의 또 다른 아이디어, 즉 과학을 증진시키기 위한 기금을 만드는 것이 더 나은 방법이라고 생각했다.[836]

프랑스에서 파스퇴르 열풍은 강한 애국심으로 둘러싸여 있었다. 독일이 1870~1871년 전쟁에서 승리했을지 모르지만, 연구 분야에서는 프랑스가 좋은 성과를 거두었다. 나이 든 파스퇴르는 종전 이후 계속되는 국가 간 과학 군비 경쟁에서 불멸의 전쟁 영웅으로 떠올랐다. 그러나 그의 최악의 경쟁자인 독일인 세균학자 로베르트 코흐(Robert Koch)가 그를 바짝 추격했다. 코흐는 세계 최초로 결핵 백신을 발표했으며, 투베르쿨린은 파스퇴르의 광견병 백신보다 더 큰 관심을 받았다. 그러나 투베르쿨린은 효과가 없는 것으로 밝혀져 창시자에게 오히려 수치심을 안겨주었다. 코흐는 나중에 결핵 연구의 공로로 노벨상(1905)을 받게 된다.

곧 스포트라이트는 물리학 연구로 옮겨지며, 인상적인 노벨상 컬렉션도 함께 따라올 것이다. 양국의 물리학 자들은 다가오는 몇 년 동안 획기적인 돌파구를 마련할 것이다. 그러나 이 물리학 혁명의 출발점은 영국인에 의해 시작되었다. 일찍이 1870년대 말 윌리엄 크룩스(William Crookes)가 진공관 개발에 성공하면서 전기와 전자파 연구는 완전히 새로운 국면을 맞이했다. 이러한 진공관에 음극과 양극을 배치하면 전기 흐름이 녹청색 빛으로 나타났다. 이 광선의 입자는 무엇이며, 그것들은 어디로 가는가? 서서히 새로운 세상이 열렸다.

1890년대 초반, 여러 국가의 물리학자들이 진공관을 가지고 연구했다. 그 결과 독일의 빌헬름 뢴트겐(1901년 노벨상 수상)이 세상에 알려지게 되었고 영국인 조지프 존 톰슨(Joseph John Thompson, 1906년 노벨상 수상)은 진공관의 도움으로 원자가 더 이상 쪼갤 수 없는 요소가 아니라는 사실을 세상에 입증했다. 그리고 1892년 말, 25세의 폴란드 학생이 이 흥미로운 소식을 확인하기 위해 소르본(Sorbonne)의 대학 연구실에서 열심히 연구하고 있었다. 마리 스크워도프스카(Marie Sklodowska, 나중에 Curie)는 노벨상을 두 차례 수상하는 데 성공한 몇 안 되는 인물, 그리고 유일한 여성이 될 것이다.

지금까지 젊은 마리 스크워도프스카의 삶은 베르타 폰 주트너 남작 부인과 몇 가지 유사점을 보여주었다. 마리는 물리학과 수학, 문학과 사회학 분야에서 야심 차게 독학했으나, 고향인 폴란드에서는 여성이 대학에 입학할 수 없었다. 대신 그녀는 시골 가정에서 가정교사로 일하며 스스로를 부양했고, 이 과정에서 베르타 폰 주트너가 가족의 아들과 사랑에 빠졌던 것처럼 비슷한 상황을 경험했다. 그러나 마리 스크워도프스카의 사랑 이야기는 불행히도 그녀가 파리로 이사하기로 결심하면서 끝이 나고 말았다.

마리 스크워도프스카는 자신의 가치를 알고 있었으며, 파리에서는 남성과 동일하게 대학에서 공부할 수 있는 권리와 동일한 성공 기회를 누릴 수 있다고 확신했다. 1892년 12월 27일, 루이 파스퇴르의 70번째 생일을 기념하는 날, 당시 25세였던 마리 스크워도프스카는 소르본 대학 졸업을 앞두고 있었다. 이날 프랑스와 국제 과학 엘리트들은 스승을 기리기 위해 소르본의 원형 극장에 모였다. 프랑스 대통령 사디 카르노(Sadi Carnot)의 연설이 끝나기 직전, 병든 파스퇴르가 무대에 올랐다. 프랑스는 주요 금메달을 수여하며 파스퇴르에게 영예를 안겼다. 메달 뒷면에는 "감사하는 과학과 인류"라는 문구가 새겨져 있었다.[837]

*

알프레드 노벨은 언제, 어떻게 상에 대한 아이디어를 떠올렸을까? 그는 이에 대한 구체적인 설명을 남기지 않았다. 우리가 아는 건 1893년 1월, 그가 처음으로 베르타 폰 주트너를 위한 평화상을 생각했다는 것 정도다. 이는 그가 남긴 모든 편지 중 노벨상을 언급한 유일한 경우였다.

노벨이 유언의 증인들을 불러 모을 때, 노벨상의 방향은 점점 더 과학 중심적으로 변화되었다. 알프레드 노벨은 자신의 아이디어를 유언장으로 남겼다.

루이 파스퇴르에 대한 경의가 영향을 미쳤을 가능성을 배제할 수 없다. 그러나 과학적 성과에 대한 보상을 위한 기금을 조성하기로 한 결정은 베르타 폰 주트너에게 편지를 썼을 때나, 그가 콜레라 상을 제안했을 때 시작된 것으로 볼 수 있다. 일부 단서는 알프레드 노벨이 오랜 기간 상에 대한 아이디어를 품고 있었음을 시사한다. 아마도 1888년 상트페테르부르크에서 루드빅 노벨을 기념해 교량 과학상을 제정하기로 결심했던 때부터일 것이다. 그의 초기 제안 중 하나는 루드빅의 의견에 따라 5년마다 평화상을 수여하자는 것이었다.

알프레드 노벨은 프랑스 과학 아카데미가 권위 있는 상을 수여하는 파리에서 수년 동안 살았다. 이러한 상 중 일부는 국제적 성격을 띠었으며, 몇몇은 노벨상이 다루는 것처럼 매우 다양한 분야를 포괄했다. 알프레드 노벨의 프랑스 경쟁자 폴 비에유는 무연화약을 위한 싸움이 가장 치열했던 1889년에 르콩트 상(Prix Leconte)을 수상했다. 이는 노벨의 마음속에서 가시처럼 자리 잡아 그의 사고에 영향을 미쳤을지도 모른다. 또 다른 상인 몬티용 상(Prix Montyon)은 "도덕적 이익을 위해서"라는 동기를 가지고 있었다.

그러나 이는 모두 추측에 불과하다. 한 가지 확실한 점은 알프레드 노벨이 단순히 다른 상을 모방하기를 원하지 않았다는 점이다. 그는 상의 금액뿐만 아니라 상의 성격이 급진적이고 독창적이기를 원했다. 알프레드는 자신의 상이 최고의 업적을 이룬 사람에게만 수여될 것이며, 원칙적으로 남성과 마찬가지로 여성도 수상자가 될 수 있음을 분명히 했다. 이는 매우 혁명적인 발상이었다.

그렇다면 그는 왜 상을 만들고 싶어 했던 걸까? 그 질문에 대한 답은 한 사람을 구성하는 사건, 경험, 상황 속에 숨겨져 있을 것이다. 시간은 아직 몇 년이 남아 있었다. 그 기간 동안 모든 일이 일어날 수 있었다.

*

1893년 3월 14일 화요일, 알프레드 노벨은 말라코프 거리에 네 명의 친구를 초대했다. 그들에게는 중요한 임무가 있었다. 바로 그의 새로운 유언장을 증언하는 일이었다. 이 첫 번째 유언장은 이것을 작성했던 해에 그가 직접 찢어버렸다.

초대된 사람 중 한 명은 발명가 토르스텐 노르덴펠트(Thorsten Nordenfelt)였다. 그는 자신의 형제를 데려왔다. 잠수함과 어뢰를 연구하던 노르덴펠트는 런던과 파리를 오가며 알프레드와 협력해 왔으며, 최근에는 런던에서 파리로 이주했다. 또한 시구르드 에렌보리(Sigurd Ehrenborg)도 초대되었다. 그는 파리에서 새로 설립된 스웨덴-노르웨이 협회의 창립자이자 물리치료사였다. 에렌보리는 바다코끼리 같은 콧수염과 뛰어난 미각을 가진 사람이었다. 그에게는 몇 달 전에 협회 회원이 된 알프레드를 옹호할 이유가 있었다. 그들이 서명하기로 한 유언장에는 매우 가난한 클럽을 위한 상당한 금액이 할당되어 있었기 때문이다.[838]

에렌보리는 네 번째 유언 증인으로 노르웨이인을 데려왔다. 당시 연합국가들 사이의 분위기는 본국보다 파리에서 훨씬 더 좋았다. 알프레드 노벨은 당시 노르웨이에 대해 호의적이었다. 노르웨이 방위군은 스웨덴군조차 채택하지 않았던 노벨의 무연화약을 사용하고 있었기 때문이다. 그러나 1893년 3월, 노르웨이 의회는 그의 유언장에서 어떠한 역할도 부여받지 못했다.

알프레드 노벨은 그날 말라코프 거리에서 발표한 문서에서 금액에 대한 구체적인 언급을 자제했다. 대신 그는 자신의 재산을 백분율로 나누었다. 5분의 1은 스물두 명의 지명된 친척과 친구에게 배분될 것이었지만, 구체적이지는 않았다. 그 외에도 파리의 스웨덴-노르웨이 협회와 오스트리아의 베르타 폰 주트너의 평화 단체가 소액을 받을 예정이었다. 스톡홀름 고등학교와 스톡홀름 병원도 포함되었고, 카롤린스카 연구소(KI)도 명시되어 있었다. 노벨은 그것의 사용 방법을 자세히 제시했다. KI는 기금을 조성하고, 3년마다 "생리학 및 의학 분야에서 가장 중요한 혁신적인 발견이나 발명"에 대한 상금으로 사용할 때 수익을 배분하라고 지시했다.

이렇게 하면 그의 재산의 거의 3분의 2가 남게 되었다. 이 금액은 스톡홀름의 과학 아카데미에 주어질 예정이었다. 그는 그 돈을 기금에 넣고, 매년 "광범위한 지식과 진보 분야에서 가장 중요하고 가장 선구적인 발견이나 사고 과정을 이룬 공로"에 대한 상으로 수여하라고 지시했다. 생리학과 의학은 자체 상이 있고 문학은 여기에 포함되지 않았다. 알프레드는 베르타 폰 주트너를 암시하며, "유럽 평화 법정을 옹호하는" 사람들을 특히 고려해야 한다고 지시했다.[839]

돈이 얼마나 많았을까? 여러 번의 경제적 위기 동안 알프레드 노벨이 보인 반응은 지나치게 과장된 것이었으며, 문제들은 주로 일시적인 유동성 부족에 의해 촉발된 것에 불과했다. 그는 여전히 석유 회사인 노벨 형제 회사(Bröderna Nobel)와 두 개의 다이너마이트 신탁의 최대 주주 중 한 명이었다. 여러 지역에서 부동산을 소유하고 있었고, 특허로 인한 많은 로열티가 계속해서 쌓여갔다. 알프레드 노벨이 세상을 떠난 후 모든 자원이 수집되었을 때 총액은 3,300만 크로나(오늘날의 약 22억 크로나)에 달했다.

그러나 알프레드 노벨은 자신의 유언장을 한 번 더 수정했고, 그 과정에서 에렌보리의 가난한 파리 클럽을 위한 언급은 사라졌다.

*

부는 자유를 의미했다. 알프레드 노벨은 복잡한 다이너마이트 회사에 얽매이지 않고, "진보의 영역"에서 두 발로 서 자유롭게 자신의 날개를 시험하는 것을 즐겼다. 그는 가능한 한 많은 공식적인 의무를 피하려 했다. 이렇게 산레모에 새로운 연구실이 완성되었다.

알프레드 노벨은 천 가지 아이디어 중 하나만 유용해도 행복하다고 말했다. 천 가지는 아마도 과장이 아니었을 것이다. 그는 로베르트에게 "노벨의 두뇌에는 우리가 아이디어라고 부르는 비정상적인 수의 이미지가 떠돌고 있다"고 쓴 적이 있다. 알프레드는 프로젝트 목록을 작성하는 습관이 있었고, 나중에 그 목록 중 하나인 "시험 및 개발"이라는 제목의 프로젝트가 발견되었는데, 거기에는 96개의 화학 및 기술 프로젝트가 포함되어 있었다. 대부분은 순수한 실험실 실험이었지만 "보이지 않는 문자의 전신", "약으로서의 국지적 열복사", "남쪽의 얼음 저장고 도입"과 같은 것도 포함되어 있었다. 또 다른 하나는 인공 다이아몬드에 관한 것이었고, 다른 하나는 "홍역과 티푸스에서 회복된 사람의 혈액을 이용한 접종이 같은 질병에 대한 백신을 제공하는지 여부"를 시험하는 것이었다.[840]

대포, 로켓, 탄약에 관한 프로젝트도 많이 있었다. 1893년 봄, 알프레드 노벨의 생각은 주로 "비행 어뢰"에 집중되어 있었다. 그는 중년의 스웨덴 발명가이자 전직 포병이었던 빌헬름 웅게(Wihelm Unge)와 협력해 로켓과 탄약을 결합하려 했다. 이러한 종류의 전투 로켓은 이전에도 시도되었으므로 좀 더 정확하게 만드는 것이 과제였다. 알프레드 노벨의 꿈은 로켓만큼 높이 날았다. 그는 "군사적 목적을 위한 연구"를 위해 스웨덴에서 사격장을 구입할 수 있는지에 대해 문의했다.

또 다른 구체적인 연구로는 인공 고무와 가죽을 만드는 것이 있었다. 또한 인조 실크(Konstsilke)을 믿었으며 동시에 전기의 비밀에 관한 여러 책을 읽으며 새로운 램프 설계에 대해 고민했다. 그는 이 모든 혼란 속에서도 완전히 새로운 기쁨을 식별할 수 있었다. 알프레드의 편지는 기쁨과 에너지로 가득 차기 시작했다. 때로는 거듭난 임마누엘 노벨처럼 쾌활하게 나타났다. 그는 심장 문제가 발생했을 때 이렇게 말했다. "지금 죽기에는 너무 아쉽다. 할 일이 너무 많아서 지금 불타오르면 안타까울 텐데."[841]

1893년 4월 1일, 카롤린스카 연구소의 악셀 케이(Axel Key) 교수는 산레모를 방문했다. 케이 교수는 무더운 날씨에 알프레드 노벨이 가을 휴가를 보내고 있을 거라고 생각했지만, 실험실을 보고 정반대임을 깨달았다. 이전에 노벨을 만난 적이 없었던 케이 교수는 발명가의 화려한 "요정의 성"과 로즈메리, 레몬, 오렌지로 가득한 정원의 풍요로움에 감탄했다. 화려함은 노벨의 소박한 성격과 대조적이었다. 케이 교수는 아내에게 보낸 편지에서 노벨이 "소박하지만 친절하게 나를 맞이했다"라고 말하며, 저녁에 어두운 빌라 노벨을 방문한 후 "웅장한 홀과 방으로 들어갈 때 전기 조명이 어떻게 타올랐는지"에 대해 매혹적으로 설명했다. 교수는 제공된 요리가 몇 가지인지, 심지어 최고급 와인도 몇 가지인지 셀 수 없었다고 언급했다. 저녁 식사 후에는 최고의 모카커피와 함께 시가가 나왔다. 그 시가들은 정말 대단했다! 케이 교수는 시가를 한 움큼 호텔로 가지고 왔다고 전했다.

알프레드 노벨은 몇 가지 새로운 의학적 아이디어를 교수에게 문의했고, 교수는 안드리에타가 사망한 후 진행한 그의 기부를 칭찬했다. 악셀 케이는 "그는 기금이 얼마나 유용하고 놀라운 혜택을 주었는지 알게 되자 정말 감동했고 아이처럼 기뻐했다"고 말했다. 마지막으로 교수는 알프레드의 검은 러시아 종마와 함께 야간 라이딩을 했다. 케이 교수는 말이 시속 30마일을 완주할 수 있다고 들었다. 그곳은 칠흑같이 어두웠지만, 한 쌍의 장엄한 등불이 숲과 빌라가 있는 바로 주변에 환상적인 빛을 흩뿌렸다. 모든 것이 이상하고 신비로운 빛으로 스쳐 지나갔고, 우리는 어둠 속을 날아가는 듯했다. 곧 한쪽 길가에서 바다의 파도 소리가 들렸고, 다른 쪽에서는 종종 우리 머리 위로 거의 걸쳐 있는 것처럼 보이는 놀라운 절벽들이 비추어졌다.

호텔에서 헤어지면서 알프레드 노벨은 케이에게 카롤린스카 연구소를 유언장에 포함시켰다고 말했다. 그러나 액수는 언급하지 않았다.[842]

얼마 후, 알프레드 노벨은 그의 활동에 더 많은 열정을 불어넣는 소식을 접했다. 올해로 300년이 된 웁살라 대학교 철학부는 가을 기념일 파티에서 그를 명예박사로 추대하기로 했다. 평소에 메달과 상에 별로 관심을 주지 않고 대부분의 장식물을 신발상자에 보관하던 알프레드는 눈에 띄게 의기양양했다. 그는 "영예로운" 그러나 "부당한" 칭호에 깊은 감사를 표하며, 계속 노력하겠다는 의지를 보였다. "현대의 진정한 승리, 즉 무지와 무례에 대한 승리는 대학에서 나왔으므로 모든 생각하는 사람은 그들의 노력을 기뻐해야 한다. 나는 웁살라에서 그럴 수 있기를 원한다"고 답했다.[843]

그해 여름 엠마누엘 노벨이 파리를 방문했을 때, 삼촌 알프레드의 많은 고유한 아이디어에 압도되었다. 이후 그는 공허함을 느꼈다. 알프레드와 비교하면 다른 사람들은 너무 지루하고 편협해 보였다. 어쩌면 그 자신도 마찬가지 아닐까? 알프레드가 실현하려는 새로운 아이디어 중 일부가 그의 몫으로 떨어졌다. 그중에는 알프레드가 상트페테르부르크에 있는 올덴부르크 왕자(Prince Oldenburg)의 연구소에 1만 루블을 기부하는 것도 포함되었다. 기부금은 몇 가지 의학 실험을 위한 것이었다. 그는 정맥을 절단하고 서로 직접 연결해 동물 간에 혈액을 전달할 수 있는지를 조사하고 싶었다. 또한 소변의 독소 수치와 특정 질병 사이의 연관성을 측정할 수 있는지와 비장의 기능에 대한 일반적인 연구를 시작하기를 원했다. 알프레드는 "스웨덴에서 생리학 분야의 가장 큰 권위"를 가진 카롤린스카 연구소의 악셀 케이 교수로부터 받은 긍정적인 반응을 자랑스럽게 언급했다.

그는 두 연구소가 협력하기를 희망했다.[844]

엠마누엘에게 그 임무는 반가운 휴식이 되었다. 그는 적대적인 가격 인하와 악의적인 카르텔 협상 사이를 오가는 아메리칸 스텐더드 오일(American Standard Oil)과 프렌치 코트쉴드(French Kotschilds)와 장기간의 석유 전쟁 한가운데에 있었다. 그해 여름 알프레드가 보낸 행복한 편지는 한 줄기 빛이었다. 여기에는 알프레드가 탐험가 스벤 헤딘(Sven Hedin)과 주고받은 재미있는 서신도 포함되어 있었고, 친절하게도 그 사본을 받았다. 헤딘은 젊은 시절 바쿠에서 가정교사로 일하며 루드빅 노벨을 알게 되었다. 그는 이 인연으로 엠마누엘과 알프레드에게 아시아에서의 모험을 위한 후원을 요청했다. 알프레드는 장난기 가득한 분위기로 이렇게 썼다. "박사님 존경합니다! 전기와 그에 연결된 탱크가 4분의 1초 만에 지구를 한 바퀴 도는 이후로, 나는 지구의 울퉁불퉁한 크기에 대해 극도의 경멸감을 느낍니다. 따라서 이렇게 작은 공에서 무엇을 발견할 수 있을지 의구심이 들어 이전보다 탐험 여행에 관심이 적어졌습니다. 그러나 극도의 모순성을 증명하는 예로, 나는 훨씬 더 작은 세상의 물체, 즉 원자, 그 형태, 움직임, 운명에 대한 발견에 가장 활발한 관심이 있음을 고백해야 합니다."

알프레드는 헤딘의 원정대를 위한 봉투에 2,000프랑을 추가했다. 알프레드는 엠마누엘과 그의 형제, 동료들에게 보낸 커버 레터에서 "나는 우리 왕에게 진지한 존경심을 갖기 시작했습니다. 왜냐하면 그가 내가 아는 스톡홀름 사람들 중 유일하게 나를 뜯어내거나 뜯으려 하지 않은 사람이기 때문입니다"라고 하며 모금 편지에서 왕의 축복을 강조한 헤딘을 조롱했다. "불행히도 왕은 헤딘에게 미안해합니다. 그렇지 않았다면 아마도 나로부터 더 많은 것을 얻었을지도 모릅니다."[845]

*

알프레드 노벨은 탐험에 별로 관심이 없었지만, 그의 친구 노르덴스키월드의 북극 탐험만큼은 예외였다. 그는 아프리카에 대한 유럽 열강의 식민지 약탈에 대해서도 언급한 적이 없었다. 그러나 그는 스케치하기 시작한 소설에 '가장 밝은 아프리카에서(I ljusaste Afrika)'라는 제목을 붙였다. 이는 영국의 식민지 개척자인 헨리 스탠리(Henry Stanley)의 과장된 작품 『가장 어두운 아프리카에서(I mörkaste Afrika, 1890)』에 대한 비판적인 반응이 분명했다. 보존된 단편으로 볼 때, 알프레드는 좀 더 일반적인 정치적 선언을 구상한 것으로 보인다. 이 소설의 주인공은 아프리카 내륙까지 간신히 도착하는데, 가는 도중에 여러 현대적인 문제에 대해 급진적인 의견을 제시한다.

『가장 밝은 아프리카에서』에 대한 스케치는 읽기 어렵지만, 알프레드 노벨을 알고 싶어 하는 사람들에게는 흥미로울 것이다. 여기에서 그는 자신의 분신인 자유주의자 아베니르를 통해 이야기 속의 보수적인 화자와 긴 대화를 나누게 했다. 아베니르는 "사회의 개인과 집단 사이에는 끊임없는 상호작용이 있으며, 국가가 개인의 권리를 잘못 인식하면 국가는 개인의 권리를 남용하고 약화시킨다"고 하며 독재에 반대하고 왕자와 재산을 세습하는 것에 대해 혐오감을 표했다. 이어 "충동이 부족하면 사람은 식물인간이 되기 시작한다. 재산이 얼마나 많은지는 쉽게 계산할 수 있지만 대화에서의 즐거움은 계산하기 까다롭다. 분명한 사실은 큰 유산이 많은 이들에게 불행이 되며, 막대한 금전적 자원을 가진 젊은 이들이 종종 세상에서 가장 불우한 사람들 중 하나로 여겨진다"고 덧붙였다.

그는 여성에게도 남성과 같은 투표권이 주어져야 한다고 주장했다. 사회에서 남성이 종종 부당하게 우월한 위치를 차지하고 있다고 생각했다. 조카딸 중 한 명에게는 자신이 과거에 "영혼의 여정"에서 여성이었을 거라고 농담하기도 했다. 또한 과학적 야망을 지닌 여성들에게 추천서를 써주곤 했다. 그러나 그는 "교육받은"이라는 기준을 중요시했다. 그는 "사회는 여전히 교육받은 여성에게 너무 많은 어려움을 주고 있으므로 그들에게 봉사하는 것을 영광으로 여겨야 한다"고 했다. 그래서 간호사를 위한 연금 재단이 재정 지원을 요청했을 때, 알프레드는 "보수 없이 환자를 돌보는 여성이 고용된 직원보다 비교할 수 없을 정도로 잘

한다"고 했다.[846]

　알프레드 노벨의 민주주의에 대한 야망에는 한계가 있었다. 그는 보통 사람들에게 투표권을 주는 것에 반대했다. 그의 이상은 뛰어난 능력을 갖춘 선출된 대통령이었다. 그는 언론의 중요성을 강조하며, 자유 언론이 이상 사회에서 중요한 역할을 한다고 믿었다. 이러한 사상은 유럽에서 노동운동의 발전으로 이어졌다. 사회민주주의 정당은 여러 나라에서 결성되었다. 예를 들어 스웨덴에서는 의회의 자리가 아직 몇 년 남아 있는데도 당 대표인 얄마르 브란팅(Hjalmar Branting, 1921년 노벨상 수상)이 논쟁에서 점점 더 지배적으로 되었다. 결국 알프레드 노벨은 비록 절제하기는 했지만, 자신을 사회민주주의자라고 부르게 되었다. 1893년 여름, 사회 정책의 선구자 노벨은 "세계가 진정으로 문명화되는 날, 일할 수 없는 사람들(어린이들)과 더 이상 일할 수 없는 사람들(노인들)은 사회 연금을 받을 자격이 있어야 한다"고 제안했다. 이는 전적으로 공정할 것이며, 게다가 생각보다 더 간단할 것이라고 말했다.[847]

　베르타 폰 주트너가 알프레드에게 보낸 편지에 따르면, 그녀는 사회민주주의적 견해가 증가하는 것을 기뻐한 사람 중 하나였을 것이다. 그녀는 유럽의 사회민주당, 특히 북유럽 국가의 사회민주당이 평화 투쟁에서 자신의 배후에 있다고 느꼈다. 동시에 결과 지향적인 베르타는 테러 공격과 폭격으로 현대 유럽을 괴롭힌 무정부주의자에게도 완전히 부정적인 것은 아니었다. 그들의 발전은 그녀의 대의에도 유익했다. 폭탄이 많을수록 피해를 입은 사람들 사이에서 평화에 대한 꿈은 더욱 강렬해지기 때문이었다.[848]

　오랫동안 베르타 폰 주트너는 알프레드 노벨에게 평화를 위한 자신의 노력을 더 널리 알리라고 잔소리를 해왔다. 또한 일부 신문이 전쟁 무기 발명가가 평화 운동에 가담해 스스로 나서는 색다른 면모에 주의를 기울였다고 생각했다. 이를 위해 그녀는 알프레드를 프랑스 평화 단체의 재무이사, 저널리스트, 철학자이자 발명가인 아리스티드 리펠(Aristide Rieffel)과 연결했다. 리펠은 처음에는 알프레드로 하여금 『르 피가로(Le Figaro)』지에 글을 쓰도록 한 다음, 승인을 받아 광고 기사를 게시하는 것에 대해 여러 번 고민했다. 알프레드는 리펠을 좋아했지만, 어떤 홍보도 원하지 않았고 만났을 때 주로 발명품에 대해 이야기했다. 리펠은 미래의 기구에 대해 생각했다. 알프레드는 새가 하는 것처럼 윙윙거리는 또 다른 항공기를 더 믿었고, 빠르게 날갯짓을 한 다음 날개를 고정한 채로 앞으로 항해했다. 이후에 "새가 할 수 있는 것과 인간이 할 수 있는 것"에 대해 리펠에게 썼다.[849]

무정부주의자들의 암살 시도는 점점 더 많아졌다. 1892년 여름과 1894년 여름 사이에 파리에서만 열한 개의 폭탄이 폭발했다. 다이너마이트에 대한 법을 더 엄격하게 해야 한다는 요구가 제기되었고, 마침내 리펠은 자신의 기사를 출판해야 했다. 1893년 11월 16일, 『르 피가로』지 첫 페이지 왼쪽 상단에 있는 명예의 장소에 거의 칼럼 두 개 분량이 들어갈 자리를 차지했다. "다이너마이트 공격이 발생할 때마다 세상에는 깊은 짜증과 슬픔을 느끼는 남자가 있다. 그 자신이 모든 폭력의 적이기 때문이다. 다이너마이트의 발명가인 스웨덴 엔지니어 알프레드 노벨이다"라고 리펠이 말했다.

그 기사는 부끄러울 정도로 독실한 접근 방식을 취했다. 리펠은 노벨이 인류에게 힘을 주어 터널과 암석을 폭파할 수 있게 했지만, 이제는 범죄자들이 살상을 위해 사용하는 모습으로 변하게 되었다고 설명했다. 그는 노벨을 사랑스럽고 겸손한 사람, 산레모의 꽃과 함께한 삶을 사는 사람, 평화에 대한 뜨거운 관심을 가진 사람으로 묘사했다. "국제적 갈등을 객관적으로 평가"할 수 있을 정도로 많은 국가에 살았던 국제주의자인 알프레드는 "모든 군대를 폐지"하고 싶다고 말했다.

다이너마이트가 불러온 사고들에 대해 비난한다면, 증기와 불도 마찬가지로 비난받아야 한다고 리펠은 지적했다. 대신 이러한 발명품들은 긍정적인 면이 부정적인 면보다 훨씬 더 많다는 점을 기억해야 한다고 하며 이렇게 결론지었다.

"따라서 여러분은 다이너마이트의 발명가뿐만 아니라 모든 발명가에게 당신은 인류의 은인이라고 말해야 합니다."[850]

*

  1893년 가을, 요한 빌헬름 스미트(Johan Wilhelm Smitt)는 알프레드 노벨을 만났다. 스미트 씨는 1864년 스톡홀름에서 최초의 폭발물 회사에 자본을 기부한 부유한 "쿵스홀름의 왕"으로 알려져 있다. 이제 그는 조카인 23세의 라그나르 솔만(Ragnar Sohlman)의 일자리에 대해 듣고 싶었다. 알프레드는 오랫동안 언어에 능통한 비서를 구하고 싶어 했는데, 때마침 그 편지에 젊은 솔만이 미국에서 3년 동안 살았다는 내용이 있었다. 그의 이력서에는 화학 학위, 여름 동안 빈터비켄(Vinterviken)의 다이너마이트 공장에서의 임시직 근무 경력, 미국의 폭발물 공장에서 장기 근무한 이력이 있었다. 당시 그는 시카고에서 열린 세계 박람회 스웨덴관에서 일하고 있었지만, 집으로 돌아가고 싶어 했다.

  라그나르 솔만은 『아프톤블라뎃』의 편집장 하랄드 솔만(Harald Sohlman)의 동생이었다. 형제의 아버지인 아우구스트 솔만(August Sohlman)은 라그나르가 고작 한 살이었던 1874년, 익사 사고로 비극적인 죽음을 맞이했다. 라그나르는 특히 코카서스(Caucasus)에서 신문에 대한 보고서를 작성했으며, 물론 바쿠에 대해서도 썼다. 그는 우연히 로베르트 노벨의 아들 루드빅과 같은 학생이자 친구였다. "나는 당신이 그 청년에게 도움이 될 것이라고 상상했다"라고 스미트가 썼다.

  알프레드는 오래 생각할 필요가 없었다. 당시 그는 과중한 업무량에 시달리고 있었다. 솔만은 집에 돌아가서 일자리를 얻을 수 있고 연간 5,000크로나를 받을 수 있게 되었다고 이야기했다.

  10월 말, 라그나르 솔만은 파리에 도착했다. 그는 자신이 무엇을 할 것인지, 심지어 파리, 산레모 또는 유럽의 다른 어느 곳에서 일하게 될지 전혀 알지 못했다. 알프레드 노벨과 말라코프 거리에서 만났다. 라그나르는 "물건을 있는 그대로가 아니라 있어야 하는 대로" 여기는 매우 독창적인 사고를 지닌 인물이었다. 그는 민첩하고 현기증 날 정도로 잘 교육받은 것처럼 보였다. 알프레드 노벨은 순백의 머리와 부러울 정도로 아름다운 이목구비를 가진 내성적이고 지나치게 올바른 청년을 보았을 것이다. 라그나르는 때때로 나이 든 권위자들을 과도하게 존경했다. 알프레드와의 업무 시간이 끝났을 때, 라그나르는 자신의 상사와 좀 더 편안하게 지내지 못했던 것을 후회했지만, 이러한 영적인 거인 앞에서 자신이 초라하게 느껴졌다.[851]

두 사람은 종교에 대해서도 이야기했다. 여느 때와 같이 알프레드는 교회와 기독교를 모두 비난했다. 연약해 보였던 라그나르는 자신의 기독교 신앙을 솔직하게 밝히며 화답했다. 알프레드 노벨은 그가 옳다고 생각하는 것을 옹호하는 사람이라는 것을 알았을 때 그를 고용하기로 결정했다고 나중에 말했다.[852]

라그나르 솔만은 파리에서 알프레드의 책 컬렉션을 정리하는 일부터 시작했다. 그런 다음 산레모로 가서 영국에서의 재판 준비를 시작했다.

법정에서 공식적으로 만날 사람은 알프레드 노벨과 영국 교수 프레드릭 아벨과 제임스 듀어가 아니었다. 알프레드는 자신의 탄도 특허를 노벨 익스플로시브(Nobel Explosives)사로 이전했다. 그 회사는 국영 코르다이트(Cordite) 공장의 이사를 특허 침해로 고소했다. 그러나 알프레드는 실제로 개인적으로 많은 영향을 받았다. 그것은 그의 명예와 돈에 관한 일이었다.

이미 1894년 새해 첫날부터 불안이 고조되기 시작했다. 알프레드는 "이 류머티즘 악마가 심장 근육을 방문했다"라고 통지받았다. 상트페테르부르크에서 온 슬픈 소식으로 기분이 가라앉았다. 그의 조카 칼 노벨(Carl Nobel)이 당뇨병으로 갑자기 세상을 떠났다. 라그나르 솔만은 역경에 대한 상사의 반응을 읽는 법을 곧 배우게 되었다. 알프레드는 일이 잘되면 활기차고 진취적이었다. 진전이 없으면 병에 걸리고 늙고 무력해지며 "죽은 후에 자신을 화장할 수 있는 좋은 친구"가 있다는 사실에 기뻐했다.[853]

라그나르는 초반에 슬럼프를 겪으며 힘든 시간을 보냈다. 그는 산레모에서 혼자 살고 있었지만, 빌라 노벨에 자주 초대되어 함께 식사를 했다. 알프레드가 다정하게 대했지만, 솔직히 라그나르는 그 밤을 별로 좋아하지는 않았다. 라그나르는 집에 편지를 썼다. "그는 극도로 급진적이며 종교, 국적, 상속, 결혼을 폐지하기를 원합니다. 아마도 그의 가장 큰 모순은 전쟁을 저주와 엄청난 어리석음으로 여기면서도 끊임없이 파괴할 준비를 하고 있다는 것입니다."[854]

그렇지 않으면 라그나르는 즐겼을 것이다. 알프레드가 제자리를 지키고 있으면 근무일은 길고 강렬했지만, 그가 떠나면 평온이 찾아왔다. 그의 동료인 영국 화학자 휴 베킷은 매우 호감이 가는 사람이었고, 주변 분위기를 변화시키는 매력이 있었다. 라그나르는 빌라 노벨의 격자 울타리에서 장미를 따서 어머니에게 보냈다. 새해 전날 라그나르가 노르웨이 여자 친구 랑느힐드 스트룀(Ragnhild Ström)과 약혼했다는 사실이 전해지자, 알프레드는 상트페테르부르크에서 온 시베리아 해파리 요리를 저녁 식사로 제안했다. 라그나르의 약혼식 때에는 다이너마이트 신탁 주식 25주를 주었다. 알프레드 노벨은 독특하지만 매우 배려심이 깊은 사람이었다.[855]

알프레드는 런던으로 떠나기 직전에 라그나르에게 스웨덴의 사격장을 확보했다고 말했다. 이는 거의 우스꽝스러울 정도로 축소된 표현이었다. 알프레드는 6개월 동안 탐사와 협상 끝에 베름란드(Värmland)에 위치한 보포스(Bofors) 공장을 인수하고 대포 작업장, 용광로, 철강 주조 공장, 압연 공장, 대장간 등을 샀다. 보포스는 대규모 투자를 위한 장소였다. 라그나르 솔만에게는 실험실 설계를 의뢰했다.[856]

알프레드 노벨은 런던의 특허 소송에서 증인으로 소환되었다. 그는 기대치가 낮았다. 그는 자신이 강력한 세력에 도전하고 있으며 많은 사람이 그의 특허 침해 소송을 영국의 권리에 대한 위협으로 간주한다는 것을 알고 있었다. 그러나 가을 협상이 진행되는 동안에 많은 영국인이 그와 함께했다. 한 하원의원은 감히 이 사건을 코르다이트 스캔들이라고 부르고 아벨과 듀어가 노벨의 발명품을 훔쳤다고 노골적으로 비난했다. 그는 교수들이 국방부 폭발물 위원회에서 정부 임무를 사적으로 이용했다고 주장했다.[857]

언론에 따르면 복잡한 재판은 이해할 수 없는 어려운 기술적 문제들 사이에서 느린 보아뱀처럼 구불구불하게 몇 주 동안 진행되었다. 알프레드가 두려워했던 것처럼 대부분이 그의 특허에 있는 세부 사항을 중심으로 이루어졌다. 그는 자신의 발명품인 발리스타이트의 주성분인 니트로셀룰로오스가 "잘 알려진 가용성 물질"이라고 명시했다. 반면에 아벨과 듀어의 코르다이트 특허에는 "불용성" 니트로셀룰로오스 성분이 명시되어 있었다.

증인석에서 알프레드는 녹는 면가루와 불용성 면가루 사이에는 차이가 별로 없다고 주장했다. 다른 사람들도 같은 주장을 했지만, 아무도 귀 기울이지 않았다. 알프레드는 그곳으로 가져갔던 모든 문서에 대해 아무도 신경 쓰지 않았다고 지적했다. 모든 일이 어떻게 잘못되었는지를 보여주는 편지조차도 아무런 효과가 없었다. 이 사건은 특허 침해에 관한 것이었고, 판사는 분명히 제품 간에 결정적인 차이가 있음을 발견했다. 그럼에도 결국 아벨과 듀어가 승소했다.

"정말 사기꾼이고 기생충이군요." 알프레드는 나중에 한숨을 쉬며 말했다. 그는 정의를 위해 쉽게 이길 수 있다고 생각했다. 시간과 비용 면에서도 적은 비용으로 기회를 거의 손상시키지 않을 거라고 생각했다.[858]

어쨌든 그래도 런던 신문인『폴 몰 가제트(Pall Mall Gazette)』는 그의 편이었다. "미스터 노벨은 폭발물 위원회(Kommittén för explosiva)와의 소통에서 자신이 잠재적인 특허 경쟁자와 이야기하고 있을 가능성에 대해 전혀 생각하지 않았다. 그들이 보낸 편지는 매우 친절하고 신뢰가 담겨 있었으며 탄도적 특성을 칭찬하며 개선을 격려하고 제안했다. 따라서 아벨 경과 듀어 교수가 직접 특허를 출원하려 한다고 생각할 수 없었다."[859] 그들은 최고 법원인 상원에서 결정을 내리기까지 1년을 더 기다려야 한다.

*

보포스를 구매한 일은 알프레드 노벨에게 새로운 감정을 불러일으켰다. 향수병이라고 했다. 옛 조국 스웨덴은 생각보다 그를 매료시켰다. 1860년대에 그가 스톡홀름에서 잠시 살았던 이후로 많은 것이 변해 있었다. 스웨덴은 이제 2차 산업혁명으로 빠르게 진입하는 활기찬 기업 국가가 되었다. 제지 산업과 제재소가 번성했고 제철소는 좀 더 현대적인 생산 방식으로 새롭게 전환되었다. 그러나 새로운 길이라는 건 무엇보다 최초의 "좋은 산업"에 의해 만들어질 것이다. 그 예로는 라스 마그누스 에릭슨(Lars Magnus Ericsson)의 전화기와 구스타프 드 라발(Gustaf de Laval)의 혁신적인 우유 분리기가 있었다. 베스테로스(Västerås)에서 엔지니어 요나스 웬스트룀(Jonas Wenström)은 최근에 노르란드(Norrland)의 강에서 남쪽의 공장까지 전력을 멀리 전송하는 방법을 발명했다. 스웨덴 국민 전기 주식회사(ASEA)는 위대한 시기에 직면했다.[860]

이것은 알프레드 노벨이 편안함을 느낄 환경이었다.

정치적으로는 자유 무역주의자와 보호 무역주의자 사이에 격렬한 관세 논쟁이 벌어졌다. 스웨덴 성인 남성의 4분의 1만이 의회 선거에서 투표권을 갖고 있었다. 여성은 투표할 수 없었고 사실상 가난한 사람, 많은 산업 노동자와 농촌 노동자들은 누구도 투표할 수 없었다. 20년 동안 왕위에 올랐던 보수적인 왕 오스카 2세는 왕좌에 앉아 강한 역풍을 견디기 위해 최선을 다했다.

알프레드 노벨은 자신의 공장을 원했고, 보포스에서 큰 계획을 세우고 있었다. 그는 주로 무기 부문에 투자하고 대포 공장을 확장하고자 했다. 그러나 전환은 천천히 진행하고자 했다. 철강 공장의 500명 직원들은 자신들의 직업에 대해 걱정할 필요가 없었다. 새 주인은 큰 실험실을 건설할 계획이었고, 이를 위해 개인적으로 자금을 지원할 예정이었다. 그는 몇 킬로미터 떨어진 비요르크보른(Björkborn)에 있는 저택에 있을 생각이었다. 알프레드는 첫 방문 때까지 저택이 정돈될 필요는 없다고 생각했다. 그에게 필요한 것은 좋은 침대, 책장, 좋은 주방뿐이었다.[861] 그는 지중해보다 스웨덴 호수에서 더 잘 어울리는 알루미늄 보트 미그논(Mignon)을 스웨덴의 호수로 옮기기로 결정했다.[862]

6월에 조카 얄마르와 엠마누엘이 산레모에 왔다. 사촌 간의 분위기는 여전히 좋지 않았다. 엠마누엘은 얄마르에게 자신의 석유 회사로 되돌아왔으면 좋겠다고 했지만, 얄마르는 여전히 자신의 사촌이 이 문제를 회피하려고만 하며 진행 중인 카르텔 협상에서 자신을 멀리한다고 인식했다. 얄마르는 삶의 기반이 부족했다. 현재 그가 바라는 것은 기껏해야 앤트워프(Antwerpen)의 사무실 공간이나 아르카숑(Arcachon)의 굴 양식장에서 일하는 것뿐이었다. 그는 가족의 검은 양처럼 느껴졌다.

알프레드는 얄마르에게 보포스에서의 일자리를 제공했다. 알프레드는 새로운 대포 투자와 비요르크보른에 집을 마련하는 데 도움이 필요했다. 알프레드는 얄마르가 "정경 지식"을 공부하면 이사회에 앉을 수 있는 가능성도 배제하지 않았다.[863]

알프레드는 곧 스웨덴으로 떠날 예정이었다. 그는 먼저 자신의 사생활을 정리해야 했다. 소피 헤스와의 상황은 악화되었기에 알프레드는 마침내 강경한 태도를 보이기로 마음먹었다. 그 결과는 1894년 7월 10일 『암츠블랏 비엔너 자이퉁(Amtzblatt Wiener Zeitung)』지에 발표되었다. 비엔나의 법 집행 당국은 카트너링(Kärtnerring)이 주소인 소피 헤스 양이 "과실 때문에" 후견인이 필요하다고 발표했다. 비엔나에 있는 다이너마이트 회사의 이사인 율리우스 헤이드너(Julius Heydner)가 후견인으로 임명되었다. 알프레드는 에이전트 헤이드너를 통해 이제 연간 6,000플로린(현재 약 50만 크로나)을 관리할 수 있다고 발표했다. 그러나 이미 소피는 그 열 배에 익숙해져 있었다.

헤이드너는 극단적인 해결책이었지만 알프레드는 선택의 여지가 없었다. 처음 고용한 변호사는 소피 헤스와 관계를 맺었다. 그녀의 낭비는 멈추지 않았다. 여름 초에 소피의 여동생과 아버지로부터 경고가 왔다. 소피는 아무 일도 없었던 것처럼 여전히 비싼 드레스를 챙기고 있었다. 이는 결국 재앙으로 끝날 수밖에 없었다.

절망에 빠진 소피 헤스는 알프레드에게 편지를 보냈다. 그는 그녀에게서 벗어나려면 20만 플로린(오늘날 거의 2,000만 크로나)을 지불해야 한다고 분명히 했다. 그건 그렇고, 그녀는 결혼을 생각하고 있다고 했다. "이 얼마나 무례한 일인가!" 알프레드는 편지 맨 위에 독일어로 썼다.[864] 그런 다음 그는 젊은 솔만과 함께 스웨덴으로 떠났다.

라그나르 솔만은 점점 더 자신의 일을 즐겼다. 알프레드가 지적했듯이 그는 정말로 생각하는 법을 배워야 했다. 생각해야 하는 주제는 항상 현기증이 날 정도로 거대했다. 그는 처음부터 작업이 다양하고 화학, 물리학, 전기, 의학 등의 분야에 걸쳐 있을 거라는 말을 들었다. "하지만 그것은 너무 과했다." 그에게는 산레모에서 고무, 가죽 자막, 인조 실크, 합금, 이중 대포, 무음 소총, 다양한 발사체 등으로 실험을 하는 것이 허용되었다. 이웃 로시(Rossi) 가족이 위험한 환경에 대해 불평하고 경고했을 정도였다. 스웨덴을 급히 방문하는 동안 그는 카롤린스카 연구소의 케이 교수에게 달려가 "독소 수준"을 측정하기 위해 열질환자, 신장질환자, 매독 환자 등의 소변을 샘플로 수집하게 했다.

알프레드 노벨이 바쁘게 만든 사람은 라그나르만이 아니었다. 스톡홀름의 빌헬름 웅게는 비행어뢰를 계속 개발했다. 파리의 악기 제조업체인 "하늘을 나는 크로프트(flygande torpeden)"는 알프레드로부터 토머스 앨바 에디슨(Thomas Alva Edison)의 최근 성공작인 축음기를 개선하기 위한 작업을 의뢰받았다. 알프레드는 릴에 광택제를 바르면 음질이 향상될 수 있다고 생각하고 에디슨의 회사에서 장치를 주문했다.[865]

스웨덴에서 알프레드 노벨은 벤처 자본가로서 명성이 퍼졌다. 그는 1894년 늦여름 동안 스톡홀름을 방문하여 그랜드 호텔에서 현지 기업가와 발명가를 맞이했다. 그 기회에 젊은 형제 비예르(Birger)와 프레드릭 융스트룀(Fredrik Ljungström)을 알게 되었다. 열아홉 살밖에 안 된 프레드릭은 그 만남을 결코 잊지 못할 것이다. 알프레드 노벨은 아침 식탁에 앉아 있었고, 형제들이 격식을 차린 모닝코트를 입은 한 신사를 대신했다. 프레드릭은 보송보송한 리넨 재킷, 부풀어 오른 흰색 옷깃에 반바지를 입고 온 것을 후회하며 얼굴을 붉혔다. 그는 바이런 경을 닮았다! 하지만 쓸데없는 걱정이었다.

프레드릭 융스트룀은 회고록에 "금박으로 장식된 가구로 둘러싸인 자리에 겸손한 작은 남자가 은색 쟁반에 삶은 달걀과 토스트 두 조각을 제공하는 하녀를 앞에 두고 앉아 있었다"라고 적었다.

알프레드 노벨은 접시에서 올려다보았다. 그는 열아홉 살 프레드릭의 머리부터 발끝까지를 훑어보았다. "엔지니어의 옷차림이 참 멋지군요. 어디서 이런 옷을 구했나요?" 프레드릭은 안심했다. "그 한마디와 미소와 친절한 이해로 그는 영원히 내 마음을 사로잡았다."

이는 길고 유망한 비즈니스 협력의 시작이었다. 융스트룀 형제는 새로운 자전거 열풍에 동참해 좌석이나 화물칸이 앞에 있는 세발자전거 "스베아-벨로시페드"를 개발했다. 알프레드 노벨은 흥미롭게 듣고 "예"라고 말했다. 비록 그 자신은 자전거 타는 법을 배우지 않았을지라도.[866]

알프레드와 융스트룀 형제 사이에 일어난 개인적인 교류와 같은 일이 알프레드와 라그나르 솔만 사이에서는 실제로 발생하지 않았다. 알프레드 노벨은 종종 자신이 라그나르를 얼마나 소중히 여기는지 젊은 동료에게 보여주려고 했다. 라그나르가 1894년 9월 초에 랑느힐드(Ragnhild)와 결혼했을 때 알프레드는 "내 동료와 친구에게"라고 전보를 보냈고 라그나르의 급여를 두 배로 올려 신혼부부를 축하했다. 그는 첨부 서신에 "앞으로도 제가 항상 다른 사람의 공로를 인정하는 데 기꺼이 나설 것임을 여러분이 알게 되기를 바랍니다"라고 썼다. 다른 때에는 "만약 솔만과 같이 철저한 사람이 나에게 우정을 빌려준다면 기꺼이 받아들이고 그것에 대해 매우 감사할 것이다"라고 했다. 알프레드 노벨은 다른 사람들 앞에서 라그나르를 "자신의 몇 안 되는 사랑하는 사람 중 한 명"이라고 불렀고, 시간이 지나면서 그를 "젊은 친척과 거의 같은 방식으로" 여겼음을 분명히 했다.[867]

라그나르의 감정은 더 복잡했다. 그는 그 일에 관심이 있었지만, 알프레드의 마음을 읽기가 매우 어렵다고 생각했다. 런던에서 재판을 받은 후 알프레드는 거의 병적으로 의심이 많아졌고 심지어 라그나르에게 정보를 유출했다고 비난까지 했다. 알프레드는 라그나르가 그의 생각을 즉시 이해하지 못할 때면 불안해하고 짜증을 냈는데, 그럴 때마다 라그나르는 혼란스러워했다. 라그나르는 편지에서 자신들의 관계를 "참을 수 없는" 것으로 묘사했다. 하지만 다음 순간 라그나르는 알프레드에게 깊은 존경심을 느꼈다.[868] 알프레드의 조카 얄마르는 다른 성향을 지녔다. 알프레드와 얄마르 사이에는 "생기" 요소가 포함되지 않은 밝고 친근한 어조가 오고 갔다. 알프레드는 그해 가을 엑상 프로방스(Aixen-Provence)에 있었을 때 조카에게 편지를 썼다. 그는 편지에서 두 명의 여성을 언급했다. "하나는 아름답지만 내가 원하지 않는 것, 다른 하나는 아름답지는 않았지만 내가 원했으며 접근할 수 없는 것." "물론 농담이다"라며 그는 자신의 많은 나이를 언급하며 덧붙였다.[869]

산레모로 돌아온 알프레드는 얄마르에게 비요르크보른의 정원 건설에 대한 지시를 내렸다. 그는 서재에 가죽 가구를 놓길 원했고, 침실에는 느릅나무 침대를 놓길 원했다. 그것은 평범한 침대가 아니어야 했다. 알프레드는 "훌륭한 매트리스, 고급 리넨, 선철이 아닌 베개"가 필요했다. "침대 너비는 스웨덴 표준에 따르지 마라. 그 표준은 마른 뼈대만을 위한 것 같다. 응접실은 매우 단순하고 소박하게 하고, 군사 무관이나 피할 수 없는 손님을 맞이할 수 있을 만큼 훌륭하게 만들라!"

몇 주 후에 더 많은 의견이 도착했다. 알프레드는 "내가 감당할 수 있는 한" 자신의 남자 친구들이 집 어디에서나 특히 화장실에서 좋은 담배를 피울 수 있어야 한다고 강조했다. 그래서 흡연실은 특별히 따로 필요하지 않았다. 그는 미혼 남성으로서 여성용 객실만 둘 수 없다는 것을 깨달았다. 명예를 위해 최소한 두 개의 객실이 필요했다. 또한 그는 여성용 가구에 대해 생각했다. 아름다운 - 종종 못생긴 - 성별을 위해 페인트칠하거나 래커로 칠한 침실 가구를 원했다. 모든 방의 침대는 못생긴 사람들도 등을 대고 누울 수 있게 엉덩이의 3분의 1이 침대 밖으로 나오지 않을 정도의 크기가 되어야 했다. 그는 편안한 응접실을 원했고, 당구대와 피아노도 구입하고 싶어 했다. "당구는 시골에서의 좋은 오락이며, 모든 면에서 카드놀이보다 선호할 만하다." 알베르트는 얄마르에게 라그나르 솔만과 그의 노르웨이 아내를 위한 적절한 가구도 마련해 달라고 요청하면서 끝맺었다.[870]

*

매일 수집하는 모금 편지에서 알프레드 노벨이 결국 세 번째이자 마지막 유언장에서 기억하게 될 여러 이름이 나타나기 시작했다. 님(Nims)에는 가난한 군인 고셔(Gaucher)가 있었는데 수년 전 파리에서 알게 된 사이였다. 고셔는 마다가스카르(Madagaskar)로 이송될 예정이었기에, 아내와 아이들을 버려야만 하는 어려운 상황에 직면해 있었다. 다른 직업을 원했던 님의 군인이 알프레드의 어린 대녀에게 따뜻한 키스를 보낸 것으로 보아 그들은 가까운 친구였음에 틀림없다. 알프레드 함몬드(Alfred Hammond)는 "공중에서 성을 건설"했던 좋은 옛날에 대해 이야기했다. 그는 소중한 우정에 돈을 섞는 것을 싫어했지만, 전년도의 실패로 인해 재정적 절망에 빠졌다. 편지 더미 속에서는 미스 윈켈만(fröknarna Winkelmann)과 그들의 어머니도 등장했다. 그녀는 상트페테르부르크에서 서로를 알았지만 지금은 가족이 베를린에 살고 있고 알프레드에게 집의 문을 열어주곤 했다. 윈켈만 가족은 봄에 파리의 집을 방문했고 알프레드는 소녀들에게 잊을 수 없는 쇼핑 여행을 시켜 주었다. 그는 정말로 그들을 애지중지했다.[871]

알프레드의 책상 위에는 다양한 기부 요청과 무수히 많은 익명의 고통스러운 외침이 뒤섞여 있었다. 1894년 11월, 알프레드 노벨은 어린 시절 뉴욕에서 만난 세계적으로 유명한 스웨덴계 미국인 발명가 존 에릭슨(John Ericsson)의 동상 설립 모금에 참여해 달라는 요청을 받았다. 그는 젊었을 때 뉴욕에서 에릭슨을 만나고자 했다. 에릭슨은 몇 년 전에 사망했고, 그의 유해는 성대하게 스톡홀름으로 옮겨졌다. 알프레드는 동상에 500크로나를 기부했다. "나의 타고난 성향은 죽은 자들을 기리는 것보다 고통받는 살아 있는 사람들을 돕는 것을 선호합니다. 그러나 예외 없는 규칙은 없습니다"라고 봉투에 썼다.[872]

1894년 말, 알프레드 노벨은 "세상이 화약 냄새로 가득 차기 시작했다"라고 말했다. 여름에, 중국과 일본 사이에 발발한 전쟁이 여전히 계속되고 있었다. 11월에 러시아의 차르 알렉산더 3세가 신장 질환으로 세상을 떠났다. 아직 준비가 덜 되어 상대적으로 미숙한 26세의 아들 차르 니콜라이 2세가 세계 상황을 어떻게 다룰지는 미지수였다.[873]

베르타 폰 주트너는 여전히 열성적으로 평화운동에 대한 보고서를 알프레드에게 보냈다. 그녀는 그들의 집필 프로젝트가 결실을 보지 못한 것이 조금 슬펐지만, 1894년 10월 말 편지에서 썼듯이 "나는 봉투에서 당신의 손글씨를 볼 때 행복한 마음으로 그것을 뜯습니다. 왜냐하면 나는 항상 당신이 말하는 것을 기다리고 있기 때문입니다." 1894년 11월, 그녀는 투르핀(Turpin)이 전쟁용으로 더 치명적인 새로운 수류탄을 발명했다는 소식에 소름이 돋았다. "알프레드는 절대 그런 짓을 하지 않겠죠? 당신이 만일 비슷한 기계를 발명했다면 그 유일한 목표는 전쟁을 불가능하게 하여 가장 고귀한 발명품이 되는 것이라고 확신합니다"라고 썼다.[874]

세기가 바뀔 때까지 5년밖에 남지 않았다고 베르타는 편지에서 상기시켰다. 평화운동이 계속 발전한다면, 1900년 세계 박람회에서 공식적인 유럽 평화 체제를 시작할 수 있을 것이다. 북유럽 국가들은 여전히 이 운동을 강력히 지지하고 있었다. 덴마크 정부가 베른의 평화 기구를 공식적으로 지원하기로 결정했다고 말했다. 베르타 폰 주트너는 "평화 예산 – 새로운 것이다. 우리의 기관을 공공 서비스로 간주하기 시작했다"고 했다.[875]

북유럽 국가 중에서 노르웨이는 그 자체로 유럽의 평화를 바라는 부류였다. 몇 년 전에 노르웨이 의회는 스웨덴 왕에게 평화 청원서를 보냈다. 노르웨이 의회는 노르웨이와 외국 사이의 모든 분쟁이 앞으로는 중재를 통해 평화적으로 해결되기를 요구했다. 스웨덴 당국은 이 요구를 웃으면서 거절했지만, 노르웨이 평화운동가들은 결코 포기하지 않았다.[876] 최근 베르타 폰 주트너는 노르웨이 작가이자 평화운동가인 비요른스테르네 비요른손으로부터 영감을 주는 편지를 받았다. 그녀는 알프레드에게 그를 "당신과 같은 북유럽의 천재"라고 소개했다.

비요른스테르네 비요른손은 평화운동 그룹에 속했을 뿐만 아니라 스웨덴의 패권에 맞서 노르웨이 캠페인을 주도했다. 그는 노르웨이가 스웨덴으로부터 자유로워진다면 노르웨이가 군축에 앞장서고 군대를 국내 경찰로 전환시킬 것이라고 베르타에게 약속했다. "한 가지 본보기가 천 명의 사도보다 더 강력한 설교를 한다!" 그가 베르타 폰 주트너에게 쓴 것처럼 말이다.

대부분의 노르웨이인들이 전쟁의 축복에 대한 믿음을 잃었다고 비요른손은 설명했다. 스웨덴과는 상황이 달랐다. 그곳에서는 대규모 보수 공사가 진행되었다. "스웨덴의 여론은 - 사람들이 나에게 그렇게 말한다 - 노르웨이가 자국의 문제를 통제하려는 이유로 전쟁 위협을 하고 있다. 스웨덴은 우리를 전쟁으로 길들여 훌륭한 전우로 만들고 싶어 할 것이다." "제발, 와서 우리와 함께 일하십시오." 베르타 폰 주트너는 알프레드 노벨에게 반복했다. "나는 일하고, 싸우고, 믿음을 갖습니다. 걱정과 장애물에도 불구하고 내 영혼에는 평화가 있습니다."[877]

*

10월, 자신의 생일에 알프레드는 로베르트의 큰딸 잉게보리(Ingeborg)에게서 빅토르 리드베리(Viktor Rydberg)의 책 『로마시대(Romerska dagar)』를 받았다. 리벳(Livet)은 수년 동안 불안 속에서 아파했던 스물아홉 살의 잉게보리를 위해 눈을 돌렸다. 그녀는 사랑하는 남자를 만났고 여름에 결혼했다. 잉게보리는 알프레드에게 자신의 어두운 삶에서 "이 전환점"을 만난 것에 대해 감사한다고 말했다. 그녀는 그들과 함께 절망했던 것을 기억했다. "나는 나의 삼촌 알프레드가 이 작은 아이가 행복하게 결혼하는 것을 볼 때까지 오래 살기를 바랄 뿐이라고 말했던 것을 기억한다." 이제 그녀는 그곳에 있었다.

알프레드는 잉게보리에게 특별한 책임을 느꼈다. 그는 몇 년 전에 로베르트 형에게 잉게보리를 계속 주시하겠다고 약속했다. 그것은 주거 문제에서 치료와 여가 여행을 위한 값비싼 청구서에 이르기까지 모든 것을 의미했다. 잉게보리는 자신의 신경 문제가 "가정 내 갈등, 충격, 우울함"에 뿌리를 두고 있다고 믿었고, 알프레드의 교육적인 태도가 그녀의 민감한 정신을 "강화하는 효과"를 주었다고 생각했다. 그녀는 그를 "파리의 삼촌"이자 "똑똑한 삶의 파트너"라고 불렀다. 이제 그녀는 자신의 집에서 그녀의 "보호 수호자"를 돌보기를 희망했다.[878]

잉게보리의 어머니 폴린은 그녀의 아들 얄마르로 하여금 잉게보리에게 "이해할 수 없을 정도로 섬세한 보살핌과 친절"을 보여준 알프레드에게 감사를 전하도록 요청했다. 상트페테르부르크에 있는 시누이 에들라(Edla)도 따뜻한 칭찬의 말을 전했다. "잉게보리가 그렇게 건강하고 믿음직스럽고 행복해하는 모습을 오랫동안 본 적이 없습니다. 그녀의 행복에 대한 당신의 기여는 반드시 성 베드로 (Petri)의 문 앞에서 좋은 평가를 받게 될 것입니다."[879]

알프레드의 조카들은 이제 연이어 가정을 이루었다. 로베르트의 아들 루드빅은 스톡홀름으로 이사했고 작가 레아 베테르그룬드(Lea Wettergrund)의 딸 발보리(Valborg)와 약혼했다. 알프레드가 "작은 사람들"이라고 불렀던 이들은 이제 여름 결혼식을 계획하고 있었다. 상트페테르부르크에 있는 사촌 안나(Anna)는 형 루드빅의 딸로 바쿠에 있는 지질학자 얄마르 쇠그렌(Hjalmar Sjögren)과 결혼했다. 그들은 뉘뇌스함(Nynäshamn)으로 이사했다. 그동안 알프레드는 이 쇠그렌과 노를란드(Norrland)의 광석 매장량에 대해 논의 중이었다. 얄마르 노벨은 여전히 몇 년 동안 독신으로 남아 보포스에서 일할 예정이었지만, 그들은 필요하다면 언제든 삼촌에게 의지할 수 있다는 것을 모두 알고 있었다. 루드빅과 발보리는 스톡홀름의 캄마카레가탄(Kammakaregatan)에 있는 새 아파트로 이사하며 "우리가 지금 이렇게 기쁨으로 우리 것이라 부를 수 있는 거의 모든 것에 대해 삼촌께 감사드립니다"라고 썼다.[880]

알프레드 노벨은 1889년에 베르타 폰 주트너가 자신의 소설 『무기를 내려놓아라!』의 사본을 보냈을 때 "보편적 평화의 세계에서 내가 화약을 어디서 얻을 것이라고 생각했습니까?"라고 답장했다. 또한 『무기를 내려놓아라!』는 그녀가 정기적으로 알프레드 노벨에게 보냈던 평화 문제에 관한 정기간행물의 제목이었다.

위: 에펠탑은 1888년 여름, 이듬해 파리에서 열리는 만국 박람회를 위해 형태를 갖추기 시작했다.
아래: 당시 프랑스 수도의 거리 풍경.

알프레드 노벨은 1891년, 지중해가 보이는 산레모(San Remo)의 빌라 파트로네(Villa Patrone)를
매입했다. 사진 오른쪽에는 발명가이자 포병인 빌헬름 웅게(Wilhelm Unge)가 사업차 노벨을
방문하는 모습이 담겨 있다.

알프레드 노벨은 산레모에 머무는 동안 러시아 말을 타고 우아한 수행원들과 함께 이 지역을 여행하는 것을 좋아했다. 여기서 그는 산레모에서 북동쪽으로 1마일 떨어진 타지아(Taggia)의 로마식 다리 앞에 걸터앉아 있는 모습이다.

알프레드 노벨은 이탈리아 정부로부터 산레모에 있는 자신의 땅에 지중해 쪽으로 다리를 설치할 수 있는 허가를 받았고, 물가에는 목욕 시설을 설치했다. 또한 시설이 잘 갖춰진 실험실도 곧 준비될 예정이었다.

산레모 빌라 옆 공원에서의 휴식. 이 사진은 노벨이 자신의 편지에서 누구에게도 알리지 않았던 부인이 방문했다고 구체적으로 언급한 1894년 11월에 촬영된 것으로 추정된다.

위: 탄도 로켓(Ballistitraket).
아래: 알프레드 노벨이 1892년에 취리히에서 제작하여 스웨덴으로 이적시킨 알루미늄 보트 미뇽(Mignon).

위: 로베르트의 자녀인 루드빅, 잉게보리, 얄마르 노벨은 알프레드 노벨의 생애 마지막 몇 년 동안 그와 가깝게 지냈다.

아래: 알프레드 노벨이 1894년 바름란드에 있는 보포스 공장을 매입했을 때 그의 소유가 된 비 요르크보른(Björkborn)의 저택.

미술 아카데미의 예술가이자 교수인 에밀 외스터만(Emil Österman)은 기증자가 사망한
지 20년 후 알프레드 노벨의 실험실 환경에서 이 초상화를 그렸다.

알프레드 노벨은 1893년, 당시 23세였던 라그나르 솔만을 고용했으며, 그가 사망한 1896년 이후에는 루돌프 릴리예퀴스트(Rudolf Lilljequist)와 함께 자신의 유언장을 집행하도록 임명했다. 라그나르 솔만은 당시 겨우 26세였다.

알프레드 노벨이 1896년, 스웨덴에서 마지막 여름에 찍은 인물 사진으로, 뒷면에는 직원 라그나르 솔만에게 보내는 인사가 적혀 있다.

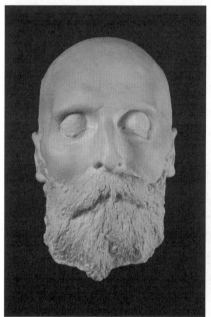

1896년 12월 29일, 대성당 장례식장에 놓인 알프레드 노벨의 관. 아래쪽에는 노벨의 죽음 가면 (왼쪽)과 임마누엘, 안드리에타, 에밀이 잠든 스톡홀름 북부 묘지의 가족 묘(오른쪽)가 보인다. 알 프레드가 묻혔을 당시 그의 형 로베르트도 이곳에 있었으나, 후에 이장되었다.

알프레드 노벨의 유언장 첫 페이지는 1895년 11월 27일 파리의 스웨덴-노르웨이 협회에서 증인들 참관하에 서명되었다.

1901년 12월 10일 콘서트홀에서 열린 노벨상 시상식에서 구스타브 아돌프 왕세자가 빌헬름 뢴트겐(Wilhelm Röntgen)에게 노벨 물리학상을 수여하고 있다.

스웨덴의 노벨 메달은 에릭 린드베리(Erik Lindberg)가 디자인했고, 노르웨이의 노벨 메달은 구스타브 비겔란(Gustav Vigeland)이 디자인했다. 이 메달들은 1902년 시상식부터 사용되었으며, 라틴어로 "1833년 출생, 1896년 사망"이라고 각인되어 있다. 노벨 메달은 노벨 재단의 등록 상표 중 하나이다.

21장
특허 스캔들, 열기구, 그리고 마지막 유언장

1895년 2월 런던에서의 특허 소송은 코르다이트 스캔들(Corditeskandalen)로 알려졌다. 궁극적으로 이 사건은 상원에서 결론을 내렸다. 이번에 알프레드는 재판을 멀리서 지켜보기로 했다. 그는 재판에서 승소할 가능성이 희박하다고 판단했고, 굴욕감을 느끼기 위해 산레모에서 런던까지 가는 게 의미가 없다고 생각했다. 그는 작년에 영국 변호사에게 맡긴 사건을 떠올렸다. "판사들은 주로 내 의도에 대한 추측을 바탕으로 판결을 내렸다. 나는 증인석에 있었고, 최소한 이렇게 논쟁의 여지가 있는 사항에 대해 질문을 받았어야 했는데, 그것이 이상하게 느껴진다."[881]

그러나 그는 거의 흔들리지 않았다. 소피 헤스를 둘러싼 다툼도 계속되어, 그 이전의 시간도 악몽 같았다. 그녀의 후견인인 다이너마이트 회사의 이사 율리우스 헤이드너(Julius Heydner)는 소피를 사치품에 익숙해지게 만든 사람이 알프레드 노벨이라며, 따라서 소피의 비극적인 상황에 책임이 있다고 증언했다. 헤이드너는 "여러 해 동안 사치에 익숙해져 있는 그녀에게 어떻게 검소함과 절약을 가르칠 수 있겠는가?"라고 했다.

알프레드는 이를 극도로 무례하다고 생각했다. 그는 헤이드너에게 보낸 답장에서 다음과 같이 썼다. "나는 평생 동안 매우 소박한 생활 방식을 유지해 왔기에, 나와 교류하는 정상적인 사람들은 절제하는 법을 배울 수밖에 없다." 알프레드는 소피를 "유혹하거나 납치하지도 않았다"고 명확히 하고 더 이상 참을 수가 없다는 입장을 밝혔다. "그녀가 결혼하든 말든, 건강하든 아프든, 살든 죽든 나는 전혀 신경 쓰지 않을 것이다"라고 그는 충분히 불평했다.[882]

소피 헤스의 남편이자 그녀의 딸의 아버지인 승마 마스터 니콜라우스 카피 폰 카피바르(Nicolaus Kapy von Kapivar)는 더욱 뻔뻔했다. 그는 소피보다 다섯 살 어렸으며, 이혼으로 인해 경제적으로도 어려운 상황에 처해 있었다. 코르다이트(Cordite) 사건이 결정되기 직전에 카피(Kapy)는 알프레드에게 "다른 사람의 이익과 결혼"하는 것이 얼마나 어려운지 설명하는 편지를 썼다. 알프레드는 그가 무료로 결혼을 할 것이라고 기대하지 않았다. 이 운명에 순응하려는 듯, 승마 마스터는 "소피가 카피 여사로서 현재와 같은 처우를 계속 받으며, 그녀가 사망할 경우 현재의 아이에게 상속되어야 한다"고 요구했다.

놀란 알프레드는 소피의 후견인을 통해 이렇게 대답했다. "친애하는 헤이드너 씨! 카피 대위가 나에게 그녀의 사생아를 위해 평생 동안 연금으로 지원해 달라고 요구한 것은 정말로 뻔뻔스럽고 우스운 일입니다."[883] 몇 달 후 미래의 카피 폰 카피바르(Kapy von Kapivar) 부부는 알프레드를 부다페스트에서 열릴 결혼식에 초대했다. 그는 거절했다.

후견인 헤이드너는 이 상황 전반에 대해 불안감을 느끼기 시작했다. 그는 알프레드에게 소피에게 보낸 모든 편지를 돌려받기를 권장했다. 이는 소피가 그 편지를 불리한 방식으로 사용할 위험이 있다고 판단했기 때문이다. 하지만 알프레드는 위험을 무시했다. 그는 헤이드너에게 몇 가지 예외를 제외하면 소피에게 보낸 편지에는 자신이 얼마나 인내심 있고 관대했는지를 입증하는 내용만 있을 뿐이라고 설명했다.[884]

알프레드 노벨이 런던 여행을 포기한 것은 옳은 선택이었다. 또한 상원에서는 근청석과 탄도석에 대한 특허 소송이 "용해성" 및 "불용성" 니트로셀룰로오스의 문제로 축소되었다. 알프레드 노벨 회사의 변호사는 두 소재 간 화학적 차이가 없다고 주장했다. 그렇다면 왜 노벨은 특허에 그것을 명시할 필요가 있었는가? 알프레드는 심사위원들에게 이의를 제기했다. 코르다이트 측은 특허 침해에 대해 무죄 판결을 받았고, 탄도석을 쓴 알프레드 노벨 쪽은 소송 비용을 지불하라는 명령을 받았다.

그러나 일부 의원은 이 판결의 합리성과 정의감에 불편함을 느꼈다. 사건의 경과를 따라가 보면 아벨과 드워가 알프레드의 특허를 면밀히 검토해 폭발 효과에 영향을 주지 않으면서도 변경할 수 있는 세부 사항을 찾을 만큼 똑똑했음이 분명했다. 한 의원은 이렇게 말했다. "거인의 어깨에 올라선 드워가 거인보다 조금 더 멀리 보는 것은 당연하다. 그러나 나는 이 경우 원래 특허권자에게만 공감할 수 있다. 이번 판결로 인해 노벨 씨가 중요한 특허의 가치를 빼앗기지 않기를 바란다."[885]

산레모의 차가운 날씨 속에서도 알프레드는 이 나쁜 소식을 침착하게 받아들였다. 며칠 후, 팔 말 가제트(Pall Mall Gazette)의 기사는 그의 마음을 다소 들뜨게 만들었다. "발명자"라는 서명 아래, 한 저널리스트가 코르다이트 판결을 화학적, 도덕적 관점에서 완전히 파괴하는 데 첫 페이지 대부분을 할애했다. 이 발명가는 "아벨과 드워는 알프레드 노벨의 아이디어를 훔치기 위해 자신의 권위 있는 위치를 사용했으니 그들에게 주목해야 한다"고 주장했다.

알프레드는 이 기사에 크게 고무되었다. 그는 상트페테르부르크에 있는 엠마누엘에게 흥분한 어조로 편지를 보냈다.

"이제 진정한 싸움이 시작될 것이다. 아벨과 드워는 이제 그들의 더러운 비밀로 공격받을 것이다. 나는 이 상황이 점점 재미있어지고 있으며, 직접 상황에 기여할 예정이다."

이 사건을 맡은 알프레드의 법률 고문은 그의 기분을 한층 더 고양시켰다. 알프레드는 이렇게 말했다.

"이 문제의 금전적 측면은 항상 중요하지 않았으며, 오히려 패소함으로써 얻을 수 있는 것이 더 많다." 그 후 한 신문이 알프레드를 도덕적 승자로 선언하자, 그는 "미래의 특허 순교자"를 위한 기금으로 5,000파운드를 기부할 계획이라고 발표했다.[886]

알프레드는 영감을 받았다. 빌라 노벨의 집필실에서 그는 자신이 시작한 드라마, 특허 소송을 비웃는 희극을 계속 썼다. 그는 이 작품을 『특허 박테리아(Patent Bacillus)』라고 명명하고 "고등 법원 극장(The High Court Theatre)"에서 공연하게 했다. 그는 보포스(Bofors)에 있는 얄마르에게 행복한 편지를 보냈다. "여기도 매우 춥지만, 당구장은 얼지 않았다!"[887]

이웃인 로시의 가족이 실험의 위험성에 대해 계속 불평하자, 알프레드는 그들의 집을 사들여 문제를 한 번에 해결했다.

*

알프레드 노벨은 1895년 5월 말, 스웨덴과 보포스를 여행하면서 매우 기분이 좋았다. 그는 스웨덴에 자신의 공장을 설립해 그곳에서 실험과 대규모 생산을 시작할 수 있다는 생각에 큰 자극을 받았다. 겨울의 추위만 아니었다면 그는 이미 연구실이 완공된 2월에 보포스로 갔을 것이다.

알프레드의 오랜 친구 알라릭 리드벡은 스톡홀름에 남아 필요할 때마다 설계, 테스트, 자문 등을 도왔다. 그러나 겨울 동안 알라릭이 중병에 걸리자, 알프레드는 큰 충격을 받았다. 그는 이렇게 적었다.

"삶에서 진정한 친구의 수는 다섯 손가락으로 셀 수 있을 정도다."

당시 알프레드와 알라릭은 함께 산레모와 보포스에서 테스트된 완전히 새롭고 "진보적인" 무연화약에 대해 스웨덴에 특허를 신청했다. 새로운 분말은 니트로글리세린이 없는 최초의 폭발물로, 알프레드의 파괴적인 혁신이었다. 동시에 알프레드는 알라릭 리드벡을 인공 고무 실험에도 참여시켰다. 그는 1830년대의 임마누엘처럼, 보포스에서 신발 밑창에서 비옷에 이르는 다양한 제품을 대규모로 생산하면서 고무 산업의 성공 가능성을 확신했다.

비행 발사체를 계속 연구하던 빌헬름 웅게(Wilhelm Unge)는 이번에는 훨씬 두꺼운 새로운 장갑판을 개발하라는 임무를 받았다. 알프레드는 베르타 폰 주트너가 좋아할 만한 답을 내놓았다. "나는 모든 새로운 것에 열광하지만 두꺼운 갑옷을 매우 좋아한다. 왜냐하면 더 많은 돈을 낭비할수록 전쟁이라는 가장 큰 범죄를 더 빨리 끝낼 수 있기 때문이다."

알프레드는 시각적 인상의 지연 효과에 대해 떠올리며, 리드베크, 웅게, 솔만에게 새로운 일을 주었다. 그는 어디선가 망막에 남아 있는 이미지가 항상 0.1초 동안 지속된다는 내용을 읽고, 이 효과를 활용할 수 있을 거라고 생각했다. 그의 아이디어는 램프 거울이 초당 10번 이상 회전하도록 하여 빛의 힘을 배가시키는 "빛 절약 장치"를 만드는 것이었다.[888]

라그나르 솔만이 현기증을 느끼는 것도 당연했다.

1895년 여름, 알프레드 노벨은 자신이 가장 좋아하는 사람에게 이탈리아나 스웨덴 중에서 원하는 곳을 자유롭게 선택하도록 했다. 솔만이 보포스를 선택하자, 알프레드는 그에게 연구실을 제공하고 "연구실"의 수장으로 삼았다. 라그나르와 랑느힐드(Ragnhild)가 바름란드(Värmland)로 이사하면서 알프레드는 랑느힐드와 더 친해질 기회를 얻었다. 그는 랑느힐드에게 비요르크보른(Björkborn)의 도서관에 어떤 노르웨이 작가의 작품을 추가하면 좋을지 조언을 구했고, 랑느힐드는 뱌른손(Bjarnson)을 추천했다. 이 추천은 훌륭한 선택이었다. 다음 해 여행 중, 알프레드는 솔만에게 이렇게 편지를 보냈다. "내가 뱌른손의 글을 사랑한다고 아내에게 전해 주세요."[889]

알프레드 노벨은 보포스에서 집과 같은 편안함을 느꼈고 스웨덴에서는 비정상적으로 오래 머물렀다. 그는 직원들에게 예상외로 신중하게 행동을 했다. 낮에 작업장을 돌아다니며 직원들과 잡담을 하는 사람이 아니었다. 솔만은 "그가 노동자들에게 수줍어하는 것처럼 보였다"고 말했다. 대신, 알프레드는 직원들이 없는 일요일에 작업장을 방문했다. 이런 알프레드를 관찰하던 라그나르 솔만은 어느 일요일, 곤경에 처한 알프레드에게 교회에 가 보자고 설득했다. 라그나르는 예배 시간 동안 자신의 상사가 열심히 공부한 흔적이 묻은 개인 찬송가 책을 가져온 것을 보고 놀랐다. 예배가 끝난 후, 솔만은 그 책이 볼테르의 작은 책을 감싸고 있

었다는 것을 발견했다. 알프레드는 "교회에서 그렇게 오래 걸리지 않을 줄 알았다"고 말했다.[890]

알프레드가 보포스에 정착하려 했던 것은 6월에 분명해졌다. 그는 상트페테르부르크에 있는 엠마누엘을 통해 세 마리의 값비싼 러시아 오를로프 준마(Orloffhäs)를 주문했다. 엠마누엘은 조심스럽게 진행했다. 그는 두 마리의 마차용 검은색 말(vagnshästar)과 "일인용 회색 말(enspannare)"을 선택하고, 알프레드에게 보내기 전에 직접 시승까지 했다. 엠마누엘이 선택한 말들은 "침착하고, 단정하며, 겁이 없는" 성격으로 평가되었으며, 각각 러시아 이름이 보예보다(Vojevoda), 보론(Voron), 비티아(Vitia)였다. 알프레드가 당시에 상트페테르부르크에서 유행하던 작은 러시아 마차도 원했을까?

시골에서는 알프레드 노벨의 새 말에 "울루파(Uluffa)의 말"이라는 이름을 붙일 예정이었고 우아한 러시아 마차는 적어도 전설적인 마차가 되었다. 알프레드는 마차 칸과 마부의 자리 사이에 전등과 전화기를 장착했다. 알프레드가 제조한 고무 바퀴는 빠르고 거의 소리 없이 굴러갔다.[891]

스톡홀름의 젊은 사이클링 형제는 왕국에서 즐겁게 생활했다. 알프레드가 그들에게 썼던 것처럼 프레드릭 융스트룀(Fredrik Ljungström)은 "선생님처럼 대단한 능력을 지니고 진정으로 겸손한 사람들과 함께 일하는 것은 재미있다"고 했다. 여름 동안 그는 드로트닝홀름스베겐(Drottningholmsvägen)에 있는 작업장을 방문했다. 융스트룀은 알프레드가 길가에서 바구니를 들고 앉아 있던 할머니에게서 오렌지를 사다 주었던 일을 나중에 기억했다. 아주 좋은 오렌지였다. 당시 알프레드는 "산레모에 있는 나의 정원에는 이렇게 좋은 오렌지가 없을 것 같다"고 말했다고 한다. 그들은 자갈밭에서 새로운 자전거 모델을 선보였다. 그 모델의 장점 중 하나는 가파른 오르막도 힘들이지 않고 오를 수 있다는 점이었다. 프레드릭은 작업 중 손이 너무 더러워져 헤어질 때 알프레드와 악수를 할 수 없었다.[892] 이에 알프레드는 "괜찮습니다. 일하지 않는 손만이 깨끗한 것입니다"라고 답했다.

*

알프레드 노벨이 2년 동안 돈을 투자한 모든 프로젝트 중에서 엔지니어 앙드레의 북극탐험(Andrés Nordpoleexpedition) 만큼 관심을 끌 만한 것은 없었다. 살로몬 아우구스트 앙드레는 스웨덴 특허청의 수석 엔지니어였으며, 몇 년 전에 프랑스 열기구를 구입해 발트해 상공을 날아다녔다. 이 기구는 알프레드 노벨의 오랜 친구인 탐험가 아돌프 노르덴스키월드의 관심을 받았었다. 1894년 초, 어느 날 누군가 앙드레에게 물었다. "기구를 타고 북극 탐사를 할 수 있을까?" 앙드레는 대답했다. "왜 열기구를 타고 북극으로 첫 비행을 하는 사람이 되려고 하지 않는 건가?"

1년 후, 앙드레는 스웨덴 왕립 과학 아카데미 강의에서 자신의 계획을 발표했다. 그가 발표를 마치자, 평소에는 까다로운 노르덴스키월드가 열렬한 찬사를 보냈다. 그러나 다른 회원들은 회의적이었다. 1895년 3월, 과학 아카데미는 앙드레에게 북극으로의 열기구 탐사에 재정 지원을 제공하지 않기로 결정했다. 그러나 노르덴스키월드의 지속적인 열정 덕분에 앙드레의 기구 프로젝트에 대한 관심은 계속 유지되었다. 유명한 극지 연구원은 스웨덴과 이란 신문에서 인터뷰했다. 이후에 어떤 접촉이 이루어졌는지는 분명하지 않지만, 결국 프로젝트가 시작되는 데 결정적인 역할을 한 사람은 노르덴스키월드의 부유한 친구인 알프레드 노벨이었다.

1895년 5월, 알프레드 노벨은 주요 재정지원자가 되어 앙드레의 탐험 비용의 절반을 지불하기로 결정했다. 이 첫 번째 기부는 스웨덴과 해외 모두에게 큰 충격을 주었다. 모든 의심이 싹 사라지고 흥미진진한 북극으로의 열기구 여행은 큰 화제가 되었다. 노벨의 공헌은 매우 관대해 앙드레는 이듬해인 1896년 기구 탐험을 실시하기로 결정했다. 이것은 다른 사람들에게도 영감을 주었고, 곧 오스카 2세 왕이 노벨이 투자한 것의 거의 절반을 투자하게 되었다.[893]

스웨덴의 앙드레가 노르웨이의 프리치오프 난센(Fridtjof Nansen)의 북극해

탐험을 능가할 수 있을까? 이때까지 난센은 거의 2년 동안 그의 보트 프람(Fram)과 함께 북극해의 얼음 속에 갇혀 있었다. 그의 귀환을 확신하는 사람은 많지 않았다.

알프레드 노벨은 기구 프로젝트에 돈 이상을 기부하기를 원했다. 9월에는 앙드레에게 편지를 써서 최소한 보안상의 이유로 여행 중에 필요한 운반 비둘기를 가져가야 한다고 조언했다. 러시아 북부에는 겨울 추위를 견디는 비둘기가 많이 있었다. 또한 그는 평화운동을 하는 프랑스 친구 아리스티드 리펠(Aristide Rieffel)에게서 화로(fernisse) 제조법을 얻어 앙드레에게 전달했다. 이 화로는 기구를 밀봉하는 데 유용할 거라고 기대했다.[894]

알프레드 노벨은 기구 탐사에 공동 참여한 얄마르에게 오스카 2세 왕을 보포스로 초대하라는 임무를 맡겼다. 알프레드는 보포스의 무기 산업에 대한 자신의 원대한 계획을 왕에게 소개하고 싶어 했다. 방문은 1895년 9월 18일 왕의 노르웨이 여행 일정에 맞춰 이루어졌다. 엠마누엘 노벨은 이 행사에 참석하기 위해 상트페테르부르크에서 왔고, 스웨덴 왕보다 알프레드를 만나는 것이 더 기대되었다고 말했다.

오전 9시 반, 기차로 보포스에 도착한 오스카 2세 왕은 다이너마이트 축포로 환영받았다. 알프레드, 얄마르, 엠마누엘은 많은 지역의 귀빈들과 함께 플랫폼에서 왕을 기다리고 있었다. 그들은 왕과 그의 국방장관에게 새로운 검은 종마가 끄는 러시아 마차에 앉을 것을 제안했다. 역과 작업장 사이에 있는 첫 번째 정류장까지 가는 동안 태양이 빛나고, 연합 깃발이 왕의 길을 환영하며 나부꼈다. 정치적으로 민감한 깃발들도 비요르크보른으로 가는 왕을 환영했고, 여정은 금색으로 장식되었다. 알프레드는 팀강(Timsälven)의 다리 위에 특별한 명예의 문을 세워두었다.

공장 저택에서는 점심 식사가 이루어졌다. 알프레드는 방앗간을 장식할 꽃, 야자수, 동백나무를 마차로 주문했고, 이 모든 녹색 장식에 "수많은 소형 전기 램프"를 걸어 놓았다. 캐비아, 연어, 송어, 쇠고기 필레, 거위 간을 곁들인 제르파

(Jerpar) 등 열한 가지 요리가 제공되었다. 연설에서 알프레드 노벨은 "폐하"에게 방문에 대해 감사를 표하며, 이사회에서 가장 낮은 노동자에 이르기까지 보포스의 모든 사람이 국왕과 조국의 이익을 위해 더 큰 노력을 기울이도록 격려했다. 오스카 2세는 개인적으로 노벨 가족 전체를 위해 잔을 비웠다. "노벨 가문의 여러 구성원은 스웨덴의 영예였으며 스웨덴의 이름을 전 세계에 알렸다"고 말했다. 자리는 장대했다. 마치 알프레드가 왕실에 대한 혐오감을 잠시 잊고 우연히 미래의 노벨 축제를 들여다본 것 같았다. 그러나 식사는 빨리 진행되어야 했다. 왕은 몇 시간 후 떠나야 했기 때문이다.[895]

*

알프레드 노벨은 그의 고향 스웨덴이 좀 더 개선될 필요가 있다고 생각했다. 그는 스톡홀름의 숙소에 만족하지 않았다. 1895년 10월, 파리로 돌아왔을 때, 그는 그랜드 호텔(Grand Hôtel)을 구입해 대대적으로 개조할 가능성을 모색했다. 알프레드는 "홍수시대"까지 거슬러 올라가는 오래된 가구를 고수하는 것은 정당화될 수 없다고 말했다. 그는 비즈니스 담당자에게 "내가 원하는 것은 아름다운 도시인 스톡홀름이 우아하고 현대적인 호텔을 갖는 것"이라고 썼다.[896]

얼마 후, 알프레드 노벨은 현재 벨기에에 살고 있는 그의 프랑스 친구이자 평화운동가인 리펠로부터 연락을 받았다. 리펠은 평화에 매료된 몇몇 부유한 친구들과 함께 벨기에에 신문을 사서 편집자가 되기 위해 협상 중이었다. 그는 알프레드에게 프로젝트에 참여하고 자신의 파트너가 될 것을 제안했다. 리펠은 신문을 통해 중요한 국제 사회적 이슈를 다룰 수 있는 가능성에 매료되었다.

파리에 있던 알프레드는 그 아이디어를 좋아했지만, 벨기에에 대해서는 부정적인 의견을 냈다. 그는 수백만 달러를 집어삼킨 사업을 비난하며, 벨기에 프로젝트에는 참여하지 않겠다고 말했다. 대신 같은 날 스웨덴의 얄마르에게 편지를 보내면서 "나는 오랫동안 『아프톤블라뎃』의 소유주나 최소한 대주주가 되고 싶었다"고 밝혔다. 그는 조카에게 "매우 신중한 방법"으로 해당 신문의 조직을 조사해 달라고 부탁했다. 그 조사에서 알프레드 노벨의 이름이 드러나는 것은 절대 허용되지 않았다. 조사 결과 『아프톤블라뎃』의 편집장은 하랄드 솔만(Harald Sohlman)으로 밝혀졌으며, 그는 라그나르의 형이었다.

몇 주 후, 현재 스톡홀름의 리드베리 호텔(Hotell Rydberg)에 있는 얄마르에게 전보로 새로운 지시가 도착했다. "매입을 위한 가장 중요한 조건은 내가 주식의 80퍼센트 이상을 소유하는 것이지만 가급적이면 모든 주식을 소유하는 것이 더 좋다. 꼭 『아프톤블라뎃』일 필요는 없다. 예를 들어 『다겐스 니헤테르(Dagens Nyheter)』나 유행하는 지방 신문도 괜찮다." 파리에서 온 전보는 프랑스어로 쓰여 있어서 해석하기 어려웠다고 한다.[897]

얄마르는 알프레드가 신문에 관심을 보이는 이유가 보포스에서의 명령을 가속화하고 국방 문제에 대한 여론을 형성하기 위한 것이라고 확신했다. 그러나 알프레드는 "내 손에 신문이 있다면 오히려 그 반대일 것이다. 나는 결코 개인적인 이익을 고려하지 않을 것이다"라고 지적했다. "신문 소유주로서의 나의 입장은 중세의 유물인 군비 증강을 반대하는 것이다. 그러나 만약 그렇게 되더라도, 국내에서 생산하는 것을 지지할 것이다." 그는 방위 산업이 외국에 의존하지 말아야 할 산업이라고 강조했다.

그는 얄마르가 오해하지 않도록 자신의 계획을 이렇게 요약했다. "내가 신문을 원하는 이유는 단순히 자유적인 경향을 편집부에 주입하기 위해서이다. 다만, 국민의 지능이 정부 지도부보다 500퍼센트 앞서 있는 나라에서는 이를 더 키울 필요가 없다."[898]

*

스웨덴에 대한 알프레드 노벨의 새로운 평가는 문학도 포함되었다. 1895년 10월 그의 생일을 맞아 잉게보리가 다시 한번 스웨덴 작가의 책을 선물했다. 이번에는 알프레드의 새로운 고향인 바름란드(Värmland) 출신 작가의 작품이었다. "셀마 라게를뢰프(Selma Lagerlöf) 읽어 봤어?" 알프레드는 얼마 후 얄마르에게 보낸 편지에서 물었다. "잉게보리가 그녀의 '괴스타 베를리닝(Gösta Berlining)의 무용담'을 보내 줬어. 읽어 봐. 책은 매우 독창적이야. 사건의 진행이 자연의 이치에 비하면 비논리적이지만, 그 스타일은 찬사를 받을 만해."[899]

1909년 노벨상을 수상한 셀마 라게를뢰프와 1903년 노벨상을 수상한 노르웨이의 비요른스테르네 비요른손(Bjornstjerne Bjornsons)은 알프레드 노벨이 좋아하고 지지했던 몇 안 되는 작가 중 하나였다. 당시 몇 년 동안 스칸디나비아 작가와 극작가에 대한 관심이 줄어드는 경향이 있었지만, 알프레드는 파리에서 그녀의 데뷔 소설을 읽었다. 그러나 프랑스에는 외국 문학을 배척하는 배타적인 문화 여론이 등장했으며, 특히 스칸디나비아 작품들은 낯설고 심지어 해로운 것으로 여겨졌다.

아우구스트 스트린드베리(August Strindberg)는 파리로 돌아왔다. 1893년 「프뢰켄 줄리(Fröken Julie)」가 성공적으로 초연된 후, 1894년 말 파리 신문으로부터 연극 「아버지(Fadren)」는 열광적인 평가를 받았다. 또한 대부분의 비평가들은 소설 『바보의 변호 연설(En dåres försvarstal)』에 대해서도 긍정적인 평가를 내렸다. 1895년 1월, 프랑스어 원본으로 『미친 사람의 간청(Le Plaidoyer d'un fou)』도 출간되었다. 그러나 이 스트린드베리의 "스캔들 작품(skandalskrift)"은 동시에 프랑스에서 새로운 북유럽 작가들에 대한 회의적인 시각을 부채질했다. 베르타 폰 주트너는 그것을 읽고 나서 알프레드 노벨에게 "그것은 단순히 역겹다(enkelt vederstygglig)"라고 썼다.[900]

알프레드는 '미친 사람의 간청'을 읽었지만 그것에 대해 언급하지는 않았다.

1895년, 가난하고 병든 아우구스트 스트린드베리는 인생에서 완전히 새로운 길을 걷기 시작했다. 그는 과학에 관심을 가지게 되었고, 소르본 대학(Sorbonne University) 근처 몽트파르나세(Montparnasse)에 있는 하숙집에 살면서 연구실에 몰래 들어갔다.(그리고 아마도 복도에서 마리 퀴리와 마주쳤을 것이다.)

스트린드베리의 거친 실험은 과학보다는 오컬트로 더 큰 관심을 불러일으켰다. 그의 야망은 영적인 힘을 과학과 결합시켜 기존의 과학적 진리를 뒤흔드는 것처럼 보였다. 이러한 변화는 네오로맨틱한 세기의 전환기를 맞이한 현대 파리에서 큰 영향을 미친 사상이었다. 과학이 모든 것을 설명할 수 없으며, 세상을 지배할 수 없다는 생각이 점차 널리 퍼졌다. 과학은 존재의 영적, 도덕적 차원을 놓치고 있다고 여겨졌다.

작가 수잔 퀸(Susan Quinn)은 『마리 퀴리(Marie Curie)』라는 책에서 1895년 프랑스에서 출판된 두 가지 주목할 만한 이니셔티브를 강조했다. 프랑스-헝가리 문화 평론가인 막스 노르다우(Max Nordau)는 그의 책 『퇴화(Dégéneration)』에서 기술적 진보를 위해 치러야 할 인간적인 대가에 대해 경고했다. 만약 같은 속도로 발전이 계속된다면 미래는 암울할 거라고 예측했다. 20세기 후반의 사람들은 끊임없이 전화 통화를 하고, 인생의 절반을 기차 객실에서 보내며, 신경이 곤두선 수백만 명이 대도시에서 살아야 할 것이라고 했다. 막스 노르다우는 인류가 지금 당장 저항해야 하며, 도시를 떠나고, 철도를 철거하며, 개인 전화기를 금지하고, 신경을 다시 쉬게 해야 한다고 주장했다.

작가 페르디난드 브루네티에르(Ferdinand Brunetière)는 『올해의 또 다른 소풍』에서 "과학은 파산했다"고 주장했다. 그는 교황을 알현한 후 한 세기 동안의 야심찬 과학에 대해 설명했다. "물리학과 자연과학은 우리에게 미스터리를 없애주겠다고 약속했다. 그러나 그것들은 미스터리를 없애지 못했을 뿐만 아니라 결코 성공하지 못할 것임을 분명히 보여주었다. 물리학과 자연과학은 인간의 기원, 행동, 미래 운명과 같은 중요한 질문을 제기할 수 없다"고 했다. 브루네티에르는 교황과 교회의 말을 다시 들어야 할 때라고 생각한다고 주장했다.[901]

특히 파리에서는 진보를 비판하는 사람들과 과학에 반대하는 사람들이 주목을 받았다. 많은 사람들이 확립된 진리를 뒤흔들고 싶어 했다. 인기 있는 문화 잡지인 머큐리 드 프랑스(Mercure de France) 10월호에는 아우구스트 스트린드베리의 "과학적" 기사 중 하나가 게재되었다. 스트린드베리는 화학 원소도 없고 화합 물질도 없으며 품질만이 물질을 구별할 수 있다는 주장을 펼쳤다. 언뜻 보기에 스트린드베리의 기사는 학문적인 것으로 보였다. 화학 공식과 복잡한 용어로 가득 차 있었기 때문이었다. 그러나 물론 그것은 명확히 허튼소리였다. 이 기사는 과학사의 가장 위대한 인물인 루이 파스퇴르가 세상을 떠난 날에 출판되면서 일종의 상징성을 얻었다.

알프레드 노벨은 스트린드베리의 기사를 읽고 여백을 이용해 공식을 수정했다. 신문을 사려는 그의 계획은 중단되었다. 그러나 합리적이고 진보적인 방향으로 세상에 영향을 미치고 싶은 사람이라면 누구나 여러 가지 방법을 사용할수 있다. 알프레드는 당시 후원 요청 편지에 답장으로 "나는 국제적 시야를 가진 과학적 관심을 증진하기 위해 가용 자금을 사용하는 것을 선호합니다"라고 적었다.[902]

*

1895년 11월 27일 수요일, 알프레드 노벨은 다시 네 명의 친구들에게 부탁을 했다. 그는 새로운 유언장을 작성했고, 그 내용에 대한 증인이 필요했다. 그는 이전의 유언장을 후회했다.

친구들은 파리 중심부의 쇼세 당탱(Chaussée d'Antin)에 있는 스웨덴-노르웨이 협회의 새로운 건물에서 만났다. 살롱 커튼에는 이미 담배 연기가 자욱했다. 이번에도 알프레드는 시구르드 에렌보리 회장과 그의 친구이자 무기 산업의 발명가인 토르스텐 노르덴펠트(Thorsten Nordenfelt)를 초청했다. 다른 두 사람은 인조 실크 작업과 관련된 엔지니어들이었다. 로베르트 스트렐너트(Robert Strehlnert)는 산레모에서 알프레드를 위해 실크 작업을 했으며 레너드 후아스(Leonard Hwass)는 파리에 거주하는 스웨덴 화학자였다. 노르덴펠트를 제외한 모든 사람은 알프레드 노벨보다 스무 살에서 서른 살 정도 젊었다. 시구르드 에렌보리는 놀랐다. 이전 유언장에서 그의 협회는 오늘날 가치로 최소 2,000만 크

로나를 받기로 되어 있었다. 하지만 이번에 그 협회는 언급조차 되지 않았다.[903]

열아홉 명의 친척과 친구들이 나열되었다. 그리고 1893년에 그들은 재산의 5분의 1을 공유했다. 두 유언장에서 분배가 대략 동일했다고 가정하면, 알프레드는 여섯 명의 가장 나이 많은 조카들에게 각각 최소 50만 크로나를 할당했는데 이는 오늘날 약 3,500만 크로나에 해당한다. 이번 유언장에서는 조카들의 몫이 그 정도는 아니었다. 알프레드는 그들에 대한 상속 재산을 3분의 1로 줄이려고 했다. 그들은 모두 합쳐 전 재산의 3퍼센트 정도인 100만 크로나(오늘날 가치로 약 7,000만 크로나)를 나누어 가져야 했다.

알프레드는 조카들에게 더 많은 것을 주기를 원했었다. 소피의 친구 올가 뵈트거(Olga Böttger)는 소피 헤스와 같이 작은 몫을 받았다. 그의 친구들 중에는 오직 알라릭 리드벡만 포함되었는데 그 역시 조카딸들과 동일한 정도로 유산을 받았다.[904] "나는 기본적으로 사회민주주의자이지만 절제력이 있다. 특히 큰 상속 재산은 인류를 도취시키는 사고로 간주한다. 그러므로 더 큰 재산을 소유한 사람은 그것을 내버려두지 말고, 조금이라도 친척에게 넘겨줘야 한다." 약 150만 크로나를 배분한 알프레드 노벨은 나머지 3,000만 크로나 이상의 재산을 새로운 국제 상금에 할당했다. 그는 자신의 모든 주식과 재산을 매각하고 그 수익금을 "안전한 증권"에 투자하기를 원했다. 이 이자는 "지난 한 해 동안 인류에게 가장 큰 이익을 준 사람들"에게 매년 상으로 수여될 예정이었다.[905]

알프레드는 끊임없이 이러한 "인류의 이익"과 "인류의 은인"에 대해 생각했다. 이 유언장에서 알프레드 노벨은 상에 중점을 두고, 기관에 대한 기부를 우회적으로 피했다. 그는 자신에 대한 이자가 다섯 개의 동일한 부분으로 분할될 것이라고 썼다. 세 개는 과학 분야로 생리학 또는 의학, 화학, 물리학에서 가장 중요한 발견을 이룩한 사람에게로 갈 것이다. 또한 "이상적인 방향에서 최고의 작품을 생산한 사람"에게 문학상을 수여하고자 했다. 그리고 평화 노력 또한 잊지 않았다.

가을 동안 베르타 폰 주트너는 알프레드에게 훨씬 더 많이 평화에 대한 문서를 보냈고, 그에게 감정적인 호소도 공식적으로 전달했다. "이 모든 글은 쓰레기통에 버리십시오. 그러나 당신의 마음 깊숙한 곳에는 한 목소리를 남겨 두십시오. 여기 자신의 아이디어에 대한 무관심과 저항에도 불구하고 임무에 인내하고 있으며, 당신을 신뢰하는 여성이 있습니다."[906]

알프레드 노벨의 평화상에 대한 표현은 길어지면서, 이제는 생각할 수 있는 모든 정치적 평화 해결책을 포함하는 것처럼 보였다. 그는 이 다섯 번째 상이 "인류의 형제애, 상비군의 폐지 또는 축소, 평화 협의회의 구성 및 보급을 위해 가장 또는 최선을 다한 사람"에게 수여되어야 한다고 했다.

이전 유언과의 차이가 컸다. 이번 유언에서 알프레드 노벨은 미래의 수상자를 새로운 상속인으로 삼았다. 기관은 오직 상을 수여하는 역할만을 맡게 되었다. 대부분은 자연스러운 선택이었다. 알프레드는 스웨덴 과학 아카데미(svenska Vetenskapsakademien)와 카롤린스카 연구소(Karolinska institutet)에 지속적으로 신뢰를 주었다. "스톡홀름 아카데미(Akademien i Stockholm)"가 문학상을 수여하도록 위임받았다는 사실도 스웨덴 아카데미(Svenska Akademien)가 적어도 국내적으로 그 분야에서 확고한 위치를 차지했던 것을 감안하면 그리 놀라운 일이 아니었다.

놀라운 것은 노르웨이와 노르웨이 의회(Stortinget)였다. 알프레드는 왜 노르웨이 의회가 평화상 위원회를 운영하는 책임을 맡아야 하는지 설명하지 않았다. 유럽의 몇 안 되는 의회가 평화 문제에서 더 큰 두각을 나타낸 것은 사실이다. 1895년에 노르웨이 의회는 전쟁의 심각한 위협을 피할 수 있었다. 노르웨이의 해외 영사관 설치 요구로 인해 스웨덴은 봄에 국경으로 출동했었다. 6월에 노르웨이 의회는 무력 충돌을 피하기 위해 후퇴하기로 결정했다. 이 조치가 알프레드 노벨에게 깊은 인상을 남겼을 수 있다. 아니면 아마도 독자적인 외교 정책이 없는 나라에 평화상 책임을 맡기는 것이 좋다고 생각했을 수도 있다.[907] 어떻든 그것은 그의 유언장에 적힌 정치적 폭탄이었다.

마지막으로 알프레드 노벨은 그의 상이 국제적이며, 어디에서 왔는지에 상관

없이 모든 분야에서 "가장 가치 있는" 사람에게 돌아갈 것임을 분명히 했다. 그는 이전 유언장에서처럼 여성들을 특별히 언급하지는 않았지만, 평화상 지침을 쓸 때 베르타 폰 주트너를 염두에 두었을 가능성이 크다.

네 명의 유언 증인은 알프레드 노벨의 재산에 대해 충분히 알고 있었으므로 상금이 천문학적일 것이라는 점을 이해했다. 그것이 요점이라고 알프레드는 설명했다. 그는 단순히 명성을 퍼뜨리는 것이 아니라 상금으로 유익을 창출하고 싶어 했다. 그렇기에 작은 금액만으로는 충분하지 않았다. 자신과 같은 엔지니어와 달리 과학자와 이상주의자들은 중요한 작업으로 많은 돈을 버는 경우가 거의 없었다. 그는 그들에게 돈에 대해 생각하지 않을 자유를 주고 싶었다. 그래야만 그들이 계속해서 인류를 위해 봉사하는 데 온 힘을 쏟을 수 있을 것이기 때문이었다.

유언장은 증인들 앞에서 확인되었다. 낙담한 시구르드 에렌보리와 그의 스웨덴-노르웨이 협회는 위로 차원에서 2,000크로나를 받아 그 돈으로 그랜드 피아노를 구입하게 되었다.[908]

*

당시 조롱받던 과학은 1895년이 끝나기 전에 비평가들에게 확실한 답을 주었다. 빌헬름 뢴트겐(Wilhelm Röntgen)은 50대의 독일 물리학 교수로, 그때까지 자신을 그다지 중요하게 생각하지 않았다. 그는 1895년 11월 어느 늦은 밤, 연구실에서 전류와 진공관을 실험하고 있었다. 당시의 다른 많은 물리학자들과 마찬가지로 어떤 종류의 광선이 진공관의 유리벽을 녹청색으로 빛나게 하는지 궁금해했다. 뢴트겐은 혼자 작업하고 있었다.

그는 다른 사람들의 실험을 통해 "엑스레이"라고 부르는 것이 구멍을 남기지 않고 진공관의 얇은 금속 호일을 통과할 수 있다는 것을 알고 있었다. 그 빛이 유리벽을 통과할 수 있는지 궁금했다. 뢴트겐은 검은 판지로 플라스크 내부를 덮고, 실험실은 짙은 가죽으로 감싸고 전원을 켰다. 그러나 플라스크는 여전히 어두웠다. 그는 실망했지만, 방에서 더 멀리 떨어진 빛을 발견할 때까지 실험을 계속했다. 그곳에는 실험에 가끔 사용되는 종이 스크린을 보관해 두었다. 이 종이 스크린은 광선을 맞으면 빛을 내는 물질로 코팅되어 있었다. 그는 그 스크린이 어둠 속에서 빛나는 것을 보고 놀랐다.

뢴트겐은 1,000페이지 분량의 책과 두꺼운 나무 블록을 그 사이에 끼우려고 했다. 화면은 여전히 켜진 채였다. 그는 곧 "방전 장치와 화면 사이에 손을 대면 손이 만들어 낸 약간 어두운 그림자 이미지에서 손 뼈의 더 어두운 그림자를 볼 수 있다"는 첫 번째 과학 보고서를 발표할 수 있었다.[909]

1896년 1월, 그의 엑스레이에 대한 소식은 전 세계를 놀라게 했다. 뢴트겐 부인의 손 뼈 사진은 국제 언론에 센세이션을 일으켰다. 1901년에 그가 최초의 노벨 물리학상을 수상했을 때, 빌헬름 뢴트겐에게 도전할 수 있었던 사람은 거의 없었을 정도로 뛰어난 연구 성과였다.[910] "여기에서는 뢴트겐선을 이야기하지 않는 사람이 없다. 심지어 숨겨진 편지를 촬영할 수 있을 것이라고도 믿고 있다"고 1896년 2월 베를린의 한 친구가 알프레드 노벨에게 편지로 썼다. "뢴트겐, 이건 대단하네요, 그렇지 않나요?"라고 베르타 폰 주트너도 알프레드에게 다른 편지에서 환호했다.

빌헬름 뢴트겐의 환상적인 발견이 같은 달 프랑스 과학 아카데미에 보고되었을 때 프랑스 물리학자 앙리 베크렐(Henri Becquerel)은 영감을 받았다. 그는 "그 반대도 가능할까? 발광이 된 물질이 그 광선을 만들 수 있을까?"라는 의문을 품었다. 베크렐은 여러 문제를 겪으며 성공하지 못한 채 자신이 틀렸다고 생각했다. 그러나 1896년 2월, 우라늄염을 조사하던 중 그의 가설이 적중했다. 우라늄은 자연적으로 X선과 유사한 광선을 방출한다는 것이 밝혀졌다.

앙리 베크렐은 방사능을 발견했다. 하지만 X선을 둘러싼 큰 소란 속에서 베크렐의 발견을 알아차린 사람은 거의 없었다. 그때 스물여덟의 마리 스크워도프스카(Marie Sklodowska, 현재는 Curie)가 그 발견에 주목했다. 마리는 소르본 대학을 졸업한 후 곧 박사 학위 논문을 쓰기 시작할 예정이었다. 마리는 피에르 퀴리

(Pierre Curie)라는 프랑스 물리학자와 사랑에 빠졌다. 그들은 여름에 결혼했다.

마리와 피에르 퀴리는 베크렐의 발견을 둘러싼 침묵에 매료되었고, 결국 피에르가 가르쳤던 학교의 임시 실험실에서 더 많은 실험을 하게 되었다. 마리와 피에르 퀴리는 폴로늄과 라듐을 발견했으며, 앙리 베크렐과 함께 1903년 노벨 물리학상을 받았다.

*

1896년 1월, 알프레드 노벨은 산레모에서 병에 걸려 편지에 거의 답하지 않았다. 심장에 문제가 생겨 평소에 피했던 의사들을 만나야 했다. 그는 그들의 추측을 좋게 여기지 않았다. 한 의사는 "류머티즘성 통풍"이라고 진단했고, 다른 의사는 "통풍성 류머티즘"이라고 진단했다. 설날 꽃 배달은 여느 때와 같이 진행되었다. 스톡홀름에 있는 조카 루드빅과 그의 아내 발보리(Valborg)에게 초인종이 울렸으며, 꽃바구니가 도착했다. 아름다운 장미는 마치 어떤 마법의 힘에 의해 리비에라에서 무사히 이곳으로 순식간에 옮겨진 것처럼 보였다. 줄리엣 아담으로부터는 열정적인 감사 편지가 왔다. 그녀는 서로 자주 만나지 못한 것을 아쉬워했다.[911]

심장 문제로 인해 알프레드는 초조하고 피곤하며 우울한 상태로 5주 동안 꼼짝 못 하고 누워 있었다. 그는 이제 62세였기에, 그의 신체는 그가 살던 바쁜 삶을 감당하기에 충분하지 않았다. 더 이상 "인생의 절반을 철도에서" 보내는 것이 불가능했다. 알프레드 노벨은 두 가지 결정을 내렸다. 프랑스 다이너마이트 신탁 이사회에서 사임했고, 말라코프 대로에 있는 집을 매각하기 위해 중개인에게 연락했다. 그는 파리에서 사는 날들이 줄었으며 주방 직원을 보포스로 데려가고자 했다.[912]

크리스마스 직전에 알프레드는 편지 작성에 도움을 받기 위해 스웨덴에서 언어에 능통한 비서를 고용하고자 했다. 비서는 너무 아름답거나 너무 젊어서는 안 된다며 루드빅과 발보리에게 지원자를 검토해 달라고 요청했다. 32세의 소피 아흘스트룀(Sofie Ahlström)은 발보리가 "충분히 못생겼다"고 판단하길 진심으로 바랐을 정도로 좋은 성적을 받았다. 그러나 이 판단은 사실이 아니었던 것 같다. 알프레드는 이미 1월에 그녀를 경질하는 이유로 언어 능력 부족을 언급했지만 친구에게 쓴 편지에서 진짜 이유를 솔직하게 얘기했다. 그는 그녀가 "너무 아름답고 특히 너무 젊어 이해심이 좁은 사람들에 의해 오해받을 수 있다"고 적었다. 그 후 알프레드는 아흘스트룀 양에게 그녀의 부드러운 여성성과 그녀가 떠난 후 자신이 느꼈던 고통에 대해 썼다. 그들은 노르웨이의 헨리크 입센(Henrik Ibsen)의 희곡 중 하나를 주제로 계속해서 편지를 주고받았다. "우리는 페르 귄트(Peer Gynt)에 대해 의견이 일치하지 않습니다. 하지만 페르 귄트에 대한 의견의 불일치는 당신이 스트로크에서 보였던 열정적이고 시적인 영혼의 흔적에 내가 감탄하는 것을 방해하지 않습니다. 인생의 황혼까지 그 보물을 간직하려고 노력하세요"라고 알프레드는 썼다.[913]

시간을 보내기 위해 알프레드는 새로운 드라마에 착수했다. 이 작품은 그의 프로젝트 목록에 첸치(Cenci)로 기록되었지만 복수의 여신의 이름을 따서 『네메시스(Nemesis)』로 제목이 변경되었다. 그는 어린 시절 좋아했던 시인 셸리(Percy Bysshe Shelley)처럼 전설적인 베아트리체 첸치(Beatrice Cenci)에 관한 16세기 비극을 희곡으로 쓰고자 했다. 그녀는 자신의 아버지에게 감금되고 학대당했으며, 결국 살인자를 고용해 도망쳤다가 처형된 인물로 알려져 있었다.

알프레드는 공포, 근친상간, 학대, 잔인한 살인을 주제로 한 네 가지 끔찍한 막을 완성했다. 작품에는 "가장 가증스러운" 로마와 "위선적인" 가톨릭교회를 신랄하게 비판하는 내용이 포함되어 있었다. 그는 이 작품을 "가장 끔찍하고 혐오스러운 것들 중 하나"라고 적었다. 그의 작품은 그가 문학상에서 제외하고자 했던 이상적인 방향에서 많이 벗어난 사회의 도덕적 타락을 생생하게 묘사했다. 『네메시스』의 줄거리는 이상적인 삶과는 거리가 멀었다.[914]

알프레드는 희곡 작업 중 베르타 폰 주트너로부터 연락을 받았다. 그녀는 여전히 수입보다 더 많은 돈이 필요했으며, 앙드레는 위험한 기구 탐험을 설계하기 위해 친구가 기부한 거액을 소화하는 데 어려움을 겪고 있었다. 알프레드는 그 돈이 실질적인 도움이 된다는 것을 알고 있었으며, 평화 사업을 위해 20만 프랑을 충분히 사용할 수 있다고 말한 적이 있었다. 베르타는 알프레드가 그것을 떠올릴 수 있도록 은근히 암시했다. 그러나 알프레드는 자신을 변호하며 말했다. "기구 탐험이 성공한다면 분명히 좋은 일을 한 것이고, 세상은 앞으로 나아갈 것이다." 그는 농담으로 "큰 세계 정복의 소식은 미래 어머니들의 감정과 지능을 개발하고, 이는 아이들에게 전해지며, 더 나은 두뇌로의 길을 열어, 결국에는 미래 세대에 평화를 가져다줄 것이다"라고 했다.

베르타는 한숨을 쉬며, 다음 편지에서 그녀는 자신들의 세계 개선 계획을 보여주는 그림을 각각 그려 보냈다. 그녀의 계획에 따르면 이미 세기의 전환기에 첫 번째 평화 재판소를 열 수 있었다. 반면 알프레드의 계획대로라면, 같은 시점에 단지 엔지니어 안드레의 열기구 업적만을 기념할 수 있을 것이었다. 베르타는 개선된 지능을 가진 소수의 사람들이 그 시기에 발생한 전쟁에서 생존할 수는 있겠지만, 전쟁은 여전히 계속될 것이라고 주장했다. 그녀는 알프레드의 계획은 적어도 3000년까지 세계에 평화를 가져오지 못할 거라고 주장했다.

알프레드는 주제를 바꿨다. 그는 다음 편지에서 "나는 비극을 썼다"고 밝히며 베아트리체 첸치에 대한 자신의 희곡에 대해 용서를 구했다. 그는 "근친상간의 추악함이 너무 완화되어 청교도에게 충격을 주지 못한 듯하다"라고 적었다. 이 연극이 "아주 좋은 무대 효과"를 가질 것이라고 생각했다.[915]

베르타 폰 주트너는 열광했다. 그녀는 몇 년 전 알프레드 노벨이 자신에게 시에 대한 열정을 보여주었던 걸 기억했다. 그녀는 이 연극을 번역해 비엔나의 부르크 극장에서 상연하고 싶다고 했다. 열정적인 베르타는 가능한 배우들의 이름을 거론하며, 마케팅 전략까지 구상했으나 알프레드가 연극에서 "성직자를 강하게 비판했다"고 언급하자 이내 진정했다. 베르타는 알프레드의 연극이 비엔나에서 결코 공연될 수 없음을 알고 있었다.

알프레드는 여전히 네메시스에 대한 큰 계획을 가지고 있었다. 그는 처음으로 문학 작품을 완성했다. 조카 루드빅에게 "비극을 썼다. 믿을 수 없는 비극이다. 스톡홀름에 가면 발보리에게 비평과 수정을 부탁할 것이다. 강한 극적 효과가 있기에 과민한 여성은 기절할지도 모른다"고 말했다.[916]

1896년 봄, 엔지니어 앙드레의 북극행 열기구 여행이 점차 가까워짐에 따라 중국산 실크로 만든 프랑스산 열기구가 파리의 마르스 광장(Marsfältet)에서 공개되었다. 건강을 회복한 알프레드 노벨은 며칠 동안 파리를 방문했다. 앙드레는 열기구에 카메라를 장착할 예정이었다. 스베아(Svea) 열기구에서 앙드레의 스톡홀름 사진에 감탄했던 사람들은 높은 관심을 보였다. 북극의 모습을 위에서 내려다볼 수 있을까?[917] 이 모든 광경을 보며 알프레드에게 새로운 아이디어가 떠올랐다. 그는 원격 제어 카메라를 공중에 띄워 사진을 촬영할 수 있지 않을까 고민하기 시작했다.

이렇게 알프레드 노벨의 마지막 연구 프로젝트 중 하나가 탄생했다. 그는 항공 사진이 지형 조사에 유용할 것이라고 생각했다. 그는 이렇다 할 성과 없이 비용만 축내던 "비행 발사체"에 대한 빌헬름 웅게의 실험을 중단시키고, 대신 새로운 아이디어를 실현시키기 위해 파리에 있는 오랜 동료 조르쥬 페렌바흐를 고용했다. 알프레드는 작은 로켓이나 기구로 카메라를 발사하기를 원했다. 카메라에는 낙하산을 장착해 높은 고도에서 분리되어 몇 번의 촬영을 마치고 천천히 내려오게 하는 계획이었다.[918]

1896년 6월 7일 깃발로 장식된 앙드레 탐험(Andrée Expedition)용 배 비르고(Virgo)가 예테보리에서 출항했다. 5만 명의 인파가 항구 주변에 모여들어, 상상할 수 있는 모든 곳에서 영웅들의 모습을 보며 작별 인사를 외쳤다. 탐험가의 리더인 엔지니어 앙드레는 주요 재정 후원자인 알프레드 노벨에게 프로젝트에 대한 최신 정보를 지속적으로 보고했다. 그는 알프레드가 베푼 큰 도움에 대해 "당신이 기초를 놓은 이 작업이 완성되는 것을 보고 만족할 수 있기를 진심으로 바란다"며 감사를 표했다.

알프레드 노벨은 트롬쇠에 도착할 탐험대원 세 명에게 전할 전보를 작성했다. 전보에는 이렇게 적혀 있었다. "지식에 봉사하는 명예롭고 웅장한 세 사람에게 가장 진심 어린 인사를 드리고 행운을 빕니다."[919]

*

피곤한 여행을 줄이려는 야심이 있었지만 결국 알프레드는 저항할 수 없었다. 6월에 그는 다시 스웨덴으로 떠났다. 한 달 동안 보포스에 머물 수 있었지만, 7월 중순부터 베를린, 런던, 파리를 거치는 일정으로 여행 속도가 다시 빨라졌다. 모든 것이 평소와 같았다.

스웨덴을 떠나기 전에 알프레드는 노르셰핑(Norrköping) 외곽의 게토(Getå)에 있는 그의 형 로베르트를 잠시 방문했다. 짧은 방문 동안, 로베르트의 막내 딸 티라(Thyra)를 생각했다. 게토에서의 일상은 23세의 소녀에게 지나치게 고요하고 따분할 수 있었지만, 다행히 방문객이 올 때마다 활기를 되찾았다. 알프레드가 급히 떠난 뒤, 티라는 편지를 보내 "삼촌이 나를 위해 남긴 친절의 작은 자취"에 대해 진심으로 감사를 표했다. 그 친절은 티라와 그녀의 형제자매들에게 반복적으로 지급된 반기 지급금이었다. 이러한 지원은 그들의 삶을 훨씬 더 밝게 만들었고, 게토는 아마도 그들에게 특별한 장소로 남았을 것이다. 티라는 편지에 이렇게 썼다. "오늘 삼촌과의 대화 덕분에 더 번화한 곳으로 이동할 수 있게 되어 기쁨과 감사의 마음을 보냅니다."

로베르트는 8월 초에 67세 생일을 맞이했다. 그는 짧은 칼마르 여행에서 "회복"되어 막 돌아왔다. 그의 아들 엠마누엘은 최근 "특별히 멋진" 러시아 종마를 선물하여 그를 기쁘게 했다. 티라는 로베르트가 비정상적으로 좋은 상태에 있었다고 전했다. 그는 이제는 정말로 건강이 좋아졌다고 강하게 주장했다고 썼다. 그러나 주변 사람들은 그의 말을 완전히 믿지 않는 듯했다.

2주 후, 알프레드는 파리에서 로베르트의 아내 폴린의 전보를 보고 놀랐다. 전보에는 이렇게 적혀 있었다. "로베르트가 어젯밤 갑자기, 예기치 않게, 고통 없이 사망했습니다."[920]

알프레드는 장례식을 위해 서둘러 스웨덴으로 돌아갔다. 그는 "우리 가족은 생리학적 이유로 가사 상태에 빠지는 경향이 있으므로, 로베르트를 부검하고 그의 동맥을 잘라보는 것이 좋겠다"고 조언했다. 라그나르 솔만에게는 집으로 가는 이유와 슬픔을 전하며 이렇게 말했다. "나는 형제들 중 비교할 수 없이 약한데도 아직, 비록 상태는 좋지 않을지언정 살아 있는데 다른 형제들은 이미 영원의 품에 안겨 잠들어 있다."[921]

다음 좌절은 전보로 전해졌다. 8월 말경, 북극해의 트롬쇠에서 알프레드에게 보내진 것이었다. 3주 동안 엔지니어 앙드레와 그의 동료 여행자들은 기구를 준비하며 바람이 잘 통하기를 기다리고 있었다. 알프레드는 앙드레를 비요르크보른(Björkborn)에서의 점심 식사에 초대하며, 불필요한 위험을 감수하지 않기로 한 현명한 결정을 축하했다. 또한 알프레드는 앙드레가 기구를 타고 북극에 도달하려는 다음 시도에 대해서도 재정 지원을 약속했다. 그는 편지에서 이렇게 썼다. "가능한 한 단단한 기구, 지도자의 용기와 의지를 공유하는 동료들, 바람의 신 오루스(Eolus)의 도움으로 모든 것이 잘될 것입니다."[922]

*

희곡『네메시스』는 알프레드 노벨의 생애 마지막 몇 달 동안 그의 머릿속을 채웠다. 발보리의 어머니인 작가 요세피나 베테르그룬드(Josefina Wettergrund)는 빨간 펜으로 대본을 검토하며 철자 오류를 대부분 수정했다. 알프레드는 이 작은 개선들에 만족했지만, "다른 사람과 함께 날기보다는 자신의 날개로 추락하고 싶다"는 이유로 대본에 대한 큰 수정은 원하지 않았다.

보포스에 머무는 동안 그는 랑느힐드 솔만(Ragnhild Sohlman)에게『네메시스』를 노르웨이어로 번역해 달라고 요청했다. 그는 "스웨덴의 검열과 애국적 그늘"에서 벗어나기 위해 노르웨이에서 희곡을 출판하려는 계획을 세웠다. 이후 파리로 이동하며 옷을 갈아입고 원고를 가지고 갔으며, 비즈니스 담당자의 도움을 받아 타자기로 인쇄했다.[923]

알프레드 노벨은 스웨덴에서 단 하나의 프로젝트를 남겨두고 있었다. 그것은 루드벡(Rudbeck) 출신의 부드러운 성격의 소피아 아레니우스(Sofia Arrhenius)에 관한 일이었다. 소피아는 스톡홀름 대학교 화학 교수 스반테 아레니우스(Svante Arrhenius)와 결혼했지만, 최근 결혼 생활이 파탄 났다. 소피아는 학문적으로 열정적이고 공부하기를 원했지만, 그녀의 전남편은 그녀를 전통적인 가정주부로 상상했다. 스반테 아레니우스는 당시 과학계에서 떠오르는 스타였다. 그는 1896년 봄에 대기 중 이산화탄소 농도의 증가가 지구 기후에 미칠 영향을 계산한 기사를 발표했다. 이 연구는 화석 연료가 그러한 기후 변화의 잠재적 원인이라는 사실을 예견한 것이었다. 이후 그는 1903년에 노벨 화학상을 수상하게 된다.[924]

소피아 아레니우스는 생계를 유지하기 위해 새로운 길을 찾아야 했다. 그녀는 대학에서 물리학과 화학을 전공했으며, 보포스에서 잠시 일하기도 했다. "제가 할 수 있는 사전 조사 작업이 없나요?" 그녀는 알프레드 노벨에게 편지를 보냈다. 알프레드 노벨은 1896년 10월 남쪽으로 떠나기 전에, 이혼한 소피아 아레니우스에게 유급 연구 과제를 제안했다. 그것은 다양한 종류의 유리에 대한 열방사 연구였다.[925]

알프레드는 프레드릭 융스트룀과 함께 코펜하겐 여행에 합류했다. "스베아 자전거(Svea-cykeln)"의 성공은 계속되고 있었고, 알프레드의 도움으로 영국에 자전거 회사가 설립되었다. 곧 자전거 공장이 가동되기를 기대하고 있었다. 융스트룀은 "페리가 해협을 건널 때 우리는 갑판 위에서 이슬비를 맞으며 앞뒤로 걸으며 친밀한 대화를 나누었다. 그는 「프리티오프(Frithiof)의 무용담」 구절을 낭송했는데, 그것을 듣는 것은 나에게 큰 기쁨이었다. 코펜하겐에 도착한 후 우리는 헤어졌고 그를 다시는 만날 수 없었다. 그를 생각하면 내 늙은 혈관에 피가 뜨겁게 흐른다"라고 60년 후의 회고록에 썼다.[926]

알프레드 노벨은 코펜하겐에서 산레모로 가는 길에 파리에서 잠시 머물렀다.

그곳에서 그는 다시 심장 문제를 겪기 시작했다.

그는 여러 의사와 상담하고 새로운 약을 추천받았다. 그가 니트로글리세린을 처방받았다는 것은 운명의 아이러니처럼 들린다. 약국과 대중을 놀라지 않게 하기 위해 그것을 트리니트린(Trinitrin)이라고 부른다고 알프레드는 라그나르 솔만에게 농담처럼 편지에 썼다. 그는 혈전이 있고 그것이 그의 생명을 위협할 수 있다는 의사들의 소견은 언급하지 않았다.

라그나르는 니트로글리세린이 없는 새로운 화약 샘플을 보냈다. 알프레드는 그를 칭찬하며 새로운 무연 화약이 자신이 만든 이전 화약을 완전히 대체하게 될 거라고 예측했다. 그는 "나의 제품이 세상에서 사라질 수 있기를 정말 고대한다"고 썼다.[927] 조카들은 로베르트가 사망한 후에 처리해야 할 실무적인 문제로 연락했다. 알프레드는 스톡홀름에 돌아왔을 때 폴린(Pauline), 티라, 얄마르가 함께 자신을 맞이해 준 것에 기뻐했다. 어머니처럼 자주 그리고 행복하게 운율을 따랐던 루드빅의 아내 발보리는 알프레드의 63세 생일에 다음과 같은 구절로 격려했다.

> 1896년 10월 21일 알프레드 삼촌께!
> 10월은 우울하고, 10월은 회색이지만,
> 그럼에도 불구하고 나는 노래를 부르고 싶습니다.
> 10월은 우리에게 좋은 선물을 주었습니다.
> 사랑하는 우리 모두는 하얗게 변했습니다.
> 그리고 우리가 모두 소중히 여기는 선물 –
> 그 선물은 바로 당신입니다![928]

알프레드는 한 달 넘게 파리에 머물렀다. 그는 임박한 죽음을 한탄하는 데 익숙해져 있었다. 그러나 실제로 죽음이 얼마 남지 않았음이 명백해지자, 그는 자기연민과 운명적인 톤을 완전히 자제했다. 오히려 그는 미래를 내다보았다. 그는 비요르크보른에서 100병의 보르도 와인을 주문하고, 엔지니어 앙드레에게 마지막으로 만 크로나를 다음 원정대에 송금할 것을 약속했다. 그리고 파리에서 희곡 『네메시스』를 출판할 적합한 인쇄소를 찾았다.

11월에는 스웨덴-노르웨이 교회를 방문해, 파리의 스칸디나비아 병원에 보조금을 신청한 나탄 쇠데르블롬(Nathan Söderblom)을 만났다. 나탄 쇠데르블롬은 30세의 나이에 비해 어리게 보였기에, 파리에서는 그가 어린아이 같은 인상을 준다고 생각하는 사람들도 있었다. 그러나 나탄 쇠데르블롬은 스웨덴 교회의 대주교이자 세계적인 명성을 가진 신학자가 되었다. 기독교를 통합하려는 노력으로 1930년에 노벨 평화상을 수상하게 된다.

나탄 쇠데르블롬은 1894년 봄, 네 살 어린 아내 안나(Anna)와 함께 파리에 도착했다. 알프레드 노벨은 가난한 파리의 스웨덴인을 위한 모금 활동에 초기부터 참여했다. 이제 그 목사는 병원을 짓기를 원했다. 쇠데르블롬은 몽소 공원(Parc Monceau) 근처의 건물 4층에 살았다. 알프레드가 벨을 누르자 등장한 그는 크게 눈에 띄지 않는 차림새였다. 그의 소박한 옷차림과 굽은 자세는 기부하는 사람보다는 도움을 받기 위해 기다리는 가난한 사람들과 더 잘 어울렸다.

쇠데르블롬과 노벨은 병원 자금 조달에 대해 이야기했다. 쇠데르블롬이 나중에 말했듯이 알프레드는 비용 추산을 요청했고 "큰 베이스 플레이트"를 약속했다. 그러나 알프레드에게는 또 다른 목적이 있었다. 그는 자신의 희곡 초판을 교정할 수 있는 사람을 찾고 있었다. 나탄은 그의 아내 안나를 추천했고 그렇게 되었다. 희곡을 읽기 시작한 그녀는 남편에게 "종교와 종교 남용의 차이점"에 관한 글을 가능한 한 빨리 노벨에게 보내라고 제안했다.[929]

그 목사는 나이가 든 발명가에게 매료되었다. 나이 든 발명가는 의심의 여지가 없는 창의적인 천재였지만, 그의 내면에는 기이함과 연민이 섞여 있었다. 노벨이 보여주는 넓은 마음에 쇠데르블롬은 자신들이 영적인 면에서도 서로 통했다고 느꼈다. 나중에 나탄 쇠데르블롬은 노벨이 깊은 신앙이 있었다고 주장했다.[930]

11월 중순, 두 사람은 스웨덴-노르웨이 협회에서 열린 큰 연회에서 나란히 앉았다. 새로운 스웨덴 총영사 구스타프 노르들링(Gustaf Nordling)의 취임을 축하하는 자리였다. 알프레드 노벨은 목사 옆에 앉아 "모델 병원"에 대한 논의를 이어갔다. 그는 "모든 과학 자원이 활용되기를 바란다"고 말했으며, 쇠데르블롬에 따르면 새로운 인종 생물학 연구에 관심을 보였다고 했다.[931]

아마도 알프레드는 자신의 유언장에서 스웨덴-노르웨이 협회를 삭제한 것에 대해 양심의 가책을 느꼈을 것이다. 연회가 끝나고 며칠 후 그는 새 가구와 카펫을 사기 위해 상당한 금액의 수표를 썼다. 그 돈은 호두나무로 된 식당 가구 전체, 영국식 클럽 스타일의 안락의자, 커다란 동양식 양탄자 두 개와 전기 샹들리에를 사는 데 충분했다. 회장 시구르드 에렌보리는 나중에 알프레드 노벨에게 감사의 편지를 보냈다.

물리치료사 에렌보리는 이탈리아로의 여행을 앞둔 알프레드 노벨을 걱정했다. 에렌보리는 알프레드에게 산레모에 있는 동료(kollega)의 이름을 알려주었고 그에게 매일 마사지를 받는 걸 추천했다. "심장과 소화, 혈액순환에 좋을 것입니다."[932]

베르타 폰 주트너도 연락을 했다. 최근 편지에서 알프레드는 자신이 앓고 있는 심각한 심장 문제에 대해 언급했다. 그 소식은 그녀를 슬프게 했다. 그러나 알프레드가 어떻게 자신에게 심장이 없다고 주장할 수 있었는가? 이보다 더 잘못된 것은 없다. 베르타 폰 주트너는 평화운동의 모든 구체적인 성공 사례를 나열했다. "당신의 도움이 없었다면 저는 아무것도 할 수 없었을 것입니다." 그녀는 "당신"이라는 단어를 네 번 강조했다. "나는 두 손 모아 부탁합니다. 당신의 지원을 절대 철회하지 마세요. 우리 모두를 기다리고 있는 무덤 저편에서조차도."[933]

알프레드 노벨은 그의 집사인 오귀스트 오스발트(Auguste Oswald)와 화학자 휴 베킷(Hugh Beckett)이 기다리고 있는 산레모로 출발했다. 오스발트와 베킷은 알프레드의 기분 변화와 병에 익숙했는데, 이번에는 그가 빨리 회복된 것 같다고 생각했다. 알프레드는 자신의 상태에 대해 이상하게 동요하기까지 했고 편안하다고 말했다.

알프레드는 이전과 마찬가지로 이른 아침부터 늦은 저녁까지 근무 시간 동안 새로운 실험에 열성적으로 몰두했다. 그는 자신이 젊어졌다고 주장했으며, 요즘

에는 승마까지 시작했다고 말했다.[934]

그는 죽음을 속인 사람처럼 행동했다.

알프레드는 에렌보리의 조언을 따랐고 매일 치료를 받았다. 물리치료사는 "간, 비장 및 머리"를 마사지했고, 알프레드는 몸이 좋지 않은 것을 느끼기 시작했다. 그는 의사의 왕진을 요청했다.

12월 8일 화요일 점심 식사 직후, 울리세 마르텐니에리 박사(Dr. Ulisse Martennieri)는 빌라 노벨에서 알프레드 노벨을 진료했다. 알프레드는 왼쪽 목에까지 퍼지는 두통이 있었다고 호소했다. 며칠 동안 그 증상을 달고 있던 그는 마사지를 시작하기 전에 의사와 상의하지 않은 것을 후회했다. 그는 자신에게 혈전이 있다는 것을 알고 있었다. 의사는 코카인 혼합 캡슐을 처방했다. 알프레드는 의사를 정문까지 배웅하는 동안 별로 아프지 않은 것 같다고 느꼈다.

오후 5시, 마르텐니에리 박사는 다시 빌라 노벨로 불려갔다. 이번에는 상황이 더 급했다. 알프레드 노벨은 침대에 누워 있었다. 그의 오른팔이 갑자기 마비되었으며 20분 동안 지속되었다.

"혈전이 아닐까요?" 알프레드가 물었다.

"예, 하지만 그렇게 크지 않습니다. 당신은 팔의 움직임과 감각을 되찾았습니다." 의사가 대답했다. 그는 상태를 관찰하기 위해 몇 시간을 더 머물렀다. 그런 다음 그는 10분마다 머리에 얼음주머니를 올려놓도록 처방하고 다시 돌아오겠다고 약속했다.

45분 후, 빌라 노벨에서 새로운 알람이 울렸다. 집사 오귀스트 오스발트는 노벨이 다시 악화됐다고 말했다. 의사가 도착했을 때 알프레드는 오른쪽 전체가 마비되어 말을 할 수 없었고, 그의 얼굴은 일그러져 있었다.

마르텐니에리는 혈전이 아니라 출혈일 수도 있겠다고 생각했다. 그는 알프레드의 관자놀이에 혈거머리 다섯 마리를 붙였다. 그는 동료를 불렀고, 환자의 옆에 머물렀다. 1896년 12월 8일 화요일이 끝났다. 밤 동안 알프레드 노벨의 상태가 악화되더니 결국 다음 날 삼키는 것을 멈췄고 수요일 밤 혼수 상태에 빠졌다.

의사들은 희망이 없다고 선언했다. 마르텐니에리 박사는 보고서에서 "12월 10일 새벽 2시에 노벨은 죽음의 투쟁 없이 조용히 잠들었다"고 썼다.

알프레드 노벨은 그의 삶처럼 마지막 날도 외롭게 지냈다. 그는 홀로 슬픈 순간에 가장 두려워했던 운명에 직면했다. "오직 보수를 받고 헌신한 사람들에게만 둘러싸여 죽음을 맞이하는 것, 내가 무엇을 물려줄 것인지 끊임없이 궁금해하는 내 주변의 노련한 하인들에 둘러싸여 영원한 안식에 들어가는 것."

그의 서재 책상에서 라그나르 솔만에게 보낼 미완성 편지가 발견되었다. 그것은 무연화약에 관한 것이었다. 알프레드 노벨의 생애 마지막 지출 항목이 포함된 회계 장부도 있었다.

"다양한 자선 활동. 500프랑."[935]

NOBEL

5부

"유언장은 인류에 대한 사랑의
장엄한 기념물로 남아 있습니다."

『르 피가로』, 1897년 1월 7일

Alfred Bernhard Nobel

노르웨이의 모든 빛, 그리고 평화

홀멘콜렌에서 열린 5마일의 스키 대회 직후, 스웨덴 사람이 오슬로로 여행하는 것은 쉽지 않았다. 중요한 스키 대회에서 화합을 이루는 경우가 드물기 때문이다. 2019년 3월 초, 헨리크 입센 게이트(Henrik Ibsens gate)는 1897년 1월 알프레드 노벨의 노르웨이 평화상 수여 소식에 많은 스웨덴 사람들이 느꼈던 굴욕을 떠올리게 했다. 이는 스웨덴에서 열린 올림픽에서 노르웨이 선수가 1위, 2위, 3위를 차지한 것과 비교할 수 있을 것이다.

노르웨이 노벨 연구소는 오슬로의 슬롯스파켄(Slottsparken) 근처의 아름다운 아르누보 건물에 100년 넘도록 자리 잡고 있었다. 이 건물은 스웨덴 영토로 간주된다. 제2차 세계대전 중 독일 점령군은 갑자기 스웨덴에 진입하는 것을 두려워해 이곳에 들어갈 수 없었다. 노르웨이는 1940년 기습 공격 당시 이미 알프레드 노벨의 도움을 받았다. 4월 9일 이른 아침, 200명의 병사를 태운 독일 순양함이 오슬로 피요르드를 따라 올라갔다. 오스카보리(Oscarsborg) 요새에는 1893년에 노벨의 무연화약 포탄으로 장전한 3문의 노르웨이 대포가 있었다. 몇 발이 명중하자 선두에 있던 독일 함선 블뤼허(Blücher)가 침몰했다.

노벨 연구소 소장 올라프 욜스타드(Olav Njølstad)는 노르웨이 노벨 위원회 위원 다섯 명이 매년 평화상 결정을 내리는 가장 신성한 장소 바로 옆에 자신의 방을 두고 있다. 우리는 내부를 들여다보았다. 방은 칙칙한 녹색으로 꾸며져 있었다. 타원형 마호가니 테이블 위에는 크리스털 샹들리에가 반짝였다. 벽에는 차가운 프레임 안에 모든 평화상 수상자의 이름이 적혀 있었다.

몇 주 전, 2019년 수상자에 대한 첫 번째 심사가 바로 여기에서 이루어졌다. 역대 가장 많은 인원 중 하나인 301명의 평화상 후보가 훨씬 적은 수의 짧은 목록으로 축소되었다. 정확히 몇 명인지는 알 수 없지만, 보통 "후보자의 5~10퍼센트"가 될 것이다.

이번 라운드에서 다른 후보들은 탈락했지만, 남은 사람이나 단체는 후보자로 지명되었다. 노르웨이 노벨 위원회의 비서이기도 한 올라프 욜스타드는 세계에서 무슨 일이 일어나면 새로운 후보가 마지막 순간에 다시 등장할 수 있다고 설명한다.

노벨 평화상이 1897년 1월에 알려지자마자 정치적인 중요성을 갖게 되었다. 노르웨이의 자부심이 강화되었으며, 최근 사망한 한 기증자는 노르웨이가 스웨덴보다 더 진보적이고 민주적이며 평화 지향적인 국가라고 생각했다.

올라프 욜스타드는 "노르웨이 의회(Storting)의 분위기가 전혀 평화적이지 않았기 때문에 흥미롭다"고 말했다. 노르웨이는 평화운동을 지지했지만 연합 간 갈등이 심화되면서 1890년대는 노르웨이 역사상 가장 강력한 군비 확장 기간 중 하나가 되었다. 노르웨이 의회는 무력 충돌 시 스웨덴에 맞서기 위한 요새를 건설하는 데 거액을 할당했다.

노벨 평화상에 대한 책임은 노르웨이에게 독립적인 외교 정책 역할을 수행할 수 있는 기회를 제공했다. 이 나라의 가장 중요한 장관이 최초의 노벨 위원회에 참여했으며, 중요한 국무위원들이 다수 참여해 외교적으로 활용할 수 있는 기회였다. 노벨상 연구자인 이바 리벡(Ivar Libaek)이 보여준 바와 같이, 1905년 연합 해체 전까지 노벨 연구소는 유럽 국가 지도자들에게 노르웨이의 주장을 퍼뜨리기 위해 비밀리에 사용된 것처럼 보였다.

노르웨이 의회가 다섯 명의 노벨 위원회 위원을 임명하는 방식은 그대로지만, 오늘날에는 현직 정치인이 더 이상 임명될 수 없다. 전환점은 1930년대에 나치 수용소에 있던 독일 평화주의자 칼 폰 오시에츠키(Carl von Ossietzky)에게 평화상이 수여되면서 찾아왔다. 노벨 위원회에 노르웨이 국무위원이 포함되자, 히틀러는 이 상을 정부 결정으로 인식하며 분노했다.

오슬로의 상 수여자들은 강한 반응에 익숙해졌다. 특히 수상이 명백한 "평화 지지자"에게 돌아가지 않을 때 더욱 그랬다. 지난 50년 동안 인권과 민주주의를 위한 노동과 같은 새로운 개념이 추가되었다. 기후 연구도 포함되었다. 올라프는 첫 번째 노벨상 수상자가 배출된 1901년에도 고려해야 할 범위가 넓었음을 상기시켰다. 당시에는 평화 투쟁(Frédéric Passy)과 인도주의적 활동(적십자)으로 나뉘어 수여되었는데, 후자는 알프레드 노벨이 생각한 공식적인 "민족의 형제애"를 의미했다.

올라프는 1897년에서 1901년 사이 노벨 위원회에 "수신된 편지"라는 첫번째 수기 등록부를 꺼내왔다. 나는 호기심 가득한 마음으로 넘겨보았다. 최초의 평화상 제안은 1897년 1월에 접수되었으며, 세 명의 미국인과 한 명의 러시아인이 스스로 노벨상을 신청했다. 베르타 폰 주트너는 자신을 추천하지 않았다. 하지만 1901년 첫 번째 평화상 수상 연도에는 몇 차례 추천을 받았다. 그녀는 노벨 위원회에 편지를 보내 시상 대상에 조직을 포함한다는 결정에 대해 항의했다. 그녀는 그것이 알프레드 노벨이 생각했던 방식이 아니라고 지적했다. 그는 인류를 위한 창의적인 개인의 공헌을 기리고 싶어 했다고 했다.

"그녀는 거기서 자신을 생각하지 않았을까? 만약 그렇다면, 당연한 일이다."

올라프 욜스타드는 동의하며 1901년 명단이 포함된 노벨 위원회 최종 보고서를 나에게 보여줬다. 역사적인 평화상은 열 명의 남성과 세 개의 기관 중에서 하나를 선택했던 것으로 보인다. 베르타 폰 주트너의 이름은 포함되지 않았다.

베르타 폰 주트너는 새천년이 시작되는 1900년, 지구상에 평화가 실현되기를 바랐다. 알프레드 노벨은 처음에 그의 상을 통해 평화가 정착되기까지 최대 30년이 필요하다고 믿었다. 그러나 2019년 봄, 우리에게는 아직 평화가 정착되지 않았다. 무엇이 잘못되었을까?

세계 최고의 평화 및 분쟁 연구자 중 한 명을 만나기 위해 웁살라 대학교에 갔다. 피터 월렌스틴(Peter Wallensteen) 교수는 인기 있는 과목인 "평화의 발원

(Causes of Peace)" 강의를 한다. 우리가 만났을 때, 그는 전쟁의 승자가 평화를 안정적으로 유지하기 위해 무엇이 필요한지에 대해 이야기하고 있었다. 패자는 존경과 존엄으로 대우받아야 한다는 것이 핵심이었다.

피터 월렌스틴은 1870~1871년의 프랑스-프로이센 전쟁 후 복수에 대한 열망이 제1차 세계대전과 제2차 세계대전 모두에서 어떻게 반복되었는지에 대한 실례를 들며 학생들에게 "전쟁에서 얼마나 많은 나쁜 승리가 있었는지 보는 것은 매혹적"이라고 말했다.

피터 월렌스틴은 내 질문을 이해했다. "네, 아마도 우리 평화 연구원들이 활동을 종료하기까지는 시간이 좀 걸릴 것입니다. 그러나 우리는 단련되었으며 아무도 포기하지 않았습니다. 우리는 베르타 폰 주트너처럼 높은 목표를 설정하지 않습니다. 전쟁 횟수를 줄이고 군비 축소로 가는 길을 찾을 수만 있다면 만족할 것입니다."

피터 월렌스틴은 1960년대부터 평화 연구에 참여해 왔으며, 세계적으로 잘 알려진 분쟁 데이터베이스를 만든 것으로 유명하다. 그는 제2차 세계대전 이후 전쟁 발발 추이를 물결로 설명했다. 냉전이 끝날 때까지 세계의 무력 분쟁 수는 꾸준히 증가했다. 그 후 2003년에야 평평해지기 시작하면서 장기간의 안정적 감소가 이어졌다. 그러나 8년 후, 전쟁의 수가 갑자기 증가했고, 이는 2014년 이후 더 많은 전쟁이 발생하면서 더욱 확대되었다. 그는 시리아, 예멘, 리비아 및 콩고에서의 전쟁을 예로 들었다. 피터 월렌스틴은 "오늘날 우리는 1990년과 같은 상황으로 돌아왔다. 세계에는 50개의 진행 중인 분쟁이 있다"라고 한숨 쉬며 말했다.

두 차례의 세계 대전은 알프레드 노벨에게 암울한 결과를 가져다주었다. 그러나 피터 월렌스틴은 평화상이 평화에 큰 영향을 미쳤으며 긍정적인 영향을 끼쳤다고 여전히 믿고 있다.

알프레드 노벨은 평화 문제에 대해 완전히 새로운 관점을 제시했다. 그는 세계 최초의 평화상이자 국제적 평화상을 창설한 인물이었다.

노벨상은 국제 사회에서 평화 문제를 중요한 의제로 올려놓았고, 그 자리를 유지하게 만들었다. 일부 평화 연구자들도 원치 않았던 수상자들이 있었다. 피터는 1973년 헨리 키신저(Henry Kissinger)와 레득토(Le Duc Tho)의 수상을 언급하며, 그 상이 "냉소적인 폭격 캠페인"으로 강요된 평화 협정이라고 비판했다. 그러나 그는 유언장에 명시된 특정 항목에 너무 집착할 필요는 없다고 했다. 피터 월렌스틴은 노벨이 중재자와 평화 회의의 중요성이 줄어든 현대 평화 활동도 포함할 수 있을 만큼 충분히 열려 있었다고 강조했다.

"인민의 형제애"는 많은 것을 담을 수 있는 훌륭한 용어이다. 노벨의 세계에는 인권이나 기후 문제가 존재하지 않았고, 그때는 세계가 새로운 갈등의 원인을 마주하고 있었다. 예를 들어 부패 문제도 포함되어야 한다고 생각한다. 피터는 우리에게 평화롭게 산책을 가자고 제안했다. 그는 보통 학생들과 함께 그런 산책을 했다. 웁살라는 스스로를 "평화의 도시"라고 불렀다. 우리는 곧 평화상 수상자들을 위한 기념비 사이를 산책할 것이다. 그러나 피터 월렌스틴은 평화는 결코 개인의 일이 아니고 본질적으로 집단적 과제라고 지적했다.

우리는 1930년 평화상 수상자가 거주했던 대주교의 저택 앞에서 멈췄다. 그는 바로 옆에 청동상으로 서 있었다. 동상은 외투를 입고 가슴에 십자가를 들고 있는 권위 있는 사제의 형상이었다. 그의 이름은 나탄 쇠데르블롬(Nathan Söderblom)이다.

22장
위대한 인정

집사인 오귀스트 오스발트는 알프레드 노벨의 상태가 악화되자마자 큰 조카에게 전보를 보냈다. 또한 그는 보포스에 있는 라그나르 솔만에게도 전보를 보냈다. 그들은 모두 그날 늦게 기차를 타고 산레모로 향했다. 라그나르는 내쇠(Nässjö)에서 얄마르와 합류했다. 12월 10일, 코펜하겐에서 휴식을 취하는 동안 그들은 부고장을 받았다. 아마도 슬픈 여정이 될 것이었지만, 여전히 가는 것이 옳다고 느껴졌다. 라그나르는 랑느힐드(Ragnhild)에게 편지를 썼다.[936]

엠마누엘 노벨이 가장 먼저 도착했다. 그와 집사 오귀스트는 산레모의 역에서 알프레드의 수행원과 함께 다른 사람들을 맞이했다. 라그나르가 빌라 노벨에 도착했을 때 가장 먼저 본 것은 부지에 새로 지어진 집이었다. 오귀스트는 알프레드가 공장을 여러 번 방문하는 동안 라그나르와 랑느힐드를 자신의 집으로 불러 놀라게 하려고 했었다고 밝혔다. 라그나르는 더할 수 없는 슬픔에 압도당했다. 그는 3년 동안 알프레드 노벨의 생각 속에서 살아 있었다. 하지만 이제 끝났다. 그는 침실로 올라가 죽은 사람에게 다가갔다. "친구이자 은인을 다시 뵙게 되어 감격스럽다. 이제 얼굴이 변하기 시작했고 늙어 보인다"라고 랑느힐드에게 다시 편지를 썼다.[937]

라그나르는 책상 위에서 알프레드 노벨이 자신에게 마지막으로 보내려던 짧은 편지를 발견했다.

"안타깝게도 건강이 다시 나빠져서 몇 줄을 쓰기 힘들지만 최대한 빨리 관심 있는 주제로 돌아올 것이다.

　다정한 친구 A. 노벨"

　집 안에는 긴장감이 감돌았다. 얄마르와 엠마누엘은 삼촌의 유언장을 찾았지만, 그건 알프레드가 1893년에 쓴 오래된 유언장이었다. 그 유언장에는 "1895년 11월 27일에 무효화됨"이라고 쓰여 있었다. 스톡홀름 엔스킬다(Stockholms Enskilda) 은행의 수령증을 찾고 나서야 그들은 진정할 수 있었다. 유언장은 스톡홀름에서 공개되었고, 중요한 세부 사항이 얄마르와 엠마누엘에게 전보로 전달되었다. 여기에는 산 채로 매장되는 것을 두려워한 알프레드가 경동맥 절단을 원했다는 내용이 포함되어 있었다. 라그나르 솔만은 알프레드가 자신에게 알리지 않고 스웨덴 엔지니어 루돌프 릴리예퀴스트(Rudolf Lilljequist)와 함께 자신을 집행자로 임명했다는 소식을 듣고 놀랐다. 그 엔지니어는 알프레드 노벨이 최근에 돈을 투자한 벵츠포스(Bengtsfors)에서 전기화학 공장을 운영하고 있었다. 라그나르가 알기로는 그 둘이 많이 만난 적은 없었지만, 릴리예퀴스트는 알프레드와 마찬가지로 국제적인 풍모를 지녔고 영어로 이야기하기를 더 좋아했다. 라그나르가 그 소식을 전하자, 그 엔지니어는 "전보를 이해하지 못하겠습니다. 유언장에 제 이름이 나와 있나요?"라고 물었다.[938]

　산레모에 있는 스웨덴-노르웨이 영사는 모든 방을 봉인했다. 알프레드의 얼굴에서 데스 마스크를 뜨기 위해 모델을 만들었다. 시신은 빌라 1층에 검은 천으로 덮인 참나무 관에 안치되었고, 곧 아름답고 향기로운 화환으로 덮였다.

　무거운 책임이 26세인 라그나르 솔만의 어깨에 얹혀졌다. 그는 어머니에게 보낸 편지에서 "개인적으로는 알프레드 노벨의 미완성 아이디어를 완성하고 싶지만, 유언장이 어떤 내용을 담고 있는지 모르겠습니다"라고 썼다.[939]

　파리에서 젊은 목사 나탄 쇠데르블롬(Nathan Söderblom)은 산레모로 편지를 보냈다. 알프레드의 요청에 따라 그는 스칸디나비아 "모델 병원"의 비용을 정리해 보냈다. 알프레드 노벨은 이 병원에 후원을 약속했었다. 연회 만찬에서 알프레드가 제안한 흥미로운 연구 아이디어에 만족한 목사는 그에게 프로젝트 위원회 자리를 제안했었다.

그러나 그의 편지는 너무 늦게 왔다. 쇠데르블롬은 대신 산레모로 부름을 받아 장례식을 거행하게 되었다. 파리의 집에서 그의 아내 안나 쇠데르블롬(Anna Söderblom)은 알프레드의 희곡『네메시스』의 새로운 교정에 최선을 다했다. 나탄 쇠데르블롬은 떠나기 전에 그 교정본을 챙겼다. 론(Rhone)강의 풍경이 기차 창밖으로 춤추듯 지나갔다. 그는 희곡을 읽으며 자신의 연설을 준비했다.『네메시스』는 이상하고 심지어 신성모독적인 연극이었다. 하지만 그는 이 작품에서 무엇인가를 찾을 수 있을 것이라 생각했다. 새벽 3시 30분에 목사는 산레모 호텔에 도착해 "지중해의 규칙적인 파도 소리를 들으며 잠이 들었다."

다음 날 점심 식사 직후, 빌라 노벨에서 예배가 거행될 때 태양은 빛나고 있었다. 시인은 "보호해 주는 산맥과 햇살에 반짝이는 지중해의 푸른 물결 사이에서의 평온한 날씨"를 묘사했다. 쇠데르블롬 목사는 작은 군중 앞에서 알프레드 노벨의 성숙한 내면과 인류를 위해 그가 이룩한 승리에 대해 이야기했다. 그는 "식어가는 이마에 손을 얹을 아들이나 어머니의 손길 없이 죽음을 맞이한 외로운 남자"에 대해 애통해했다. 목사는 알프레드의 마음이 마지막까지 따뜻하고 민감했음을 증언할 수 있다고 말했다. "죽음 앞에서는 백만장자와 오두막의 빈자 사이에 차이가 없습니다. 천재와 평범한 사람 사이에도 차이가 없습니다. 쇼가 끝나면 우리는 모두 같습니다"라고 쇠데르블롬 목사는 말했다.

아침에 그는 알프레드의 서재에 다녀오면서 "부지런히 사용되고, 닳고, 밑줄이 많이 그어진" 아름다운『성경』을 발견했다. 쇠데르블롬은 자신의 생각을 확고히 했다. 그는 연설에서『네메시스』의 구절을 인용했다. "당신은 죽음의 제단 앞에 서 있습니다! 이 삶과 내세는 영원한 수수께끼입니다. 그러나 꺼지는 불꽃은 우리를 거룩한 헌신으로 일깨우고 종교를 제외한 모든 목소리를 잠잠하게 합니다. 영원이라는 말이 있습니다."

그 후 나탄 쇠데르블롬은 기차역으로 향하는 행렬에 합류했다. 밖은 이미 어두워져 있었다. 오케스트라는 쇼팽의 장송곡을 연주했고, 도로에는 지역 신문 부고란을 읽고 몰려든 수많은 군중이 줄지어 서 있었다. 그는 오랜 시간 동안 도시의 손님으로 머물렀으며, 많은 이들에게는 "일을 할 수 없더라도 하루 일당을 지불해 주었던" 노동자의 친구로 묘사된 인물이었다.

라그나르 솔만은 알프레드의 관을 기차로 스웨덴까지 옮길 것을 강력히 주장했다. 그는 알프레드가 점점 더 고향에 대한 애착을 느꼈으며, 스웨덴에서 "우리의 위대한 인물"로 영원히 기억될 것임을 알고 있었다.

객실에서 나탄 쇠데르블롬은 자신의 노트를 꺼내 재빨리 그 장면을 기록했다. "6시 54분, 제노아행, 시신도 같은 기차에 실렸다. 그들은 모두 아래에 있었다. 그들은 자리에서 일어나 작별인사를 했다. 어둠 속에서 객차가 흔들렸다." 제노아에 도착한 뒤, 그는 엽서에 그날의 경험을 간략히 요약했다. "감동을 주는 노인의 집에서 열린 아름다운 장례식이었다." 이 글들은 프랑스어와 스웨덴어로 작성되었다.[940]

얄마르 노벨도 얼마 지나지 않아 산레모를 떠났다. 그는 스웨덴으로 돌아가 가족과 함께 게토에서 크리스마스 축하 행사를 준비했지만, 또 다른 비극이 기다리고 있었다. 크리스마스 사흘 전, 막내 여동생 티라가 요리를 준비하던 중 쓰러졌고, 몇 시간 후에 사망 선고를 받았다.

노벨 가족은 한 해가 모두 가기 전에 두 번이나 스웨덴에서 장례식을 치러야 했다. 라그나르와 엠마누엘은 우편으로 보낸 유언장 사본을 받을 수 있을 만큼 충분히 산레모에 머물렀다. 엠마누엘은 눈에 띄게 실망했다. 유언장이 새로 작성될 때마다 가족이 받을 몫이 줄어들더니, 이제는 방대한 재산에 비해 실망스러울 정도로 적은 금액만 남아 있었다. 라그나르도 걱정했다. 보포스는 어떻게 될 것이며, 실험실과 그곳에서 진행되던 모든 실험은 어떻게 이어질 것인가? 그는 유언장에서 이를 위한 별도의 재정적 할당이 전혀 없는 것을 확인하고 걱정하지 않을 수 없었다.

엠마누엘에게 가장 중요한 것은 러시아의 석유 회사였다. 알프레드는 여전히 최대 주주 중 한 명이었다. 지금 그 전체 포트폴리오가 매각되어 거대한 펀드로 전환된다면 회사가 흔들릴 위험이 있었다. 동시에 그는 알프레드 삼촌의 마지막 유언에 반대한다는 점이 낯설었다.

라그나르와 엠마누엘은 스톡홀름으로 가는 기차를 탔다. 두 사람은 사이가 좋았고, 서로 정중하며 친절한 태도를 유지했다. 엠마누엘은 라그나르에게 유언 집행 작업이 어려움을 초래해 마찰이 생기더라도, 그들의 개인적인 우정은 변치 않을 것이라고 다짐했다. 그는 라그나르에게 유럽에서의 여행 중 고급 호텔을 선택하도록 권유했다. 노벨 가족의 대표자가 너무 소박해 보이는 것은 바람직하지 않다고 생각했기 때문이다. 그들은 "우호적인 합의"를 이루어야 한다는 공통의 신념을 가지고 헤어졌다.[941]

스톡홀름에서 장례식을 치르기 며칠 전, 라그나르 솔만은 두 번째 유언 집행인을 처음 만났다. 루돌프 릴리예퀴스트는 라그나르보다 훨씬 나이가 많았으며, 언어적이든 재정적이든 더 주도적인 인물이었다. 짧은 대화 후에 두 사람은 법률 전문 지식이 반드시 필요하다는 데 의견을 모았다. 그들은 발할라베겐(Valhallavägen)에 있는 고등 법원 평가사 칼 린드하겐을 찾아갔다. 당시 서른여섯 살이었던 린드하겐은 집행자들이 전화했을 때 깜짝 놀라긴 했지만 주저하지는 않았다. 라그나르와 루돌프는 그의 아파트를 둘러보며 집에 전화기를 설치할 수 있는지 물었다. 들뜬 그는 서점에 가서 두꺼운 프랑스 법률 서적을 주문했다.[942]

*

12월 29일, 알프레드 노벨이 스톡홀름의 마지막 안식처로 옮겨졌을 때에도 유언장의 내용은 아직 알려지지 않았다.* 신문에 과학 기부설이 들끓었지만, 대부분의 사람은 그가 조카들에게 황금비를 남겼을 거라고 생각했다. 엔지니어 앙드레의 북극 탐험을 위한 다음 풍선 원정에 알프레드가 지원을 약속한 것도 신문에 실렸다.

---

* 공식적인 유언장 공개는 1896년 12월 30일에 얄마르와 엠마누엘 노벨을 포함한 네 명의 유언집행자들이 참석한 가운데 이루어졌다. 그러나 그들은 이미 사본을 읽은 상태였다.

대성당은 야자수와 월계수 잎으로 뒤덮였고, 안뜰은 남부 지방의 다채로운 꽃밭으로 변모했다. 회중석 사이에 놓인 길을 따라 사이프러스 나무가 줄지어 있었으며, 성가대 앞에는 백합, 튤립, 히아신스가 장식되었다. 검은 천으로 둘러싼 관 위로 평화의 비둘기가 떠 있었다. 100개가 넘는 화환으로 꽃바다를 이루었지만, 산레모에서 관과 함께 온 시든 꽃 장식 40개에서는 "곰팡이의 악취"가 퍼졌다. 다이너마이트 회사에서 보낸 마지막 인사도 있었다. 금과 은으로 된 리본에는 "다양한 언어"로 글귀가 새겨져 있었다. 수많은 촛대와 샹들리에가 예배실을 빛나게 했다.

일반 대중은 예약되지 않은 좌석에 앉기 위해 몇 시간 동안 줄을 섰다. 지정된 시간인 오후 3시가 되자 거리는 사람들로 가득 찼고, 혼란과 스트레스로 가득했다. 보도를 따라 경찰 헬멧이 빛났다.

운이 좋은 사람들은 신부가 장례 연설에서 알프레드 노벨을 "우리나라의 가장 위대한 아들 중 한 명"이라고 부르는 것을 들었다. 신문의 기사에 따르면 한 오페라 가수가 베르디의 진혼곡을 불렀고, 고인의 형제들에게 위로의 말을 전한 후 관 위에 삽으로 흙을 세 번 뿌렸다고 한다. 이번에도 기자들은 노벨 가문에서 누가 살았고 누가 죽었는지를 혼동했다.

공식적인 유언장 공개는 1896년 12월 30일 집행자 네 명과 얄마르와 엠마누엘 노벨이 참석한 가운데 이루어졌다. 그러나 그들은 이미 그 전에 유언장을 읽었다. 관중석이 오르간 소리와 사람들의 웅성거림 속에서 비어 갈 때에도, 일부 인파는 남아 있었다. 관이 오르간 소리와 종소리 속에 운반될 때에도 사람들은 여전히 거리에 있었다. 조용한 장례 행렬이 노르툴(Norrtull)로 향하는 동안, 사람들은 길을 따라 촘촘하게 줄지어 섰다. 그곳에서 횃불을 든 기병대가 마차를 맞이했다. 한 줄의 횃불이 노라 키르코고르덴(Norra kyrkogården)의 화장터로 이어지는 길을 밝혔다. 알프레드는 "맥을 끊고, 유능한 의사에 의해 분명한 죽음의 징후가 확인된 후 시신을 화장로에 태우라"고 요구했었다. 장례는 유언장에 명시된 대로 진행했다.[943]

*

상속 소식을 가장 먼저 전한 곳은 『니아 다글릭트 알레한다(Nya Dagligt Allehanda)』사였다. 엠마누엘 노벨은 상트페테르부르크로 다시 떠나기 직전인 1월 2일에 신문에 실린 유언장 전문을 읽고 몹시 짜증을 냈다. 라그나르 솔만도 같은 느낌이었다. 관련된 모든 사람은 좀 더 오랜 시간 침묵해야 했다. 그들은 아직 산레모와 파리에 있는 알프레드의 문서들을 찾아보지도 못했다. 대중은 이 중요한 소식이 『아프톤블라뎃』에 먼저 나타나지 않았다는 사실에 더 놀랐을 것이다. 편집장 하랄드 솔만(Harald Sohlman)은 유언집행자 라그나르의 형제였으며 충분한 정보를 가지고 있었을 것이다.

이 기사는 폭탄과 같았다. 기부의 규모는 신문의 추산을 따르려던 대부분의 사람에게는 대략적인 계산조차 어려운 수준이었다. 알프레드 노벨의 총 재산은 3,500만에서 5,000만 크로나로 추정되었다. 이 중 최소 90퍼센트는 기금과 다섯 개의 노벨상 상금으로 사용될 예정이었다. 수상자는 1인당 15만에서 20만 크로나라는 엄청난 금액을 받게 될 것이었다. 이는 최소한 평균적인 교수의 20년치 연봉에 해당했다. 일부 계산에 따르면, 각 노벨상의 상금 규모는 프랑스 과학 아카데미에서 지출하는 연간 총 상금의 두 배에 달했다.

『스벤스카 다그블라뎃(Svenska Dagbladet)』은 알프레드 노벨의 유언에 대해 "인류의 문화적, 이념적 발전을 촉진하기 위해 개인이 한 가장 위대한 조치"라고 칭찬했다. 이 신문은 전년도 여름 아테네에서 부활한 올림픽 게임과의 연결성을 언급하며, 노벨상이 "인류 최고의 작품"을 위한 연례 올림픽 게임이 될 거라고 전망했다.[944]

『다겐스 니헤테르(Dagens Nyheter)』도 마찬가지로 열광적인 반응을 보였다. 이 신문은 "알프레드 노벨이 이 유언을 통해 세운 것보다 더 아름다운 기념비는 어떤 개인도 남길 수 없을 것"이라고 평가했다. 그러나 동시에 상의 수여자들에게 경고를 전했다. 고귀한 사명을 이행하기 위해서는 높은 수준의 통찰력, 판단력, 공정성이 요구되며, 음모와 파벌은 절대 일어나서는 안 된다고 강조했다. 두 가지 면에서 알프레드 노벨은 매우 엄격했다. 『다겐스 니헤테르』는 스웨덴 아카데미가 적합한지에 대해 의문을 제기했다. 알프레드 노벨은 또 다른 "스톡홀름 아카데미"를 의미하지 않았는가?[945]

새로 선출된 사회민주당 의원 얄마르 브란팅(Hjalmar Branting)은 이를 정면으로 비판했다. 그는 스웨덴 아카데미를 "사제와 신도의 낡은 파벌로, 매년 스톡홀름 주민들의 조롱을 받는 가장 무능한 단체"라고 표현하며, "유럽 문학에서 가장 뛰어난 인물에게 20만 크로나의 거대한 상을 매년 수여할 수 있는 가장 무능한 단체"라고 자신의 신문 『소셜데모크라텐(Socialdemokraten)』에 썼다. 또한 브란팅은 상 아이디어 자체에도 회의적이었다. 그는 기사에 "위대한 호의-위대한 실수(Storartad välmening – storartade missgrepp)"라는 제목을 붙이고, 노벨의 모든 재산은 실제로 "대중의 끊임없는 노동의 결실"이므로 노벨의 직원들에게 속해야 한다고 주장했다. 사회적 진보와 인간의 이익을 목표로 한다면 사회 개혁이 더 시급하다고 했다. 브란팅은 "기부하는 백만장자는 개인적으로 모든 존경을 받을 가치가 있지만, 백만장자와 기부 없이 사는 것이 더 좋다"고 주장했다.[946]

가장 날카로운 비판은 보수적인 『예테보리 아프톤블라드(Göteborgs Aftonblad)』지에 게재되었다. 이 신문은 노벨의 유언장에서 조국에 대한 이중 배신을 보았다. 스웨덴은 노벨의 돈이 필요했지만, 상을 국제적으로 만들어 조국보다 다른 나라를 의도적으로 우대하는 모양이 되었다. 그러나 더 나쁜 것은 노르웨이 의회로 하여금 평화상을 수여하도록 한 것이었다. 알프레드 노벨이 "그의 재산 일부를 노르웨이의 별도 조약을 촉진하고 스웨덴에 대한 노르웨이의 자만을 부추기는 데 사용했다"며 스웨덴의 자국 방어 권리를 의문시했다는 것이다.[947]

평화상 수여 권한을 노르웨이에 주기로 한 결정은 가장 보수적인 스웨덴 민족주의자들뿐만 아니라 많은 이에게 소화하기 어려운 문제였다. 특히 1895년 위기 이후 노르웨이 평화운동은 스웨덴에 대한 순수한 도발로 인식되어 연합 국가

간의 균열이 생길 정도로 큰 논쟁 거리가 되었다. 예상외로 국경의 반대편에서는 반대의 반응을 보였다. 『베르덴스 강(Verdens gang)』 신문은 "위대한 인정"이라는 제목을 달고 "알프레드 노벨은 열렬한 평화 애호가였으며, 노르웨이 의회에 대한 그의 명예로운 결정에서 평화운동에 대한 신뢰와 인정을 볼 수 있다"고 했다.[948]

오스트리아 하르만스도르프에서는 마침내 유언이 알려지자 환호성이 터져 나왔다. 베르타 폰 주트너는 수년 동안 그녀의 평화 단체에 수만 프랑을 기부한 친구를 깊이 애도했다. 하지만 그녀도 실망했다. 몇 주가 지나도록 유언장이 평화 기금에 대해 침묵하자, 그녀는 절망하기 시작했다. 그녀는 1897년 새해 첫날 일기에서 "노벨이 평화를 잊었다는 사실에 화가 났다"고 말했다.

며칠 후 노벨상 소식이 전 세계에 퍼졌고, 베르타 폰 주트너는 축하의 인사를 받았다. 그녀는 "이 놀라운 보상과 대의에 대한 지원 소식이 매우 기쁘다. 또한 일부 상금이 나에게 돌아갈 것이란 것을 깨달아 매우 기쁘다. 설렘 때문에 잠을 못 잔다"고 일기에 썼다.[949]

그녀는 알프레드 노벨에 대한 개인적인 기억을 담은 길고 따뜻한 기사를 썼으며, 그 기사는 중부 유럽의 가장 중요한 신문 중 하나인 오스트리아의 『노이 프리에 프레세(Neue Freie Presse)』지 1면에 실렸다.[950]

유언장에 대한 국제적 반응 중 『르 피가로(Le Figaro)』의 반응은 아마도 알프레드 노벨을 매우 기쁘게 했을 것이다. 알프레드 노벨은 마침내 명예를 회복했다. 그의 형제 루드빅이 죽은 후 잘못된 보도로 그에게 던져진 모욕이 마침내 사라졌다. "유언은 인류에 대한 장엄한 사랑의 기념비로 남을 것이며, 그 결과로 인류는 알프레드 노벨 씨의 존경받는 이름이 망각되지 않도록 보장할 것이다."[951]

*

세계에서 가장 유명한 문서 중 하나인 노벨의 수기로 작성된 유언장은 지난 100년 동안 관심이 점점 줄어들었다. 마침내 모든 전투가 끝나고 상을 수여할 수 있게 되자, 유언장은 다시 접혀 봉투에 보관되었다. 그 유명한 유언장은 다소 보잘것없는 문서였다. 알프레드 노벨은 인장도 우표도 없이, 당시 아주 평범한 편지지에 유언을 적었다. 그는 보편적으로 사용되던 짙은 회색 잉크를 사용했다. 당시에는 그것이 특별히 중요한 문서라고 생각하지 않았을지도 모른다.

1901년 첫 번째 시상식 직전, 유언장 봉투는 새로 설립된 노벨 재단 금고에 보관되었다. 이후 여러 차례 이전되었지만, 100년 넘게 그곳에 남아 있었다. 2015년 봄, 세계적으로 유명한 이 문서 원본이 처음으로 스톡홀름의 노벨 박물관에서 대중에게 공개되었다.

당시 노벨 재단 최고경영자(CEO)였던 라스 하이켄스텐(Lars Heikensten) 전 총재는 아직 원본을 보지 못했다. 그러나 전시회가 열리기 몇 시간 전에 이를 미리 볼 기회를 얻었다. 장소는 스투레가탄(Sturegatan)에 위치한 노벨 재단 내 엄숙한 분위기의 회의실이었다. 라스 하이켄스텐은 알프레드 노벨의 초상화가 그려진 유화 앞의 의자에 앉았다. 탁자 위의 그릇에는 금박을 입힌 노벨상 메달 형태의 초콜릿이 담겨 있었다.

유언장은 구식 문서 파일에 담겨 회의실로 들어왔다. 한 직원이 아카이브 장갑을 낀 채 조심스럽게 종이 문서를 꺼냈다. 놀랍게도 유언장은 잘 보존되어 있었다. 종이는 얇았고, 약간 황변된 상태였다. 접힌 부분이 선명하게 남아 있었으며, 지문의 흔적도 볼 수 있었다. 라스 하이켄스텐은 안도의 한숨을 쉬었다.

"마치 중앙은행의 금 보유고 앞에 서 있는 기분입니다."

그는 검지를 살짝 위로 들어 알프레드의 고른 필체를 따라갔다. 중요한 단어를 소리 내어 읽을 때 그의 목소리는 약간 떨렸다.

"내 남은 재산 전부는 다음과 같이 처분된다. 자산은 신탁관리인에 의해 안전한 유가증권으로 전환되며, 그 수익은 매년 인류에게 가장 큰 공헌을 한 사람에게 상금으로 수여된다."

*

재산 목록 작성은 파리에서 시작되었다. 라그나르와 랑느힐드 솔만은 샹젤리제 거리에 있는 호텔에 신뢰할 수 있는 회계원과 함께 체크인했다. 알프레드 노벨은 유언장에서 라그나르가 실무 작업에 가장 많은 시간을 할애할 것이라고 예상했는데, 실제로도 그랬다. 다른 유언집행인인 루돌프 릴리예퀴스트는 자신의 사업을 돌봐야 했기에 쉽게 시간을 낼 수 없었다. 대신 그는 신임 파리 주재 스웨덴-노르웨이 총영사인 구스타프 노르들링에게 권한을 위임했다. 노르들링은 알프레드 노벨이 불과 두 달 전에 연회에서 환영했던 잘생긴 "목재 상인"이었다.

재산 목록 작성은 말라코프 대로에 있는 빌라에서 봉인이 해제되면서 시작되었다. 인내심이 요구되는 작업이었다. 그들은 현관의 가스 캐노피와 책상 위의 담배 상자부터 겨울 정원의 배나무 피아노까지 목록을 작성했다. 거실의 가구와 대리석 흉상부터 식탁보와 접시까지 적어 내려갔다. 비단으로 덮인 소파, 자개로 장식된 의자, 호랑이 가죽, 곰 가죽, 러시아 염소 가죽 카펫 등도 기록에 포함되었다. 그날 지하실에서는 287병의 샤토 오브리옹(Château Haut-Brion)을 포함해 882병의 고급 와인이 발견되었다. 또한 빈 병 500개와 돌 더미도 함께 기록되었다.[952]

물론 가장 중요한 것은 파리 전역의 은행에 흩어져 있던 프랑스 유가증권이었다.

구스타프 노르들링 총영사는 따뜻한 마음과 현실적인 감각, 그리고 위엄을 갖추고 있었다. 그는 라그나르 솔만을 프랑스 변호사들과 연결해 주었다. 그러나 법적 상황은 명확하지 않았다. 프랑스 법원이 알프레드 노벨을 파리 거주자로 판결할 위험이 있었다. 그러면 유언장에 대한 이의제기는 프랑스 법에 따라 처리되었기에, 상속인에 대한 불명확한 서술이나 형식적인 결함만으로도 유언장은 충분히 무효화될 가능성이 있었다. 알프레드가 소유한 모든 유가증권, 심지어 외국 유가증권도 프랑스에서 과세 대상이 될 수 있었다.

유언장을 인정받으려면 알프레드 노벨이 스웨덴에 법적 주소지를 갖고 있다는 사실을 프랑스 당국에 설득해야 했다. 하지만 스톡홀름은 받아들여지지 않을 거라고 변호사들이 생각했다. 1842년에 알프레드가 마지막으로 스톡홀름에 주소를 등록한 것은 사실이지만, 당시 그는 겨우 아홉 살이었다. 더 나은 해결책이 필요했다. 라그나르 솔만은 비요르크보른(Björkborn)을 떠올렸다. 알프레드가 그 곳에 주소를 등록한 적은 없었지만, 그곳에는 그의 집이 있었다.

그보다 더 형식적인 문제가 있었다. 프랑스는 유언장에 기록된 알프레드 노벨의 의사만으로는 솔만과 릴리예퀴스트에게 그의 재산을 처분할 권리가 불충분하다고 보았다. 그들이 유능하다는 것을 증명하기 위해 스웨덴에서 발행된 공식 문서가 필요했다. 이 문제 중 하나는 쉽게 해결되었다. 노르들링 총영사가 직접 작성하고 날인한 증명서 덕분이었다. 그는 스웨덴 판례법에 따라 유언 집행인이 유산의 봉인을 해제하고 고인의 재산을 돌볼 권리가 있음을 보증했다. 또한, 솔만과 릴리예퀴스트가 상속인을 소환하지 않고도 노벨의 모든 프랑스 내 부동산에 대한 등록을 수행할 수 있다고 명시했다.[953]

그러나 알프레드 노벨의 친척들은 나중에 이 스웨덴 관행 해석에 이의를 제기했다. 이 위임장은 노르들링이 자기 자신에게 증명서를 작성한 셈이었기 때문이었다. 동시에 스톡홀름에서는 조카들과 그 가족들에게 깊은 상처를 준 또 다른 일이 일어나고 있었다.

*

알프레드 노벨의 거주지를 둘러싼 문제에 대한 프랑스 변호사의 통찰력 있는 조언 덕분에 솔만과 릴리예퀴스트는 생각을 완전히 바꿨다. 마지막 순간에 그들은 스톡홀름 법원뿐만 아니라, 보포스가 위치한 바름란드(Värmland)의 칼스코가(Karlskoga) 지방 법원에도 유언장을 등록하기로 결정했다. 그들은 알프레드를 스웨덴과 연결시키는 데 실패할 수 없었다. 잘못하면 전체 자산이 위험에 처할 수 있었기 때문이다.[954]

스톡홀름 시청 법원은 유언장 집행을 처음으로 시도했다. 1895년 파리에서 서명한 알프레드의 증인 중 일부가 전화를 받고, 서면 문서를 읽고 알프레드가 자신의 마지막 유언장에 대해 말했다는 기억을 서로 확인했다. 한 명은 알프레드가 이전 유언장에서 조카들에게 너무 많은 돈을 배정했다고 생각했었다며 그 변경이 정당했다고 회상했다. 또한 두 사람은 알프레드가 "근본적으로 사회민주주의자"라고 말하면서 많은 상속 재산을 불행으로 여겼다는 그의 말을 재현했다.

증인들은 유언장이 모호하게 느껴지도록 만든 것이 알프레드의 의도였다고 계속해서 말했다. 알프레드 노벨에게는 개인적인 신뢰가 중요했다. 그는 항상 계약자들에게 세부 사항을 스스로 채울 수 있는 큰 자유를 주었다. 그들은 알프레드가 스웨덴 과학 기관을 수여 기관으로 선택한 이유에 대해서도 언급했다. 알프레드는 "스웨덴은 정직한 사람들의 비율이 가장 높다"고 말하며, 스웨덴이 "다른 곳보다 더 정직하게" 자신의 유언장을 집행할 것으로 믿었다고 했다.

알프레드 노벨이 유언장에 대해 이야기하는 것을 들었지만 직접 목격하지는 못한 또 다른 증인은 알프레드 노벨이 "삶에서 성공하기 어려운 꿈을 꾸는 사람"에게 자신의 돈으로 멘토링하기를 원했다고 말했다. 알프레드가 사망했을 당시 산레모에 있던 실크 제조업자인 스트렐러트(Strehlnert)는 알프레드를 "행동하는 사람"이라고 불렀다. 그는 산레모에 있을 때 "스톡홀름 아카데미(Akademien i Stockholm)"를 둘러싼 혼란을 정리한 사람이었다. 그는 숨겨진 메시지가 없었다고 주장했다. 알프레드는 스웨덴 아카데미를 그렇게 불렀다고 했다.[955]

조카의 상속권에 대한 견해가 가장 민감했다. 실크 제조업자인 스트렐러트는 자신의 대본을 벗어나 알프레드 노벨이 형 로베르트의 유언장에 실망감을 표시했다고 주장했다. 그는 로베르트가 모든 것을 아내와 자녀들에게 유산으로 남긴 것에 대해 불만을 가졌다고 말했다.[956]

이 주장은 로베르트의 자녀들인 얄마르, 루드빅, 잉게보리를 매우 불쾌하게 했다. 화가 난 루드빅은 그의 동급생이자 오랜 친구인 라그나르 솔만에게 "무자비하다"고 했다. 삼촌을 알고 지낸 지 얼마 되지 않은 제조업자인 스트렐러트가 어떻게 이런 말을 할 수 있는가? 분노한 루드빅은 로베르트가 전혀 부자가 아니었다고 지적하며, "삼촌은 많은 것을 조카들에게 물려주고자 했다"고 주장했다.

그는 유언장 증인과 변호사 린드하겐이 고의적으로 "노벨 가족이 재산의 많은 몫을 차지하기 위해 유언장을 뒤집으려 한다"는 인상을 준다며 항의했다.[957]

이에 얄마르 노벨과 잉게보리의 남편인 칼 리데르스톨페(Carl Ridderstolppe)가 나서기 시작했다. 러시아 지부는 더 침착했다. 그곳에서 엠마누엘은 협조적인 자세로 거의 모든 친척의 중심 역할을 했다. 그러나 예외도 있었다. 엠마누엘의 큰누나 안나(Anna)는 결혼하여 스웨덴에서 살았는데, 그녀의 남편(당시 후견인) 얄마르 쇠그렌(Hjalmar Sjögren)은 알프레드 노벨의 상속권을 잃지 않기로 결심했다.

라그나르는 루드빅에게 보낸 답변에서 "엠마누엘과 얄마르와 너만 관련이 있었다면 상황이 완전히 달라졌을 것이다"라고 했다. 그는 개인적으로 "우호적이고 합리적인 기준으로" 유언장 문제를 해결하고 싶다고 설명했다. 하지만 그에게는 고수해야만 하는 유일한 사항이 있었는데 그것은 알프레드로부터 받은 임무가 타협되어서는 안 된다는 것이었다. "엠마누엘 노벨은 어떤 경우에도 나에게 우정을 약속했다. 너도 그렇게 하고 싶지 않니?"

루드빅은 라그나르에게 자신의 우정은 무슨 일이 있어도 지속된다고 확신했다. "하지만 스트렐너트(Strehlnert)로 하여금 자유롭게 행동하게 하고, 린드하겐(Lindhagen)에게 대중 앞에서 우리의 평판을 낮출 수 있는 자유를 준다면 나는 내 감정에 대해 책임을 질 수 없다"고 했다.[958]

*

엠마누엘 노벨에게는 중요한 일이 더 있었다. 돌아가신 삼촌의 첫 번째이자 유일하게 완성된 문학 프로젝트인 희곡 『네메시스』의 교정본이 막 나왔다. 엠마누엘은 이 작업을 마치고 싶었다. 그는 알프레드에게 문학 작품이 그의 이름과 연관되어 출판되는 영예를 주고 싶었다.

엠마누엘은 나탄 쇠데르블롬(Nathan Söderblom) 목사와 그의 아내가 이 과정에서 중요한 역할을 했다는 것을 알고 있었다. 그들은 출판 작업을 가속화할 수 있었을까? 라그나르 솔만은 비슷한 생각을 하고 유언집행인의 이름으로 100부를 주문했다. 알프레드의 가장 가까운 친구들에게 나눠줄 계획이었다. 또한 그도 나탄 쇠데르블롬에게 연락했다. 1897년 2월 중순, 엠마누엘은 파리로 여행을 갔다. 라그나르 솔만과 협의하기 위해서였다. 그때 그는 목사에게 새로 인쇄된 희곡 더미를 호텔로 보내 달라고 부탁했다.

그러나 나탄 쇠데르블롬은 의심에 시달렸다. 그는 알프레드의 희곡을 읽고, 알프레드의 드라마가 얼마나 쉽게 오해를 살 수 있는지 깨달았다. 물론 본문에는 "정의와 진실"에 대한 열정이 있었지만, 희곡에는 "끔찍"하고, 심지어 "추악하기까지 한" 요소도 있었다. 그는 알프레드 노벨이 분명히 선을 넘은 부분들을 많이 짚어낼 수 있었다. 무엇보다도 나탄 쇠데르블롬은 『네메시스』가 고인이 "로마 가톨릭교회를 단죄하려 한다"라고 이해될 수 있다는 것을 알았다. 그것은 좋지 않았다. 목사는 이것이 바로 알프레드 노벨이 전하고 싶었던 메시지일지도 모른다는 사실을 깊이 생각하지 않은 것 같았다.

대신 그는 엠마누엘 노벨에게 자신의 반대 의견을 전달했다. 33년 후, 나탄 쇠데르블롬의 기억을 믿을 수 있다면 엠마누엘은 마침내 동의했다. 『네메시스』는 알프레드의 유산을 고려할 때 대중에게 유포되어서는 안 되었다. 새로 인쇄된 백 권의 책이 파리의 말빌(Malville) 거리에 있는 목사의 아파트에 남아 있었다. 얼마 후 그는 판 전체를 파쇄했다. 단, 세 권은 제외되었다. 라그나르 솔만은 이 독특한 『네메시스』 인쇄본 중 하나를 훔쳐 평생의 추억으로 간직했다.[959]

*

모든 것이 평형을 이뤘다. 프랑스 법인가, 스웨덴 법인가? 알프레드 노벨은 아홉 살 이후로 어디에도 등록된 적이 없었다. 그는 파리, 스톡홀름, 보포스에 거주한 것으로 간주될 것인가? 아무것도 분명하지 않았다. 감정이 고조되었다.

엠마누엘 노벨은 유언장에 대해 항소해야 한다고 생각한 친척들로부터 압력을 받았다. 엠마누엘도 불안했다. 대규모 기금이 조성될 거라는 소식에 석유 회사의 주가는 하락했다. 알프레드의 전체 지분을 신속히 매각하는 것은 재앙이 될 수 있었다. 엠마누엘은 부동산 등록을 시작하기 위해 산레모로 갔던 라그나르 솔만에게 편지를 썼고, 서둘러 파리에서의 회의를 주선했다. 그들은 산레모에서 기차로 이동하는 동안 가졌던 다정한 논조로 토론을 계속했다. 라그나르는 엠마누엘에게 기다려 달라고 부탁했다. 그는 주식을 강제로 매각하지 않는 합리적인 해결책을 찾기로 약속했다. 이에 엠마누엘은 안심이 된 것 같았다.[960]

어느 날 저녁 노르들링 총영사는 그들을 위해 프랑스 언론인과 회의를 주선했다. 일부 프랑스 신문은 알프레드 노벨을 가혹하고 이기적이라고 비난하는 악의적인 논평을 퍼뜨렸다. 그러나 그 이미지는 『르 탕(Le Temps)』지의 기사로 수정되었다. 그렇다면 알프레드 노벨은 누구였을까? 기자는 궁금했다. 계몽사상가이자 시인이자 철학자인가? 아니면 오히려 인간성을 경멸하는 일종의 메피스토펠레스나 딜레탕트였을까? 그토록 큰 의미를 지닌 유언은 노벨의 신념의 결과인가, 아니면 그의 아이러니의 결과인가? 기자는 자신의 기사에서 "노벨의 친구들은 이와 같은 질문을 할 수 있다는 사실조차 인정하지 않는다"고 적었다. 노벨은 분명히 독립적이고 변덕스러운 사람이었지만 매우 고상하고 친절한 마음을 가지고 있었다. 고향 피오르드의 깊은 물을 반영하는 것 같은 푸른 눈을 가진, 지적이고 사려 깊은 젊은 스칸디나비아인인 솔만 씨는 진지한 목소리로 말했다. "당신에게 몇 통의 편지를 주겠습니다. 그것은 노벨 씨의 영혼을 정확한 날짜와 함께 보여줄 것입니다."[961]

프랑스 언론인과의 만남에서 라그나르 솔만은 엠마누엘이 다섯 개의 상에 대한 삼촌의 야망에 대해 열정을 보인 것을 알아차리고 안도했다. "어떤 면에서 그는 유언장을 공개적으로 지지한 셈이었다"고 라그나르 솔만은 나중에 설명했다. 동시에 엠마누엘은 일부 친척들이 항소할 가능성이 있다는 것을 숨기지 않았다. 구스타프 노르들링 총영사와 프랑스 변호사들은 솔만에게 경고했다. 항소 위협이 계속되는 동안 유언집행자들은 서둘러야 했다. 프랑스 내 모든 자산을 신속하게 정리해 유언장이 프랑스 법원으로 가는 위험을 제거해야 했다. 솔만은 파리에서 논의하기 위해 법률 고문인 칼 린드하겐을 호출했다.

1897년 2월 말, 린드하겐은 아직 얼어붙어 있는 스웨덴을 떠나 대로에 이미 싹이 트기 시작한 파리로 향했다. 그는 "이 봄 분위기 속에서 재산 목록 작성 작업이 계속되고 향후 작전이 계획되었다. 그사이에 노르들링 영사의 전문적이고 관대한 안내로 상류 및 하류 세계를 포함하여 대도시의 모든 것을 볼 수 있었다"라고 회고록에 썼다.[962]

그들은 필요한 경우 신속한 조치를 취하기로 결정했다. 노르들링 영사의 "스웨덴 법 관행"에 대한 증명서가 두 명의 유언집행인을 위해 프랑스 은행에 전달되었다. 향후 몇 주 동안 흩어져 있던 많은 유가증권이 재배치되어 알프레드 노벨의 재산 중 프랑스에 있는 재산 전체가 꽁뜨와 데스콩프(Comptoir d'Escompe) 은행에 있는 세 개의 안전 금고에 모이도록 조정되었다. 결국, 노벨 가문의 스웨덴 지부는 "거짓 문서"에 근거해 자의적으로 행동하려는 유언집행자들을 비난하게 되었다.[963]

『르 탕(Le Temps)』지의 프랑스어 기사가 일정 부분 번역되어 스웨덴에서도 출판되었다. 얄마르 노벨은 화가 났다. "죽은 삼촌의 사적인 편지를 누가 신문에 냈는지 아십니까? 제 사촌 엠마누엘인가요?" 그는 라그나르 솔만에게 편지를 썼다. 얄마르는 알프레드의 편지가 노벨이라는 이름을 지닌 온 가족의 동의를 받지 않고는 공개되어서는 안 된다고 강조했다. 얄마르는 "그의 사적인 편지는 입고 있는 옷만큼 대중에게 공개되면 안 됩니다"라고 지적했다.[964]

그는 이 문제가 얼마나 시급한지 알지 못했다. 1897년 3월 초, 프랑스 유산 등록부에서 최종 회의가 열렸지만 친척들은 아무도 참석하지 않았다. 집행관의 계획은 말라코프 대로의 빌라에 있는 알프레드 노벨의 가정용품 전체를 몇 주 후에 경매를 통해 낙찰 받는 것이었다. 조카들은 편지로 초대되었고, 그들은 파리로 달려가거나 자신을 위해 특별한 무언가가 있으면 그것을 발표하는 것 중에서 선택할 수 있었다.

　루드빅 노벨은 진주와 금 모노그램이 새겨진 식탁용 칼을 낙찰받기를 원한다고 답했다. 또한 "삼촌 알프레드가 항상 사용했던 지팡이도 받으면 좋겠다"라고 했다. 그의 여동생 잉게보리는 충격을 받았다. 그녀는 라그나르에게 편지를 보내, 알프레드가 어머니의 소유물이 경매에 부쳐질 당시 얼마나 화를 냈었는지를 설명했다. 그때 가족들은 어머니의 소유물 대부분을 낙찰받을 수 있었다. "이제 팔기 위해 내놓은 집에서 딸의 권리를 가진 사람이 어떤 기분인지, 아마 솔만 씨는 짐작할 수 있을 것입니다. 확실히 제가 여러 번 머물렀던 그 집의 많은 물건을 제 집에 두고 싶었지만, 이제는 그중 일부라도 구할 수 없게 되어버린 듯합니다." 그녀는 분개하여 썼다.

　잉게보리는 삼촌의 옷이 "평범한 농부의 것처럼" 경매에 부쳐지는 것에 대해 강력하게 항의했다. 그녀가 소중히 여기는 물건 중 일부를 선택할 시간이 주어진다면, 알프레드가 그녀의 아버지 로베르트에게서 받은 페르시아 양탄자와 알프레드 삼촌의 물개 가죽 모피를 가져오고 싶다고 했다.[965]

　스웨덴 가문 안에서 불만은 커졌다. 가족들 사이에서는 솔만과 릴리퀴스트가 지나치게 독단적으로 행동하고 있다는 인식이 확산되었고, 스톡홀름의 친척들은 유언장에 대해 항소할 준비를 시작했다. 그들은 상호 간의 합의 초안을 작성하며, 왜 그렇게 해야 하는지를 기록했다. 그들의 목적은 알프레드의 기본 의도를 저지하려는 것이 아니라, 상 수여 기준을 "더 합리적인 근거"로 삼아 "진정으로 획기적인 작품"만이 수여 대상이 되도록 하는 것이었다. 또한 노벨 형제 회사, 보포스 공장, 니트로글리세린 주식회사 등과 같은 가족 관련 회사들은 상을 위한 기금에서 제외되며, 그 주식이 친척들 사이에 분배되기를 원했다.

　중요한 추가 사항으로, 그들은 항소가 알프레드에 대한 배신으로 인식되어서는 안 된다는 점을 만장일치로 강조했다. 초안에는 "친족은 유언자의 뜻을 모든 면에서 존중해야 한다"라고 명시했다.[966]

　여러 곳에서 불만이 터져 나왔다. 라그나르 솔만은 스톡홀름으로 출장을 떠났다. 그는 루돌프 릴리예퀴스트와 함께 오스카 2세에게 도움을 요청하고 알프레드 노벨의 유언장 사본을 전달할 계획이었다. 그들은 시청 법원에 공식 기록을 요청했으며, 너무 늦게 사본에 "요금 1크로나(lösen en krona)"라는 도장이 찍혀 있다는 것을 발견했다. 이는 노르웨이의 독립 운동과 평화상에 대한 비판을 고려할 때 적절하지 않은 표현이었다. 왕이 이를 기분 나쁘게 받아들일지도 모른다는 걱정이 있었다. 그들은 스웨덴-노르웨이 연합에서 실제로 "왕권"을 쥐고 있는 사람들에게 그것이 얼마나 상징적이고 도발적으로 인식될 수 있는지 깨달았다. 만약 왕이 이를 부정적으로 받아들인다면? 심지어 유언장을 불길한 징조로 여길 가능성도 있었다.

오스카 2세(Oscar II)를 방문했을 때 그는 정중하고 호의적으로 대했다. 그는 유언장 문제에 대해 자신이 할 수 있는 최선을 다해 그들을 돕겠다고 약속했다. 그러나 그는 솔직하게 자신의 입장을 분명히 했다. 솔만과 릴리예퀴스트에게 주어진 30분 동안, 왕은 상당 부분을 "노르웨이 질문"에 대한 자신의 입장을 밝히는 데 할애했다. 왕은 자신이 경멸하는 노르웨이 의회가 평화상을 수여하도록 위임받은 것을 모욕으로 여겼다.[967]

이러한 이유로, 그들은 궁을 떠날 때 국왕의 지원을 완전히 확신하지 못했다.

23장
수백만 크로나를 둘러싼 갈등

라그나르 솔만은 국왕을 알현한 이후 스톡홀름에 며칠 머물지 않았다. 예상치 못한 전보를 받고 그는 서둘러 파리로 돌아갔다. 전보는 노르들링 총영사로부터 온 것이었다. 그는 얄마르와 루드빅 노벨, 그리고 처남인 잉게보리의 남편 칼 리데르스톨페 백작이 함께 파리에 도착했다고 알렸다. 그들은 프랑스에서 유언장에 반대하는 소송을 제기하면 얻을 수 있는 것이 있는지 확인하고자 했다.

라그나르는 그것이 무엇을 의미하는지 알고 있었다. 세 사람이 성공하면 그에게 주어진 임무, 즉 유언장에 담긴 알프레드 노벨의 바람을 보호하는 임무가 무효화될 위험이 있었다. 이제 그와 노르들링은 자신들에게 주어진 일을 성공적으로 수행하기 위해 신속하게 행동해야 했다. 유가증권은 친척들이 법적 조치를 취하기 전에 프랑스에서 반출되어야 했다.

다행히 그들은 준비를 마쳤다. 알프레드 노벨의 프랑스 재산은 모두 한자리에 모여 있었다. 가장 쉬운 방법은 은행에 유가증권을 해외로 운송해 줄 것을 요청하는 것이었다. 그러나 이 방법은 주의를 끌고 프랑스 세무 당국의 관심을 불러일으킬 위험이 있었다. 또 다른 아이디어는 라그나르 솔만이 직접 가지고 가는 것이었다. 처음에는 주식과 채권을 가지고 런던을 몇 차례 방문한 후, 국채를 스톡홀름으로 가지고 가는 방식이었다. 그러나 이 방법은 너무 번거롭고 불필요한 위험이 있었다.

결국 그들은 유가증권을 보험이 든 우편 소포로 기차를 통해 보내기로 결정했다. 소포당 최대 보험 금액을 250만 프랑으로 협상한 후 일련의 운송 작업이 시작되었다. 계획은 라그나르 솔만이 노르들링 총영사와 죽은 노벨의 유산을 담당하는 스웨덴 회계사와 함께 파리를 통해 운송을 총괄하는 것이었다. 라그나르는 자신을 보호하기 위해 리볼버로 무장했다.

그들은 매일 은행 금고에서 250만 프랑 상당의 유가증권을 집어 더플백에 넣었다. 그런 다음 마차로 8구역에 있는 스웨덴 총영사관으로 운송했다. 라그나르 솔만은 강도를 당할까 봐 장전된 리볼버를 들고 더플백 가까이에 앉아 경계했다.

영사관에서는 서류를 등록한 뒤 묶음으로 포장하고 우편 소포를 봉인했다. 가능한 한 조심스럽게 "특별 예방 조치를 준수하면서" 같은 마차를 타고 같은 리볼버를 들고 파리북역(Gare du Nord)으로 출발했다.

유가증권은 역의 "금융 사무소"에 맡겨졌다. 대부분의 재산은 거기에서 기차와 배를 통해 알프레드 노벨의 스코틀랜드 은행 런던 지점으로 운송되었다. 그곳에서 자산은 안전하게 보관되었다. 영국에서는 변호사 린드하겐이 말했듯이 "외국 유가증권뿐만 아니라 외국인 망명권"도 가지고 있었다. 이 과정은 여러 날 동안 반복되었다. 라그나르는 집에 있는 랑느힐드에게 편지를 써서, "흥미로운 일"과 "거의 소설 같은 에피소드"를 나중에 만날 때 이야기해 주겠다고 약속했다.[968]

증권 수송과 달리 호기심 많은 대중을 끌 만한 다른 흥미로운 일이 동시에 근처에서 벌어졌다. 파리 외곽에서는 엔지니어 앙드레의 조수 두 명 중 한 명인 크누트 프랭클(Knut Fraenkel) 일행이 여름에 북극점 도달 시도를 앞두고 새로운 프랑스 열기구를 테스트하고 있었다. 그들은 위대한 동포 기부자를 기리기 위해 기구 이름을 "노벨"로 지었다.[969]

어느 날 유가증권을 처리하는 동안 구스타프 노르들링은 사무실에서 방문객을 맞이했다. 리데르스톨페 백작, 얄마르, 루드빅 노벨이 알프레드 노벨의 거주지와 그의 유언장의 유효성에 대한 문제를 해결하기 위해 스웨덴 총영사를 찾은 것이다. 불과 몇 미터 떨어진 영사관의 내부 방 중 한 곳에서는 라그나르 솔만과 회계원이 증권을 분류하고 있었다. 총영사는 솔만이 영사관에 있다는 사실이나 그들이 무엇을 하고 있는지에 대해 한 마디도 하지 않았다. 노르들링은 친척들에게 작별 인사를 나눈 뒤, 다시 한번 리볼버와 250만 프랑이 든 더플백을 들고 북역으로 향했다.

며칠 후, 마지막 화물이 떠난 뒤 노르들링은 양심에 가책을 느꼈다. 친척들에게 자신들이 한 일을 알려야 하지 않았을까? 그는 얄마르, 루드빅, 리데르스톨페 백작을 "평화와 화해의 만찬"에 초대했다. 그는 라그나르 솔만에게 저녁 식사 중 적절한 시간에 폭탄 발언을 하도록 지시했다.

파티는 파리 최고의 레스토랑 중 하나인 노엘 피터스(Noel Peters)에서 열렸다. 그들은 오리와 솔 요리를 먹으며 고급 와인을 곁들였다. 처음에는 다소 우울했던 분위기가 시간이 지나며 점차 밝아졌다. 커피를 마시는 동안 얄마르 노벨은 알프레드의 실제 거주지에 대해 질문을 꺼냈다. 그는 그들이 상담한 프랑스 변호사를 언급하며, 알프레드의 거주지가 보포스나 산레모가 아닐 가능성에 대해 라그나르 솔만을 설득하려 했다. 얄마르는 알프레드의 유일하면서 법적으로 납득 가능한 거주지는 파리라고 주장했다. 알프레드는 사실상 18년 동안 파리에 살았고, 지금도 하인들이 관리하는 큰 집을 소유하고 있었다. 얄마르는 유언장의 유효성을 프랑스 법원에서 입증받아야 한다고 강조했다.

라그나르 솔만은 논의는 가능하겠지만, 이제는 단지 이론적인 문제일 뿐이라고 대답했다. 이는 모든 중요한 유가증권이 이미 프랑스에서 반출되었기 때문이었다.

이 발언은 테이블 주변에 약간의 소란을 일으켰다. 처음에 얄마르는 그의 말을 믿으려 하지 않았다. 그는 노르들링 총영사에게 이것에 대해 물었고, 놀랍게도 그것이 사실임을 확인받았다.[970]

라그나르 솔만의 기록만 남아 있는 상황이라 당시 실제로 어떤 대화가 오갔는지, 그리고 노벨 형제들과 처남이 어떻게 반응했는지는 정확히 알 수 없다. 솔만의 절제된 관료적 문체에서는 어떤 감정의 흔적도 찾을 수 없었다. 그러나 그의미는 분명했다. "법정에서 뵙겠습니다!"

"노벨 유언장! 상속인들이 움직이기 시작했다." 1897년 4월 초 『아프톤블라넷』의 헤드라인이었다. 과장이 아니었다. 첫 번째 움직임은 이미 파리에서 이루어졌다. 라그나르 솔만과 구스타프 노르들링의 유가증권에 대한 건방진 쿠데타에 대한 대답으로 얄마르와 루드빅 노벨은 즉시 프랑스 당국에 눈을 돌렸다. 그들은 파리에 있는 알프레드 노벨의 재산을 몰수할 것을 요구했다. 하지만 이미 대부분의 재산이 반출되었으므로 남은 것은 말라코프 대로에 있는 빌라뿐이었다. 친척들은 독일과 영국에서도 동일한 조치를 취했으나 영국에서는 성공하지 못했다.

스웨덴 친척은 나중에 그들이 "고의적인 분쟁 목적"으로 행동했다고 인정했다.[971]

그사이에 라그나르 솔만은 산레모로 가서 그곳의 유산 목록 작성을 계속했다. 그는 얄마르 노벨에게 편지를 쓰고 과속 열차를 멈추려고 노력하는 동시에 알프레드 노벨의 책 컬렉션과 실험실 장비의 포장을 감독했다. 라그나르는 엠마누엘 노벨과의 "매우 철저한" 논의를 했으며 그 자신은 알프레드의 임무를 수행하고 있을 뿐 개인적인 이익이 없음을 강조했다. 오히려 그는 러시아 가족과 마찬가지로 스웨덴 가족과도 우호적인 합의를 이루기를 원했다. 그는 루드빅에게 썼던 것과 비슷하게 표현했다. 예를 들어, "우리가 만약 엠마누엘과 당신 단둘이서 이 일을 처리했더라면 모든 것이 잘 해결되었을 것이다. 그러나 나는 이것이 곧 그렇게 되지 않을 것임을 알게 되었다."[972]

얄마르는 그를 만나러 가지 않았다. 이 책의 작업 중 발견된 문서에 따르면 얄마르, 루드빅, 리데르스톨페 백작은 파리에서 돌아오자마자 스톡홀름에 있는 그랜드 호텔(Grand Hotel)에서 스웨덴에서 가장 영향력 있는 변호사 중 한 명인 에른스트 트뤼게르(Ernst Trygger)를 만났다. 그는 소송법 교수이자 국회의원으로, 정치적으로 보수 진영에 속했다. 트뤼게르는 스웨덴-노르웨이 연합을 약화시키려는 모든 시도에 반대했으며, 노르웨이에 주어진 평화상 임무를 스웨덴에 대한 국가적 위협으로 간주했다. 따라서 그는 스웨덴 노벨 가족과 마찬가지로 유언장에 비판적이었다.

트뤼게르와의 접촉은 사촌 안나(Anna)의 남편이자 보호자인 얄마르 쇠그렌(Hjalmar Sjögren)에 의해 중재되었다. 그는 얄마르와 루드빅을 동반해 그랜드 호텔에 갔고, 그렇게 스웨덴 노벨 가문의 이익을 추구할 사중주단이 조직되었다.[973] 그들은 트뤼게르 교수를 통해 상속 문제를 법적으로 다루고 싶다고 밝혔다. 유언장에서 상속 기부를 변경하고 알프레드 노벨의 유산을 더 많이 사용할 수 있게 되기를 원한다고 말했다. 그들은 유언장 작성 당시 알프레드 노벨이 "완전히 정상적이지 않았다"는 주장을 뒷받침할 근거가 있다고 믿었다. 이에 따라 유언장 증인들의 일관된 증언인, 노벨이 "완전한 정신과 자유의지로" 마지막 유언을 작성했다는 점을 반박하려 했다. 그러나 그들은 이 문제를 더 이상 따지지 않기로 결정했다.

동시에 그들은 다섯 개의 노벨상이 미디어의 주목을 받으며 기정사실로 여겨지고 있으므로, 환호하는 여론에 불필요하게 도전하지 않으려 했다. 트뤼게르의 표현에 따르면, 기부에 너무 강하게 반대하면 "전 세계의 여론"이 그들에게 등을 돌리고 "불쾌한 폭풍"이 일어날 것이라고 했다.[974]

트뤼게르 교수는 가족 사중주 대신 법적 절차를 단계별로 처리할 것을 권장했다. 그들은 형식 문제를 결정하기 위한 소송으로 시작할 계획이었다. 일단 이것이 조사되면 사중주는 더 큰 목표를 요구할 수 있게 되며, 그다음에는 주요 프로세스를 "합의"으로 몰아가려는 근본적인 야망을 가질 수 있었다.[975]

하지만 첫 소송이라도 유언장 전체가 무효가 되지 않는다고는 누구도 장담할 수 없었다. 특히 알프레드의 거주지가 파리로 결정되는 경우 더욱 그랬다.

스웨덴 친척들은 트뤼게르가 제안한 솔루션을 선택했다. 이는 처음부터 신문에서 "조작된" 가짜 책략으로 묘사되었다. 상속을 전혀 받지 못한 안나 쇠그렌(Anna Sjögren)과 그녀의 남편은 더 많은 유산을 받은 얄마르와 루드빅 노벨을 상대로 소송을 제기했다. 쇠그렌 부부는 안나의 상속권을 고려한 상속 재분배를 요구했다. 이 사건은 스톡홀름과 칼스코가에서 모두 진행되었다. 그러나 친척의 다양한 대리인이 법정에 참석했을 때 원고와 피고 모두 상속 재산 분배 문제에 대해 그다지 관심이 없었던 것이 분명해졌다. 그들은 법원이 사건을 결정할 권한이 있는지에 대한 의문을 제기하고자 했다.

라그나르 솔만은 당황했다. 첫째, 친척들은 그 사건이 프랑스에서 다루어져야 한다고 주장했으나, 이제는 또 다른 주장을 하고 있었다. 그는 얄마르 노벨에게 편지를 보내 "나는 당신이 현재 하려는 절차를 전혀 이해하지 못하고 있다"고 전하며 모든 것을 우호적이고 평화로운 방식으로 해결하고자 하는 열망을 다시금 내비쳤다. 그는 얄마르에게 엠마누엘과의 우호적인 대화 후에 작성한 추가적인 유언장 보완 규정에 대해 알렸다.

> 당신이 잘 알고 있듯이, 나는 당신들과 소송을 하는 것이 즐겁지 않으며 가능한 싸움을 피하고 싶습니다. 나로서는 이 문제에 별로 관심이 없기에, 최대한 빨리 이 문제에서 벗어나 알프레드 노벨의 아이디어를 실현하는 데 집중하고 싶습니다. 다른 한편으로는, 여러분이 시작한 소송이 이 문제에 직접적으로 관련된 여러분에게는 우리보다 훨씬 더 불쾌할 가능성이 있다는 점을 고려해 주시길 바랍니다. 우리는 전체적으로 이 문제에서 벗어나 있기 때문입니다.[976]

그렇다면 알프레드 노벨의 거주지는 어디로 간주되었는가? 스톡홀름, 파리, 보포스 중 어느 곳인가? 프랑스 변호사들은 라그나르 솔만에게 분명히 밝혔다. "그는 어렸을 때부터 스톡홀름에 등록된 적이 없었기 때문에 프랑스 당국은 스톡홀름을 알프레드 노벨의 거주지로 받아들이지 않는다." 유언장 소송이 스톡홀름 시청 법원에서 끝난다면 솔만과 릴리예퀴스트는 큰 문제를 겪을 것이다. 그렇다면 결국 이 사건이 파리로 넘어갈 위험이 있었다.

결정이 보포스와 칼스코가 법원이 아닌 다른 방향으로 나아간다면, 알프레드 노벨의 마지막 유언이 실현될 수 있을지는 확실하지 않았다.

*

알프레드 노벨의 스웨덴 친척들은 삼촌의 유언에 대한 이의를 제기하면서 "마지못한 폭풍"을 맞이할까 두려워했다. 이 과정에서 법학 교수 에른스트 트뤼게르가 관여했다. 그는 1897년 4월 중순 『보트 란드(Vårt Land)』 신문의 표지에 "수백만 크로나를 둘러싼 다툼"이라는 제목의 기사를 익명으로 세 번 연재했다. 이 기사는 대중에게 진실을 알리기 위해 작성된 것이었다.

"수백만 크로나를 둘러싼 다툼"은 노벨 가족이 참여할 권리를 옹호하는 연설이었다. 언론은 지나치게 빨리 노벨상에 빠져들어 열렬히 환호했다. 유언장을 살펴본다면 기부는 법적으로 불가능했을 것이다. 지정 상속인이 사망한 후 6개월 이내에 권리를 주장하지 않으면 유언이 무효가 되는 규정이 있었기 때문이다. 그들은 이 규정에 해당되었고 유언장 집행은 결코 이루어질 수 없다고 법학 교수는 주장했다. 그때까지 거액의 기부금을 받은 사람은 없었다.

기한(1897년 6월 10일) 이전에 미래의 노벨상 수상자가 스웨덴 땅에 나타난다고 해도 문제는 해결되지 않았을 것이다. 그들은 갈 곳이 없었다. 유언장은 아직 스웨덴 법원에서 법적 효력을 얻지 못한 상태였다.

복잡한 상황에서 벗어날 수 있는 유일한 합리적인 방법은 친척들이 책임을 지는 것이라고 트뤼게르는 믿었다. 그는 유언집행자들이 법적 권한 없이 이 수백만 달러의 금액을 계속 관리하는 것은 불가능하다고 주장했다. 트뤼게르는 이렇게 복잡한 상황에 처한 노벨 가족에게 동정심을 느꼈고, 모든 혼란의 원인을 죽은 알프레드 노벨에게 돌렸다. "그는 어떻게 그렇게 중요한 문제에 대해 그렇게 막연하고 부주의할 수 있었습니까?"[977]

이 기사는 깊은 인상을 남겼으며, 특히 노벨이 지정한 상을 수여할 스웨덴 기관들인 스웨덴 아카데미(Svenska Academien), 카롤린스카 연구소(Karolinska Institutet), 왕립 과학 아카데미(Kungliga Vetenskapsakademien)에 큰 영향을 미쳤다. 이들은 최근 노르웨이 의회와 마찬가지로 라그나르 솔만과 루돌프 릴리예퀴스트(Rudolf Lilljequist)로부터 편지를 받았다. 유언집행자는 이들 기관에게 알프레드 노벨의 임무를 수락할지 여부에 대해 공식적인 답변을 요구했다. 모든 것을 떠나서, 유언을 완수하기 위해서는 이들 기관의 수락이 필수적이었다. 솔만과 릴리예퀴스트는 피할 수 없는 근본적인 상황에 직면했다. 즉, 상을 수여하는 기관이 이를 거부하면 유언이 무효가 되는 상황이었다.

솔만과 릴리예퀴스트는 협상 전에 네 개 기관 모두에 두 명의 대표자의 이름을 요청했다. 유언을 읽은 모든 사람은 텍스트를 보완하고 재해석하지 않고는 노벨상을 실현할 수 없다는 것을 깨달았다.[978]

『보트 란드』의 유언장에 대한 날카로운 법적 제재 관련 기사는 집행자의 중요한 질문에 답할 많은 사람들 사이에 우려를 퍼뜨렸다. 기부가 법적으로 지속 가능하지 않다면, 가족과 신속하고 관대하게 합의하는 것이 더 나을 수도 있지 않을까?

집행관의 변호사인 칼 린드하겐은 반대 의견의 긴급한 필요성을 깨닫고 『다겐스 니헤테르(Dagens Nyheter)』지에 익명으로 두 개의 긴 답변 기사를 썼다. 그는 무엇보다도 최소한 스웨덴에서는 상속을 받을 사람으로 지정될 필요가 전혀 없다고 지적했다. 예를 들어 재단을 설립하는 것도 가능했다. 린드하겐은 논쟁을 엄격하게 합법화하려고 했지만, 불행히도 스웨덴 가족의 행동에 짜증을 느낄 수밖에 없었다. "그들은 두꺼운 피부를 가지고 이 문제를 해결해야 할 것입니다. 그들은 승리할지라도 영웅적 명성을 얻지는 못할 것입니다." 린드하겐은 스웨덴의 가족이 수백만 달러에 달하는 기부금을 관리하겠다는 주장을 비판하며 일축했다.

라그나르 솔만은 파리에 있는 노르들링 총영사의 기사를 읽고 불필요하게 공격적이라고 생각했다.[979]

*

일부에서는 이른바 가짜 소송이라 불리기도 한 재판이 4월 중순에 열렸다. 언론에서는 사람들이 알프레드 노벨의 유언장을 다룰 법정이 어디일지에 대해 농담을 주고받았다. 이 질문이 너무나 중요한 이유는 무엇일까? 사건은 스톡홀름 법원에서 다뤄져야 하는가, 아니면 보포스가 있는 칼스코가(Karlskoga) 법원에서 다뤄져야 하는가?

사실을 요약하면 거부할 수 없는 많은 증거가 있었다. 알프레드 노벨은 평생 스웨덴 국적을 유지했으나, 아홉 살 이후로 어느 곳에서도 주소가 없었다. 이 경우, 두 가지 스웨덴 규정을 따를 수 있었다. 방랑자와 극빈자 규정. 알프레드가 방랑자로 분류된다면, 최근 주소지인 스톡홀름이 유효하다. 반면 극빈자로 분류된다면, 그가 있었던 곳과 있어야 했던 곳을 따라야 한다. 이는 보포스를 가리킨다. "방랑자 또는 극빈자? 이는 3,500만 크로나 유산의 소유권이 달린 큰 질문이다"라고 『아르베텟(Arbetet)』 신문이 썼다.[980]

친척들은 두 법원이 스스로 무능하다고 선언하기를 바랐다. 그렇게 되면 프랑스 재판이 있든 없든 유언이 무효화될 가능성이 높아졌기 때문이다. 그들은 칼스코가에서 지방 법원이 사건을 처리하도록 허용하는 것에 대해 항의했다. 알프레드 노벨은 1842년 어머니와 함께 스톡홀름에 등록되었으며, 그가 스웨덴 어딘가에 속해 있었다면 그곳이라고 친척들은 주장했다.

유언집행자에게 발언권이 주어졌다. 그들은 판례를 철저히 조사했으며, 거주지 문제는 단순히 알프레드가 어디에 살았는지뿐만 아니라 그가 어디서 일했는지도 포함된다고 주장했다. 그들은 알프레드 노벨이 1894년부터 보포스 공장에서 이사회 의장으로 봉급을 받았으며, 대부분의 주식을 소유하고 있음을 보여주는 인증서를 제출했다. 또한 공장에 속한 공식 거주지도 있었다. 물론, 노벨이 해외에 오랫동안 있었던 것은 사실이지만, 비요르크보른(Björkborn)에는 상근 직원들이 있었다. 그는 자신의 돈으로 정원을 꾸몄고, 마구간에서는 마차와 함께 자신의 말 세 마리를 키웠다. 그는 심지어 마부에게 급여도 지불했다.

유언집행인들은 알프레드 노벨이 스웨덴 어딘가에 속해 있었다면 당연히 스톡홀름이 아니라 보포스였다고 주장했다. 그의 보포스 체류 기간을 계산하는 것은 이러한 맥락에서 의미가 없었다. 그의 많은 유럽 출장은 노벨이 수행한 광범위한 국제 비즈니스를 고려할 때 자연스러운 일이었다.

솔만과 릴리예퀴스트가 승리했다. 1897년 4월 말, 스톡홀름 시청 법원은 알프레드 노벨의 유언 사건에 대한 권리를 포기했다. 반면에 칼스코가 지방 법원은 스스로 권한이 있다고 선언했다. 유언장의 유효성에 대한 첫 번째 위협은 피했지만, 항소는 예상되었고 프랑스에서의 위험도 완전히 끝난 것은 아니었다. 입장이 아직 불확실했다.[981]

*

알프레드 노벨의 유언 내용이 알려진 지 4개월이 지났다. 노르웨이 의회는 여전히 공개적으로 열의를 보여준 유일한 선정기관이었다. 1897년 4월 초, 집행인들이 공식적으로 노벨 임무에 대한 질문을 했을 때 존 룬드(John Lund) 회장은 의회에서 기념 연설을 하며 기증자를 기렸다. 멤버들은 벤치에 서서 경청했다. 룬드 장관은 "우리 국민은 노벨이 노르웨이와 의회에 보여준 신뢰에 대해 노벨을 기억하고 감사해야 할 특별한 이유가 있다"고 말했다. 그는 노르웨이 국민에게 주어진 특별한 임무를 자랑스럽게 설명했다. 노르웨이 의회(Storting)의 의장은 "이것은 결코 풍화되지 않고 변함없이 서 있는 기념비가 될 것이다"라고 선언했다.[982]

하지만 유언집행인들이 상금 기부를 실현하려면 모든 기관의 수락이 필요했다. 그 과정에서 나온 노르웨이인들의 환호는 긍정적인 면과 부정적인 면을 함께 갖고 있었다. 예를 들어, 작가 비요른스테르네 비요른손은 많은 노조를 비판하는 평화 팸플릿을 만든 후 스웨덴에서 최악의 적으로 간주되었다. 평화상에 대한 소식이 전해지자마자 비요른손은 나서서 노벨이 평화상을 만든 데 대한 공로의 일부를 주장했다. 이러한 행동은 스톡홀름에서 감정을 격화시켰다. 보수적인 스웨덴 계층에서는 노르웨이가 평화상을 이용해 독립적인 외교적 영향력을 얻고 스웨덴에 맞서 싸우기 시작하며 "노르웨이 공화당의 국내 평화 사절 사도들"을 세계 정치의 중심에 내세울 것을 크게 두려워했다. 솔만에 따르면 정부는 이미 이러한 두려움을 가지고 있었으며, 그는 연합 왕 오스카 2세(Union King Oscar II)가 생각하는 바를 알고 있었다.

친척들이 처음에 주소를 놓고 벌인 법적 분쟁은 실제로 평화상을 중단시키려는 것이 목적이었다는 소문이 돌았다.[983] 라그나르 솔만은 평화상이 노르웨이 민족주의의 승리라는 인상을 약화시킬 필요가 있었다. 국제 평화운동을 위해 그는 하르만스도르프 성(Harmannsdorf Castle)에서 베르타 폰 주트너를 만나 그녀가 시야를 넓히기를 희망한다고 전했다. 그러나 시간이 충분하지 않았다. 그는 그녀에게 알프레드가 처음으로 평화상을 언급한 편지의 사본을 보내달라고 요청했으며, 편지를 통해 그는 지금 그들 앞에 놓여 있는 상의 디자인에서 그녀의 중요성을 강조했다. 그는 베르타 폰 주트너에게 편지를 썼다.[984]

스웨덴의 상을 수여할 기관들 사이에서는 더 큰 회의론이 존재했다. 스웨덴 아카데미는 당시 명성을 열심히 쌓아온 100년 된 문화 기관으로, 평판을 위해 열심히 싸우고 있었다. 신문에서는 아카데미의 구식 문학관과 오래된 의식을 조롱하는 글들이 쏟아졌다. 가장 큰 타격을 받은 사람은 고대 문학적 이상을 고수하고 우스꽝스러운 시를 쓰는 것으로 여겨지던 종신 사무총장 칼 다비드 아프 비르센(Carl David af Wirsén)이었다. 비르센은 구스타프 프뢰딩(Gustaf Fröding), 셀마 라게를뢰프(Selma Lagerlöf), 베르너 폰 하이덴스탐(Verner von Heidenstam), 아우구스트 스트린드베리(August Strindberg) 등을 포함해 당시 수십 년 동안 등장한 거의 모든 현대 스웨덴 작가들과 대립했다.

비르센과 그의 동료들이 세계 최고의 문학을 결정할 것이라는 생각은 많은 이들에게 웃음을 자아냈다. 스웨덴 아카데미는 이미 파르나소스에 대한 인류의 가장 중요한 조롱이었던 "가장 낮은 등급의 시 샘플"을 평가하는 데도 고군분투하고 있었다. 열여덟 명 중 일부는 실력이 부족해 상을 포기하고 싶다는 평론가들도 있었다. 누군가는 "압박, 모욕, 불만, 비방" 등 많은 불편함만 초래할 것이라고 말했다. 게다가 현실적으로 불가능해 보였다. 언론은 스웨덴 아카데미에서 급여를 받는 직원 292명이 하루 17시간 일한다고 가정해도 분류하는 데만 3개월이 걸리는 1만 9,000개의 자료에 익사할 거라고 농담했다.

노벨은 유언장에는 "스톡홀름의 아카데미(Akademien i Stockholm)"만 적혀 있었다. "대신 과학 아카데미로 뜨거운 감자를 덮을 수 없습니까?" 비판자들은 이렇게 제안했다.

그러나 라그나르 솔만에게는 비장의 카드가 있었다. 그의 가족들은 어린 시절부터 칼 다비드 아프 비르센과 함께 어울렸다. 또한 라그나르는 자기 아들과 함께 수학을 공부했으므로 비르센의 집, 마을, 그리고 달라뢰(Dalarö)의 여름 별장에서 많은 시간을 보냈다. 라그나르는 비르센에게 일찍 연락을 취해 상에 대한 아이디어를 설명하고, 비르센을 설득했다. 무엇보다도 솔만은 외국 아카데미 네트워크가 선발 과정을 지원하는 걸 상상할 수 있다고 언급했다.

스웨덴 아카데미의 종신 사무총장 칼 다비드 아프 비르센은 이제 내부적으로 노벨상을 위해 투쟁하기로 결정했다. 스웨덴 아카데미가 임무를 포기하면 노벨의 기부금이 완전히 소멸될 수도 있다고 그는 다른 열일곱 명의 회원에게 경고했다. 만약 그렇게 되면 노벨이 "대륙의 문학적 거장"에게 주고자 했던 "뛰어난 인정"과 "특이한 혜택"마저 사라질 것이었다. 그런 다음 비르센은 스웨덴 아카데미의 소극적 태도에 대한 비난의 폭풍을 경고했다. 이 비난은 아카데미의 미래 세대 구성원들이 분명히 동의할 것이라고 했다.

노벨상에 대한 결정은 투표로 진행되었고, 비르센의 라인은 열두 표를 받아 승리했다.[985]

카롤린스카 연구소의 집행자는 작은 문제에 직면했다. 악셀 케이(Axel Key) 학장은 이전에 알프레드 노벨과 기부 문제로 접촉한 적이 있었다. 케이 교수는 솔만 가족과도 개인적으로 친분이 있었다.

케이는 확실히 새로운 기부를 선호했지만, 솔만이 약속한 추가 조항이 현실이 된다면 집행자는 카롤린스카 연구소가 되어 생리학 또는 의학 분야의 상을 주관할 수 있을 거라고 기대했다.

왕립 과학 아카데미라는 두 가지 중요한 임무가 남았다. 라그나르 솔만은 오스카 2세(Oscar II)의 어려운 의심에 대해 알고 있었다. 그럼에도 "국왕"이 법무장관에게 노벨 유언의 이행에 필요한 조치를 취하라는 임무를 부여했을 때, 그는 큰 안도와 함께 절반의 승리를 거둔 기분이었다.

이제 모든 것은 스웨덴 왕립 과학 아카데미에 달려 있었고, 화학상과 물리학상을 모두 주관해야 했다. 스웨덴 아카데미의 반대 인사 중 한 명인 역사가 한스 포르셀(Hans Forsell)은 과학 아카데미(Vetenskapsakademien)의 회원이기도 했다. 그는 솔만을 위한 성명서를 준비하는 위원회의 일원이 아니었기에 노벨상 반대 운동을 계속했다.

사건이 최종적으로 처리될 때, 위원회의 긍정적인 발언이 테이블 위에 올라왔다. 과학 아카데미는 다른 조직들과 거의 같은 논리로 "예"라고 대답해야 한다는 결론을 내렸다. 그러나 토론 중에 포르셀이 예상치 못한 이의를 제기했다. 과학 아카데미는 결국 유언장이 효력을 얻기 전까지 알프레드 노벨의 상에 대해 논평할 수 없다는 것이었다. "그 유언이 법적 효력을 갖게 되었습니까? 불법 아니었나요?"

그렇게 모든 것이 당분간 보류되었고, 예전처럼 불확실해졌다.[986]

*

러시아 지부의 책임자인 엠마누엘 노벨은 스웨덴 친척들의 행동에 참여하지 않았다. 그는 여전히 자신의 견해를 고수했지만, 새로운 문제가 생겼다. 상트페테르부르크의 스웨덴-노르웨이 총영사는 러시아에 있는 알프레드 노벨의 자산에 아무런 조치를 취하지 않은 것에 대한 스톡홀름의 질책을 걱정하기 시작했다. 엠마누엘과 라그나르의 석유 주식 매각에 대한 암묵적 합의가 위험에 처했다.

라그나르 솔만은 논의를 진행하기 위해 러시아로 출장 가기로 결정했다. 그는 석유 회사의 전 직원 중 한 명을 통역사 겸 조수로 초대했다. 부두에서 내려온 그들은 얄마르 노벨과 리데르스톨페(Ridderstolpe) 백작이 나타나자 놀랐다. 얄마르 노벨은 "당신은 상트페테르부르크로 가시는 거죠? 나도 당신과 함께 가고자 합니다."라고 말했다.

보트 여행을 하는 동안 분위기는 긴장감이 감돌았다. 러시아 수도에 도착하고 나서도 상황은 나아지지 않았다. 라그나르는 얄마르와 엠마누엘이 알프레드의 죽음 이후에도 감정적으로 좋지 않은 관계에 있다는 사실을 알고 있었다. 상호 불신은 분위기를 숨기기 어렵게 만들었고, 얄마르 노벨은 머무는 동안 엠마누엘과 라그나르 사이의 모든 논의에 참여할 것을 주장했다. 그들은 러시아에서 부동산 등록 등 유산 목록 작성에 관한 형식적인 부분은 해결했지만, 유언장 논의는 보류했다.[987]

이제 산레모의 가구가 인벤토리에 포함되어 준비되었다. 중국 미용실의 장식된 타조 알부터 타워룸의 보드 게임에 이르기까지, 모든 항목에 대한 34페이지에 걸친 정확한 견적이 완성되었다.[988] 라그나르 솔만은 다시 집으로 돌아갔으며, 보포스의 저택 지하층에 사무실을 마련했다. 비요르크보른의 저택에서 유언장을 둘러싼 교착 상태가 그를 괴롭혔다. 과학 아카데미는 여전히 장애물을 놓고 있었다. 친척들도 예상대로 칼스코가 지방 법원의 결정에 항소했다. 그들은 유언장을 무효화시키려는 시도를 최종 심리에 맡기려 했다. 1897년 7월 초, 솔만과 릴리 예퀴스트는 스톡홀름의 리드베리 호텔(Hotell Rydberg)에서 열린 회의에 일부 외국 변호사와 고문을 참석시켰다. 그곳에서 몇몇 사람들은 스웨덴 친척과의 빠른 타협이 최선의 해결책이라고 주장했다. 문제를 빨리 해결해야 했다.

라그나르 솔만은 타협 가능성을 신중하게 탐색했지만, 벽에 부딪혔다. 유족 대표로부터 유언집행인이 유언장을 무효화해 상속인이 모든 것을 가지도록 해야 한다는 제안을 받았다. 이에 대한 대가로 스웨덴 친척들은 노벨상을 위해 자산의 대부분을 할애하겠다고 했다. 루드빅 노벨은 모든 다이너마이트 주식, 석유 주식, 보포스와 파리의 집과 같은 "가족 문서"를 원한다고 말했다. 이는 알프레드 노벨 재산의 3분의 1에 해당하는 금액이었다. 화가 난 라그나르 솔만은 이를 거

부하면서 루드빅과의 우정이 끊어졌다.[989]

　동시에, 프랑스에서는 상황이 더욱 복잡해졌다. 프랑스 법정에서 프랑스 다이너마이트 트러스트인 소시에떼 센트렐레 드 다이나미테(Société Centräle de Dynamite)가 알프레드 노벨에게 잘못 지불한 특허 로열티를 반환하라는 소송을 제기했다. 회사는 특허가 자신들에게 속한다고 주장했다.

　솔만과 릴리예퀴스트는 프랑스 법정의 관할권에 문제를 제기하며 대응했다. 그들은 알프레드 노벨이 스웨덴에 거주했다고 주장했다. 첫 번째 판결에서 그들은 패소했다. 파리의 집이 결정적이었다. 그들은 프랑스 법정 심리를 피하기 위해 항소해야 했다. 솔만과 릴리예퀴스트의 프랑스 변호사는 결국 독특하고 기발한 항변으로 프랑스 절차를 기각하는 데 성공했다. 변호사는 노벨의 파리 집을 단순한 숙소로, 보포스를 그의 스웨덴 "성"으로 과장했다. 변호사는 특히 노벨의 훌륭한 집사들과 "러시아 족보의 말이 있는 장엄한 마차와 마구간"에 대한 설명을 강조했다. 그에 따르면 법원의 마음을 바꾼 것은 바로 "말"이었다.[990]

　스웨덴에서는 상황이 훨씬 더 복잡했다. 7월 초, 보포스 역에서 러시아 말이 달리다 뒤집히고, "멋진" 마차도 뒤집혔다. 라그나르 솔만은 떨어져서 허리를 다치고 갈비뼈 두 개가 부러지는 부상을 입었다. 충격이 가라앉자 얄마르 노벨은 조랑말을 사겠다고 제안했다. 그는 고무바퀴가 달린 알프레드의 유명한 마차도 샀다.

　알프레드 노벨의 많은 모험은 이제 서서히 바람을 타고 움직이기 시작했다. 그가 열정을 쏟았던 많은 프로젝트는 새로운 운명을 맞이했다. 그의 파트너 스트렐네르트(Strehlnert)는 여름 동안 인조 실크 제품을 만들어 스톡홀름 전시회에서 많은 관심을 받았고, 융스트룀(Ljungström) 형제는 곧 자전거 회사가 부동산 문제로 파산하게 되었다는 사실을 알게 되었다.

　7월 9일, 신문들은 트롬쇠에서 온 전보를 실었다. 엔지니어 앙드레의 북극 탐험(Nordpolsexpedition) 최신 보고서에 따르면 7월 8일 기구는 북극을 향해 이륙할 준비가 되어 있었다. "스발바르드 서해안에는 얼음이 없었다."[991] 세 모험가는 결국 돌아오지 못했다.

1897년 10월 30일 화요일, 알프레드 노벨의 상속자들은 보포스 저택으로 모여 전체 유산 목록을 작성하도록 요청받았다. 얄마르 노벨만 나타났다. 그는 로베르트의 미망인 폴린 노벨, 루드빅 노벨, 리데르스톨페 백작의 법적 대리인과 함께 도착했다. 하지만 다른 상속자들은 나타나지 않았다.

알프레드 노벨의 자산은 9개국에 분산되어 있었다. 총액은 3,300만 크로나(오늘날의 화폐 가치로 21억 크로나) 이상으로 마감되었다. 세금과 부채에 대한 일부 공제가 이루어졌고, 지명된 상속인의 지분(130만 크로나) 도 공제되었지만, 상금 기금 총액은 여전히 3,100만 크로나 이상이 되었다.

그의 유언장이 통과된다면, 노벨상은 세계에서 가장 큰 상이 될 것이다. 아마도 친척들이 그 액수와 기획을 물려받아 결정해야 하는 경우에도 마찬가지일 것이다. 그들이 도전하고 싶은 것은 알프레드의 꿈이 아니었다. 그들은 상속인을 위해 재산의 3분의 1을 분리하더라도 자신들의 꿈은 아주 잘 이루어질 거라고 믿었다.

그들은 아직 포기하지 않았다. 얄마르 노벨과 법적 대리인은 유산 목록 작성에 대해 이의를 제기했다. 그들은 비요르크보른에 왔다는 것이 유산 등록부를 승인했다는 의미로 해석될 수는 없다고 강조했다. 유언집행인들이 프랑스 재산을 처리하면서 가족 중 누구도 참석하지 못하게 함으로써 권한을 남용했다고 주장했다. 또한 프랑스 법원을 통과했을 때에도 권한을 위반했으며, 그렇지 않았다면 법원 문제가 해결되지 않아 유언장이 법적 효력을 얻지 못했을 거라고 했다.

친척들의 반대는 유산 등록부가 칼스코가 지방 법원에 제출되고 등록되는 것을 막지 못했다. 그러나 그들의 항의는 별도의 뉴스가 되었고, 결국 스웨덴 외부로 퍼졌다. 하르만스도르프 성에서 베르타 폰 주트너는 친구 알프레드의 고귀한 기부와 관련하여 일어난 모든 소식을 예의 주시했다. 유언장에 대한 가족들의 반대 소식을 듣자 그녀는 모든 것이 끝난 것 같다는 걱정에 휩싸였다. "이것은 치명적이다. 내 친구인 노벨이 나에게 상을 주기를 원했다는 것을 나는 잘 알고 있다. 그가 좀 더 명확히 했다면 좋았을 텐데….” 그녀는 1897년 12월 일기장에 썼다.[992]

라그나르 솔만의 도전은 가족 안에서만 그치지 않았다. 오스트리아에서는 어린 자녀를 둔 41세의 이혼한 어머니 소피 헤스가 살아 있었다. 그녀는 후견인의 보호를 받고 있었지만, 여전히 큰 빚을 지고 있었고 보석을 담보로 잡아 생계를 유지해 왔다. 1897년 새해가 되기 직전에 알프레드 노벨의 재단으로 과거 그녀가 연락했던 변호사가 보낸 편지가 도착했다. 편지에 따르면 그녀는 알프레드 노벨이 18년 동안의 관계에서 자신을 아내로 인정했다는 것을 증명할 수 있다고 했다. 그녀는 재단이 화해하기를 원하지 않는 경우 법정에서 재판을 받을 준비가 되어 있다고 밝혔다.

소피 헤스는 자신이 알프레드 노벨에게서 받은 많은 편지를 가지고 있다고 언급했다. 그녀는 재정 상태가 너무 어려워져서 그 편지들의 출판권을 팔아야 할 수도 있다고 했다. 라그나르 솔만은 그녀의 위협이 불편하게 느껴졌다. 이 편지들은 무엇을 말하고 있을까? 라그나르는 합리적으로 그냥 지나칠 수 없었다. 그는 상트페테르부르크에 있는 엠마누엘에게 전보를 보냈다. 엠마누엘은 당시 그가 편하게 대화할 수 있었던 유일한 노벨 가족 구성원이었다. 엠마누엘은 놀라지 않았다. 그는 자신도 소피와 그녀의 아버지로부터 여러 통의 구걸 편지를 받았으나, 지금까지는 대응하지 않았다고 했다. 그러나 이 편지 문제가 새로운 국면을 맞이했다고 말했다. 그는 라그나르에게 “이 문제의 편지가 연극적인 성격을 띠거나 알프레드의 기억을 손상시킬 가능성은 크지 않다고 생각합니다. 하지만 그것들이 패러독스적인 성격을 가질 거라고 추측합니다”라고 편지를 썼다.

엠마누엘은 편지에 일부 부적절한 내용이 포함될 수 있으며, 이로 인해 고 알프레드의 이미지가 우스꽝스러워질 수 있다고 경고했다. 그의 결론은 그 편지들을 사서 파기해야 한다는 것이었다. 엠마누엘은 “러시아인들은 유언집행자를 문자 그대로 영혼의 대리인이라고 부르며, 그들에게 그 단어는 더 큰 의미를 가지고 있습니다. 대리인은 고인에 대한 좋은 평판을 보장해야 합니다”라고 주장했다. 그는 러시아 지부가 이러한 편지 구매에 대해 반대하지 않을 것임을 분명히 했다.

라그나르 솔만은 알프레드 노벨이 소피 헤스에게 보낸 편지에 대해 1만 2,000 오스트리아 플로린(오늘날 100만 크로나 조금 넘음)을 지불했다. 그는 그것들을 봉인해 노벨 재단의 기록 보관소에 보관했다.[993]

*

모든 항소와 함께 법적 번거로움이 계속되었으나, 1898년 봄에 대법원은 마침내 알프레드 노벨의 유언이 칼스코가 지방 법원에서 처리될 수 있는지 여부를 결정하게 되었다. 결과는 유망해 보였다.[994]

항소 법원의 침묵 속에서 라그나르 솔만과 루돌프 릴리예퀴스트는 수여 기관들과 준비 회의를 시작했다. 계속 결정을 유보하던 스웨덴 왕립 과학 아카데미의 대표는 유언장 텍스트에 필요한 수정 사항이 적용된 후에야 비로소 개인 자격으로 참석할 수 있었다. 무엇보다도 "지난 1년 동안"이라는 표현은 문자 그대로 해석되지 않아야 하며, 최근에 가장 위대한 업적을 이룩한 사람에게 상을 주기 위한 노력으로 해석되어야 한다는 데 동의했다. 또한 연구 성과의 가치가 입증되기까지 종종 몇 년이 걸린다는 점을 고려해야 한다는 의견도 나왔다. 상금을 두 부분 또는 최대 세 부분으로 나눌 수 있다는 제안도 여기에서 기록되었다.[995]

네 번의 회의를 마친 후, 스웨덴 친척들은 싸움을 더욱 강화했다. 법원을 둘러싼 다툼은 재판 기구에 불과했다고 언론은 전했다. 지금 일어난 일은 알프레드 노벨의 유언에 대한 진정한 "가족 공격"이었다.

1898년 2월 초, 로베르트 노벨 가문의 생존자들과 쇠그렌 부부는 알프레드 노벨의 "유언장" 집행에 가담한 사람들을 상대로 소송을 제기했다. 알프레드가 자신의 이름을 적었던 문서에 대해서는 더 면밀한 조사가 필요했다. 거액의 기부금을 받는 사람이 명시되지 않았고, 유산 등록 후 누가 그 유산을 관리할 것인지도 밝혀지지 않았다. 따라서 법률에 따라 알프레드 노벨의 재산은 직계 상속인이 관리해야 했다. 그러나 친척들은 오해를 피하기 위해 노벨상을 중단할 의도가 없다는 점을 분명히 하고 싶어 했다. 그들은 확실히 "노벨 박사의 유언에 나온 주요 아이디어를 실현하길 원했다."

스웨덴 노벨 지부는 유언장 문제에서 법적 근거가 없다고 여겨지는 사람들을 고소했다. 유언집행인들, 상을 수여할 기관들, 스웨덴 정부, 왕실까지 소송 대상에 포함되었다. 안전을 위해 "가족 공격"이 스톡홀름과 칼스코가에 제출되었다.[996]

이 소식이 전해지자 엠마누엘 노벨이 스톡홀름에 왔다. 그는 친척뿐만 아니라 주변으로부터 지나치게 많은 압력을 받았다. 그가 내려야 했던 결정은 결코 쉬운 일이 아니었다. 상트페테르부르크를 떠나기 전에, 그는 어린 이복형제들을 모아 그들의 후견인으로서 자신이 상황을 어떻게 보고 있는지, 알프레드 삼촌의 유언장을 막거나 제한하려는 것이 얼마나 잘못된 생각인지 설명했다. 덕분에 문제가 대두되었을 때 형제자매들은 그의 입장을 지지했다.

스톡홀름에서 엠마누엘은 라그나르 솔만과 접촉해 서면으로 합의를 도출했다. 예비 각서에서 엠마누엘은 가족이 통제력을 잃지 않도록 보장하는 석유 주식의 책임 있는 매각을 대가로 유언장에 대한 우호적 협력을 제안했다. 또한 그는 노벨상 수여 기관과의 준비 회의에도 참여했다. 그 자리에서 엠마누엘은 협력을 제안하면서도, 스웨덴 지부를 포함한 모든 상속인이 먼저 승인하지 않는 한 유언장 내용의 변경이나 추가는 고려할 수 없다는 점을 분명히 했다.[997]

어쨌든 그에 대한 압박은 계속되었다. 2월의 어느 날, 그는 엠마누엘 노벨의 입장을 전혀 이해하지 못한 오스카 2세 왕으로부터 소환되었다. 왕은 기본적으로 자신의 의견을 바꾸지 않았으며, 노르웨이 평화상에 대한 분노는 노르웨이 의회가 첫 번째 노벨 위원회에서 평화 선전가인 비요른스테르네 비요른손을 선출한 이후로 더욱 커졌을 가능성이 크다. 왕은 불안해했다. 엠마누엘은 자신이 노벨 가문의 대표자로서 논쟁만 일으킬 이 미친 아이디어를 멈출 수 있는 모든 기회를 가졌다는 사실을 이해하지 못한 걸까?

엠마누엘에 따르면, 왕은 "당신의 삼촌은 평화운동가들, 특히 숙녀들의 영향을 받았다"라고 주장했다. 오스카 2세는 어떤 경우에도 알프레드의 소용돌이치는 아이디어가 형제들의 이익을 산산조각 내지 않게 하는 게 형제들에 대한 엠마누엘의 의무라고 믿었다. 상들을 실현하는 것은 법적으로 불가능해 보였다. 엠마누엘은 자신과 그의 형제가 미래에 과학자들로부터 원래 그들에게 속한 자금을 빼앗았다는 비난을 받을 위험에 처하게 할 생각이 없다고 대답했다.[998] 그의 러시아 비서는 엠마누엘이 스웨덴 왕에 맞서 앉았다는 소식을 들었다. 그래서 이 나라에서 탈출을 준비했다. 러시아에서는 차르에 반항한 후 그렇게 하는 것이 일반적이었다.

라그나르 솔만은 깊은 인상을 받았다. 그는 엠마누엘 노벨의 결단력이 자신들의 성공 가능성에 결정적임을 이해했다. 안도감에 그는 베르타 폰 주트너에게 러시아 지부가 소송에 참여하지 않기로 한 결정이 적어도 알프레드 노벨의 마지막 유언장에 대한 이행을 보장한다고 말했다.

4월에는 집행자들이 또 한 번의 승리를 거두었다. 대법원은 알프레드 노벨의 유언장 사건을 다른 곳이 아닌 칼스코가 지방 법원에서 심리해야 한다고 판결했다. 그러나 이 결정은 연기되었다. 노르웨이 법은 법원으로 하여금 노벨 사건을 1898년 10월까지 연기하도록 강요했다.[999] 그 시간을 현명하게 사용할 수도, 그렇지 않을 수도 있었다.

*

젊은 라그나르 솔만은 결정적인 순간에 군대에 소집되었다. 노벨상을 위한 최후의 전쟁이 한창일 때 군입대를 했다는 사실에 그는 다소 흐뭇해했다. 엠마누엘은 라그나르에게 "알프레드의 평화 사상을 수행하고 군국주의의 철폐를 주장해야 할 당신이 군인들 사이에서 전쟁을 하고 군복을 입어야 한다는 것은 매우 어렵고 아이러니한 운명의 장난입니다"라고 썼다.[1000]

쿰라(Kumla)의 국왕 호위 부대(Kungliga Livregementet) 현장에서 라그나르

의 성을 알고 있던 지휘관이 그가 노벨의 집과 관련이 있었던 솔만의 아들인지 물었다. "아닙니다. 저입니다." 젊은 라그나르가 대답했다. 놀라움이 가라앉자 대위는 솔만을 위해 연대에 좋은 방과 전화기가 있는 사무실을 마련했다. 솔만은 필요할 경우 행진에서 제외될 수 있는 권한을 받았다.

처음에는 당사자들 사이에 침묵이 흘렀다. 엠마누엘은 사촌들로부터 전혀 소식을 듣지 못했고, 첫걸음을 내딛는 사람이 되고 싶지 않았다. 여느 때와 마찬가지로 에너지는 라그나르 솔만에게서 나왔다. 그는 스톡홀름에 있는 변호사 린드하겐(Lindhagen)의 도움을 받아 5월 초에 다시 협상을 시작했다.[1001]

신속한 협상에 대해 말이 많았다. 유족들은 최근 몇 차례 좌절을 겪었고 협상 의지를 누그러뜨렸어야 했다고 집행자들은 추론했다. 변호사 린드하겐이 말했듯이 "그들은 충격을 받았다." 사실, 적어도 1년 전에 법학 교수인 에른스트 트뤼게르가 그들에게 제시한 전략을 믿었다면 친척들은 항상 합의에 도달하려는 목표를 가지고 있어야 했다. 충분히 큰 소란을 일으키면, 그들은 정말로 상당한 것을 얻을 수 있었다.[1002]

현장에서는 라그나르 솔만이 협상을 주도했다. 협상은 예상보다 순조로웠다. 그들은 전투에 지친 듯 보였다. 기본적으로 아무도 알프레드 노벨의 유언장에 대한 결정을 판사에게 맡기고 싶어 하지 않았다. 친척들은 이미 많은 주목을 받고 있는 노벨상의 종말을 절대 원하지 않았다.

1898년 5월 말, 라그나르 솔만은 안나와 얄마르 쇠그렌(Sjögren)과의 첫 번째 합의에 서명하기 위해 휴가를 신청했다. 그들은 부동산에서 10만 크로나를 받기로 하고 모든 청구를 철회했다. 6일 후, 솔만은 다음 휴가를 얻어 스톡홀름으로 출장을 갔다. 로베르트의 후손들은 점점 더 많은 것을 요구했고 돈에 만족하지 않았다. 그들은 노벨상에 대한 영향력을 보장받기를 원했다. 이 협정에 의해 두 사람은 총 150만 크로나를 추가로 배정받고 노벨상이 어떻게 설계되는지를 볼 수 있는 공식적인 영향력을 갖게 되었다.[1003]

수개월 간의 치열하고 치열한 투쟁 끝에 10월의 재판은 무산되었다. 알프레드 노벨의 상금으로 3,100만 크로나 이상이 확보되었다. 집행자와 친척 모두 만족했다.

엠마누엘 노벨은 나중에 라그나르에게 찬사를 보냈다. "평화 조약을 맺은 것을 진심으로 축하합니다. 당신은 올바르게 행동했습니다."[1004]

라그나르 솔만은 겨우 스물여덟 살이었고, 법률과 금융을 다루는 데 익숙하지 않았다. 알프레드 노벨은 거의 불가능한 일을 솔만의 가녀린 어깨에 올려놓았다. 그러나 기증자가 예측한 대로 불의 화학자는 극적인 과정을 해결할 원동력이 되었다. 라그나르 솔만은 알프레드와 유사한 인내, 창의성, 용기로 어려운 과제를 해결했다.

알프레드 노벨이 라그나르 솔만을 자신의 몇 안 되는 "사랑하는 사람들" 중 한 명으로 부른 데에는 그럴 만한 이유가 있었던 것이다.

24장
시선이 스웨덴과 노르웨이로 향하다

1901년 3월 24일 일요일, 노벨의 스웨덴 친척들이 스톡홀름의 가족 묘지 앞에 모였다. 봄이 되었고, 그들은 얇은 외투를 걸친 채로 있었다. 울타리 주변에는 눈이 약간 녹아 남아 있었다.

알프레드 삼촌이 쉬고 있는 곳임에도 불구하고, 그들이 모인 이유는 알프레드 노벨 때문이 아니었다. 이날의 거대한 화환은 다양한 기자들과 폭발물 기술자들이 참석한 가운데 탄신 100주년을 기념하기 위해 그의 아버지 임마누엘 노벨을 위한 것이었다.

노라 교회 묘지(Norra kyrkogården)에서의 의식은 정오쯤 시작되었다. 알마르와 루드빅 노벨 형제는 함께 언론 사진에 찍혔으며, 그들은 NOBEL이라는 글자가 새겨진 화강암 오벨리스크 앞에 나란히 서 있었다.

한 사촌이 임마누엘과 니트로글리세린에 대해 이야기했다. 성직자는 다음과 같이 운을 맞추었다.

> 이제 당신의 100주년 기념일이 도래했고,
> 당신의 이름이 화려하게 빛나고 있습니다.
> 그러므로 여기서 당신의 기억을 기리며
> 감사하는 마음으로 경의를 표합니다.

문제의 "빛"은 주로 그의 아들인 알프레드 노벨과 그의 거액 기부와 관련이 있었다. 알프레드는 죽은 지 거의 5년이 지났다. 오랜 침묵 속에서 외국 언론은 유명한 노벨상이 어디로 갔는지 궁금해하기 시작했다. 모든 것이 그저 이야기일 뿐이었을까?

　　1901년 3월, 마침내 상황이 풀리기 시작했다. 세계 최초의 다섯 개 노벨상 후보들이 속속들이 들어오기 시작했고, 시상식은 알프레드 노벨의 사망일인 1901년 12월 10일(이하 노벨의 날)로 정해졌다.

　　"평화운동가"인 베르타 폰 주트너는 참을 수 없었다. 그녀는 평화를 위해, 그리고 더는 감당할 수 없는 가계를 위해 노벨상 상금이 정말로 필요했다. 해마다 그녀는 자신의 영역을 불안하게 지켜보며, 1898년 이미 친척들과의 합의가 알려진 후 일기에 "노벨상에 대해 많이 생각한다"고 고백했다.

　　그러나 경쟁이 치열해졌다. 같은 해 8월, 당시 세계 최대 군대의 사령관이었던 러시아의 차르 니콜라이 2세가 평화 문제에 예상치 못한 접근 방식을 내놓았다. 차르는 개인적으로 국가 간의 군비 경쟁을 끝내기 위해 주요 평화 회의를 시작하기 원했다. 뒤이은 국제 평화의 소란 속에서 차르와 베르타 폰 주트너의 이름이 함께 언급되었다. 베르타는 일기에 이렇게 적었다. "내 이름이 최근에 광고 문구처럼 세계를 돌아다니는 것을 사람들이 어떻게 받아들일지 상상할 수 있다. 만약 내가 스스로 공로를 주장하고 광고하는 데 도움을 주었다는 의심을 받는다면, 러시아뿐만 아니라 노르웨이 의회도 나에게 화를 낼 것이다."

　　차르의 회의는 1899년 봄 헤이그에서 열렸다. 평화운동은 마침내 큰 돌파구를 마련했다. 오랫동안 기다려 온 중재 재판소인 헤이그 재판소가 구성되었으며, 전쟁 및 전쟁 범죄에 관한 여러 국제 협약이 체결되었다. 베르타 폰 주트너는 당연히 헤이그에 참석해 눈에 띄게 행동했다. 그녀는 센트럴 호텔(Central hotel)에서 알프레드 노벨의 초상화를 탁자 위에 올려놓고 모임을 가졌다. 그녀는 과연 지나치게 밀어붙인 걸까? 베르타의 여자 친척들이 헤이그에서 호화 마차를 타고 돌아다닐 때, 베르타는 심각하게 걱정하게 되었다. 베르타 폰 주트너는 그 친척을 두고 "아마도 재치 없는 4인조가 노벨상을 방해했을 것"이라고 썼다.

1900년 10월, 엠마누엘 노벨은 하르만스도르프 성을 방문했다. 베르타 폰 주트너는 노르웨이인들이 엠마누엘에게 차르 니콜라이(Tsar Nikolai)가 노벨상을 받아들일 수 있는지 조사해 달라고 요청했다는 사실을 확인했다. 그러나 시상식이 하루하루 다가와도 베르타 폰 주트너의 자신감은 흔들리지 않았다. 그녀는 자신이 결국 평화상을 받을 거라고 확신했다. 그녀는 일기장에 "나의 노년을 애도하기에 충분하다"고 썼다.[1005]

베르타 폰 주트너는 노르웨이 노벨 위원회가 1901년 4월에 후보 등록을 마감할 때까지 여러 차례 지명을 받았다. 그녀는 많은 사람들처럼 스스로를 지명하지 않았다.[1006]

*

알프레드 노벨의 상금 수백만 달러는 모두 재단에 넘겨졌다. 1900년 여름, 새로운 노벨 재단이 공식적으로 설립되었고, 유언집행자 라그나르 솔만은 이사회의 일원이 되었다. 사무실은 1833년에 알프레드 노벨이 태어난 집에서 불과 50미터 떨어진 노르란즈가탄(Norrlandsgatan) 6번지로 정해졌다. 검은색 유리 간판은 너무 눈에 띄지 않아 대부분의 사람들이 놓치고 지나갔다. 기자들이 문을 두드리면 보포스의 작업실에서 알프레드 노벨의 월넛 가구를 옮기던 최고경영자 산테손(Santesson)이 맞이했다. 책장에는 기증자의 책들이 있었고, 금고에는 그의 엄지손가락 지문이 남은 유언장이 보관되어 있었다.[1007]

노벨 재단에는 다섯 개의 조직이 있었다. 상을 수여하는 업무는 기관의 특별 노벨 위원회에서 맡았다. 지명 명단은 해가 거듭될수록 늘어났으며, 많은 사람들이 인류의 이익을 위한 자신들의 노력을 강조하고 싶어 했기 때문에 일이 많아졌다. 예를 들어, 한 이탈리아인은 티눈을 제거하는 가장 좋은 방법에 대한 에세이로 문학상을 신청했다. 그래서 다음과 같은 안내가 필요했다. "노벨상은 신청하는 것이 아니라 추천을 받아야 합니다."[1008]

노벨의 유언과 협의된 재해석이 충돌하는 경우도 있었다. 물리학상이 전년도 또는 노벨이 기록한 "지난 몇 년"의 가장 위대한 업적에 대해 수여되었다면, 1901년의 수상자는 1900년 12월 중순에 혁신적인 양자 이론을 발표한 독일의 막스 플랑크여야 했다. 그러나 플랑크는 1918년까지 또는 인류가 양자 물리학의 중요성을 이해할 시간이 될 때까지 기다려야 했다. 대신, 당시 몇 년 동안 물리학계의 위대한 별이었던 동료 빌헬름 뢴트겐(Wilhelm Röntgen)은 1895년에 선구적인 광선을 발견해 압도적인 후보 추천을 받았다.[1009]

문화 엘리트들은 약간의 두려움을 안고 스웨덴 아카데미의 문학상 결정을 기다렸다. 지루함은 계속되었다. 아카데미가 노벨상을 위한 규칙을 발표했을 때, 그 규칙은 열여섯 살의 소년이 고등학교 동창회에서 펀치볼을 앞에 두고 쓸 수 있을 정도로 간단하다는 조롱을 받았다. 열여덟 명의 아카데미 회원들은 가난한 스웨덴 시인들에게 작은 장학금을 줄 수는 있겠지만, 과연 세계에서 가장 위대한 작가를 칭송할 수 있을까?

1901년에는 스웨덴 아카데미가 아무런 노력 없이 조롱을 피할 수 있을 정도로 명백한 대상이 있었다. 전 세계가 러시아 작가 레프 톨스토이(Lev Tolstoy)를 최초의 노벨 문학상 수상자로 기대하고 있었다.

스웨덴 아카데미의 새로운 노벨 도서관에는 급하게 구입한 수천 권의 새로운 외국 가죽 제본서로 가득했다. 러시아에서 수백 권의 책을 구매해 온 건 좋은 소식이었다. 하지만 무언가 잘못되었다. 열여덟 명이 후보자 스물다섯 명의 명단을 가지고 왔을 때, 레프 톨스토이의 이름은 그곳에 없었다. 대신 알프레드 노벨이 경멸했던 또 다른 저명 작가인 에밀 졸라(Émile Zola)의 이름도 없었다. 이에 대해선 스웨덴 아카데미도 동일한 의견을 가지고 있었다. 졸라의 자연주의 문학이 "정신이 없고 종종 심하게 냉소적"이라고 여겨졌기 때문에 노벨상이 추구하는 "이상적"이고 세련된 문학과는 맞지 않는다고 판단한 것이다.

놀랍게도 영예는 아카데미의 종신 사무총장인 비르센이 선호하던 잊혀진 "2

류” 프랑스 시인 쉴리 프뤼돔(Sully Prudhomme)에게 돌아갔다. 외국 문화 편집자들은 깜짝 놀라 고개를 저었다. 노벨상은 고귀한 정신을 기리고 “이상적인” 방향으로 운영되어야 한다는 생각이었지만, 그의 작품은 읽기 지루한 중간 수준의 문학으로 평가되었다. 만약 톨스토이가 적합하지 않았다면 헨리크 입센(Henrik Ibsen) 또는 비요른스테르네 비요른손 중에서 선택할 수 있지 않았는가?

마흔두 명의 스웨덴 문화인들은 레프 톨스토이가 간과된 것에 대한 항의로 공개 서한을 썼다. 그곳에서 그들은 스웨덴에 수치를 안겨준 아카데미의 미친 결정을 비난했다. 그들은 스웨덴 국민과 엘리트들과 모든 외국 심사위원에게 톨스토이에게는 최초의 노벨상을 수상할 자격이 있다는 걸 분명히 했다. 서명자 중에는 유명한 스웨덴 작가들인 얄마르 쇠데르베리(Hjalmar Söderberg), 셀마 라게를뢰프(Selma Lagerlöf), 아우구스트 스트린드베리(August Strindberg), 베르너 폰 하이덴스탐(Verner von Heidenstam), 엘렌 케이(Ellen Key) 등과 예술가 칼 라르손(Carl Larsson), 안더스 조른(Anders Zorn), 브루노 릴리예포르스(Bruno Liljefors) 등이 있었다.[1010]

다음 해, 레프 톨스토이가 후보에 올랐지만 탈락했다. 열여덟 명의 사제는 소설 『안나 카레니나』를 칭찬했지만, 톨스토이의 다른 저작들 중 일부가 너무 “미성숙하고 오해의 소지가 있다”고 생각했다. 그들은 톨스토이를 별로 좋아하지 않았다. 특히 교회와 국가에 대한 톨스토이의 무정부주의적 비판과 그의 “문화적 적대감과 일방적인 성향”을 문제 삼았다. 또한 스웨덴 아카데미는 톨스토이가 “고급 경작과 관련이 없는 야생 동물을 옹호함으로써 모든 문화권의 제도를 깨뜨리는 것”을 용납할 수 없다고 여겼다. 1901년 노벨상 수상 실패에 대한 톨스토이의 반응도 이러한 결정에 영향을 미쳤다.[1011]

*

12월이 가까워지면서 첫 번째 노벨의 날이 다가오고 있었으나 대부분의 수상자 이름은 여전히 공식 기밀이었다. 크리스티아니아(오슬로)의 평화상 위원회만이 마지막 순간까지 침묵을 지켰다. 그럼에도 긴장감은 점점 높아졌다. 노벨상 수상자는 각각 15만 크로나를 받을 예정이었으며, 이는 오늘날의 가치로 거의 900만 크로나에 해당하는 엄청난 금액이었다. 믿기 힘든 금액이었다. 문명 세계의 시선은 이미 스웨덴과 노르웨이를 향하고 있었다. 12월 4일 프랑스의 『르 피가로(Le Figaro)』지는 "스톡홀름과 크리스티아니아에서 영혼의 밭을 비옥하게 하기 위한 황금비가 곧 내릴 것"이라고 썼다. 신문은 계속해서 "노벨이 사후에 보여준 관대함은 모든 국가의 미래로 확장된다. 내구성이 뛰어나고 보편적이다. 불행히도 전쟁의 기술과 공개 학살을 위한 끔찍한 파괴의 도구를 발명한 발명가는 평화로운 예술에 자신의 부를 바쳤다. 그는 자신과 조국을 존중했다"고 덧붙였다.[1012]

12월 9일 아침, 세계적으로 유명한 물리학자 빌헬름 뢴트겐과 의학상 수상자 에밀 폰 베링(Emil von Behring)은 남쪽에서 야간열차를 타고 스톡홀름에 도착했다. 신문은 "그들이 그랜드 호텔을 점령했다"고 열성적으로 보도하며 기자들을 식당으로 보냈다. 뢴트겐의 명성은 스톡홀름 사람들의 무릎을 꿇게 했지만, 반면 베링이 누구인지 아는 사람은 거의 없었다. 카롤린스카 연구소는 비록 그의 스승인 루이 파스퇴르(Louis Pasteur)가 5년 전에 사망했지만 19세기의 가장 위대한 의학적 돌파구가 세균학이었다는 것을 인정하고자 한 것이다. 물론, 최대 라이벌인 로베르트 코흐는 자신이 간과되었다는 사실에 슬퍼했지만, 1901년에는 폰 베링이 인류의 이익에 더 크게 공헌한 인물로 여겨졌다. 그의 항디프테리아 혈청은 수천 명의 생명을 구했고, "의사에게 질병과 죽음과의 싸움에서 승리할 수 있는 무기를 주었다."고 동기를 부여하였다.

화학상 수상자인 야코버스 헨리쿠스 반트 호프(Jacobus Henricus Van't Hoff)는 네덜란드에서 기차를 타고 저녁 늦게 도착했다. 그는 다른 승객들 사이에서 일상적인 여행자처럼 플랫폼을 지나 스웨덴 동료의 집에서 하룻밤을 보냈다. 턱수염이 없는 유일한 수상자인 반트 호프는 삼투압 법칙을 발견한 공로로 상을 받았다. 보고에 따르면 세 사람 중 가장 카리스마 있고 쾌활한 인물이었다. 한편, 나이 든 시인 프뤼돔(Prudhomme)은 등장하지 않았다. 그는 "프랑스 시골 마을에서 신경통으로 아파 누워 있었다"고 전해진다.[1013]

노벨의 날 스톡홀름은 우울한 12월의 어둠 속에 묻혀 있었다. 아무것도 켜지지 않았고, 심지어 파란색과 노란색의 스웨덴 국기도 게양되지 않았다. "왕자의 자녀가 태어나는 날에는 국기가 올라가지만 같은 도시에서 노벨상이 수여될 때는 그렇지 않았다. 그리고 일반 대중의 관심도 그에 따라 줄어들었다"고 사회민주주의(Socialdemokraten) 신문은 불평했다.

시상식은 니브로비켄(Nybroviken) 소재의 음악 아카데미(Musikaliska Akademien)에서 열렸다. 예정된 시간 30분 전부터 벤치에서 웅성거리는 소리가 들렸다. 객석은 코트와 칙칙한 긴 드레스를 입은 1,300명의 사람들로 가득 찼다. 홀은 표시등으로 빛났고, 연단 중앙에는 알프레드 노벨의 새로운 흉상이 서 있었다. 무대는 금색 무늬가 있는 파란색 천으로 덮였고, 홀은 야자수와 월계수 잎으로 장식되었다.[1014]

크리스티아니아(Kristiania)에서 열리는 병행 행사에서 받은 소식은 전보로 스톡홀름과 수상자들에게 전해졌다. 최초의 평화상은 국제 평화운동의 선구자였던 당시 약 80세의 프랑스인 프레데리크 파시(Fréderic Passy)와 적십자의 창립자인 스위스의 앙리 뒤낭(Henri Dunant)이 공동 수상하게 되었다. 상의 절반은 평화를 위한 것이었고, 나머지 절반은 인도주의적 활동을 위한 것이었다. "존경하는 부인, 이 상은 당신의 작품입니다. 노벨이 평화운동에 대해 깨달은 것은 당신을 통했기 때문입니다." 뒤낭은 나중에 크게 실망한 베르타 폰 주트너에게 편지를 썼다. 그녀는 1905년까지 기다려야 했다.[1015]

스톡홀름에 온 수상자들은 뮤지컬 아카데미에 참석했다. 노벨의 친척과 집행자인 라그나르 솔만이 군중 속에서 모습을 드러냈다. 지휘자가 궁정 예배당에서 루드빅 노르만(Ludvig Norman)의 성대한 파티 서곡을 지휘한 지 몇 분 후에 사람들은 갑자기 웅성거리기 시작했다.

오스카 2세 왕(King Oscar II) 대신 스웨덴 왕가의 구스타브 아돌프 왕자(나중에 구스타브 5세)와 유진 왕자가 무대에 올랐다. 알프레드 노벨의 초상화가 새겨진 금메달이 아직 완성되지 않았으므로, 당장은 대신 상장을 수여해야 했다. 경의의 말과 합창이 이어졌다. 프로그램에서 유일한 일탈은 스웨덴 아카데미의 종신 사무총장 비르센이 길게 자작시를 낭송한 것이었다. 놀라울 정도로 긴 운율이었다.

이후 130여 명의 특별히 선발된 신사들이 그랜드 호텔에서 연회를 이어갔다. 여성들은 초대받지 못했다.

다음 날, 언론은 이벤트에 대해 자세히 보도했다. 일부 신문은 비르센의 자작시 낭송을 조롱했다. 『아르베텟(Arbetet)』 신문은 "소심한 비서가 스웨덴 상 수여자의 이름으로 시적인 공산주의자의 음성으로 매우 산문적이고 한심한 참회가를 불렀다"고 썼다. 칼 다비드 아프 비르센은 진심으로 노력했고, 아마도 스스로는 역사상 최초의 노벨상 시상식을 위한 매우 훌륭한 분위기를 조성했다고 생각했을 것이다. 그래서 조롱은 개의치 않았을 것이다.

> 원하지도, 추구하지도 않았던 그 일이
> 스웨덴의 어깨 위에 무겁게 내려앉았네.
> 수많은 이들이 책임감을 떨며 감내했으니
> 이제 세계가 스웨덴의 심사를 바라보도다.
> 자연 연구에서 가장 깊은 진리를,
> 의학이 지닌 최고의 지식을,
> 다른 나라에서 시가 주는 가장 아름다운 것을
> 해마다 스웨덴의 손으로 상을 수여하리라.[1016]

에필로그
한 세기가 조금 지난 후

매년 노벨의 날 일주일 전에 산레모에서 온 대형 트럭들이 도착한다. 특별히 주문된 4만 8,000송이의 꽃이 12월의 추운 스톡홀름에 신속히 옮겨져 온실에서 다듬어진다. 장식은 이미 8월에 TV 카메라 앞에서 테스트되었다. 올해의 꽃 배치는 장미, 국화, 카네이션, 아마릴리스, 유칼립투스 등 다양한 녹색 식물로 구성되어 있다.

열세 명의 숙련된 플로리스트가 1년 중 가장 긴 근무일을 위해 호출된다. 산레모에서 가져온 화단의 절반은 시상식장에 있는 30미터 길이의 꽃벽을 만드는 데 사용되며, 나머지는 노벨 만찬장 장식용으로 따로 남겨둔다. 온실 벽에는 매년 같은 마스코트가 걸려 있다. 알프레드 노벨의 초상화가 있는 플라스틱으로 된 커다란 금메달이다.

마지막 몇 시간 동안 플로리스트들은 콘서트 홀에서 작은 생쥐처럼 뛰어다니며 시든 잎사귀를 정리하고 분무기로 물을 뿌린다. 트럼펫 연주자들은 팡파르를 연습한다. 국제 TV 방송국은 카메라 앵글을 점검한다. 올해의 노벨상 수상자들은 먼저 왕에게, 그다음엔 노벨상 위원회 앞에서 오른쪽으로 인사하는 연습을 하고 있다.

배경에는 매년 그렇듯이 알프레드 노벨의 석고 흉상이 자리하고 있다.

시청에서는 40명의 웨이터들이 블루홀을 돌아다니며 9시간 동안 테이블 세팅 작업을 진행한다. 밀리미터 단위의 정밀도를 보장하기 위해 줄자와 끈을 사용하며, 1,300명의 손님을 위해 5,000개 이상의 유리잔과 금으로 장식된 많은 식기를 세팅한다. 광택 나는 은색 식기 1만 개가 꽃장식과 정확히 직각을 이루며 배열된다.

엘리트 주방장 45명이 몇 층 위에서 요리하며 고군분투한다. 그들은 2월부터 노벨 만찬 메뉴를 계획했다. 주 요리를 위해 1,300마리의 메추라기가 길러졌고, 흑마늘은 몇 달 동안 완벽하게 발효되었다. 이제 요리사는 절인 사과 9,000개에 작은 무 껍질, 파, 마요네즈 등으로 정교하게 장식한다. 전채 요리로 숯불에 구운 랍스터와 가리비 통구이가 아름다운 반원을 형성한다.

주방장은 깊게 숨을 들이쉰다. 그는 항상 그렇듯이 이렇게 많은 사람들에게 극도로 정교한 음식을 제공하는 것이 정말 미친 짓이라고 생각한다. 그러나 이것은 노벨 만찬, 파티 중의 파티이다. 그들은 속도를 높인다.

시상식 후 오후 5시 30분이 되면, 마지막 행진 음악이 울려 퍼진다. 만찬 손님들은 눈보라 속으로 나가, 전세 버스를 타고 서둘러 이동한다. 날씨가 헤어스타일과 반짝이는 드레스를 망칠까 걱정한다.

블루홀에서는 고급 향수의 향이 퍼지며 모두가 하객 행렬을 기다리고 있다. 저녁 신문 기자들은 올해의 드레스를 평가하도록 요청받는다. TV 해설자들은 시청자 질문을 확인하며 현장 분위기를 살핀다. 4시간 30분 동안 이어질 만찬 생중계를 앞두고 긴장감이 감돈다.

팡파르 소리와 함께, 1,300개의 의자에서 나는 소음. 모두가 자리에서 일어선다.

*

밖은 순식간에 얼어붙었다. 알프레드 노벨의 묘지 근처에서 잔디 위를 걷자 발밑이 퍽퍽한 느낌이 든다. 별이 빛나는 하늘, 그렇지 않으면 그저 평범한 스웨덴의 12월 어둠이다. 화강암 오벨리스크가 어둠 속에서 검은 회색의 거대한 로켓처럼 솟아 있다. 그의 이름을 식별하는 것은 어렵다.

나는 연회의 일정을 손에 들고 시계를 본다. 곧 카를 16세 구스타프(Karl XVI Gustaf) 왕이 위대한 기부자에게 건배를 할 것이다. 그가 매년 해왔고 앞으로도 계속 할 것이다.

노벨 재단 회장 겸 이사장은 여느 때처럼 아침에 묘지를 방문했었다. 그들이 손수 만든 월계관에는 얇은 얼음 층이 덮여 있었고, 촛불은 꺼져 있었다. 내년에는 아마도 묘지 등불을 살 여유가 있을 것이다. 나는 TV 방송을 모바일로 시청하려 한다. 이제 샴페인이 제공된다. 나는 테이블 위의 촛대들이 무덤 위에 약간의 빛을 퍼뜨리도록 했다. 저녁 식사 소음이 고속도로의 소음과 경쟁한다.

몇 분밖에 남지 않았다. 알프레드 노벨이 잘못했는가? 난 그렇게 생각하지 않는다. 그는 항상 멋지게 대접을 잘했으며, 소박함은 개인적인 성향일 뿐이었다. 그는 죽은 사람보다 살아 있는 사람을 기리기를 원했다.

이제 왕이 일어나 마이크를 잡는다. 나는 손을 무덤에 대고, 휴대폰을 내밀었다. 1,300명의 기대에 찬 사람들이 떼땅겨 리저브 브뤼 샴페인이 든 잔을 들고 있다. 왕은 목을 가다듬는다.

"신사 숙녀 여러분, 저와 함께 위대한 기증자인 알프레드 노벨을 기리는 건배에 함께해 주세요!"

"보세요", 나는 어둠 속에서 속삭였다. "당신은 생각만큼 외롭지 않았습니다."

그 후, 무슨 일이 일어났을까?

줄리엣 아담은 100세가 되었고 1936년까지 살아 있었다. 그녀는 1890년대 후반에 살롱 활동을 중단하고, 몇 년 후에는 잡지 『라 노블레 레뷰』를 떠났다. 그때부터 그녀는 의미를 잃어갔다. 제1차 세계대전이 시작되면서, 줄리엣 아담이 오랫동안 싸워온 독일에 대한 복수가 시작되었다. 그 후 그녀는 쓰라린 뒷맛을 느꼈다. 너무 많은 사람이 죽었지만, 그 어떤 해결책도 없었다. 복수에 대한 독일인의 욕망은 무엇으로 이어졌을까?

소피 헤스는 딸 마르그레테(Margrethe)와 단둘이 살았다. 그녀는 알프레드 노벨의 유언에 따라 지급된 연금을 받으며 비엔나에서 생활을 이어갔다. 그러나 제1차 세계대전 이후, 알프레드가 마련해 준 헝가리 국채는 무용지물이 되었다. 소피가 1919년에 사망했을 때, 딸 마르그레테는 큰 도움이 필요했고, 그로 인해 노벨 재단에 편지를 썼다. 당시 마르그레테는 참전 용사의 미혼모였다. 라그나르 솔만은 스톡홀름에서 그녀를 위해 식품 꾸러미를 여러 번 보냈다.

엠마누엘 노벨은 유언장 분쟁으로 촉발된 석유 회사의 붕괴된 주식을 되돌릴 수 있었다. 1890년대 말에 호황기가 찾아왔고, 러시아의 두 노벨 회사는 번창했다. 그러나 1917년 혁명 이후, 가족은 모든 러시아 자산을 잃었고 농부로 변장한 채 스웨덴으로 도피했다. 해외 자산만으로도 1932년 사망할 때까지 스웨덴에서 편안히 살 수 있었다. 엠마누엘 노벨은 1911년 스웨덴 왕립 과학 아카데미 회원으로 선출되었다.

얄마르 노벨은 쇠브데(Skövde) 외곽의 클라그스트롭(Klagstorp) 저택을 포함한 농지를 구매하고 관리하는 데 전념했다. 엔지니어로서 그는 현대식 보트 제작에 관심을 가지게 되었고, 모터 요트인 아로나(Arona)와 오탈라(Åtala)의 소유주가 되었다. 그는 늦게 결혼해 네 명의 자녀를 두었으며, 1956년에 사망했다.

루드빅 노벨(로베르트의 아들)은 보스타드(Båstad)에 넓은 땅을 사서 목욕하는 사람들을 위한 휴양지로 개발했다. 이 휴양지는 1907년에 완공되었다. 그는 "보스타드의 왕(Båstads-Kungen)"으로 알려지게 되었고, 1920년대에는 유명한 테니스 코트, 호텔, 레스토랑 등을 건축했다. 그는 보스타드 스파 호텔(Båstads badhotell)의 이사였으며, 1946년에 사망했다. 루드빅과 발보리는 세 자녀를 두었다.

잉게보리 리데르스톨페는 남편 칼 폰 프리센 리데르스톨페(Ridderstolpe, Carl von Frischen)가 1905년에 사망할 때까지 베스트만란드(Västmanland)의 기레스타(Giresta)에서 살았다. 부부는 아들이 하나 있었으나, 한 살 때 사망했다. 그 후 스톡홀름으로 이사해 자선 활동에 평생을 바쳤다. 무엇보다도 그녀는 그렌나(Gränna)에 있는 프람내스(Framnäs) 농장을 구입해 가난한 사람들을 위한 휴양지로 기증했다. 잉게보리는 1939년에 사망했다.

라그나르 솔만은 1898년부터 1919년까지 보포스 노벨 화약(krut)의 관리자였으며, 그 기간 동안 알프레드 노벨의 새로운 화약을 개발했다. 또한 그는 스웨덴 무역 위원회(Swedish Board of Trade of Trade)에서 산업국장과 상무 고문을 역임했다. 솔만은 노벨 재단 이사회를 처음 46년 동안 맡았으며, 1936년부터 1946년까지는 재단의 CEO였다. 그는 1948년에 사망했다. 44년 후, 라그나르 솔만의 손자인 미카엘 솔만(Michael Sohlman)이 노벨 재단의 CEO로 취임했다.

베르타 폰 주트너는 1902년 노벨의 날에 미망인이 되었다. 그녀가 사랑하는 아더(Arthur)는 겨우 52세의 나이로 세상을 떠났다. 이후 그녀는 홀로 평화 운동을 계속하며 결국 1905년에 노벨 평화상을 수상했다. 엠마누엘 노벨이 작가 비요른스테르네 비요른손을 찾아가 알프레드 노벨이 평화상을 제정할 때 베르타 폰 주트너를 가장 먼저 염두에 두었다고 설명한 뒤의 일이었다. 베르타 폰 주트너는 1914년 6월 21일에 사망했다. 사라예보 총격 사건이 제1차 세계대전을 촉발하기 일주일 전의 일이었다. 그녀는 당시 8월에 열릴 비엔나 평화 회의를 계획하고 있었다.

출처 및 메모

스톡홀름 국립 기록 보관소(Riksarkivet)에는 알프레드 노벨과 그의 집과 관련된 자료가 총 20미터의 선반 공간에 보관되어 있으며, 이 책의 핵심 자료 중 하나이다. 임마누엘 노벨과 로베르트 노벨의 일부 논문은 룬드의 노벨 기록 보관소에서 찾을 수 있으며, 이 자료도 광범위하게 활용되었다. 기록 보관소에 보존되지 않았던 일부 형제들 간의 편지는 최근에 발견되었다. 그 중 가장 흥미로운 것은 "그리스 여성 컬렉션"이다. 1970년대 한 그리스 외교관의 아내가 경매에서 구입한 옷바구니 속에서 알프레드와 루드빅이 로베르트에게 보낸 수백 장의 편지가 발견되었다. 1990년대 후반 이 편지들은 스톡홀름의 한 경매회사에 넘겨졌고, 노벨 재단이 이를 구매해 금고에 보관했다. 이후 흩어져 있던 편지들은 "여행 가방 컬렉션"과 "골동품 컬렉션"으로 분류되어 노벨 재단과 노벨 박물관 기록 보관소에 보존되었다. 이 컬렉션은 케네 판트(Kenne Fant)의 『알프레드 베른하르트 노벨(Alfred Bernhard Nobel)』(1995) 등 기존 전기에는 포함되지 않았다. 편지와 전보는 19세기 통신의 주요 수단으로, 그 내용은 상당히 방대하며 일부는 여전히 발견되지 않았다. 앞으로 새로 발견될 자료가 연구를 완성하는 데 기여하기를 기대한다.

책의 주요 보조 자료는 에릭 베르겐그렌의 미발표 연구로, "수수께끼(The Enigmatic)" 섹션에서 EB 아카이브로 소개된다. 노벨 재단이 제작하고 주문한 두 권의 전기, 『알프레드 노벨과 그의 가족』(1926)과 에릭 베르겐그렌의 『알프레드 노벨』(1960)은 내용은 풍부하지만 객관성이 부족하다. 루드빅 노벨의 딸 마르타 노벨-올레이니코프(Marta Nobel-Oleinikoff)가 집필한 『루드빅 노벨과 그의 작품』(1952)도 중요한 자료로 활용되었다. 최근 연구로는 빌고트 쇠만(Vilgot Sjöman)의 『누가 알프레드 노벨을 사랑하는가?(Vem älskar Alfred Nobel?)』(2001)가 주목할 만하다.

이야기의 맥락을 이해하기 위해 참고한 몇 가지 서적은 다음과 같다. 보 스트로스(Bo Strâth)의 『스웨덴 역사: 1830~1920』, 레나르트 쇤(Lennart Schön)의 『현대 스웨덴 경제사』, 존 그리빈(John Gribbin)의 『과학: 역사』, 토마스 크럼프(Thomas Crump)의 『간략한 과학사』, 닐스 우덴베리(Nils Uddenberg)의 『고통과 힐링 2: 1800~1950 의학의 역사』 등이 있다. 각 장의 상황에 따라 다양한 출처가 인용되었다.

문헌 외에도 알프레드 노벨과 관련된 스웨덴 인물들에 대한 설명은 주로 스웨덴 인물 사전 (Biographical Lexicon)을 참조했다. 환경, 현대 소재, 날씨 관련 정보는 각국의 디지털 신문 아카이브를 활용했다 스톡홀름의 기후 관측 데이터는 볼린(Bolin) 기후 연구센터의 안더스 모베리(Anders Moberg)가 제공한 역사 데이터베이스를 기반으로 했다. 외국의 역사적 화폐를 환산하는 작업은 복잡했으며, 스톡홀름 대학의 로드니 에드빈슨(Rodney Edvinsson) 교수가 개발한 영국왕립조폐국 권장 변환기를 사용했다(www.historia.se).

19세기에는 러시아에서 사용되는 율리우스력이 스웨덴에서 사용되는 그레고리력보다 12일이 늦었다. 따라서 "1837년 12월 4일과 16일"은 같은 날로 간주된다. 별도 언급이 없으면 러시아에서는 율리우스력을, 다른 지역에서는 그레고리력을 따른다. 색인은 알프레드 노벨 관련 자료에 집중되었으며, 문맥에 따른 출처는 각주에 인용되었다. 19세기 인용 자료는 현대적으로 신중하게 해석되었다.

주석에서 자주 사용하는 신문은 다음과 같이 약어로 표기되었다. 『아프톤블라뎃(Aftonbladet, AB)』, 『다겐스 뉘헤테르(Dagens Nyheter, DN)』, 『예테보리 아프톤블라드(Göteborgs Aftonblad, GA)』, 『예테보리-포스텐(Göteborgs-Posten, GP)』, 『예테보리 한델스-마리타임 가제트(Göteborgs Handels-Maritime Gazette, GHT)』, 『함부르거 나흐리히텐(Hamburger Nachrichten, HN)』, 『함부르거 알게마이네(Hamburger Allgemeine, HA)』, 『노이 프레이에 프레세(Neue Freie Presse, NFP)』, 『뉴욕 타임스(New York Times, NYT)』, 『뉴욕 헤럴드(New York Herald, NYH)』, 『뉴욕 트리뷴(New York Tribune, NYTr)』, 『니아 다글릭트 알레한다(Nya Dagligt Allehanda, NDA)』, 『니아 베른란트티드닝겐(Nya Wermlandstidningen, NWT)』, 『포스트 오크 인리케스 티드닝가르(Post och Inrikes Tidningar, PoIT)』, 『샌프란시스코 불레틴(San Francisco Bulletin, SFB)』, 『사이언티픽 아메리칸(Scientific American, SA)』, 『스톡홀름 다그블라드(Stockholms Dagblad, SD)』, 『스벤스카 다그블라뎃(Svenska Dagbladet, SvD)』.

프롤로그

주로 『아프톤블라뎃(AB)』, 『다겐스 뉘헤테르(DN)』, 『스벤스카 다그블라뎃(SvD)』의 1896년 12월 기사, 라그나르 솔만의 책 『유언(Ett testament)』, 헨리 모젠탈(Henry Mosenthal)의 「19세기 알프레드 노벨에 대한 기사(1898)」를 바탕으로 묘사했다. 발명가는 프레드릭 융스트룀(Fredrik Ljungström)이었다.

1장

알프레드의 첫 생애 동안 임마누엘 노벨의 활동은 공식 기록 보관소(화재와 파산 포함)와 미공개 전기 기록(ISA)에서 확인할 수 있다. ISA는 주관적이고 일부 정보를 제외하지만, 주요 사건의 순서는 대체로 정확하다. 안나 노벨의 전기 노트는 임마누엘 노벨(IN)의 기록을 보완했다. 당시 스톡홀름의 삶은 일간지와 함께 라스 에릭손 월케(Lars Eriksson Wolke)의 『750년 스톡홀름 역사』, 구스타프 네르만(Gustav Nerman)의 『60년 전 스톡홀름』(1894), 아르네 문테(Arne Munthe)의 『19세기 중반 베스트라 쇠데르말름(Västra Södermalm)』, 클라스 룬딘(Claës Lundin)의 『1904년 오래된 스톡홀름 추억』, 뱅트 예르베(Bengt Järbe)의 『냄새나는 광장(Dofternastorg)』 등에서 묘사되었다.

파카르 광장(Packartorget)이 노르말름 광장(Norrmalmstorg)으로 변천한 과정은 토머스 로스(Thomas Roth)의 『프레드릭 블롬(Fredrik Blom)』을 비롯해 카를 요한(Karl Johan)의 『건축가』, 라스 라거크비스트(Lars Lagerqvist)의 『카를 14세 요한-북유럽의 프랑스인』, 폴케 밀크비스트(Folke Millqvist)의 기사 「고무 산업의 부상」, 카린 린즈코그(Carin Lindskog)의 기사 「스톡홀름 화가로서의 페르디난드 톨린(Ferdinand Tollin)」 등에서 참고했다. 구스타프 아돌프 리스홀름(Gustaf Adolf Lysholm)의 『라두고르즈란뎃(Ladugårdslandet)의 생활』에는 새해 화재에 대한 목격담이, 모니카 에릭손(Monica Eriksson)의 『스톡홀름 화재 예방 수칙과 소방선』에는 당시 화재 진압 절차가 기록되어 있다.

롱홀멘 지역에 대한 정보는 카를-요한 클레베리(Carl-Johan Kleberg)의 『롱홀멘(Långholmen): 녹색 섬』과 구나 러드스테트(Gunnar Rudstedt)의 『롱홀멘(Långholmen): 2세기 동안의 방적가옥과 감옥』에서 얻었다. 1834년 스톡홀름의 콜레라 유행은 브리타 자케(Brita Zacke)의 『1834년 스톡홀름의 콜레라 유행(The Cholera Epidemic in Stockholm)』(1834)과 에바 랑그렛(Eva Langlet)의 『1834: 콜레라가 스톡홀름을 강타한 해』에서 상세히 묘사되었다.

1. ISA, NoA, A:9, LL. 그는 1815~1818년에 Gävleskeppet Thetis로 항해했음. 젊은 "지휘자"라는 칭호를 받았음. 보조 건축가.
2. 임마누엘 노벨(IN) 파산 파일, 치안판사 및 항소 법원 기록 보관소, F49, 139권, SSA.
3. Drätselcommission 회의록, 1829년 12월 2일과 1830년 3월 31일. 교도소 및 노동 기관 위원회, SE/RA: 420421. A1/8 회의록 1833. IN 인물 소개, EB 아카이브, NA.

4. 1853년 12월 18일, 스톡홀름의 노르브로에 최초의 가스 랜턴 도입. 1903년 12월 18일 Gasverket 창립 50주년 기념 출판물. 스톡홀름의 조명 참조. K L Beckman의 인쇄소, 스톡홀름; DA, 1833년 12월 31일(인용).

5. 1833년 1월 5일과 12일 이사회 보고, 스톡홀름시 화재 보험 사무소 기록 보관소, 이사회 회의록(부록 포함), A2 AA 55, Centrum för näringslivshistoria(CN); 1833년 6월 1일 의사록, 교도소 및 노동 기관 위원회: SE/RA: 420421. A1/8 의사록 1833년, 국립 문서 보관소(RA); AB, 1833년 1월 9일(인용).

6. 임마누엘 노벨(IN)의 파산 신청, 1833년 1월 11일, 치안판사 및 법원 기록 보관소, F49, 139권, SSA.

7. John Swensk 컬렉션, SSA에 있는 1833년 1월 경찰서 일기의 사본. 현재로서는 완전한 경찰 기록 보관소가 없으므로 불분명함. 그러나 임마누엘 노벨은 화재와 관련된 범죄로 유죄 판결을 받은 적이 없음.

8. 임마누엘 노벨(IN)의 인증서, 1842년 10월 16일, 상트페테르부르크에 있는 Sankta Katarina Swedish 회중, 성적표, SE/RA/2416/H/1/1866(1849), 이미지 번호 241.

9. 임마누엘 노벨(IN)의 파산 파일 1833~1834, 치안판사 및 타운하우스 법원, F49, 139권; SSA.

10. 복지 1/2012, 노르웨이 통계; Strindberg, August, Tjänstekvinnan의 아들, Norstedts(1989), p.30.

11. 인구 조사 기간 1834, Jakobs 교구, SSA; 도면 수집, 건축 허가 문서, 1713~1875, SSA. 일부 오래된 책에서는 알프레드 노벨이 Norrlandsgatan 11에서 태어났다고 명시되어 있음. 이는 사실이 아님. Torsken 10은 Norrlandsgatan 9였으며 현재는 Hasten 26임.

12. Nerman(1894), p.24(인용).

13. 야콥과 요하네스 교회 기록 보관소, 출생 및 세례 책, SE/SSA/0008/C1a/21(1828~1844), SSA(AN:s 탄생); 마리아 막달레나 교회 기록 보관소, 출생 및 세례서, 메인 시리즈 SE/SSA/0012/C1a/12(1819~1833), SSA, (EN, RN 및 LN:s 탄생); 인구 조사 기간 1834, Jakobs 교구, Quarter Torsken, SSA. 데이터는 11월에 제출됨.

14. Schuck and Sohlman(1926), pp.1~53[이하 S&S(1926)로 약칭].; Nobel-Oleinikoff(1952), p.20. 조상 페트루스 올라이(Petrus Olai)는 페더슨(Pedersson) 또는 페르손(Persson)으로 불렸을 것임. 그는 심리스함(Simrishamn) 근처의 뇌벨뢰브

(Nöbellöv) 출신이었고, 1681년에 대학에 등록하려면 라틴어 이름이 필요했음. 뇌벨뢰브는 노벨리우스(Nobelius)가 됨. 노벨리우스는 병사 이름인 노벨로 바뀌었음.

15. ISA, NoA, A:9, LL, 또한 인용.

16. S&S(1926), p.52, SBL, 임마누엘 노벨에 관한 기사.

17. S&S(1926), p.53, Nobel-Oleinikoff(1952), p.32.

18. Radhusrätten 판결, 1834년 7월 14일, Magistrat 및 rådhusrätten의 기록 보관소, A4a:140, pp.426~441, SSA.

19. Stuten 3(Regeringsgatan 67), 1836년(1835년 말), SSA에 대한 목록. 이 아파트는 카롤리나 알셀(Carolina Ahlsell)이 임대했지만, 노벨 가족이 거주. 알셀은 라두고르즈란뎃(Ladugårdslandet) 교구의 Wedbäraren에 살고 있었음.

20. 「En gåta」, Erlandsson, Åke (ed.), 알프레드 노벨의 시, Atlantis (2006), p.57.

21. S&S(1926), p.53의 안드리에타 노벨(Andrietta Nobel)과 A Werner Cronstedt의 기사 「노벨 일가의 어머니」, Idun, 6권, 1987.

22. AB, 1835년 9월 16일[페르디난드 톨린(Ferdinand Tollin)의 특허]. 톨린은 Riksbank의 관리였음.

23. AB, 1835년 5월 4일; 밀크비스트(Millqvist, 1988).

24. "조립업체에 대한 특허", I Nobel, AB, 1836년 5월 28일 광고.

25. 임마누엘 노벨 기념관, 안나 노벨, ANA, El:4, RA; 스트랜드(1983), p.18; 베르겐그렌(1960), p. 9. 저자: August Blanche.

26. 알프레드 노벨, 『네메시스』, 1896, ANA, BII:1, RA.

27. National Encyclopedia에서 아이작 뉴턴(Isaac Newton)에 관한 기사를 인용.

28. 가택 심문 기록과 정신 기록에 따르면 헨리에타는 1836년 9월 24일에 태어남.

29. 상과 대학으로부터 Kungl Maj:t로 발송된 안내문, 1837년, vol 484, Jöns Jacob Berzelius, RA의 인증서.

30. AB, 1837년 8월 1일과 8일 참조.

31. ISA, NoA, A:9, LL; Nordisk familjebok(1909) 및 핀란드 전기 어휘집의 하트만(Haartmann)에 관한 기사. 제2권. 러시아 시대.

32. 1837년 11월 11일 압류. 노벨은 Nybrogatan 21로 이전, 1837년 11월 11일에 제출된 맨탈 항목 1838을 참조. 파네옐름(Fahnehjelm)은 다른 홀에 살고 있다고 주장.

그가 노벨 공장과 특허를 구입했다는 진술은 밀크비스트(1988), p.115f 참조. 노벨이 Nybrogatan 21로 이주한 것은 1837년 11월 11일에 제출된 1838년 인구 조사 보고서에 명시. 자체 점화 광산에 대해서는 파네엘름에 관한 기사인 SBL 참조.

2장

이 장에서 중요한 자료는 러시아 정부 기록 보관소에서 발견된 핵심 문서들로, 여기에는 임마누엘 노벨(IN)의 여권과 차르의 수중 기뢰 위원회 보고서가 포함된다. 핀란드의 역사적 사건은 크리스터 발벡(Krister Wahlbäck)의 『핀란드 문제 1809~2009, 거인의 숨결(The Giant's Breath)』을 참고했다. 인물 묘사는 핀란드의 스웨덴 문학 협회의 『핀란드 전기 사전』, 『러시아 타임스(Ryska tiden)』와 폴로브체브(A. A. Polovtsev)의 『디지털 러시아 전기 사전(Russkij biografičeskij slovar, RBS)』을 기반으로 작성되었다.

투르쿠(Åbo)와 상트페테르부르크에 대한 환경 묘사는 주로 1838년에 출간된 두 여행기, 존 머레이(John Murray)의 『덴마크, 노르웨이, 스웨덴, 러시아 여행자를 위한 안내서』(여행은 1837년에 수행됨)와 바르(J. F. Bahr)의 『페테르부르크에 체류하면서 쓴 러시아에 대한 메모와 모스크바로의 여행』을 바탕으로 했다. 스반테 달스트룀(Svante Dahlström)의 『1827년 투르쿠 화재』, 스벤 안데르손(Sven Andersson)의 『투르쿠-스톡홀름 첫 증기선』, 그리고 벵트 장펠트(Bengt Zhangfeldt)의 『스웨덴에서 상트페테르부르크로 가는 길』은 역사적 배경의 공백을 메우는 데 유용했다.

알프레드 노벨(AN)의 성장 환경과 학교 시절은 스테판 체르넬드(Staffan Tjerneld)의 『스톡홀름 생활』, 클라스 룬딘(Claës Lundin)과 아우구스트 스트린드베리(August Strindberg)의 『옛 스톡홀름』, 라울 보스트룀(Raoul F. Boström)의 『라두고즈란뎃(Ladugårdslandet)과 티스크바가베르겐(Tyskbagarbergen)이 외스테르말름(Östermalm)이 됨』, 아서 노든(Arthur Norden)의 『야코비테르나의 옛 학교』, 그리고 칼 링예(Karl Linge)의 『1842년 이전 스톡홀름의 민중 교육』 등에서 다루어졌다.

안드리에타와 아이들의 생활 조건은 에바리스 비주르만(Eva-Lis Bjurman)과 라스 올슨(Lars Olsson)의 『아동 노동과 노동자 아이들』, 그리고 헤덴보리(Hedenborg)와 모렐(Morell, 편집자)의 『스웨덴 - 사회적 및 경제적 역사』를 통해 분석했다. 현대 차르 러시아와 상트페테르부르크에 대해서는 풍부한 문헌이 있다. 주로 솔로몬 볼코프(Solomon Volkov)의 『상트페테르부

르크: 문화사』, 키스 보테르블룸(Kees Boterbloem)의 『러시아와 그 제국의 역사』, 폴 부시코비치(Paul Bushkovitch)의 『간결한 러시아 역사』, 부르스 링컨(Bruce W. Lincoln)의 『니콜라스 1세, 모든 러시아인의 황제이자 전제군주』, 그리고 마지막으로 시몬 세바그 몬테피오레(Simon Sebag Montefiore)의 『마지막 차르 왕조: 로마노프 1613~1918』를 참고했다.

또한 니콜라이 I 시대 전문가인 레오니드 블라디미로비치 비스콕코프(Leonid Vladimirovich Vyskochkov) 교수와 블라디미르 라핀(Vladimir Lapin) 교수(러시아 군사 역사 전문가)와의 인터뷰를 통해 자료의 깊이를 더했다. 화약의 역사는 기본 문헌 외에 브라운(G I Brown)의 『폭발물: 빵!과 함께하는 역사』를 바탕으로 했다.

33. ISA, NoA, A:9, LL; 임마누엘 노벨(IN)의 출발일을 1837년 12월 4일로 기재했으나, 여권에는 12월 16일로 기재되어 있음. 19세기에는 러시아 율리우스력이 스웨덴의 그레고리력보다 12일 늦었음. 종종 두 날짜가 모두 1837년 12월 4/16일로 지정.

34. IN의 여권, 1837년 11월 15일 최고 총독실에서 발행, 현재 GARF Moscow, Fond 109, Opis 123, Delo 26; Mats Hayen, SSA와 상담(판단을 위한 출장).

35. Matz, Erling, "스톡홀름과 투르쿠 사이의 위험한 여행". 스웨덴의 가장 중요한 우편 경로는 바다였음. Populär Historia, no. 2/96.

36. ISA, NoA, A:9, LL.

37. 알렉산더 멘시코프(Alexander Menshikov)는 같은 이름을 가진 표트르 대제의 가장 가까운 사람의 증손자였음.

38. 상동, 상인의 이름은 요한 샤를린(Johan Scharlin)이었음. 임마누엘은 1838년 1월 11일에 거주 허가를 받았음.

39. ISA, NoA, A:9, LL.

40. "Kautscha 제조에 관하여", Åbo tidning, 1838년 4월 11일.

41. 1842년 11월 3일 Henrik Cajander의 은판 사진. 집은 1960년대에 철거.

42. 법원 보안관의 이름: 바론 플레밍(Baron Fleming) (ISA). Åbo 정보(1838년 9월 26일)의 여행 기록에 따르면 플레밍은 1838년 9월 23일에 Åbo에 도착. 같은 날 승객들 사이에서 뭉크(Munck) 중위가 언급.

43. ISA, NoA, A:9, LL Murray(1838), p.144 인용.

44. ISA, NoA, A:9, LL, 또한 인용됨. 상트페테르부르크에 있는 동안 크리스마스이브는 임

마누엘(Immanuel)과 안드리에타 노벨(Andrietta Nobel)의 절친한 친구인 Gösta von Kothen의 집에서 축하. 그의 형제 Casimir von Kothen은 법원과 긴밀한 관계(핀란드 전기 사전, a.a.).

45. 인구 조사 데이터, SSA. Hedvig Eleonora 교회 기록 보관소, SE/SSA/0006/A1a/40(Ladugårdslandet에 대한 가택 심문 기록, 1835~1838) 및 SE/SSA/0006/F7/7(사망 및 매장 기록 1832~1840). 헨리에타의 사망 원인은 밝혀지지 않았음. IN d.ä.:s 죽음, DN 1839년 2월 21일.

46. 카롤리나 알셸(Carolina Ahlsell)은 1837년 가을 이후 Qvarngatan 29에서 거주. 당시 Qvarngatan은 Storgatan 북쪽에 있는 오늘날의 Artillerigatan에 해당. 인구 조사 데이터, SSA.

47. 노벨-올레이니코프(Nobel-Oleinikoff)(1952), p.58f.

48. 프레드리카 브레머(Fredrika Bremer)는 1840년 12월 14일에 법적 성년으로 선언. 그녀는 안드리에타 노벨(Andrietta Nobel)보다 두 살 연상.

49. 여성의 성년 권리를 다룬 프레드리카 브레머(Fredrika Bremer)의 소설 『헤르타(Hertha)』는 1856년이 되어서야 출간.

50. Almqvist, Carl Jonas Love, Det går an, 저자 자신의 의견이 포함된 1839년 판의 복사본, Bokgillet, 1965.

51. Schück & Sohlman(1926), p.53(인용).

52. Linge(1912). 인용, p.104.

53. Cronquist(1897). 열한 살 소녀의 이름은 프레드리크 토르슬로우(Frederique Torsslow). 1979년 4월 18일 프레드리크의 친척이 노벨 재단에 보낸 편지 사본, Sjöman(2001), p.56ff.

54. Nordén(1959), p.20, 아우구스트 블랑쉬(August Blanche)가 재현한 인용문.

55. 학위 및 등급 카탈로그 1833~1843, Vasa Realskolas 아카이브, D1:3, SSA; 재고 목록 및 특별 계정, Vasa Real School 아카이브, 각각 F3:1 및 G1:1, SSA. 또한 Nordén(1859), p.81 이하. Robert의 패턴, Cronquist(1897) 참조; Lundin과 Strindberg(1882), 인용 p.330.

56. Kaffet, Cronquist(1897) 참조. 새 학교, 특별 계정, Vasa Real School 기록 보관소, G1:1, SSA 참조. 프리미엄 및 등급, D15:1 resp. D1:3, Vasa Real School 아카이브, SSA.

57. Erlandsson(ed.) (2006), p.59. 알프레드 노벨 시의 가장 오래된 현존 버전은 「수수께끼(A Riddle)」라고 불리며 에를란손(Erlandsson)의 번역본에 영어로 기록. 알프레드 노벨은 나중에 이 시의 짧은 버전을 스웨덴어로도 작성함.

58. Posthumus, 1815년 이후 조국 안팎의 사건과 동시대 인물에 대한 기억과 일기(1870), p.160.

59. Gogol, Nikolaj, Nevsky Prospekt, One day's Notes 및 기타 이야기, Wahlström & Widstrand, 1982, p.124.

60. Fréderic César de la Harpe는 스위스 교사이자 정치가의 이름.

61. 푸시킨(Pushkin)은 알프레드 노벨이 가장 좋아하는 작가 중 한 명. Erlandsson(ed.) (2006), p.35.

62. Volkov(1996), 인용 p.14(서문), p.37.

63. 인용문 1, 빅토리아 여왕이 벨기에 왕 레오폴드에게 보낸 편지, 1844년 6월 4일, 링컨에서 재인용. p. 155. 인용문 2, Montefiore(2016) p.370에서 재인용.

64. F.d. porfyrdirektören, J E Ekström-AN, 1881년 10월 19/31일, ANA, El:3, RA; Nobel-Oleinikoff(1952), p.56. 1881년 엑스트룀(Ekström)은 임마누엘이 미지불했다고 믿었던 빚에 대해 성인 알프레드 노벨에게 갚을 것을 요구.

65. 노벨 기록 보관소(NoA), A9열, LL칸.

66. 멘시코프(Mensjikov)의 특성, 블라디미르 라핀(Vladimir Lapin)과의 인터뷰. 대부분의 기록에서는 이 결정적인 초대가 1838년 크리스마스로 설정되어 있으며, 이는 뭉크(Munck)의 크리스마스 축하 행사와 혼동된 것임. ISA는 이를 1839년 가을로 날짜를 지정하지만, 다른 INA, LL 문서에 따르면 멘시코프의 초대는 1840년 가을에 이루어졌음. 이 시점은 상트페테르부르크 RGAVMF에 보관된 공식 문서에서 보존된 이 첫 실험의 날짜와 잘 일치함. 수중 기뢰 실험 위원회(KUV)는 1839년 11월 22일에야 작업을 시작. ISA에 따르면 첫 실험은 초대 후 '두 달' 후에 이루어졌음. 설명은 1840년 10월 12일로 날짜가 기재된 실험과 일치하며, 이 실험은 위원회의 1840년 10월 13일 보고서 NoA, A9, LL에서 재현. 따라서 초대는 1840년 8월에 이루어진 것으로 보임.

67. A. S. Menshjikov의 1837~1838년 일기, RGAVMF; Lagerqvist, Lars O, Wiséhn, Ian 및 Åberg, Nils(2004), p.21ff.

68. ISA, NoA, A:9, LL; 초안 "새로운 방어 시스템", NoA, A1, LL의 역사.

69. Brown(2010), 인용 (유황) p.12; Nordisk Familjebok (1911) 및 Larousse.fr, 인용 (공화국). 답변은 논란의 여지가 있으며, 여러 버전으로 반복됨. "공화국은 화학자를 필요로 하지 않는다" 또는 "공화국은 과학자나 화학자를 필요로 하지 않는다."

70. Bell(2005), 인용 p.166.

71. ISA, NoA, A:9, LL; 1840년 10월 13일 보고서, NoA, A1, LL.

72. Bozheryanov E N, 대공 미카일 파블로비치(1798~1898)의 회고록, Olden russe, (1898); 미카일 파블로비치에게 제출된 보고서, 1841년 1월 4일, RGAVMF, F1351, Op 1, D22. 새로운 의심 뒤에는 경쟁자인 람스테드 중위가 숨어 있었음.

73. RGAVMF, F1351, Op1, D22 및 27 참조.

74. RGAVMF, F1351, Op1, D30; ISA, NoA, A:9, LL; 러시아 엔지니어링 위원회 보고서, NOA, A8, LL(러시아어); 임마누엘 노벨의 주요 발명과 명령 연대표(러시아어), NoA, A9, LL.

75. RGAVMF, F1351, Op1, D30 및 KUV의 연례 보고서, NoA, A8, LL; 동일한 위원회 NoA, A1, LL의 실험 보고서.

76. IN은 1833년부터 가족의 이사 증명서를 상트페테르부르크의 스웨덴 교구인 상트카타리나(Sankta Katarina)에 제출.

77. 학위 및 등급 카탈로그 1833~1843, Vasa Realskolas 아카이브, D1:3. SSA.

3장

노벨 가족이 상트페테르부르크에서 함께한 초기 시기는 주로 여러 러시아 아카이브에서 발견한 1차 자료를 바탕으로 구성되었다. 주요 자료는 군사 역사 아카이브(RGVIA), 해양 역사 아카이브(RGAVMF), 러시아 국가 아카이브(GARF), 중앙 역사 도시 아카이브(TsGIA), 러시아 국가 역사 아카이브(RGIA)에서 확보되었다. 특히 RGVIA의 보안 경찰 아카이브는 매우 중요한 자료를 제공했다. 러시아 저널리스트 아르카디 멜루아(Arkady Melua)가 노벨의 러시아 활동을 다룬 18권의 문서집은 주로 알프레드 노벨(Alfred Nobel)이 이사한 이후의 시기를 다뤄 이 장의 핵심 자료로 활용되지는 않았다.

문맥 이해를 돕기 위해 윌리엄 L. 블랙웰(William L. Blackwell)의 『러시아 산업화의 시작, 1800~1860』을 참고했다. 도시 환경은 앞서 언급된 여행기 외에도 예브게니 그레벤카(Jevgenij

Grebenka)의 1845년 유명한 러시아 앤솔로지에 실린 동시대 묘사 「페테르부르크 쿼터(The Petersburg Quarter)」와 이사첸코(Isachenko)와 피타닌(Pitanin)의 「리테이나야 스토로나 (Litejnaja storona)」, 바실레바(Vasiljeva)와 크로포바(Kropova)의 「페테르부르그스카야 스토로 나(Peterburgskaia storona)」 등 당시를 묘사한 현대 기사들을 활용해 상세히 재구성했다.

알프레드 노벨의 어린 시절 거주지에 대한 알렉산드라 예브게네브나 아베이야노바 (Aleksandra Jevgenjevna Aveijanova)의 2016년 문화사적 검토는 중요한 정보를 제공했다. 러 시아와 상트페테르부르크의 일반적인 정치·역사적 사건은 앞 장에서 인용된 주요 자료와 인터 뷰를 통해 보완되었다.

러시아에서의 낭만주의 철학과 그 역할은 이사야 베를린(Isaiah Berlin)의 『러시아의 사 상가들』, 스반테 노르딘(Svante Nordin)의 방대한 『철학자들: 현대 세계의 탄생과 서양 사상 1776~1900』, 사라 프랫(Sarah Pratt)의 『러시아의 형이상학적 낭만주의: 티우체프(Tiutchev) 와 보라틴스키(Boratynskii)의 시』, 그리고 휴 로버츠(Hugh Roberts)의 『셸리(Shelley)와 역사의 혼돈』을 바탕으로 설명되었다.

니콜라이 지닌(Nikolaj Zinin)의 연구와 활동은 갈리나 키치기나(Galina Kichigina)의 『제 국 실험실: 크림 전쟁 이후 러시아의 실험 생리학 및 임상 의학』을 통해 다뤄졌다. 비코프(G. V. Bykov)의 『유기 화학 - 카잔 학교』의 일부와 젤레닌(Zelenin)과 솔로드(Solod)의 니콜라이 니콜 라예비치 지닌(Nikolaj Nikolajevitj Zinin)에 대한 역사적 전기 모음집에 실린 관련 기사에서 다루었다.

니트로글리세린의 탄생 과정은 이탈리아 건축가 파올라 마리아 델피아노(Paola Maria Delpiano)의 아스카니오 소브레로(Ascanio Sobrero)에 대한 연구, 시구르드 노코프(Sigurd Nauckhoff)의 기사 「소브레로의 니트로글리세린과 노벨의 폭발유」, 맥도날드(G. W. MacDonald)의 「현대 폭발물에 관한 역사적 논문」, 브라운(G. I. Brown)의 『폭발물: 빵!과 함께 하는 역사』를 통해 상세히 다뤘다.

1850~1851년 파리의 분위기는 빅토르 푸르넬(Victor Fournel)의 거의 동시대 작품 『파리 거리에서 우리가 보는 것』, 에이미 부틴(Aimee Boutin)의 『소음의 도시: 19세기 파리의 소리』, 롤라 곤잘레스-키야노(Lola Gonzales-Quijano)의 『사랑의 수도: 19세기 파리의 소녀와 쾌락의 장소』와 같은 책들을 참고했다. 피에르 피논(Pierre Pinon)의 『하우스만(Haussmann)의 파리 지도: 두 번째 제국부터 오늘날까지의 유산』를 통해 생생하게 재현되었다.

78. 여권 기록 1842, 총독실, 경찰 업무 1, 경찰 장관, CXV a:24, SSA. 기타: DA 1837년 7월 26일(Solide), 1842년 10월 24~27일(가족 여행); Nobel-Oleinikoff(1952), p.61(하녀).

79. Lagerqvist(2005), p.211; "공식 문서에 기초한 스웨덴 통계", 1844, pp.109~123(지연).

80. 올레이니코프-노벨(Oleinikoff-Nobel)(1952)은 1841년 크리스마스이브에 임마누엘 노벨이 Litejnyj Prospekt 31번지(나중에 2위에서 34번으로 지정됨)에 살았다고 말한다. 안드리에타 노벨(Andrietta Nobel)은 1843년 2월 상트페테르부르크에서 여권을 등록할 때 Lit 4 no.400을 IN의 집 주소로 명시(GARF, F109, Op227, D22). Lit 4 no. 400은 Litejnyj Prospekt 31을 나타냄. 로베르트 노벨(Robert Nobel, RN)과 동일한 주소(파트 35). 1848년 12월 23일에 새 주소 첫 번째 기록. 그 사이에 가족이 이사.

81. 시인이자 출판인인 니콜라이 네크라소프(Nikolaj Nekrasov)는 도스토옙스키와 톨스토이를 소개. 도스토옙스키의 데뷔 소설 『가난한 사람들』은 1846년에 출판. 네크라소프는 몇 년 후 36 Litejnyj Prospekt로 이사.

82. "좋은 썰매 운전사", 임마누엘 노벨(IN)이 루드빅 알셀(Ludvig Ahisell, LA)에게 추천, 1848년 10월 2일, ANA, El:3, RA; Åbo Tidningar, 1842년 10월 29일(여행 중); 안드리에타 노벨(Andrietta Nobel, AnN)의 여권, 그녀와 "두 명의 미성년 자녀"용, GARF, F109, Op227, D22. 여권은 1842년 10월 27일 Åbo에 제시. AnN과 아이들은 경찰에 "Åbo에서" 도착한 것으로 등록. 1843년 2월 26일 상트페테르부르크에서 "남편과 함께 정착하기 위해".

83. 오가르요프(Ogarjov)의 이력서, Nikolaj Aleksandrovitch Ogarjov의 아카이브, F182, Op1, D1, RGVIA; 계약 1848 및 1851, F182, Op1, D1, RGVIA; RBD, 오가르요프에 관한 기사; KUV, NoA, A8, LL(1843년 위원회 위원으로 임명됨) 및 1844년 공장 경찰 조사에서 나온 문서, RGIA, F18, Op2, D1140(공장 부지는 오가르요프 소유임). 공장 주소는 Peterburgskaja, block 4, no1318이었음. RGVIA의 계약에 따르면 오가르요프는 경찰 조사 직전인 1844년 7월 7일까지 부지를 구입하지 않았음. 당시 사업은 한창 진행 중이었으므로 오가르요프는 그 이전에도 부지와 공장을 임대하거나 관리했을 것임.

84. IN, NoA, A8, LL의 프랑스어 활동 보고서; 특허 문서, 1844년 4월 6일, 2009년 재출판(멜루아); 재무부가 Tsar Nicholas I, RGIA, F583, Op4, D239(대공 참여)에게 보고. 미카일 파블로비치(Mikhail Pavlovich)는 계속해서 노벨의 실험에 참석. 시와 산문 작

품의 제목은 RGVIA, F182, Op1, D46-52에 있는 오가르요프(Ogarjov)의 개인 기록 보관소 참조. Löje와 웃음, Kantor-Gukovskaja A. S(2005) 및 러시아 기록 보관소의 오가르요프에 대한 언급, 증인 진술 및 18~19세기 문서의 조국 역사 참조.

85. 성 캐서린 스웨덴 교회, 상트페테르부르크 수녀회가 출판한 역사 문서(2015); 아들 에밀(Emil)의 탄생과 세례에 관한 일부 기록은 RA에 있는 상트카타리나(St. Katarina) 교구의 기록 보관소에서 발견되지 않음.

86. Santesson, Gunnar(1982), pp.96f. 마르타 노벨-올레이니코프(Marta Nobel-Oleinikoff)에 따르면 형제 중 러시아어를 완벽하게 구사하는 사람은 없었지만, 루드빅은 여전히 공개 연설을 할 수 있었음.

87. Erik Bergengren의 분석, EB 아카이브, NA.

88. Berlin(1978), p.142.

89. Hägg(2000), p.480(인용).

90. 1844년 7월 경찰 조사 보고서, RGIA, F18, Op2, D1140.

91. RGAVMF, F19, Op4, D38(스베보그 역사); KUV, NoA, A8, LL.

92. KUV, NoA, A8, LL, 대공 미카일 파블로비치가 전쟁부 장관에게 보낸 편지, 날짜 미표시, IN의 프랑스어 연례 보고서에 재현됨. IN의 기록 보관소, NoA, A8, LL 및 iS&S(1926), pp.56~58; Cronquist(1898), p.12(지뢰의 영향).

93. Projet de defence cotiere IN의 날짜가 기재되지 않은 프레젠테이션, 아마도 1860년대 초반, NoA, A8, LL.

94. Averjanova, Aleksandra Jevgenjevna, "상트페테르부르크 주소에 위치한 문화유산에 대한 주 전문가 조사 결과에 관한 문서, Peterburgskaja naberezjnaja, 24"(2016); Nobel-Oleinikoff(1952), p.62.

95. Averjanova(2016).

96. Vasiljeva, G 및 Kropova, R, Peterburgskaja storona, Leningradskaja 파노라마, No.5, 1987, pp.29~31(인용).

97. Bahr(1838), 인용.

98. Volkov(1996), p.33.

99. Erlandsson(ed.) (2006), p.94f(인용 1); AnN에서 LA로, 1847년 7월 21일(인용 2), ANA, El:4, RA.

100. "부사령관 니콜라이 알렉산드로비치 오가르요프(Nikolaj Alexandrovitj Ogarjov)의 봉사와 존엄성에 대한 공식 목록", 오가르요프 자신의 CV, 오가르요프의 개인 기록 보관소, RGVIA, F182, Op1, D1.

101. 오가르요프(Ogarjov)가 임마누엘 노벨(IN)에게 보낸 축전, 1848년 4월 28일, RGVIA, F182, Op1, D26.

102. 1847년 7월 21일 AnN에서 LA로, 1848년 2월 28일/3월 11일 IN에서 LA로, ANA, El:3, RA.

103. Volkov(1996), p.40(인용); Sebag Montefiore(2017), p.402(인용).

104. 이 책은 Per Götrek에 의해 빠르게 번역되었으며 1848년 『Kommunismens röst』라는 제목으로 스웨덴어로 출판. 1848년 2월에 발표된 공산당 선언문(Schultze의 저서).

105. Almquist(1942), pp.76~132.

106. Frank(2010), pp.139~177.

107. MacDonald, G W(1912), pp.160~163. 인용문 p.161 및 p.162. 아스카니오 소브레로(Ascanio Sobrero)의 삼촌 C R Sobrero는 스웨덴의 화학자 야코브 베르셀리우스(Jacob Berzelius)를 알고 있었으며 한동안 Filipstad에서 대포 관련 일을 했음. KVA에는 1844년 3월 24일에 아스카니오 소브레로가 베르셀리우스에게 보낸 편지가 있음.

108. Zelenin & Solod(2016)(인용).

109. 1848년 10월 2일 IN에서 LA로, ANA, El:3, RA. 베르겐그렌(Bergengren)(1960)은 니콜라이 지닌(Nikolai Zinin)을 형제의 개인 교사라고 부름. Zelenin & Solod(2016)와 같은 러시아 소식통은 지닌에 대한 알프레드 노벨의 수업을 개인 실험실이나 아카데미에 배치. 지닌의 가정 실험실에서 개인 교육을 했을 수도 있음.

110. 1848년 9월 13일 IN에서 LA로, ANA, El:3, RA.

111. 1848년 11월 28일 및 1848년 12월 22일 LN에서 LA로, ANA, El:3, RA. 외국인 등록부(GARF, F109, Op227, D35)에는 루드빅이 1848년 12월 23일에 러시아에 돌아온 것으로 되어 있음.

112. Nobel-Oleinikoff(1952), p.62; Melua(2009)에 재출판, 1851년 3월 8일 자 Nobel과 Ogarjov의 특허. 1권; Anna Nobel의 미출판 Immanuel Nobel 전기, ANA, El:4, RA.; S&S(1926), p.60.

113. 오가르요프(Ogarjov)가 임마누엘 노벨(Immanuel Nobel)에게 보낸 선물 편지, 1848
　　 년 4월 28일, RGVIA, F182, Op1, D26. 부채에 대한 정보는 RGIA, F583, Op4,
　　 D243 및 246 참조.

114. 페테르스부르크와 차르스코에 셀로(Tsarskoe Selo) 사이의 철도는 1837년에 개통. 스
　　 웨덴 땅에서 열차는 1856년 최초 운행.

115. Allen, Katie, 『Reuters, 간략한 역사』, The Guardian, 2007년 5월 4일; 회사 연혁
　　 www.thomsonreuters.com.

116. No A, A8, LL.

117. de Mosenthal, Henry(1898), p.568.

118. Bergengren(ed.)(2006), p.61.

119. 셸리(Shelley)의 독일어판은 Schmid(2007), p.30 참조.

120. Bykov(1980), p.199.

121. GARF, F109, O227, D30. 1852년 메모에 알프레드 노벨이 파리 출신이라고 명시.
　　 그는 1850~1851년에 공부를 마친 후 파리를 거쳐 미국으로부터 귀국.

122. Pinon(2016), p.10.

123. Dumas, A, "Eloge historique de Jules Pelouze", Academie des Sciences,
　　 1870년 7월 11일, Les Archives de PAcademie des Sciences, Paris.

124. Gonzales-Quyano(2015).

125. Erlandsson(ed.) (2006), p.65ff, p.95ff (Canto의 시).

4장

빈 회의(Wienkongressen) 동안의 평화 노력과 그 후의 발전은 여러 주요 작품을 바탕으로 묘사되었다. 데이비드 킹(David King)의 『비엔나 1814』, 헨리 키신저(Henry Kissinger)의 『외교(Diplomacy)』, 토르스텐 에크봄(Torsten Ekbom)의 에세이집 『유럽의 콘서트』, 그리고 리처드 B. 엘로드(Richard B. Elrod)의 기사 「유럽의 콘서트: 국제적 체계에 대한 새로운 시각」 등이 주요 참고 자료였다. 개요 작성에는 카르스텐 알네스(Karsten Alnaes)의 『유럽의 역사. 출발 1800~1900』을 참고했으며, 국제 경제적 관점은 매츠 블라드(Mats Bladh)의 『유럽, 미국, 중국의 천년 경제사』를 통해 보완했다.

런던 세계 박람회에 대한 생생한 묘사는 줄리아 베어드(Julia Baird)의 전기 『여왕 빅토리아』와 프레드리카 브레머(Fredrika Bremer)의 동시대 여행기 『1851년 가을의 영국』을 바탕으로 했다. 또한 『모든 국가의 산업 작품에 대한 런던 대박람회의 공식 카탈로그』(1851)도 주요 자료로 활용되었다.

알프레드 노벨(Alfred Nobel)이 방문했던 당시 뉴욕과 미국에 대한 묘사는 에드윈 버로우스(Edwin Burrows)와 마이크 월리스(Mike Wallace)의 수상작 『고담. 1898년 뉴욕시의 역사』, 타일러 앤빈더(Tyler Anbinder)의 『꿈의 도시. 뉴욕 이민자의 400년 서사시』, 에릭 혼버거(Eric Hornberger)의 『뉴욕시. 문화사』에 생생히 묘사되어 있다. 미국의 디지털 신문 아카이브와 데이비드 럼지(David Rumsey)의 웹 출판물 『역사 지도 모음』의 뉴욕 지도도 귀중한 자료였다.

존 에릭슨(John Ericsson)에 관해서는 윌리엄 처치(William Church)의 『존 에릭슨의 생애(1890)』는 올라브 투셀리우스(Olav Thuselius)의 『모니터를 만든 사람. 해군 기술자 존 에릭슨의 전기』를 중심으로 검토했다. 과학사 개요도 참조했으며, 크림 전쟁에 대해서는 트레버 로일(Trevor Royle)의 『위대한 크림 전쟁 1854~56』과 데이비드 보다니스(David Bodanis)의 대중 과학서 『전기(Elektricitet)』도 추가로 검토했다.

크림 전쟁에 대한 주요 출처는 『위대한 크림 전쟁 1854~1856』이었으며, 찰스 네이피어(Charles Napier)의 동시대 개인 기여작 『1854년 발트해 캠페인의 역사(1857)』도 중요한 자료였다. 니콜라이 지닌(Nikolay Zinin)에 관한 새로운 정보는 다른 러시아 자료들, 예를 들어 피구로브스키(Figurovsky)와 솔로비요프(Solovyov)의 『니콜라이 니콜라예비치 지닌(Nikolaj Nikolajevitj Zinin). 전기적 개요』와 글린카(S. F. Glinka)의 『지닌(N. N. Zinin)에 대한 개인적 추억』을 통해 얻을 수 있었다.

126. 영국은 19세기 후반 세계 전체 무역의 4분의 1을 차지.
127. "20년": 1803~1815년의 나폴레옹 전쟁 이전에 다른 전쟁이 선행되었음. "유럽 콘서트"는 구속력 있는 지시가 있는 합의가 아니라 위기 발생 시 국가가 평화 회의를 소집할 수 있다는 합의에 불과했음. 여기에 합류한 세력은 승전국 오스트리아, 프로이센, 러시아, 영국 4개국이었음. "유럽 연합". 예를 들어 덴마크 중앙은행 총재 Conrad G.F. Schmidt-Phiseldeck 및 프랑스 철학자 Theodore-Simon Jouffroy, Alnaes(2006), p.44.
128. S&S(1926), p.104.

129. 루드빅은 보안 경찰(GARF, F109, Op227, D30)에 1851년 12월 2일 런던에서 상트 페테르부르크로 돌아온 것으로 기재됨. 출발은 1851년 9월 5일 사이에 일어남(IN 이 AN에 대한 승인). 그리고 1851년 10월 15일 세계 박람회가 종료. 존 에릭슨(John Ericsson)은 세계 박람회에 몇 가지 새로운 작품을 보냈지만, 그 자신은 참석하지 않음.

130. Cantor(2011). p.43, p.56 인용.

131. Baird(2016), p.250(인용).

132. Bremer(1922), p.4ff, p.47, p.62. 여행기는 1852년 Aftonbladet에서 출판. Bremer(1922), p.62f, p.63 인용.

133. 브레머(Bremer)는 틀렸음. 존 에릭슨(John Ericsson)이 처음으로 "열풍 엔진"을 선보인 것은 1833년 런던임.

134. Shaw(2002), pp.30~50 참조.

135. 이전에 언급된 알프레드 노벨의 시 「A Street」에서 인용.

136. 1855년부터 뉴욕주는 맨해튼 배터리 파크의 캐슬 가든에 이민 센터를 개소함. 엘리스 섬은 1892년까지 가동되지 않았음.

137. Jenny Lind 발열: NYT 1852년 3월 9일과 1952년 5월 19일, Saturday Evening Post, 1850년 9월 14일 및 Thorelius(2007), p.180.

138. Ancestry.com. 뉴욕, 승객 목록, 1820~1957 [온라인 데이터베이스] Provo, UT, USA; NEW 1852년 3월 9일(도착 메모에 있는 AN). Rumsey의 1852년 뉴욕 지도에 따르면 콜린스 라인(Collins Line)은 부두 41 활용.

139. Stowe(1911), p.203.

140. Church(1890), p.181(인용), p.194.

141. 존 에릭슨(John Ericsson)은 1843년에 95 Franklin Street으로 이사했고 1864년까지 그곳에서 살다가 36 Beach Street에 있는 자신의 작은 집으로 이사함.

142. SBL, John Ericsson에 관한 기사; 교회(1890), p.115.

143. Paul(2007, 전자책)에서 인용, pos 998.

144. AN-LA, 1852년 7월 재출판, S&S(1926), p.104. 알프레드는 "특정 Captain Ericsson"을 썼는데, 이는 알셀(Ahlsell)이 프로젝트에 대해 아무것도 몰랐음을 의미. 영사의 이름은 Carl David Arfwedson.

145. NYT, 1852년 5월 31일. 이 배는 한 달에 한 번만 뉴욕-리버풀 항로를 운항. 증기선

북극 여행 시간은 알프레드 노벨이 1852년 6월 26일 상트페테르부르크로 돌아온 시간과 불일치. 알프레드는 1852년 6월 9일 리버풀에 도착한 자매선 아틀란틱호와 함께 여행했을 것으로 추정. 알프레드는 파리를 거쳐 돌아왔음. 나중에 병상에 있는 여인과 피상적인 친분을 쌓았다고 전해짐. 불행히도 영국은 당시 여행자 기록을 보관하지 않았고 승객 목록도 거의 남아 있지 않음. 그가 함부르크, 스타드, 코펜하겐, 이탈리아를 여행했다는 정보가 있음. S&S, p.103, 수십 년 후 한 거지의 편지에서 나온 정보로 볼 때 그 경로는 가능성이 낮아 보임.

146. 상트페테르부르크 신문 『Det Nordiska Biet』 1853년 2월 21일, NYT의 공지, 1853년 4월 21일 『Farmer's Cabinet』에 게재.

147. PolT 1853년 4월 6일. Immanuel이 Ericsson의 철자 오류.

148. 칼로리 선박 Ericsson, NYT, 1853년 1월 12일.

149. Bodani(2005), p.15, p.72(인용).

150. Strandh(1983), p.268f.

151. 재무부가 Tsar Nikolaj에게 보고함. 1851년 3월 23일, RGIA, F583, Op4, D246; 부장 Ogarjov, Vojennyj sbornik, God desjatyj의 사망 기사, No.4, 1867년 4월 상트페테르부르크.

152. Erlandsson(ed.)(2006), p.84f.

153. Royle(2000), p.7(베를린에서 인용).

154. LN의 진술서, 파산 사건 문서, 1860년 1월 2일, NoA, A9, LL.

155. 증기기관에 대한 계약은 1853년 12월 16일에 작성. 1854년 12월 17일 AN이 증기선 위원회에 보낸 편지, in RGAVMF, F163, Op1, D231; 창고 건물에 대한 계약은 1853년 4월 23일에 작성. IN이 Grand Duke Konstantin Nikolayevich에게 보낸 1854년 5월 12일 편지, RGAVMF, F84, Op1, D5001을 참조.

156. 쥘 펠루즈(Jules Pelouze)는 1847년 2월 15일 파리 Academie des Sciences에서 Comptes rendues에서 니트로글리세린의 발견을 최초로 보고.

157. Kichigina(2009), p.172; Figurovsky, NA 및 Solovjov, Ju.(1957); S&S(1926), 부록 8, p.289. Zinin은 화학자이자 포병 장교인 Vasily Petrushevsky와 함께 실험을 수행.

158. Bykov(1980), p.198; 키치기나(2009), p.172; S&S(1926), 부록 8, p.289f. Kichigina는 불명확한 근거로 1854년 여름에 시위를 벌였으나 RGAVMF의 문서에 따르면 IN

은 이미 1854년 3월에 니트로글리세린을 사용하는 해군 기뢰를 제안. 실험이 더 일찍 수행되었을 것임. 시연에 페트루셰프스키는 참석하지 않은 것 같음. 알프레드 노벨은 비록 이 특정 실험에 대해서는 아니지만 Zinin의 협력자로 육군 의과대학의 Jurij Karlovitj Trapp 교수를 언급. 그러나 러시아 자료에서는 이러한 초기 니트로글리세린 실험에서 강조된 사람이 주로 Vladimir Petrushevsky임.

159. 덴 장군(generalingenjör Den)이 1854년 3월 20일 Konstantin Nikolayevich 대공에게 보낸 편지, RGAVMF, F317, Op1, D345.

160. 덴 장군이 1854년 3월 27일 Konstantin Nikolayevich 대공에게 보낸 편지, RGAVMF, F317, Op1, D345.

161. Royle(2000). 인용 p.151, p.156; 네이피어(1857), p.181.

162. 노벨과 전쟁부 계약, 1854년 4월 15일, RGAVMF, F 224, Op1, D272.

163. Nobel-Oleinikoff(1952), 67페이지.

164. Grand Duke Konstantin Nikolayevich가 1854년 4월 22일 크론슈타트 총독 FP Litke에게 보낸 편지와 Litke의 1854년 5월 1일 답변, RGAVMF, F224, Op1, D272.

165. 공익 기업인 Nobel의 빌딩 건설 허가에 관한 철도 및 공공 건물부 최고 국장의 보고서, RGIA, F446, Op23, D2.

166. Nikolaj Ogarjov의 시, 1854년 1월 28일, RGVIA, F182, Op1, D1.

167. 1854년 4월 6일에 알프레드 노벨이 Chramtsov에게 쓴 편지, RGAVMF, F163, Op1, D231.

168. Nobel-Oleinikoff(1952), p.67; 12(1977), p.32; NoA, A1, LL에 있는 Robert Nobel의 보고서; RGAVMF, F317, Op1, D345.

169. Royle(2000), 인용 p.158; 노벨-올레니코프(1952), p.65; Kronstadt Den 총독이 전쟁부 장관에게 보낸 보고서, 1854년 6월 19일, RGVAMF, F317, Op1, D345; Sebag Montefiore(2017), p. 508(차르 가족이 배를 말함).

170. 전쟁부 장관 V A Dolgoru kov 1854년 8월 2일의 편지, RGAVMF, F317, Op1, D345.

5장

알프레드 노벨(Alfred Nobel)이 평생 여러 요양지를 방문했으나, 첫 번째로 들 수 있는 곳은 프란젠스바드(Franzensbad)이다. 그의 방문에 대한 주요 정보는 로스비타 시브(Roswitha Schieb)의 『보헤미아 요양지 삼각지대: 문학적 여행 가이드(Böhmisches Bäderdreieck: Literarischer Reiseführer)』, 당시 요양지 의사였던 로렌츠 쾨슬러(Lorenz Köstler)의 『에게르-프란젠스바드의 현재 발전에 대한 견해(Ein Blick auf Eger-Franzensbad in seiner jetzigen Entwicklung, 1847)』, 1858년 『아프톤블라뎃(Aftonbladet)』에 실린 방문기, 칼 쿨리베리(Karl Kuliberg)의 『프란젠스바드-스케치(Franzensbad-en skizz, 1858년 5월 15일, Aftonbladet)』 등을 통해 확인할 수 있다.

스톡홀름과 스웨덴의 발전에 대한 부분은 레나르트 쉰(Lennart Schön)의 『현대 스웨덴 경제사(En modern svensk ekonomisk historia)』, 마리안 레베르그(Marianne Räberg)의 『스톡홀름의 미래? 산업주의하에서 대도시의 부상(Stockholms framtid? Storstaden under industrialismen)』, 타바나이넨(K.V. Tahvanainen)의 『전신서. 1853~1996년 스웨덴의 전기 전신(Telegrafboken. Den elektriska telegrafen i Sverige 1853~1996)』, 라스 베르그룬드(Lars Berggrund)와 스벤 바스트룀(Sven Barström)의 『최초의 철도. 닐스 에릭손의 대작(De första stambanorna. Nils Ericsons storverk, 2014)』, 닐스 우덴베리(Nils Uddenberg)의 의학사 작품인 『고통과 치료 II(Lidande och läkedom II)』는 여기에서 로이 포터(Roy Porter)의 『피와 내장: 의학의 짧은 역사(Blood and guts: A short history of medicine)』와 윌리엄 바이넘(William Bynum)의 『19세기 의학의 과학과 실천(Science and the practice of medicine in the nineteenth century)』으로 보완했다.

크림 전쟁에 대한 묘사는 트레버 로일(Trevor Royle)의 『대 크림 전쟁 1854~56(The great Crimean war 1854~56)』 외에도 올란도 피지스(Orlando Figes)의 『크림. 마지막 십자군(Crimea. The last crusade)』와 로사문드 바틀렛(Rosamund Bartlett)의 전기 『톨스토이 - 러시아의 삶(Tolstoy - A russian life)』 및 레프 톨스토이(Lev Tolstoj)의 『세바스토폴 포위전(Fran Sevastopol belägring, 1855년 5월)』 등을 참고했다.

사이먼 시백 몬티피오레(Simon Sebag Montefiore)의 『마지막 차르 왕조: 로마노프 1613~1918(Den sista tsardynastin: Romanov 1613~1918)』과 솔로몬 볼코프(Solomon Volkov)의 『상트페테르부르크, 문화사(St Petersburg, A cultural history)』를 보완 자료로 사용했다.

다윈에 대한 연구는 과학적 개요서 외에도 찰스 다윈(Charles Darwin)의 『종의 기원(On the Origin of Species)』, 노라 발로우(Nora Barlow)의 『찰스 다윈 자서전(The autobiography of Charles Darwin)』, 스텔란 오토손(Stellan Ottosson)의 『다윈. 신중한 혁명가(Darwin. Den försynte revolutionären)』과 데이비드 퀘먼(David Quammen)의 『마지못한 다윈씨. 찰스 다윈의 개인적 초상화와 그의 진화론 개발 과정(Den motvillige mr Darwin. Ett personligt porträtt av Charles Darwin och hur han utvecklade sin evolutionsteori)』을 참고했다.

문학 관련 자료로는 빅토르 테라스(Victor Terras)의 『러시아 문학사(A history of Russian literature)』와 고란 해그(Göran Hägg)의 『세계 문학사(Världens litteraturhistoria)』, 오케 에를란손(Åke Erlandsson)의 『알프레드 노벨의 도서관. 서지학(Alfred Nobels bibliotek. En bibliografi)』이 중요한 기여를 했다. 아돌프 유진 폰 로젠(Adolf Eugene von Rosen)과 안톤 루드빅 파네옐름(Anton Ludvig Fahnehjelm) 등의 인물 초상에 대한 자료는 스웨덴 인명사전(SBL)에서 얻었다.

171. IN-LA 1855년 12월 24일/1855년 1월 6일, ANA, El:3 RA; IN에서 LA로, odat. 1854년 및 ANN-LA, 1854년 11월 6일, ANA, El:3, RA; AN-Martin Wiberg, 1896년 5월 12일; ANA, BI:10, RA.

172. AN의 편지에 언급된 질병, Erik Bergengren이 편집, 카드 등록부, NA 또는 AN-LA, 1854년 11월 6일; LN-RN, 1857년 5월 5일, NA("오래된 악"); 또한 S&S(1926), p.104

173. Köstler(1847).

174. Resandenotis, AB 1854년 8월 8일(8월 7일). AN은 Drottninggatan 5에 진입. AN-LA, 1854년 11월 6일, IN-LA, 날짜 미상. 1854, ANA, El:3, RA; S&S(1926), p.104(인용).

175. 재미있게도 형제들은 성을 다르게 표기함.

176. S&S(1926) p.104(인용); GHT 1854년 8월 21일(여행 기록).

177. Kullberg, AB, 1858년 5월 15일(인용).

178. S&S(1926) p.104(인용).

179. Woodham-Smith(1952), p.164, pp.179~182, Baird(2016), p.274f(Victoria's envy).

180. S&S(1926), p.105. Rolfvarfodd 1845년 10월 22일 및 Emil 1843년 10월 29일.

181. 러시아 전쟁부와의 계약, 1855년 1월 20일, NoA, A1, LL; 해군 Angfartyg 위원회에 보낸 편지(Emmanuel Nobel의 위임장), 1854년 12월 17일, RGAVMF, F163, Op1, D231; 1856년 2월 12일에 해군부가 재무부에 보낸 편지(이웃의 데일리 메일), RGAVMF, F163, Op1, D231.

182. Erlandsson, ed(2006), p.85, p.87.

183. Nobel-Oleinikoff(1952), p.353. 1853년이 메달을 받은 해로 지정되어 있지만, 조각에 따르면 이 메달은 1855년에 취임한 알렉산더 2세가 수여. 1856년의 추위 속에서 노벨이 나가기 전이었음. NoA, A9, LL.

184. AN-LA, 1855년 9월 13/25일, ANA, EI:3, RA.

185. IN-LN, 1855년 9월 28일; ANA, EI3, RA(평화에 대한 기쁨과 열망); Nobel-Oleinikoff(1952), p.80. 그들은 1858년 10월 7일까지 결혼하지 않았음.

186. INA, A1, LLA. 회의록은 3월 30일부터 4월 17일까지 작성됨. RGAVMF, F317, Op1, D190-차르 알렉산더 2세의 크론슈타트 방문.

187. S&S(1926), p.105. S&S가 1855년 3월에 보낸 편지에서 인용. 그러나 GARF(F109, Op227, D42)의 경찰 기록에 따르면 AN은 5월 28일까지 상트페테르부르크로 돌아오지 않았음.

188. RGAVMF, F317, Op1, D184 및 232.

189. AN-LA, 1855년 9월 13/25일, ANA, EI3, RA.

190. Tolstoj(2010), 인용 p.4, p.57f, p.67.

191. Shaffner, TP(1857); "Shaffner의 World-Girdle Telegraph", i.a. 워싱턴 연합, 1855년 1월 9일; "세계의 전기 전신", AB 1855년 3월 15일.

192. "러시아에서 직접 온 뉴스", New York Daily Times, 1855년 12월 3일; "러시아의 중요한 개인 정보", 1855년 1월 11일 Tuskegee 공화당에서 샤프너와의 특별 인터뷰.

193. 저자 Herta E. Pauli는 자신의 저서 Alfred Nobel: Dynamite King, Architect of Peace, Fischer(1942), p.89에서 1870년대 상트페테르부르크 재판에서 있었던 Shaffner의 증언을 출처 언급하지 않고 인용. 반대 정보는 Adolf Eugene von Rosen이 1865년 ANA, FIV:12, RA의 증언에서 제공.

194. Buffalo 공화당의 기사, 1855년 12월 29일 오하이오주 Perrysburg Journal에 게재됨.

195. 전쟁장관 돌고루코프와 크론슈타트의 군사 총독 사이의 서신 교환, RGAVMF, F317, Op1, D263.

196. IN, 1855년 10월 7일 Ángbäts 위원회 의장에게; IN에서 해군부로(LN을 통해), 1856년 10월 9일, RGAVMF, F164, Op1, D813; 재무부 보고서(1856년 8월 31일), RGAVMF, F583, Op4, D256(5개). 미망인 코센(1855년 10월 15~16일 밤에 발생한 화재)의 노벨 불만 사항에 관한 재무부와 해군부 간의 서신, 1856년 2월, RGAVMF, F163, Op1, D231.

197. LN-IRN, 1855년 10월 29일, NA.

198. AN Kronstadt의 선장, RGAVMF, F163, Op1, D231; LN-RN, 1857년 5월 5일 (알프레드의 과도한 작업 속도에 대해); LN-LA, 1855년 12월 24일/1856년 1월 6일, ANA, E1:3, RA-알프레드의 극도의 근면과 불안정한 건강.

199. IN-LA, 1855년 12월 24일/1856년 1월 6일, ANA, E1:3, RA.

200. Kosen의 불만 사항 양식, 1856년 2월 12일, RGAVMF, F163, Op1, D231; AN과 기술 선박 위원회 간 서신, 1856년 9월 3일~1858년 1월 31일, RGAVMF, F164, Op1, D66; IN과 해군부 사이의 서신, 1855년 10월 9일부터 1857년 2월 17일까지, IN이 조선 위원회에서 Baron von Wrangel에게 프랑스어로 보낸 편지, 1856년 11월 5일, F164, Op1, D813; 이 배는 한때 스웨덴 해군에 속해 있었으며 당시에는 Rettvisan, Hangöudd 및 Viljan이라고 불렸음.

201. 상동, IN-LA, 1856년 10월 3일; ANA, E1:3, RA.

202. 해군 기록 보관소에는 LN이 대공의 부정적인 대답을 서명으로 인정했다는 정보가 있음. IN은 몰랐음.

203. IN과 해군부 간 서신, 1855년 10월 9일~1857년 2월 17일, F164, Op1, D813; 노벨 기계 공장 지원 문제, 재무부, 1860년 3월 5일~1862년 8월 8일, F18, Op2, D1740.

204. IN-LA, 1857년 4월 7일, ANA, El:3, RA.

205. RGAVMF, F139, Op1, D44.

206. LN-RN, 1857년 5월 14일, NA.

207. 국무장관 Reitern, 해군 장관이 1861년 6월 27일 재무장관에게 보낸 서신에서 인용, RGAVMF, F18, Op2, D1740.

208. AN-RN, 1857년 5월 11일과 18일, NA.

209. 상동; Nobel-Oleinikoff(1952), pp.70f.

210. S&S(1926), 부록 1, p.105.

211. 결혼식, 신문 Folkets röst, 1858년 10월 27일 참조. Emanuel, Nobel-Oleinikoff (1952), p.80 참조. Ludvig는 Hjalmar Crusell이라는 사생아를 낳았다고 함. Asbrink(2010), p.23.

212. Sjöman(2001), p.228ff; 청산인, Nobel-Oleinikoff(1952), p.117 참조.

213. RN-Pauline Lenngren, 1859년 12월 31일, NA.

214. Darwin(1871), 인용 p.406f.

215. Quammen(2006), 인용 p.172; PolT, 1860년 4월 7일.

216. Nobel-Oleinikoff(1852), p.61, pp.97~101; 여기에서는 아파트가 "Liteyn 지구"에 있었다고 언급.

217. Brewäxling RN 및 PL/fru Lenngren, 1859년 8월 30일~9월 26일, NA, 또한 Sjöman(2001), pp.245~251에서 흥미로운 상황 분석을 통해 재현.

218. RN-PL, 1859년 12월 4일.

219. RN-PL, 1860년 10월 21일, Erlandsson(ed.)(2006), p.12에서 인용; Nobel-Oleinikoff(1952), p.101f.

220. 시 「Canto」, Erlandsson(ed.)(2006)에서 발췌. 인용 p.84, p.85, p.96f, p.103, p.100, p.80, p.103f.

비밀스러운 꿈

221. 1861년부터 인구 조사 데이터, SSA(또한 알프레드 노벨이 1863년에 이동한 정보) 참조. 처음에 그들은 스톡홀름 바로 남쪽의 요하네스달에서 살았음(편지 연대 측정에 따르면).

222. Erik Bergengren(EB)이 Nobelstifteisen에게, 1956년 10월 28일, EB 아카이브, NA.

223. 상동.

224. S&S(1926), 인용 p.107. Fant(1991)에는 거의 동일한 문자가 포함. Sjöman(2001)은

한 단계 더 나아가 검열 표시, 삭제 등을 포함하여 이 문서 재작성 시도(p.228ff).

225. Lundgren(2017), p.303.

6장

이 장의 뼈대는 "그리스 여인(Grekiska damen)"의 컬렉션, 즉 "금고 폴더 (kassaskåpsmappama)"에 새로 추가된 편지들이다, NA. 이 시기의 사건들은 그 이전까지 거의 알려지지 않았다. 핀란드 역사가 라이너 크나파스(Rainer Knapas)의 도움으로 카렐리야 지협(Karelska näset)에서 올가 드 포크(Olga de Fock)에 대한 미스터리를 풀 수 있었다. 이제 알프레드 노벨(Alfred Nobel)의 삶이 드러나기 시작했다. 노벨 가족의 활동은 신문에 실리기 시작했고, 사건의 진행 과정을 가까이에서 살펴볼 수 있었다. 1860년대 스웨덴의 정치적 변화는 보 스트래스(Bo Sträth)의 『스웨덴 역사 1830~1920(Sveriges historia 1830~1920, 2012년)』, 루이스 데예르(Louis de Geer)의 『회고록(Minnen, 1892년)』, 스벤 에릭손(Sven Eriksson)의 책 『카를 XV(Carl XV)』, 스티그 에크만(Stig Ekman)의 대표작 『개혁의 마지막 전투(Slutstriden om Representationsreformen)』, 페르 올손(Per T. Ohlsson)의 『100년의 성장: 요한 아우구스트 그리펜스테트와 자유주의 혁명(100 år av tillväxt: Johan August Gripenstedt och den liberala revolutionen)』 등을 참고해 묘사했다.

스톡홀름에서 일어난 사건들은 라스 에릭손 월케(Lars Ericson Wolke)의 『750년 동안의 스톡홀름 역사(Stockholms historia under 750 år)』와 페르-에릭 린도름(Per-Erik Lindorm)의 『영화: 일곱 세기를 통한 스톡홀름(Film: Stockholm genom sju sekler)』에서 다루었다. 인물 초상화에 관한 정보는 스웨덴의 SBL[카를 XV(Karl XV), 오스카 I(Oscar I), 루이스 데예르, 요한 빌헬름 스미트(Johan Wilhelm Smitt)]와 러시아의 RBS[예를 들어 에두아르트 토틀레벤(Eduard Totleben) 장군에 관한 사실들]도 참고했다.

226. AN-RN, 1861~1862년, i.a. 1862년 4월 1일, 북미; 1860~1862년 노벨 기계공장 지원에 관한 러시아어 서신. RVGMF, F18, Op2, D1740.

227. RN-PN, 1860년 3월 12일과 1861년 3월 27일, NA.

228. AN-RN, 1862년 4월 1일; RN의 문제는 RN에서 PN, 1860~1863, NA 참조.

229. 목욕 판매, 1860년 1월 3일 Helsingfors Tidningar의 광고, 목욕탕은 Kryloff라고

불림. LN-RN, 1861년 10월 25일(가열 파이프); RN-PN 1860~1861(결혼 연기), NA.

230. RN에서 PN으로, 1859년 10월 31일, 1860년 2월 21일, 1860년 6월 11일, 1861년 1월 6일, 2월 24일, 4월 5일; LN-RN, 1861년 11월 18일(인용), NA.

231. AN-RN, 1862년 4월 1일, NA; LN에서 RN으로, 1861년 10월 5일(인용), AN에서 RN으로, 1862년 4월 1일, NA.

232. RN-PN, 1862, NA; LN에서 RN으로, 1861년 10월 25일, NA(인용); RN에서 PN으로, 1860년 5월 21일.

233. AN-RN, 62년 4월 1일, LN에서 RN으로 보낸 편지, 1861년 10월 25일; AN이 Olga de Fock에게, 1862년 10월 10일, Bll:2, ANA, RA; Erlandsson(ed.)(2006), p.13(Ranthorpe 인용); 크나파스(2017, 미출판).

234. A 리조굽-AN, 1896년 4월 20일, 5월 8일, 6월 22일, ANA, Bll:2, RA.

235. 처음으로 니트로글리세린과 흑색 가루를 혼합한 사람에 대한 설명. Strandh(1983), p.37에 따르면 AN이었으나 1874년 AN 특허청문회에서 S&S(1926)는 1862년 초 IN 이라고 함(단, 1862년 겨울이었을 수도 있음). 그러나 화약에 니트로글리세린을 섞은 것 은 AN이 처음이었음.

236. S&S(1926), p.298; AN이 RN에게 보낸 날짜 없는 편지, NA로 발송. 알프레드 노 벨이 1861년 파리를 여행하고 임마누엘의 다양한 폭발물 실험을 위해 10만 프랑의 대출을 협상했다는 미발표 보고서가 있음. 예를 들어, Mosenthal(1898), p.569 및 Molinari, E and Quartieri, F(1913), p.49 참조. 그러나 그 주장을 뒷받침할 수 있는 사실은 없으며 당시의 편지와 기사를 보면 Immanuel이 다루지 않은 것으로 보임.

237. LN-RN, 1861년 10월 25일, NA; RN에서 PN으로, 1861년 4월 17일, AN-RN, 1862년 4월 1일, NA.

238. LN-RN, 1862년 10월 1일, NA; Tolf(1977), p.42f.

239. Boeterbloem(2014), p.108.

240. Remini(2006), p.140ff.

241. Erlandsson(ed.)(2006), p.96.

242. AN-RN, 1862년 4월 11일, NA.

243. AN-RN, 1862년 5월 12일, NA; 또한 Figes(2010), p.345.

244. RN-PN, 1863년 2월 2일, NA; AB, 1863년 1월 29일.

245. AN-RN, 1862년 4월 11일, 6월 12일; S&S (1926), p.109(Betty Eide와 J.W. Smitt의 친분) 및 NDA, 1863년 3월 12일(그녀의 선거구); RN에서 PN으로, 기침 1862, NA.

246. RN-PN, 1862년 11월 5일, 1862년 12월 28일, 1863년 3월 15일. 로베르트가 폴린에게 반한 것 같다고 생각했던 에밀을 질투한 것도 관련이 있다. Nobel-Oleinikoff(1952), p.103.

247. 위고 라브(Hugo Raab) 참모총장이 IN에 보낸 편지, 1862년 12월 10일, NoA, A8, LLA.

248. RN-PN, 1863년 2월 28일, NA.

249. 1863년 4월 23일 AB에 따르면 1루블=2.59릭스달러(riksdaler)이다. 그런 다음 릭스달러에 대한 Mint Cabinet의 변환 테이블이다.

250. AN, "Wansowitch"/Totleben 장군에게 보낸 편지 초안, 1863년 7월 7일, ANA, Ö ll:6; IN에 보낸 초안 편지, 1864년 5월 1일, ANA, Bl:1, RA; EB에서 노벨 재단으로, 1957년 1월 17일(러시아 외부 여권 신청), EB 아카이브, NA. AN의 스톡홀름 방문과 성급한 귀국은 이때 AN-RN, NA에도 등장.

251. 1863년 5월 6일 러시아 출국 허가를 받은 알프레드의 여권 사본 발견에 대한 정보, 57년 1월 17일, EB 아카이브, NA. 안타깝게도 사본이 손실되었다.

252. AB, 1863년 5월 12일, 30일; 브라운(2010), p.87; AN에 보낸 편지, 1863년 7월 3일; RN에게 보낸 편지, 1863년 6월 1일, NA(인용).

253. AN-IN 초안, 1864년 5월 1일, ANA Bl:1, RA; AN에서 RN으로, 1863년 6월 1일, NA.

254. de Geer(1892), pp.243f(인용).

255. AB, 1863년 5월 29일.

256. IN-AN 초안 편지, 1864년 5월 1일, ANA Bl:1, RA; Norrbottens-Kuriren, 1863년 5월 28일(소문).

257. AN, "Wansowitch"/ Totleben 장군에게 보낸 초안 편지, 1863년 7월 7일, ANA, Ö ll:6 및 IN에 보낸 AN의 초안 편지, 1864년 5월 1일, ANA, Bl:1, RA. 또한 S&S(1926), 부록 8과 10. 상트페테르부르크에서 실험이 1862년에 수행. 정확한 시간은 AN-IN(1864)에 있는 사건 설명 참조. S&S에서 가장 오래된 특허 청문회(1926) 부록 10 참조.

258. IN-AN, 1863년 7월 3일, ANA, El:4, RA.

259. DA의 여행 기록에 따르면 AN은 1863년 7월 30일 상트페테르부르크에 도착. 그러나 여권 저널(Overstathallarämbetets 아카이브, CXV a:65 및 a:66, SSA)에 따르면 AN은 1863년 7월 29일 해외여행을 위해 스웨덴 여권을 신청한 후 러시아 여권으로 스톡홀름에 도착. 이르면 7월 13일.

260. AB, 1863년 7월 13일, 14일; IN, 1864, SSA에 대한 정신적 진술. 스웨덴은 1878년에 처음으로 미터법 채택.

7장

1차 자료가 7장에서도 지배적인 역할을 한다—개인 편지, 동시대 신문 기사 및 관청 기록들이다. 사건과 환경에 더 가까이 다가가기 위한 노력으로, 보다 전문화된 2차 문헌 자료도 풍부하게 활용되었다. 이에는 비르기트 린드베리(Birgit Lindberg)의 『스톡홀름의 철도 건설자들(Malmgårdarna i Stockholm)』, 마르텐 라쉬(Marten Rasch)의 『북클래도르와 노르브로의 마구간 궁전(Bokládorna och stallpalatset vid Norrbro)』, 동시대의 『스톡홀름의 새 주소록 및 안내서(Ny adress-kalender och vägvisare inom hufvudstaden Stockholm)』 등이 포함된다. 또한 베르틸 발덴(Bertil Walden)의 기념문인 『비에유 몽타뉴: 스웨덴에서의 백 년 1857~1957(Vieille Montagne. Hundra år i Sverige 1857-1957)』과 시구르드 노코프(Sigurd Nauckhoff)의 두 기술사적 고찰인 『스웨덴 광업에서의 폭발물과 점화제 지난 백 년 동안 1919년부터(Sprängämnen och tändmedel i det svenska bergsbruket under de sista hundra åren från 1919)』과 소브레로의 『1948년 니트로글리세린과 노벨의 폭발유(Sobreros nitroglycerin och Nobels sprängolja från 1948)』가 포함된다.

1860년대 초반 스웨덴 문학계를 묘사하기 위해 라스 뤼노트(Lars Lönnroth)와 스벤 델블랑(Sven Delblanc)의 『스웨덴 문학: 돌파의 시대(Den svenska litteraturen. Genombrottstiden)』, 고란 해그(Göran Hägg)의 『스웨덴 문학사(Den svenska litteraturhistorien)』, 비르테 쇠베리(Birthe Sjöberg)와 지미 불로빅(Jimmy Vulovic)의 『그리스도에 대한 바이블의 가르침: 도발과 영감(Bibeins lära om Kristus: provokation och inspiration)』을 사용했다. 베스트셀러 작가 마리 소피 슈바르츠(Marie Sophie Schwartz)는 군 콜베(Gun Kolbe)가 2004년에 『인물 역사 연감(Personhistorisk årsbok)』에서 묘사했다. 또한 스웨덴과 덴마크-프로이센 전쟁에 관해서는 루이스 데예르(Louis de Geer)의 『회고록

(Minnen)』과 스벤 에릭손(Sven Eriksson)의『카를 XV(Carl XV)』를 보완 자료로 사용했다. 톰 스탠디지(Tom Standage)의『빅토리아 시대의 인터넷(The Victorian internet)』과 데이비드 보다니스(David Bodanis)의『전기(Elektricitet)』는 대서양 케이블에 대한 묘사에 기여했다.

261. Burmester의 인구 조사 데이터, 1861년과 1862년, SSA; GHT 1864년 9월 5일 (Heleneborg에 대한 설명); AB 1860년 6월 2일; Burmester와 Nobel 사이의 임대, 1861년 4월 1일, Stockholms radhusrätt 기록 보관소, 부서 3, 형사 사건, 1864, A1:44, SSA. 죽은 사람은 Salomon Ludvig Lamm이었음.

262. AN의 특허 1863년과 1864년, S&S(1926), 부록 3과 5.(스테아린 공장은 Lars Johan Hierta 소유); IN의 인구 조사 기록 1863~1865, SSA; AB 및 NDA, 1864년 9월 5일, 6일(별채에 대한 경찰 심문 정보).

263. AB 1863년 8월 6일; Dalpilen 1863년 8월 8일(miyö, 재판); S&S(1926), 부록 8과 10, p.291; RN에게 보낸 편지, 1863년 9월 28일, NA; IN에 보낸 초안 편지, 1864 년 5월 1일, ANA, Bl:1, RA-AN, 특허, 1863년 10월 6일(1863년 10월 14일 승인), Immanuel Nobel의 기록 보관소 NoA, C1, LLA; Härnösandsposten 183년 10월 14일.

264. Erlandsson(ed.)(2006), p.26; Erlandsson(2002), p.22; www.oversattarlexikon.

265. Lönnroth & Delblanc(1999), p.67; Sjöberg & Vulovic(ed.)(2012) p.7f, pp.29~35, pp.61~73; Hägg(1996), p.284. Sjöberg 및 Vulovic(eds.)(2012), p.72 에서 인용.

266. Erlandsson(ed.) (2006), 인용 p.78.

267. Adelsköld(1900), p.375; NDA, 1863년 11월 6일, AB, 1863년 11월 6일, 11월 18 일, NWT, 1863년 12월 9일; S&S(1926), pp. 122f; 스트랜드(1983), p.39.

268. AN에 보낸 편지, 1863년 7월 3일, NA; 월든(1957), p.57; 노벨 재단에 보낸 EB 서한, 1957년 8월 22일, NH Parmarna, NA.

269. Pehr Wilhelm Jansson의 증언, S&S(1926), 부록 10; IN에 보낸 편지 초안, 1864년 5월 1일, ANA Bl:1, RA.

270. AB, 1863년 12월 29일.

271. No A, A1, LLA의 결정에 관한 초안 서신. 1장 참조. Härnösandsposten 1864년 3 월 30일; AB, 1864년 4월 26일.

272. AB 1864년 5월 2일. CARL과 위원회 의장 B von Platen이 답변에 서명. 러시아 탐사선(예: Falköping 신문, 1864년 3월 19일.

273. LN-RN, 1863년 10월 23일, NA. 엔지니어 노벨(Petersburg), 등록된 여행자, 1월 28일, NDA. 로베르트에게 보낸 편지 날짜에 따르면 그는 스웨덴 달력 2월 14일(러시아 2월 2일) 상트페테르부르크에 있음.

274. LN-RN, 1863년 10월 26일. Robert는 A.F. Sundgren이라는 핀란드인과 함께 Aurora를 소유. 로베르트는 외국인이었기 때문에 운동의 선두 인물이 되어야 했음 (S&S(1926), p.80).

275. RN-AN, 1864년, S&S(1926), p.80f에 재현됨.

276. LN-RN, 1864년 2월 16일, NA.

277. 루드빅의 특허, 1864년 2월 25일 원본과 특허에 관한 LN의 편지, 1863년 12월 26일, NoA, C1, LL.

278. 주소, 64년 12월 19일 로베르트에게 보낸 편지 참조. 알프레드가 언제 이사했는지는 확실하지 않음. 1864년 봄의 편지에는 당시에도 마을의 한 방에서 혼자 저녁을 보내고 있었다는 내용이 나와 있음.

279. IN-AN 초안 편지, 1864년 5월 1일, ANA Bl:1, RA, 모든 인용.(편지의 다른 부분은 러닝 스토리에 재현) S&S(1926), p.107(피해자를 경멸하는 것이 아님); LN Hosten 1864에게 보낸 RN 편지, NA(AN과 IN 사이의 분위기).

280. S&S(1926), p.82; RN에게 보낸 편지, 1864년 5월 30일, NA.

281. AB 1864년 5월 27일; Erlandsson(ed.)(2006), p.103.

282. Marie Sophie Schwartz는 1857년에 "Qvinnan som näringsidkare"라는 제목으로 네 편의 단편소설을 출판. SBL의 공식 전기에는 남편(구스타프 마그누스 슈바르츠)의 전기가 포함.

283. AN-RN 1864년 5월 30일, NA.

284. 특허 1864년 6월 10일, S&S(1926), 부록 5.

285. Walden(1957), pp.36~59; AN-Otto Schwarzmann, S&S(1926), 부록 9; AB 1864년 6월 27일.

286. 알프레드의 도착, AB 1864년 7월 7일 참조; Hertzman, NDA 18M 9월 5일 자 IN 항목 참조; S&S(1926), p.131; Nauckhoff(1919), p.27.

287. Nauckhoff(1948), p.103.

288. Feilitzen(1949).

289. Shaffner, TP(1858).

290. www.nobelprize.org. 수상자는 Hendrik A. Lorentz와 Pieter Zeeman.

291. Shaffner(1859), p.840(인용); 베닝턴 배너, 1880년 8월 12일.

292. PoIT, 1864년 8월 22일; SD, 1864년 9월 3일(9월 2일).

8장

이 장의 사건들은 매우 극적이고 긴장감이 넘치기 때문에 주로 1차 자료인 재판 문서와 동시대 언론 보도를 거의 전적으로 사용했다. 이들 자료는 사건의 환경과 분위기를 잘 전달해 준다. 또한 1864년의 한 에피소드를 다룬 올라프 폰 페일리첸(Olof von Feilitzen)의 『카를 XV와 제퍼슨 데이비스(Carl XV och Jefferson Davis)』라는 관찰 기록도 활용했다. 이는 탈 샤프너(Tal P. Shaffner)의 스웨덴 방문에 대한 이야기에서 중요한 퍼즐 조각을 제공해 주었으며, 빌고트 쇠만(Vilgot Sjöman)의 개인 아카이브(KB)에서 발견한 미출간 원고인 『니트로글리세린 주식회사의 역사 1864~1964(Nitroglycerinaktiebolagets historia 1864~1964)』도 참고 자료로 사용했다. 스톡홀름과 과학사의 개요는 이전과 동일한 자료를 기반으로 설명했다.

293. 폭발에 대한 설명과 첫날의 드라마는 PoIT, NDA, AB, GP, 1864년 9월 3일과 5일에 근거. 경찰 심문과 경찰 보고서, 법원 문서, Stockholms Rähusrätt 아카이브, 부서 3, 형사 사건, 1864, A1:44, SSA. 에밀 노벨의 사망 기사에 따르면 폭발 시간은 1864년 9월 9일 AB, 10시 30분.

294. AB, 1864년 9월 3일(인용).

295. Nobel, A, "9월 3일 Heleneborg에서의 폭발. To Redaktionen af Aftonbladet!", AB 1864년 9월 7일. 알프레드는 기사 끝부분에서 300개 중 니트로글리세린 30파운드만이 폭발했고 나머지는 타지 않은 채 주위에 버려짐. 그는 아마도 진정하려고 노력했지만, 효과는 반대였을 것임.

296. AB, 1864년 9월 9일; Nobel-Oleinikoff(1952), p.82.

297. LN-RN, 1864년 8월 8일; AB, 1864년 8월 24일, S&S(1926), p.81. 로베르트는

1864년 10월 10일 Hamburger Nachrichten(HN) 10월 뱃머리에 함부르크에 도착했다. LN–RN, 1864년 9월 30일, 러시아 시간. 1864년 10월 12일.

298. AB, 1864년 9월 10일, 1864년 9월 12일(날씨).

299. Feilitzen(1949), pp.119~125; EB 아카이브, 1956년 9월 16일, NA("채색된 꽃"); S&S(1926), p.115; AB, 1864년 9월 20일(Shaffner의 광산 실험). Shaffner의 저서 The War in America…는 1862년에 출판. 포수들은 Stork와 Pelikan이라고 불렸음.

300. Feilitzen(1949), p.122; S&S(1926), p.116; 호텔에 RN! Rydberg, 1864년 8월 24일 AB의 "resande" 참조; Regis Cadier는 Gastronomic Calendar(1982/1983)에 실린 Mats Rehnberg의 전기 기사 참조.

301. 샤프너(Shaffner) 대령에 관한 증언, Adolf Eugen von Rosen, 1865년 12월 6일, ANA, FIV:12, RA(James Campbell의 서명 포함(!); S&S(1926), p.116. IS&S는 IN이 미국 특허에 대해 20만 달러 요청. Shaffner는 1만 스페인 달러를 제안했고 IN으로부터 "아무것도 만족하지 않는다"는 답장을 받음. 폰 로젠의 선서 증언에는 해당 정보가 누락. 또한 Shaffner가 Campbell에게 보낸 편지의 이후 정보와도 모순됨.

302. Feilitzen(1949), pp.120~125(인용 p.124); 왕립 폐하 훈장 등록, 1861~, "왕립 검 기사단" 목록, RA; Lenk(1945), pp.291~304; 미국 다이너마이트 회사의 역사를 공개한다. 내부 메모리, ANA, FIV:12, RA; von Rosen이 IN에 보낸 편지, 1866년 3월 1일, ANA, FIV:12, RA.

303. NDA, 1864년 9월 21일; AB, 1864년 9월 24일.

304. AB 1864년 10월 11일; NDA, 1864년 10월 10일; 재판 프로토콜, Stockholms radhusrätt 기록 보관소, 3부, 형사 사건, 1864, A1:44, SSA.(버미스터는 화약 제조와 관련해 헌법을 위반, 노벨은 건축 조례를 위반했다는 혐의)

305. GP, 1864년 9월 26일; AN에서 RN으로, 1864년 12월 19일, NA; LN에서 RN으로, 1864년 9월 28일과 10월 19일, NA.(RN은 등유 사업을 위해 함부르크로 여행을 떠났고, 11월 저녁 Sthlm에 도착)

306. Brown(2010), p.111.

307. O Schwarzmann이 Vieille Montagne에 제출한 보고서, 1864년 10월 13일, Bergström 및 Andren, Nitroglicerinaktiebolaget의 역사 1864~1964, Vilgot Sjöman 아카이브의 미출판 원고, KB 및 Strandh(1983), p.49; S&S(1926), p.111;

Nauckhoff(1948), pp.117f; PolT, 1864년 10월 19일. 책임자는 G.W. von Francken 중위. NDA, 1864년 8월 9일; RN에게 보낸 편지, 1865년 1월 24일(히에르타).

308. AB, 1862년 1월 9일; 문테(1965), p.222; Sohlman(1983), pp.13f; SBL, Johan Wilhelm Smitt에 관한 기사; 예를 들어 곰팡이를 참조. NDA 광고, 1864년 5월 4일. Arrhenius, O, J'N Smitt의 전기 초안, Axel Paulin 컬렉션, SBL, RA. 노벨 형제들 사이의 편지에서 그를 빌헬름 스미트(Wilhelm Smitt)라고 지칭. Smitt는 스톡홀름 대학교에 가장 큰 기부자 중 한 명이었고 그의 유언장(Ragnar Sohlman이 집행자로)에 왕립 기술 연구소에 상당한 금액을 기부.

309. 알프레드 노벨, "노벨 특허를 통해 회사가 얻을 수 있는 혜택에 대한 투자 설명서", Bergström & Andren에서 복제된 사본(미출판 원고). 1864년의 주식 분배는 JWS 32개, CW, AN, IN 31개.

310. LN-RN, 1864년 9월 30일; 햄버거 알게마이네(HA), 1864년 10월 10일.

311. Edholm(1945), p.122.

312. RN-LN(odat.), S&S(1926) p.111f에서 재현, 첫 번째 총회는 1864년 11월 28일에 개최.

313. S&S(1926) p.111; 베르겐그렌(1960), p.42; Strandh(1983), p.49f.

314. 1864년 11월 21일 스톡홀름 시청 법원 기록 보관소, 3부, 형사 사건, 1864년, A1:44, SSA.

315. Marsh & Marsh(2000), p.27, pp.313~319. 동종요법의 원리: Similia similibus curentur, "같은 것은 같은 것으로 치료".

316. AN, Ragnar Sohlman(RS), 1896년 10월 25일, Sohlman(1983), p.54.

317. Uddenberg(2015), pp.57~93; 킨, 샘, "피니어스 게이지". 신경과학의 가장 유명한 환자, Slate Magazine, 2014년 5월 6일.

318. AN-RN, 1864년 12월 19일; GP, 1864년 12월 14일.

319. Nobel-Oleinikoff(1952), p.125.

320. AN-RN, 1864년 12월 19일.

321. AN-RN, 1864년 12월 19일, 1865년 1월 24일, NA; S&S(1926), p.82(핀란드 특허).

322. GP, 1864년 12월 14일.

323. Bergström and Andren(unpubl.), p.21. Strandh(1983)는 1865년 1월 말 제보를

받고 그 음모를 발견한 사람이 알프레드라고 주장함. 그러나 Bergström과 Andren 은 구매 문서를 참조. 이미 1월 21일에 Nitroglicerinaktiebolaget는 Vinterviken 에서 니트로글리세린 제조 허가.

324. 진단서 1864년 1월 30일, 4월 16일, Stockholms radhusrätt 아카이브, 부서 3, 범 죄 기록, 1864, A1:44, SSA. 일부 협상은 연기되었고 재판은 1865년 11월 20일까지 계속. 임마누엘은 다양한 대리인에 의해 대표됨.

9장

알프레드 노벨(Alfred Nobel)은 함부르크로 이사하면서 연구실도 함께 옮겼다. 한스-디 터 루제(Hans-Dieter Loose)의 『함부르크: 도시와 주민의 역사(Hamburg. Geschichte der Stadt under ihrer Bewohner)』, 에카르트 클레스만(Eckart Klessmann)의 『함부르크의 역사 (Geschichte der Stadt Hamburg)』, 마티아스 그레첼(Mathias Gretzchel)과 스벤 쿠메레잉케 (Sven Kummereincke)의 『함부르크 시간 여행(Hamburg Zeitreise)』 등은 중요한 참고 자료였 다. 1864년 함부르크 체류를 묘사한 클라스 룬딘(Claës Lundin)의 『함부르크에서: 1871년 오 래된 서적상의 기억(I Hamburg, En gammal bokhällares minnen från 1871)』은 중요한 발견 이었다. 국제 정세 업데이트는 헨리 키신저(Henry Kissinger)의 『외교(Diplomacy)』와 데이비드 킹(David King)의 『비엔나 1814(Vienna 1814)』를 바탕으로 했다. 비스마르크(Bismarck)에 대 한 초상화는 존 스타인버그(John Steinberg)의 『비스마르크: 생애(Bismarck. A life)』와 제임스 위클리프 헤들럼(James Wycliffe Headlam)의 『비스마르크와 독일 제국의 설립(Bismarck and the Foundation of the German Empire)』을 참고했으며, 독일 동시대 역사에 대해서는 데이비 드 블랙본(David Blackbourn)의 『긴 19세기: 독일의 역사, 1780~1918(The long nineteenth century: a history of Germany, 1780~1918)』를 참고했다.

오랫동안 알프레드 노벨(Alfred Nobel)의 초기 함부르크와 크륌멜(Krümmel) 시절에 대 한 공식 문서가 존재하지 않는다고 알려졌다. 그러나 기스타트(Geesthacht)의 박물관 교육 자 울리케 나이드회퍼(Ulrike Neidhöfer)를 방문했을 때, 문서가 존재하지만 여러 도시에서 흩어져 있고 대부분이 오래된 독일어 글씨체로 쓰여 있어 찾기 어려웠다는 사실을 알게 되었 다. 기스타트를 방문하는 동안, 함부르크의 역사학 교수 에크하르트 오피츠(Eckhardt Opitz) 를 인터뷰했다. 그는 노벨 관련 문서를 모두 복사하고 이를 읽기 쉬운 독일어로 전사한 자료를 가지고 있었고, 이를 친절히 공유해 주었다. 또한, 기스타트 산업박물관 협회(Förderkreis Industriemuseum Geesthacht) 소장 문서도 활용했다. 기스타트의 사건에 대해서는 볼프-뤼디거 부쉬(Wolf-Rüdiger Busch)와 윌리엄 보하트(William Boehart)의 『알프레드 노벨에 대한 앤솔로지, 끝없는 꿈(Alfred Nobel, Ein Traum Ohne Ende)』, 카를 그루버(Karl Gruber)의 『알프레드 노벨, 크륌멜 다이너마이트 공장-생애의 기초(Alfred Nobel, Die Dynamitfabrik Krümmel-Grundstein eines Lebenswerks)』, 『기스타트: 도시 역사(Geesthacht. Eine Stadtgeschichte)』와 같은 많은 훌륭한 자료들이 존재한다. 이 장에서는 모리스 크로슬랜드(Maurice P. Crosland)의 『제어된 과학: 1795~1914년 프랑스 과학 아카데미(Science under control: The French academy of sciences 1795~1914)』가 주요 참고 자료이다.

325. RN에게 보낸 편지, 1865년 1월 24일, NA; Nobel-Oleinikoff(1952), p.85; RN에게 보낸 LN 편지, 1865년 1월 31일, 2월 13일, NA. 편지에 따르면 딸의 이름은 Rosa Helvira Charlotta로, 두 살이었음.

326. AN-Smitt, 18M 10월 24일, 1865년 2월 14일, ANA, Öll:2, RA; Nauckhoff(1948), p.111.

327. Lundström, p.20; LN에서 RN으로, 1865년 1월 22일(스웨덴 시간 2월 3일); AN에서 RN으로, 1865년 1월 24일; Strandh(1983), p.49(지불하지 않음). Smitt와 Wennerström의 모유 수유, IN에서 AN으로, 1866년 2월 23일, ANA, Ell:4, RA; AN에서 RN으로, 1865년 3월 1일, NA(인용).

328. AB, 1864년 9월 24일(허위); AN에서 RN으로, 1865년 6월 2일, 6일, NA; AN이 Smitt에게, 1865년 3월 14일, 3월 19일, 6월 27일, ANA, Öll:2, RA.

329. Headlam(1899), p.46; Steinberg(2011), p.122(인용).

330. Steinberg(2011), p.180(비스마르크 인용, 1862년 9월 30일).

331. GHT, 1865년 3월 15일, Nauckhoff(1948), p.118.

332. EB 아카이브, M 9월 56일; HN, 1865년 3월 31일(여행 기록); 의견(1997), p.30.

333. Lundin(1871), pp.1~7(인용).

334. Gretzchel & Kummereincke(2013), p.182(지도상으로 집은 남아 있음); Geestacht의 Förderkreis Industriemuseum 기록 보관소에 있는 1908년 집이 철거되기 전 Bergstrasse 10의 사진; Lundström(1974), p.23ff.

335. 무역 라이선스, Alfred Nobel & Co 회사 등록, Hamburger Handels 등록, 1865년 6월 21일 참조; AN-JW Smitt, 1865년 4월 20일, ANA, Öll:2, RA. 알프레드 노벨은 Hamburger Adressbuch 1866.1에서 노벨에 관한 거의 모든 문헌에서와 같이 Winckler는 Winkler로 표기.

336. HN, 1865년 5월 10일. 알프레드 노벨은 미래의 미국 대리인인 Otto Bürstenbinder를 만남(아래 Bandmann, Nielsen & Co(1865)의 광고 브로슈어 참조).

337. Grosse Theaterstrasse 44, AN-Smitt, 1865년 4월 1일과 20일, Öll:2, RA 참조. 주택 소유자: 1866년 Hamburger Adressbuch에 따르면 피아노 제조업체 Bors; AN에서 RN으로, 1865년 6월 2일, NA.

338. Hammerbrook의 Winckler 창고법. Lundström(1974), pp.23ff; AN-Smitt, 1865년 3월 19일, 6월 2일(인용), ANA, Öll:2, RA; 누더기 창고에서, LN에서 RN, 1865년 9월 22일, NA의 설명 참조; 다른 담보 주식에 대해서는 AN에서 RN으로, 1865년 8월 18일, NA 참조.

339. AN-Smitt, 1865년 4월 20일, ANA, Öll:2, RA; Andrietta Nobel(AnN)이 AN으로, 1865년 5월 27일(인용), ANA, El:4, RA; Nauckhoff(1948), p.111.

340. AN-RN, 1865년 6월 6일, 12일, NA.

341. IN 및 ANN-AN, 1865년 6월 16일, ANA, El:4, RA.

342. AN-미상, 1865년 6월 2일, Nauckhoff(1948), p.101에 재현됨.

343. AN-RN, 1865년 6월 2, 4, 12일, NA; Nauckhoff(1948) p.100, Bergstrom & Andren(미출판), p.30.

344. AN-RN, 1865년 8월 18일, NA.

345. Johansson, Sara, Societetsparken i Norrtälje-현재 상황 분석과 개발 제안, 스웨덴 농업 대학의 논문 작업, 2011, p.4, ANN-AN, 1865년 7월 5일(잘못 작성. 별 1856, 또한 8월 5일이어야 함), ANA, EI:4, RA; 체류 기간은 Rähusrätten의 프로토콜, SSA 참조.

346. Bergstrom & Andren(미출판), p.9, Figuier(1866), p.149ff.

347. 저자는 1865년부터 팸플릿을 보낸 스톡홀름의 Philip Wahren에게 감사를 표함.

348. 황제의 부관인 Fave 대령이 알프레드 노벨에게 보낸 편지 사본, 1865년 7월 14일, Nobel's Patent Blasting Oil(니트로글리세린), Bandmann, Nielsen & Co(1865)의

reldam 브로슈어; 파리, RN에게 보낸 편지, 1865년 8월 18일, NA 참조.

349. L'Academie des Sciences, Compte Rendues, 1865년 7월 17일; Figuier(1866), pp.149~171, Guareschi, Icilio(ed.), Sobrero Ascanio(1914), p.15; 1865년 8월 18일과 1866년 2월 10일에 RN에게 보낸 편지.

350. Crosland(1992) p.1, pp.76~84, p.258.

351. Gribbins(2002). p.431(인용).

352. "Academie des sciences, état des membres en 1865", 역사가 Christiane Demeulenaere가 이 책을 위해 특별히 준비한 메모; 로빈스(2001. 전자책), pp.36~67.

353. AN-RN, 1865년 8월 18일과 9월 16일, NA; 1865년 6월 21일 함부르크 상업 등 기부에서 발췌; Bandmann, Nielsen & Co(1865)의 브로슈어: Lundström(1974), p.24(Ivar가 Bandmann에 기여한 헥타르당 2만 5,000마르크).

354. 가슈타이너 협약(Gasteiner Konvention), 1865년 8월 14일; 버스(2001); 오피츠 (2007), p.46.

355. 1865년 10월 11일 Gültzow 법원의 보고서, 화학 공장 설립을 위한 Alfred Bernhard Nobel의 허가 요청에 대한 내용, Landesarchiv Schleswig-Holstein 개인 아카이브, EO 아카이브; S&S (1926), p. 134; 버스 (2001).

356. AN-RN, 1865년 8월 18일, NA; LN-RN, 1865년 7월 26일과 9월 15일, NA.

357. AN-RN, 1865년 9월 16일, NA.

358. LN-RN, 1865년 9월 15일, NA. 알프레드도 동일한 정보를 받았다고 가정.

359. LN-RN, 1865년 9월 22일과 11월 19일, NA; S&S(1926), p.114; 텔피아노(2011), p.28.

360. AN-Smitt, 1865년 10월 30일, ANA Öll:2, RA; Bandmann, Nielsen & Co(1865) 의 광고 브로슈어, p.20. 특허는 10월 6일에 승인되었으나 10월까지 발행되지 않음. ANA, FIV:12, RA의 문서 참조.

361. AB, 1865년 10월 11일.

362. AN-Smitt, 1865년 10월 28일, 1866년 1월 9일, 1866년 5월 27일 발송("당신과 Nordenskiöld의 사건"), ANA Öll:2, RA. Nordenskiöld는 노벨 문헌에 알프레드 노벨의 "어린 시절 친구"로 언급. 그러나 그는 다른 나라에서 자람.

363. AN-Smitt, 1865년 10월 28일, 11월 6일, ANA, Öll:2, RA. 또한 GHT, 1865년 11

월 30일, 광부에 대한 통지.

364. AN-Smitt, 1865년 11월 16일, 11월 30일, ANA, Öll:2, RA.

365. 평결 1865년 11월 20일, 파일 번호 223, Stockholms Rähusrätt 아카이브, 부서 3, 범죄 파일 1864, A1:44.

366. 「그리니치 거리 폭발」, NYT, 1865년 11월 6일; 셰이플(1958); Seely, Charles A, 「니트로글리세린-조기 폭발의 원인」, Scientific American, 1866년 5월 5일(세부 사항에서는 이야기가 다소 다름).

367. 1865년 12월 4일, 베를린 주와 거주 도시의 왕립 경찰 본부에서 자유 한자 도시 함부르크 경찰청으로 보낸 서한, 함부르크 주립 아카이브(SH), EO.

368. AN-Smitt, 1865년 12월 15일, 1866년 1월 1일; AN-RN, 1865년 7월 4일, 12월 18일, NA.

10장과 11장

알프레드 노벨(Alfred Nobel)이 철학적 비관주의의 전성기 동안 함부르크에 거주했다는 사실은, 그의 비관적이고 냉소적인 경구에 대한 선호를 이해하는 데 중요한 단서가 되었다. 프레데릭 바이저(Frederick Beiser)의 『세계의 고통: 1860~1900년 독일 철학의 비관주의(Weltschmerz. Pessimism in German philosophy, 1860~1900)』와 알프레드의 도서관에 있던 아르투어 쇼펜하우어(Arthur Schopenhauer)의 『삶의 지혜에 대한 경구들(Aforismer i levnadsvishet)』이 이를 설명하는 데 유용한 자료였다. 또한 고란 해그(Göran Hägg)의 『세계 문학사(Världens litteraturhistoria)』와 군나르 프레드릭손(Gunnar Fredriksson)의 『쇼펜하우어(Schopenhauer)』도 참고되었다.

알프레드의 도착 전 미국의 극적인 역사를 다루는 데는 존 키건(John Keegan)의 『미국 남북 전쟁(The American civil war)』, 로베르트 레미니(Robert Remini)의 『미국의 짧은 역사: 아메리카 원주민 부족의 도착부터 오바마 대통령까지(A short history of the United States: From the arrival of the native American tribes to the Obama presidency)』, 마사 호즈(Martha Hodes)의 『링컨을 애도하며(Mourning Lincoln)』, 필리프 반 도런 스턴(Philip van Doren Stern)의 『링컨을 죽인 사람: 존 월크스 부스와 그의 암살 역할(The man who killed Lincoln. The story of John Wilkes Booth and his part in the assassination)』 등이 주요 자료로 활용되

었다. 뉴욕 묘사에는 마이크 윌리스(Mike Wallace)와 에드윈 버로우즈(Edwin Burrows)의 『고담: 1898년까지의 뉴욕시 역사(Gotham. A history of New York City to 1898)』가 사용되었으며, 제임스 네비우스(James Nevius)의 「1866년 뉴욕 도보 투어(Walking tour of 1866 New York)」라는 웹 기사도 귀중한 발견이었다.

함부르크와 독일에 대한 묘사는 9장에서 언급된 작품들을 통해 다시 한번 보강되었다. 동시대 화학자 찰스 실리(Charles Seely)의 1866년 『사이언티픽 아메리칸(Scientific American)』에 실린 니트로글리세린에 관한 기사, 로베르트 샤플렌(Robert Shaplen)의 1958년 『뉴요커(New Yorker)』에 실린 알프레드 노벨에 관한 기사, 그리고 미출간 원고인 「미국 다이너마이트 회사의 역사(To the history of the American dynamite-companies)」는 미국의 급변하는 상황을 이해하는 데 귀중한 자료였다.

369. AN-RN, 1868년 11월 24일, ANA.

370. Beiser(2016), 인용, p.1, Weltschmerz에 대해서는 Rasch, in Ritter(ed.) (2004), 12권, pp.514~515 참조.

371. Beiser(2016), 인용, p.7.

372. Schopenhauer(1923), 인용 p.175. Fredriksson(1995), 인용 p.160.

373. S&S(1926), 부록 10. AN~CW, 1866년 1월 10일, ANA, Öll:2, RA.

374. AN-RN, 1865년 12월 18일, NA.

375. ANN-AN, 1866년 1월 16일, ANA, El:4, RA.

376. LN-RN, 1866년 1월 18일, 2월 14일, 10월 21일, NA.

377. IN-AN, 1866년 2월 23일, ANA, E:1, RA; 폰 로젠의 증언, ANA, F IV:12, RA.

378. Folsom & Price(2005), p.91f; 레이놀즈(2005), p.19.

379. NYT, 1866년 4월 14일과 15일.

380. RN-Smitt, 1866년 6월 7일, ANA 011:2, RA. 사무실: 32, Pine Street, dar United States Blasting Oil Company 법에 따름.

381. Burrows & Wallace, p.911(인용).

382. 미국 다이너마이트 회사의 역사(미공개 원고), ANA, FIV:12, RA.

383. 샌프란시스코 게시판(SFB), 1866년 4월 17일; NYTr, 1866년 4월 17일, 19일, 21일; NYT, 1866년 4월 21일; 상업 광고주, 1866년 4월 20일.

384. NYT, 1866년 4월 21일.

385. NYTr(인용), NYT, 1866년 4월 26일.

386. Bandmann-AN, 1866년 4월 30일; S&S(1926), 부록 11; AN이 Smitt에게 1866년 5월 8일과 15일, ANAOII:2, RA.

387. Seely, SA, 1866년 5월 5일.

388. NYTr, 1866년 5월 7일.

389. NYT, 1866년 5월 5일, NYTr, 1866년 5월 7일, SA, 1866년 5월 12일.

390. SA, 1866년 5월 12일; Philadelphia Inquirer, 1866년 5월 8일.

391. AN-Smitt, 1866년 5월 25일, ANA Öll:2, RA.

392. Chandler, Zachariah, 니트로글리세린이나 유성 글리세린의 운송을 규제하는 법안, 1866년 5월 9일, SEN39A-E3, 미국 상원 상무위원회, 제39차 의회, 1차 세션, RG 46, 국립 문서 보관소. 또한 New York Daily Herald, 1866년 5월 10일 자.

393. AN-RN, 1866년 6월 28일, NA.

394. 이브닝 포스트(Evening Post). 뉴욕, 법률 보고서, 1866년 5월 11일.

395. Tal P Shaffner가 United States Blasting Oil Co에 보낸 편지, 1866년 11월 9일, ANA, FIV:12, RA; SEN39A-E3, 미국 상원 상무위원회, 제39차 의회, 1차 세션, RG 46, 국립 문서 보관소; 뉴욕 데일리 헤럴드, 1866년 5월 25일.

396. AN-RN, 1866년 6월 28일과 8월 2일; Strandh(1983), pp.77f.

397. 이 법안은 대통령에게 전달되었고, 대통령은 1866년 7월 3일에 서명, Shaplen (1958), p.18.

398. AN-RN, 1866년 6월 28일(인용 1); AN-Smitt, 1866년 5월 27일(인용 2). 알프레드는 "skälmar(조커)"라는 단어를 사용.

399. 상동; AN-Wait, 1866년 9월 8일, 1956년 7월 15일 1EB 아카이브에 재현됨. Shaffner의 행동에 대해서는 i.a. Tal P Shaffner가 United States Blasting Oil Co, 1866년 11월 9일, ANA, FIV:12, RA 및 To the history… ANA, FIV:12, RA에 보낸 편지 참조.

400. AN-RN, 1866년 6월 28일, 8월 2일, NA; 팬트(1995), p.116.

401. 상동; RN-Smitt, 1866년 6월 7일, ANä Öll:2, RA.

402. 다공성 물질을 사용한 실험 시기는 Dittmar vs Rix & Doe, US Circuit Court,

1880, ANA, Flll:9, RA(AN의 개인 연구이기도 함) 재판의 증언에 동그라미가 쳐져 있음. Theodor Winckler(TW)는 1866년 7월에 이 방법을 테스트하라는 의뢰를 받음. 1866년 8월 복귀, 1864년 5월 4일 S&S(1926), 부록 4에 특허 출원. AN, 1864년 1월 프랑스 특허로 확보.

403. Bodani(2005), p.90; 스탠디지(1998), pp.81~87; NYT, 1866년 8월 4일. AN-RN, 1866년 8월 2일 Ángbäten Herman-New Foundland에서 출발.

404. Blackbourn(2003), 184(인용).

405. 1867년 함부르크 합류.

406. 함부르크의 마스터 스프레이어 Repsold가 상원의원 Petersen에게 보낸 편지, 1866년 5월 10일 및 군사 목적으로 변형된 니트로글리세린에 대한 위원회 보고서, 1866년 8월 30일, Staatsarchiv Hamburg; Güntzow 법원에서 1866년 7월 30일(1866년 7월 12일 폭발)과 1866년 8월 24일에 Lauenburg 정부에 제출한 보고서; 라우엔부르크 정부가 1866년 8월 9일과 9월 1일에 귄초프 법원에 보낸 편지; Landesarchiv Schleswig (LAS) Abt. 309, No. 23135, EO. 1866년 4월 또는 5월의 Krümmel 폭발에 대한 정보가 있지만 여기서는 7월 12일의 사고만 언급.

407. LN-RN, 1866년 10월 2일, 1867년 4월 2일, NA.

408. AN-RN, 1866년 8월 24일, 1867년 2월 23일, 4월 20일, NA; TW에서 AN 1866년 4월 12일, 4월 28일, 5월 3일, S&S(1926), p.139f, Lundström(1974), p.25.

409. AN-RN, 1866년 8월 2일(해변 휴양지); Strandh(1983), p.79(바지선); 1866년 9월 7일 Lauenburg에서 정부에 보낸 편지, Landesar chiv Schleswig(LAS), EO(인용).

410. AN-RN, 1866년 9월 27일, NA(기분); The Giant Powder Company 대 The California Powder Works et a/, 미국 순회 법원, 캘리포니아 지방 및 Carl Dittmar 대 Alfred Rix 및 George I. Doe, 미국 순회 법원, New District 남부 지역의 진술서 및 기타 문서 요크, 1880. ANA Flll:9 RA.

411. ANA Flll:9, RA(ibid:상동) 및 HN, 1866년 8월 31일, 9월 3일; AN에서 RN으로, 1867년 2월 6일과 10일, NA(인용).

412. ANA Flll:9, RA(상동). 알프레드의 주의 사항에 대해서는 증언에 대한 그의 손으로 쓴 논평 참조.

413. 1866년 10월 30일 Gültzow 법원의 조사 보고서; 1866년 11월 3일 라우엔버그 정

부가 AN에게 보낸 편지, LAS, Abt. 309, EO; 군사 목적을 위한 변형 니트로글리세린 위원회 보고서, 1866년 8월 30일, SH, EO, 함부르크. 질병에 대해서는 RN에게 보낸 편지(1866년 12월 11일, NA) 참조.

414. AN-RN, 1866년 10월 23일, NA.

415. Adelskiöld(1900), pp. 456ff. RN에서 AN으로, 1866년 9월 27일과 12월 25일, NA.

416. AN-RN, 1866년 12월 21일, NA.

417. AN-RN, 1866년 12월 11일, 12일, 1867년 1월 7일 LN에서 RN 1867년 5월 22일, NA.

418. Sigurd Nauckhoff가 기술 박물관 큐레이터 Torsten Althin에게 보낸 편지, 1942년 3월 23일, F175-1, 기술 박물관 아카이브, TA.

419. RN-Smitt, 1867년 8월 28일, ANA, Öll:2, RA; S&S(1926), 부록 1 및 2; AN-RN, 1867년 9월 19일, NA.

420. AN-RN 1867년 2월 23일, 5월 25일, 9월 5일, NA; 스트랜드(1983), p.80.

421. TW-AN 1867년 6월 17일, Lundström(1974), p.27, AN에서 RN으로 1867년 8월 21일과 24일, 10월 17일과 26일, NA.

422. AN-RN, 1867년 10월 26일, 29일, 11월 4일, 21일, 23일, NA. 포병 장교: Carl August Standertskjöld. 포병 대장: Alexander Barantsov.

423. AN-RN, 1867년 11월 27일, NA.

424. RN-Smitt, 1867년 12월 12일, 1868년 2월 1일, 4월 5일, ANA, Öll:2, RA.

425. AN-RN, 1867년 12월 26일; AN이 The Times에 보낸 편지, 1867년 12월 28일 Newcastle Journal에 게재.

426. Morning Journal(런던), The Stirling Observer, 1867년 12월 26일; AN-Smitt, 1868년 12월 31일, ANA, Öll:2, RA.

427. 스웨덴 과학 아카데미 회의록, 1868년 2월 12일, 기술 및 산업 역사 기록 보관소, F175:1, TA.

428. AN-Smitt, 1868년 3월 5일, 6월 27일, ANA, Öll:2, RA; AN에서 RN 1868년 2월 24일, 3월 9일, NA.

429. AN, J Norris, 1868년 9월 1일, Lundström(1974), p.29에 재재판됨; AN-Smitt, 1868년 5월 30일, ANA, Öll:2, RA.

430. AN-RN 1868년 6월 14일, NA; AN이 Smitt에게 1868년 6월 27일, ANA, Öll:2, RA.

431. AB, 1868년 6월 12일, 13일, 7월 17일; PolT, 1868년 7월 25일. CE Nordstrom의 인증서(기록), Norra stambanan, 1868년 7월 30일, NoA, C:1, LL; S&S(1926), pp. 143ff; 소설 초안 The Sisters의 격언, 자세한 내용은 아래를 참조.

432. Lesingham Smith-AN, 1868년 8월 19일, 10월 6일, ANA, Ö:116, RA; 레싱엄 스미스(1844); 심사관, 런던, 1851년 11월 29일(타소). 그들은 Tavistock 마을에서 만남.

433. Lesingham Smith(1844년), p.44.

434. Erlandsson(편집)(2009). 인용, p.35ff, p.49f, p.55f.

435. Lesingham Smith AN, 1868년 10월 6일, ANA, Ö:116, RA.

436. AN-RN, 1868년 11월 24일, NA.

437. Erlandsson (ed.) (2009), p.17, p.20. AN은 수년에 걸쳐 소설 Systrarna를 집필. 그가 로베르트에게 보낸 것이 정확히 『자매들(Systrarna)』의 소개문이었다는 것은 입증되지 않았지만, 이 소설 초안이 그 날짜를 거슬러 올라가는 유일한 자료. 로베르트가 어떻게 반응했는지는 불분명.

의학의 암흑기

438. LN-RN, 1870년 2월 1일, NA(스페인 파리); AN-RN 1868년 8월 8일 (sourdegslynne), 1870년 3월 25일(인용).

439. AN-SH, 1879년 8월 26일, Sjöman(1995), p.176; AN-RN, 1868년 7월 3일, 8월 4일.

440. Wetzel(2001), p.22(인용); Bresler(1999), 355(인용).

441. Bresler(1999), 인용 p.355.

12장

프랑스와 프로이센 간의 전쟁은 알프레드 노벨(Alfred Nobel)의 다이너마이트에 대한 관심을 크게 높이며 그의 수입을 급증시켰다. 또한, 이 전쟁은 극적인 드라마로서 역사적 매력을 지닌다. 다양한 문헌에서 사건의 진행이 다각도로 묘사되며, 본 장에서는 전체적인 개요와 세부적인 내용을 아우르기 위해 다양한 수준의 자료를 통합해 서술했다.

현대 연구로는 표준 작품인 조르주 뒤비(Georges Duby)의 『프랑스의 기원에서 오늘날까지의 역사(Histoire de la France des origines à nos jours)』, 펜톤 브레스러(Fenton Bresler)의 『나폴레옹 3세의 생애(Napoleon III. A life)』, 데이비드 웨츨(David Wetzel)의 『거인들의 대결: 비스마르크, 나폴레옹 III와 프랑코-프러시아 전쟁의 기원(A duel of giants. Bismarck, Napoleon III and the origins of the Franco-Prussian war)』, 존 스타인버그(John Steinberg)의 『비스마르크의 생애(Bismarck. A life)』, 재스퍼 리들리(Jasper Ridley)의 『나폴레옹 III와 유제니(Napoleon III and Eugénie)』, 에릭 앙소(Eric Anceau)의 『1870년 전쟁의 기원(Aux Origines de la Guerre de 1870)』 로베르트 톰스(Robert Tombs)의 『파리의 두 포위전(Les deux sièges de Paris, 파리 군사 박물관 앤솔로지, 2017년)』 등이 있다.

동시대 자료(프랑스 국립도서관의 디지털 아카이브 Gallica에서 수집된 자료가 중심이 된다.): 주요 문헌으로는 줄리엣 랑베르 (아담) (Juliette Lamber (Adam)), 『파리 포위전: 파리지엔의 일기(Le siège de Paris. Journal d'une parisienne, 1873년)』, 『르 골루아(Le Gaulois)』 특별판, 『파리 포위전 신문(Le Journal du siège de Paris)』, 프로스페르-올리비에 리사가레이(Prosper-Olivier Lissagaray)의 『바리케이드 뒤의 5월 8일(Les huit journées de mai derrière les barricades, 1871년)』, 르 프티 주르날(Le Petit Journal)의 『파리 방어: 공식 보고서(La Défense de Paris. Rapport Officiel, 1870년)』, 1870년 5월 폴 바르베(Paul Barbe)의 다이너마이트에 관한 소책자 등이 포함된다.

프랑스 정치 드라마의 묘사는 뒤비의 표준 작품 외에도 피에르 앙통마테이(Pierre Antonmattei)의 『감베타, 공화국의 영웅(Gambetta, héraut de la République)』, 뱅상 뒤클레르(Vincent Duclert)의 "1870~1914, 상상속의 공화국(1870~1914, La République Imaginée)』, 『프랑스의 역사(Histoire de France)』, 앤 호그니우스-셀리베르스토프(Anne Hogenuis-Seliverstoff)의 『줄리엣 아담 1836~1936(Juliette Adam 1836~1936)』 등이 활용되었다. 폴 바르베에 관한 연구는 파리의 마누엘 보네(Manuel Bonnet)와의 협력을 통해 이루어졌다. 그는 자신의 방대한 문서 컬렉션을 공유했으며, 프리랜서 기자이자 연구원인 파리의 헬레나 회옌베리그(Helena Höjenberg)와의 협업도 본 연구에 큰 도움이 되었다.

442. Bresler(1999), 338(인용).

443. Wetzel(2001), 158(인용).

444. AN, Carl Åmark, 1870년 6월 22일, iS&S(1926), 부록 17, 1870년 6월 8일, ANA, Öll2, RA; 부시(2001), p.115ff; 경찰 보고서, 「Bericht des Apothekers G. Moritz」, 1870년 6월 13일, LAS, EO.

445. AnN-Tingberg 부인, Nobel-Oleinkoff(1952), p.93.

446. Tal P Shaffner(TPS)-The Giant Powder Company, 1869년 7월 29일, ANA, FIV:12, RA, AN-TPS 1869년 6월 9일, ANA, Bl:1, RA.

447. Nauckhoff(1948), p.128, 1869년 8월 11일 채택, 영국 의회는 별칭 니트로글리세린 법 협상을 중단시킴.

448. AN-RN, 1869년 3월 22일, NA.

449. Nobel-Oleinikoff(1952), p.126.

450. Nobel-Oleinikoff(1952), p.126(인용); 루이 선언문, 1869년 5월 19일, NA; LN-RN, 1869년 5월 20일, 1870년 1월 24일, NA. 루드빅은 1838년 에보에서 온 IN 밴의 딸이며 Johan Scharlin의 부인인 Selma Scharlin의 도움을 받아 식목.

451. AN-RN, 1868년 11월 23일, NA; AN–RN, 1870년 12월 10일, NoA, B:1, LL

452. IN, 고용 혜택을 얻으려는 시도, 현재 발생하고 있는 이민 열풍에 대한 부족으로 인해 (1870), NoA, A:9, LL:S&S(1926), p.72.

453. LN-RN, 1869년 4월 22일, 11월 4일, NA; Nobel-Oleinikoff C1952), p.107. 루드빅은 1869년 전환점을 맞음. RN의 움직임은 RN이 회사를 관리해야 했던 루드빅의 결혼 여행으로 설명. 그러나 1869년의 편지는 그 제안이 이루어졌음을 증명.

454. AN-RN, 1870년 3월 25일, NA.

455. Lundström, Ragnhild, 국제 기업가 알프레드 노벨에 대한 심판 Acta Universitatis Upsaliensis(1974).

456. 파리의 프리랜서 저널리스트 Helena Höjenberg에게 많은 감사를 드림.

457. Paui Barbes(PB) 개인 파일, Service Historique de la Defense, Manuel Bonnet이 저자에게 제공, 파리 G Manuel Bonnet 컬렉션의 연속(MBS), Vilgot Sjöman의 개인 아카이브인 KB에도 있음; 브로드(1996); Barbe(1870); S&S(1926), p.114(인용).

458. PB와 AN 간의 협정, 1870년 4월 7/10일, ANA, FVIII:4; Lundström(1974), p.48. 자본금 20만 프랑이 언급.

459. Hogenuis-Seliverstoff(2001), p.78(인용).

460. Barbe(1870), 117(인용).

461. PB-AN, 1870년 8월 3일, Lundström(1974), p.50. PB는 1870년 7월 30일에 소환, Chevalier de la Legion d'honneur 1870, Hederslegionens digitala 아카이브, 데이터베이스 Leonore, Archives Nationales 파일의 서비스 보고서 참조. www2. culture.gouv.fr. 그는 툴의 요새 방어에 참여했지만, AN에 보낸 편지에 따르면 이미 8월 3일에 전쟁 포로였음. PB는 1870년 11월 9일 AN에서 RN으로의 또 다른 사진을 퍼뜨렸고 자신이 "툴의 주요 수비수"라고 주장. 그는 "47일 동안 정규 수비대 없이 요새를 지켰다"는 것이 자신의 공로라고 주장.

462. Volckers 박사가 Ratzeburg에 있는 Königlich Herzogliche Regierung에게 보낸 편지, 1870년 7월 17일, LAS, EO.

463. Busch(2001), p.115ff, AN-Alarik Liedbeck(AL), 1870년 8월 30일, ANA, Öll:5, RA; Lundström(1974), pp.38f.『르 피가로(LF)』, 1870년 8월 11일.

464. Bresler(1999), 376(인용).

465. Ross(1997)에 따르면, 빅토르 위고(VH)의 1870년 9월 4일 무기법령에 대해, 1871년 5월 29일 국민의회(Ass N)의 회의록에서 인용된 바 있음. Leon Gambetta(LG)는 VH의 아들들이 반대 신문인『르 라펠(Le Rappel)』을 법정에 세웠을 때 그들을 변호.『르 라펠』은 1869년 선거에서 LG를 지지.

466. 재판은 폭발 당시 AN의 행동에 관한 것이 아니라 생산 방법에 관한 것임. 1870년 10월 15일과 10월 31일 자 AN에 대한 AL에 따르면, 프로이센 당국이 그에게 강요한 대로, ANA, Öll:5, RA; AN에서 RN으로 1870년 9월 5일(인용), 11월 9일, RNA, B:1, LL.

467. Duclert(2014), p.45(인용).

468. Le Petit Journal(LRJ), 1870년 10월 19일; Lund ström(1974), pp.50f(합의서); PB가 1870년 10월 31일 Legion of Honour 기사로 임명됨, AN Leonore 데이터베이스에 등록된 통지 및 증명서. 이 결정 뒤에 있는 "전쟁부 장관"은 10월 10일부터 Leon Gambetta였음.

469. LPJ, 1870년 10월 29일.

470. AN-AL, 1870년 10월 31일, 그가 PB와 함께 프라하와 새로 건설된 오스트리아-헝가리 지부를 여행했다는 정보가 포함. Lundström(1974), p.52.

471. AN-AL, 1870년 12월 10일, ANA, Öll:5, RA; AN-RN, 1870년 12월 24일, NoA, B:1, LL

472. AN-AL, 두 글자, 1871년 1월 7일, ANA,

473. Öll: 5, RA. Lundström(1974), p.51. Lundström은 분실된 AL의 편지 PB를 인용.

474. 랑베르(아담), p.388f.

475. AN-AL, 1871년 3월 8일, 1871년 7월 13일, ANA, Öll:5, RA, 「2월 Paulille에서 출발하기 전」.

476. 르 골루아(Le Gaulois), 1871년 3월.

477. Adam(1873), p.395(인용).

478. Lissagaray(1871), p.306(인용).

479. Lundström(1974), p.52; AN-AL, 1871년 7월 13일, ANA, Öll:5(인용).

480. Paulille 공장은 1871년 8월에 잠시 폐쇄되었으며, 이는 1871년 8월 14일 AN에서 AL까지의 기록에 나와 있음. Lundström(1974), p.40ff에 따르면, AN은 그의 다이너마이트 특허에 대해 900주의 A주식을 받고, 300주의 B주식을 청약할 권리를 가지게 됨. 2,400주의 B주식은 스코틀랜드 재무관에게 제공. 이 300주는 AN에게 절반을 제공.

481. Salomon lb, 알프스를 통과하는 힐, 세계사 2010년 1월; 룬드스트룀(1971), p.132.

482. Nobel-Oleinikoff(1952); IN에서 AN 1871년 9월 23일(N-O 날짜는 fei), ANA, E1:3.

483. IN-AN, 1871년 10월 4일, ANA, E1:3, RA; 1871년 12월 2일의 새로운 계약, ANA, FVIII:4.

484. AN-RN, 1872년 4월 6일, NA, RNA B:1, LL.

485. 신문에 따르면 IN의 아들 중 단 한 명만 참석. 이에 대한 편지는 보존되지 않았지만 AN-AL, 1872년 9월 26일, ANA, Oll:5에는 AN이 방금 스톡홀름에 있었다고 명시되어 있음. 무덤에 대해서는 LN-RN, 1870년 4월 25일(Emil의 무덤 이동)을 참조. 매장지는 1870년 5월 14일에 구입. 스톡홀름 묘지 관리인 Anders Öhgren과의 인터뷰.

486. Svalan. 가족 모임을 위한 주간지, 1872년 9월 20일; 에클룬드(1930). Lea의 딸은 나중에 RN의 아들 Ludvig과 결혼.

13장

알프레드 노벨(Alfred Nobel)은 변화된 파리로 이주했다. 피에르 피논(Pierre Pinon)의 두 작품 『Haussmann의 파리 지도(Atlas du Paris Haussmanien)』와 『기억의 파리: 하우스만식 파괴의 검은 책(Paris pour mémoire. Le livre noir des destructions Haussmanniennes)』, 그리고 동시대 여행 가이드인 『파리의 낯선 이들을 위한 분홍색 가이드(The pink guide for strangers in Paris, 1874년)』를 통해 당시 파리의 모습을 묘사하려 했다. 그가 이사한 지역은 『16구: 샤이요, 파시, 오퇴이, 세 마을의 변신(Le 16e, Chaillot, Passy, Auteuil, Metamorphose des trois villages)』과 필립 시귀레(Philipp Siguret)의 『샤이요, 파시, 오퇴이, 불로뉴 숲(Chaillot, Passy, Auteuil, Le Bois de Boulogne. Le seizieme arrondissement)』에서 역사적으로 다루어졌다. 주택 구매와 관련된 자료와 집에 대한 설명은 파리 아카이브(Archives de Paris)의 도면과 조사, 그리고 스웨덴 국립 아카이브(Riksarkivet)에 있는 알프레드 노벨의 아카이브 청구서를 기반으로 작성되었다.

로베르트와 루드빅 형제의 카프카스 석유 사업 이야기는 다니엘 예긴(Daniel Yergin)의 『The Prize: The Epic Quest for Oil, Money, and Power』, 찰스 마빈(Charles Marvin)의 초기 작품인 『영원한 불의 지역(The Region of the Eternal Fire, 1884년)』, 로베르트 톨프(Robert W. Tolf)의 『러시아에서의 노벨 3세대(Tre generationer Nobel i Ryssland)』, 브리타 애스브링크(Brita Asbrink)의 『루드빅 노벨: 석유의 빛나는 미래(Ludvig Nobel: Petroleum har en lysande framtid)』에 근거했다.

1870년대 파리의 살롱 생활은 앤 마틴-푸지에(Anne Martin-Fugier)의 『제3공화국의 살롱(Les salons de la IIIe Republique)』에서 생생하게 묘사되었으며, 사드 모르코스(Saad Morcos)의 논문, 앤 호그니우스-셀리베르스토프(Anne Hogenuis-Seliverstoff)의 『줄리엣 아담(Juliette Adam)』 전기, 그레이엄 로스(Graham Ross)의 『빅토르 위고(Victor Hugo)』 등으로 내용을 보완했다. 프랑스 동시대 역사와 문학 장면은 장-이브 타디에(Jean-Yves Tadié)의 『프랑스 문학(La littérature française)』과 『케임브리지 프랑스 문학사(The Cambridge History of French Literature)』를 포함한 표준 작품들에서 다루어졌다. 베르타 폰 주트너(Bertha von Suttner)가 이 장면에 등장한다. 그녀의 1909년 회고록과 브리짓 하만(Brigitte Hamann)의 전기 『베르타 폰 주트너: 평화를 위한 삶(Bertha von Suttner: ein Leben für den Frieden)』이 그녀에 대한 묘사의 중심을 이룬다.

487. AN-RN, 1870년 12월 24일, NoA, B:1, LL; LN에서 RN으로 1870년 6월 15일(인용).

488. Nobel-Oleinikoff(1952), p.154.

489. AN-Sofie Hess(SH), 1878년 9월 28일, ANA, Öl:1, RA.

490. Erlandsson(ed.)(2006, 2009).

491. AN-RN, 1869년 9월 6일, NA; AN-AL, 1872년 6월 13일, ANA, Öll:5. 아름다움의 손길이 닿지 않음. AN-AL, 1875년 10월 26일, ANA, Öll:5, RA 참조.

492. LN-AN, 1870년 10월 8일, Noa, B:1, LL, 1871년 7월 24일, ANA, E1:3, RA; AN-RN, 1871년 10월 18일, NoA, B:1, LL.

493. AN이 Alfred Rix에게, 1872년 1월 15일, ANA, Bl:1, RA.

494. AN-AL, 1872년 9월 2일, ANA, Öll:5, RA. 계속되는 미국 드라마는 시간의 공간상 정리가 거의 불가능. 나는 국가도 시장도 알프레드 노벨의 앞으로의 삶에 결정적인 역할을 하지 않기 때문에 기권을 선택함. 알프레드 노벨은 미국에서 다이너마이트에 관한 특허 소송과 1880년 샤프너(Tal P Shaffner)에 대한 특허 소송, 칼 디트마르(Carl Dittmar)에 대한 특허 소송에서 모두 승소. Tal P Shaffner와 US Blasting Company(East Coast)는 이렇게 책략을 세워 새로운 회사를 설립. Atlantic Giant Powder Company가 설립되었고 이 회사와 Julius Bandmann의 서해안 회사 사이에 대륙 슬롯을 분할하기로 합의. 알프레드 노벨은 1885년까지 "회의적이고 조용하게 구걸하는" 공동 소유주로 남아 있었음. Bergengren(1960), pp.48~52 참조.

495. Bergengren(1960), p.106; Lundström(1974), p.44, pp.57~80; AN에서 AL로 1873년 3월 4일, ANA, Öll:5, RA. 독일 동료는 Christian Eduard Bandmann 박사와 Theodor Winckler가 사망한 후 C. F. Carstens라는 두 사람이었음. 편지에 따르면 Liedbeck은 1872년부터 1873년까지 Ardeer에 있었음.

496. Delpiano(2011), p.28; S&S(1926), p.120f. Sobrero는 연간 5,000리라를 받았음.

497. undström(1974), p.54f, p.58; AN-RN, 1872년 1월 19일과 2월 2일, NoA, B:1, LL(인용).

498. Siguret(1982), 187(인용).

499. Ville de Paris, Cadastre de 1862, D1P4 0677, 파리 기록 보관소(AP); 소미에 폰시에(Sommier Foncier), DQ181713, AP; Dossier de Voirie, V0111992, AP.

500. 가구 제안과 송장, ANA, FVII:6, 7 및 G:7, RA; 드 모센탈(1898). 프리랜서 저널리스

트 Helena Höjenberg와 미술사학자 Sandrine Zilly(파리)에게 특별히 감사드림.

501. AN-RN, 1872년 4월 6일, NoA, B:1, LL(1983), p.141.

502. LN-RN, 1873년 1월 17/29일, Åsbrink(2001), p.27에서 재인용.

503. Journal Officiel(JO), 1873년 11월 15일, 프로토콜 1873년 11월 14일, BNF Gallica.

504. Morcos(1961), 122(인용).

505. Martin-Fugier(2009), p.65(인용).

506. Erlandsson(2002), pp.114~125; AN-SH, 1881년 9월 4일, 1882년 6월 23일, ANA, Öl:1, RA(빅토르 위고와의 교제); Ross(1997). 빅토르 위고는 1878년에 130 avenue d'Eylau로 이사했으며, 오늘날 이는 avenue Victor Hugo로 불림. Morcos(1961)에 따르면 VH는 JA의 정기 방문자가 아니었음. 그러나 Hogenuis-Seliverstoff(2009)는 1873년 11월에 Gambetta(LG)와 빅토르 위고가 JA의 살롱에서 만난 것을 기록하고 있음. Martin-Fugier (2009)에서는 1875년 6월 VH의 저녁 식사에 LG, JA 및 Edmond Adam (EA)이 참석한 것을 묘사하고 있음.

507. Hogenhuis-Seliverstoff(2009), p.69(인용).

508. ANA에는 1896년에 마지막으로 발행된 JA의 카드와 편지가 많이 있음.

509. Duby(ed.) (1999), p.221, 1975년 『Le Figaro』지에서 인용.

510. AN-AL, 1889년 4월 2일, ANA, Öll:5, RA; Erlandsson(ed.)(2009), p.26(인용). 노벨은 플로베르의 책 2권, 발자크의 책 4권, 스탕달의 전집 10권으로 구성.

511. AN이 a Mrs Granny (odd.)에게, ANA, Bll:2, RA, 작성자: äke Erlandsson(AE) Malakoff 거리에서 처음으로 시간을 측정. 알프레드가 보낸 "수수께끼"라는 정보는 ÄE:s.

512. DN, 1874년 5월 27일; NDA, 1874년 5월 28일; GP, 1874년 5월 30일(인용); AN-AL, 1875년 3월 10일, ANA, Öll:5, RA: Strandh(1983), p.107f. 1874년 5월 26일 빈테르비켄(Vinterviken)에서 폭발.

513. AE, 2001년 파리 전시회 자료, NMA. "파리에 거주하는 매우 부유하고 고학력인 연로한 신사가, 비슷한 나이의 외국어에 능통한 숙녀를 비서 및 가정 관리 책임자로 찾습니다."

514. LN-AN, 1875년 11월 16일, 12월 14일, ANA, E1:3, RA.

515. ANNO, Österreichische Nationalbibli othek(anno.onbc.ac.at), 자체 검색과 2 건의 순서 검색(2015년 11월, 2018년 1월).

516. "한 연로한 신사, 재력이 있는, 지적 자극을 위해 교양 있는 아름다운 아가씨 또는 젊은 여성을 찾습니다. 그는 조언과 행동으로 그녀를 지원할 준비가 되어 있습니다-경우에 따라, 결혼도 배제하지 않습니다. 제안은 'Glück auf'를 언급하며, 이번 달 16일까지 Exp로, 3537번으로 보내십시오."

517. ANNO, 위 참조; BvS-AN, 1895년 10월 29일, 원본은 제네바 UN 기록 보관소에 있으며, 여기 Biedermann의 편지 모음집(2001)이 있음.

518. 좀 더 정확하게는 Kinsky von Chinic und Tettau 백작부인. von Suttner(1909, 전자책), p.11; Hamann(1986), 27(인용).

519. von Suttner(1909, 전자책), p.107, p.126(인용).

520. AN이 1877년에 명령. Brüll, 58, avenue Rochefoucault의 그림. 실험실은 1878년 12월에야 준비. AN-AL, 1878년 12월 10일, ANA, Öll:5, RA 참조.

521. EB-NH & NS, 1955년 7월 12일, 부록 C, EB Archives, NA.

522. 프랑스 합자 회사인 Societe Generale pour la Fabrication de la Dynamite가 1875년 6월 17일 설립. 다른 국가에서 회사를 구조 조정하는 데는 시간이 소요됨. 이탈리아(1873)와 스페인 회사는 처음부터 유한책임회사가 되었음. 1876년에 독일과 헝가리-오스트리아 회사인 Deutsch-Oesterreichisch-Ungarische는 Dynamit-Actien-Gesellschaft로 합병. Swiss Societe Anonyme Dynamite Nobel은 1875년에 설립, 영국 Dynamite Company는 1876년에 Nobel's Explosives Company로 전환. AN의 회사 영국 회사를 제외한 de fiesta 회사의 주식 보유. AN의 지분은 다양했지만, 어느 곳에서도 과반수 미확보. 자세한 내용은 Lundström(1974) 참조.

523. 제네바에 있는 UN 기록 보관소의 베르타 폰 주트너(Bertha von Suttner)의 개인 기록 보관소에는 알프레드 노벨을 포함한 1,200명의 편지 수신자와의 서신이 있지만 1870년대의 편지는 없음. 이 시기 AN의 사본에는 사적인 편지가 거의 없음.

524. von Suttner(1909, 전자책), p.126.

525. AN-AL, 1875년 10월 26일, ANA, Öll:5, RA(인용); Sjöman (1995), p.21. (Sjöman은 1875년 8월 27일 자 예약, Bayerischer Hof, Bad Kissinger 방문)

526. LN-AN, 1875년 11월 14일, ANA E1:3, RA.

527. von Suttner(1909, 전자책), p.128. BvS는 파리 방문을 AN과의 첫 만남으로 기억. AN은 1875년 10월 26일 자 AL과 모순. "기쁨 없는 크리스마스"는 LN에서 AN 1875년 12월 19일, ANA, El:3, RA에서 반복. Hamann에 따르면 Bertha Haifa는 집에 돌아와서 Arthur와 결혼하기 전에 반년 동안 숨어 있어야 했음. 결혼식은 1876년 6월 12일에 거행.

528. BvS-AN, 1895년 10월 29일, Biedermann(2001), p.160.

529. BvS-AN, 1895년 10월 29일, Biedermann(2001), p.160, von Suttner(1909, 전자책), pp.128~131, p.128, 하만(1986), pp.40~57. 인용

530. LN-AN, 1875년 12월 14일과 26일, 12월 19일과 31일, ANA, E1:3, RA. Ludvig는 아마도 광고를 본 적이 없으며 알프레드가 설명을 선호했기 때문에 이에 대해 논평한 것으로 가정할 수 있음. 향후 연구를 통해 밝혀질 수 있음.

14장

알프레드 노벨(Alfred Nobel)과 소피 헤스(Sofie Hess) 간의 편지는 1995년 빌고트 쇠만(Vilgot Sjöman)의 『내 마음의 아이(Mitt hjärtebarn)』에서 처음으로 전체가 출판되었다. 에리카 루멜(Erika Rummel)은 2017년에 영어 번역판 『노벨의 사랑: 알프레드 노벨과 소피 헤스의 서신(A Nobel Affair, The Correspondence between Alfred Nobel and Sofie Hess)』을 출판했다. 독일어 원본 편지는 ANA, Ell:5. 및 01:1-5, RA에 보관되어 있지만, 읽기 어려운 부분이 있어 출판된 편지 모음을 사용했다. 그러나 1891년 이전의 소피의 편지는 남아 있지 않아 완전하지 않다. 의학사에 대한 기본 문헌은 파트리스 데브레(Patrice Debre)의 전기 『루이 파스퇴르(Louis Pasteur)』와 루이즈 로빈스(Louise Robbins)의 『루이 파스퇴르와 미생물의 숨겨진 세계(Louis Pasteur and the Hidden World of Microbes)』로 보완했다. 세계 정세에 대한 묘사는 제임스 졸스(James Joll)의 『제1차 세계대전의 기원(The Origins of the First World War)』을 추가해 보강했다. 파리 만국박람회는 동시대 자료 "Les Merveilles de l'Exposition de 1878"과 웹사이트 "www.expositions-universelles.fr"을 통해 포착할 수 있다. 전구의 돌파구에 대한 묘사는 주로 폴 이스라엘(Paul Israel)의 『에디슨: 발명의 생애(Edison. A Life of Invention)』에 기반을 두었다. 바쿠에서의 발전과 베르타 폰 주트너(Bertha von Suttner)의 삶에 대한 묘사는 이전에 언급된 문헌을 따른다.

531. James Thorne(JT)에게 보낸 편지, 1880년대, Strandh(1983), p.158에 재출판됨; S&S(1926), p.167, Åsbrink(2010), p.57.

532. LN-AN, 1876년 11월 16일, ANA, E1:3, RA. (스웨덴 특허 1876년 7월 8일), AN-Smitt, 1876년 2월 ANA, Öll:2, RA(인용); LN-AN, 1876년 2월 2일.

533. AN, 1876년 6월 26일 자 편지, EB 아카이브, 1956년 7월 19일; S&S(1926), p.185(브레이크 장치); LN-AN, 1876년 2월 21일, ANA, E1:3, RA(가스 오일 엔진).

534. 학위가 없는 공학 제목, 예를 들면, 『북유럽 가족 책』(1910)'.

535. Tankar i natten/Night-thought, Erlandsson (ed.) (2006), p.112. ÅE에 따르면 "약 1880년".

536. AN-Adolf E Nordenskiöld(AEN), 1874년 10월 24일, Adolf Erik Nordenskiöld 의 기록 보관소(AENA), 편지 수신, 1850~1901, E01:18, KVA. 알프레드는 "Berzelii의 기념비가 첫 번째 방에 온 것도 나에게는 그다지 공평하지 않은 것 같다"고 함

537. Yergin(1991) p.58. 인용.

538. LN-AN, 1875/76년 12월 31일/1월 12일, ANA, E1:3, RA. Åsbrink(2001)는 날짜 를 10월 31일로 명시하고 러시아어를 사용했지만, 국립 문서 보관소에 있는 편지는 스웨덴어로 되어 있으며 날짜도 다름.

539. LN-AN, 1876년 10월 17일, ANA, El:3, NA. 루드빅은 250만 루블이 필요했음.

540. LN-AN, 1876년 12월 5일, ANA, El:3, RA(인용). 루드빅은 4월과 10월에 엠마누엘 과 함께 여행. LN-AN, 1876년 10월 17일, ANA, El:3, NA 참조.

541. AN-RN, 1872년 2월 13일, NoA, B:1, LL, "Petersburg"에 있었음.

542. LN-AN, 1877년 12월 30일, ANA, El:3, RA.

543. 1872년 9월 임마누엘 노벨의 죽음과 장례식에 관한 기사.

544. LN-AN, 1876년 11월 29일, ANA, El:3, RA.

545. LN-AN, 1877년 8월 20일, ANA, El:3, RA; Legion of Honor, 알프레드 노벨에 대 한 결정문 사본, La Grande Chanllerie de la Legion cfhonneur, Paris (AN은 1882년에 장교가 됨); AN-Smitt, 1876년 11월 1일, ANA, Öll:2, RA.

546. LN-AN, 1877년 5월 1일, ANA, Öll:5, RA; Åsbrink(2001), p.32; S&S(1926), p.88.

547. Emanuel, 18세, Carl, 14세, Anna, 11세, Mina, 4세, Ludvig, 3세, Alexander 및 Peter, 1세는 1877년 7월. LN이 AN 1878년 11월 8일, ANA El:3, RA 참조. 여기

서 Ludvig는 Sofie Hess를 알고 있다고 기록. 내가 찾은 Sofie Hess에 대한 첫 번째 댓글은 LN에서 AN 7/19 1877년 9월 19일에 있었는데, 여기서 LN은 "enfant mamsell SOFIE"를 언급. RN은 바쿠로 직접 이동. AN-AL, 1877년 4월 21일, ANA, Öll:5, RA 참조.

548. Sohlman(1983), p.117f; Sjöman(1995), p.86f.

549. von Suttner(1909/e-book), p.128.

550. Sjöman(1995), pp.13~16, p.204f.

551. Pressburg의 폭발성 젤라틴에 대한 토론. AN-Isidor Trauzl, 1877년 6월 22일, ANA, Bl:1, RA. 1877년 4월 21일 쾰른에서 AL로.

552. AN, ANA, Öll:5, RA. AN은 세 형제가 베를린에서 함께 총격을 받았다고 언급.

553. 그들은 개인적으로 사교 활동을 했음. 루드빅의 고인이 된 아내 미나는 1867년 8월 24일 "Mrs. Böttger"와 함께 LN에서 RN을 거쳐 파리로 여행.

554. Rummel(2017)은 Sofie Hess가 1881년에 Olga Böttger를 알프레드 노벨에 처음 소개했지만 AN-OB 편지에서는 이미 1879년을 언급. "알프레드의 조카"에 대해서는 AN-SH, 1890년 11월 30일 자를 참조. Rummel은 편지 178의 오류를 해석. AN은 SH가 OB를 자신의 친척인 것처럼 가장한 것으로 믿음.

555. 체류에 앞서 알프레드가 함부르크에 있는 회사에 보낸 여러 개의 요구 편지가 있음. 파리로 돌아온 그는 프레스버그에 있는 다이너마이트 공장 관리자에게 편지를 보내 카운터의 질문에 답했음.

556. Sjöman(1995), p.26에 재현된 인증서.

557. RN-AN, 1876년 3월 7일/9일, RN 카피북, Robert Nobel의 디지털 컬렉션(RNDS)에 있음; Glasgow의 Clyde Tube Works에서 AN i.a. 1877년 4월 16일, ANA, El:3, RA; LN-AN, 1877년 9월 7일, ANA, El:3, RA.

558. RN-AN, 1876년 4월 17일, NA; RN에서 AN 1878년 1월 21일, RNDS.

559. AN-AL, 1877년 4월 21일, ANA, Öll:5; RA ("형편없는 아시아인"); LN-AN, 1878년 1월 8일, ANA, El:3(와인), RA; AN이 Pauline Nobel에게 1878년 2월 23일, NA(주식); LN에서 AN으로 1877년 7월 30일(말), 1878년 4월 23일(친척), 1878년 11월 8일(Emanuel 인용), ANA, El:3, RA; AN-Carl Öberg(CÖ), 1878년 4월 18일, EB 아카이브, 1957년 11월 28일.

560. LN–AN, 1878년 3월 20일 및 5월 15일, ANA El:3, RA; 에스브링크(2010), p.43.

561. LN–AN, 1878년 6월 20일, ANA, El:3, RA.

562. AN–LN, 1879년 7월 25일, Bl:1, RA.

563. AN–LN, 1879년 7월 25일, Bl:1, RA; RN–LN 1878년 10월 13일, RNDS.

564. Pasteur, Joubert et Chamberland, 1878년 4월 29일(인용).

565. AN–SH, 1878년 5월~9월, Sjöman(1995)에 출판, pp.96~112; AN–PN, 1876년 2월
17일, NA(기혼자 간의 편지); LN–AN, 1877년 7월 30일, 1878년 8월 24일, ANA, El:3;
RA (앨범). 루드빅은 '하지만 더 많은 페이지를 추가하고 싶다면 해도 괜찮다'고 덧붙임.

566. AN–SH, 1878년 5월~9월, Sjöman(1995)에 출판, pp.96~112; 스트랜드(1983),
p.142; RN–AN, 1876년 4월 17일, RNDS. 가정부 Elise는 LN–AN, 1878년 1월 20
일, ANA, El:3, RA에 언급.

567. 영국에서는 폭발성 젤라틴 제조 허가가 의회의 안전성 조사 이후 1881년까지 연기.
스페인에서는 기업 변호사들이 폭발성 젤라틴을 무료로 얻지 못하면 법적 조치를 취
하겠다고 위협(Strandh(1983), p.112, p.150 참조).

568. PB–AN, 1879년 12월 6일, EB 아카이브, 1957년 2월 4일, NA; 룬드스트룀(1974),
p.134.

569. Sjöman(1995), p.107.

570. LN–AN, 1877년 7월 30일, 1878년 9월 21일, NA; AN–SN, 1878년 9월 22일~30
일, in Sjöman(1995), pp.113~119.

571. AB, 1878년 9월 30일; LN–AN, 1878년 9월 21일(Hasselbacken을 운영한
"Davidson"에 대한 지출); Lundin(1987), p.55. 스웨덴은 1873년에 크로나와 외레라
는 화폐 단위 도입.

572. Andrietta Nobel의 75번째 생일을 기념해 Josefina Wettergrund가 쓴 시, NA, 여
기 ÅE의 편지 목록, NMA가 있음.

573. LN–AN, 1876년 9월 1일("황금 소년"); AN–SH, 1878년 9월 22일~30일,
Sjöman(1995), pp.113~119.

574. EN–SH, 1879년 1월 16일, Sjöman(1995), p.29에서 재현.

575. LN–AN, 1878년 11월 8일.

576. AN–SN, 1878년, in Sjöman(1995), pp.26~32; RN–LN 1878년 10월 13일, RNDS;

LN-AN 1878년 11월 8일, ANA, El:3, RA; Nobel-Oleinikoff(1952), p.130(사진: Emanuel).

577. Tolf(1977), p.106; LN에서 AN으로 1879년 8월 2일/14일, ANA, El:1, RA. 수치 데이터가 엇갈릴 때는 가장 현대적인 것을 선택. 정관은 1879년 5월 15일에 제정. 자본금은 300만 루블. 공유자는 더 많았지만, LN, PB만큼 큰 금액을 투자한 사람은 없었음. 알프레드는 더욱 헌신할 것.

578. LN-AN, 1878년 5월 15일, 1879년 4월 15일, 4월 25일, 7월 17일, Nobel-Oleinikoff(1952), p.610; EB 아카이브, 1955년 9월 16일, NA. EB에 따르면 IN과 Pehr Henrik Ling은 사촌.

579. S&S(1926), p.170; Bergengren(1960), p.109. 실험실 일지의 기록에 따르면 첫 번째 시도는 1879년 4월 15일에 이루어짐.

580. Lundholm, C, Old Ardeer, ANA, Öll:6, RA.

581. AN-Fredrick Abel(FA), 1879년 4월 15일, Bl:1; RA;S&S(1926), p.169; Larsson(2010), p.57ff; AN-SH, 1879년 6월 4일, Sjöman(1995), p.122f. 그는 외로움에도 불구하고 직원이 100명 이상 있다는 사실을 잊어버림.

582. Schivelbusch(1998), pp.42~70, 인용 p.70, p.56; 쿨랜더(1994), p.88.

583. SH에게 보낸 편지, 1879년 6월 3일, Sjöman(1995), p.121. 노벨은 반드시 '나폴레옹 르 프티'(1852)를 읽었을 것임; 쿨란더(1994), p.84.

584. Israel(1998), pp.186ff; New York Herald (NYH), 1880년 1월 4일. 그 유명한 표현은 원문에서 축약된 것으로, 전기의 비용이 얼마나 저렴해질 수 있는지에 대한 질문에 대한 답변임: '전등이 일반적으로 사용되기 시작하면, 사치스러운 사람만이 여전히 수지 촛불을 사용할 것이다.'

15장과 16장

러시아에서의 다이너마이트 테러에 대한 묘사는 에드바르트 라드진스키(Edvard Radzinsky)의 『알렉산더 2세: 마지막 대황제(Alexander II. Den siste store tsaren)』, 그리고 앞서 언급한 사이먼 시백 몬티피오레(Simon Sebag Montefiore)의 로마노프 왕조에 대한 책과 폴 부시코비치(Paul Bushkovitch)의 『간략한 러시아 역사(A Concise History of Russia)』를 바탕으로 했다. 알프레드 노벨(Alfred Nobel)의 세브란(Sevran) 집 구매에 대한 묘사는 여러 지역 역사 기사와 저서들, 예를 들어 에드몽 르몽쇼이(Edmond Lemonchois)의 『어제와 오늘의 프랑스 세브란(Sevranen France d'hier et d'aujourd'hui)』, 루이 메나르(Louis Menard)의 『세브란-리브리 화약 제조소의 역사(Historique de la Poudrerie de Sevran-Livry)』, 『화약 제조소의 시대(La Siècle de la Poudrerie)』, 알프레드 노벨의 『세브란에서의 체류와 작업 1878~1891(Le séjour et les travaux d'Alfred Nobel à Sevran 1878~1891)』 등의 기사들을 통해 생생하게 전달되었다. 포이유에 대한 자료는 『포이유의 다이너마이트 공장: 하나의 역사, 하나의 공장 그리고 사람들 1870~1991(La Dynamiterie de Paulilles. Une histoire, une usine et des hommes 1870~1991)』과 클레망, 프라카, 델리오의 『포이유: 기억의 미래(Paulilles. L'Avenir d'une mémoire)』에 기반을 두었다. 이스라엘 과학사학자 요엘 베르그만(Yoel Bergman)은 발리스타이트에 대해 연구하며 알프레드의 폭발물 작업에 대한 새로운 연구 결과 추가하는 데 기여했으며, 이는 "폴 비에유, 코다이트 및 발리스타이트(Paul Vieille, Cordite & Ballistite)" 연구에서 확인할 수 있다. 노르덴스키욀드(Nordenskiöld)의 방문에 대한 묘사는 1880년 3월 31일부터 4월 9일까지 스웨덴과 프랑스 일간지 기사들에 기반을 두었다.

알프레드 노벨의 시기에 아우구스트 스트린드베리(August Strindberg)를 묘사하기 위해 군나르 브란델(Gunnar Brandell)의 『스트린드베리: 한 작가의 삶(Strindberg-ett författarliv)』, 토르스텐 에클룬드(Torsten Eklund)의 "스트린드베리의 편지(Strindbergs brev, vol. III och V)"와 주석이 포함된 『스트린드베리 전집(Dikter på vers och prosa, del 15)』을 참고했다. 여기에는 알프레드 노벨이 베르타 폰 주트너(Bertha von Suttner)에게 보낸 초기 편지들이 포함되어 있다. 이 편지들은 에델가르트 비더만(Edelgard Biedermann)이 『친애하는 남작님과 친구, 친애하는 선생님과 친구: 알프레드 노벨과 베르타 폰 주트너 간의 서신 교환(Chère Baronne et Amie, Cher Monsieur et Ami. Der Briefwechsel zwischen Alfred Nobel und Bertha von Suttner, 2001)』에서 원어(주로 프랑스어나 독일어)로 출판했다. 알프레드 노벨이 베르타 폰 주트너에게 보낸 원본 편지는 제네바의 유엔 도서관(United Nations Library)과 ANA, RA의 사본 책에서 찾을 수 있다. 베르타 폰 주트너의 편지는 ANA, Ell:2, RA에 보관되어 있다. 비더만의 모든 저서와 원본 편지들을 활용했다.

585. 「파리에서 온 편지」, GP, 1880년 1월 9일.

586. Radzinskij(2007), p.297 (인용).

587. Radzinskij(2007), p.328. 목수의 이름은 Stepan Chalturin.

588. LN-AN, 1880년 3월 14일, ANA, El:3, RA 참조.

589. AN-Nordenskiöld, 1880년 3월 19일, AENA, KVA.

590. 초대 카드와 배치, ANA, Ell:4, RA.

591. SBL, Kristina Nilsson에 관한 기사; Erlandsson(2009), p.242. 철자는 Christina Nilsson 및 Christine Nilsson으로 표시되지만 1880년 언론에서는 Kristina를 사용.

592. AEN-오스카 II, 1880년 4월 15일, ANA, Ell:2, RA; AEN-AN, 1880년 4월 10일, 15일, ANA, Ell:2, RA; 왕의 명령 기록 보관소, 기록부, SE/KH/1/6(1880~1899); AN에서 AEN으로 1880년 5월 14일, 1881년 4월 10일, AEN, Inkomna brev, 1850~1901, E 01:18, VAA(기념 선물은 1년이 걸렸음).

593. LN-AN, 1880년 5월, Åsbrink GOW), p.59; LN-AN, 1880년 8월 12일, ANA, El:3, RA.

594. RN-AN, 1880년 5월, RNDS.

595. KW Hagelin의 기념 노트, 노벨 관련 문서, F 175:2, TMA.

596. AN-AL, 1880년 6월 25일, ANA, Öll5, RA; AN-SH, 1880년 6월 23일, Sjöman(1995), p. 128f. The Giant Powder Company 대 The California Powder Works 외 미국 순회 법원, 캘리포니아 지방 소송 및 Carl Dittmar 대 Alfred Rix 및 George I. Doe 소송, 미국 순회 법원, 뉴욕 특별구, 1880년. ANA Flll: 9 RA.

597. AN-SH, 1880년 7월 6일, Sjöman(1995), p. 라르손(2010), p. 167. 계약은 5월 29일에 체결. 이 아파트는 1880년 7월 1일부터 점유되었으나 적대 행위가 발생할 때까지 개조.

598. AN-SH, 1880년 12월 5일, Sjöman(1995), p.133.

599. AN-SH, 1881년과 1882년 사이, Sjöman(1995), pp.128~159; ANA, El:4, RA의 "Frau Sophie Nobel"에게 봉투를 보내주세요.

600. RN-AN, 1879년 6월 22일, RNDS.

601. AN-SH, 1882년 9월 21일, Sjöman(1995), p.157.

602. AN-LN, 1882년 7월 24일, ANA, Bl:3, RA; LN-AN, 1882년 8월 4일, ANA El:3, RA; AN-LN, 1883년 1월 5일, Sjöman(2001), p.316.

603. AN-SH, 1881년 8월 26일, 1882년 7월 16일, Sjöman(1995), p.140, p.150.

604. 1892년 판매 관련 서류, Yvelines 주립 아카이브 (2K829), MB; AN-SH, 1881년 8월 17일, Sjöman (1995), p.137. 프랑스 본부인 Service des Poudres et Salpêtres는 Sevran-Livry에 있는 화약 공장과 파리 중심부에 있는 실험실을 운영. Paul Vieille는 Sevran이 아닌 파리에서 자신의 화약을 개발. 생산은 1885년에 Sevran으로 이전, Bergman (2009)을 참조.

605. Strandh(1983), p.161f; AN-SH, 1882년 7월 17일, Sjöman(1995), p.138, Lundström(1974), p.124ff. 독일 유한 회사는 후에 DAG라는 약어로 운영. Lundström에 따르면 Barbe와 Nobel은 실제로 회사의 Aufsichtsrat에서 다수를 차지.

606. Lundström(1974), p.177; La Dynamiterie de Paulilles(2016), p.31f; Clement, Praca, and Deliau(2018), p.31. Villa Petrolea에 대해서는 다음을 참조. Åsbrink(2001), p.100.

607. Lundström(1974), pp.180-183.

608. AN-SH, 1882년 8월 23일, Sjöman(1995), p.152(인용), 비양심적, AN이 1885년 1월 30일 Cuthbert에게 보낸 편지, EB 아카이브 참조. Le Spleen은 프랑스 시인 Charles Baudelaire의 시집(1868) 제목.

609. AN-RN, 1883년 4월 14일, ANA, Bl:3, RA; AN-Barbe, 1882년 4월 15일, Fant(1995), p.166.

610. Paul Barbe와 Geo Vian의 개인 파일, BA 945/288206 및 BA 1294/216392, APP.

611. Duby (ed.) (1987), pp.154~161. 프랑스는 "la laTcite"로 국가에서 종교적 영향력이 부재하나 여전히 중심.

612. Watson(2018), p.34f; Nordin(2016), p.811f; Nietzsche(1882), The Happy Science에서 이것을 썼지만, 이 내용이 Zarathustra Spoke(1883)에서 반복되었을 때 영향을 받음.

613. Erlandsson(ed.) (2006), pp.105~114.

614. Juliette Adams 개인 파일, EA 29/186 236, APP.

615. 그렇지 않으면 AN에 예이다. (보드) 및 1882년 6월 21일, ANA, Ell:3, RA.

616. AN-LN, 1883년 2월 6일, AN-RN, 1883년 4월 2일, ANA Bl:3, RA.

Lundström(1974), p.224의 시장 가치에 대한 데이터.

617. LN-AN, 1883년 3월 5일/17일, ANA, El:3, RA; AN-LN, 1883년 5월 1일, ANA Bl:3, RA. 400만 달러의 대출 외에도 알프레드는 상트페테르부르크에서 이야기했던 상품 신용을 마련.

618. LN-AN, 1883년 3월 16일/28일, ANA, El:3; AN-LN 1883년 3월 30일, ANA, Bl:3, RA(인용).

619. LN-AN, 3월 16일/28일, 3월 31일/4월 12일, 4월 3일/15일, ANA, El:3, RA.

620. AN-LN, 1883년 4월 2일, 5월 1일, ANA, Bl:3, RA; AN-LN, 1883년 10월 21일, ANA, Bl:3, RA.

621. LN-AN, 1883년 4월 7일/19일, 4월 28일/5월 10일, ANA, El:3, RA; AN-RN, 1883년 4월 2일, 5월 1일(구매를 나타냄), ANA, Bl:3, RA.

622. LN-AN, 1883년 5월 15일/27일, ANA, El:3, RA.

623. AN-LN, 1883년 5월 20일, ANA, Bl:3, RA.

624. AN-LN, 1883년 6월 8일, ANA, Bl:3, RA.

625. AN-BvS, 1883년 4월 28일, Biedermann(2001), p.76.

626. Inventarium einer Seele의 인용, Hamann(Eng. ed. 1996), p.41.

627. S&S(1926), p.217. 평화상에 관한 에세이(1950), August Schou(당시 노르웨이 노벨 연구소 소장)는 AN의 평화 사상에 대한 BvS의 중요성을 인정하지만, 그녀가 평화상의 디자인에 영향을 미치는 것에 대해 반대할 것 주장. Fredrik S. Heffermehl(2011)은 반대로 Bertha von Suttner와 함께 평화의 씨앗을 심었지만(1875년 만났을 때) 그녀에게 평화상 제정에 결정적인 역할을 부여한 사람은 AN이었다고 주장. 그러나 BvS는 회고록에서 1877~1878년 러시아-터키 전쟁 중에 전쟁에 대한 내부 저항을 느끼지 못했다고 함. 그녀는 "슬라브 형제의 해방을 위한 투쟁에 참여했으며 군인들을 지원.

628. AN-SH, 1883년 9월 21일, Sjöman(1995), p.165.

629. Strindberg (1995), 운문과 산문의 시. 깨어 있는 날 몽유병의 밤과 흩어져 있는 초기 시, 편집자이자 문학학자인 James Spens의 논평, p.322, p.368. 결혼은 1884년 9월 27일에 출판.

630. Juliette Adam은 『La Nouvelle Revue』에 「Societe de Berlin」, 「Societe de Londres」 등 도시들에 관한 에세이를 Paul Vasili라는 공동 필명으로 게재. 스트

린드베리는 "Mme Adam"을 위해 같은 필명으로 "Societe de Stockholm"을 쓰기 시작했으며, 이는 1885년 6월 14일 알버트 보니에르에게 보낸 편지에 나와 있음, Eklund(1956), p. 104 참조. 이 기사는 존재하지 않는 것 같지만, 스트린드베리는 1892년에 La Nouvelle Revue로부터 원고료를 받았음.

631. LN-AN, 1883년 9월 16일, 10월 7일, ANA, El:3, RA. 알프레드는 50만~70만 프랑을 요구.

632. LN-AN, 1883년 12월 11일, 19일, ANA, El:3, RA.

633. AnN-AN, 1883년 11월 18일, 1884년 1월 18일, ANA, El:4, RA.

634. Marvin(1884), pp.199~226; Janfeldt(1998), p.206.

635. AEN-AN, 1884년 3월 13일, ANA, Ell:2, RA; AN에서 AEN으로, 1884년 3월 15일, AENA, E01:18, KVA.

636. AN-Isidor Trauzl(IT), 1885년 4월 2일, EB 아카이브, 1956년 10월 6일, NA; Åsbrink(2001), p.53; AN-P.B. Eklund, 7월 16일, 10월 23일 ANA, B1:3, RA.

637. Bergengren, SvD, 1958년 12월 7일. AN은 1881년 3월 2일 IT에게 보낸 편지와 1883년 7월 7일 V. D. 미장디에게 보낸 편지에서 우연에 관한 정보를 수정. 두 편지 모두 기사에 전체가 인용.

638. AN-Berger, 1882년 6월 6일, EB 아카이브, NA.

639. 『르 피가로(Le Figaro)』, 1885년 10월 27일; Robbins(2001, 전자책), p.101; Uddenberg(2017), p.261.

640. S&S(1926), p.244f; AN-Victor Hugo, 1885년 2월 26일, ANA, Bl:5, RA; AN-Juliette Drovot, 1885년 6월 10일, ANA, Bl:5, RA.

641. AN-Georges Fehrenbach(GF), 1884년 2월 10일, AN 실험실 노트 1884년 8월 16일, EB 아카이브, 1956년 7월 19일, NA.

642. Lundström, (1974), pp.223~257; AN-PB, 1885년 7월 5일, ANA, Bl:4, RA(순항); AN-James Thorne, 1884년 12월 3일, 1885년 4월 6일(인용), ANA, Bl:4, RA. 회의는 대륙의 회사와 영국 회사에 관한 것. 스웨덴은 협상에 불참.

643. AN-Carl Öberg(CÖ), 1885년 7월 24일, ANA, Bl:4, RA; Lundström(1974), p.254; Lundström(1971), p.133.

644. Sjöman(1995), p.34, pp.176~184, p.179, p.181 인용.

645. Sjöman(1995), pp.270~272.

646. AN-Edla Nobel(EdN), 1884년 9월 7일, Bergengren(1960), p.158.

647. Sjöman(1995), p.62ff, p.188(인용).

648. Sjöman(1995), p.66.

649. AN-BvS, 1885년 8월 17일, Biedermann(ed)(2001), p.77.

650. AN-LN, 1885년 4월 30일, ANA El:3, RA; AN-de Meran, 1885년 4월 30일, ANA, B1:4, RA(인용 1); AN-Thorne, 1886년 1월 17일, ANA B1:4, RA(인용 2).

651. AN-FA, 1885년 7월 27일, ANA, Bl:4, RA.

652. AN-CÖ, 1885년 7월 24일, ANA, Bl:4, RA.

653. Bergman(2009), pp.40~60; Le sejour et les travaux d'Alfred Nobel a Sevran 1878~1891, La Siede de la Poudrerie, a.a., (Vieille in Paris 1884, 생산 Sevran 1885). Vieille의 화약은 Poudre B로 명명. Bergman(2009)에 따르면 프랑스인은 이미 1885년에 AN과 유사한 무연 화약을 테스트했지만, 총신을 부식시킨다는 이유로 거부. 나중에 AN에 대한 간첩 혐의가 제기되므로 세부 사항이 중요.

654. PolT, 1882년 8월 11일, 1만 프랑.

655. Mosenthal(1898); Bergengren(1960), pp.152~160; Hedin(1950), p.210(인용); von Suttner(1909, 전자책), 인용 p.128. AN이 i.a. 10,000 프랑, PolT, 1882년 8월 11일 참조.

656. Hamilton(1928), p.186f. 해밀턴은 AN에 대해 "[…] 그의 외모에 대해 이상하게 시들고 시들어가는 뭔가가 있었다"고 함. 해밀턴은 AN에 대한 혐오감을 강화.

657. Hamann(1996), p.56f; Mosenthal(1898); ANA, G5, RA(현금 장부로 시가, 담배 구매).

658. AN-Emil Flygare(EF), 1885년 11월 20일, ANA, B1:4, RA.

659. Mosenthal (1898) (습관들); Mauskopf (2014), pp.103~149. 알프레드는 종종 기차를 타고 이동.

660. 이 시기에 AN이 Fredrick Abel(FA)과 James Dewar(JD)에게 보낸 서신은 ANA, B1:4, B1:5, B1:6, RA에서 확인할 수 있음.

661. AN-Hoffer, 1886년 3월 20일, NH 바인더스 1956, NA.

662. AN의 현금 장부, ANA, G:5, RA, 예: 1885년 7월, 1886년 11월, 1888년 6월, 7월, 12월; AN-SH, 1886년 3월 28일, Sjöman(1995), p.195.

663. AN-LN, AN-RN, AN-Lagerwall, 1886년 1월과 2월, ANA, El:3, B1:4, RA.

664. AN-Axel Winckler(스파의사), 1886년 12월 29일, ANA, B1:5, RA. "폭발물 연합 비난", AN-AL, 1889년 4월 2일, ANA, B1:7, RA.

665. Carlberg(2015).

666. 신탁 형성은 복잡. 먼저 여러 독일 다이너마이트 회사들이 하나의 연합으로 합병. 그후, 이 독일 연합과 영국의 Nobel's Explosives Company 간의 협상이 진행되어 1886년에 Nobel-Dynamite Trust Company가 설립. 이후 프랑스, 스페인, 스위스-이탈리아 회사들은 별도의 신탁인 Societe Centrale de Dynamite를 설립. 자세한 내용은 Lundström (1974)을 참조. 스웨덴 다이너마이트 회사는 이들 신탁에 포함되지 않았음.

667. LN-AN, 1886년 6월 3일, ANA, E1:3, RA.

668. AN-RN, 1886년 7월 23일, ANA, B1:5, RA; LN-RN, 1886년 8월 8일, NA. 형제들은 통화를 혼합. 로베르트는 약 15만 프랑에 해당하는 6,000파운드를 요구. 당시 프랑은 루블의 약 두 배 가치가 있었음.

669. LN-AN, 1886년 8월 15일, ANA, E1:3, RA.

670. Åsbrink(2001), p.178; EN-AN, 1886년 9월 5일, ANA, E1:2, RA.

671. Åsbrink(2001), 124E.

672. LN-AN 1886년 11월 3일, ANA, E1:3, RA; AN~LN 1886년 11월 13일, Åsbrink(2001), p.126f, Larsson(2010), p.145.

673. Hamann(1996), pp.47~51. 오스트리아 귀족에 대한 비평 소설은 High Life(1886)라고 불림.

674. Hamann(1996), pp.47~51; von Suttner(1909, 전자책), p.166f; von Suttner(1897)(인용); AN-BvS, 1888년 1월 22일, Bieder mann(2001), p.79f. 알프레드는 재결합에 대해 언급한 적이 없음.

675. Hamann(1996), p.55.

676. Hamann(1996), p.58. von Suttner(1909, 전자책), p.169. 인용

677. Hamann (1996), pp.58~63, Das Machinenzeitalterf p.63. 인용.

678. Notiser i Lflntransigeant 1887년 6월, Paul Barbe의 개인 파일, BA 945, 288 206, APP; AN-LN, 1887년 6월 2일, ANA, B1:6, RA.

679. AN-PB, 6월 12일, 8월 4일, ANA, B1:6, RA.

680. AN-PB, 1887년 10월 4일, 10월 30일, ANA, B1:6, RA, EN-AN, 예: 1887년 5월 22일, 6월 2일, ANA, E1:2, RA.

681. Åsbrink(2001), p.128; Oleinikoff(1952), p.326; S&S(1926), p.94, AN-EN, 1887년 1월 19일, TsGIA, F1258, Op2, D225.

682. AN-LN, 1887년 5월 27일, ANA B1:6, RA.

683. 폴 바르베(Paul Barbe)가 포함된 정부의 총리는 모리스 루비에(Maurice Rouvier).

684. L'Intransigeant, 1887년 10월 10일. (PB가 맥주 산업으로부터 개인 자금을 받았고 가까운 사람들에게 메달을 제공했다는 정보).

685. AN-SH, 1886년 9월 10일, AN-SH, 1887년 10월 31일, Sjöman(1995), p.196, p.212, AN-LN, 1887년 11월 1일, ANA, B1:6, RA.

686. AN-SH, 1886년 3월 28일, Syöman(1995), p.196.

687. AN-RN, 1886년 6월 4일, ANA, B1:5, RA.

688. Heinrich Hess(HH)-AN, 1887년 5월 18일, 5월 25일, 7월 28일, Sjöman(1995), p.204ff, ANA, EII1:6, RA에 수록. 'Dr H'는 Pest 출신의 Dr. Hebentanz로, 1889년 9월 1일 AN이 SH에게 보낸 서한에서 확인할 수 있음, Sjöman(1995), p.251. HH는 알프레드가 Dr H에게 소피와 결혼하라고 제안했지만, 그가 모험가라는 이유로 후회했다고 주장, 같은 출처 참조. HH가 AN에게 보낸 서한은 1887년 10월일 가능성이 높으며, 이는 Sjöman(1995), p.210에 수록.

689. AN-SH, 「10월 말」, 1887년 10월 31일, 11월 13일, Sjöman(1995), p.211ff.

690. ANA, G5:7, RA.

691. AN-SH, 날짜 미표시, 「1887년 10월 말」, 1887년 10월 31일, 11월 14일, Sjöman(1995), p.211ff, AN에서 PB, 1887년 10월 30일, RA.

692. 모파상(Maupassant)의 Contes du jour et de la nuit의 Le Bonheur(1885). Éke Eriandsson의 번역.

693. AN-Thomas Johnston(TJ), 1887년 11월 20일, 26일, ANA, B1:6, RA.

694. AN-AL, 1886년 1월 17일, ANA, B1:4, RA.

695. AN-TJ, 1887년 11월 20일, 26일, ANA, B1:6, RA. 11월 20일 견적.

696. AN-PB, 1887년 12월 16일, ANA, B1:6, RA. 알프레드는 빌헬름 2세(Wilhelm II)를

"Guillaume II"로 씀. 그러나 1887년 12월 독일 황제의 이름은 빌헬름 1세(Wilhelm I)였음.

697. Eriandsson(ed.)(2009), p.216.

698. Åsbrink(2001), p.42; LN에서 AN 1881년 11월 15/27일, ANA E1:3, RA.

699. LN-AN, 1888년 3월 10일, ANA, El:4, RA (transkr. Karin Borgkvist-Ljung, RA); RN-AN 1888년 3월 27일, 4월 12일, ANA, E1:4, RA; Edla Nobel(EdN)이 AN에, 1888년 3월 22일, ANA, E1:1, RA, 1888년 4월 20일, ANA, E1:4, RA; CN-AN 1888년 4월 12일, ANA, E1:1, RA. 1888년에는 심장병 협심증이 알려지지 않았음.

700. AB, 1888년 4월 14일; 『Le Figaro』, 1888년 4월 15일. 정확하게 말하면 통지문의 절반은 1페이지에, 나머지 절반은 2페이지에 있었음. Le Matin, Le Gaulois, Gil Blas는 다이너마이트의 발명가인 M Nobel이 사망했다고 간략하고 부정확하게 언급 했지만, 부정적이든 긍정적이든 자신의 행위에 대해 언급하지 않았음. 문헌에는 알프 레드를 "죽음의 상인"이라 불렀다고 하는데, 그런 표현은 찾아볼 수 없음.

701. 『Le Figaro』, 1888년 4월 16일. AN이 구독자 목록에 나타남. 『Le Figaro』, 1887년 6월 3일을 참조.

702. JA-AN, 1888년 4월 19일, ANA, Ell:3, RA

703. Nobel-Oleinikoff(1952), p.328f, p.342; EN-AN, 1888년 4월 14일, ANA, E1:2, RA; RN-PN, 1888년 4월 20일, Åsbrink(2001), p.132.

704. EdN-AN, 1888년 4월 20일, ANA, E1:4, RA; AN-EN 1888년 4월 26일, ANA, B1:6, RA.

17장과 18장

파리 만국박람회는 에펠탑(Eiffel Tower) 개막과 함께 19세기 말 과학적 진보를 상징하게 되었다. 이 내용은 질 존스(Jill Jones)의 『에펠의 탑: 파리의 사랑받는 기념물과 그것을 소개한 놀라운 만국박람회의 흥미진진한 이야기(Eiffel's Tower. The Thrilling Story Behind Paris's Beloved Monument and the Extraordinary World's Fair that Introduced It)』와 루이 드방스 (Louis Devance)의 『귀스타브 에펠: 엔지니어 경력의 건설(Gustave Eiffel. La Construction d'une Carrière d'Ingénieur)』에 기반을 둔다. 알프레드 노벨(Alfred Nobel)도 이로부터 큰 영향

을 받았으며, 에펠처럼 파나마 운하 스캔들에 깊이 연루되었다. 이는 장 부비에(Jean Bouvier)의 『파나마의 두 가지 스캔들(Les Deux Scandales de Panama)』과 장-이브 몰리에(Jean-Yves Mollier)의 『파나마 스캔들(Le Scandale de Panama)』을 통해 묘사했다. 파리 국립 아카이브(Archives Nationales, Paris)에 상세히 묘사되어 있다. 또한, 파리 국립 아카이브에 보관된 프랑스 보안 경찰의 알프레드 노벨 관련 파일은 그가 파리를 떠나게 된 사건을 이해하는 데 중요한 자료이다.

705. www.pariszigzag.fr/histoire-inso-lite-paris/photo-construction-tour-eiffel 도 참조. 타워는 1959년에 24미터 길이의 텔레비전 마스트를 추가하여 확장.

706. AN-SH, 1888년 10월 15일, 7월, 7월/8월, Sjöman(1995), p.225ff, p.234; 현대 비엔나 참조. Morton(1980, 전자책); 호텔 임페리얼(www.famoushotels.org 참조), AN-BvS, 1888년 4월 6일, Biedermann(2001), p.81f(의료 행).

707. EN-AN, 1888년 4월 14일, ANA, E1:2, RA.

708. LN-AN, 1886년 6월 3일, ANA, E1:3, RA.

709. EN-AN, 1888년 5월 6일, ANA, E1:2, RA. 주식 분배는 AN 1888년 5월 17일의 EN에 따라 이루어졌음: LN 504만 루블, AN 334만 4,500루블, Bilderling 141만 9,500루블, Polnaroff 100만. 총 1,080만 4,000루블. EN의 날짜는 교대로 그레고리력과 줄리안 사용.

710. AN-EN, 1888년 5월 12일, ANA, B1:6, RA.

711. EN-AN, 1888년 5월 17일, 5월 22일, ANA, E1:2, RA; AN에서 EN으로 1888년 5월 19일 및 6월 2일, ANA, B1:6, RA.

712. 루드빅 노벨 상의 규정은 1891년 '황제 러시아 기술 협회'에 의해 채택, Sittsev, V.M. 및 Koloss, S.M. 루드빅 노벨의 사망일은 3월 31일/4월 12일에 해당: http://ludvignobel.ru/history; Åsbrink (2001), p.134f.

713. Lundström(1971), p.135.

714. AN-Schmidt & Welinder, 1888년 7월 28일, 1890년 3월 11일, ANA, B1:7, RA.

715. AN 조각가에 대한 지원을 호소한 파리의 "Mr. Jamon"에게 보낸 편지, 1888년 4월 10일, ANA, B1:6, RA.

716. AN-Miss Backman, 1885년 7월 6일, 8월 8일, ANA, B1:4 및 B1:5, RA; AN-

Lagerwall 박사, 1885년 7월 28일, ANA, B1:4, RA; AN-"herr Janzon", 1888년 4월 10일, ANA, B1:6, RA.

717. "구걸하는 편지" 모음집 참조(그러나 대부분은 감사 편지임), ANA, Ell:3, RA; AN-Fragestallaren, 1888년 7월 4일, ANA, B1:6, RA.

718. La Societe Generale pour la Fabrication de la Dynamite(프랑스 회사)와 혼동 주의. Lundström(1974), p.248f; Vian-Barbe, 15장 참조.

719. 동료 Chevillard의 증언에서 인용, L'Intransigeant, 1892년 10월 9일. 재무 책임자는 Jacques de Reinach 남작.

720. Emile Arton과 Paul Barbe, APP의 개인 행위.

721. 도로 서류, VO111992, AP; NA, FVII: 6과 7, RA. 식물 관련 사항을 검토해 준 Helena Höjenberg에게 큰 감사를 드림.

722. AN-SH, 1888년 가을, 1888년 8월 8일, 8월 15일, 10월 26일, 11월 6일 서한은 Sjöman (1995), p.230f, 238에 수록; AN-Thorsten Nordenfeldt(TN, 무기 개발자), 1888년 5월 29일, ANA, B1:6, RA; Carl Nobel(CN)-AN, 1888년 12월 21일, ANA, E1:1, RA (알프레드의 말); Mauskopf (2014), pp.103~149.

723. AN-SH, 1888년 8월 4일, 8월 8일, 10월 26일, 10월 27일, 11월 6일, 11월 23일, Sjöman(1995), pp.230~237ff. Döbling의 주소: Hirschgasse 61.

724. AN-BvS, 1888년 11월 6일, von Suttner(1909, 전자책). BvS에 따르면 "Nobel 부인"은 Nizza (Nice)에 있었으며 이는 다음과 같은 언급을 정당화할 수 있음. EdN. 알프레드가 Sofie Hess의 새집 입주를 축하하던 날에 일어남. 알프레드는 종종 꽃을 보냈고 때때로 Sofie에게 "Madame Sophie Nobel"이라는 편지를 썼음. 특히 그는 모든 관계를 부인함.

725. Erlandsson(ed) (2009), p.52, p.83f, 각주에서 삭제된 자료, p.232. The Sisters의 음모, 11장 참조.

726. AN-BvS, 1888년 4월 6일, Biedermann(ed)(2001), p.82.

727. ANA, BII:2, RA, Erlandsson(ed.) (2009), pp.195~223, p.200; Societe Generale des Telephones, 전화 카탈로그 1882~1888, BHP; Wieviorka(2015), p.19, p.306. 에세이에는 날짜가 기록되어 있지 않지만, AN이 1888년 그녀에게 보낸 편지에서 "마음의 자성"을 다룬 사실로 인해 BvS 요청과의 시간적 연관성이 강화됨.

728. ANA, BII:2, RA, Erlandsson(ed.) (2009), p.201, p.209, p.213. 인용.

729. Flaubert(1888), 알프레드 노벨의 사본, NMA.(신학자이자 성경 번역가인 Hans Magnus Melin은 저자의 할머니의 할아버지였음)

730. Erlandsson(2002); 구매, 청구서 참조, ANA, G7, RA; Du(ed.)(1987), p.215; Hägg(2000), p.494ff; AN-EN, 1885년 1월 1일, TsGIA, F1258, Op2, D225. Dostojevskij는 알프레드 노벨의 서가에 없음. 그러나 그는 파리에 살다가 1883년에 사망한 Turgenjev를 구독.

731. 알프레드 노벨의 현금 장부, ANA, G5:7, RA.

732. Rimfrost, AN-RN, 1892년 9월 23일, Fant(1995), p.74 참조; ANN-AN, 1889년 3월 21일, 1887년 1월 25일, 1889년 1월 11일, ANA, Ell:1, RA. Anders Zorn의 연삭은 1886년으로 거슬러 올라감.

733. AL-AN, 1888년 12월 23일, ANA, Ell:2, RA.

734. 상동; AN-SH, 1888/89년, Sjöman(1995), p.245.

735. AN-CÖ, 3월 3일 및 날짜. 1889년 3월, ANA, B1:7, RA.

736. 1889년 12월 31일 Vaujours의 헌병대에서 Seine-et-Oise 주지사에게 보낸 보고서; 1889년 1월 16일 Seine-et-Oise 주지사가 내무부 장관(Charles Floquet) 겸 평의회 의장에게 보낸 서한; 1889년 1월 24일 보안국에서 특별 수사관 Morin에게 보낸 서한; 1889년 1월 24일 내무부 장관이 Seine-et-Oise 주지사에게 보낸 서한, 모스크바 문서 보관소(FM), Alfred Nobel 문서, 7382, 코드 19940464/88. AN이 EN에게 보낸 1889년 11월 13일 서한, ANA, B1:7, RA.(DNA), 국립 아카이브(AN). 정보 요청 명령은 철도 경찰의 요원들에게 전달되었고, 주지사에게 보고됨. 헌병대의 보고서에서는 외국인 감시에 대한 결정을 언급하고 있으나, 다른 자료에서는 이 결정의 날짜가 더 늦게 기록되어 있음.

737. Renseignements concernant un sieur Nobel, 1889년 2월 5일, FM, DNAAN.

738. 1889년 2월 2일 파리 군사 주지사 Saussier 장군이 전쟁부 장관에게 보낸 서한; 1889년 2월 13일 세브란 시장이 Seine-et-Oise 부지사에게 보낸 서한, FM, DNA, AN.

739. Renseignements concernant le nommé Nobel, 1889년 2월 23일, FM, DNA, AN.

740. AN-FA, 1889년 3월 26일, ANA, B1:7, RA.

741. Bergman(2017).

742. AN-General Mathieu, 1889년 2월 16일, ANA, B1:7, RA.

743. Bergman(2017).

744. Laurent(2009), p.388ff; Bergman(2017).

745. AN-FA, 1889년 2월 10일, 5월 5일; AN-JD12 및 3월 25일, ANA, B1:7, RA.

746. AN-JD, 8 및 1889년 5월 10일; AN에서 Thorne까지 1889년 5월 18일, ANA, B1:7, RA.

747. AN-JD, 1889년 7월 21일, ANA, B1:7, RA(읽기 매우 어려움), 또한 EB 아카이브에 있음, 1956년 8월 3일, NA.

748. AN-JD, 1889년 5월 8일, ANA, B1:7, RA.

749. Jonnes(2010, 전자책), 90(인용).

750. 상동, 113(인용).

751. L'utilité scientifique de la Tour, www.toureif-felparis.

752. AN-AL, 89년 4월 2일, ANA, B1:7, RA; AN-SH, 1889년 5월 14일, Sjöman(1995), p.248.

753. 송장 전기 램프, ANA, G1:7, RA; AN-CW Schmidt(CWS), Paris, 1893-1896, ANA, FVI:6, RA, AN-CWS, 1893년 11월 25일 인용.

754. Bodanis(2005), 인용 p.100.

755. www.nobelprize.org (인용)

756. Gil Blas 발췌, 1889년 7월 3일, FM, DNA.

757. EN-AN, 1889년 6월 3일, ANA, B1:7, RA; Bergman (2017); AN이 러시아 무관 페도로프 장군에게 1889년 4월 29일, ANA, B1:7, RA. 알프레드는 1887년부터 이 Fedorov와 접촉.

758. Le Temps, 1889년 9월 21일, FM, DNA, AN.

759. AN-Ivar Lagerwall(IL), 1889년 3월 26일, ANA, B1:7, RA.

760. AN-EN, 1889년 11월 13일, ANA, B1:7, RA.

761. AN-SH, 1889년과 "1890년의 기침". Sjöman(1995), 인용 p.244, p.248, p.278.

762. LN-AN, 1886년 8월 15일, ANA, El:3, RA; RN-Hjalmar Nobel(HN), 1886년 3월 15일, NMA의 사본; AN-AL 1890년 5월 6일, ANA, Öll:5, RA.

763. AN-SH, 1889년 9월 1일, 9월 4일, 11월 11일, Sjöman(1995), pp.248~255, p.249,

p.252 인용.

764. AN-SH, 1889년 말, Sjöman(1995), pp.252~255, p.252, p.254, p.255 인용.

765. S&S(1926), p.249f; AN-SH, 1882년 8월 29일(AnN kärlek), 1889년 9월 1일, 11월 11일, Sjöman(1995), p.154, p.251, p.255.

766. AN-SH, 1889년 9월 1일, 1889년 11월 11일, Sjöman(1995), p.251, p.255.

19장

프랑스에서 '다이너마이트 사건'으로 알려진 백만 달러 사기 사건의 세부 사항은 파리 경찰청 역사 아카이브에 보관된 관련자들의 경찰 기록, 1893년 대심원(Cour d'Assises)의 판결문, 언론 보도, 그리고 알프레드 노벨(Alfred Nobel)의 편지를 통해 종합했다. 산레모(San Remo)로의 이주에 대한 묘사는 주로 지오반니 로티(Giovanni Lotti)의 『노벨과 산레모(Nobel a Sanremo)』에서 많은 도움을 받았으며, 알프레드의 편지, 가구 주문, 재고 목록의 세부 사항 등으로 보완했다. 동시대의 정치적, 과학적, 문학적 역사에 대한 자료는 이전과 동일하다. 이 장에서는 앞서 언급한 작품들 외에도 조지 케넌(George Kennan)의 『운명의 동맹: 프랑스, 러시아와 제1차 세계대전의 도래(The Fateful Alliance. France, Russia, and the Coming of the First World War)』와 프랑스에서의 스칸디나비아 문학의 돌파를 다룬 스텔란 알스트룀(Stellan Ahlström)의 『스트린드베리의 파리 정복(Strindbergs erövring av Paris)』을 참고했다.

767. AN-BvS, 1889년 11월 24일, ANA, Ell:2, RA 및 Biedermann(2001), p.85f, 하루에 50통 이상의 편지, AN-RN, 1893년 7월 29일, Fant(1995), p.360.

768. DN, 1889년 12월 9일. Dödsannonsen i bl.a., AB 및 NDA, 12월 10일, AnN은 Hamngatan 20에서 연습.

769. 12월 16일 장례식 거행. 14.00, SvD, AB 및 DN, 1889년 12월 16일, 17일.

770. HH-AN, 1889년 12월 24일, Sjöman(1995), p.260; AL-AN, 1890년 1월 1일, ANA, Ell:2, RA; JA-AN odat., ANA, Ell:3, RA.

771. AN-AA, 1890년 1월 19일(또한 로베르트의 기분) 및 RN-AN, 1890년 2월 24일, ANA, E1:4, RA. 알프레드는 자선기금에 약 10만 크로나(현재 약 650만 크로나)를 할당하기를 원함. 로베르트의 자녀들은 결국 각각 2만 크로나, 즉 오늘날 가치로 약

130만 크로나를 수령.

772. Goldkuhl(1954), p.13f(인용). Roteman의 기록 보관소, SSA의 인구 조사 기록에 따르면 RN은 1889년 9월 24일에 스톡홀름에서 게토로 이사. 정원은 1884년에 구입. 가족은 그 이전에도 한동안 그곳에서 거주. 로베르트는 다음과 같이 검색. "건물에 석고 적용"에 대한 특허, SvD 1890년 11월 25일.

773. 로베르트는 알프레드의 짧은 방문에 대해 불평. RN-AN, 1892년 8월 23일, NMA; AN에서 "My Best Lord" 1889년 8월 28일, Getå 날짜(1889년 방문); AN-RN, 1893년 7월 29일, Fant(1995), p.90, p.360; 로베르트의 폭발 참조. AN-SH, 1888년 8월, Sjöman(1995), p.229 및 EN-AN, 1888년 8월 5일, ANA, El:2, RA; EN-AN, 1888년 5월 17일(Robert는 주주들을 방해하지 않음), ANA, El:2, RA.

774. RN-AN, 1890년 2월 24일, ANA, E1:4, RA; AN-Adolf Ahisell(AA), 1890년 1월 19일, 1월 30일, 2월 7일, ANA, El:4, RA.

775. AB, 1890년 4월 5일. 주택 경매는 1890년 4월 15일에 진행.

776. Gösta Mittag-Leffler(GM-L)-AN, 1890년 2월 22일, ANA, Ell:4, RA, 인용 1; AN-GM-L, 1890년 3월 1일, ANA, B1:7, RA, 인용 2; Stubhaug(2007), p.426. 스톡홀름 대학은 알프레드 노벨의 유언장 변호사가 전파한 기관.

777. AN-SH, 1890년 4월, Sjöman(1995), p.265(승객); von Suttner(1890), 인용 p.230, p.453.

778. AN-BvS, 1890년 4월 1일, Biedermann(2001), p.88. 알프레드 노벨은 당시 소총과 대포 제조업체에 대해 언급: "les Lebel, les Nordenfeit, les de Bange".

779. Le Radical, 1890년 2월 22일, FM, DNA, AN의 스크랩.

780. 1890년 4월 15일 내무부 장관이 Seine-et-Oise 주지사에게 보낸 서한, FM, DNA, AN; 1890년 4월 17일 Seine-et-Oise 주지사가 내무부 장관에게 보낸 서한, FM, DNA, NA.

781. 1890년 4월 19일 AN이 Seine-et-Oise 주지사에게 보낸 서한, FM, DNA, AN; 의회에서의 논쟁, 1890년 4월 23일 AN이 EN에게 보낸 서한 참조, ANA, B1:7, RA, 또한 Journal Officiel de la République française (JO), 1890년 3월 9일, 하원의회의 상세한 회의록. 3월 8일 회의.

782. AN-AL, 1890년 4월 21일, 23일, 27일, ANA, Öll:5, RA, 4월 27일 인용. 1890년 4

월 23일 드라마, ANA B1:7, RA-AN/EN.

783. Le ministre de la Guerre (Freycinet) au ministre de L'Interieur, 1890년 5월 5일, FM, DNA, AN. 요구 사항: 높은 성벽 및 모든 건물까지의 거리 500미터, AN-AL, 1890년 4월 27일, ANA, 011:5, RA 참조.

784. AN-Ivar Lagerwall(IL), 1892년 12월 4일, ANA, B1:8, RA.

785. SD, 1890년 5월 21일, NDA, 1890년 6월 12일(Avigliana); L'Estafette, 1890년 5월 20일, 1890년 5월 24일(Barbe); L'Echo de Raincy, 1890년 6월 8일,(AN에 대한 결과), Barbes 개인 파일, BA 945, APP. L'Echo de Raincy는 Sevran 근처에서 나왔기 때문에 매우 민감한 공격이었음.

786. Carl Lewenhaupt(CL)-AN, 1890년 6월 1일, ANA, Ell:4, RA; AN-SH, 1890년 5월, Sjöman(1995), p.268.

787. AN-SH, 1890년 6월 17일, 20일, 25일; Sjöman(1995), p.269f.

788. Mauskopf(2014), p.125, 관심사, AN-PB, 1889년 12월 6일, ANA, B1:7; RA; Strandh(1983), p.164ff; Bergengren(1960), p.118ff; AN-AL 1890년 6월 21일, ANA, ÖII:5, RA.

789. AN-SH, 1890년 7월 7일, Sjöman(1995), p.271f; AN-EN, ANA, Bl:7, RA(Bellamy 인용).

790. AN-Axel Winckler(AW), 1890년 7월 17일, ANA, B1:7, RA. Alfred는 내면의 깊은 곳을 민감하게 볼 수 있음. 1892년 1월 8일 RN에게 보낸 편지, Fant(1995), p.358.

791. AW-AN, 1890년 1월 12일, 7월 18일, ANA, Ell: 2, RA.

792. AN-AA, 1890년 8월 1일, ANA, El:4, RA; AN-RN, 1890년 6월 21일, ANA E1:2, RA. 알프레드는 AnN의 상속 재산 일부를 파리의 가난한 스웨덴 사람들에게 할당. 파리에 있는 그의 두 실험실 조교는 일정액의 돈을 수령. 로베르트의 네 자녀는 각각 SEK 2만을 수령. 몇몇 사촌들도 약간의 돈을 수령.

793. 1890년 8월 10일, La Concentration(PB의 사망), Barbes 인물 기록, BA 945, APP; 하원, 7월 31일 회의, JO, 1890년 8월 1일; 1890년 8월 2일 AN이 RN에게 보낸 서한, ANA, B1:2, RA; 1890년 8월 3일 La Lanterne, 기사 www.amis-despaulilles. fr에서 발췌(장례식). 스톡홀름의 Alfred, 1890년 8월 1일 AN이 AA에게 보낸 서한 참조, ANA, E1:4, RA.

794. 1890년 8월 17일, La Concentration, Barbes 인물 기록, BA 945; Vian, BA 1294 및 Le Guay, BA 1150, APP; 1890년 10월 15일 AN이 Le Guay에게 보낸 서한, ANA, B1:7, RA.

795. 1919년에 6퍼센트의 이자는 농업 노동자의 연봉에 해당했으며, 1890년에는 아마도 그보다 더 많았을 것임. 1890년 하인의 연수입은 식사와 숙박을 포함해 약 450크로나 였음(예테보리 대학, 역사적 임금 데이터베이스 HILD). 알프레드는 조카들에게 매년 두 번 600크로나를 지급. 예를 들어, 1891년 12월에는 루드빅의 이자를 840프랑(600크로나 환산)에서 2,000프랑으로 올렸음.

796. AN-AA, 1890년 12월 12일(잉게보리의 호스트에 대한 책임), ANA, E1:4, RA; Ludvig Nobel(Robert의 아들, LNy)-PN, 1890년 12월 31일, NA (신경 약함); LNA, 1890년 9월 8일과 11월 1일에 PN 새로 추가.

797. 조카의 편지 이후 무료. LN이 1890년 11월 1일, 11월 16일, 1월 12일에 Pauline에게 보낸 편지.

798. Sven von Hofsten-JJ, 1890년 9월, ANA, Öll:4, RA. 옌스 요한슨(Jöns Johansson)의 본명은 요한 에릭(Johan Erik).

799. AN 및 GF-JJ, 1890년 10월-1891년 3월, ANA, Öll:4, RA; Uddenberg(2015), p.272ff. 알프레드 노벨은 녹은 덩어리의 "봉사와 불화나트륨"을 휘저어 연료를 공급.

800. LN-PN, 1891년 1월 12일, NA; EN-AN, 1892년 1월 15일(고정 주소); AN-TN, 1890년 4월 29일, ANA, B1:7(Finspäng); AN-AL, 1891년 1월 2일, 15일, ANA Öll:5, RA; AB-AN, 1891년 1월 20일, ANA, Ell:6, RA, Sjöman(1995), p.79.

801. 1891년 2월 1일 PN에 새로 추가됨, NA; AN-LNy, 91년 2월 6일, INA, C:1, LL(재미뿐만 아니라 새 마구간을 찾는 것).

802. AN-SH, 1890년 11월 및 12월; Sjöman(1995), pp.282~291, p.290 인용.

803. AN-SH, 1891년 1월 1일; SH-AN, 1891년 2월 1일; Sjöman(1995), p.292ff.

804. Amalie Brunner(AmB)-AN, 1891년 4월 8일; AN-SH, 1891년 2월 10일; Sjöman(1995), p.295.

805. Axel Key-Selma Key, 1893년 4월 19일, ANA Öl 1:6, RA; "Inventaire de la Villa Mio Nido a San Remo", AN 1891년 4월, ANA, G2:3, RA; 그림, San Remo, Alfred Nobels Sterbhus 아카이브(ANS), Fll:1, RA; AN에서 M

"Benecke"(답변 읽기), San Remo, 1891년 6월 15일, 7월 2일, 9월 29일; AN, San Remo, 1891년 9월, 1891년 11월 16일, ANA, B1:8, RA에 대한 내용을 나열. AN-E Dignimont & Fils, 1892년 12월 6일, 밀봉된 상자에 담긴 와인 155병 주문; 로티 (1980), pp.53~73.

806. LN-PN, 1891년 7월 30일, NA; AN-SH, 1891년 7월 17일; Sjöman(1995), p.303. Margrethe는 1891년 7월 14일 출생. 독일, Mauskopf(2014); 러시아, EN-AN, 1892년 4월 4일; 스웨덴, 1892년 3월 24일 AN에 대한 고시. 나중에 탄도석은 입지를 굳혀 이탈리아, 독일, 스칸디나비아 국가에서 사용. Mauskopf(2014) 참조.

807. 북유럽 가문의 책(1904)에서 인용; 프랑스 저널, p.1762; Du by (red.)(1991), p.166f.

808. 『Le Figaro』, 1890년 9월 10일, 1893년 9월 12일; Morcos(1961), pp.195~211.

809. JA-AN, 1890년 12월 31일, ANA, Ell:3, RA; Hogenuis-Seliverstoff(2001), p.255f, p.256 인용.

810. AN-BvS, 1891년 9월 14일.

811. von Suttner(1909, 전자책), p.210. Tolstoj는 프랑스어로 집필.

812. Hamann(1996), p.72; AN-BvS, 1891년 10월 31일, ANA, Ell:2, RA 및 Biedermann(2001), p.92; BvS-AN, 1891년 11월 4일, ANA, Ell:2, RA, Biedermann(2001), p.93.

813. AN-LNy, 1891년 11월 9일, INA, C:1, LL.

814. LNy-PN, 1892년 2월 1일 (LNy는 'puts' (장난/농담)이라는 단어를 사용함); Axel Key -Selma Key, 1893년 4월 19일, ANA, E11:6, RA (러시아 말); AN-RN, 1892년 1월 8일, Sjöman (2001), p. 322.

815. LNy-PN, 1892년 2월 17일, NA; AN-LNy, 1892년 2월 21일, 3월 5일, INA, C:1, LL; EN-AN, 1891년 9월 8일, ANA, E1:2, RA.

816. AN-TJ, 1892년 1월 19일, AN-Kraftmeier, 1892년 3월 11일, 18일, 23일, ANA, B1:8, RA.

817. SH-AN, 1892년 1월 16일, 2월 21일, Sjöman(1995), p.307, p.310; AmB-AN, 1892년 1월 11일, ANA, Ell:6, RA; Sjöman(1995), p.306; AN, Maximilian Barber(MB), 1892년 2월 23일 인용(아마도 전송되지 않음), ANA, Ell:6, RA, Sjöman(1995), p.68; AN-MB, 1892년 2월 24일, ANA, Ell:6, RA, Sjöman(1995), p.68.

818. AN의 날짜 미상 목록 '문학과 시', ANA, B11:2, RA. 작품들, 번호 매겨진 순서: 1. 세 자매, 2. 목에 걸린 죽음, 3. 죄와 벌, 4. 그녀, 5. 거리, 6. 내가 사랑했다면 (2가지 반대), 7. 꿈이 있다, 8. 첸치, 9. 정신적 교육, 10. 설교, 11. 신앙과 불신앙, 12. 목에 두 사람, 13. 경이, 14. 나는 두 개의 장미 봉오리를 보았다, 15···.

819. 흥미로운 사실: 1892년 2월 1일, August Strindberg는 JA의 잡지에 「러시아란 무엇인가? (Qu'est-ce que La Russie?)」라는 기사를 발표. 그는 JA의 견해를 공유함. 잡지에 실린 JA의 소개: 「M. August Strindberg는 스웨덴의 주요 민주주의 작가 중 한 명으로, 그의 러시아에 대한 평가가 특별한 관심을 끈다.」 참조: Ahlström (1956), p.147.

820. Ahlström(1956), pp.7~30, pp.108~158. Ginistry의 기사는 1891년 11월 16일 『La Republique Franchaise』에 게재.

821. Emile Arton(BA 937)과 Gilbert LeGuay(BA 1150)에 대한 인물 기록, APP; ClIntransigeant 신문의 폭로와 체포에 관한 기사, 1892년 6월 23일, 6월 24일, 7월 1일, FM, DNA, AN (AN 인용 6월 24일); Mollier(1991), p.522ff(뇌물을 받은 의원 목록); AN이 Ristori에게 보낸 서한, 1892년 11월 1일, Sohlman(1983), p.75f에 재현됨; Bergengren(1960), p.116 (채권 대출); Cour d'Assises의 판결, 1893년 2월 15일, AP (그리고 1893년 7월 2일 Le 19e Siecle의 공지, BA 937, APP, Arton의 부재 중 판결에 관한 내용). 파나마 스캔들의 첫 번째 재판은 1893년 초에도 열렸다. 재무 이사 Jacques de Reinach는 자살했음. Ferdinand de Lesseps는 처음에 5년형을, Gustave Eiffel은 2년형을 선고받았지만, 그들 중 누구도 형을 복역하지 않았음. 각료들은 사임했고, 한 장관은 징역형을 받았으며, 두 사건 모두에 반유대주의적 색채가 있었으며, 이는 몇 년 후 드레퓌스 사건을 예고.

822. EN-AN, 1892년 3월 30일, 4월 20일, 6월 7일, 6월 10일, 7월 30일, ANA, El:2, RA; èsbrink (2001), pp.139f.

823. EN-AN, 1892년 7월 30일, 8월 8일, 8월 16일, 8월 17일, ANA, El:2, RA.

824. AN-「Monsieur l'Ambassadeur」, 1892년 10월 26일, ANA, Öll:6, RA. 알프레드는 프랑스어로 편지를 썼는데, 누구에게 보낸 것인지, 러시아 대사인지 불분명.

825. AN-Escher Wyss & Cie, Zurich, 1892년 7월 3일, ANA, B1:8, RA; Strand(1983), p.249(길이 12m); 라르손(2010), p.66; AN-Mr Naville, 1893년 2월 20일, ANA, Bl:9, RA.

826. BvS-AN, 1892년 6월 2일, Biedermann(2001), p.104.

827. BvS in Neue Freie Presse, 1897년 1월 12일(인용), von Suttner(1909, 전자책), p.277.

828. 상동; 하만(1996), p.192; AN-Aristarchi Bey(AB), 1892년 9월 5일, ANA, B1:8, RA. BvS는 1909년에 그들이 처음으로 상금에 대해 이야기한 장소가 바로 이곳이었다고 언급함. 그러나 이는 1893년 1월 AN의 평화상 아이디어에 대한 그녀의 반응과 상충됨. 따라서 회고적인 설명보다는 현대 편지에 의존하는 것이 더 적절함.

829. AN-B, 1892년 9월 5일, ANA, B1:8, RA; S&S(1926), p.223f, ANA의 AB 편지와 기념관, Ell:7, RA. 그는 AN에서 1년 동안 일한 대가로 1만 5,000프랑을 수령.

830. Henri La Fontaine(HLF)-N, 1892년 10월 11일, ANA Ell:2, RA.

831. AN-HLF, 1892년 10월 15일, ANA B1:8, RA.

832. AN-BvS, 1892년 11월 6일, ANA, B1:8, RA, 또한 Biedermann(2001), p.111f.

833. BvS-AN, 1892년 12월 24일, ANA, Ell:2, RA, 또한 Biedermann(2001), p.118f.

834. AN-BvS, 1893년 1월 7일, 제네바 유엔 도서관에 원본, ANA 사본, B1:8, RA.

835. BvS-AN, 1893년 1월 27일, ANA, Ell:2, RA, Biedermann (2001), p.124f.

20장과 21장

이 장에서 과학적 업데이트를 위해 사용한 자료는 파트리스 데브레(Patrice Debre)의 루이 파스퇴르(Louis Pasteur)에 관한 방대한 전기, 수잔 퀸(Susan Quinn)의 『마리 퀴리: 생애(Marie Curie. A Life)』, 프리드리히 데사우어(Friedrich Dessauer)의 『뢴트겐의 발견(Röntgens upptäckt)』 등 주요 원본 문서들이 포함되어 있다. 라그나르 솔만(Ragnar Sohlman)은 『유언(Testamentet)』과 그의 손자인 스태판 솔만(Steffan Sohlman)이 자비로 출판한 『라그나르 솔만-바쿠, 시카고, 산레모(Ragnar Sohlman-Baku, Chicago, San Remo)』에서 중요한 역할을 했다. 또한, 스웨덴 왕립도서관(KB)에서 솔만의 약혼녀(아내), 어머니와의 원본 편지도 참고했다.

과학사학자 시모어 마우스코프(Seymour Mauskopf)의 연구인 "노벨의 폭발물 회사, 유한회사, 대 앤더슨(Nobel's Explosives Company, Limited, v Anderson)"은 알프레드 노벨의 편지와 영국 신문 기사들과 함께 코다이트와 발리스타이트에 관한 어려운 특허 소송을 묘사할 때 사용되었다. 『안드레: 북극 항공의 시작 1895~1897(S. A. Andree. The Beginning of Polar

Aviation 1895~1897)』에서 노벨이 참여한 풍선 탐험 초기 단계에 대한 자세한 자료도 얻을 수 있었다.

보포스(Bofors) 구매와 국왕의 방문에 대해서는 비예르 스텍센(Birger Steckzén)의 『보포스: 대포 산업의 역사(Bofors. En kanonindustris historia, 1946년)』를 중요한 자료로 사용했다. 국제 평화운동에서 노르웨이의 역할과 연합의 분열에서 평화 사상의 중요성에 대해서는 오스카 팔네(Oscar J. Falnes)의 1938년 책 『노르웨이와 노벨 평화상(Norway and the Nobel Peace Prize)』, 오이빈드 스테네르센(Oivind Stenersen), 이바르 리베크(Ivar Libaek), 아슬레 스틴(Asle Sveen)의 『노벨 평화상: 평화를 위한 백 년(Nobels fredspris. Hundra år för fred)』을 참고했다. 프레드릭 헤퍼메일(Fredrik S. Heffermehl)은 『노벨 평화상: 사라진 비전(Nobels fredspris. Visionen som försvann)』에서 비판적인 현대적 관점을 제시했다.

836. 스웨덴 의학 협회의 기증자 초대, ANA, Ell:4, RA; S&S(1926), p.245. 알프레드 노벨의 기여 가능성은 알려져 있지 않음.

837. AB, 1892년 12월 9일(인용).

838. The Swedish Club in Paris, 기념일 간행물(1952), p.10, p.12 인용.

839. S&S(1926), p.250ff; AN-AL, 1892년 10월 13일, ANA, Öll: 5, RA; AN-LN, 1892년 10월 8일, NA.

840. 수천 가지 아이디어, Stecksen(1946), p.150 참조; ANA, Bll:2, RA의 프로젝트 목록; AN-N, 1883년 7월 29일, Fant(1995), p.361.

841. AN-Wilhelm Unge(WU), 1892년 9월 16일, 9월 30일 및 10월 10일, ANA, Bl:8, RA; AN-Ekman(유틸리티 카트리지), Finspäng("군사 방향"), AN의 「My Dear Sir」(문학), 1893년 7월 5일, ANA, Bl:9, RA; AN-AL, 1894년 5월 9일, ANA, ÖII5, RA(인용).

842. Axel Key-elma Key, 1893년 4월 19일, ANA, Öll6, RA; AN에서 EN 1893년 6월 21일, ANA El:2, RA(의학적 아이디어 논의).

843. AN의 "명예로운 교수", 1893년 5월 10일, ANA Öll:6, RA. AN은 참석을 약속했지만 편지 날짜에 따르면 9월 졸업식은 Aix-en Provence에서 있었음.

844. AN-EN, 1893년 6월 21일, 6월 29일, 8월 8일, ANA, El:2, RA.

845. Tolf(1977), p.160f; Yergin(1991), p.70f; AN-Sven Hedin, 1893년 7월 17일, ANA B1:9, RA; AN-EN, ANA, EI:4, RA.

846. Erlandsson(ed.) (2009), p.173, p.174 인용; AN-Ingeborg Nobel(InN), 1894년 8월 28일, NMA; AN-Miss Öberg, 1894년 6월 17일, ANA Bl:9, RA; 연금 기금에 대한 AN, 1896년 3월 4일, ANA Ell:3, RA.

847. S&S(1926), p.252; AN-Lavatelli, 1893년 5월 30일, ANA, Bl:9, RA.

848. BvS-AN, 1894년 4월 11일, Biedermann(2001), p.142f.

849. Rieffel-AN, 1892년 9월 5일, 10월 18일, ANA, Ell:2, RA; AN-Riefel, 1892년 12월 8일, ANA, B1:8, RA(12월 8일, EB 아카이브에 깔끔하게 작성됨, 1956년 7월 15일, NA.)

850. 『Le Figaro』, 1893년 11월 16일; Quinn(1996), p.136(11개 폭탄); Gil Blas, 1893년 11월 12일(다이너마이트법 강화).

851. RS-Hulda Sohlman(HS), 1893년 11월 2일, Ragnar Sohlman의 아카이브, L10a:19, KB; 솔만(2014), p.121; 솔만(1983), p.53.

852. Fredrik Ljungström(FL) 기념 노트, EB 아카이브, 1955년 10월 17일, NA.

853. RS-HS, 1894년 5월 5일, RSA, L10a:19, KB.

854. Sohlman(2014), p.130f.

855. RS-HS, 1893년 11월 30일, 1894년 1월 3일, 25일, RSA, L10a:19, KB.

856. RS-HS, 1894년 1월 6일, RSA, L10a:19, KB; Sohlman(2014), p.137; Stecksen (1946), pp.143ff. 요새 당시 회사는 AB Bofors-Gullspang이라고 불렸음. 알프레드의 첫 번째 대안은 Finspäng이었지만 그는 시설이 너무 구식이라고 생각했음.

857. London Daily News, Morning Post, 1893년 9월 12일. Chancery Division의 특허 소송은 1894년 1월 30일부터 2월 14일 사이에 계류 중이었음. 이는 1894년 7월 항소 법원에 동일한 결과로 항소되었음. 그 동의안은 1895년 2월 상원에 상정되었음.

858. Sheffield Evening Telegraph, 1894년 1월 31일(노벨이 증언); AN-TJ, 1895년 1월 2일, ANA Bl:9, RA(불필요하게 도착); Mauskopf(2014); AN-TJ, 1894년 4월 20일, EB 아카이브, 1956년 7월 10일, NA; AN-Carl Lundholm(CL), 1894년 6월 21일, ANA, Bl:9, RA.

859. Pall Mall Gazette, 1894년 2월 15일.

860. AN-AEN, 1894년 4월 11일, AENA, E01:18, KVA(hemlängtan).

861. AN-Bofors-Gullspang 이사회, 1894년 3월 27일, ANA, Bl:8; AN-Jonas Kjellberg(Bofor의 매니저 CJK), 1894년 11월 19일, ANA, Bl:9, RA; AN-JK 1894년

3월 27일, 5월 9일, ANA, Bl:8, RA.

862. Mignon은 AL의 내부 라인을 통해 Finnboda Slip으로 전송. AL-AN, 1894년 5월 12일, ANA, Öll:5 참조. RA. 1896년에 AN은 그것을 판매하는 것을 고려. 1896년 4월 10일 자 편지, ANA, BI:10, RA를 참조.

863. Hjalmar Nobel(HN)-RN, 1894년 5월 20일, NA; HN-RN, 1894년 4월 22일, NA. ("오, 당신이 백조처럼 하얗더라도 그들은 즉시 당신을 검은 모리안으로 만들었습니다"라고 Gluntarna에서 인용); HN-RN, 1894년 6월 17일, NA; AN-HN, 1894년 10월 24일, NA.

864. 신문 페이지 사본, ANA, Ell:6, RA. 사용된 단어는 "큐레이터". SH-AN, 1894년 7월 10일, ANA, Ell:5, RA; Sjöman (1995), p.70. 이름은 Sophie로 표기. 알프레드는 Bade 철자법인 Sofie와 Sophie를 사용.

865. RS-HS, 1893년 11월 19일, 1894년 5월 20일, RSA, L10a:19, KB; Sohlman(2014), p.144; RS-AN, 1894년 3월 1일, ANA, Ell:1, RA; Sohlman(1983) p.30; AN-W Schmidt 등. 1893~1896, ANA, FVI6, RA, AN-WS, B1:8, 9, 10, RA.

866. FL의 기념 노트, EB 아카이브, NA; Strandh(1983), p.278ff; AN-Mavor(다른 사이클링 파트너), 1896년 5월 10일, ANA, B1:10, RA(자전거를 탈 수 없음). 접촉은 프로젝트에 참여한 사업가 Charles Waern(CW)이 중재.

867. AN-RS, 1894년 9월 3일, ANA, Bl:9, RA; Sohlman(1983), p.19, p.54.

868. RS-HS, 1895년 4월 16일, 1894년 10월 16일, RSA, L10a:19, KB; RS-HS, 1894년 오순절, Sohlman(2014), p.144.

869. AN-Hjalmar, 1894년 10월 4일, ANA, Bl:9, RA. "우선 농담이다. 왜냐하면 60세의 요셉이 보디발의 아내이자 유대 여인에게 잘 어울릴 것이라는 사실을 당신도 알고 있을 것이기 때문이다."

870. AN-HN, 1894년 10월 4일, 24일, ANA, Bl:9, RA; AN-HN, 1894년 12월 2일, BA:9, RA.

871. Fran Gaucher-AN(Ell:3), Alfred Hammond-AN, Ell:4, Emma, Marie, Claire Winkelmann 등이 알프레드에게 보낸 편지, El1:4 및 구매 영수증.

872. AN-Adelsköld 시장, 1894년 11월 9일, ANA, Bl:9, RA.

873. AN-EN, 1894년 10월 29일, ANA, Bl:9, RA; EN-AN, 1895년 6월 1일, ANA, El:2, RA.

874. BvS-AN, 1894년 11월 28일; 비더만(2001), p.151f. Eugenie Turpin은 1886년에 피크린산이 강력한 폭발물임을 발견하고 문제의 가넷에 Turpin이라는 이름을 붙임.

875. BvS-AN, 1894년 4월 11일; Biedermann (2001), p.142f. "평화 예산, 이는 새로운 것이다. 이제 우리 기관이 공공의 유익성을 인정받기 시작하고 있다."

876. "중재 주소", 1890년 3월 5일, Garbo, Gunnar, "Predsaktivisme pa Störtinget", Dagbladet 2004년 4월 15일 참조.

877. Bjernson-BvS, 1894년 7월 20일, von Suttner(1909, 전자책), p.318f에 재현됨; BvS-AN, 1895년 9월 1일("북쪽에서 온 천재"), 1894년 10월 28일, 1894년 11월 28일, Biedermann(2001), p.157, p.150ff; 또한 Garbo, Gunnar, "Fredsactivisme pa Stortinget", Dagbladet, 2004년 4월 15일.

878. Erlandsson(ed.)(2006), p.40(Rydberg); InN-AN, 1893년 7월, 1894년 10월 3일, 1894년 10월 17일, 1895년 1월 7일. InN은 1894년 8월 28일 Carl Ridderstolpe 백작과 결혼. 그들은 "스톡홀름에서 서쪽으로 4시간" 거리인 Strömsholm으로 이사.

879. PN-HN, 1894년 8월 23일, NMA; EN-AN, 1894년 10월 6일, ANA, El:4, RA.

880. Nobel-Oleinikoff(1952), p.109f; Sjögren, 참조. AN-HS, 1894년 10월 4일, ANA, BA:9, RA, 1895년 3월 9일, 7월 5일, Hjalmar Sjögren의 아카이브, 'N 4, KVA; LN-AN, 1895년 10월 18일, NA, C1, LL.

881. AN-TH, 1895년 1월 2일, ANA, Bl:9, RA.

882. AN-Julius Heydner(JH), 1894년 10월 16일, Sjöman(1995), p.72ff.

883. Nicolaus Kapy von Kapivar(NKK)-JH, 1895년 1월 30일, AN-JH, 1895년 3월 9일, Sjöman(1895), p.80f.

884. NKK-JH, 1895년 1월 30일, AN-JH, 1895년 3월 9일, 10월 30일, Sjöman(1995) p.80ff

885. Mauskopf(2014), pp.139ff; Lord Justice Kay, S&S(1926), p.175에 게재.

886. Pall Mall Gazette, 1895년 3월 6일; AN-EN, 1895년 3월 10일, ANA, Bl:9, RA; AN-Timothy Warren(TW), 1895년 3월 10일, ANA, Bl:9, RA; AN-Daily Chronicle 편집자, 1895년 3월 9일, ANA Bl:9, RA.

887. 초안 특허 Bacillus, ANA, Bll:2 RA; AN-HN, 3월 18일, ANA, Bl:9, RA.

888. AN-AL, 1895년 1월 22일, ANA; Öll:5, RA; Stecksen(1946), p.166(실험실 클리

어); AN-AL, 1월 22일, 2월 6일, ANA, Bl:9, Öll:5, RA; AN-EN, 1895년 6월 13일, ANA, Bl:9, RA; AN-M Wiberg, 1895년 2월 26일, ANA, B1:9, RA(두 개의 더 큰 금액 인용); Strandh(1983), p.265f; 1894년 4월 6일 새로운 화약에 관한 최초의 실험실 기록, NH 바인더, 1956년 9월 5일, NA 참조.

889. Sohlman(1983), p.52ff; AL-RS, 1895년 4월 1일, ANA, Öll:2, RA(labbis); S&S(1926), p.194.

890. Rolf Sohlman-Erik Bergengren, 1955년 7월 20일에 전한 일화, EB 아카이브, NA.

891. Sohlman(2014), p.159f; EN-AN, 1895년 6월 20일; EB의 카드 색인(말 이름), NA; 「창립자의 승무원」, Upsala Nya Tidning, 1898년 4월 25일; Karlskoga 신문, 1898년 5월, EB 기록 보관소에서 인용, 1957년 1월 11일, NA.

892. AN-FL, 1896년 3월 12일, ANA, B1:10, RA; FL의 메모, EB 아카이브, NA. (FL은 "…더러운"이라고 끝맺었지만, 그는 틀림없이 잘못 쓴 것 같음); AN-파리의 Julien, 1896년 2월 3일, ANA, B1:10, RA (Malakoff 판매); AN-CW, 1895년 11월 3일, ANA, B1:10, RA.(자전거는 스톡홀름의 '가장 가파른 언덕'인 Söder의 Pustegränd의 Besvärsbacken에서 테스트되었음.)

893. Sollinger(2005), p.89~07. 가장 큰 기부자: 알프레드 노벨 SEK 6만 5,000, Hovet SEK 3만, 사업가 Oscar Dickson SEK 3만.

894. AN-Salomon August Andree(SAA), 1895년 9월 18일과 9월 22일, ANA, Bl:10, RA.

895. EN-AN, 1895년 7월 28일, ANA, El:2, RA. SvD 9월 18일, 9월 19일, AB 9월 19일 및 Nya Wermlandstidningen(NWT) 1895년 9월 19일; Stecksen(1946), p.163ff; 러시아의 서두름과 마차, Karlskoga 신문 1898, EB 아카이브, 1957년 1월 11일, NA의 보고서 참조.

896. AN-Leonard Weylandt, 1895년 10월 19일과 21일, ANA, Bl:10, RA. 알프레드는 Grand Hotel, 레스토랑 Hasseibacken, 은행가 Wallenberg가 Saltsjöbaden에 새로 지은 호텔을 하나의 회사로 통합해야 한다고 생각.

897. Aristide Rieffel(AR)-AN, 1895년 10월 31일, Ell:4, RA; AN-AR, AN-HN, 1895년 11월 5일, ANA, Bl:10, RA; AN-HN, 1895년 11월 21일, 11월 24일, ANA, Bl:10, RA.

898. AN-HN, 1895년 12월 7일, ANA, Bl:10, RA. RA; AN-HN18 3월, ANA, Bl:9, RA.

899. AN-HN, 10월 29일, ANA, Bl:10, RA.

900. Strindberg (1999), p.587ff; BvS-AN, 1894년 8월 12일, Biedermann(2001), p.146. (그녀는 이전에 출간된 독일어판을 읽었음.)

901. Nordau(1993), p.541 인용; Brunetière, Ferdinand, "Après une Visite au Vatican", Révue des deux mondes, 1895~1901, p.99 인용.

902. Strindberg, August, '통합 화학 입문. 첫 번째 초안', Mercure de France, 1895년 10월, Alfred Nobels Björkborns 아카이브 (AN BA); AN이 E Hörnell 이사에게 보낸 서한, 1895년 10월 22일, ANA, B1:10, RA.

903. 스웨덴 클럽(1952), p.10, p.14, p.17; SBL(Strehlnert), EB 아카이브, NA(Hwass).

904. 로베르트의 자녀들이 이미 받은 2만 크로나는 이 계산에 포함되지 않았음. 알프레드는 대부분 알려지지 않은 사람들이지만 이전에 언급된 Hammond씨, Winkelmann 양, Gaucher부인, George Fehrenbach에게도 기부했음. 그는 현재와 이전의 하인인 Auguste Oswald와 Joseph Girardot, 이전의 정원사였던 Jean Lecof에게 작은 연금으로 보답했음. 연금과 보유 자본을 지급받는 Elise Antun은 추적하기 어렵지만, 아마도 알프레드 노벨의 전 파리 가정부일 가능성이 높음.

905. Minutes, Stockholms Rädstugurätt, 1897년 2월 5일, 알프레드 노벨의 유언장 토론을 위한 회의에서 찍은 회의록, 자동차 B, 노벨 재단(1898).

906. BvS-AN, 1895년 9월 26일, Biedermann(2001), p.159.

907. BvS-AN, 1895년 9월, Biedermann(2001), p.157.

908. 알프레드 노벨의 유언장, www.nobelprize.org; S&S(1926), pp.250~257; SE-AN, 1895년 12월 16일, ANA, EII:3, RA.

909. Würzburg의 Physikalisch-med-icinischen Gesellschaft에 대한 Röntgen의 보고서, Über eine neue Art von Strahlen, 1895, Dessauer(1895), p.56ff.

910. Claire Winkelman-AN, 1896년 2월 23일, ANA, EII:4, RA; BvS-AN, 1896년 2월 7일, Biedermann(2001), pp.168f.

911. LN-AN, 1896년 1월 1일, NA, C1, LL; ANA, EII:3, RA.

912. AN-대통령, 1896년 1월 12일, ANA, B1:10, RA; AN-파리의 Julien씨, 1896년 2월 3일, ANA, B1:10, RA; Sohlman(1983), p.48.

913. AN-Mrs. Tamm, 1896년 1월 29일, EB 아카이브, AN-Sofie Ahlström(SoA), 1896년 1월 30일, ANA, Bl:10, RA, 날짜 미상. 1896년, ANA Öll:6, RA. Valborg

Nobel(VN)-AN, 1895년 11월 12일, NoA, C:1, LL. SoA를 유언 집행자의 비서로 고용.

914. 네메시스(Nemesis), 4막의 드라마, ANA, Bll:1 RA; 선원(2001), pp.69~92.

915. AN-BvS, 1월~4월, Sjöman(2001) pp.98~106.

916. AN-LNy, ANA, B1:10, RA.

917. SAA-AN(실크), 1895년 12월 23일, ANA, FVIII:1, RA; Johannesson, Lars, "풍선 Svea의 이야기", Stadsvandringar/ 스톡홀름 시립 박물관 13, 1990년, pp.19~25.

918. 알프레드 노벨의 기술 설명, 1896년 5월 7일, AN-GF, 1896년 7월 1일, ANA, Bl:10, RA; 솔만(1983), p.34.

919. SAA에서 AN으로, 1896년 5월 26일, ANA, FVlll:1, RA; 작업, 1896년 6월 8일; AN 이 Andree, Ekholm, Strindberg에게, 1896년 여름, ANA, Bl:10, RA.

920. TyN에서 AN, Geta 23juii 1896, NA, C:1, LL; RN~HN 1895년 11월 8일, NMA; 여행 신문 Kalmar, 1896년 7월 17일; PN-AN 1896년 8월 7일, ANA, El:4, RA.

921. AN에서 HN으로 또는 RS 1896년 8월 11일, ANA, Bl:10, RA.

922. 전보 SAA에서 AN 1896년 8월 24일; Sohlman(1983), p.39; AN-SA, 1896년 10월, 1896년 10월 30일.

923. AN-Lea, 1896년 8월 6일, Sjöman(2001), p.128. Sohlman(1983), p.52. 첫 번째 접촉은 C H Waem. Sjöman(2001), p.130 참조.

924. Arrhenius(1896), pp.237~276 ("waxthuseffekten"이라는 용어는 1909년 물리학자 Robert Wood에 의해 만들어졌음); Crawford(1996), pp.123ff(결혼).

925. SAA-AN, 1896년 9월 10일, 9월 29일, 9월 30일, 10월 13일, 11월 4일, 11월 12일, ANA, EII:4, RA.

926. Strandh(1983), pp.282~286; FL 메모리 노트, NA.

927. AN-RS, 1896년 10월 25일, Sohlman(1983), p.54; AN-RS, 1896년 10월 28일, EB 아카이브, 1957년 1월 26일; Martennieri, Ulisse, 「알프레드 노벨 씨의 질병 및 사망에 관한 보고서」, EB 아카이브(1896), NA; 알프레드 노벨의 현금 장부, 1896, ANA, G5, RA.

928. LN-AN, 1896년 10월 17일, NoA; C:1, LL; VN-AN, 1896년 10월 21일, ANA, Öll:6, RA.

929. AN이 존경하는 형제에게 보낸 서한, 1896년 11월 20일, ANA, B1:10, RA(와인);

AN-C H Waern, 1896년 11월 7일, Sjöman(2001), p.130; AN-SAA, 1896년 11월 11일(1만 크로나), ANA, Bl:10, RA; Nathan Söderblom (NS)-AN, 1896년 11월 13일과 12월 9일, ANA, Ell:3, RA; Söderblom (2014), p.15f (어린아이 같은); 스웨덴-노르웨이 지원 협회-AN, 1895년 3월 28일, ANA, Ell:3, RA (가난한 사람들); Nathan Söderblom, 「Alfred Nobel과 평화 문제」 원고, 1930년 12월 11일, Nathan Söderblom 컬렉션, UUB; Hemmets Magasin, Sveriges Radio, 1947, 인용.

930. Söderblom(1930); Sjöman(2001), p.164.

931. Söderblom (1930); Sydsvenska Dagbladet, 1896년 11월 20일(연회). Söderblom 은 1896년 12월 3일에 오스카 왕을 위한 연회를 언급. 그러나 AN은 1896년 12월 1일에 파리를 떠남. Nordling을 위한 연회는 1896년 11월 14일에 열렸음. 그 자리에는 알프레드 노벨, Nathan Söderblom이 모두 참석 (신문 보도 참조), 이는 지금까지 그 단체 역사상 가장 큰 연회였음.

932. Sigurd Ehrenborg-AN, 11월 17일, 11월 20일, 11월 25일, ANA Ell:3, RA; AN-SE, 1896년 11월 18일, ANA, Bl:10, RA.

933. AN-BvS, 1896년 11월 21일, BvS-AN, 1896년 11월 28일, Biedermann(2001), p.191ff. 알프레드는 1896년 11월 26일 파리를 떠남. AN-Smitt, 1896년 11월 26일, Öll:6, 「오늘 San Remo로 이동」을 참조.

934. Sohlman(2014), p.153.

935. AN-SH, 1889년 11월 11일, Sjöman(1995), p.255; Martennieri, (1896), NA; 알프레드 노벨의 현금 장부, 1896, ANA, G5, RA.

22장

목사 나탄 쇠데르블롬(Nathan Söderblom)의 일기 "산레모로의 여행, 1896년 12월 15~19일(Resan till San Remo 15~19/12 1896)"은 알프레드 노벨의 장례식에서 발표한 연설문과 1930년 노벨상 시상식에서의 연설문 "알프레드 노벨과 평화 문제(Alfred Nobel och fredssaken)"와 함께 검토되었다. 이 과정의 전개는 라그나르 솔만(Ragnar Sohlman)의 『유언(Ett testamente)』과 그의 서신, 칼 린드하겐(Carl Lindhagen)의 회고록을 바탕으로 이루어졌다. 노벨 가족의 편지는 역사적 사건을 이해하는 데 중요한 자료로 사용되었다. 노벨 재단의 구스타프 셀스트란드(Gustav Källstrand)는 이 과정을 심도 있게 다룬 두 권의 저서를 남겼다. 하나는 박사학위 논문 「메달의 앞면: 1897~1911년 언론에서의 노벨상(Medaljens framsida. Nobelpriset i pressen 1897~1911)」이고, 다른 하나는 미출간 원고 「더 복잡한 계산: 1896~1932년 노벨 재단의 역사(En kvistigare kalkyl. Nobelstiftelsens historia 1896~1932)」 이다. 한편 동시대 언론 보도의 검토는 이 장에서 특히 중요하게 다루어졌으며, 칼스코가 (Karlskoga) 하라즈레츠 아카이브(UL)에 보관된 알프레드 노벨의 유산 목록은 매우 귀중한 자료로 활용되었다.

936. RS-Ragnhild Sohlman (특수) (RagS) 1896년 12월 10일, RSA, L10a:20, KB; RS-HS, 1896년 12월 13일, RSA, L10, a:19, KB.

937. RS-RagS. Sun(1897년 12월 13일), Sohlman(2014), pp.153f.

938. Sohlman(1983), p.124f; 린드하겐(1936), p.246.

939. RS-HS, 1896년 12월, Sohlman(2014), p.154.

940. Söderblom의 산레모 여행, 1896년 12월 15~19일, 술집에서의 연설(Tal och skrifter 1930), 알프레드 노벨과 평화의 대화; Il Pensiero di Sanremo, 1896년 12월 18일; Sohlman(2014), p.156.

941. RS-LNy, 1897년 3월 7일, ANSA, El:1, RA.

942. Sohlman(1983), p.130; Lindhagen(1936), p.246.

943. 스톡홀름 신문(Stockholmstidningen), 1896년 12월 30일; DN 1896년 12월 29일; AN의 의지.

944. EN-RS, 1896년 12월 27일, ry kal, ANAS, El:1, RA; 사회민주당, 1897년 1월 4일 (AB 아님); Källstrand(미출판), p.11(20 연봉); Sohlman(1983), p.131; SvD, 1897년 1월 4일.

945. DN, 1897년 1월 4일.

946. 사회민주당(Socialdemokraten), 1897년 1월 4일.

947. 예테보리 아프톤블라드(Göteborgs Aftonblad), 1897년 1월 21일.

948. AB, 1897년 1월 4일 인용.

949. Hamann(1996), p.198.

950. 상동; von Suttner, Neue Freie Presse, 1897년 1월 12일(기억이 역사에 속해 있는

곳에 재생산된 콘텐츠).

951. 『르 피가로』, 1897년 1월 7일.

952. 부동산 등록부, 1897년 10월 30일, Karlskoga 지방 법원의 arkiv, Fll:54. ULA.

953. Sohlman(1983), pp.140ff; Lindhagen(1936), p.260.

954. Sohlman(1983), pp.138ff. 당시 유언장은 등록(보호)되어야 유효했음.

955. Minutes, Stockholms Radstugurätt, 1897년 2월 5일, 알프레드 노벨의 유언 B, Nobelstifteisen(1898)에 대한 토론을 위한 회의에서 찍은 회의록.

956. AB, 1897년 2월 5일.

957. LNy-RS, 1897년 2월 18일, ANAS, El:1, RA.

958. LNy-RS, 1897년 3월 7일, ANAS, El:1, RA.

959. Sjöman(2001), pp.170~175. Nemesis의 RS 사본은 ANA, Bll:1, RA에 있음.

960. Sohlman(1983), pp.144ff.

961. Brisson, Adolphe, Autour d'un testament, Le Temps, 1897년 2월 19일.

962. Sohlman(1983), p.145ff; Lindhagen(1936), p.260(인용).

963. Sohlman(1983), p.143, "허위 문서", p.149.

964. HN-RS, 1897년 2월 27일, ANAS, El:1, RA.

965. InN-RS, 1897년 3월 7일, ANAS, El:1, RA.

966. 항소 조건 초안, 1897년 3월 16일에 작성된 초안(No A, C1, LL)에 따르면, 이 단계에서 항소를 제기하기 위해서는 가족 구성원 모두의 동의가 필요하다는 조건이 명시됨.

967. RS-RagS, 1897년 3월 26일, 라그나르 솔만(RS)이 작성한 문서(RSA, L10a:20, KB)에서 그는 『Ett testamente』에서 왕과 대화를 나눈 적이 없다고 주장함. 그러나 Ragnhild에게 보낸 현대적 편지에서 정반대로 기록되어 있어 상반되는 내용을 보여줌.

23장

룬드의 노벨 아카이브에서 발견된 두 문서는 유언장 문제와 관련된 스웨덴 노벨 가문의 전략에 새롭게 조명한다. 첫 번째 문서는 1897년 3월 작성된 항소장 초안이며, 두 번째 문서는 1899년 변호사 에른스트 트뤼게르(Ernst Trygger)가 루드빅 노벨(Ludvig Nobel)에게 보낸 편지로, 이 문제에 대한 법적 조언을 담고 있다. 사건의 전개는 이 장에서 다수의 새로운 1차 자료를 통해 한층 상세히 다루어졌다. 주요 자료는 칼스코가 하라즈레츠(Karlskoga häradsrätt)의 재판 기록과 1897년 1월 집행자들이 시작한 유언장 관련 회의의 회의록이다. 이와 함께 이전 장에서 사용된 중요한 기본 자료들이 여전히 활용되었다.

968. Sohlman(1983), p.160ff; Lindhagen(1936), s.262(망명권); RS-RagS, 1897년 4월 1일, RSA, L1Oa:2O, KB.

969. SvD, 1897년 3월 24일.

970. Sohlman(1983), pp.160~168. Hjalmar는 17년간 잘못 주장.

971. Sohlman(1983), p.170, p.184.

972. RS-HN, 1897년 4월 8일, NMA.

973. Ernst Trygger(ET)-LNy, 1899년 2월 21일, NA, C1, LL; 항소 조건 초안, 1897년 3월 16일, NoA, C1, LL.

974. ET in Värt Land, 1897년 4월 14일, Källstrand(2012), p.82.

975. ET-LNy, 1899년 2월 21일, NA, C1, LL.

976. RS-HN, 1897년 4월 12일, 16일, NMA.

977. Källstrand(2012), p.8. Vart Land 1897년 4월 14일, 15일, 17일, Källstrand(2012), p.180.

978. Sohlman(1983), p.180; AB, 1897년 4월 3일(편지 본문).

979. DN, 1897년 4월 24일; Sohlman(1983), p.182.

980. 작업, 1897년 4월 17일.

981. Minutes at Ancient Things, Karlskoga 카운티 법원, 1897년 4월 14일, Karlskoga 카운티 법원 기록 보관소, A1b-5, ULA:DN, 1897년 4월 28일.

982. AB, 1897년 4월 6일.

983. Bjernson, Sydsvenska Dagbladet, 1897년 1월 12일 참조; RS-BvS 1897년 2월 4일, 1898년 4월 13일, Bertha von Suttner Papers, UN 기록 보관소, 제네바; GHT, 1897년 4월 12일; GA, 1897년 7월 19일, 평화 선교 사도들.

984. RS-BvS, 1897년 2월 4일, 1898년 4월 13일, Bertha von Suttner Papers, UN 기록 보관소, 제네바.

985. Sohlman(1983), p.188f; Källstrand(2012), p.192; Källstrand(미출판), p.75ff;

Carlberg, DN 2018년 4월 17일; 조지아, 1897년 1월 23일.

986. Sohlman(1983), p.193ff; S&S(1926), p.258f; Källstrand(미출판), p.74f. 이 작업을 수행하기 위한 공식 통지는 4월 26일 노르웨이 의회(Storting), 5월 28일 스웨덴 아카데미(Svenska Akademien), 5월 29일 카롤린스카 연구소(Karolinska Institutet), 1897년 6월 30일 과학 아카데미(Vetenskapsakademien)에 이루어졌음.

987. Sohlman(1983), p.196ff.

988. Probate, 1897년 10월 30일, Karlskoga 지방 법원 기록 보관소, FII:54. ULA. 산레모의 집은 당시 함부르크의 다이너마이트 회사 대표였던 Max Philipp에게 매각됨.

989. Sohlman(1983), p.201f.

990. Sohlman(1983), p.269f.

991. Sohlman(1983), p.203f; 사회민주당, 1897년 7월 9일; HN-RS, 1897년 8월 7일, RS에 알려지지 않음. 1897년 8월 8일, ANAS, EI:1, RA; SvD, 1897년 6월 9일(실크); Sohlman(1983), p.215(사이클 부표).

992. 검인, 1897년 10월 30일, a.a.; Hamann(1996), p.200.

993. Sohlman(1983), p.117; EN-RS, 1898년 1월 5일, ANAS, EI:1, RA; Sjöman(1995), p.84ff.

994. AB는 1897년 7월 8일과 1898년 4월 7일에 관련 기록을 남김. 1897년 1월 11일, 1월 26일, 2월 1일에는 알프레드 노벨의 유언을 논의하기 위한 회의가 진행됨.

995. 노벨 재단(1898).

996. Karlskoga 지방 법원 기록 보관소, A1a: 160, ULA; DN, 1898년 2월 7일, 1898년 2월 11일, 알프레드 노벨의 유언을 논의하기 위해 회의가 열림.

997. Sohlman(1983), pp.231ff.

998. Sohlman(1983), pp.236ff. Bjernson에 대한 짜증에 대해서는 RS-BvS, 1898년 4월 13일 참조.

999. AB, 1898년 4월 7일; Sohlman(1983), p.230; RS-BvS, 1898년 4월 13일.

1000. EN-RS, 1898년 6월 3일, ANAS, EI:1, RA.

1001. Sohlman(1983), p.241; RS-RagS, 군대에서 보낸 편지, Sohlman(2014), pp.163~167.

1002. Lindhagen(1936), p.270; Ernst Trygger-LN, 1899년 2월 21일, NA, C1, LL.

1003. Lindhagen(1936), p.270f; Källstrand (미출판), p.87.

1004. EN-RS, 1898년 6월 3일(ry kal), ANAS, El:1, RA.

24장

노르웨이 노벨 연구소(DNN)의 아카이브에는 평화상에 관한 첫해의 입문 서신과 프로토콜이 보관되어 있다. 20장에서 언급된 평화상 관련 문헌이 이 장에서도 중요한 기본 자료로 사용되었으며, DNN이 출판한 이바 리벡(Ivar Libaek)의 평화상 첫해에 대한 연재물도 유익했다. 1950년에 노벨 재단은 『노벨상 50년(Nobelprisen 50 år)』을 발행했는데, 이는 노벨상 초기를 다룬 매우 가치 있는 문서이다. 1901년 스웨덴 아카데미의 문학상 수상자 선정은 많은 논란을 일으켰으며, 이 상황은 스웨덴 아카데미의 보 스벤쎈(Bo Svensén)이 편집한 『1901~1920년 문학 노벨상(Nobelpriset i litteratur 1901~1920)』, 셸 에스프마크(Kjell Espmark)의 『문학 노벨상: 결정의 원칙과 가치(Det litterära Nobelpriset, Principer och värderingar bakom besluten)』, 헬머 랑(Helmer Lang)의 『1901~1983년 문학 노벨상(De litterära Nobelprisen 1901~1983)』, 페르 리덴(Per Rydén)이 작성한 칼 데이비드 아프 비르셴(Carl David af Wirsén)의 전기 『성공한 패배자(Den framgångsrike förloraren)』등을 참고해 자세히 묘사되었다.

1005. Hamann(1996), p.200ff; Davis(1962), p.36f; SvD, 1899년 5월 31일.

1006. 1897~1901년에 접수된 서신, 노벨 평화상, 수상 위원회와 노르웨이 의회의 노벨 위원회, 노벨 평화상 보고서, No. 1, 1901, 노르웨이 노벨 연구소(DNN), 오슬로. 첫 번째 노르웨이 노벨 위원회에는 자유당 정치인 Johannes Steen, Jorgen Levland, John T. Lund, 급진적인 시인 Eyvindstjerne Eyernson, 그리고 노르웨이 검찰총장 Bernhard Getz가 포함되었음, Libaek(2000) 참조.

1007. DN, 1901년 7월 1일.

1008. Källstrand(2012), p.260; DN, 1901년 11월 12일.

1009. Gribbins(2002), p.509f; Källstrand(미출판), p.122ff. 막스 플랑크는 1919년에 수상.

1010. DN, 1901년 10월 3일, 11월 4일; Svensen(ed.)(2001), pp.3~13; Rydén(2010), p.581; Lång(1984), p.26ff. Källstrand(미출판), p.143, p.211.

1011. Svensen(ed.)(2001), p.12와 31; 에스프마크(1986), pp.24f.

1012. SvD로 방송, 1901년 12월 7일.

1013. Nobelstifteisen, 노벨상 50주년(1950); SvD, DN, Aftonbladet, 1901년 12월 10
일. 화학상 수상자는 Svante Arrhenius의 집에서 지냈으며, Arrhenius는 그의 수
상에 비공식적으로 중요한 역할을 했음.

1014. SvD, DN, AB, 1901년 12월 10일, 11일; 사회민주당, 1901년 12월 12일.

1015. Hamann(1996), p.205.

1016. SvD, DN, AB, 1901년 12월 10일, 11일.

아카이브 목록

공공 기록 보관소(일부 디지털 자료도 있음)

과학 기록 보관소, 파리

경찰 기록 보관소, 파리(APP)

파리 국립 기록 보관소, 파리(ANP)

파리 기록 보관소(AP)

파리 역사 도서관(BHP)

프랑스 국립 도서관(BNF)

비즈니스 역사 센터, 스톡홀름(CN)

러시아 연방 국가 기록 보관소, 모스크바(GARF)

국립 역사 연구소, 파리

왕립 도서관, 스톡홀름(KB),

왕립 과학원 기록 보관소(KVA)

지역 기록 보관소, 슐레스비히-홀슈타인(LAS)

지역 기록 보관소, 룬드(LL)

노벨 기록 보관소(NoA)

국립 기록 보관소, 워싱턴

뉴욕 역사 학회

국립 기록 보관소, 스톡홀름(RA)

알프레드 노벨 아카이브(ANA)

알프레드 노벨 생가 아카이브(ANS)

러시아 국립 역사 기록 보관소, 상트페테르부르크(RGIA)

러시아 국가 군사 역사 기록 보관소, 모스크바(RGVIA)

러시아 국립 해군 역사 기록 보관소, 상트페테르부르크(RGAVMF)

국방 역사부, 뱅센

스톡홀름시 보관소(SSA)

스탓(Staat) 보관소, 함부르크(SH)

기술 박물관 기록 보관소, 스톡홀름

중앙 역사 국가 기록 보관소, 상트페테르부르크(TsGIA)

유엔 도서관, 제네바(UNL)

베르타 폰 주트너 문헌(BvSP)

웁살라 대학 기록 보관소(UUA)

웁살라 국립 기록 보관소(UL)

오스트리아 국립도서관

개인 아카이브

알프레드 노벨의 비요르크보른(Björkborn) 아카이브(ANBA)

포데르크라이스(Förderkreis) 산업박물관, 기스타트 기록 보관소(FIA)

노벨 재단 기록 보관 (NA)

노벨 박물관 기록 보관소(NMA)

마누엘 보네(Manuel Bonnet) 문서 컬렉션(MBS)

에크하르트 오피츠(Eckhardt Opitz) 교수 문서 컬렉션(EO)

로베르트 노벨 디지털 컬렉(RNDS)

스웨덴 클럽 기록 보관소, 파리

참고문헌

● 관련 서적

Adam, Juliette, (se även Juliette Lamber), Le siège de Paris. *Journal d'une parisienne*, Michel Lévy Frères, 1873.

Adelsköld, C L, *Utdrag ur mitt dagsverks-och pro diverse-konto*, Albert Bonniers förlag, 1900.

Ahlström, Stellan, *Strindbergs erövring av Paris*, Almqvist & Wikseil, 1956.

Almquist, Helge, *Marsorolighetema i Stockholm*, 1848, särtryck ur Samfundet S:t Eriks Årsbok, 1942.

Almqvist, Carl Jonas Love, *Det går an*, faksimil av 1830 års upplaga med författarens egna kommentarer, Bokgillet, 1965.

Alnaes, Karsten, *Historien om Europa. Uppbrott 1800~1900*, Albert Bonniers förlag, 2006.

Anbinder, Tyler, *City of dreams. The 400-year epic history of immigrant New York*, Houghton Mifflin Harcourt (2016).

Anceau, Éric, *Aux origines de la guerre de 1870*, i *France Allemagne(s)* 1870~1871. La Guerre, La Commune, Les Mémoires, Gallimard, Musée de l'Armée, 2017.

Andersson, Sven, *De första ångbåtarna Åbo-Stockholm: ett hundraårsminne*, Åbo akademi, Sjöhis-toriska museet vid Åbo akademi, 1996.

Antonmattei, Pierre, *Gambettaf heraut de la Republique*, Editions Michalon, 1999.

Aveijanova, Aleksandra Jevgenjevna, *Dokument rörande resultat från den statliga expertundersök-ningen av kulturarvsobjektet beläget på adressen Sankt Petersburg, Peterburgskaja nabereszjnaja, 24*, 2016, Ryska kulturministeriet Ckulturhistorisk granskningsrapport angående Alfred Nobels födelsehus).

Bahr, J F, *Anteckningar om Russland under ett vistande i Petersburg och en utflygt till Moskva*, tryckt hos L J Hierta, Stockholm, 1838.

Baird, Julia, *Victoria. The queen*, Random House, 2016.

Barbe Paul (red.), *La dynamite. Substance explosive inventée par M A Nobel, Ingénieur suédois. Collection de documents*, Imprimene Viéville et Capiomont, 1870.

Barlow, Nora (red.), *The autobiography of Charles Darwin*, Collins, 1958.

Bartlett, Rosamund, *Tolstoy-A Russian life*, Houghton Mifflin Harcourt, 2011.

Beiser, Frederick C, *Weltschmerz. Pessimism in German philosophy, 1860~1900*, Oxford University Press, 2016.

Bell, Madison Smartt, *Lavoisier och kemin: den nya vetenskapens födelse i revolutionens tid*, sv uppl, Nya Doxa, 2005.

Bergengren, Erik, *Alfred Nobel*, Gebers, 1960.

Berggrund, Lars & Bårström, Sven, *De första stambanorna. Nils Ericsons storverk*, Sveriges Järn-vägsmuseum, 2014.

Berlin, Isaiah, *Russian thinkers*, The Hogarth Press, 1978.

Biedermann, Edelgard (red.), *Chère baronne et amie. Cher monsieur et ami. Der Briefwechsel zwischen Alfred Nobel und Bertha von Suttner*, Olms, 2001.

Bjurman, Eva Lis och Olsson, Lars, *Barnarbete och arbetarbarn*, Nordiska museet, 1979.

Blackbourn, David, *The long nineteenth century: a history of Germany, 1780~1918*, Oxford University Press, 1998.

Blackwell, William L, *The beginnings of Russian industrialization 1800~1860*, Princeton University Press, 1968.

Bladh, Christine, *Manglerskor. Att sälja från korg och bod i Stockholm, 1819~1846*, Kommittén för Stockholmsforskning, 1991.

Bladh, Mats, *Ekonomisk historio, Europa, Amerika och Kina under tusen år*, Studentlitteratur, 2011.

Boberg, Stig, *Carl XIV Johan och tryckfriheten, 1810~1844*, Göteborg 1989.

Bodani, David, *Elektricitet, Månpocket*, 2005.

Boehart, William, *Geesthacht. Eine stadtgeschichte*, Kurt Viebranz Verlag, 1997.

Boehart, William & Busch, Wolf-Rüdiger, *Ein träum ohne Ende, Beiträge über das Leben under Wirken Alfred Bernhard Nobels aus dem Jubiläumsjahr 2001 in Geesthacht*, Hamburger Arbeitskreises für Regionalgeschichte und des Stadtarchivs Geesthacht, LIT

Verlag, 2001.

Boström, Raoul F, *Ladugårdslandet och Tyskbagarbergen blir Östermalm*, Trafik-nostalgiska förlaget, 2008.

Boterbloem, Kees, *A history of Russia and its Empire*, Rowman & Littlefield Publishers, 2014.

Boutin, Aknee, *City of noice. Sound and nineteenth century Paris*, University of Illinois Press, 2015.

Bouvier, Jean, *Les deux scandales de Panama*, René Juillard, 1964.

Brandeil, Gunnar, *Strindberg-ett författarlivf D. 3, Paris, till och från: 1894~1898*, Alba, 1983.

Brandell, Gunnar, *Strindberg-ett författarliv, Del 2. Borta och hemma: 1883~1894*, Alba, 1985.

Brandell, Gunnar, Browaldh, Tore, Eriksson, Gunnar, Strandh Sigvard & Tägil Sven, *Nobel och hans tid. Fem essayer*, Atlantis, 1983.

Bremer, Fredrika, *England om hösten år 1851*, P A Norstedt & Söners förlag, 1922.

Bresler, Fenton, *Napoleon III. A life*, HarperCollins, 1999.

Brown, G I, *Explosives. History with a bang*, The History Press, 2010.

Burgwinkle, William, Nicholas Hammond & Emma Wilson (red.), *The Cambridge History of French Literature*, Cambridge University Press, 2011.

Burrows, Edwin G. & Wallace, Mike, *Gotham. A history of New York City to 1898*, Oxford University Press, 1999.

Busjkovily, Paul, *A concise history of Russia*, Cambridge University Press, 2012.

Busse, Ulf-Peter, *Zwischen politischen Zwängen und ökonomischen Chancen*, i Busch och Boehart (red.), 2001.

Bykov, G.V., *Organitjeskaja chimija-Kazanskaja sjkola chimikov-organikov. Issledovanija po istorii organitjeskoj chimii* (Organisk kemi-Kazanskolan, i Studier i den organiska kemins historia), Förlaget "Nauka", 1980.

Bynum, William F, *Science and the practice of medicine in the nineteenth century*, Cambridge University Press, 1994.

Cantor, Geoffrey, *Religion and the Great exhibition of 1851*, Oxford University Press, 2011.

Church, William Conant, *The life of John Ericsson. Vol I*, Charles Scribner's sons, 1890.

Clément Gilles Praca, Edwige & Deliau Philippe, *Paulilles. L'Avenir d'une mémoire*,

EditionsTrabucaire, 2018.

Crawford, Elisabeth, Arrhenius. *From Ionic Theory to the Greenhouse Effect*, Science History Publications, 1996.

Crosland, Maurice P, *Science under control: The French academy of sciences 1795~1914*, Cambridge University Press, 1992.

Crump, Thomas, *A brief history of science as seen through the development of scientific instruments*, Robinson, 2002.

Dahlström Svante, *Åbo brand 1827. Studier i Åbo stads byggnadshistoria intill 1843*, Åbo tryckeri och tidnings aktiebolag, 1929.

Danius, Sara, *Den blå tvålen. Romanen och konsten att göra saker och ting synliga*, Albert Bonniers förlag, 2013.

von Dardel, Fritz, *Minnen. Andra delen*, P A Norstedts förlag, 1911.

Darwin, Charles, *Om arternas uppkomst genom naturligt urval eller de bäst utrustade rasernas bestånd i kampen för tillvaron*, första sv. uppl., L J Hierta, 1871.

Davies, Norman, *Europe. A history*, HarperPerennial, 1998.

Davis, Calvin Dearmond, *The United States and the first Hague peace conference*, Cornell University Press, 1962.

Debré, Patrice, *Louis Pasteur*, Flammarion, 1994.

Delpiano, Pada Maria, *Viaggio intorno alia dinamite Nobel*, editris, 2011.

Dessauer, Friedrich, *Röntgens upptäckt*, Natur och Kultur, 1955.

Devance, Louis, *Gustave Eiffel. La construction d'une carrière d'ingénieur*, Éditions Universitaires de Dyon, 2016.

van Doren Stern, Philip, *The man who killed Lincoln. The story of John Wilkes Booth and his part in the assassination*, Jonathan Cape, 1939.

Duby, Georges (red.), *Histoire de la France des origines à nos jours*, Larousse, 1999.

Duby, Georges (red.), *Histoire de la France de 1852* à nos jours, Larousse, 1987.

Duclert, Vincent, 1870~1914, *La Républicque Imaginée, Histoire de France,* Belin, 2014.

af Edholm, Erik, *På Carl XVs tid*, Norstedts, 1945.

Ekbom, Torsten, *Europeiska konserten*, Bonniers, 1975.

Eklund, Torsten (red.), *Strindbergs brev, Volym III. April 1882~1883*, Bonniers, 1952.

Eklund, Torsten (red.), *Strindbergs brev, Volym V. 1885-juli 1886*, Bonniers, 1956.

Ekman, Stig, *Slutstriden om Representationsreformen*, Svenska Bokförlaget/Norstedts, 1966.

Elrod, Richard B, *The concert of Europe: A fresh look at an international system*, World Politics, Vol. 28, No. 2, 1976.

Ericson Wolke, Lars, *Stockholms historia under 750 år*, Historiska Media, 2001.

Eriksson, Monica, *Brandskydd, Stockholms brandskydd och brandkår under gångna tider*, Stockholms brandförsvar, 1992.

Eriksson, Sven, *Carl XV*, Wahlström & Widstrand, 1954.

Erlandsson, Åke, *Alfred Nobels bibliotek. En bibliografi*, Atlantis, 2002.

Erlandsson, Åke (red.), *Dikter av Alfred Nobel*, Atlantis, 2006.

Erlandsson, Åke (red.), *Alfred Nobel. Berättelser och filosofiska brev*, Atlantis, 2009.

Espmark, Kjell, *Det litterära Nobelpriset. Principer och värderingar bakom besluten*, Norstedts, 1986.

Falnes, Oscar J., *Norway and the Nobel peace prize*, Columbia University Press, 1938.

Fant, Kenne, *Alfred Bernhard Nobel*, Norstedts, 1995.

Feldman, Burton, *The Nobel prize. A history ofgeniusf controversy, and prestige*, Arcade Publishing, 2012.

Fierro, Alfred, *Histoire et dictionnaire de Paris*, Robert Laffont, 1996.

Figes, Orlando, *Crimea. The Last Crusade*, Allen Lane, 2010.

Figuier, Louis, *L'Année Scientifique et Industrielle*, Librairie de Hachette, 1866

Figurovskij, N. A och Solovjov, Ju. I, Nikolaj *Nikolajevitj Zinin. Biografitjeskij otjerk* (Nikolaj Nikolajevitj Zinin, en biografisk skiss), Vetenskapsakademiens förlag, Moskva, 1957.

Fjeld, Odd, *Norsk artilleri 1814~1895*, Forsvarsmuseet, 2019.

Folsom, Ed & Price, Kenneth, *Re-scripting Walt Whitman*, Blackwell Publishing, 2005.

Foumel, Victor, *Ce qu'on voit dans les rues de Paris*, E Dentu, 1867.

Frank, Joseph, *Dostoevsky. A writer in his time*, Princeton University Press, 2012.

Fredriksson, Gunnar, *20 filosofer*, Norstedts, 1995.

Fredriksson, Gunnar, *Schopenhauer*, Bonniers, 1996.

Friman, Helena & Söderström, Göran, *Stockholm. En historia i kartor och bilder*, Bonnier Fakta, 2010.

de Geer, Louis, *Minnen*, P A Norstedt & Soners förlag, 1892.

Glinka S. F. *Personliga minnen av N. N.* Zinin, i Figurovskij och Solovjov (1957), bilaga 10.

Gogol, Nikolaj, *Nevskij Prospekt*, i *En dåres anteckningar och andra berättelser*, Wahlström & Widstrand, 1982.

Goldkuhl, Carola, *Getå och Kolmården, Natur, historia, färdvägar*, Norrköpings Tidningars AB, 1954.

Gonzales-Quyano, Lola, *Capitate de l'amour. Filles et lieux de Plaisir á Paris au XiXe siède*, Vendémiaire, 2015.

Grebenka, Jevgeny, The Petersburg quarter i Nekrasov, Nikolaj (red.), Petersburg. *The physiology of a city*, 1845, i översatt nyutgåva, Northwestern University Press, 2009.

Gretzschel, Matthias, *Hamburg Kleine Stadtgeschichte*, Verlag Friedrich Pustet, 2016.

Gretzschel, Matthias & Kummereincke, Sven, *Hamburg Zeitreise*, Hamburger Abendblatt, 2013.

Gribbin, John, *Science: A history*, Penguin, 2002.

Gruber, Kari, Alfred Nobel. *Die Dynamitfabrik Krümmel-Grundstein eines Lebenswerks*, Flügge Printmedien.

Guareschi, Icilio (red.) och Sobrero Ascanio, *Memorie scelte di Ascanio Sobrero*, Associazione chimica industrial di Torino, 1914.

Haffner, Sebastian, *Von Bismarck zu Hitler. Ein Rückblick*, Droemer, 2015.

Hamann, Brigitte, *Bertha von Suttner. Ein Leben für den Frieden*, Piper, 1986.

Hamann, Brigitte, *Bertha von Suttner. A life for peace*, Syracuse University Press, 1996.

Hamilton, Hugo, *Hågkomster: strödda anteckningar*, Bonnier, 1928.

Headlam, James Wycliffe, *Bismarck and the foundation of the German empire*, 1899.

Hedenborg och Morell (red.), *Sverige-en social och ekonomisk historia*, Studentlitteratur, 2006.

Hedin, Sven, *Stormän och kungar. Förra delen*, Fahlcrantz & Gummelius, 1950.

Heffermehl, Fredrik S, *Nobels fredspris. Visionen som försvann*, Leopard forlag, 2011.

Hellberg, Carl Johan (Posthumus), *Ur minnet och dagboken om mina samtida personer och händelser efter 1815 inom och utom fäderneslandet*, Iwar Häggströms boktryckeri, 1870.

Hodes, Martha, *Mourning Lincoln*, Yale University Press, 2015.

Hogenuis-Seliverstoff, Anne, *Juliette Adam 1836~1936*, L'Harmattan, 2001.

Hornberger, Eric, *New York City. A cultural history*, Interlink Books, 2015.

Hornberger, Eric, *The historical atlas of New York City. A visual celebration of 400 years of New York City's history*, 2005.

Houte, Arnaud-Dominique, *Le triomphe de la République 1871~1914*, Seuil, 2014.

Hägg, Göran, *Den svenska litteraturhistorien*, Wahlström & Widstrand, 1996.

Hägg, Göran, *Världens litteraturhistoria*, Wahlström & Widstrand, 2000.

Israel, Paul, *Edison: A life of invention*, Wiley, 1998.

Jangfeldt, Bengt, *Svenska vägar till S:t Petersburg*, Wahlström & Widstrand, 1998.

Joll, James, *The origins of the First world war*, Longman, 1984.

Jonnes, Jill. *Eiffel's tower. The thrilling story behind Paris's beloved monument and the extraordinary world's fair that introduced it*, Penguin Random House, 2010, e-bok.

Järbe, Bengt, *Dofternas torg. Hur Packartorget blev Norrmalmstorg*, Byggförlaget, 1995.

Kantor-Gukovskaja A. S, *Pri dvore russkich imperatorov. Proizvedenija Michaja Zitji iz sobranij Ermi-tazja* (Vid de ryska kejsamas hov. Verk av Michay Zicy ur Eremitagets samlingar), katalog m.a.a. utställning vid Eremitaget, 2005.

Keegan, John, *The American civil war*, Vintage Books, 2010.

Kennan, George Frost, *The fateful alliance: France, Russia, and the coming of the First world war*, Pantheon Books, 1984.

Kichigina, Galina, *The imperial laboratory. Experimental physiology and clinical medicine in post Crimean Russia*, Editions Rodopi, 2009.

King, David, *Vienna, 1814: how the conquerors of Napoleon made love, war, and peace at the congress of Vienna*, Harmony Books, 2008.

Kissinger, Henry, *Diplomacy*, Touchstone, 1994.

Kleberg, Carl-Johan (red.), *Långholmen. Den gröna ön*, Stockholmia förlag, 1998.

Klessman, Eckart, *Geschichte der Stadt Hamburg*, Die Hanse, 2002.

Kolbe, Gunlög, *Marie Sophie Schwartz. August Strindberg och det moderna genombrottet,*

Person- historisk årsbok, 2004.

Koppnrtan, Georg, Weimar, Wilhelm, Milach, Rafal & Luczak, Mical, *Stadt. Bild. Wandel, Hamburg in Fotografien 1870~1914/2014*, Historische Museen Hamburg, 2015.

Kuliander, Björn, *Sveriges järnvägs historia*, Bra Böcker, 1994.

Källstrand, Gustav, *Medaljens framsida. Nobelpriset i pressen 1897~1911*, Carlssons, 2012.

Köstler, Lorenz, *Ein Blick auf Eger-Franzensbad in seiner jetzigen Entwicklung*, Wien, 1847.

Lagerqvist, Lars O, *Karl XIV Johan-en fransman i Norden*, Prisma, 2005.

Lagerqvist, Lars O, Wiséhn, Ian & Åberg, Nils, *Ryska statsbesök i Sverige och mindre officiella visiter samt några svenska besök i Russland*, Kungliga Myntkabinettet, 2004.

Lamber, Juliette (Mme Edmond Adam), *Le siège de Paris. Journal d'une parisienne*, Michel Lévy Frères, 1873.

Langlet, Eva, *1834. Året då koleran drabbade Stockholm*, Recito föriag, 2011.

Larsson Ulf, *Alfred Nobel. Nätverk och innovationer*, Nobelmuseum, 2010.

Laurent, Sébastien, *Politicques de l'ombre*, Fayard, 2009.

Lemonchois, Edmond, *Sevran-en France d'hier et d'aujourd'hui*, Société historique du Raincy et du pays d'Aulnoye, 1981.

Lenk, Torsten, *Two U.S. political gifts of arms. The history of the gifts*, band 3, häfte 10, Livrustkammaren, 1945.

Lewes, G. H., *Ranthorpe*, Leipzig, 1847.

Lincoln, W. Bruce, *Nicholas I. Emperor and autocrat of all the Russians*, Northern Illinois University Press, 1989.

Lindberg, Birgit, *Malmgårdarna i Stockholm*, Natur och Kultur/LTs förlag, 2002.

Lindhagen, Carl, *Memoarer*, Albert Bonniers förlag, 1936.

Lindorm, Per-Erik, *Stockholm genom sju sekler*, Sohlmans, 1951.

Lindskog, Carin, *Ferdinand Tollin som Stockholmsskildrare*, Samfundet S:t Eriks Årsbok, 1934.

Loose, Hans-Dieter (Hrsg), Hamburg. *Geschichte der Stadt under ihrer Bewohner*, Hoffmann und Campe, 1982.

Lotti, Giovanni, *Nobel a Sanremo*, Administrazione Provinciale di Imperia, 1980.

Lotti, Giovanni e Antonella, *Nobel a Sanremo*, Umberto Allemandi & Co, 2009.

Lundgren, Anders, *Kunskap och kemisk industri i Sverige i 1800-talets Sverige*, Arkiv förlag, 2017.

Lundin, Claës, *En gammal stockholmares minnen*, Stockholm, Hugo Gebers förlag, 1904.

Lundin, Claës, *I Hamburg. En gammal bokhållares minnen*, Stockholm, 1871.

Lundin, Claës, *Nya Stockholm*, Gidlunds faksimilupplaga, 1987.

Lundin, Claës och Strindberg, August, *Gamla Stockholm. Anteckningar ur tryckta och otryckta källor*, Stockholm 1882.

Lundström, Ragnhild, *Alfred Nobels förmögenhet*, i *Ur ekonomisk-historisk synvinkel. Festskrift tillägnad professor Karl-Gustaf Hildebrand 25.4*, Scandinavian university books, 1971.

Lundström, Ragnhild, *Alfred Nobel som internationell företagare. Den nobelska sprängämnesindustrin 1864~1886*, Uppsala universitet, 1974.

Lysholm, Gustaf Adolf, *Livet på Ladugårdslandet. Ur magister Ekenbergs dagbok från 1833*, Albert Bonniers förlag, 1968.

Lång, Helmer, *De litterära Nobelprisen 1901~1983*, Bra bok, 1984.

Lönnroth, Lars & Deiblanc, Sven, *Den svenska litteraturen. Genombrottstiden*. Albert Bonniers förlag, 1999.

MacDonald, G W, *Historical papers on modern explosives*, London, 1912.

Martin-Fugier, Anne, *Les salons de la IIIe République. Art, littérature, politique*, Perrin, 2009.

Marvin, Charles, *The region of the eternal fire. An account of a journey to the petroleum region of the Caspian in 1883*, W H Allen and Co, 1884.

Melua, A N, *Documents of life and activity of the Nobel family 1801~1932*, Sankt Petersburg, 2009.

Millqvist, Folke, *Gummiindustrins framväxt i Sverige*, Daedalus, Tekniska museets årsbok 1988.

Molinari E & Quartieri, F, *Notices sur les Explosifs en Italie*, Publication de la Société Italienne des Produits Explosifs, fransk upplaga, 1913.

Mollier, Jean-Yves, *Le scandale de Panama*, Fayard, 1991.

Monas, Sidney, *The third section. Police and society in Russia under Nicholas,* I Harvard University Press, 1961.

Montefiore, Simon Sebag, *The Romanovs 1613~1918*, Weidenfeld & Nicoison, 2016.

Montefiore, Simon Sebag, *Den sista tsardynastin Romanov 1613~1918*, Norstedts, 2017.

Montelin, Gösta, *Tysk litteratur i historisk framställning*, P A NorstedtS & Söner, 1923.

Morcos, Saad, *Juliette Adam*, Le Caire, 1961.

Morton, Frederic, *A nervous splendor: Vienna, 1888~1889*, 1980 (e-bok)

Morton, Timothy (red.), *The Cambridge companion to Shelley*, Cambridge University Press, 2012

Munthe, Arne, *Västra Södermalm från mitten av 1800-talet*, Församlingshistoriekommittén I Sancta Maria Magdalena och Högalids församlingar, 1965.

Murray, John, *A hand-book for travellers in Denmark, Norway, Sweden and Russia*, London, 1838.

Napier, Charles, *History of the Baltic campaign of 1854*, Richard Bentley, 1857.

Nerman, Gustaf, *Stockholm för sextio år sedan*, Albert Bonniers boktryckeri, 1894.

Nobel, Alfred, *Dikter* (med Introduktion av Åke Erlandsson), Atlantis, 2006.

Nobel, Alfred, *Berättelser och filosofiska brev* (med Introduktion av Åke Erlandsson), Atlantis, 2009.

Nobel-Oleinikoff, Marta, *Ludvig Nobel och hans verk: en släkts och en storindustris historia*, Stock holm, 1952.

Nobelstiftelsen, *Nobelprisen 50 år, Forskare. Diktare, Fredskämpar*, Sohlmans, 1950.

Nordau, Max, *Degeneration*, University of Nebraska Press, 1993 (1895).

Norden, Arthur, *Jacobiternas gamla skola. 300 år i Vasa Realskolas gestalt*, Stockholm, 1959.

Nordenskiöld Israel, Paul, *Edison. A life of invention*, John Wiley & Sons, 1998.

Nordin, Svante, *Filosoferna. Den moderna världens födelse och det västerländska tänkandet 1776~1900*, Natur & kultur, 2016.

Odelberg, Axel, *Äventyr på riktigt. Berättelsen om upptäckaren Sven Hedin*, Norstedts, 2008.

Ohlsson, Per T, *100 ar åv tillväxt. Johan August Gripenstedt och den liberala revolutionen*, Timbro, 2012.

Olsson, Bengt & Aigulin, Ingemar, *Litteraturens historia i världen*, Norstedts akademiska förlag, 1995.

Opini, Udo, *Zu Gast im Alten Hamburg*, Hugendubel, 1997.

Opitz, Eckardt, *Otto von Bismarck als Minister für Lauenburg. Ein Beitrag zur Regionalgeschichte, i Klei ne Bismarck-Studien*, Helmut-Schmidt-Universität/ Universität der Bundeswehr, Hamburg, 2007.

Ottosson, Stellan, *Darwin. Den försynte revolutionären*, Fri tanke, 2016.

Paul, David, *John Ericsson and the engines of exile*, Chandler Lake Books, 2007. (e-bok)

Pauli, Herta E. *Alfred Nobel: Dynamite king, architect of peace*, L B. Fischer, New York, 1942.

Peterson, Hans-Inge, *Medicinens historia. En koncentrerad aktuell översikt från forntid till framtid*, Warne förlag, 2013.

Pinon, Pierre, *Atlas du Paris Haussmannien. La ville en héritage du second empire à nos jours*, Parigramme, 2016.

Pinon, Pierre, *Paris pour mémoire. Le livre noir des destructions Haussmanniennes*, Parigramme, 2012.

Porter, Roy, *Blood and guts: A short history of medicine*, Penguin Books, 2002.

Pratt, Sarah, *Russian metaphysical romanticism: The poetry of Tiutchev and Boratynskii*, Stanford University Press, 1984.

Quammen, David, *Den motvillige mr Darwin, Ett personligt porträtt av Charles Darwin och hur han utvecklade sin evolutionsteori*, Adoxa, 2006.

Quinn Susan, *Marie Cure. A life*, Da Capo Press Inc, 1996.

Radzinskij, Edvard, *Alexander II. Den siste store tsaren*, Norstedts, 2007.

Rasch, Mårten, *Boklådoma och stallpalatset vid Norrbro*, Bokvännema, 1972.

Rasch, W, i Ritter, Joachim m.fl., *Historisches Wörterbuch der Philosophie*, Schwabe, 2004.

Remini, Robert V, *A short history of the United States: From the arrival of native American tribes to the Obama presidency*, HarperCollins, 2009.

Reynolds, David S, *Walt Whitman*, Oxford University Press, 2005.

Ridley Jasper, *Napoleon III and Eugénie*, Constable, 1979.

Robbins, Louise E, *Louis Pasteur and the hidden world of microbes*, Oxford Portraits in Science, 2001 (e-bok).

Roberts, Hugh, *Shelley and the chaos of history. A new politics of poetry*, Pennsylvania State

University Press, 1997.

Ross, Graham, *Victor Hugo*, Picador, 1997.

Royle, Trevor, *Crimea. The great Crimean war 1854~1856*, 2000.

Rudstedt, Gunnar, *Långholmen. Spinnhuset och fängelset under två sekler*, Skrifter utgivna av Institutet för rättshistorisk forskning, Rättshistoriskt bibliotek, 1972.

Rummel, Erika, *A Nobel affair; The correspondence between Alfred Nobel and Sofie Hess*, University of Toronto Press, 2017.

Rydén, Per, *Den fråmgangsrike förloraren. En värderingsbiografi över Carl David af Wirsén*, Carlssons, 2010.

Råberg, Marianne, *En framtid för Stockholm? Storstadens framväxt under Industrialismen* Stockholms..., stadsmuseum, 1976.

Sandström, Birgitta, *Emma Zorn*, Norstedts, 2014.

Santesson, Gunnar O.C.H, *Släkten Santesson från Långaryd*, 1982.

Schieb, Roswitha, *Böhmisches Bäderdreieck, Literarischer Reiseführer*, Deutsches Kulturforum Östliches Europa, 2016.

Schiveibusch, Wolfgang, *Järnvägsresandets historia*, Arkiv, 1998.

Schmid, Susanne, *Shelley's German afterlives 1814~2000*, Palgrave Macmillan, 2007.

Schopenhauer, Arthur, *Aforismer i levnadsvishet*, Björck & Böijesson, 1923.

Schou, August, *Fredsprisen, i Nobelprisen 50 år. Forskare Diktare Fredskämpar*, Sohlmans, 1950.

Schück, Henrik & Sohlman, Ragnar, *Alfred Nobel och hans släkt. Minnesskrift utgiven av Nobelstifteisens styrelse*, 1926.

Schön, Lennart, *En modern svensk ekonomisk historia. Tillväxt och omvandling under två sekel*, SNS Förlag, 2000.

Shaffner, Tal P, *The telegraph manual*, Pudney & Russel Publishers, New York, 1859.

Shaffner, Tal P, *The war in America, being an historical and political account of the southern and northern States, showing the origin and cause of the present secession war*, 1862.

Shaffner, Tal P, *Memorial to congress*, US Senate, 1858.

Shaplen, Robert, *Alfred Nobel. Adventures of a pacifist*, särtryck ur The New Yorker,

Nobelstiftelsen, 1958.

Shaw, David W., *The sea shall embrace them. The tragic story of the steamship Arctic*, The Free Press, 2002.

Siguret, Philipp, *Chaillot Passy Auteuil Le Bois de Boulogne. Le Seizième Arrondissement*, Henrie Veyrier, 1982.

Sjöberg, Birthe & Vulovic, Jimmy, *Bibeins lära om Kristus: provokation och inspiration*, Absalon, 2012.

Sjöman, Vilgot, *Mitt hjärtebarn. De länge hemlighållna breven mellan Alfred Nobel och hans älskarinna Sofie Hess med en biografisk Studie av Vilgot Sjöman*, Natur & Kultur, 1995.

Sjöman, Vilgot, *Vem älskar Alfred Nobel?* Natur & Kultur, 2001.

Sohlman, Ragnar, *Ett testamente*, Atlantis, 1983 (nyutgåva)

Sohlman, Staffan (red.), *Ragnar Sohlman - Baku, Chicago, San Remo*, Författares bokmaskin, 2014.

Sollinger, Günther, *S.A. Andrée. The beginning of Polar aviation 1895~1897*, Russian Academy of Sciences, 2005.

Spåren efter Nobel, Årsbok för Riksarkivet och Landarkiven, 2001.

Standage, Tom, *The Victorian internet,* Phoenix, 1998.

Steckzén, Bofors. *En kanonindustris historia,* Stockholm, 1946.

Steinberg, Jonathan, *Bismarck. A Life*, Oxford University Press, 2011.

Stenersen, Øivind, Libaek, Ivar & Sveen, Asle, *Nobels fredspris. Hundra år for fred*, Cappelen, 2001.

Stowe, Charles Edward, *Harriet Beecher Stowe. The story of her life*, Houghton Mifflin Company, 1911.

Strandh, Sigvard, *Alfred Nobel. Mannen, verket, samtiden*, Natur & Kultur, 1983.

Strindberg, August, *Samlade verk 15. Dikter på vers och prosa*, Norstedts, 1995.

Strindberg, August, *Tjänstekvinnans son*, Norstedts, 1989.

Stråth, Bo, *Sveriges historia 1830~1920*, Norstedts, 2012.

Stubhaug, Arild, *Att våga sitt tärningskast. Gösta Mittag-Leffler 1846~1927*, Atlantis, 2007.

von Suttner, Bertha, *Memoiren*, 1909 (e-bok).

von Suttner, Bertha, *Ned med vapnen!*, Beijers, 1890.

Svensén, Bo (red.), *Nobelpriset i litteratur 1901~1920*, Svenska Akademien, 2001.

Söderblom, Omi, *I skuggan av Nathan*, Verbum, 2014.

Söderblom, Nathan, *Tal och Skrifter. Fjärde delen*, Världslitteraturens förlag, 1930.

Tadié, Jean-Yves (red.), *La littérature française*, Gallimard, 2007.

Tahvanainen, K V, *Telegrafboken. Den elektriska telegrafen i Sverige 1853~1996*, Telemuseum, 1997.

Terras, Victor, *A history of Russian literature*, Yale University Press, 1991.

The Poetical Works of Rev. Charles Lesingham Smith, Deighton, Cambridge och Parker, 1844.

Thuselius, Olav, *The man who made the Monitor, A biography of John Ericsson*, naval engineer, McFarland & Company, 2007.

Tjerneld, Staffan, *Nobel. En biografi*, Bonniers, 1972.

Tjerneld, Staffan, *Stockholmsliv. Första bandet*. P. A. Norstedt & Söners förlag, 1949.

Tolf, Robert W, *Tre generationer Nobel i Ryssland*, Askild & Kärnekull Förlag, 1977.

Tombs Robert, *Les deux sièges de Paris*, i *France Allemagne(s) 1870~1871. La Guerre, La Commune, Les Memoires*, Gallimard, Musee de l'Armee, 2017.

Tolstoj, Lev, *Från Sevastopols belägring* (maj 1855), Samspråks förlag, 2010.

Uddenberg, Nils, *Lidande & läkedom II, Médicinens historia från 1800~1950*, Fri Tanke, 2015.

Volkov, Solomon, *St Petersburg: A cultural history*, Free Press Paperbacks, 1997.

Västerbro, Magnus, *Svälten*, Albert Bonniers förlag, 2018.

Wahlbäck, Krister, *Jättens andedräkt: Finlandsfrågan i svensk politik 1809~2009*, Atlantis, 2011.

Waldén, Bertil, *Vieille Montagne. Hundra år i Sverige 1857~1957. Minnesskrift*, Vieille Montagne, 1957.

Watanabe-O'Kelly, Helen (red.), *The Cambridge history of German literature*, Cambridge Universi ty Press, 1997.

Watson, Peter, *Den gudlösa tidsåldern*, Fri Tanke, 2018.

Wawro, Geoffrey, *The Franco-Prussian war. The German conquest of France in 1870~1871*, Cambridge University Press, 2003.

Wetzel, David, *A duel of Giants. Bismarck, Napoleon III and the origins of the Franco-Prussian war*, The University of Wisconsin Press, 2001

Wieviorka, Olivier (red.), *La France en Chiffres de 1870 à nos jours,* Perrin, 2015.

Woodham-Smith, Cecil, *Florence Nightingale 1820~1910*, Forum, 1952.

Yergin, Daniel, *The prize. The epic quest for oil, money and power,* Simon & Schuster, 1991.

Zacke, Brita, *Koleraepidemien i Stockholm,* Monografier utgivna av Stockholms kommunalförvaltning 32, 1971.

Zelenin, K N & Solod, O.V, *N. N. Zinin-utjitel A. Nobelja. Nikolaj Nikolajevitj Zinin, Istoriko-bio-grafitjeskij otjerk* (N. N. Zinin. A. Nobels lärare, i Nikolaj Nikolajevitj Zinin. Historisk-biografisk samlingsvolym), Kazan, 2016.

Åsbrink, Brita, *Ludvig Nobel: "Petroleum har en lysande framtid". En historia om eldfängd olja och revolution i Baku*, Wahlström & Widstrand, 2001.

● 기사 및 에세이

발표

Arrhenius, Svante, "On the influence of carbonic acid in the air upon the temperature of the ground", Philosophical Magazine and Journal of Science, April 1896.

Bergengren, Erik, "Nobel och dynamiten", Svenska Dagbladet, 7 dec 1958.

Bergman, Yoel, "Fair chance and not a blunt refusal. Understandings on Nobel, France, and ballis tite in 1889", Vulcan, Volume 5: Issue 1, 2017.

Bergman Ybel, "Paul Vieille, codite & ballistite", ICON, Vol. 15, 2009.

Bret, Patrice, "La Compagnie Financière Nobel-Barbe et la création de la Société Central de Dynamite (1868~1896)", 1996, halshs.archives-ouvertes.fr/halshs-00002881

Brunetière, Ferdinand, "Après une visite au Vatican", Révue des deux mondes, 1895~1901.

Carlberg, Ingrid, "Alfred Nobel misstänktes för spioneri", DN, 6 dec 2015.

Carlberg, Ingrid, "Inget upprörde Alfred Nobel så mycket som intriger, kotterier och humbug", DN, 17 April 2018.

Cronquist, Werner, "Alfred Nobel, hans far och hans bröder", Ord & Bild, 1898.

Cronquist, Werner, "Nobelamas moder", Idun, nr 6, 1897.

Eklund, Torsten, "Strindbergs verksamhet som publicist, 1869~1880", Samlaren. Tidskrift for svensk litteraturhistorisk forskning, 1930.

Elrod, Richard B, "The concert of Europe: A fresh look at an international system", World Politics, Vol. 28, No. 2, 1976.

Exposition Universelle de 1878, á Paris, Royaume de Suède, registre, classe 8, nr 94.

von Feilitzen, Olof, "Carl XV och Jefferson Davis. En episod från 1864", Personhistorisk tidskrift, 2~3, 1949.

Garbo, Gunnar, "Fredsaktivisme på Stortinget", Dagbladet 15 april 2004.

Isatjenko V. N. & Pitanin, V. G., "Litejnaja storona", Izdatelstvo Ostrov, 2006.

Johannesson, Lars, "Berättelsen om ballongen Svea", Stadsvandringar/Stockholms stadsmuseum, 13/1990.

Johansson, Sara, *Societetsparken i Norrtälje-nulägesanalys och utvecklingsförslag*, examensarbete vid Sveriges lantbruksuniversitet, 2011.

Kean, Sam, "Phineas Gage. Neuroscience's most famous patient", Slate Magazine, 6 maj 2014.

Kuliberg, Karl, "Franzensbad-en skizz", Aftonbladet, 15 maj 1858.

"La Siècle de la Poudrerie", kronologi i *Sevran, Citoyens de Demain*, Editions Franciade, 1990.

Le Journal du siège de Paris, publié par "Le Gaulois", specialutgåva mars 1871, BNF/Gallica "Le séjour et les travaux d'Alfred Nobel á Sevran 1878~1891", En Aulnoye, Jadis, no 3,1974 Libaek Ivar, "Et Nobelinstitutt eller 'Revue Nobel?' Konflikter i den Förste Nobelkomiteen", DNN:s skriftserie, vol 1, no 1, 2000.

Linge, Karl, "Folkundervisningen i Stockholm före 1842", Samfundet S:t Eriks Årsbok, 1912.

Marsh, N. & Marsh, A., "A Short History of Nitroglycerine and Nitric Oxide in Pharmacology and Physiology", Clinical and Experimental Pharmacology and Physiology, 27, 2000.

Mauskopf, Seymour, "Alfred Nobel, 'Creative Bricoleur' who invented a smokeless military powder (ballistite)", i Objects of Chemical Inquiry, Ursula Klein & Carsten Reinhardt (red.), Sagamore Beach, Mass, Science History, 2014.

Mauskopf, Seymour, Nobel's Explosives Company, Limited, v Anderson, 1894, Jose Bellido (red.), Landmark Cases in Intellectual Property Law, Oxford, Hart Publishing, 2017.

Matz, Erling, "Riskfylld resa mellan Stockholm och Åbo. Sveriges viktigaste postväg gick över havet", Populär Historia, nr 2/1996.

de Mosenthal, Henry, The inventor of dynamite, The Nineteenth Century, vol. XLIV, 1898.

Nauckhoff, Sigurd, Sobreros nitroglycerin och Nobels sprängolja, Daedalus, 1948.

Nauckhoff, Sigurd, "Sprängämnen och tändmedel i det svenska bergsbruket under de sista hundra åren", särtryck ur Teknisk tidskrift, 1919.

Nevius, James, "A Walking Tour of 1866 New York", ny.curbed.com, 27 juli 2016.

Nilsson, Göran B, Den samhällsbevarande representationsreformen, s. 198~271, Scandia, 2008.

Nobel, Alfred, "Explosionen på Heleneborg den 3 sept. Till Redaktionen af Aftonbladet!", Aftonbladet, 7 september 1864.

Pasteur, Joubert et Chamberland, "La théorie des germes et ses applications à la Médicine et à la Chirurgie", Comptes rendus des séances de l'Académie des Sciences, 29 april 1878, BNF/Gallica.

Prosper-Olivier, "Les huit joumées de mai derriere les barricades", Petit Journal, 1871.

Rehnberg, Mats, "Régis Cadier-den franska matkulturens främste foreträdare i Sverige under 1800-talet", Gastronomisk kalender, 1982/1983.

Salomon, lb, "Hålet genom Alperna", Världens historia, 1/2010.

Seely, Charles A, "Nitro-glycerin - the cause of its premature explosion", Scientific American, 5 maj 1866.

Sittsev V.M & Koloss S.M, "Perveya nautjnaja konferentsya 'Dinastya Nobelej i razvitie nautjnogo i promysjlennogo potentsiala Rossii. Istorija i sovremennost'" (Den första vetenskapliga konferensen "Nobeldynastin och den vetenskapliga och industriella utvecklingen i Ryssiand". Historia och nutid), Ekonomitjeskie strategii (Ekonomiska strategier), nr 7, 2005.

Statistiska Centralbyrån, "Att förlora ett litet barn", Välfärd, 1/2012.

Strindberg, August, "Introduction à une chimie unitaire. Première esquisse", Mercure de France, Oktober 1895.

von Suttner, Bertha, "Erinnerungen an Alfred Nobel", Neue Freie Presse, 12 januari 1897.

Svalan. Weckotidning för familiekretsar, 20 sep 1872 (runa över Immanuel Nobel).

Vasiljeva, G och Kropova R, Peterburgskaja storona, Leningradskeja panorama, nr 5, 1987.

미발표

Arrhenius, O. Utkast till en biografi över J W Smitt, i Axel Paulins samling, SBL, RA.

Bergström & Andrén, Nitroglycerinaktiebolagets historia 1864~1964, outgivet maskinskrivet manus i Vilgot Sjömans arkiv, KB.

Källstrand, Gustav, En kvistigare kalkyl. Nobelstifteisens historia 1896~1932, manus under utgivning Lundholm, C, Old Ardeer, minnesskrift, ANA, Öll:6, RA.

Nobel, Alfred, "Prospectus öfver de fördelar Bolaget genom Nobelska patent kan emå", avskrift återgiven i Bergström & Andrén.

Nobel, Anna, Immanuel Nobel (levnadsteckning), ANA, El:4, RA.

Nobel, Immanuel, "Försök till anskaffande af arbetsförtjenst, till förekommande af den nu, genom brist deraf tvungna utvandringsfebern"(1870), NoA, A9, LL.

기타

L'Academie des Sciences, Paris, Compte Rendues.

Chandler, Zachariah, "A bill to regulate the transportation of nitroglycerine or glycerin oil", 9 maj 1866, SEN39A-E3, U.S. Senate Committee on Commerce, 39th Congress, 1st Session, RG 46, National Archives.

La Dynamiterie de Paulilles. Une histoire, une usine et des hommes 1870~1991, Comité de

Banyuls-sur-Mer, 2016.

Hamburger Adressbuch, 1866.

Journal de la France et des FranÇais. Chronologie politique culturelle et religieuse de Clovis á 2000, 2001.

Journal officiel de la République française.

Les Merveilles de L'Exposition de 1878, Librairie Illustrée, Paris, 1878.

Le 16e, Chaillot, Passy, Auteuil, Métamorphose des trois villages. La Société Historique d'Auteuil et de Passy, 1991.

Le Livre d'Or des Salons, 1888~1892.

Nobel's Patent Blasting Oil (nitro-glycerine), reklambroschyr från Bandmann, Nielsen & Co, San Francisco, 1865.

Ny adress-kalender och vägvisare inom hufvudstaden Stockholm, P A Huldbergs förlag, 1864.

Official catalogue of the Great Exhibition of the works of Industry of all Nations, London, 1851.

The pink guide for strangers in Paris, presented by the Hotel de Saint-Pétersbourg, 1874.

Polovtsev, A. A., *Russkij biografitjeskij slovar* (Ryskt biografiskt lexikon), digital version, www.rulex.ru

Porträttgalleri af Svenska industriens män, P A Eklund, 1883.

Protokoll hållna vid sammanträden för öfverläggning om Alfred Nobels testamente, 11 jan, 26 jan och 1 feb 1897, Nobelstiftelsen, 1898.

Ryssländska arkivet, *Fäderneslandets historia i vittnesutsagor och dokument 1700-1900-talen*, Studia "Trite" Nikity Michalkova, Moskva 1955.

S:ta Katarina svenska kyrka, historisk skrift utgiven av församlingen i Sankt Petersburg, 2015.

"Statistik öfver Sverige, grundad på offentliga handlingar", Hörbergska boktryckeriet, 1844.

Stockholms adresskalender.

Stockholms belysning, utgiven med anledning af Gasverkets femtioåriga tillvaro, den 18 december 1903, K L Beckmans boktryckeri, Stockholm.

Svenska klubben i Paris, en jubileumsskrift, Svenska Dagbladet, 1952.

Svenska litteratursällskapet i Finland, *Biografiskt lexikon för Finland. Volym 2. Ryska tiden*, Atlantis, 2009.

Société Génerale des Téléphones, telefonkataloger 1882~1888, Bibliothèque Historique de Paris (BHP).

The Giant Powder Company vs The California Powder Works et al, Circuit Court of the United States, District of California och Carl Dittmar vs Alfred Rix and George I, Doe, US Circuit Court, Southern District of New York, 1880. ANA Flll:9 RA.

감사의 글

저는 다양한 형태의 이야기와 탐사 저널리즘에 제 인생을 바쳐왔습니다. 이러한 작업 방식을 19세기로 옮기는 것은 어려운 도전처럼 보였습니다. 150년 전의 사건에 이렇게 가깝고 멀리까지 오는 것이 가능하리라고는 상상도 할 수 없었습니다. 2018년 스톡홀름에 앉아 1866년 미국 의회 문서를 즉시 요청하거나 1871년 포위 공격 중 파리 지구에서 발생한 드라마의 스냅샷을 찾을 수 있게 해준 기술 발전에 대해 깊은 감사를 드립니다. 수백 가지 중 두 가지 예를 들어보겠습니다.

이 정도 규모의 프로젝트는 힘든 작업 없이는 수행할 수 없습니다. 저는 항상 장거리 주자였지만 알프레드 노벨에 관한 책은 제가 받은 모든 도움이 없었다면 해변으로 달려가지 못했을 것입니다. 사실 저는 여러분 한 분 한 분에 대한 긴 이야기를 쓰고 싶었습니다. 제가 만난 것은 따뜻함과 기쁨과 관심이었습니다. 하지만 그 수가 너무 많아 감정을 모두 표현하는 것이 어렵습니다. 여러분은 제가 여러분을 얼마나 소중하게 여기는지 잘 알고 있을 것입니다.

3년 6개월 동안 제가 이 책을 작업하는 동안 더 짧거나 더 긴 과제에서 저를 도와준 연구원과 번역가가 많이 있습니다. Vitalij Ananjev, Pia Axelsson, Jurij Basilov, Clarissa Blomqvist, Diana Bologova, Karin Borgkvist Ljung, Clemens Bornsdorf, Michail Druzin, Mikael Edelstam, Edoardo Folli, Peter Handberg, Rainer Knapas, Douglas Knutsson, Julia Kolesova, Oleg Ljubeznikov, Viktor Löfgren, Elisabeth Löfstrand, Andrej Mamajev, Linn Nordlander, Alexander Puech, Nestor Santonen, Cecilia Tengmark, Mauro Zamboni에게 감사를 드립니다.

많은 분들이 인터뷰에 응해 주시고 중요한 사실이나 사진을 제공해 주신 것에 대해 진심으로 감사드립니다. 특히 Lars M Andersson, Yoel Bergman, Charlotta Boström, Patrice Bret, Wolf-Rüdiger Busch, Ulf Peter Busse, Abdulla Kh에게 감사 인사 드립니다. Daudov, Christiane Demeulenaere, Alberto Guglielmi, Paul Hansen, Vladimir Lapin, Ivar Libaek, Jochen Meder, Anders Moberg, Christina Moberg, Anders Lundgren, Seymour Mauskopf, Jochen Meder, Olav Njølstad, Robert Nobel, Eckardt Opitz, Lars-Erik Paulsson, Panu Savolainen, Sara Strandberg, Göran Sundmar, Liv Astrid Sverdrup, Nils Uddenberg, Leonid Vyskochkov, Peter Wallensteen, Philip Wahren, Brita Åsbrink, Anders Öhgren에게도 감사드립니다.

어떤 분들은 이 모든 것을 해주셨을 뿐만 아니라, 그 이상으로 큰 도움을 주셨습니다. 저는 어떻게 감사의 마음을 표현해야 할지 모를 정도입니다. 특히 파리에 있는 Helena Höjenberg와 Manuel Bonnet에게서 받은 탁월한 지원이 생각납니다. 또한 Ulrike Neidhöfer, Förderkreis Industriemuseum 기스타트에서도 도움을 받았습니다.

전 세계의 기록 보관소 및 도서관 직원들에게도 감사를 드립니다. 국립 기록 보관소의 Lena Ånimmer와 기업 역사 센터의 Vadim Azbel, 스톡홀름 왕립 도서관과 스톡홀름시 기록 보관소의 모든 직원에게 특별한 감사를 전합니다. 스웨덴 전기 사전에 있는 Lena Milton에게도 따뜻한 감사를 전합니다.

노벨 재단과 스톡홀름에 있는 노벨 박물관은 저의 모든 질문과 희망에 대해 열린 마음으로 저의 성실성을 존중해 주었습니다. Lars Heikensten(저의 오래된 책 아이디어를 털어놓은 사람)과 Olov Amelin, Eva Cory, 故 Åke Erlandsson, Gustav Källstrand, Ulf Larsson, Jonna Petterson, Annika Pontikis, Margrit Wettstein에게 특별한 감사를 전합니다. 중요한 기여에 대해 Michael Sohlman에게도 개인적으로 감사드립니다.

창업 자금을 마련하기가 쉽지 않았습니다. Riksbank의 기념일 기금의 관대한 지원과 Norstedt 출판사의 선금 지원 없었다면 이 프로젝트는 불가능했을 것입니다. 긴 파리 연구 기간 동안 체재 비용을 제공해 준 파리의 스웨덴 연구소에도 진심으로 감사드립니다.

나의 훌륭한 출판인인 Stefan Hilding은 처음부터 이 책을 믿었고 그것을 결승선까지 데려갔습니다. 또한 세계적인 편집자 Lars Molin과 독특한 감성을 지닌 디자이너 Pär Wickholm과 다시 한번 협업할 수 있어 기뻤습니다.

글을 쓰면서 크고 작은 상의를 해야 했던 모든 분들께도 깊이 감사를 드립니다. 많은 사람들이 이 원고의 전체 또는 일부를 조사관의 눈으로 읽었다는 사실이 매우 귀중한 도움이 되었습니다. Eva Apelqvist, Henrik Berggren, Bo Brander, Anders Carlberg, Simon Edvardson, Elias Eriksson, Helena Granström, Ewa Göransson, Nina Hofvander, Helena Höjenberg, Julia Kolesova, Ants Nuder, Olof Petersson, Ewa Stenberg, Lena Ten Hoopen, Nils Uddenberg, Lars Ericson Wolke에게도 감사를 드립니다. 아직 남아 있는 오류에 대한 책임은 전적으로 저에게 있습니다.

나와 가장 가까운 사람들은 이 정도 규모의 프로젝트에서 필연적으로 찾아오는 어려움을 함께 겪어야 했습니다. 그들이 어떻게 열정을 유지할 수 있었는지 나에게는 미스터리입니다. 저는 저에게 사랑을 부어주고 항상 계속할 수 있는 힘을 갖게 해준 딸 요한나와 사라에게 영원한 감사의 빚을 지고 있습니다. 모든 원고를 읽고 나의 중요한 일들을 챙겨주신 어머니 소냐에게도 깊은 감사를 드립니다.

마지막으로 제 곁을 지켜준 페르에게 감사합니다. 여러분의 무한한 지원이 없었다면 이 책은 결코 완성될 수 없었을 것입니다.

2019년 6월 6일 스톡홀름
잉그리드 칼베리

추천의 글

알프레드 노벨은 재난 가운데 태어나 수많은 재난과 역경을 극복하고 사회의 중요한 문제들을 해결한 위대한 공학자이자 발명가였습니다. 세상에 대한 각별한 애정을 가지고 사회 기여를 실천하였으며 한 편의 드라마와 같은 감동적인 삶을 살았습니다. 특히 그의 값진 아이디어인 노벨과학상은 지난 한 세기 동안 기초과학 발전의 이정표가 되어 왔습니다. 이것이 전세계 연구지원기관이 주목하고 상의 가치를 높게 평가하는 이유입니다. 그는 인류의 은인에게 상을 수여하고 싶어 했으나 본인 역시 인류의 은인이었던 것 같습니다. 한강 작가의 노벨문학상 수상에 이어 국내 노벨상 수상자들이 계속 배출될 수 있도록 한국연구재단이 지원하겠습니다.

한국연구재단 이사장 홍원화

선구적인 발명가이자 기업가, 인도주의자인 알프레드 노벨은 스웨덴의 문화 및 지적 유산에서 중추적인 위치를 차지하고 있습니다. 노벨상에 구현된 그의 유산은 국경과 분야를 초월하여 과학, 문학, 번영과 평화 추구에 있어 인류의 가장 뛰어난 업적을 기념하고 있습니다. 오늘날 노벨상은 과학과 창의적 노력 및 공로에 대한 최고의 표창으로서 글로벌 협력을 촉진하고, 희망과 진보의 흔들리지 않는 등대 역할을 하고 있습니다. 이 책은 노벨의 복잡한 삶과 노벨상 제정의 심오한 동기를 밝혀 독자들에게 한 세기가 넘는 기간 동안 노벨상을 이끌어 온 이상에 대한 상세한 이해를 제공합니다.

과학, 기술, 예술 분야에서 눈부신 발전을 이룬 한국의 모습은 알프레드 노벨이 소중히 여겼던 혁신과 탁월함의 정신과 깊은 공감을 불러일으킵니다. 이처럼 역동적인 대한민국에 파견된 스웨덴의 대사로서 저는 한국에서 노벨상이 수여되는 것에 대해 겸허하게 생각하며, 글로벌 발전에 기여한 한국의 공헌에 영감을 받습니다. 이 책이 알프레드 노벨의 특별한 유산에 대한 이해를 깊게 할 뿐만 아니라 한국의 차세대 선구자들의 상상력에 불을 지피는 계기가 되기를 진심으로 바랍니다. 그들이 대담하게 꿈꾸고, 끊임없이 혁신하며, 노벨 전통의 핵심인 인류의 발전에 의미 있는 기여를 할 수 있도록 영감을 주기를 바랍니다.

칼-울로프 안데르손(H.E. Karl-Olof Andersson)
주한스웨덴대사

옮긴이의 말

누구에게나 좋은 책을 발견하는 것은 좋은 사람을 만나는 것만큼 중요한 일입니다. 제가 3년간의 스웨덴 주재원 생활에서 얻을 수 있었던 가장 큰 행운은 이 책을 발견한 것입니다. 150년 전에 살았던 한 인생에서 우리 시대에도 관통하는 문제를 발견하고 공감할 수 있는 것이 놀랍습니다. 잘 사는 법을 알려주는 자기계발서는 많이 있지만 이 책처럼 잘 죽는 법을 알려주는 서적은 흔하지 않은 것 같습니다. 노벨은 유언장으로 자신의 삶을 완성했고 이 위대한 판단이 세상에 미치는 영향은 아직도 진행형이며 앞으로도 계속될 것입니다.

이 책은 성공을 꿈꾸는 청년들에게 많은 영감을 줄 수 있을 것이며 인생에서 어두운 시기를 보내고 있는 사람들에게도 용기를 줄 것입니다. 또한 예비 과학자에게는 연구에 몰입할 동기를 제공할 수 있으며, 경우에 따라 좋은 연구 방향을 제시해 주는 지침서도 될 수 있을 것입니다. 특히 작가 지망생들에게는 알프레드 노벨과 깊은 교감을 할 수 있는 기회를 부여할 것입니다.

19세기의 역사와 관련되어 화려한 인물들이 많이 등장하여 재미를 더합니다. 대문호인 톨스토이, 빅토르 위고를 비롯하여 도스토옙스키, 푸시킨, 바이런, 괴테, 에밀 졸라, 알퐁스 도데, 입센, 조르주 상드, 모파상, 디킨스, 플로베르 등의 문학가들과 칸트, 니체, 헤겔, 쇼펜하우어, 마르크스, 엥겔스 같은 철학자들, 나폴레옹, 링컨, 비스마르크, 처칠 등의 정치가, 에디슨, 에릭슨, 그레이엄 벨 등의 발명가, 칼 폰 린네, 라부아지에, 돌턴, 다윈, 패러데이, 맥스웰, 멘델레예프, 마리 퀴리, 뢴트겐, 막스 플랑크, 파스퇴르, 란트슈타이너 등의 과학자 이외에도 에펠, 듀퐁, 발렌베리, 로스차일드, 나이팅게일, 나탄 쇠데르 블롬 등이 알프레드 노벨의 삶에 겹쳐 지나갑니다.

이 책을 독일어, 네덜란드어에 이어 한국어로 출판할 수 있도록 허락해 준 스웨덴 아카데미의 잉그리드 칼베리(Ingrid Calberg) 여사님과 각종 자료를 제공해 주신 제시카 밥(Jessica Bab)님께 깊이 감사를 드립니다. 아울러 지난 70년 동안 국내 과학 문화 확산을 위해 노력해 온 전파과학사의 손동민 사장님께도 감사를 드립니다. 직간접적으로 도움을 주신 한국연구재단 직원들과 가족 모두에게 감사를 드립니다.

2025년 4월
이성종

인명 찾아보기

ㄱ

가리발디(Garibaldi, 자유의 투사) 199

가즈오 이시구로(Kazuo Ishiguro, 문학상 수상자) 157

갈릴레오 갈릴레이(Galileo Galilei, 천문학자) 34, 35

고셔(Gaucher, 군인, 공급자) 589

골루브예프(Golubjev, 엔지니어) 164

괴스타 노벨(Gösta Nobel, 루드빅 노벨의 아들) 482

괴스타 미탁-레플러(Gösta Mittag-Leffler, 수학 교수) 535

구스타브 5세(Gustav V, 스웨덴 왕) 693

구스타브 4세 아돌프(Gustav IV Adolf, 스웨덴 왕) 25

구스타프 노르들링(Gustaf Nordling, 총영사) 634, 656, 657, 661, 662, 665~668, 672

구스타프 드 라발(Gustaf de Laval,발명가, 혁신가) 394

구스타프 프뢰딩(Gustaf Fröding, 스웨덴 시인) 675

굴리엘모 마르코니(Guiglielmo Marconi, 물리학상 수상자) 522, 523

귀스타브 도레(Gustave Doré, 아티스트) 509

귀스타브 에펠(Gustave Eiffel, 엔지니어) 493, 494, 519, 520

귀스타브 플로베르(Gustave Flaubert) 145, 234, 356, 357, 359, 360, 509

기 드 모파상(Guy de Maupassant) 357, 477

길버트 르 과이(Gilbert Le Guay, 회사 이사) 544, 560

ㄴ

나봇 헤딘(Naboth Hedin, 스웨덴계 미국인 저널리스트) 16, 17

나탄 쇠데르블롬(Nathan Söderblom, 신학자, 대주교, 평화상 수상자) 634, 645, 647~649, 660

나폴레옹 1세(Napoleon I, 프랑스 황제) 85

니콜라우스 카피 폰 카피바르(Nicolaus Kapy von Kapivar) 610

니콜라우스 코페르니쿠스(Nikolaus Copernicus) 34, 35

니콜라이 1세(Nikolaj I, 차르) 29, 30, 41, 49, 50, 52, 53, 58, 63, 68, 73~75, 81, 101, 106, 107, 109~112, 116, 125, 126

니콜라이 2세(Nikolaj II, 차르) 590, 688

니콜라이 고골(Nikolaj Gogol) 49, 51, 58

니콜라이 니콜라예비치 지닌(Nikolai Nikolayevich Zinin, 화학자) 76~79, 82~84, 103, 108, 109, 122, 163, 191, 277

니콜라이 알렉산드로비치 오가르요프(Nikolaj Alexandrovitj Ogarjov, 대령, 중대) 63, 64, 67, 68, 73, 80, 104, 105, 113, 134

닐스 스톨레(Nils Ståhle, 노벨 재단 이사) 16

닐스 우덴베리(Nils Uddenberg, 작가, 의학 역사가) 227, 321, 322, 450

ㄷ

드미트리 멘델레예프(Dmitrij Mendeleyev, 화학자) 479, 481

ㄹ

라그나르 솔만(Ragnar Sohlman, 알프레드 노벨의 직원, 집행자) 8, 15, 218, 378, 379, 580~582, 586, 587, 589, 613, 631, 633, 637, 646, 647, 649, 650, 652, 656~658, 660~662, 664~668, 670~672, 675~679, 681~685, 689, 693, 698

라몬 이 카잘(Ramón y Cajal, 해부학자, 의학상 수상자) 480

라스 가브리엘 폰 하트만(Lars Gabriel von Haartmann, Åbo 주지사) 37, 41, 42, 44

라스 마그누스 에릭슨(Lars Magnus Ericsson, 발명가, 제조업자) 394, 584

라스 베네딕트 산테손(Lars Benedikt Santesson, 조카들의 정보원) 65

라스 안데르손(Lars Andersson, 역사가) 528

라스 요한 히에르타(Lars Johan Hierta, 『Aftonbladet』 설립자) 175, 218

라스 하이켄스텐(Lars Heikensten, 노벨 재단 상임이사) 655

라스-에릭 폴슨(Lars-Erik Paulsson, 화학자) 222, 223

라츠만(T.H.Rathsman, 화학자) 246, 327

랑느힐드 솔만(Ragnhild Sohlman, 라그나르의 아내) 613, 631, 646, 656, 666

랑느힐드 스트룀(Ragnhild Ström), 랑느힐드 솔만 참조 582

레너드 후아스(Leonard Hwass, 엔지니어) 621

레득토(Le Duc Tho) 평화상 수상자 521

레오폴드 램(Leopold Lamm, 상인) 32

레옹 강베타(Léon Gambetta, 변호사, 내무장관) 333, 334, 336~338, 340~342, 350, 356~358,
    361, 434, 435

레옹 푸코(Léon Foucault, 물리학자) 263

레지스 카디에(Régis Cadier, 프랑스 요리사) 210

레프 톨스토이(Lev Tolstoy) 129, 130, 146, 510, 554, 690, 691

로렌츠 쾨슬러(Lorenz Köstler, 스파 닥터) 118,

로버트 리(Robert E. Lee) 279

로베르트 노벨(Robert Nobel) 52, 114, 115, 165, 170, 171, 208, 210, 218, 219, 296, 301,
    310, 375, 425, 426, 580, 682

로베르트 스트렐너트(Robert Strehlnert, 엔지니어) 621, 658

로베르트 코흐(Robert Koch, 의학상 수상자) 26, 386, 463, 569

로스차일드(Rothschild, 유대인 금융가) 463, 466, 527

롤프 노벨(Rolf Nobel, 루드빅의 아들) 482

롤프 노벨(Rolf Nobel, 알프레드의 동생) 68, 125, 133

루돌프 릴리예쿠스트(Rudolf Lilljequist, 집행관) 602, 647, 650, 656, 657, 664, 670, 672, 674,
    678, 679, 682

루드빅 노벨(Ludvig Nobel) 482, 496, 497, 526, 570, 576, 663, 665, 666, 668, 669, 678,
    680, 687

루드빅 A 노벨(Ludvig A Nobel) 482

루드빅 E 노벨(Ludvig E Nobel, 로베르트 노벨의 아들)

루드빅 알셀(Ludvig Ahlsell, 노벨의 삼촌) 25, 73, 118, 127, 134, 218, 227

루이 나폴레옹 보나파르트(Louis Napoleon Bonaparte 대통령, 나폴레옹 3세 참조) 29, 85, 106

루이 파스퇴르(Louis Pasteur, 세균학자) 263, 264, 321, 374, 385, 386, 450, 463, 479,
    568~570, 621, 692

루이 필리프 1세(Ludvig Filip I, 프랑스 왕) 73

루이스 데예르(Louis de Geer, 스웨덴 총리) 169, 170, 175

루이스(G. H. Lewes, 영국 작가) 162

리조굽(Lizogub) 부인 162, 163

ㅁ

마누엘 보네(Manuel Bonnet, 프랑스 작가, 연구원) 331, 332, 515

마르그레테 헤스(Margrethe Hess, 소피 헤스의 딸) 551, 698

마르셀랭 베르틀로(Marcellin Berthelot, 화학자) 424

마르타 노벨(Marta Nobe, 올레이니코프-노벨 참조) 44

마르타 올레이니코프-노벨(Marta Oleinikoff-Nobel, 조카딸) 44, 482

마리 소피 슈바르츠(Marie Sophie Schwartz, 스웨덴 작가) 194

마리 윈켈만(Marie Winkelmann, 공급자) 589

마리 퀴리(Marie Curie, f. Sklodowska, 물리학 및 화학상 수상자) 261, 490, 619

마리아 표도로브나(Maria Fjodorovna, 여성 차르) 498

마이클 패러데이(Michael Faraday, 물리학자) 102~104, 200, 263, 294

마장디(Majendie, 폭발물 검사관) 447

마틴 루터(Martin Luther, 신학자, 개혁가) 48

막스 노르다우(Max Nordau, 문화 평론가) 620

막스 플랑크(Max Planck, 물리학상 수상자) 690

메리 앤 에번스(Mary Ann Evans, 작가, 필명은 조지 엘리엇) 145

모랭(Morin, 보안경찰 특별국장) 515

모리츠 헤르만 폰 야코비(Moritz Hermann von Jacoby, 물리학 교수) 53, 56, 115

몽테스키외(Montesquieu) 261

미나 노벨(Mina Nobel, 루드빅의 딸) 159

미나(빌헬미나) 노벨[Mina(Wilhelmina) Nobel] 72

미셸 쉐브릴(Michel Chevreul, 화학자) 259

미카엘 솔만(Michael Sohlman, 노벨 재단 CEO) 700

미카엘 폰 문카치(Michael von Munkacsy, 헝가리 예술가) 469

미카일 바쿠닌(Michail Bakunin, 혁명가, 무정부주의자) 175, 176

미카일 파블로비치 노마노프(Michail Pavlovitj Romanov, 대공) 57, 63, 67, 68, 73, 105

ㅂ

바뤼흐 스피노자(Baruch Spinoza, 네덜란드 철학자) 506

발보리 노벨(Valborg Nobel) 592, 626

발보리 베테르그룬드(Valborg Wettergrund, 발보리 노벨 참조) 592

베르너 폰 지멘스(Werner von Siemens, 독일 발명가) 302

베르너 폰 하이덴스탐(Verner von Heidenstam, 문학상 수상자) 675

베르타 킨스키[Bertha Kinsky, 후에 베르타 폰 주트너(Bertha von Suttner)라는 이름으로 활동,
    평화상 수상자 참조] 362, 365, 366, 368~370, 372, 378

베르타 폰 주트너(Bertha von Suttner, 오스트리아 작가, 평화상 수상자) 441~444, 456, 457, 460,
    469, 471, 506, 508, 531, 532, 536, 553, 554, 563~567, 569, 570, 578, 590, 591,
    619, 622, 627, 628, 635, 643, 644, 654, 675, 680, 684, 688, 689, 693, 700

베티 엘드(Betty Elde, 노벨 형제의 이모) 171, 218

베티 카롤리나 샤롯타 노벨(Betty Carolina Charlotta Nobel, 유아기에 사망) 81, 90

벨리아민(Michail Michailovitj Beliamin, 오일 감독) 525

볼테르(Voltaire) 34, 146, 261, 613

볼프강 쉬벨부쉬(Wolfgang Schivelbusch, 철도 역사가) 401

브루노 릴리예포르스(Bruno Liljefors, 아티스트) 691

블라디미르 라핀(Vladimir Lapin, 군사 역사가) 107, 114, 115

비사리온 벨린스키(Vissarion Berlinsky, 문학평론가) 65

비예르 융스트룀(Birger Ljungström, 엔지니어) 586, 679

비요른스테르네 비요른손(Bjornstjerne Bjernson, 문학상 수상자) 558, 559, 590, 591, 619,
    674, 691

빅토르 리드베리(Viktor Rydberg, 스웨덴 작가, 신문기자) 183~185, 445, 509, 559, 591

빅토르 위고(Victor Hugo, 프랑스 작가) 145, 282, 337, 357, 366, 401, 424, 425, 428, 450, 451

빅토리아 베네딕트손(Victoria Benedictsson, 작가) 559

빅토리아(Victoria, 영국 여왕) 94

빌고트 쇠만(Vilgot Sjöman, 감독) 331, 332, 454~456

빌헬름 1세(Vilhelm I, 프로이센 왕, 독일 황제) 249, 326, 341, 479

빌헬름 2세(Vilhelm II, 독일 황제) 552

빌헬름 뢴트겐(William Röntgen, 물리학상 수상자) 569, 624, 625, 690, 692

빌헬름 부르메스테르(Wilhelm Burmester, 도매업자) 180, 181, 187, 190, 202, 203, 205, 213, 228

빌헬름 스미트(Wilhelm Smitt, 금융가, 후원자) 170, 171, 218, 219, 221, 228, 273, 580

빌헬름 웅게(Wilhelm Unge, 포병, 무기 개발자) 573, 586, 595, 612, 629

ㅅ

사디 카르노(Sadi Carnot, 프랑스 대통령) 473

살로몬 아우구스트 앙드레(Salomon August Andreé, 엔지니어, 극지 탐험가) 7, 615, 616, 629, 631, 650

새뮤얼 모스(Samuel Morse, 물리학자) 81, 130

샤를 드 프레이시네(Charles de Freycinet, 프랑스 전쟁장관) 517, 518, 539, 540

샬럿 브론테(Charlotte Brontë, 영국 작가) 95

셀마 라게를뢰프(Selma Lagerlöf, 문학상 수상자) 619, 675, 691

소냐 코발레프스카야(Sonja Kovalevsky, 수학 교수) 535, 536

소피 헤스(Sofie Hess, 노벨의 친구, 파트너) 377~381, 388, 393, 396, 397, 427, 428, 453~456, 459, 463, 474, 476, 477, 495, 503, 511, 526, 532, 536, 541, 547, 548, 551, 556, 557, 585, 609, 610, 622, 681, 682, 698

소피아 아레니우스(Sofia Arrhenius, 스반테 아레니우스의 아내) 632

소피아 왈스트룀(Sophia Wahlström, 하녀) 60

수잔 퀸(Susan Quinn, 시네마) 620

순드만(P.O. Sundman, 유언 작성자) 395, 454, 455

쉴리 프뤼돔(Sully Prudhomme, 문학상 수상자) 691, 693

슈타인만(Steinmann, 덴마크 장군) 201

스반테 아레니우스(Arrhenius, Svante, 화학상 수상자) 632

스벤 헤딘(Sven Hedin, 탐험가) 155, 460, 576

스탕달(Stendhal, 필명은 Marie-Henri Beyle 출생, 프랑스 작가) 360, 509

시구르드 에렌보리(Sigurd Ehrenborg, 스웨덴-노르웨이 협회 회장) 571, 621, 624, 635

시리 폰 에센(Siri von Essen, 스트린드베리의 아내) 445, 558

ㅇ

아더 폰 주트너(Arthur von Suttner, 베르타 폰 주트너의 배우자) 370, 456, 468, 470, 504, 564

아돌프 알셀(Adolf Ahlsell, 사촌) 60, 533

아돌프 에리크 노르덴스키윌드(Adolf Erik Nordenskiöld, 극지 연구원) 269, 308, 374, 393, 422~425, 436, 438, 449, 460, 615

아돌프 유진 폰 로젠(Adolf Eugene von Rosen, 수평 도로 엔지니어) 119, 120, 210, 279

아돌프 티에르(Adolphe Thiers, 프랑스 대통령) 349, 350, 361

아르투어 쇼펜하우어(Arthur Schopenhauer) 275, 276, 314, 315, 506

아리스타르키 베이(Aristarchi Bey, 외교관) 565

아리스티드 리펠(Aristide Rieffel, 철학자, 발명가) 578, 616

아말리에 브루너(Amalie Brunner, 소피 헤스의 여동생) 549

아스카니오 소브레로(Ascanio Sobrero, 화학자) 77, 78, 87, 108, 196, 223, 227, 259, 268, 349

아우구스트 블랑쉬(Auguste Blanche, 스웨덴 작가) 175, 176, 187

아우구스트 솔만(August Sohlman, 『Aftonbladet』의 편집장) 218, 580

아우구스트 스트린드베리(August Strindberg, 작가) 25, 48, 344, 445~447, 509, 558, 559, 619~621, 675, 691

아우구스트 엠마누엘 루드베리(August Emanuel Rudberg, 건축업자) 254

아이작 뉴턴(Isaac Newton) 35, 102, 104, 263, 374

아킬레 브륄(Achille Brüll, 엔지니어) 340, 367

악셀 윈클러(Axel Winckler, 의사) 543

악셀 케이(Axel Key, 의학교수) 574, 575, 676

안나 노벨(Nobel, Anna) 276, 396~397, 450, 491, 533, 575~577, 580, 597

안나 마리아 렝그렌(Anna Maria Lenngren, 스웨덴 작가) 194

안나 쇠데르블롬(Anna Söderblom, 저자) 648

안더스 룬드그렌(Anders Lundgren, 사상사 연구자) 197, 198

안더스 조른(Anders Zorn, 스웨덴 예술가) 418, 511, 533, 551, 691

안드리에타 노벨(Andrietta Nobel, 노벨의 어머니) 19, 20, 22, 25~27, 31, 32, 37, 44~47, 59~62, 68, 72, 80, 118, 125, 127, 133, 134, 139, 140, 142, 143, 154, 174, 180, 202~204, 216, 218, 225, 245, 253, 254, 256, 267, 268, 273, 277~279, 327, 343, 383, 390, 393~395, 448, 449, 510, 511, 529, 532, 533, 535, 544, 551, 555, 574

안톤 루드빅 파네옐름(Anton Ludvig Fahnehjelm, 시장) 38, 119, 178, 188

알라릭 리드벡(Alarik Liedbeck, 화학 엔지니어) 244, 301, 302, 310, 339, 343, 347, 348, 354, 361, 362, 368, 369, 391, 392, 399, 400, 427, 511, 521, 533, 539, 612, 622

알레산드로 볼타(Alessandro Volta, 이탈리아 물리학자) 56, 103

알렉산더 1세(Alexander I, 차르) 29, 30, 41, 50

알렉산더 2세(Alexander II, 차르) 58, 126, 134, 135, 146, 147, 164 , 387, 419~422, 446

알렉산더 3세(Alexander III, 차르) 422, 470, 498, 523, 552, 553, 590

알렉산더 그레이엄 벨(Alexander Graham Bell) 374, 393

알렉산더 세르게예비치 멘시코프(Alexander Sergejevitj Mensjikov, 핀란드 총독, 크림 전쟁 중 세바스토폴 사령관) 41, 52~54, 67, 106, 107, 110, 125, 126

알렉산더 파블로비치 로마노프(Alexander Pavlovitj Romanov, 대공, 알렉산더 2세 참조)

알렉산더 포크(Alexander Fock) 161

알렉산더 폰 벤켄도르프(Alexander von Benckendorff, 보안 경찰 수장) 51

알렉산드르 푸시킨(Aleksandr Pushkin, 러시아 작가) 51, 61, 64, 145

알베르트 아인슈타인(Albert Einstein) 36, 487

알퐁스 도데(Alphonse Daudet, 프랑스 작가) 359, 470

알프레드 나케(Alfred Naquet, 상원의원) 500, 501, 544, 560

알프레드 베른하르트 노벨(Alfred Bernhard Nobel, 발명가, 화학자, 기업가, 금융가, 기증자) 27, 274

알프레드 월리스(Alfred Wallace, 진화생물학자) 140, 141

알프레드 함몬드(Alfred Hammond, 공급자) 589

앙드레 앙페르(André Ampère, 물리학자) 103

앙드레 오스카 발렌베리(Andre Oscar Wallenberg, 스톡홀름 엔스킬다(Enskilda) 은행 창업자) 171

앙리 라퐁텐(Henri La Fontaine, 법학자, 노벨상 수상자) 565

앙리 베크렐(Henri Becquerel, 물리학자) 625, 626

앙투안 로랑 라부아지에(Antoine-Laurent Lavoisier, 화학자) 55, 261

앤드류 존슨(Andrew Johnson, 링컨 이후의 미국 대통령) 281

앨버트 브루너(Albert Brunner, 소피 헤스의 처남) 547, 549, 557

앨버트(Albert, 영국 왕자, 빅토리아 여왕과 결혼) 94, 110

야코버스 헨리쿠스 반트 호프(Jacobus Henricus van't Hoff, 화학상 수상자) 692

얄마르 노벨(Hjalmar Nobel) 175, 592, 600, 659, 662, 667, 668, 670, 678~680, 699

얄마르 브란팅(Hjalmar Branting, 정치인, 평화상 수상자) 9, 578, 653

얄마르 쇠그렌(Hjalmar Sjögren, 지질학자) 592, 659, 669, 685

얄마르 쇠데르베리(Hjalmar Söderberg, 스웨덴 작가) 691

에두아르트 토틀레벤(Eduard Totleben, 러시아 장군) 168, 173, 176~178

에드가르 드가(Edgar Dégas, 예술가) 358

에드몽 드 공쿠르(Edmond de Goncourt) 359

에드몽 아담(Edmond Adam, 상원의원) 356, 357

에드바르트 라드진스키(Edvard Radzinsky, 역사가) 420

에드워드 벨라미(Edward Bellamy, 미국 작가) 542

에드워드 제너(Edward Jenne, 천연두 의사) 122

에들라 노벨(Edla Nobel) 592

에른스트 트뤼게르(Ernst Trygger, 법학 교수) 668, 669, 671, 685

에릭 베르겐그렌(Erik Bergengren, 작가) 16, 17, 154, 155, 443, 454, 477

에릭 요한 스타그넬리우스(Erik Johan Stagnelius, 스웨덴 작가) 183

에밀 노벨(Emil Nobel, 루드빅의 아들) 204, 208

에밀 아르통(Emile Arton, 사업가) 501, 560

에밀 오스카 노벨(Emil Oscar Nobel, 알프레드의 막냇동생) 64

에밀 졸라(Émile Zola, 프랑스 작가) 359, 360, 469, 558, 690

에밀 폰 베링(Emil von Behring, 의학상 수상자) 692

에밀 플리야레(Emil Flygare, 목사) 461

에밀리에 플리야레-셰를렌(Emilie Flygare-Carlen, 작가) 194

에사이아스 테그네르(Esaias Tegner, 시인, 성직자, 스웨덴 아카데미 회원) 183, 321

에이브러햄 링컨(Abraham Lincoln) 98, 165~167, 211, 280, 281, 443

엘리 뒤코망(Élie Ducommun, 평화상 수상자) 564

엠마누엘 노벨(Emanuel Nobel) 396, 496, 523, 526, 556, 561, 616, 646, 651, 652, 659~661, 668, 677, 683, 684, 686, 689, 698, 700

엠마누엘 노벨(Emanuel Nobel, 유아기에 사망) 20

예카테리나 대제(Katarina den stora, 황후) 50

옌스 야코브 베르셀리우스(Jöns Jacob Berzelius, 화학자) 36, 37

옌스 요한슨(Jöns Johansson, 의학 교수) 546, 547

오귀스트 르누아르(Auguste Renoir, 프랑스 예술가) 358

오귀스트 오스발트(Auguste Oswald, 집사) 551, 635, 636, 646

오노레 드 발자크(Honore de Balzac) 145, 274, 360, 390, 509

오로르 뒤팽(Aurore Dupin, 프랑스 작가, 필명은 조르주 상드) 145

오스카 1세(Oscar I), 국왕(1844~1859) 9, 33, 74, 75, 100, 111, 131, 169

오스카 2세(Oscar II), 국왕(1872~1907) 425, 447, 584, 615~617, 664, 675, 677, 683, 684, 693

오스카(Oscar, 왕세자, 미래의 오스카 1세) 9, 33, 61

오스카(Oscar, 왕세자, 미래의 오스카 2세) 664, 675, 677, 693

오케 에를란손(Åke Erlandsson, 노벨 도서관 관장) 145, 184, 363,

오토 뷔르스텐바인더(Otto Bürstenbinder, 뉴욕 사업가) 269, 272, 281~285, 289, 291

오토 슈바르츠만(Otto Schwarzmann, 광산 책임자) 195, 196, 257

오토 폰 비스마르크(Otto von Bismarck) 248~250, 260, 265, 295, 319, 322, 324~326, 330, 336, 340, 341, 387, 388, 419, 435, 436, 457, 470, 479, 552

올가 드 포크(Olga de Fock, 알렉산더 포크의 여동생) 161

올가 뵈트거(Olga Böttger, 소피 헤스의 친구) 380, 474, 622

올라프 욜스타드(Olav Njølstad, 노르웨이 노벨 연구소 소장) 641~643

올로프 루드벡(Olof d.ä Rudbeck, 스웨덴 박물학자) 30, 632

외제니(Eugénie, 프랑스 황후, 나폴레옹 3세의 부인) 324, 326, 336, 337, 549

요세피나 베테르그룬드(Josefina Wettergrund, 편집자) 344, 394, 631

요한 뭉크(Johan Munck, 러시아 대령) 43

요한 볼프강 폰 괴테(Johan Wolfgang von Goethe) 89, 366

요한 샤를린(Johan Scharlin, 상인) 42

요한 아우구스트 그리펜스테트(Johan August Gripenstedt, 재무장관) 169

요한나 함마르슈테트(Johanna Hammarstedt) 27

울리세 마르텐니에리(Ulisse Martennieri, 의사) 636

월터 스콧(Walter Scott, 영국 작가) 103, 145

위고 해밀턴(Hugo Hamilton, 특허 엔지니어) 460

윈스턴 처칠(Winston Churchill) 16

윌리엄 셰익스피어(William Shakespeare) 145

윌리엄 크룩스(William Crookes, 물리학자) 569

윌리엄 톰슨 켈빈(William Thomson Kelvin, 켈빈 경, 영국 물리학자) 262

유스투스 폰 리비히(Justus von Liebig, 화학자) 76, 77, 122, 263

율리시스 그랜트(Ulysses S. Grant, 장군) 279

율리우스 반트만(Julius Bandmann, 변호사) 265, 285, 303, 348

율리우스 헤이드너(Julius Heydner, 디렉터) 585, 609

이그나즈 제멜바이스(Ignaz Semmelweis, 의사, 교수) 123

이델퐁스 파브(Idelphonse Favé, 나폴레옹 3세의 부관) 258, 259, 263

이반 곤차로프(Ivan Gontjarov, 러시아 작가) 146

이반 투르게네프(Ivan Turgenjev, 러시아 작가) 146, 357, 359

이반 파블로프(Ivan Pavlov, 생리학자) 480

이사벨라(Isabella, 스페인의 여왕) 325

이스라엘 홀(Israel Hall, 사업가) 291

임마누엘 노벨(Immanuel Nobel, 아버지) 11, 18~21, 24, 25, 27~31, 33, 36~44, 49~54,
    56~58, 61, 62, 64, 67, 72, 73, 80~82, 93, 101, 104, 106, 108, 109, 111~113, 117,
    127, 133, 135, 136, 139, 140, 143, 160, 163, 168, 172, 178, 181, 187, 188, 191,
    198, 199, 205, 209, 210, 213, 216, 221, 223, 224, 228, 270, 271, 329, 344, 376,
    472, 574, 687

잉게보리 노벨(Ingeborg Nobel) 256, 279, 533, 545, 547, 555, 556, 591, 592, 618, 619,
    658, 659, 663, 665

임마누엘 칸트(Immanuel Kant) 506

잉그리드 노벨(Ingrid Nobel, 루드빅 노벨의 딸) 482

ㅈ

잔 로크루아(Jeanne Lockroy, 빅토르 위고의 손녀) 425

장 앙리 뒤낭(Jean-Henry Dunant, 평화상 수상자) 564

장 자크 루소(Jean-Jacques Rousseau) 261

장 파울(Jean Paul, 독일 작가) 275

장마르탱 샤르코(Jean-Martin Charcot, 신경과 전문의) 480

재커라이어 챈들러(Zachariah Chandler, 상원 의원) 289

제니 린드(Jenny Lind, 가수) 60, 75, 97, 100, 101

제임스 듀어(James Dewar, 화학자) 462, 518, 519, 581

제임스 줄(James Joule, 물리학자) 262

제임스 캠벨(James Campbell, 스웨덴 주재 미국 대사) 209, 212

제임스 클러크 맥스웰(James Clerk Maxwell, 스코틀랜드 물리학자) 200, 263, 480, 522

제퍼슨 데이비스(Jefferson Davis, 미국 정치인) 212

조르주 상드(George Sand, 오로르 뒤팽 참조. 프랑스 작가) 145, 338

조르주 외젠 오스만(Georges-Eugéne Haussmann, 건축가) 351

조르쥬 페렌바흐(Georges Fehrenbach, Georges, 화학자) 368, 372, 373, 391, 400, 431, 457,
    461, 462, 472, 503, 513, 515, 523, 524, 547, 556, 629

조지 고든 바이런(George Gordon Byron, 바이런 경, 영국 작가) 83, 103

조지 엘리엇(George Eliot, 영국 작가) 145

조지프 존 톰슨(Joseph John Thompson, 물리학상 수상자) 569

존 다우니(John Downie, 영국 대리인) 342, 348, 361, 362

존 돌턴(John Dalton, 화학자) 36, 197

존 룬드(John Lund, 정치가, 노르웨이 노벨위원회 위원) 674

존 밀턴(John Milton, 시인) 313

존 스노우(John Snow, 아이커) 123

존 스튜어트 밀(John Stuart Mill) 506

존 에릭슨(John Ericsson, 스웨덴계 미국인 발명가) 81, 82, 84, 96, 98~100, 102, 104, 119,
    120, 139, 165, 181, 191, 210, 279, 589

존 윌크스 부스(John Wilkes Booth, 링컨의 암살자) 280

존 호프만(John T. Hoffman, 시장) 283

줄리엣 드루에(Juliette Drouet, 빅토르 위고의 파트너) 428

줄리엣 랑베르(Juliette Lamber, 줄리엣 아담 참조) 357

줄리엣 아담(Juliette Adam, 프랑스 작가, 결혼 전 이름 Juliette Lamber) 340, 341, 357, 358, 424, 435, 436, 447, 470, 482, 510, 533, 553, 558, 626, 698

쥘 그레비(Jules Grévy, 프랑스 대통령) 423, 471, 473

쥘 펠루즈(Jules Pelouze, 화학자) 77, 78, 87, 108, 122, 259, 260, 262

지그문트 프로이트(Sigmund Freud) 480

지오 비안(Geo Vian, 엔지니어) 432, 500, 544

ㅊ

찰스 네이피어(Charles Napier, 영국 중장) 110, 111, 113~118

찰스 다윈(Charles Darwin) 36, 95, 140~142, 434, 442, 457

찰스 디킨스(Charles Dickens) 95, 145

찰스 레싱엄 스미스(Charles Lesingham Smith, 목사) 311~314

찰스 마빈(Charles Marvin, 러시아 감정가) 449

찰스 실리(Charles Seely, 화학자) 286

ㅋ

카롤리나 빌헬미나 알셸(Carolina Wilhelmina Ahlsell, 안드리에타 노벨의 어머니) 27, 32, 44

카르스텐스(C.F. Carstens) 432

카를 13세(Karl XIII, 스웨덴 왕: 1810~1818년) 29

카를 14세 요한(Karl XIV Johan, 스웨덴 왕: 1818~1844년) 27

카를 15세(Karl XV, 스웨덴 왕: 1859~1872년) 169, 170, 174, 175, 185, 188, 199, 211, 212, 343

카를 16세 구스타프(karl XVI Gustaf, 스웨덴 국왕, 567년) 697

카를 란트슈타이너(Karl Landsteiner, 의학상 수상자) 547

카밀로 골지(Camillo Golgi, 의학계 수상자) 480

칼 노벨(Carl Nobel, 루드빅의 아들) 581

칼 다비드 아프 비르센(Carl David af Wirsen, 아카데미 비서) 675, 676, 690, 694

칼 디트마르(Carl Dittmar, 화학자) 298~300, 427, 428

칼 라르손(Carl Larsson, 아티스트) 551, 691

칼 렝그렌(Carl Lenngren, 핀란드 벽돌 제조업자) 52

칼 르벤하웁트(Carl Lewenhaupt, 파리 주재 스웨덴 특사) 540

칼 린드하겐(Carl Lindhagen, 항소 법원 평가관) 650, 659, 662, 666, 672, 685

칼 마르크스(Karl Marx) 74

칼 베네르스트룀(Carl Wennerström, 선장) 218

칼 쉴더(Karl Schilder) 장군 53, 54, 56

칼 스노일스키(Carl Snoilsky, 작가) 509, 559

칼 에드바드 볼린(Carl Edvard Bolin, 러시아 궁정 보석상) 52

칼 에릭 헤르츠만(Carl Eric Hertzman, 기술자) 196, 202, 208

칼 외베리(Carl Öberg, 재정 고문) 512

칼 요나스 로베 알름크비스트(Carl Jonas Love Almqvist, 작가) 45

칼 자이스(Carl Zeiss, 독일 안경사, 정밀 기계) 122

칼 페르디난드 브라운(Karl Ferdinand Braun, 물리학자) 523

칼 폰 린네(Carl von Linné) 30

칼 폰 쉴레(Carl von Scheele, 화학자) 374

칼 폰 오시에츠키(Carl von Ossietzky, 평화상 수상자) 642

칼 폰 프리센 리데르스톨페(Carl von Frischen Ridderstolpe, 백작, 잉게보리 노벨의 남편) 659, 665, 667, 668, 678, 699

콘스탄틴 대공(Konstantin Konstantinovich Romanov) 101, 109, 112, 158

크누트 프랭클(Knut Fraenkel, 안드레의 비서) 666

크리스티나 닐슨(Kristina Nilsson, 월드 소프라노) 424

크리스티안 에두아르트 반트만(Christian Eduard Bandmann, 변호사) 265, 267~269

클라스 룬딘(Claës Lundin, 스웨덴 작가) 48, 252

클레어 윈켈만(Claire Winkelmann, 공급자) 589

클로드 모네(Claude Monet) 358

ㅌ

탈리아페로 프레스톤 샤프너(Taliaferro Preston Shaffner, 대령 및 발명가) 130~132, 199~201, 209~212, 270, 272, 276, 279, 281, 284, 289~291, 327, 348

테오도르 뤼어스(Theodor Lührs, 이민자) 271

테오도르 윙클러(Theodor Winckler, 건축 자재 딜러) 247, 252, 253, 297, 299, 303, 427

토르스텐 노르덴펠트(Thorsten Nordenfelt, 발명가, 산업가) 571, 621

토머스 앨바 에디슨(Thomas Alva Edison) 374, 401, 402, 521, 586

토머스 존스턴(Thomas Johnston, 공장 관리자) 478

티라 노벨(Thyra Nobel) 9, 555, 630

ㅍ

파트리스 드 마크마옹(Patrice de Mac-Mahon, 프랑스 대통령) 361

퍼시 비시 셸리(Percy Bysshe Shelley, 영국 시인) 83, 627

페르 헨릭 링(Pehr Henrik Ling, 물리치료의 창시자) 399

페르디난드 드 레셉스(Ferdinand de Lesseps, 프랑스 기업가) 430, 431

페르디난드 브루네티에르(Ferdinand Brunetiere, 작가) 32, 33, 620

페르디난드 톨린(Ferdinand Tollin, 일러스트레이터) 32, 33

페테르 빌데를링(Peter Bilderling, 총기 제조업자) 384, 398

페트라셰프스키(Petrasjevskij, 사회주의 홍보가) 75

폴 로이터(Paul Reuter, 저널리스트) 81

폴 바르베(Paul Barbe, 디렉터) 331~335, 337~342, 348~351, 356, 361, 367, 368, 384, 392, 432, 433, 451, 471~473, 479, 494, 500~502, 514, 517, 538, 540, 544, 545, 560

폴 브로카(Paul Broca, 신경과 전문의) 225

폴 비에유(Paul Vieille, 화학자) 458, 462, 515~517, 571

폴 세잔(Paul Cezanne) 358, 359

폴 지니스트리(Paul Ginistry, 프랑스 문학평론가) 559

폴린 노벨(Pauline Nobel, 옛 성은 Lenngren) 52, 143, 144, 146, 147, 159, 160, 171, 175, 193, 226, 256, 278, 310, 383, 390, 555, 592, 630, 633, 680

폴린 렝그렌(Pauline Lenngren) 143

표도르 도스토옙스키(Fyodor Dostoevsky) 61, 75, 146, 421, 510

프란츠 요제프 1세(Franz Josef I, 오스트리아 황제) 107, 387

프레데리크 7세(Frederik VII, 덴마크 왕, 재위 176~177년) 199

프레데리크 파시(Fréderic Passy, 평화상 수상자) 564, 693

프레데릭 바이저(Frederick C. Beiser, 철학 교수) 275, 276

프레드리카 브레머(Fredrika Bremer, 작가) 45, 95, 96, 194

프레드릭 블롬(Fredrik Blom, 건축가, 엔지니어) 31, 202, 203, 214

프레드릭 아벨(Frederick Abel, 화학자) 457, 462, 478, 517~519, 541, 581

프레드릭 융스트룀(Fredrik Ljungström, 엔지니어) 586, 614, 679

프리드리히 3세(Friedrich III, 독일 황제: 99일 재위, 453~454년) 549, 552

프리드리히 니체(Friedrich Nietzsche) 434

프리드리히 뵐러(Friedrich Wöhler, 화학자) 35, 76

프리드리히 실러(Friedrich Schiller, 독일 작가) 274, 366

프리드리히 엥겔스(Friedrich Engels, 독일 사회주의자) 74

프리드리히 폰 셸링(Friedrich von Schelling, 철학자) 65, 83

프리드리히 헤겔(Friedrich Hegel) 65, 83

프리치오프 난센(Fridtjof Nansen) 615

플로렌스 나이팅게일(Florence Nightingale) 124

피니어스 게이지(Phineas Gage, 폭파 전문가) 225

피에르 램(Pierre Lamm, 상인) 33

피에르 퀴리(Pierre Curie, 물리학상 수상자) 625, 626

피터 월렌스틴(Peter Wallensteen, 평화 연구원) 643~645

ㅎ

하랄드 솔만(Harald Sohlman, 『Aftonbladet』의 편집장) 580, 618, 652

하인리히 헤르츠(Heinrich Hertz, 물리학 교수) 522

하인리히 헤스(Heinrich Hess, 소피 헤스의 아버지) 378, 474, 475

한스 포르셸(Hans Forsell, 역사가) 677

해리엇 비처 스토(Harriet Beecher-Stowe, 미국 작가) 98,

허버트 스펜서(Herbert Spencer, 영국 철학자) 506

험프리 데이비(Humphry Davy, 화학자) 102, 103

헨리 듀퐁(Henry Du Pont, 화약왕) 289

헨리 모튼 스탠리(Henry Morton Stanley, 탐험가) 577

헨리 페논(Henry Penon, 실내 장식가, 인테리어 디자이너) 352, 353

헨리에타 노벨(Henrietta Nobel, 유아기에 사망)

헨리크 입센(Henrik Ibsen) 509, 558, 559, 627, 641, 691

헨릭 슈크(Henrik Schück, 노벨 재단 회장) 15

헨릭 오스발트(Henrik Oswald, 소설 캐릭터) 315

훌다 솔만(Hulda Sohlman, 라그나르 솔만의 어머니) 218

휴 베킷(Hugh Beckett, 화학자) 556, 635

노벨의 가계도

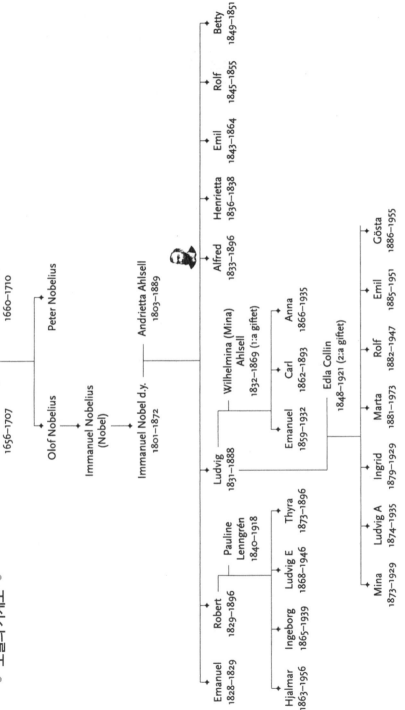

디아스포라(DIASPORA)는 독자 여러분의 책에 관한 아이디어와 원고 투고를 기다리고 있습니다. 디아스포라는 전파과학사의 임프린트로 종교(기독교), 경제 · 경영서, 일반 문학 등 다양한 장르의 국내 저자와 해외 번역서를 준비하고 있습니다. 출간을 고민하고 계신 분들은 이메일 chonpa2@hanmail.net로 간단한 개요와 취지, 연락처 등을 적어 보내주세요.

노벨
수수께끼의 알프레드, 그의 세계와 노벨상

–

초판 1쇄 발행 2025년 04월 15일

–

지 은 이 잉그리드 칼베리
옮 긴 이 이성종
발 행 인 손동민
디 자 인 이지혜

–

펴낸 곳 전파과학사
출판등록 1956. 7. 23 제 10-89호
주　　소 서울시 서대문구 증가로18, 204호
전　　화 02-333-8877(8855)
팩　　스 02-334-8092
이 메 일 chonpa2@hanmail.net
공식 블로그 http://blog.naver.com/siencia

ISBN　978-89-7044-665-3 (03400)